普通高等教育"十一五"国家级规划教材

自动控制理论

第 4 版

邹伯敏 编著

机 械 工 业 出 版 社

本书较全面系统地介绍了自动控制理论的基本内容，并注重基本理论、基本概念和基本分析方法的阐述。全书共分十章，第一章至第八章为经典控制理论，第九章为状态空间分析法，第十章为李雅普诺夫稳定性分析。其主要内容有：控制系统的数学模型、控制系统的时域分析法、根轨迹法、频率响应法、控制系统的校正、离散控制系统、非线性控制系统、状态空间分析法和李雅普诺夫稳定性分析。

全书内容丰富，层次分明，能满足理工科高校相关不同专业开展教学的需要。教材内容理论联系实际，叙述重点突出，说理深入浅出，文字简练流畅，易于自学。在各章的后面除了介绍 MATLAB 相关应用的内容外，还自第二章起附有一定数量的典型例题分析，旨在帮助学生加深对基本概念的理解和提高分析、综合问题的能力。

本书为高校本科电气自动化、电子信息类、机电一体化、仪表及测试等专业的“自动控制理论”课程教材，同时适用于自动控制专业作经典控制理论的相应教材，也可供从事控制工程的科技人员参考。

本书配有电子课件以方便教师课堂讲授，请登录机械工业出版社教育服务网（www.cmpedu.com）注册后下载。

图书在版编目（CIP）数据

自动控制理论/邹伯敏编著. —4 版. —北京：机械工业出版社，2019.7（2024.8 重印）
普通高等教育“十一五”国家级规划教材
ISBN 978-7-111-62779-1

Ⅰ.①自… Ⅱ.①邹… Ⅲ.①自动控制理论—高等学校—教材
Ⅳ.①TP13

中国版本图书馆 CIP 数据核字（2019）第 096040 号

机械工业出版社（北京市百万庄大街 22 号 邮政编码 100037）
策划编辑：吉 玲 责任编辑：吉 玲 刘丽敏
责任校对：黄兴伟 封面设计：张 静
责任印制：单爱军
北京虎彩文化传播有限公司印刷
2024 年 8 月第 4 版第 10 次印刷
184mm×260mm · 28.75 印张 · 781 千字
标准书号：ISBN 978-7-111-62779-1
定价：65.00 元

电话服务	网络服务
客服电话：010-88361066	机 工 官 网：www.cmpbook.com
010-88379833	机 工 官 博：weibo.com/cmp1952
010-68326294	金 书 网：www.golden-book.com
封底无防伪标均为盗版	机工教育服务网：www.cmpedu.com

前言

本书是在第3版的基础上，广泛听取了使用本教材任课教师的意见，对第3版教材做了适当的修订。修订后的第4版教材不仅在内容上有所更新，并在叙述上更重视理论与实际的结合和专业面的拓宽。

考虑到我国本科教学的现状和新世纪科技发展的需要，本书的内容虽以经典控制理论为主，但也适量介绍了现代控制理论基础部分的内容——状态空间分析法和李雅普诺夫稳定性理论。介绍后者的目的是拓宽学生的知识面，同时也为学生考研或以后自学现代控制理论打下理论基础。全书共有十章，第一章至第六章为线性定常系统的分析与设计（包括系统数学模型的建立、时域分析法、根轨迹法、频率响应法和线性定常系统的校正），第七章至第十章分别为离散控制系统、非线性控制系统、状态空间分析法和李雅普诺夫稳定性分析。

本书的编写思路是：在较少的学时内，使学生系统地掌握经典控制理论中的三个最基本内容，即系统的建模、性能的分析和综合校正，并对现代控制理论的一些基础理论和分析设计方法也有初步的了解。考虑到教学与实际应用的需要，第4版除了保持第3版中已增加的内容（MATLAB在控制系统中的应用、第九章中内部模型的设计和PID控制器及其参数的整定方法），还增加了第十章李雅普诺夫的稳定性分析，该章较详尽地介绍了李雅普诺夫稳定性理论的基本概念和该理论的具体应用方法。

全书在内容的叙述上，侧重于物理概念的阐述，力求做到深入浅出，理论联系实际。自第二章起，在每章的最后都附有一定量的典型例题分析，以帮助学生进一步理解基本概念和提高分析问题的能力。

由于编者业务水平有限，书中难免有一些不妥之处，恳请广大读者和同行专家批评指正。

邹伯敏
于浙大求是园

目录

第一章

绪　论

第一节　自动控制理论发展史简述

自动控制是一门较年轻的学科，它在20世纪40年代末才形成。世界上最早的自动控制系统是在18世纪中叶由瓦特（James Watt）研制的，他设计了离心调节器去控制蒸汽发动机的速度。1932年奈奎斯特（W. Nyquist）针对反馈放大器提出了几何稳定判据，以后证实，这个判据同样也适用于线性定常控制系统。

1945年博德（H. W. Bode）提出了反馈放大器的一般设计方法，并编著了《网络分析与反馈放大器的设计》一书。1947年美国出版了当时世界上第一本控制方面的教材《伺服机原理》。1948年美国麻省理工学院（MIT）的辐射研究所完成了“雷达自动跟踪”“火炮指挥仪”和数控车床等一系列自动控制的实践工程。同年，埃文斯（W. R. Evans）根据反馈控制系统的开环传递函数与其闭环特征方程式间的内在联系，提出了一种非常实用的设计方法——根轨迹法。当时，数学家维纳（N. Wiener）把那时发表的有关控制方面的理论与方法称为“控制论”。为区别于20世纪60年代后出现的新的控制理论，人们称此前发展起来的控制理论为经典控制理论（Classical Control Theory）。

这里我们不能忘记，自20世纪50年代起，中国学者对控制理论作出的诸多贡献。例如，1954年钱学森在美国出版了专著《工程控制论》，成为当时控制科学技术的经典著作之一，并于1958年由戴汝为、何善堉译成中文，由科学出版社出版。这部由中国学者撰写的第一部控制科学巨著，曾荣获中国科学院1956年度科学一等奖。天津大学刘豹教授于1954年编著了我国第一本用中文撰写的控制理论专著《自动控制原理》。1956年由浙江大学胡中揖教授和中国科学院薛景瑄研究员在苏联专家讲稿的基础上，出版了由中国教师自己编写的第一本《自动控制原理》的教科书。在以后的几十年里，我国的学者结合中国的国情不仅编著了大量自动化和自动控制方面的专著与教材，而且还翻译了国外许多自动控制方面的名著，如王众托翻译了苏联学者索洛多夫尼柯夫（В. В. Солодовников）的《自动调整原理》、卢伯英等翻译了美国学者绪方胜彦著的《现代控制工程》等。上述这些学者的专著或教材，为培养新中国几代自动控制的科学家与工程技术人员起到了启蒙、激励和推动的历史性作用。

经典控制理论研究的是单输入-单输出线性定常系统的分析与设计，它的数学工具是常微分方程和复变函数。一个理论的诞生与发展总是与当时的工业生产水平相适应的，经典控制理论问世时世界工业生产尚处于手工操作阶段，数字计算机还处于低水平状态，因而那时对控制系统的分析与设计仅限于手工计算。到20世纪50年代末、60年代初，由于空间技术的飞跃发展，迫切需要有一种理论能解决多输入-多输出、高精度、参数时变系统的分析与设计。对此，经典控制理论显然是无能为力了。20世纪60年代初，高精度数字计算机的诞生为解决复杂控制系统提供了实现上的可能性，现代控制理论（Modern control theory）就在那个时候应运而生了，从而适应了现代设备日益增加的复杂性，同时也满足了军事和空间技术的需要。

现代控制理论所涉及的内容十分丰富，如多变量控制系统、最优控制理论、系统辨识与模式识别、最优估计、自适应控制、大系统理论、模糊控制与神经元网络等。这些理论所应用的数学工具与要解决的问题虽不完全相同，但它们的实现都离不开数字计算机。

虽然现代控制理论与经典控制理论相比，能解决更多、更复杂的控制问题，但是对于单输入-单输出线性定常系统而言，半个多世纪的工程实践证明，用经典控制理论来分析与设计它，仍然是最实用、最方便的。本书所要介绍的就是控制理论中最基本也是最重的内容——经典控制理论、状态空间分析法和李雅普诺夫稳定性理论。

第二节　自动控制系统的一般概念

自动控制就是在没有人直接参与的条件下，利用控制器使被控对象（如机器、设备或生产过程）的某些物理量（或工作状态）能自动地按照预定的规律变化（或运行）。例如，人造卫星按指定的轨道运行，并始终保持正确的姿态，使它的太阳电池一直朝向太阳，无线电天线一直指向地球……；电网的电压和频率自动地维持不变；金属切削机床的速度在电网电压或负载发生变化时，能自动保持近似地不变。以上这些，都是自动控制的结果。

现代数字计算机的迅速发展，为自动控制技术的应用开辟了广阔的前景，使它不仅大量应用于空间技术、科技、工业、交通管理、环境卫生等领域，而且它的概念和分析问题的方法也向其他领域渗透。例如，政治、经济、教学等领域中的各种体系；人体的各种功能；自然界中的各种生物学系统，都可视为是一种控制系统。

自动控制技术的广泛应用不仅能使生产设备或过程实现自动化，极大地提高了劳动生产率和产品的质量，改善了劳动条件，而且在人类向大自然挑战、探索新能源、发展空间技术和改善人民生活等方面都起着极其重要的作用。为了适应现代科学技术与生产的飞跃发展，自动控制不仅在理论上不断地创新，而且在方法上也不断地完善与多样化，它在我国实现科学技术强国的建设中将发挥巨大的作用。

自动控制是一门理论性很强的科学技术，一般泛称为“自动控制技术”。把实现自动控制所需的各个部件按一定的规律组合起来，去控制被控对象，这个组合体叫做“控制系统”。分析与综合自动控制系统的理论称为“控制理论”。

自动控制系统的种类较多，被控制的物理量也各种各样，如温度、压力、流量、电压、转速、位移和力等。组成这些控制系统的元、部件虽然有较大的差异，但各系统的基本结构却相类同，且一般都是通过机械、电气、液压等方法来代替人工控制。为了了解自动控制系统的结构，首先让我们分析一下图1-1所示的水池液面控制系统。人若参与该系统的控制，应起哪些作用？

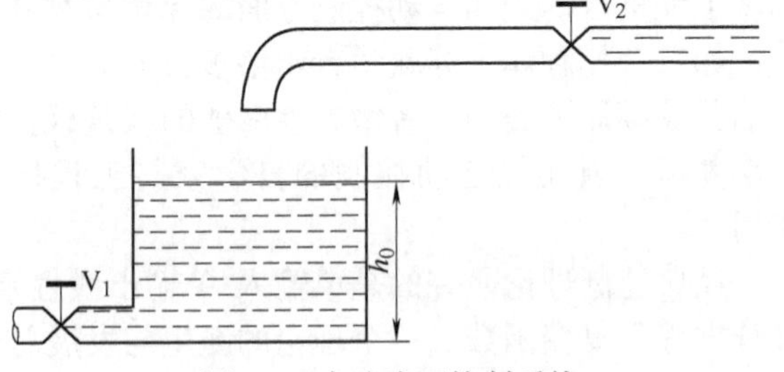

图1-1　水池液面控制系统

图1-1中V_1为放水阀，V_2为进水阀，控制要求液面的希望高度为h_0。当人参与控制时，就要不断地将实际液面的高度与希望液面的高度做比较，根据比较的结果，决定进水阀V_2开度是增大还是减小，以达到维持液面高度不变的目的。图1-2为人参与该系统控制的框图。由图1-2可见，人在参与控制中起了以下3方面的作用：

1）测量实际液面的高度h_1——用眼睛。

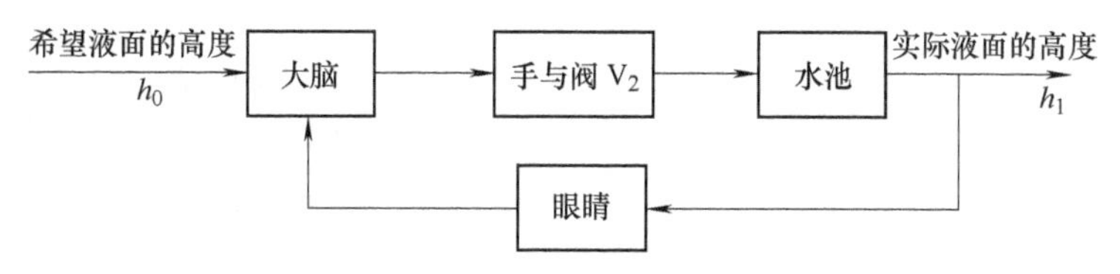

图 1-2　液面人工控制系统的框图

2）将测得实际液面的高度 h_1 与希望液面的高度 h_0 相比较——用脑。

3）根据比较的结果，即按照偏差的正负去决定控制的动作——用手。

显然，如果用自动控制去代替上述的人工控制，那么在自动控制系统中必须具有上述 3 种职能机构，即测量机构、比较机构和执行机构。不言而喻，用人工控制既不能保证系统所需的控制精度，也不能减轻人的劳动强度。如果将图 1-1 改为图 1-3 所示的液面自动控制系统，就可以实现不论经放水阀 V_1 流出的流量如何变化，系统总能自动地维持其液面高度在允许的偏（误）差范围之内。假设水池液面的高度因 V_1 阀开度的增大而稍有降低，则系统立即产生一个与降落液面高度成比例的误差电压 u，该电压经放大器放大后供电给进水阀的拖动电动机，使阀 V_2 的开度也相应地增大，从而使水池的液面恢复到所希望的高度。

图 1-3 所示的液面自动控制系统由以下 5 个部分所组成：

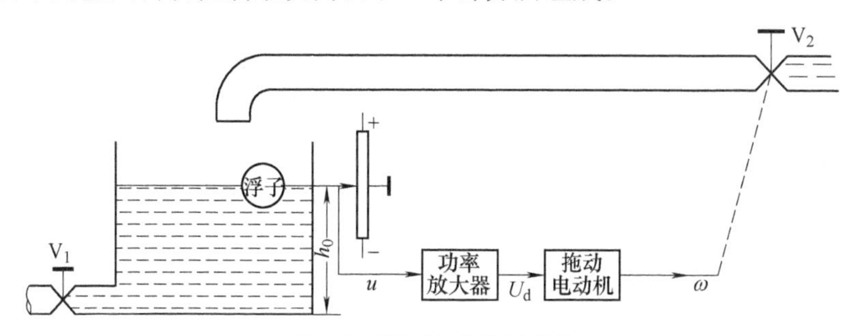

图 1-3　液面自动控制系统

1）被控对象——水池。

2）测量元件——浮子。

3）比较机构——求浮子的希望位置与实际位置之差。

4）放大机构——当测量元件测得的信号与给定信号比较后得到的误差信号不足以使执行元件动作时，一般都需要加放大元件，以提高系统的控制精度。

5）执行元件——电动机与阀 V_2，它们的职能是改变被控制量的大小。

以上 5 个部分也是一般自动控制系统的基本组成单元。此外，为了改善控制系统的动、静态性能，通常还需在系统中引入某种形式的校正装置。

为了使控制系统的表示既简单又明了，在控制工程中一般均采用方框表示系统中的各个组成部件，在每个方框中填入它所表示部件的名称或其功能函数的表达式，不必画出它们的具体结构。根据信号在系统中的传递方向，用有向线段依次把它们连接起来，就求得整个系统的框图。控制系统的框图由以下 3 个基本单元所组成：

（1）引出点　如图 1-4a 所示。它表示信号的引出，箭头表示信号的传递方向。

（2）比较点　如图 1-4b 所示。表示两个或两个以上的信号在该处进行减或加的运算，“-”号表示信号相减，“+”号表示信号相加。

（3）部件的框图　如图 1-4c 所示。输入信号置于方框的左端，方框的右端为其输出量，方框中填入部件的名称。

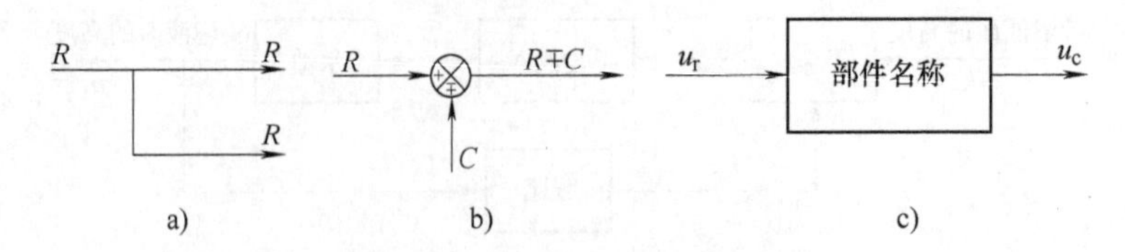

图 1-4　系统框图的基本组成单元
a）引出点　b）比较点　c）部件的框图

据此，可把图 1-3 所示液面自动控制系统的原理图改用图 1-5 所示的框图来表示。显然，后者的表示不仅比前者简单，而且信号在系统中的传递也更为清晰。因此在以后的讨论中，控制系统一般均以框图的形式来表示。

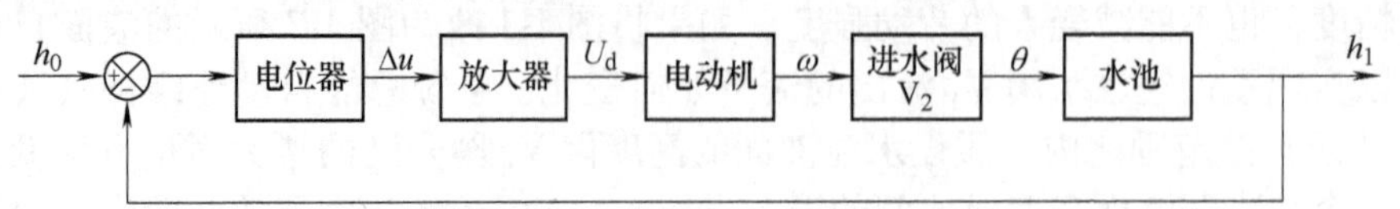

图 1-5　图 1-3 所示系统的框图

图 1-6 是一个位置随动系统，它的原理框图如图 1-7 所示。该系统是用一对电位器作为位置的检测元件，它们分别把系统输入与输出的位置信号转换成与之成比例的电信号，并进行比较。当发送电位器和接收电位器的转角相等时，则 $U_r=U_c$，$U_e=U_d=0$，电动机处于静止状态。若使发送电位器的动臂按逆时针方向增加一个角度 $\Delta\theta_r$，此时由于 $U_r>U_c$ 而产生一个相应极性的误差电压 U_e，经放大器放大后供电给直流电动机，使之带动负载和接收电位器的动臂一起旋转，一直到 $\theta_r=\theta_c$ 为止。

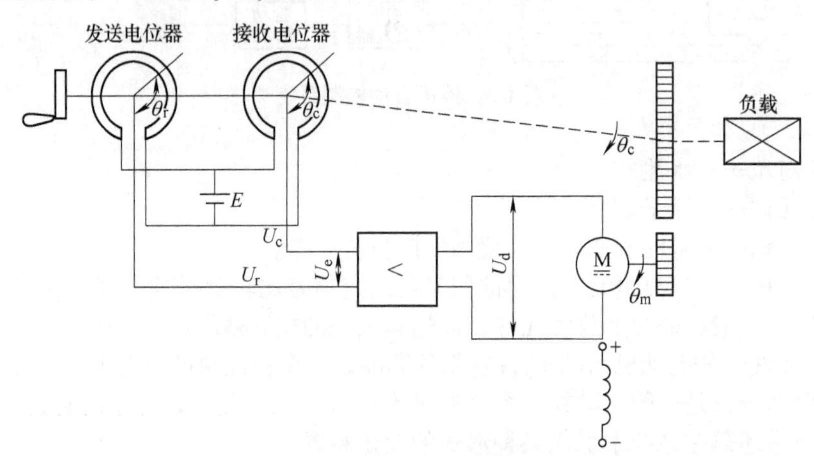

图 1-6　直流随动系统的原理图

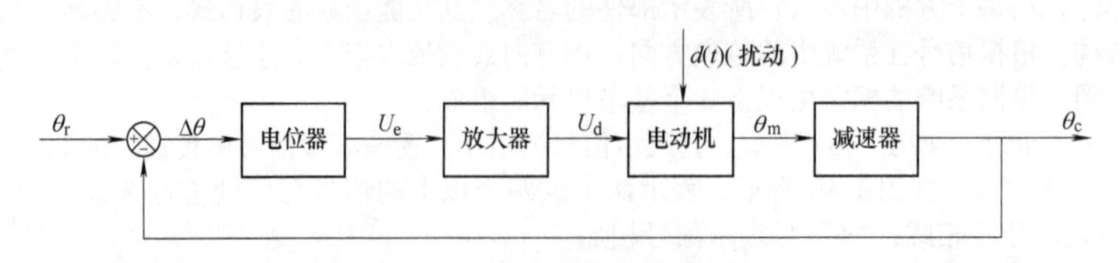

图 1-7　图 1-6 所示系统的框图

由上述两系统的框图可见，控制系统中信号的传递都有一个闭合回路。即被控制量直接或经过反馈环节后反作用到系统的输入端，并和输入信号做减法运算，利用所得的误差信号对系统进行控制。被控制量与给定输入信号间的这种联系，人们称为负反馈，相应的系统叫做负反馈控制系统。

第三节　开环控制与闭环控制

自动控制系统的结构和用途虽各不相同，但参照上节所举的例题，可以画出它的一般形式的框图，如图 1-8 所示。图中的串联和并联校正装置用于改善系统的动态和稳态性能，执行元件用于改变被控对象的输出，点画线框部分一般统称为控制器。这样，图 1-8 就简化为图 1-9。

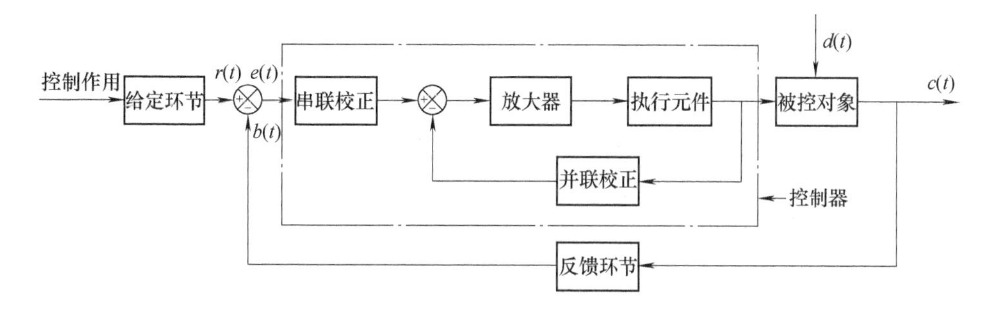

图 1-8　自动控制框图的一般形式

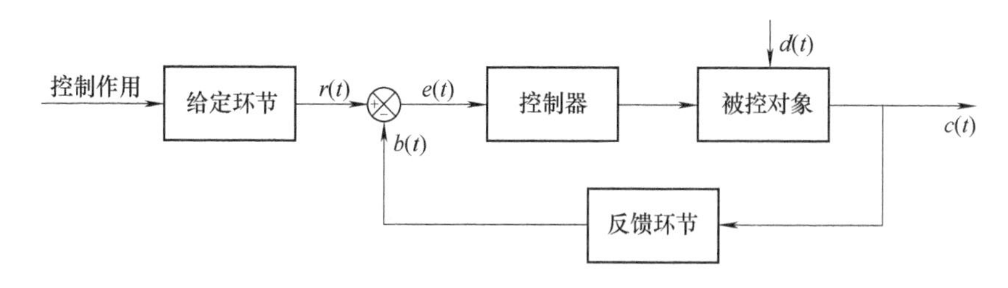

图 1-9　自动控制系统的框图

图 1-9 中：

$r(t)$ ——系统的参考输入（简称输入量或给定量）。

$c(t)$ ——系统的被控制量（又称输出量）。

$b(t)$ ——系统的主反馈量，它是与被控制量成正比或为某种函数的信号，其物理量纲必须与参考输入相同。因为只有相同量纲的信号，才能在比较点处进行相减运算。

$e(t)$ ——系统的误差，它等于参考输入与主反馈量之差，即 $e(t)=r(t)-b(t)$。

$d(t)$ ——系统的扰动，它是一种对系统输出产生不良影响的信号。如果扰动来自于系统内部，则称为内部扰动；反之，若扰动产生于系统外部，则称为外部扰动。

给定环节——产生参考输入信号的元件，如电位器、旋转变压器等。

控制器——它的输入是系统的误差信号，经其变换运算后，产生期望的控制信号去控制被控对象。

被控对象——它受控制器输出量的控制，其输出就是系统的被控制量。

反馈环节——将被控制量转换为主反馈信号的装置，这个装置一般为检测元件。

一、开环控制

如果系统的输出量没有与其参考输入相比较，即系统的输出与输入量间不存在着反馈的通道，这种控制方式叫做开环控制。图1-10为开环控制系统的框图。由图可见，这种控制系统的特点是结构简单、所用的元器件少、成本低，系统一般也容易稳定。然而，由于这种控制系统既不要对它的被控制量进行检测，又没有将被控制量反馈到系统的输入端和参考输入相比较，所以当系统受到干扰作用后，被控制量一旦偏离了原有的平衡状态，系统就没有消除或减小误差的功能，这是开环控制系统的一个“致命”缺点。正是由于这个缺点，从而大大限制了这种系统的应用范围。

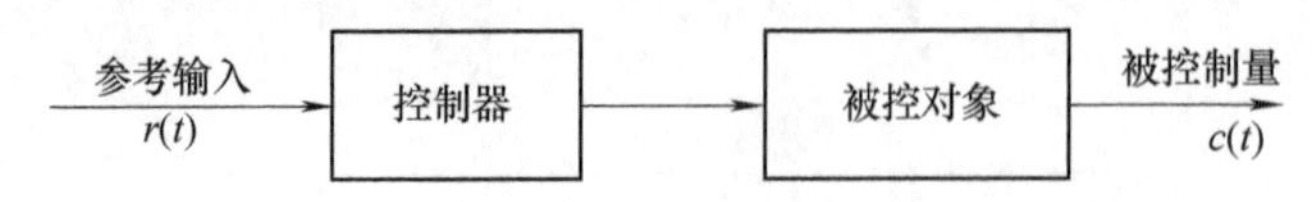

图1-10　开环控制系统

图1-11a为一个开环直流调速系统，图1-11b为它的系统框图。图中U_g为给定的参考输入，它经触发器和晶闸管整流装置转变为相应的直流电压U_d，并供电给直流电动机，使之产生一个U_g所期望的转速n。但是，当电动机的负载、交流电网的电压以及电动机的励磁稍有变化时，电动机的转速就会随之而变化，不能再维持U_g所期望的转速。

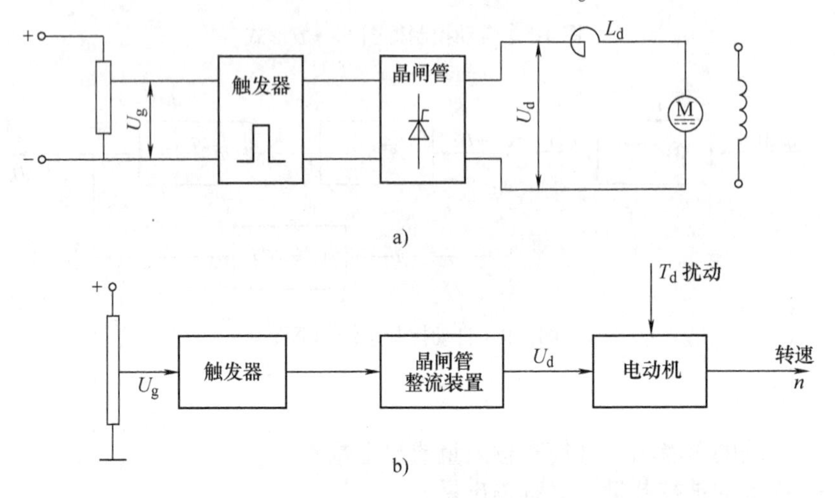

图1-11　开环直流调速系统

图1-12为数控机床中广泛应用的定位系统框图。这也是一个开环控制系统，工作台的位移是该系统的被控制量，它是跟随着控制信号（控制脉冲）而变化的。显然，这个系统没有抗扰动的功能。

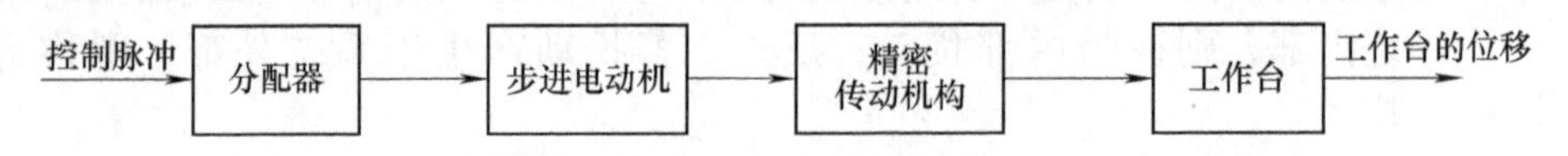

图1-12　开环定位控制系统的框图

如果系统的给定输入与被控制量之间的关系固定，且其内部参数或外来扰动的变化都较小，或这些扰动因素可以事先确定并能给予补偿，则采用开环控制也能取得较为满意的控制效果。

二、闭环控制

若把系统的被控制量反馈到它的输入端，并与参考输入相比较，这种控制方式叫做闭环控制。由于这种控制系统中存在着被控制量经反馈环节至比较点的反馈通道，故闭环控制又称反馈控制。上一节中所讨论的图 1-5 和图 1-7 所示的系统，都是闭环控制系统。这些系统的特点是：连续不断地对被控制量进行检测，把所测得的值与参考输入做减法运算，求得的误差信号经控制器的变换运算和放大器的放大后，驱动执行元件，以使被控制量能完全按照参考输入的要求去变化。这种系统如果受到来自系统内部和外部干扰信号的作用时，通过闭环控制的作用，就能自动地消除或削弱干扰信号对被控制量的影响。由于闭环控制系统具有良好的抗扰动功能，因而它在控制工程中得到了广泛的应用。

如果把图 1-11 所示的开环直流调速系统改接为图 1-13 所示的闭环系统，则它就具有自动抗扰动的功能。例如，当电动机的负载转矩 T_d 增大时，流经电动机电枢中的电流便相应地增大，电枢电阻上的压降也变大，从而导致电动机转速的降低；而转速的降低使测速发电机的输出电压 U_{fn}减小，误差电压 ΔU 便相应地增大，经放大器放大后，使触发脉冲前移，导致晶闸管整流装置的输出电压 U_d 增大，从而补偿了由于负载转矩 T_d 的增大或电网电压 $u_{\sim}$ 的减小而造成的电动机转速的下降，使电动机的转速近似地保持不变。上述的调节过程，也可用如下的顺序图来表示，即

$$\left.\begin{matrix} T_d\uparrow \\ u_{\sim}\downarrow \end{matrix}\right\}\rightarrow n\downarrow\rightarrow U_{fn}\downarrow\rightarrow\Delta U=(U_g-U_{fn})\uparrow\rightarrow U_k\uparrow\rightarrow U_d\uparrow\rightarrow n\uparrow$$

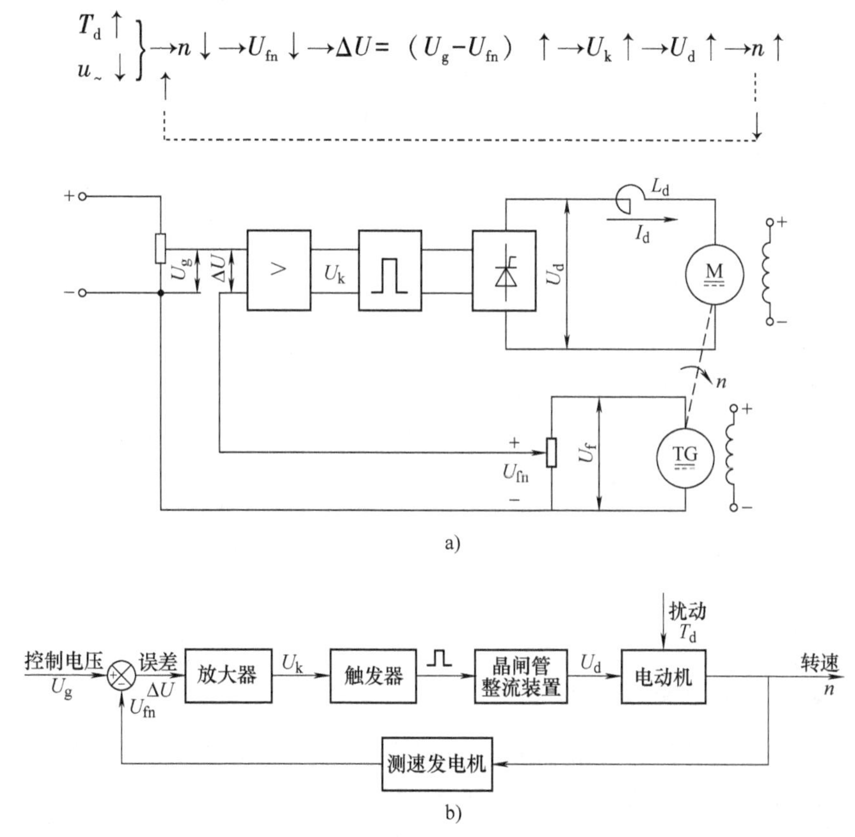

图 1-13 闭环直流调速系统

第四节 自动控制系统的分类

自动控制系统可以从不同的角度进行分类。如按照数学模型的性质，通常可分为线性和非线性，时变和非时变系统；按照系统参考输入信号的变化规律，可分为恒值控制系统和随动控制系统；按照系统内部传输信号的性质，又可分为连续控制系统和离散控制系统。此外，也有的按照组成系统元件的种类来划分，如机电控制系统、液压控制系统、气动控制系统和生物控制系统等。若按照被控制量的名称来分类，有温度控制系统、转速控制系统和张力控制系统等。这里只介绍下列3种常用的分类方法，以在分析和设计这些系统之前，对它们的特征有一个初步的认识。

一、线性控制系统和非线性控制系统

若组成控制系统的元件都具有线性特性，则称这种系统为线性控制系统。这种系统的输入与输出间的关系，一般用微分方程或传递函数来描述，也可以用状态空间表达式来表示。线性系统的主要特点是具有齐次性和适用叠加原理。如果线性系统中的参数不随时间而变化，则称为线性定常系统；反之，则称为线性时变系统。

在控制系统中，若有一个以上的元件具有非线性特性，则称该系统为非线性控制系统。非线性系统一般不具有齐次性，也不适用叠加原理，而且它的输出响应和稳定性与其初始状态有很大的关系。

严格地说，绝对的线性控制系统（或元件）是不存在的，因为所有的物理系统和元件在不同的程度上都具有非线性特性。为了简化对系统的分析和设计，在一定的条件下，可以对某些非线性特性做线性化处理。这样，非线性系统就近似为线性系统，从而可以用分析线性系统的理论和方法对它进行研究。

工程上有时为了改善控制系统的性能，常常人为地引入某种非线性元件。例如，为了实现最短时间控制，采用开关型（Bang-Bang）的控制方式；在由晶闸管组成整流装置的直流调速系统中，为了改善系统的动态特性和限制电动机的最大电流，人们有意识地把速度调节器和电流调节器设计成具有饱和非线性特性。

二、恒值控制系统和随动系统

恒值控制系统的参考输入为常量，要求它的被控制量在任何扰动的作用下都能尽快地恢复到（或接近于）原有的稳态值。图1-3所示的液面自动控制系统和图1-13所示的闭环直流调速系统均属于恒值控制系统。由于这类系统能自动地消除或削弱各种扰动对被控制量的影响，故它又名为自镇定系统。

随动系统的参考输入是一个变化的量，一般是随机的，要求系统的被控制量能快速、准确地跟随参考输入信号的变化而变化。图1-6所示的就是一个位置随动系统。

三、连续控制系统和离散控制系统

控制系统中各部分的信号若都是时间 t 的连续函数，则称这类系统为连续控制系统。前面所举的液面控制系统和随动系统都属于这类控制系统。

在控制系统各部分的信号中只要有一个是时间 t 的离散信号，则称这种系统为离散控制系统。显然，脉冲和数码都属于离散信号。图1-14所示的计算机控制系统就是一种常见的离散控制系统。

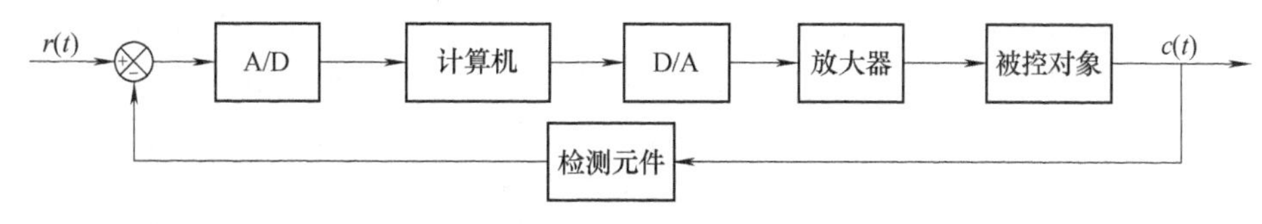

图 1-14　计算机控制系统的框图

第五节　对控制系统性能的要求和本课程的任务

如上所述，恒值控制系统的任务是使系统的被控制量不受扰动的影响，其输出力求等于参考输入信号所要求的期望输出值；随动系统的任务是要求其被控制量能准确、迅速地复现输入信号的变化规律。实际上，这些要求并不能百分之百地办到，而只能近似地得到实现。这是因为系统中总存在着一些不同性质的储能元件，如机械的惯性、电路中的电容与电感等。因而即使在系统中加了校正装置，系统的误差量也不会立即被完全消除。从另一方面考虑，由于系统具有的能源功率有限，系统的放大能力必然也有限，因而它运动的加速度也有限，相应的速度和位移就不可能在瞬间发生突变，而必须经历一段时间，即系统的运动必然有一个渐变的过程——动态响应过程。此外，由于检测元件本身制造上的误差和机械传动间隙等因素，都会影响系统的控制精度。因此，对于控制系统的设计，只是要求在可能的范围内尽量满足其技术上的要求。

控制系统的性能一般从以下三方面来评价。

一、稳定性

稳定性是控制系统能正常工作的必要条件。所谓系统稳定，粗略地说，就是当系统受到扰动作用后，系统的被控制量虽然偏离了原来的平衡状态，但当扰动一撤离，经过一定长的时间后，如果系统仍能自动地回到原有的平衡状态，则称系统是稳定的。反之，则称为不稳定。一个稳定的系统，当其内部参数稍有变化或初始条件改变时，仍能正常地进行工作。考虑到系统在工作过程中的环境和参数的变化，因而实际系统不仅要求能稳定，而且还要求留有一定的稳定裕量。

二、响应速度

控制系统不仅要稳定，而且还要求其瞬态响应具有一定的快速性和平稳性。例如，在第三节中所述及的直流调速系统，当它在突加负载作用下，要求系统的被控制量（转速）能尽快地恢复到原有的稳态值。有关系统瞬态响应速度定量的性能指标，将在第三章中予以阐述。

三、稳态精度

系统稳态精度通常用它的稳态误差来表示。如果在参考输入信号作用下，当系统达到稳态后，其稳态输出与参考输入所要求的期望输出之差叫做给定稳态误差。显然，这种误差越小，表示系统的输出跟随参考输入的精度越高。系统在扰动信号作用下，其输出必然偏离原平衡状态。由于系统自动调节的作用，其输出量会逐渐向原平衡状态方向恢复。当达到稳态后，系统的输出量若不能恢复到原平衡状态时的稳态值，所产生的差值叫作扰动稳态误差。这种误差越小，表示系统抗扰动的能力越强，其稳态精度也越高。

由于被控对象具体情况的不同，各种系统对上述三方面性能要求的侧重点也有所不同。

例如，随动系统对响应速度和稳态精度的要求较高，而恒值控制系统一般却侧重于稳定性和抗扰动的能力。在同一个系统中，上述三方面的性能要求通常是相互制约的。例如，为了提高系统动态响应的快速性和稳态精度，就需要增大系统的放大能力，而放大能力的增强，必然会导致系统动态性能的变差，甚至会使系统变为不稳定。反之，若强调系统动态过程稳定性的要求，系统的放大倍数就应较小，从而造成系统稳态精度的降低和瞬态响应的缓慢。由此可见，系统瞬态响应的快速性、高精度与动态稳定性之间是一对矛盾。如何分析与解决这个矛盾，正是本课程所要研究的两大课题：

1）对于一个具体的控制系统，如何从理论上对它的动态性能和稳态精度进行定性的分析和定量的计算。

2）根据对系统性能的要求，如何设计一个合适的校正装置，使系统不仅具有优良的瞬态响应特性，而且还具有较高的控制精度。

习　题

1-1　试列举几个日常生活中的开环和闭环控制系统，并说明它们的工作原理。

1-2　一晶体管稳压电源如图1-15所示。试将其改画成框图，并指出哪个量是给定量、被控制量、反馈量和扰动量。

1-3　图1-16为电炉箱恒温自动控制系统。

（1）画出系统的框图；

（2）说明该系统恒温控制的原理。

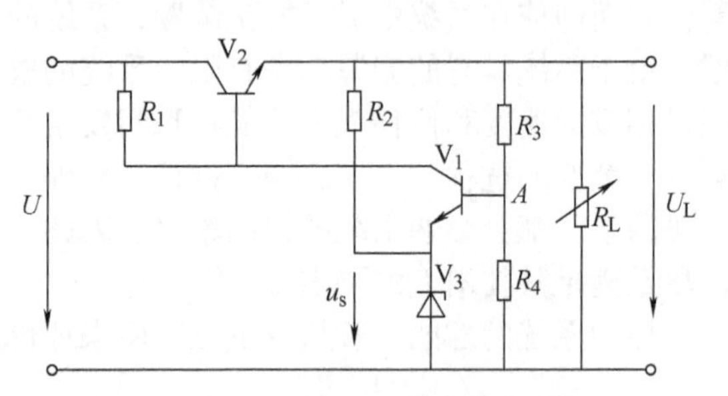

图1-15　晶体管稳压电源电路

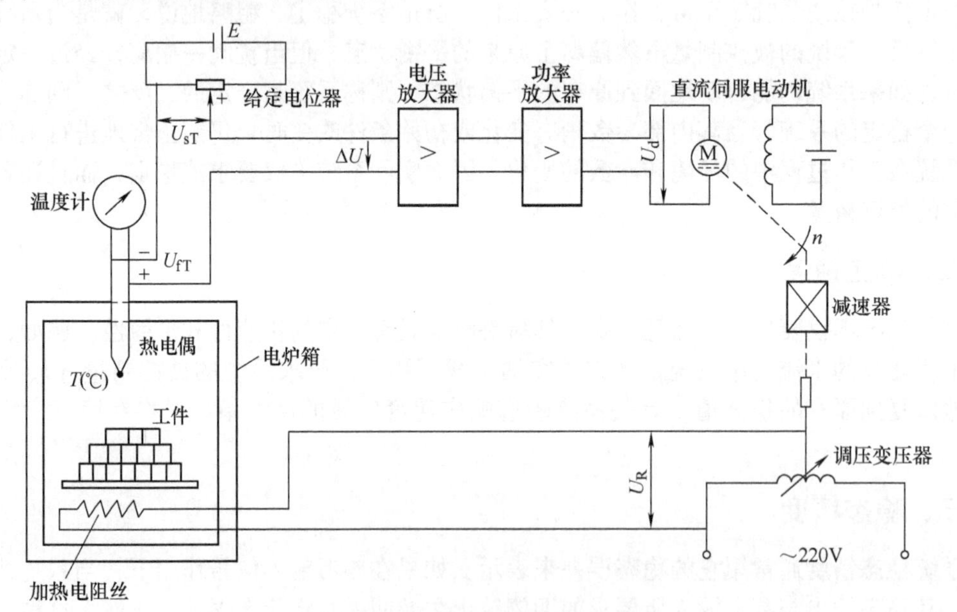

图1-16　电炉箱恒温自动控制系统

1-4　图1-17为仓库大门控制系统。试说明大门自动开启和关闭的工作原理。如果大门不能全开或全关，应如何调整。

1-5　图1-18为一直流调速系统。图中TG为测速发电机，M_1为工作电动机，M_2为伺服电动机，伺服电动机将驱动电位器RP_2的动臂做上下移动。试画出该系统的框图，并说明它的自动调节过程。

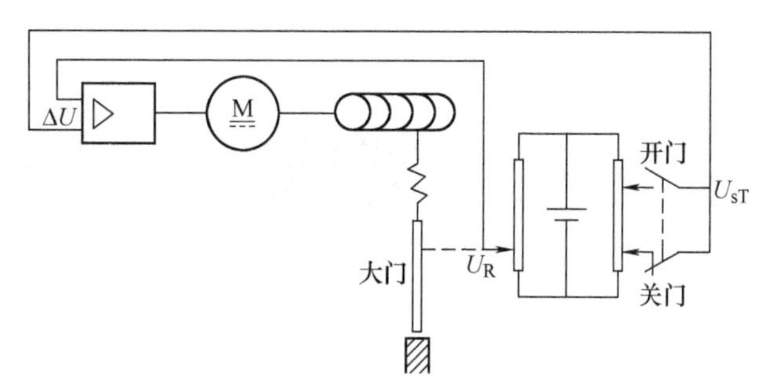

图 1-17　仓库大门控制系统

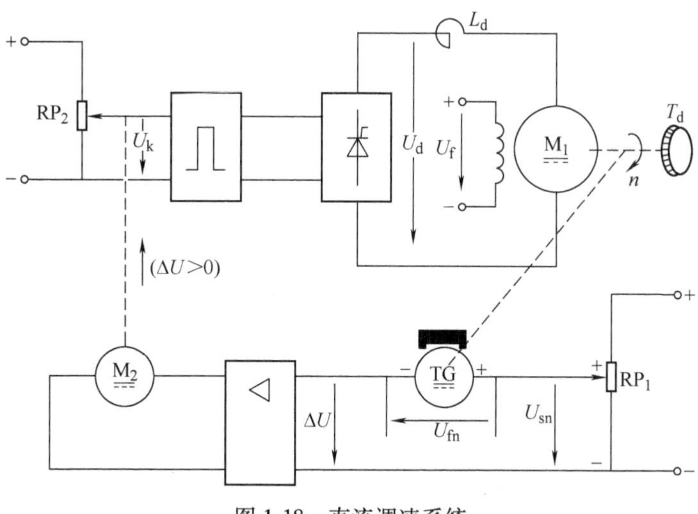

图 1-18　直流调速系统

第二章 控制系统的数学模型

为了从理论上对控制系统进行定性的分析和定量的计算，首先要建立系统的数学模型。系统的数学模型就是描述系统输入、输出变量以及与内部其他变量之间关系的数学表达式。通常有两种描述方法：一种是输入-输出描述，又称端部描述，微分方程是这种描述的最基本形式，传递函数、框图等其他形式的数学模型均由它导出；另一种是状态变量描述，又称内部描述，它不仅描述了系统的输入、输出的关系，而且也描述了系统内部变量间的特性，特别适用于多变量控制系统。

一个控制系统的数学模型虽然可以表示为不同的形式，但对于一个具体的系统而言，采用某种合适的形式将更有利于对系统的分析和研究。例如，对于多变量控制系统和最优控制系统，宜采用状态变量描述；对于单输入-单输出系统的瞬态响应或频率响应的分析，应采用传递函数描述更为方便。

建立系统数学模型的方法有解析法和实验法两种。解析法是根据系统及元件各变量之间所遵循的基本物理定律，列写出每一个元件的输入-输出的关系式，然后消去中间变量，从而求得系统输出与输入的数学表达式。本章只讨论解析法，关于实验法将在第五章中做介绍。

第一节 列写系统微分方程式的一般方法

为使建立的数学模型既简单又具有较高的精度，在推演系统的数学模型时，必须对系统做全面深入的考察，以求把对系统性能影响较小的那些次要因素略去。用解析法推演系统数学模型的前提是对系统的作用原理和系统中各元件的物理属性有着深入的了解。用这种方法建立系统微分方程式的一般步骤是：

1）根据基本的物理、化学等定律，列写出系统中每一个元件的输入与输出的微分方程式。在列写方程时，要注意与相邻元件间的关联影响。

2）确定系统的输入与输出量，消去其余的中间变量，从而求得系统输出与输入间的微分方程式。

3）对所求的微分方程进行标准化处理，把与输入量有关的项写在方程等号的右方，与输出量有关的项写在方程等号的左方。

下面举例说明建立系统微分方程式的步骤与方法。

一、电气网络系统

图 2-1 为一 R-L-C 电路，其输入电压为 u_r，输出电压为 u_C。由基尔霍夫定律得

$$iR + L\frac{\mathrm{d}i}{\mathrm{d}t} + u_C = u_r$$

$$u_C = \frac{1}{C}\int i\mathrm{d}t$$

消去中间变量 i，则得

$$LC\frac{\mathrm{d}^2u_C}{\mathrm{d}t^2}+RC\frac{\mathrm{d}u_C}{\mathrm{d}t}+u_C=u_r$$

或写作

$$T_LT_C\frac{\mathrm{d}^2u_C}{\mathrm{d}t^2}+T_C\frac{\mathrm{d}u_C}{\mathrm{d}t}+u_C=u_r \tag{2-1}$$

式中，$T_L=\frac{L}{R}$；$T_C=RC$。式（2-1）就是图 2-1 所示电路的数学模型，它描述了该电路在 u_r 作用下电容两端电压 u_C 的变化规律。

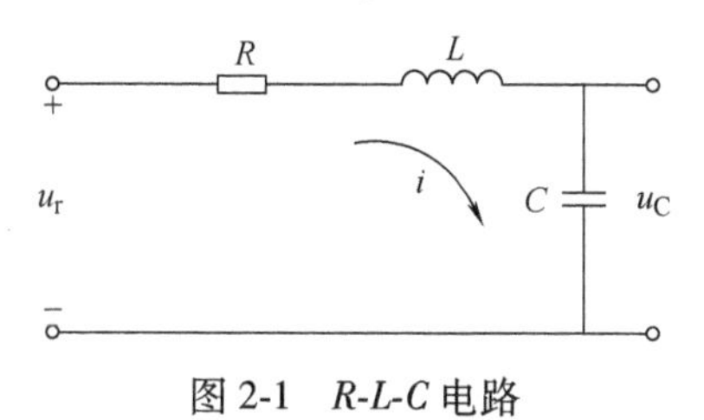

图 2-1　R-L-C 电路

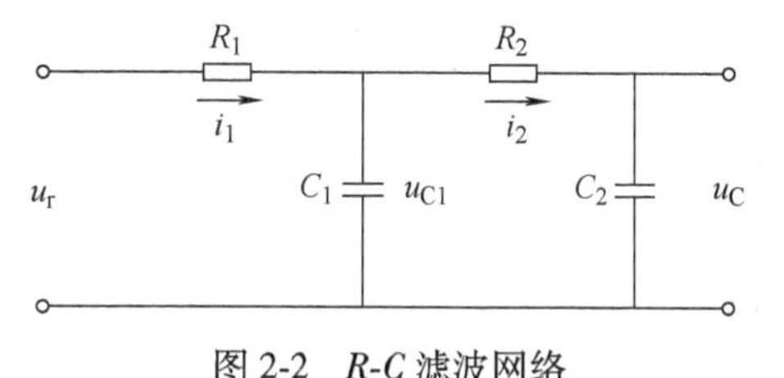

图 2-2　R-C 滤波网络

对于图 2-2 所示的二级 R-C 网络，在列写电路的微分方程式时，必须要考虑到后级电路是否对前级电路产生影响。对于该电路，如果只是简单地分别写出 2 个单级 R-C 网络的微分方程，然后消去中间变量，这样求得的微分方程将是错误的。只有当后级 R_2-C_2 网络的输入阻抗很大，即对前级 R_1-C_1 网络的影响可以忽略不计时，方可单独列出 R_1-C_1 和 R_2-C_2 网络的微分方程。对于图 2-2 所示的电路，由基尔霍夫定律写出下列的方程组：

$$\frac{1}{C_1}\int(i_1-i_2)\mathrm{d}t+i_1R_1=u_r$$

$$\frac{1}{C_2}\int i_2\mathrm{d}t+i_2R_2=\frac{1}{C_1}\int(i_1-i_2)\mathrm{d}t$$

$$\frac{1}{C_2}\int i_2\mathrm{d}t=u_C$$

消去中间变量 i_1、i_2，得

$$R_1R_2C_1C_2\frac{\mathrm{d}^2u_C}{\mathrm{d}t^2}+(R_1C_1+R_2C_2+R_1C_2)\frac{\mathrm{d}u_C}{\mathrm{d}t}+u_C=u_r$$

或写为

$$T_1T_2\frac{\mathrm{d}^2u_C}{\mathrm{d}t^2}+(T_1+T_2+T_3)\frac{\mathrm{d}u_C}{\mathrm{d}t}+u_C=u_r \tag{2-2}$$

式中，$T_1=R_1C_1$；$T_2=R_2C_2$；$T_3=R_1C_2$。

由式（2-2）可知，该电路的数学模型是一个二阶常系数非齐次微分方程。

二、机械位移系统

一弹簧-质量块-阻尼器系统，如图 2-3 所示。试求外力 $F(t)$ 与质量块 m 的位移 $y(t)$ 间的微分方程式。

根据牛顿第二定律，该系统在外力 $F(t)$ 的作用下，当抵消了弹簧拉力 $ky(t)$ 和阻尼器的阻力 $f\frac{\mathrm{d}y}{\mathrm{d}t}$ 后，使质量块（质量为 m）产生加速度，于是得

$$F(t)-ky(t)-f\frac{\mathrm{d}y(t)}{\mathrm{d}t}=m\frac{\mathrm{d}^2y(t)}{\mathrm{d}t^2}$$

即

$$m\frac{\mathrm{d}^2y(t)}{\mathrm{d}t^2}+f\frac{\mathrm{d}y(t)}{\mathrm{d}t}+ky(t)=F(t) \tag{2-3}$$

式中，f 为阻尼系数；k 为弹簧的弹性系数。

图 2-3　弹簧-质量块-阻尼器系统

三、液位控制系统

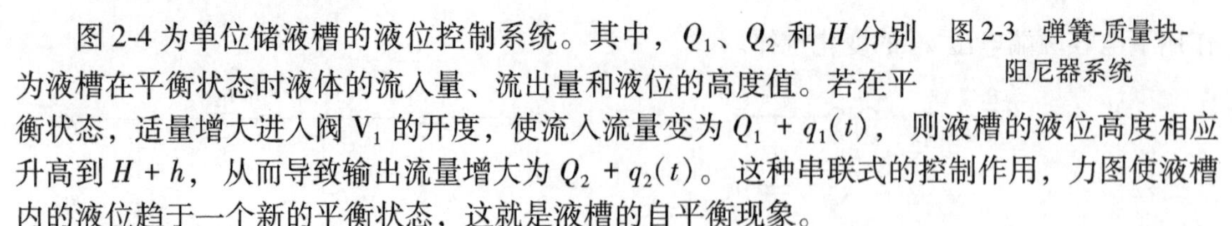

图 2-4 为单位储液槽的液位控制系统。其中，Q_1、Q_2 和 H 分别为液槽在平衡状态时液体的流入量、流出量和液位的高度值。若在平衡状态，适量增大进入阀 V_1 的开度，使流入流量变为 $Q_1+q_1(t)$，则液槽的液位高度相应升高到 $H+h$，从而导致输出流量增大为 $Q_2+q_2(t)$。这种串联式的控制作用，力图使液槽内的液位趋于一个新的平衡状态，这就是液槽的自平衡现象。

假设液槽的截面积为 C，根据物料的平衡原理，液体流入量与流出量之差应等于液槽中液体存储量的变化率，即有

$$C\frac{\mathrm{d}(H+h)}{\mathrm{d}t}=[Q_1+q_1(t)]-[Q_2+q_2(t)]$$

考虑到在平衡状态，H=定值，$Q_1=Q_2$，则上式可改写为

$$C\frac{\mathrm{d}h(t)}{\mathrm{d}t}=q_1(t)-q_2(t) \tag{2-4}$$

基于液位 $h(t)$ 与流量 $q_2(t)$ 之间有着下列的非线性关系：

$$q_2(t)=\alpha\sqrt{h(t)} \tag{2-5}$$

式中，α 为比例常数（与 V_2 阀的开度大小有关）。

因此需要在平衡点处对式（2-5）做线性化处理，如图 2-5 所示（详见本章的第二节）。经线性化处理后，$q_2(t)$ 与 $h(t)$ 的关系为

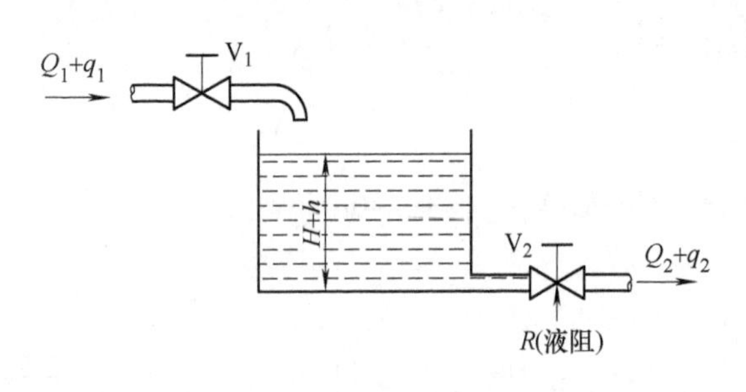

图 2-4　液位系统

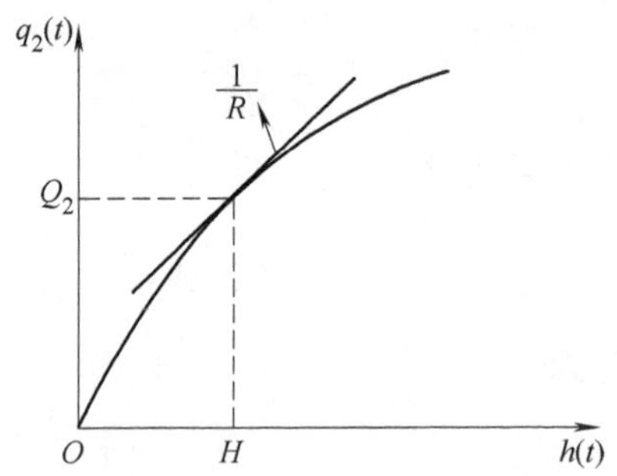

图 2-5　$q_2(t)$ 与 $h(t)$ 的关系曲线

$$q_2(t)=\frac{\alpha}{2\sqrt{H}}h(t)$$

或写作

$$\frac{q_2(t)}{h(t)}=\frac{\alpha}{2\sqrt{H}}\triangleq\frac{1}{R} \tag{2-6}$$

式中，$R\triangleq\dfrac{\text{液位高度的变化量}}{\text{输出流量的变化量}}$=液阻。

把式（2-6）代入式（2-4）得

$$RC\frac{\mathrm{d}h(t)}{\mathrm{d}t}+h(t)=Rq_1(t)$$

或

$$T\frac{\mathrm{d}h(t)}{\mathrm{d}t}+h(t)=Rq_1(t) \tag{2-7}$$

式中，$T=RC$。

四、直流调速系统

图2-6为由放大器、直流发电机、直流电动机和测速发电机所组成的直流调速系统，它的系统框图如图2-7所示。当电动机的负载或电网电压变化时，由于系统的自动控制作用，电动机的转速能近似地维持不变。

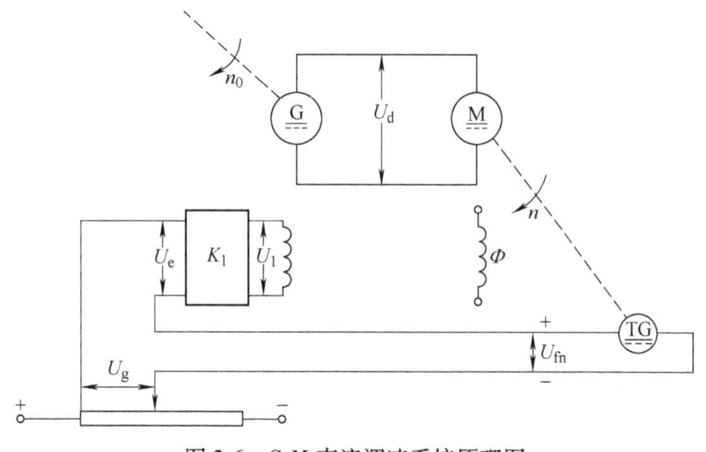

图2-6　G-M直流调速系统原理图

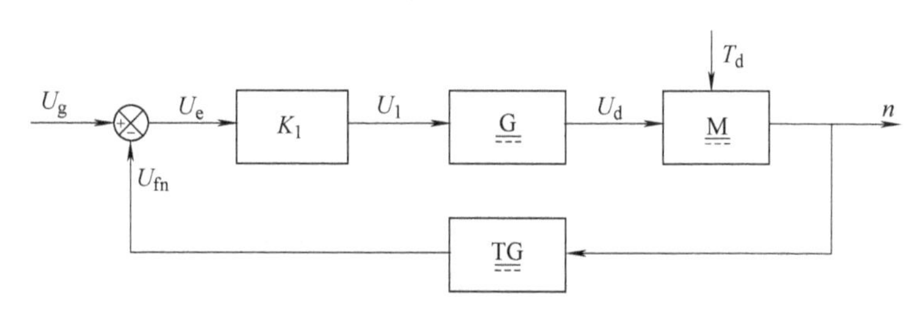

图2-7　G-M直流调速系统的框图

在列写元件和系统方程式前，首先要明确谁是输入量和输出量。通常把与输出量有关的项写在方程式等号的左方，与输入量有关的项写在等号的右方。下面按照上述列写系统微分方程式的步骤去导求该调速系统的运动方程式。

（1）放大器　放大器的输入量是电压 U_e，经放大器放大后的输出量为 U_1，假设该放大器无惯性，则它的输入-输出方程为

$$\frac{U_1}{U_e}=K_1 \tag{2-8}$$

（2）他励直流发电机　图2-8为他励直流发电机的电路图。为分析简化起见，假设拖动发电机的原动机的转速 n_0 恒定不变，发电机没有磁滞回线和剩磁。此外，还假设发电机的磁化曲线为一直线，即 $\Phi/i_B=L$。

由电机学的原理得

$$L\frac{\mathrm{d}i_B}{\mathrm{d}t}+i_BR=U_1 \tag{2-9}$$

$$E_G=C_1\Phi=C_2i_B \tag{2-10}$$

式中，$C_2=C_1L$。把式（2-10）代入式（2-9），于是得

$$\tau_G\frac{\mathrm{d}E_G}{\mathrm{d}t}+E_G=K_2U_1 \tag{2-11}$$

式中，$\tau_G=\dfrac{L}{R}$；$K_2=\dfrac{C_1L}{R}$。式（2-11）就是描述他励直流发电机动态和静态特性的数学模型。

（3）他励直流电动机　图2-9为他励直流电动机的电路图。电动机的转速 n 是输出量，它的变化要受到两个信号的控制：一个是发电机的电动势 E_G，另一个是负载转矩 T_d。

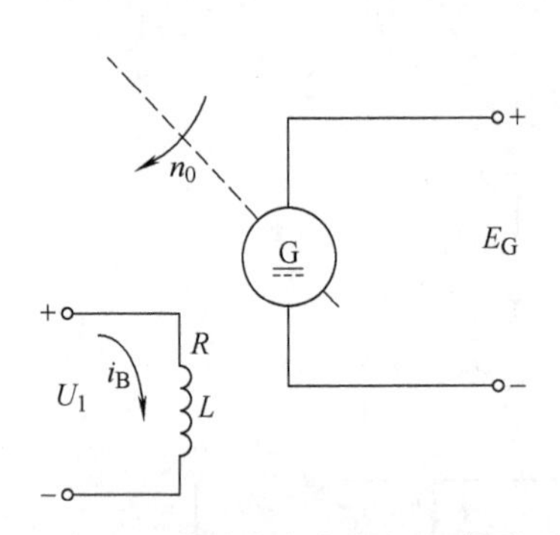

图2-8　他励直流发电机电路图

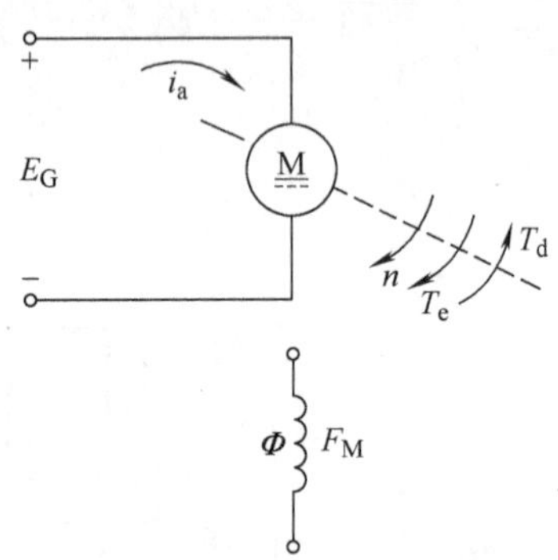

图2-9　他励直流电动机电路图

由基尔霍夫定律和牛顿第二定律得

$$i_aR+L\frac{\mathrm{d}i_a}{\mathrm{d}t}+C_en=E_G$$

$$T_e-T_d=\frac{GD^2}{375}\frac{\mathrm{d}n}{\mathrm{d}t}$$

$$T_e=C_\mu i_a$$

式中，i_a 为电动机的电枢电流，单位为A；T_e 为电动机的电磁转矩，单位为N·m；T_d 为负载转矩，单位为N·m；E_G 为发电机的电动势，单位为V；C_e 为电动势系数，单位为V/(r/min)；C_μ 为转矩系数，单位为N·m/A；$R=R_G+R_M$，其中 R_G 和 R_M 分别为发电机和电动机的内阻，单位为Ω；GD^2 为飞轮力矩，单位为N·m²。由上述三式中消去中间变量 T_e、i_a 后，求得

$$\tau_m\tau_a\frac{\mathrm{d}^2n}{\mathrm{d}t^2}+\tau_m\frac{\mathrm{d}n}{\mathrm{d}t}+n=\frac{1}{C_e}E_G-\frac{R}{C_eC_\mu}\left(T_d+\tau_a\frac{\mathrm{d}T_d}{\mathrm{d}t}\right) \tag{2-12}$$

式中，$\tau_m=\dfrac{GD^2R}{375C_eC_\mu}$和$\tau_a=\dfrac{L}{R}$分别为电动机的机电时间常数和电气时间常数。$\tau_m$ 和 τ_a 的量纲与时间的量纲相同。式（2-12）描述了他励直流电动机在同时受到发电机的电动势控制和负载转矩干扰时的运动过程。当 $T_d=0$ 时，电动机空载运行至稳态时，式（2-12）便蜕化为下列的代数方程：

$$n_0=\frac{1}{C_e}E_G \tag{2-13}$$

式中，n_0 为电动机的空载转速。

（4）测速发电机　测速发电机的磁场恒定不变，它的输入量是驱动电动机的转速 n，输出量是测速发电机的电枢电压 u_{fn}。由电机学的原理可知，测速发电机发出的电压与转速成正比，即有

$$u_{fn}=\alpha n \tag{2-14}$$

而

$$u_e=u_g-u_{fn} \tag{2-15}$$

对整个系统而言，引起系统运动的外部因素是给定电压 u_g 和负载转矩 T_d。其中 u_g 为系统的给定控制量，T_d 为系统的扰动量，系统的被控制量是电动机的转速 n，其余的物理量均为中间变量，经消元后得

$$\begin{aligned}&\tau_m\tau_a\tau_G\frac{d^3n}{dt^3}+\tau_m(\tau_a+\tau_G)\frac{d^2n}{dt^2}+(\tau_G+\tau_m)\frac{dn}{dt}+\left(1+\frac{K\alpha}{C_e}\right)n\\&=\frac{K}{C_e}u_g-\frac{R}{C_eC_\mu}\left[\tau_G\tau_a\frac{d^2T_d}{dt^2}+(\tau_a+\tau_G)\frac{dT_d}{dt}+T_d\right]\end{aligned} \tag{2-16}$$

式中，$K=K_1K_2$；$R=R_G+R_M$。如果已知 u_g、T_d 和其他参数，求解式（2-16），就可以知道该调速系统在 u_g 和 T_d 的作用下被控制量 n 变化的全貌。

第二节　非线性数学模型的线性化

上节所举电路和系统的运动方程都是线性常系数微分方程，它们的一个重要性质是具有齐次性和叠加性。事实上，绝对的线性元件和线性系统是不存在的，即所有的元件和系统在不同程度上都存在着非线性性质，它们的运动方程应该都是非线性的。鉴于非线性微分方程的求解一般较为困难，且非线性系统的分析远比线性系统来得复杂。因此，人们设想能否在满足一定条件的前提下，用近似的线性方程代替非线性方程。如果能办到，则使问题的研究大为简化。下面介绍一种在建立系统数学模型时常用的线性化方法。

控制系统都有一个平衡的工作状态和相应的工作点。非线性数学模型线性化的一个基本假设是变量对于平衡工作点的偏离较小。若非线性函数不仅连续，而且其各阶导数均存在，则由级数理论可知，可在给定工作点邻域将此非线性函数展开为泰勒级数，并略去二阶及二阶以上的各项，用所得的线性化方程代替原有的非线性方程。这种线性化的方法叫做微偏法。必须指出，如果系统在原平衡工作点处的特性不是连续的，而是呈现折线或跳跃现象，如图 2-10 所示。对此，就不能应用微偏法。

下面具体讨论这种线性化的方法。设一非线性元件的输入为 x、输出为 y，它们间的关系如图 2-11 所示，相应的数学表达式为

$$y=f(x) \tag{2-17}$$

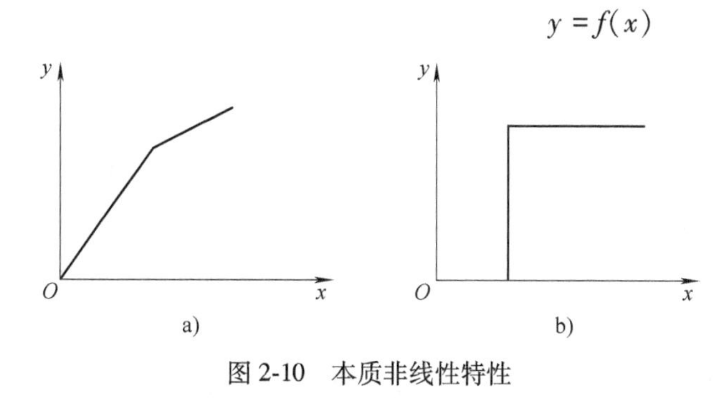

图 2-10　本质非线性特性

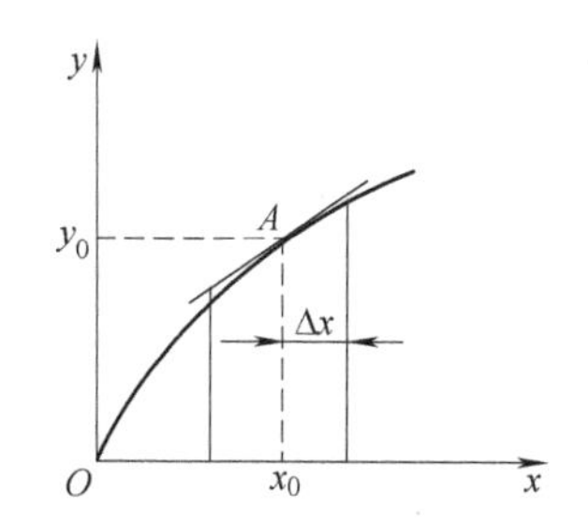

图 2-11　非线性特性的线性化

在给定工作点（x_0，y_0）附近，将式（2-17）用泰勒级数展开为

$$y=f(x)=f(x_0)+\left.\frac{\mathrm{d}f}{\mathrm{d}x}\right|_{x=x_0}(x-x_0)+\frac{1}{2!}\left.\frac{\mathrm{d}^2f}{\mathrm{d}x^2}\right|_{x=x_0}(x-x_0)^2+\cdots$$

若在工作点（x_0，y_0）附近增量 $x-x_0$ 的变化很小，则可略去式中（$x-x_0$）^{2} 项及其后面所有的高阶项，这样，上式近似表示为

$$y=y_0+K(x-x_0)$$

或写为

$$\Delta y=K\Delta x \tag{2-18}$$

式中，$y_0=f(x_0)$；$K=\left.\frac{\mathrm{d}f}{\mathrm{d}x}\right|_{x=x_0}$；$\Delta y=y-y_0$；$\Delta x=x-x_0$。式（2-18）就是式（2-17）的线性化方程。

对于含有多个变量非线性方程的线性化方法，与上述含有单个变量的线性化方法是完全相同的。

现以上节的他励直流发电机为例，介绍非线性数学模型线性化的实际应用。

在推导他励直流发电机的微分方程式时，曾假设发电机的磁化曲线为一直线。实际上，这个假设并不符合发电机工作的一般情况。设发电机原工作于磁化曲线的 A 点，如图 2-12 所示。若令发电机的励磁电压增加 Δu_1，求其增量电动势 ΔE_{G} 的变化规律。

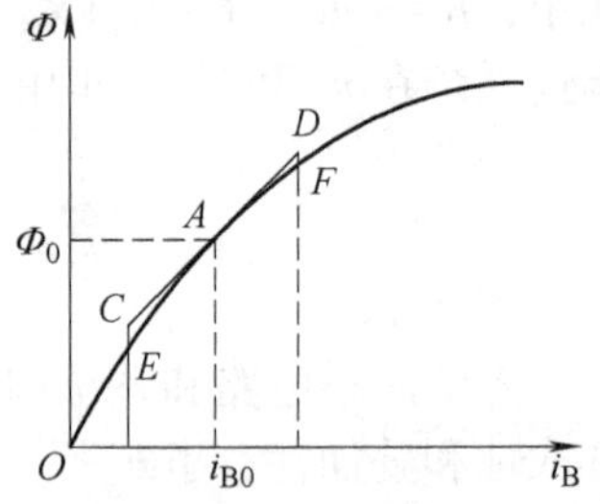

图 2-12　发电机的磁化曲线

由图 2-12 可知，在 A 点附近的磁化曲线不是一条直线，因而不能在较大的范围内用一条直线近似地代替实际的曲线。然而，发电机若在小信号励磁电压的作用下，工作点 A 的偏离范围便较小，从而可以通过点 A 作一切线 CD，且以此切线 CD 近似地代替原有的曲线 EAF。在平衡工作点 A 处，他励直流发电机的方程为

$$i_{\mathrm{B0}}R=u_{10} \tag{2-19}$$

$$E_{\mathrm{G0}}=C_1\Phi_0 \tag{2-20}$$

当励磁电压增加 Δu_1 后，则有

$$(i_{\mathrm{B0}}+\Delta i_{\mathrm{B}})R+N\frac{\mathrm{d}\Delta\Phi}{\mathrm{d}t}=u_{10}+\Delta u_1 \tag{2-21}$$

$$E_{\mathrm{G0}}+\Delta E_{\mathrm{G}}=C_1(\Phi_0+\Delta\Phi) \tag{2-22}$$

由式（2-21）减去式（2-19），式（2-22）减去式（2-20）后得

$$\Delta i_{\mathrm{B}}R+N\frac{\mathrm{d}\Delta\Phi}{\mathrm{d}t}=\Delta u_1 \tag{2-23}$$

$$\Delta E_{\mathrm{G}}=C_1\Delta\Phi \tag{2-24}$$

式中，N 为励磁绕组的匝数。做上述相减运算，消去了原平衡工作点 A 处各变量间的关系，使所求的式（2-23）、式（2-24）中的变量均为增量，因而称这两个方程式为增量方程式。增量方程只描述了发电机在平衡工作点处受到增量励磁电压 Δu_1 作用下的运动过程。对于式（2-23）、式（2-24）而言，发电机励磁曲线的坐标原点不是在 O 点而是移至原平衡点 A 处。因此，发电机的初始条件就变为零了。这样，不仅便于求解方程，而且也是我们以后研究控制系统时假设零初始条件的依据。

这里需要注意的是，在式（2-23）中之所以不写作 $L\frac{\mathrm{d}\Delta i_{\mathrm{B}}}{\mathrm{d}t}$，而用 $N\frac{\mathrm{d}\Delta\Phi}{\mathrm{d}t}$ 表示，原因是

那一段磁化曲线不是一条直线，即$\dfrac{\mathrm{d}\Delta\Phi}{\mathrm{d}\Delta i_{\mathrm{B}}}\neq$常量，表示电感$L$不是一个常数，因而用反电动势来表示。

把磁化曲线$\Phi=f(i_{\mathrm{B}})$在平衡工作点（Φ_0，i_{B0}）处展开为泰勒级数：

$$\Phi=f(i_{\mathrm{B}})=f(i_{\mathrm{B0}})+f'(i_{\mathrm{B0}})(i_{\mathrm{B}}-i_{\mathrm{B0}})+\frac{1}{2!}f''(i_{\mathrm{B0}})(i_{\mathrm{B}}-i_{\mathrm{B0}})^2+\cdots \tag{2-25}$$

略去式中$(i_{\mathrm{B}}-i_{\mathrm{B0}})^2$项及其后面所有的高阶项，并令$\Phi-f(i_{\mathrm{B0}})=\Delta\Phi$，$i_{\mathrm{B}}-i_{\mathrm{B0}}=\Delta i_{\mathrm{B}}$，则式（2-25）便简化为

$$\Delta\Phi=f'(i_{\mathrm{B0}})\Delta i_{\mathrm{B}}$$

或写作

$$\frac{\Delta\Phi}{\Delta i_{\mathrm{B}}}=f'(i_{\mathrm{B0}}) \tag{2-26}$$

式中，$f'(i_{\mathrm{B0}})$为平衡工作点A处的正切值。根据式（2-26），式（2-23）和式（2-24）可改写为

$$\Delta i_{\mathrm{B}}R+L\frac{\mathrm{d}\Delta i_{\mathrm{B}}}{\mathrm{d}t}=\Delta u_1 \tag{2-27}$$

$$\Delta E_{\mathrm{G}}=C_2\Delta i_{\mathrm{B}} \tag{2-28}$$

式中，$L=Nf'(i_{\mathrm{B0}})$；$C_2=C_1f'(i_{\mathrm{B0}})$。由此可见，描述自动控制系统运动的方程实际上都是增量方程式。为了书写简单起见，在实际应用中常把表示增量的符号“Δ”省去。去掉增量符号“Δ”后的上述两式，显然和式（2-9）、式（2-10）具有完全相同的形式。

不难看出，随着发电机平衡工作点的不同，其时间常数$\tau=\dfrac{L}{R}=\dfrac{N}{R}f'(i_{\mathrm{B0}})$和放大倍数$K=\dfrac{C_2}{R}$也不相同。由线性化引起的误差大小与非线性的程度和工作点偏移的大小有关。严格地说，经过线性化后所得的系统微分方程式，只是近似地表征系统的运动情况。实践证明，对于绝大多数的控制系统，经过线性化后所得的系统数学模型，能以较高的精度反映系统的实际运动过程，所以线性化方法是很有实用意义的。

第三节　传递函数

微分方程式是描述线性系统运动的一种基本形式的数学模型。通过对它求解，就可以得到系统在给定输入信号作用下的输出响应。然而，用微分方程式表示系统的数学模型在实际应用中一般会遇到如下的困难：

1）微分方程式的阶次越高，求解难度就越大，且计算的工作量也随之大大增加。

2）对于控制系统的分析，不仅要了解它在给定信号作用下的输出响应，而且更要重视系统的结构、参数与其性能间的关系。对于后者的要求，显然用微分方程式去描述是难于实现的。

在控制工程中，一般并不需要精确地求出系统微分方程式的解，作出它的输出响应曲线，而是希望用简单的方法了解系统是否稳定及其在动态过程中的主要特征，能判别某些参数的改变或校正装置的加入对系统性能的影响。以传递函数为工具的根轨迹法和频率响应法就能实现上述的要求。

一、传递函数的定义

设线性定常系统的微分方程式为

$$a_0\frac{\mathrm{d}^n c(t)}{\mathrm{d}t^n}+a_1\frac{\mathrm{d}^{n-1}c(t)}{\mathrm{d}t^{n-1}}+\cdots+a_{n-1}\frac{\mathrm{d}c(t)}{\mathrm{d}t}+a_n c(t)=b_0\frac{\mathrm{d}^m r(t)}{\mathrm{d}t^m}+$$

$$b_1\frac{\mathrm{d}^{m-1}r(t)}{\mathrm{d}t^{m-1}}+\cdots+b_{m-1}\frac{\mathrm{d}r(t)}{\mathrm{d}t}+b_m r(t),\ n\geqslant m \tag{2-29}$$

式中，$r(t)$ 为系统的输入量；$c(t)$ 为系统的输出量。

在零初始条件下，对上式进行拉普拉斯变换得

$$(a_0s^n+a_1s^{n-1}+\cdots+a_{n-1}s+a_n)C(s)=(b_0s^m+b_1s^{m-1}+\cdots+b_{m-1}s+b_m)R(s)$$

即

$$C(s)=\frac{b_0s^m+b_1s^{m-1}+\cdots+b_{m-1}s+b_m}{a_0s^n+a_1s^{n-1}+\cdots+a_{n-1}s+a_n}R(s)$$

令

$$\frac{C(s)}{R(s)}=G(s)=\frac{b_0s^m+b_1s^{m-1}+\cdots+b_{m-1}s+b_m}{a_0s^n+a_1s^{n-1}+\cdots+a_{n-1}s+a_n} \tag{2-30}$$

于是得

$$C(s)=G(s)R(s) \tag{2-31}$$

式中，$C(s)=\mathscr{L}[C(t)]$；$R(s)=\mathscr{L}[r(t)]$。上式中的 $G(s)$ 称为系统的传递函数。据此得出线性定常系统（或元件）传递函数的定义：在零初始条件下，系统（或元件）输出量的拉普拉斯变换与其输入量的拉普拉斯变换之比，即为线性定常系统（或元件）的传递函数。式（2-31）表示了系统的输入与输出间的因果关系，即系统的输出 $C(s)$ 是由其输入 $R(s)$ 经过 $G(s)$ 的传递而产生的，因而 $G(s)$ 称为传递函数。基于传递函数是由系统的微分方程经拉普拉斯变换后得到的，而拉普拉斯变换是一种线性变换，只是将变量从实数 t 域变换到复数 s 域，因而它必然同微分方程式一样能表征系统的固有特性，即成为描述系统（或元件）运动的又一形式的数学模型。对比式（2-29）和式（2-30），不难看出传递函数包含了微分方程式的所有系数。如果把微分方程式中的微分算子 $\frac{\mathrm{d}}{\mathrm{d}t}$ 用复变量 s 表示，把 $c(t)$ 和 $r(t)$ 换为相应的象函数 $C(s)$ 和 $R(s)$，则就把微分方程转换为相应的传递函数，反之亦然。

若系统的输入是一单位理想脉冲函数，即 $r(t)=\delta(t)$。由于 $\mathscr{L}[\delta(t)]=1$，则由式（2-31）可知，$C(s)=G(s)$。据此求得系统的单位脉冲响应为

$$g(t)=\mathscr{L}^{-1}[C(s)]=\mathscr{L}^{-1}[G(s)]$$

这个结果表明，系统的单位脉冲响应 $g(t)$ 与传递函数 $G(s)$ 的关系是时域 t 到复数域 s 的单值变换关系。如果已知系统的单位脉冲响应 $g(t)$，就可以根据卷积积分求解系统在任意输入 $r(t)$ 作用下的输出响应，即

$$c(t)=g(t)*r(t)=\int_0^t g(t-\tau)r(\tau)\mathrm{d}\tau=\int_0^t g(\tau)r(t-\tau)\mathrm{d}\tau \tag{2-32}$$

因为 $\mathscr{L}[g(t)*r(t)]=G(s)R(s)$，所以时域中的卷积 $C(t)=g(t)*r(t)$ 对应于复数域中的乘积 $C(s)=G(s)R(s)$。

下面以一个简单的 R-C 电路为例，说明卷积积分的应用。

已知一 R-C 电路如图 2-13 所示，其中输入电压为 u_r，输出为电容两端的充电电压 u_C。由基尔霍夫定律得

$$iR+u_\mathrm{C}=u_\mathrm{r}$$

因为 $i=C\frac{\mathrm{d}u_\mathrm{C}}{\mathrm{d}t}$，则上式便改写为

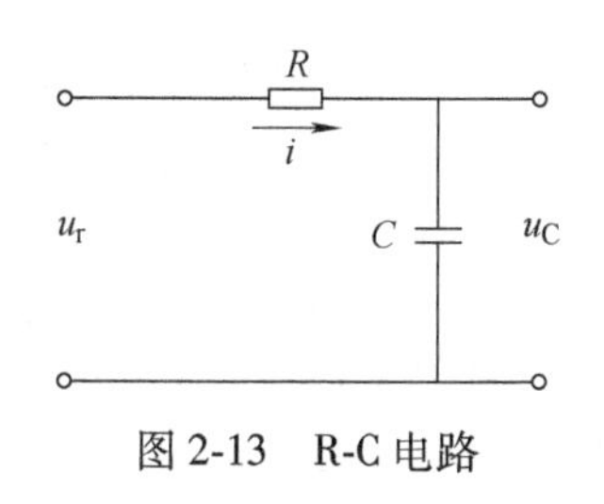

图 2-13　R-C 电路

$$RC\frac{\mathrm{d}u_C}{\mathrm{d}t}+u_C=u_r$$

这就是该电路的微分方程式。

与微分方程对应的传递函数为

$$G(s)=\frac{U_C(s)}{U_r(s)}=\frac{1}{Ts+1}$$

式中，$T=RC$。现应用式（2-32），求取该电路在单位阶跃、单位斜坡和正弦输入时的响应。

1. $u_r=1(t)$

由于

$$g(t)=\mathscr{L}^{-1}[G(s)]=\frac{1}{T}\mathrm{e}^{-\frac{1}{T}t}$$

则由式（2-32）得

$$\begin{aligned}u_C(t)&=\int_0^t g(t-\tau)u_r(\tau)\mathrm{d}\tau\\&=\int_0^t\frac{1}{T}\mathrm{e}^{-\frac{1}{T}(t-\tau)}\mathrm{d}\tau=\frac{1}{T}\mathrm{e}^{-\frac{1}{T}t}\int_0^t\mathrm{e}^{\frac{\tau}{T}}\mathrm{d}\tau\\&=1-\mathrm{e}^{-\frac{1}{T}t}\end{aligned}$$

2. $u_r(t)=t$

$$\begin{aligned}u_C(t)&=\int_0^t\frac{1}{T}\mathrm{e}^{-\frac{1}{T}(t-\tau)}\tau\mathrm{d}\tau=\frac{1}{T}\mathrm{e}^{-\frac{1}{T}t}\int_0^t\tau\mathrm{e}^{\frac{\tau}{T}}\tau\mathrm{d}\tau\\&=t-T+T\mathrm{e}^{-\frac{1}{T}t}\end{aligned}$$

3. $u_r(t)=\sin\omega t$

$$\begin{aligned}u_C(t)&=\int_0^t\frac{1}{T}\mathrm{e}^{-\frac{1}{T}(t-\tau)}\sin\omega\tau\mathrm{d}\tau\\&=\frac{1}{T}\mathrm{e}^{-\frac{1}{T}t}\int_0^t\mathrm{e}^{\frac{\tau}{T}}\sin\omega\tau\mathrm{d}\tau\\&=\frac{1}{T}\mathrm{e}^{-\frac{1}{T}t}\left(-\frac{1}{\omega}\mathrm{e}^{\frac{1}{T}t}\cos\omega t+\frac{1}{\omega T}+\frac{1}{\omega^2T}\mathrm{e}^{\frac{1}{T}t}\sin\omega t\right)+\frac{1}{T}\mathrm{e}^{-\frac{1}{T}t}\times\left(-\frac{1}{T^2\omega^2}\int_0^t\mathrm{e}^{\frac{\tau}{T}}\sin\omega\tau\mathrm{d}\tau\right)\end{aligned}$$

由上式求得

$$\int_0^t\mathrm{e}^{\frac{\tau}{T}}\sin\omega\tau\mathrm{d}\tau=\frac{-T^2\omega}{1+T^2\omega^2}\mathrm{e}^{\frac{1}{T}t}\cos\omega t+\frac{T}{1+T^2\omega^2}\mathrm{e}^{\frac{1}{T}t}\sin\omega t+\frac{T\omega}{1+T^2\omega^2}$$

于是有

$$\begin{aligned}u_C(t)&=\frac{1}{1+T^2\omega^2}\sin\omega t-\frac{T\omega}{1+T^2\omega^2}\cos\omega t+\frac{\omega}{1+T^2\omega^2}\mathrm{e}^{-\frac{1}{T}t}\\&=\frac{1}{\sqrt{1+T^2\omega^2}}\left(\sin\omega t\frac{1}{\sqrt{1+T^2\omega^2}}-\frac{T\omega}{\sqrt{1+T^2\omega^2}}\cos\omega t\right)+\frac{\omega}{1+T^2\omega^2}\mathrm{e}^{-\frac{1}{T}t}\\&=\frac{1}{\sqrt{1+T^2\omega^2}}\sin(\omega t-\varphi)+\frac{\omega}{1+T^2\omega^2}\mathrm{e}^{-\frac{1}{T}t}\end{aligned}$$

式中，$\varphi=\arctan T\omega$。

二、传递函数的基本性质

由传递函数的定义和式（2-30）可知，传递函数有如下的性质：

1）传递函数只取决于系统（或元件）的结构和参数，与外施信号的大小和形式无关。

2）传递函数只适用于线性定常系统，因为它是由拉普拉斯变换而来的，而拉普拉斯变换是一种线性变换。

3）传递函数一般为复变量 s 的有理分式，它的分母多项式 s 的最高阶次 n 总是大于或等于其分子多项式 s 的最高阶次 m，即 $n \geqslant m$。这是因为实际系统（或元件）总有惯性存在以及所具有能源的功率有限之故。

4）由于传递函数是在零初始条件下定义的，因而它不能反映在非零初始条件下系统（或元件）的运动情况。

5）一个传递函数是由相应的零、极点组成的。

将式（2-30）中分子与分母的多项式分别用下列所示因式连乘的形式表示，即为

$$G(s)=\frac{U(s)}{V(s)}=\frac{K_0(s+z_1)(s+z_2)\cdots(s+z_m)}{(s+p_1)(s+p_2)\cdots(s+p_n)},\quad n \geqslant m \tag{2-33}$$

式中，$s=-z_1$、$-z_2$、…、$-z_m$ 为传递函数分子多项式等于零时的根，故称其为 $G(s)$ 的零点；$s=-p_1$、$-p_2$、…、$-p_n$ 为传递函数分母多项式等于零时的根，一般称它们为 $G(s)$ 的极点；K_0 为常数。不难看出，传递函数分母的多项式就是相应微分方程的特征多项式，传递函数的极点就是相应微分方程的特征根。显然，传递函数的零、极点对系统的性能都有影响，但它们所产生的影响是不同的。有关这方面的问题，将在下一章中做较详细地阐述。

6）一个传递函数只能表示一个输入与一个输出之间的关系，而不能反映系统内部的特性。对于多输入-多输出的系统，不能用一个传递函数去描述，而是要用传递函数矩阵去表征系统的输入与输出间的关系。例如，对于图 2-14 所示的系统，它的输出与输入间的关系应由下面所求的传递函数矩阵来描述。

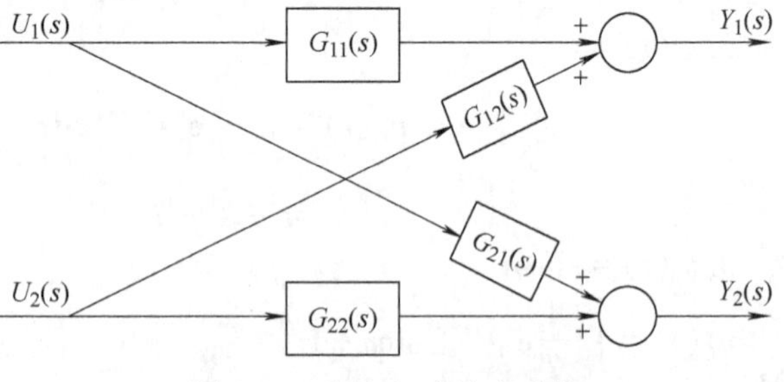

图 2-14　多输入-多输出系统

由图 2-14 得

$$\begin{cases} Y_1(s)=G_{11}(s)U_1(s)+G_{12}(s)U_2(s) \\ Y_2(s)=G_{21}(s)U_1(s)+G_{22}(s)U_2(s) \end{cases}$$

把上述的方程组改写成用矢量矩阵形式表示为

$$\begin{pmatrix} Y_1(s) \\ Y_2(s) \end{pmatrix}=\begin{pmatrix} G_{11}(s) & G_{12}(s) \\ G_{21}(s) & G_{22}(s) \end{pmatrix}\begin{pmatrix} U_1(s) \\ U_2(s) \end{pmatrix}$$

即

$$\boldsymbol{Y}(s)=\boldsymbol{G}(s)\boldsymbol{U}(s)$$

式中

$$\boldsymbol{Y}(s)=\begin{pmatrix} Y_1(s) \\ Y_2(s) \end{pmatrix},\quad \boldsymbol{U}(s)=\begin{pmatrix} U_1(s) \\ U_2(s) \end{pmatrix},\quad \boldsymbol{G}(s)=\begin{pmatrix} G_{11}(s) & G_{12}(s) \\ G_{21}(s) & G_{22}(s) \end{pmatrix}$$

$\boldsymbol{G}(s)$ 就是所求的传递函数矩阵。

三、典型环节的传递函数

组成自动控制系统的元件是很多的，不论其物理性质，还是其结构用途方面都有着很大的差异。按什么原则对它们进行分类，更有利于对控制系统的分析研究？由上面的讨论可

知，不同物理结构的元件可以有形式上完全相同的微分方程式和传递函数。由此受到启发，对于性质不同、数量众多的自动控制元件，若按形式相同的微分方程或传递函数来分类，可以分为下列6种典型环节。通常接触到的自动控制系统都是由这些典型环节组合而成的。

1. 比例环节

比例环节的特点是输出不失真、不延迟、成比例地复现输入信号的变化。它的运动方程为

$$c(t)=Kr(t)$$

对应的传递函数为

$$\frac{C(s)}{R(s)}=G(s)=K \tag{2-34}$$

式中，$c(t)$ 为环节的输出量；$r(t)$ 为环节的输入量；K 为常数。

例如，直流调速系统中的直流测速发电机，在空载时，它的输出电压与输入转速成比例关系；在有负载时，略去其电枢反应和电刷与换向器的接触电压，则仍近似地把它视为一个比例环节。工作于线性状态下的电子放大器，由于其惯性很小，所以它也近似地视为一个比例环节。

2. 惯性环节

惯性环节的特点是其输出量延缓地反映输入量的变化规律。它的微分方程为

$$T\frac{\mathrm{d}c(t)}{\mathrm{d}t}+c(t)=Kr(t)$$

对应的传递函数为

$$G(s)=\frac{C(s)}{R(s)}=\frac{K}{1+Ts} \tag{2-35}$$

式中，T 为环节的时间常数。

不难看出，图2-13所示 R-C 网络的输入-输出方程同本章第一节中所述的他励直流发电机的微分方程的形式完全相似，它们都是一阶常系数非齐次微分方程，因而它们的传递函数都属于惯性环节。如果输入为阶跃函数，则它们的输出都将会按指数规律上升到稳态值。

3. 积分环节

积分环节的输出量与其输入量对时间的积分成正比，即有

$$c(t)=K\int_0^t r(\tau)\mathrm{d}\tau$$

对应的传递函数为

$$\frac{C(s)}{R(s)}=G(s)=\frac{K}{s}$$

例如，图2-15所示的调节器，其输出与输入间的关系可近似地视为积分关系。电动机的角位移 θ 等于其角速度 ω 对时间 t 的积分，即

$$\theta=\int\omega\mathrm{d}t$$

其传递函数为

$$\frac{\Theta(s)}{\Omega(s)}=G(s)=\frac{1}{s}$$

4. 微分环节

理想微分环节的输出与输入信号对时间的微分成正比，即有

$$c(t)=K\frac{\mathrm{d}r(t)}{\mathrm{d}t}$$

对应的传递函数为

$$\frac{C(s)}{R(s)}=G(s)=Ks$$

若输入为单位阶跃函数，则在 $t=0_+$ 时，它的输出应是一面积（强度）为 K、宽度为零、幅值为无穷大的理想脉冲。显然，这在实践中是不能实现的。例如，图 2-16 所示的 R-C 电路，其输入与输出间的传递函数为

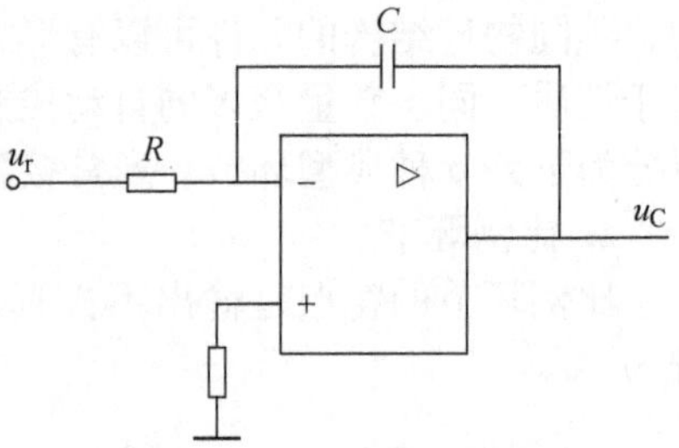

图 2-15　积分调节器

$$\frac{U_C(s)}{U_r(s)}=\frac{Ts}{1+Ts} \tag{2-36}$$

式中，$T=RC$。由式（2-36）可知，该电路不是一个理想的微分环节，而相当于一个微分环节与一个惯性环节的串联组合。具有此种传递函数形式的环节，称为实用微分环节。显然，当这个电路的 $T=RC\ll 1$ 时，式（2-36）就可近似为

$$G(s)\approx Ts$$

又如，图 2-17 所示的直流测速发电机。若以其转角 θ 作为输入量，以电枢电压 u_{fn} 为输出量，不考虑磁滞、涡流和电枢反应的影响，且令磁场恒定不变，则测速发电机的电枢电压 u_{fn} 与其角速度 ω 成正比，即

$$u_{fn}=K\omega=K\frac{d\theta}{dt}$$

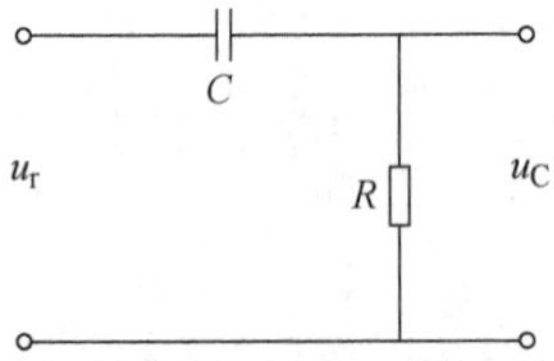

图 2-16　R-C 网络

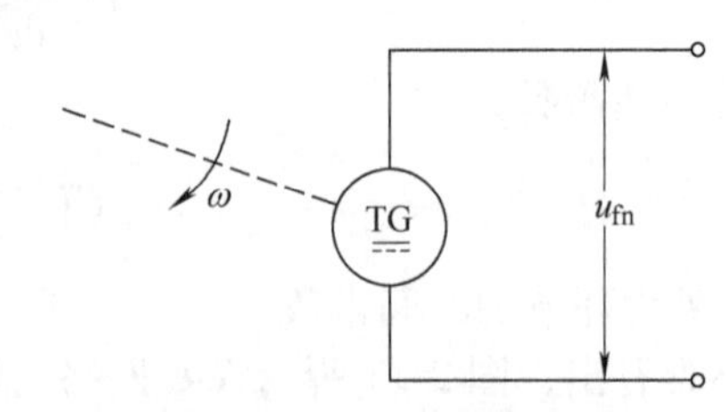

图 2-17　直流测速发电机

相应的传递函数为

$$\frac{U_{fn}(s)}{\Theta(s)}=Ks$$

5. 振荡环节

振荡环节的特点是，若输入为一阶跃信号，则其输出却呈周期性振荡形式。它的微分方程和传递函数分别为

$$T^2\frac{d^2c(t)}{dt^2}+2\zeta T\frac{dc(t)}{dt}+c(t)=Kr(t)$$

$$\frac{C(s)}{R(s)}=G(s)=\frac{K}{T^2s^2+2\zeta Ts+1} \tag{2-37}$$

式中，T 为时间常数；K 为放大系数；ζ 为阻尼比，其值为 $0<\zeta<1$。由于该传递函数有一对位于 s 左半平面的共轭极点，因而这种环节在阶跃信号作用下，其输出必然会呈现出振荡性质。若令式（2-37）中的 $K=1$、$R(s)=1/s$，利用拉普拉斯反变换，不难求出振荡环节的输出响应，即

$$c(t)=1-\frac{1}{\sqrt{1-\zeta^2}}e^{-\zeta\frac{1}{T}t}\sin\left(\frac{1}{T}\sqrt{1-\zeta^2}\,t+\arctan\frac{\sqrt{1-\zeta^2}}{\zeta}\right) \tag{2-38}$$

具有式（2-37）形式的传递函数在实际控制工程中经常会碰到。例如，本章第一节中所举的

R-*L*-*C* 电路的例题，其传递函数为

$$\frac{U_{\mathrm{C}}(s)}{U_{\mathrm{r}}(s)}=\frac{1}{LCs^2+RCs+1}$$

弹簧-质量-阻尼器系统的传递函数为

$$\frac{Y(s)}{F(s)}=\frac{1}{ms^2+fs+1}$$

他励直流电动机在空载时的传递函数为

$$\frac{N(s)}{E_{\mathrm{G}}(s)}=\frac{1/C_{\mathrm{e}}}{\tau_{\mathrm{m}}\tau_{\mathrm{a}}s^2+\tau_{\mathrm{m}}s+1}$$

上述 3 个传递函数在化成式（2-37）所示的形式时，虽然它们的阻尼比 ζ 和 $1/T$ 所含的具体内容各不相同，但只要满足 $0<\zeta<1$，则它们都是振荡环节。

6. 纯滞后环节

在实际的控制工程中，有许多系统具有传递滞后的特征，特别是液压、气动和机械传动系统。对于计算机控制系统，由于计算机进行数学运算需要一定的时间，因而这类系统也有着控制滞后的特征。在有滞后作用的系统中，其输出需要经过一定的延迟时间，才能对输入作出响应。

图 2-18 所示的是一个把两种不同浓度的液体按一定比例进行混合的装置。为了能测得混合后溶液的均匀浓度，要求测量点离开混合点一定的距离，这样在混合点和测量点之间就存在着传递的滞后。设混合溶液的流速为 v，混合点与测量点之间的距离为 d，则混合溶液浓度的变化要经过时间 $\tau=d/v$ 后，才能被检测元件所测量。这种在测量中的滞后、控制过程中的滞后以及在执行机构运行中的滞后，均称为传递滞后。具有这种传递滞后性质的环节，称为纯滞后环节。

对于图 2-18 所示的装置，令混合点处溶液的浓度为 $r(t)$，如果在经过时间 $\tau=d/v$ 以后，测量点处所测得溶液的浓度 $c(t)$ 等于混合点溶液的浓度，即有

$$c(t)=r(t-\tau)$$

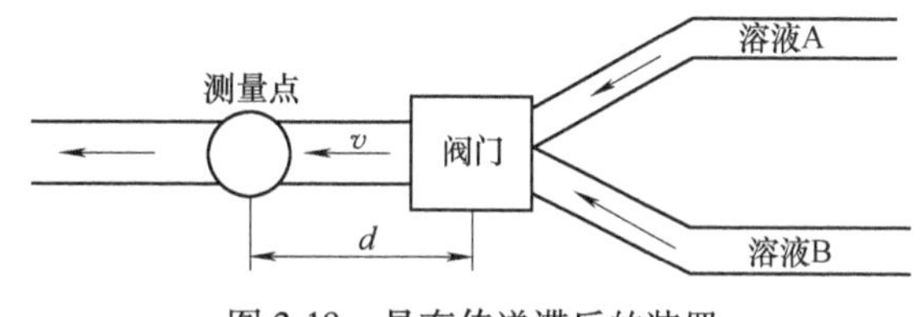

图 2-18　具有传递滞后的装置

它们之间的传递函数为

$$\frac{C(s)}{R(s)}=G(s)=\mathrm{e}^{-\tau s} \tag{2-39}$$

在具有晶闸管整流装置的拖动系统中，晶闸管的触发器和整流装置组成了一个具有传递滞后特性的放大环节。这是因为当整流装置中一组晶闸管一旦被触发导通后，即使控制电压发生变化，使触发脉冲产生相位移动，但整流装置的输出电压不会瞬时响应，必须要等待下一组晶闸管的触发脉冲到来时，才能产生新的控制作用。这段不可控时间 τ 是一个随机量，它不但与晶闸管整流装置的型式、交流电源的频率有关，而且即使对一个确定的晶闸管整流装置，τ 也是一个不确定值。显然，最大失控时间 $\tau_{\max}$ 即为晶闸管的两个自然换相点间的时间，它由下式确定：

$$\tau_{\max}=\frac{1}{qf} \tag{2-40}$$

式中，q 为交流电源一周内的整流电压波头数；f 为交流电源的频率。

在设计计算时，一般把 τ 按统计量的均值来选取，即取 $\tau=\frac{1}{2}\tau_{\max}$。

由于上述6种典型环节是按数学模型的特征来划分的，因此，它们与系统中的部件不一定能完全一一对应。即一个部件的传递函数可能由若干个典型环节的传递函数所组成；反之，若干个部件传递函数的组合，也可能用一个典型环节的传递函数来表示。

四、电气网络传递函数的求取

传递函数一般是在零初始条件下，由微分方程经拉普拉斯变换后求得。但对于由电阻、电容和电感组成的电气网络，可应用电路原理中复数阻抗的概念直接写出相应的传递函数。

1. 无源网络电路

图2-19所示为一无源网络，图中Z_1和Z_2为复数阻抗，它是由电阻R、电容C、电感L或它们的串、并联组合构成的。其中容抗为$1/Cs$，感抗为Ls。
由电路原理得

$$I=\frac{U_r(s)}{Z_1+Z_2}=\frac{U_c(s)}{Z_2}$$

据上式求得

$$\frac{U_c(s)}{U_r(s)}=G(s)=\frac{Z_2}{Z_1+Z_2} \tag{2-41}$$

式（2-41）就是求取图2-19所示电路传递函数的通式。

【**例2-1**】 求图2-20所示电路的传递函数。

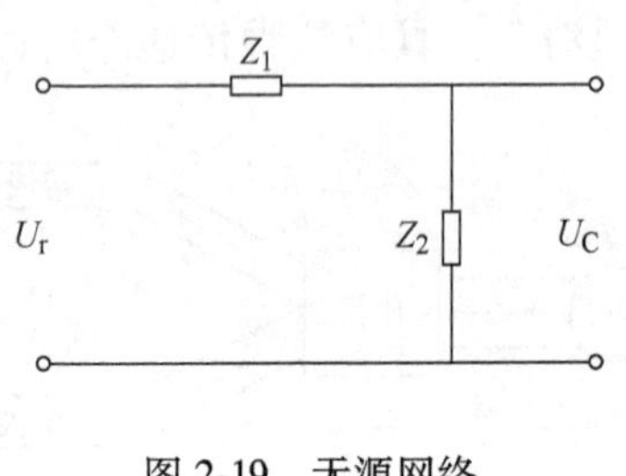

图2-19　无源网络

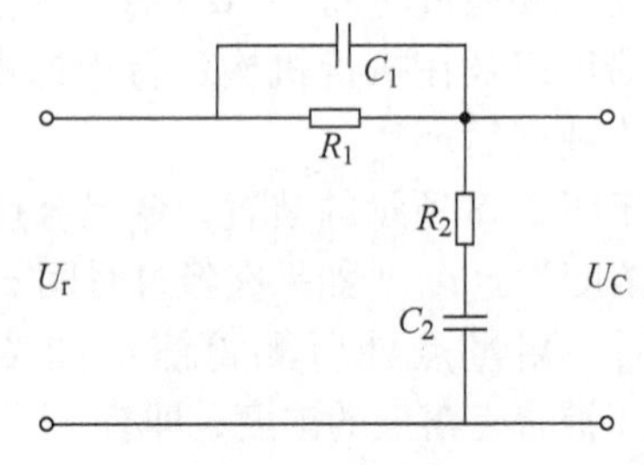

图2-20　*R-C*电路

解　图中：

$$Z_1=\frac{R_1/C_1s}{R_1+1/C_1s}=\frac{R_1}{R_1C_1s+1},\ Z_2=R_2+\frac{1}{C_2s}=\frac{R_2C_2s+1}{C_2s}$$

由式（2-41）得

$$\frac{U_c(s)}{U_r(s)}=\frac{Z_2}{Z_1+Z_2}=\frac{\dfrac{R_2C_2s+1}{C_2s}}{\dfrac{R_1}{R_1C_1s+1}+\dfrac{R_2C_2s+1}{C_2s}}$$
$$=\frac{(R_2C_2s+1)(R_1C_1+1)}{R_1R_2C_1C_2s^2+(R_2C_2+R_1C_1+R_1C_2)s+1}$$

2. 有源网络电路

图2-21和图2-22为常见的两种有源网络的电路图，图中Z_1、Z_2、Z_3、Z_4均为复数阻抗，且设$U_A\approx0$，并略去流入运算放大器的输入电流，则由图2-21得

$$\frac{U_r(s)}{Z_1}=-\frac{U_c(s)}{Z_2}，即$$

$$\frac{-U_c(s)}{U_r(s)}=G(s)=\frac{Z_2}{Z_1} \tag{2-42}$$

基于上述同样的假设，由图 2-22 得

$$I_1=I_2,\ I_2=I_3+I_4,\ I_1=\frac{U_r}{Z_1},\ I_2=\frac{-U_B}{Z_2},\ I_3=\frac{U_B}{Z_3},\ I_4=\frac{U_B-U_c}{Z_4}$$

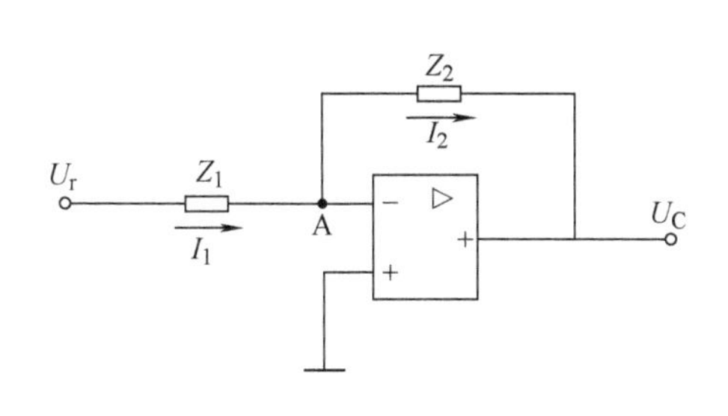

图 2-21 有源网络 1

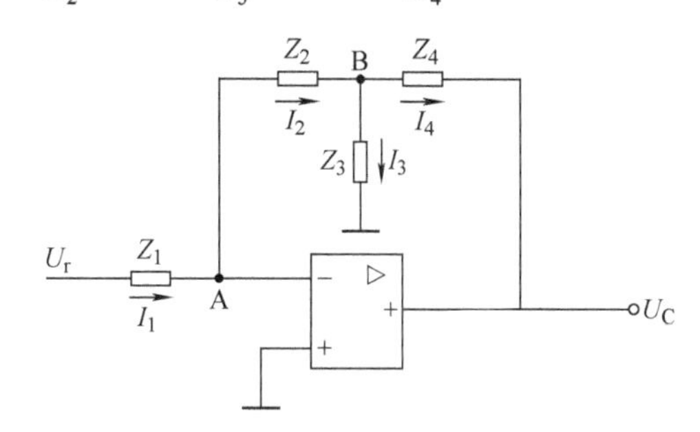

图 2-22 有源网络 2

消去上述式中的中间变量 I_1、I_2、I_3、I_4 和 U_B，求得

$$G(s)=-\frac{U_c(s)}{U_r(s)}=\frac{Z_3Z_4+Z_2Z_4+Z_2Z_3}{Z_1Z_3} \tag{2-43}$$

掌握了式（2-42）、式（2-43），就能较方便地求得由运算放大器组成多种电路的传递函数。

【例 2-2】 求图 2-23 和图 2-24 所示的两个有源网络的传递函数。

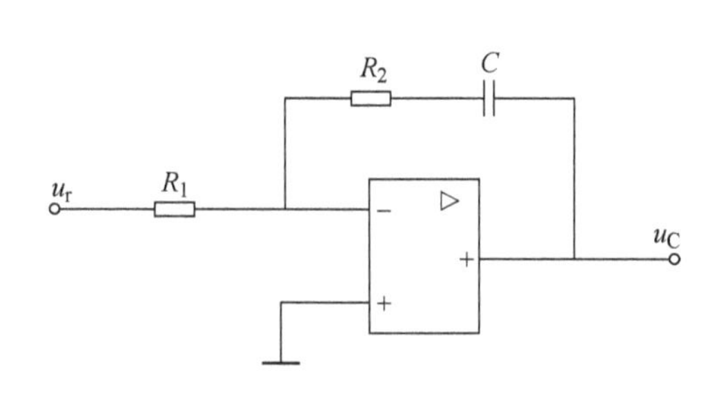

图 2-23 PI 调节器

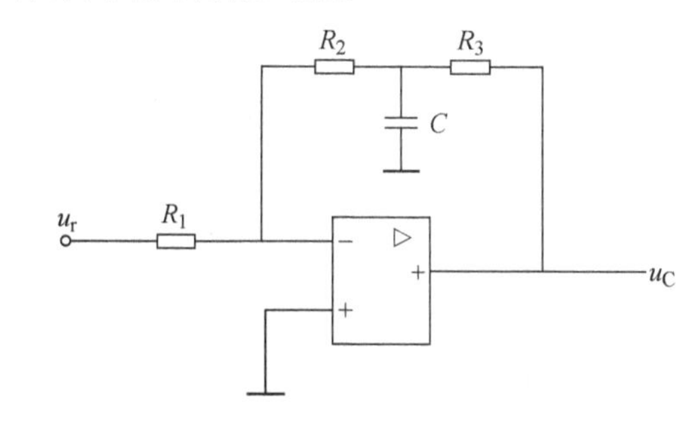

图 2-24 PD 调节器

解 1）在图 2-23 中，有

$$Z_1=R_1,\ Z_2=R_2+\frac{1}{Cs}=\frac{R_2Cs+1}{Cs}$$

则得

$$G(s)=\frac{-U_c(s)}{U_r(s)}=\frac{Z_2}{Z_1}=\frac{R_2Cs+1}{R_1Cs}=\frac{R_2}{R_1}+\frac{1}{R_1Cs}=\frac{R_2}{R_1}\left(1+\frac{1}{R_2Cs}\right)$$

2）由于图 2-24 中 $Z_1=R_1$、$Z_2=R_2$、$Z_3=1/Cs$、$Z_4=R_3$，由式（2-43）得

$$G(s)=\frac{-U_c(s)}{U_r(s)}=\frac{R_2/Cs+R_2R_3+\dfrac{R_3}{Cs}}{R_1/Cs}=\frac{(R_2+R_3)+R_2R_3Cs}{R_1}$$

表 2-1 为常见的时间函数与其拉普拉斯变换对照表，表 2-2 为拉普拉斯变换的几个重要性质。

表 2-1 常见时间函数拉普拉斯变换对照表

序 号	$f(t)$	$F(s)$
1	$\delta(t)$	1
2	$1(t)$	$1/s$
3	t	$1/s^2$
4	e^{-at}	$\frac{1}{s+a}$
5	te^{-at}	$\frac{1}{(s+a)^2}$
6	$\sin\omega t$	$\frac{\omega}{s^2+\omega^2}$
7	$\cos\omega t$	$\frac{s}{s^2+\omega^2}$
8	$t^n(n=1,2,3,\cdots)$	$\frac{n!}{s^{n+1}}$
9	$t^n e^{-at}(n=1,2,3,\cdots)$	$\frac{n!}{(s+a)^{n+1}}$
10	$\frac{1}{b-a}(e^{-at}-e^{-bt})$	$\frac{1}{(s+a)(s+b)}$
11	$\frac{1}{b-a}(be^{-bt}-ae^{-at})$	$\frac{s}{(s+a)(s+b)}$
12	$\frac{1}{ab}\left[1+\frac{1}{a-b}(be^{-at}-ae^{-bt})\right]$	$\frac{1}{s(s+a)(s+b)}$
13	$e^{-at}\sin\omega t$	$\frac{\omega}{(s+a)^2+\omega^2}$
14	$e^{-at}\cos\omega t$	$\frac{s+a}{(s+a)^2+\omega^2}$
15	$\frac{1}{a^2}(at-1+e^{-at})$	$\frac{1}{s^2(s+a)}$
16	$\frac{\omega_n}{\sqrt{1-\zeta^2}}e^{-\zeta\omega_n t}\sin\omega_n\sqrt{1-\zeta^2}t$; $\zeta<1$	$\frac{\omega_n^2}{s^2+2\zeta\omega_n s+\omega_n^2}$
17	$\frac{-1}{\sqrt{1-\zeta^2}}e^{-\zeta\omega_n t}\sin[\omega_n\sqrt{(1-\zeta^2)t}-\phi]$ $\phi=\arctan\frac{\sqrt{1-\zeta^2}}{\zeta}$; $\zeta<1$	$\frac{s}{s^2+2\zeta\omega_n s+\omega_n^2}$
18	$1-\frac{1}{\sqrt{1-\zeta^2}}e^{-\zeta\omega_n t}\sin(\omega_n\sqrt{1-\zeta^2}t+\phi)$ $\phi=\arctan\frac{\sqrt{1-\zeta^2}}{\zeta}$; $\zeta<1$	$\frac{\omega_n^2}{s(s^2+2\zeta\omega_n s+\omega_n^2)}$

表 2-2　拉普拉斯变换的几个重要性质

序　号	名　称	公　式
1	线性定理	$\mathscr{L}[a_1f_1(t)+a_2f_2(t)]=a_1F(s)+a_2F(s)$
2	滞后定理	$\mathscr{L}[f(t-\tau)]=e^{-\tau s}F(s)$ $\mathscr{L}[e^{at}f(t)]=F(s-a)$
3	相似性	$\mathscr{L}[f(t/a)]=aF(as)$
4	微分定理	$\mathscr{L}[f'(t)]=sF(s)-f(0^-)$ $\mathscr{L}[f^{(n)}(t)]=s^nF(s)-s^{n-1}f(0)-s^{n-2}f'(0)-\cdots-f^{(n-1)}(0)$
5	积分定理	$\mathscr{L}[\int_{-\infty}^{t}f(\tau)d\tau]=\frac{F(s)}{s}+\frac{1}{s}f^{(-1)}(0^-)$ $\mathscr{L}[(\int_{-\infty}^{t})^nf(\tau)d\tau]=\frac{F(s)}{s^n}+\sum_{m=1}^{n}\frac{1}{s^{n-m+1}}f^{(-m)}(0^-)$
6	初值定理	$f(0^+)=\lim_{t\to0^+}f(t)=\lim_{s\to\infty}sF(s)$
7	终值定理	$f(\infty)=\lim_{t\to\infty}f(t)=\lim_{s\to0}sF(s)$
8	卷积定理	$\mathscr{L}[f_1(t)*f_2(t)]=F_1(s)F_2(s)$

第四节　系统框图及其等效变换

在求取系统的传递函数时，需要消去系统中所有的中间变量，这是一项较为繁琐的工作。在消元后，由于仅剩下系统的输入（或扰动）和输出两个变量，因而无法反映系统中信息的传递过程。若采用系统框图表示控制系统，则不仅能简明地表示系统中各环节间的关系和信号的传递过程，而且不用消元就能较方便地求得系统的传递函数。系统框图既适用于线性控制系统，也适用于非线性控制系统。因此，它在控制工程中得到了广泛的应用。

一、绘制系统框图的一般步骤

1）写出系统中每一个部件的运动方程。在列写每一个部件的运动方程式时，必须要考虑相互连接部件间的负载效应。

2）根据部件的运动方程式，写出相应的传递函数。一个部件用一个方框单元表示，在方框中填入相应的传递函数。图 2-25 表示了一个部件的方框单元。图中箭头表示信号的流向，方框的左侧为输入量，右侧为其输出量。输出量等于输入量乘以传递函数。

3）根据信号的流向，将各方框单元依次连接起来，并把系统的输入量置于系统框图的最左端，输出量置于其最右端。

【例 2-3】　绘制图 2-26 所示 R-C 网络的系统框图。

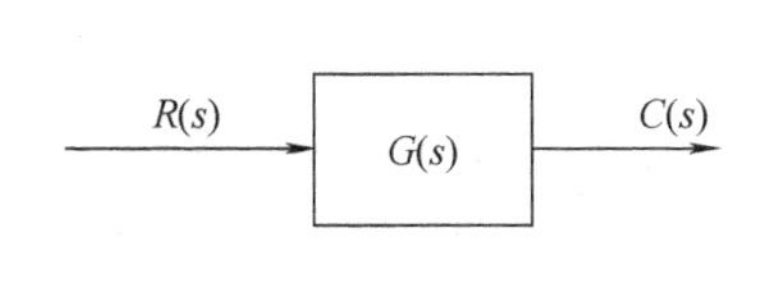

图 2-25　方框单元

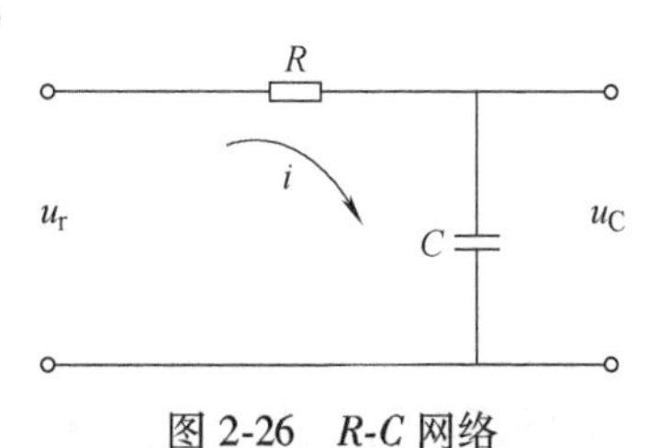

图 2-26　R-C 网络

解　1）列写该网络的运动方程式，得

$$I(s)=\frac{U_r(s)-U_c(s)}{R}$$

$$U_c(s)=\frac{1}{Cs}I(s)$$

2）画出上述两式对应的框图，如图 2-27a 和图 2-27b 所示。

3）各单元框图按信号的流向依次连接，就得到如图 2-27c 所示该网络的系统框图。

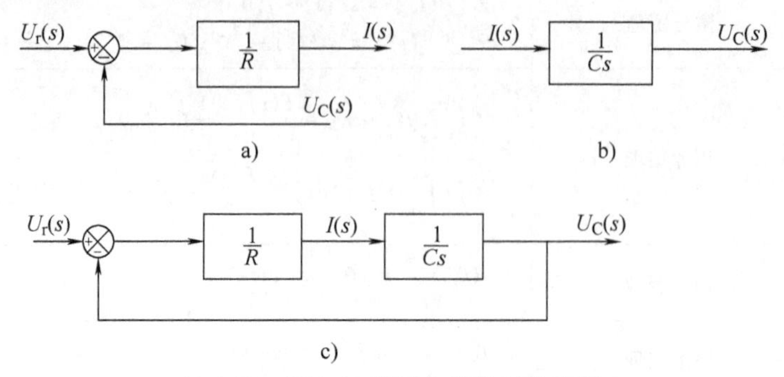

图 2-27　图 2-26 所示电路的系统框图

【例 2-4】　试绘制图 2-2 所示 *R-C* 网络的系统框图。

解　1）根据电路原理中的克希可夫定律，写出该电路下列有关方程：

$$I_1(s)=\frac{U_r(s)-U_{C1}(s)}{R_1},\ I_2(s)=\frac{U_{C1}(s)-U_C(s)}{R_2}$$

$$U_{C1}(s)=\frac{I_1(s)-I_2(s)}{C_1s},\ U_C(s)=\frac{1}{C_2s}I_2(s)$$

2）根据上述 4 式，作出与它们对应的框图，如图 2-28a 所示。

3）根据信号的流向，将各方框单元依次连接起来，就得到图 2-28b 所示的系统框图。

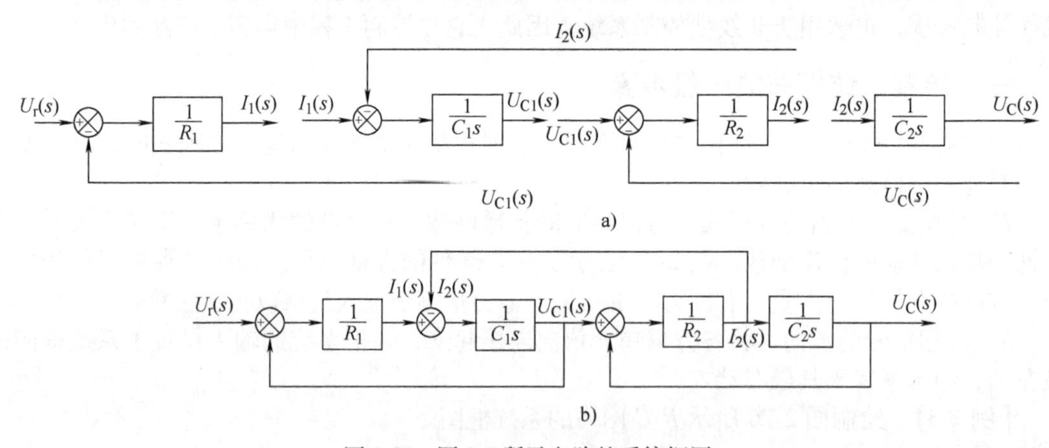

图 2-28　图 2-2 所示电路的系统框图

由图 2-28b 清楚地看到，后一级 R_2-C_2 网络作为前级网络 R_1-C_1 的负载，它对前级 R_1-C_1 网络的输出电压 u_{C1}产生一定的影响，这种影响称为负载效应。如果在这两级 *R-C* 网络之间接入一个输入阻抗很大而输出阻抗很小的隔离放大器，如图 2-29 所示，这样就消除了后级网络对前级网络输出电压 u_{C1}的影响，即而网络之间不存在负载效应，则对应电路的系统框

图就可用图 2-30 来表示。

二、框图的等效变换

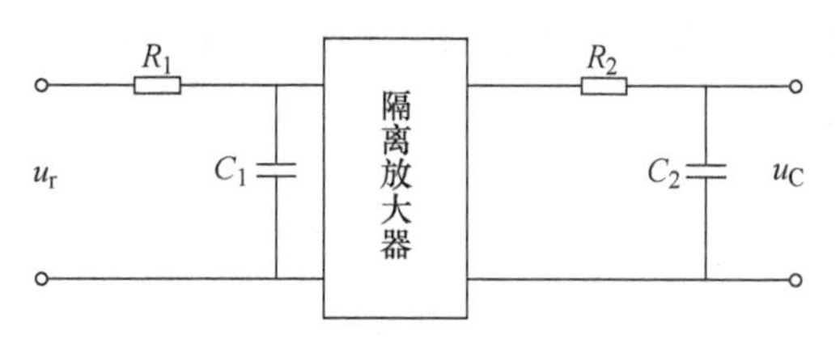

图 2-29　带隔离放大器的两级 R-C 网络

为了由系统的框图方便地写出它的闭环传递函数，通常需要对框图进行等效变换。框图的等效变换必须遵守一个基本原则，即变换前后各变量间的传递函数保持不变。在控制工程中，任何复杂系统的框图主要由相应环节的方框经串联、并联和反馈 3 种基本形式连接而成。掌握这 3 种基本连接形式的等效法则，对简化系统的框图和求取其闭环传递函数都是十分有益的。

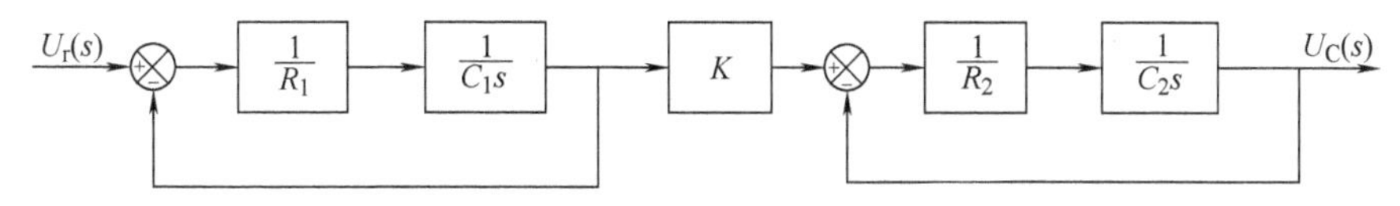

图 2-30　图 2-29 所示系统的框图

1. 串联连接

在控制系统中，常见几个环节按照信号的流向相互串联连接，图 2-31a 为 3 个环节相串联的连接图。串联连接的特点是，前一环节的输出量就是后一环节的输入量。对图 2-31a 而言，把 3 个相串联的环节合并，并用一个传递函数为 $G(s)$ 的等效环节来代替，如图 2-31b 所示。由图 2-31a 得

$$U_1(s)=G_1(s)R(s)$$
$$U_2(s)=G_2(s)U_1(s)$$
$$C(s)=G_3(s)U_2(s)$$

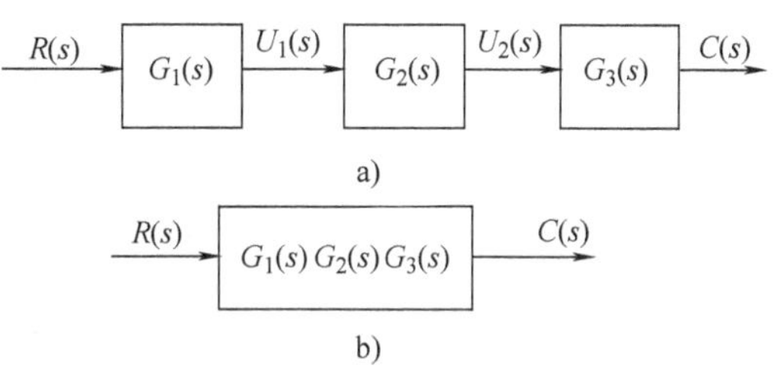

图 2-31　环节的串联连接

消去上述等式中的中间变量 $U_1(s)$ 和 $U_2(s)$，求得

$$C(s)=G_1(s)G_2(s)G_3(s)R(s)$$

即

$$\frac{C(s)}{R(s)}=G(s)=G_1(s)G_2(s)G_3(s)$$

由上式可知，串联环节的等效传递函数等于所有相串联环节传递函数的乘积，即有

$$G(s)=\prod_{i=1}^{n}G_i(s) \tag{2-44}$$

式中，n 为相串联的环节数。

2. 并联连接

图 2-32a 为环节的并联连接图。由图可知，环节并联连接的特点是各环节的输入信号为同一个 $R(s)$，输出 $C(s)$ 为各环节的输出之和，即

$$\begin{aligned}C(s)&=C_1(s)+C_2(s)+C_3(s)\\&=G_1(s)R(s)+G_2(s)R(s)+G_3(s)R(s)\\&=[G_1(s)+G_2(s)+G_3(s)]R(s)\end{aligned}$$

于是得

$$\frac{C(s)}{R(s)}=G(s)=G_1(s)+G_2(s)+G_3(s)$$

据此，作出环节并联连接的等效框图，如图 2-32b 所示。由此可知，并联环节的等效传递函

数等于所有并联环节传递函数的和，即

$$G(s)=\sum_{i=1}^{n}G_i(s) \tag{2-45}$$

式中，n 为并联环节的个数。

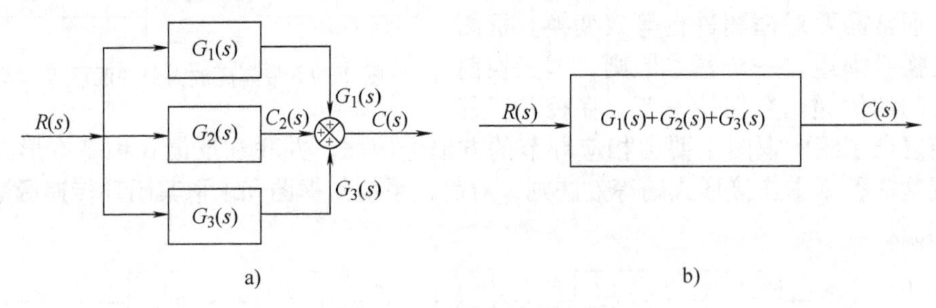

图 2-32　环节的并联连接

3. 反馈连接

图 2-33a 为反馈连接的一般形式。图中反馈端的“-”号表示系统为负反馈连接；若为“+”号，则为正反馈连接。由图 2-33a 得

$$C(s)=G(s)E(s)$$
$$E(s)=R(s)-B(s)$$
$$B(s)=H(s)C(s)$$

消去上述等式中的中间变量 $E(s)$、$B(s)$ 后，求得

$$\frac{C(s)}{R(s)}=\frac{G(s)}{1+G(s)H(s)} \tag{2-46}$$

根据上式，画出负反馈连接的等效框图，如图 2-33b 所示。若把图 2-33a 变为正反馈连接，用上述完全相同的方法，求得其等效传递函数为

$$\frac{C(s)}{R(s)}=\frac{G(s)}{1-G(s)H(s)} \tag{2-47}$$

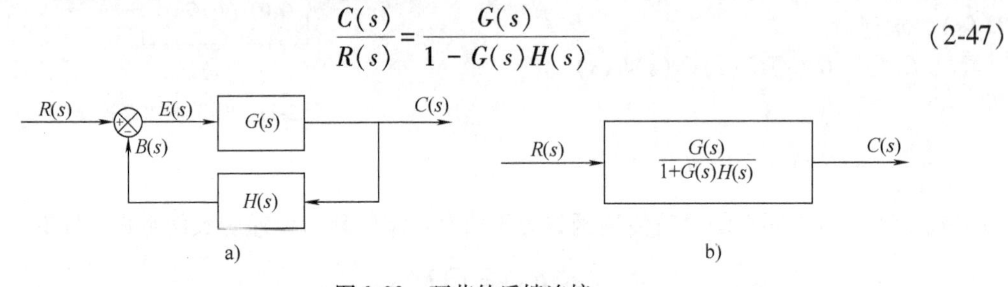

图 2-33　环节的反馈连接

对于简单系统的框图，利用上述 3 种等效变换法则，就能较方便地求得系统的闭环传递函数。例如，以图 2-27 所示 R-C 网络的框图为例，先利用串联连接的等效法则，使之简化为图 2-34a 所示的等效框图；然后应用负反馈连接的等效法则，直接写出该网络的传递函数，如图 2-34b 所示。

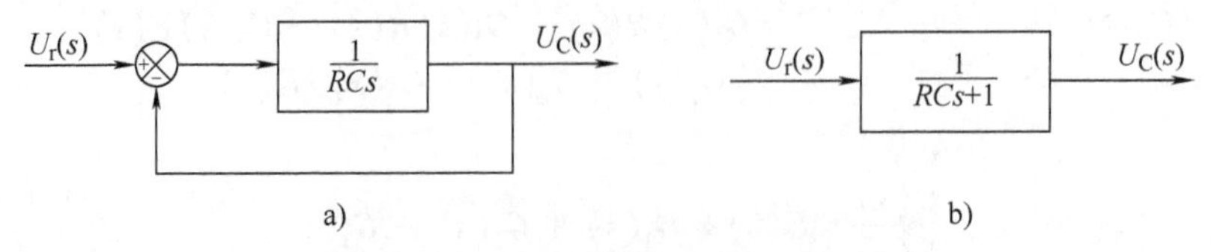

图 2-34　图 2-27 所示框图的化简

由于实际系统一般较为复杂，在系统的框图中常出现传输信号的相互交叉，这样就不能直接应用上述 3 种等效法则对系统化简。解决的办法是，先把比较点或引出点做合理的等效移动，以去掉图中的信号交叉，然后再应用上述的等效法则对系统框图进行化简。在对比较点或引出点做等效移动时，同样需要遵守各变量间传递函数保持不变的原则。

表 2-3 列出了框图变换的基本法则。应用这些基本法则，就能够将一个复杂系统的框图简化为如图 2-33b 所示的简单形式。

表 2-3　框图的等效变换法则

序号	法　则	原来的框图	等效的框图
1	框图的串联	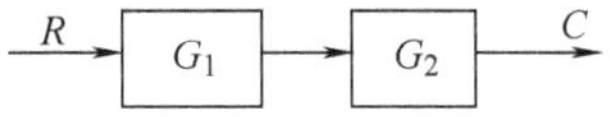 R　G_1　G_2　C	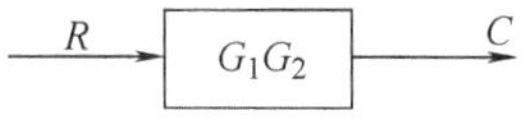 R　G_1G_2　C
2	框图的并联	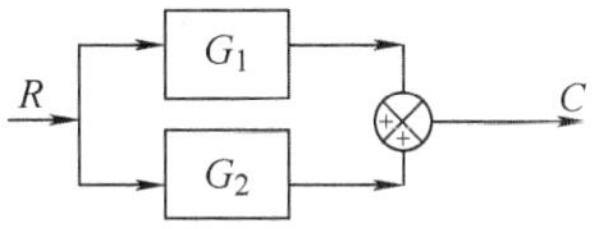 R　G_1　G_2　+　+　C	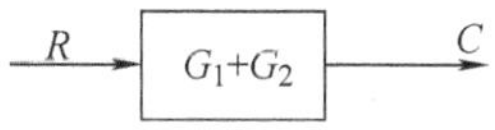 R　G_1+G_2　C
3	相加点的后移	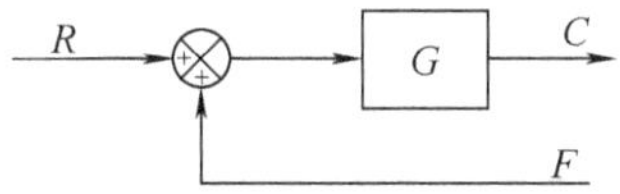 R　+　+　G　C　F	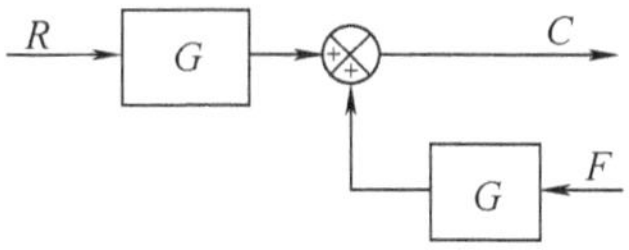 R　G　+　+　C　G　F
4	相加点的前移	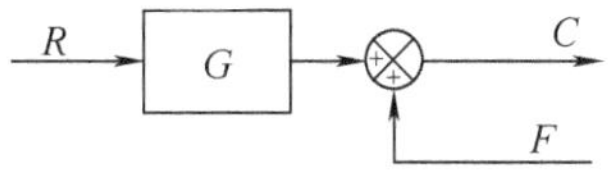 R　G　+　+　C　F	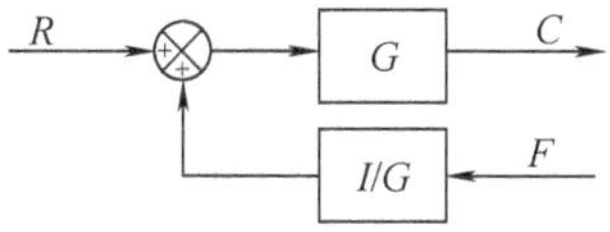 R　+　+　G　C　I/G　F
5	引出点的后移	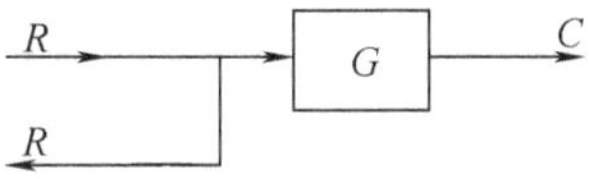 R　G　C　R	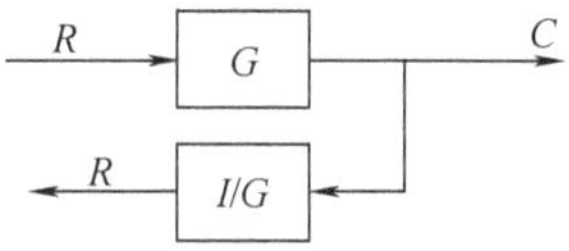 R　G　C　R　I/G
6	引出点的前移	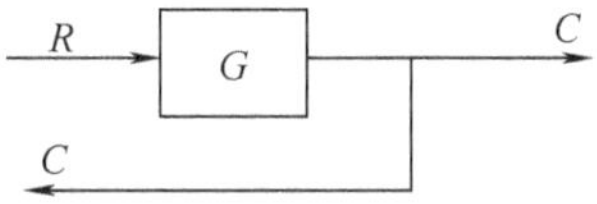 R　G　C　C	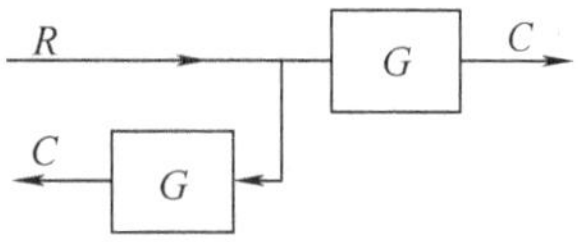 R　G　C　C　G
7	化简反馈回路	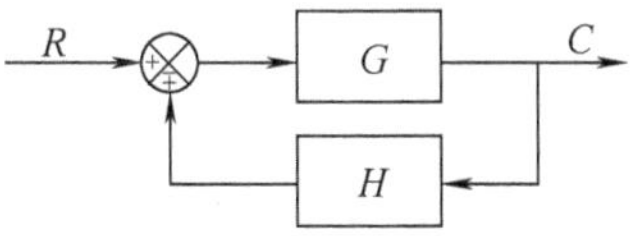 R　+　±　G　C　H	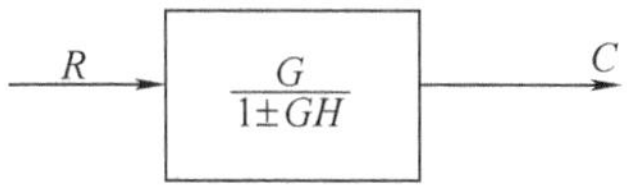 R　$\frac{G}{1\pm GH}$　C

【例 2-5】　用框图的等效变换法则，求图 2-35 所示系统的传递函数 $C(s)/R(s)$。

解　这是一个具有交叉反馈的多回路系统，如果不对它做适当的变换，就难以应用表 2-3 中的串联和反馈连接的等效公式进行化简。本题的求解方法之一是把图中的点 A 后移，然后从内回路到外回路逐步化简，其简化过程如图 2-36a～d 所示。最后求得该系统的传递函数为

$$\frac{C(s)}{R(s)}=\frac{G_1(s)G_2(s)G_3(s)G_4(s)}{1+G_1(s)G_2(s)G_3(s)G_4(s)H_1(s)+G_2(s)G_3(s)H_2(s)+G_3(s)G_4(s)H_3(s)}$$

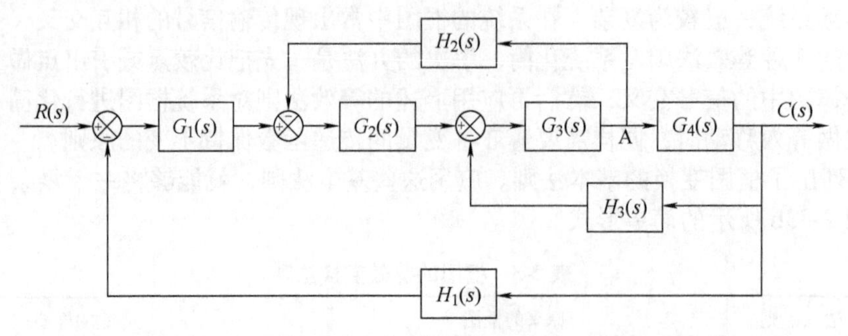

图 2-35　多回路系统的框图

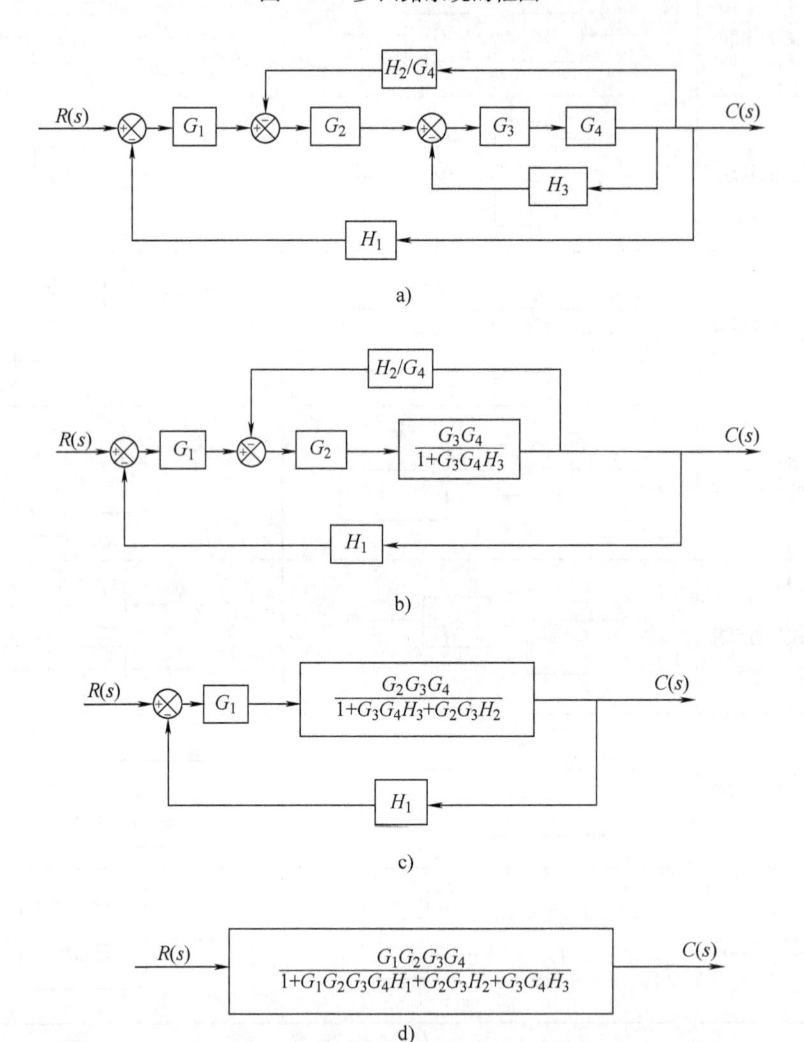

图 2-36　图 2-35 框图的等效变换

【例 2-6】 求图 2-28b 所示 R-C 网络框图的传递函数。

解　由于该框图中有信号交叉，因此需要把引出点做适当的移动，才能写出其传递函数。其简化过程如图 2-37a～d 所示。由图 2-37d 可知，该网络的传递函数为

$$\frac{U_c(s)}{U_r(s)}=\frac{1}{R_1R_2C_1C_2s^2+(R_1C_1+R_2C_2+R_1C_2)s+1}$$

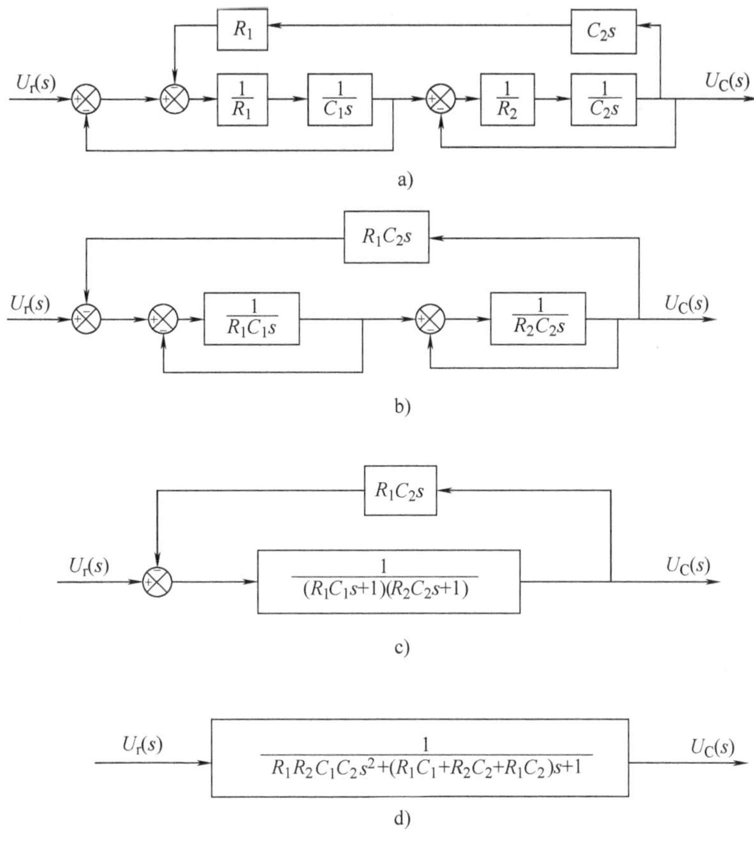

图 2-37　图 2-28b 所示框图的化简过程

第五节　控制系统的传递函数

设控制系统的框图如图 2-38 所示，图中 $R(s)$ 为参考输入，$D(s)$ 为扰动信号。参照该图，给出控制系统中几种常用传递函数的命名和求法。

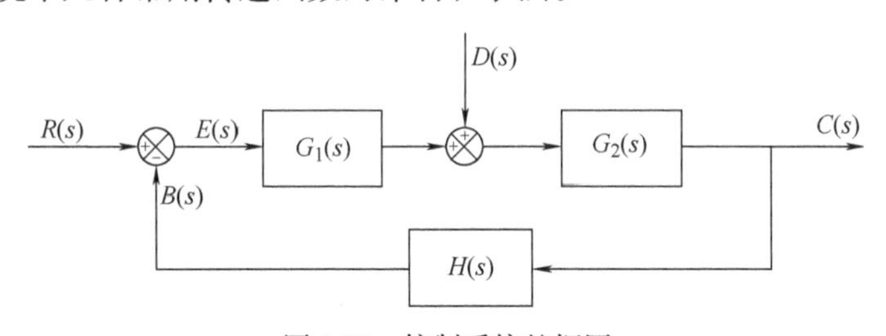

图 2-38　控制系统的框图

一、开环传递函数与前向通道的传递函数

系统的反馈量 $B(s)$ 与误差信号 $E(s)$ 的比值，定义为系统的开环传递函数，即

$$\frac{B(s)}{E(s)}=G_1(s)G_2(s)H(s) \tag{2-48}$$

系统的输出量 $C(s)$ 与误差信号 $E(s)$ 的比值称为系统的前向通路传递函数，它表示为

$$\frac{C(s)}{E(s)}=G_1(s)G_2(s)$$

二、闭环系统的传递函数

（一）参考输入作用下的闭环传递函数

令 $D(s)=0$，于是图 2-38 就变为图 2-39。图中 $C_R(s)$ 和 $E_R(s)$ 分别为 $R(s)$ 作用下的输出与误差。

1. 闭环传递函数 $C_R(s)/R(s)$

根据式(2-46)得

$$\frac{C_R(s)}{R(s)}=\frac{G_1(s)G_2(s)}{1+G_1(s)G_2(s)H(s)} \tag{2-49}$$

系统相应的输出为

$$C_R(s)=\frac{G_1(s)G_2(s)}{1+G_1(s)G_2(s)H(s)}R(s)$$

如果 $H(s)=1$，则称图 2-39 所示的系统为单位反馈系统，它的闭环传递函数为

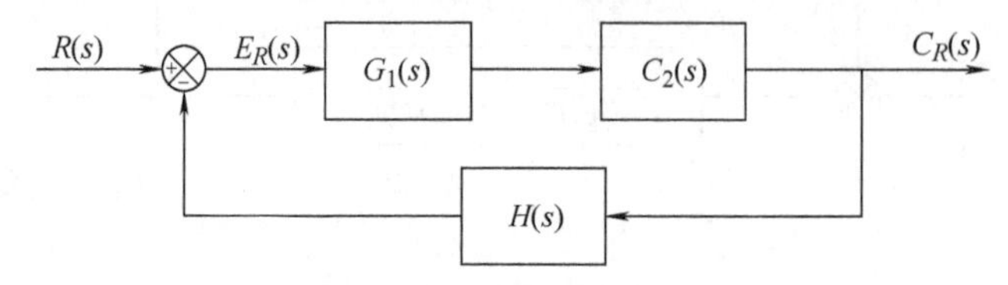

图 2-39　输入作用下的系统框图

$$\frac{C_R(s)}{R(s)}=\frac{G_1(s)G_2(s)}{1+G_1(s)G_2(s)}=\frac{G(s)}{1+G(s)} \tag{2-50}$$

式中，$G(s)=G_1(s)G_2(s)$。若令 $G(s)=\dfrac{U(s)}{V(s)}$，则式(2-50)便改写为

$$\frac{C_R(s)}{R(s)}=\frac{U(s)}{V(s)+U(s)}=\frac{G(s)\text{ 的分子}}{G(s)\text{ 的分母}+G(s)\text{ 的分子}} \tag{2-51}$$

2. 闭环传递函数 $E_R(s)/R(s)$

为了分析在参考输入作用下，系统误差信号的变化规律，因而就有必要推导 $E_R(s)$ 和 $R(s)$ 间的关系式。因为 $C_R(s)=E_R(s)G_1(s)G_2(s)$，所以式(2-49)可改写为

$$\frac{E_R(s)G_1(s)G_2(s)}{R(s)}=\frac{G_1(s)G_2(s)}{1+G_1(s)G_2(s)H(s)}$$

由上式求得在参考输入作用下误差的闭环传递函数为

$$\frac{E_R(s)}{R(s)}=\frac{1}{1+G_1(s)G_2(s)H(s)} \tag{2-52}$$

（二）扰动作用下的闭环传递函数

为了求取扰动作用下的闭环传递函数，同样需要令 $R(s)=0$，于是图 2-38 所示的框图就可改画为图 2-40。图中 $C_D(s)$ 表示由扰动作用引起系统的输出。

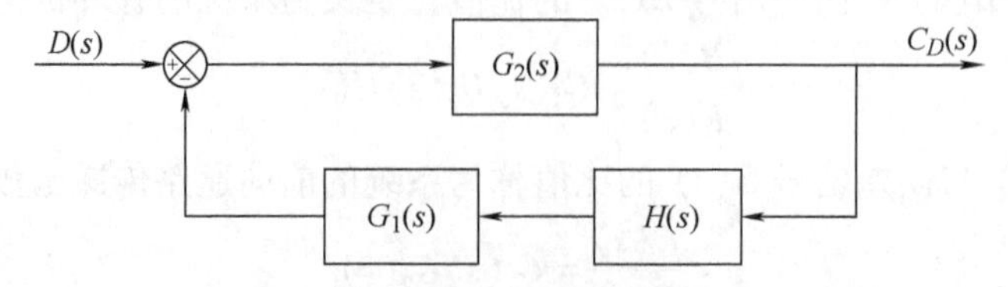

图 2-40　扰动作用下系统的框图

1. 闭环传递函数 $C_D(s)/D(s)$

$C_D(s)$ 与 $D(s)$ 的比值称为扰动作用下的闭环传递函数。根据式（2-46）得

$$\frac{C_D(s)}{D(s)}=\frac{G_2(s)}{1+G_1(s)G_2(s)H(s)} \tag{2-53}$$

由扰动引起的输出为

$$C_D(s)=\frac{G_2(s)}{1+G_1(s)G_2(s)H(s)}D(s) \tag{2-54}$$

2. 闭环传递函数 $E_D(s)/D(s)$

由扰动作用产生的误差 $E_D(s)$ 与扰动 $D(s)$ 之比，称为扰动误差传递函数。即把扰动 $D(s)$ 作为系统的输入，由扰动引起的误差 $E_D(s)$ 为系统的输出。这样，图 2-38 所示的系统框图就可改画为图 2-41。根据式（2-46），求得扰动误差的传递函数为

$$\frac{E_D(s)}{D(s)}=\frac{-G_2(s)H(s)}{1+G_1(s)G_2(s)H(s)} \tag{2-55}$$

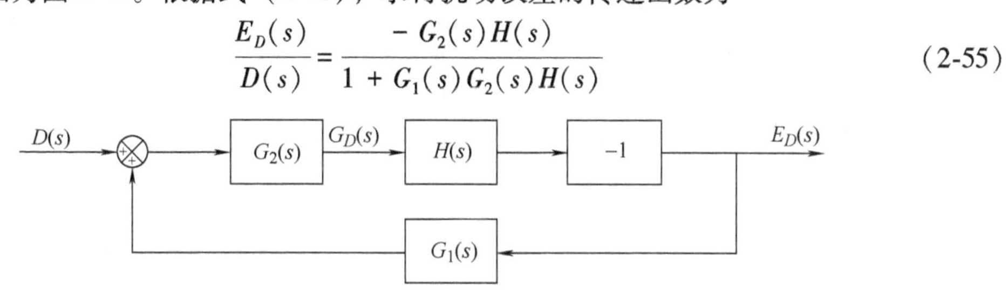

图 2-41　扰动作用下系统的框图

当系统同时受到 $R(s)$ 和 $D(s)$ 作用时，由叠加原理可知，系统总的输出为它们单独作用于系统引起的输出之和，即

$$C(s)=C_R(s)+C_D(s)=\frac{G_1(s)G_2(s)}{1+G_1(s)G_2(s)H(s)}R(s)+\frac{G_2(s)}{1+G_1(s)G_2(s)H(s)}D(s) \tag{2-56}$$

同理，可求得在 $R(s)$ 和 $D(s)$ 共同作用下系统总的误差为

$$E(s)=E_R(s)+E_D(s)=\frac{1}{1+G_1(s)G_2(s)H(s)}R(s)+\frac{-G_2(s)H(s)}{1+G_1(s)G_2(s)H(s)}D(s) \tag{2-57}$$

针对上述导求的闭环传递函数，当满足 $|G_1(s)H(s)|\gg 1$ 和 $|G_1(s)G_2(s)H(s)|\gg 1$ 时，可得出如下的结论：

1）于 $|G_1(s)H(s)|\gg 1$，由式（2-49）得

$$\frac{C_R(s)}{R(s)}=\frac{G_1(s)G_2(s)}{1+G_1(s)G_2(s)H(s)}\approx\frac{1}{H(s)}$$

由上式可知，闭环传递函数 $C_R(s)/R(s)$ 基本上与 $G_1(s)$、$G_2(s)$ 无关，它只与 $H(s)$ 近似成反比关系。这表示 $G_1(s)$、$G_2(s)$ 的变化不会对闭环传递函数产生明显的影响，这是闭环系统的优点之一。

2）当 $|G_1(s)G_2(s)H(s)|\gg 1$ 时，由式（2-53）可知

$$\frac{C_D(s)}{D(s)}=\frac{G_2(s)}{1+G_1(s)G_2(s)H(s)}\approx\frac{1}{G_1(s)H(s)}$$

由于 $|G_1(s)H(s)|\gg 1$，故 $C_D(s)/D(s)$ 很小。这表示由扰动对系统产生的影响基本被抑制，这是闭环系统的又一优点。

3）当 $H(s)=1$、$|G_1(s)G_2(s)|\gg 1$ 时，$C_R(s)\approx R(s)$。

第六节　信号流图和梅逊公式的应用

框图是描述控制系统的一种很有用的图示法。然而，对于复杂的控制系统，框图的简化过程仍较繁杂，且易于出错。由梅逊（S · J · Mason）提出的信号流图，不仅具有框图表示系统的特点，而且还能直接应用梅逊公式方便地写出系统的传递函数。因此，信号流图在控制工程中也被广泛的应用。

信号流图是线性方程组中变量间关系的一种图示法。把它应用于线性系统时，必须先将系统的微分方程组变成以 s 为变量的代数方程组，且把每个方程改写为下列的因果形式，即

$$X_j(s)=\sum_{k=1}^{n}G_{kj}(s)X_k(s)\qquad (j=1,\ 2,\ \cdots,\ n)$$

信号流图的基本组成单元有两个：节点和支路。节点在图中用“○”表示，它代表系统中的变量；两变量之间的因果关系用一称为支路的有向线段来表示，支路的方向用箭头标明，信号只能沿箭头指向单向传递。两变量之间的因果关系叫做增益，又称传输系数，标明在相应的支路旁。

例如，一个线性系统的方程为

$$x_2=a_{12}x_1 \tag{2-58}$$

式中，x_1 为输入变量；x_2 为输出变量；a_{12}为这两 个变量间的增益。图 2-42 为式（2-58）的信号流图，输出量 x_2 等于输入量 x_1 与增益 a_{12}的乘积。

图 2-42　式（2-58）的信号流图

下面以一个具体的例子，说明信号流图的绘制步骤。设一线性系统由下列方程组描述：

$$\left.\begin{aligned}x_2&=a_{12}x_1+a_{32}x_3+a_{42}x_4+a_{52}x_5\\x_3&=a_{23}x_2\\x_4&=a_{34}x_3+a_{44}x_4\\x_5&=a_{35}x_3+a_{45}x_4\end{aligned}\right\}\tag{2-59}$$

式中，x_1 为输入变量；x_5 为输出变量。绘制这一系统信号流图的步骤如图 2-43 所示。先要确定各节点的位置（见图 2-43a），然后分别画出每一个方程式的信号流图。例如，第一个方程中变量 x_2 等于 4 个信号之和，对应的信号流图如图 2-43b 所示。同理，画出方程组的其余 3 个方程式的信号流图，分别如图 2-43c、图 2-43d 和图 2-43e 所示。图 2-43f 是该系统的信号流图。

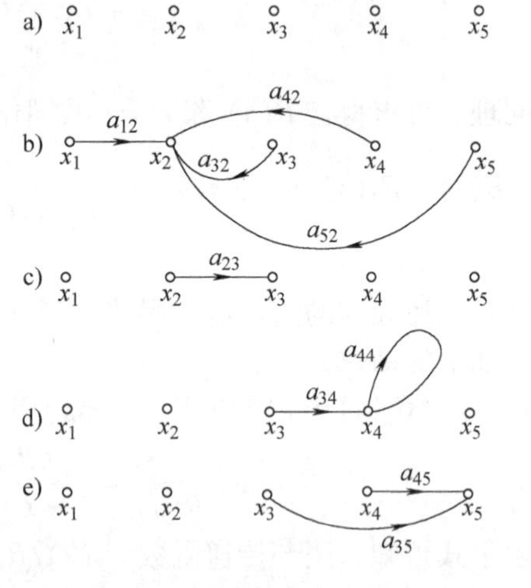

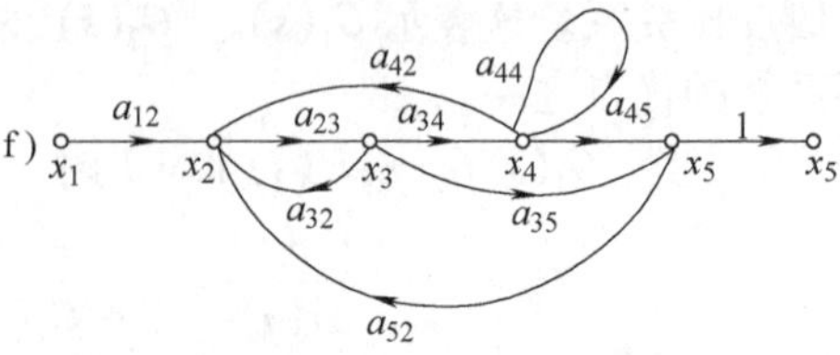

图 2-43　方程组式（2-59）的信号流图

一、信号流图的术语和性质

为了阐述信号流图的组成，需要对信号流图中的一些名词做必要的解释。

（1）节点　它代表系统中的变量，并等于所有流入该节点的信号之和。自节点流出的信号不影响该节点变量的值。图 2-43 中的 $x_1\sim x_5$ 都是

节点。

（2）支路　信号在支路上按箭头的指向由一个节点流向另一个节点。

（3）输入节点或源点　这种节点相当于自变量，它只有输出支路。图 2-43f 中的 x_1 就是一个输入节点。

（4）输出节点或阱点　它是只有输入支路的节点，对应于因变量。例如，图 2-43f 中的节点 x_5。

（5）通路　沿着支路的箭头方向穿过各相连支路的途径，称为通路。如果通路与任一节点相交不多于一次，则称为开通路。如果通路的终点也是通路的起点，并且与任何其他节点相交不多于一次，这种通路称为闭通路。如果通路通过某一节点多于一次，且其起点和终点不在同一节点上，这种通路既不是开通路，也不是闭通路。

（6）前向通路　如果从输入节点到输出节点的通路上，通过任何节点不多于一次，则称该通路为前向通路。例如，图 2-43f 中的 $x_1 \to x_2 \to x_3 \to x_4 \to x_5 \to x_5$ 便是一条前向通路。

（7）回路　回路就是闭通路。

（8）不接触回路　如果一些回路间没有任何公共节点，则称它们为不接触回路。

（9）前向通路增益　在前向通路中，各支路增益的乘积叫做前向通路增益。例如，图 2-43f 中的前向通路增益为 $a_{12}a_{23}a_{34}a_{45}$。

（10）回路增益　回路中各支路增益的乘积叫做回路增益。例如，图 2-43f 中回路 $x_2 \to x_3 \to x_4 \to x_5 \to x_2$ 的回路增益为 $a_{23}a_{34}a_{45}a_{52}$。

基于上述的讨论，对信号流图的性质做如下的概述：

1）信号流图只适用于线性系统。

2）支路表示一个信号对另一个信号的函数关系；信号只能沿着支路上的箭头指向传递。

3）在节点上可以把所有输入支路的信号叠加，并把相加后的信号传送到所有的输出支路。

4）具有输入和输出支路的混合节点，通过增加一个具有单位增益的支路，可以把它作为输出节点来处理，如图 2-43f 中的 x_5 节点。

5）对于一个给定的系统，其信号流图不是唯一的，这是由于描述同一个系统的方程可以表示为不同的形式。

图 2-44 列举了一些常见控制系统的框图和相应的信号流图。对于这些简单的系统，其闭环传递函数不难求得。但是，对于复杂控制系统的信号流图或框图，用解析法求其输出与输入间的关系，通常也是一项较为烦琐的工作。若用下述的梅逊公式，只要通过仔细的观察，就能求出信号流图中的输出与输入间的关系。

二、梅逊增益公式

在控制工程中一般需要确定信号流图中输出与输入间的关系，即系统的闭环传递函数。输入节点与输出节点间的传输等于这两个节点之间的总增益或总传输。计算总增益的梅逊公式为

$$T = \frac{1}{\Delta} \sum P_k \Delta_k \tag{2-60}$$

式中，T 为系统的总增益（或称总传输）；P_k 为第 k 条前向通路的增益或传输；Δ_k 为不与第 k 条前向通路相接触的那一部分信号流图的 Δ 值，称为第 k 条前向通路特征式的余因子；Δ 为信号流图的特征式，它是信号流图所表示的方程组系数矩阵的行列式。在同一个信号流图中，求图中任何一对节点之间的增益，其分母总是 Δ，变化的只是其分子。Δ 按下式计算：

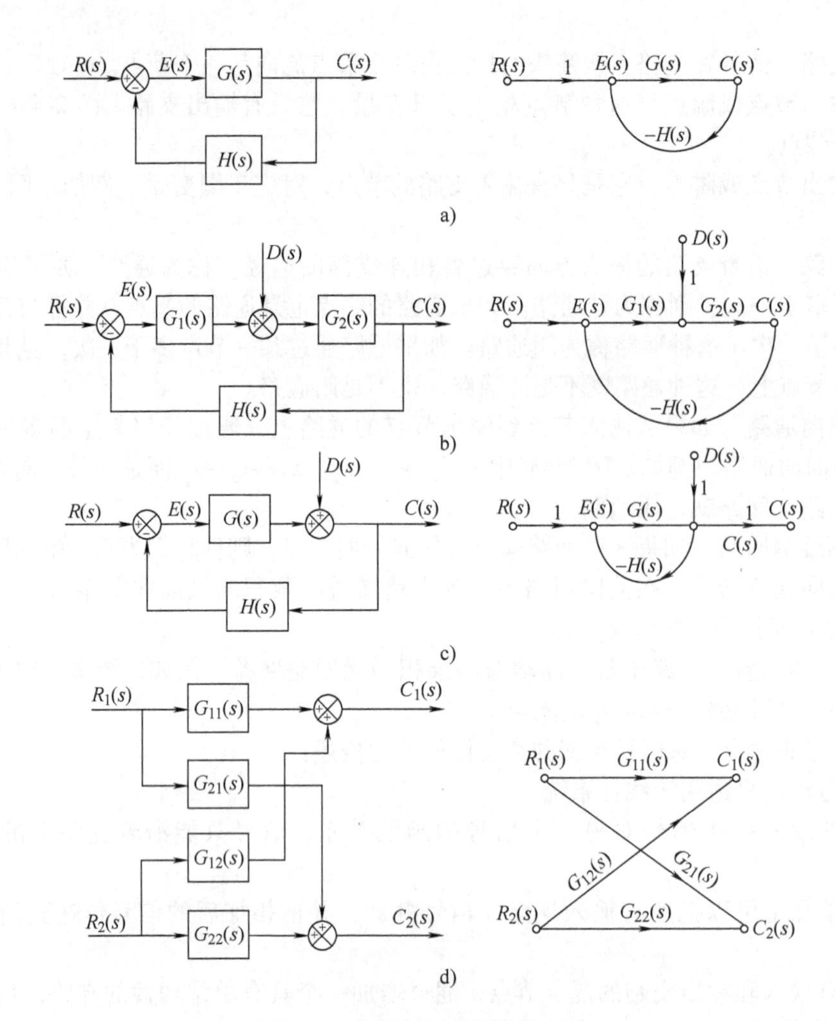

图 2-44　框图与相应的信号流图

$$\Delta = 1 - (\text{所有不同回路增益之和}) + (\text{所有两个互不接触回路增益乘积之和}) - (\text{所有 3 个互不接触回路增益乘积之和}) + \cdots = 1 - \Sigma L_n + \Sigma L_m L_q - \Sigma L_r L_s L_t + \cdots \tag{2-61}$$

式中，L_n 为信号流图中第 n 个回路的增益；$L_m L_q$ 为任意两个互不接触回路增益的乘积；$L_r L_s L_t$ 为任何 3 个互不接触回路增益的乘积。

初看起来式（2-60）似乎较繁琐，公式中唯一较复杂的项是 Δ，由于实际系统中具有大量互不接触回路的情况比较少见，因而梅逊公式的使用一般还是较为方便的。

【例 2-7】 图 2-45a 为一控制系统的框图，其对应的信号流图如图 2-45b 所示。试用梅逊公式计算该系统的闭环传递函数。

解　在这个系统中，输入量 $R(s)$ 和输出量 $C(s)$ 之间只有一条前向通路，其传输增益为

$$P_1 = G_1 G_2 G_3$$

该系统有 3 个独立的回路，它们的增益之和为

$$\Sigma L_n = -G_1 G_2 H_1 - G_2 G_3 H_2 - G_1 G_2 G_3$$

由于 3 个回路只具有一条公共支路，因而该系统没有互不接触的回路。故其特征式为

$$\Delta = 1 - \Sigma L_n = 1 + G_1 G_2 H_1 + G_2 G_3 H_2 + G_1 G_2 G_3$$

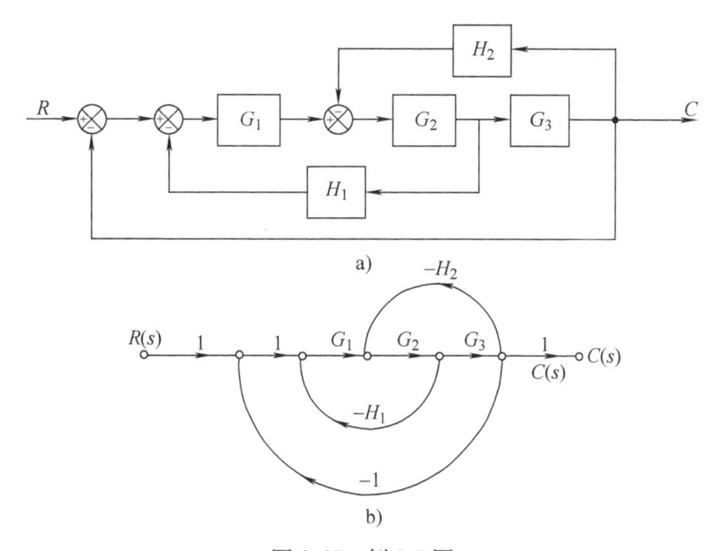

图 2-45 例 2-7 图

a）多回路控制系统的框图 b）系统的信号流图

由图 2-45b 可见，前向通路 P_1 与 3 个回路都有接触，因而特征式的余因子 Δ_1（在 Δ 中除去与 P_1 相接触的回路后剩下的因子）为 1。由梅逊公式得

$$\frac{C(s)}{R(s)}=T=\frac{P_1\Delta_1}{\Delta}=\frac{G_1G_2G_3}{1+G_1G_2H_1+G_2G_3H_2+G_1G_2G_3}$$

由此可见，应用梅逊公式可不用对系统的信号流图进行化简，就可直接写出系统的闭环传递函数。

一般来说，简单的系统可直接由框图进行运算，这样各变量间的关系既清楚，运算也不麻烦。对于复杂的系统，显然按梅逊公式计算较为方便，但在应用该公式时，必须要考虑周到，不能有遗漏或重复需要计算的回路和前向通路，不然易得出错误的结果。

第七节 控制系统的反馈特性

在对自动控制系统的性能做具体分析研究之前，有必要先了解闭环控制系统的一般属性——反馈特性。闭环控制系统又名反馈控制系统。这类系统之所以被人们广泛应用，其原因是它有着开环控制系统所没有的特性。这些特性源自于系统反馈信号的自校正作用，下面通过具体的例子给予说明。

一、反馈能减小参数变化对系统输出的影响

图 2-46a、b 分别为开环和闭环系统的框图。开环系统的输出为

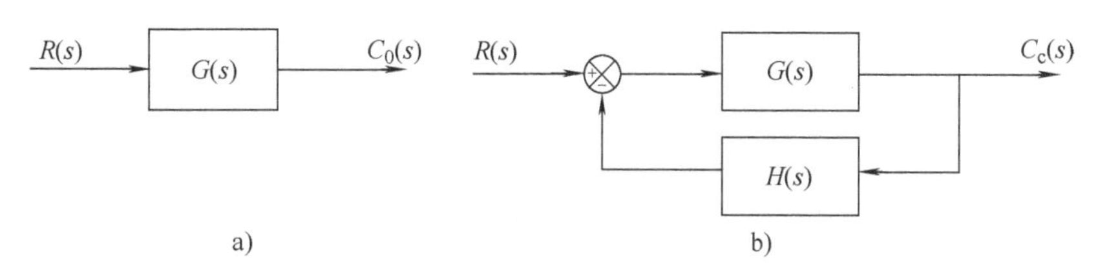

图 2-46 开环与闭环系统的框图

$$C_0(s)=G(s)R(s)$$

假设由于参数的变化，使 $G(s)$ 变为 $[G(s)+\Delta G(s)]$，其中 $G(s)\gg\Delta G(s)$，则开环系统的输出变为

$$C_0(s)+\Delta C_0(s)=[G(s)+\Delta G(s)]R(s)$$

其输出的变化量为

$$\Delta C_0(s)=\Delta G(s)R(s) \tag{2-62}$$

对于图 2-46b 所示的闭环系统，其输出由

$$C_c(s)=\frac{G(s)}{1+G(s)H(s)}R(s)$$

变为

$$C_c(s)+\Delta C_c(s)=\frac{G(s)+\Delta G(s)}{1+G(s)H(s)+\Delta G(s)H(s)}R(s)$$

因为 $G(s)\gg\Delta G(s)$，所以

$$\Delta C_c(s)\approx\frac{\Delta G(s)}{1+G(s)H(s)}R(s) \tag{2-63}$$

由式（2-62）和式（2-63）可知，由于 $G(s)$ 的变化，闭环系统输出的变化量仅是开环系统输出变化量的 $1/(1+GH)$。

如令 $G(s)=K$、$H(s)=1$，当 K 变为 $K+\Delta K$ 时，其中 $\Delta K\ll K$，则开环系统输出的变化量为

$$\Delta C_0(s)=\Delta KR(s)$$

而闭环系统输出的变化量为

$$\Delta C_c(s)\approx\frac{\Delta K}{1+K}R(s)$$

显然，$\Delta C_c(s)<\Delta C_0(s)$。

二、反馈能加快系统的瞬态响应

图 2-47 为一阶系统的框图，其中，$K>0$、$\alpha>0$，开环传递函数为

$$G(s)=\frac{K}{s+\alpha}$$

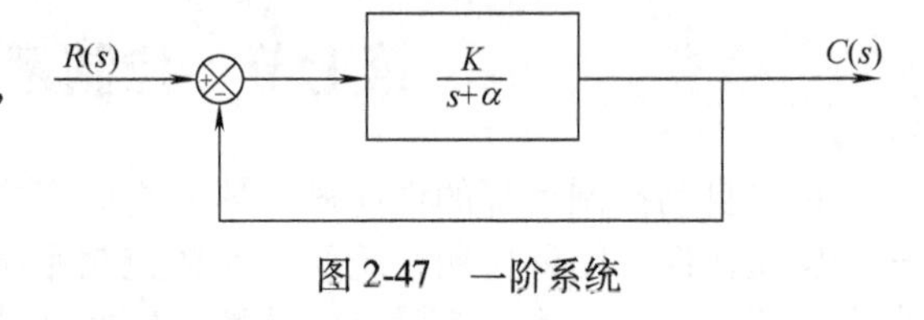

图 2-47　一阶系统

相应的闭环传递函数为

$$T(s)=\frac{K}{s+\alpha+K}$$

它们的极点分别为 $-\alpha$ 和 $-(K+\alpha)$。若令 $r(t)=\delta(t)$、$R(s)=1$，则开环与闭环系统的脉冲响应函数分别为

$$g_0(t)=Ke^{-\alpha t}$$
$$g_c(t)=Ke^{-(K+\alpha)t}$$

若令 $\alpha=1$、$K=4$，则得

$$g_0(t)=4e^{-\frac{t}{1}}$$

$$g_c(t)=4e^{-5t}=4e^{-\frac{t}{0.2}}$$

由上述两式可知，闭环系统脉冲响应的时间常数仅为开环系统的 1/5，即 $\alpha/(K+\alpha)$，

这表明具有反馈作用的闭环系统，其瞬态响应速度是开环系统的。$(K+\alpha)/\alpha$ 倍。

三、反馈能减小或消除干扰对系统输出的影响

在本章第五节中曾述及闭环系统有抑止扰动的功能，对此，举例说明如下。

图 2-48 为一直流调速系统的框图（忽略电感 L 的影响）。图中，ω 为被控制量（电动机的角速度）；T_d 为干扰信号（负载转矩）；C_e 为电动势系数；C_μ 为转矩系数；U_g 为给定电压；U_f 为反馈电压；α 为测速反馈系数。

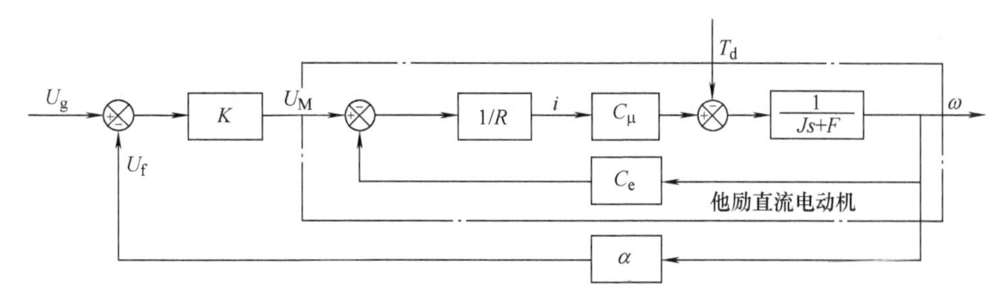

图 2-48　直流调速系统的框图

由梅逊公式求得在扰动信号 T_d 作用下的开环与闭环系统的输出分别为

开环系统

$$\Omega_0(s)=\frac{-1}{Js+F+\dfrac{C_eC_\mu}{R}}T_d(s) \tag{2-64}$$

闭环系统

$$\Omega_c(s)=\frac{-1}{Js+F+\dfrac{C_eC_\mu+KC_\mu\alpha}{R}}T_d(s) \tag{2-65}$$

若令 $T_d(s)=1/s$，则开环系统稳态输出的变化量为

$$\omega_0(\infty)=\lim_{s\to0}s\Omega_0(s)=\lim_{s\to0}s\times\frac{-1}{Js+F+\dfrac{C_eC_\mu}{R}}\times\frac{1}{s}=\frac{-1}{F+\dfrac{C_eC_\mu}{R}}$$

而闭环系统稳态输出的变化量为

$$\omega_c(\infty)=\lim_{s\to0}s\Omega_c(s)=\lim_{s\to0}s\times\frac{-1}{Js+F+\dfrac{C_eC_\mu+KC_\mu\alpha}{R}}\times\frac{1}{s}$$

$$=\frac{-1}{F+\dfrac{C_eC_\mu+KC_\mu\alpha}{R}} \tag{2-66}$$

由于闭环系统输出表达式的分母多项式中比开环系统多了一项 $KC_\mu\alpha/R$，且一般有 $(KC_\mu\alpha/R)>1$，故闭环系统的输出受扰动的影响要明显小于开环系统。若把图 2-48 中的 K 换作 $\dfrac{1+\tau s}{Ts}$，代入式(2-65) 得

$$\Omega_c(s)=\frac{-Ts}{Ts(Js+F)+\dfrac{C_eC_\mu Ts}{R}+\dfrac{C_\mu\alpha(1+\tau s)}{R}}T_d(s)$$

仍令 $T_d(s)=1/s$，则

$$\omega_c(\infty)=\lim_{s\to 0}s\Omega_c(s)=\lim_{s\to 0}s\times\frac{-Ts}{Ts(Js+F)+\frac{C_e C_\mu Ts}{R}+\frac{C_\mu\alpha(1+\tau s)}{R}}\times\frac{1}{s}=0$$

这表明由于闭环系统的反馈作用，扰动对系统稳态输出的影响完全被消除。当然，事物总是一分为二的，闭环系统也有其不足之处：①构成闭环系统所需的元、部件要比开环系统多，从而增加了经济的投入；②由于反馈的作用，使系统的增益减小；③由于反馈的作用，有可能引起系统动态的不稳定。基于闭环控制的优点远大于其缺点，且②、③所述的缺点，只要采取适当的措施，完全能得到解决，因而这类系统在控制工程中被广泛应用。

第八节　用 MATLAB 处理控制系统的数学模型

一、概述

MATLAB 是 Matrix Laboratory 的缩写，它是由美国 Math Works 软件公司于 1984 年开发的高级编程语言，经过不断地研究与改进，2002 年该公司又推出了功能更为完善的 MATLAB6. 5/Simulink5. 0 版。与一般的高级编程语言相比，它具有编程方便、操作简单、图文处理灵活等优点，是目前国际上应用最广的自动控制系统设计的软件工具之一。

用于自动控制系统分析的工具箱 Control Toolbox 和对系统进行动态仿真的软件包 Simulink 已被人们广泛应用于控制系统的分析与设计。一个控制系统的分析与设计，或有关对自动控制问题的新的构思，都可以用 MATLAB 在计算机上迅速得到答案，并能找出改进的方向。因此，MATLAB 已成为自动控制理论研究和工程设计中一种必不可少的工具。

MATLAB 的安装、启动与一般软件相同。启动 MATLAB 后，进入命令窗口，该窗口是用户和 MATLAB 交互的地方，也是一个标准的 Windows 工作界面。在 MATLAB 的命令窗口里，用户可以直接输入命令程序，单击菜单栏或工具栏的按钮，进行计算、仿真，其结果也都在命令窗口中显示，如图 2-49 所示。

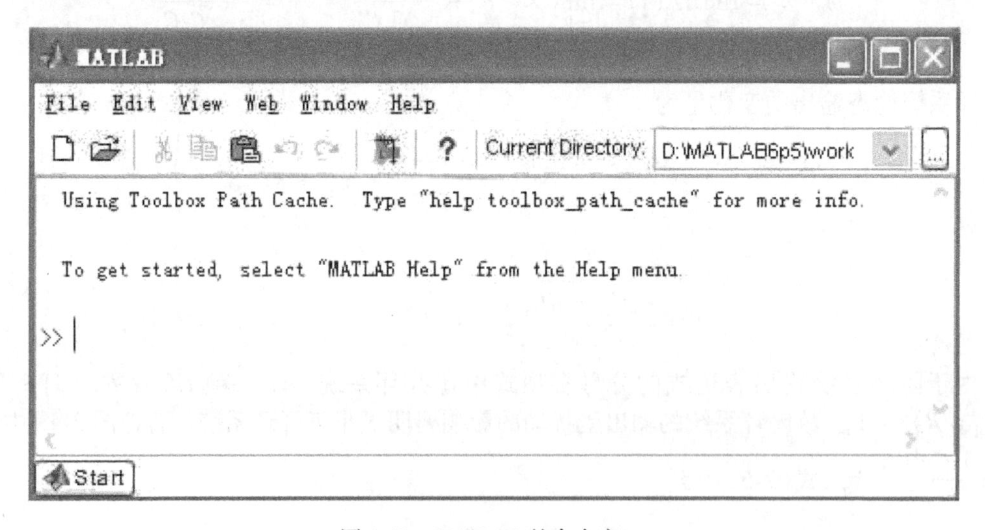

图 2-49　MATLAB 的命令窗口

MATLAB 是一种交互式语言，可随时输入指令，即时给出运算结果。每一条指令输入后，都必须按回车键，指令才会执行。

Simulink 是一个用于对动态系统进行建模、仿真和分析的软件包，它支持连续、离散及两者混合的线性和非线性控制系统，并为用户提供了用框图进行建模的图形接口，采用这种方法画系统的模型就像用笔和纸画图一样方便。

自本章起，在以后各章的末节，分别介绍 MATLAB 对该章主要内容的应用。

二、用 MATLAB 处理系统的数学模型

控制系统的数学模型是对系统进行分析和设计的主要依据。因此，在用 MATLAB 分析和设计系统时，首先要掌握在 MATLAB 中如何表示系统的数学模型。控制系统常用的数学模型有以下 4 种形式：

1）传递函数模型（tf 对象）。

2）零、极点增益模型（ZPK 对象）。

3）状态空间模型（SS 对象）。

4）动态框图。

本节主要介绍以传递函数形式表示的两种数学模型。有关动态框图和状态空间模型将在以后的章节中分别做介绍。

（一）传递函数模型

令系统的传递函数为

$$G(s)=\frac{\mathrm{num}(s)}{\mathrm{den}(s)}=\frac{b_0s^m+b_1s^{m-1}+\cdots+b_{m-1}s+b_m}{a_0s^n+a_1s^{n-1}+\cdots+a_{n-1}s+a_n},\quad n\geqslant m$$

在用 MATLAB 建立传递函数时，需将其分子与分母多项式的系数写成两个矢量，并用 tf( ) 函数给出，即

$$\mathrm{sys}=\mathrm{tf}(\mathrm{num},\ \mathrm{den})$$

式中，num = $[b_0\quad b_1\quad b_2\quad\cdots\quad b_m]$ 表示 $G(s)$ 分子多项式的系数；den = $[a_0\quad a_1\quad a_2\cdots a_n]$ 表示 $G(s)$ 分母多项式的系数；num 和 den 都是按 s 的降幂次序给出。

【例 2-8】 试用 MATLAB 表示下列的传递函数。

$$G(s)=\frac{s+2}{s^2+2s+1}$$

解 键入：

```
num= [1  2];            %分子多项式。
den= [1  2  1];         %分母多项式。
sys=tf (num, den)       %求传递函数表达式。
```

在程序中由%引导的部分是注释语句，通常用一般说明性文字来解释程序段落的功能和变量的含义等。按回车键后，命令窗口输出如下结果：

```
Transfer function
   s+2
---------
s^2+2s+1
```

（二）建立零、极点形式的传递函数

为了分析和设计上的需要，有时常把传递函数写成以零、极点表示的形式，即

$$G(s)=\frac{K(s-z_1)(s-z_2)\cdots(s-z_m)}{(s-p_1)(s-p_2)\cdots(s-p_n)}$$

对此，在 MATLAB 中采用 ZPK(Z, P, K) 函数给出相应零、极点形式的传递函数。其中，$\boldsymbol{Z}=[z_1, z_2, \cdots, z_m]$ 表示 $G(s)$ 的零点；$\boldsymbol{P}=[p_1, p_2, \cdots, p_n]$ 表示 $G(s)$ 的极点；$\boldsymbol{K}=[K]$ 表示增益。

【例 2-9】 已知 $G(s)=\dfrac{s+2}{(s+1)(s+3)}$，试用 MATLAB 建立系统的传递函数。

解 在命令窗口输入如下的指令：

```
Z= [-2];                  %零点;
P= [-1, -3];              %极点;
K= [1];                   %增益。
sys=ZPK (Z, P, K);        %求零、极点形式的表达式。
```

运行结果为

```
Zero/pole/gain
      s+2
---------------
(s+1) (s+3)
```

如果需要将零、极点形式的传递函数转换为一般的传递函数形式，只需再输入下面的两条指令：

```
[num, den] =ZP2tf (Z, P, K);     %将零、极点形式的模型转换为传递函数模型。
sys=tf (num. den)                %求传递函数表达式。
```

运行结果为

```
Transfer function
    s+2
-----------
s^2+4s+3
```

（三）框图的串联、并联与反馈连接

1. 串联、并联连接

图 2-50a 为串联连接的框图，用指令

$$\text{sys}=\text{Series}(G_1 * G_2)$$

可求取串联连接后的传递函数。

图 2-50b 为并联连接的框图，用指令

$$\text{sys}=\text{Parallel}(G_1,\ G_2)$$

可求取并联连接后的传递函数。

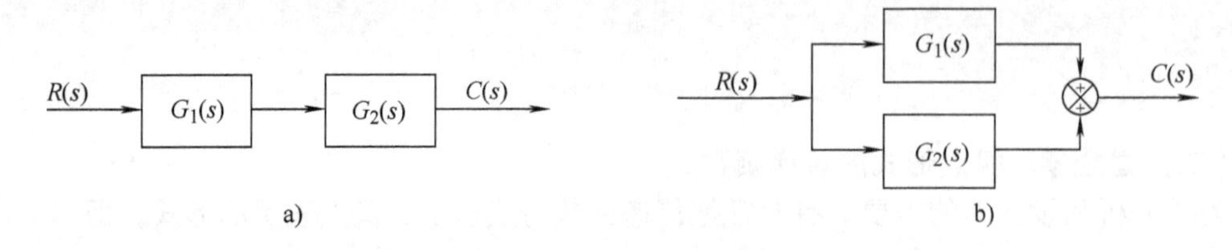

图 2-50　框图

例如：令 $G_1(s)=\frac{1}{(s+1)^2}$、$G_2(s)=\frac{1}{s+2}$

键入下列程序，可求得串联和并联的传递函数。

```
G1=tf (1, [1  2  1] );
G2=tf (1, [1  2] );
sys=Series (G1 * G2)
```

运行结果为

```
Transfer function
        1
-----------------
s^3+4s^2+5s+2
```

若把上述程序中的第 3 条提令改为

```
sys=Parallel (G1, G2)
```

运行结果为

```
Transfer function
     s^2+3s+3
-----------------
s^3+4s^2+5s+2
```

2. 反馈连接

对于图 2-51 所示框图的反馈连接形式，可用指令

sys=feedback（G，H，Sign）

来求取系统的传递函数。其中 Sign 用于定义反馈的极性。如果是正反馈，则 Sign=+1；如果为负反馈，则 Sign=-1。如省略 Sign 变量，则默认为负反馈连接。

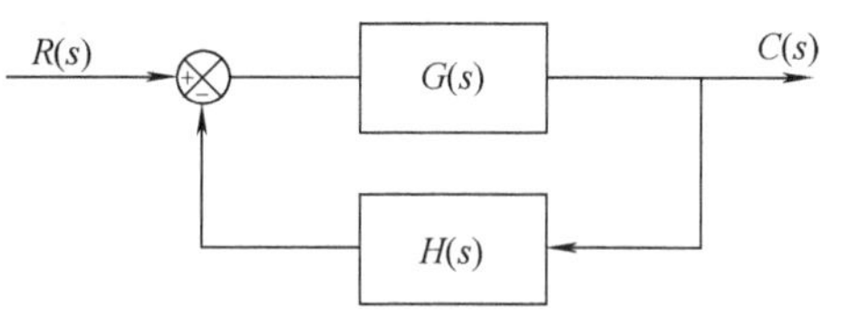

图 2-51　反馈控制系统

如令 $G(s)=\frac{1}{(s+1)^2}$、$H(s)=\frac{1}{s+1}$

键入下列程序，即可求得反馈连接的传递函数。

```
G=tf (1, [1  2  1] );
H=tf (1, [1  1] );
sys=feedback (G, H)
```

运行结果为

```
Transfer function
       s+1
-----------------
s^3+3s^2+3s+2
```

小　结

1）系统的数学模型是描述其动静态特性的数学表达式，它是对系统进行分析研究的基本依据。用解析法建立系统的数学模型，必须要深入了解系统及其元部件的工作原理，然后根据基本的物理、化学等定律，写出它们的运动方程。在列写各元部件的运动方程式时，要舍去一些次要因素，并对可以线性化的非线性特性进行线性化处理，以使所求元部件和系统的数学模型既较简单又有一定的精度。

2）在零初始条件下，系统（或元部件）输出量与输入量的拉普拉斯变换之比，叫做传递函数。传递函数一般为 s 的有理分式，它和微分方程式一样能反映系统的固有特性。显然，传递函数只与系统的结构和参数有关，而与外施信号的大小和形式无关。

3）框图和信号流图是控制系统的两种图形表示法，它们都能直观地反映系统中信号传递与变换的特征。熟悉框图的等效变换和梅逊公式，就能较快地求得系统的传递函数。

例 题 分 析

例题 2-1　根据图 2-52a 所示的 R-C 电路，（1）画出该电路的框图和信号流图；（2）由梅逊公式写出它的传递函数 $U_c(s)/U_r(s)$。

解　由电路原理得

$$I_1(s)=\frac{U_r(s)-U_1(s)}{R},\quad I_2(s)=\frac{U_1(s)-U_c(s)}{R}$$

$$U_1(s)=[I_1(s)-I_2(s)]R,\ U_c(s)=\frac{1}{Cs}I_2(s)$$

根据上述 4 式，画出图 2-52b 和图 2-52c。

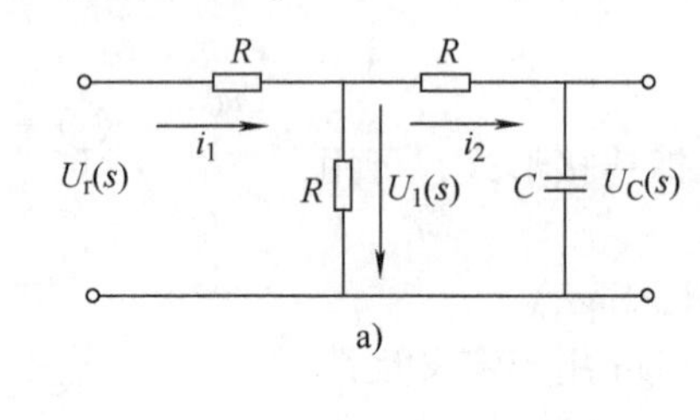

a)

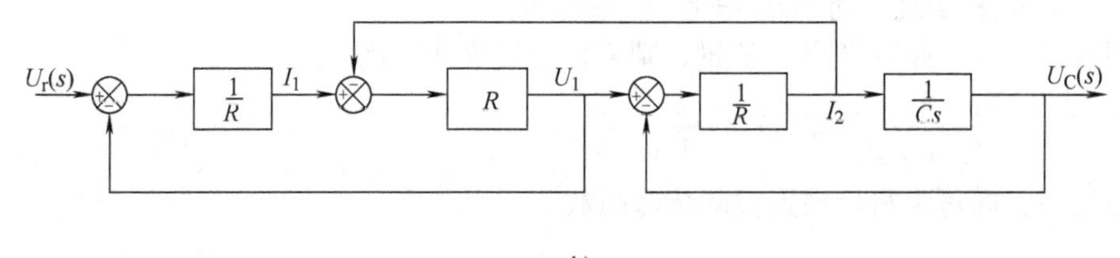

b)

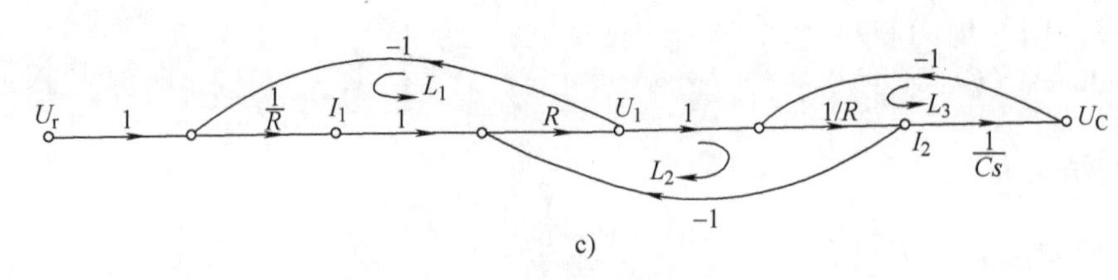

c)

图 2-52　例题 2-1 图

a）R-C 电路图　b）框图　c）信号流图

由梅逊公式直接写出该电路的传递函数，即

$$T(s)=\frac{U_c(s)}{U_r(s)}=\frac{P_1\Delta_1}{1-(L_1+L_2+L_3)+L_1L_3}=\frac{\frac{1}{RCs}}{3+\frac{2}{RCs}}=\frac{\frac{1}{3RC}}{s+\frac{2}{3RC}}$$

例题 2-2　用复数阻抗法求图 2-53 所示电路的传递函数。

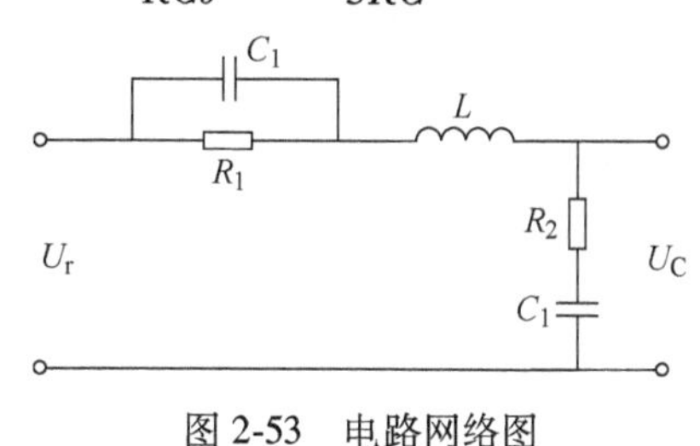

图 2-53　电路网络图

解　图中：

$$Z_1=\frac{R_1/C_1s}{R_1+1/C_1s}+Ls=\frac{R_1}{R_1C_1s+1}+Ls$$

$$Z_2=R_2+\frac{1}{C_2s}=\frac{R_2C_2s+1}{C_2s}$$

由式（2-41）求得

$$\frac{U_c(s)}{U_r(s)}=\frac{Z_2}{Z_1+Z_2}=\frac{\frac{R_2C_2s+1}{C_2s}}{\frac{R_1}{R_1C_1s+1}+Ls+\frac{R_2C_2s+1}{C_2s}}$$

$$=\frac{(R_2C_2s+1)(R_1C_1s+1)}{R_1C_1C_2Ls^3+(R_1R_2C_1C_2+LC_2)s^2+(R_1C_1+R_2C_2+R_1C_2)s+1}$$

例题 2-3　求图 2-54 所示机械系统的传递函数 $\frac{X_o(s)}{X_i(s)}$ 和 $\frac{X_k(s)}{X_i(s)}$，图中 x_i、x_o 和 x_k 分别为 A、B、C 三点的位移量，f_1、f_2 为两个阻尼器的阻尼系数，K_1 和 K_2 为两个弹簧的弹性系数。

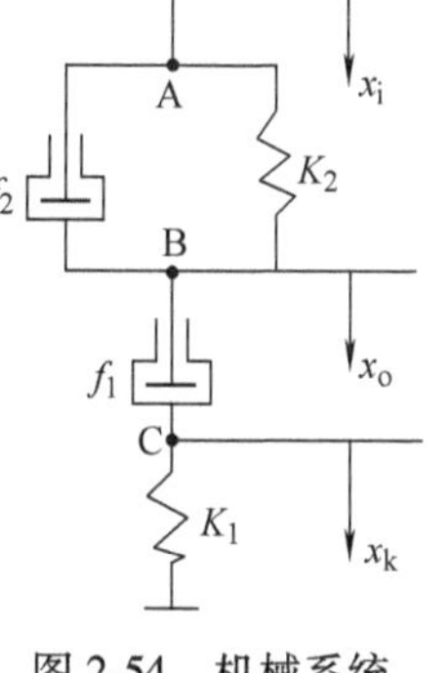

图 2-54　机械系统

解　在 B 点处，由牛顿第二定律得

$$f_2\frac{\mathrm{d}(x_i-x_o)}{\mathrm{d}t}+K_2(x_i-x_o)+f_1\frac{\mathrm{d}(x_k-x_o)}{\mathrm{d}t}=0$$

上式经拉普拉斯变换后为

$$(f_2s+K_2)X_i(s)-[(f_1+f_2)s+K_2]X_o(s)+f_1sX_k(s)=0 \tag{2-67}$$

同理在 C 点处有

$$f_1\frac{\mathrm{d}(x_o-x_k)}{\mathrm{d}t}-K_1x_k=0$$

即

$$f_1s[X_o(s)-X_k(s)]=K_1X_k(s)$$

$$X_k(s)=\frac{f_1s}{f_1s+K_1}X_o(s) \tag{2-68}$$

或

$$X_o(s)=\frac{f_1s+K_1}{f_1s}X_k(s) \tag{2-69}$$

把式（2-68）代入式（2-67），得

$$(f_2s+K_2)X_i(s)-[(f_1+f_2)s+K_2]X_o(s)+f_1s\frac{f_1s}{f_1s+K_1}X_o(s)=0$$

$$\frac{X_o(s)}{X_i(s)}=\frac{f_1f_2s^2+(K_1f_2+K_2f_1)s+K_1K_2}{f_1f_2s^2+(K_1f_1+K_1f_2+K_2f_1)s+K_1K_2}$$

把式（2-69）代入式（2-67），求得

$$\frac{X_k(s)}{X_i(s)}=\frac{(f_2 s+K_2)f_1 s}{f_1 f_2 s^2+(K_1 f_1+K_1 f_2+K_2 f_1)s+K_1 K_2}$$

例题 2-4 已知一控制系统框图如图 2-55 所示，试求该系统的闭环传递函数 $C(s)/R(s)$ 和 $C(s)/D(s)$。

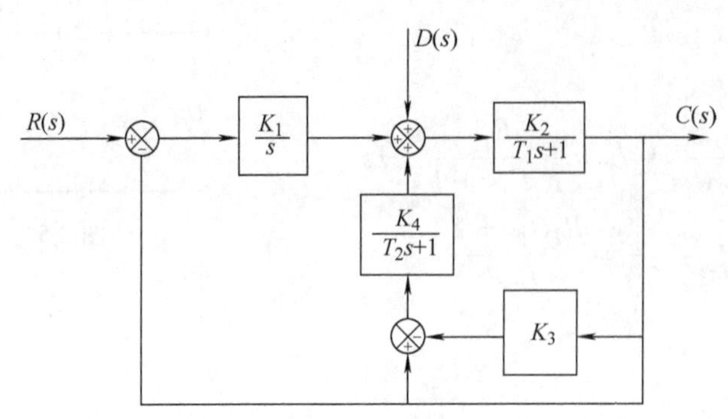

图 2-55 控制系统框图

解 本题采用框图的等效变换法，求取该系统的传递函数。由式（2-49）和式（2-53）可知，不同输入下系统的传递函数，它们的分母多项式完全相同，只是分子多项式不同。

框图的变换过程如图 2-56a、b 所示。

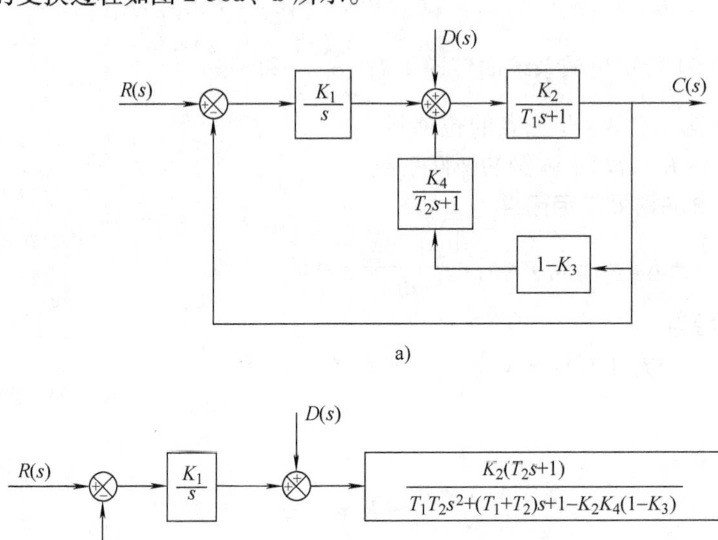

a)

b)

c)

图 2-56 系统框图的等效变换

令 $D(s)=0$，则由图 2-56b 求得

$$\frac{C(s)}{R(s)}=\frac{K_1K_2(T_2s+1)}{T_1T_2s^3+(T_1+T_2)s^2+[1-K_2K_4(1-K_3)+K_1K_2T_2]s+K_1K_2}$$

若令 $R(s)=0$，并把图 2-56b 改画为图 2-56c，据此求得

$$\frac{C(s)}{D(s)}=\frac{K_1K_2(T_2s+1)s}{T_1T_2s^3+(T_1+T_2)s^2+[1-K_2K_4(1-K_3)+K_1K_2T_2]s+K_1K_2}$$

例题 2-5　求图 2-57 所示系统的传递函数 $C(s)/R(s)$ 和 $E(s)/R(s)$。

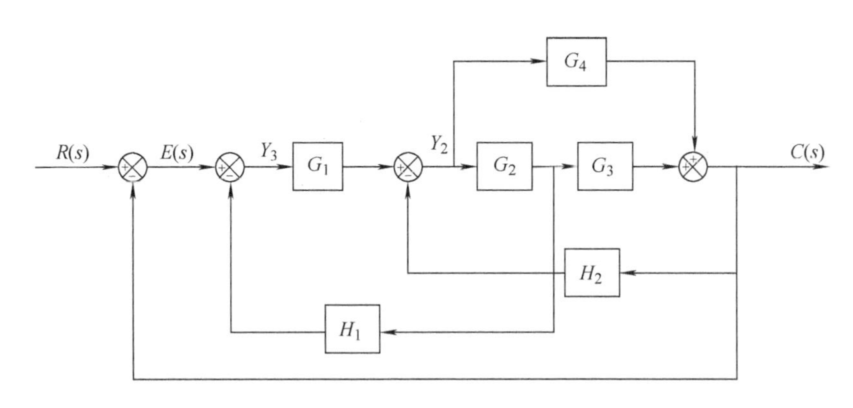

图 2-57　控制系统的框图

解　在图 2-57 中有两条前向通路，它们的增益分别为

$$P_1=G_1G_2G_3$$
$$P_2=G_1G_4$$

不难看出，该系统有 5 个独立的回路，它们的增益分别是

$$L_1=-G_1G_2G_3$$
$$L_2=-G_1G_4$$
$$L_3=-G_1G_2H_1$$
$$L_4=-G_2G_3H_2$$
$$L_5=-G_4H_2$$

由于这 5 个回路具有同一条公共支路，因而不存在互不接触的回路，于是信号流图的特征式为

$$\Delta=1-(L_1+L_2+L_3+L_4+L_5)=1+G_1G_2G_3+G_1G_4+G_1G_2H_1+G_2G_3H_2+G_4H_2$$

基于前向通路 P_1 和 P_2 与上述的回路均有接触，因而 $\Delta_1=\Delta_2=1$。由梅逊公式得

$$T(s)=\frac{C(s)}{R(s)}=\frac{G_1G_2G_3+G_1G_4}{1+G_1G_2G_3+G_1G_4+G_1G_2H_1+C_2G_3H_2+G_4H_2}$$

同理求得

$$\frac{E(s)}{R(s)}=\frac{1+G_1G_2H_1+G_2G_3H_2+G_4H_2}{1+G_1G_2G_3+G_1G_4+G_1G_2H_1+C_2G_3H_2+G_4H_2}$$

习　　题

2-1　求图 2-58 所示电子网络的传递函数 $U_C(s)/U_r(s)$。

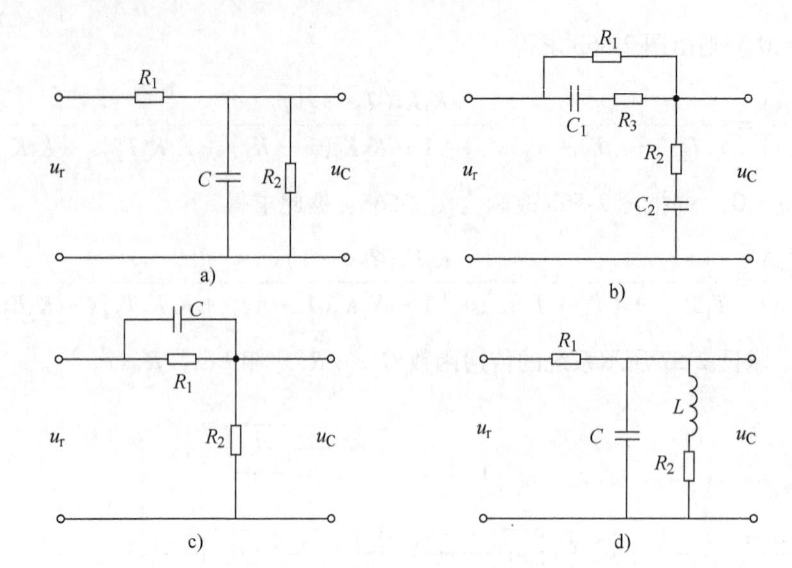

图 2-58　习题 2-1 电子网络

2-2　求图 2-59 所示电子网络的传递函数 $U_C(s)/U_r(s)$。

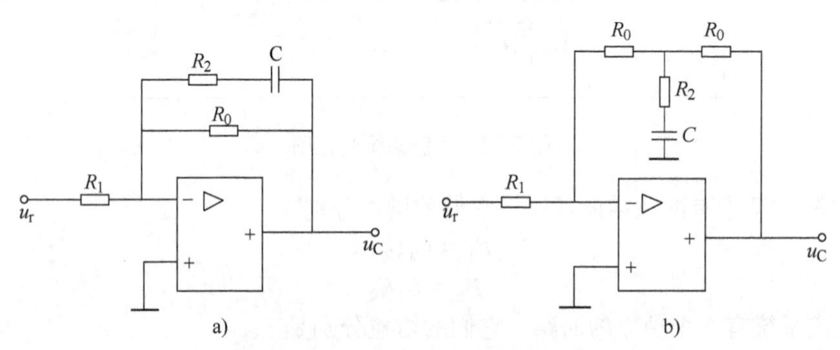

图 2-59　习题 2-2 电子网络

2-3　求图 2-60 所示系统的传递函数 $C(s)/D(s)$ 和 $E(s)/D(s)$。

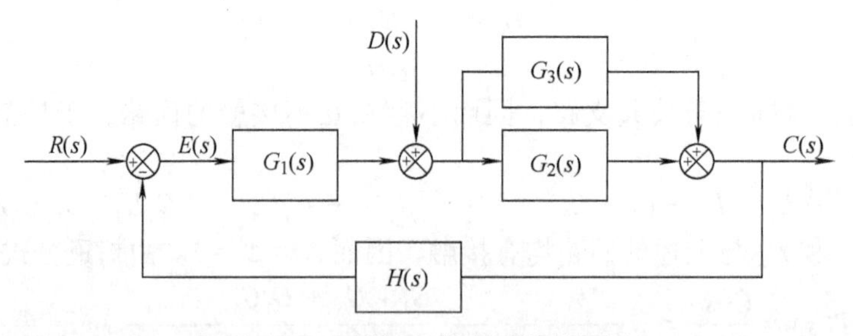

图 2-60　习题 2-3 控制系统的框图

2-4　利用框图简化的等效法则，把图 2-61a 简化为图 2-61b 所示的结构形式。(1) 求图 2-61b 中的 $G(s)$ 和 $H(s)$；(2) 求 $C(s)/R(s)$。

2-5　根据框图简化的等效法则，简化图 2-62 所示的系统框图，并分别求出这些系统的闭环传递函数。

2-6　一系统在零初始条件下，其单位阶跃响应为

$$C(t)=1(t)-2e^{-2t}+e^{-t}$$

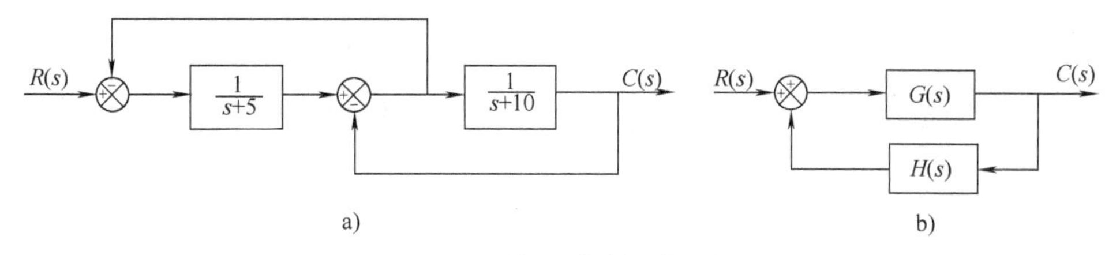

图 2-61　习题 2-4 控制系统的框图

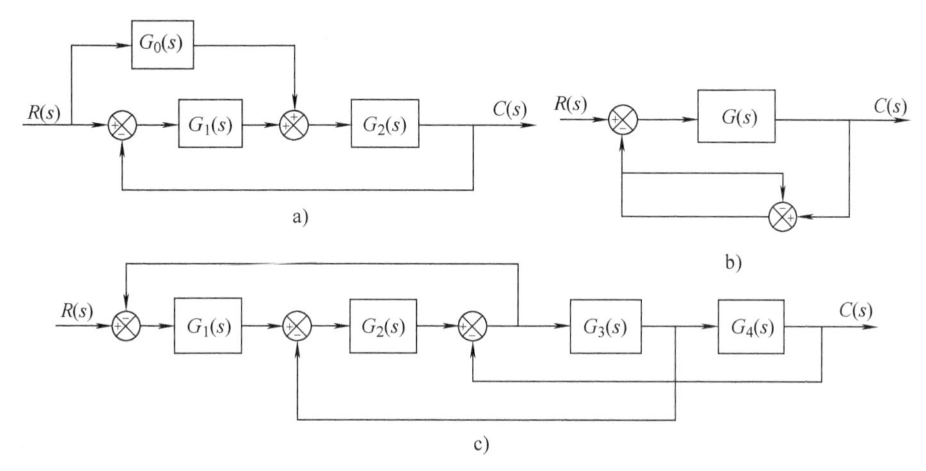

图 2-62　习题 2-5 控制系统的框图

试求系统的传递函数和脉冲响应。

2-7　求图 2-63 所示系统的传递函数 $C(s)/R(s)$ 和 $E(s)/R(s)$。

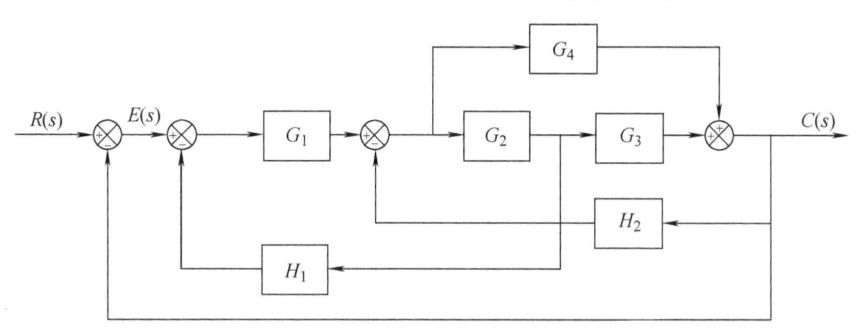

图 2-63　习题 2-7 控制系统的框图

2-8　求图 2-64 所示系统的闭环传递函数 $C(s)/R(s)$。

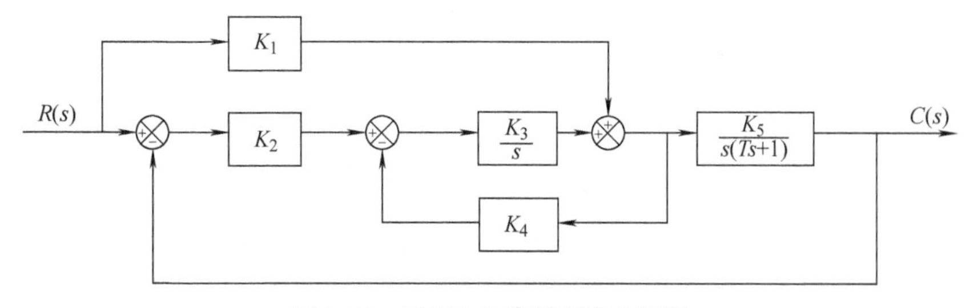

图 2-64　习题 2-8 控制系统的框图

2-9　已知系统的框图如图 2-65 所示，试求系统的传递函数 $C(s)/R(s)$ 和 $E(s)/D(s)$。

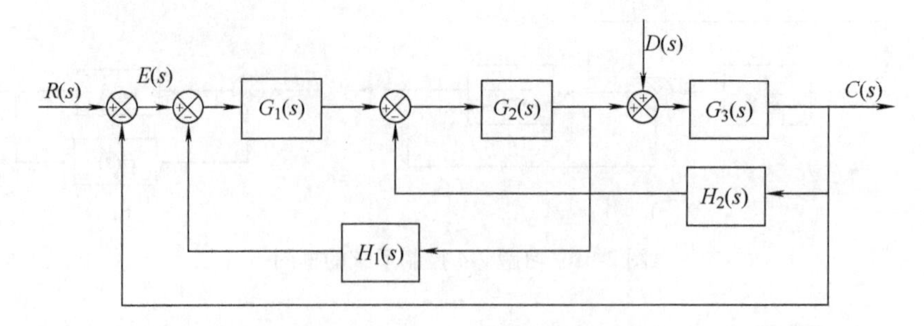

图 2-65　习题 2-9 控制系统的框图

2-10　试求图 2-66 所示系统的传递函数 $C(s)/R(s)$。

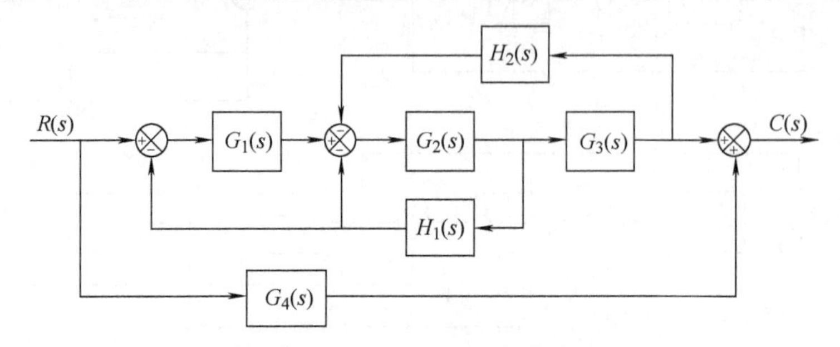

图 2-66　习题 2-10 控制系统的框图

2-11　已知系统的信号流图如图 2-67 所示，试求系统的闭环传递函数 $C(s)/R(s)$。

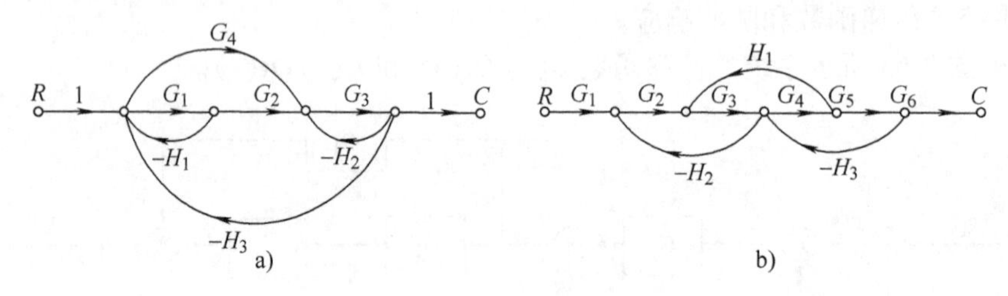

图 2-67　习题 2-11 控制系统的信号流图

2-12　一直流调速系统如图 2-68 所示，(1) 画出系统的框图；(2) 求系统的闭环传递函数 $N(s)/U_g(s)$。

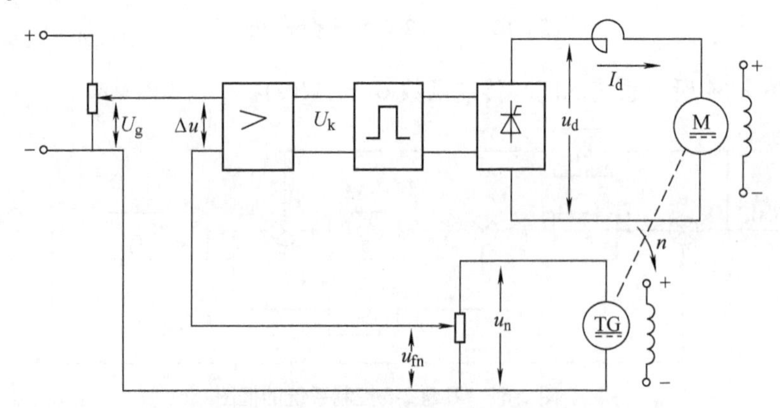

图 2-68　具有转速负反馈的直流调速系统

第三章 控制系统的时域分析法

为了分析系统的性能，首先要建立其数学模型，尔后可用各种不同的分析方法对其进行分析研究。对于线性定常系统，常用的工程方法有时域分析法、根轨迹法和频率响应法。本章仅讨论控制系统的时域分析法。

所谓系统的时域分析，就是对一个特定的输入信号，通过拉普拉斯反变换，求取系统的输出响应。由于系统的输出量一般是时间 t 的函数，故称这种响应为时域响应。

一个稳定的控制系统，对输入信号的时域响应由两部分组成：瞬态响应和稳态响应。瞬态响应描述系统的动态性能；而稳态响应则反映系统的稳态精度。两者都是控制系统的重要性能，因此，在对系统设计时必须同时给予满足。

第一节　典型的测试信号

控制系统的动态性能是通过某典型输入信号作用下系统的瞬态响应过程来评价的。基于系统的瞬态响应过程既取决于系统本身的结构和参数，又与其输入信号的形式和大小有关，而控制系统的实际输入信号往往是未知的。为了便于对系统的分析和设计，就需要假定一些典型的输入函数作为系统的测试信号。据此，对系统的性能做出评述。

典型的测试信号一般应具备两个条件：①信号的数学表达式要简单，以便于数学上的分析和处理；②这些信号易于在实验室中获得。基于上述的理由，在控制工程中通常采用下列所述的 5 种信号作为典型的测试信号。

一、阶跃信号

阶跃输入信号表示参考输入量的一个瞬间突变过程，如图 3-1a 所示。它的数学表达式为

$$r(t)=\begin{cases}0 & t<0\\ R_0 & t\geqslant 0\end{cases} \tag{3-1}$$

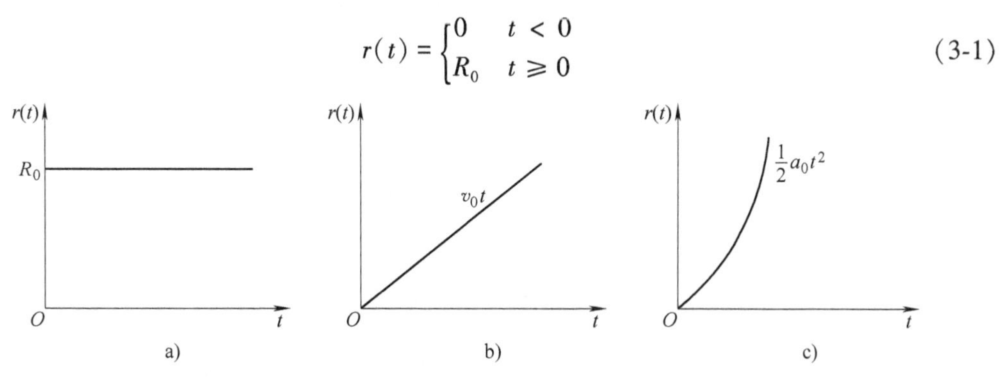

图 3-1　典型测试信号（一）
a）阶跃信号　b）斜坡信号　c）等加速度信号

式中，R_0 为一常量。若 $R_0=1$，则称为单位阶跃输入信号，它的拉普拉斯变换为 1/s。

二、斜坡信号

斜坡输入信号表示由零值开始随时间 t 做线性增长的信号，如图 3-1b 所示。它的数学表达式为

$$r(t)=\begin{cases}0 & t<0\\ v_0t & t\geqslant 0\end{cases}\tag{3-2}$$

由于这种函数的一阶导数为常量 v_0，故斜坡函数又名等速度输入函数。若 $v_0=1$，则称为单位斜坡函数，它的拉普拉斯变换为 $1/s^2$。

三、等加速度信号

等加速度信号是一种抛物线函数，它的数学表达式为

$$r(t)=\begin{cases}0 & t<0\\ \dfrac{1}{2}a_0t^2 & t\geqslant 0\end{cases}\tag{3-3}$$

这种信号的特点是函数值随时间以等加速度增长，如图 3-1c 所示。当 $a_0=1$ 时，则称为单位等加速度信号，它的拉普拉斯变换为 $1/s^3$。

四、脉冲信号

脉冲信号可视为一个持续时间极短的信号，如图 3-2a 所示。它的数学表达式为

$$r(t)=\begin{cases}0 & t<0,\ t>\varepsilon\\ H/\varepsilon & 0<t<\varepsilon\end{cases}\tag{3-4}$$

当 $H=1$ 时，记为 $\delta_\varepsilon(t)$。如果令 $\varepsilon\to 0$，则称其为单位理想脉冲函数，如图 3-2b 所示，并用 $\delta(t)$ 表示，即

$$\delta(t)=\lim_{\varepsilon\to 0}\delta_\varepsilon(t)\tag{3-5}$$

它的面积（又称脉冲强度）为

$$\int_{-\infty}^{\infty}\delta(t)\,\mathrm{d}t=1$$

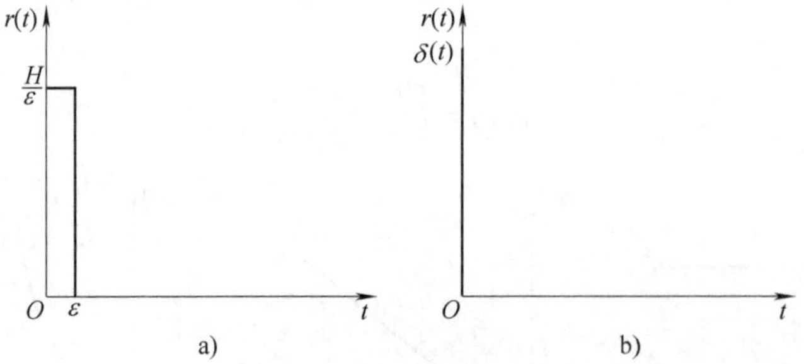

图 3-2　典型测试信号（二）

a）脉冲信号　b）理想脉冲函数

显然，$\delta(t)$ 所描述的脉冲信号实际上是无法获得的。在工程实践中，当 ε 远小于被控对象的时间常数时，这种单位窄脉冲信号常近似地当作 $\delta(t)$ 函数来处理。根据定义，$\delta(t)$ 的拉普拉斯变换为

$$\begin{aligned}\mathscr{L}[\delta(t)] &= \int_0^{\infty}\delta(t)\mathrm{e}^{-st}\mathrm{d}t = \lim_{\varepsilon\to 0}\int_0^{\varepsilon}\frac{1}{\varepsilon}\mathrm{e}^{-st}\mathrm{d}t\\ &= \lim_{\varepsilon\to 0}\left[\frac{1}{\varepsilon}\,\frac{-\mathrm{e}^{-st}}{s}\right]_0^{\varepsilon} = \lim_{\varepsilon\to 0}\frac{1}{\varepsilon s}\left[1-\left(1-\varepsilon s+\frac{1}{2!}\varepsilon^2 s^2-\cdots\right)\right]\\ &= 1\end{aligned}$$

五、正弦信号

正弦信号是一种人们很熟悉的信号，它的数学表达式为

$$r(t) = A\sin\omega t$$

正弦信号主要用于求取系统的频率响应，据此分析和设计控制系统。

在分析控制系统时，究竟选用哪一种输入信号作为系统的测试信号，应视所研究系统的实际输入信号而定。如果系统的输入信号是一个突变的量，应取阶跃信号；如果系统的输入信号是随时间线性增长的函数，则应选斜坡信号，以符合系统的实际工作情况；如果系统的输入信号是一个瞬时冲击的函数，则宜选脉冲信号。

第二节　一阶系统的时域响应

用一阶微分方程描述的控制系统称为一阶系统。图 3-3 为一阶系统的框图，它的传递函数为

$$\frac{C(s)}{R(s)} = G(s) = \frac{1}{1+Ts} \tag{3-6}$$

式中，T 为时间常数。

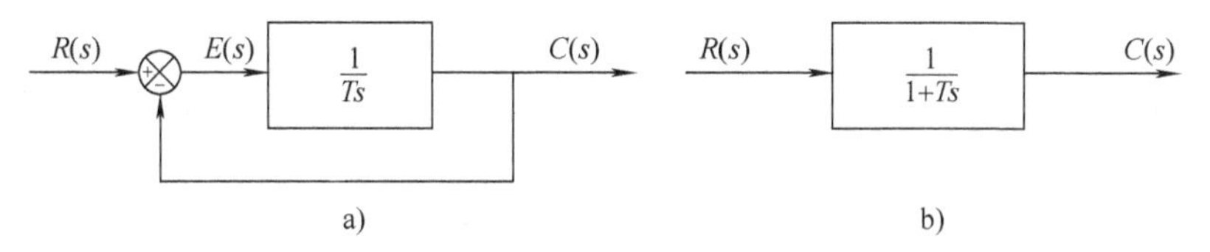

图 3-3　一阶系统的框图

a）一阶系统框图　b）等效框图

由第二章第三节的讨论可知，这种系统实际上就是一个惯性环节。

下面分别就不同的典型输入信号，分析该系统的时域响应。

一、单位阶跃响应

因为单位阶跃函数的拉氏变换为 $R(s)=\dfrac{1}{s}$，则系统的输出为

$$C(s) = \frac{1}{s(1+Ts)} = \frac{1}{s} - \frac{T}{Ts+1} \tag{3-7}$$

对式（3-7）取拉普拉斯反变换，得

$$c(t) = 1 - \mathrm{e}^{-\frac{1}{T}t} \tag{3-8}$$

比较式（3-7）、式（3-8），可知 $R(s)$ 的极点是形成系统响应的稳态分量，传递函数的极点是产生系统响应的瞬态分量。这一结论不仅适用于一阶线性定常系统，而且也适用于高阶线性定常系统。由式（3-8）可知，系统的单位阶跃响应是一单调上升的指数曲线，如图 3-4

所示。由于 $c(t)$ 的终值为 1，因而系统阶跃输入时的稳态误差为零。

当 $t=T$ 时，则有

$$c(T)=1-\mathrm{e}^{-1}\approx 0.632$$

这表示阶跃响应曲线 $c(t)$ 达到其终值的 63.2%的时间，就是该系统的时间常数 T，这是一阶系统阶跃响应的一个重要特征量。由式（3-8）可知，响应曲线在 $t=0$ 时的斜率为 $1/T$，如果系统输出响应的速度恒为 $1/T$，则只要 $t=T$ 时，输出 $c(t)$ 就能达到其终值，如图 3-4 所示。

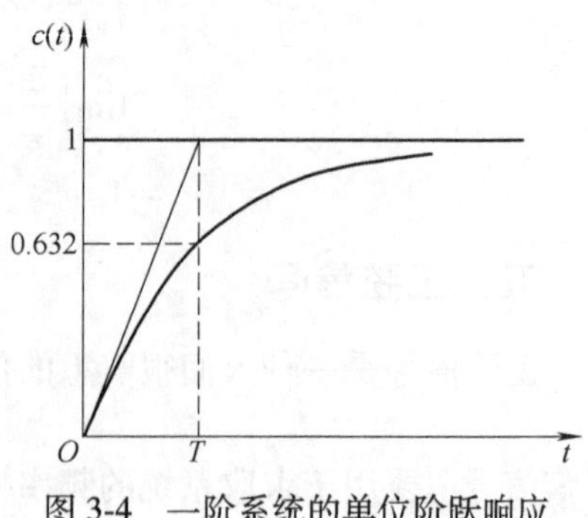

图 3-4 一阶系统的单位阶跃响应

二、单位斜坡响应

令 $r(t)=t$，即 $R(s)=1/s^2$，则系统的输出为

$$C(s)=\frac{1}{s^2(1+Ts)}=\frac{1}{s^2}-\frac{T}{s}+\frac{T^2}{1+Ts}$$

对上式取拉普拉斯反变换，得

$$c(t)=t-T(1-\mathrm{e}^{-\frac{1}{T}t}) \tag{3-9}$$

因为

$$e(t)=r(t)-c(t)=T(1-\mathrm{e}^{-\frac{1}{T}t})$$

所以一阶系统跟踪单位斜坡信号的稳态误差为

$$e_{ss}=\lim_{t\to\infty}e(t)=T$$

上式表明，图 3-3 所示的一阶系统虽能跟踪斜坡输入信号，但有稳态误差存在。不难看出，在稳态时，系统的输入、输出信号的变化率完全相等，即 $\dot{r}(t)=\dot{c}(t)=1$；但由于系统存在着惯性，当 $\dot{c}(t)$ 从 0 上升到 1 时，对应的输出信号在数值上要滞后于输入信号一个常量 T，这就是稳态误差产生的原因。显然，减小时间常数 T 不仅可以加快系统瞬态响应的速度，而且还能减小系统跟踪斜坡信号的稳态误差。图 3-5 为一阶系统的单位斜坡响应。

三、单位脉冲响应

令输入 $r(t)=\delta(t)$，则系统的输出响应 $c(t)$ 就是该系统的脉冲响应。为了区别于其他的响应，把系统的脉冲响应记作 $g(t)$。因为 $\mathscr{L}[\delta(t)]=1$，所以系统输出响应的拉普拉斯变换为

$$C(s)=G(s)=\frac{1/T}{s+1/T}$$

对应的脉冲响应为

$$g(t)=\frac{1}{T}\mathrm{e}^{-\frac{1}{T}t} \tag{3-10}$$

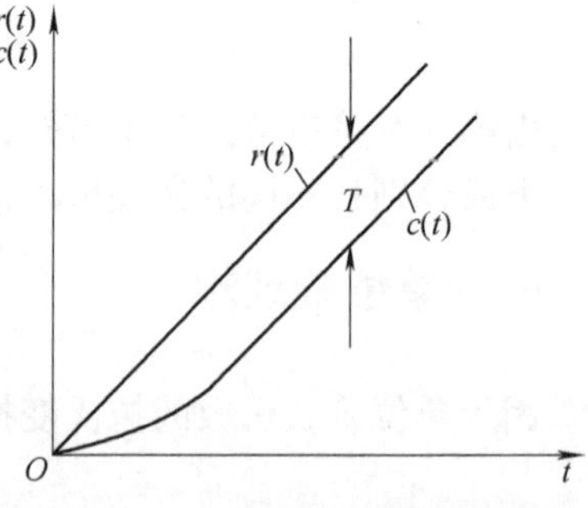

图 3-5 一阶系统的单位斜坡响应

根据一阶系统对上述 3 种典型信号的时域响应，不难看出线性定常系统的一个重要性质：一个输入信号导数的时域响应等于该输入信号时域响应的导数；一个输入信号积分的时域响应等于该输入信号时域响应的积分。基于上述的性质，对线性定常系统只需要讨论一种典型信号的响应，就可推知于其他。因此，在以后对二阶和高阶系统的讨论中，主要研究系统的阶跃响应。

第三节　二阶系统的时域响应

用二阶微分方程描述的系统，称为二阶系统。它是控制系统的一种基本组成形式，许多高阶系统在一定的条件下常近似地用二阶系统来表征。本节拟以一个位置随动系统为例，导出二阶系统的传递函数。然后，给出二阶系统传递函数的标准形式，并讨论它的时域响应。

一、传递函数的推导

图 3-6 为一位置随动系统。该系统是按照参考轴的角位移 θ_r 来控制负载的角位移 θ_c。图中两个线性电位器分别把输入和输出的角位移转变为与之成比例的电信号，并进行比较，其差值电压 U_e 表示与两电位器动臂角差成比例的误差信号，即

$$U_e = K_P(\theta_r - \theta_c)$$

式中，θ_r 为参考轴的角位移，θ_c 为输出轴的角位移，它们的单位为 rad；K_P 为电位器的灵敏系数，单位为 V/rad。

r
θr
θc
θc
E
R
i
Ue
KA
Ua
M
θ

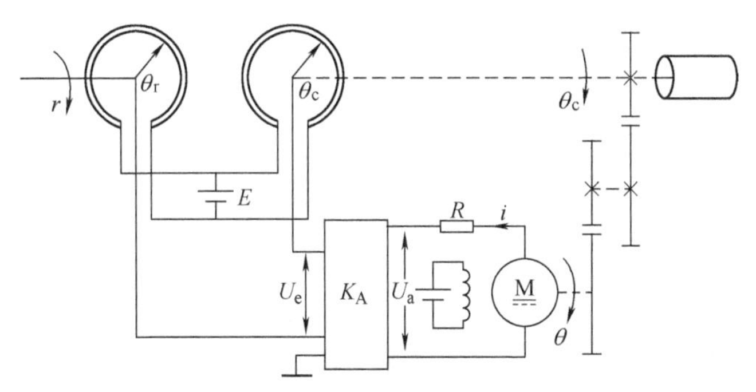

图 3-6　位置随动系统原理图

误差信号 U_e 经放大器（放大系数 K_A）放大后，供电给他励直流电动机，使之带动传动比为 j 的齿轮组和负载一起转动，力图使角位移的误差减小到零。

设 J 和 f_0 分别为电动机轴上的等效转动惯量和等效阻尼系数，不考虑电动机电枢的电感和负载的影响，则图 3-6 所示系统的框图如图 3-7a 所示，图 3-7b 为其简化后的框图。其中 $F = f_0 + \dfrac{C_e C_\mu}{R}$，$K = K_P K_A \dfrac{C_\mu j}{R}$。

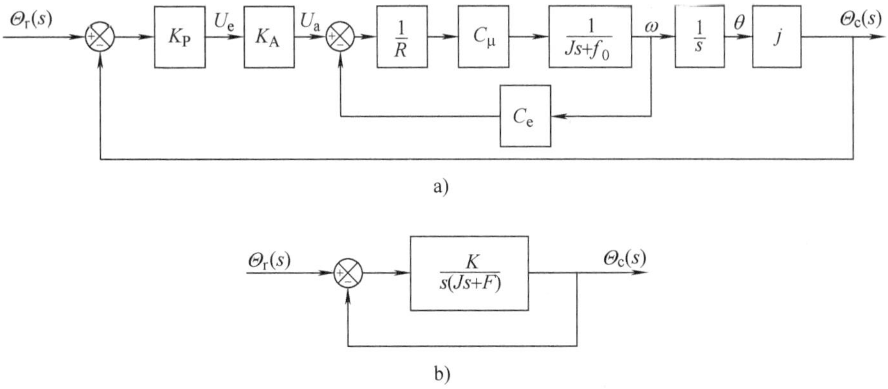

Θr(s)
KP
Ue
KA
Ua
1/R
Cμ
1/(Js+f0)
ω
1/s
θ
j
Θc(s)
Ce
a)
Θr(s)
K/(s(Js+F))
Θc(s)
b)

图 3-7　图 3-6 所示系统的框图

a）系统的框图　b）系统的简化框图

由图 3-7b 可见，该二阶系统是由一个积分环节和一个惯性环节串联组成的，它的开环和闭环传递函数分别为

$$G(s)=\frac{K}{s(Js+F)} \tag{3-11}$$

$$\frac{\Theta_c(s)}{\Theta_r(s)}=\frac{K}{Js^2+Fs+K} \tag{3-12}$$

二、二阶系统的单位阶跃响应

为了对二阶系统的研究具有普遍的意义，通常把它的传递函数改写成如下的标准形式：

$$\frac{C(s)}{R(s)}=\frac{\omega_n^2}{s^2+2\zeta\omega_n s+\omega_n^2} \tag{3-13}$$

式中，ζ 为系统的阻尼比；ω_n 为系统的无阻尼自然频率。

与式（3-13）对应系统的框图如图 3-8 所示。显然，任何一个具有类似于图 3-7b 结构的二阶系统，它们的闭环传递函数都可以化为式（3-13）所示的标准形式。这样，只要分析标准形式二阶系统的动态性能与其参数 ζ、ω_n 间的关系，就能较方便地求得任何二阶系统的动态性能。

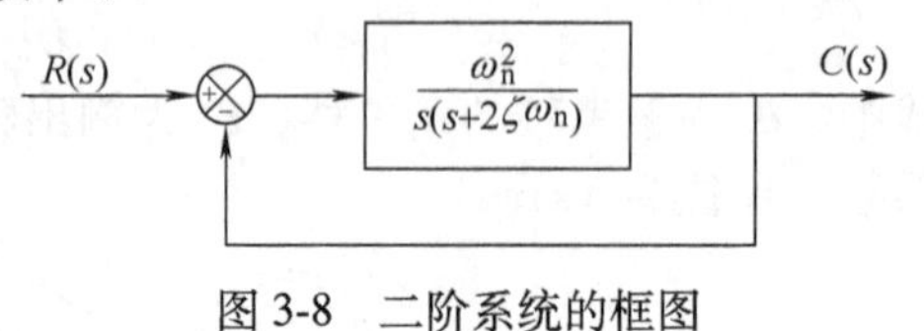

图 3-8　二阶系统的框图

由式（3-13）可知，二阶系统的闭环极点，即特征方程式

$$s^2+2\zeta\omega_n s+\omega_n^2=0$$

的根为

$$s_{1,2}=-\zeta\omega_n\pm\omega_n\sqrt{\zeta^2-1}$$

随着 ζ 值的不同，其特征根和相应的瞬态响应也有很大的差异。下面讨论在不同 ζ 值时二阶系统的瞬态响应。

1. 欠阻尼（$0<\zeta<1$）

当 $0<\zeta<1$ 时，系统的特征根为一对共轭复根，即

$$s_{1,2}=-\zeta\omega_n\pm j\omega_n\sqrt{1-\zeta^2}=-\zeta\omega_n\pm j\omega_d$$

式中，$\omega_d=\omega_n\sqrt{1-\zeta^2}$ 称为系统的阻尼自然频率。

令 $R(s)=1/s$，则系统输出的拉普拉斯变换为

$$C(s)=\frac{\omega_n^2}{s(s+\zeta\omega_n-j\omega_d)(s+\zeta\omega_n+j\omega_d)}$$

由部分分式法得

$$C(s)=\frac{\omega_n^2}{s[(s+\zeta\omega_n)^2+\omega_d^2]}=\frac{1}{s}-\frac{s+2\zeta\omega_n}{(s+\zeta\omega_n)^2+\omega_d^2}$$

$$=\frac{1}{s}-\frac{s+\zeta\omega_n}{(s+\zeta\omega_n)^2+\omega_d^2}-\frac{\zeta\omega_n}{(s+\zeta\omega_n)^2+\omega_d^2}$$

求上式的拉普拉斯反变换，得

$$c(t)=1-e^{-\zeta\omega_n t}\left(\cos\omega_d t+\frac{\zeta}{\sqrt{1-\zeta^2}}\sin\omega_d t\right),\quad t\geqslant 0 \tag{3-14}$$

式（3-14）也可改写为

$$c(t)=1-\frac{1}{\sqrt{1-\zeta^2}}e^{-\zeta\omega_n t}\sin\left(\omega_d t+\arctan\frac{\sqrt{1-\zeta^2}}{\zeta}\right),\quad t\geqslant 0 \tag{3-15}$$

式（3-15）等号右方第一项为响应的稳态分量；第二项为响应的瞬态分量，它是一个幅值按指数规律衰减的阻尼正弦振荡，其振荡频率为 ω_d。当 $\zeta=0$ 时，系统具有一对共轭虚根 $s_{1,2}=\pm j\omega_n$，对应的单位阶跃响应为

$$c(t)=1-\cos\omega_n t \tag{3-16}$$

式（3-16）表明系统在无阻尼时，其瞬态响应呈等幅振荡，振荡的频率为 ω_n。

2. 临界阻尼（$\zeta=1$）

当 $\zeta=1$ 时，系统具有两个相等实根，即 $s_{1,2}=-\omega_n$。此时系统输出的拉普拉斯变换为

$$C(s)=\frac{\omega_n^2}{s(s+\omega_n)^2}$$

将上式展开为部分分式有

$$C(s)=\frac{1}{s}-\frac{\omega_n}{(s+\omega_n)^2}-\frac{1}{s+\omega_n}$$

于是得

$$c(t)=1-(1+\omega_n t)e^{-\omega_n t},\ t\geqslant 0 \tag{3-17}$$

式（3-17）所示系统的瞬态响应是一条单调上升的指数曲线。

3. 过阻尼（$\zeta>1$）

当 $\zeta>1$ 时，系统有两个相异的负实根，即

$$s_{1,2}=-\zeta\omega_n\pm\omega_n\sqrt{\zeta^2-1}$$

系统相应的输出为

$$\begin{aligned}C(s)&=\frac{\omega_n^2}{s(s^2+2\zeta\omega_n s+\omega_n^2)}\\&=\frac{A_1}{s}+\frac{A_2}{s+\zeta\omega_n-\omega_n\sqrt{\zeta^2-1}}+\frac{A_3}{s+\zeta\omega_n+\omega_n\sqrt{\zeta^2-1}}\end{aligned} \tag{3-18}$$

其中：

$$A_1=1$$

$$A_2=\frac{-1}{2\sqrt{\zeta^2-1}(\zeta-\sqrt{\zeta^2-1})}$$

$$A_3=\frac{1}{2\sqrt{\zeta^2-1}(\zeta+\sqrt{\zeta^2-1})}$$

由式（3-18）得

$$\begin{aligned}c(t)=1&-\frac{1}{2\sqrt{\zeta^2-1}(\zeta-\sqrt{\zeta^2-1})}e^{-(\zeta-\sqrt{\zeta^2-1})\omega_n t}+\\&\frac{1}{2\sqrt{\zeta^2-1}(\zeta+\sqrt{\zeta^2-1})}e^{-(\zeta+\sqrt{\zeta^2-1})\omega_n t},\ t\geqslant 0\end{aligned} \tag{3-19}$$

由式（3-19）可知，二阶系统在过阻尼时的单位阶跃响应也是一条单调上升的指数曲线，但其响应速度比临界阻尼时缓慢。随着 ζ 值的增大，极点 s_1 向虚轴靠近，极点 s_2 则远离虚轴，如图 3-9 所示。这样，极点 s_2 所对应瞬态分量的衰减速度远快于极点 s_1 所对应瞬态分量的衰减速度，即此时二阶系统的瞬态响应主要由极点 s_1 确定，因而系统可用具有极点 s_1 的一阶系统来近似表示。为了使这种近似能保持原系统瞬态

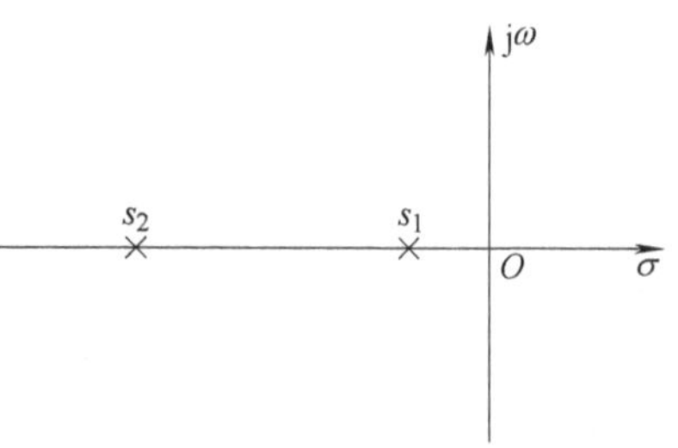

图 3-9　二阶系统的实极点

响应的初值和终值，则需将二阶系统的传递函数近似地用下式表示：

$$\frac{C(s)}{R(s)}=\frac{s_1}{s+s_1}=\frac{\zeta\omega_n-\omega_n\sqrt{\zeta^2-1}}{s+\zeta\omega_n-\omega_n\sqrt{\zeta^2-1}}$$

设 $R(s)=1/s$，于是得

$$C(s)=\frac{\zeta\omega_n-\omega_n\sqrt{\zeta^2-1}}{s(s+\zeta\omega_n-\omega_n\sqrt{\zeta^2-1})}$$

$$=\frac{1}{s}-\frac{1}{s+\zeta\omega_n-\omega_n\sqrt{\zeta^2-1}}$$

$$c(t)=1-\mathrm{e}^{-(\zeta-\sqrt{\zeta^2-1})\omega_n t} \tag{3-20}$$

若令 $\omega_n=1$，$\zeta=2$，则按式（3-19）计算得

$$c(t)=1+0.077\mathrm{e}^{-3.73t}-1.077\mathrm{e}^{-0.27t} \tag{3-21}$$

如按式（3-20）去计算，则得

$$c(t)=1-\mathrm{e}^{-0.27t} \tag{3-22}$$

对应于式（3-21）、式（3-22）的瞬态响应曲线如图3-10所示。由图可知，两者间的差异仅在响应的起始阶段。显然，ζ 值越大，这种差异就越小。

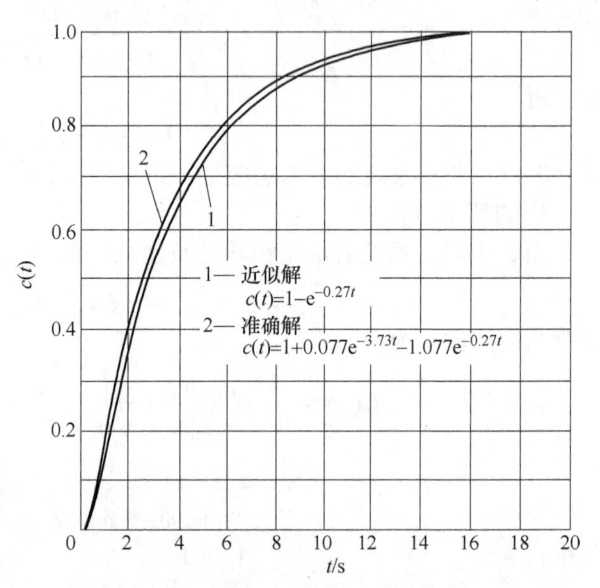

图3-10　二阶系统过阻尼的单位阶跃响应

基于上述的讨论，可知二阶系统随着阻尼比 ζ 的不同，其闭环极点的位置和阶跃响应都有较大的差异，但它们响应的稳态分量都为1。这表明在阶跃输入信号作用下，系统的稳态误差都为零，即在稳态时，它的输出总等于其阶跃输入。图3-11和图3-12分别表示了二阶系统在不同 ζ 值时特征根的位置和相应的瞬态响应曲线。

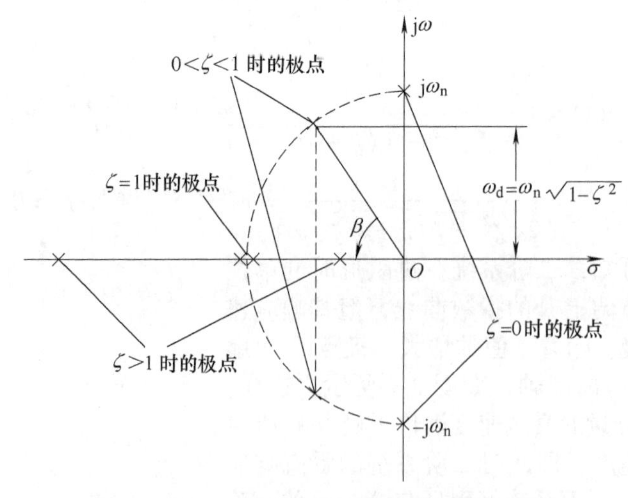

图3-11　二阶系统的极点分布

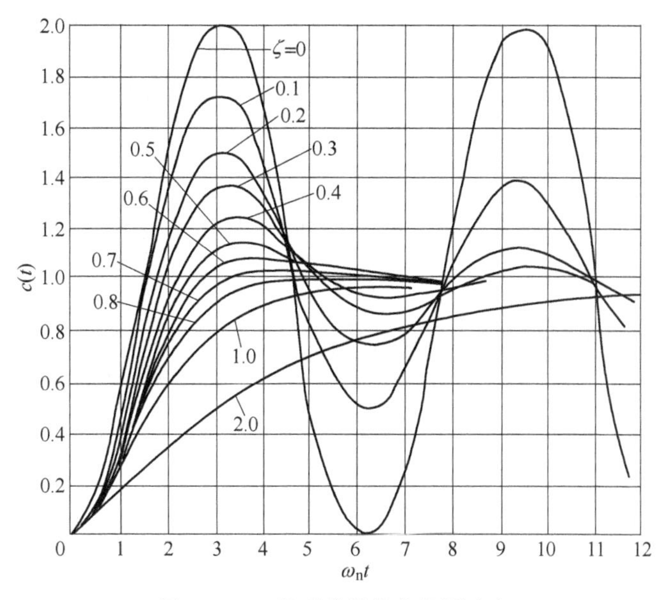

图 3-12　二阶系统的单位阶跃响应

三、二阶系统阶跃响应的性能指标

图 3-13 为系统在欠阻尼时的单位阶跃响应曲线。下列所述的性能指标，将定量地描述系统瞬态响应的性能。

1. 上升时间 t_r

当被控制量 $c(t)$ 首次由零值上升到其稳态值所需的时间，称为上升时间，并用 t_r 表示。根据 t_r 上述的定义，得

$$c(t_r)=1-\frac{1}{\sqrt{1-\zeta^2}}e^{-\zeta\omega_n t_r}\sin(\omega_d t_r+\beta)=1$$

由上式求得

$$t_r=\frac{\pi-\beta}{\omega_d} \tag{3-23}$$

式中，$\beta=\arctan\dfrac{\sqrt{1-\zeta^2}}{\zeta}$。

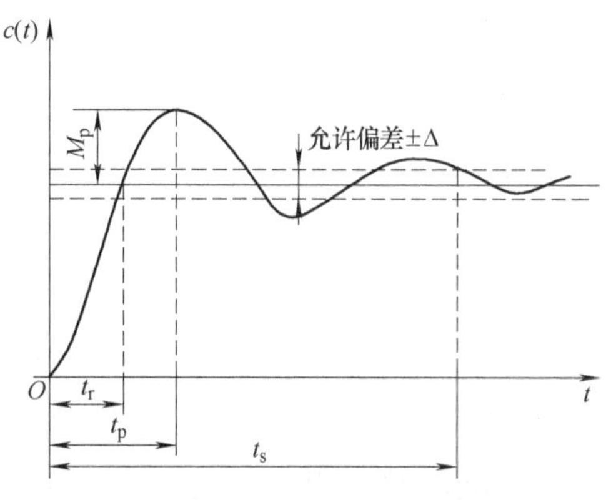

图 3-13　二阶系统瞬态响应的性能指标

2. 峰值时间 t_p

瞬态响应第一次出现峰值的时间称为峰值时间，用 t_p 表示。将式（3-15）对 t 求导，并令其导数等于零，即

$$\left.\frac{dc(t)}{dt}\right|_{t=t_p}=-\frac{1}{\sqrt{1-\zeta^2}}\left[-\zeta\omega_n e^{-\zeta\omega_n t_p}\sin(\omega_d t_p+\beta)+\omega_d e^{-\zeta\omega_n t_p}\cos(\omega_d t_p+\beta)\right]=0$$

化简上式，求得

$$\tan(\omega_d t_p+\beta)=\frac{\sqrt{1-\zeta^2}}{\zeta}$$

因为

$$\tan\beta = \frac{\sqrt{1-\zeta^2}}{\zeta}$$

所以

$$\omega_d t_p = 0、\pi、2\pi、\cdots$$

由图 3-13 可知，系统最大的峰值出现在 $\omega_d t_p = \pi$ 处，因而得

$$t_p = \frac{\pi}{\omega_d} \tag{3-24}$$

显然 t_r 和 t_p 都与系统的阻尼振荡频率 ω_d 成反比。

3. 超调量 M_p

超调量是描述系统相对稳定性的一个动态指标。它定义为

$$M_p = \frac{c(t_p) - c(\infty)}{c(\infty)} \tag{3-25}$$

式中，$c(t_p)$ 为响应的峰值；$c(\infty)$ 为稳态值。M_p 常用百分数来表示，即

$$M_p\% = \frac{c(t_p) - c(\infty)}{c(\infty)} \times 100\%$$

由式（3-15）、式（3-24）得

$$M_p = c(t_p) - 1 = e^{-\frac{\zeta\pi}{\sqrt{1-\zeta^2}}} \tag{3-26}$$

式（3-26）表明超调量 M_p 仅与阻尼比 ζ 有关，其关系曲线如图 3-14 所示。由该图可见，随着 ζ 的增大，M_p 单调地减小。当 $\zeta = 1$ 时，$M_p = 0$，此时系统没有超调，呈临界阻尼状态。

4. 调整时间 t_s

阶跃响应曲线开始进入偏离稳态值 $\pm\Delta$ 的误差范围（一般 Δ 取 5%或 2%），并从此不再超越这个范围的时间称为系统的调整时间，用 t_s 表示，如图 3-13 所示。显然，t_s 越小，表示系统动态调整过程的时间越短。

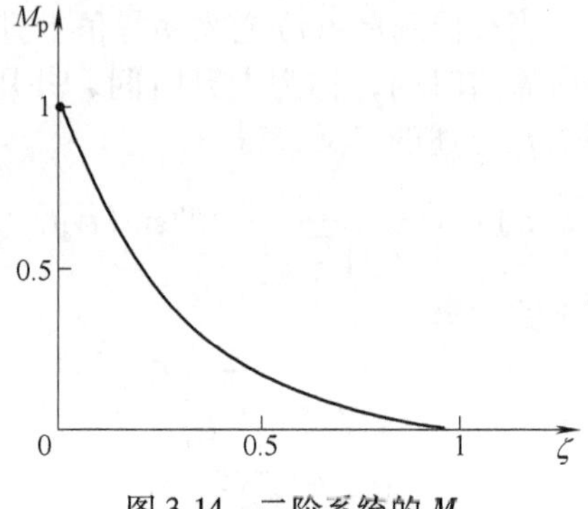

图 3-14　二阶系统的 M_p 与 ζ 的关系曲线

在推导 t_s 的近似算式前，应先确定误差 Δ 的值。由于系统单位阶跃响应的瞬态分量为一幅值按指数衰减的正弦振荡曲线，其中 $\frac{e^{-\zeta\omega_n t}}{\sqrt{1-\zeta^2}}$ 是该正弦振荡的包络线，因而当它衰减到 Δ 值的时间可近似地视为是系统的调整时间 t_s。据此得

$$\frac{e^{-\zeta\omega_n t_s}}{\sqrt{1-\zeta^2}} = \Delta \tag{3-27}$$

由式（3-27）求得

$$t_s = \frac{1}{\zeta\omega_n}\left(\ln\frac{1}{\Delta} + \ln\frac{1}{\sqrt{1-\zeta^2}}\right) \tag{3-28}$$

如取 $\Delta = 0.05$，则

$$t_s = \frac{1}{\zeta\omega_n}\left(\ln\frac{1}{0.05} + \ln\frac{1}{\sqrt{1-\zeta^2}}\right) \tag{3-29}$$

当 ζ 较小时，式（3-29）可近似为

$$t_s \approx \frac{3}{\zeta\omega_n} = 3T \tag{3-30}$$

同理，当 $\Delta=0.02$ 时，近似的调整时间为

$$t_s \approx \frac{4}{\zeta\omega_n} = 4T \tag{3-31}$$

式中，$T=1/(\zeta\omega_n)$ 为系统的时间常数。

5. 稳态误差

当 $t\rightarrow\infty$ 时，系统的参考输入和输出之间的误差就是系统的稳态误差，用 e_{ss} 表示。由上所述，图 3-8 所示的二阶系统在阶跃信号作用下的稳态误差恒为零。现令输入 $r(t)=t$，则由图 3-8 得

$$E(s)=\frac{1}{1+G(s)}R(s)=\frac{s(s+2\zeta\omega_n)}{s^2+2\zeta\omega_n s+\omega_n^2}\frac{1}{s^2}$$

于是有

$$e_{ss}=\lim_{s\rightarrow 0} sE(s)=\frac{2\zeta}{\omega_n} \tag{3-32}$$

用同样的方法，求得图 3-7b 所示的随动系统在单位斜坡作用下的稳态误差为 $\frac{F}{K}=\frac{2\zeta}{\omega_n}$。其中 $\omega_n=\sqrt{\frac{K}{J}}$，$\zeta=\frac{F}{2\sqrt{KJ}}$。如果增大系统的开环增益 K，则阻尼比 ζ 减小、ω_n 增大，从而使系统的稳态误差减小；而 ζ 的减小又会导致超调量 M_p 的增大，使系统的动态性能变差。由此可见，控制系统的动态性能和稳态误差对开环增益 K 的要求是一对矛盾。解决这一矛盾的有效办法是在系统中加入合适的校正装置，即调整开环增益 K，使之满足对系统稳态误差的要求，而系统的动态性能则由校正装置来改善。

四、二阶系统的动态校正

下面就图 3-7b 所示的随动系统为例，介绍两种实用的校正方法。

1. 比例微分（PD）校正

由图 3-7b 可知，校正前系统的特征方程为

$$Js^2+Fs+K=0 \tag{3-33}$$

对应的 $\omega_n=\sqrt{K/J}$，$\zeta=\frac{F}{2\sqrt{KJ}}$。加上 PD 校正后系统的框图如图 3-15 所示。由该图求得系统的特征方程式为

$$Js^2+(F+K_d)s+K_p=0 \tag{3-34}$$

比较式（3-33）和式（3-34），可见校正后系统的特征方程式中增加了 $K_d s$ 项，它表示在电动机的轴上加了一个量值为 $K_d\frac{\mathrm{d}\theta_c(t)}{\mathrm{d}t}$ 的负转矩，从而增加了系统的阻尼。若令 $K=K_p$，则系统校正前后的 ω_n 都为 $\sqrt{K/J}$，而校正后系统的 ζ 为

$$\zeta=\frac{F+K_d}{2\sqrt{K_p J}} \tag{3-35}$$

由于微分项 $K_d s$ 仅在系统动态过程中起作用，因而由终值定理求得图 3-15 所示系统跟踪单位斜坡信号的稳态误差仍为 $F/K_p\left(或\frac{2\zeta}{\omega_n}\right)$。增大 K_p 的值，可满足系统稳态误差的要求；而

K_p 值的增大会使 ζ 变小，现在可以通过适当增大 K_d 值使 ζ 位于 0.5~0.7 之间，以保证系统有较小的超调量。基于校正前后系统的 ω_n 不变，而校正后系统的 ζ 会有所增大，因而调整时间 t_s 会相应地减小。

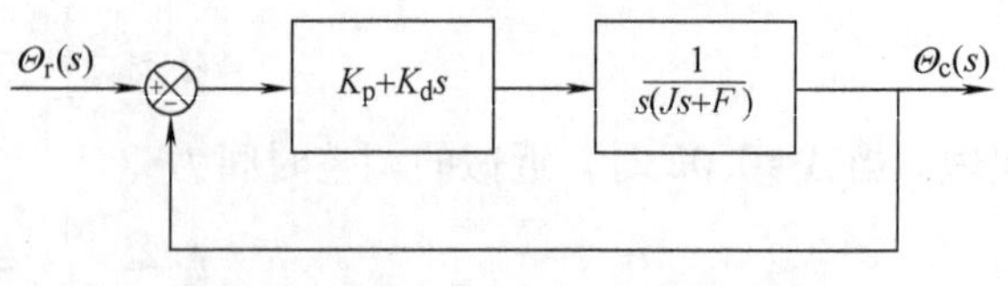

图 3-15　具有 PD 校正的二阶系统

在控制工程中，PD 校正装置常采用如下形式的传递函数：

$$G_c(s) = K\frac{1 + T_D s}{1 + \tau_D s} \tag{3-36}$$

式中，$T_D > \tau_D$。

2. 测速反馈校正

PD 校正之所以能增大系统的阻尼，在于系统的闭环特征多项式中引入了 $K_d s$ 项，即利用了系统输出 $\theta_c(t)$ 的微分信号。受此启发，对于图 3-7b 所示的系统，亦可采用测速发电机来校正。图 3-16 为图 3-7b 所示系统采用测速反馈校正后的框图。显然，测速反馈信号等价于直接取自系统输出 $\theta_c(t)$ 的微分信号，但它要比后者具有较强的抗干扰能力。图 3-17 为图 3-16 的等效框图。

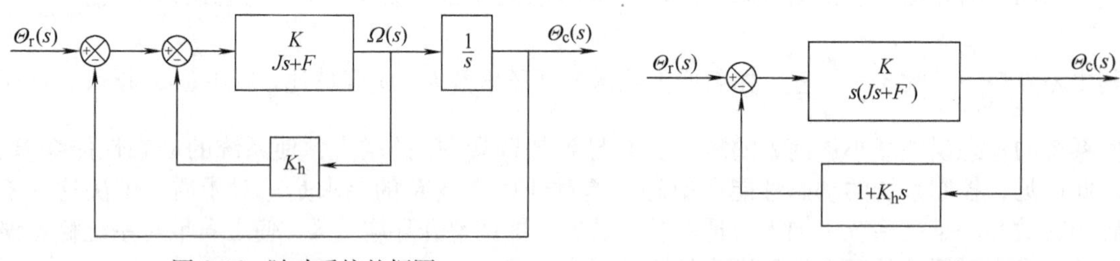

图 3-16　随动系统的框图　　　图 3-17　图 3-16 的等效框图

由图 3-17 得

$$\frac{\Theta_c(s)}{\Theta_r(s)} = \frac{K}{Js^2 + (F + KK_h)s + K} \tag{3-37}$$

系统相应的阻尼比为

$$\zeta = \frac{F + KK_h}{2\sqrt{KJ}} \tag{3-38}$$

把式（3-37）改写为如下的微分方程式：

$$J\frac{d^2\theta_c(t)}{dt^2} + (F + KK_h)\frac{d\theta_c(t)}{dt} + K\theta_c(t) = K\theta_r(t) \tag{3-39}$$

由上述的讨论可知，二阶系统能跟踪单位斜坡输入信号，因而在稳态时系统输出 $\theta_c(t)$ 的变化率必等于其输入 $\theta_r(t)$ 的变化率，即 $\dot{\theta}_r(t) = \dot{\theta}_c(t) = 1$，于是式（3-39）便蜕化为下列的代数方程：

$$(F + KK_h) + K\theta_c(t) = Kt$$

由上式求得系统在单位斜坡输入时的稳态输出为

$$\theta_c(t) = t - \frac{F + KK_h}{K}$$

据此可知，系统跟踪单位斜坡输入的稳态误差不是 F/K，而是变为

$$e_{ss}=\frac{F+KK_h}{K} \tag{3-40}$$

由式（3-38）、式（3-40）可知，只要合理地选取 K 和 K_h 的值，就可以同时满足 ζ 和 e_{ss} 的要求。

【例 3-1】 一控制系统如图 3-18 所示。其中输入 $r(t)=t$，试证明当 $K_d=\frac{2\zeta}{\omega_n}$，在稳态时系统的输出能无误差地跟踪单位斜坡输入信号。

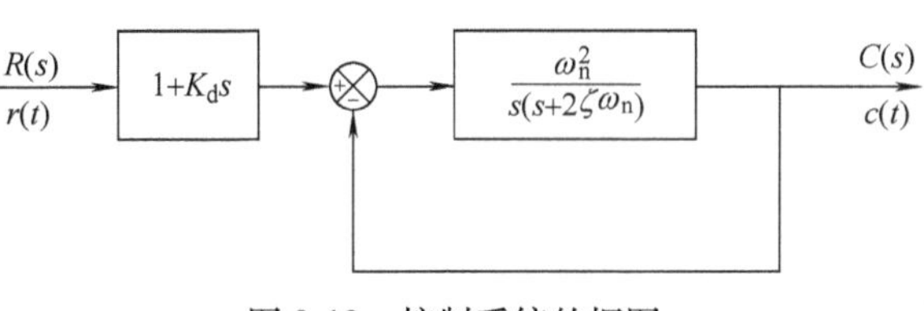

图 3-18　控制系统的框图

解　图 3-18 所示系统的闭环传递函数为

$$\frac{C(s)}{R(s)}=\frac{(1+K_ds)\omega_n^2}{s^2+2\zeta\omega_ns+\omega_n^2} \tag{3-41}$$

根据式（3-41），画出图 3-19 所示的框图。该图上半部分对应于一个标准形式的二阶系统，基于前面的讨论，可知它在单位斜坡输入时的稳态输出 $c_1(t)=t-\frac{2\zeta}{\omega_n}$，如图 3-20 所示；下半部分的框图是表示单位斜坡信号在输入到标准形式的二阶系统之前，先对它进行微分处理，使之变成一个幅值为 K_d 的阶跃信号，并由它去控制二阶系统，因而系统的稳态输出 $c_2(t)=K_d$。

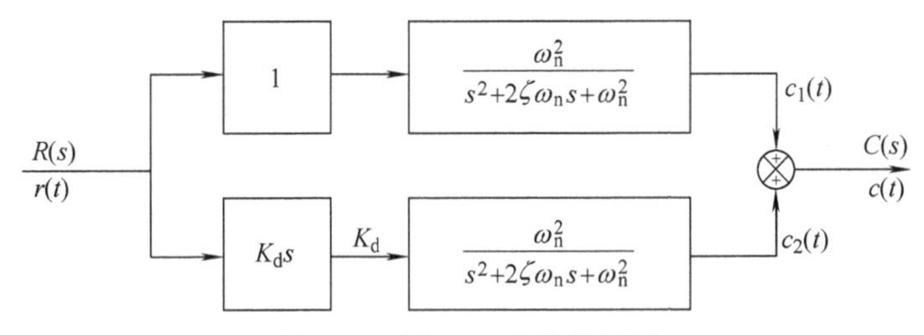

图 3-19　图 3-18 的等效框图

系统总的稳态输出为上述两部分输出之和，即

$$\begin{aligned}c(t)&=c_1(t)+c_2(t)\\&=t-\frac{2\zeta}{\omega_n}+K_d\end{aligned}$$

显然，只要取 $K_d=\frac{2\zeta}{\omega_n}$，则在稳态时 $c(t)=r(t)=t$，如图 3-20 所示。由此清楚地看到，系统之所以能实现在单位斜坡作用下无稳态误差，是由于微分环节的作用，使系统的输出增加了一个超前量 K_d，从而补偿了二阶系统跟踪单位斜坡信号时的跟踪误差。

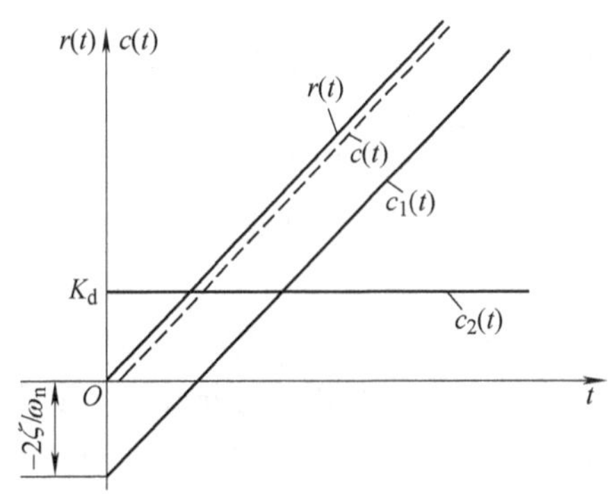

图 3-20　稳态响应曲线

【例 3-2】 设一随动系统如图 3-21 所示，要求系统的超调量为 0.2，峰值时间等于 1s。

（1）求增益 K 和速度反馈系数 K_h 的值；

（2）根据所求的 K 和 K_h 值，计算该系统的上升时间 t_r 和调整时间 t_s。

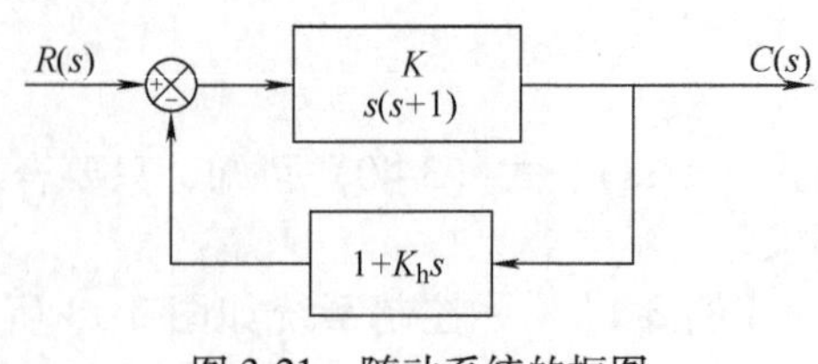

图 3-21　随动系统的框图

解　由　$M_p = e^{-\frac{\zeta\pi}{\sqrt{1-\zeta^2}}} = 0.2$

求得　$\zeta = 0.456$

因为

$$t_p = \frac{\pi}{\omega_d} = 1\text{s}$$

所以

$$\omega_d = 3.14\text{s}^{-1}$$

又

$$\omega_d = \omega_n\sqrt{1-\zeta^2}$$

把 $\zeta=0.456$、$\omega_d=3.14\text{s}^{-1}$ 代入，求得 $\omega_n=3.53\text{s}^{-1}$。与图 3-17 相比较，可知图 3-21 所示系统的 $J=1$，$F=1$，它的闭环传递函数为

$$\frac{C(s)}{R(s)} = \frac{K}{s^2+(1+KK_h)s+K}$$

据此可知，$\omega_n=\sqrt{K}$，即 $K=\omega_n^2=12.5$。由于 $2\zeta\omega_n=1+KK_h$，因而得

$$K_h = \frac{2\sqrt{K}\zeta-1}{K} = 0.178$$

因为

$$t_r = \frac{\pi-\beta}{\omega_d} = \frac{\pi-\beta}{3.14}$$

式中，$\beta=\arctan\frac{\sqrt{1-\zeta^2}}{\zeta}=1.1\text{rad}$。

所以

$$t_r=0.65\text{s}$$

对于 $\Delta=0.02$ 的误差范围，有

$$t_s = \frac{4}{\zeta\omega_n} = 2.48\text{s}$$

对于 $\Delta=0.05$ 的误差范围，有

$$t_s = \frac{3}{\zeta\omega_n} = 1.86\text{s}$$

第四节　高阶系统的时域响应

在实际的控制工程中，人们接触到的大多是三阶和三阶以上的高阶系统。了解高阶系统时域响应的特征以及它和闭环零、极点间的关系，将有助于对高阶系统的分析与综合。

一、高阶系统的时域响应

设高阶系统闭环传递函数的一般形式为

$$\frac{C(s)}{R(s)} = \frac{b_0s^m+b_1s^{m-1}+\cdots+b_{m-1}s+b_m}{s^n+a_1s^{n-1}+\cdots+a_{n-1}s+a_n},\quad n\geqslant m \tag{3-42}$$

如果式（3-42）中分子与分母的多项式均可分解为因式，则式（3-42）就可改写为

$$\frac{C(s)}{R(s)} = \frac{K(s+z_1)(s+z_2)\cdots(s+z_m)}{(s+p_1)(s+p_2)\cdots(s+p_n)},\quad n\geqslant m \tag{3-43}$$

式中，$-z_1$、$-z_2$、…、$-z_m$ 为闭环传递函数的零点；$-p_1$、$-p_2$、…、$-p_n$ 为闭环传递函数的极点。令系统所有的零、极点互不相同，且其极点有实数极点和复数极点，零点均为实数零

点。仍设系统的输入信号为单位阶跃函数，则由式（3-43）得

$$C(s)=\frac{K\prod_{i=1}^{m}(s+z_i)}{s\prod_{j=1}^{q}(s+p_j)\prod_{k=1}^{r}(s^2+2\xi_k\omega_{nk}s+\omega_{nk}^2)},\ n\geqslant m \tag{3-44}$$

式中，$n=q+2r$；q 为实数极点的个数；r 为复数极点的对数。

将式（3-44）用部分分式展开为

$$C(s)=\frac{A_0}{s}+\sum_{j=1}^{q}\frac{A_j}{s+p_j}+\sum_{k=1}^{r}\frac{B_k(s+\xi_k\omega_{nk})+C_k\omega_{nk}\sqrt{1-\xi_k^2}}{s_2+2\xi_k\omega_{nk}s+\omega_{nk}^2}$$

对上式求拉普拉斯反变换，得

$$c(t)=A_0+\sum_{j=1}^{q}A_j\mathrm{e}^{-p_jt}+\sum_{k=1}^{r}B_k\mathrm{e}^{-\xi_k\omega_{nk}t}\cos\omega_{nk}\sqrt{1-\xi_k^2}t+\sum_{k=1}^{r}C_k\mathrm{e}^{-\xi_k\omega_{nk}t}\sin\omega_{nk}\sqrt{1-\xi_k^2}t,\ t\geqslant 0 \tag{3-45}$$

由式（3-45）可知：

1）高阶系统时域响应的瞬态分量是由一阶和二阶系统的时域响应函数组成的。其中控制信号的极点所对应的拉普拉斯反变换为系统响应的稳态分量，传递函数极点所对应的拉普拉斯反变换为系统响应的瞬态分量。

2）如果所有的闭环极点均有负实部，则由式（3-45）可知，随着时间的推移，式中所有的瞬态分量将不断地衰减，当时间 $t\to\infty$ 时，该式等号右方只剩下由控制信号极点所确定的稳态分量 A_0 项。这表示在过渡过程结束后，系统的被控制量仅与控制量有关。这种闭环极点均位于 s 左半平面的系统称为稳定系统。稳定是控制系统能正常工作的必要条件，有关这方面的内容，将在本章第五节中做专题阐述。

3）对于稳定的高阶系统，其瞬态响应不仅与其闭环极点有关，而且也与其零点有关。即系统瞬态响应的类型（指数型或振荡型）完全取决于闭环极点的性质，系统调整时间的长短则主要取决于最靠近虚轴的那些闭环极点（假设它们附近没有闭环零点）。如果系统所有的闭环极点均远离于虚轴，则系统的瞬态响应分量就衰减得很快，从而大大缩短了系统的过渡过程时间。不难看出，闭环零点只影响系统瞬态响应分量幅值的大小与符号的正负。

二、闭环主导极点

如果系统中有一个实数极点（或一对复数极点）距虚轴最近，且其附近没有闭环零点，而其他闭环极点与虚轴的距离都比这个（或这对）极点与虚轴的距离大 5 倍以上，则此系统的瞬态响应可近似地视为由这个（或这对）极点所产生。这是因为这种极点所决定的瞬态分量不仅持续时间最长，而且其初始幅值也大，充分体现了它在系统响应中的主导作用，故称其为系统的主导极点。高阶系统的主导极点通常为一对复数极点。

在设计高阶系统时，人们常利用主导极点这个概念来选择系统的参数，使系统具有预期的一对主导极点，从而把一个高阶系统近似地用一对主导极点所描述的二阶系统去表征。下面通过一例题，说明主导极点在系统响应中的作用。

【例 3-3】 已知一系统的闭环传递函数为

$$\frac{C(s)}{R(s)}=\frac{30}{(s+15)(s^2+2s+2)}$$

解 该系统有一对靠近虚轴的复数极点 $s_{1,2}=-1\pm\mathrm{j}1$ 和一个远离坐标原点的实极点

$s_3=-15$。令 $R(s)=1/s$，则系统的输出为

$$C(s)=\frac{30}{s(s+15)(s^2+2s+2)}$$

用部分分式法将上式展开，由拉普拉斯反变换得

$$c(t)=1-0.01\mathrm{e}^{-15t}-1.511\mathrm{e}^{-t}\cos(t-49.07°)$$

显然，由极点 $s_3=-15$ 产生的瞬态响应项不仅幅值小，而且衰减得快，因而对系统的输出响应影响很小，故可把它略去。于是，系统的输出可近似地表示为

$$c(t)\approx 1-1.511\mathrm{e}^{-t}\cos(t-49.07°)$$

三、偶极子

如果闭环系统的一个零点与一个极点彼此十分靠近，人们常称这样的闭环零、极点为偶极子。偶极子有实数偶极子和复数偶极子两种，复数偶极子必共轭出现。不难证明，只要偶极子不十分靠近坐标原点，则它们对系统瞬态响应的影响就很小，因而可忽略它们的存在。对此，举例说明如下：

【例 3-4】 已知系统的闭传递函数为

$$\frac{C(s)}{R(s)}=\left(\frac{2a}{a+\varepsilon}\right)\frac{(s+a+\varepsilon)}{(s+a)(s^2+2s+2)} \tag{3-46}$$

式中，$a>0$，$\varepsilon>0$。求系统的单位阶跃响应。

解 由式（3-46）可知，该系统有一对复数极点 $s_{1,2}=-1\pm\mathrm{j}1$、一个实数极点 $s_3=-a$ 和一个实数零点 $s=-(a+\varepsilon)$。

1）假设实数极点 $s_3=-a$ 不十分靠近坐标原点，且令 $\varepsilon\to 0$，使实数极点和零点十分靠近，以构成一对偶极子，则式（3-46）所示系统的单位阶跃响应为

$$c(t)=1-\frac{2\varepsilon}{(a+\varepsilon)(a^2-2a+2)}\mathrm{e}^{-at}+\frac{2a\sqrt{1+(a+\varepsilon-1)^2}}{(a+\varepsilon)\sqrt{2}\sqrt{1+(a-1)^2}}\times$$

$$\mathrm{e}^{-t}\sin\left(t+\arctan\frac{1}{a+\varepsilon-1}-\arctan\frac{1}{a-1}-135°\right)$$

考虑到 $\varepsilon\to 0$，上式经简化后得

$$c(t)\approx 1-\frac{2\varepsilon}{a(a^2-2a+2)}\mathrm{e}^{-at}+\sqrt{2}\mathrm{e}^{-t}\sin(t-135°) \tag{3-47}$$

基于上述对 a 和 ε 的假设，式（3-47）可进一步近似表示为

$$c(t)\approx 1+\sqrt{2}\mathrm{e}^{-t}\sin(t-135°) \tag{3-48}$$

由式（3-48）可知，系统的单位阶跃响应主要由一对主导极点决定，偶极子对系统瞬态响应的影响十分微小，故可略去不计。

2）假设 $a\to 0$，$\varepsilon\to 0$，即一对偶极子十分靠近坐标原点，则式（3-47）可改写为

$$c(t)=1-\frac{\varepsilon}{a}+\sqrt{2}\mathrm{e}^{-t}\sin(t-135°)$$

由于 ε 与 a 的值是可比的，故 $\frac{\varepsilon}{a}$ 项不能略去。综上所述，得出如下结论：

①如果偶极子不靠近坐标原点，则它们对系统的瞬态响应可略去不计。

②如果偶极子十分靠近坐标原点，则应考虑它们对系统瞬态响应的影响，但不会改变系统主导极点的作用。

第五节　线性定常系统的稳定性

稳定是自动控制系统能正常运行的必要条件，也是控制系统的一个重要性能。控制系统稳定性的严格定义和理论阐述是由俄国学者李雅普诺夫于 1892 年首先提出的，它主要用于判别时变系统和非线性系统的稳定性。本节仅从物理概念的角度讨论线性定常系统的稳定性。

一、系统稳定的充要条件

设一线性定常系统原处于某一平衡状态，若它在瞬间受到某一扰动（负载的变化、电网电压的波动等）作用而偏离于原有的平衡状态。当此扰动撤消后，系统借助于自身的调节作用，若能使偏差不断地减小，最后仍能回到原来的平衡状态，则称此系统是稳定的。反之，当扰动撤消后，若偏差随着时间的推移而不断地增大，使系统不能再回到原来的平衡状态，这种系统称为不稳定系统。图 3-22 所示为稳定与不稳定系统受到扰动作用后产生的两种截然不同的响应曲线。

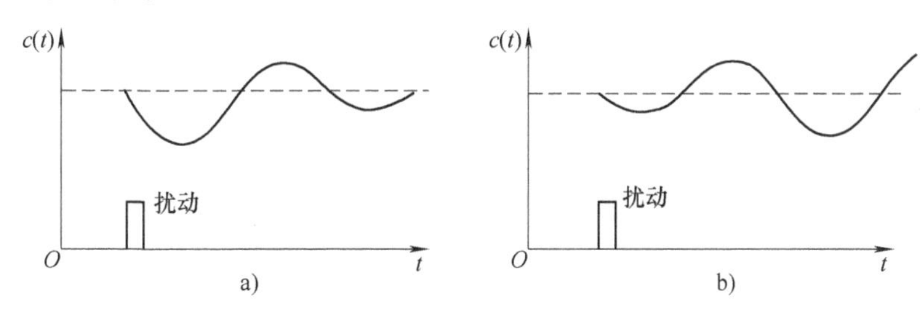

图 3-22　稳定与不稳定系统的响应曲线

a）稳定系统　b）不稳定系统

基于上述，对系统稳定性的研究归结为当作用于系统的扰动撤消后，系统能否会恢复到原有平衡状态的问题。这就表明稳定性是系统的一种固有特性，它与输入信号无关，只取决于其本身的结构和参数。因此，可用系统的单位脉冲响应函数来描述这种特性。设系统的初始条件为零，输入信号为一单位理想脉冲函数 $\delta(t)$，则其输出为单位脉冲响应函数 $g(t)$。这相当于系统在扰动 $\delta(t)$ 作用下，输出量偏离了原有平衡状态的情况。如果系统的脉冲响应函数 $g(t)$ 是收敛的，即有

$$\lim_{t\to\infty} g(t) = 0$$

这就表示系统仍能回到原有的平衡状态，因而该系统是稳定的。由此可知，系统的稳定性与其脉冲响应函数的收敛性是相一致的。

因为 $\mathscr{L}[\delta(t)] = 1$，所以系统的脉冲响应函数就是闭环系统传递函数的拉普拉斯反变换。如同上节所假设的那样，令系统的闭环传递函数中含有 q 个实数极点和 r 对共轭复数极点，则式（3-43）便改写为

$$G(s) = C(s) = \frac{K\prod_{i=1}^{m}(s+Z_i)}{\prod_{j=1}^{q}(s+p_j)\prod_{k=1}^{r}(s^2+2\xi_k\omega_{nk}s+\omega_{nk}^2)},\quad n \geqslant m \tag{3-49}$$

式中，$q+2r=n$。

式（3-49）用部分分式展开，得

$$G(s)=\sum_{j=1}^{q}\frac{A_j}{s+p_j}+\sum_{k=1}^{r}\frac{B_k(s+\xi_k\omega_{nk})+C_k\omega_{nk}\sqrt{1-\xi_k^2}}{s^2+2\xi_k\omega_{nk}s+\omega_{nk}^2}$$

取拉普拉斯反变换后，求得系统的脉冲响应函数为

$$g(t)=\sum_{j=1}^{q}A_j\mathrm{e}^{-p_jt}+\sum_{k=1}^{r}\Big(B_k\mathrm{e}^{-\xi_k\omega_{nk}t}\cos\omega_{nk}\sqrt{1-\xi_k^2}\,t+ C_k\mathrm{e}^{-\xi_k\omega_{nk}t}\sin\omega_{nk}\sqrt{1-\xi_k^2}\,t\Big),\ t>0 \tag{3-50}$$

由式（3-50）可知，若 $\lim\limits_{t\to\infty}g(t)=0$，表示闭环特征方程式的根均位于 s 的左半平面，不论是实根还是共轭复根，它们的实部都为负值，这就是线性定常系统稳定的充要条件。如果在系统的特征方程中只要含有一个正实根或一对实部为正的复数根，则其脉冲响应函数就呈发散形式，系统就不能再回到原有的平衡状态，这样的系统就是不稳定系统。

以上讨论了在零输入下系统的稳定性问题。人们也许会提出这样一个问题：一个在零输入下稳定的系统，会不会因某参考输入信号的加入而使其稳定性受到破坏？回答是否定的。下面以单位阶跃输入为例来说明。设式（3-43）所示系统的输入信号为单位阶跃函数，即 $R(s)=1/s$，则系统的输出为

$$C(s)=\frac{K\prod\limits_{i=1}^{m}(s+z_i)}{s\prod\limits_{j=1}^{q}(s+p_j)\prod\limits_{k=1}^{r}(s^2+2\xi_k\omega_{nk}s+\omega_{nk}^2)},\ n\geqslant m$$

上式的拉普拉斯反变换就是式（3-45），为便于说明，现将该式重写如下：

$$c(t)=A_0+\sum_{j=1}^{q}A_j\mathrm{e}^{-p_jt}+\sum_{k=1}^{r}B_k\mathrm{e}^{-\xi_k\omega_{nk}t}\cos\omega_{nk}\sqrt{1-\xi_k^2}\,t+\sum_{k=1}^{r}C_k\mathrm{e}^{-\xi_k\omega_{nk}t}\sin\omega_{nk}\sqrt{1-\omega_k^2}\,t,\ t\geqslant 0$$

该式等号右方第一项 A_0 为系统响应的稳态分量，它表示在稳态时，系统的输出量 $c(t)$ 完全受输入量 $r(t)$ 的控制；第二、三项是系统响应的瞬态分量，它们的形式和大小均由系统的结构和参数确定。如果所研究的系统在零输入下是稳定的，即其所有的特征根都具有负实部，则在参考输入作用下，系统输出响应中的各瞬态分量都将随着时间的推移而不断地衰减，经过充分长的时间后，系统的输出最终将趋向于稳态分量的一个无限小领域，系统进入稳态运行。以上叙述说明了一个在零输入下稳定的系统，在参考输入信号作用下，仍能持续稳定地运行。

基于上述，控制系统的稳定与否完全取决于它本身的结构和参数，即取决于系统特征方程式根实部的符号，与系统的初始条件、输入信号均无关。如果系统的特征根均位于 s 平面的左方，则此系统是稳定的。反之，只要在特征根中有一个实根或一对共轭复根位于 s 平面的右方，则相应的系统为不稳定。因为对应于根实部为正的那部分瞬态分量将随着时间的推移而不断地增大，并成为系统输出响应的主导部分，从而使系统的运行处于失控状态。如果在系统的特征根中含有一对共轭虚根，假设其余的根均位于 s 平面的左方，则称此系统为临界稳定。基于这种系统的输出响应函数中含有等幅振荡的分量，考虑到系统内部的参数和外界环境的变化，这种等幅振荡不可能持久的持续下去，最后常导致系统的不稳定。为此在控制工程中，一般把临界稳定亦作不稳定处理。

对于一个具体的自动控制系统，造成它不稳定的物理因素主要是系统中存在着各种不同性质的惯性环节（如机械惯性、电磁惯性等）和延迟环节（如晶闸管延迟、齿轮传动中的间隙等），它们的存在都会使系统中信号的传输产生时间上的迟后，从而导致系统的输出信号在相位上要迟后于输入信号一个角度，如图 3-23 所示。

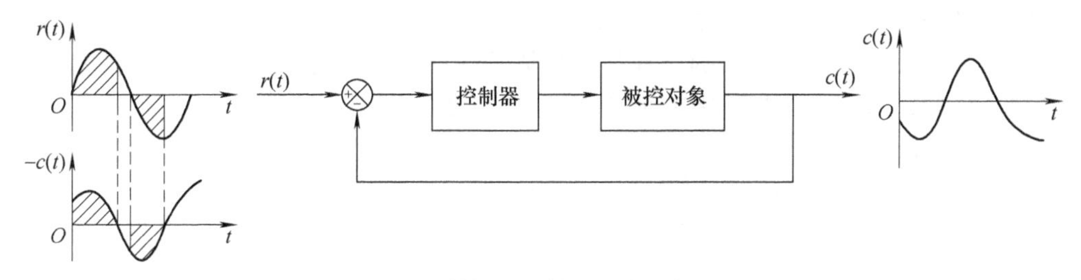

图 3-23　反馈控制系统不稳定的物理解释

由图 3-23 可见，图中所示阴影部分的面积为系统的反馈量 $-c(t)$ 与输入量 $r(t)$ 极性相同的部分，这些同极性部分便具有正反馈的作用，它是系统产生不稳定的因素。显然，只要系统输出信号相位的滞后量大到一定值后，系统的正反馈因素便起主导作用，使系统变为不稳定。最严重的情况是输出信号的相位滞后于输入信号 180°，即反馈量与输入量的相位完全相同，则在所有的时间段上，系统都具有正反馈的作用，此时，只要系统的开环增益大于 1，系统的输出量就会周而复始地不断增大，形成如图 3-23 所示不稳定系统的响应曲线。了解系统产生不稳定的物理原因，将有助于我们在第六章中采取合适的校正措施，使系统不仅能稳定地运行，而且还使它具有良好的动、静态性能。

二、系统稳定的必要条件

令控制系统的特征方程为

$$a_0s^n + a_1s^{n-1} + \cdots + a_{n-1}s + a_n = 0,\ a_0 > 0 \tag{3-51}$$

如果式（3-51）的根都是负实根和实部为负的复数根，则式中 s 的各次项系数均为正值，且无零系数。对此，说明如下：

设$-p_1$、$-p_2$、…为实数根，$-\alpha_1 \pm \mathrm{j}\beta_1$、$-\alpha_2 \pm \mathrm{j}\beta_2$、…为复数根。其中 p_1、p_2、…与 α_1、α_2、…和 β_1、β_2…都为正值，则式（3-51）可改写为

$$a_0\{(s+p_1)(s+p_2)\cdots[(s+\alpha_1-\mathrm{j}\beta_1)(s+\alpha_1+\mathrm{j}\beta_1)]$$
$$[(s+\alpha_2-\mathrm{j}\beta_2)(s+\alpha_2+\mathrm{j}\beta_2)]\cdots\} = 0$$

即

$$a_0[(s+p_1)(s+p_2)\cdots(s+2\alpha_1s+\alpha_1^2+\beta_1^2)(s^2+2\alpha_2s+\alpha_2^2+\beta_2^2)\cdots] = 0 \tag{3-52}$$

由于式（3-52）等号左方所有因式的系数都为正值，因而它们相乘后 s 各次项的系数必然也都为正值，且不会有零系数的项。反之，若方程中只要有一个正实根或含有一对实部为正的复数根，则由式（3-52）可知，方程式中 s 各次项的系数就不会全为正值，即一定会有负系数的项或缺项存在。由此得出系统稳定的必要条件：系统特征方程式中 s 各次项的系数均为正值，且无缺项存在。

显然，对于一阶和二阶系统而言，其特征方程式的各项系数全为正值是系统稳定的充要条件。但是对于三阶和三阶以上的系统，特征方程式的系数均为正值，且无缺项，仅是系统稳定的必要条件，而非充分条件。对于这些系统稳定性的判别，需用下节所述的劳斯稳定判据。

第六节　劳斯稳定判据

由于控制系统稳定的充要条件是其特征根均需具有负实部，因而对系统稳定性的判别就变成求解特征方程式的根，并检验所求的根是否都具有负实部的问题。但是对于三阶以上的系统，要求解其特征方程式的根并非是一件容易的事。于是人们便提出这样一个问题：能否不用直接求根的方法，而是根据特征方程式的根与其系数间的关系去判别特征根实部的符号

呢？回答是肯定的。下面所述的劳斯稳定判据就是这种间接的方法，它是由劳斯（E. J. Routh）于1877年首先提出的。有关劳斯判据自身的数学论证，这里不做叙述。本节仅介绍该判据有关的结论及其在判别控制系统稳定性方面的应用。

设系统的特征方程式为

$$a_0s^n + a_1s^{n-1} + a_2s^{n-2} + \cdots + a_{n-1}s + a_n = 0$$

将上式中的各项系数，按下面的格式排成劳斯表：

$$\begin{array}{lllll}
s^n & a_0 & a_2 & a_4 & a_6 & \cdots \\
s^{n-1} & a_1 & a_3 & a_5 & a_7 & \cdots \\
s^{n-2} & b_1 & b_2 & b_3 & b_4 & \cdots \\
s^{n-3} & c_1 & c_2 & c_3 & \cdots & \\
\cdots & & & & & \\
s^2 & d_1 & d_2 & d_3 & & \\
s^1 & e_1 & e_2 & & & \\
s^0 & f_1 & & & &
\end{array}$$

表中：$b_1=\dfrac{a_1a_2-a_0a_3}{a_1}$，$b_2=\dfrac{a_1a_4-a_0a_5}{a_1}$，$b_3=\dfrac{a_1a_6-a_0a_7}{a_1}$，…

$c_1=\dfrac{b_1a_3-a_1b_2}{b_1}$，$c_2=\dfrac{b_1a_5-a_1b_3}{b_1}$，$c_3=\dfrac{b_1a_7-a_1b_4}{b_1}$，…

用同样的方法，求取表中其余行的系数，一直到第n+1行排完为止。

劳斯稳定判据是根据所列劳斯表第一列系数符号的变化，去判别特征方程式的根在s平面上的具体分布，其结论是：

1）如果劳斯表中第一列的系数均为正值，则表示该特征方程式的根都在s的左半平面，相应的系统是稳定的。

2）如果劳斯表中第一列系数的符号有变化，其变化的次数等于该特征方程式的根在s右半平面上的个数，相应的系统为不稳定。

【例3-5】 已知一调速系统的特征方程式为

$$s^3 + 41.5s^2 + 517s + 2.3\times10^4 = 0$$

试用劳斯判据判别该系统的稳定性。

解 列劳斯表为

$$\begin{array}{llll}
s^3 & 1 & 517 & 0 \\
s^2 & 41.5 & 2.3\times10^4 & 0 \\
s^1 & -38.5 & & \\
s^0 & 2.3\times10^4 & &
\end{array}$$

由于该表第一列系数的符号变化了两次，所以该方程中有两个根在s的右半平面，因而系统是不稳定的。

【例3-6】 已知某调速系统的特征方程式为

$$s^3 + 41.5s^2 + 517s + 1670(1+K) = 0$$

求该系统稳定的K值范围。

解 列劳斯表为

$$\begin{array}{llll} s^3 & 1 & 517 & 0 \\ s^2 & 41.5 & 1670(1+K) & 0 \\ s^1 & \dfrac{41.5\times517-1670(1+K)}{41.5} & 0 & \\ s^0 & 1670(1+K) & & \end{array}$$

由劳斯判据可知，若系统稳定，则劳斯表中第一列的系数必须全为正值。据此得

$$\begin{cases} 517-40.24(1+K)>0 \\ 1670(1+K)>0 \end{cases}$$

解上述不等式组，得

$$-1<K<11.9$$

在应用劳斯判据时，有可能会碰到以下两种特殊情况：

1）当劳斯表某一行中的第一项等于零，而该行的其余各项不全等于零时，这种情况的出现使劳斯表无法继续往下排列。解决的办法是以一个很小的正数 ε 来代替为零的这项，据此算出其余的各项，完成劳斯表的排列。若劳斯表第一列中系数的符号有变化，其变化的次数就等于该方程在 s 右半平面上根的数目，相应的系统为不稳定。如果第一列 ε 上面的系数与其下面的系数符号相同，则表示该方程中有一对共轭虚根存在，相应的系统也属不稳定。

【例 3-7】 已知系统的特征方程式为

$$s^3+2s^2+s+2=0$$

试判别相应系统的稳定性。

解 根据方程列劳斯表为

$$\begin{array}{llll} s^3 & 1 & 1 & 0 \\ s^2 & 2 & 2 & 0 \\ s^1 & 0(\varepsilon) & & \\ s^0 & 2 & & \end{array}$$

由于表中第一列 ε 上面系数的符号与其下面系数的符号相同，表示该方程中有一对共轭虚根存在，相应的系统为不稳定。

若把上述方程分解为因式相乘的形式，即有

$$(s+2)(s^2+1)=0$$

于是求得方程式的根为 $s_1=-2$，$s_{2,3}=\pm\mathrm{j}$。这与用劳斯判据所得的结论是相吻合的。

【例 3-8】 设系统的特征方程式为

$$s^3-3s+2=0$$

试用劳斯判据确定该方程式的根在 s 平面上的具体分布。

解 基于方程中 s^2 项的系数为零，s 一次项的系数为负值，由稳定的必要条件可知，该方程中至少有一个根位于 s 的右半平面，相应的系统为不稳定。为了确定该方程式的根在 s 平面上的具体分布，需应用劳斯判据进行判别。由特征方程排出下列的劳斯表：

$$\begin{array}{llll} s^3 & 1 & -3 & 0 \\ s^2 & 0(\varepsilon) & 2 & 0 \\ s^1 & \dfrac{-3\varepsilon-2}{\varepsilon} & & \\ s^0 & 2 & & \end{array}$$

由上表可见，其第一列 ε 项上面与下面系数的符号变化了两次。根据劳斯判据，可知该方程式有两个根在 s 的右半平面。

若用因式分解的方法，把原方程式改写为

$$s^3 - 3s + 2 = (s-1)^2(s+2) = 0$$

由上式解得 $s_{1,2}=1$，$s_3=-2$，从而验证了上述用劳斯判据所得结论的正确性。

2）如果劳斯表的某一行中所有的系数都为零，则表示相应方程中含有一些大小相等、径向位置相反的根，即存在着符号相反的虚根或大小相等符号相反的实根或实部与虚部分别等值且反号的共轭复根。对于这种情况，可利用系数全零行的上一行系数构造一个辅助多项式，并以这个辅助多项式导数的系数来代替表中系数为全零的行。如此，继续计算其余的项，完成劳斯表的排列。这些大小相等、径向位置相反的根可以通过求解这个辅助方程式得到，而且这些根的数目总是偶数的。例如，一个控制系统的特征方程为

$$s^6 + 2s^5 + 8s^4 + 12s^3 + 20s^2 + 16s + 16 = 0$$

列劳斯表为

$$\begin{array}{lllll} s^6 & 1 & 8 & 20 & 16 & 0 \\ s^5 & 2 & 12 & 16 & 0 \\ s^4 & 2 & 12 & 16 & 0 \\ s^3 & 0 & 0 & 0 \end{array}$$

由于 s^3 这一行的元素全为 0，致使劳斯表无法继续往下排列。现用它上一行的系数组成如下的辅助多项式：

$$P(s) = 2s^4 + 12s^2 + 16$$

上式对 s 求导，得

$$\frac{\mathrm{d}P(s)}{\mathrm{d}s} = 8s^3 + 24s$$

用系数 8 和 24 代替 s^3 这行中相应的 0 元素，并继续往下计算其他行的元素，完成劳斯表的排列。完整的劳斯表为

$$\begin{array}{llllll} s^6 & 1 & 8 & 20 & 16 & 0 \\ s^5 & 2 & 12 & 16 & 0 \\ s^4 & 2 & 12 & 16 & 0 \\ s^3 & 8 & 24 & 0 \\ s^2 & 6 & 16 & 0 \\ s^1 & 8/3 & 0 \\ s^0 & 16 \end{array}$$

由上表可知，第一列的系数均为正值，表明该方程在 s 右半平面上没有特征根。令 $P(s)=0$，求得两对大小相等、符号相反的根为$\pm \mathrm{j}\sqrt{2}$、$\pm \mathrm{j}2$。基于辅助多项式 $P(s)$ 是特征多项式组成的一部分，因此可应用长除法求得其余的两个根为$-1\pm \mathrm{j}$。显然，这个系统是处于临界稳定状态。

劳斯判据还可以用来判别代数方程式中位于 s 平面上给定垂直线 $s=-\sigma_1$ 的右侧根的数目。只要令 $s=z-\sigma_1$，并代入原方程式中，得到以 z 为变量的特征方程式，然后用劳斯判据去判别该方程中是否有根位于垂直线 $s=-\sigma_1$ 的右侧。用此法可以估计一个稳定系统的各根中最靠近虚轴右侧的根距虚轴有多远，从而了解系统稳定的“程度”。

【例 3-9】 用劳斯判据检验下列特征方程：

$$2s^3 + 10s^2 + 13s + 4 = 0$$

是否有根在 s 的右半平面上，并检验有几个根在垂直线 $s=-1$ 的右方。

解　列劳斯表为

$$\begin{array}{lll} s^3 & 2 & 13 \\ s^2 & 10 & 4 \\ s^1 & \dfrac{130-8}{10}=12.2 & \\ s^0 & 4 & \end{array}$$

由于劳斯表的第一列系数全为正值，因而该特征方程式的根全部位于 s 的左半平面，相应的系统是稳定的。

令 $s=z-1$ 代入特征方程，经化简后得

$$2z^3+4z^2-z-1=0$$

因为上式中的系数有负号，所以方程必然有根位于垂直线 $s=-1$ 的右方。列出以 z 为变量的劳斯表为

$$\begin{array}{llll} z^3 & 2 & -1 & 0 \\ z^2 & 4 & -1 & 0 \\ z^1 & -\dfrac{1}{2} & 0 & \\ z^0 & -1 & & \end{array}$$

由上表可见，第一列系数的符号变化了一次，表示原方程有一个根在垂直线 $s=-1$ 的右方。

第七节　控制系统的稳态误差

控制系统的性能是由动态性能和稳态性能两部分所组成的。稳态性能用系统的稳态误差 e_{ss}表示，它是系统控制精确度的度量。一个符合工程要求的系统，其稳态误差必须控制在允许的范围之内。例如，工业加热炉的炉温误差若超过其允许的限度，就会影响加工产品的质量。又如，造纸厂中卷绕纸张的恒张力控制系统，要求纸张在卷绕过程中张力的误差保持在某一允许的范围之内。若张力过小，就会出现松滚现象；而张力过大，又会促使纸张的断裂。这就说明了稳态误差是控制系统的一个重要性能指标，它和系统的动态性能具有同样的重要性。

讨论稳态误差的前提是系统必须稳定。因为一个不稳定的系统不存在着稳态，因而对这种系统的稳态误差和其他性能指标的研究就变得毫无意义。

一、稳态误差的定义

图 3-24 为典型的反馈控制系统。图中 $B(s)$ 为反馈量，$H(s)$ 为检测装置的传递函数。这样结构的系统，其输入量和输出量通常为不同的物理量，因而系统的误差不能直接用它们的差值来表示，而是用输入量与反馈量的差值来定义系统的误差，即

$$E(s) \xlongequal{\text{def}} R(s)-H(s)C(s)$$

这样定义的误差，在实际系统中是可以量测的。如果需要把上述定义的误差折算为用输出量的量纲来表示，那只要把它除以 $H(s)$，即 $E'(s)=E(s)/H(s)$。例如，一调速系统的控制电压 $U_g=10\text{V}$，测速发电机的传递系数 $H(s)=0.01\text{V}/(\text{r}\cdot\text{min}^{-1})$，即要求系统希望的输出转速 $n=\dfrac{10}{0.01}\text{r/min}$

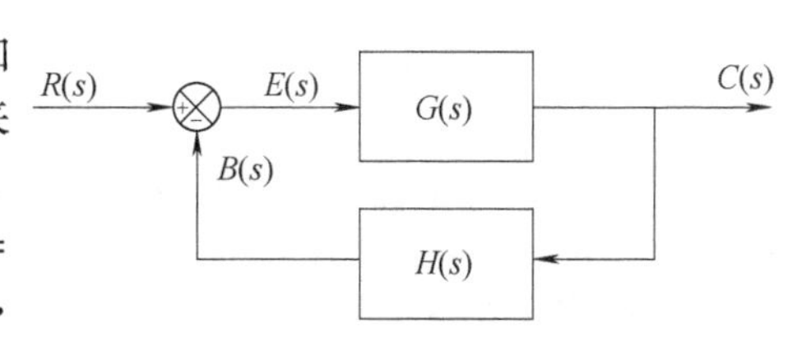

图 3-24　控制系统框图

$=1000\text{r/min}$。若按上述定义求得系统的稳态误差 $e_{ss}=0.1\text{V}$，则折算转速为$\frac{0.1}{0.01}\text{r/min}=10\text{r/min}$，表示系统实际输出的转速只有 990r/min。

由图 3-24 得

$$E(s)=\frac{1}{1+G(s)H(s)}R(s) \tag{3-53}$$

如果系统稳定，且其稳态误差的终值存在，则该值可用终值定理求得，即

$$e_{ss}=\lim_{s\to 0}sE(s)=\lim_{s\to 0}\frac{sR(s)}{1+G(s)H(s)} \tag{3-54}$$

式（3-54）表明，系统的稳态误差不仅与其开环传递函数有关，而且也与其输入信号的形式和大小有关。即系统的结构和参数的不同，输入信号的形式和大小的差异，都会引起系统稳态误差的变化。此外，还应看到由于系统中某些元件存在着死区、机械间隙、摩擦阻尼等缺陷而产生的稳态误差。这类误差可借助于相关元件加工工艺的改进及增加润滑等措施来减小。本节仅从控制原理的角度出发，去研究系统的稳态误差与其结构、参数及输入信号间的关系。

二、给定输入下的稳态误差

控制系统的稳态性能通常是以阶跃、斜坡和等加速度信号作用于系统而产生的稳态误差来表征。下面分别讨论这 3 种不同输入信号作用于不同结构系统时所产生的稳态误差。

令系统的开环传递函数为

$$G(s)H(s)=\frac{K(\tau_1 s+1)(\tau_2 s+1)\cdots(\tau_m s+1)}{s^{\nu}(T_1 s+1)(T_2 s+1)\cdots(T_{n-\nu}s+1)},\quad n\geqslant m \tag{3-55}$$

式中，K 为系统的开环增益；ν 为系统中含有的积分环节数。

对应于 $\nu=0$，1，2 的系统，分别称之为 0 型、Ⅰ型和Ⅱ型系统。由于Ⅱ型以上的系统实际上很难使之稳定，所以这种类型的系统在控制工程中一般不会碰到。

1. 阶跃信号输入

令 $r(t)=R_0$，$R_0=$ 常量，$R(s)=\frac{R_0}{s}$。由式（3-54）求得系统的稳态误差为

$$e_{ss}=\frac{R_0}{1+\lim\limits_{s\to 0}G(s)H(s)}=\frac{R_0}{1+K_p} \tag{3-56}$$

式中，$K_p \overset{\text{def}}{=\!=\!=} \lim\limits_{s\to 0}G(s)H(s)$ 定义为系统的静态位置误差系数。由式（3-55）可知，0 型系统的 $K_p=K$，Ⅰ型及Ⅱ型系统的 $K_p=\infty$。从而求得在阶跃信号作用下，上述 3 种系统的稳态误差为

0 型系统　$e_{ss}=\frac{R_0}{1+K_p}=$ 常数

Ⅰ型和Ⅱ型系统　$e_{ss}=0$

上述结果表明，在阶跃输入作用下，只有 0 型系统有稳态误差，其大小与阶跃输入的幅值 R_0 成正比，与系统的开环增益 K 近似成反比；而Ⅰ型和Ⅱ型系统，从控制原理上说，它们的稳态误差均为零。

2. 斜坡信号输入

令 $r(t)=v_0 t$，$v_0=$ 常数，$R(s)=\frac{v_0}{s^2}$，则由式（3-54）得

$$e_{ss} = \lim_{s\to 0} sE(s) = \frac{v_0}{K_v} \tag{3-57}$$

式中，$K_v \overset{\text{def}}{=\!=\!=} \lim\limits_{s\to 0} sG(s)H(s)$ 定义为系统的静态速度误差系数。由式（3-55）可知，0 型系统的 $K_v=0$，Ⅰ型系统的 $K_v=K$，Ⅱ型系统的 $K_v=\infty$ 。于是求得在斜坡输入时上述 3 种类型系统的稳态误差分别为

0 型系统稳态误差 $=\infty$

Ⅰ型系统稳态误差 $=v_0/K$

Ⅱ型系统稳态误差 $=0$

显然 0 型系统的输出不能跟踪斜坡输入信号，这是因为它的输出量的速度总小于输入信号的速度，致使两者间的差距不断增大。Ⅰ型系统虽能跟踪斜坡输入信号，但有稳态误差存在。在稳态时，系统的输出量与输入信号虽以同一个速度在变化，但前者在位置上要落后于后者一个常量，这个常量就是系统的稳态误差，它与 v_0 成正比，与 K 成反比。图 3-25 为Ⅰ型系统跟踪斜坡输入信号的响应。Ⅱ型系统由于其 $K_v=\infty$，因而它跟踪斜坡输入时的稳态误差 $e_{ss}=0$。这表明在稳态时，系统的输出量与输入信号不仅速度相等，而且它们的位置亦相同。

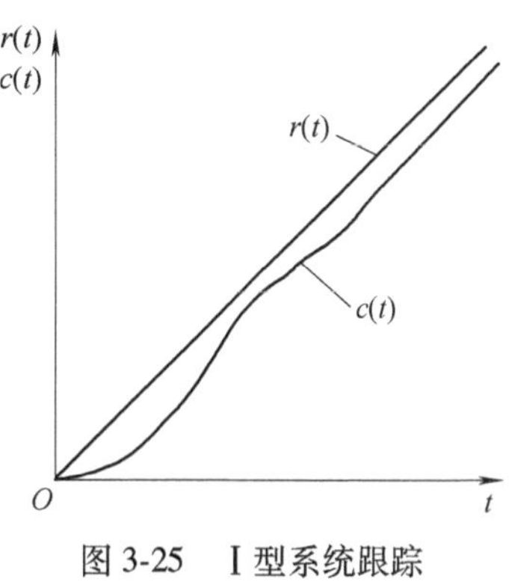

图 3-25　Ⅰ型系统跟踪斜坡输入的响应

3. 抛物线信号输入

令 $r(t)=\frac{1}{2}a_0t^2$，$a_0=$ 常数，$r(t)$ 的拉普拉斯变换为 $R(s)=a_0/s^3$。由式（3-54）求得的稳态误差为

$$e_{ss} = \lim_{s\to 0} sE(s) = \frac{a_0}{K_a} \tag{3-58}$$

式中，$K_a \overset{\text{def}}{=\!=\!=} \lim\limits_{s\to 0} s^2G(s)H(s)$ 定义为系统的静态加速度误差系数。由式（3-55）求得 0 型、Ⅰ型系统的 $K_a=0$，Ⅱ型系统的 $K_a=K$。据此可知，在等加速度信号输入时，上述 3 种类型系统的稳态误差分别为

0 型和Ⅰ型系统　$e_{ss}=\frac{a_0}{0}=\infty$

Ⅱ 型系统　$e_{ss}=a_0/K$

上述结果表明，0 型和Ⅰ型系统都不能跟踪等加速度输入信号，只有Ⅱ型系统能跟踪，但有稳态误差存在。即在稳态时，Ⅱ型系统的输出信号和输入信号都以相同的加速度和速度在变化，但前者在位置上要滞后于后者一个常量，如图 3-26 所示。

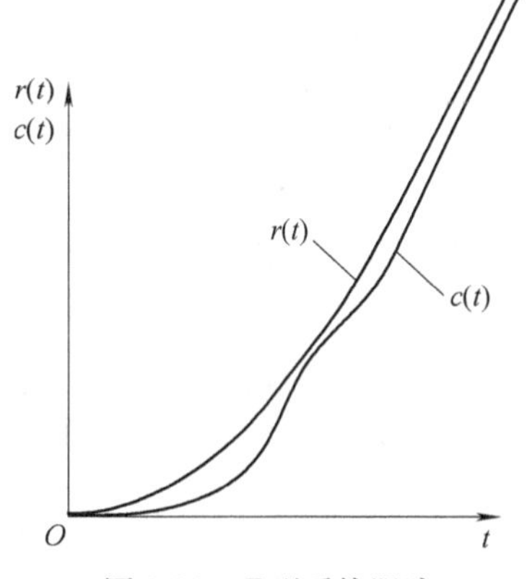

图 3-26　Ⅱ型系统跟踪抛物线输入的响应

表 3-1 和表 3-2 分别给出了上述 3 种类型系统的静态误差系数及其在典型输入信号作用下的稳态误差。由表 3-2 可见，静态误差系数描述了一个系统消除或减小稳态误差的能力，静态误差系数愈大，系统的稳态误差就愈小。显然，静态误差系数与系统的开环传递函数有关，即与系统的结构和参数有关。在系统稳定的前提下，适当增大它的开环增益或提高它的类型

数，都能达到减小或消除稳态误差的目的。然而，这两种方法都会促使系统时域响应动态性能的变坏，甚至会导致系统的不稳定。由此得出，系统的稳态精度和动态性能对系统类型数和开环增益的要求是相矛盾的，解决这一矛盾的基本方法是在系统中加入合适的校正装置。

表 3-1　静态误差系数与系统类型的关系

误差系数 / 系统类型	静态位置误差系数 K_p	静态速度误差系数 K_v	静态加速度误差系数 K_a
0 型系统	K	0	0
Ⅰ型系统	∞	K	0
Ⅱ型系统	∞	∞	K

表 3-2　稳态误差与系统的类型、输入信号间的关系

稳态误差 / 输入信号 / 系统类型	阶跃输入 $r(t)=R_0$	斜坡输入 $r(t)=v_0t$	等加速度输入 $r(t)=\frac{1}{2}a_0t^2$
0 型系统	$\frac{R_0}{1+K}$	∞	∞
Ⅰ型系统	0	$\frac{v_0}{K}$	∞
Ⅱ型系统	0	0	$\frac{a_0}{K}$

三、扰动作用下的稳态误差

以上讨论了系统在参考输入作用下的稳态误差。实际上，控制系统除了受到参考输入的作用外，还会受到来自系统内部和外部各种扰动的影响。例如，负载力矩的变化、放大器的零点漂移、电网电压的波动和环境温度的变化等，这些都会引起系统的稳态误差。这种误差称为扰动稳态误差，它的大小反映了系统抗扰动能力的强弱。对于扰动稳态误差的计算，可以采用上述对参考输入的方法。但是，由于参考输入和扰动输入作用于系统的不同位置，因而系统就有可能会产生在某种形式的参考输入作用下，其稳态误差为零；而在同一形式的扰动作用下，系统的稳态误差就未必为零。因此，就有必要研究由扰动作用引起的稳态误差和系统结构的关系。

考虑图 3-27 所示的系统，图中 $R(s)$ 为系统的参考输入，$D(s)$ 为系统的扰动作用。为了计算由扰动 $D(s)$ 引起的系统的稳态误差，设 $R(s)=0$，且令由 $D(s)$ 引起系统的输出和误差分别为 $C_D(s)$ 和 $E_D(s)$。由图 3-27 得

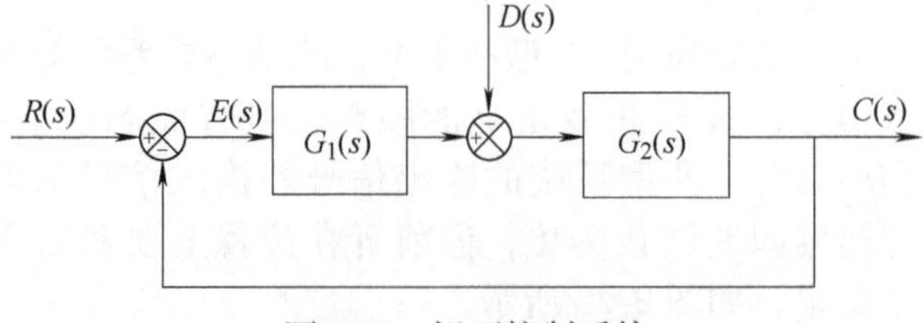

图 3-27　闭环控制系统

$$C_D(s)=\frac{-G_2(s)}{1+G_1(s)G_2(s)}D(s)$$

$$E_D(s)=-C_D(s)=\frac{G_2(s)}{1+G_1(s)G_2(s)}D(s) \tag{3-59}$$

根据终值定理和式（3-59）求得在扰动作用下的稳态误差为

$$e_{sd}=\lim_{s\to 0}sE_D(s)=\lim_{s\to 0}\frac{sG_2(s)}{1+G_1(s)G_2(s)}D(s) \tag{3-60}$$

若令图 3-27 中的

$$G_1(s)=\frac{K_1W_1(s)}{s^{\nu_1}},\quad G_2(s)=\frac{K_2W_2(s)}{s^{\nu_2}}$$

则系统的开环传递函数便改写为

$$G(s)=G_1(s)G_2(s)=\frac{K_1K_2W_1(s)W_2(s)}{s^{\nu}}$$

式中，$\nu=\nu_1+\nu_2$，$W_1(0)=W_2(0)=1$。把上述 $G_1(s)$ 和 $G_2(s)$ 的表达式代入式（3-59），得

$$E_D(s)=\frac{s^{\nu_1}K_2W_2(s)}{s^{\nu}+K_1K_2W_1(s)W_2(s)}D(s) \tag{3-61}$$

下面分别讨论 $\nu=0$、1 和 2 时系统的扰动稳态误差。

1. 0 型系统（$\nu=0$）

令扰动为一阶跃信号，即 $d(t)=D_0$，$D(s)=D_0/s$。把 $G_1(s)$ 和 $G_2(s)$ 的表达式代入式（3-60），求得

$$e_{sd}=\frac{K_2D_0}{1+K_1K_2} \tag{3-62}$$

在一般情况下，由于 $K_1K_2\gg 1$，则式（3-62）可近似表示为

$$e_{sd}\approx\frac{D_0}{K_1}$$

上式表示系统在阶跃扰动作用下，其稳态误差正比于扰动信号的幅值 D_0，与扰动作用点前的前向传递系数 K_1 近似地成反比。

2. I 型系统（$\nu=1$）

系统有两种可能的组合：①$\nu_1=1$，$\nu_2=0$；②$\nu_1=0$，$\nu_2=1$。显然，这两种不同的组合，对于参考输入来说，它们都是 I 型系统，产生的稳态误差也完全相同。但对于扰动而言，这两种不同组合的系统，它们抗扰动的能力是完全不同的。对此，说明如下：

1）$\nu_1=1$，$\nu_2=0$。当扰动为阶跃信号时，即 $d(t)=D_0\cdot 1(t)$，$D(s)=D_0/s$，则由式（3-60）得

$$e_{sd}=\lim_{s\to 0}s\frac{sK_2W_2(s)}{s+K_1K_2W_1(s)W_2(s)}\frac{D_0}{s}=0$$

当扰动为斜坡函数时，即 $d(t)=v_0t$，$D(s)=v_0/s^2$，则对应的稳态误差为

$$e_{sd}=\lim_{s\to 0}s\frac{sK_2W_2(s)}{s+K_1K_2W_1(s)W_2(s)}\frac{v_0}{s^2}=\frac{v_0}{K_1}$$

2）$\nu_1=0$，$\nu_2=1$。用上述相同的方法，求得在阶跃扰动 $D_0\cdot 1(t)$ 作用下的稳态误差为

$$e_{sd}=\frac{D_0}{K_1}$$

在斜坡扰动下的稳态误差为

$$e_{sd}=\lim_{s\to 0}s\frac{K_2W_2(s)}{s+K_1K_2W_1(s)W_2(s)}\frac{v_0}{s^2}=\infty$$

由上述可知，扰动稳态误差只与扰动作用点前 $G_1(s)$ 的结构和参数有关。如 $G_1(s)$ 中的 $\nu_1=1$ 时，相应系统的阶跃扰动稳态误差为零；斜坡扰动的稳态误差只与 $G_1(s)$ 中的增益 K_1

成反比。至于扰动作用点后的 $G_2(s)$，其增益 K_2 的大小和是否含有积分环节，它们均对减小或消除扰动引起的稳态误差没有什么作用。

3. Ⅱ型系统（$\nu=2$）

这里系统有3种可能的组合：①$\nu_1=2$，$\nu_2=0$；②$\nu_1=1$，$\nu_2=1$；③$\nu_1=0$，$\nu_2=2$。根据上述的结论可知，按第一种组合的系统具有Ⅱ型系统的功能，即对于阶跃和斜坡扰动引起的稳态误差均为零；第二种组合的系统具有Ⅰ型系统的功能，即由阶跃扰动引起的稳态误差为零，斜坡扰动产生的稳态误差近似为 v_0/K_1；第三种组合的系统具有0型系统的功能，其阶跃扰动产生的稳态误差为 D_0/K_1，斜坡扰动引起的误差为∞。由此可见，具有第一种组合的系统抗扰动的能力最强，而按第三种组合的系统，其抗扰动能力最弱。

必须指出，上述用终值定理求取给定和扰动作用下系统的稳态误差是有条件的：①系统能稳定；②所求信号的终值要存在，即当时间 $t\to\infty$ 时，该信号有极限值。例如，输入为正弦信号，在稳态时，由于系统的误差和输出信号都是正弦函数，故不能用终值定理求取它们的稳态值，而要用其他的方法。

四、提高系统稳态精度的方法

由前面的讨论可知，提高系统的开环增益和增加系统的类型数是减小和消除系统稳态误差的有效方法。但是这两种方法在其他条件不变时，一般都会影响系统的动态性能，乃至系统的稳定性。若在系统中加入前馈控制作用，就能实现既减小系统的稳态误差，又能保证系统的稳定性不受影响。

1. 对扰动进行补偿

具有对扰动进行补偿的复合控制系统，如图3-28所示。由该图可知，系统除了原有的反馈通道外，还增加了一个由扰动通过前馈（补偿）装置产生的控制作用，旨在补偿由扰动对系统产生的影响。图中 $G_D(s)$ 为待求的前馈控制装置的传递函数；$D(s)$ 为扰动作用，且能被量测。

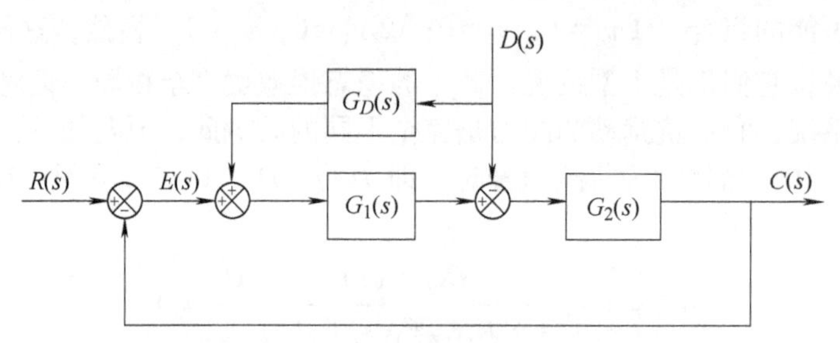

图3-28　按扰动补偿的复合控制系统

令 $R(s)=0$，由图3-28求得扰动引起系统的输出 $C_D(s)$ 为

$$C_D(s)=\frac{G_2(s)[G_1(s)G_D(s)-1]}{1+G_1(s)G_2(s)}D(s) \tag{3-63}$$

由式（3-63）可知，引入前馈控制后，系统的闭环特征多项式没有发生任何变化，即不会影响系统的稳定性。为了补偿扰动对系统输出的影响，若令式（3-63）等号右方的分子为零，即

$$G_2(s)[G_1(s)G_D(s)-1]=0$$

$$G_D(s)=\frac{1}{G_1(s)} \tag{3-64}$$

式（3-64）就是对扰动进行全补偿的条件。由于 $G_1(s)$ 分母的 s 阶次一般比其分子的 s 阶次

高，故式（3-64）的条件在工程实践中只能近似地得到满足。

2. 按输入进行补偿

图 3-29 为对输入进行补偿的系统框图。图中 $G_R(s)$ 为待求前馈装置的传递函数。由于 $G_R(s)$ 设置在系统闭环的外面，因而它不会影响系统的稳定性。在设计时，一般先设计系统的闭环部分，使其有良好的动态性能；然后再设计前馈装置 $G_R(s)$，以提高系统在参考输入作用下的稳态精度。

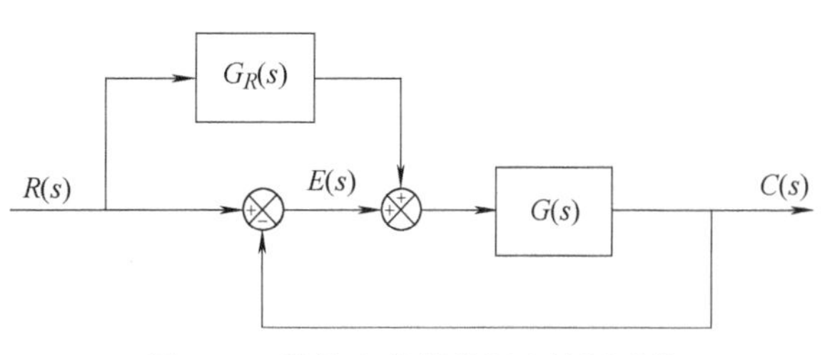

图 3-29　按输入补偿的复合控制系统

由图 3-29 得

$$C(s)=\frac{[1+G_R(s)]G(s)}{1+G(s)}R(s)$$
$$=\frac{G(s)}{1+G(s)}R(s)+\frac{G_R(s)G(s)}{1+G(s)}R(s) \tag{3-65}$$

式（3-65）等号右方第一项为不加前馈装置时的系统输出；第二项是加了前馈装置后系统输出的增加部分，如果该项等于系统在不加前馈装置时的误差，即有

$$\frac{G_R(s)G(s)}{1+G(s)}R(s)=\frac{1}{1+G(s)}R(s) \tag{3-66}$$

则由式（3-65）得

$$C(s)=R(s)$$

由式（3-66）求得 $G_R(s)$ 为

$$G_R(s)=\frac{1}{G(s)} \tag{3-67}$$

这是一个十分理想的结果。它表示在任何时刻，系统的输出量都能无误差地复现输入信号的变化规律。然而，由于 $G(s)$ 分母 s 的阶次一般高于其分子中 s 的阶次，因此式（3-67）所示的条件在工程实践中也只能近似地给予满足。

以上两种补偿方法在具体实施的时候，还需考虑到系统模型和参数的误差、周围环境和使用条件的变化，因而在前馈装置设计时要有一定的调节裕量，以便获得较满意的补偿效果。

第八节　MATLAB 在时域分析法中的应用

在对系统做分析时，首先要判别系统是否稳定。如果系统是稳定的，就应进一步了解该系统对典型输入信号作用下输出响应的性能。上述工作应用 MATLAB 就能轻而易举地完成。

一、判别系统的稳定性——求特征方程式的根

劳斯稳定判据是根据系统特征方程式系数排列劳斯表的第一列元素是否有正、负号的变化，来判别系统的稳定性。用这种方法判别高阶系统的稳定性时，仍有一定的计算工作量；而 MATLAB 只需用一个求根指令，就能十分方便地求得闭环系统所有的特征根，从而也回答了该系统是否稳定的问题。

【例 3-10】　已知某闭环系统的特征方程为

$$s^3+3s^2+2s+24=0$$

试判别该系统的稳定性。

解

```
%MATLAB 程序 3-1
≫den=[1 3 2 24];
  ≫roots(den)

ans=

-4.0000
0.5000+2.3979i
0.5000-2.3979i
```

所得结果告诉我们，该方程中有两个根位于 s 平面的右方，故此系统是不稳定的。

二、系统的单位阶跃响应

用指令 step（num，den）或 step（num，den，t），就可求取系统的单位阶跃响应。前者的指令中虽然没有时间 t 出现，但时间矢量会自动生成；后者指令中的 t 是由用户确定的时间。响应曲线图的 x 轴和 y 轴坐标也是自动标注的。对此，分别举例说明如下：

【例 3-11】 已知一系统的闭环传递函数为

$$\frac{C(s)}{R(s)}=\frac{16}{s^2+4s+16}$$

试求该系统的单位阶跃响应。

解

```
%MATLAB 程序 3-2
num=[16];
den=[1 4 16];
step(num,den);
grid on;
xlabel('t');ylabel('c(t)');
title('Unit-Step Response of G(s)=16/(s^2+4s+16)');
```

运行结果所得的单位阶跃响应曲线如图 3-30 所示。若将鼠标指针移至曲线上的任一点，并单击，则图形将显示该点对应的响应时间与幅值。例如，将鼠标移至该响应曲线的最高点，图形上就显示出该点对应的时间 $t_p=0.903$s，幅值 $c(t_p)=1.16$。由此可知，系统的超调量 $M_p\%=16\%$。用同样的方法，求得该系统的调整时间 $t_s=1.32$s（$\Delta=0.05$）。

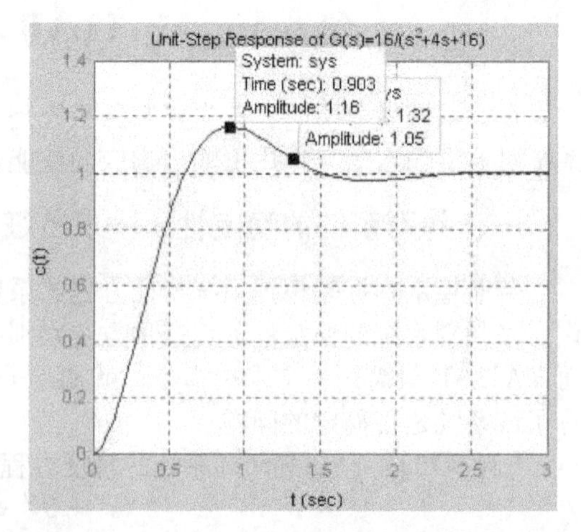

图 3-30　例 3-11 系统的单位阶跃响应（一）

当 step 指令等号左端含有变量时，即

[y，x，t]=step(num，den，t)

MATLAB 会根据用户给出的 t，算出对应的 y 与 x 值。使用该指令时，屏幕上不显示系统的输

出响应曲线。若要获得系统的响应曲线，则需加上 plot 绘图指令。对此，仍以例 3-11 为例来说明。

```
%MATLAB 程序 3-3
num=[16];
den=[1 4 16];
t=0:0.1:10;
[y,x,t]=step(num,den,t);
plot(t,y);
grid on;
xlabel('t/s');ylabel('c(t)');
title('Unit-Step Response of G(s)= 16/(s^2+4s+16)');
```


运行结果如图 3-31 所示。

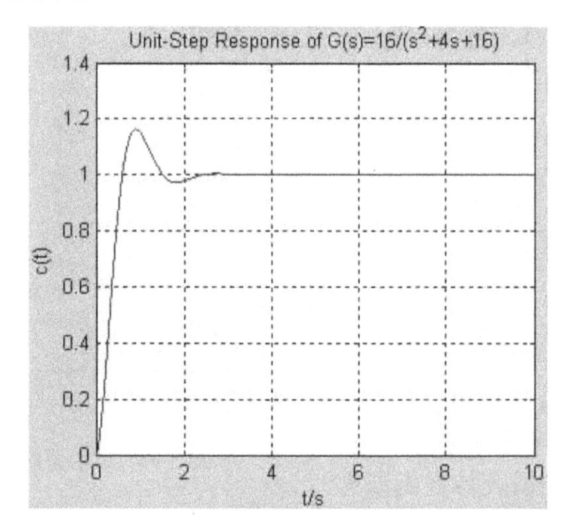

图 3-31　例 3-11 系统的单位阶跃响应（二）

【例 3-12】　二阶系统闭环传递函数的标准形式为

$$\frac{C(s)}{R(s)}=\frac{\omega_n^2}{s^2+2\zeta\omega_n s+\omega_n^2}$$

令 ω_n 为一定值，则系统的瞬态响应只与参变量 ζ 有关。下面用 MATLAB 分析 ζ 分别为 0、0.3、0.5、0.7、1 时系统的单位阶跃响应。

解　其参考程序如下：

```
%MATLAB 程序 3-4
t=0:0.1:12;num=[1];
Zeta1=0;den1=[1 2*Zetal 1];
Zeta2=0.3;den2=[1 2*Zeta2 1];
Zeta3=0.5;den3=[1 2*Zeta3 1];
Zeta4=0.7;den4=[1 2*Zeta4 1];
```

```
Zeta5=1;den5=[1 2*Zeta5 1];
[y1,x,t]=step(num,den1,t);
[y2,x,t]=step(num,den2,t);
[y3,x,t]=step(num,den3,t);
[y4,x,t]=step(num,den4,t);
[y5,x,t]=step(num,den5,t);
plot(t,y1,t,y2,t,y3,t,y4,t,y5);
grid on;
```


图 3-32 为该程序运行后所得的响应曲线。

三、系统的单位斜坡响应和脉冲响应

对于系统的单位斜坡响应和单位脉冲响应，也可以用 step（num，den）指令来求取。令系统的闭环传递函数为 $G(s)$，输入为单位阶跃信号 $R(s)=1/s$，则系统的输出为

$$C(s)=G(s)\frac{1}{s}$$

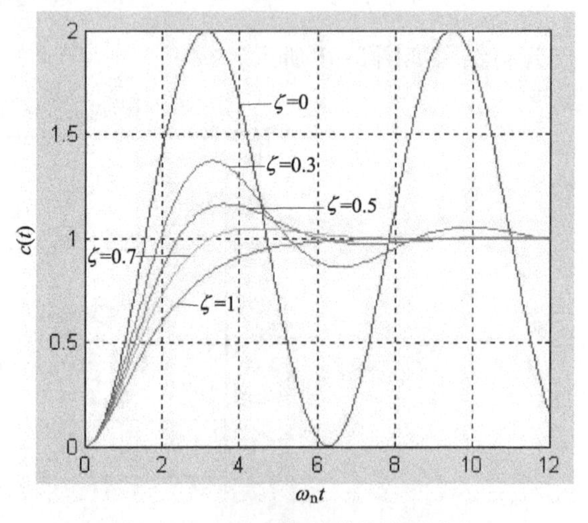

图 3-32　二阶系统的单位阶跃响应

当输入为单位斜坡信号，即 $r(t)=t$，$R(s)=1/s^2$ 时，系统相应的输出为

$$C(s)=G(s)\frac{1}{s^2}=T(s)\frac{1}{s}$$

式中，$T(s)=G(s)/s$。这样仍可应用 step 指令求取，虽然它是针对传递函数 $T(s)$ 的，但实际所得的结果是系统传递函数为 $G(s)$ 的单位斜坡响应。同理，当系统的输入信号为单位理想脉冲函数 $\delta(t)$ 时，即 $R(s)=1$，系统的输出为

$$C(s)=G(s)=sG(s)\frac{1}{s}=T(s)\frac{1}{s}$$

式中，$T(s)=sG(s)$。应用 step 指令求取传递函数为 $T(s)$ 的单位阶跃响应，它等价于系统传递函数为 $G(s)$ 的单位脉冲响应 $g(t)$。

【例 3-13】 已知一控制系统的闭环传递函数为

$$G(s)=\frac{C(s)}{R(s)}=\frac{1}{s^2+0.6s+1}$$

试求：1）系统的单位斜坡响应。

2）系统的单位脉冲响应。

解　1）求单位斜坡响应。

由于 $R(s)=1/s^2$，则系统的输出为

$$C(s)=\frac{1}{s^2+0.6s+1}\frac{1}{s^2}=\frac{1}{s(s^2+0.6s+1)}\frac{1}{s}$$

求解的程序如下：

```
%MATLAB 程序 3-5
num=[1];den=[1 0.6 1 0];
t=0:0.1:12;
c=step(num,den,t);
plot(t,c,'·',t,t,'-');
grid on;
title('Unit-ramp Response curve for system G(s)=1/(s^2+0.6s+1)');
xlabel('t/s');ylabel('r(t),c(t)');
```

图 3-33 为该系统的单位斜坡响应曲线。

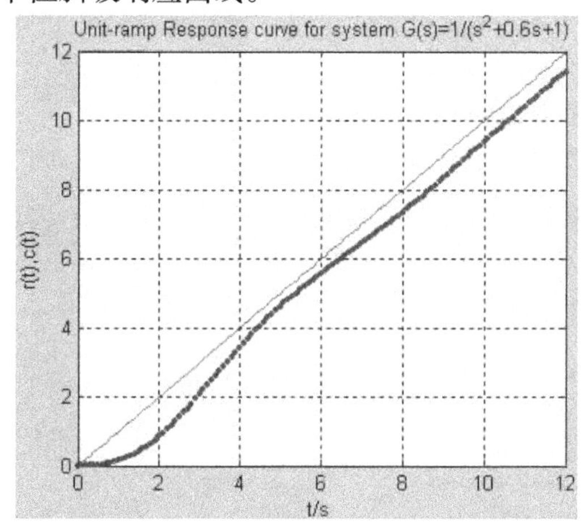

图 3-33　单位斜坡响应

2）求单位脉冲响应。

令 $R(s)=1$，则系统的输出为

$$C(s)=G(s)=\frac{1}{s^2+0.6s+1}=\frac{s}{s^2+0.6s+1}\frac{1}{s}$$

求解程序如下：

```
%MATLAB 程序 3-6
num=[1 0];den=[1 0.6 1];
t=0:0.1:20;
g=step(num,den,t);
plot(t,g);
grid on;
title('Unit-impulse Response of G(s)=1/(s^2+0.6s+1)');
xlabel('t/s');ylabel('g(t)');
```

图 3-34 为该系统的单位脉冲响应曲线。

四、用 Simulink 对系统仿真

Simulink 是一个结合框图界面和交互仿真功能的动态系统建模、仿真的软件包。它含有

许多功能模块，用户只需知道这些模块的输入、输出及其功能，并将它们按一定的规律连接起来，构成所需要系统的框图模型（以 mdl 文件进行存取），据此，即可对系统进行仿真与分析。

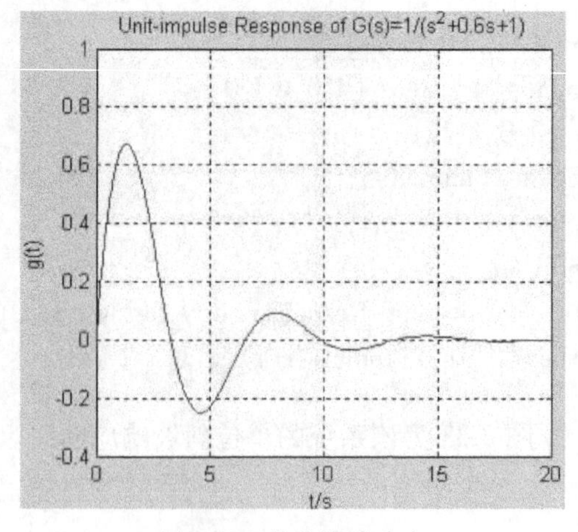

图 3-34　单位脉冲响应

1. 启动 Simulink 模块库

1）在 MATLAB 窗口的工具栏中单击 Simulink 图标。

2）单击 MATLAB 工具条上的 Simulink 图标。

3）在命令窗口中输入：≫Simulink，启动后进入如图 3-35 所示的界面。

2. 启动 Simulink 编辑窗口的方法

1）选择模块库浏览器的菜单命令“File”/“New”/“Model”命令。

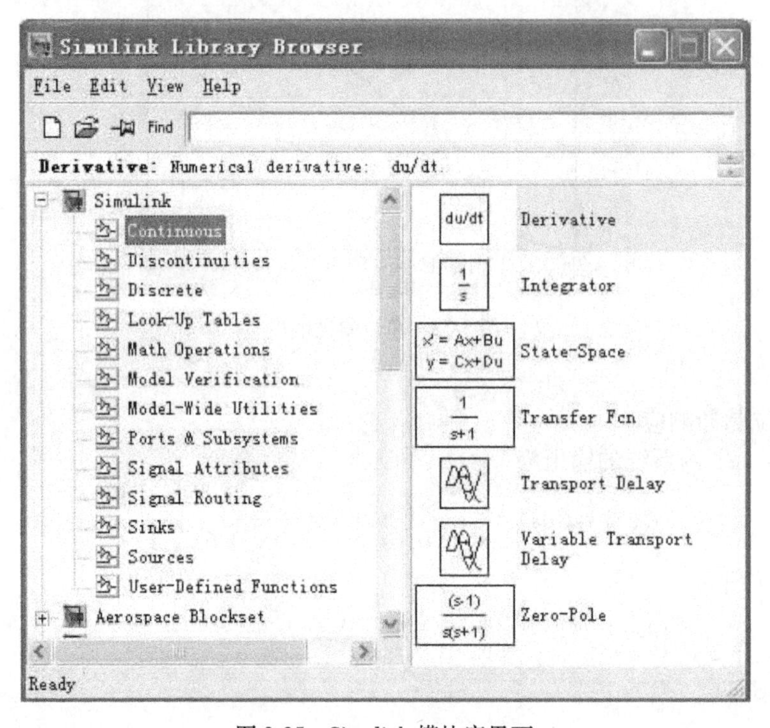

图 3-35　Simulink 模块库界面

2）单击模块库浏览器的🗋图标。

3. 创建简单模型与仿真

（1）模型创建　打开 Simulink 模块库窗口，出现新建模窗口“Untitled”。根据要建立的动态框图，从模块库中选取所需的模块，按住鼠标左键拖入建模窗口后松开，即完成对该模块的建立。按照模块之间的关系，将鼠标放到前一模块的输出端，光标变（+）后，单击鼠标左键并拖动到下一模块的输入端，然后释放鼠标键，这样就完成了两模块间的连接。模块可以任意设置其大小，也可移动、删除和复制。

（2）仿真结果的输出　输出模块库提供 Scope、XY Graph 和 Display 三个实用的输出模块，以用于观察仿真的输出。它们的功能简述如下：

Scope 模块是将信号显示在类似于示波器的窗口内，并可以放大与缩小，也可以打印仿真所得的曲线图形。XY Graph 模块是用于绘制 *X-Y* 二维图形，*X* 与 *Y* 的坐标范围可按需要设置。Display 模块是将仿真结果所得数据以数字形式显示。只要将这 3 种输出模块的图标置于系统仿真框图的输出端，就可以在系统仿真时，同时看到它们以各自的方式显示仿真的结果。Display 将数据结果直接显示在模块窗口中，而 Scope 和 XY Graph 会自动产生新的显示窗口。

（3）仿真操作　模型创建完成后，如果模块参数不合适，可双击该模块，打开模块的属性表，修改其内部的参数，然后单击“Apply”按钮和“OK”按钮，完成对参数的修改。

【例 3-14】　已知一单位反馈控制系统的开环传递函数为

$$G(s)=\frac{2}{s(s+2)}$$

试用 Simulink 求取系统的单位阶跃响应。

解　构建系统的仿真框图，如图 3-36a 所示。该系统是由两个传递函数模块 Integrator、Transfer Fen，一个输入模块——阶跃信号 Step，一个输出模块——示波器 Scope 和一个相加模块构成的。仿真结果如图 3-36b 所示。

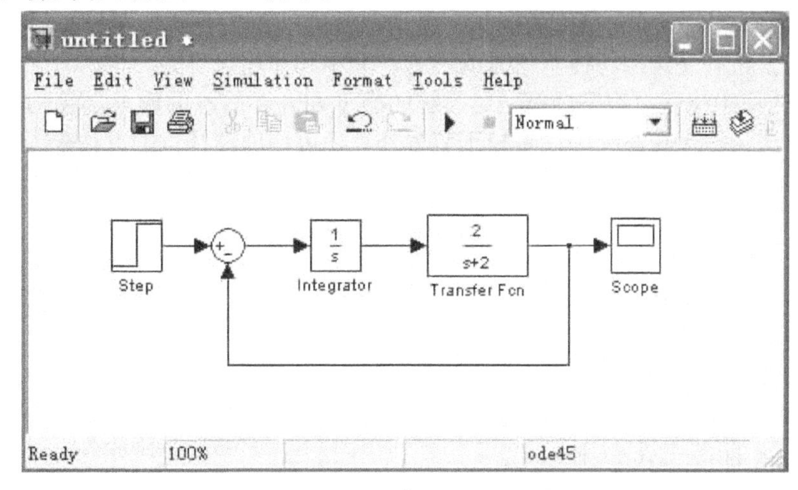

a)

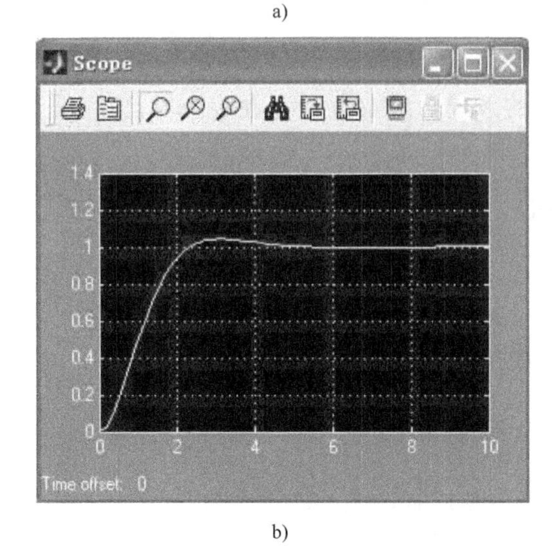

b)

图 3-36　例 3-14 图

a）仿真系统框图　b）单位阶跃响应

小　结

1）时域分析是通过直接求解系统在典型输入信号作用下的时域响应来分析系统的性能。通常是以系统阶跃响应的超调量、调整时间和稳态误差等性能指标来评价系统性能的优劣。

2）二阶系统在欠阻尼时的响应虽有振荡，但只要阻尼比 ζ 取值适当（如 $\zeta=0.7$ 左右），则系统既有响应的快速性，又有过渡过程的平稳性，因而在控制工程中常把二阶系统设计为欠阻尼。

3）如果高阶系统中含有一对闭环主导极点，则该系统的瞬态响应就可以近似地用这对主导极点所描述的二阶系统来表征。

4）稳定是系统能正常工作的首要条件。线性定常系统的稳定性是系统的一种固有特性，它仅取决于系统的结构和参数，与外施信号的形式和大小无关。不用求根而能直接判别系统稳定性的方法，称为稳定判据。稳定判据只回答特征方程式的根在 s 平面上的分布情况，而不能确定根的具体数值。

5）稳态误差是系统控制精度的度量，也是系统的一个重要性能指标。系统的稳态误差既与其结构和参数有关，也与控制信号的形式、大小和作用点有关。

6）系统的稳态精度与动态性能在对系统的类型和开环增益的要求上是相矛盾的。解决这一矛盾的方法，除了在系统中设置校正装置外，还可用前馈补偿的方法来提高系统的稳态精度。

例题分析

例题 3-1　图 3-37 所示的一阶系统，在阶跃输入时，系统为什么一定有稳态误差存在，试解释之。

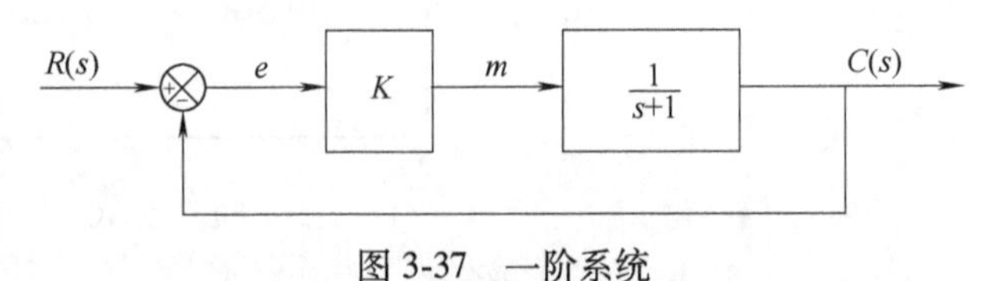

图 3-37　一阶系统

解　令阶跃输入 $r(t)=R_0$，假设系统的输出 $c(t)$ 能等于 R_0，则 $e=0$，$m=Ke=0$，$c(t)=0$。这显然与上述的假设相矛盾。为了使这种类型的系统在阶跃输入时能正常地工作，从控制原理上来说，系统非有稳态误差不可。正是由于 e 的存在，才有放大器的输出 m 和在 $r(t)$ 作用下的系统输出 $c(t)$。如在稳态时，$e=\dfrac{1}{1+K}R_0$，则 $m=\dfrac{KR_0}{1+K}$和 $c(t)=\dfrac{KR_0}{1+K}$，它们都是由 $e=\dfrac{R_0}{1+K}$所产生的，所以系统的稳态误差为$\dfrac{R_0}{1+K}$。

例题 3-2　已知一阶系统的框图如图 3-38 所示。设 $r(t)=t$，求单位斜坡输出响应。

解　系统的传递函数为

$$\frac{C(s)}{R(s)}=\frac{1}{s+2}$$

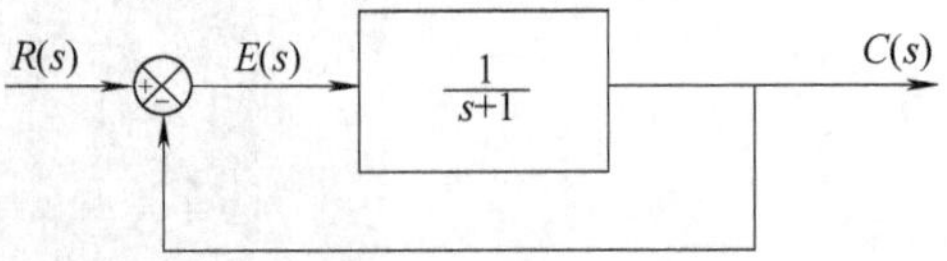

图 3-38　一阶系统的框图

则其输出为

$$C(s)=\frac{1}{s^2(s+2)}$$

用部分分式展开上式，得

$$C(s)=\frac{1/2}{s^2}-\frac{1/4}{s}+\frac{1/4}{s+2}$$

取拉普拉斯反变换得

$$c(t)=\frac{1}{2}t-\frac{1}{4}+\frac{1}{4}e^{-2t}$$

由此可见，在稳态时，该0型系统输出量的变化率 $\dot{c}(t)=\frac{1}{2}$，它小于输入信号的变化率 $\dot{r}(t)=1$。这是由于0型系统的结构所致，从而使得具有这种结构的系统不能跟踪斜坡输入。

例题 3-3　已知图 3-39a 所示系统的单位阶跃响应曲线如图 3-39b 所示，试求参数 K_1、K_2 和 a 的值。

解　因为该系统的闭环传递函数为

$$\frac{C(s)}{R(s)}=\frac{K_1K_2}{s^2+as+K_2} \tag{3-68}$$

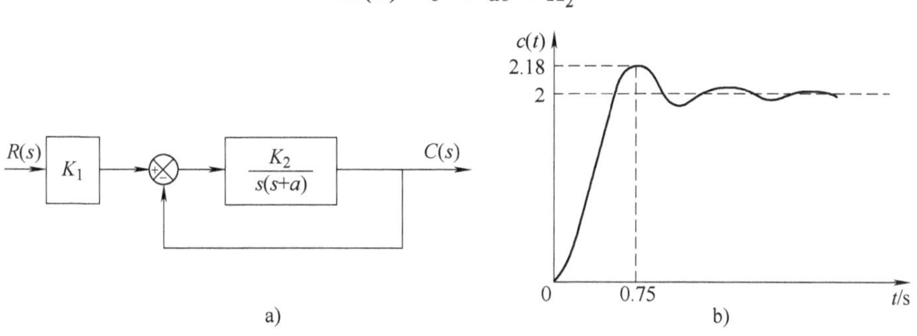

图 3-39　例题 3-3 图

a）系统框图　b）单位阶跃响应曲线

所以它的输出为

$$C(s)=\frac{K_1K_2}{s(s^2+as+K_2)}$$

对应的稳态输出为

$$C(\infty)=\lim_{s\to 0}s\frac{K_1K_2}{s(s^2+as+K_2)}=2$$

据此求得 $K_1=2$。

由图 3-39b 得

$$M_p=e^{-\frac{\zeta\pi}{\sqrt{1-\zeta^2}}}=0.09$$

由上式求得 $\zeta=0.6$。

根据

$$t_p=\frac{\pi}{\omega_n\sqrt{1-\zeta^2}}=0.75$$

解得 $\omega_n=5.2\text{rad/s}$。把式（3-68）改写为二阶系统的标准形式，即

$$K_1\left(\frac{K_2}{s^2+as+K_2}\right)=K_1\left(\frac{\omega_n^2}{s^2+2\zeta\omega_n s+\omega_n^2}\right) \tag{3-69}$$

由式（3-69）得

$$K_2=\omega_n^2=5.2^2=27.04,\ a=2\zeta\omega_n=6.24$$

例题 3-4　一单位反馈控制系统，若要求：①跟踪单位斜坡输入时系统的稳态误差为2；②设该系统为三阶，其中一对复数闭环极点为−1±j1。求满足上述要求的开环传递函数。

解　根据①和②的要求，可知该系统是Ⅰ型三阶系统，因而令其开环传递函数为

$$G(s)=\frac{K}{s(s^2+bs+c)}$$

因为

$$e_{ss}=\frac{1}{K_v}=2，K_v=0.5$$

即

$$K_v=\frac{K}{c}=0.5，\quad K=0.5c$$

与 $G(s)$ 相应的闭环传递函数为

$$T(s)=\frac{K}{s^3+bs^2+cs+K}=\frac{K}{(s^2+2s+2)(s+p)}$$
$$=\frac{K}{s^3+(p+2)s^2+(2p+2)s+2p}$$

由上式得

$$p+2=b$$
$$2p+2=c$$
$$2p=K$$

求解联立方程组，得 $c=4$，$K=2$，$p=1$，$b=3$，所求的开环传递函数为

$$G(s)=\frac{2}{s(s^2+3s+4)}$$

例题 3-5　已知一单位反馈控制系统如图 3-40 所示。试回答：

（1）$G_c(s)=1$ 时，闭环系统是否稳定？

（2）$G_c(s)=\dfrac{K_p(s+1)}{s}$ 时，闭环系统稳定的条件是什么？

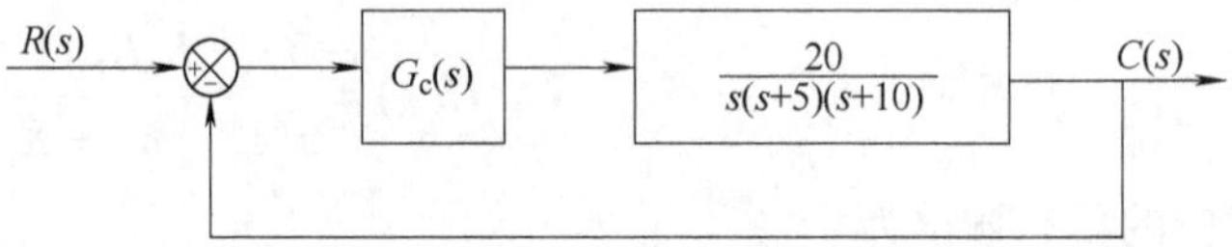

图 3-40　控制系统

解　（1）闭环的特征方程为

$$s(s+5)(s+10)+20=0$$
$$s^3+15s^2+50s+20=0$$

列劳斯表为

$$\begin{array}{cccc} s^3 & 1 & 50 & 0 \\ s^2 & 15 & 20 & 0 \\ s^1 & \dfrac{750-20}{15} & & \\ s^0 & 20 & & \end{array}$$

由于表中第一列的系数全为正值，因而闭环特征方程式的根全部位于 s 的左半平面，闭环系统是稳定的。

（2）开环传递函数为

$$G_c(s)G(s)=\frac{20K_p(s+1)}{s^2(s+5)(s+10)}$$

则其闭环特征方程变为

$$s^2(s+5)(s+10)+20K_p(s+1)=0$$
$$s^4+15s^3+50s^2+20K_ps+20K_p=0$$

列劳斯表为

$$\begin{array}{llll} s^4 & 1 & 50 & 20K_p \\ s^3 & 15 & 20K_p & 0 \\ s^2 & \dfrac{750-20K_p}{15} & 20K_p & \\ s^1 & \dfrac{\frac{1}{15}(750-20K_p)\times 20K_p-300K_p}{\frac{1}{15}(750-20K_p)} & & \\ s^0 & 20K_p & & \end{array}$$

欲使系统稳定，表中第一列的系数必须全为正值，即 $K_p>0$，$750-20K_p>0\Rightarrow K_p<37.5$，$10500-400K_p>0\Rightarrow K_p<26.25$。

由此得出系统稳定的条件是

$$0<K_p<26.25$$

例题 3-6　设一控制系统误差的传递函数为

$$\frac{E(s)}{R(s)}=\frac{1}{s+a},\quad a>0$$

输入信号 $r(t)=\cos\omega t$，求误差 $e(t)$。

解　$E(s)=\dfrac{s}{(s^2+\omega^2)(s+a)}$

由于输入是余弦信号，因而系统误差的终值将不存在。下面用部分分式法去求 $e(t)$。

因为

$$E(s)=\frac{s}{(s^2+\omega^2)(s+a)}=\frac{A}{s+\mathrm{j}\omega}+\frac{B}{s-\mathrm{j}\omega}+\frac{C}{s+a} \tag{3-70}$$

式中：

$$A=\frac{1/2}{a-\mathrm{j}\omega},\quad B=\frac{1/2}{a+\mathrm{j}\omega},\quad C=\frac{-a}{a^2+\omega^2}$$

对式（3-70）取拉普拉斯反变换，得

$$e(t)=\frac{1/2}{a-\mathrm{j}\omega}\mathrm{e}^{-\mathrm{j}\omega t}+\frac{1/2}{a+\mathrm{j}\omega}\mathrm{e}^{\mathrm{j}\omega t}-\frac{a}{a^2+\omega^2}\mathrm{e}^{-at}$$
$$=\frac{1}{\sqrt{a^2+\omega^2}}\cos(\omega t-\theta)-\frac{a}{a^2+\omega^2}\mathrm{e}^{-at}$$

式中，$\theta=\arctan\dfrac{\omega}{a}$。由上式可见，等号右方第一项是稳态误差部分。

习　题

3-1　设温度计为一惯性环节，把温度计放入被测物体内，要求在 1min 时显示出稳态值的 98%，求此温度计的时间常数。

3-2　一控制系统的单位阶跃响应为

$$c(t)=1+0.2\mathrm{e}^{-60t}-1.2\mathrm{e}^{-10t}$$

（1）求系统的闭环传递函数；（2）计算系统的无阻尼自然频率 ω_n 和系统的阻尼比 ζ。

3-3　已知二阶系统的单位阶跃响应为

$$c(t)=10-12.5\mathrm{e}^{-1.2t}\sin(1.6t+53.1°)$$

求系统的超调量 $M_p\%$，峰值时间 t_p 和调整时间 t_s（$\Delta=\pm0.05$）。

3-4　设单位反馈控制系统的开环传递函数为

$$G(s)=\frac{1}{s(s+1)}$$

求系统的上升时间、峰值时间、调整时间和超调量。

3-5　一控制系统如图 3-41 所示。求系统的阻尼比 $\zeta=0.6$ 时的 a 值和相应的 t_p、M_p 和 t_s。

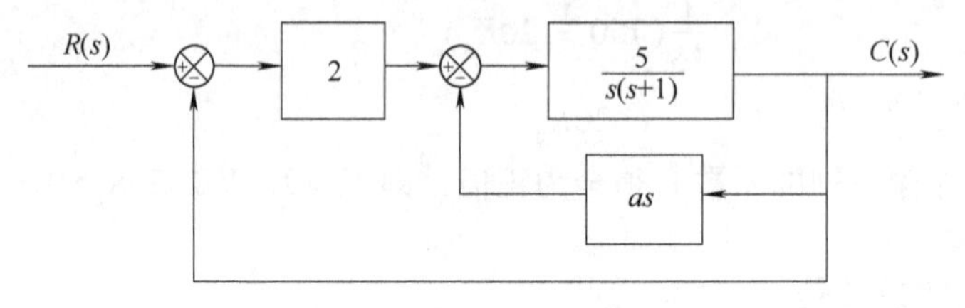

图 3-41　习题 3-5 控制系统

3-6　一控制系统如图 3-42 所示。若要求系统的超调量 $M_p=0.25$，峰值时间 $t_p=2\text{s}$。试确定 K_1 和 K_t。

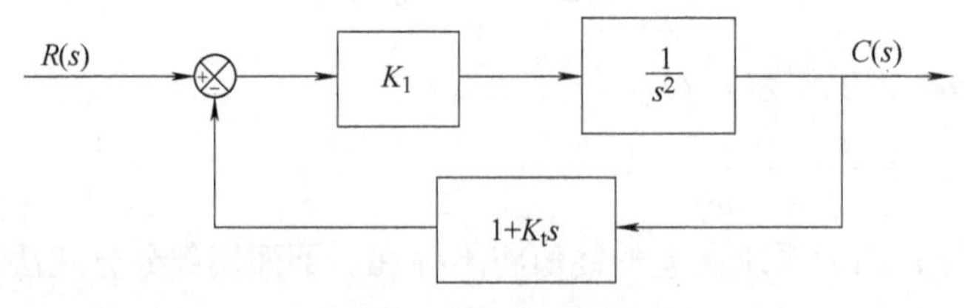

图 3-42　习题 3-6 控制系统

3-7　一典型二阶系统的单位阶跃响应曲线如图 3-43 所示，试求其开环传递函数。

3-8　已知下列各单位反馈系统的开环传递函数：

（1）$G(s)=\dfrac{100}{s(s^2+8s+24)}$

（2）$G(s)=\dfrac{10(s+1)}{s(s-1)(s+5)}$

（3）$G(s)=\dfrac{10}{s(s-1)(2s+3)}$

试判别它们相应闭环系统的稳定性。

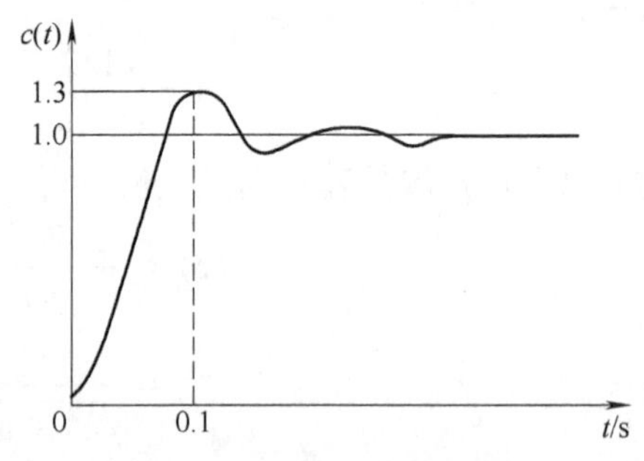

图 3-43　单位阶跃响应曲线

3-9　已知闭环系统的特征方程如下：

（1）$0.1s^3+s^2+s+K=0$

（2）$s^4+4s^3+13s^2+36s+K=0$

试确定系统稳定的 K 值范围。

3-10　一单位反馈系统的开环传递函数为

$$G(s)=\frac{K}{(s+2)(s+4)(s^2+6s+25)}$$

试求闭环系统产生持续等幅振荡的 K 值和相应的振荡频率。

3-11　用劳斯稳定判据，判别图 3-44 所示系统的稳定性。

3-12　试用劳斯稳定判据，确定使图 3-45 所示系统稳定的参数 τ 的取值范围。

3-13　一单位反馈控制系统的开环传递函数为

$$G(s) = \frac{10}{s(1 + 0.1s)}$$

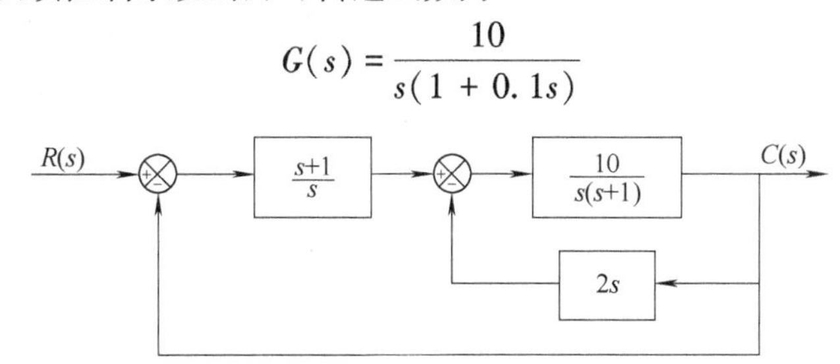

图 3-44　具有 PI 调节器的双闭环系统

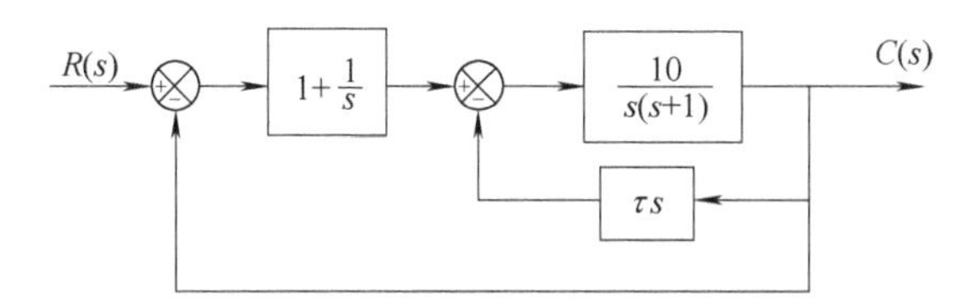

图 3-45　控制系统框图

（1）求系统的静态误差系数 K_p、K_v 和 K_a；

（2）当输入 $r(t) = a_0 + a_1 t + \frac{1}{2}a_2 t^2$ 时，求系统的稳态误差。

3-14　控制系统的框图如图 3-46 所示。已知 $r(t) = d(t) = 1(t)$，求系统总的稳态误差。

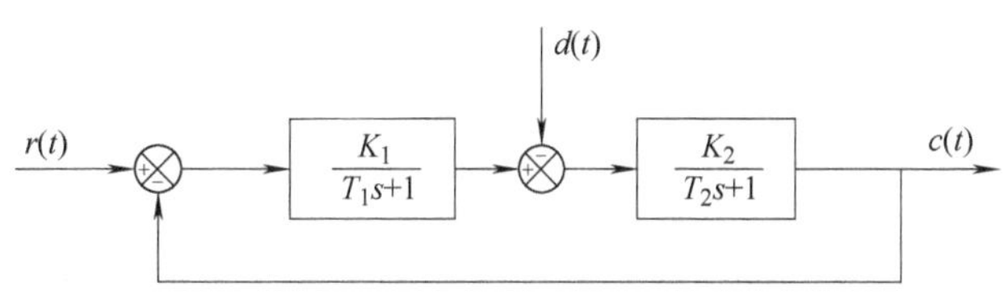

图 3-46　单位反馈控制系统

3-15　对于图 3-47 所示的系统，当 $r(t) = 4 + 6t$，$d(t) = -1(t)$ 时，试求：

（1）系统的稳态误差 e_{ss}；

（2）如要减少扰动引起的稳态误差，应提高系统中哪一部分的比例系数，为什么？

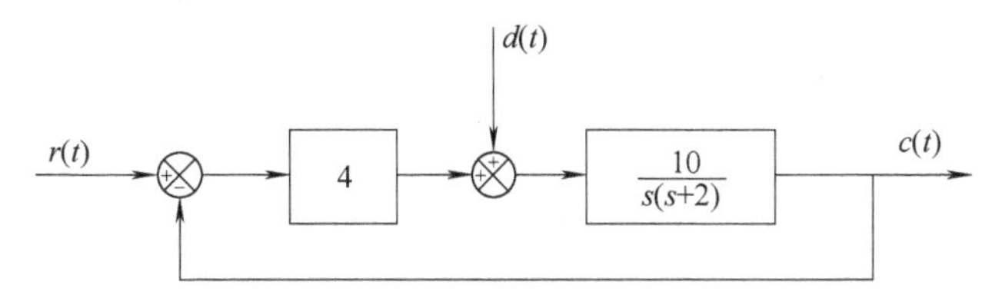

图 3-47　控制系统

3-16　已知一单位反馈系统的闭环传递函数为

$$T(s) = \frac{a_1 s + a_0}{a_n s^n + a_{n-1} s^{n-1} + \cdots + a_1 s + a_0}$$

试求：（1）$r(t) = t$ 时，系统的稳态误差；

（2）$r(t)=\frac{1}{2}t^2$ 时，系统的稳态误差。

3-17　已知一复合控制系统如图 3-48 所示，其中 $G_1(s)=\dfrac{K_1}{T_1s+1}$，$G_2(s)=\dfrac{K_2}{s(T_2s+1)}$，$G_3(s)=\dfrac{K_3}{K_2}$。要求在单位阶跃扰动的作用下，系统的稳态误差 $e_{ss}=0$，试求 $G_D(s)$。

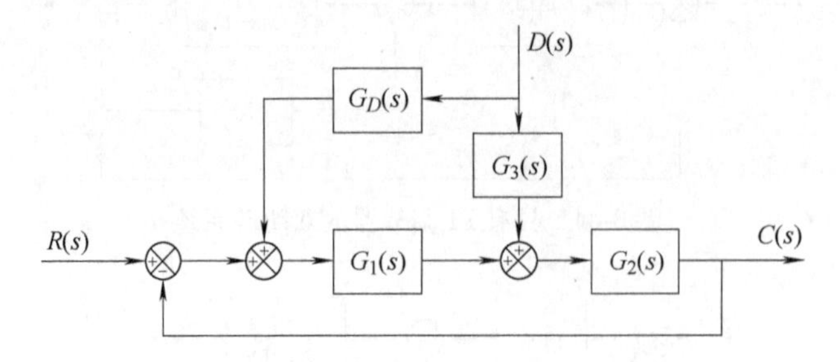

图 3-48　复合控制系统的框图

3-18　一控制系统的框图如图 3-49 所示。

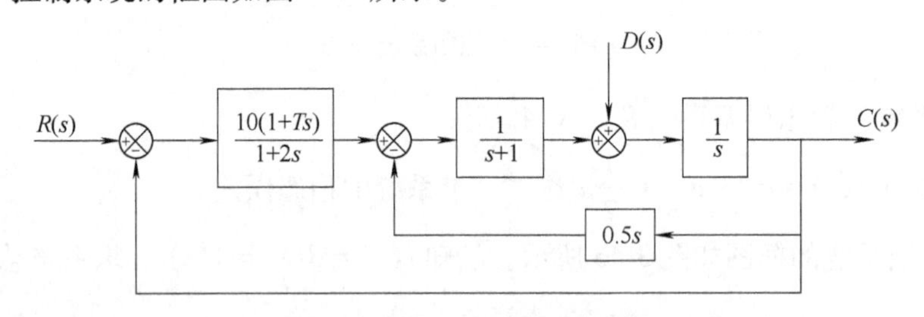

图 3-49　习题 3-18 的控制系统框图

（1）用劳斯稳定判据确定 T 取何值时，该系统是稳定的；

（2）设 $r(t)=d(t)=1(t)$，求该系统的稳态误差。

3-19　已知一控制系统的框图如图 3-50 所示，试确定 K_1 和 K_2，以使闭环系统的无阻尼自然频率 $\omega_n=10\text{rad/s}$，阻尼比 $\zeta=0.5$，并求单位阶跃输入时的稳态误差。

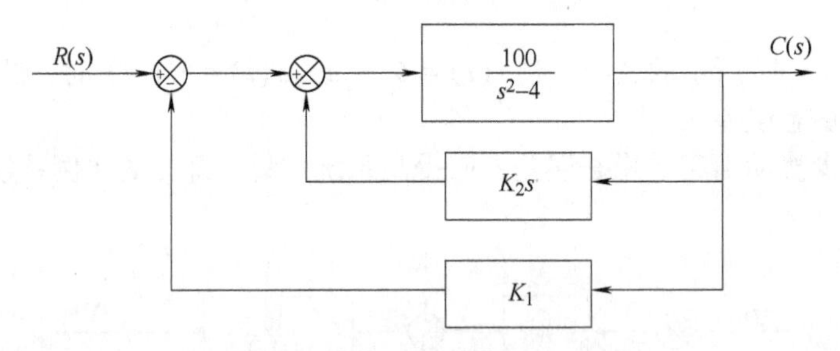

图 3-50　习题 3-19 的控制系统框图

3-20　已知一单位反馈系统的开环传递函数为 $G(s)=\dfrac{10}{s(0.01s+0.2)}$，试问：

（1）系统的超调量 $M_p\%$是否满足小于 5%的要求？

（2）若不满足，可采用速度负反馈进行校正，并画出系统的框图。

（3）求改进后的系统在 $r(t)=2t$ 作用下的稳态误差。

第四章 根轨迹法

由上一章的讨论可知，反馈控制系统的稳定性是由其闭环传递函数的极点所决定的，而系统瞬态响应的基本特性也与其闭环传递函数的极点在 s 平面上的具体分布有着密切的关系。为了研究系统瞬态响应的特征，通常需要确定闭环传递函数的极点，即闭环特征方程式的根。由于高阶特征方程式的求解一般较为困难，因而限制了时域分析法在二阶以上系统中的广泛应用。

1948 年，伊凡思（W · R · Evans）根据反馈控制系统的开环传递函数与其闭环特征方程式间的内在联系，提出了一种非常实用的求取闭环特征方程式根的图解法——根轨迹法。由于这种方法简单、实用，既适用于线性定常连续系统，也适用于线性定常离散系统，因而它在控制工程中得到了广泛的应用，并成为经典控制理论的基本分析方法之一。

本章主要讨论根轨迹法的基本概念及绘制根轨迹的一般规则，并用这种方法去分析控制系统。有关用根轨迹法去综合系统的内容，将在第六章中予以介绍。

第一节 根轨迹法的基本概念

一、什么是根轨迹

先举一个简单的例子，以说明什么是系统的根轨迹。图 4-1 为一个二阶系统的框图，其开环传递函数为

$$G(s)H(s)=\frac{K}{s(s+1)}$$

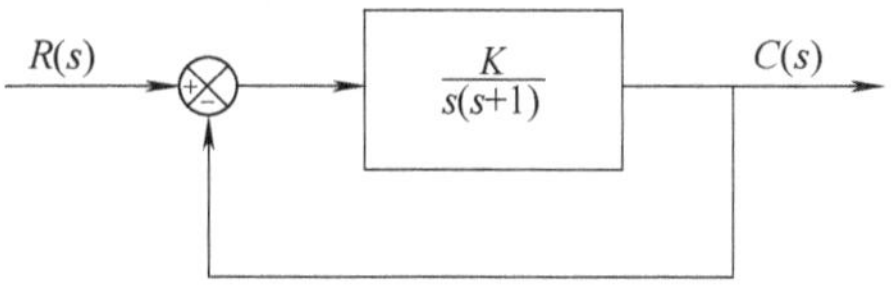

据此，求得系统的闭环特征方程式为

$$s^2+s+K=0 \tag{4-1}$$

R(s) C(s) $\frac{K}{s(s+1)}$

图 4-1 二阶系统

我们的任务是要求当参变量 K 由零变化到无穷大时，该方程式根的变化轨迹。方程式（4-1）的根为

$$s_{1,2}=-\frac{1}{2}\pm\frac{1}{2}\sqrt{1-4K}$$

由上式可见，特征根 s_1 和 s_2 都将随着参变量 K 的变化而变化。表 4-1 列出了当参变量 K 由零变化到无穷大时，特征根 s_1 和 s_2 相应的变化关系。

表 4-1 特征方程式的根与参变量 K 的关系

K	0	0.25	0.5	1	…	∞
s_1	0	−0.5	−0.5+j0.5	−0.5+j0.87	…	−0.5+j∞
s_2	−1	−0.5	−0.5−j0.5	−0.5−j0.87	…	−0.5−j∞

以 K 为参变量，把表 4-1 中所求的 s_1 和 s_2 画在 s 平面上，并分别把它们连成曲线，就得

到该系统的根轨迹，如图 4-2 所示。图中箭头的指向表示 K 增大时根的移动方向。由图 4-2 清晰地看到，对应于不同的 K 值范围，系统有如下 3 种不同的工作状态。

1）$0\leqslant K<\dfrac{1}{4}$，$s_1$、$s_2$ 为两相异实根。此时系统处于过阻尼状态。不难看出，当 $K=0$ 时，闭环特征方程式的根就是系统开环传递函数的极点，即 $s_1=0$，$s_2=-1$。

2）$K=\dfrac{1}{4}$时，s_1 和 s_2 为相等的实根，此时系统工作在临界阻尼状态。

3）$\dfrac{1}{4}<K<\infty$，s_1、s_2 为一对共轭复根，且其实部恒等于$-1/2$。此时系统工作在欠阻尼状态。

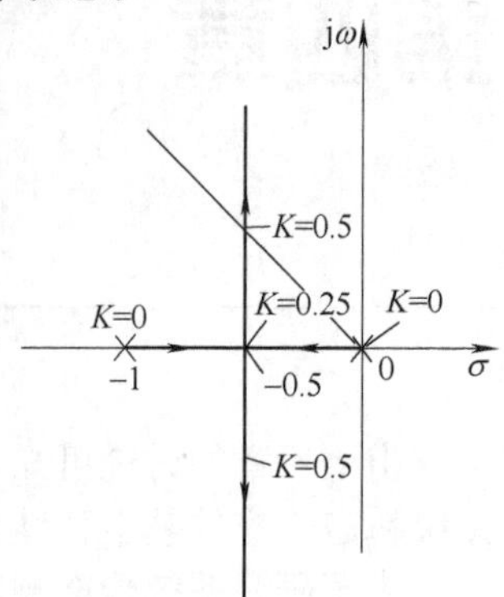

图 4-2　系统的根轨迹

此外，在图 4-2 上还能实现把对系统动态性能的要求转化为希望的闭环极点。例如，要求系统在阶跃输入作用下的超调量 $M_{\mathrm{p}}=4\%$，由式（3-26）求得 $\zeta=0.707$。由于 $\beta=\arccos\zeta=45°$，据此，由作图求得一对希望的闭环极点为$-0.5\pm\mathrm{j}0.5$。最后根据下面所述的根轨迹幅值条件计算对应的 K 值（$K=0.5$）。

由于图 4-2 所示的根轨迹是由直接求解特征方程式的根而画出的，因而这种方法不能适用于三阶以上的复杂系统。为此，伊凡思提出了绘制根轨迹的一套基本规则。应用这些规则，根据开环传递函数零、极点在 s 平面上的分布，能较方便地画出闭环特征方程式根的轨迹。

二、根轨迹的幅值条件和相角条件

设单闭环控制系统的一般结构如图 4-3 所示。该系统的特征方程式为

$$1+G(s)H(s)=0$$

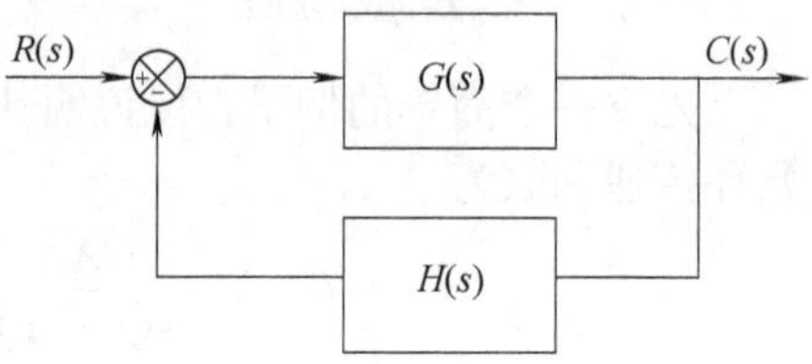

图 4-3　控制系统的框图

由上式可知，凡是满足方程

$$G(s)H(s)=-1 \tag{4-2}$$

的 s 值，就是该方程式的根，或者说是根轨迹上的一个点。由于 s 是复数，式（4-2）等号的左端必也是复数，因而该式可改写为

$$|G(s)H(s)|\mathrm{e}^{\mathrm{j}\{\arg[G(s)H(s)]\}}=1\mathrm{e}^{\pm\mathrm{j}(2k+1)\pi},\quad k=0,1,2,\cdots \tag{4-3}$$

于是得

$$|G(s)H(s)|=1 \tag{4-4}$$

$$\arg[G(s)H(s)]=\pm(2k+1)\pi,\ k=0,1,2,\cdots \tag{4-5}$$

式（4-4）、式（4-5）分别称为根轨迹的幅值条件和相角条件。显然，满足式（4-2）的 s 值必同时满足式（4-4）和式（4-5）。为了把幅值条件和相角条件写成更一般的形式，假设系统的开环传递函数为如下形式：

$$G(s)H(s)=\frac{K(s+z_1)(s+z_2)\cdots(s+z_m)}{(s+p_1)(s+p_2)\cdots(s+p_n)},\ n\geqslant m \tag{4-6}$$

式中，$K>0$；$-z_1$，$-z_2$，…，$-z_m$ 为开环传递函数的零点；$-p_1$，$-p_2$，…，$-p_n$为开环传递函数的极点。在 s 平面上，它们分别用符号“○”和“×”表示。若把式（4-6）分子、分母中的各因式以极坐标形式来表示，即令

$$s+z_i=\rho_i e^{j\varphi_i},\ i=1,\ 2,\ \cdots,\ m;$$
$$s+p_l=\gamma_l e^{j\theta_l},\ l=1,\ 2,\ \cdots,\ n。$$

则式（4-6）改写为

$$G(s)H(s)=K\frac{\prod_{i}^{m}\rho_i}{\prod_{l=1}^{n}\gamma_l}e^{j\left(\sum_{i=1}^{m}\varphi_i-\sum_{l=1}^{n}\theta_l\right)} \tag{4-7}$$

于是求得根轨迹具体形式的幅值条件和相角条件分别为

$$K\frac{\prod_{i=1}^{m}\rho_i}{\prod_{l=1}^{n}\gamma_l}=1 \tag{4-8}$$

$$\sum_{i=1}^{m}\varphi_i-\sum_{l=1}^{n}\theta_l=\pm(2k+1)\pi,\ k=0,\ 1,\ 2,\ \cdots \tag{4-9}$$

由式（4-8）和式（4-9）可见，幅值条件与 K 有关，而相角条件与 K 无关。因此，把满足相角条件的 s 值代入到幅值条件中，一定能求得一个与之相对应的 K 值。这就是说，凡是满足相角条件的点必然也同时满足幅值条件。反之，满足幅值条件的点未必都能满足相角条件。对此，举例说明如下。

设一控制系统的框图如图 4-4 所示。由根轨迹的幅值条件得

$$\left|\frac{4K}{s+3}\right|=1$$

即

$$\left|\frac{4}{s+3}\right|=\frac{1}{K} \tag{4-10}$$

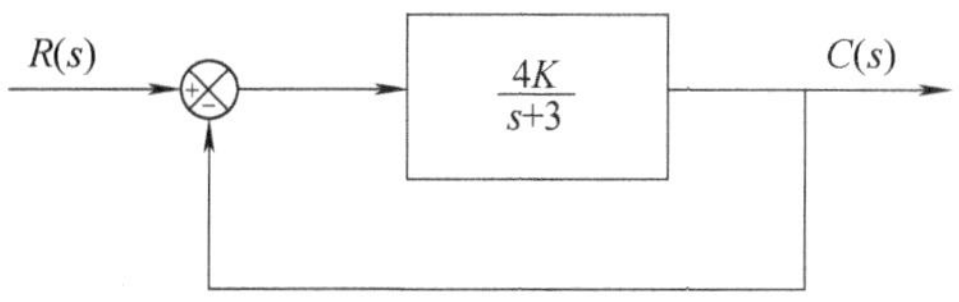

图 4-4　一阶系统

令 $s=\sigma+j\omega$，则式（4-10）可化为

$$(\sigma+3)^2+\omega^2=(4K)^2 \tag{4-11}$$

式（4-11）表明，系统的等增益轨迹是一簇同心圆，如图 4-5 所示。显然，对于某一个确定的 K 值，对应圆周上的无穷多个 s 值都能满足式（4-10），但其中只有同时满足相角条件的 s 值才是方程式的根。例如，图 4-5 中 $s=-5$ 的点，由于相角 arg（$s+3$）$=\pi$，因而满足根轨迹的相角条件，说明该点是根轨迹上的一个点。至于该 s 值所对应的 K 值，可根据幅值条件式（4-10）去确定，求得 $K=0.5$。不难看出，图 4-5 中 $-3\sim-\infty$ 实轴上的 s 值均能满足相角条件，因而该线段是本系统的根轨迹，如图中粗实线段所示。

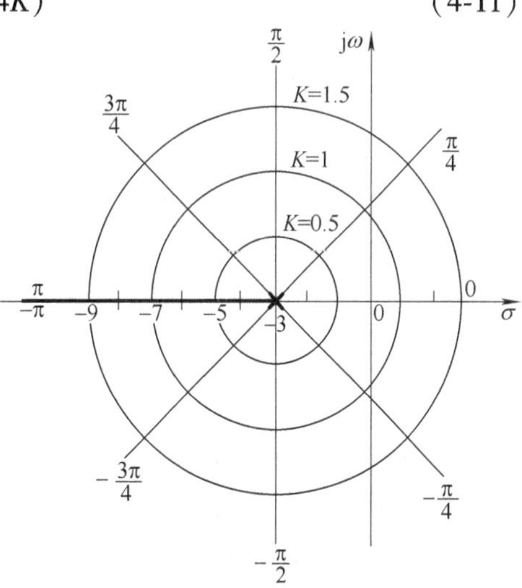

图 4-5　图 4-4 系统的等增益轨迹和根轨迹

综上所述，根轨迹就是 s 平面上满足相角条件点的集合。由于相角条件是绘制根轨迹的基础，因而绘制根轨迹的一般步骤是：先找出 s 平面上满足相角条件的点，并把它们连成曲线；然后根据实际需要，用幅值条件确定相关点对应的 K 值。

【例 4-1】　仍以图 4-1 所示的系统为例，求 K 自 $0\to+\infty$ 变化时闭环特征方程式根的

轨迹。

解　(1) 用相角条件绘制根轨迹

由于系统的开环传递函数为

$$G(s)=\frac{K}{s(s+1)}$$

因而根轨迹的相角条件表示为

$$-[\arg s+\arg(s+1)]=\pm(2k+1)\pi,\ k=0,\ 1,\ 2,\ \cdots$$

根据上式，用试探法寻求 s 平面上满足相角条件的点。

1) 在正实轴上任取一试验点 s_1（见图 4-6a），由于 $\arg s_1=0$，$\arg(s_1+1)=0$，因而该点不满足根轨迹的相角条件。由此可知，在正实轴上不存在系统的根轨迹。

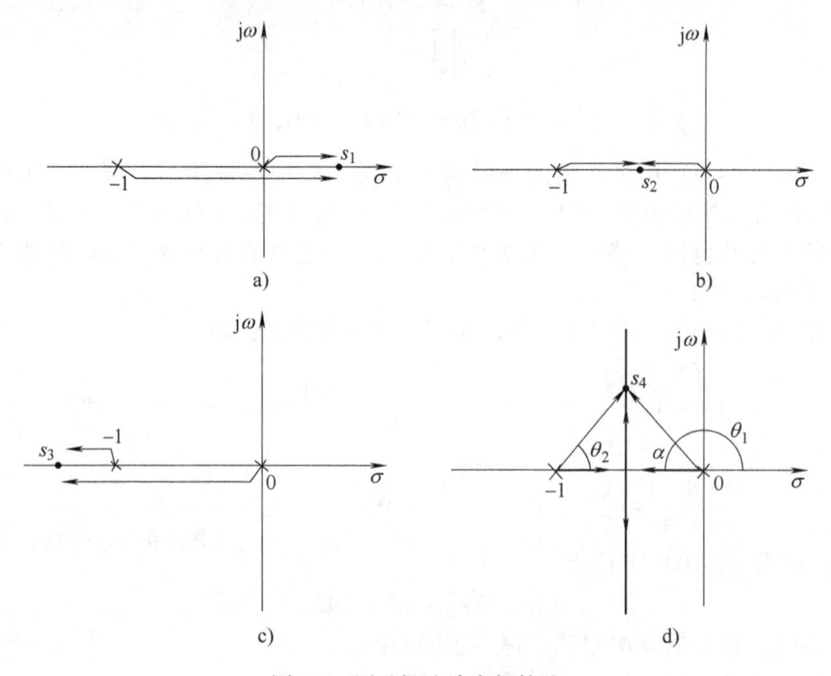

图 4-6　用试探法确定根轨迹

2) 在 (0, −1) 间的实轴上任取一试验点 s_2（见图 4-6b），由于 $\arg s_2=\pi$，$\arg(s_2+1)=0°$，因而该点满足相角条件。由此可知，(0, −1) 间的实轴段是该系统的根轨迹。

3) 在−1 点左侧实轴上任取一试验点 s_3（见图 4-6c），由于 $\arg s_3=\pi$，$\arg(s_3+1)=\pi$，因而该点不满足相角条件，即−1 点左侧的实轴上不存在该系统的根轨迹。

4) 在 s 平面上任取一点 s_4（见图 4-6d），令 $\arg s_4=\theta_1$，$\arg(s_4+1)=\theta_2$。如果点 s_4 位于根轨迹上，则应满足相角条件，即 $\theta_1+\theta_2=\pi$。显然，只有当 $\theta_2=\alpha$，$\theta_1=\pi-\alpha$ 时，才能满足此条件。由此可知，坐标原点与−1 间线段的垂直平分线上的点均能满足相角条件，因而该垂直平分线也是系统根轨迹的一部分。

综上所述，当 K 由 0→+∞ 变化时，该系统完整的根轨迹如图 4-6d 中的粗实线所示。显然，这与图 4-2 按直接计算所画出的根轨迹是相同的。

(2) 用幅值条件确定增益 K

系统的幅值条件为

$$K=|s||s+1|$$

由上式可以求得根轨迹上各点所对应的 K 值。例如，图 4-6d 中的重根 $s_{1,2}=-0.5$，其对应的 K 值为

$$K=|-0.5||0.5|=0.25$$

由例4-1可知，用试探法绘制系统的根轨迹既麻烦又费时，不便于实际应用。在控制工程中，通常均采用以相角条件为基础建立起来的绘制根轨迹的基本规则。应用这些规则，就能较方便地画出根轨迹的大致图形，并为根轨迹图形的进一步精确绘制指出了试探的方向。

第二节　绘制根轨迹的基本规则

图4-3所示系统的开环传递函数通常有如下两种表示形式：

$$G(s)H(s)=\frac{K\prod_{i=1}^{m}(\tau_i s+1)}{\prod_{l=1}^{n}(T_l s+1)}\text{（时间常数形式）},\ n\geqslant m \tag{4-12}$$

或

$$G(s)H(s)=\frac{K_0\prod_{i=1}^{m}(s+z_i)}{\prod_{l=1}^{n}(s+p_l)}\text{（零、极点形式）},\ n\geqslant m \tag{4-13}$$

式中，$-z_i=\frac{-1}{\tau_i}(i=1,2,\cdots,m)$为$G(s)H(s)$的零点；$-p_l=\frac{-1}{T_l}(l=1,2,\cdots,n)$为$G(s)H(s)$的极点；$K$为系统的开环增益；$K_0$为系统的根轨迹增益。不难看出，它们之间有着如下的关系：

$$K=\frac{K_0\prod_{i=1}^{m}z_i}{\prod_{l=1}^{n}p_l} \tag{4-14}$$

如果已知K_0，就可由式（4-14）求得系统相应的开环增益K。

若把式（4-13）代入式（4-2），则闭环特征方程就变为

$$\frac{K_0\prod_{i=1}^{m}(s+z_i)}{\prod_{l=1}^{n}(s+p_l)}=-1$$

上式表示了系统的闭环极点与其开环零、极点间的关系。基于这种关系，就可以根据开环零、极点的分布确定相应闭环极点的位置。由于根轨迹是根据系统的开环零、极点去绘制的，因而开环传递函数以式（4-13）所示的零、极点形式表示，将便于对根轨迹的绘制，本章下面所述的开环传递函数均以这种形式表示。

下面讨论绘制根轨迹图的基本规则，且设K_0为可变参数。这些基本规则同样也适用于其他参数为可变的情况。

规则1　根轨迹的对称性

由于系统的参数都是实数，因而其特征方程式的系数也均为实数，相应的特征根或为实数，或为共轭复数，或两者兼而有之。由此可知，根轨迹必然对称于s平面的实轴。利用这一性质，只需画出s上半平面上的根轨迹，s下半平面上的根轨迹可根据对称性原理作出。

规则2　根轨迹的分支数及其起点和终点

设系统的开环传递函数如式（4-13）所示，则相应的闭环特征方程式为

$$\prod_{l=1}^{n}(s+p_l)+K_0\prod_{i=1}^{m}(s+z_i)=0 \tag{4-15}$$

当参变量 K_0 由 $0\to\infty$ 变化时，特征方程式中的任一个根由始点连续地向其终点变化的轨迹称为根轨迹的一条分支。由于开环传递函数分母 s 的最高阶次总等于或大于其分子 s 的最高阶次，即 $n\geqslant m$，因而闭环特征方程式 s 的最高阶次必等于开环传递函数的极点数 n。由此得出，系统根轨迹分支的总数为 n 条。

根轨迹的始点就是 $K_0=0$ 时方程式根的位置。由式（4-15）可知，当 $K_0=0$ 时，该方程便蜕化为开环特征方程，即

$$\prod_{l=1}^{n}(s+p_l)=0$$

上式表明了根轨迹的始点 $s=-p_l$（$l=1, 2, \cdots, n$）就是开环传递函数的极点。

当 $K_0\to\infty$ 时，方程式根的极限位置就是根轨迹的终点。由式（4-15）得

$$\frac{1}{K_0}\prod_{l=1}^{n}(s+p_l)+\prod_{i=1}^{m}(s+z_i)=0 \tag{4-16}$$

当 $K_0\to\infty$ 时，式（4-16）便改写为

$$\prod_{i=1}^{m}(s+z_i)=0$$

由上式可知，开环传递函数的零点 $s=-z_i$（$i=1, 2, \cdots, m$）是 m 条根轨迹分支的终点。当 $n>m$ 时，由开环极点出发的根轨迹分支共有 n 条，其中 m 条根轨迹分支的终点为 m 个开环零点，余下的（$n-m$）条根轨迹分支的终点应在何处？这是下面所要讨论的内容。

根据根轨迹的幅值条件，由式（4-13）得

$$\frac{\prod_{i=1}^{m}|s+z_i|}{\prod_{l=1}^{n}|s+p_l|}=\frac{1}{K_0} \tag{4-17}$$

当 $K_0\to\infty$ 时，式（4-17）就改写为

$$\lim_{K_0\to\infty}\frac{\prod_{i=1}^{m}|s+z_i|}{\prod_{l=1}^{n}|s+p_l|}=\lim_{K_0\to\infty}\frac{1}{K_0}=0 \tag{4-18}$$

不难看出，当 $n>m$ 时，$s\to\infty\,\mathrm{e}^{\mathrm{j}\varphi}$ 也能满足式（4-18）。这就是说，当 $n>m$ 时，根轨迹其余的（$n-m$）条根轨迹分支的终点在无限远处。

综上所述，当 K_0 由 $0\to\infty$ 变化时，根轨迹共有 n 条分支，它们分别从 n 个开环极点出发，其中 m 条根轨迹分支的终点为 m 个开环零点，其余（$n-m$）条根轨迹分支的终点在无限远处。如果把在无限远处的终点称为无限零点，则根轨迹的终点有 m 个有限零点，（$n-m$）个无限零点。

规则 3　根轨迹在实轴上的分布

在实轴上任取一试验点 s_i，若该点右方实轴上开环极点数和零点数之和为奇数，则点 s_i 是根轨迹上的一个点，该点所在的线段就是根轨迹。

下面用相角条件说明这个规则。设系统的开环零、极点分布如图 4-7 所示。在实轴上任取一试验点

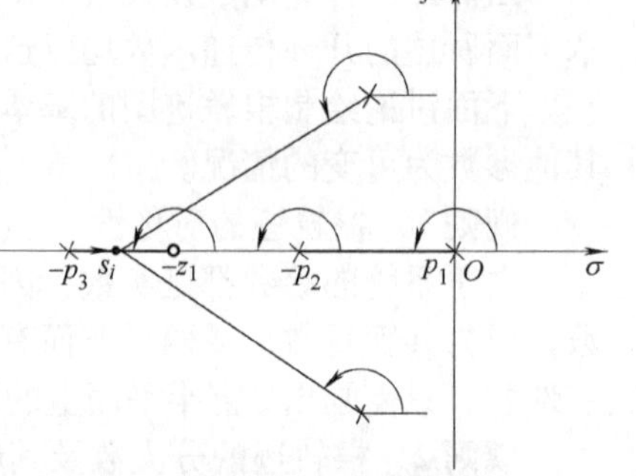

图 4-7　实轴上根轨迹的确定

s_i，连接所有的开环极点和零点。由图 4-7 可见：

1）位于点 s_i 右方实轴上的每一个开环极点和零点指向该点的矢量，它们的相角分别为 $-\pi$ 和 π；而位于点 s_i 左方实轴上的开环极点和零点指向该点的矢量，由于其与实轴的指向一致，因而它们的相角都为 0。

2）一对共轭极点（或共轭零点）指向点 s_i 的矢量的相角分别为 -2π（或 2π），因而不会影响实轴上根轨迹的确定。

由上所述，实轴上根轨迹的确定完全取决于点 s_i 右方实轴上开环极点数与零点数之和的数目。由相角条件得

$$\arg[G(s)H(s)]\mid_{s=s_i}=(m_r-n_r)\pi=\pm(2k+1)\pi,\ k=0,\ 1,\ 2,\ \cdots$$

式中，m_r 为点 s_i 右方实轴上的开环零点数；n_r 为点 s_i 右方实轴上的开环极点数。

由上式可知，只要当（m_r-n_r）为奇数，则此试验点 s_i 就满足相角条件，表示该点是根轨迹上的一点。

规则 4　根轨迹的渐近线

基于上述，当 $n>m$ 时，应有（$n-m$）条根轨迹分支的终点趋向于无限远。这些趋向无限远处根轨迹分支的方位是由下述的渐近线确定的。

1. 渐近线的倾角

设试验点 s_i 在 s 平面的无限远处，则它到各开环极点和零点的矢量与实轴正方向的夹角可视为都是相等的，记为 θ。这样，m 个开环零点指向 s_i 点矢量所产生的相角 $m\theta$ 被 m 个开环极点指向 s_i 点矢量所产生的相角 $-m\theta$ 所抵消。余下（$n-m$）个开环极点指向 s_i 点的矢量实质上是同一条直线，这条直线就是根轨迹的渐近线。如果点 s_i 是位于无限远处根轨迹上的一点，则其应满足相角条件，即

$$-(n-m)\theta=\pm(2k+1)\pi$$

于是得

$$\theta=\frac{\mp(2k+1)\pi}{n-m},\ k=0,\ 1,\ 2,\ \cdots,\ (n-m-1) \tag{4-19}$$

因此，由（$n-m$）个开环极点出发的根轨迹分支，当 $K_0\to+\infty$ 时，将按式（4-19）所示角度的渐近线趋向于无穷远。显然，渐近线的数目等于趋向无穷远根轨迹的分支数，即为（$n-m$）。

2. 渐近线与实轴的交点

将式（4-13）展开为

$$G(s)H(s)=\frac{K_0\left(s^m+\sum_{i=1}^{m}z_is^{m-1}+\cdots+\prod_{i=1}^{m}z_i\right)}{s^n+\sum_{l=1}^{n}p_ls^{n-1}+\cdots+\prod_{l=1}^{n}p_l}$$

上式用分子除以分母，得

$$G(s)H(s)=\frac{K_0}{s^{n-m}+\left(\sum_{l=1}^{n}p_l-\sum_{i=1}^{m}z_i\right)s^{n-m-1}+\cdots} \tag{4-20}$$

当 $s\to\infty$ 时，式（4-20）近似地表示为

$$G(s)H(s)\approx\frac{K_0}{s^{n-m}+\left(\sum_{l=1}^{n}p_l-\sum_{i=1}^{m}z_i\right)s^{n-m-1}} \tag{4-21}$$

现在假设有一系统的开环传递函数为

$$W(s)=\frac{K_0}{(s+\sigma_A)^{n-m}}$$

或写作

$$W(s)=\frac{K_0}{s^{n-m}+(n-m)\sigma_A s^{n-m-1}+\cdots} \tag{4-22}$$

不难看出，方程 $1+W(s)=0$ 有 $(n-m)$ 条根轨迹分支，它们都是由实轴上 $s=-\sigma_A$ 这点出发的射线。这些射线与正实轴的夹角为 $\frac{\pm(2k+1)\pi}{n-m}$，$k=0，1，2，\cdots，(n-m-1)$。

由式（4-21）、式（4-22）可知，若选择

$$(n-m)\sigma_A=\sum_{l=1}^{n}p_l-\sum_{i=1}^{m}z_i$$

即

$$-\sigma_A=\frac{\sum_{l=1}^{n}(-p_l)-\sum_{i=1}^{m}(-z_i)}{n-m} \tag{4-23}$$

这样，由于 $G(s)H(s)$ 和 $W(s)$ 分母中前二项高阶次项完全相同，因而当 $s\to\infty$ 时，$G(s)H(s)$ 就能近似地用 $W(s)$ 来表征。方程 $1+G(s)H(s)=0$ 的 $(n-m)$ 条根轨迹分支便会趋向于方程 $1+W(s)=0$ 的根轨迹，即后者是前者的渐近线。

由于开环复数极点和零点总是成对地出现，因而 $-\sigma_A$ 总是一个实数。为了便于记忆，把式（4-23）简化表示为

$$-\sigma_A=\frac{\text{开环极点的实部之和}-\text{开环零点的实部之和}}{\text{开环极点数}-\text{开环零点数}} \tag{4-24}$$

必须看到，只有当 $s\to\infty$ 时，$G(s)H(s)$ 才与 $W(s)$ 具有相同的性质，根轨迹才逼近于渐近线。若 s 为有限值，则根轨迹与其渐近线差异较大，两者不能等同视之。

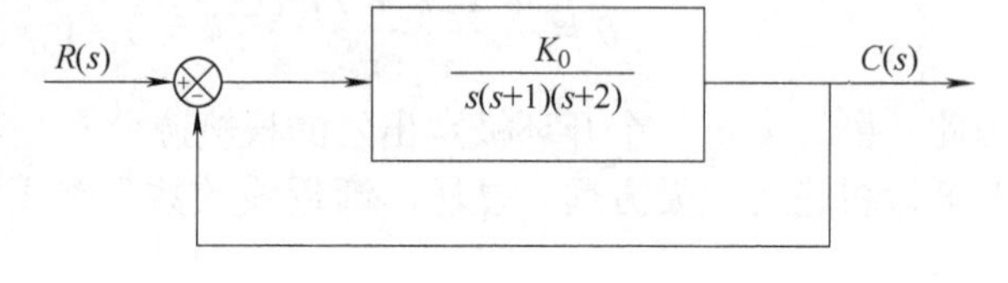

图 4-8　控制系统的框图

【例 4-2】　设一单位反馈控制系统如图 4-8 所示，试绘制该系统的根轨迹。

解　系统的开环极点分布如图 4-9 所示。基于上述的规则，可知该系统的根轨迹有如下的特征：

1）系统有 3 条根轨迹分支，它们的始点为开环极点（0，-1，-2）。

2）因为开环没有零点，所以 3 条根轨迹分支均沿着渐近线趋向无限远处。

3）渐近线与正实轴的夹角分别为

$$\theta=\frac{(2k+1)\pi}{3}=\frac{\pi}{3}，\pi，\frac{5\pi}{3}，k=0，1，2$$

渐近线与实轴的交点为

$$-\sigma_A=\frac{-1-2}{3}=-1$$

据此，作出根轨迹的渐近线，如图 4-9 中的虚线所示。

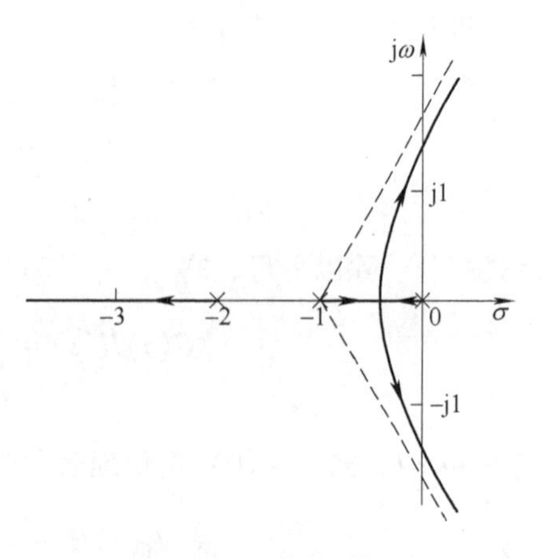

图 4-9　根轨迹图

4）实轴上的 0 至−1 和−2 至−∞ 间的线段是根轨迹。系统完整的根轨迹如图 4-9 中的粗实线所示。

由图 4-9 可见，根轨迹的一条分支是从 $s=-2$ 点出发，沿着负实轴移动，最后终止于−∞ 远处。另两条分支分别从 $s=0$，−1 出发，随着 K_0 的增大，彼此沿着实轴相向移动，因而它们必然会在实轴上相会合，这个会合点称为根轨迹的分离点。不难看出，在分离点处，特征方程式有双重实根。当增益 K_0 进一步增大时，根轨迹分支从实轴上分离而走向复平面，并沿着相角为$\frac{\pi}{3}$、$\frac{5\pi}{3}$的两条渐近线的指向趋于无限远。

规则 5　根轨迹的分离点和会合点

两条以上根轨迹分支的交点称为根轨迹的分离点或会合点。当根轨迹分支在实轴上相交后走向复平面时，该相交点称为根轨迹的分离点（见图 4-10 中的 a 点）。反之，当根轨迹分支由复平面走向实轴时，它们在实轴上的交点称为会合点（见图 4-10 中的 b 点）。常见的分离点和会合点一般都位于实轴上，但也有可能产生于共轭复数对中，如图 4-11 所示。基于根轨迹的分离点或会合点实质上都是特征方程式的重根，因而可用求解方程式重根的方法确定它们在 s 平面上的位置。

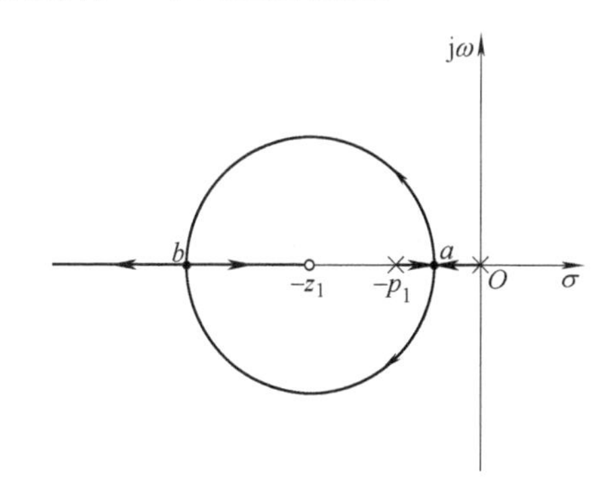

图 4-10　根轨迹的分离点和会合点

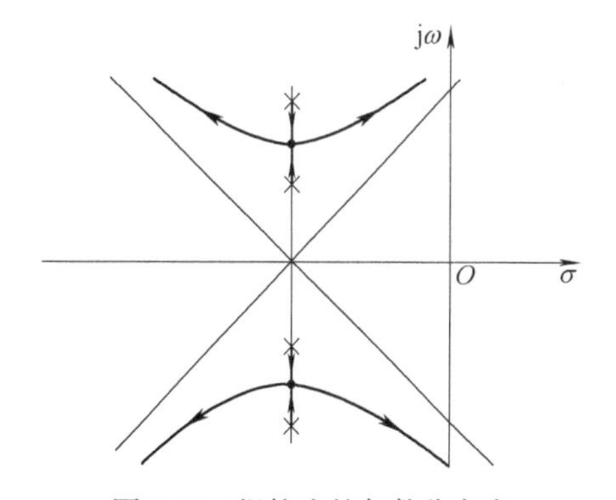

图 4-11　根轨迹的复数分离点

把开环传递函数改写为

$$G(s)H(s)=\frac{KB(s)}{A(s)}$$

由代数方程式解的性质可知，特征方程出现重根的条件是 s 值必须同时满足下列方程，即

$$D(s)=A(s)+KB(s)=0 \tag{4-25}$$

$$D'(s)=A'(s)+KB'(s)=0 \tag{4-26}$$

消去式（4-25）和式（4-26）中的 K，求得

$$A(s)B'(s)-A'(s)B(s)=0 \tag{4-27}$$

式（4-27）就是用于确定根轨迹分离点（或会合点）的方程。此外，也可用方程 $\mathrm{d}K/\mathrm{d}s=0$ 来求取，对此说明如下。由式（4-25）得

$$K=-\frac{A(s)}{B(s)}$$

上式对 s 求导，得

$$\frac{\mathrm{d}K}{\mathrm{d}s}=\frac{A(s)B'(s)-A'(s)B(s)}{[B(s)]^2} \tag{4-28}$$

由于在根轨迹的分离点或会合点处，式（4-28）等号右方的分子应等于零，于是有

$$\frac{\mathrm{d}K}{\mathrm{d}s}=0 \tag{4-29}$$

综上所述，由式（4-27）或式（4-29）可确定根轨迹分离点或会合点的值。这里需要注意的是，按这两式所求的根并非都是实际的分离点或会合点，只有位于根轨迹上的那些重根才是实际的分离点或会合点。

【例 4-3】 求图 4-8 所示系统根轨迹的分离点。

解 由于系统的闭环特征方程式为

$$s(s+1)(s+2)+K=0$$

则

$$K=-s(s+1)(s+2)$$

上式对 s 求导，得

$$\frac{\mathrm{d}K}{\mathrm{d}s}=-(3s^2+6s+2)$$

解方程 $\mathrm{d}K/\mathrm{d}s=0$，求得 $s_1=-0.423$，$s_2=-1.577$。根据根轨迹在实轴上的分布，可知 $s=-0.423$ 是根轨迹的实际分离点。

【例 4-4】 一反馈控制系统的开环传递函数为

$$G(s)H(s)=\frac{K_0}{s(s+4)(s^2+4s+20)}$$

求该系统根轨迹的分离点。

解 图 4-12 示出了开环零、极点的分布。基于上述的规则，可知该系统的根轨迹有如下的特征：

1）有 4 条根轨迹分支，它们的始点分别为 0，-4，-2±j4。

2）由于开环没有零点，因而 4 条根轨迹分支都沿着渐近线趋于无穷远。这 4 条渐近线与实轴正方向的夹角分别为

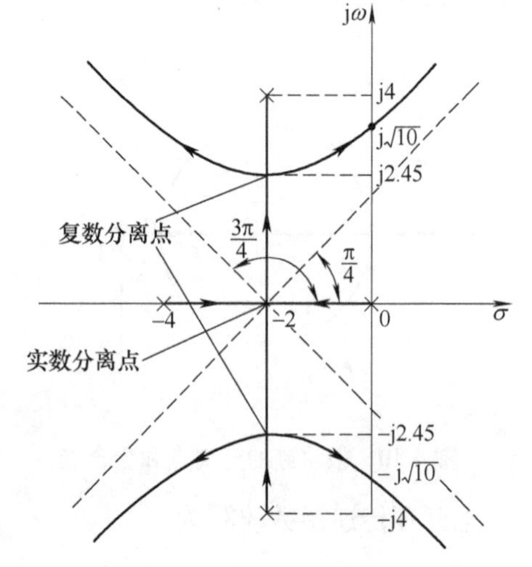

图 4-12　例 4-4 的根轨迹

$$\theta=\frac{(2k+1)\pi}{4}=\frac{\pi}{4},\ \frac{3\pi}{4},\ \frac{5\pi}{4},\ \frac{7\pi}{4},\ k=0,\ 1,\ 2,\ 3$$

渐近线与实轴的交点为

$$-\sigma_{\mathrm{A}}=\frac{-4-2-2}{4}=-2$$

3）实轴上的 0～-4 间的线段是根轨迹。

4）系统的特征方程式为

$$s(s+4)(s^2+4s+20)+K_0=0$$

则

$$K_0=-s(s+4)(s^2+4s+20)=-(s^4+8s^3+36s^2+80s)$$

根据

$$\frac{\mathrm{d}K_0}{\mathrm{d}s}=-(4s^3+24s^2+72s+80)=0$$

求得 $s_1=-2$，$s_{2,3}=-2\pm \mathrm{j}2.45$。这表明该系统的根轨迹除了在实轴上 $s=-2$ 处有一个分离点

外，还有两个共轭复数分离点在 $s=-2\pm j2.45$ 处。系统完整的根轨迹如图 4-12 所示。

规则 6　根轨迹的出射角和入射角

根轨迹离开开环复数极点处的切线与实轴正方向的夹角，称为根轨迹的出射角。根轨迹进入开环复数零点处的切线与实轴正方向的夹角，称为根轨迹的入射角。计算根轨迹出射角和入射角的目的在于了解复数极点或零点附近根轨迹的变化趋向，便于绘制根轨迹。

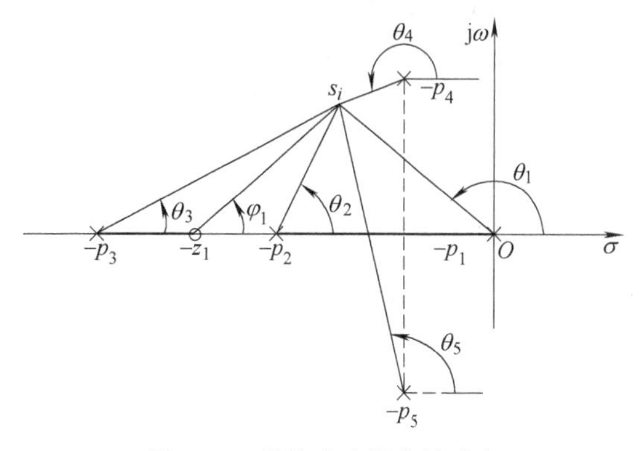

图 4-13　根轨迹出射角的确定

设一控制系统的开环零、极点分布如图 4-13 所示。取试验点 s_i，并使之十分靠近开环复数极点 $-p_4$，因而可以认为开环的零点和其他极点指向 s_i 点矢量的相角和它们指向极点 $-p_4$ 矢量的相角相等。如果试验点 s_i 在根轨迹上，则应满足相角条件，即

$$\varphi_1-(\theta_1+\theta_2+\theta_3+\theta_4+\theta_5)=\pm(2k+1)\pi,\ k=0,1,2,\cdots$$

因而

$$\theta_4=\mp(2k+1)\pi+\varphi_1-(\theta_1+\theta_2+\theta_3+\theta_5),\ k=0,1,2,\cdots$$

式中，θ_4 就是根轨迹离开复数极点 $-p_4$ 的出射角。由上式可知，计算出射角的一般表达式为

$$\theta_l=\mp(2k+1)\pi+\sum_{i=1}^{m}\varphi_i-\sum_{\substack{j=1\\j\neq l}}^{n}\theta_j,\ k=0,1,2,\cdots \tag{4-30}$$

式中，θ_l 为待求开环复数极点 $-p_l$ 的出射角；θ_j 为除去 $-p_l$ 外的其余开环极点指向极点 $-p_l$ 矢量的相角；φ_i 为开环零点指向极点 $-p_l$ 矢量的相角。

同理，可得计算入射角的表达式为

$$\varphi_k=\pm(2k+1)\pi+\sum_{j=1}^{n}\theta_j-\sum_{\substack{i=1\\i\neq k}}^{m}\varphi_i,\ k=0,1,2,\cdots \tag{4-31}$$

规则 7　根轨迹与虚轴的交点

当根轨迹与虚轴相交时，表示特征方程式有纯虚根存在，此时系统处于等幅振荡状态。因此，正确确定根轨迹与虚轴的交点及其相应的参数就显得十分重要。下面通过实际的例题，介绍两种常用的计算根轨迹与虚轴交点的方法。

仍以例 4-4 为例。已知该系统的闭环特征方程式为

$$s^4+8s^3+36s^2+80s+K_0=0$$

（1）用劳斯判据计算　由上式列劳斯表：

$$\begin{array}{llll}
s^4 & 1 & 36 & K_0\\
s^3 & 8 & 80 & 0\\
s^2 & 26 & K_0 & \\
s^1 & \dfrac{8(260-K_0)}{26} & 0 & \\
s^0 & K_0 & &
\end{array}$$

由劳斯表可知，当 $K_0=260$ 时，表中 s^1 行的所有元素均为零。按照 s^2 行的元素组成下列的辅助方程式：

$$26s^2+K_0=0$$

由于 $K_0=260$，因而该方程式的根为 $s_{1,2}=\pm j\sqrt{10}$。这表示图 4-12 所示的根轨迹中有两条分支分别与虚轴相交于 $s=\pm j\sqrt{10}$ 处，对应的 K_0 值为 260。

（2）用 $s=j\omega$ 代入方程直接求解　以 $s=j\omega$ 代入特征方程，则得

$$\omega^4-36\omega^2+K_0+j\omega(80-8\omega^2)=0$$

令上式的实部、虚部分别等于零，于是有

$$\omega^4-36\omega^2+K_0=0$$
$$j\omega(80-8\omega^2)=0$$

联立求解上述两式，得 $\omega=\pm\sqrt{10}$，$K_0=260$。

规则 8　特征方程式根之和与根之积

把式（4-13）所示的开环传递函数改写为

$$G(s)H(s)=\frac{K_0\left(s^m+\sum_{i=1}^{m}z_is^{m-1}+\cdots+\prod_{i=1}^{m}z_i\right)}{s^n+\sum_{l=1}^{n}p_ls^{n-1}+\cdots+\prod_{l=1}^{n}p_l}$$

如果 $n-m\geqslant2$，则系统的闭环特征方程式可写为

$$s^n+\sum_{l=1}^{n}p_ls^{n-1}+\cdots+\left(\prod_{l=1}^{n}p_l+K_0\prod_{i=1}^{m}z_i\right)=0 \tag{4-32}$$

式中，$-p_l(l=1,2,\cdots,n)$为开环极点；$-z_i(i=1,2,\cdots,m)$为开环零点。

设式（4-32）的特征根为$-p_{cj}$（$j=1,\ 2,\ \cdots,\ n$），则式（4-32）便改写为

$$\prod_{j=1}^{n}(s+p_{cj})=s^n+\sum_{j=1}^{n}p_{cj}s^{n-1}+\cdots+\prod_{j=1}^{n}p_{cj}=0 \tag{4-33}$$

由式（4-32）、式（4-33）得

$$\sum_{l=1}^{n}p_l=\sum_{j=1}^{n}p_{cj}$$

或

$$\sum_{l=1}^{n}(-p_l)=\sum_{j=1}^{n}(-p_{cj}) \tag{4-34}$$

式（4-34）揭示了根轨迹的一个重要性质：当 K 由 $0\to\infty$ 变化时，虽然闭环方程式的 n 个根都会随之而变化，但它们之和却恒等于 n 个开环极点之和。如果一部分根轨迹分支随着 K 的增大而向左移动，则另一部根轨迹分支必将随着 K 的增大而向右移动，以保持 $\sum_{j=1}^{n}(-p_{cj})=\sum_{l=1}^{n}(-p_l)$。这一性质可用于估计根轨迹分支的变化趋向。

同理，由式（4-32）、式（4-33）的常数项相等，得

$$\prod_{j=1}^{n}(-p_{cj})=\prod_{l=1}^{n}(-p_l)+K\prod_{i=1}^{m}(-z_i) \tag{4-35}$$

以上 8 条是绘制根轨迹的基本规则。应用这些规则，就能迅速地画出根轨迹的大致形状。为便于查照，把上述规则归纳于表 4-2 中。必须指出，根轨迹的最重要部分既不在实轴上，也不在无限远处，而是在靠近虚轴和坐标原点的区域。对于这个区域中根轨迹的绘制，

一般没有什么规则可循，只能按相角条件画出。

表 4-2　绘制根轨迹的基本规则

序号	名　称	规　则
1	根轨迹的对称性	根轨迹对称于实轴
2	根轨迹的分支数	分支数等于开环的极点数
	根轨迹的起点和终点	起点：n 个开环极点；终点：m 个开环有限零点和 $(n-m)$ 个无限零点
3	实轴上的根轨迹	处于实轴某一段的右边开环极点数与零点数之和为奇数时，则这段实轴是根轨迹的一部分
4	根轨迹的渐近线	条数：$n-m$ 倾角：$\theta=\dfrac{(2k+1)\pi}{n-m}, k=0,1,\cdots,n-m-1$ 交点：$-\sigma_A=\dfrac{\sum_{l=1}^{n}(-p_l)-\sum_{i=1}^{m}(-z_i)}{n-m}$
5	根轨迹的分离点和会合点	$A(s)B'(s)-A'(s)B(s)=0$ 或 $\dfrac{dK}{ds}=0$ 的根
6	根轨迹的出射角和入射角	$\theta_l=\mp(2k+1)\pi+\sum_{i=1}^{m}\varphi_i-\sum_{j=1,j\neq l}^{n}\theta_j, k=0,1$ $\varphi_k=\pm(2k+1)\pi+\sum_{j=1}^{n}\theta_j-\sum_{i=1,i\neq k}^{m}\varphi_i, k=0,1$
7	根轨迹与虚轴的交点	1）用劳斯判据求临界稳定时的特征根 2）令 $s=j\omega$，代入特征方程，求 ω
8	根之和与根之积	$\sum_{j=1}^{n}(-p_{cj})=\sum_{j=1}^{n}(-p_j), \prod_{j=1}^{n}(-p_{cj})=\prod_{j=1}^{n}(-p_j)+K_0\prod_{i=1}^{m}(-z_i)$

【例 4-5】 已知一单位反馈控制系统的开环传递函数为

$$G(s)=\frac{K(s+2)}{s(s+1)}$$

试证明该系统根轨迹的复数部分为一圆。

解　根轨迹的相角条件为

$$\arg(s+2)-\arg(s)-\arg(s+1)=\pm\pi$$

令 $s=\sigma+j\omega$ 代入，则得

$$\arctan\frac{\omega}{\sigma+2}-\arctan\frac{\omega}{\sigma}-\arctan\frac{\omega}{\sigma+1}=\pm\pi$$

即

$$\arctan\frac{\omega}{\sigma+2}-\arctan\frac{\omega}{\sigma}=\pm\pi+\arctan\frac{\omega}{\sigma+1}$$

取上式等号两端的正切，经化简后得

$$(\sigma+2)^2+\omega^2=(\sqrt{2})^2$$

这是一个圆的方程，其圆心位于开环传递函数的零点处，半径为$\sqrt{2}$。图 4-14 为该系统的根轨迹。

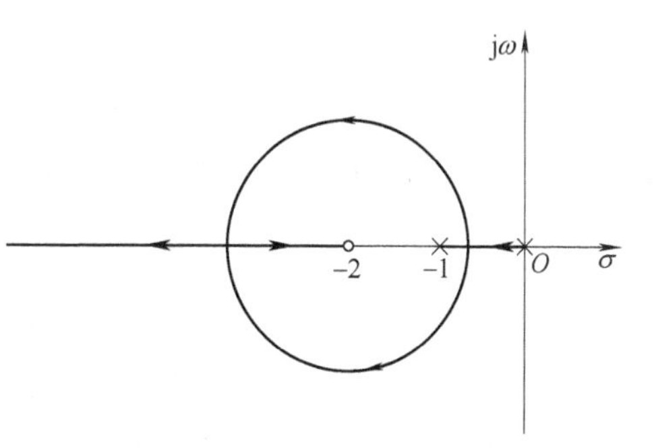

图 4-14　例 4-5 的根轨迹

【例 4-6】 一反馈控制系统如图 4-15 所示，试绘制该系统的根轨迹。

解　系统的开环传递函数为

$$G(s)H(s)=\frac{K(s+1)}{s(s+1)(s+3)}=\frac{K}{s(s+3)}$$

与上式对应的特征方程根的轨迹如图 4-16 所示。

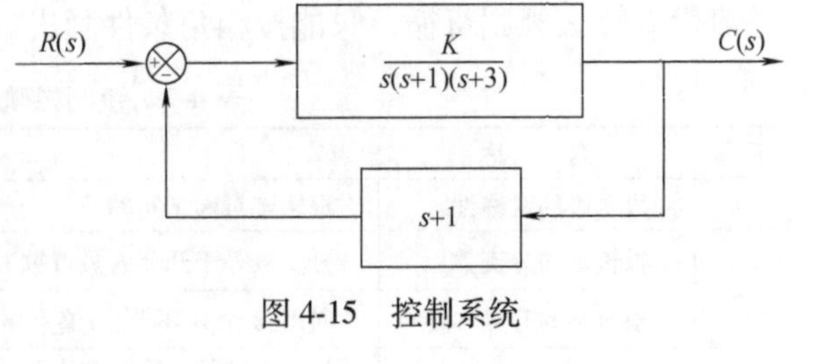

图 4-15　控制系统

显然，图 4-16 所示的并不是系统闭环特征方程式全部根的轨迹，这是由于开环传递函数中存在着零、极点相消的缘故。对此说明如下。

图 4-15 所示系统的闭环传递函数为

$$\frac{C(s)}{R(s)}=\frac{K}{(s+1)[s(s+3)+K]}$$

其闭环特征方程为

$$(s+1)[s(s+3)+K]=0$$

不难看出，上式中 $s=-1$ 这个根与参变量 K 无关，或者说它不受 K 的控制；而方括号内多项式的两个根随参变量 K 的变化而变化，图 4-16 仅描述了这两个根的轨迹。

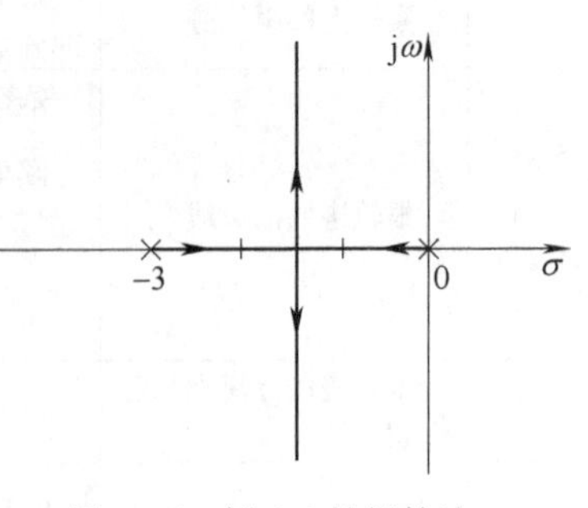

图 4-16　例 4-6 的根轨迹

为了完整地表示系统的输出响应，$s=-1$ 这个闭环极点不能丢掉。为此，常把图4-15改画成图 4-17 所示的形式。

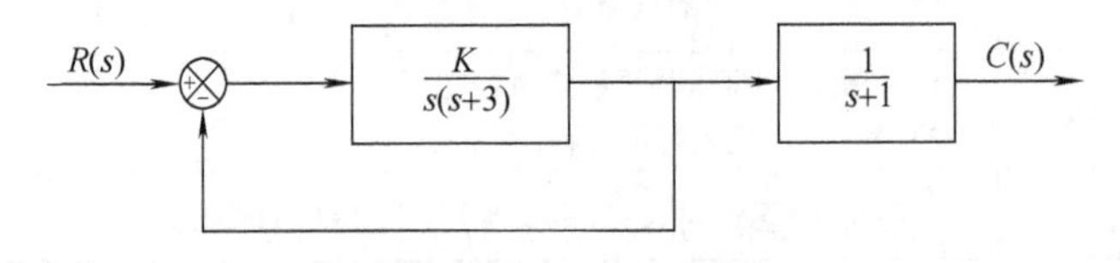

图 4-17　图 4-15 的等效形式

第三节　参量根轨迹的绘制

以上所述的根轨迹都是以开环系统的增益 K_0 作为可变参量，这在实际系统中是最常见的。但是，有时需要研究除此增益外的其他可变参量（如时间常数，反馈系数，开环零、极点等）对系统性能的影响，就需要绘制以其他参量为可变参数的根轨迹，这种根轨迹称为参量根轨迹或叫广义根轨迹。

一、一个可变参量根轨迹的绘制

假设系统的可变参量是某时间常数 T，由于它位于开环传递函数分子或分母的因式中，因而就不能简单地用 K_0 为参变量的方法去直接绘制系统的根轨迹，而是需要把闭环特征方程式中不含有 T 的各项去除该方程，使原方程式变为

$$1+G_1(s)H_1(s)=0$$

的形式，其中 $G_1(s)H_1(s)$ 为系统的等效开环传递函数。在 $G_1(s)H_1(s)$ 的表达式中，参变量 T 所处的位置与原开环传递函数中的 K_0 所处的位置完全相同。经过上述处理后，就可以按照 $G_1(s)H_1(s)$ 的零、极点去绘制以 T 为参变量的根轨迹。

【例 4-7】　一双闭环控制系统的框图如图 4-18 所示，试绘制以 α 为参变量的根轨迹。

解　系统的开环传递函数为

$$G(s)=\frac{4}{s(s+1+2\alpha)}$$

由于 α 为参变量，因而不能根据 $G(s)$ 的极点来画出系统的根轨迹。基于本题是要绘制下列闭环特征方程

$$s^2 + (1 + 2\alpha)s + 4 = 0$$

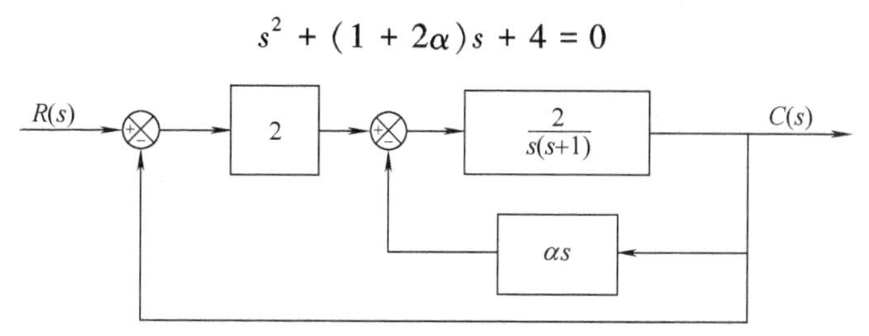

图 4-18　双闭环控制系统的框图

的根轨迹，为此，把上式改写为

$$1 + \frac{2\alpha s}{s^2 + s + 4} = 0$$

令系统的等效开环传递函数为

$$G_1(s) = \frac{2\alpha s}{s^2 + s + 4} = \frac{Ks}{\left(s + \frac{1}{2} - \mathrm{j}\frac{\sqrt{15}}{2}\right)\left(s + \frac{1}{2} + \mathrm{j}\frac{\sqrt{15}}{2}\right)}$$

其中，$K=2\alpha$；$G_1(s)$ 的极点为 $-\frac{1}{2}\pm\mathrm{j}\frac{\sqrt{15}}{2}$，零点为 0。用例 4-5 的方法，不难证明该系统根轨迹的复数部分为一圆弧，其方程为 $\sigma^2+\omega^2=2^2$。图 4-19 为该系统的根轨迹。

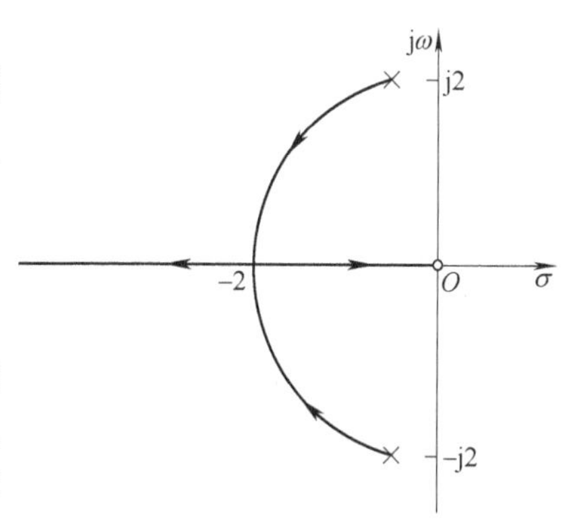

图 4-19　例 4-7 的根轨迹

二、几个可变参量根轨迹的绘制

在某些场合，需要研究几个参量同时变化对系统性能的影响。例如，在设计一个校正装置传递函数的零、极点时，就需要研究这些零、极点取不同值时对系统性能的影响。为此，需要绘制几个参量同时变化时的根轨迹，所作出的根轨迹将是一组曲线，称为根轨迹簇。下面通过例题，说明根轨迹簇的绘制方法。

【例 4-8】　一单位反馈控制系统如图 4-20 所示，试绘制以 K 和 a 为参变量的根轨迹。

解　系统的闭环特征方程为

$$s^2 + as + K = 0$$

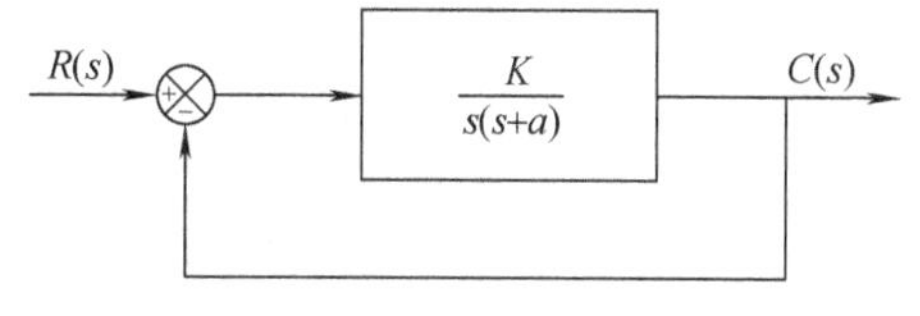

图 4-20　单位反馈控制系统

先令 $a=0$，则上式变成

$$s^2 + K = 0$$

或写作

$$1 + \frac{K}{s^2} = 0$$

令

$$G_{01}(s) = \frac{K}{s^2}$$

据此作出 $G_{01}(s)$ 对应的根轨迹，如图 4-21a 所示。这是 $a=0$ 时，以 K 为参变量的根轨迹。

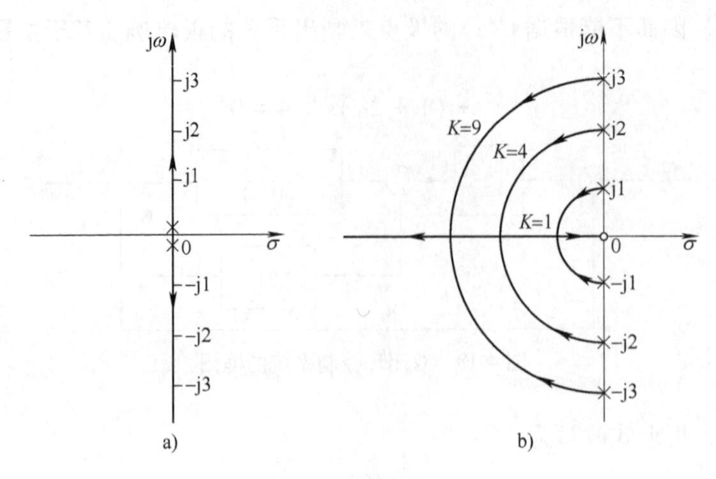

图 4-21　根轨迹
a）$a=0$，$0\leqslant K\leqslant\infty$　b）根轨迹簇

其次考虑 $a\neq0$，把闭环特征方程改写成

$$1+\frac{as}{s^2+K}=0$$

令

$$G_{02}(s)=\frac{as}{s^2+K}$$

比较 $G_{01}(s)$ 与 $G_{02}(s)$，可知 $G_{02}(s)$ 的开环极点就是 $G_{01}(s)$ 对应的闭环极点，因而 $G_{02}(s)$ 对应根轨迹的起点都在 $G_{01}(s)$ 的根轨迹曲线上。为了作出 $G_{02}(s)$ 对应的根轨迹，通常先令 K 为某一定值，然后根据 $G_{02}(s)$ 零、极点的分布作出参变量 a 由0→∞ 时的根轨迹。例如，令 $K=4$，则

$$G_{02}(s)=\frac{as}{s^2+4}$$

它的极点为±j2，零点为 0。不难证明，对应特征方程的根轨迹亦为一圆弧，其方程为

$$\sigma^2+\omega^2=2^2$$

图 4-21b 为取不同 K 值时所作的根轨迹簇。

第四节　非最小相位系统的根轨迹

开环传递函数的零、极点均位于 s 左半平面的系统，称为最小相位系统；反之，则称为非最小相位系统。“非最小相位系统”这一术语出自于对这两种系统在正弦输入时相频特性的比较，有关这个问题，将在本书第五章中做较详细的阐述。

在控制工程中出现非最小相位系统，通常有如下 3 种情况：

1）系统中存在着局部的正反馈回路。

2）系统中含有非最小相位元件。

3）系统中含有滞后环节。

在这 3 种情况下，系统根轨迹的绘制规则将与表 4-2 中所述的部分规则有所不同，下面分别给予说明。

一、正反馈回路的根轨迹

在复杂的系统中，可能会遇到具有正反馈的内回路，如图 4-22 所示。当具有正反馈的

内回路为不稳定时，其传递函数中就有极点在 s 的右半平面。这里仅讨论正反馈内回路部分根轨迹的绘制。

图 4-22 中所示内回路的闭环传递函数为

$$\frac{C(s)}{R_2(s)}=\frac{G(s)}{1-G(s)H(s)}$$

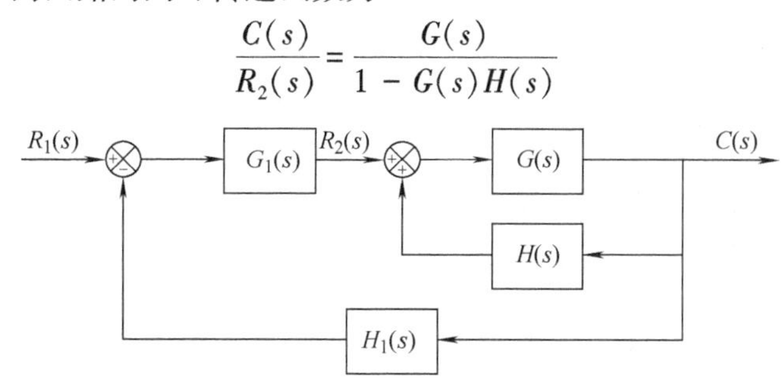

图 4-22　具有正反馈内回路的控制系统

相应的特征方程为

$$1-G(s)H(s)=0$$

即

$$G(s)H(s)=1 \tag{4-36}$$

由式（4-36）可知，正反馈回路根轨迹的幅值条件与负反馈回路完全相同，但其相角条件却变为

$$\arg[G(s)H(s)]=\pm 2k\pi,\quad k=0,\ 1,\ 2,\ \cdots \tag{4-37}$$

基于式（4-37）所示相角的特点，因而称相应的根轨迹为零度根轨迹。在绘制零度根轨迹时，需要对表 4-2 中凡涉及相角条件的规则做如下的修改：

规则 3′　实轴上线段成为根轨迹的充要条件（$K_0\geqslant 0$）是该线段右方实轴上开环零点数与极点数之和为偶数。

规则 4′　渐近线与实轴的夹角为

$$\theta=\frac{\pm 2k\pi}{n-m},\quad k=0,\ 1,\ 2,\ \cdots \tag{4-38}$$

规则 6′　开环共轭极点的出射角与开环共轭零点的入射角分别为

$$\theta_l=\mp 2k\pi+\sum_{i=1}^{m}\varphi_i-\sum_{\substack{j=1\\ j\neq l}}^{n}\theta_j,\quad k=0,\ 1,\ 2,\ \cdots \tag{4-39}$$

$$\varphi_k=\pm 2k\pi+\sum_{j=1}^{n}\theta_j-\sum_{\substack{i=1\\ i\neq k}}^{m}\varphi_i,\quad k=0,\ 1,\ 2,\ \cdots \tag{4-40}$$

除上述 3 条规则外，其余的规则均与负反馈系统根轨迹的绘制完全相同。

二、系统中含有非最小相位元件

在绘制含有非最小相位元件的系统的根轨迹时，必须注意开环传递函数（分母或分子）中是否含有 s 最高次幂为负系数的因子。若有，则其根轨迹的相角条件就变为由式（4-37）去表征，因而所绘制的将是零度根轨迹。对此，举例说明如下。

设一非最小相位系统如图 4-23 所示。由相角条件得

$$\arg\left[\frac{K_0(1-s)}{s(s+1)}\right]=\pi+\arg\left[\frac{K_0(s-1)}{s(s+1)}\right]=\pm(2k+1)\pi,\quad k=0,1,2,\cdots$$

即

$$\arg\left[\frac{K_0(s-1)}{s(s+1)}\right]=\pm 2k\pi,\quad k=0,1,2,\cdots$$

不难证明，由上式作出根轨迹的复数部分为一圆周，其方程为

$$(\sigma-1)^2+\omega^2=(\sqrt{2})^2$$

由计算求得根轨迹（见图 4-24）与虚轴的交点为±j1，相应的 $K_0=1$。这表明当 $K_0>1$ 时，该系统为不稳定。

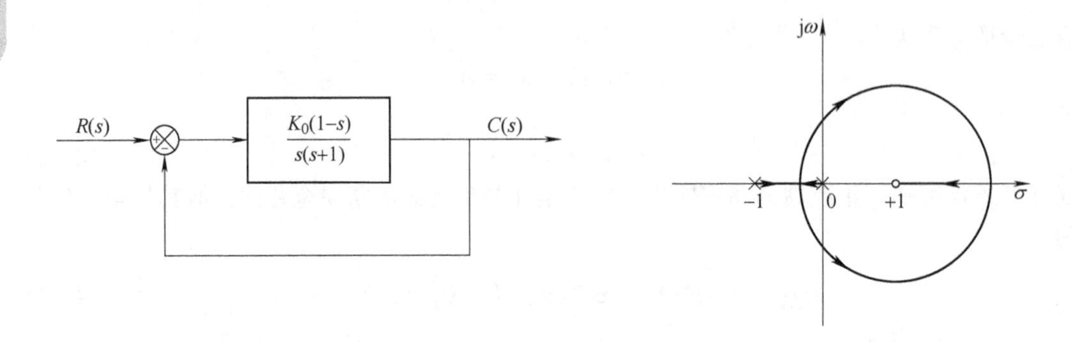

图 4-23　非最小相位系统　　　　图 4-24　图 4-23 所示系统的根轨迹

三、滞后系统的根轨迹

含有滞后环节的系统，称为滞后系统，它也属于非最小相位系统。由于滞后环节的存在，使得相应系统的根轨迹具有明显的特点。下面只介绍这种系统根轨迹的相角条件和幅值条件。

图 4-25 为滞后系统的框图，它的闭环传递函数为

$$\frac{C(s)}{R(s)}=\frac{KG(s)\mathrm{e}^{-\tau s}}{1+KG(s)H(s)\mathrm{e}^{-\tau s}}$$

相应的闭环特征方程式为

$$1+KG(s)H(s)\mathrm{e}^{-\tau s}=0 \qquad (4\text{-}41)$$

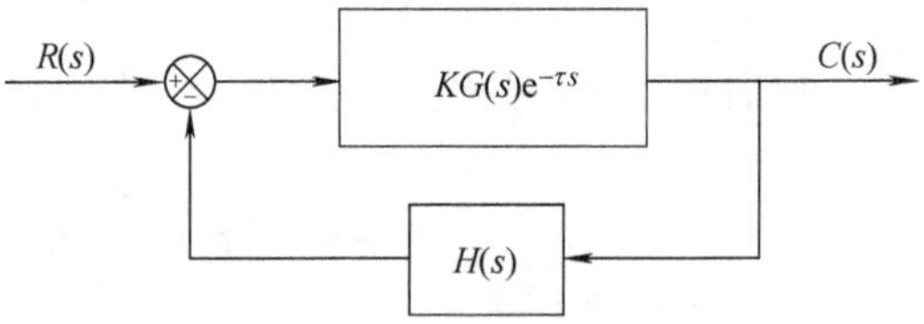

图 4-25　滞后系统的框图

令 $s=\sigma+\mathrm{j}\omega$ 代入上式，据此，求得滞后系统根轨迹的幅值条件和相角条件分别为

$$|G(s)H(s)|\mathrm{e}^{-\tau\sigma}=\frac{1}{K} \qquad (4\text{-}42)$$

$$\arg[G(s)H(s)]=\pm(2k+1)\pi+\tau\omega,\ k=0,1,2,\cdots \qquad (4\text{-}43)$$

由式（4-43）可见，它与式（4-5）的不同之处是等号右方多了一个 $\tau\omega$ 项。显然，当 $\tau=0$ 时，式（4-43）就蜕化为式（4-5）。当 $\tau\neq0$ 时，s 的实部和虚部将分别影响根轨迹的幅值条件和相角条件。不难看出，式（4-43）所示滞后系统根轨迹的相角条件不是一常量而是 ω 的函数，因此需对表 4-2 中所列绘制根轨迹的一般规则做相应的更改，表4-3列出了滞后系统根轨迹绘制的基本规则。下面举例说明滞后系统根轨迹的绘制。

表 4-3　滞后系统根轨迹绘制的基本规则

序号	名　称	规　则
1	根轨迹的对称性	根轨迹对称于实轴
2	根轨迹的分支数	无数多条分支
3	根轨迹的起点、终点	起点:开环极点和 $\sigma=-\infty$;终点:开环零点和 $\sigma=\infty$
4	根轨迹的渐近线	$K=0$ 时,部分根轨迹的渐近线始于 $\sigma=-\infty$ 处,对应的 ω 值由下列两式决定 $n-m=$奇数:$\omega=\pm\left(\dfrac{2k}{\tau}\right)\pi,k=0,1,2,\cdots$ $n-m=$偶数:$\omega=\pm\left(\dfrac{2k+1}{\tau}\right)\pi,k=0,1,2,\cdots$ $K=\infty$ 时,部分根轨迹分支终止于 $\sigma=\infty$ 处,对应的 ω 值为 $\omega=\dfrac{\pm(2k+1)\pi}{\tau},k=0,1,2,\cdots$
5	根轨迹的分离点	$[A(s)\mathrm{e}^{-\tau s}]'B(s)-B'(s)A(s)\mathrm{e}^{-\tau s}=0$
6	根轨迹与虚轴的交点	$\sum\limits_{j=1}^{n}\arctan\dfrac{\omega}{p_j}-\sum\limits_{i=1}^{m}\arctan\dfrac{\omega}{z_i}=\pm(2k+1)\pi-\tau\omega,k=0,1,2,\cdots$

【例 4-9】 已知一滞后系统如图 4-26 所示，试绘制该系统的根轨迹。(其中 $\tau=1\mathrm{s}$)

解　系统的特征方程式为

$$1+\frac{K\mathrm{e}^{-\tau s}}{s+1}=0 \tag{4-44}$$

根据上述的基本规则，可知：

1）根轨迹对称于实轴，其分支数有无限多条。

2）根轨迹的起点为 $s=-1$ 及 $s=-\infty\pm\mathrm{j}2k\pi$，终点为 $s=\infty\pm\mathrm{j}(2k+1)\pi$，其中 $k=0，1，2，\cdots$。

3）$-1\sim-\infty$ 间的实轴段为根轨迹。

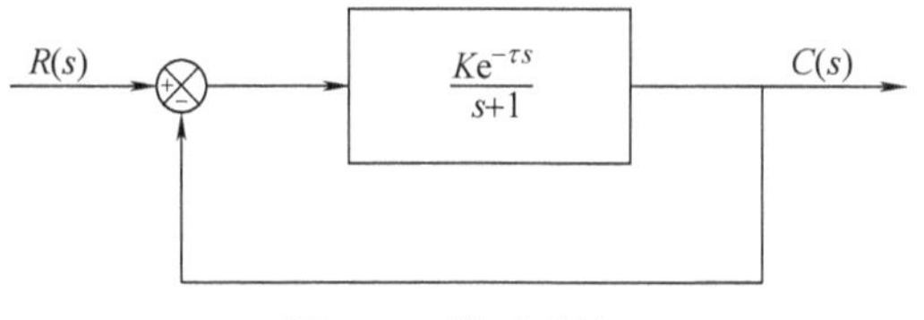

图 4-26　滞后系统

4）根轨迹的分离点：由表 4-3 中的基本规则 5，求得 $s=-2$，由于该点在根轨迹上，因而它是实际的分离点。

5）复平面上的根轨迹：根轨迹的相角条件为

$$\arg(s+1)=-57.3°\omega\ \pm(2k+1)180° \tag{4-45}$$

根据式（4-45），先作出 $k=0$ 时的根轨迹，即找出满足式

$$\arg(s+1)=\pm180°-57.3°\omega \tag{4-46}$$

的点。在虚轴上取 $\omega=\omega_1$，并作一水平虚线；过 $s=-1$ 点作一条与实轴夹角为 $180°-57.3°\omega_1$ 的射线，此射线与水平虚线的交点 p_1，即为所求根轨迹上的点，如图 4-27a 所示。继续上述的过程，就能绘制出 $k=0$ 时系统的根轨迹，如图 4-27b 所示。

由图 4-27b 可见，系统在 $k=0$ 时的两条根轨迹分支分别从开环极点 $s=-1$ 和 $s=-\infty$ 出发，随着 K 的不断增大，它们先在实轴上相遇，尔后走向复平面。当 $K\to\infty$ 时，这两条根轨迹分支均趋向于无限远，其渐近线均为平行于横轴的水平线，且与虚轴的交点为 $\omega=\pm\pi$。

当 $k=1$ 时，相角条件为

$$\arg(s+1)=\pm540°-57.3°\omega \tag{4-47}$$

相应根轨迹的绘制方法与 $k=0$ 时完全相类同。图 4-28 为 $\tau=1\mathrm{s}$，$k=0，1，2$ 时的根轨迹。

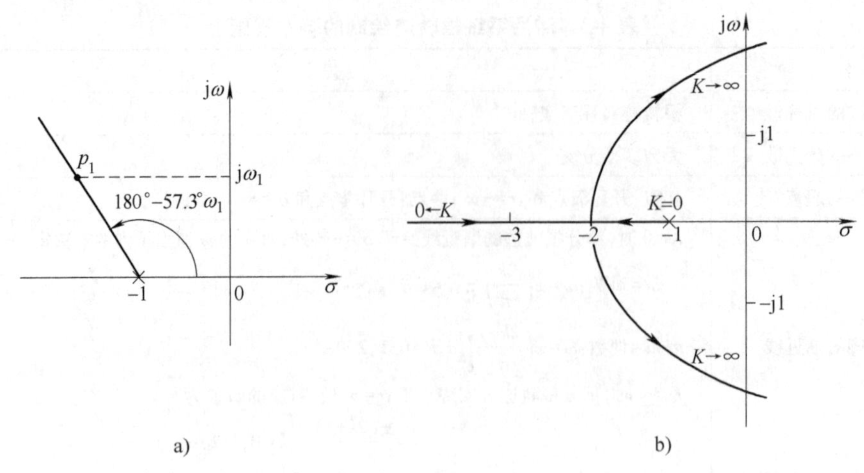

图 4-27　例 4-9 图

a）根轨迹的作法　b）根轨迹

由幅值条件：

$$K = |s+1|\,e^{\sigma} \tag{4-48}$$

求得根轨迹上各点所对应的 K 值。显然，当 k 值由 0、1、2、…变到∞时，相角条件式（4-43）等号右边也有无穷多个值，这表示对于某一 K 值，能同时满足根轨迹幅值条件和相角条件的复平面上的点将有无穷多个，即滞后系统的根轨迹分支有无穷多个。由图4-28 可见，$k=0$ 时的根轨迹分支与虚轴交点的临界增益 $K=2$，这个值远小于 $k\neq0$ 时根轨迹分支的临界

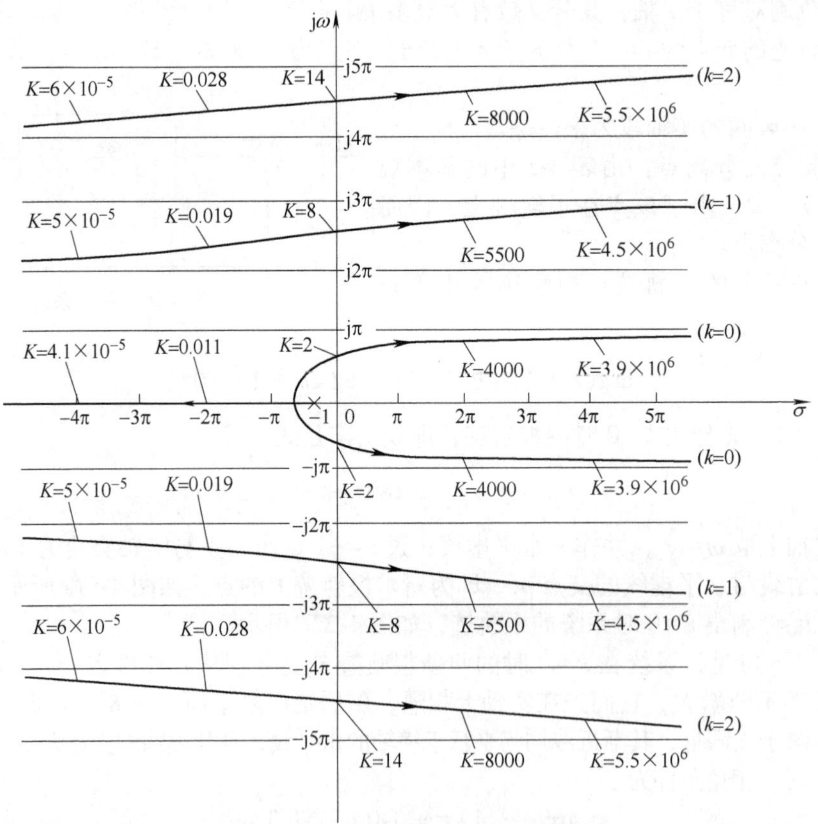

图 4-28　图 4-26 所示系统的根轨迹图

增益。即当 $K=2$ 时，其他根轨迹分支上的根都在虚轴的左侧，系统的瞬态响应主要由 $k=0$ 的根轨迹分支上的根来表征，因此将 $k=0$ 的根轨迹分支称为主导根轨迹分支。其他根轨迹分支与之相比较，就显得不那么重要，甚至可不予考虑。

由例 4-9 可知，由于滞后环节的存在，给系统的稳定性带来不利的影响。当开环增益 $K>2$ 时，这个一阶系统也因滞后环节的存在而变为不稳定。

如果 τ 很小，则 $e^{-\tau s}$ 可近似地表示为

$$e^{-\tau s} \approx 1 - \tau s \text{ 或 } e^{-\tau s} \approx \frac{1}{1+\tau s} \tag{4-49}$$

这种近似既有较高的精确度，又能大大简化滞后系统根轨迹的绘制。

第五节　增加开环零、极点对根轨迹的影响

当按某一参变量作出系统的根轨迹图后，就可直观地看出借助于对该参变量的调节，能否使系统的性能满足设计要求。如果不能，一般可通过增加开环零点的方法来改变根轨迹的走向与形状，以满足系统性能的要求。下面通过具体的例子，定性地分析增加开环零点或增加开环极点对系统根轨迹产生的影响。

一、增加开环零点

设系统的开环传递函数为

$$G(s)H(s)=\frac{K}{s(s+1)(s+3)} \tag{4-50}$$

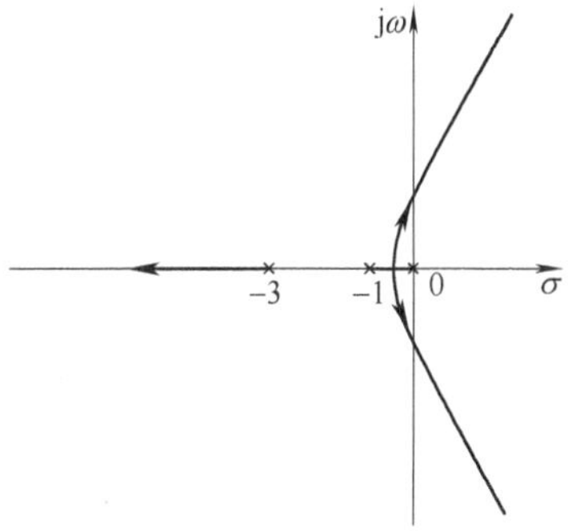

当 K 由 $0\to\infty$ 变化时，系统的根轨迹如图 4-29 所示。

若增加一个开环零点 $-b$，则开环传递函数变为

$$G(s)H(s)=\frac{K(s+b)}{s(s+1)(s+3)} \tag{4-51}$$

图 4-29　系统的根轨迹

由根轨迹的相角方程可知，引入一个开环零点 $-b$，在相角方程中相应地增加了一个正的角度 arg（$s+b$），从而使系统的根轨迹作向左倾斜变化，其变化后根轨迹的形状视所加零点的具体位置而异。

（1）假设零点 $-b$ 位于 $-3\sim-\infty$ 的实轴段上　为便于作图，若令 $b=5$，即

$$G(s)H(s)=\frac{K(s+5)}{s(s+1)(s+3)} \tag{4-52}$$

根据式（4-52）作出的根轨迹如图 4-30 所示。由劳斯判据求得该系统稳定的临界增益 $K=12$，此值与未加零点前的值一样大小。当 $K>12$ 时，根轨迹中有两条分支进入 s 的右半平面，这表明该附加零点对系统根轨迹的影响甚小，即系统的动态性能不会因此而有明显的改善，其原因是该零点距离虚轴较远。

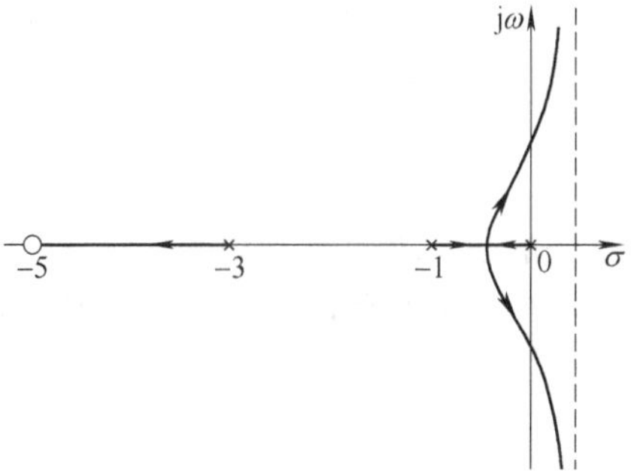

图 4-30　式（4-52）的根轨迹

（2）假设零点 $-b$ 位于 $-1\sim-3$ 间的实轴段上　若令 $b=1.2$，则

$$G(s)H(s)=\frac{K(s+1.2)}{s(s+1)(s+3)} \tag{4-53}$$

据此作出系统的根轨迹如图 4-31 所示。由图可见，当 K 在 0~∞ 范围内变化时，该系统总是稳定的。当 $K>K_1$ 时，系统有一对距虚轴较近的共轭复数极点 s_1 与 s_2（见图 4-31），另一个为远离虚轴的实极点 s_3。在这种情况下，系统就可以近似用极点 s_1 与 s_2 所描述的二阶系统来表征。

（3）假设零点 $-b$ 位于 0~-1 间的实轴段上　令 $b=0.4$，则相应的开环传递函数为

$$G(s)H(s)=\frac{K(s+0.4)}{s(s+1)(s+3)} \tag{4-54}$$

据此，作出系统的根轨迹图如图 4-32 所示。由该图可知：

1）当 K 由 0~∞ 变化时，系统的根轨迹都位于 s 平面的左方，因而该系统总是稳定的。

2）当 $K>K_1$ 时，3 个闭环极点中同样有一对共轭复数极点 s_1、s_2 和一个实数极点 s_3，但由于极点 s_3 距虚轴很近，因而相应的瞬态分量衰减得很缓慢，从而导致系统的输出响应有较长的过渡过程时间，这是一般的控制系统所不希望的。

由上述分析可知，增加的开环零点于 s 平面实轴上的不同位置，它对系统根轨迹所产生的影响是不同的。对于某一具体系统的开环传递函数，只有选择合适的附加零点，才有可能使控制系统的稳定性及其动态性能得到显著地改善。就式（4-50）所示的系统而言，开环零点 $-b$ 位于 -1~-3 间的实轴段上，它对根轨迹产生的影响是最有利于实现系统动态性能的改善。在控制工程中，常用增加开环零点的方法来改善系统的动态性能。

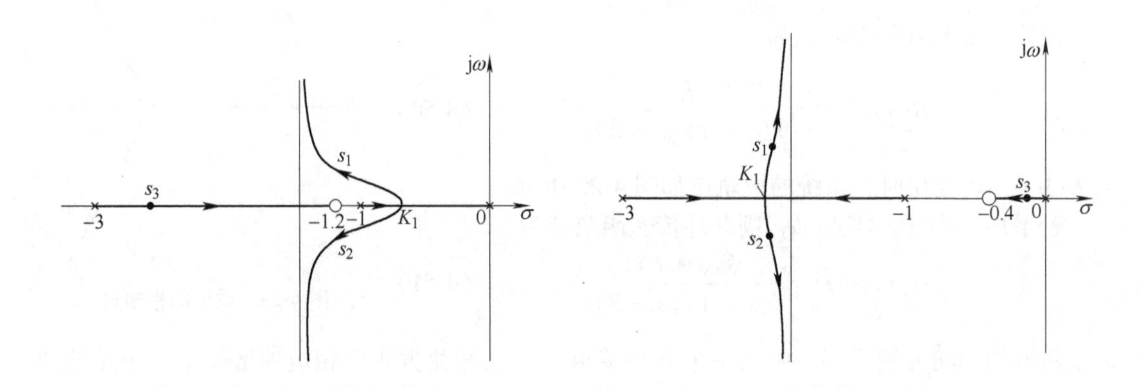

图 4-31　式（4-53）的根轨迹

图 4-32　式（4-54）的根轨迹

二、增加开环极点

若在开环传递函数中增加一个开环极点 $-p$（$p>0$），则在根轨迹的相角方程中增加了一个负角 $[-\arg(s+p)]$，从而导致系统的根轨迹作向右倾斜变化，这显然不利于系统的稳定性及动态性能的改善。对此，举例如下：设一单位反馈系统的开环传递函数为

$$G(s)=\frac{K}{s(s+1)} \tag{4-55}$$

系统的根轨迹如图 4-33 所示。由图可知，当参变量 K 由 0~∞ 变化时，该系统总是稳定的。如增加一个开环极点 -2，则开环传递函数变为

$$G(s)H(s)=\frac{K}{s(s+1)(s+2)} \tag{4-56}$$

对应的根轨迹如图 4-34 所示。当 $K>6$ 时，系统就变为不稳定了。

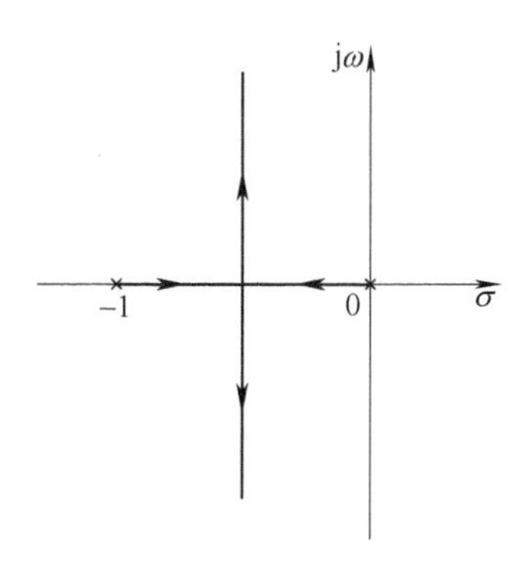

图 4-33　根轨迹

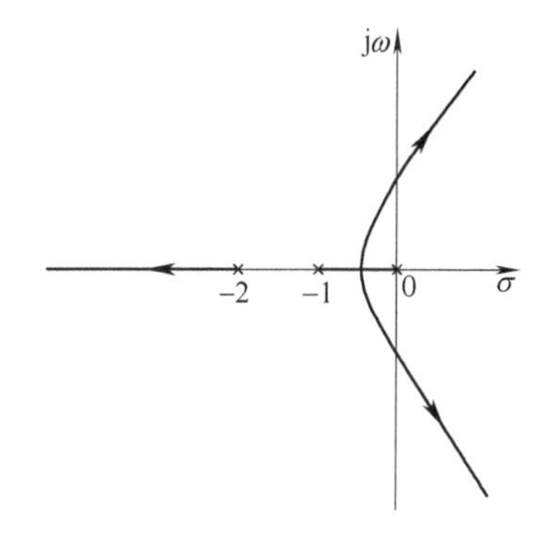

图 4-34　式（4-56）的根轨迹

第六节　用根轨迹法分析控制系统

当控制系统的根轨迹作出后，就可以对系统进行定性的分析和定量的计算。下面介绍几个用根轨迹法分析控制系统的实例。

一、用根轨迹法确定系统的有关参数

控制系统可供选择的参数不局限于开环增益 K 这一个参数，有时还需对其他的一些参数进行选择。对于这种情况，也可用根轨迹法求解，现举例说明如下。

【例 4-10】　设一反馈控制系统如图 4-35 所示。试选择参数 K_1 和 K_2，以使系统同时满足下列性能指标的要求：

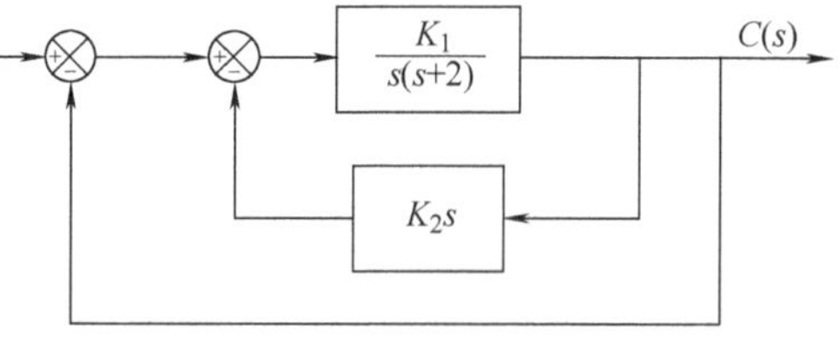

图 4-35　控制系统

1）当单位斜坡输入时，系统的稳态误差 $e_{ss} \leqslant 0.35$。

2）闭环系统的阻尼比 $\zeta \geqslant 0.707$。

3）调整时间 $t_s \leqslant 3\text{s}$。

解　系统的开环传递函数为

$$G(s) = \frac{K_1}{s(s + 2 + K_1K_2)}$$

相应的静态速度误差系数为

$$K_v = \frac{K_1}{2 + K_1K_2}$$

由题意得

$$e_{ss} = \frac{1}{K_v} = \frac{2 + K_1K_2}{K_1} \leqslant 0.35$$

由上式可知，若要满足系统稳态误差的要求，K_2 必须取值较小，K_1 必须取值较大。

在 s 的左半平面上，过坐标原点作一与负实轴成 45°角的直线，在此直线上闭环系统的阻尼比 ζ 均为 0.707。

要求调整时间为

$$t_s = \frac{4}{\zeta\omega_n} = \frac{4}{|\sigma|} \leqslant 3\text{s}$$

这表示闭环极点的实部 σ 必须小于 $-4/3$。为了同时满足 ζ 和 t_s 的要求，闭环极点应位于图 4-36 所示的阴影区域内。

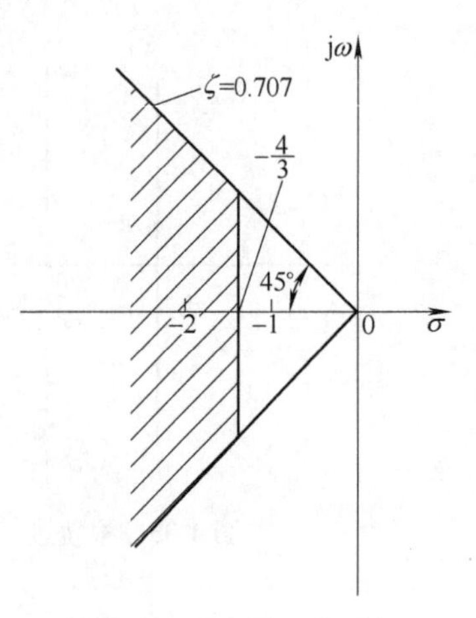

图 4-36　在 s 平面上希望极点的区域

令 $\alpha=K_1$，$\beta=K_2K_1$，则图 4-35 所示系统的闭环特征方程为

$$1 + G(s) = s^2 + 2s + \beta s + \alpha = 0 \tag{4-57}$$

设 $\beta=0$，则式（4-57）变为

$$s^2 + 2s + \alpha = 0$$

或写作

$$1 + \frac{\alpha}{s(s+2)} = 0 \tag{4-58}$$

据此，作出以 α 为参变量的根轨迹，如图 4-37 所示。

为了满足静态性能的要求，试取 $K_1=\alpha=20$，则式（4-57）便改写为

$$1 + \frac{\beta s}{s^2 + 2s + 20} = 0 \tag{4-59}$$

式中，开环传递函数的极点为 $s=-1\pm j4.36$。以 β 为参变量的根轨迹如图 4-38 所示。由该图的坐标原点作一与负实轴成 45°的直线，并与根轨迹相交于点 $-3.15\pm j3.17$。由根轨迹的幅值条件，求得 $\beta=4.3=20K_2$，即 $K_2=0.215$。

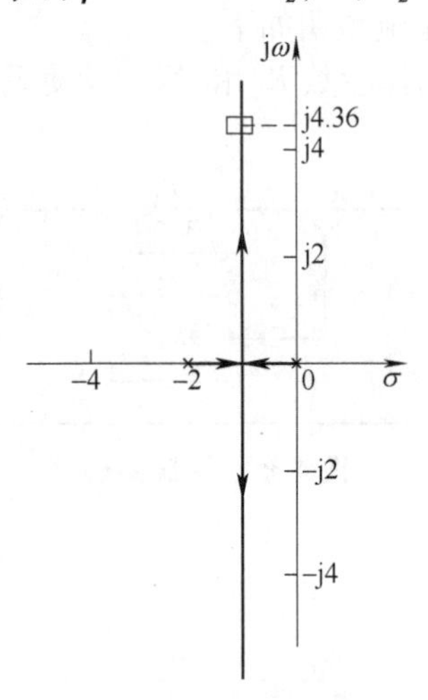

图 4-37　式（4-58）的根轨迹

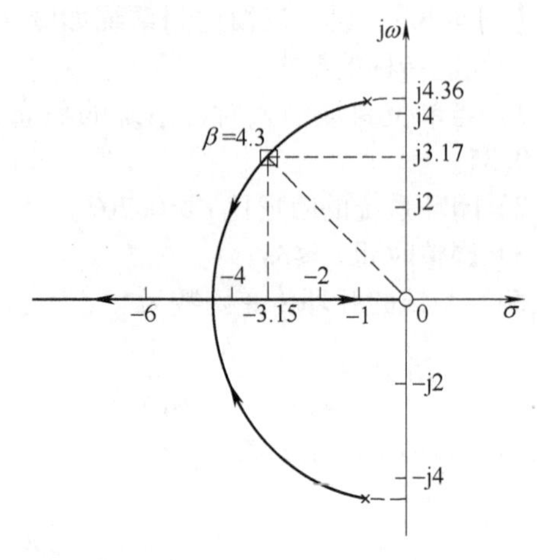

图 4-38　式（4-59）的根轨迹

由于所求闭环极点的实部 $\sigma=-3.15$，因而系统的调整时间为

$$t_s = \frac{4}{|\sigma|} = \frac{4}{3.15} = 1.27\text{s} < 3\text{s}$$

在单位斜坡输入时，系统的稳态误差为

$$e_{ss} = \frac{2 + K_1K_2}{K_1} = \frac{2 + 20 \times 0.215}{20} = 0.315 < 0.35$$

由此可见，$K_1=20$、$K_2=0.215$ 就能使系统达到预定的性能要求。

二、确定指定 K_0 时的闭环传递函数

控制系统的闭环零点是由开环传递函数中 $G(s)$ 的零点和 $H(s)$ 的极点所组成的，它们一

般均为已知。而其闭环极点与根轨迹的增益 K_0 有关。如果 K_0 已知，就可以沿着特定的根轨迹分支，根据根轨迹的幅值条件，用试探法求得相应的闭环极点，现举例说明如下。

已知图 4-8 所示系统的开环传递函数为

$$G(s)H(s)=\frac{K_0}{s(s+1)(s+2)}$$

求 $K_0=0.5$ 时系统的闭环极点。

由该系统的根轨迹图 4-39 可知，在分离点 $s=-0.423$ 处，根据幅值条件求得 $K_0=0.385$。由此可知，当 $K_0=0.5$ 时，该系统的闭环极点为一对共轭复根和一个实根，且此实根位于 $-2\sim-3$ 之间。据此，如取 $s_3=-2.2$ 作为试验点，由幅值条件求得相应的 K_0 值为

$$K_0=|s_3||s_3+1||s_3+2|$$
$$=2.2\times1.2\times0.2=0.528$$

显然，所求的 K_0 值略大于指定值 0.5。为此再取 $s_3=-2.192$ 做试探，求得 $K_0=0.501\approx0.5$。这表示 $K_0=0.5$ 时，$s_3=-2.192$ 是闭环的一个极点。它的一对共轭复数极点可按下述的方法求取。

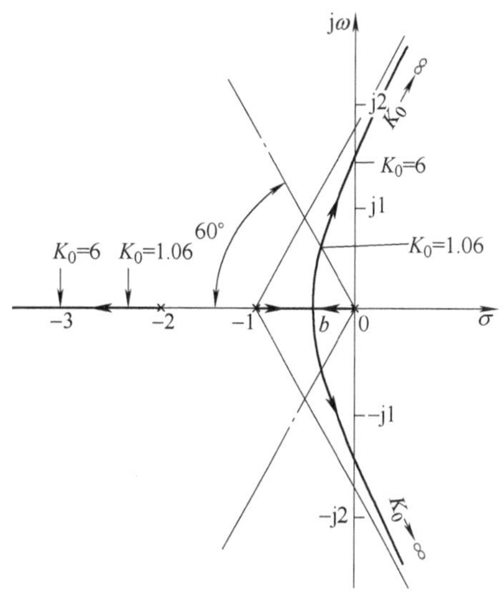

图 4-39　根轨迹

因为 $K_0=0.5$ 时的闭环特征多项式为

$$s(s+1)(s+2)+0.5=s^3+3s^2+2s+0.5$$

用上式除以因式（$s+2.192$），求得商为 $s^2+0.808s+0.229$。

令

$$s^2+0.808s+0.229=0$$

求得

$$s_{1,2}=-0.404\pm\mathrm{j}0.256$$

则该系统的闭环传递函数为

$$\frac{C(s)}{R(s)}=\frac{0.5}{(s+2.192)[(s+0.404)^2+0.256^2]}$$

三、确定具有指定阻尼比 ζ 的闭环极点和单位阶跃响应

根据指定的阻尼比 ζ 值，由根轨迹图的坐标原点作一与负实轴夹角为 $\theta=\arccos\zeta$ 的射线。该射线与根轨迹的交点就是所求的一对闭环主导极点，由幅值条件确定这对极点所对应的 K_0 值，并据此确定闭环的其他极点。下面仍以图 4-8 所示的系统为例来说明。

设系统闭环主导极点的阻尼比 $\zeta=0.5$，试求：（1）系统的闭环极点和相应的根轨迹增益 K_0；（2）在单位阶跃信号作用下的输出响应。

由图 4-39 所示的根轨迹可知，系统的一对闭环主导极点位于通过坐标原点且与负实轴组成夹角为 $\theta=\arccos0.5=\pm60°$ 的两条射线上。显然，这两条射线与根轨迹的两条分支必然相交，交点 $s_{1,2}$ 就是所求的一对闭环主导极点。由图可知，$s_{1,2}=-0.33\pm\mathrm{j}0.58$。因为

$$s_1+s_2+s_3=-0.33+\mathrm{j}0.58-0.33-\mathrm{j}0.58+s_3=-3$$

所以 $s_3=-2.34$。根据幅值条件，求得相应的 $K_0=1.05$。

由于极点 s_3 距虚轴的距离是极点 $s_{1,2}$ 距虚轴距离的 7 倍多，因而 $s_{1,2}$ 是系统的闭环主导

极点。与 $K_0=1.05$ 相应系统的闭环传递函数为

$$\frac{C(s)}{R(s)}=\frac{1.05}{(s+2.34)[(s+0.33)^2+0.58^2]}$$

若令 $R(s)=1/s$，则

$$C(s)=\frac{1.05}{s(s+2.34)[(s+0.33)^2+0.58^2]}$$

$$=\frac{A_0}{s}+\frac{A_1}{s+2.34}+\frac{Bs+C}{(s+0.33)^2+0.58^2}$$

式中，$A_0=1$，$A_1=-0.1$，$B=-0.9$，$C=-0.83$，于是上式改写为

$$C(s)=\frac{1}{s}-\frac{0.1}{s+2.34}-\frac{0.9s+0.83}{(s+0.33)^2+0.58^2}$$

$$=\frac{1}{s}-\frac{0.1}{s+2.34}-0.9\frac{(s+0.33)+0.58}{(s+0.33)^2+0.58^2}$$

对上式取拉普拉斯反变换，求得

$$C(t)=1-0.1\mathrm{e}^{-2.34t}-0.9\mathrm{e}^{-0.33t}(\cos 0.58t+\sin 0.58t)$$

式中，等号右方第一项是输出的稳态分量，第二、三项是瞬态分量。基于第二项的幅值小、衰减速度快，因而它对系统的响应仅在起始阶段起作用；而对系统响应起主导作用的是式中的第三项。

第七节 MATLAB 在根轨迹法中的应用

在用根轨迹法对控制系统的性能做分析时，必须先画出具有一定准确度的根轨迹草图，这就要花费较多的时间；而用下述 MATLAB 的相关指令，就能既迅速又较精确地画出系统的根轨迹图，并能方便地确定根轨迹图上任一点所对应的一组闭环极点和相应的根轨迹增益值。

一、绘制控制系统的根轨迹图

绘制根轨迹的常用命令为 rlocus（num，den）或 rlocus（num，den，K）。如果参变量 K 的范围是给定的，则 MATLAB 将按给定的参数范围绘制根轨迹；否则 K 是自动确定，其变化范围为 0~∞。在绘制根轨迹图时，MATLAB 有 x、y 坐标轴的自动定标功能。如果用户需要，可自行设置坐标的范围，只要在相应的程序中加上如下的指令：

V=［-x x -y y］； axis（V）

它表示 x 轴的范围为 $-x\sim x$，y 轴的范围为 $-y\sim y$。

【例 4-11】 已知一单位反馈系统的开环传递函数为

$$G(s)=\frac{K}{s(s+1)(s+2)}$$

试用 MATLAB 绘制系统的根轨迹。

解

```
%MATLAB 程序 4-1
K=1;
Z=[ ];
P=[0 -1 -2];
[num,den]=zp2tf(Z,P,K);                    %将以零、极点形式表示的 G(s)
rlocus(num,den);                           %创建系统根轨迹图
V=[-4 2 -3 3];                             %坐标范围
axis(V);
title('Root-locus plot of G(s)=K/s(s+1)(s+2)');
xlabel('Re');
ylabel('Im');
```


运行结果如图 4-40 所示。如果本例中的 $G(s)$ 是以传递函数一般形式表示时，可用下述程序求解。

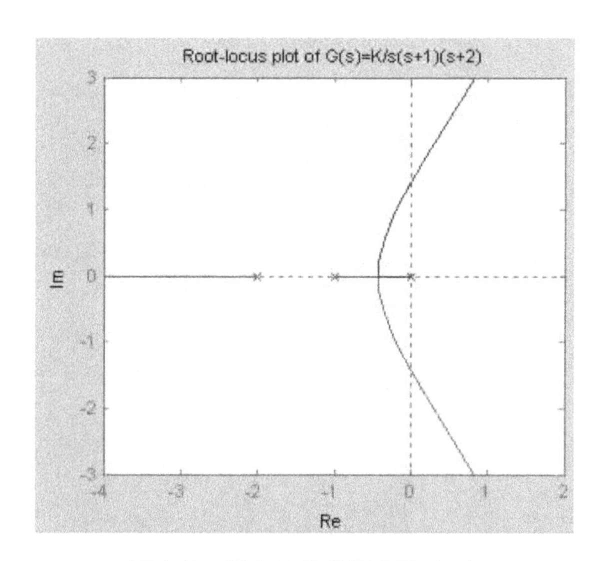

图 4-40　例 4-11 的根轨迹图（一）

```
%MATLAB 程序 4-2
num=[1];
den=[1 3 2 0];
rlocus(num,den);
V=[-4 2 -3 3];
axis(V);
grid on;
title('Root-locus plot of G(s)=K/s(s+1)(s+2)');
xlabel('Re');
ylabel('Im');
```

运行结果所得的图形如图 4-41 所示。

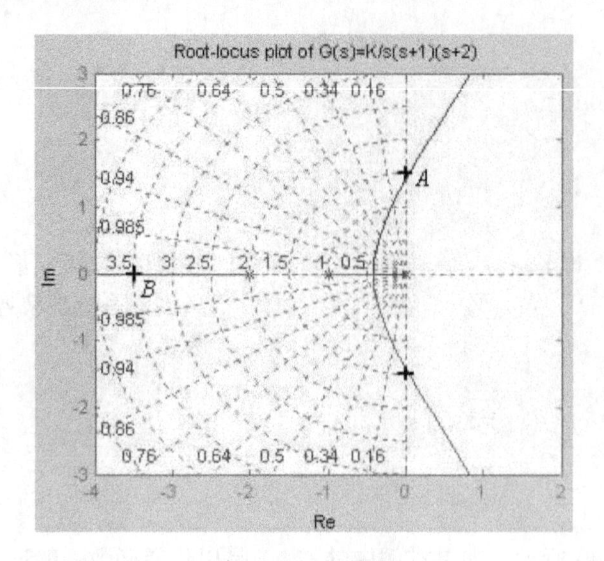

图 4-41　例 4-11 的根轨迹图（二）

【例 4-12】　一控制系统如图 4-42 所示，试用 MATLAB 绘制该系统的根轨迹。

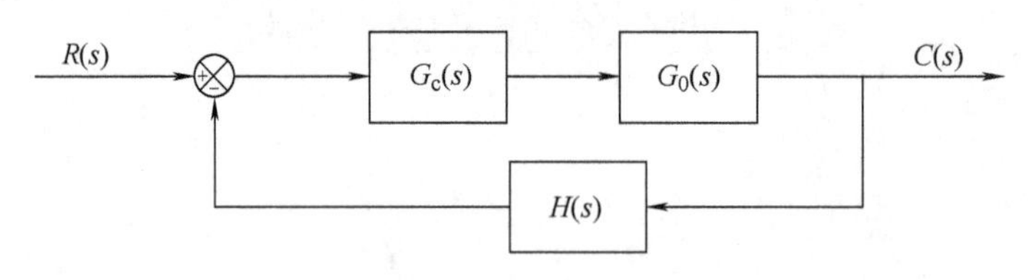

图 4-42　控制系统

其中：

$$G_c(s)=K(s+1.2),\ G_0(s)=\frac{1}{s(s+1)},\ H(s)=\frac{1}{s+7}$$

解

```
%MATLAB 程序 4-3
Gc=tf([1 1.2],[1]);
Go=tf([1],[1 1 0]);
H=tf([1],[1 7]);
rlocus(Gc*Go*H);
V=[-10 1 -6 6];axis(V);
grid on;
xlabel('Re');
ylabel('Im');
```

运行结果如图 4-43 所示。

二、由根轨迹图对系统的性能进行分析

在对系统性能的分析过程中，一般需要确定根轨迹图上某一点的根轨迹增益值和其他对应的闭环极点。对此，只要在 rlocus 指令后，调用下面的指令：

[K2,P2]=rlocfind(num,den)

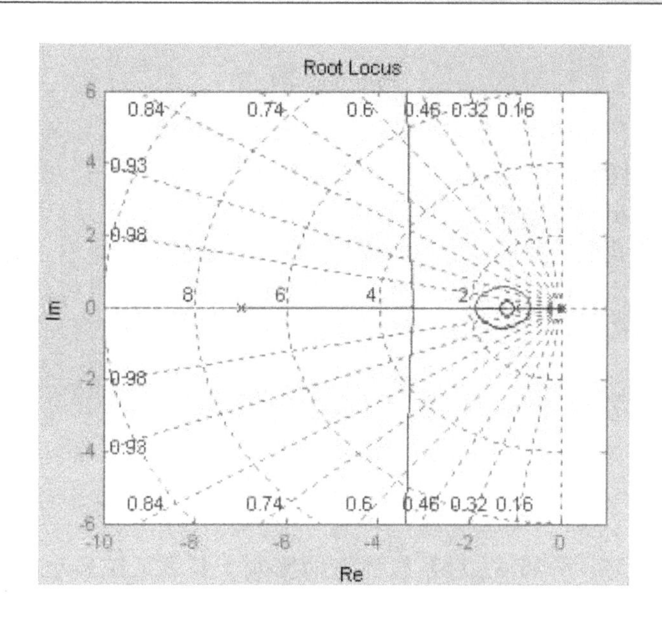

图 4-43　例 4-12 的根轨迹图

就能如愿实现。运行该指令后，在显示根轨迹图形的屏幕上会生成一个十字光标，同时在 MATLAB 的命令窗口出现“Select a point in the graphics window”，提示用户选择某一个点。当使用鼠标移动十字光标到所希望的位置后，单击左键，在 MATLAB 的命令窗口就会显示该点的数值、增益 *K* 和对应的其他闭环极点。例如，移动十字光标至图 4-41 中的 *A* 点，单击左键后，在 MATLAB 的命令窗口输出：

```
selected_point=
    0.0000+1.4091i
    K2=
      5.9571
    P2=
      -2.9961
      0.0020+1.4101i
      0.0020-1.4101i
```

同法，可求得图 4-41 中 *B* 点对应的输出为

```
selected_point=
  -3.5000-0.0000i
K2=
  13.1246
P2=
  -3.5000
  0.2500+1.9203i
  0.2500-1.9203i
```

由于在 *B* 点处根轨迹的增益值为 13.1246，另外两个闭环极点为 0.2500±j1.9203，因而相应的系统为不稳定。

小　结

根轨迹是以开环传递函数中的某个参数（一般是根轨迹增益）为参变量而画出的闭环特征方程式的根轨迹图。根据系统开环零、极点在 s 平面上的分布，按照表 4-2 中所列出的规则，就能方便地画出根轨迹的大致形状。

根轨迹图不仅使我们能直观地看到参数的变化对系统性能的影响，而且还可用它求出指定参变量或指定阻尼比 ζ 相对应的闭环极点。根据确定的闭环极点和已知的闭环零点，就能计算出系统的输出响应及其性能指标，从而避免了求解高阶微分方程的麻烦。

例题分析

例题 4-1　已知一单位反馈系统的开环传递函数为

$$G(s)=\frac{K_0(s+4)}{s(s+2)}$$

试绘制该系统的根轨迹，分析 K_0 对系统性能的影响，并求系统最小阻尼比所对应的闭环极点。

解　闭环特征方程为

$$s^2+2s+K_0s+4K_0=0$$

令 $s=\sigma+\mathrm{j}\omega$ 代入上式，得

$$\sigma^2-\omega^2+\mathrm{j}2\sigma\omega+2\sigma+\mathrm{j}2\omega+K_0\sigma+\mathrm{j}K_0\omega+4K_0=0$$

则有

$$\sigma^2-\omega^2+2\sigma+K_0\sigma+4K_0=0 \tag{4-60}$$

$$\mathrm{j}\omega(2\sigma+2+K_0)=0 \tag{4-61}$$

由式（4-61）得

$$K_0=-(2\sigma+2)$$

代入式（4-60），于是得

$$\sigma^2+8\sigma+\omega^2+8=0$$

即

$$(\sigma+4)^2+\omega^2=(\sqrt{8})^2=2.828^2$$

上式表示系统根轨迹的复数部分为一圆，图 4-44 为该系统的根轨迹图。

由图 4-44 可知，分离点 $s_1=-1.172$，会合点 $s_2=-6.828$。由幅值条件求得它们相应的增益值分别为

$$K_{01}=\frac{1.172\times0.828}{4-1.172}=0.343$$

系统的开环增益 $K=2K_{01}=0.686$。

$$K_{02}=\frac{6.828\times4.828}{2.828}=11.66$$

系统的开环增益 $K=2K_{02}=23.2$。

由此可见，当 $0<K_0<0.343$ 时，系统有两个相异的负实根，其瞬态响应呈过阻尼状态。当 $0.343<K_0<11.6$ 时，系统有一对共轭复根，其瞬态响应呈欠阻尼状态。当 $11.6<K_0<\infty$ 时，系统又具有两个相异的负实根，瞬态响应又呈过阻尼状态。

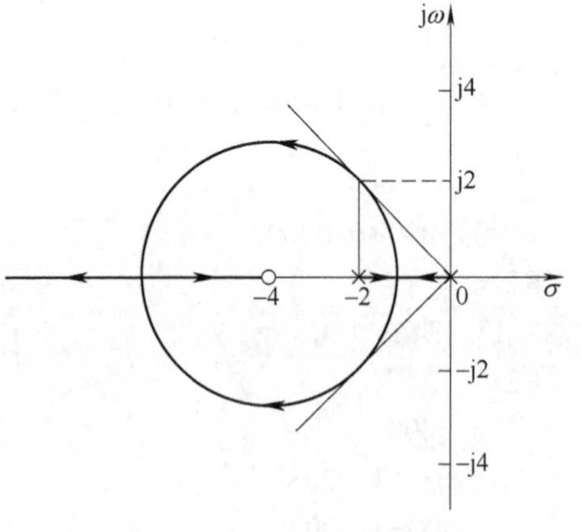

图 4-44　例题 4-1 的根轨迹

由坐标原点作圆的切线，此切线与负实轴夹角的余弦就是系统的最小阻尼比，即

$$\zeta = \cos\theta = \cos45° = 0.707$$

相应的闭环极点由图 4-44 求得为

$$s_{1,2} = -2 \pm \mathrm{j}2$$

由幅值条件求得 $K_0=2$。基于系统的阻尼比 $\zeta=0.707$，因而相应的阶跃响应具有较好的平稳性和快速性。

例题 4-2　已知一控制系统如图 4-45 所示。试求：(1) 绘制系统的根轨迹；(2) 确定 $K_0=8$ 时的闭环极点和单位阶跃响应。

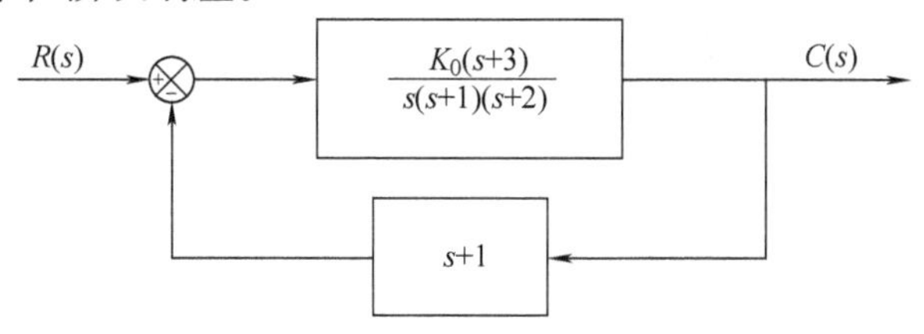

图 4-45　控制系统

解　(1) 系统的开环传递函数为

$$G(s)H(s) = \frac{K_0(s+3)(s+1)}{s(s+1)(s+2)} = \frac{K_0(s+3)}{s(s+2)}$$

据此，作出系统的根轨迹如图 4-46 所示。其中根的复数部分的根轨迹为一圆，其方程为

$$(\sigma+3)^2 + \omega^2 = (\sqrt{3})^2$$

系统的闭环特征方程为

$$s(s+1)(s+2) + K_0(s+3)(s+1) = 0$$

即

$$(s+1)[s(s+2) + K_0(s+3)] = 0$$

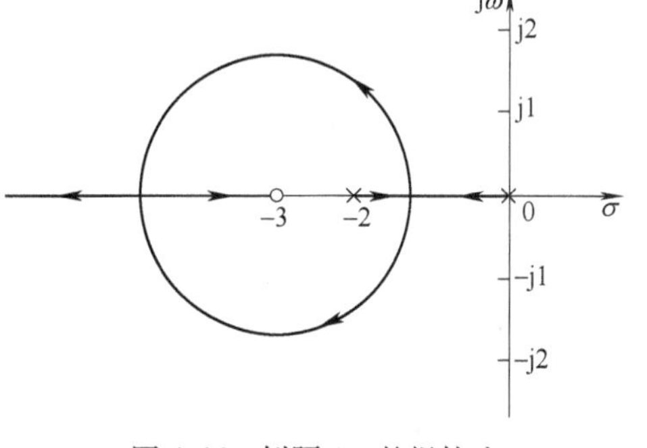

图 4-46　例题 4-2 的根轨迹

显然，$s=-1$ 这个根不受 K_0 变化的影响。图4-46所示的根轨迹仅表示上式方括号中多项式的两个根随 K_0 的变化过程。

(2) 当 $K_0=8$ 时，该系统的闭环传递函数为

$$\frac{C(s)}{R(s)} = \frac{8(s+3)}{(s+1)[s(s+2)+8(s+3)]} = \frac{8(s+3)}{(s+1)(s+4)(s+6)}$$

令 $R(s)=1/s$，则得

$$C(s) = \frac{8(s+3)}{s(s+1)(s+4)(s+6)} = \frac{A}{s} + \frac{B}{s+1} + \frac{C}{s+4} + \frac{D}{s+6}$$

式中，$A=1$，$B=-\frac{16}{15}$，$C=-\frac{1}{3}$，$D=\frac{2}{5}$。对上式取拉普拉斯反变换，求得系统的单位阶跃响应为

$$C(t) = 1 - \frac{16}{15}\mathrm{e}^{-t} - \frac{1}{3}\mathrm{e}^{-4t} + \frac{2}{5}\mathrm{e}^{-6t}$$

例题 4-3　设一位置随动系统如图 4-47 所示。

试求：(1) 绘制以 τ 为参变量的根轨迹；(2) 求系统的阻尼比 $\zeta=0.5$ 时的闭环传递函数。

解　(1) 系统的开环传递函数为

$$G(s) = \frac{5(1+\tau s)}{s(5s+1)} = \frac{1+\tau s}{s(s+0.2)}$$

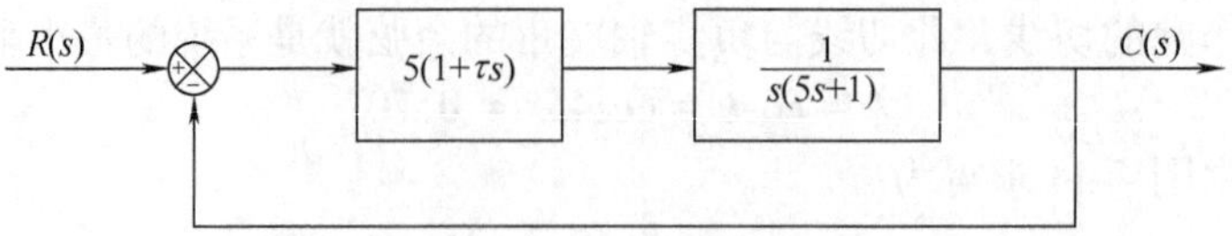

图 4-47　位置随动系统

对应的闭环传递函数为

$$T(s)=\frac{G(s)}{1+G(s)}=\frac{1+\tau s}{s(s+0.2)+1+\tau s}$$

闭环特征方程为

$$s^2+0.2s+1+\tau s=0$$

即

$$1+\frac{\tau s}{s^2+0.2s+1}=1+G_1(s)=0$$

式中：

$$G_1(s)=\frac{\tau s}{s^2+0.2s+1}$$

据此，作出以 τ 为参变量的根轨迹，如图 4-48 所示。不难证明，该根轨迹复数部分是一圆弧，其方程为

$$\sigma^2+\omega^2=1$$

（2）因为 $\theta=\arccos\zeta=\arccos 0.5=60°$，故通过坐标原点作一与负实轴成 60°的射线，并与圆弧相交于 s_1 点（见图 4-48）。

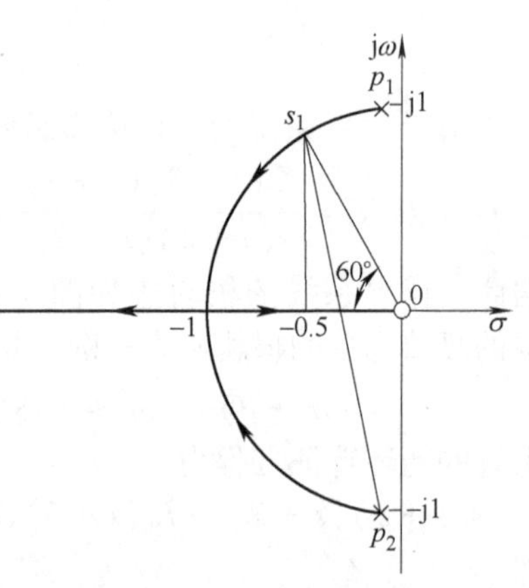

图 4-48　例题 4-3 的根轨迹

根据幅值条件，由图 4-48 求得系统工作于 s_1 点时的 τ 值，即

$$\tau=\frac{|s_1p_1||s_1p_2|}{s_1O}=\frac{1.9\times0.42}{1}\text{s}=0.8\text{s}$$

相应的闭环传递函数为

$$T(s)=\frac{1+0.8s}{(s+0.5+\text{j}0.87)(s+0.5-\text{j}0.87)}$$

例题 4-4　设系统 A 和 B 有相同的根轨迹，如图 4-49 所示。已知系统 B 有一个闭环零点 $s=-2$，系统 A 没有闭环零点。试求系统 A 和 B 的开环传递函数和它们对应的闭环框图。

解　1）由于两系统的根轨迹完全相同，因而它们对应的开环传递函数和闭环特征方程式必也完全相同。由图 4-49 可知，系统 B 的开环传递函数为

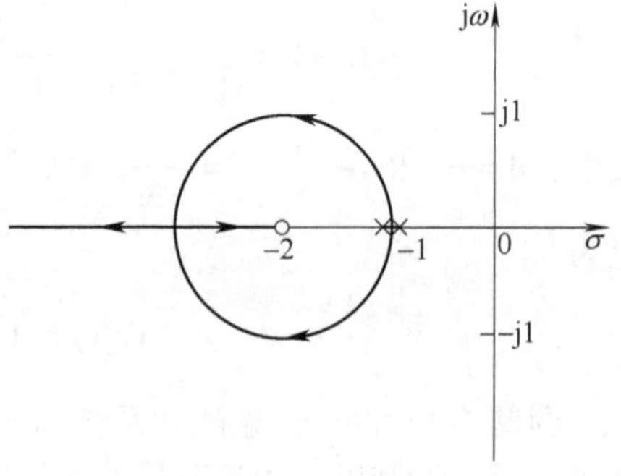

图 4-49　根轨迹

$$G(s)=\frac{K_0(s+2)}{(s+1)^2}$$

2）两系统的闭环传递函数分别为

系统 B

$$\frac{C(s)}{R(s)}=\frac{K_0(s+2)}{D(s)}=\frac{K_0(s+2)}{(s+1)^2+K_0(s+2)}$$

系统 A

$$\frac{C(s)}{R(s)}=\frac{K_0}{D(s)}=\frac{K_0}{(s+1)^2+K_0(s+2)}=\frac{K_0/(s+1)^2}{1+\dfrac{K_0(s+2)}{(s+1)^2}}$$

由此可知，系统 A 的 $G(s)=\dfrac{K_0}{(s+1)^2}$，$H(s)=s+2$。相应闭环系统的框图分别如图 4-50a、b 所示。

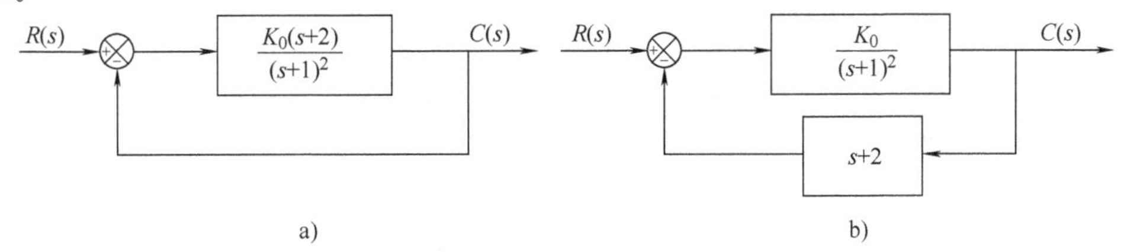

图 4-50　控制系统

a）系统 B　b）系统 A

习　题

4-1　已知系统开环零、极点的分布如图 4-51 所示，试绘制根轨迹图。

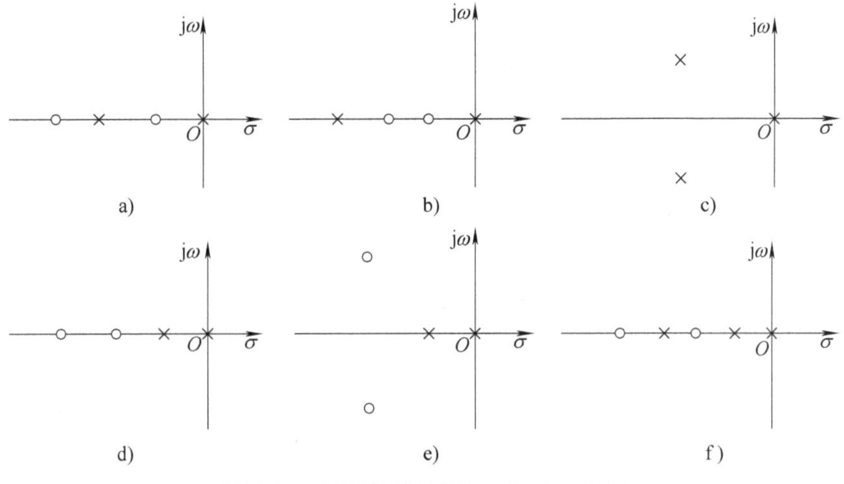

图 4-51　开环传递函数零、极点分布图

4-2　已知单位反馈系统的开环传递函数为

$$G(s)=\frac{K_0}{s(0.05s^2+0.4s+1)}$$

试绘制 K_0 由 0→∞ 变化时系统的根轨迹。

4-3　已知一双闭环系统如图 4-52 所示，试绘制 K 由 0→∞ 变化的根轨迹图，并要求确定根轨迹的出射角及其与虚轴的交点。

4-4　一单位反馈系统的开环传递函数为

$$G(s)=\frac{K_0(s+1)}{s(s-1)}$$

（1）画出以 K_0 为参变量的根轨迹，并证明复数部分的根轨迹是以（−1，0）为圆心，半径为$\sqrt{2}$圆的一部分；

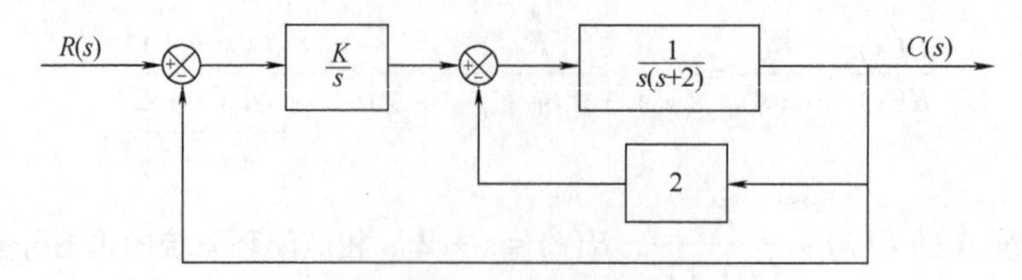

图 4-52　双闭环控制系统

（2）根据所作的根轨迹图，确定系统稳定的 K_0 值范围；

（3）由根轨迹图，求系统的调整时间为 4s 时的 K_0 值和相应的闭环极点。

4-5　某单位反馈系统的开环传递函数为

$$G(s)=\frac{K_0}{s(s+2)(s+4)}$$

（1）绘制 K_0 由 0→∞ 变化的根轨迹；

（2）确定系统呈阻尼振荡瞬态响应的 K_0 值范围；

（3）求系统产生持续等幅振荡时的 K_0 值和振荡频率；

（4）求主导复数极点具有阻尼比为 0.5 时的 K_0 值。

4-6　一单位反馈系统的开环传递函数为

$$G(s)=\frac{K_0(s+2)}{s(s+1)(s+3)}$$

（1）绘制 K_0 由 0→∞ 变化时的根轨迹；

（2）求 $\zeta=0.5$ 时的一对闭环极点和相应的 K_0 值。

4-7　一控制系统的框图如图 4-53 所示。试绘制以 τ 为参变量的根轨迹图（$0<\tau<\infty$）。

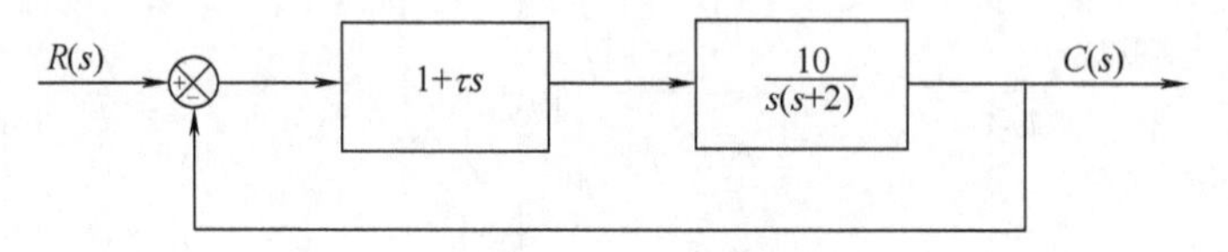

图 4-53　二阶系统的框图

4-8　一随动系统的开环传递函数为

$$G(s)=\frac{\frac{1}{4}(s+a)}{s^2(s+1)}$$

试绘制以 a 为参变量的根轨迹图（$0<a<\infty$）。

4-9　已知单位反馈系统的开环传递函数为

$$G(s)=\frac{2.5s}{s(s+1)(s+T)}$$

试绘制以 T 为参变量的根轨迹图（$0<T<\infty$）。

4-10　已知单位反馈系统的开环传递函数为

$$G(s)=\frac{K_0(1-s)}{s(s+2)}$$

（1）绘制 K_0 由 0→∞ 变化时的根轨迹图；

（2）求产生重根和纯虚根时的 K_0 值。

4-11　设一单位反馈系统的开环传递函数为

$$G(s)=\frac{K_0}{s^2(s+2)}$$

（1）由所绘制的根轨迹图，说明对所有的 K_0 值（$0<K_0<\infty$）该系统总是不稳定的；

（2）在 $s=-a$（$0<a<2$）处加一零点，由所作出的根轨迹，说明加零点后的系统是稳定的。

4-12　一单位反馈系统的开环传递函数为

$$G(s)=\frac{K_0}{(s+2)^3}$$

画出以 K_0 为参变量的根轨迹图，并求：

（1）根轨迹与虚轴交点的 K_0 值和振荡频率；

（2）主导极点的阻尼比 $\zeta=0.5$ 时的静态位置误差系数；

（3）仅考虑主导极点的影响，求系统的 M_p、t_p 和 t_s。

4-13　已知单位反馈控制系统的开环传递函数为

$$G(s)=\frac{K_0(s+1)}{s^2(s+9)}$$

（1）画出以 K_0 为参变量的根轨迹；

（2）求方程的根为 3 个相等实根时的 K_0 值和 s 值；

（3）用 MATLAB 编程，画出该系统的根轨迹。

4-14　一单位反馈系统的开环传递函数为

$$G(s)=\frac{K_0(s+2)}{s(s+1)}$$

（1）求根轨迹的分离点和会合点；

（2）当共轭复根的实部为−2 时，求相应的 K_0 和 s。

4-15　一控制系统如图 4-54 所示。其中：

$$G(s)=\frac{1}{s(s-1)}$$

（1）当 $G_c(s)=K_0$ 时，由所绘制的根轨迹证明该系统总是不稳定的；

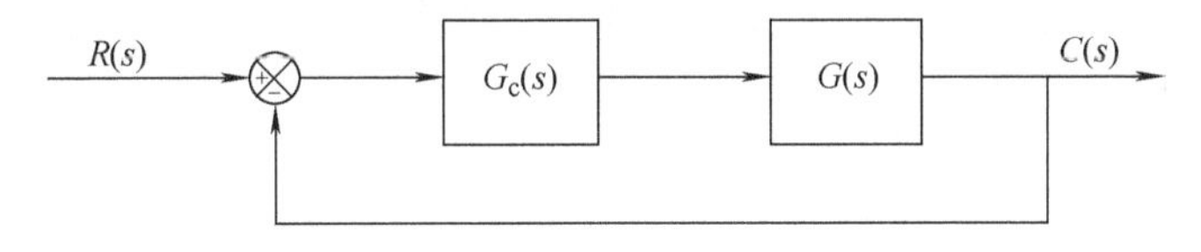

图 4-54　习题 4-15 的控制系统

（2）当 $G_c(s)=\dfrac{K_0(s+2)}{(s+20)}$ 时，绘制此系统的根轨迹，并确定系统稳定的 K_0 值范围。

4-16　一单位反馈系统的开环传递函数为

$$G(s)=\frac{K_0(s+1)}{s(s-1)(s+4)}$$

（1）确定系统稳定的 K_0 值范围；

（2）绘制系统的根轨迹图；

（3）用 MATLAB 编程，画出系统的根轨迹，并验证结论。

4-17　已知一单位反馈系统的开环传递函数为

$$G(s)=\frac{K_0(s+16/17)}{(s+20)(s^2+2s+2)}$$

（1）作系统的根轨迹图，并确定临界阻尼时的 K_0 值；

（2）求系统稳定的 K_0 值范围。

4-18　设控制系统如图 4-55 所示。

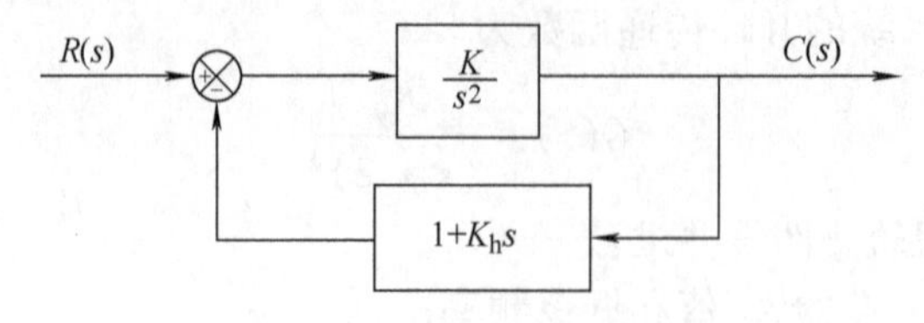

图 4-55　习题 4-18 的控制系统

（1）为使闭环极点 $s=-1\pm j\sqrt{3}$，试确定增益 K 和速度反馈系数 K_h 的值；

（2）根据所求的 K_h 值，画出以 K 为参变量的根轨迹。

4-19　已知一控制系统如图 4-56 所示，α 为参变量。试画出系统的根轨迹。

（1）$\alpha=0$ 时，$r(t)=t$，求 e_{ss} 和 t_s、ζ；

（2）$\alpha=0.2$ 时，讨论微分负反馈对系统动态和稳态性能的影响。

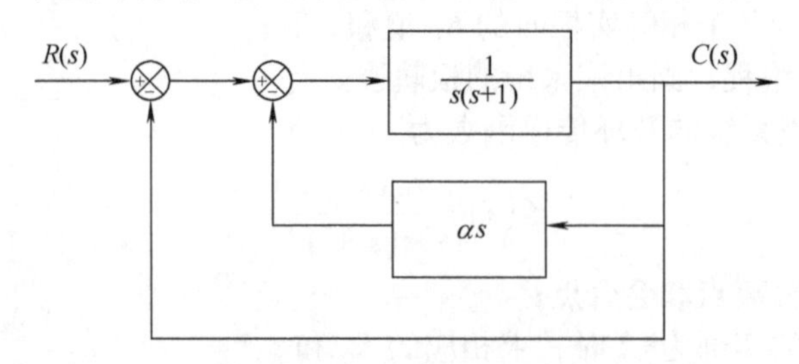

图 4-56　习题 4-19 的控制系统

4-20　设系统的开环传递函数为

$$G(s)H(s)=\frac{K(s+3)}{(s+4)(s^2+2s+2)}$$

试用 MATLAB 编程，分别画出正、负反馈时系统的根轨迹图，并比较这两个图形有什么不同，可得出什么结论。

4-21　已知某控制系统的框图如图 4-57 所示。

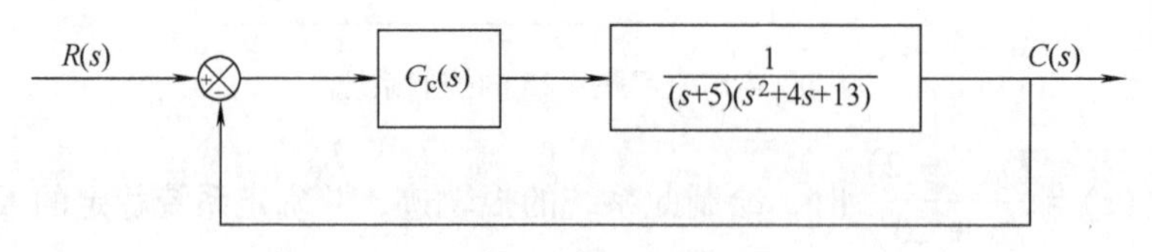

图 4-57　控制系统框图

（1）若 $G_c(s)=K$，画出 K 由 0 变化到 $+\infty$ 时系统的根轨迹图；

（2）若 $G_c(s)=K\left(1+\frac{1}{\tau s}\right)$，其中 $K=25$，试画出当积分时间 τ 由 $+\infty$ 变化到 0 时的根轨迹图，并定性地分析 τ 对系统性能的影响（提示：一个开环极点为 $s=-6$）。

4-22　已知一单位反馈系统的根轨迹如图 4-58 所示。

（1）确定系统稳定的开环根轨迹增益 K 的取值范围；

（2）写出系统临界阻尼时的闭环传递函数。

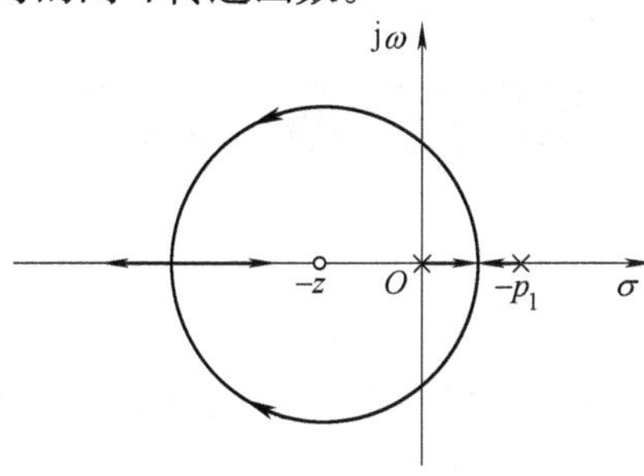

图 4-58　根轨迹

第五章 频率响应法

频率响应法是以传递函数为基础的又一图解法。这种方法不仅能根据系统的开环频率特性图形直观地分析闭环系统的响应，而且还能判别某些环节或参数对系统性能的影响，提示改善系统性能的信息。因而，它同根轨迹法一样，能卓有成效地用于线性定常系统的分析与设计。

与其他方法相比较，频率响应法具有如下的特点。

1）频率特性具有明确的物理意义，且它可以用实验的方法来确定。据此，求得待测线性环节或系统的传递函数。这对难于用解析法来推演微分方程式的环节或系统来说，具有特别重要的实用意义。

2）由于频率响应法主要是通过系统的开环频率特性图形对其闭环系统的性能进行分析，因而具有直观和计算量少的优点。

3）频率响应法不仅适用于线性定常系统的分析研究，还可推广应用于传递函数不是有理数的纯滞后系统和某些非线性系统的分析。

4）当知道系统在某频段范围内存在着严重的噪声时，应用频率响应法就可设计出能有效地抑止这些噪声的系统。

由于上述的特点，因而频率响应法不仅至今仍然作为经典控制理论中的一个主要内容，而且它的有关概念和分析方法，还拓展应用于多变量控制系统。

第一节　频率特性

一、频率特性的基本概念

频率特性又称频率响应，它是系统（或元件）对不同频率正弦输入信号的响应特性。设线性系统的输入为一频率为 ω 的正弦信号，在稳态时，系统的输出具有和输入同频率的正弦函数，但其振幅和相位一般均不同于输入量，且随着输入信号频率的变化而变化，如图 5-1 所示。这一结论，除了用实验方法验证外，还可从理论上给予证明。

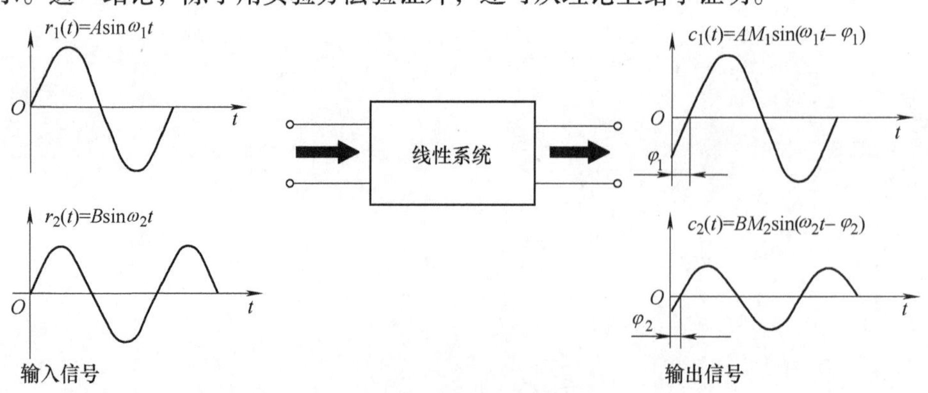

图 5-1　频率响应示意图

设线性系统的传递函数为

$$\frac{C(s)}{R(s)}=G(s)=\frac{U(s)}{V(s)}$$

已知输入 $r(t)=A\sin\omega t$，其拉普拉斯变换 $R(s)=\dfrac{A\omega}{s^2+\omega^2}$，$A$ 为常量，则系统的输出为

$$C(s)=\frac{U(s)}{V(s)}\frac{A\omega}{s^2+\omega^2}$$

$$=\frac{U(s)}{(s+p_1)(s+p_2)\cdots(s+p_n)}\frac{A\omega}{(s+\mathrm{j}\omega)(s-\mathrm{j}\omega)} \tag{5-1}$$

式中，$-p_1$、$-p_2$、…、$-p_n$ 为 $G(s)$的极点。对于稳定系统，这些极点都位于 s 平面的左方，即它们的实部 $\mathrm{Re}[-p_i]$均为负值。为简单起见，令 $G(s)$的极点均为相异的实数极点，则式（5-1）改写为

$$C(s)=\frac{a}{s+\mathrm{j}\omega}+\frac{\bar{a}}{s-\mathrm{j}\omega}+\sum_{i=1}^{n}\frac{b_i}{s+p_i} \tag{5-2}$$

式中，a、$\bar{a}$ 和 b_i（$i=1$，2，…，n）均为待定系数。对式（5-2）取拉普拉斯反变换，求得

$$c(t)=a\mathrm{e}^{-\mathrm{j}\omega t}+\bar{a}\mathrm{e}^{\mathrm{j}wt}+\sum_{i=1}^{n}b_i\mathrm{e}^{-p_it} \tag{5-3}$$

当 $t\to\infty$ 时，系统响应的瞬态分量 $\sum\limits_{i=1}^{n}b_i\mathrm{e}^{-p_it}$ 趋向于零，其稳态分量为

$$c(t)=a\mathrm{e}^{-\mathrm{j}\omega t}+\bar{a}\mathrm{e}^{\mathrm{j}\omega t} \tag{5-4}$$

其中系数 a 和 $\bar{a}$ 由下列两式确定：

$$a=G(s)\frac{A\omega}{s^2+\omega^2}(s+\mathrm{j}\omega)\bigg|_{s=-\mathrm{j}\omega}=G(-\mathrm{j}\omega)\frac{-A}{2\mathrm{j}} \tag{5-5}$$

$$\bar{a}=G(s)\frac{A\omega}{s^2+\omega^2}(s-\mathrm{j}\omega)\bigg|_{s=\mathrm{j}\omega}=G(\mathrm{j}\omega)\frac{A}{2\mathrm{j}} \tag{5-6}$$

由于 $G(\mathrm{j}\omega)$是一个复数矢量，因而可表示为

$$G(\mathrm{j}\omega)=P(\omega)+\mathrm{j}Q(\omega)=|G(\mathrm{j}\omega)|\mathrm{e}^{\mathrm{j}\varphi(\omega)} \tag{5-7}$$

式中，$|G(\mathrm{j}\omega)|=\sqrt{P^2(\omega)+Q^2(\omega)}$；$\varphi(\omega)=\arctan\dfrac{Q(\omega)}{P(\omega)}$。基于 $P(\omega)$、$|G(\mathrm{j}\omega)|$是 ω 的偶函数，$Q(\omega)$、$\varphi(\omega)$是 ω 的奇函数，因而 $G(-\mathrm{j}\omega)$与$G(\mathrm{j}\omega)$互为共轭复数。这样$G(-\mathrm{j}\omega)$可改写为

$$G(-\mathrm{j}\omega)=|G(\mathrm{j}\omega)|\mathrm{e}^{-\mathrm{j}\varphi(\omega)} \tag{5-8}$$

把式（5-5）~式（5-8）代入式（5-4），求得

$$c(t)=A|G(\mathrm{j}\omega)|\sin(\omega t+\varphi) \tag{5-9}$$

以上证明了线性系统的稳态输出是和输入具有相同频率的正弦信号，其输出与输入的幅值比为$|G(\mathrm{j}\omega)|$，输出与输入的相位差$\varphi(\omega)=\arg G(\mathrm{j}\omega)$。

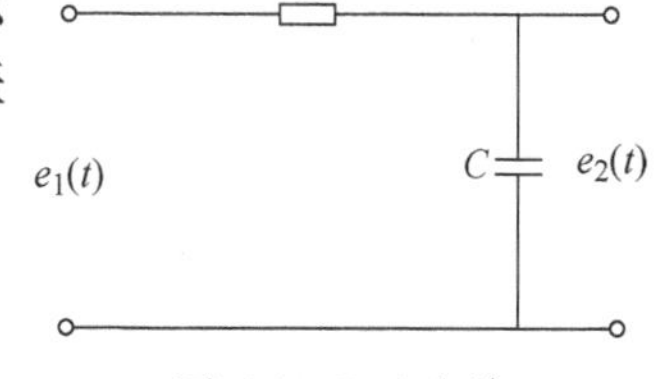

图 5-2　R-C 电路

下面以 R-C 电路为例，说明频率特性的物理意义。

图 5-2 所示电路的传递函数为

$$\frac{E_2(s)}{E_1(s)}=G(s)=\frac{1}{1+RCs} \tag{5-10}$$

设输入电压 $e_1(t)=A\sin\omega t$，由电路原理求得

$$\frac{\dot{E}_2}{\dot{E}_1}=G(\mathrm{j}\omega)=\frac{1}{1+RC\mathrm{j}\omega}=\frac{1}{1+T\mathrm{j}\omega} \tag{5-11}$$

如上所述，$G(\mathrm{j}\omega)$可改写为

$$G(\mathrm{j}\omega)=|G(\mathrm{j}\omega)|\mathrm{e}^{\mathrm{j}\varphi(\omega)}$$

式中，$T=RC$；$|G(\mathrm{j}\omega)|=\dfrac{1}{\sqrt{1+T^2\omega^2}}$；$\varphi(\omega)=-\arctan T\omega$。

$G(\mathrm{j}\omega)$ 称为电路的频率特性。显然，它由该电路的结构和参数决定，与输入信号的幅值和相位无关。$|G(\mathrm{j}\omega)|$ 是 $G(\mathrm{j}\omega)$ 的幅值，它表示在稳态时，电路的输出与输入的幅值之比。$\varphi(\omega)$ 是 $G(\mathrm{j}\omega)$ 的相角，它表示在稳态时，输出信号与输入信号的相位差。由于 $|G(\mathrm{j}\omega)|$ 和 $\varphi(\omega)$ 都是输入信号频率 ω 的函数，故它们分别称为电路的幅频特性和相频特性。

综上所述，式（5-11）所示频率特性的物理意义是：当一频率为 ω 的正弦信号加到电路的输入端后，在稳态时，电路的输出与输入之比；或者说，电路的输出与输入的幅值之比和相位之差。

根据式（5-9），图 5-2 所示电路的稳态输出为

$$e_2(t)=\frac{A}{\sqrt{1+T^2\omega^2}}\sin(\omega t-\arctan T\omega) \tag{5-12}$$

基于输入电压 $e_1(t)=A\sin\omega t$，于是求得该电路输出电压与输入电压的幅值比为

$$|G(\mathrm{j}\omega)|=\frac{1}{\sqrt{1+T^2\omega^2}}$$

输出电压与输入电压的相位差为

$$\varphi(\omega)=-\arctan T\omega$$

由上述两式可知，当输入信号的频率 $\omega=0$ 时，电路的输出电压与输入电压不仅幅值相等，而且相位也相同。随着输入信号频率 ω 的增大，输出电压的幅值将不断衰减，相位也不断滞后。图 5-3 所示为该电路的幅频和相频特性。

比较式（5-10）和式（5-11），可见频率特性与传递函数具有十分相似的形式，只要把传递函数中的 s 用 $\mathrm{j}\omega$ 代之，就能求得系统（或元件）的频率特性，即

$$G(\mathrm{j}\omega)=G(s)\big|_{s=\mathrm{j}\omega} \tag{5-13}$$

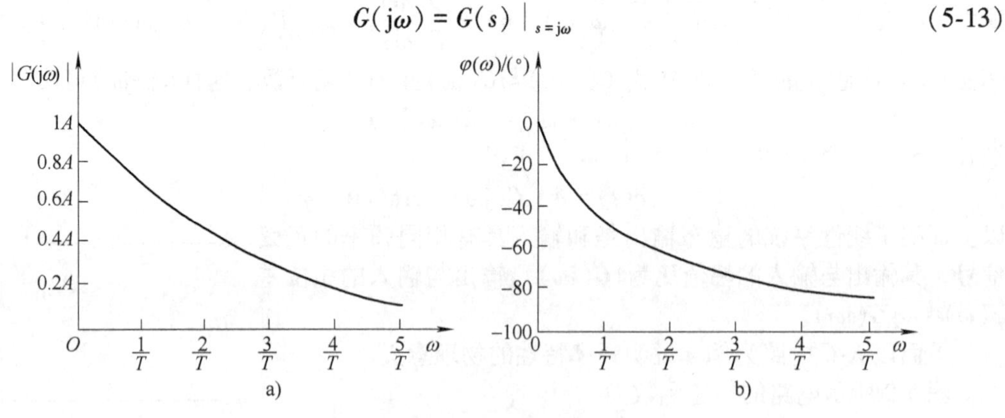

图 5-3　R-C 电路的频率特性

a）幅频特性　b）相频特性

式（5-13）虽然由图 5-2 所示的电路导出，但它同样也适用于任何稳定的线性定常系

统。因为传递函数是由系统的微分方程经拉氏变换而得的，其中 $s=\sigma+j\omega$，当 $\sigma=0$ 时，$s=j\omega$，此时的拉普拉斯变换便蜕化为傅里叶变换，传递函数 $G(s)$ 就变为相应的频率特性 $G(j\omega)$。

由于频率特性是传递函数的一种特殊形式，因而它和传递函数、微分方程式一样，也能表征系统的运动规律，成为描述系统运动又一形式的数学模型，它们三者间的内在关系如图 5-4 所示。显然，传递函数的有关运算规则，同样也适用于频率特性。

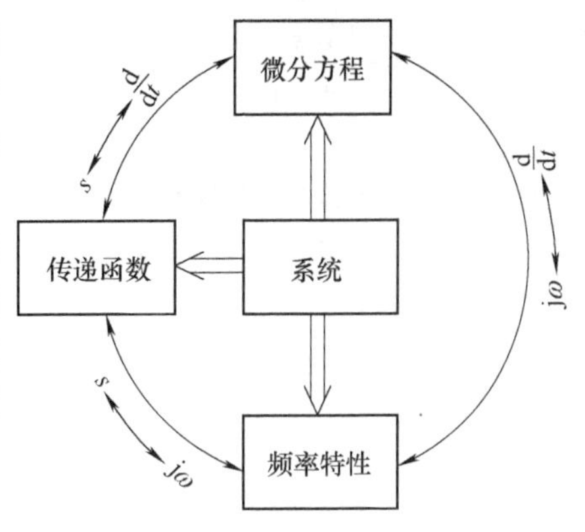

图 5-4　微分方程、传递函数和频率特性三者间的关系

二、由传递函数确定系统的频率响应

频率响应除了用实验的方法直接求得外，也可以由传递函数的零、极点来求取。

设系统的开环传递函数为

$$G(s)=\frac{K(s+z_1)(s+z_2)\cdots(s+z_m)}{(s+p_1)(s+p_2)\cdots(s+p_n)},\quad n\geqslant m \tag{5-14}$$

对应的频率特性为

$$G(j\omega)=\frac{K(j\omega+z_1)(j\omega+z_2)\cdots(j\omega+z_m)}{(j\omega+p_1)(j\omega+p_2)\cdots(j\omega+p_n)},\quad n\geqslant m \tag{5-15}$$

设在 s 平面的虚轴上任取一点 $j\omega_1$，把该点与 $G(s)$ 的所有零、极点连接成矢量，如图 5-5 所示。这些矢量分别以极坐标的形式表示为

$$j\omega_1+z_i=\rho_i e^{j\varphi_i};\ i=1,2,\cdots,m$$

$$j\omega_1+p_l=\gamma_l e^{j\theta_l};\ l=1,2,\cdots,n$$

则式（5-15）就改写为

$$G(j\omega_1)=\frac{K\prod_{i=1}^{m}\rho_i}{\prod_{l=1}^{n}\gamma_l}e^{j\left(\sum_{i=1}^{m}\varphi_i-\sum_{l=1}^{n}\theta_l\right)},\quad n\geqslant m \tag{5-16}$$

由式（5-16）得

$$|G(j\omega_1)|=\frac{K\prod_{i=1}^{m}\rho_i}{\prod_{l=1}^{n}\gamma_l} \tag{5-17}$$

$$\varphi(\omega)=\sum_{i=1}^{m}\varphi_i-\sum_{l=1}^{n}\theta_l \tag{5-18}$$

把由图 5-5 中量得的各矢量的模 ρ_i、γ_l 和相角 φ_i、θ_l 分别代入式（5-17）、式（5-18），就能求得对应于 ω_1 的 $|G(j\omega_1)|$ 和 $\varphi(\omega_1)$。同理，可求得对应于 ω_2 的 $|G(j\omega_2)|$ 和 $\varphi(\omega_2)$。如此继续下去，就能得到一系列幅值和相位与频率 ω 的关系，据此，画出系统的幅频和相频特性曲线。

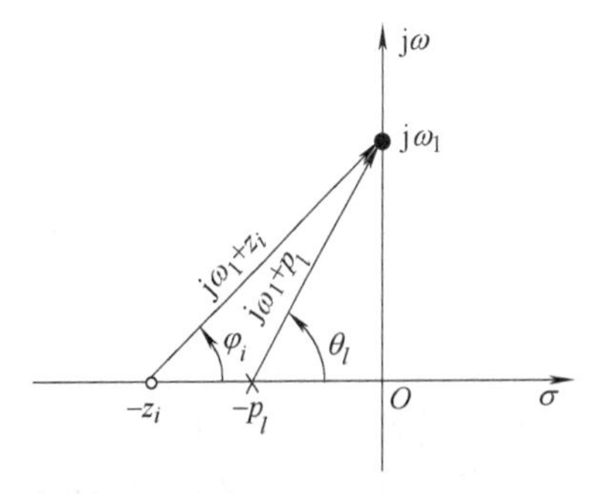

图 5-5　在复平面上确定频率响应

【例 5-1】　设一线性系统的传递函数为

$$G(s)=\frac{10(s+1)}{s^2+4s+13}=\frac{10(s+1)}{(s+2+\mathrm{j}3)(s+2-\mathrm{j}3)} \tag{5-19}$$

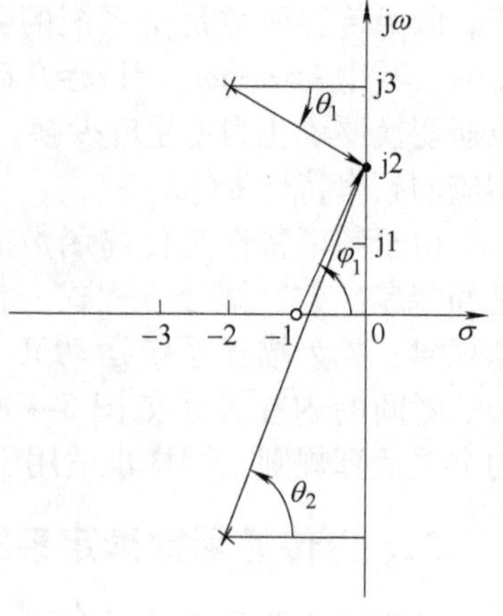

图 5-6　在复平面上确定频率响应

试绘制该系统的幅频和相频特性曲线。

解　传递函数零、极点的分布如图 5-6 所示。令 $s=\mathrm{j}2$，代入式（5-19），得

$$G(\mathrm{j}2)=\frac{10(\mathrm{j}2+1)}{(\mathrm{j}2+2+\mathrm{j}3)(\mathrm{j}2+2-\mathrm{j}3)}$$

$$=\frac{10\sqrt{5}\ \underline{/63.4^\circ}}{\sqrt{29}\ \underline{/68.2^\circ}\times\sqrt{5}\ \underline{/-26.6^\circ}}$$

$$=1.857\ \underline{/21.8^\circ}$$

上述计算结果表示，当 $\omega=2$ 时，频率特性的幅值 $|G(\mathrm{j}2)|=1.857$，相角 $\varphi=21.8^\circ$。给出不同的频率 ω 值，重复上述的计算，就可求得对应的一组 $|G(\mathrm{j}\omega)|$ 和 $\varphi(\omega)$ 值，见表 5-1。据此，绘制图 5-7 所示的幅频和相频特性曲线。

表 5-1　例 5-1 所示传递函数的频率响应

ω/s^{-1}	$\|G\|$	φ	ω/s^{-1}	$\|G\|$	φ
0	0.769	0°	5	2.186	-42.3°
1	1.118	26.6°	6	1.830	-53.2°
2	1.875	21.8°	7	1.550	-60.3°
3	2.5	0°	8	1.339	-65°
3.5	2.596	-12.9°	10	1.050	-71°
4	2.533	-24.7°			

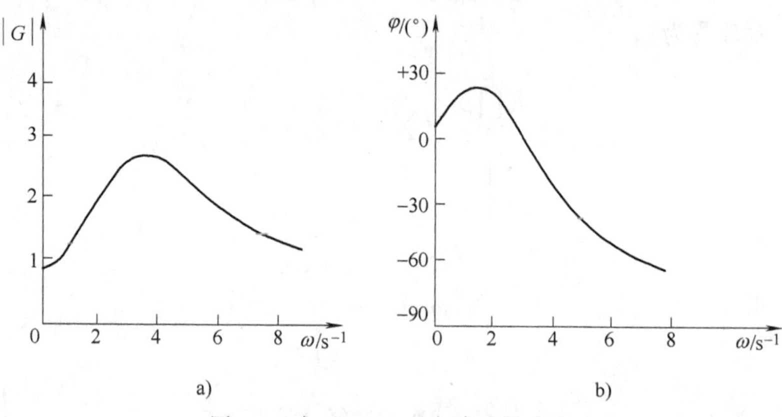

图 5-7　式（5-19）的频率响应曲线

a）幅频曲线　b）相频曲线

第二节　对数坐标图

频率特性可用图形形象地表示，这是它的一个很重要的特点。表示频率特性的图形有 3 种：对数坐标图、极坐标图和对数幅相图。本节主要讨论对数坐标图的绘制。

对数坐标图由两幅图组成：一幅是对数幅频特性图，它的纵坐标为 $20\lg|G(\mathrm{j}\omega)|$，单位是

分贝，用符号 dB 表示。通常为了书写方便，把 $20\lg|G|$ 用符号 $L(\omega)$ 表示。另一幅是相频图。两幅图的纵坐标都按线性分度，单位分别为 dB 和（°），横坐标是角频率 ω。为了在一张尺寸有限的图纸上同时能展示出频率特性的低频和高频部分，可对横坐标采用 $\lg\omega$ 分度。这里需要注意的是，在坐标原点处的 ω 值不得为零，而是为一个非零的正值。至于它取何值，应视所要表示实际的频率范围而定。在以 $\lg\omega$ 分度的横坐标上，1~10 的距离等于 10~100 的距离，这个距离表示十倍频程，用符号 dec 表示。为了纪念伯德（H·W·Bode）对经典控制理论所作出的贡献，对数坐标图又称伯德图。

用伯德图表示的频率特性有如下的优点：

1）把幅频特性中的乘除运算转变为加减运算。

2）在对系统做近似分析时，一般只需要画出对数幅频特性曲线的渐近线，从而大大简化了图形的绘制。

3）用实验方法，将测得系统（或环节）频率响应的数据画在半对数坐标纸上。根据所作出的曲线，辨识被测系统（或环节）的传递函数。

一、典型因子的伯德图

为了便于对频率特性作图，本章中的开环传递函数均以时间常数形式表示。与这种形式的开环传递函数相对应的开环频率特性 $G(\mathrm{j}\omega)H(\mathrm{j}\omega)$ 一般由下列 5 种典型因子组成。

1）比例因子 K。

2）一阶因子 $(1+\mathrm{j}\omega T)^{\mp 1}$。

3）积分和微分因子 $(\mathrm{j}\omega)^{\mp 1}$。

4）二阶因子 $[1+2\zeta T_{\mathrm{n}}\mathrm{j}\omega+(\mathrm{j}\omega T_{\mathrm{n}})^2]^{\mp 1}$。

5）滞后因子 $\mathrm{e}^{-\tau\mathrm{j}\omega}$。

熟悉上述典型因子的伯德图，将有助于正确绘制开环对数幅频特性和相频特性曲线。

1. 比例因子 *K*

比例因子 K 的对数幅频特性是一高度为 $20\lg K$ dB 的水平线，它的相角为 0°，如图 5-8 所示。改变开环频率特性表达式中 K 的大小，会使开环对数幅频特性升高或降低一个常量，但不影响相角的大小。显然，在以 dB 为单位表示时，数与它的倒数之间只差一个符号，即

$$20\lg K=-20\lg\frac{1}{K} \tag{5-20}$$

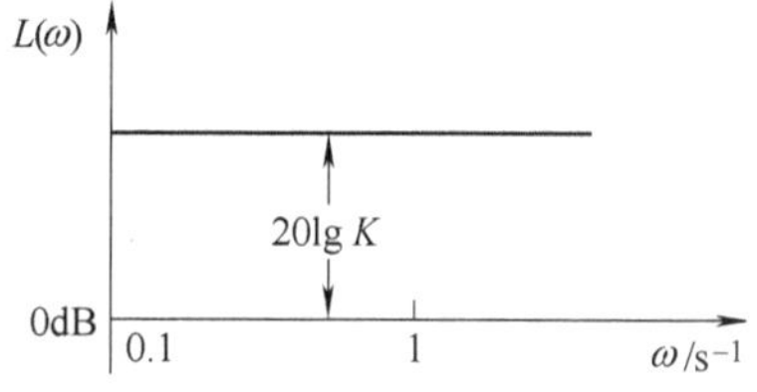

图 5-8　比例因子的伯德图

2. 一阶因子 $(1+\mathrm{j}\omega T)^{\mp 1}$

一阶因子 $(1+\mathrm{j}\omega T)^{-1}$ 的对数幅频和相频表达式分别为

$$L(\omega)=-20\lg\sqrt{1+\left(\frac{\omega}{\omega_1}\right)^2} \tag{5-21}$$

$$\varphi(\omega)=-\arctan\frac{\omega}{\omega_1} \tag{5-22}$$

式中，$\omega_1=\dfrac{1}{T}$。

当 $\omega\ll\omega_1$ 时，略去式（5-21）中的 $\left(\dfrac{\omega}{\omega_1}\right)^2$ 项，则得

$$L(\omega)\approx -20\lg 1=0\text{dB}$$

这表示 $L(\omega)$ 的低频渐近线为 0dB 的一条水平线。

当 $\omega \gg \omega_1$ 时，略去式（5-21）中的 1，则得

$$L(\omega)\approx -20\lg\frac{\omega}{\omega_1}$$

上式表示 $L(\omega)$ 高频部分的渐近线是一条斜率为 -20dB/dec 的直线，当输入信号的频率每增加十倍频程时，对应输出信号的幅值便下降 20dB。图 5-9 中分别画出了精确的对数幅频特性曲线及其渐近线和精确的相频特性曲线。

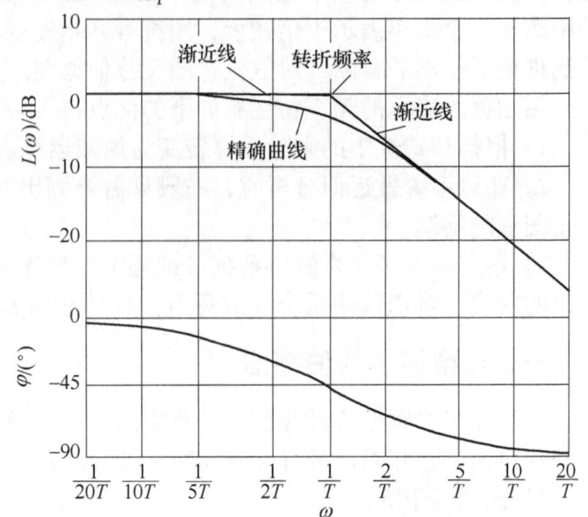

图 5-9　$(1+j\omega T)^{-1}$ 的对数幅频曲线、渐近线和相频曲线

不难看出，两条渐近线相交点的频率 $\omega_1=\frac{1}{T}$，这个频率称为转折频率，又名转角频率。如果 $(1+j\omega T)^{-1}$ 因子的对数幅频特性能用其两条渐近线近似表示，则使作图大为简化。问题是，这种近似表示所产生的误差有多大？这是人们所关注的问题。

由图 5-9 可见，最大的幅值误差产生在转折频率 $\omega_1=\frac{1}{T}$ 处，它近似等于 -3dB。这是因为

$$-20\lg\sqrt{1+1}+20\lg 1=-3.03\text{dB}$$

又如在 $\omega=\frac{1}{2T}$ 处，其误差为

$$-20\lg\sqrt{1+\frac{1}{4}}+20\lg 1=-0.97\text{dB}$$

在高于转折频率 ω_1 的一倍频程处，即 $\omega=\frac{2}{T}$，其误差为

$$-20\lg\sqrt{1+2^2}+20\lg 2=-0.97\text{dB}$$

用同样的方法，可计算其他频率点上的幅值误差。图 5-10 为 $(1+j\omega T)^{-1}$ 因子精确的对数幅频曲线与其渐近线在不同 ω 值时的误差曲线。

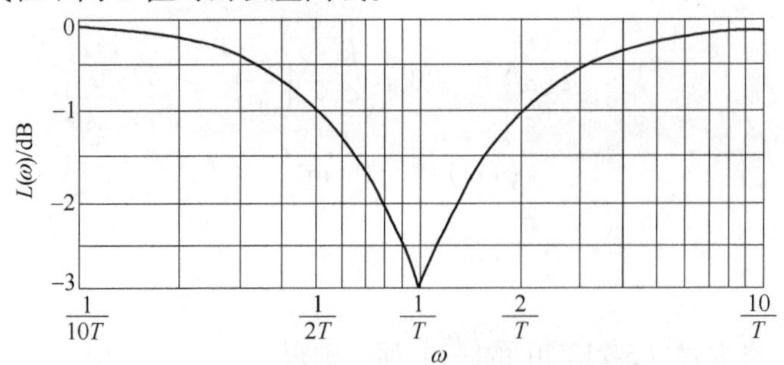

图 5-10　$(1+j\omega T)^{-1}$ 之对数幅值误差与频率的关系

由于渐近线易于绘制，且与精确曲线之间的误差较小，所以在初步设计时，$(1+j\omega T)^{-1}$因子的对数幅频曲线可用其渐近线表示。如果需要绘制其精确的对数幅频曲线，则可按照图5-10予以修正。

图5-9所示的对数幅频特性表明$(1+j\omega T)^{-1}$因子具有低通滤波器的特性。如果系统的输入信号中含有多种频率的谐波分量，那么在稳态时，系统的输出只能复现输入信号中的低频分量，其他高频分量的幅值将受到不同程度的衰减，频率越高的信号，其幅值的衰减量也越大。

由于$(1+j\omega T)$与$(1+j\omega T)^{-1}$互为倒数，因而它们的对数幅频和相频特性只相差一个符号，即有

$$20\lg|1+j\omega T| = -20\lg\left|\frac{1}{1+j\omega T}\right|$$

$$\arg(1+j\omega T) = -\arg\left(\frac{1}{1+j\omega T}\right)$$

$(1+j\omega T)$因子的对数幅频和相频曲线如图5-11所示。

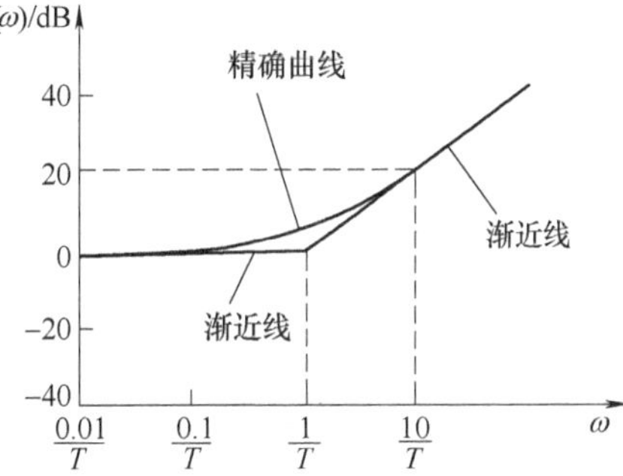

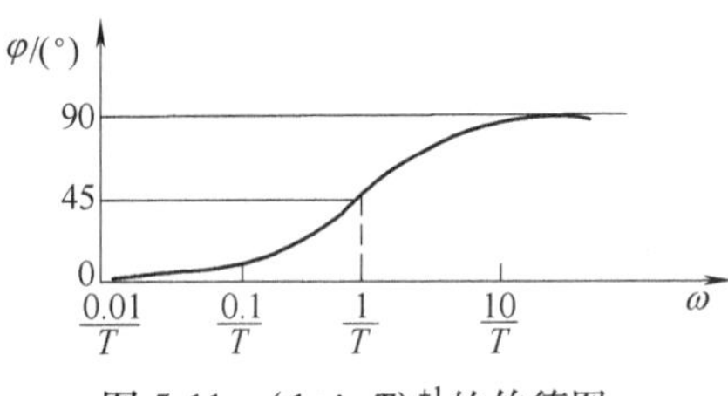

图5-11　$(1+j\omega T)^{+1}$的伯德图

3. 积分、微分因子$(j\omega)^{\mp 1}$

$1/j\omega$的对数幅频和相频特性的表达式分别为

$$\begin{aligned} L(\omega) &= -20\lg\omega \\ \varphi(\omega) &= -90^\circ \end{aligned} \tag{5-23}$$

由式(5-23)可知，该对数幅频特性曲线是一直线，其斜率为−20dB/dec，即

$$\frac{dL(\omega)}{d\lg\omega} = -20$$

因而$-20\lg\omega$是一条斜率为−20dB/dec的直线。

同理，$j\omega$的对数幅频表达式为

$$L(\omega) = 20\lg\omega$$

显然，它是一条斜率为+20dB/dec的直线。$j\omega$因子的相角恒为90°。图5-12a、b分别为$1/j\omega$和$j\omega$的对数幅频和相频曲线。

由图5-12可见，$1/j\omega$和$j\omega$伯德图的差异是两者幅频特性的斜率和相角都相差一个符号。在$\omega=1$时，它们的对数幅值都为0dB。如果传递函数中含有$K/(j\omega)^\nu$的因子，则它的对数幅频和相频表达式分别为

$$L(\omega) = 20\lg\left|\frac{K}{(j\omega)^\nu}\right| = -20\nu\lg\omega + 20\lg K \tag{5-24}$$

$$\varphi(\omega) = -\nu 90^\circ \tag{5-25}$$

式(5-24)所示的是一簇斜率为-20νdB/dec的直线，且在$\omega=1$处，$L(\omega)=20\lg K$，如图5-13所示。由式(5-24)求得，这些不同斜率的直线通过0dB直线的频率为$\omega=(K)^{1/\nu}$。图5-13示出了$\nu=0$、1、2和3时的对数幅频特性曲线，其中$K=1000$。

4. 二阶因子$[1+2\zeta T_n j\omega+(j\omega T_n)^2]^{\mp 1}$

当系统的传递函数中含有一对共轭极点时，就有下列形式的二阶因子存在，即

$$G(j\omega) = \frac{1}{1-\frac{\omega^2}{\omega_n^2}+j2\zeta\frac{\omega}{\omega_n}} \tag{5-26}$$

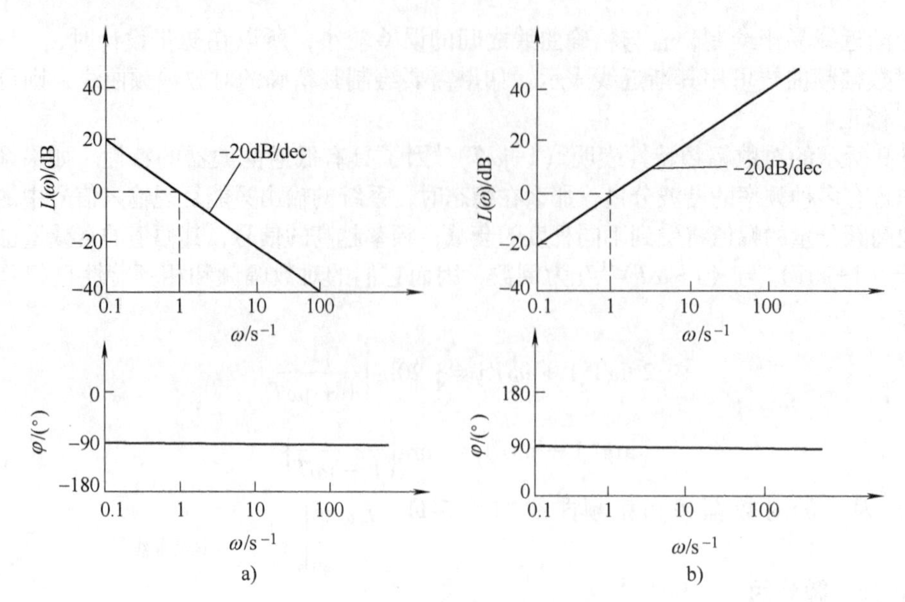

图 5-12 对数幅频与相频曲线

a) $(j\omega)^{-1}$的伯德图 b) $j\omega$ 的伯德图

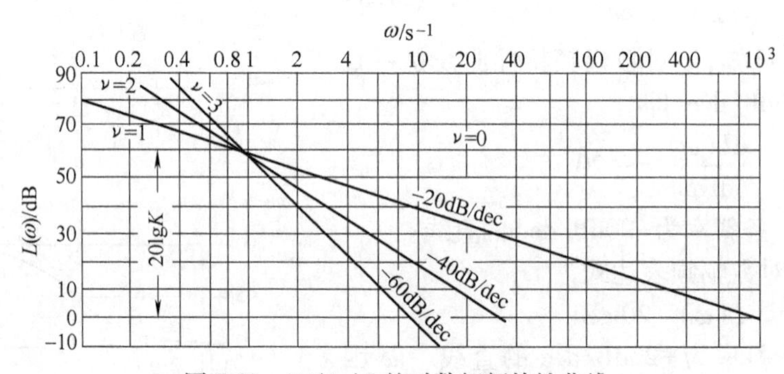

图 5-13 $K/(j\omega)^{\nu}$ 的对数幅频特性曲线

不难看出，式（5-26）就是第二章中所述振荡环节的频率特性，其中 $\omega_n=\dfrac{1}{T_n}$。它的对数幅频特性为

$$L(\omega)=-20\lg\sqrt{\left(1-\frac{\omega^2}{\omega_n^2}\right)^2+\left(2\zeta\frac{\omega}{\omega_n}\right)^2} \tag{5-27}$$

当$\dfrac{\omega}{\omega_n}\ll 1$ 时，略去式（5-27）中的 $2\zeta\dfrac{\omega}{\omega_n}$和$\dfrac{\omega^2}{\omega_n^2}$项，则得

$$L(\omega)\approx-20\lg 1=0\text{dB}$$

这表示 $L(\omega)$ 的低频渐近线为一条 0dB 的水平线。

当$\dfrac{\omega}{\omega_n}\gg 1$ 时，略去式（5-27）中的 1 和 $2\zeta\dfrac{\omega}{\omega_n}$项，则得

$$L(\omega)\approx-20\lg\left(\frac{\omega}{\omega_n}\right)^2=-40\lg\frac{\omega}{\omega_n}$$

上式表示 $L(\omega)$的高频渐近线为一斜率为−40dB/dec 的直线。不难看出，两条渐近线相交于 $\omega=\omega_n$，ω_n 称为振荡环节的转折频率。基于实际的对数幅频特性既与频率 ω 和 ω_n 有关，又

与阻尼比ζ有关，因而这种因子的对数幅频特性曲线一般不能用其渐近线近似表示，不然会引起较大的误差。图5-14示出了不同ζ值时精确的对数幅频曲线及其渐近线。它们之间的误差曲线如图5-15所示。由图可见，ζ值越小，对数幅频曲线的峰值就越大，它与渐近线之间的误差也就越大。

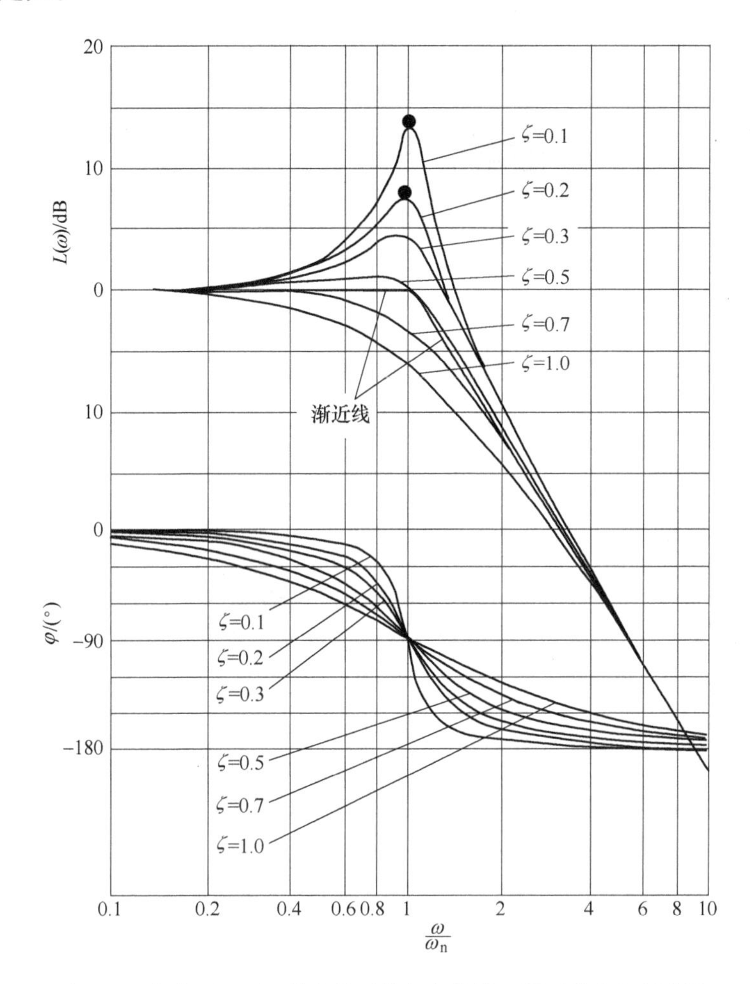

图5-14　由式（5-26）给出的对数幅频曲线、渐近线和相频曲线

下面分析式（5-26）在什么条件下，其幅值会有峰值出现，这个峰值和相应的频率应如何计算。

式（5-26）的幅频表达式为

$$|G(\mathrm{j}\omega)|=\frac{1}{\sqrt{\left(1-\frac{\omega^2}{\omega_n^2}\right)^2+\left(2\zeta\frac{\omega}{\omega_n}\right)^2}} \tag{5-28}$$

令

$$g(\omega)=\left(1-\frac{\omega^2}{\omega_n^2}\right)^2+\left(2\zeta\frac{\omega}{\omega_n}\right)^2 \tag{5-29}$$

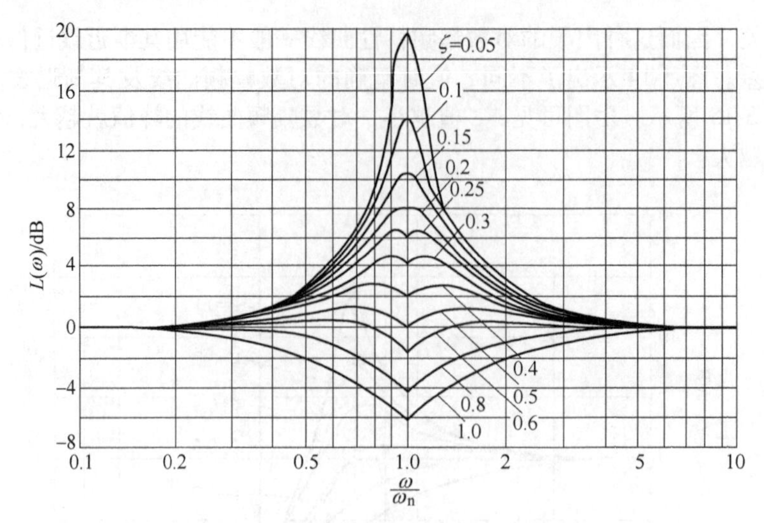

图 5-15　振荡环节对数幅频特性的误差曲线

显然，如在某一频率时，$g(\omega)$有最小值，则$|G(j\omega)|$便有最大值。把式(5-29)改写为

$$g(\omega)=\left[\frac{\omega^2-\omega_n^2(1-2\zeta^2)}{\omega_n^2}\right]^2+4\zeta^2(1-\zeta^2) \tag{5-30}$$

由式（5-30）可见，当$\omega=\omega_n\sqrt{1-2\zeta^2}$时，$g(\omega)$有最小值，即$|G(j\omega)|$有最大值，这个最大值称为谐振峰值，用$M_r$表示。基于$g(\omega)$的最小值为$4\zeta^2(1-\zeta^2)$，由式（5-28）求得$|G(j\omega)|$的峰值$M_r$为

$$M_r=\frac{1}{2\zeta\sqrt{1-\zeta^2}},0\leqslant\zeta\leqslant 0.707 \tag{5-31}$$

M_r与ζ间的关系曲线如图 5-16 所示。产生谐振峰值时的频率叫谐振频率，用ω_r表示，其值为

$$\omega_r=\omega_n\sqrt{1-2\zeta^2},\ 0\leqslant\zeta\leqslant 0.707 \tag{5-32}$$

由式（5-32）可见，当$\zeta\to 0$时，$\omega_r\to\omega_n$。当$0\leqslant\zeta\leqslant 0.707$时，$\omega_r$总小于阻尼自然频率$\omega_d$。当$\zeta>0.707$时，式（5-30）又可改写为

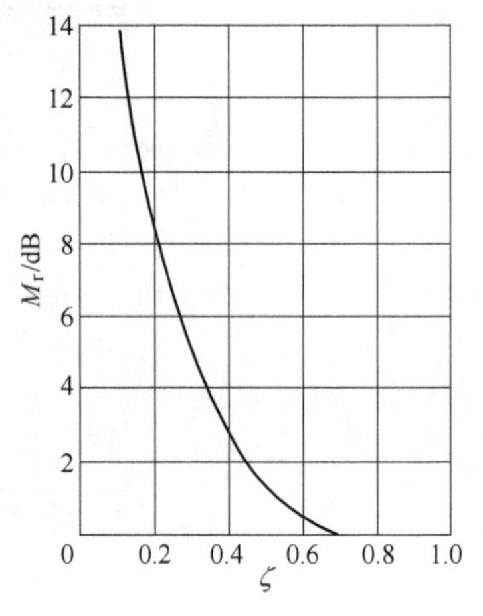

图 5-16　M_r与ζ的关系曲线

$$g(\omega)=\left[\frac{\omega^2+\omega_n^2(2\zeta^2-1)}{\omega_n^2}\right]^2+4\zeta^2(1-\zeta^2) \tag{5-33}$$

不难看出，当$\omega=0$时，$g(\omega)$有最小值，其值为 1，即$|G(j\omega)|_{max}=1$。由于$g(\omega)$随着ω的增大而增大，因而$|G(j\omega)|$随着ω的增大而单调地减小。这意味着，当$\zeta>0.707$时，幅值曲线不可能有峰值出现，即不会产生谐振。

式（5-26）的相频特性表达式为

$$\varphi(\omega)=-\arctan\frac{2\zeta\omega/\omega_n}{1-\dfrac{\omega^2}{\omega_n^2}} \tag{5-34}$$

相角φ是ω和ζ的函数。当$\omega=0$时，$\varphi=0°$；而$\omega=\omega_n$时，不管ζ值的大小，φ总是等于

$-90°$；当 $\omega\to\infty$ 时，$\varphi=-180°$。相角曲线对 $\varphi=-90°$ 的弯曲点而言是斜对称的，如图 5-14 所示。

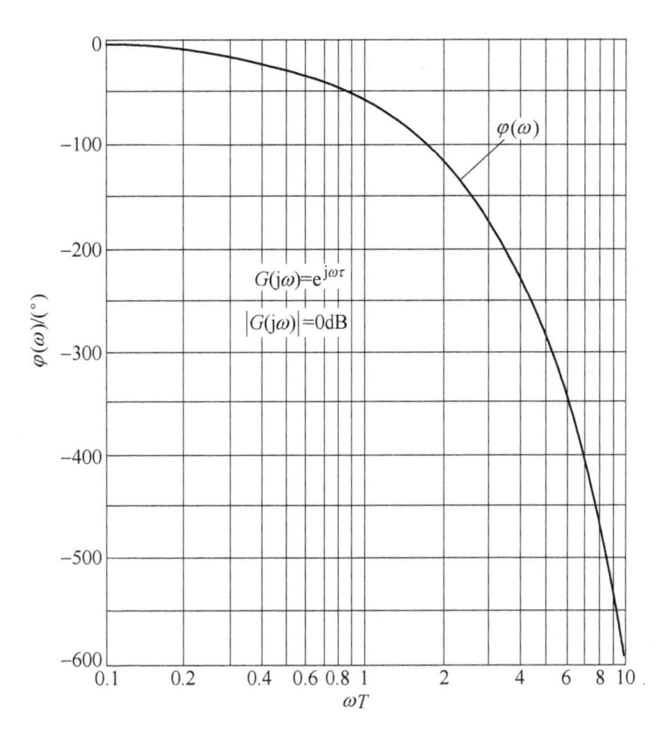

图 5-17　滞后因子的相频特性

由于因子 $\left[1+2\zeta\mathrm{j}\dfrac{\omega}{\omega_{\mathrm{n}}}+\left(\mathrm{j}\dfrac{\omega}{\omega_{\mathrm{n}}}\right)^{2}\right]$ 与上述振荡环节的频率特性互为倒数关系，因而它们的对数幅值和相角与上述的振荡环节都只相差一个符号。

5. 滞后因子 $\mathrm{e}^{-\tau\mathrm{j}\omega}$

滞后因子的幅频和相频表达式分别为

$$|G(\mathrm{j}\omega)|=|\mathrm{e}^{-\tau\mathrm{j}\omega}|=1 \tag{5-35}$$

$$\varphi(\omega)=-\tau\omega \tag{5-36}$$

由此可知，它的对数幅频特性为一条 0dB 的水平线；其相角 φ 与频率 ω 呈线性关系。图 5-17 为滞后因子的相频特性曲线。

二、开环系统的伯德图

设系统的开环传递函数为

$$G(s)=G_1(s)G_2(s)\cdots G_n(s)$$

则其对应的对数幅频和相频特性分别为

$$L(\omega)=20\lg|G_1(\mathrm{j}\omega)|+20\lg|G_2(\mathrm{j}\omega)|+\cdots+20\lg|G_n(\mathrm{j}\omega)|$$

$$\varphi(\omega)=\arg G_1(\mathrm{j}\omega)+\arg G_2(\mathrm{j}\omega)+\cdots+\arg G_n(\mathrm{j}\omega)$$

因此，只要作出 $G(\mathrm{j}\omega)$ 所含各因子的对数幅频和相频特性曲线，然后对它们分别进行代数相加，就能画出开环系统的伯德图。显然，这样做既不便捷又费时间。为此，工程上常用下述的方法直接画出开环系统的伯德图，其步骤如下：

1）写出开环频率特性的表达式，把其所含各因子的转折频率由小到大依次标注在频率轴上。

2）绘制开环对数幅频曲线的渐近线。渐近线由若干条分段直线所组成，其低频段的斜率为-20νdB/dec，其中ν为积分环节数。在$\omega=1$处，$L(\omega)=20\lg K$。以低频段作为分段直线的起始段，从它开始，沿着频率增大的方向，每遇到一个转折频率就改变一次分段直线的斜率。如遇到（$1+j\omega T_1$）$^{-1}$因子的转折频率$1/T_1$，当$\omega\geqslant\dfrac{1}{T_1}$时，分段直线斜率的变化量为$-20$dB/dec；如遇到（$1+j\omega T_2$）因子的转折频率$1/T_2$，当$\omega\geqslant\dfrac{1}{T_2}$时，分段直线斜率的变化量为$+20$dB/dec，其他因子用类同的方法处理。分段直线最后一段是开环对数幅频曲线的高频渐近线，其斜率为-20（$n-m$）dB/dec,其中n为$G(s)$的极点数,m为$G(s)$的零点数。

3）作出以分段直线表示的渐近线后，如果需要，再按照各典型因子的误差曲线对相应的分段直线进行修正，就可得到实际的对数幅频特性曲线。

4）作相频特性曲线。根据开环相频特性的表达式，在低频、中频及高频区域中各选择若干个频率进行计算，然后连成曲线。

【例 5-2】 已知一反馈控制系统的开环传递函数为

$$G(s)H(s)=\frac{10(1+0.1s)}{s(1+0.5s)}$$

试绘制开环系统的伯德图（幅频特性用分段直线表示）。

解 系统的开环频率特性为

$$G(j\omega)H(j\omega)=\frac{10\left(1+j\dfrac{\omega}{10}\right)}{j\omega\left(1+j\dfrac{\omega}{2}\right)}$$

由上式可知，该系统是由比例、积分、一阶微分环节和惯性环节所组成的。它的对数幅频特性为

$$L(\omega)=20\lg10-20\lg\omega-20\lg\sqrt{1+\left(\frac{\omega}{2}\right)^2}+20\lg\sqrt{1+\left(\frac{\omega}{10}\right)^2}$$

按上述的步骤，作出该系统对数幅频特性曲线的渐近线，其特点为：

1）由于$\nu=1$，因而渐近线低频段的斜率为-20dB/dec。在$\omega=1$处，其高度为$20\lg10=20$dB。

2）当$\omega\geqslant2$时，由于惯性环节对信号幅值的衰减作用，使分段直线的斜率由-20dB/dec变为-40dB/dec。同理，当$\omega\geqslant10$时，由于微分环节对信号幅值的提升作用，使分段直线的斜率上升20dB/dec，即由-40dB/dec变为-20dB/dec。

系统的相频特性按下式：

$$\varphi(\omega)=-90°-\arctan\frac{\omega}{2}+\arctan\frac{\omega}{10}$$

进行计算，所求的结果见表5-2。图5-18为该系统的伯德图。

表 5-2　相位 φ（ω）与频率 ω 的关系

ω/s^{-1}	0	0.5	1	2	5	10	20	∞
φ	−90°	−101.18°	−110.86°	−123.69°	−132.67°	−123.7°	−110.86°	−90°

三、最小相位系统与非最小相位系统

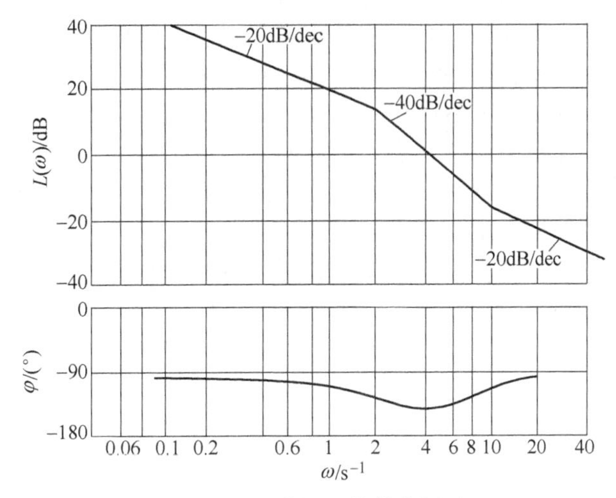

图 5-18　例 5-2 的伯德图

在第四章中，曾提及什么是最小相位系统和非最小相位系统。下面通过一个简单的例子，说明这两种系统相频特性的差异。

设有 a 和 b 两个系统，它们的传递函数分别为

$$G_a(s)=\frac{1+T_2s}{1+T_1s}$$

$$G_b(s)=\frac{1-T_2s}{1+T_1s}$$

式中，$0<T_2<T_1$。这两个系统的极点完全相同，且位于 s 平面的左方，以保证系统能稳定。它们的零点一个在 s 平面的左方，一个在 s 平面的右方，如图5-19 所示。由于系统 a 的零、极点都位于 s 的左半平面，因而它是最小相位系统。而系统 b 的零点位于 s 的右半平面，因而它是非最小相位系统。它们的频率特性分别为

$$G_a(j\omega)=\frac{1+j\omega T_2}{1+j\omega T_1}$$

$$G_b(j\omega)=\frac{1-j\omega T_2}{1+j\omega T_1}$$

由于$|1+j\omega T_2|=|1-j\omega T_2|$，所以两个系统的幅频特性完全相同。而它们的相频特性表达式分别为

$$\varphi_a(\omega)=\arctan T_2\omega-\arctan T_1\omega$$

$$\varphi_b(\omega)=-\arctan T_2\omega-\arctan T_1\omega$$

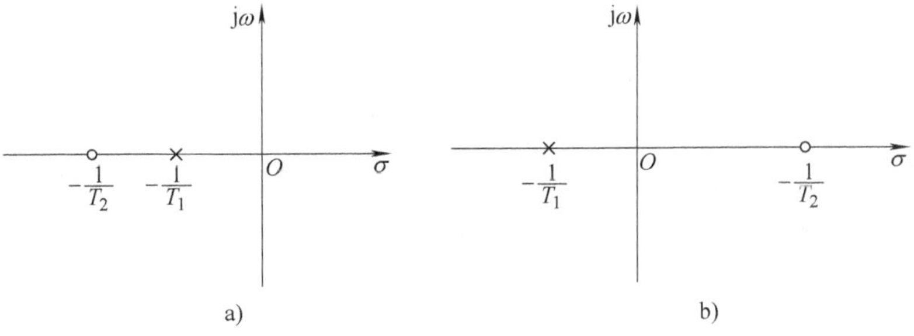

a)　　　　b)

图 5-19　系统 a 和 b 的零、极点分布

不难看出，当 ω 由 $0\to\infty$ 时，系统 a 的相位变化量为 0°，系统 b 的相位变化量为−180°。由此可见，最小相位系统的相位变化量总小于非最小相位系统的相位变化量，这就是“最小相位”名称的由来。两系统的对数幅频和相频特性曲线如图 5-20 所示。由图可见，最小相位系统的对数幅频特性和相频特性曲线的变化趋势基本相一致，这表明它们之间有着一定的内在关系。对此，H. W. Bode 曾用数学的方法严密地论证了两者之间存在着唯一的对应关系。这就是说，如果确定了最小相位系统的对数幅频特性，则其对应的相频特性也就被唯一地确

定了，反之亦然。因此对于最小相位系统，只要知道它的对数幅频特性曲线，就能估计出系统的传递函数。对于非最小相位系统，它的对数幅频和相频特性曲线的变化趋势并不完全一致，两者之间不存在着唯一的对应关系。因此对于非最小相位系统，只有同时知道了它的对数幅频和相频特性曲线后，才能正确地估计出系统的传递函数。当 $\omega\to\infty$ 时，虽然最小相位系统和非最小相位系统对数幅频特性的斜率均为 $-20(n-m)$ dB/dec，但前者的相位 $\varphi_a(\omega)=-90°(n-m)$，而后者的相位 $\varphi_b(\omega)\neq-90°(n-m)$。这个特征一般可用于判别被测试的系统是否是最小相位系统。即当 $\omega\to\infty$ 时，若对数幅频特性的斜率为 $-20(n-m)$ dB/dec，相位为 $-90°(n-m)$，则该系统是最小相位系统，否则为非最小相位系统。

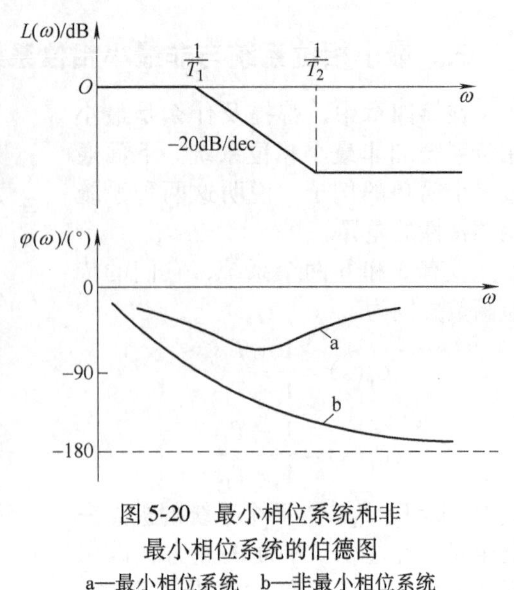

图 5-20　最小相位系统和非最小相位系统的伯德图
a—最小相位系统　b—非最小相位系统

四、系统的类型与对数幅频特性曲线低频渐近线斜率的对应关系

对数幅频特性的低频段是由因式$\dfrac{K}{(\mathrm{j}\omega)^{\nu}}$来表征的。我们知道，系统的类型是按照积分环节数 ν 的数值来划分的。对于实际的控制系统，ν 通常为 0、1 或 2。下面用具体的例子说明系统的类型与对数幅频特性曲线低频渐近线斜率的对应关系及开环增益 K 值的确定。

1. 0 型系统

设 0 型系统的开环频率特性为

$$G(\mathrm{j}\omega)=\frac{K}{1+\mathrm{j}\dfrac{\omega}{1/T}}$$

则其对数幅频特性的表达式为

$$L(\omega)=20\lg K-20\lg\sqrt{1+\left(\frac{\omega}{1/T}\right)^2}$$

据此作出对数幅频特性曲线的渐近线如图 5-21a 所示。由图可见，0 型系统的对数幅频特性低频渐近线为一条 xdB 的水平线，其对应的增益 K 满足

$$20\lg K=x \tag{5-37}$$

或

$$K=10^{\frac{x}{20}}$$

2. Ⅰ型系统

设Ⅰ型系统的开环频率特性为

$$G(\mathrm{j}\omega)=\frac{K}{\mathrm{j}\omega\left(1+\mathrm{j}\dfrac{\omega}{1/T}\right)}$$

则其对数幅频特性的表达式为

$$L(\omega)=20\lg K-20\lg\omega-20\lg\sqrt{1+\left(\frac{\omega}{1/T}\right)^{2}}$$

由上式作出的对数幅频特性曲线的渐近线如图 5-21b 所示。

不难看出，Ⅰ型系统的对数幅频特性有如下的特点：

1）低频渐近线的斜率为 -20dB/dec。

2）低频渐近线（或其延长线）在 $\omega=1$ 处的纵坐标值为 $20\lg K$。

3）开环增益 K 在数值上等于低频渐近线（或其延长线）与 0dB 线相交点的频率值。

3. Ⅱ型系统

设Ⅱ型系统的开环频率特性为

$$G(\mathrm{j}\omega)=\frac{K}{(\mathrm{j}\omega)^{2}\left(1+\mathrm{j}\frac{\omega}{1/T}\right)}$$

则其对数幅频特性的表达式为

$$L(\omega)=20\lg K-40\lg\omega-20\lg\sqrt{1+\left(\frac{\omega}{1/T}\right)^{2}}$$

由上式作出对数幅频特性曲线的渐近线如图 5-21c 所示。易知，Ⅱ型系统的对数幅频特性有如下的特点：

1）低频渐近线的斜率为 -40dB/dec。

2）和Ⅰ型系统一样，低频渐近线（或其延长线）在 $\omega=1$ 处的纵坐标值为 $20\lg K$。

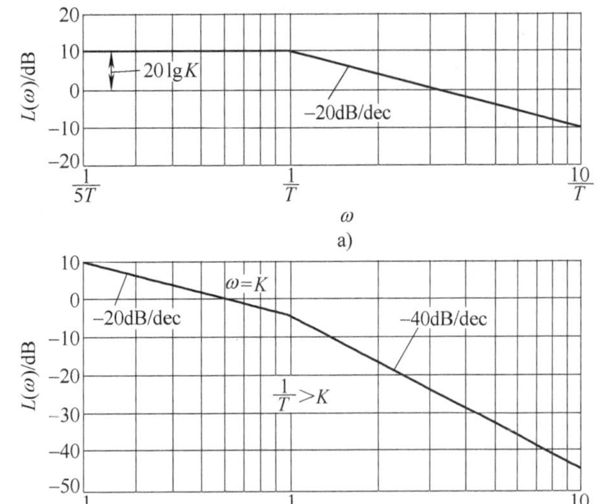

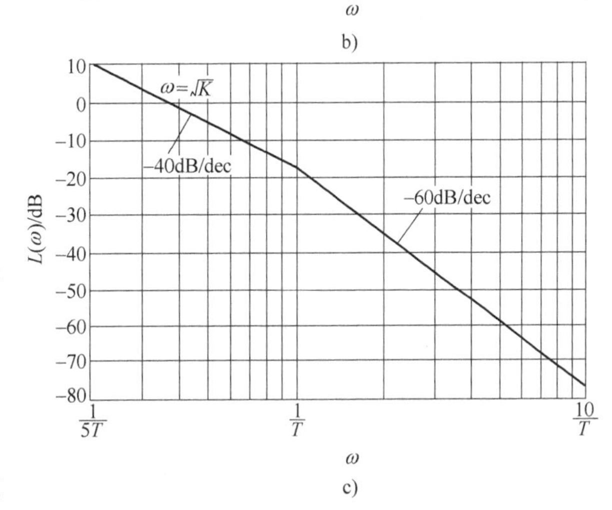

图 5-21　0 型、Ⅰ型、Ⅱ型系统的对数幅频特性曲线

3）系统的开环增益 K 在数值上等于低频渐近线（或其延长线）与 0dB 线相交点频率值的二次方。

第三节　极坐标图

基于频率特性 $G(\mathrm{j}\omega)$ 是一个复数，因而可表示为

$$G(\mathrm{j}\omega)=P(\omega)+\mathrm{j}Q(\omega)$$

或写作

$$G(\mathrm{j}\omega)=\sqrt{P^{2}(\omega)+Q^{2}(\omega)}\,\mathrm{e}^{\mathrm{j}\varphi(\omega)}=|G(\mathrm{j}\omega)|\,\mathrm{e}^{\mathrm{j}\varphi(\omega)} \tag{5-38}$$

式中，$\varphi(\omega)=\arctan\dfrac{Q(\omega)}{P(\omega)}$。这样，$G(\mathrm{j}\omega)$ 可用幅值为 $|G(\mathrm{j}\omega)|$、相角为 $\varphi(\omega)$ 的矢量来表示。当输入信号的频率 ω 由 $0\to\infty$ 变化时，矢量 $G(\mathrm{j}\omega)$ 的幅值和相位也随之做相应的变化，其端

点在复平面上移动的轨迹称为极坐标图。这种图形主要用于对闭环系统稳定性的研究，奈奎斯特（N · Nyquist）在 1932 年基于极坐标图阐述了反馈系统稳定性的论证。为纪念他对控制理论所作出的贡献，这种图形又名奈奎斯特曲线，简称奈奎斯特图。

一、典型因子的奈奎斯特图

1. 比例因子

比例因子的频率特性为

$$G(\mathrm{j}\omega)=K$$

由于 K 是一个与 ω 无关的常数，它的相角为 0°，因而它的奈奎斯特图为 $G(\mathrm{j}\omega)$ 平面实轴上的一个定点，如图 5-22a 所示。

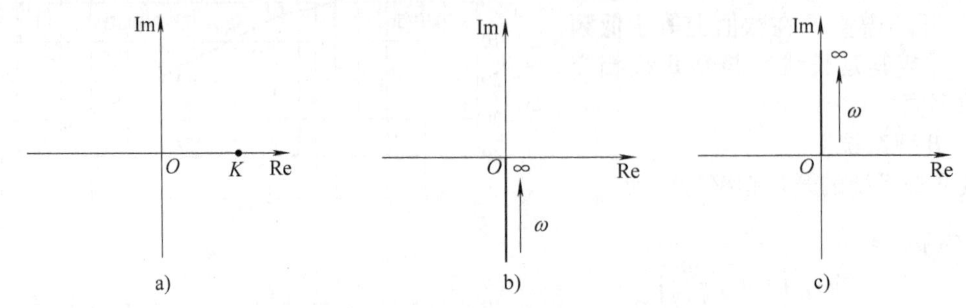

图 5-22　比例、积分和微分因子的奈奎斯特图

2. 积分和微分因子

积分因子的频率特性为

$$G(\mathrm{j}\omega)=\frac{1}{\mathrm{j}\omega}=\frac{1}{\omega}\mathrm{e}^{-\mathrm{j}\frac{\pi}{2}} \tag{5-39}$$

由式（5-39）可见，积分因子的幅值与 ω 成反比，相角恒为−90°，其奈奎斯特图如图 5-22b 所示。

对于微分因子，其频率特性为

$$G(\mathrm{j}\omega)=\mathrm{j}\omega=\omega\mathrm{e}^{\mathrm{j}\frac{\pi}{2}} \tag{5-40}$$

显然，它的奈奎斯特图如图 5-22c 所示。

3. 一阶因子

一阶惯性环节的频率特性为

$$G(\mathrm{j}\omega)=\frac{1}{1+\mathrm{j}\omega T}=\frac{1}{\sqrt{1+T^2\omega^2}}\mathrm{e}^{\mathrm{j}\varphi(\omega)} \tag{5-41}$$

式中，$\varphi(\omega)=-\arctan T\omega$。下面证明其极坐标图为一个半圆，如图 5-23a 所示。

把式（5-41）改写为

$$G(\mathrm{j}\omega)=\frac{1}{1+T^2\omega^2}-\mathrm{j}\frac{T\omega}{1+T^2\omega^2}=P(\omega)+\mathrm{j}Q(\omega)$$

式中：

$$P(\omega)=\frac{1}{1+T^2\omega^2},Q(\omega)=\frac{-T\omega}{1+T^2\omega^2}$$

于是得

$$P(\omega)^2+Q(\omega)^2=\frac{1}{1+T^2\omega^2}=P(\omega)$$

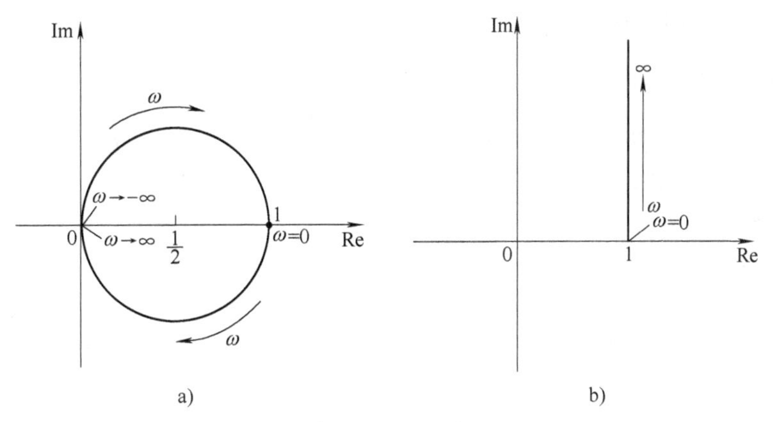

图 5-23　$(1+\mathrm{j}\omega T)^{-1}$ 和 $(1+\mathrm{j}\omega T)^{+1}$ 因子的奈奎斯特图

上式经配完全二次方后为

$$\left(P(\omega)-\frac{1}{2}\right)^2+Q(\omega)^2=\left(\frac{1}{2}\right)^2$$

一阶微分因子的频率特性为

$$G(\mathrm{j}\omega)=1+\mathrm{j}\omega T=\sqrt{1+T^2\omega^2}\,\mathrm{e}^{\mathrm{j}\varphi(\omega)} \tag{5-42}$$

式中，$\varphi(\omega)=\arctan T\omega$。图 5-23b 为它的奈奎斯特图。

4. 二阶因子

二阶振荡环节的频率特性为

$$G(\mathrm{j}\omega)=\frac{1}{1+\mathrm{j}2\zeta\dfrac{\omega}{\omega_{\mathrm{n}}}+\left(\mathrm{j}\dfrac{\omega}{\omega_{\mathrm{n}}}\right)^2}=\frac{1}{\sqrt{\left(1-\dfrac{\omega^2}{\omega_{\mathrm{n}}^2}\right)^2+4\zeta^2\dfrac{\omega^2}{\omega_{\mathrm{n}}^2}}}\mathrm{e}^{\mathrm{j}\varphi(\omega)} \tag{5-43}$$

式中：

$$\varphi(\omega)=-\arctan\frac{2\zeta\dfrac{\omega}{\omega_{\mathrm{n}}}}{1-\dfrac{\omega^2}{\omega_{\mathrm{n}}^2}}$$

由式（5-43）可知，振荡环节奈奎斯特图的低频和高频部分分别为

$$\lim_{\omega\to 0}G(\mathrm{j}\omega)=1\angle 0^\circ$$
$$\lim_{\omega\to\infty}G(\mathrm{j}\omega)=0\angle -180^\circ$$

若 ζ 值已知，则由式（5-43）可求得对应于不同 ω 值时的 $|G(\mathrm{j}\omega)|$ 和 $\varphi(\omega)$ 值。图 5-24 为式(5-43)在不同 ζ 值时的奈奎斯特图。当 $\omega=\omega_{\mathrm{n}}$ 时，$G(\mathrm{j}\omega)=1/\mathrm{j}2\zeta$，其相角为−90°。当 $\zeta<\dfrac{1}{\sqrt{2}}$ 时，在奈奎斯特图上距原点最远的点所对应的频率就是振荡环节的谐振频率 ω_{r}，其谐振峰值 M_{r} 用 $|G(\mathrm{j}\omega_{\mathrm{r}})|$ 与 $|G(\mathrm{j}0)|$ 之比来表示。

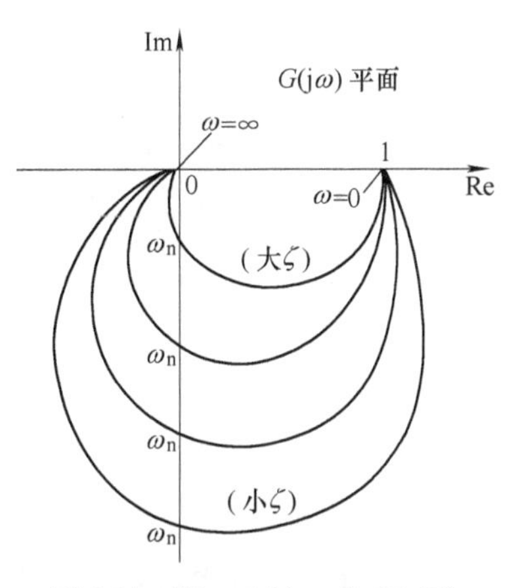

图 5-24　当 $\zeta>0$ 时，式（5-43）的奈奎斯特图

图 5-25 表示谐振峰值的确定方法。

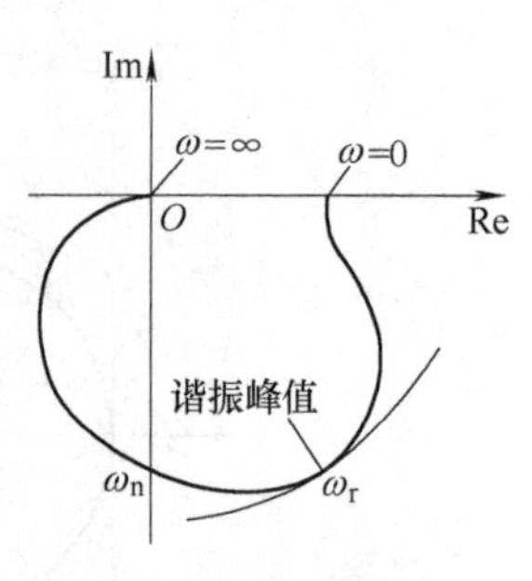

图 5-25　确定谐振峰值和频率的奈奎斯特图

由上一节的讨论可知，当 $\zeta \geqslant \frac{1}{\sqrt{2}}$ 时，振荡环节不产生谐振，$G(j\omega)$ 矢量的长度将随着 ω 的增加而单调地减小。当 $\zeta>1$ 时，$G(s)$ 有两个相异的实数极点。如果 ζ 值足够大，则其中一个极点靠近 s 平面的坐标原点，另一个极点远离虚轴。显然，远离虚轴的这个极点对瞬态响应的影响很小，此时式（5-43）的特性近似于一阶惯性环节，它的奈奎斯特图接近于一个半圆。

二阶微分因子的频率特性为

$$G(j\omega)=1+j2\zeta\frac{\omega}{\omega_n}+\left(j\frac{\omega}{\omega_n}\right)^2=\sqrt{\left(1-\frac{\omega^2}{\omega_n^2}\right)^2+\left(2\zeta\frac{\omega}{\omega_n}\right)^2}\,e^{j\varphi(\omega)} \tag{5-44}$$

式中：

$$\varphi(\omega)=\arctan\frac{2\zeta\frac{\omega}{\omega_n}}{1-\frac{\omega^2}{\omega_n^2}}$$

图 5-26 为二阶微分因子的奈奎斯特图。

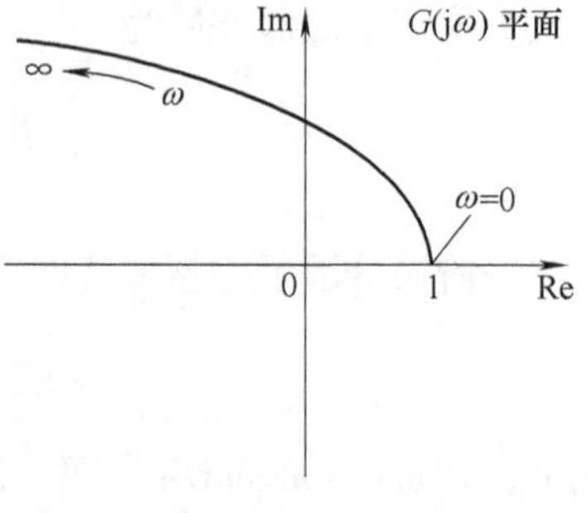

图 5-26　当 $\zeta>0$ 时，式（5-44）的奈奎斯特图

5. 滞后因子

滞后因子的频率特性为

$$G(j\omega)=e^{-j\omega\tau}$$

由于滞后因子的幅频值恒为 1，而其相位与 ω 成比例变化，因而它的奈奎斯特图是一个单位圆，如图 5-27 所示。在低频区，滞后因子 $e^{-j\omega\tau}$ 和惯性环节 $(1+j\omega\tau)^{-1}$ 的频率特性很接近，如图 5-28 所示。因为

$$e^{-j\omega\tau}=\frac{1}{e^{j\omega\tau}}=\frac{1}{1+j\omega\tau+\frac{1}{2!}(j\omega\tau)^2+\cdots}$$

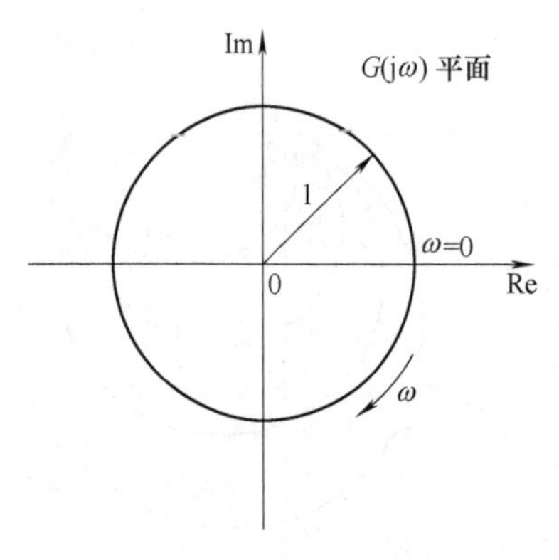

图 5-27　$e^{-j\omega\tau}$ 的奈奎斯特图

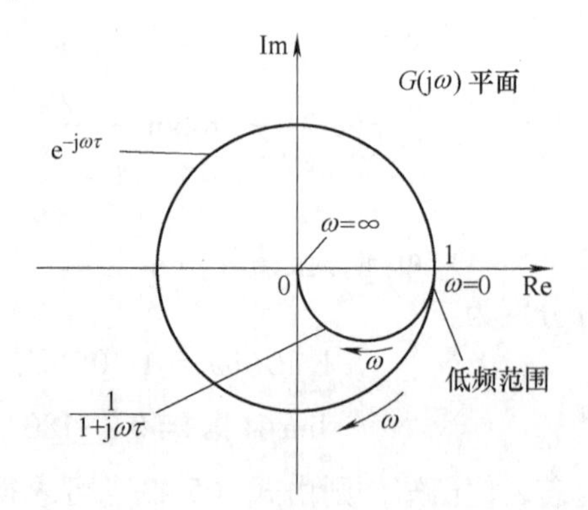

图 5-28　$e^{-j\omega\tau}$ 和 $(1+j\omega\tau)^{-1}$ 的奈奎斯特图

当 $\omega\tau\ll1$ 时，上式可近似为

$$e^{-j\omega\tau}\approx\frac{1}{1+j\omega\tau} \tag{5-45}$$

这就是当 $\omega\tau \ll 1$ 时，滞后因子通常近似地用惯性环节表示的理由。

二、开环系统的奈奎斯特图

把开环频率特性写作如下的极坐标形式：

$$G(\mathrm{j}\omega)=|G(\mathrm{j}\omega)|\mathrm{e}^{\mathrm{j}\varphi(\omega)}$$

当 ω 由 $0\to\infty$ 变化时,逐点计算相应的 $|G(\mathrm{j}\omega)|$ 和 $\varphi(\omega)$ 的值,据此画出开环系统的奈奎斯特图。在绘制奈奎斯特图时,必须先写出开环系统的相位表达式,由它可以看出当 ω 由 $0\to\infty$ 变化时,$G(\mathrm{j}\omega)$ 矢量的旋转方向。在控制工程中,一般只需要画出奈奎斯特图的大致形状和几个关键点的准确位置。

下面分析不同类型系统的奈奎斯特图在 $\omega=0_+$ 和 $\omega\to\infty$ 时的特征。

1. 0 型系统

设 0 型系统的开环频率特性为

$$G(\mathrm{j}\omega)=\frac{K\prod_{i=1}^{m}(1+\tau_i\mathrm{j}\omega)}{\prod_{l=1}^{n}(1+T_l\mathrm{j}\omega)},\quad n>m \tag{5-46}$$

当 $\omega=0$ 时，$|G(\mathrm{j}0)|=K$、$\varphi(0)=0°$,即为实轴上的一点 $(K,0)$,它是 0 型系统奈奎斯特图的始点。当 $\omega\to\infty$ 时,$|G(\mathrm{j}\infty)|=0$、$\varphi(\infty)=-90°(n-m)$。当 $0_+<\omega<\infty$ 时，奈奎斯特曲线的具体形状由开环传递函数所含的具体因子和参数所确定。

2. I 型系统

设 I 型系统的开环频率特性为

$$G(\mathrm{j}\omega)=\frac{K\prod_{i=1}^{m}(1+\tau_i\mathrm{j}\omega)}{\mathrm{j}\omega\prod_{l=1}^{n-1}(1+T_l\mathrm{j}\omega)},\quad n>m \tag{5-47}$$

由式（5-47）不难看出，当 $\omega=0_+$ 时,$G(\mathrm{j}0_+)=\infty\angle -90°$;当 $\omega\to\infty$ 时,$G(\mathrm{j}\infty)=0\angle -90°(n-m)$。

【例 5-3】 已知 0 型二阶系统和 I 型二阶系统的开环传递函数分别为

$$G_0(s)=\frac{10}{(1+0.1s)(1+s)}$$

$$G_1(s)=\frac{10}{s(1+s)}$$

试绘制它们对应的奈奎斯特图。

解　1) 0 型系统的频率特性为

$$G_0(\mathrm{j}\omega)=\frac{10}{(1+0.1\mathrm{j}\omega)(1+\mathrm{j}\omega)}=\frac{10}{\sqrt{1+(0.1\omega)^2}\sqrt{1+\omega^2}}\mathrm{e}^{\mathrm{j}\varphi(\omega)}$$

式中：

$$\varphi(\omega)=-\arctan 0.1\omega-\arctan\omega$$

由上述两式,计算不同 ω 值时的 $|G_0(\mathrm{j}\omega)|$ 和 $\varphi(\omega)$,见表 5-3。据此，画出图 5-29 所示的奈奎斯特图。

2）I 型系统的频率特性为

$$G_1(\mathrm{j}\omega)=\frac{10}{\mathrm{j}\omega(1+\mathrm{j}\omega)}=\frac{10}{\omega\sqrt{1+\omega^2}}\mathrm{e}^{\mathrm{j}\varphi(\omega)}$$

式中：

$$\varphi(\omega) = -90° - \arctan\omega$$

把上式改写为

$$G_1(j\omega) = \frac{10}{-\omega^2 + j\omega} \frac{-\omega^2 - j\omega}{-\omega^2 - j\omega} = \frac{-10}{1+\omega^2} - j\frac{10}{\omega+\omega^3} \tag{5-48}$$

表 5-3　$|G_0(j\omega)|$和$\varphi(\omega)$与ω的关系

ω	$\|G_0(j\omega)\|$	$\varphi(\omega)$
0	10	0°
0.5	8.93	-29.42°
1	7.04	-50.71°
5	1.75	-105.25°
10	0.74	-129.3°
100	0.01	-173.72°
∞	0	-180°

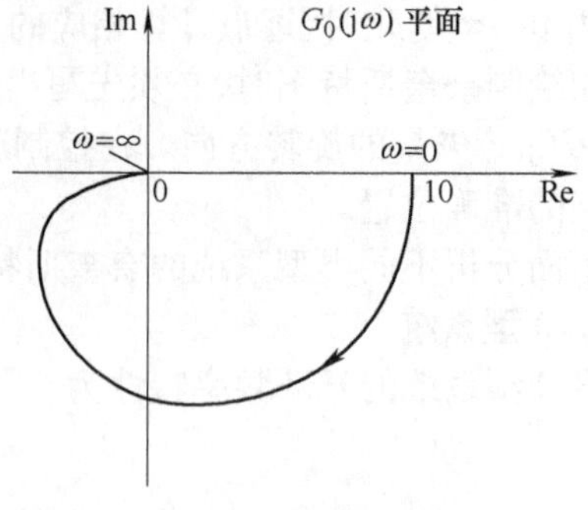

图 5-29　0 型二阶系统的奈奎斯特图

由式(5-48)可知，当$\omega=0_+$时，$G_1(j0_+)=-10-j\infty$，即$G_1(j0_+)=\infty\angle-90°$；当$\omega\to\infty$时，$G_1(j\infty)=0\angle-180°$。表 5-4 列出了该系统频率响应的具体数据，据此画出图 5-30 所示的奈奎斯特图。

表 5-4　$|G_1(j\omega)|$和$\varphi(\omega)$与ω的关系

ω	$\|G_1(j\omega)\|$	$\varphi(\omega)$
0	∞	-90°
0.1	99.5	-95.71°
0.5	17.89	-116.57°
2	2.24	-153.43°
5	0.39	-168.69°
10	0.1	-174.29°
50	0.004	-178.85°
∞	0	-180°

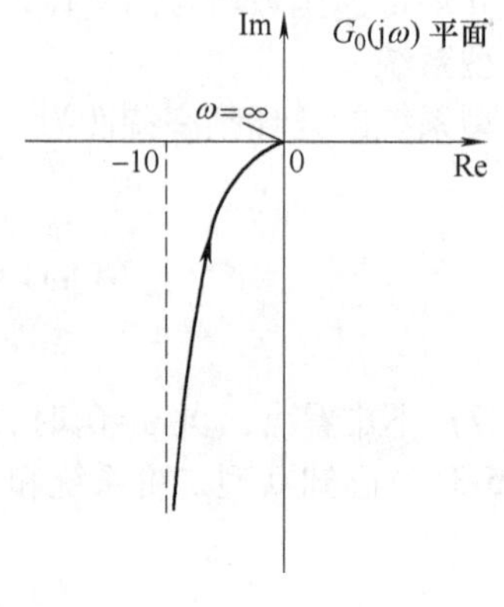

图 5-30　Ⅰ型二阶系统的奈奎斯特图

3. Ⅱ型系统

设Ⅱ型系统的开环频率特性为

$$G_2(j\omega) = \frac{K\prod_{i=1}^{m}(1+\tau_i j\omega)}{(j\omega)^2\prod_{l=1}^{n-2}(1+T_l j\omega)}, \quad n > m \tag{5-49}$$

由式(5-49)可知，当$\omega=0_+$时，$G_2(j0_+)=\infty\angle-180°$；当$\omega\to\infty$时，$G_2(j\infty)=0\angle-90°(n-m)$。

【例 5-4】　设Ⅱ型系统的开环传递函数为

$$G_2(s) = \frac{10}{s^2(1+s)}$$

试绘制其奈奎斯特图。

解　该Ⅱ型系统的开环频率特性为

$$G_2(\mathrm{j}\omega)=\frac{10}{(\mathrm{j}\omega)^2(1+\mathrm{j}\omega)}=\frac{10}{\omega^2\sqrt{1+\omega^2}}\mathrm{e}^{\mathrm{j}\varphi(\omega)}$$

式中：
$$\varphi(\omega)=-180°-\arctan\omega$$

表 5-5 列出了不同 ω 值时频率响应的具体数据，据此画出图 5-31 所示的奈奎斯特图。

表 5-5　例 5-4 中系统的频率响应数据

ω	$\lvert G(\mathrm{j}\omega)\rvert$	$\varphi(\omega)$
0	∞	−180°
0.5	35.7	−206.6°
1	7.07	−225°
2	1.12	−243.43°
5	0.08	−258.7°
10	0.01	−264.3°
∞	0	−270°

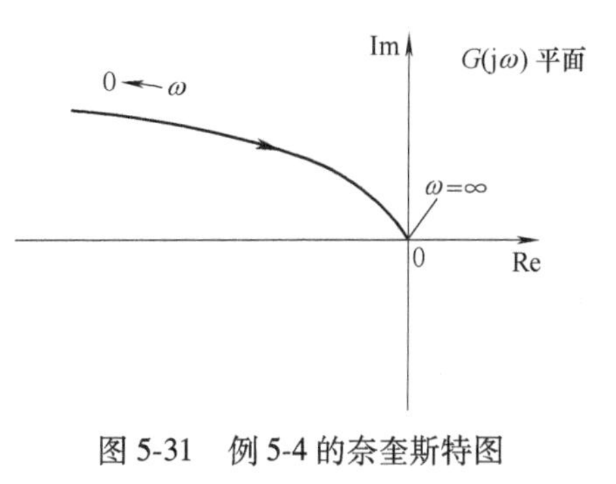

图 5-31　例 5-4 的奈奎斯特图

综上所述，开环系统极坐标图的低频部分是由因式 $K/(\mathrm{j}\omega)^\nu$ 确定的。对于 0 型系统，$G(\mathrm{j}0)=K\angle 0°$；而对于 Ⅰ 型和 Ⅰ 型以上的系统，$G(\mathrm{j}0_+)=\infty\angle -90°\nu$。如果 $n>m$，当 $\omega\to\infty$ 时，$G(\mathrm{j}\infty)=0\angle -90°(n-m)$，$G(\mathrm{j}\omega)$ 曲线以顺时针方向按 $-90°(n-m)$ 的角度趋于坐标原点。图 5-32 为 0 型、Ⅰ 型和 Ⅱ 型系统的奈奎斯特图。图 5-33 为高频段的奈奎斯特图。

表 5-6 列出了常见传递函数的奈奎斯特图。

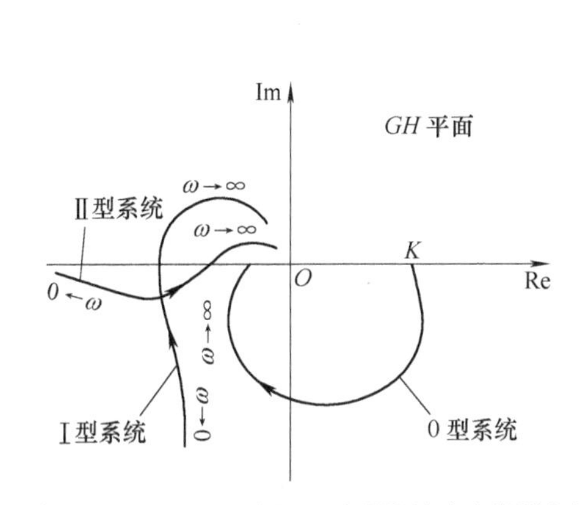

图 5-32　0 型、Ⅰ 型和 Ⅱ 型系统的奈奎斯特图

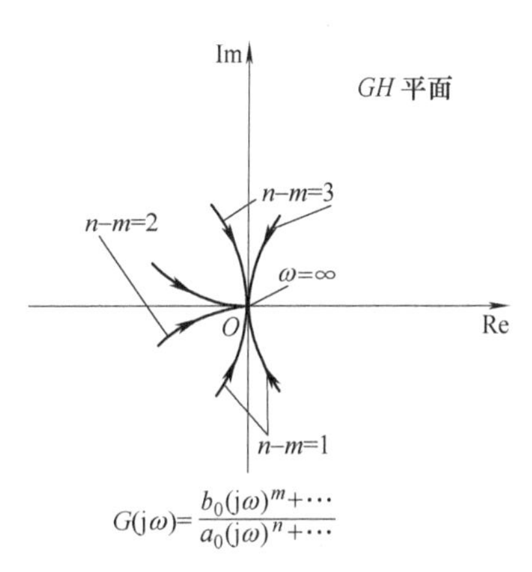

图 5-33　高频段的奈奎斯特图

表 5-6　常见传递函数的奈奎斯特图

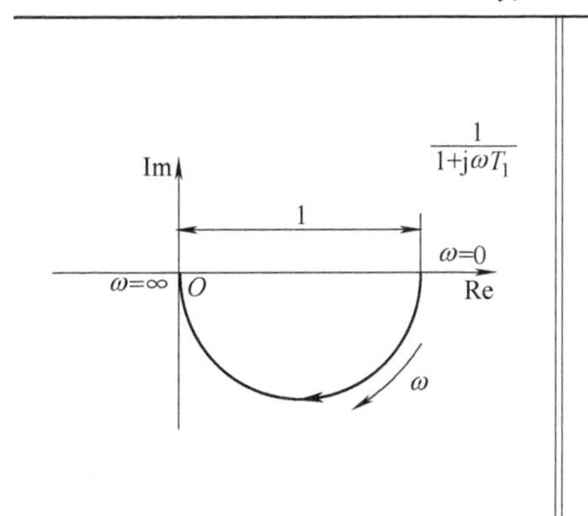

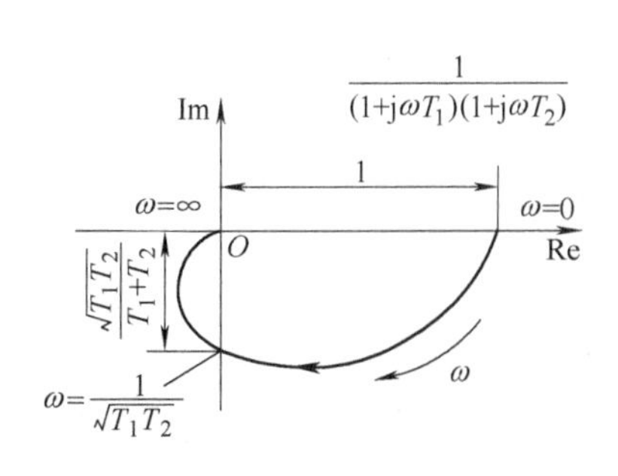

（续）

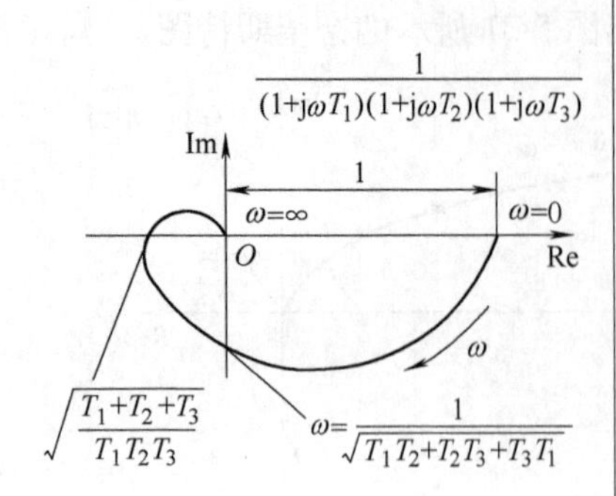
1
(1+jωT1)(1+jωT2)(1+jωT3)
Im
1
ω=∞
ω=0
O
Re
ω
√((T1+T2+T3)/(T1T2T3))
ω=1/√(T1T2+T2T3+T3T1)

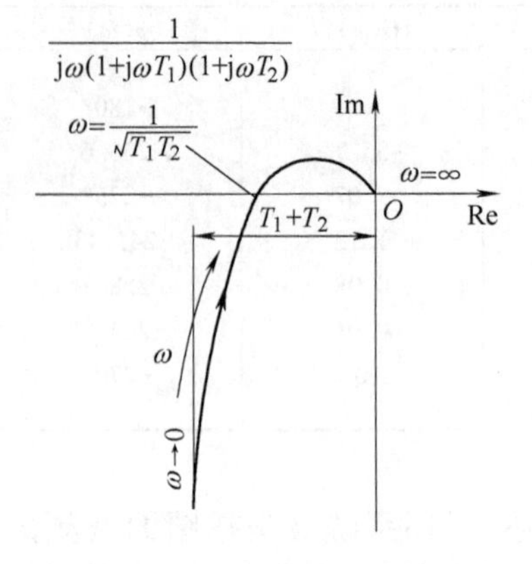
1
jω(1+jωT1)(1+jωT2)
Im
ω=1/√(T1T2)
ω=∞
O
Re
T1+T2
ω
ω→0

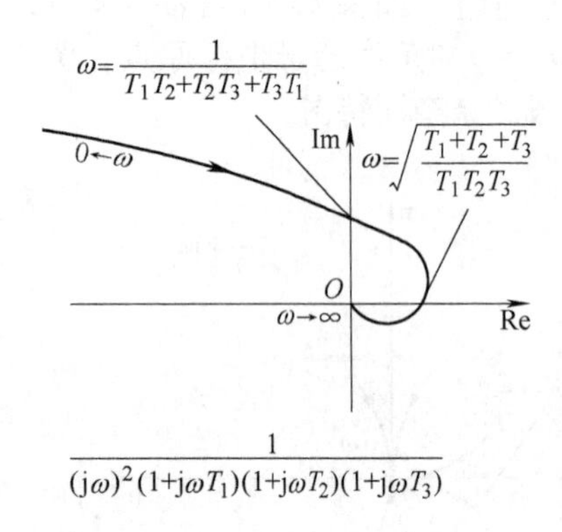
ω=1/(T1T2+T2T3+T3T1)
0←ω
Im
ω=√((T1+T2+T3)/(T1T2T3))
O
ω→∞
Re
1
(jω)^2(1+jωT1)(1+jωT2)(1+jωT3)

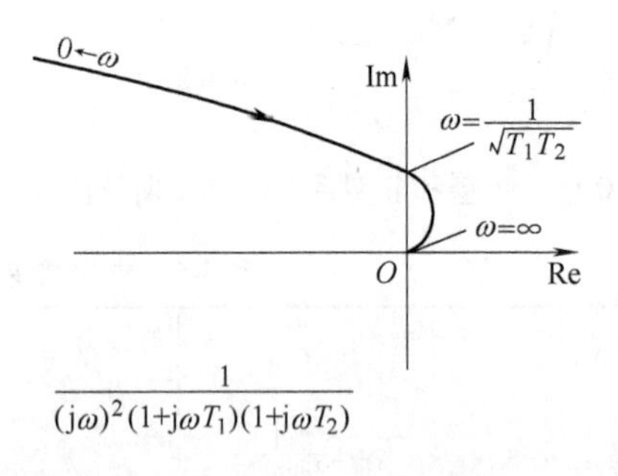
0←ω
Im
ω=1/√(T1T2)
ω=∞
O
Re
1
(jω)^2(1+jωT1)(1+jωT2)

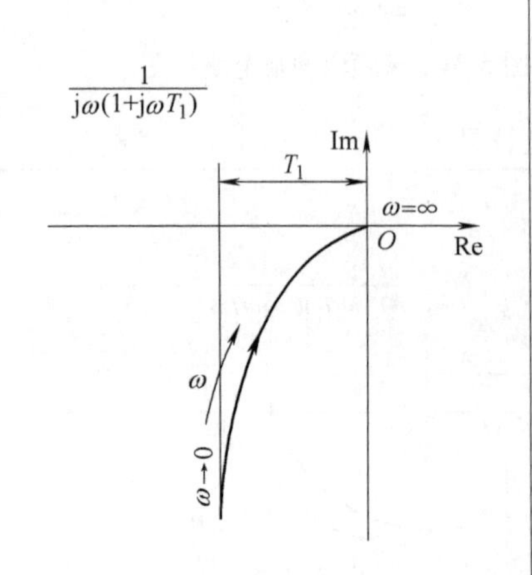
1
jω(1+jωT1)
Im
T1
ω=∞
O
Re
ω
ω→0

第四节　用频率法辨识线性定常系统的数学模型

在分析与设计控制系统时，首要的任务是建立系统的数学模型。然而，对于某些系统，特别是对物理机理尚不清楚的被测对象，用解析法建立其数学模型是相当困难的；但对于线性定常系统，可用实验的方法来辨识系统的数学模型，这是频率响应法的一大优点。

一、由实验作出被测系统的伯德图及其对数幅频特性曲线的渐近线

1）在感兴趣的频率范围内，给被测系统输入不同频率的正弦信号。对于大时间常数的系统，宜选取较低频率的正弦信号，一般取的频率范围为 0.01～10Hz；对于小时间常数的系统，则应选择频率较高的正弦信号。在足够多的频率点上，测得被测系统稳态输出信号与输入信号的幅值比和相位差。据此，作出该系统的对数幅频特性和相频特性曲线。在作图时，必须把信号的频率单位由 rad/s 转换为 s^{-1}。

2）用斜率为 0dB/dec、±20dB/dec、±40dB/dec 等直线段对所测的对数幅频特性曲线做近似处理，求出其渐近线。

3）根据低频渐近线的斜率，确定被测系统的类型，并由 $\omega=1$ 处低频段的高度或低频段（或其延长线）与 0dB 线交点处的 ω 值，确定系统的开环增益值 K。

4）渐近线上每一个转折点为相应典型环节的转折频率，根据每个直线段斜率的变化量，确定相应串联的具体典型环节。例如：

若在转折频率 $\omega_1=1/T_1$ 处，斜率减小 20dB/dec，表示对应的环节为惯性环节，其传递函数为 $G_1(s)=\dfrac{1}{1+T_1s}$。若在转折频率 $\omega_2=1/T_2$ 处，斜率增加了 20dB/dec，表示相应的环节为微分环节，其传递函数为 $G_2(s)=1+T_2s$。

若在转折频率 $\omega_3=1/T_3$ 处，斜率减小 40dB/dec，表示相应的环节为振荡环节，其传递函数为 $G_3(s)=\dfrac{1}{T_3^2s^2+2\zeta T_3s+1}$。

若在转折频率 $\omega_4=1/T_4$ 处，斜率增加 40dB/dec，表示相应的环节为二阶微分环节，其传递函数为 $G_4(s)=T_4^2s^2+2\zeta T_4s+1$。二阶系统的阻尼比 ζ，可根据所测幅频特性的谐振峰值求取。

二、最小相位传递函数的确定

先假设被测系统是最小相位系统，根据由实验绘制对数幅频特性曲线的渐近线，写出系统初步估计的传递函数和相位表达式。对于被辨识的系统是否为最小相位系统，可用下述任一种方法来判别。

1）如果由实验所得的对数幅频特性与相频特性曲线随频率 ω 的变化趋势相一致，且当 $\omega\to\infty$ 时，相频特性曲线能趋向于 $-90°(n-m)$，这表明被测系统是最小相位系统；反之，为非最小相位系统。

2）根据所求的传递函数写出对应的相频特性表达式，经理论计算，画出相频特性曲线，将它与实验所得的相频特性曲线相比较，若两者能较好地吻合，且在超低频和超高频部分都严格相符合，这也表明被测系统是最小相位系统。

三、非最小相位传递函数的确定

如果在高频的末端，由计算所得的相角比实验测得的相角值小 180°，则表示在传递函

数中一定有一个零点位于 s 平面的右方。因此，需修正上述初步估计出的传递函数分子中相关一阶因子的符号，即把（$1+Ts$）改为（$1-Ts$）。

如果在高频段，由计算所得的相角与实验求得的相角相差一个定常的相角变化率，则表明所测系统中存在着传递延迟或停歇时间。对此说明如下：假设被测系统的传递函数为 $G(s)e^{-\tau s}$，式中 $G(s)$ 为 s 的两个多项式之比，于是得

$$\begin{aligned}\lim_{\omega\to\infty}\frac{\mathrm{d}}{\mathrm{d}\omega}\underline{/G(\mathrm{j}\omega)e^{-\tau\mathrm{j}\omega}} &= \lim_{\omega\to\infty}\frac{\mathrm{d}}{\mathrm{d}\omega}\left[\underline{/G(\mathrm{j}\omega)}+\underline{/e^{-\tau\mathrm{j}\omega}}\right]\\ &= \lim_{\omega\to\infty}\frac{\mathrm{d}}{\mathrm{d}\omega}\left[\underline{/G(\mathrm{j}\omega)}-\tau\omega\right]\\ &= 0-\tau=-\tau\end{aligned}$$

因此，当信号频率 ω 趋于无穷大时，由实验所得相频特性的相角变化率，就可确定延迟因子的延迟时间 τ。

具体做法是：先按最小相位系统写出系统相频特性的表达式，据此，画出相频特性曲线，并将它与实验所得的相频特性曲线在高频末端某一频率 ω_1 处相比较，求出两者的角差 φ_ε，即

$$\left(\underline{/G(\mathrm{j}\omega)}\,|\,\omega_1+\tau\omega_1\times 57.3°\right)-\underline{/G(\mathrm{j}\omega)}\,|\,\omega_1=\varphi_\varepsilon$$

$$\tau=\frac{\varphi_\varepsilon}{57.3°\omega_1}$$

四、几点说明

1）由于测量的是被测系统稳态输出的幅值与相位，因而该系统必须是稳定的。

2）基于物理系统可能有某些非线性元件存在，因此在实验时应认真选取合适的正弦输入信号的幅值。如果输入信号的幅值过大，将使系统的输出饱和，导致频率响应实验给出不正确的结果。如果输入信号的幅值过小，如系统中含有死区非线性特性时，就会使实验所得的结果有误差。在实验期间，必须认真观测系统每一个稳态输出波形是否为正弦，以此判别所选输入正弦信号的幅值是否合适和系统是否工作在线性工作范围内。

3）用于测量被测系统稳态输出幅值的测试设备应具有较宽和较平坦的幅频特性曲线，以保证所测数据的真实性。

4）如果被测系统不能停止工作进行实验，则需将实验的正弦信号叠加在系统正常的输入信号上。即对于线性系统而言，由实验信号引起系统的输出量将叠加在系统正常的输出信号上。在系统处于正常工作状态时，为了确定其传递函数，在控制工程中常采用白噪声信号，并利用相关函数处理的方法来辨识系统的传递函数。有关这方面的详细内容，请参阅辨识理论的相关论著。

【例 5-5】 由实验求得被测系统的对数幅频和相频特性曲线如图 5-34 中的实线所示。试估计该系统的传递函数。

解 1）以标准斜率的直线段与实验求得的对数幅频特性曲线相比拟，求得对数幅频特性曲线的渐近线，如图 5-34 中的虚线所示。由图可见，低频渐近线具有−20dB/dec 的斜率，将其延长使之与 0dB 线相交，求得相交点的 $\omega=5\mathrm{s}^{-1}$。由此得出低频渐近线对应的因子为 $5/\mathrm{j}\omega$。

2）根据所作的渐近线，求得各转折频率为 $\omega_1=2\mathrm{s}^{-1}$、$\omega_2=10\mathrm{s}^{-1}$ 和 $\omega_3=50\mathrm{s}^{-1}$。在第一个转折频率 ω_1 处，渐近线的斜率减小了 20dB/dec；而在第二个转折频率 ω_2 处，渐近线的斜率增大了 20dB/dec。这表明在传递函数中含有 $\left(1+\mathrm{j}\dfrac{\omega}{2}\right)^{-1}$ 和 $\left(1+\mathrm{j}\dfrac{\omega}{10}\right)$ 的因子。在 $\omega=\omega_3$ 处，

曲线的斜率减小了 40dB/dec，且在这个频率点上实验曲线与渐近线之间的误差为 4dB，这表示该传递函数中还含有一个$\left[1+\mathrm{j}2\zeta\frac{\omega}{50}+\left(\mathrm{j}\frac{\omega}{50}\right)^2\right]^{-1}$的二阶因子。式中 $\zeta=0.3$ 是根据图 5-15 所示的误差曲线在误差为 4dB 时求得的。

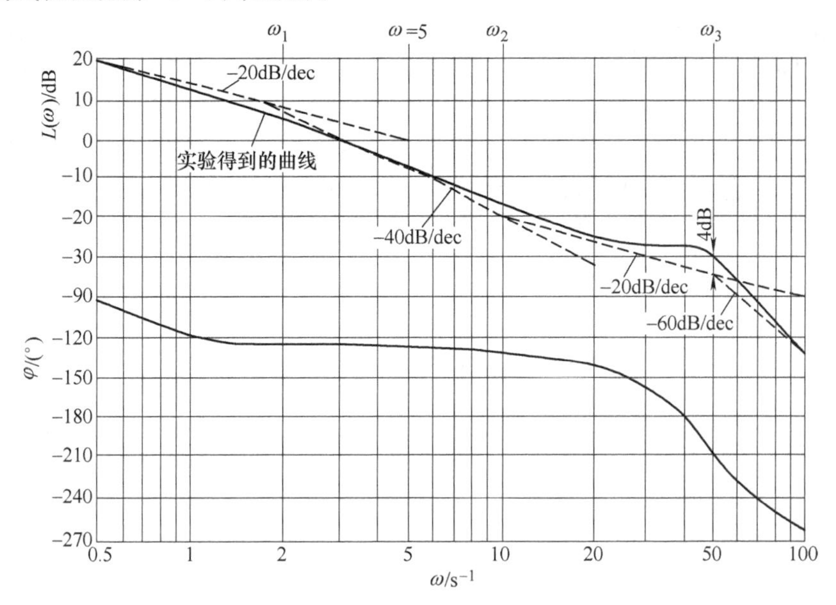

图 5-34　由实验获得的伯德图

3）基于上述，求得被测系统的频率特性为

$$G(\mathrm{j}\omega)=\frac{5\left(1+\mathrm{j}\frac{\omega}{10}\right)}{\mathrm{j}\omega\left(1+\mathrm{j}\frac{\omega}{2}\right)\left[1+\mathrm{j}0.6\frac{\omega}{50}+\left(\mathrm{j}\frac{\omega}{50}\right)^2\right]}$$

或写作

$$G(s)=\frac{5(1+0.1s)}{s(1+0.5s)[1+0.6\times0.02s+(0.02s)^2]}$$

当 $\omega\to\infty$ 时，由上式求得的 $\varphi(\omega)=-270°=-90°$（4−1），这个结果与实验所求得的相角相吻合，从而表明了被测系统是一个最小相位系统。

第五节　奈奎斯特稳定判据

在第三章中，已讨论了控制系统稳定性的定义和劳斯稳定判据。本节介绍判别系统稳定性的另一种方法——奈奎斯特稳定判据。应用这个判据，同样可不用求解系统闭环特征方程式的根，就能判别系统的稳定性。它是根据系统的开环频率特性曲线来判别闭环系统的稳定性，并由曲线直观地了解系统的稳定程度。对于不稳定的系统，这个判据还能提示人们改善系统稳定性的方法。奈奎斯特稳定判据是一种几何判据，它的数学基础是复变函数理论中的辐角原理。

一、辐角原理

设复变函数为

$$F(s)=\frac{K_1(s+z_1)(s+z_2)\cdots(s+z_n)}{(s+p_1)(s+p_2)\cdots(s+p_n)} \tag{5-50}$$

式中，$s=\sigma+j\omega$。

由复变函数的理论知道，$F(s)$除了在s平面上的有限个奇点外，它总是解析的，即为单值、连续的正则函数。因而对于s平面上的每一点，在$F(s)$平面上必有唯一的一个映射点与之相对应。同理，对s平面上任意一条不通过$F(s)$的极点和零点的闭合曲线C_s，在$F(s)$平面上也必有唯一的一条闭合曲线C_F与之相对应，如图5-35所示。若s平面上的闭合曲线C_s按顺时针方向运动，则其在$F(s)$平面上的映射曲线C_F的运动方向可能是顺时针，也可能是逆时针，它完全取决于复变函数$F(s)$本身的特性。这儿人们感兴趣的问题不是映射曲线C_F的具体形状，而是它是否包围$F(s)$平面的坐标原点以及围绕原点的方向和周数，因为后者与系统的稳定性有着密切的关系。

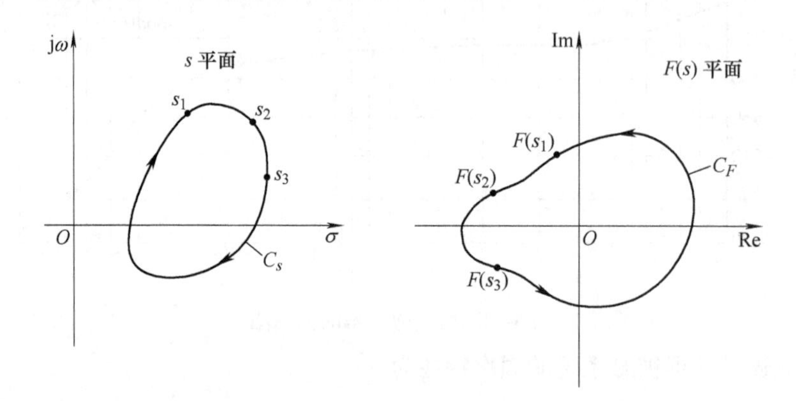

图5-35　s平面上的围线C_s及其在$F(s)$平面上的映射曲线C_F

下面通过简单的例子导出辐角原理的结论。

(1) 令$F(s)=\dfrac{s}{s+2}$

1) 围线C_s以顺时针方向围绕$F(s)$的一个零点，如图5-36a所示，则围线C_s上A、B、C、D各点映射到$F(s)$平面上的相应点的值见表5-7。图5-36b中的围线C_F是围线C_s在$F(s)$平面上的映射曲线。由该图可见，当围线C_s以顺时针方向包围$F(s)$的一个零点时，则其在$F(s)$平面上的映射曲线C_F亦以顺时针方向围绕$F(s)$平面的坐标原点旋转一周。

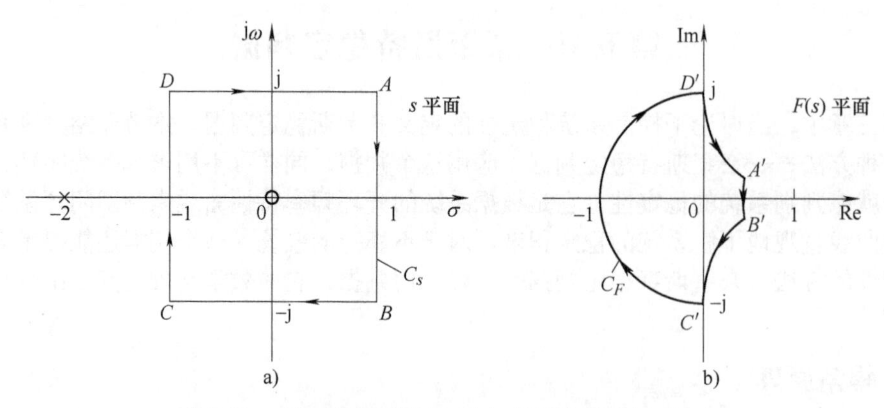

图5-36　s平面中的图形在$F(s)$平面上的映射（一）

表 5-7　s 平面与 $F(s)$ 平面对应点的映射（一）

$s=\sigma+j\omega$	A 点 1+j	1	B 点 1−j	−j	C 点 −1−j	−1	D 点 −1+j	j
$F(s)=u+jv$	A'点 0.4+0.2j	1/3	B'点 0.4−0.2j	0.2−0.4j	C'点 −j	−1	D'点 j	0.2+0.4j

2）围线 C_s 以顺时针方向围绕 $F(s)$ 的一个极点−2，如图 5-37a 所示，围线 C_s 上 A、B、C、D 各点映射到 $F(s)$ 平面上相应点的值见表 5-8。虽然围线 C_s 也以顺时针方向围绕 $F(s)$ 的一个极点，但它在 $F(s)$ 平面上的映射曲线 C_F 却以逆时针方向围绕 $F(s)$ 平面的坐标原点旋转一周，如图 5-37b 所示。

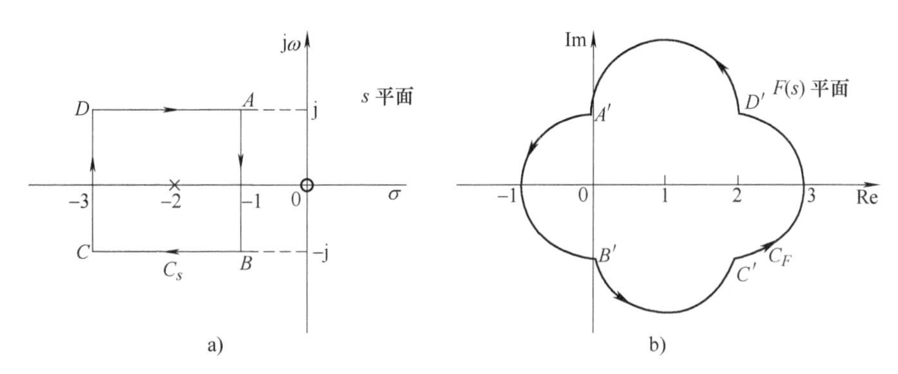

图 5-37　s 平面上的图形在 $F(s)$ 平面上的映射（二）

表 5-8　s 平面的图形在 $F(s)$ 平面上的映射（二）

$s=\sigma+j\omega$	A 点 −1+j	−1	B 点 −1−j	C 点 −3−j	−3	D 点 −3+j
$F(s)=u+jv$	A'点 j	−1	B'点 −j	C'点 2−j	3	D'点 2+j

（2）设
$$F(s)=\frac{(s+z_1)(s+z_2)}{(s+p_1)(s+p_2)}=|F(s)|\underline{/F(s)}$$
$$=\frac{|s+z_1||s+z_2|}{|s+p_1||s+p_2|}(\underline{/s+z_1}+\underline{/s+z_2}-\underline{/s+p_1}-\underline{/s+p_2})$$
$$=|F(s)|(\phi_{z1}+\phi_{z2}-\phi_{p1}-\phi_{p2}) \tag{5-51}$$

1）如果在 s 平面上取图 5-38a 所示的围线 C_s，当 s 以顺时针方向沿着围线 C_s 变化一周时，由该图可知，只有矢量（$s+z_1$）以顺时针方向旋转了 2π，其余 3 个矢量的角度变化量均为 0°。根据式（5-51），矢量 $F(s)$的角度变化量为$\angle F(s)=\phi_{z1}=2\pi$，这表示围线 C_s 在 $F(s)$平面上的映射曲线 C_F 也以顺时针方向围绕其坐标原点旋转一周。

2）若围线 C_s 同样以顺时针方向包围 $F(s)$的一个极点 p_1，当 s 沿着围线 C_s 按顺时针方向变化一周时，则矢量（$s+p_1$）也以顺时针方向旋转 2π。由式（5-51）可知，$\angle F(s)=-\angle(s+p_1)=-2\pi$，这表示围线 C_s 在 $F(s)$ 平面上的映射曲线 C_F 是以逆时针方向围绕其坐标原点旋转一周。

3）如果围线 C_s 既不包围 $F(s)$ 的零点，又不包围 $F(s)$ 的极点，则由上述讨论可知，$\phi_z=0°$，$\phi_p=0°$，故$\angle F(s)=\phi_z-\phi_p=0°$。这表示围线 C_s 在 $F(s)$ 平面上的映射曲线 C_F 不

包围其坐标原点。

4）如果围线 C_s 内含有 $F(s)$ 的 Z 个零点和 P 个极点，则当 s 沿着围线 C_s 按顺时针方向变化一周时，$F(s)$ 的角度变化量为

$$\phi_N = \phi_z - \phi_p$$

$$2\pi N = 2\pi Z - 2\pi P$$

即

$$N = Z - P \tag{5-52}$$

式中，N 为围线 C_F 围绕 $F(s)$ 平面的坐标原点旋转的周数。N 为正值，表示 C_F 曲线按顺时针旋转；N 为负值，表示 C_F 曲线按逆时针旋转。

式（5-52）就是下述辐角原理的结论。

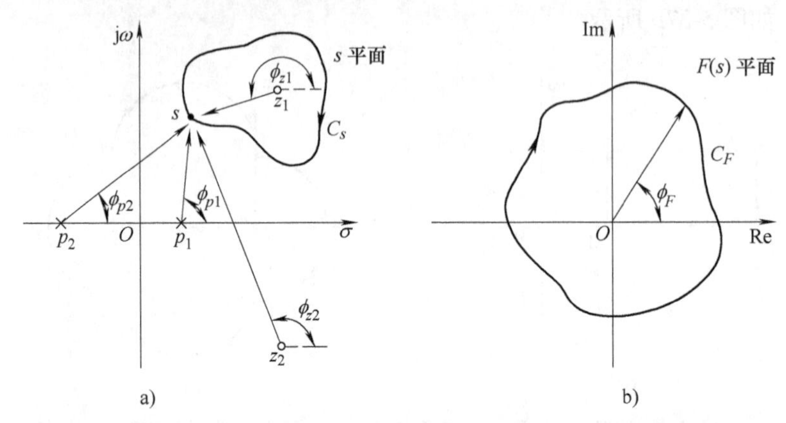

图 5-38　包围 $F(s)$ 一个零点的围线 C_s 及其在 $F(s)$ 平面上的映射曲线 C_F

辐角原理　设除了有限个奇点外，$F(s)$ 是一个解析函数。如果 s 平面上的闭合曲线 C_s 以顺时针方向包围了 $F(s)$ 的 Z 个零点和 P 个极点，且此曲线不通过 $F(s)$ 的任何极点和零点，则其在 $F(s)$ 平面上的映射曲线 C_F 将围绕着坐标原点旋转 N 周，其中 $N=Z-P$。若 $N>0$，表示曲线 C_F 以顺时针方向围绕；若 $N<0$，则表示曲线 C_F 以逆时针方向围绕。

二、奈奎斯特稳定判据

对于图 5-39 所示的反馈控制系统，其特征方程式为

$$F(s) = 1 + G(s)H(s) = 0 \tag{5-53}$$

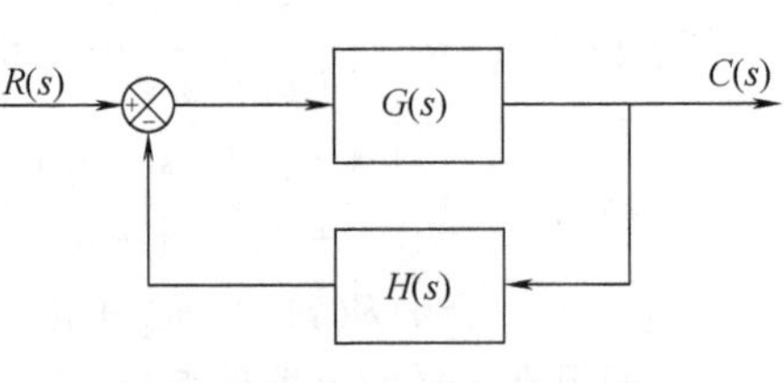

图 5-39　反馈控制系统

令

$$G(s)H(s) = \frac{K(s+z_1)(s+z_2)\cdots(s+z_m)}{(s+p_1)(s+p_2)\cdots(s+p_n)} \tag{5-54}$$

将式（5-54）代入式（5-53）得

$$F(s) = \frac{(s+p_1)(s+p_2)\cdots(s+p_n) + K(s+z_1)(s+z_2)\cdots(s+z_m)}{(s+p_1)(s+p_2)\cdots(s+p_n)}$$

$$= \frac{K_1(s+z_1')(s+z_2')\cdots(s+z_n')}{(s+p_1)(s+p_2)\cdots(s+p_n)} \tag{5-55}$$

式中，$s=-z_1'$、$-z_2'$、…、$-z_n'$ 是 $F(s)$ 的零点，也是闭环特征方程式的根；$s=-p_1$、$-p_2$、…、$-p_n$ 是 $F(s)$ 的极点，也是开环传递函数的极点。

如果闭环系统是稳定的，则其特征方程式的根，即 $F(s)$ 所有的零点均位于 s 的左半平面。为了判别系统的稳定性，即检验 $F(s)$ 是否有零点在 s 的右半平面上，因此在 s 平面上所取的闭合曲线 C_s 应包含 s 的整个右半平面，如图 5-40 所示。这样，如果 $F(s)$ 有零点或极点在 s 的右半平面上，则它们必被此曲线所包围。这一闭合曲线称为奈奎斯特途径，它是由 jω 轴表示的 C_1 部分和半径为无穷大的半圆 C_2 部分所组成。即 s 按顺时针方向沿着 C_1 由 $-\mathrm{j}\infty$ 变化到 $+\mathrm{j}\infty$，然后沿着半径为无穷大（$R\to\infty$）的半圆 C_2 由 $s=R\mathrm{e}^{\mathrm{j}\frac{\pi}{2}}$ 变化到 $s=R\mathrm{e}^{-\mathrm{j}\frac{\pi}{2}}$。

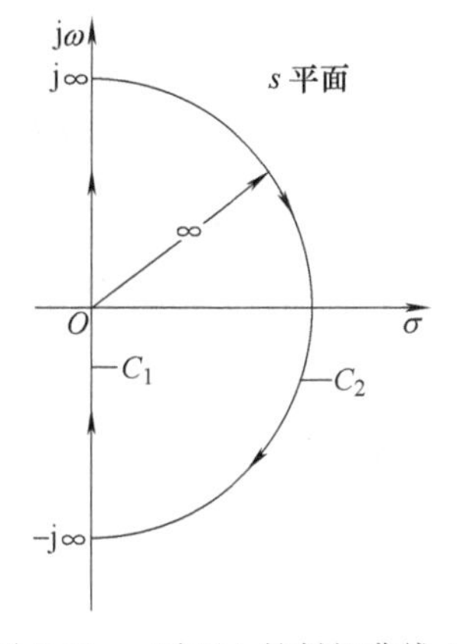

图 5-40　s 平面上的封闭曲线 C_s

基于 $G(s)\ H(s)$ 中的 $n\geqslant m$，当 s 沿着奈奎斯特途径 C_2 变化时，则有

$$\lim_{s\to\infty}[1+G(s)H(s)]=常数$$

这意味着当 s 沿着半径为无穷大的半圆变化时，函数 $F(s)$ 始终为一常数。由此可知，$F(s)$ 平面上的映射曲线 C_F 是否包围其坐标原点，只取决于奈奎斯特途径上 C_1 部分的映射，即由 jω 轴的映射曲线来表征。假设在 jω 轴上不存在 $F(s)$ 的极点和零点，则当 s 沿着 jω 轴由 $-\mathrm{j}\infty$ 变化到 $+\mathrm{j}\infty$ 时，在 $F(\mathrm{j}\omega)$ 平面上的映射曲线 C_F 为

$$F(\mathrm{j}\omega)=1+G(\mathrm{j}\omega)H(\mathrm{j}\omega)$$

设闭合曲线 C_s 以顺时针方向包围了 $F(s)$ 的 Z 个零点和 P 个极点，由辐角原理可知，在 $F(\mathrm{j}\omega)$ 平面上的映射曲线 C_F 将围绕着其坐标原点旋转 N 周，其中 $N=Z-P$。

由于

$$G(\mathrm{j}\omega)H(\mathrm{j}\omega)=[1+G(\mathrm{j}\omega)H(\mathrm{j}\omega)]-1$$

因而映射曲线 $F(\mathrm{j}\omega)$ 对其坐标原点的围绕等价于开环频率特性曲线 $G(\mathrm{j}\omega)\ H(\mathrm{j}\omega)$ 对 GH 平面上的（-1，j0）点的围绕，如图 5-41 所示。于是，闭环系统的稳定性可通过其开环频率响应 $G(\mathrm{j}\omega)\ H(\mathrm{j}\omega)$ 曲线对（-1，j0）点的包围与否来判别，这就是下述的奈奎斯特稳定判据。

1）如果开环系统是稳定的，即 $P=0$，则其闭环系统稳定的充要条件是 $G(\mathrm{j}\omega)\ H(\mathrm{j}\omega)$ 曲线不包围（-1，j0）点。

2）如果开环系统不稳定，且已知有 P 个开环极点在 s 的右半平面，则其闭环系统稳定的充要条件是 $G(\mathrm{j}\omega)\ H(\mathrm{j}\omega)$ 曲线按逆时针方向围绕（-1，j0）点旋转 P 周。

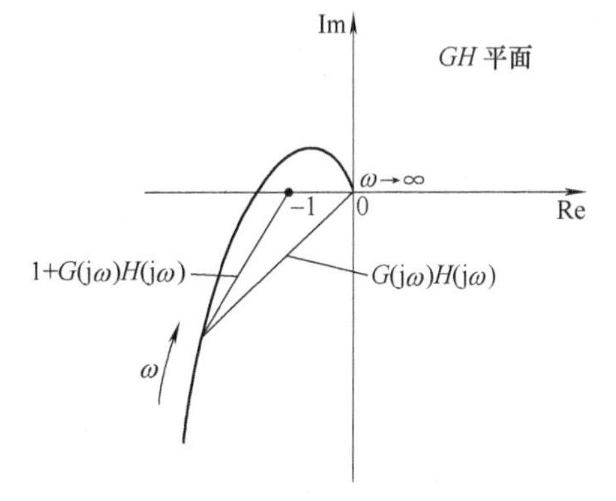

图 5-41　$G(\mathrm{j}\omega)\ H(\mathrm{j}\omega)$ 曲线与 $1+G(\mathrm{j}\omega)\ H(\mathrm{j}\omega)$ 曲线的关系

显然，用奈奎斯特判据判别闭环系统的稳定性时，首先要确定开环系统是否稳定，即知道 P 为多少？其次要作出奈奎斯特曲线 $G(\mathrm{j}\omega)\ H(\mathrm{j}\omega)$，以回答 N 等于多少？知道了 P 和 N 后，根据辐角原理就可确定 Z 是否为零？如果 $Z=0$，表示闭环系统稳定；反之，$Z\neq0$，表示该闭环系统不稳定。Z 的具体数值等于闭环特征方程式的根在 s 右半面上的个数。

【例 5-6】 系统的开环传递函数为

$$G(s)H(s)=\frac{K}{(1+T_1s)(1+T_2s)},\quad T_1>T_2$$

试用奈奎斯特判据判别闭环系统的稳定性。

解 当 ω 由 $-\infty\to\infty$ 变化时，$G(\mathrm{j}\omega)\ H(\mathrm{j}\omega)$ 曲线如图 5-42 所示。因为 $G(s)\ H(s)$ 在 s 的右半平面上没有任何极点，即 $P=0$，由图 5-42 可知，$N=0$，所以 $Z=N+P=0$。这表示对于 K、T_1 和 T_2 的任意正值，该闭环系统总是稳定的。

【例 5-7】 已知一单位反馈系统的开环传递函数为

$$G(s)=\frac{K}{Ts-1}$$

试用奈奎斯特判据确定该闭环系统稳定的 K 值范围。

解 开环系统幅频和相频特性的表达式分别为

$$|G(\mathrm{j}\omega)|=\frac{K}{\sqrt{1+T^2\omega^2}}$$

$$\varphi(\omega)=-180°+\arctan T\omega$$

和惯性环节一样，它的奈奎斯特图也是一个圆，如图 5-43 所示。由于系统的 $P=1$，当 ω 由 $-\infty\to+\infty$ 变化时，$G(\mathrm{j}\omega)$ 曲线如按逆时针方向围绕（-1，j0）点旋转一周，即 $N=-1$，则 $Z=1-1=0$，表示闭环系统是稳定的。由图 5-43 可见，系统稳定的条件是 $T>0$ 和 $K>1$。

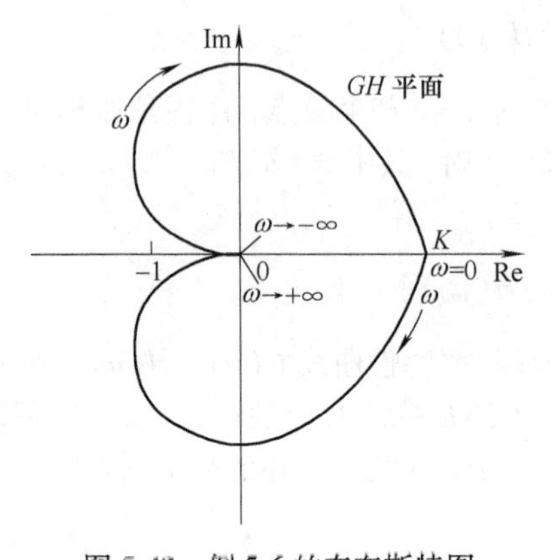

图 5-42　例 5-6 的奈奎斯特图

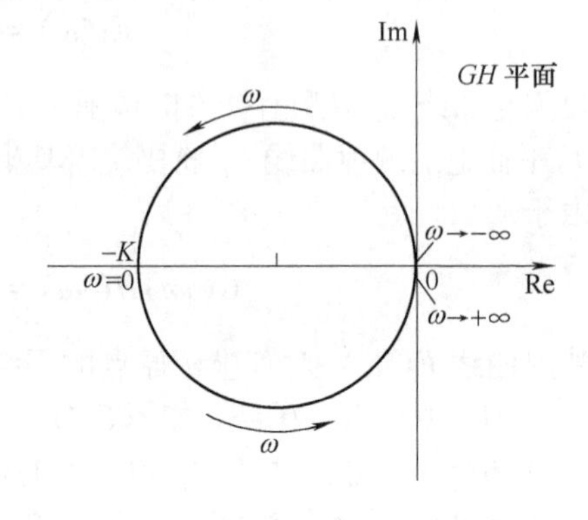

图 5-43　例 5-7 的奈奎斯特图

【例 5-8】 一单位反馈控制系统的开环传递函数为

$$G(s)=\frac{K}{(T_1T_2s^2+T_2s+1)(T_3s+1)}$$

式中，K、T_1、T_2 和 T_3 均为正值。为使系统稳定，开环增益 K 与时间常数 T_1、T_2 和 T_3 之间应满足什么关系？

解

$$G(\mathrm{j}\omega)=\frac{K}{[T_1T_2(\mathrm{j}\omega)^2+T_2\mathrm{j}\omega+1](T_3\mathrm{j}\omega+1)}$$

$$=\frac{K}{\sqrt{(1-T_1T_2\omega^2)^2+T_2^2\omega^2}\sqrt{1+T_3^2\omega^2}}\mathrm{e}^{\mathrm{j}\varphi(\omega)}$$

式中：

$$\varphi(\omega) = -\arctan T_3\omega - \arctan\frac{T_2\omega}{1-T_1T_2\omega^2}$$

由上式可知，当 $\omega=0$ 时，$|G(\mathrm{j}0)|=K$，$\varphi(0)=0°$。随着 ω 的不断增大，$|G(\mathrm{j}\omega)|$ 和 $\varphi(\omega)$ 都不断地减小。当 $\omega\to\infty$ 时，$G(\mathrm{j}\omega)\approx K/[T_1T_2T_3(\mathrm{j}\omega)^3]$，此时 $\varphi(\infty)=-3\pi/2$，$|G(\mathrm{j}\infty)|=0$。

由上述的分析可知，该开环系统奈奎斯特图的一般形状如图 5-44 所示。不难看出，由于系统的 $P=0$，因此只要该奈奎斯特曲线与其负实轴交点处的 $|G(\mathrm{j}\omega)|<1$，则此闭环系统就能稳定。

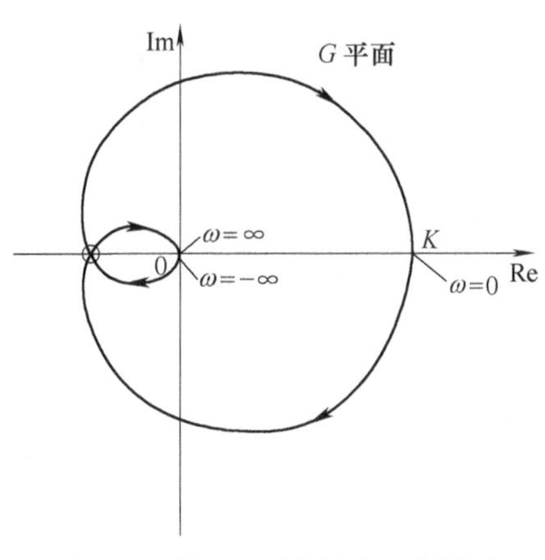

图 5-44　例 5-8 系统的奈奎斯特图

因为

$$\begin{aligned}G(\mathrm{j}\omega) &= \frac{K}{T_1T_2T_3(\mathrm{j}\omega)^3+(T_1T_2+T_2T_3)(\mathrm{j}\omega)^2+(T_2+T_3)\mathrm{j}\omega+1}\\ &= \frac{K}{[1-T_2(T_1+T_3)\omega^2]+\mathrm{j}\omega[(T_2+T_3)-T_1T_2T_3\omega^2]}\\ &= \frac{K[1-T_2(T_1+T_3)\omega^2]}{[1-T_2(T_1+T_3)\omega^2]^2+\omega^2[(T_2+T_3)-T_1T_2T_3\omega^2]^2}+\\ &\quad \mathrm{j}\frac{-K\omega[(T_2+T_3)-T_1T_2T_3\omega^2]}{[1-T_2(T_1+T_3)\omega^2]^2+\omega^2[(T_2+T_3)^2-T_1T_2T_3\omega^2]^2}\end{aligned} \tag{5-56}$$

令式（5-56）中的虚部为零，即有

$$-K\omega[(T_2+T_3)-T_1T_2T_3\omega^2]=0$$

于是求得

$$\omega=0,\ \omega=\sqrt{\frac{T_2+T_3}{T_1T_2T_3}}$$

把 $\omega=\sqrt{\frac{T_2+T_3}{T_1T_2T_3}}$ 代入式（5-56），求得 $G(\mathrm{j}\omega)$ 曲线与 $G(\mathrm{j}\omega)$ 平面负实轴交点处的幅值为

$$|G(\mathrm{j}\omega)| = \frac{K}{\frac{(T_1+T_3)(T_2+T_3)}{T_1T_3}-1} \tag{5-57}$$

由此得出，当 $\frac{(T_1+T_3)(T_2+T_3)}{T_1T_3}-1>K$ 时，系统是稳定的；反之，系统为不稳定。

如果 $G(s)H(s)$ 在虚轴上有其极点，那么就不能应用图 5-40 所示的奈奎斯特途径，因为辐角原理只适用于奈奎斯特途径 C_s 不通过 $F(s)$ 的奇点。为了研究在这种情况下系统的稳定性，就需要对图 5-40 所示的奈奎斯特途径略做修改，使其沿着半径为 $\rho\to0$ 的半圆绕过虚轴上的极点。假设开环系统在坐标原点处有其极点，则对应的奈奎斯特途径就要修改为如图 5-45 所示。显然，图 5-45 与图 5-40 的区别在于图 5-45 中多了一个半径为无穷小的半圆 C_2 部分，其余两者完全相同。因此，只需要研究图 5-45 中的 C_2 部分在 GH 平面上的映射。

设系统的开环传递函数为

$$G(s)H(s)=\frac{K\prod_{i=1}^{m}(1+\tau_i s)}{s^{\nu}\prod_{l=1}^{n-\nu}(1+T_l s)},\quad n\geqslant m \tag{5-58}$$

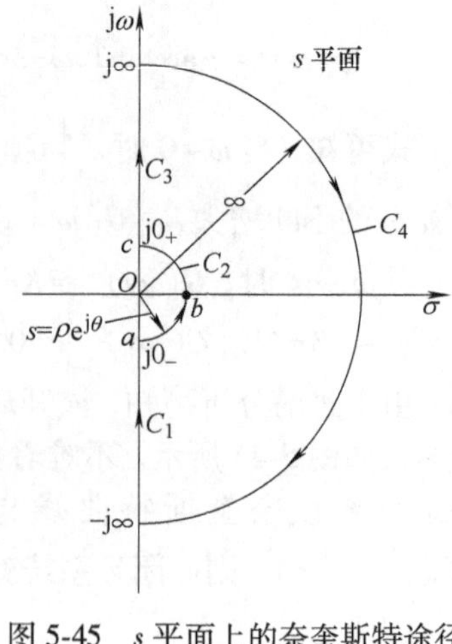

图 5-45　s 平面上的奈奎斯特途径

在 C_2 部分上，令 $s=\rho e^{j\theta}$（其中 $\rho\to 0$），代入式（5-58）得

$$\lim_{\rho\to 0}\frac{K\prod_{i=1}^{m}(1+\tau_i\rho e^{j\theta})}{\rho^{\nu}e^{j\nu\theta}\prod_{l=1}^{n-\nu}(1+T_l\rho e^{j\theta})}=\lim_{\rho\to 0}\frac{K}{\rho^{\nu}}e^{-j\nu\theta} \tag{5-59}$$

当 s 以逆时针方向沿着 C_2 由点 a 移动到点 c 时，由式（5-59）求得其在 GH 平面上的映射曲线：

对于 $\nu=1$ 的Ⅰ型系统，C_2 部分在 GH 平面上的映射曲线是一个半径为无穷大的半圆，如图 5-46a 所示。图中点 a'、b' 和 c'分别为 C_2 半圆上点 a、b 和 c 的映射点。

对于 $\nu=2$ 的Ⅱ型系统，C_2 部分在 GH 平面上的映射曲线是一个半径为无穷大的圆，如图 5-46b 所示。

把上述 C_2 部分在 GH 平面上的映射曲线和奈奎斯特曲线 $G(j\omega)H(j\omega)$ 在 $\omega=j0_-$ 和 $\omega=j0_+$ 处相连接，就组成了一条封闭曲线。这样，奈奎斯特稳定判别又可以应用了。

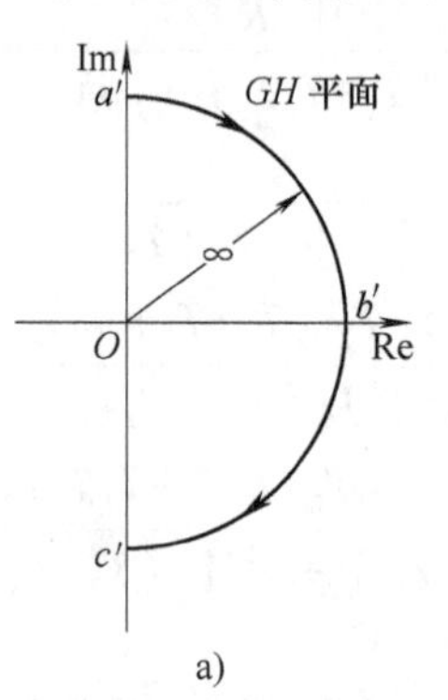

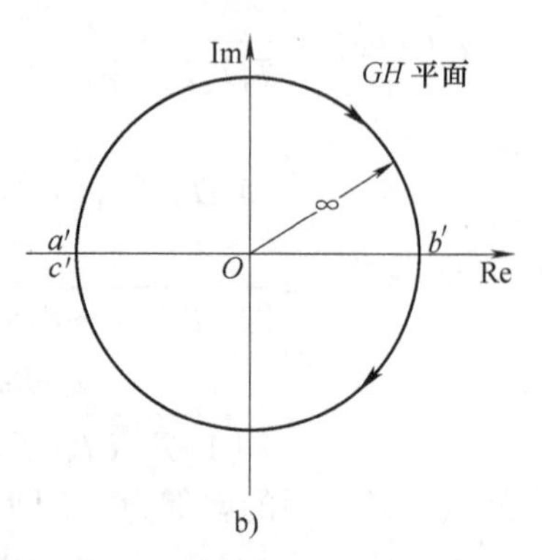

图 5-46　s 平面上的 C_2 部分在 GH 平面上的映射

a）Ⅰ型系统　b）Ⅱ型系统

【例 5-9】　一反馈控制系统的开环传递函数为

$$G(s)H(s)=\frac{K}{s(1+Ts)}$$

其中 $K>0$，$T>0$。试判别该系统的稳定性。

解　由于该系统为Ⅰ型系统，它在坐标原点处有一个开环极点，因而在 s 平面上所取的奈奎斯特途径应如图 5-45 所示。该图的 C_2 部分在 GH 平面上的映射曲线为一半径无穷大的半圆，它与奈奎斯特曲线 $G(j\omega)H(j\omega)$ 相连接后的围线如图 5-47 所示。由图可见，$N=0$，而系统的 $P=0$，因而 $Z=0$，即闭环系统是稳定的。

【例 5-10】　已知一系统的开环传递函数为

$$G(s)H(s)=\frac{K}{s^2(1+Ts)},\ K>0,\ T>0$$

试用奈奎斯特稳定判据判别该闭环系统的稳定性。

解　由于开环传递函数在坐标原点处有两个极点，因而其奈奎斯特途径应取图 5-45 所示的围线。由上述的讨论可知，C_2 部分在 GH 平面上的映射曲线为一半径无穷大的圆。

由开环传递函数得

$$|G(j\omega)H(j\omega)|=\frac{K}{\omega^2\sqrt{1+T^2\omega^2}}$$

$$\varphi(\omega)=-180^\circ-\arctan T\omega$$

由上述两式不难看出，当 ω 由 $0\to\infty$ 变化时，幅值 $\left|G(\mathrm{j}\omega)\ H(\mathrm{j}\omega)\right|$ 不断地减小，相角 $\varphi(\omega)$ 也随之不断地滞后。当 $\omega\to\infty$ 时，$\left|G(\mathrm{j}\infty)\ H(\mathrm{j})\right|\to 0$，$\varphi(\mathrm{j}\infty)=-270°$。据此，在 GH 平面上作出其映射曲线的示意图如图 5-48 所示。由图可见，不论 K 值的大小如何，$G(\mathrm{j}\omega)\ H(\mathrm{j}\omega)$ 曲线总是以顺时针方向围绕（-1，j0）点旋转两周，即 $N=2$。由于系统的 $P=0$，所以 $Z=2$，表示该闭环系统总是不稳定的。

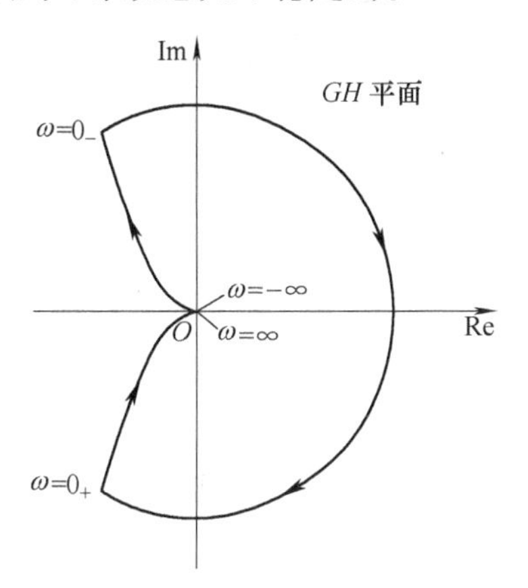

图 5-47　例 5-9 的奈奎斯特图

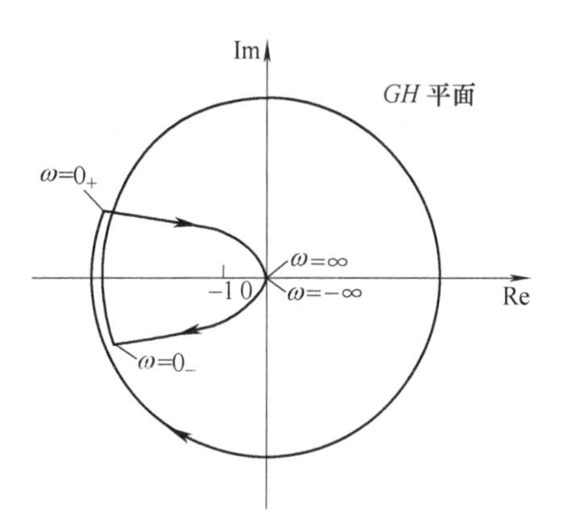

图 5-48　例 5-10 的奈奎斯特图

【例 5-11】　已知系统的开环传递函数为

$$G(s)H(s)=\frac{K(T_2s+1)}{s^2(T_1s+1)}$$

试分析时间常数 T_1 和 T_2 的相对大小对系统稳定性的影响，并画出它们所对应的奈奎斯特图。

解　由开环传递函数得

$$\left|G(\mathrm{j}\omega)H(\mathrm{j}\omega)\right|=\frac{K\sqrt{1+(T_2\omega)^2}}{\omega^2\sqrt{1+(T_1\omega)^2}}$$

$$\varphi(\omega)=-180°+\arctan T_2\omega-\arctan T_1\omega$$

根据以上两式，作出在 $T_1<T_2$、$T_1=T_2$ 和 $T_1>T_2$ 三种情况下的 $G(\mathrm{j}\omega)\ H(\mathrm{j}\omega)$ 曲线，如图5-49所示。当 $T_1<T_2$ 时，$G(\mathrm{j}\omega)\ H(\mathrm{j}\omega)$ 曲线不包围（-1，j0）点，因而闭环系统是稳定的。当 $T_1=T_2$ 时，$G(\mathrm{j}\omega)\ H(\mathrm{j}\omega)$ 曲线通过（-1，j0）点，说明闭环有极点位于 jω 轴上，相应的系统为不稳定。当 $T_1>T_2$ 时，$G(\mathrm{j}\omega)\ H(\mathrm{j}\omega)$ 曲线以顺时针方向包围(-1，j0)点旋转两周，这意

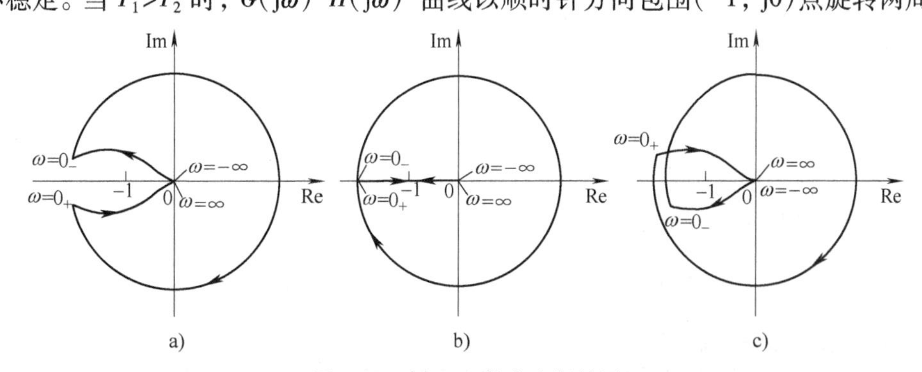

图 5-49　例 5-11 的奈奎斯特图

a）$T_1<T_2$　b）$T_1=T_2$　c）$T_1>T_2$

味着有两个闭环极点位于 s 的右半平面上，该闭环系统是不稳定的。

三、奈奎斯特稳定判据在对数坐标图上的应用

由于开环对数频率特性的绘制较其奈奎斯特图的绘制更为简单、方便，因而人们自然地会想到开环对数频率特性是否也适用于奈奎斯特稳定判据？回答是肯定的。不难看出，开环系统的奈奎斯特图与相应的对数坐标图之间有着下列的对应关系：

1) GH 平面上单位圆的圆周与对数坐标图上的 0dB 线相对应，单位圆的外部对应于$L(\omega)$ >0dB，单位圆的内部对应于 $L(\omega)$<0dB。

2) GH 平面上的负实轴与对数坐标图上的 $\varphi=-180°$线相对应。

如果 $G(\mathrm{j}\omega)$ $H(\mathrm{j}\omega)$ 曲线以逆时针方向包围（-1，j0）点一周，则此曲线必然由上向下穿越负实轴的（-1，-∞）线段一次。由于这种穿越使相角增大，故称为正穿越。反之，若 $G(\mathrm{j}\omega)$ $H(\mathrm{j}\omega)$曲线按顺时针方向包围（-1，j0）点一周，则此曲线将由下向上穿越负实轴的（-1，-∞）线段一次。由于这种穿越使相角减小，故称为负穿越。图 5-50 所示的为正负穿越数各一次的图形。显然，对应于图 5-50 上的正负穿越在伯德图上表现为：在$L(\omega)$>0dB的频域内，当 ω 增加时，相频曲线 $\varphi(\omega)$ 由下而上（负穿越）和由上而下（正穿越）穿过-180°线各一次，如图 5-51 所示。

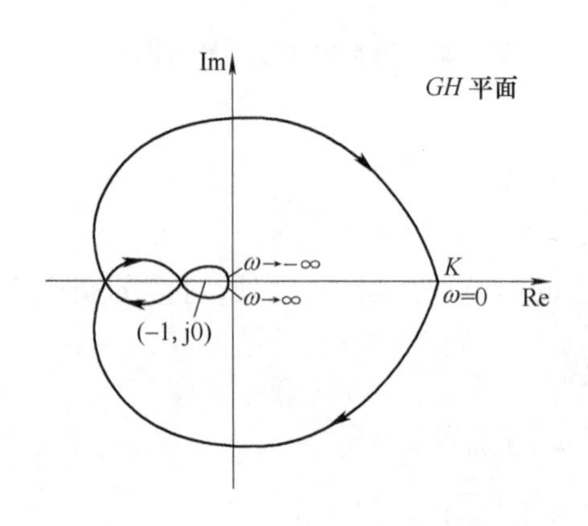

图 5-50　奈奎斯特图上的正、负穿越

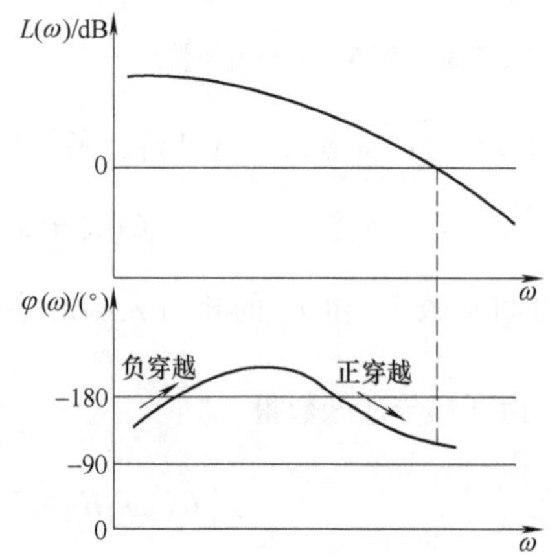

图 5-51　伯德图上的正、负穿越

不难看出，当 ω 由-∞→0→∞ 变化时，奈奎斯特曲线 $G(\mathrm{j}\omega)$ $H(\mathrm{j}\omega)$ 对于（-1，j0）点围绕的周数 N 与其相频特性曲线 $\varphi(\omega)$ 在对数坐标图上的负、正穿越数之差相等，即有

$$N = 2(N_- - N_+)$$

式中，N_-为在 $L(\omega)$>0dB 频率范围内 $\varphi(\omega)$ 的负穿越数；N_+为在 $L(\omega)$>0dB 频率范围内 $\varphi(\omega)$ 的正穿越数。这样，式（5-52）便可改写为

$$2(N_- - N_+) = Z - P$$

应用上式，就可以根据开环对数频率特性曲线判别相应闭环系统的稳定性。

【例 5-12】　采用对数频率特性判别例 5-6 所示系统的稳定性。

解　系统的开环传递函数为

$$G(s)H(s) = \frac{K}{(T_1 s + 1)(T_2 s + 1)},\quad T_1 > T_2$$

据此作出的开环对数频率特性如图 5-52 所示。

由于开环系统是稳定的，即 $P=0$，因而闭环系统稳定的充要条件是，在 $L(\omega)$ ≥0dB 的频域内，相频特性 $\varphi(\omega)$ 不穿越-180°线，或正、负穿越数之差为零。由图

5-52 可见，在 $L(\omega)\geqslant 0\mathrm{dB}$ 的频域内，$\varphi(\omega)$ 总大于-180°，故闭环系统是稳定的。

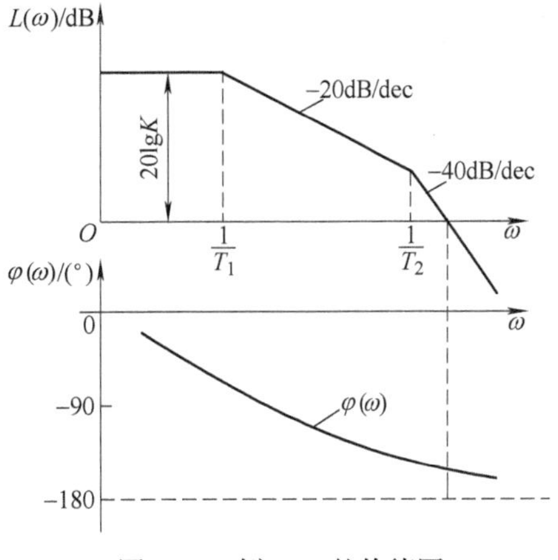

图 5-52　例 5-12 的伯德图

四、奈奎斯特判别应用于滞后系统

由于滞后系统的开环传递函数中有着 $\mathrm{e}^{-\tau s}$ 的因子，其闭环特征方程为一超越方程，因而劳斯稳定判据就不能适用了。但是，奈奎斯特稳定判据却能较方便地用于对这类系统稳定性的判别。对此，举例说明如下。

【例 5-13】　设一滞后控制系统如图 5-53 所示。已知图中的 $G_1(s)=1/[s(s+1)]$，试分析滞后时间 τ 对系统稳定性的影响。

解　系统的开环传递函数为

$$G(s)=\frac{\mathrm{e}^{-\tau s}}{s(s+1)}=G_1(s)\mathrm{e}^{-\tau s}\tag{5-60}$$

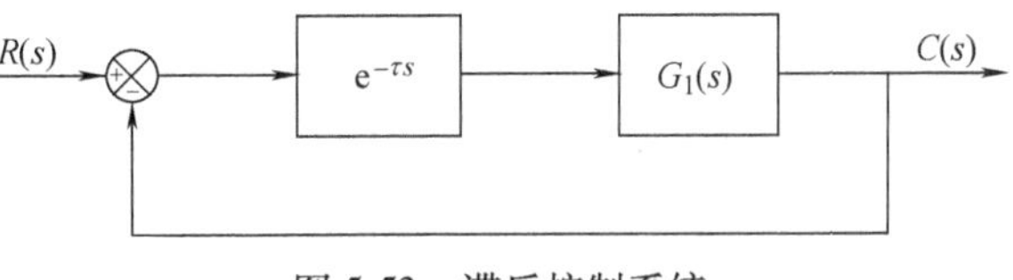

图 5-53　滞后控制系统

图 5-54 示出了式（5-60）在不同 τ 值时的奈奎斯特曲线。由图可见，式（5-60）中 $\mathrm{e}^{-\tau s}$ 的作用是将 $G_1(\mathrm{j}\omega)$ 曲线上的每一点以顺时针方向旋转了 $\tau\omega$ 角度。当滞后时间 τ 大到某一值后，系统就从稳定变为不稳定了。

图 5-53 所示系统的特征方程式为

$$1+G_1(s)\mathrm{e}^{-\tau s}=0$$

即

$$\frac{1}{s(s+1)}=-\mathrm{e}^{\tau s}\tag{5-61}$$

或写作

$$G_1(\mathrm{j}\omega)=\frac{1}{\mathrm{j}\omega((\mathrm{j}\omega+1)}=-\mathrm{e}^{\mathrm{j}\omega\tau}\tag{5-62}$$

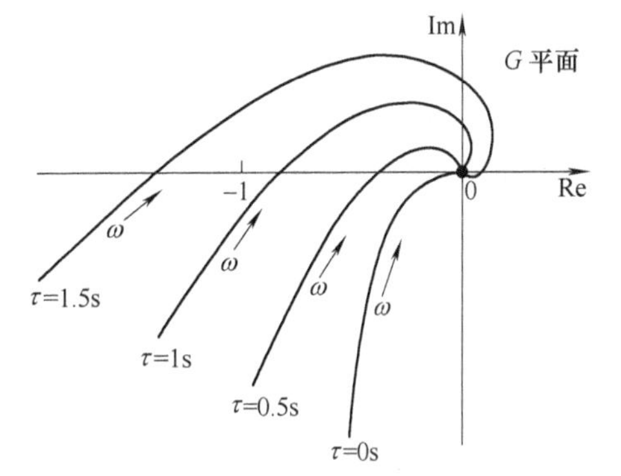

图 5-54　$G(s)=\dfrac{\mathrm{e}^{-\tau s}}{s(s+1)}$ 的奈奎斯特图

如果在某一 ω 时，若式（5-62）成立，则该系统出现等幅的持续振荡。显然，在没有滞后因子 $\mathrm{e}^{-\mathrm{j}\omega\tau}$ 时，系统产生持续等幅振荡的条件是

$$G_1(\mathrm{j}\omega)=-1\tag{5-63}$$

由式（5-62）、式（5-63）可知，非滞后系统的临界稳定点是（-1，j0），而具有滞后因子的系统，其临界稳定状态不是一个点，而是一条临界轨线 $-\mathrm{e}^{\mathrm{j}\omega\tau}$。把 $G_1(\mathrm{j}\omega)$ 和 $-\mathrm{e}^{\mathrm{j}\omega\tau}$ 的奈奎斯特图同时画在图 5-55 中，并设这两条曲线相交于 A 点。根据 $|G_1(\mathrm{j}\omega)|=1$ 的条件，求出 $G_1(\mathrm{j}\omega)$ 曲线上对应的角频率 $\omega=0.75\mathrm{rad/s}$；而在 $-\mathrm{e}^{\mathrm{j}\omega\tau}$ 曲线上对应的 $\tau\omega=52°(\pi/180°)=0.9$。因为点 A 既在 $G_1(\mathrm{j}\omega)$ 曲线上，又在 $-\mathrm{e}^{\mathrm{j}\omega\tau}$ 曲线上，所以它们应有相同的角频率，即有

$$0.75\tau=0.9$$

于是求得 $\tau=1.2\mathrm{s}$。

由图 5-55 可知，当 $\tau>1.2\mathrm{s}$ 时，在单位圆上的临界点就被 $G_1(\mathrm{j}\omega)$ 曲线包围，系统为不稳定；当 $\tau<1.2\mathrm{s}$ 时，$G_1(\mathrm{j}\omega)$ 曲线不包围临界点，对应的系统是稳定的。

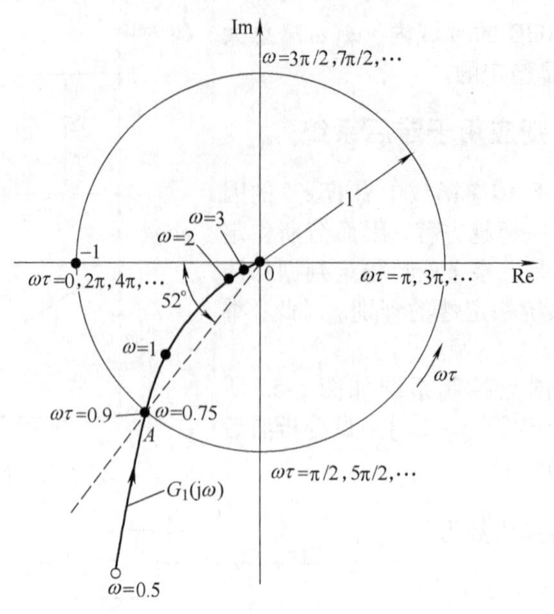

图 5-55　图 5-53 的临界轨迹和 $G_1(\mathrm{j}\omega)$ 曲线

第六节　相对稳定性分析

在实际应用中，不但要求闭环控制系统能稳定，而且还希望它有足够的稳定裕量。即当系统的开环增益和元件的时间常数在一定范围内发生变化时，系统仍能稳定正常地运行，这就是本节所要讨论的闭环系统相对稳定性问题。

对于开环稳定的系统，度量其闭环系统相对稳定性的方法是通过其开环频率特性 $G(\mathrm{j}\omega)H(\mathrm{j}\omega)$ 曲线与（-1，j0）点的接近程度来表征。

为了说明相对稳定性的概念，在图 5-56 中画出了两个不同系统的闭环主导极点和它们

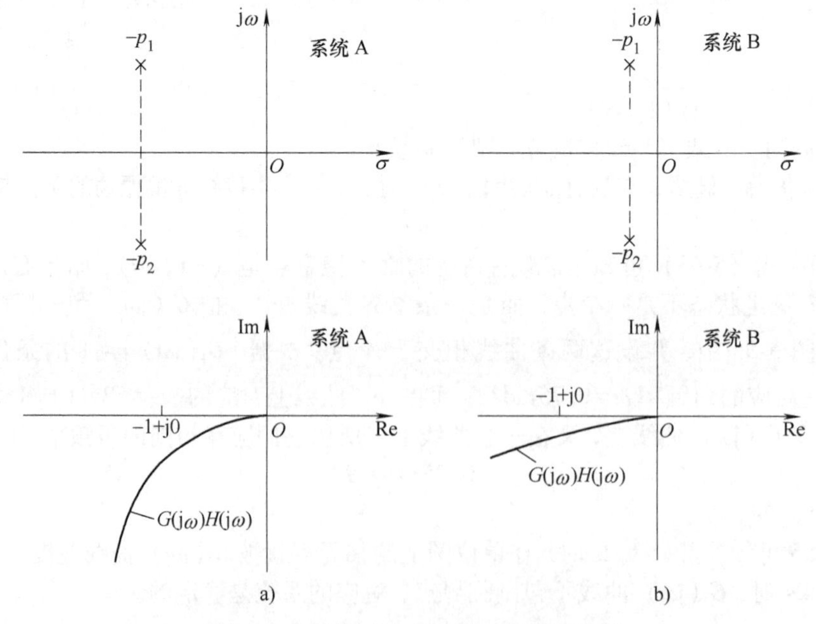

图 5-56　闭环极点与相应的开环频率特性

对应的奈奎斯特曲线。由于系统 A 的主导极点距虚轴较远，因而系统 A 比系统 B 具有更好的稳定性。显然，$G(\mathrm{j}\omega)H(\mathrm{j}\omega)$ 曲线越接近（−1，j0）点，对应的闭环主导极点就越靠近 s 平面的虚轴，闭环系统的相对稳定性就越差。

图 5-57 为一典型Ⅰ型系统的 $G(\mathrm{j}\omega)H(\mathrm{j}\omega)$ 曲线，此曲线与 GH 平面的负实轴相交，令交点与坐标原点间的截距为 d，$\angle G(\mathrm{j}\omega_g)H(\mathrm{j}\omega_g)=-180°$，对应的频率 ω_g 称为相位交界频率。若以 GH 平面的坐标原点为圆心作一单位圆，奈奎斯特曲线与该圆的圆周在相交点处的幅值为 $|G(\mathrm{j}\omega_c)H(\mathrm{j}\omega_c)|=1$，对应的频率 ω_c 称为剪切频率（又名增益交界频率）。交点处的幅值为 1，即 $|G(\mathrm{j}\omega_c)H(\mathrm{j}\omega_c)|=1$，对应的频率 ω_c 称为剪切频率（又称为增益交界频率）。矢量 $G(\mathrm{j}\omega_c)H(\mathrm{j}\omega_c)$ 与负实轴的夹角为 γ。由图 5-57 可见，当奈奎斯特曲线趋近于（−1，j0）点时，截距 d 就接近于 1，γ 角也趋向于 0°，对应系统的稳定性就大大降低。由此可知，系统的相对稳定性可用截距 d 或 γ 角的大小来度量。

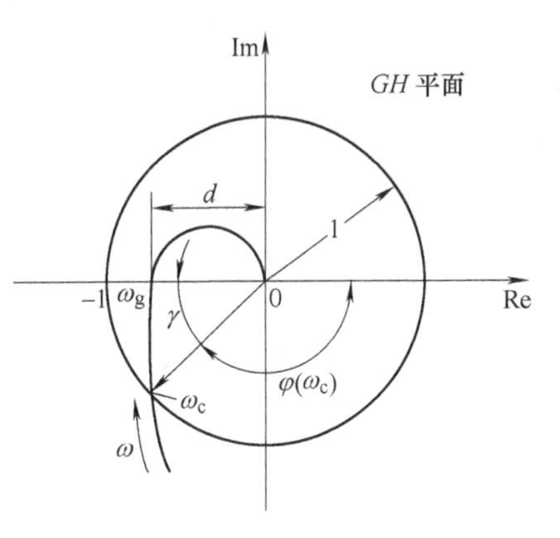

图 5-57　Ⅰ型系统的奈奎斯特图

一、增益裕量 K_g

当开环频率特性的相角 $\varphi(\omega_g)=-180°$时，其幅值 $|G(\mathrm{j}\omega_g)\ H(\mathrm{j}\omega_g)|$ 的倒数称为增益裕量，用 K_g 表示。即

$$K_g=\frac{1}{|G(\mathrm{j}\omega_g)\ H(\mathrm{j}\omega_g)|} \tag{5-64}$$

式（5-64）若用对数形式表示，则改写为

$$20\lg K_g=-20\lg|G(\mathrm{j}\omega_g)\ H(\mathrm{j}\omega_g)| \tag{5-65}$$

式（5-64）表示系统在变到临界稳定时，系统的增益还能增大多少。例如，在图 5-57 所示的奈奎斯特图中，若 $d=-0.5$，则 $K_g=1/|d|=2$，表示该系统到临界稳定时，其增益还可以增加两倍。

由奈奎斯特稳定判据可知，对于最小相位系统，闭环系统稳定的充要条件是 $G(\mathrm{j}\omega)\ H(\mathrm{j}\omega)$曲线不包围（−1，j0）点，即$G(\mathrm{j}\omega)\ H(\mathrm{j}\omega)$ 曲线与其负实轴交点处的模小于 1，此时对应的 $K_g>1$。反之，对于不稳定的闭环系统，其 $K_g<1$。

二、相位裕量 γ

描述系统相对稳定性的另一度量是相位裕量。它表示使系统达到临界稳定状态时所能接受的附加相位滞后角，并用 γ 表示。对于任何系统，相位裕量 γ 的算式为

$$\gamma=180°+\varphi(\omega_c) \tag{5-66}$$

式中，$\varphi(\omega_c)$ 为开环频率特性在剪切频率 ω_c 处的相位。

不难理解，对于开环稳定的系统，若 $\gamma<0°$，表示 $G(\mathrm{j}\omega)\ H(\mathrm{j}\omega)$ 曲线包围（−1，j0）点，相应的闭环系统是不稳定的；反之，若 $\gamma>0°$，则相应的闭环系统是稳定的。一般 γ 越大，系统的相对稳定性也就越好。在工程上通常要求 γ 在 30°～60°之间，增益裕量大于 6dB。这一要

求的用意是使开环频率特性曲线不要太靠近（-1，j0）点，这是完全有必要的。因为系统的参数并非绝对不变，如果 γ 和 K_g 太小，就有可能因参数的变化而使奈奎斯特曲线包围（-1，j0）点，即导致系统不稳定。

必须指出，对于开环不稳定的系统，不能用增益裕量和相位裕量来判别其闭环系统的稳定性。图 5-58 同时示出了用奈奎斯特图和伯德图表示稳定和不稳定系统的相位裕量和增益裕量。

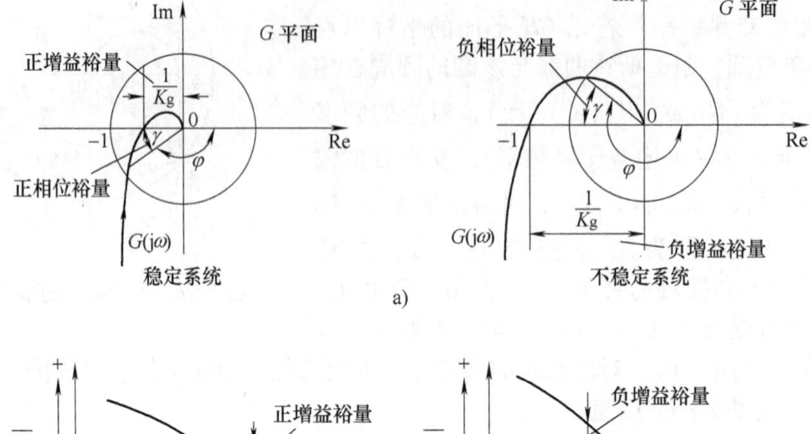

a)

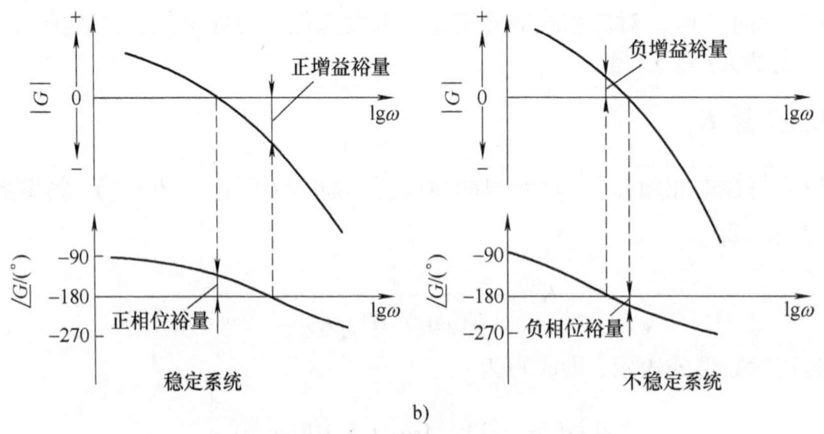

b)

图 5-58　稳定和不稳定系统的相位裕量和增益裕量

a）奈奎斯特图　b）伯德图

【例 5-14】　已知一单位反馈系统的开环传递函数为

$$G(s)=\frac{K}{s(1+0.2s)(1+0.05s)}$$

试求：1）$K=1$ 时系统的相位裕量和增益裕量；

2）要求通过增益 K 的调整，使系统的增益裕量 $20\lg K_g \geqslant 20\text{dB}$，相位裕量 $\gamma \geqslant 40°$。

解　1）基于在 ω_g 处开环频率特性的相角为

$$\varphi(\omega_g)=-90°-\arctan 0.2\omega_g-\arctan 0.05\omega_g=-180°$$

即

$$\arctan 0.2\omega_g+\arctan 0.05\omega_g=90°$$

对上式取正切，得

$$\frac{0.2\omega_g+0.05\omega_g}{1-0.2\omega_g\times 0.05\omega_g}=\infty$$

则有

$$1-0.2\omega_g \times 0.05\omega_g = 0$$

解之，求得 $\omega_g = 10$。

在 ω_g 处的开环对数幅值为

$$L(\omega_g) = 20\lg 1 - 20\lg 10 - 20\lg\sqrt{1+\left(\frac{10}{5}\right)^2} - 20\lg\sqrt{1+\left(\frac{10}{20}\right)^2}$$
$$= -20\lg 10 - 20\lg 2.236 - 20\lg 1.118 \approx -28\text{dB}$$

则

$$20\lg K_g = -L(\omega_g) = 28\text{dB}$$

根据 $K=1$ 时的开环传递函数，可知系统的 $\omega_c = 1$，据此得

$$\varphi(\omega_c) = -90° - \arctan 0.2 - \arctan 0.05 = -104.17°$$
$$\gamma = 180° + \varphi(\omega_c) \approx 76°$$

2）由题意得 $K_g = 10$，即 $|G(j\omega_g)| = 0.1$。在 $\omega_g = 10$ 处的对数幅频为

$$20\lg K - 20\lg 10 - 20\lg\sqrt{1+\left(\frac{10}{5}\right)^2} - 20\lg\sqrt{1+\left(\frac{10}{20}\right)^2} = 20\lg 0.1$$

上式简化后为

$$20\lg\frac{K}{10\times 2.236\times 1.118} = 20\lg 0.1$$

解之，得 $K = 2.5$。

根据 $\gamma = 40°$的要求，则得

$$\varphi(\omega_c) = -90° - \arctan 0.2\omega_c - \arctan 0.05\omega_c = -140°$$

即

$$\arctan 0.2\omega_c + \arctan 0.05\omega_c = 50°$$

对上式求正切，得

$$\frac{0.25\omega_c}{1-0.2\times 0.05\omega_c^2} = 1.2$$

解之，得 $\omega_c = 4$。于是有

$$L(\omega_c) = 20\lg K - 20\lg 4 - 20\lg\sqrt{1+\left(\frac{4}{5}\right)^2} - 20\lg\sqrt{1+\left(\frac{4}{20}\right)^2} = 20\lg 1$$

即

$$20\lg\frac{K}{4\times 1.28\times 1.02} = 20\lg 1$$

求解上式得 $K = 5.22$。不难看出，K 取 2.5 就能同时满足 K_g 和 γ 的要求。

三、相对稳定性与对数幅频特性中频段斜率的关系

为了使系统具有良好的相对稳定性，一般要求在 ω_c 处的开环对数幅频渐近线的斜率为 -20dB/dec。如果在该处的斜率小于 -20dB/dec，则对应的系统可能为不稳定；或者系统即使能稳定，但其相位裕量一般会较小，因而稳定性也必然会较差。对此，举例说明如下。

设最小相位系统的开环对数幅频特性如图 5-59 所示。

令 $\omega < \omega_1$ 部分的斜率为 -20dB/dec，$\omega > \omega_3$ 部分的斜率为 -40dB/dec，且设 $\frac{\omega_c}{\omega_2} = \frac{\omega_3}{\omega_c} = 3$，则

1）当 $\omega_2 < \omega < \omega_3$、斜率为 -20dB/dec，$\omega_1 < \omega < \omega_2$、斜率为 -40dB/dec 时，对应系统的开环

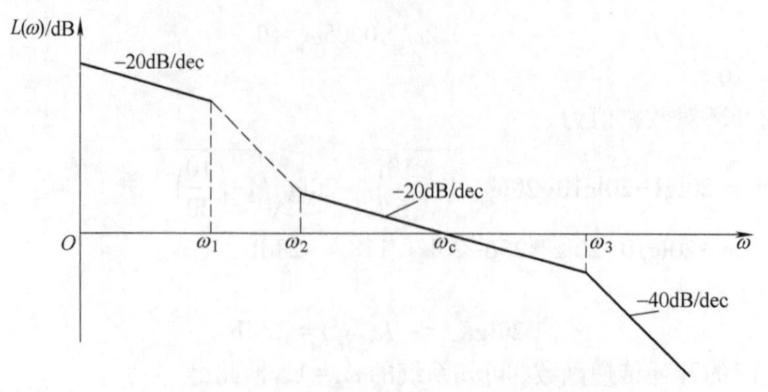

图 5-59　最小相位系统的开环对数幅频特性

频率特性为

$$G(\mathrm{j}\omega)=\frac{K\left(1+\mathrm{j}\dfrac{\omega}{\omega_2}\right)}{\mathrm{j}\omega\left(1+\mathrm{j}\dfrac{\omega}{\omega_1}\right)\left(1+\mathrm{j}\dfrac{\omega}{\omega_3}\right)} \tag{5-67}$$

它在 ω_c 处的相角为

$$\varphi(\omega_c)=-90°-\arctan\frac{\omega_c}{\omega_1}+\arctan\frac{\omega_c}{\omega_2}-\arctan\frac{\omega_c}{\omega_3}$$

式中，ω_1 虽然未确定，但角度 $\arctan\dfrac{\omega_c}{\omega_1}$ 的变化范围是在 72°~90°之间。由上式求得

$$\varphi(\omega_c)=-90°-(72°\sim90°)+72°-18°=-108°\sim-126°$$

即相位裕量 γ 在 72°~54°之间。

2）当 $\omega_2<\omega<\omega_3$、斜率为-20dB/dec，$\omega_1<\omega<\omega_2$、斜率为-60dB/dec 时，对应系统的开环频率特性为

$$G(\mathrm{j}\omega)=\frac{K\left(1+\mathrm{j}\dfrac{\omega}{\omega_2}\right)^2}{\mathrm{j}\omega\left(1+\mathrm{j}\dfrac{\omega}{\omega_1}\right)^2\left(1+\mathrm{j}\dfrac{\omega}{\omega_3}\right)} \tag{5-68}$$

它在 ω_c 处的相角为

$$\begin{aligned}\varphi(\omega_c)&=-90°-2\arctan\frac{\omega_c}{\omega_1}+2\arctan\frac{\omega_c}{\omega_2}-\arctan\frac{\omega_c}{\omega_3}\\&=-90°-(144°\sim180°)+144°-18°=-108°\sim-144°\end{aligned}$$

由此求得该系统的相位裕量为

$$\gamma=72°\sim36°$$

3）当 $\omega>\omega_2$、斜率为-40dB/dec，$\omega_1<\omega<\omega_2$、斜率为-60dB/dec 时，对应系统的开环频率特性为

$$G(\mathrm{j}\omega)=\frac{K\left(1+\mathrm{j}\dfrac{\omega}{\omega_2}\right)}{\mathrm{j}\omega\left(1+\mathrm{j}\dfrac{\omega}{\omega_1}\right)^2} \tag{5-69}$$

它在 ω_c 处的相角为

$$\varphi(\omega_c) = -90°-2\arctan\frac{\omega_c}{\omega_1}+\arctan\frac{\omega_c}{\omega_2}=-90°-(144°\sim180°)+72°$$
$$=-162°\sim-198°$$

因而

$$\gamma=18°\sim-18°$$

上述计算的结果说明了开环对数幅频特性若在 ω_c 处中频段的斜率为-20dB/dec，系统就有可能稳定并具有较大的相位裕量。当然，这一条件只是必要而非充分的，因为系统的稳定性还与中频段的宽度有关。在设计控制系统时，开环对数幅频特性在 ω_c 处中频段的斜率与系统相对稳定性的这一关系通常是很有用的。

第七节　频域性能指标与时域性能指标间的关系

频率响应法是通过系统的开环频率特性和闭环频率特性的一些特征量间接地表征系统瞬态响应的性能，因而这些特征量又称为频域性能指标。常用的频域性能指标有相位裕量、增益裕量、谐振峰值、频带宽度和谐振频率等。虽然这些性能指标没有时域性能指标那样给人一个直观的感觉，但在二阶系统中，它们与时域性能指标间有着确定的对应关系；在高阶系统中，也有着近似的对应关系。

一、闭环频率特性及其特征量

由于开环和闭环频率特性间有着确定的对应关系，因而可以通过开环频率特性求取系统的闭环频率特性。对于单位反馈系统，其闭环传递函数为

$$\phi(s)=\frac{G(s)}{1+G(s)}$$

对应的闭环频率特性为

$$\phi(j\omega)=\frac{G(j\omega)}{1+G(j\omega)}=M(\omega)e^{j\alpha(\omega)} \tag{5-70}$$

式（5-70）描述了开环频率特性与闭环频率特性之间的关系。如果已知 $G(j\omega)$ 曲线上的一点，就可由式（5-70）确定闭环频率特性曲线上相应的一点。用这种方法逐点绘制闭环频率特性曲线，显然是既繁琐又很费时间。为此，过去工程上用图解法去绘制闭环频率特性曲线，现在这个工作已由 MATLAB 软件去实现，从而大大提高了绘图的效率和精度。

1. 闭环幅频特性的零频值

设单位反馈系统的开环传递函数为

$$G(s)=\frac{KG_0(s)}{s^{\nu}} \tag{5-71}$$

式中，$G_0(s)$ 不含有积分和比例环节，且 $\lim\limits_{s\to0}G_0(s)=1$。由式（5-71）得

$$\frac{C(s)}{R(s)}=\frac{KG_0(s)}{s^{\nu}+KG_0(s)} \tag{5-72}$$

当 $\nu=0$ 时，闭环幅频特性的零频值为

$$M(0)=\lim_{\omega\to0}\left|\frac{KG_0(j\omega)}{(j\omega)^0+KG_0(j\omega)}\right|=\frac{K}{1+K}<1 \tag{5-73}$$

当 $\nu\geq1$ 时，闭环幅频特性的零频值为

$$M(0)=\lim_{\omega\to 0}\left|\frac{KG_0(\mathrm{j}\omega)}{(\mathrm{j}\omega)^{\nu}+KG_0(\mathrm{j}\omega)}\right|=1 \tag{5-74}$$

0 型与Ⅰ型及Ⅰ型以上系统 $M(0)$ 的差异，反映了它们跟随阶跃输入时稳态误差的不同，前者有稳态误差存在，后者没有稳态误差产生。

2. 频带宽度

图 5-60 为 $M(0)=1$ 时闭环对数幅频特性的一般形状。当幅频值下降到低于零频率值以下 3dB 时，对应的频率 ω_b 称为截止频率，即有

$$\left|\frac{C(\mathrm{j}\omega_b)}{R(\mathrm{j}\omega_b)}\right|\leqslant\left|\frac{C(\mathrm{j}0)}{R(\mathrm{j}0)}\right|-3\mathrm{dB}$$

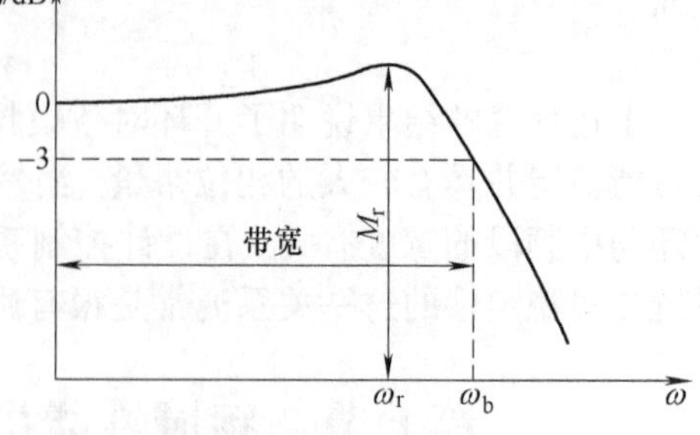

图 5-60　表示截止频率 ω_b 和带宽的对数坐标图

对应于闭环幅频值不低于-3dB 的频率范围 $0<\omega\leqslant\omega_b$，通常称为系统的频带宽度。系统的频带宽度反映了系统复现输入信号的能力，具有宽的带宽的系统，其瞬态响应的速度快，调整的时间也小。对此，举例说明如下。

【例 5-15】 设有两个控制系统，它们的传递函数分别为

系统Ⅰ

$$\frac{C(s)}{R(s)}=\frac{1}{s+1}$$

系统Ⅱ

$$\frac{C(s)}{R(s)}=\frac{1}{3s+1}$$

试比较两个系统带宽的大小，并验证具有较大带宽的系统比具有较小带宽的系统响应速度快，对输入信号的跟随性能好。

解　图 5-61a 为上述两系统的闭环对数幅频特性曲线（图中虚线为其渐近线）。由图可见，系统Ⅰ的带宽为 $0\leqslant\omega\leqslant1$，系统Ⅱ的带宽为 $0\leqslant\omega\leqslant0.33$，即系统Ⅰ的带宽是系统Ⅱ带宽的 3 倍。图 5-61b 和 c 分别表示了两系统的阶跃响应和斜坡响应曲线。显然，系统Ⅰ较系统

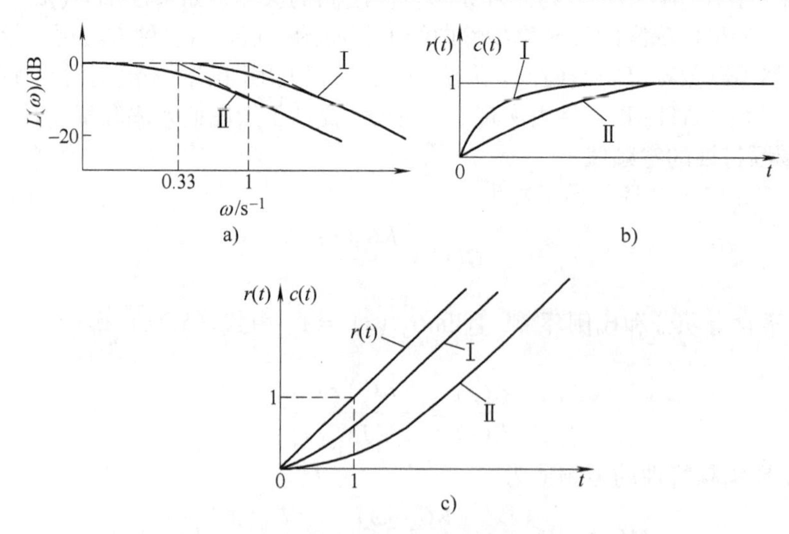

图 5-61　两系统动态特性的比较

Ⅱ具有较快的阶跃响应，并且前者跟踪斜坡输入的性能也明显优于后者。

需要指出，宽的带宽虽然能提高系统响应的速度，但也不能过大，否则会降低系统抑制高频噪声的能力。因此在设计系统时，对于频带宽度的确定必须兼顾到系统的响应速度和抗高频干扰的要求。

二、二阶系统时域响应与频域响应的关系

对于二阶系统，其时域响应与频域响应性能指标之间有着确定的对应关系。图 5-62 所示二阶系统的闭环传递函数为

$$\frac{C(s)}{R(s)}=\frac{\omega_n^2}{s^2+2\zeta\omega_n s+\omega_n^2}$$

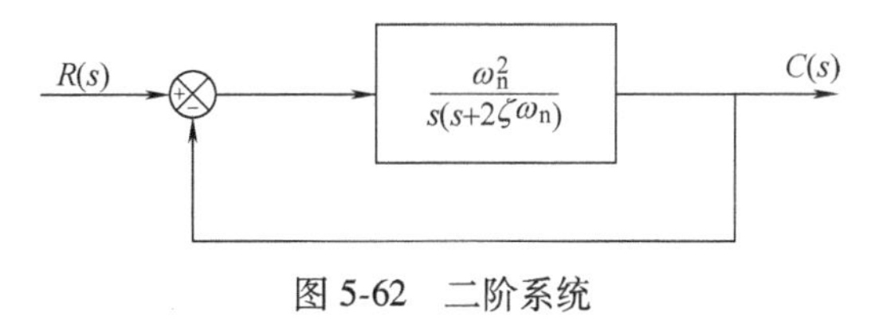

图 5-62　二阶系统

对应的闭环频率特性为

$$\frac{C(j\omega)}{R(j\omega)}=\frac{1}{\left(1-\frac{\omega^2}{\omega_n^2}\right)+j2\zeta\frac{\omega}{\omega_n}}=Me^{j\alpha} \tag{5-75}$$

式中：

$$M=\frac{1}{\sqrt{\left(1-\frac{\omega^2}{\omega_n^2}\right)^2+\left(2\zeta\frac{\omega}{\omega_n}\right)^2}},\quad \alpha=-\arctan\frac{2\zeta\frac{\omega}{\omega_n}}{1-\frac{\omega^2}{\omega_n^2}}$$

当 $0\leqslant\zeta\leqslant\frac{1}{\sqrt{2}}$时，系统有谐振产生，其谐振频率和谐振峰值分别为

$$\omega_r=\omega_n\sqrt{1-2\zeta^2} \tag{5-76}$$

$$M_r=\frac{1}{2\zeta\sqrt{1-\zeta^2}} \tag{5-77}$$

由式（5-77）得

$$\zeta=\sqrt{\frac{1-\sqrt{1-1/M_r^2}}{2}} \tag{5-78}$$

为了便于对 M_r 和 M_p 做比较，把 M_r 和 M_p 与 ζ 的关系曲线都画在图 5-63 中。由该图可见，M_p 和 M_r 均随着 ζ 的减小而增大。显然，对于同一个系统，若在时域内的 M_p 大，则在频域中的 M_r 必然也是大的；反之亦然。为了使系统具有良好的相对稳定性，在设计系统时，通常取 ζ 值在 0.4~0.7 之间，对应的 M_r 将坐落在 1~1.4 之间。

把式（5-78）代入式（3-26），则得

$$M_p=\exp\left[-\pi\sqrt{\frac{M_r-\sqrt{M_r^2-1}}{M_r+\sqrt{M_r^2-1}}}\right] \tag{5-79}$$

如果已知 M_r，则由式（5-79）可求得对应的 M_p。

根据在第三章中导出的二阶系统的上升时间和调整时间的下列关系式：

$$t_p=\frac{\pi}{\omega_n\sqrt{1-\zeta^2}} \tag{5-80}$$

$$t_s=\frac{1}{\zeta\omega_n}\ln\frac{1}{\Delta\sqrt{1-\zeta^2}}\tag{5-81}$$

并考虑到式（5-76），则得

$$\omega_r t_p=\pi\sqrt{\frac{1-2\zeta^2}{1-\zeta^2}}\tag{5-82}$$

$$\omega_r t_s=\frac{1}{\zeta}\sqrt{1-2\zeta^2}\ln\frac{1}{\Delta\sqrt{1-\zeta^2}}\tag{5-83}$$

当 $\omega=\omega_b$ 时，二阶系统的幅频为

$$\frac{\omega_n^2}{\sqrt{(\omega_n^2-\omega_b^2)^2+(2\zeta\omega_b\omega_n)^2}}=\frac{1}{\sqrt{2}}$$

求解上式，得

$$\omega_b=\omega_n\sqrt{1-2\zeta^2+\sqrt{2-4\zeta^2+4\zeta^4}}\tag{5-84}$$

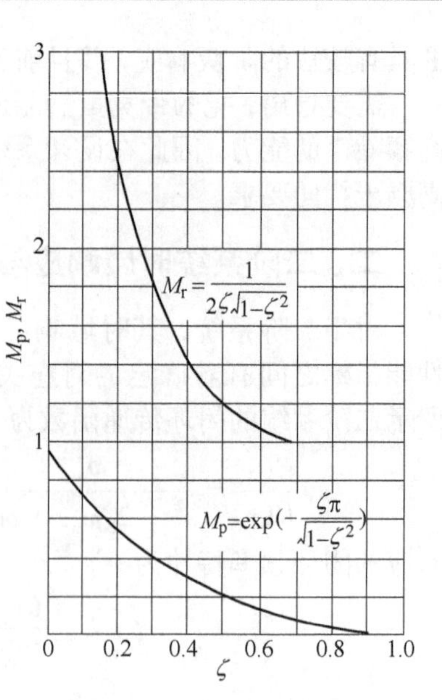

图 5-63　二阶系统的 M_r 和 M_p 与 ζ 的关系曲线

同理，把由式（5-80）、式（5-81）求得的 ω_n 代入式（5-84），则得

$$\omega_b t_p=\pi\sqrt{1-2\zeta^2+\sqrt{2-4\zeta^2+4\zeta^4}}/\sqrt{1-\zeta^2}\tag{5-85}$$

$$\omega_b t_s=\frac{1}{\zeta}\sqrt{1-2\zeta^2+\sqrt{2-4\zeta^2+4\zeta^4}}\ln\frac{1}{\Delta\sqrt{1-\zeta^2}}\tag{5-86}$$

由式（5-82）、式（5-83）、式（5-85）和式（5-86）可知，对于给定的 ζ，系统的 t_p 和 t_s 均与其 ω_r、ω_b 成反比。这就是说，ω_r 越高或 ω_b 越大，则系统响应的速度就越快。

若把式（5-78）代入式（5-82）、式（5-83）、式（5-85）和式（5-86），使这4个式中的 ζ 均用 M_r 表示，从而把时域性能指标 t_p、t_s 与频域性能指标 M_r、ω_r 和 ω_b 联系起来。如果已知 M_r 和 ω_r 或 M_r 和 ω_b，就能从这些关系式中求出 t_p 和 t_s。

下面研究二阶系统的相位裕量 γ、剪切频率 ω_c 与阻尼比 ζ 间的关系。

当 $\omega=\omega_c$ 时，$|G(j\omega_c)|=1$，即

$$\frac{\omega_n^2}{\sqrt{\omega_c^4+4\zeta^2\omega_c^2\omega_n^2}}=1$$

求解上式，得

$$\omega_c=\omega_n\sqrt{\sqrt{4\zeta^4+1}-2\zeta^2}\tag{5-87}$$

据此求得 $G(j\omega_c)$ 的相角为

$$\begin{aligned}\varphi(\omega_c)&=-90°-\arctan\frac{\omega_c}{2\zeta\omega_n}\\&=-90°-\arctan\frac{\sqrt{\sqrt{1+4\zeta^4}-2\zeta^2}}{2\zeta}\end{aligned}\tag{5-88}$$

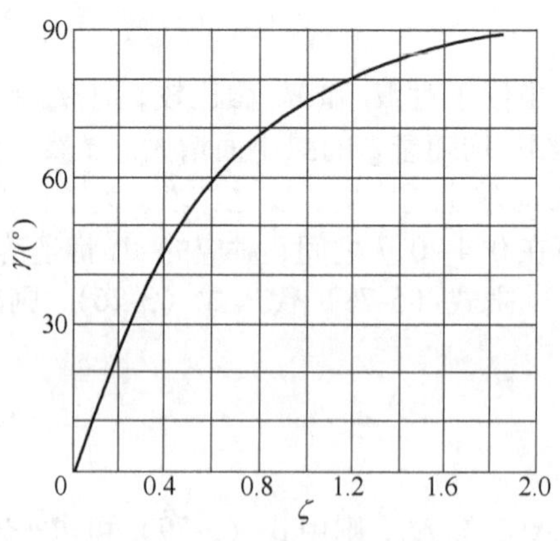

图 5-64　图 5-62 所示系统的 γ 与 ζ 的关系曲线

由相位裕量的定义得

$$\gamma=180°+\varphi(\omega_c)=\arctan\frac{2\zeta}{\sqrt{\sqrt{1+4\zeta^4}-2\zeta^2}} \tag{5-89}$$

图 5-64 为 γ 与 ζ 的关系曲线。当 $\gamma=60°$时，$\zeta\approx0.6$。

根据式（5-84）和式（5-87），求得 ω_c 与 ω_b 间的关系为

$$\frac{\omega_b}{\omega_c}=\sqrt{\frac{(1-2\zeta^2)+\sqrt{2-4\zeta^2+4\zeta^4}}{\sqrt{1+4\zeta^4}-2\zeta^2}} \tag{5-90}$$

由式（5-90）可知，当 $\zeta=0.4$ 时，$\omega_b=1.61\omega_c$；$\zeta=0.5$ 时，$\omega_b=1.62\omega_c$；$\zeta=0.6$ 时，$\omega_b=1.6\omega_c$；$\zeta=0.7$ 时，$\omega_b=1.56\omega_c$。因此对于高阶系统，在初步设计时，一般近似地取 $\omega_b=1.6\omega_c$。

高阶系统的频率响应与时域响应间的对应关系是通过傅里叶积分相联系的，即

$$C(t)=\frac{1}{2\pi}\int_{-\infty}^{\infty}C(j\omega)e^{j\omega t}d\omega \tag{5-91}$$

由于这种积分变换较复杂，因而不可能像二阶系统那样简单地描述频域响应与时域响应间的对应关系，且其实用的意义也不大。如果高阶系统中有一对共轭主导极点，则上述二阶系统的时域响应与频域响应间的对应关系就可以近似地应用于该高阶系统。

第八节　MATLAB 在频率响应法中的应用

伯德图和奈奎斯特图是频率响应法中两种重要的图形。在对系统做分析时，为了减少绘图的工作量，前者的幅频特性常用它的渐近线近似表示；后者按实际的需要，一般仅画出它的示意图。尽管如此，也需要花费一定的时间，且所得的图形是近似的。若用本节介绍的 MATLAB 相关指令，就能既快速又较精确地绘制出上述频率特性的图形。

一、用 MATLAB 绘制伯德图

绘制伯德图的功能指令为

bode（num，den）

该指令表示在同一幅图中，分上、下两部分生成幅频特性和相频特性曲线。虽未明确给出频率 ω 的取值范围，但 MATLAB 在频率响应的范围内能自动选取 ω 值绘图。幅频和相频特性的横坐标均为 ω（单位为 s^{-1}）；前者的纵坐标为 $L(\omega)/dB$，后者的纵坐标为 $\varphi(\omega)/(°)$。若要具体给出频率 ω 的范围，可调用指令 logspace（a，b，n）和 bode（num，den，w）来绘制伯德图。其中，指令 logspace（a，b，n）是产生频率响应自变量 ω 的采样点，即在十进制数 10^a 和 10^b 之间产生 n 个十进制对数分度的等距离点，采样点 n 的具体值由用户确定。

【例 5-16】 已知一单位反馈控制系统的开环传递函数为

$$G(s)=\frac{10(0.1s+1)}{s(0.5s+1)}$$

试绘制该传递函数对应的伯德图。

解 先将 $G(s)$ 改写为如下的分式：

$$G(s)=\frac{\text{num}(s)}{\text{den}(s)}=\frac{s+10}{0.5s^2+s}$$

然后用 bode（num den）指令，画出图 5-65 所示的伯德图。

```
% MATLAB 程序 5-1
num=[1  10]; den=[0.5  1  0];
w=logspace(-2, 3, 100);
bode(num,den,w);
grid on;
title('Bode Diagram of G(s)= 10(1+0.1s)/[s(1+0.5s)]');
```

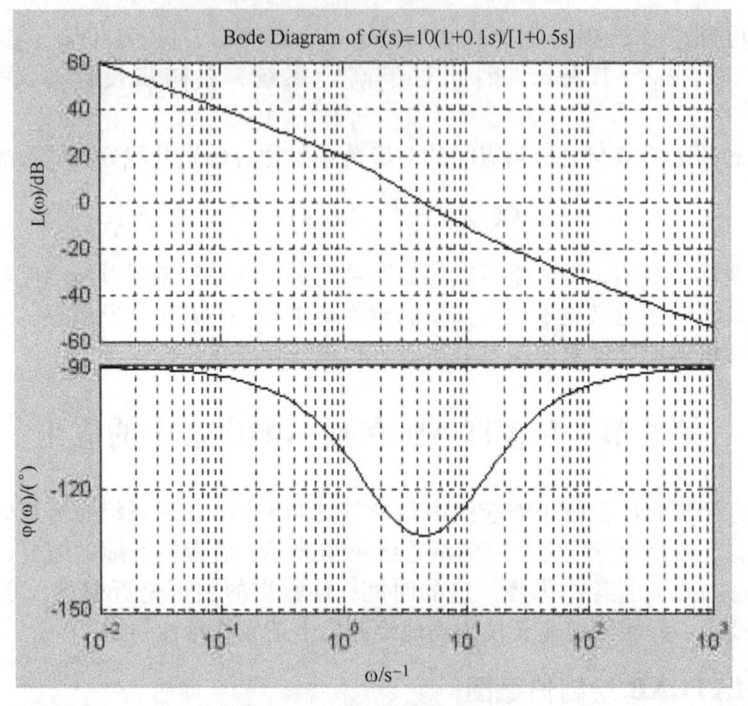

图 5-65　例 5-16 的伯德图

该程序中 ω 的取值范围是由用户根据需要而设定的，而伯德图的幅值与相角的取值范围是由 MATLAB 自动生成的。若需要指定幅值和相角的取值范围，则需要调用如下的功能指令：

[mag,phasc,w]=bode(num,den,w)

该指令等号左方的变量 mag 和 phase 表示频率响应的幅值和相角，这些幅值和相角均由所选频率点的 ω 值经计算后得出。由于幅值的单位不是 dB，因此需增加一条指令：

mag dB=20 * lg10(mag)

上述两条指令在应用时，还需加上如下的两条指令，才能在屏幕上生成完整的伯德图。这两条指令是

Subplot(2 1 1) Semilgx(w,20 * lg10(mag));
Subplot(2 1 2) Semilgx(w,phase);

【例 5-17】 已知一系统的开环传递函数为

$$G(s)=\frac{30(0.2s+1)}{s(s^2+16s+100)}$$

要求 ω 值在 $10^{-2}\sim10^3$间作出该系统的伯德图。

解　应用 MATLAB 程序 5-2，就可得到图 5-66 所示的伯德图。

```
% MATLAB 程序 5-2
num=[6  30]; den=[1  16  100  0];
w=logspace(-2, 3, 100);
[mag,phase,w]=bode(num,den,w);
subplot(211);
semilogx(w,20*log10(mag));
grid on;
xlabel('ω/s^-1');ylabel('L(ω)/dB');
title('Bode Diagram of G(s)= 30(1+0.2s)/[s(s^2+16s+100)]');
subplot(212);
semilogx(w,phase);
xlabel('ω/s^-^1');ylabel('ϕ(°)');
grid on;
```


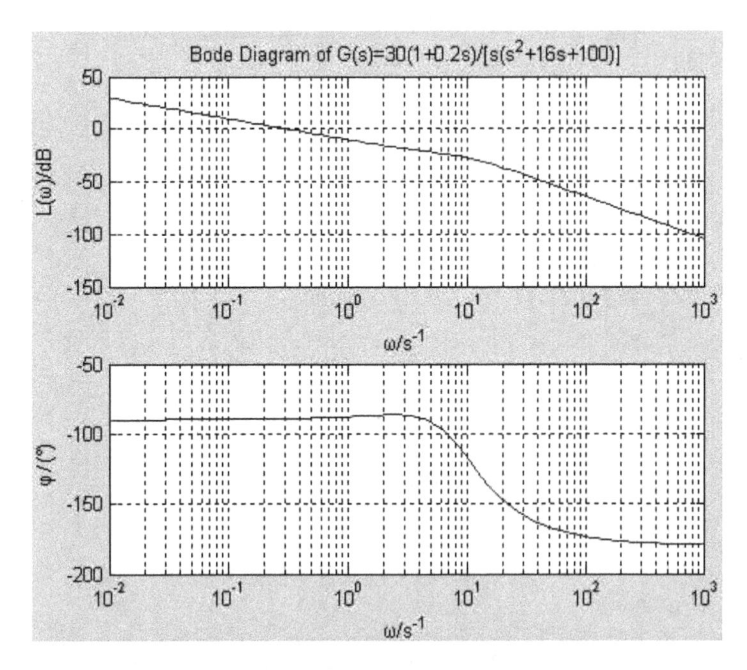

图 5-66　例 5-17 的伯德图

这里需要指出的是，由于 MATLAB 绘制伯德图是在一定频率范围内逐点读取 ω 的值，并计算相应的幅值和相角。当开环传递函数中有位于 s 平面虚轴上的极点时，如 $G(s) = 1/(s^2+1)$，其极点为±j1。若取 $\omega=1\mathrm{s}^{-1}$，经计算所得的幅值 $|G|$ 就变为无穷大，致使计算溢出报警。对此，可通过改变采样的频率点，以避开 $\omega=1$ 的奇点。

二、用 MATLAB 绘制奈奎斯特图

由于绘制奈奎斯特图的工作量很大，因而在对系统分析时，一般只画出它的示意图。若用 MATLAB 去绘制，则不仅快捷方便，而且所得的图形亦较精确，有助于对系统的分析。根据系统的开环传递函数，应用如下的 MATLAB 功能指令：

nyquist (num, den)

就能在屏幕上显示出所要绘制的奈奎斯特图。

【例 5-18】 已知一系统的开环传递函数为

$$G(s)H(s)=\frac{1}{s^3+1.8s^2+1.8s+1}$$

试用 MATLAB 绘制该系统的奈奎斯特图。

解 应用 MATLAB 程序 5-3，就可得到图 5-67 所示的奈奎斯特图。

```
% MATLAB 程序 5-3
num=[1]; den=[1  1.8  1.8  1];
nyquist(unm,den);
v=[-1  1.5  -1.5  1.5]; axis(v);          %设置图形的坐标范围
grid on;
title('Nyquist of G(s)=1/(s^3+1.8s^2+1.8s+1)');
```

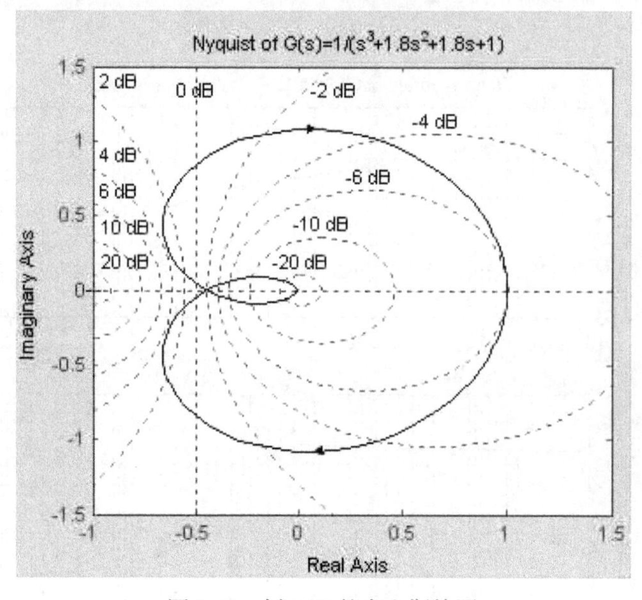

图 5-67　例 5-18 的奈奎斯特图

当用户需要指定的频率 ω 时，可用指令 nyquist(num, den, w)。ω 的单位为 s^{-1}，系统的频率响应值就是在那些指定的频率点上计算求得。nyquist 指令还有两种等号左端含有变量的形式：

[Re,Im]=nyquist(num,den,w)

[Re,Im,w]=nyquist(num,den)

这两条指令都不能在屏幕上产生奈奎斯特图。因为 MATLAB 仅做了系统频率响应实部与虚部的计算和排列工作，其中 Re、Im 分别以矩阵元素的形式给出。如果要在屏幕上显示系统的奈奎斯特图，则需加 plot(Re, Im) 指令。该指令根据已算好的 Re、Im，画出系统的奈奎斯特图。

由于用 nyquist 指令绘图时，*GH* 平面上实轴与虚轴的范围都是自动确定的，因而不能调用指令 axis(v) 来改变图形坐标的设置范围。如果用户需要自己设置图形的坐标范围，则需取出 Real、Imag 的数据，然后用 plot 指令绘制图形，并用 axis(v) 指令设置图形的坐标范围。对此，举例说明如下。

【例 5-19】 某控制系统的框图如图 5-68 所示，试用 MATLAB 绘制该系统的奈奎斯特图。

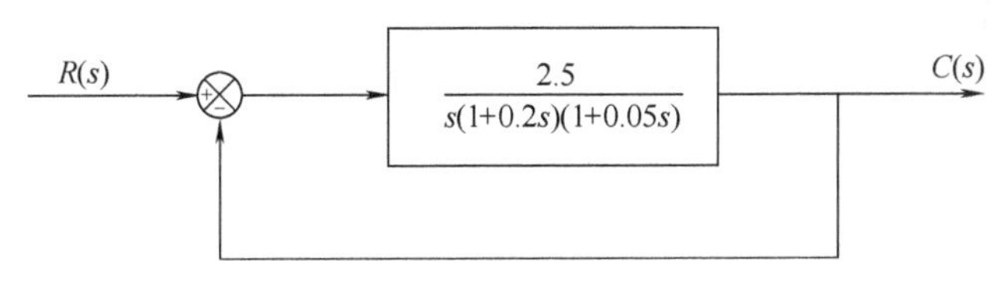

图 5-68　控制系统

解　应用 MATLAB 程序 5-4，就可得到图 5-69 所示的奈奎斯特图。

```
% MATLAB 程序 5-4
num=[2.5]; den=[0.01   0.25   1   0];
w1=0.1:0.1:10;
w2=10:2:100;
w3=100:5:1000;
w=[w1   w2   w3];
[Re,Im]=nyquist(num,den,w);
plot(Re(:,:),Im(:,:),Re(:,:),-Im(:,:));
v=[-1   0   -0.1   0.1]; axis(v);
grid on;
title('Nyquist of G(s)= 2.5/[s(1+0.2s)(1+0.05s)]');
xlabel('Re');ylabel('Im');
```

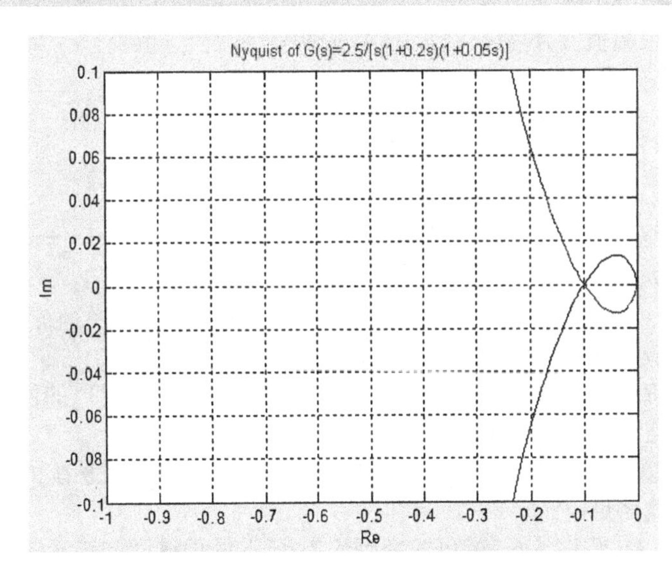

图 5-69　例 5-19 系统的奈奎斯特图

如果只需画出 ω 由 $0\to\infty$ 变化的奈奎斯特图，则只要把 plot 指令括号中的函数内容做如下的修改，使之变为

plot(Re(:,:),Im(:,:))

【例 5-20】 仍以例 5-19 所示的系统为例，应用 MATLAB 程序 5-5，就可得到图 5-70 所示的奈奎斯特图。

解

```
% MATLAB 程序 5-5
num=[2.5];den=[0.01  0.25  1  0];
w1=0.1:0.1:10;
w2=10:2:100;
w3=100:5:1000;
w=[w1  w2  w3];
[Re,Im]=nyquist(num,den,w);
plot(Re(:,:),Im(:,:));
v=[-1  0  -0.1  0.1]; axis(v);
grid on;
title('Nyquist of G(s)=2.5/[s(1+0.2s)(1+0.05s)]');
xlabel('Re');ylabel('Im');
```

三、用 MATLAB 求系统的相位裕量与增益裕量

相位裕量和增益裕量是衡量系统相对稳定性的两个重要指标，应用 MATLAB 的相关指令，就能很方便地求出它们的值。这个指令是

[gm, pm, wcg, wcp] = margin (mag, phase, w)

该指令等号的右方为幅值（不是以 dB 为单位）、相角和频率矢量，它们是由 bode 或 nyquist 指令得到，等号的左方为待求的幅值裕量 gm（不是以 dB 为单位）、相位裕量 pm（以角度为单位）、相位为-180°处的频率 wcg 和幅值为 1（或 0dB）处的频率 wcp。gm 和 pm 也可用下列的指令求取：

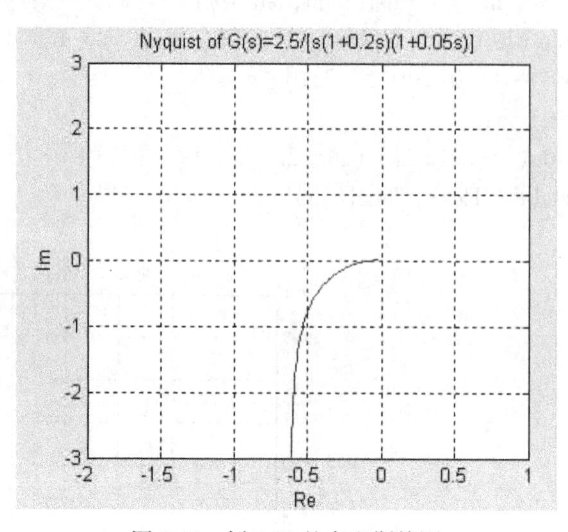

图 5-70　例 5-20 的奈奎斯特图

margin (mag, phase, w)

此指令中虽未标出待求的参数，但它能生成带有裕量标记（垂直线）的伯德图，并在命令窗口给出相应的幅值裕量和相位裕量，以及它们对应的频率值。

【例 5-21】 仍以例 5-19 所示的系统为例，用 MATLAB 绘制该系统的伯德图，并求取系统的相位裕量和增益裕量。

解 应用 MATLAB 程序 5-6，就可求得图 5-71 所示的伯德图和该系统的相位裕量和增益裕量。

```
% MATLAB 程序 5-6
h1=tf([2.5],[1  0]);
h2=tf([1],[0.2  1]);
h3=tf([1],[0.05  1]);
```

```
h=h1 * h2 * h3;
[num,den]=tfdata(h);
[mag,phase,w]=bode(num,den);
subplot(211);
semilogx(w,20 * log10(mag));
grid on;
xlabel('ω/s^-1');ylabel('L(ω)/dB');
title('Bode Diagram of G(s)= 2.5/[s(1+0.2s)(1+0.05s)]');
subplot(212);
semilogx(w,phase);
grid on;
xlabel('ω/s^-^1'); ylabel('φ(°)');
[Gm,Pm,Wcg,Wcp]=margin(mag,phase,w)
```

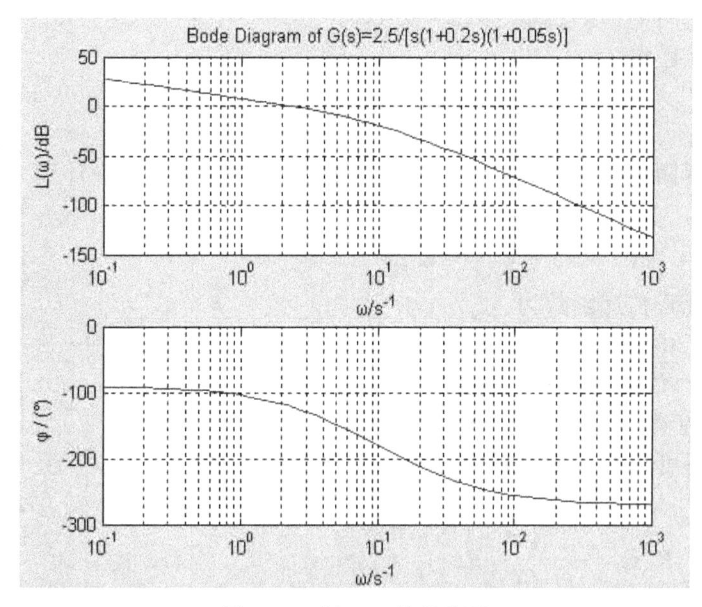

图 5-71　例 5-21 的伯德图

该程序运行后，在 MATLAB 命令窗口依次显示下列数据：

```
Gm=10
Pm=59.1337
Wcg=10
Wcp=2.2603
```

小　　结

1）频率特性是线性系统（或部件）在正弦输入信号作用下的稳态输出与输入之比。它和传递函数、微分方程一样能反映系统的动态性能，因而它是线性系统（或部件）的又一形式的数学模型。

2）传递函数的极点和零点均在 s 平面左方的系统称为最小相位系统。由于这类系统的幅频特性和相频特性之间有着唯一的对应关系，因而只要根据它的对数幅频特性曲线就能写出对应系统的传递函数。

3）奈奎斯特稳定判据是根据开环频率特性曲线围绕（-1，j0）点的情况（N 等于多少）和开环传递函数在 s 右半平面的极点数 P 来判别对应闭环系统的稳定性的。这种判据能从图形上直观地看出参数的变化对系统性能的影响，并提示改善系统性能的信息。

4）考虑到系统内部参数和外界环境变化对系统稳定性的影响，要求系统不仅能稳定地工作，而且还需有足够大的稳定裕量。稳定裕量通常用相位裕量 γ 和增益裕量 K_g 来表示。在控制工程中，一般要求系统的相位裕量 γ 在 30°~60°范围内，这是十分必要的。

5）只要被测试的线性系统（或部件）是稳定的，就可以用实验的方法来辨识它们的数学模型。这是频率响应法的一大优点。

例题分析

例题 5-1　一单位反馈系统的根轨迹如图 5-72 所示。已知输入 $r(t)=2\sin 3t$，求系统工作于临界阻尼状态时的稳态误差。

解　由根轨迹图得

$$G(s)=\frac{K}{s(s+3)}$$

由于系统处于临界阻尼状态，因而它有两个相等的负实根，即 $s_{1,2}=-1.5$。根据根轨迹的幅值条件，求得

$$K=\left|s(s+3)\right|_{s=-1.5}=2.25$$

相应系统的闭环传递函数为

$$\frac{C(s)}{R(s)}=\frac{2.25}{s^2+3s+2.25}$$

对于正弦这种输入信号，虽然不能用终值定理去求系统的稳态误差，但可用与交流电路计算稳态输出相同的方法去求得。基于

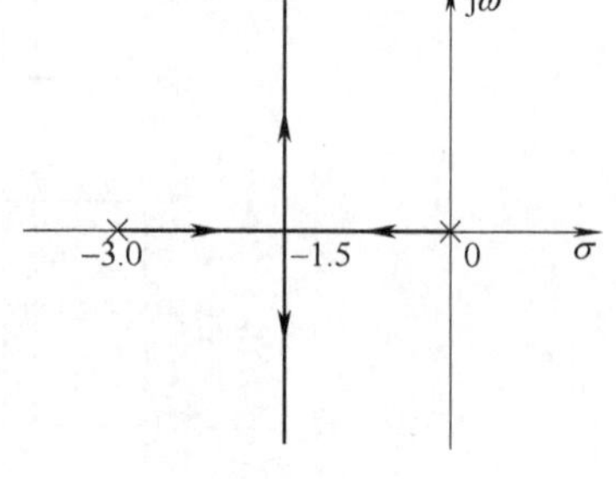

图 5-72　根轨迹

$$E(s)=\frac{1}{1+G(s)}R(s)$$

则得

$$e_{ss}=2\left|\frac{1}{1+G(s)}\right|_{s=j3}\sin(3t+\varphi)=2\left|\frac{s(s+3)}{s^2+3s+2.25}\right|_{s=j3}\sin(3t+\varphi)$$
$$=2.263\sin(3t+\varphi)$$

式中：

$$\varphi=\angle\left.\frac{1}{1+G(s)}\right|_{s=j3}=90°+45°-\arctan\frac{9}{-6.75}=8.13°$$

例题 5-2　已知一单位反馈系统的开环对数幅频特性如图 5-73 所示（最小相位系统）。试求：(1) 写出系统的闭环传递函数；(2) 若 $r(t)=e^{-5t}$，求系统的瞬态响应 $c(t)$。

解　(1) 由图 5-73 得

$$G(j\omega)=\frac{K\left(1+j\dfrac{\omega}{5}\right)}{(j\omega)^2}$$

在 $\omega_c=10$ 处，开环对数幅频的近似表达式为

$$20\lg K-40\lg 10+20\lg\frac{10}{5}\approx 20\lg 1$$

即

$$\frac{2K}{10^2}=1,\ K=50$$

于是求得系统的开环传递函数为

$$G(s)=\frac{50(1+0.2s)}{s^2}$$

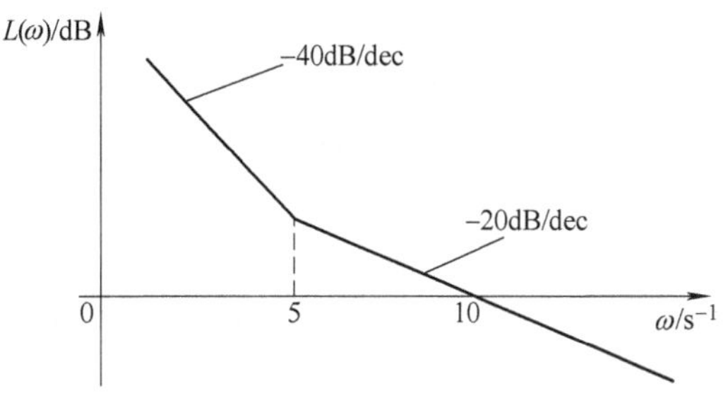

图 5-73　开环对数幅频特性

则对应的闭环传递函数为

$$\frac{C(s)}{R(s)}=\frac{50(1+0.2s)}{s^2+10s+50}=\frac{10(s+5)}{s^2+10s+50}$$

（2）因为 $R(s)=1/(s+5)$，所以系统的输出为

$$C(s)=\frac{10}{s^2+10s+50}=\frac{2\times 5}{(s+5)^2+5^2}$$

$$c(t)=2e^{-5t}\sin 5t$$

例题 5-3　设一单位反馈系统的开环对数幅频特性如图 5-74 所示（最小相位系统）。试求：(1) 写出系统的开环传递函数；(2) 判别该系统的稳定性；(3) 如果系统是稳定的，则求 $r(t)=t$ 时的系统稳态误差。

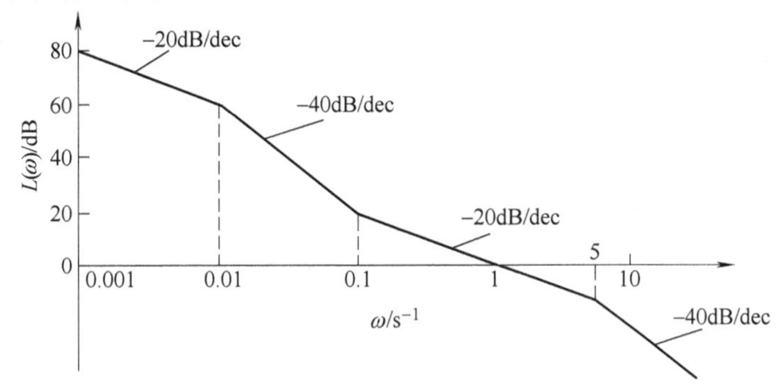

图 5-74　一最小相位系统的开环对数幅频特性

解　(1) 由图 5-74 得

$$G(j\omega)=\frac{K\left(1+j\frac{\omega}{0.1}\right)}{j\omega\left(1+j\frac{\omega}{0.01}\right)\left(1+j\frac{\omega}{5}\right)}$$

基于低频段的斜率为−20dB/dec，$\omega=0.001\mathrm{s}^{-1}$处的幅值为 80dB，据此可推算出在 $\omega=1\mathrm{s}^{-1}$处低频段的高度为 20dB，即 $K=10$。由此可知，该系统的开环传递函数为

$$G(s)=\frac{10(1+10s)}{s(1+100s)(1+0.2s)}$$

（2）由于是最小相位系统，因而可通过计算相位裕量 γ 是否大于零来判别系统的稳定性。由图 5-74 可知 $\omega_c=1$。在 ω_c 处，开环系统的相位为

$$\varphi(\omega_c)=-90°+\arctan\frac{1}{0.1}-\arctan\frac{1}{0.01}-\arctan\frac{1}{5}=-106.44°$$

则得

$$\gamma = 180° + \varphi(\omega_c) = 73.56° > 0°$$

因而该系统是稳定的。

（3）在单位斜坡输入时，系统的稳态误差为

$$e_{ss} = \frac{1}{K_v} = \frac{1}{10} = 0.1$$

例题 5-4　已知一控制系统的开环传递函数为

$$G(s)H(s) = \frac{K(1 + 0.5s)(1 + s)}{(1 + 10s)(s - 1)}$$

（1）画出 $G(j\omega)\ H(j\omega)$ 的奈奎斯特图；

（2）确定系统稳定的 K 值范围。

解　（1）当 $\omega=0$ 时，$G(j0) = -K$。当 $\omega \neq 0$ 时，$G(j\omega)\ H(j\omega)$ 的幅值为

$$|G(j\omega)H(j\omega)| = \frac{K\sqrt{1 + (0.5\omega)^2}}{\sqrt{1 + (10\omega)^2}}$$

由上式可见，随着 ω 的增加，$|G(j\omega)H(j\omega)|$ 呈单调下降，当 $\omega \to \infty$ 时，$|G(j\infty)H(j\infty)| = \frac{0.5K}{10}$。

开环相频特性的表达式为

$$\varphi = -180° + \arctan\omega - \arctan 10\omega + \arctan 0.5\omega + \arctan\omega$$

在 $0<\omega<\omega_1$ 的低频区域内，由于

$$\arctan 10\omega > 2\arctan\omega + \arctan 0.5\omega$$

因而在这一频率范围内 $\varphi<-180°$，即表示 $G(j\omega)\ H(j\omega)$ 曲线先穿过 GH 平面的负实轴进入第二象限。当 $\omega>\omega_1$ 时，上述的不等式却变为

$$\text{arctg}10\omega < 2\text{arctg}\omega + \text{arctg}0.5\omega$$

于是 $G(j\omega)\ H(j\omega)$ 曲线又从第二象限进入第三象限，并最终到达正实轴上的 B 点。图 5-75 为 $G(j\omega)\ H(j\omega)$ 完整的奈奎斯特图。

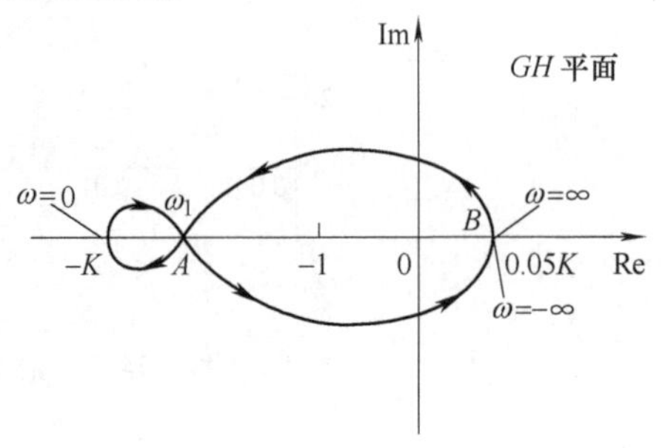

图 5-75　例题 5-4 的奈奎斯特图

（2）由于该系统的 $P=1$，若使闭环系统稳定，则要求 $G(j\omega)\ H(j\omega)$ 曲线按逆时针方向围绕（−1，j0）点一周，即要求（−1，j0）点落在图 5-75 中的 A、B 两点之间；或者说，在 A 点处的 $|GH|>1$。设 A 点处的频率为 ω_g，则得

$$\varphi(\omega_g) = -180° + \arctan\omega_g + \arctan 0.5\omega_g - \arctan 10\omega_g + \arctan\omega_g = -180°$$

即

$$\arctan\omega_g + \arctan 0.5\omega_g = \arctan 10\omega_g - \arctan\omega_g$$

对上式取正切得

$$\frac{1.5\omega_g}{1-0.5\omega_g^2} = \frac{9\omega_g}{1+10\omega_g^2}$$

解之，求得 $\omega_g = 0.62$。因而

$$|GH| = \frac{K\sqrt{1 + (0.5 \times 0.62)^2}}{\sqrt{1 + (6.2)^2}} = 0.167K > 1$$

即

$$K > \frac{1}{0.167} = 6$$

例题 5-5　已知两系统如图 5-76a 和图 5-76b 所示。(1) 画出它们的奈奎斯特图；(2) 用奈奎斯特判据判别两系统的稳定性。

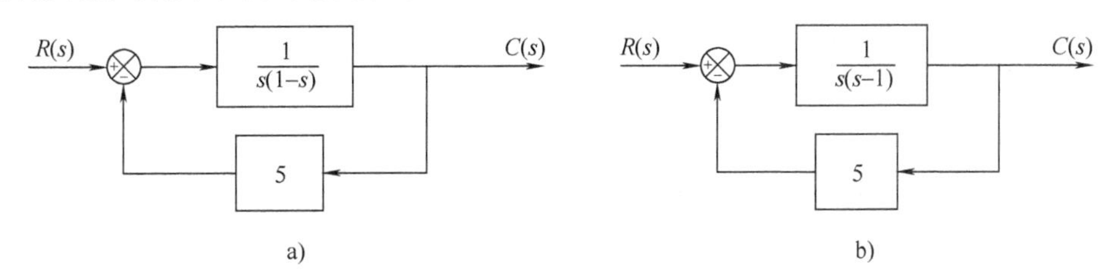

图 5-76　反馈控制系统

解　对于图 5-76a 所示的系统，其开环频率特性为

$$G(j\omega)H(j\omega) = \frac{5}{j\omega(1 - j\omega)} = \frac{5}{\omega\sqrt{1 + \omega^2}}e^{j\varphi(\omega)}$$

式中：

$$\varphi(\omega) = -90° + \arctan\omega$$

由上式可知，当 $\omega = 0$ 时，$G(j0)H(j0) = \infty \angle -90°$；随着 ω 的增大，$|GH|$ 单调地减小，φ 不断地增大；当 $\omega \to \infty$ 时，$G(j\infty)H(j\infty) = 0\angle 0°$。

由于 $s = 0$ 是 $G(s)H(s)$ 的奇点，因而所取的奈奎斯特途径应如图 5-45 所示。这样，在 s 平面上半径趋向于零的半圆 abc 映射到 GH 平面上为半径无限大的半圆 $a'b'c'$。图 5-77 为该系统的奈奎斯特图。由图可见，系统的 $N = 0$，而开环有一个极点在 s 平面的右方，即 $P = 1$，因而 $Z = 1$，这表示闭环系统有一个特征根在 s 平面的右方，显然该系统是不稳定的。

对于图 5-76b 所示的系统，其频率特性为

$$G(j\omega)H(j\omega) = \frac{5}{j\omega(j\omega - 1)} = \frac{5}{\omega\sqrt{1 + \omega^2}}e^{j\varphi(\omega)}$$

式中：

$$\varphi(\omega) = -90° - 180° + \arctan\omega$$

对应于上式的奈奎斯特图如图 5-78 所示。由于系统的 $N = 1$，$P = 1$，因而 $Z = 2$，该闭环系统也是不稳定的。

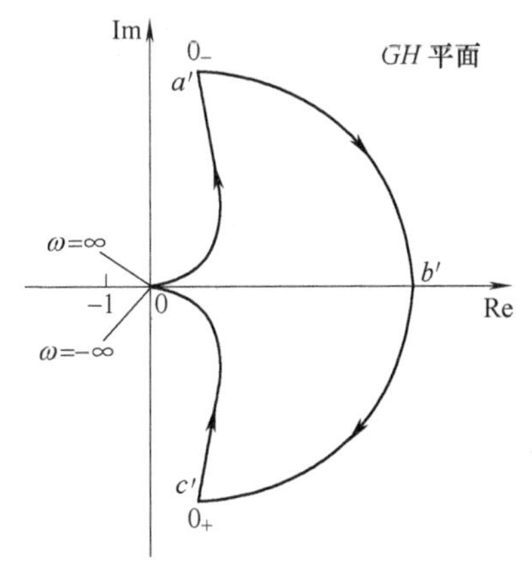

图 5-77　图 5-76a 系统的 $G(j\omega)$ $H(j\omega)$ 曲线

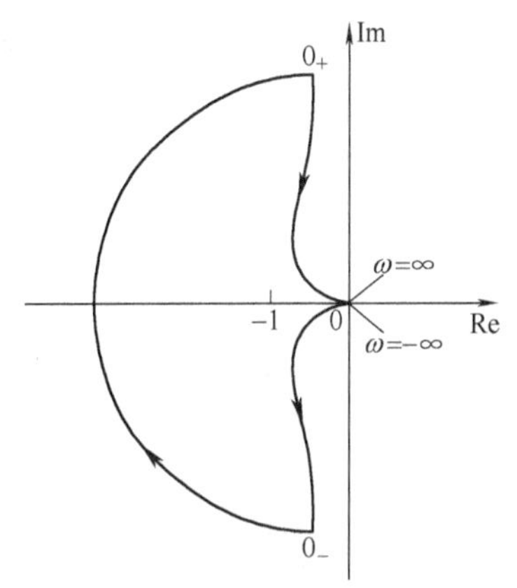

图 5-78　图 5-76b 系统的 $G(j\omega)$ $H(j\omega)$ 曲线

例题 5-6　一控制系统如图 5-79 所示。当 $r(t)=t$ 时，要求系统的稳态误差小于 0.2，且增益裕量不小于 6dB。试求增益 K 的取值范围。

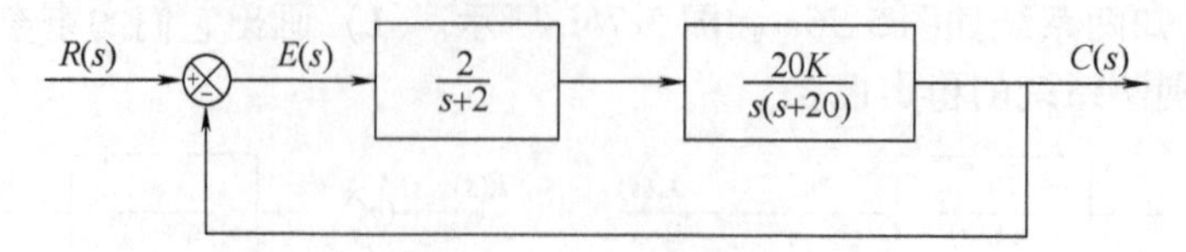

图 5-79　反馈控制系统

解　系统的开环传递函数为

$$G(s)=\frac{40K}{s(s+2)(s+20)}=\frac{K}{s\left(1+\frac{1}{2}s\right)\left(1+\frac{1}{20}s\right)}$$

相应的频率特性为

$$G(\mathrm{j}\omega)=\frac{K}{\mathrm{j}\omega\left(1+\mathrm{j}\frac{\omega}{2}\right)\left(1+\mathrm{j}\frac{\omega}{20}\right)}$$

在单位斜坡输入时，Ⅰ型系统的稳态误差为 $e_{ss}=1/K_v$。由于 $K_v=K$，因而 $1/K=0.2$，$K=5$。即欲满足稳态误差的要求，应取 $K\geqslant 5$。

基于 K 的取值还要同时满足增益裕量不小于 6dB，因此需要求出 $G(\mathrm{j}\omega)$ 曲线与负实轴交点处的频率 ω_g。在 ω_g 处，开环频率特性的相角为

$$\varphi(\omega_g)=-90°-\arctan 0.5\omega_g-\arctan 0.05\omega_g=-180°$$

即

$$\arctan 0.5\omega_g+\arctan 0.05\omega_g=90°$$

对上式取正切，得

$$\frac{0.5\omega_g+0.05\omega_g}{1-0.5\omega_g\times 0.05\omega_g}=\infty$$

显然

$$1-0.025\omega_g^2=0$$

解方程，求得 $\omega_g=\sqrt{40}$。于是增益裕量为

$$K_g=\frac{1}{\left|G(\mathrm{j}\omega_g)\right|}=\frac{\sqrt{40}\sqrt{1+\left(\frac{\omega_g}{2}\right)^2}\sqrt{1+\left(\frac{\omega_g}{20}\right)^2}}{K}$$

根据题意要求，$20\lg K_g=6\mathrm{dB}=20\lg 2$，则由上式得

$$20\lg\sqrt{40}+20\lg\sqrt{10}-20\lg K\approx 20\lg 2$$

即有

$$20\lg\frac{\sqrt{40}\times\sqrt{10}}{K}=20\lg 2$$

$$K=\frac{\sqrt{40}\sqrt{10}}{2}=10$$

综上所述，K 的取值范围应为 $5<K<10$。

习　　题

5-1　设一单位反馈控制系统的开环传递函数为

$$G(s)=\frac{9}{s+1}$$

试求系统在下列输入信号作用下的稳态输出。

（1）$r(t)=\sin(t+30°)$

（2）$r(t)=2\cos(2t-45°)$

（3）$r(t)=\sin(t+30°)-2\cos(2t-45°)$

5-2 画出下列开环传递函数对应的伯德图。

（1）$G(s)=\dfrac{10}{s(1+0.5s)(1+0.1s)}$

（2）$G(s)=\dfrac{75(1+0.2s)}{s(s^2+16s+100)}$

（3）用 MATLAB 编程，绘制上述系统的伯德图。

5-3 绘制下列开环传递函数对应的伯德图；若增益交界频率 $\omega_c=5\mathrm{s}^{-1}$，求系统的增益 K。

（1）$G(s)=\dfrac{Ks^2}{(1+0.2s)(1+0.02s)}$

（2）$G(s)=\dfrac{K\mathrm{e}^{-0.1s}}{s(1+s)(1+0.1s)}$

5-4 试求图 5-80 所示网络的频率特性，并画出它们的对数幅频渐近线。

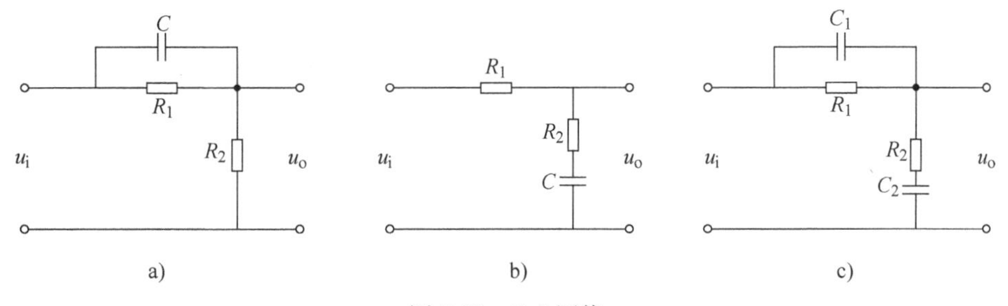

图 5-80 *R-C* 网络

5-5 已知最小相位系统的开环对数幅频特性曲线如图 5-81 所示，试写出它们对应的传递函数。

5-6 已知 3 个最小相位系统的开环对数幅频渐近线如图 5-82 所示。试求：（1）写出它们的传递函数；（2）粗略地画出各个传递函数所对应的对数相频特性曲线和奈奎斯特图。

5-7 画出下列传递函数的奈奎斯特图。这些曲线是否穿越 G 平面的负实轴？若穿越，则求出与负实轴交点的频率及相应的幅值 $|G(\mathrm{j}\omega)|$。

（1）$G(s)=\dfrac{1}{s(1+s)(1+2s)}$

（2）$G(s)=\dfrac{1}{s^2(1+s)(1+2s)}$

（3）$G(s)=\dfrac{s+2}{(s+1)(s-1)}$

（4）用 MATLAB 编程画出上述系统的奈奎斯特图，并验证前面计算的结果。

5-8 一单位反馈控制系统如图 5-83 所示。

（1）要求系统的 $M_r=1.04$，$\omega_r=11.55\mathrm{s}^{-1}$，求 K 和 a 值；

（2）根据（1）所求的 K 和 a 值，计算系统的调整时间 t_s 和截止频率 ω_b。

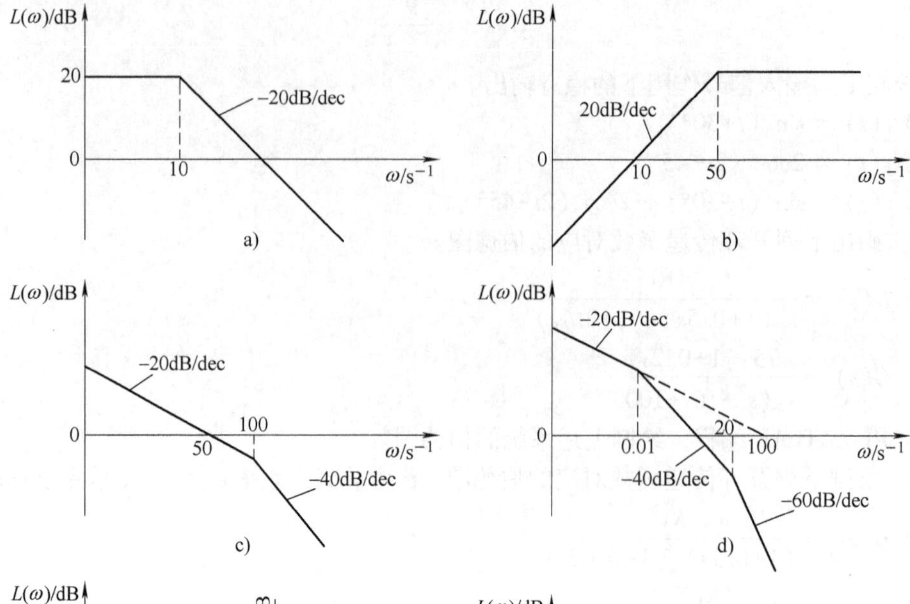

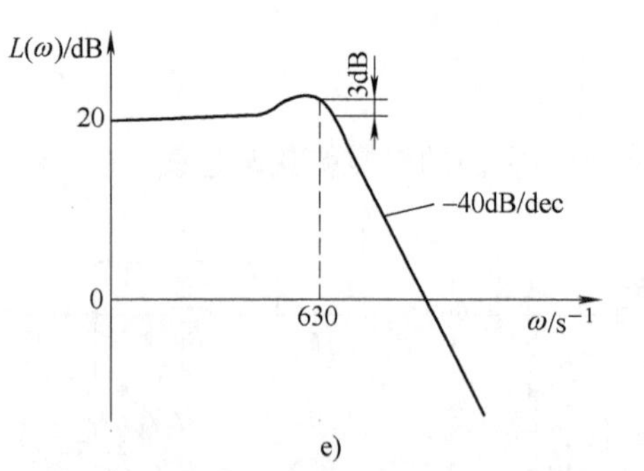

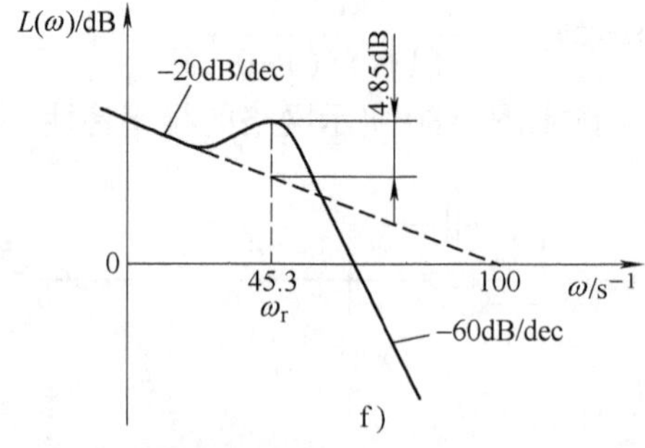

图 5-81　最小相位系统的开环对数幅频特性

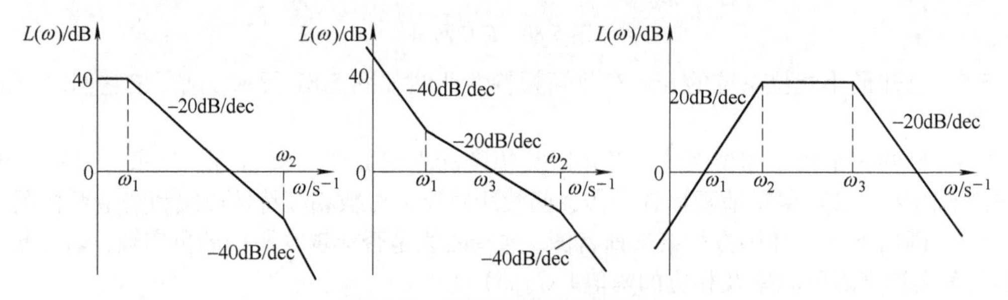

图 5-82　开环对数幅频渐近线

5-9　绘制下列开环传递函数的奈奎斯特曲线，并用奈奎斯特判据判别系统的稳定性。如果系统不稳定，请回答有几个根在 s 平面的右方。

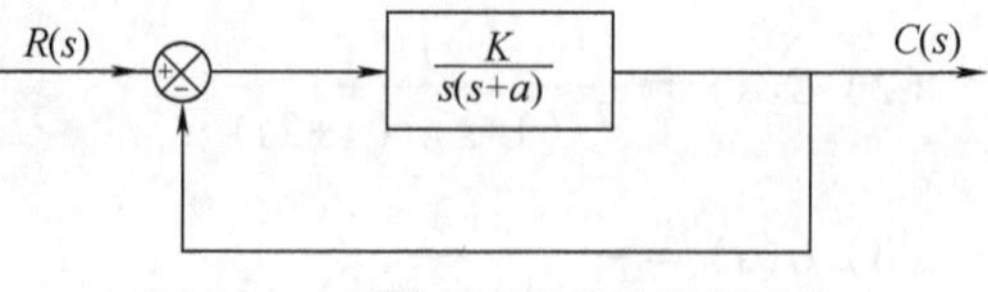

图 5-83　习题 5-8 的反馈控制系统

（1）$G(s)\ H(s)\ =\dfrac{1+4s}{s^2\ (1+s)\ (1+2s)}$

（2）$G(s)\ H(s)\ =\dfrac{1}{s\ (1+s)\ (1+2s)}$

(3) $G(s)\ H(s)\ =\dfrac{5}{s\ (s^2+4)}$

(4) 用 MATLAB 编程，画上述系统的奈奎斯特图，并验证结论。

5-10　一反馈控制系统如图 5-84 所示。

(1) 画出当 $G_c\ (s)\ =1$ 时开环系统的奈奎斯特图，并确定系统稳定的最大 K 值；

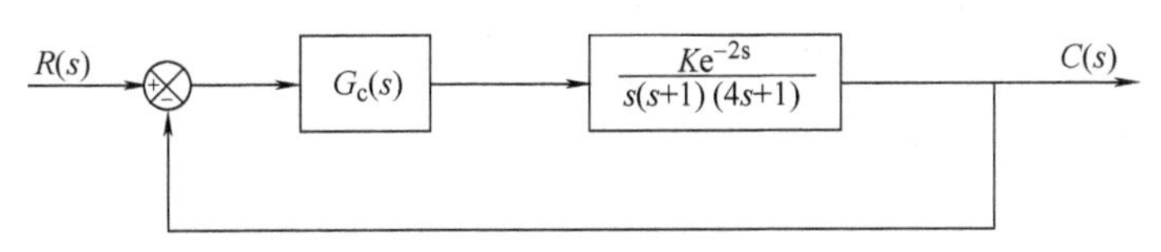

图 5-84　习题 5-10 的反馈控制系统

(2) 当 $G_c\ (s)\ =\dfrac{1+s}{s}$时，求使系统稳定的最大 K 值，并对结果作出评述。

5-11　已知控制系统的框图如图 5-85 所示，试求系统临界稳定的 K_h 值。

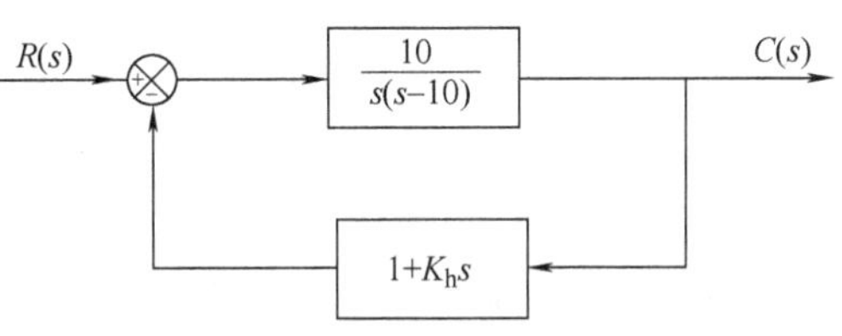

图 5-85　习题 5-11 的反馈控制系统

5-12　已知一单位反馈系统的开环传递函数为

$$G(s)=\frac{1+as}{s^2}$$

试求相位裕量等于 45°时的 a 值。

5-13　已知控制系统的开环传递函数为

$$G(s)H(s)=\frac{K}{s(1+s)(10+s)}$$

(1) 求相位裕量等于 60°时的 K 值；

(2) 在 (1) 所求的 K 值下，计算增益裕量 K_g。

5-14　某单位反馈系统的开环传递函数为

$$G(s)=\frac{K}{s(1+T_1 s)(1+T_2 s)}$$

试推导用 T_1、T_2 和指定增益裕量 K_g 表示的 K 的表达式。

5-15　一小功率随动系统的框图如图 5-86 所示。试用两种方法判别它的稳定性。

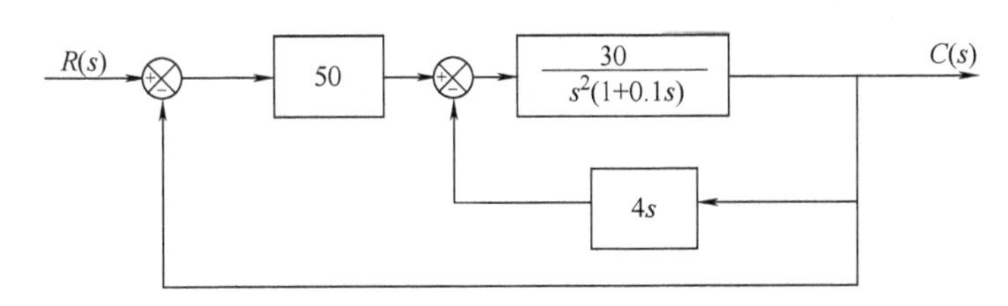

图 5-86　随动系统的框图

5-16　一单位反馈系统的开环频率响应数据见表 5-9。

(1) 求系统的增益裕量和相位裕量；

(2) 确定使系统的增益裕量为 20dB 时所需的增益变化量；

(3) 确定使系统的相位裕量为 60°时所需的增益变化量。

表 5-9　开环频率响应数据

ω	2	3	4	5	6	8	10
$G(j\omega)$	7.5	4.8	3.15	2.25	1.70	1.00	0.64
$\arg G(j\omega)$	−118°	−130°	−140°	−150°	−157°	−170°	−180°

5-17　已知一单位反馈系统的开环对数幅频特性如图 5-87 所示（最小相位系统）。试求：(1) 单位阶跃输入时的系统稳态误差；(2) 系统的闭环传递函数。

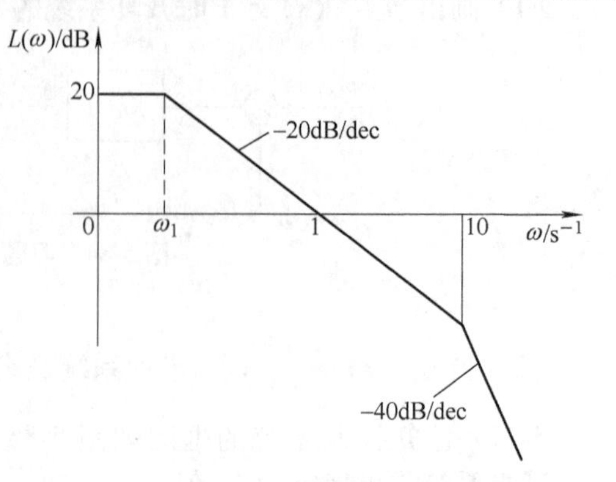

图 5-87　习题 5-17 的开环对数幅频特性

5-18　一单位反馈控制系统的开环对数幅频特性如图 5-88 所示（最小相位系统）。试求：(1) 写出系统的开环传递函数；(2) 判别闭环系统的稳定性；(3) 如果系统是稳定的，确定 $r(t)=t$ 时系统的稳态误差。

5-19　一单位反馈控制系统的闭环对数幅频特性如图 5-89 所示（最小相位系统），试求开环传递函数 $G(s)$。

5-20　已知系统的开环频率特性的奈奎斯特曲线如图 5-90 所示，试判别系统的稳定性。其中，P 为开环不稳定极点的个数，ν 为积分环节的个数。

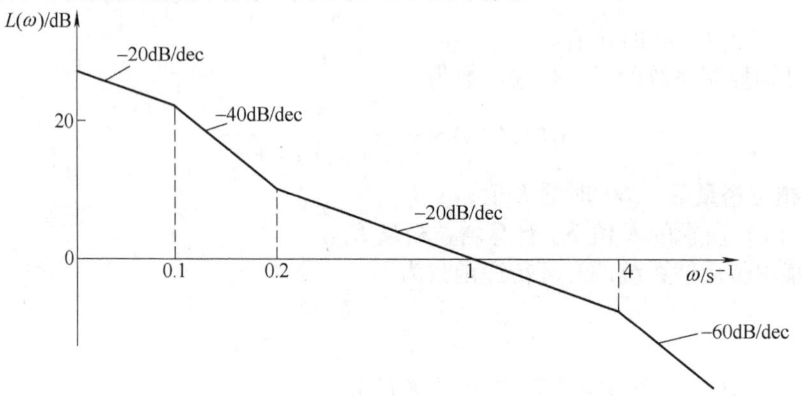

图 5-88　习题 5-18 的开环对数幅频特性

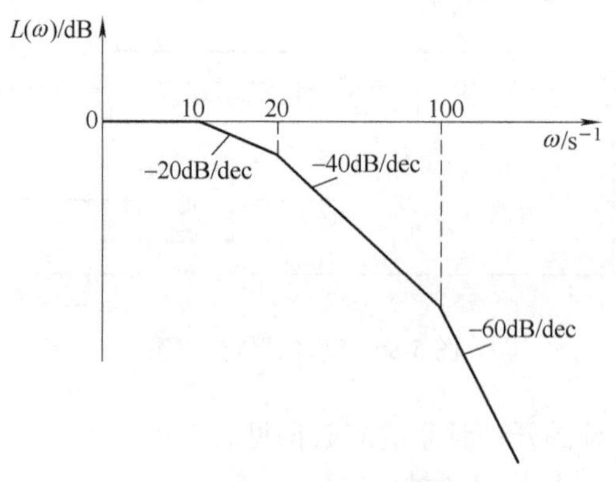

图 5-89　闭环对数幅频特性

5-21　一系统如图 5-91 所示，$K>0$，当输入信号 $r(t)=3\cos 2t$ 时，由示波器中看到该系统稳态输出的频率、幅值均与输入相同，但输出信号的相位滞后于输入信号 90°。

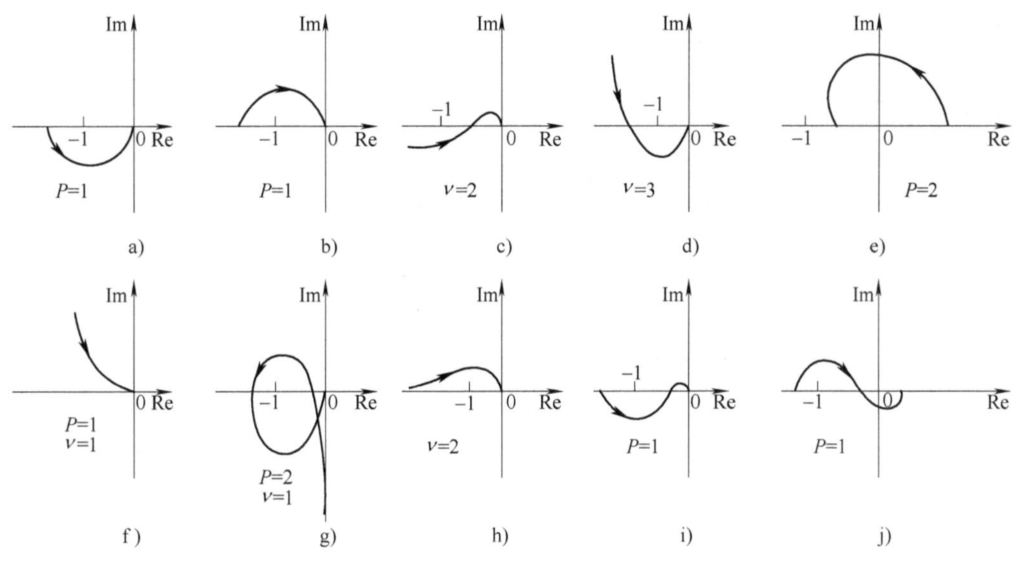

图 5-90　习题 5-20 的奈奎斯特图

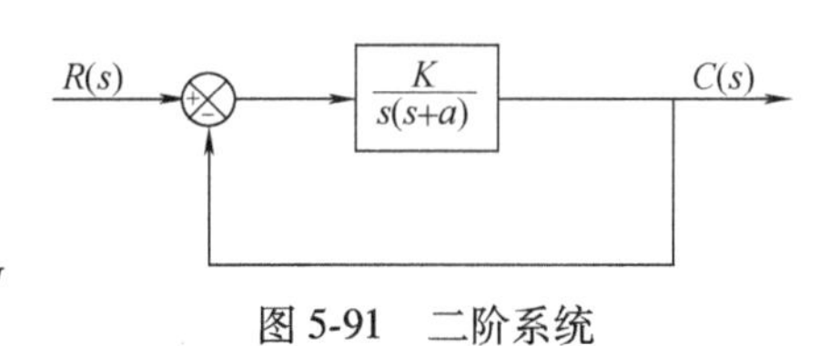

图 5-91　二阶系统

（1）确定参数 K，a；

（2）若输入 $r(t)=3\cos\omega t$，试确定 ω 为何值时，稳态输出 $c(t)$ 的幅值为最大，并求出此最大的幅值。

5-22　已知一控制系统的开环传递函数为 $G(s)H(s)e^{-\tau s}$，其中二阶环节 $G(s)H(s)$ 的奈奎斯特图如图 5-92 所示。试求使系统稳定的 τ 值范围。

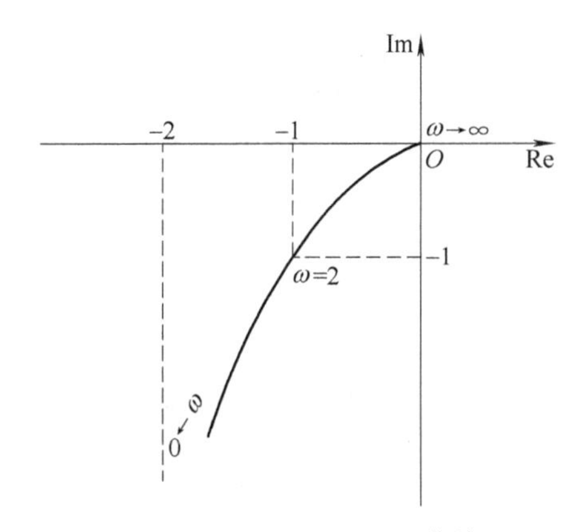

图 5-92　$G(j\omega)\ H(j\omega)$ 曲线

第六章 控制系统的校正

在以上的章节中，已讨论了控制系统的几种基本分析方法。掌握了这些方法，就可以对控制系统进行定性的分析和定量的计算。本章将讨论另一个命题，即如何根据系统预先给定的性能指标，去设计一个能满足性能要求的控制系统。一个控制系统可视为由控制器和被控对象两大部分所组成，当被控对象确定后，对系统的设计实际上就归结为对控制器的设计，这项工作称为对控制系统的校正。

第一节 引　言

控制系统的性能指标通常包括稳态和动态两个方面。稳态性能指标是指系统的稳态误差，它表征系统的控制精度。动态性能指标是表征系统瞬态响应的品质，它一般以下列两种形式给出。

（1）时域性能指标　最大的超调量 M_p、调整时间 t_s、峰值时间 t_p、振荡次数 N 等。

（2）频域性能指标　相位裕量 γ、增益裕量 K_g、谐振峰值 M_r、谐振频率 ω_r 和系统的频带宽度 $0<\omega\leqslant\omega_b$ 等。

此外，也可以以某一性能指标函数给出，如以误差二次方的积分、时间乘误差二次方的积分等作为控制的目标函数。如果系统的性能指标以时域形式给出，一般用根轨迹法进行校正较为方便；如果系统的性能指标以频域形式给出，通常宜用频率法进行校正。

控制系统的一个合理设计方案通常来自于对多种可行性方案的全面分析，即从技术性能、经济指标、可靠性等方面全面进行比较，权衡利弊后得出。当设计方案一旦确定之后，接着就着手选择系统中的各个组成部件。这样，就组成了系统的不可变部分 $G_0(s)H(s)$，如图 6-1 所示。

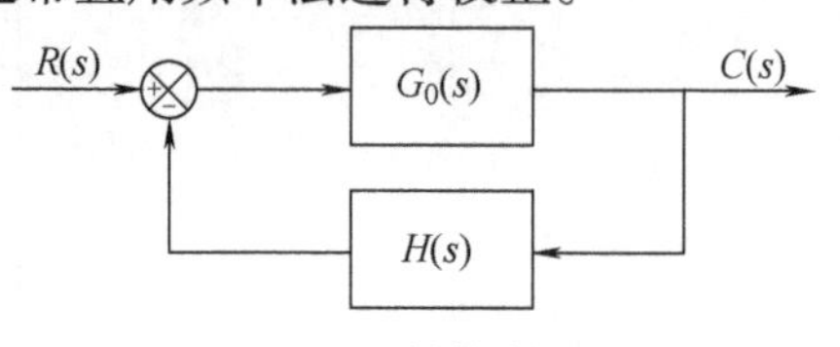

图 6-1　反馈控制系统

一般来说，图 6-1 所示的系统虽具有自动控制的功能，但其性能却难于全面满足设计的要求。这是因为若要满足稳态精度的要求，就需要增大系统的开环增益；而开环增益的增大，必然会导致系统动态性能的恶化，如振荡加剧，超调量增大，甚至会产生不稳定现象。为使系统能同时满足动态和稳态性能指标的要求，就需要在系统中引入一个专门用于改善性能的附加装置，这个附加装置称为校正装置，又名补偿器。

校正装置可以是电气的、机械的、气动的、液压的，或由其他形式的元件所组成。电气的校正装置有无源的和有源的两种。常见的无源校正装置有 *R-C* 校正网络、微分变压器等，应用这种校正装置时，必须注意它在系统中与前后级部件的阻抗匹配问题。不然，难于收到良好的校正效果。有源校正通常是指由运算放大器和电阻、电容所组成的各种调节器，这类校正装置一般不存在与系统中其他部件的阻抗匹配问题，因此应用起来十分方便。

图 6-2 示出了控制系统几种常用的校正方法。如果校正装置 $G_c(s)$ 与系统的不可变部分

$G_0(s)$串联连接，则称这种校正为串联校正，如图 6-2a 所示。如果校正装置 $G_c(s)$是接在系统的局部反馈通道中，则称这种校正为反馈校正，如图 6-2b 所示。为了实现较高的校正要求，有时在系统中既设置串联校正，又设置反馈校正，如图 6-2c 所示。此外，也有用系统内部的状态变量经加权后作为反馈校正信号，这种校正称为状态反馈，如图6-2d所示。有关状态反馈方面的内容，将在本书的第九章中予以阐述。

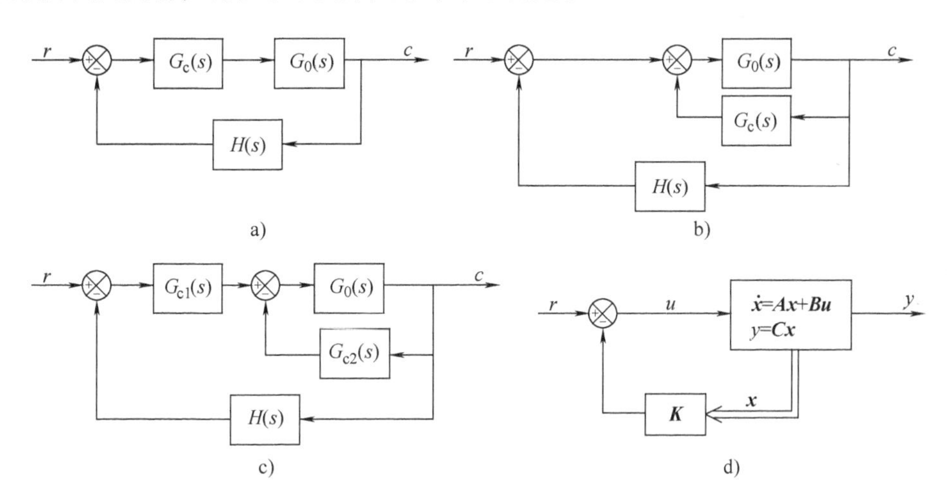

图 6-2　控制系统常用的校正方法

a）串联校正　b）反馈校正　c）串联、反馈校正　d）状态反馈

对于一个具体的单输入-单输出线性定常系统，一般宜用串联校正或反馈校正。至于具体采用哪一种校正，主要由系统中信号的性质、可采用的元件、校正装置的价格以及设计者的经验等因素决定。一般来说，串联校正比反馈校正简单，且易于实现。在串联校正时，通常需要附加放大器，以提高系统的增益和（或）提供隔离。这种校正装置一般均设置在前向通道中的能量最低处，以减少功率损耗。反之，反馈校正由于其信号是从能量较高点向能量较低处传送，故一般不用附加放大器。此外，反馈校正还具有减小参数的变化和非线性因素对系统性能影响的作用。然而，由于这种校正装置的设计更依赖于设计者的实际经验，它的应用远没有串联校正那么广泛，因而本章只讨论串联校正的有关内容。

常用的连续时间（或模拟）系统的校正装置有无源和有源两种。常见的无源校正装置是一个 R-C 网络。它的优点是线路简单、无需外加直流电源；缺点是它与前后环节相连时为消除负载效应，通常要加隔离放大器，且其本身没有增益，只有衰减。有源校正装置是以运算放大器为核心元件组成的校正网络。虽然这种校正网络要有正、负直流电源，但由于它具有高输入阻抗和低输出阻抗，因而与其他环节相连时不需要加隔离放大器。此外，有源校正网络还具有调节、使用方便等优点，因而它广泛应用于现代控制工程中。

第二节　超 前 校 正

一般而言，当控制系统的开环增益增大到满足其稳态性能所要求的数值时，系统有可能为不稳定；或者即使能稳定，其动态性能一般也不会满足设计要求。为此，需要在系统的前向通道中加一个超前校正装置，以实现在开环增益不变的前提下，使系统的动态性能亦能满足设计的要求。本节先讨论超前校正装置的特性，尔后分别介绍基于根轨迹法和频率响应法的超前校正装置的设计方法。

一、超前校正装置

图6-3为一个用运算放大器组成的校正电路，它的传递函数为

$$G_c(s)=\frac{E_o(s)}{E_i(s)}=\frac{R_4R_2/(1+R_2C_2s)}{R_3R_1/(1+R_1C_1s)}=\frac{R_2R_4(1+R_1C_1s)}{R_1R_3(1+R_2C_2s)}$$

$$=\frac{R_4C_1\left(s+\dfrac{1}{R_1C_1}\right)}{R_3C_2\left(s+\dfrac{1}{R_2C_2}\right)}=K_c\alpha\frac{(1+Ts)}{(1+\alpha Ts)}=K_c\frac{s+\dfrac{1}{T}}{s+\dfrac{1}{\alpha T}} \tag{6-1}$$

式中，$T=R_1C_1$，$\alpha T=R_2C_2$，$K_c=\dfrac{R_4C_1}{R_3C_2}$，$K_c\alpha=\dfrac{R_4C_1R_2C_2}{R_3C_2R_1C_1}=\dfrac{R_4R_2}{R_3R_1}$，$\alpha=\dfrac{R_2C_2}{R_1C_1}$。

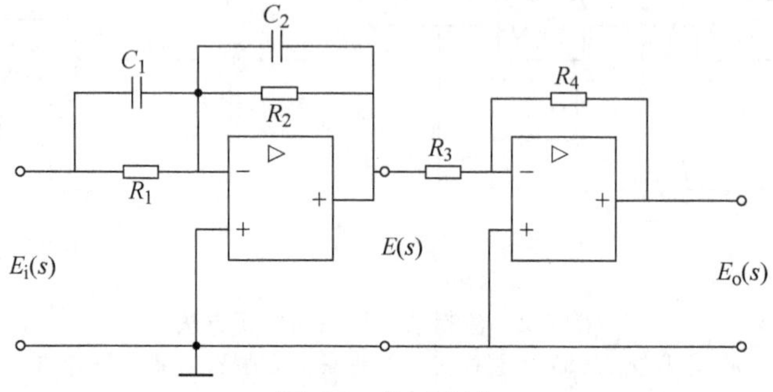

图6-3　校正电路

由图6-3可见，该电路的直流增益为$K_c\alpha=R_2R_4/(R_1R_3)$，当$R_1C_1>R_2C_2$，即$\alpha<1$时，由式（6-1）可知，$\underline{/G_c(j\omega)}=\arctan T\omega-\arctan\alpha T\omega>0°(\omega>0$时)，故称这种校正为超前校正，相应的电路叫做超前校正装置；反之，则称为滞后校正装置。这是两种性质与用途完全不同的校正电路。前者是利用其相位超前特性去改善系统的动态性能；后者是用其高频幅值的衰减，以提高系统的稳态精度。图6-4a和图6-4b示出了这两种情况下的零、极点分布。

对于超前校正装置，由于$0<\alpha<1$，因而在s平面上零点$(-1/T)$总位于其极点$\left(-\dfrac{1}{\alpha T}\right)$的右方。$\alpha$值越小，极点将离零点左方越远。$\alpha$的最小值因受到超前校正装置物理结构的限制，通常取0.5左右。

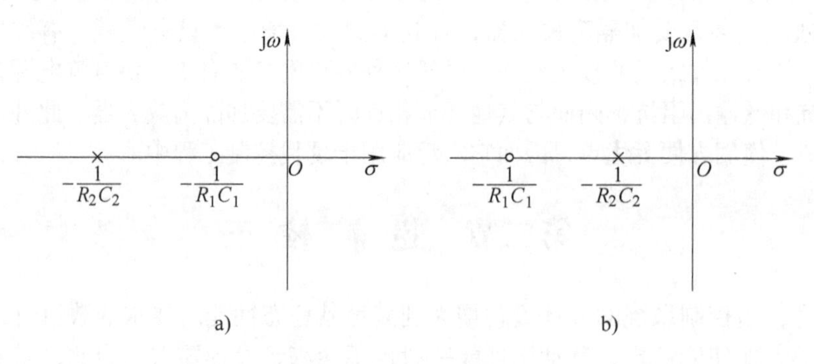

图6-4　零、极点分布

a）超前校正装置　b）滞后校正装置

式（6-1）的频率特性为

$$G_c(j\omega)=K_c\alpha\frac{1+Tj\omega}{1+\alpha Tj\omega} \tag{6-2}$$

当 $K_c=1$ 时，式（6-2）对应的极坐标图如图 6-5 所示。对于给定的 α 值，正实轴与原点到半圆所作切线之夹角为最大的相位超前角 ϕ_m。设切点处的频率为 ω_m，则由图 6-5 求得

$$\sin\phi_m=\frac{(1-\alpha)/2}{(1+\alpha)/2}=\frac{1-\alpha}{1+\alpha} \tag{6-3}$$

或写作

$$\alpha=\frac{1-\sin\phi_m}{1+\sin\phi_m} \tag{6-4}$$

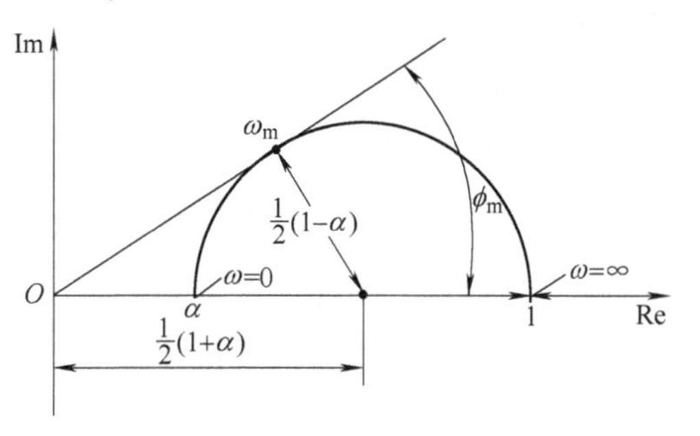

图 6-5　超前校正装置的极坐标图

当 $K_c=\frac{1}{\alpha}$时，式（6-2）的对数幅频和相频特性的表达式分别为

$$20\lg|G_c(j\omega)|=20\lg\sqrt{1+\left[\frac{\omega}{\frac{1}{T}}\right]^2}-20\lg\sqrt{1+\left[\frac{\omega}{\frac{1}{\alpha T}}\right]^2} \tag{6-5}$$

$$\phi(\omega)=\arctan T\omega-\arctan\alpha T\omega \tag{6-6}$$

根据上述两式作出 $G_c(s)$的伯德图，如图 6-6 所示。

由式（6-6）可知，由于 $0<\alpha<1$，因而当 $0<\omega<\infty$ 时，该电路的输出信号在相位上总超前于它的输入信号一个角度，因而称它为超前校正装置。当$\omega=\omega_m$时，$G_c(j\omega)$有最大的相位超前角 ϕ_m。这个 ω_m 值可由式（6-6）对 ω 求导后解得，即令

$$\frac{d\phi(\omega)}{d\omega}=0$$

由上式求得

$$\omega_m=\frac{1}{\sqrt{\alpha}T}=\sqrt{\frac{1}{T}\frac{1}{\alpha T}} \tag{6-7}$$

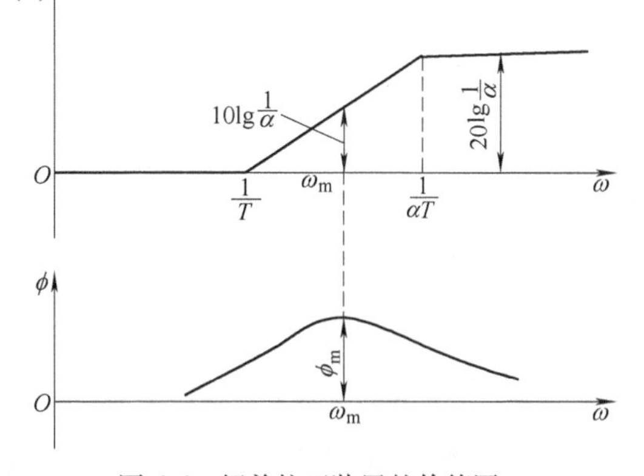

图 6-6　超前校正装置的伯德图

由式（6-7）可见，ω_m 是 $G_c(s)$零点和极点的几何平均值，或者说 ω_m 是以 $\lg\omega$ 为坐标的 $\lg\frac{1}{T}$与 $\lg\frac{1}{\alpha T}$的代数平均值，即为

$$\lg\omega_m=\frac{1}{2}\left[\lg\frac{1}{T}+\lg\frac{1}{\alpha T}\right]$$

把式（6-7）代入式（6-5），求得在 ω_m 处 $G_c(s)$的幅值为

$$20\lg|G_c(j\omega)|_{\omega=\omega_m}=10\lg\frac{1}{\alpha} \tag{6-8}$$

二、基于根轨迹法的超前校正

当系统的性能以时域量的形式给出时，如给出的是希望闭环主导极点的阻尼比 ζ 和无阻尼自然频率 ω_n，或超调量 M_p、上升时间 t_r 和调整时间 t_s，则宜用根轨迹法对系统进行校正。用根轨迹法对系统进行校正的基本思路是：假设系统有一对闭环主导极点，这样该系统的动

态性能就可以近似地用这对主导极点所描述的二阶系统来表征。在设计校正装置之前，先要把对系统时域性能的要求转化为一对希望的闭环主导极点 s_d。如果 s_d 点位于未校正系统根轨迹的左方，一般宜用超前校正。即利用超前校正装置产生的相位超前角，使校正后系统的根轨迹通过这对希望的闭环主导极点，并使闭环的其他极点或远离 s 平面的虚轴，或使之靠近某一闭环零点。

图 6-7 为加了校正装置后的系统框图。其中，$G_c(s)$ 为所加的校正装置，它的参数 α 和 T 是由根轨迹的相角条件确定，K_c 是由对系统静态误差系数的要求确定；$G_0(s)$ 为系统的不可变部分。假设图 6-8 上的 s_d 点为希望的闭环极点，显然，s_d 欲成为校正后系统根轨迹上的一点，必须满足相角条件，即

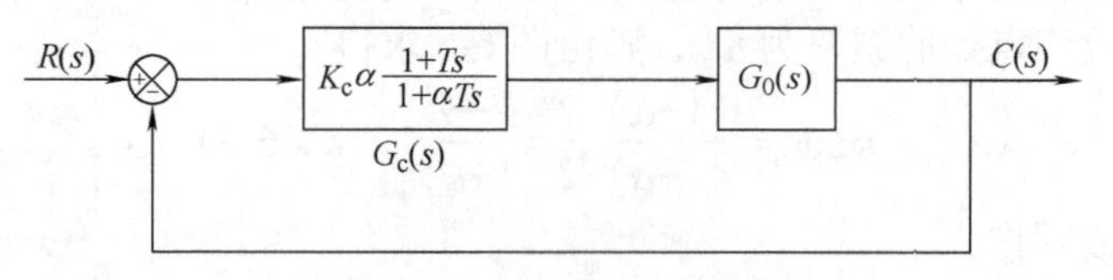

图 6-7　校正后的系统框图

$$\arg G_c(s_d)G_0(s_d)$$
$$=\arg G_c(s_d)+\arg G_0(s_d)=-180°$$

据此求得

$$\arg G_c(s_d)=\phi=-180°-\arg G_0(s_d) \tag{6-9}$$

基于 $\phi=\arg\left(s_d+\dfrac{1}{T}\right)-\arg\left(s_d+\dfrac{1}{\alpha T}\right)$，能给出定值 ϕ 角的 $G_c(s)$，它的零、极点的组合显然不是唯一的。下面介绍一种能使超前校正装置零点与极点的比值 α 为最大的设计方法。按照该法去设计 $G_c(s)$ 的零点和极点，能使系统的静态误差系数较大，这是我们所希望的。

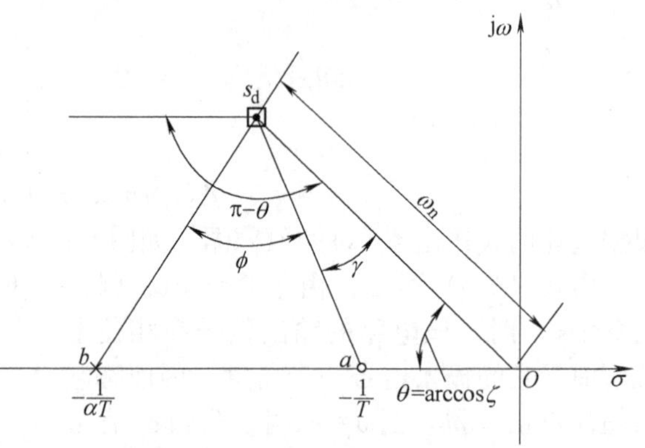

图 6-8　超前校正装置零、极点的确定

在图 6-8 上，用直线连接点 s_d 和 O，且以 s_d 点为顶点，线段 Os_d 为边向左作角 γ，γ 角的另一边与负实轴的交点 a，就是所求 $G_c(s)$ 的一个零点（$-1/T$）；再以线段 as_d 为边，向左作角 $\angle bs_da=\phi$，该角的另一边与负实轴的交点 b，即为所求 $G_c(s)$ 的极点 $\left(-\dfrac{1}{\alpha T}\right)$。根据正弦定理，由图 6-8 求得

$$a=\frac{\omega_n\sin\gamma}{\sin(\pi-\theta-\gamma)}$$

$$b=\frac{\omega_n\sin(\gamma+\phi)}{\sin(\pi-\theta-\gamma-\phi)}$$

则有

$$\alpha=\frac{a}{b}=\frac{\sin\gamma\sin(\pi-\theta-\gamma-\phi)}{\sin(\pi-\theta-\gamma)\sin(\gamma+\phi)}$$

令

$$\frac{d\alpha}{d\gamma}=0$$

解得

$$\gamma=\frac{1}{2}(\pi-\theta-\phi) \tag{6-10}$$

不难看出，当希望的闭环极点确定后，式（6-10）中的 θ 和 ϕ 均为已知，因而可求得 γ 角。

综上所述，用根轨迹法进行超前校正的一般步骤如下：

1）根据对系统动态性能指标的要求，确定希望的闭环主导极点 s_d。

2）绘制未校正系统的根轨迹。

3）根据式（6-9），算出超前校正装置在 s_d 点处应提供的相位超前角 ϕ。

4）先按式（6-10）求得 γ 角，尔后用图解法求得 $G_c(s)$的零、极点。

5）绘制校正后系统的根轨迹。

6）根据根轨迹的幅值条件，确定系统工作在 s_d 处的增益和静态误差系数。如果所求的静态误差系数与要求的值相差不大，则可以通过适当调整 $G_c(s)$零、极点的位置来解决；如果所求的静态误差系数比要求的值小得多，则应考虑用别的校正方法，如滞后-超前校正。

必须指出，上述基于最大 α 值的设计方法仅是确定 $G_c(s)$零、极点的措施之一。这种方法虽能使系统的静态误差系数较大，但它不能保证校正后希望闭环极点的主导作用。因此，在初步设计完成后，必须对系统的动态和稳态性能进行检验。如果不满足，则需通过调整 $G_c(s)$的零、极点，并重复上述的设计过程，直到所有的性能指标均满足为止。为了增大校正后希望闭环极点成为主导极点的可能性，在控制工程中，一般把 $G_c(s)$的零点设置在针对点 s_d 下方的负实轴上，或位于紧靠坐标原点的两个实极点的左侧。

【例 6-1】 已知一单位反馈控制系统的开环传递函数为

$$G(s)=\frac{4}{s(s+2)}$$

试设计一超前校正装置，使校正后系统的阻尼比 $\zeta=0.5$，无阻尼自然频率 $\omega_n=4\mathrm{s}^{-1}$。

解　1）对原系统进行分析。

未校正系统的闭环传递函数为

$$\frac{C(s)}{R(s)}=\frac{4}{s^2+2s+4}=\frac{4}{(s+1-\mathrm{j}\sqrt{3})(s+1+\mathrm{j}\sqrt{3})}$$

由上式可知，系统的无阻尼自然频率 $\omega_n=2\mathrm{s}^{-1}$，阻尼比 $\zeta=0.5$，闭环极点为 $s=-1\pm\mathrm{j}\sqrt{3}$，静态速度误差系数 $K_v=2\mathrm{s}^{-1}$。未校正系统的根轨迹如图 6-9a 所示。

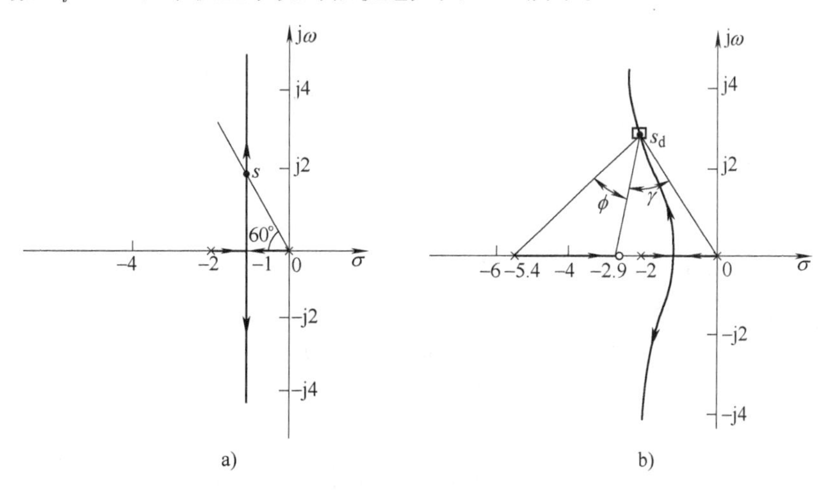

图 6-9　例 6-1 图

a）未校正系统的根轨迹　b）校正后系统的根轨迹

2）确定希望的闭环极点。

根据对$\zeta=0.5$和$\omega_n=4\text{s}^{-1}$的要求，求得希望的闭环极点为$s_d=-2\pm j2\sqrt{3}$。

3）计算超前校正装置在s_d处产生的超前角。

未校正系统的$G(s)$在s_d处的相角为

$$\arg\left(\frac{4}{s(s+2)}\right)\Bigg|_{s=s_d}=-210°$$

为了使校正后系统的根轨迹能通过希望的闭环极点s_d，超前校正装置必须在该点处产生$\phi=30°$的超前角。

4）确定超前校正装置的零、极点。

根据$\theta=60°$，$\phi=30°$，求得$\gamma=45°$。按照最大α值的设计方法，由图解法求得$-\frac{1}{T}=-2.9$，$-\frac{1}{\alpha T}=-5.4$。即$T=\frac{1}{2.9}=0.345$，$\alpha T=\frac{1}{5.4}=0.185$，$\alpha=0.537$。于是所求超前校正装置的传递函数为

$$G_c(s)=K_c\frac{s+2.9}{s+5.4}$$

校正后系统的开环传递函数为

$$G_c(s)G(s)=\frac{K(s+2.9)}{s(s+2)(s+5.4)}$$

式中，$K=4K_c$。由上式作出校正后系统的根轨迹，如图6-9b所示。

5）确定系统工作在希望闭环极点处的增益和静态速度误差系数。

由根轨迹的幅值条件：

$$\left|\frac{K(s+2.9)}{s(s+2)(s+5.4)}\right|_{s=s_d}=1$$

求得$K=18.7$。由于$K=4K_c$，因而$K_c=18.7/4=4.68$，$K_c\alpha=2.51$。于是超前校正装置的传递函数为

$$G_c(s)=2.51\times\frac{1+0.345s}{1+0.185s}=4.68\times\frac{s+2.9}{s+5.4}$$

根据图6-3给出的电路，其参数按下式确定：

$$\frac{E_o(s)}{E_i(s)}=\frac{R_2R_4}{R_1R_3}\frac{1+R_1C_1s}{1+R_2C_2s}=2.51\times\frac{1+0.345s}{1+0.185s}$$

据此，确定电路中相关R、C元件的值，如图6-10所示。校正后系统的静态速度误差系数为

$$K_v=\lim_{s\to0}sG_c(s)G_0(s)=\lim_{s\to0}s\frac{18.7(s+2.9)}{s(s+2)(s+5.4)}=5.02\text{s}^{-1}$$

6）检验希望闭环极点s_d是否对系统的动态起主导作用。

图6-11为校正后系统的框图，它的闭环传递函数为

$$\frac{C(s)}{R(s)}=\frac{18.7(s+2.9)}{s(s+2)(s+5.4)+18.7(s+2.9)}$$

$$=\frac{18.7(s+2.9)}{(s+2-j2\sqrt{3})(s+2+j2\sqrt{3})(s+3.4)}$$

由上式可知，校正后的系统虽上升为三阶系统，但由于所增加的一个闭环极点$s=-3.4$与其零点$s=-2.9$靠得很近，因而这个极点对系统瞬态响应的影响就很小，从而说明了s_d确为该

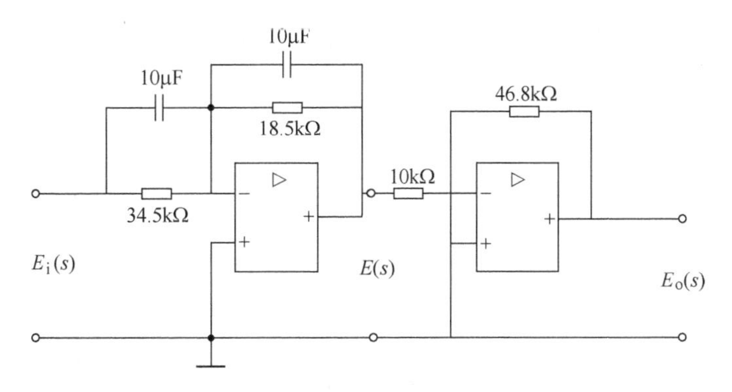

图 6-10　超前校正装置

系统的希望主导极点。鉴于本例题对系统的静态速度误差系数没有提出具体的要求，故认为上述对校正装置的设计是成功的。

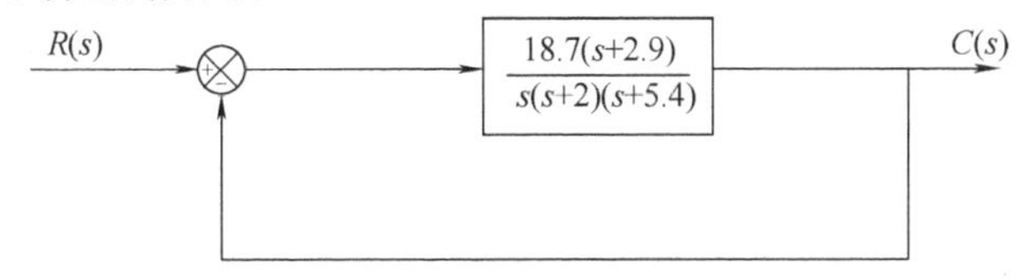

图 6-11　校正后系统的框图

三、基于频率响应法的超前校正

用频率响应应法对系统进行校正的基本思路是通过校正装置的引入改变开环对数幅频特性中频段的斜率，即使校正后系统的开环对数幅频特性具有如下的特点：低频段的增益满足稳态精度的要求；中频段对数幅频特性渐近线的斜率为-20dB/dec，并具有较宽的频带，这一要求是为了系统具有满意的动态性能；在高频区域要求幅值能迅速衰减，以抑制高频噪声的影响。

用频率法进行超前校正的基本原理是利用超前校正装置产生的相角超前量来补偿原系统中元件产生的相角滞后量，以增大系统的相位裕量。为了充分利用这一特性，在设计超前校正装置时，应把它所产生的最大相位超前角 ϕ_m 设置在系统新的剪切频率 ω_c 处。

用频率响应应法进行超前校正的一般步骤如下：

1）假设超前校正装置的传递函数为

$$G_c(s)=K_c\alpha\frac{1+Ts}{1+\alpha Ts}=K\frac{1+Ts}{1+\alpha Ts}$$

式中，$K=K_c\alpha$。校正后系统的开环传递函数为

$$G_c(s)G_0(s)=K\frac{1+Ts}{1+\alpha Ts}G_0(s)=\frac{1+Ts}{1+\alpha Ts}G_1(s)$$

式中，$G_1(s)=KG_0(s)$，$G_0(s)$为系统的不可变部分。根据静态误差系数的要求，确定系统的开环增益 K。

2）根据已确定的开环增益，画出未校正系统的伯德图，并求得其相位裕量 γ_1。

3）由给定的相位裕量值 γ，计算由超前校正装置产生的相位超前量 ϕ，即

$$\phi=\phi_m=\gamma-\gamma_1+\varepsilon \tag{6-11}$$

式中的 ε 是用于补偿因超前校正装置的引入，使系统剪切频率 ω_c 增大而增加的相角滞后量。ε 的值通常如下估计：如果未校正系统的开环对数幅频渐近线在剪切频率处的斜率为-40dB/dec，一般取 $\varepsilon=5°\sim10°$；如果该处的斜率为-60dB/dec，则取 $\varepsilon=12°\sim20°$。

4）根据确定的 ϕ_m，按照式（6-4）算出相应的 α 值，即

$$\alpha=\frac{1-\sin\phi_m}{1+\sin\phi_m}$$

5）计算校正装置在 ω_m 处的幅值 $10\lg\frac{1}{\alpha}$（参见图 6-6）。在未校正系统的对数幅频特性图上找出幅值为 $-10\lg\frac{1}{\alpha}$ 处的频率，这个频率既是 $G_c(s)$ 的 ω_m，也是校正后系统的开环剪切频率 ω_c。

根据确定的 ω_c 值，求得超前校正装置的转折频率：$\frac{1}{T}=\omega_c\sqrt{\alpha}$，$\frac{1}{\alpha T}=\frac{\omega_c}{\sqrt{\alpha}}$。

6）由上述确定的 K 和 α 值，确定 $G_c(s)$ 的增益 $K_c=K/\alpha$。

7）画出校正后系统的伯德图，并验算相位裕量是否满足要求。如果不满足，则需增大 ε 值，从步骤 3）开始重新进行设计。

【例 6-2】 设一单位反馈控制系统的开环传递函数为

$$G(s)=\frac{4}{s(s+2)}$$

试设计一超前校正装置，使校正后系统的静态速度误差系数 $K_v=20\text{s}^{-1}$，相位裕量 $\gamma=50°$，增益裕量 $20\lg K_g=10\text{dB}$。

解 1）基于超前校正装置的传递函数为

$$G_c(s)=K_c\alpha\frac{1+Ts}{1+\alpha Ts}=K\frac{1+Ts}{1+\alpha Ts}$$

则校正后系统的开环传递函数为 $G_c(s)G(s)$。令

$$G_0(s)=KG(s)=\frac{4K}{s(s+2)}$$

式中，$K=K_c\alpha$。调整增益 K，使之满足对 K_v 的要求。即

$$K_v=\lim_{s\to 0}\frac{4K}{s(s+2)}=2K=20$$

由此求得 $K=10$。这样未校正系统的频率特性为

$$G_0(\text{j}\omega)=\frac{40}{\text{j}\omega(\text{j}\omega+2)}=\frac{20}{\text{j}\omega(1+\text{j}\omega/2)}$$

2）绘制未校正系统的伯德图，如图 6-12 中的虚线所示。由图可知，校正前系统的相位裕量 γ_1 只有 17°。

3）根据相位裕量的要求，确定超前校正装置的相位超前角为

$$\phi=\gamma-\gamma_1+\varepsilon=50°-17°+5°=38°$$

4）由式（6-4）求得

$$\alpha=\frac{1-\sin 38°}{1+\sin 38°}=0.24$$

5）超前校正装置在 ω_m 处的幅值为 $10\lg(1/0.24)=6.2\text{dB}$。据此，在图 6-12 上找出未校正系统开环幅值为 -6.2dB 所对应的频率 $\omega=\omega_m=9\text{s}^{-1}$，这个频率就是校正后系统的剪切频率 ω_c。于是求得超前校正装置的转折频率为

$$\frac{1}{T}=\sqrt{\alpha}\,\omega_c=4.41,\quad \frac{1}{\alpha T}=\frac{\omega_c}{\sqrt{\alpha}}=18.4$$

它的传递函数为

$$G_c(s)=K_c\frac{s+4.41}{s+18.4}=K_c\alpha\frac{1+0.227s}{1+0.054s}$$

由于 $K_c=\dfrac{K}{\alpha}=\dfrac{10}{0.24}=41.7$，因而上式可表示为

$$G_c(s)=41.7\times\frac{s+4.41}{s+18.4}=10\times\frac{1+0.227s}{1+0.054s}$$

显然，$G_c(s)$ 与 $G_0(s)$ 和 $G(s)$ 间有着下列的关系：

$$\frac{G_c(s)}{K}G_0(s)=\frac{G_c(s)}{10}\times 10G(s)=G_c(s)G(s)$$

$G_c(j\omega)/10$ 的幅值曲线和相角曲线如图 6-12 所示。

6）校正后系统的框图如图 6-13 所示，其开环传递函数为

$$G_c(s)G(s)=\frac{4\times 41.7(s+4.41)}{s(s+2)(s+18.4)}=\frac{20(1+0.227s)}{s(1+0.5s)(1+0.054s)}$$

对应的伯德图如图 6-12 中的粗实线所示。由图 6-12 可见，校正后系统的相位裕量和增益裕量分别为 50°和+∞ dB，这样该系统不仅能满足稳态精度的要求，而且也能满足相对稳定性的要求。

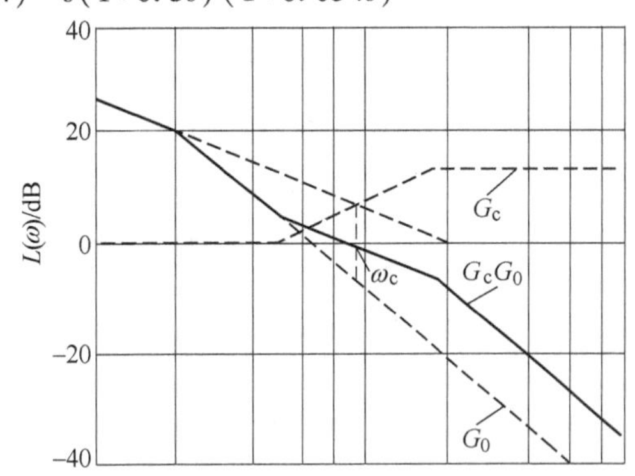

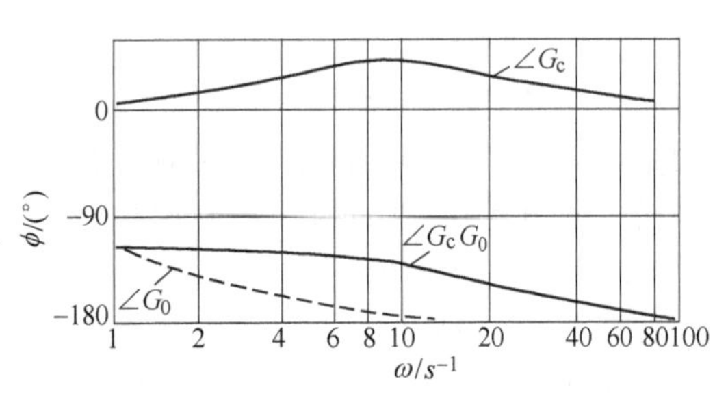

图 6-12　校正前和校正后系统的伯德图

基于上述的分析，得出串联超前校正有下列特点：

1）超前校正主要是利用超前校正装置的相位超前特性对系统进行校正，使校正后系统的开环对数幅频特性中频段渐近线的斜率为-20dB/dec，并有足够的带宽。

2）超前校正会使系统瞬态响应的速度变快。由例 6-2 可知，校正后系统的剪切频率由未校正前的 6.3 增大到 9，这意味着校正后系统的频带变宽，瞬态响应的速度变快。

3）超前校正一般虽能有效地改善系统的动态性能，但当未校正系统的相频特性曲线在剪切频率 ω_c 附近急剧下降时，若用单

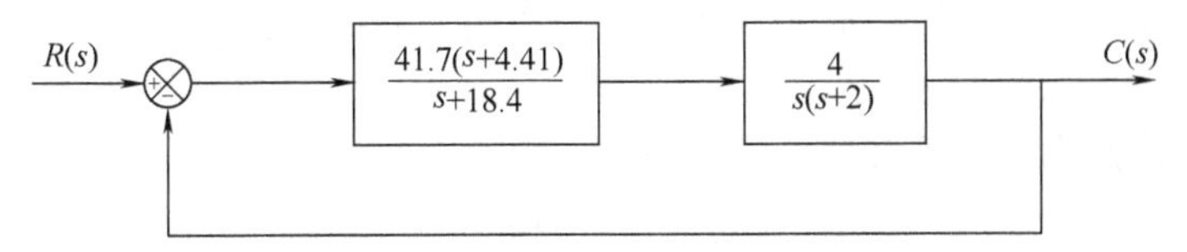

图 6-13　校正后系统的框图

级超前校正网络去校正，一般收效不大。这是因为校正后系统的剪切频率会向高频段移动，在新的剪切频率处，由于未校正系统的相角滞后量过大，所以用单级的超前校正网络难于获得所要求的相位裕量。

第三节　滞后校正

当控制系统的动态性能已满足要求，而其稳态性能不令人满意时，这就要求所加的校正装置既要使系统的开环增益有较大的增大，以满足稳态性能的要求，又要使系统的动态性能不发生明显的变化。采用滞后校正就能达到上述目的。

一、滞后校正装置

滞后校正装置也可采用图 6-3 所示的电路，只要满足 $R_2C_2>R_1C_1$。参照图 6-3，求得该电路的传递函数为

$$G_c(s)=\frac{E_o(s)}{E_i(s)}=K_c\beta\frac{1+Ts}{1+\beta Ts}=K_c\frac{s+\dfrac{1}{T}}{s+\dfrac{1}{\beta T}} \tag{6-12}$$

式中，$T=R_1C_1$，$\beta T=R_2C_2$，$\beta=\dfrac{R_2C_2}{R_1C_1}>1$，$K_c=\dfrac{R_4C_1}{R_3C_2}$。把式（6-12）与式（6-1）相比较，可知式（6-12）中用 β 代替式（6-1）中的 α，这是考虑到当该电路作为超前校正装置时，系数 α 的值小于 1；而它作为滞后校正装置时，这个系数的值变为大于 1，故用 β 表示，以示区别。显然，β 值就是 $G_c(s)$ 的零点与极点的比值。

令 $K_c\beta=K$，则式（6-12）改写为

$$G_c(s)=K\frac{1+Ts}{1+\beta Ts} \tag{6-13}$$

式（6-12）所示滞后校正装置的零、极点分布如图 6-4b 所示。图 6-14 为 $K=1$ 时 $G_c(s)$ 的伯德图。由图 6-14 中的相频特性曲线可见，该电路输出信号的相位总滞后于它的输入信号，故称这种电路为滞后校正电路。它的对数幅频渐近线表示了滞后校正装置具有低通滤波器的特性，在高频时幅值的衰减量为 $1/\beta$。滞后校正装置正是利用这一特性对系统进行校正的。

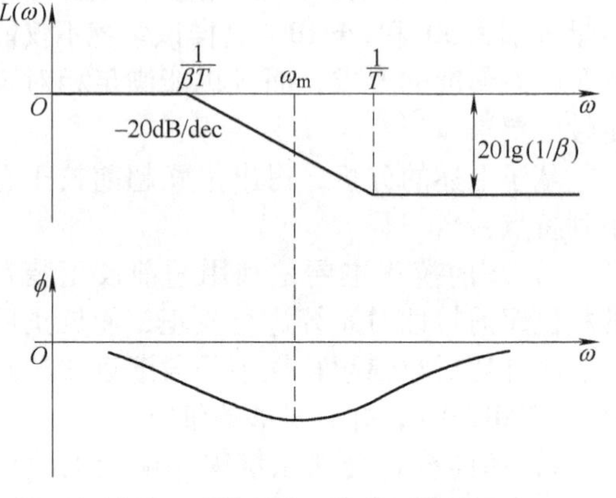

图 6-14　滞后校正装置的伯德图

二、基于根轨迹法的滞后校正

下面以一个简单的例子说明滞后校正装置的作用，并由此得出用根轨迹法进行滞后校正的一般步骤。

设一单位反馈控制系统的开环传递函数为

$$G_0(s)=\frac{K_0}{s(s+p_1)}$$

校正前系统的根轨迹如图 6-15 所示。假设在 s_d 点系统虽具有满意的动态性能，但其开环增

益较小，不能满足系统对稳态性能的要求。为此需要引入滞后校正装置，以使校正后系统的闭环主导极点紧靠于 s_d 处，且使系统的开环增益有较大幅度的增大。引入式（6-12）所示的滞后校正装置后，系统的开环传递函数变为

$$G_c(s)G_0(s)=K_c\frac{s+1/T}{s+1/(\beta T)}\frac{K_0}{s(s+p_1)}$$
$$=\frac{K(s+1/T)}{s(s+p_1)[s+1/(\beta T)]}$$

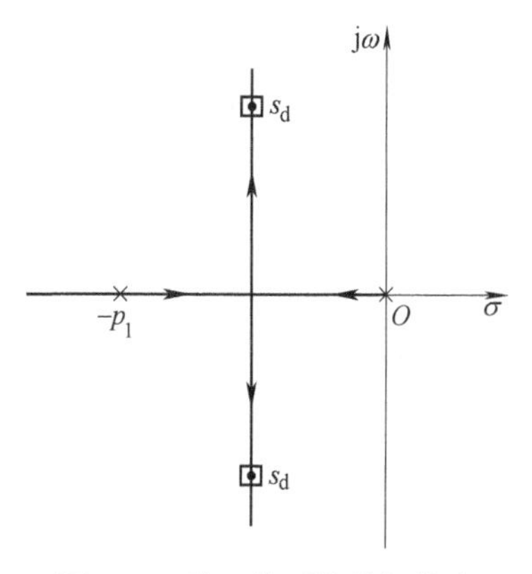

图 6-15　校正前系统的根轨迹

式中，$K=K_cK_0$。为了使校正后的系统仍具有满意的动态性能，要求滞后校正装置所产生的滞后角必须尽可能地小，一般控制在小于 5°（使校正后系统的闭环主导极点紧靠 s_d 点）。为此，在设计 $G_c(s)$ 时，应把 $G_c(s)$ 的零点和极点紧靠在一起，使矢量 $\left(s_d+\frac{1}{T}\right)$ 和 $\left(s_d+\frac{1}{\beta T}\right)$ 的幅值几乎相等。于是在 s_d 处，$G_c(s_d)$ 的模可以近似地表示为

$$|G_c(s_d)|=\left|K_c\frac{s_d+1/T}{s_d+1/(\beta T)}\right|\approx K_c$$

上式表明，如果 K_c 为 1，则校正后系统的动态性能不会发生明显的变化，而系统的开环增益将会增大 β 倍，即系统的静态误差系数可增大 β 倍。对此说明如下：

校正前系统的静态速度误差系数为

$$K_{v0}=\lim_{s\to0}sG_0(s)=\frac{K_0}{p_1}$$

校正后系统的静态速度误差系数为

$$K_v=\lim_{s\to0}sG_c(s)G_0(s)=\frac{K_0\beta}{p_1}=\beta K_{v0}$$

为了既要满足 $G_c(s)$ 在 s_d 处产生的滞后角小于 5°的要求，又要使 β 值能满足稳态性能的要求，$G_c(s)$ 的零、极点只能配置于紧靠坐标原点的负实轴上。如 $-\frac{1}{T}=-0.1$，$-\frac{1}{\beta T}=-0.01$，则 $\beta=10$。这对紧靠于坐标原点的零、极点，就是在第四章中所述的偶极子。考虑到 $G_c(s)$ 的滞后角对根轨迹产生的微小影响，所选取的 β 值应稍大于 K_v/K_{v0} 的比值。

基于上述的分析，得出用根轨迹法进行滞后校正的一般步骤如下：

1）画出未校正系统的根轨迹图，并根据系统的动态性能指标，确定闭环主导极点在根轨迹上的位置。

2）计算未校正系统在 s_d 点的开环增益和静态误差系数。

3）根据对系统要求的静态误差系数与未校正系统的静态误差系数之比值，确定滞后校正装置的 β 值。考虑到 $G_c(s)$ 的滞后角对根轨迹产生的微弱影响，所选取的 β 值应略大于上述所求的比值。

4）确定滞后校正装置的零、极点。具体的做法是：在 s 平面上，作线段 s_dO，以 s_d 为顶点，线段 s_dO 为边，向左作 $\angle Os_da<10°$，如图 6-16 所示。该角的另一边与负实轴的交点 a 就是所求 $G_c(s)$ 的零点 $\left(-\frac{1}{T}\right)$，它的极点则为 $-\frac{1}{\beta T}$。

5）根据根轨迹的幅值条件，调整校正装置的增益 K_c，使系统工作在希望的闭环主导极

点处。

6）验算校正后系统的动、静态的性能指标，如稍有差异，可通过适当调整主导极点或 $G_c(s)$ 零、极点的位置来解决。

【例 6-3】 已知一单位反馈控制系统的开环传递函数为

$$G_0(s)=\frac{K_0}{s(s+1)(s+4)}$$

要求校正后的系统能满足下列性能指标：阻尼比 $\zeta=0.5$，调整时间 $t_s\leqslant 10\text{s}$，静态速度误差系数 $K_v\geqslant 5\text{s}^{-1}$。

解 1）作出未校正系统的根轨迹，如图 6-17 中的粗实线所示。

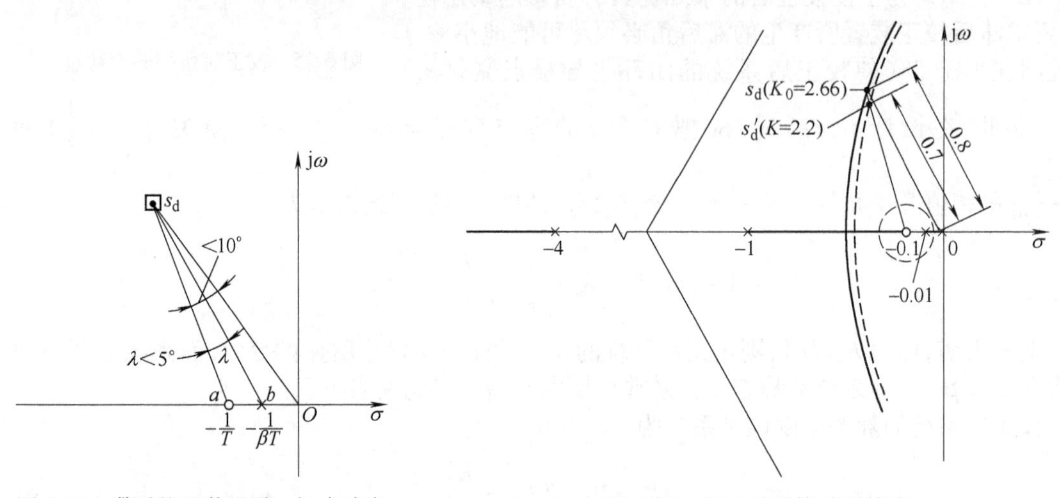

图 6-16　滞后校正装置零、极点确定

图 6-17　校正后系统的根轨迹

2）根据给定的性能指标，确定系统的无阻尼自然频率为

$$\omega_n=\frac{4}{\zeta t_s}=\frac{4}{0.5\times 10}\text{s}^{-1}=0.8\text{s}^{-1}$$

据此，求得希望的闭环主导极点为

$$s_d=-\zeta\omega_n\pm j\omega_n\sqrt{1-\zeta^2}=-0.4\pm j0.7$$

3）由根轨迹的幅值条件，确定未校正系统在 s_d 处的增益 $K_0=2.66$。相应的静态误差系数为

$$K_{v0}=\lim_{s\to 0}sG_0(s)=\frac{2.66}{4}=0.666$$

4）基于校正后的系统要求 $K_v\geqslant 5\text{s}^{-1}$，据此确定滞后校正装置的 β 值为

$$\beta=\frac{K_v}{K_{v0}}=\frac{5}{0.666}=7.5$$

考虑到滞后校正装置在 s_d 点处产生滞后角的影响，所选取的 β 值应大于 7.5，现取 $\beta=10$。

5）由点 s_d 作一条与线段 Os_d 成 6°角的直线，它与负实轴的交点就是所求校正装置的零点，由图 6-17 可知，零点 $-\frac{1}{T}=-0.1$，极点 $-\frac{1}{\beta T}=-0.01$。于是校正装置的传递函数为

$$G_c(s)=K_c\frac{s+0.1}{s+0.01}$$

校正后系统的开环传递函数为

$$G_c(s)G_0(s)=\frac{K(s+0.1)}{s(s+1)(s+4)(s+0.01)}$$

式中，$K=K_cK_0$。它的根轨迹如图 6-17 中的虚线所示。由图 6-17 可见，若要使 $\zeta=0.5$，则校正后系统主导极点的位置略偏离于要求值，即由 s_d 点移到 s_d' 点。由图 6-17 求得 $s_d'=-0.35\pm$ j0.67，另两个根为−0.11 和−4.2，相应的增益 $K(s_d')=2.2$，滞后校正装置的 $K_c=\frac{K}{K_0}=\frac{2.2}{2.66}=0.845$。

不难看出，$s=-0.11$ 的闭环极点，由于它紧靠闭环零点 $s=-0.1$，因而这一极点产生瞬态分量的幅值很小，呈持续时间较长的拖尾现象。另一个实极点 $s=-4.2$，由于它远离虚轴，故对系统瞬态响应影响很小。因此可以认为，$s_d'=-0.35\pm j0.67$ 是该系统的闭环主导极点。校正后系统的静态速度误差系数为

$$K_v=\lim_{s\to 0}sG_c(s)G_0(s)=\frac{2.2\times 0.1}{1\times 4\times 0.01}=5.5>5$$

由校正前和校正后系统的根轨迹可见，校正后系统的 ω_n 由校正前的 0.8 减小到 0.7，这意味着校正后系统的调整时间略有增加。如果对此不满意，则可以重新选择希望闭环主导极点 s_d 的位置，且使 ω_n 的值略大于 0.8。

三、基于频率响应法的滞后校正

由于滞后校正装置具有低通滤波器的特性，因而当它与系统的不可变部分 $G_0(s)$ 串联连接时，能使系统开环频率特性中频和高频段的增益降低和剪切频率的减小，从而有可能使系统获得足够大的相位裕量和增强系统抗高频扰动的功能，但它不影响系统的低频段特性。这就意味着滞后校正在一定的条件下，也能使系统同时满足动态和稳态性能的要求。

用频率法对系统进行滞后校正的一般步骤如下：

1）基于滞后校正装置的传递函数为

$$G_c(s)=K_c\beta\frac{1+Ts}{1+\beta Ts}=K\frac{1+Ts}{1+\beta Ts}$$

式中，$K=K_c\beta$。则校正后系统的开环传递函数为

$$G_c(s)G_0(s)=K\frac{1+Ts}{1+\beta Ts}G_0(s)=\frac{1+Ts}{1+\beta Ts}KG_0(s)$$

$$=\frac{1+Ts}{1+\beta Ts}G_1(s)$$

式中：

$$G_1(s)=KG_0(s)$$

调整增益 K，使系统满足静态误差系数的要求。

2）画出未校正系统 $G_1(j\omega)$ 的伯德图，并求出相应的相位裕量和增益裕量。

3）根据对相位裕量的要求，在已作出的相频特性曲线上找出一个频率，要求在该频率处开环频率特性的相角为

$$\phi=-180^\circ+\gamma+\varepsilon \tag{6-14}$$

选择这一频率作为校正后系统的剪切频率 ω_c。式中，γ 为系统所要求的相位裕量；ε 是为了补偿由滞后校正装置在 ω_c 处所产生的滞后角，通常取 $\varepsilon=5^\circ\sim15^\circ$。

4）确定未校正系统在新 ω_c 处的幅值衰减到 0dB 时所需的衰减量，这个衰减量是由滞后校正装置的高频部分来实现，其值为 $-20\lg\beta$。据此，求得 β 值。

5）为了减小滞后校正装置在 ω_c 处产生滞后角的不利影响，它的零、极点配置必须明显小于剪切频率 ω_c。一般取校正装置的一个转折频率（$G_c(s)$ 的零点）$\dfrac{1}{T}=\left(\dfrac{1}{5}\sim\dfrac{1}{10}\right)\omega_c$，则另一个转折频率（$G_c(s)$ 的极点）为 $\dfrac{1}{\beta T}$。

6）根据已确定的 K 和 β 值，求得滞后校正装置的增益 $K_c=\dfrac{K}{\beta}$。

7）画出校正后系统的伯德图，并检验它的相位裕量是否满足要求。如果不满足，则应改变 T 值，重新进行设计。

【例 6-4】 设一单位反馈系统的开环传递函数为

$$G_0(s)=\frac{1}{s(1+0.5s)(1+s)}$$

要求校正后系统具有下列性能指标：相位裕量 γ 不低于 40°，增益裕量 $20\lg K_g$ 不小于 10dB，静态速度误差系数 $K_v\geqslant5\text{s}^{-1}$。

解 1）调整增益 K，使之满足静态速度误差系数的要求。由于

$$G_1(s)=\frac{K}{s(1+0.5s)(1+s)}$$

因而

$$K_v=\lim_{s\to0}sG_1(s)=K=5\text{s}^{-1}$$

2）未校正系统的开环频率特性为

$$G_1(\text{j}\omega)=\frac{5}{\text{j}\omega(1+0.5\text{j}\omega)(1+\text{j}\omega)}$$

相应的伯德图如图 6-18 中的虚线所示。由图 6-18 可见，未校正系统的相位裕量约等于−20°，这表示满足稳态性能要求后的系统是不稳定的。

3）在已作出的相频特性曲线上，寻求对应于由下式确定相角的频率，即

$$\phi=-180^\circ+\gamma+\varepsilon=-180^\circ+40^\circ+12^\circ=-128^\circ$$

对应于这个 ϕ 角的频率 $\omega=0.5\text{s}^{-1}$，选择这个频率为校正后系统的剪切频率 ω_c。

4）基于未校正系统在 $\omega_c=0.5\text{s}^{-1}$ 处的幅值等于 20dB，则要求滞后校正装置在该频率上必须衰减−20dB，即

$$20\lg\frac{1}{\beta}=-20$$

则 $\beta=10$。若取 $\dfrac{1}{T}=\dfrac{\omega_c}{5}=0.1$，则 $\dfrac{1}{\beta T}=0.01$。于是所求的滞后校正装置的传递函数为

$$G_c(s)=K_c(10)\frac{1+10s}{1+100s}$$

已知 $K=5$，$\beta=10$，则 $K_c=\dfrac{K}{\beta}=0.5$。

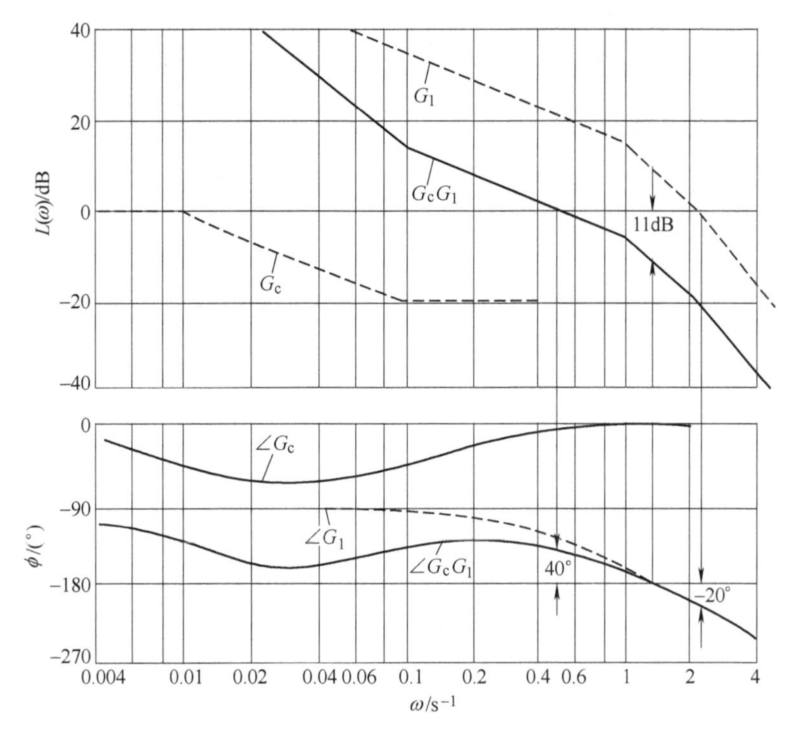

图 6-18　校正前系统、校正装置和校正后系统的伯德图

G_1—校正前系统　G_c—校正装置　G_cG_1—校正后系统

5）校正后系统的开环传递函数为

$$G_c(s)G_1(s)=\frac{5(1+10s)}{s(1+s)(1+0.5s)(1+100s)}$$

对应的伯德图如图 6-18 中的实线所示。由图 6-18 可知，校正后系统的相位裕量约为 40°，增益裕量约为 11dB，静态速度误差系数 $K_v=5\text{s}^{-1}$。这表明校正后的系统既能满足稳态性能的要求，又能满足相对稳定性的要求。

根据上述的讨论，可知滞后校正有如下的特点：

1）滞后校正是利用滞后校正装置的高频幅值衰减特性，而不是它的相位滞后特性。

2）为了既要使滞后校正装置在希望的闭环主导极点处所产生的滞后角小于 5°，又要使它的零点与极点的比值较大，则其零、极点只能配置于靠近坐标原点，且使零点和极点的比值 β 略大于所要增加静态误差系数的倍数。

3）由于滞后校正装置的高频幅值衰减作用，使校正后系统的剪切频率向低频点移动，以满足相位裕量的要求。然而由于滞后校正装置降低了系统的带宽，导致系统的瞬态响应变得缓慢，这是这种校正的不足之处。

4）基于滞后校正装置对输入信号有积分效应，它的作用近似于一个比例加积分控制器，对系统的稳定性有降低的倾向。为防止这种情况发生，滞后校正装置的时间常数 T 应当取得比系统的最大时间常数大一些。

第四节　滞后-超前校正

由上面两节的讨论可知，超前校正是用于提高系统的稳定裕量，加快系统的瞬态响应；

滞后校正则用于提高系统的开环增益，改善系统的稳态性能。由此设想，若把两种校正结合起来应用，必然会同时改善系统的动态和稳态性能，这就是滞后-超前校正的基本思路。

一、滞后-超前校正装置

图 6-19 为一个用运算放大器构成的滞后-超前校正装置，它的传递函数为

$$G_c(s)=\frac{E_o(s)}{E_i(s)}=\frac{R_4R_6}{R_3R_5}\frac{1+(R_1+R_3)C_1s}{1+R_1C_1s}\frac{1+R_2C_2s}{1+(R_2+R_4)C_2s}$$

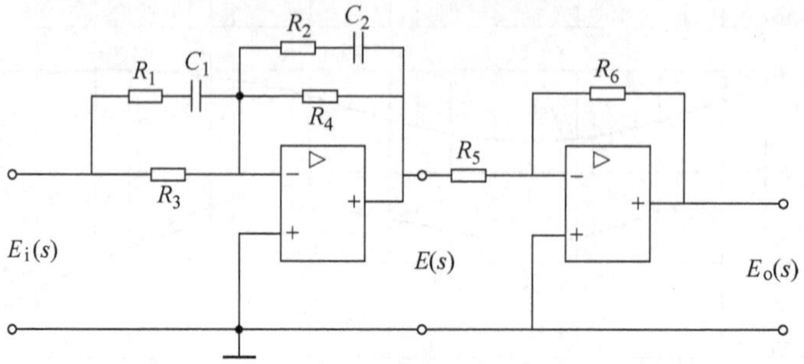

图 6-19　滞后-超前校正装置

若令

$$T_1=(R_1+R_3)C_1,\ \frac{T_1}{\gamma}=R_1C_1,$$
$$T_2=R_2C_2,\ \beta T_2=(R_2+R_4)C_2$$

则上式改写为

$$G_c(s)=\frac{E_o(s)}{E_i(s)}=\frac{R_4R_6}{R_3R_5}\frac{(1+T_1s)(1+T_2s)}{\left(1+\frac{T_1}{\gamma}s\right)(1+\beta T_2s)}=K_c\frac{\beta}{\gamma}\frac{1+T_1s}{1+\frac{T_1}{\gamma}s}\frac{1+T_2s}{1+\beta T_2s}$$

$$=K_c\frac{\left(s+\frac{1}{T_1}\right)\left(s+\frac{1}{T_2}\right)}{\left(s+\frac{\gamma}{T_1}\right)\left(s+\frac{1}{\beta T_2}\right)} \tag{6-15}$$

式中：

$$\gamma=\frac{R_1+R_3}{R_1}>1,\ \beta=\frac{R_2+R_4}{R_2}>1,\ K_c=\frac{R_2R_4R_6(R_1+R_3)}{R_1R_3R_5(R_2+R_4)}$$

在设计滞后-超前校正装置 $G_c(s)$ 时，有 $\gamma\neq\beta$ 和 $\gamma=\beta$ 两种方法。前者是把 $G_c(s)$ 的超前和滞后部分分开进行设计；后者是把滞后-超前校正装置当作一个整体来考虑。基于在控制工程中一般均采用 $\gamma=\beta$ 的方法，故这里仅讨论后者。

在 $\beta=\gamma$ 时，式（6-15）改写为

$$G_c(s)=K_c\frac{(1+T_1s)}{\left(1+\frac{T_1}{\beta}s\right)}\frac{(1+T_2s)}{(1+\beta T_2s)}$$

$$= K_c \frac{\left(s+\frac{1}{T_1}\right)}{\left(s+\frac{\beta}{T_1}\right)} \frac{\left(s+\frac{1}{T_2}\right)}{\left(s+\frac{1}{\beta T_2}\right)} \tag{6-16}$$

图 6-20 为 $G_c(s)$ 的零、极点分布图。为了改善系统的稳态性能和产生很小的滞后角，$G_c(s)$ 滞后部分的零、极点必须靠近于 s 平面的坐标原点。

令 $K_c=1$，则滞后-超前校正装置的频率特性为

$$G_c(j\omega) = \frac{(1+T_1 j\omega)(1+T_2 j\omega)}{\left(1+\frac{T_1}{\beta}j\omega\right)(1+\beta T_2 j\omega)} \tag{6-17}$$

图 6-21 为式（6-17）的伯德图。由该图可见，在 $\omega<\omega_1$ 的频段，校正装置具有相位滞后特性；而在 $\omega>\omega_1$ 的频段，变为具有相位超前的特性。根据式（6-17）的相位表达式，很容易确定 $G_c(s)$ 的相位过零时的频率为

$$\omega_1 = \frac{1}{\sqrt{T_1 T_2}} \tag{6-18}$$

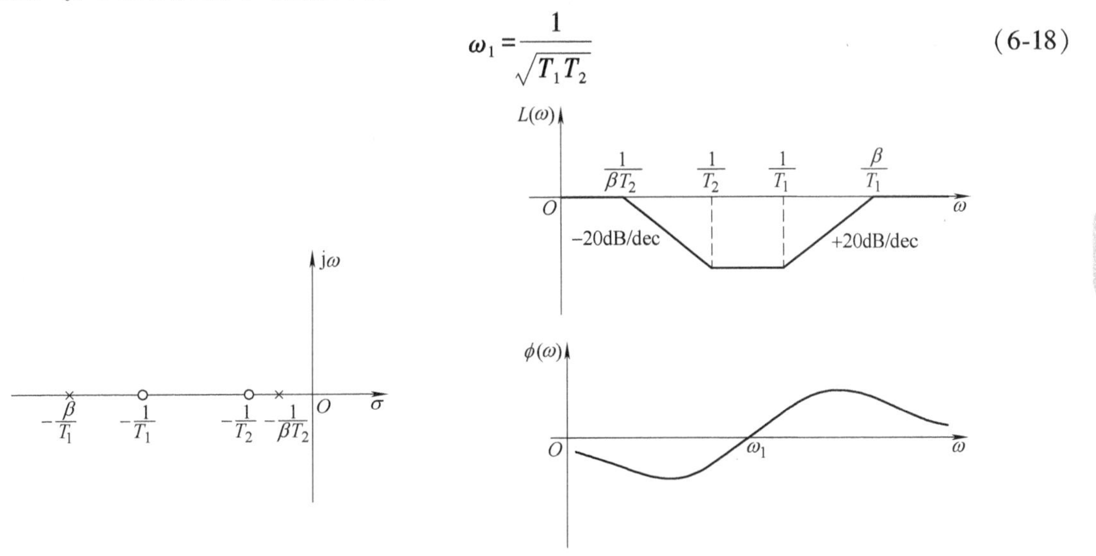

图 6-20　零、极点分布图

图 6-21　滞后-超前校正装置的伯德图

二、基于根轨迹法的滞后-超前校正

设控制系统的框图如图 6-22 所示。采用式（6-16）所示的 $G_c(s)$，即

$$G_c(s) = K_c \frac{\left(s+\frac{1}{T_1}\right)}{\left(s+\frac{\beta}{T_1}\right)} \frac{\left(s+\frac{1}{T_2}\right)}{\left(s+\frac{1}{\beta T_2}\right)}$$

R(s)　Gc(s)　G(s)　C(s)

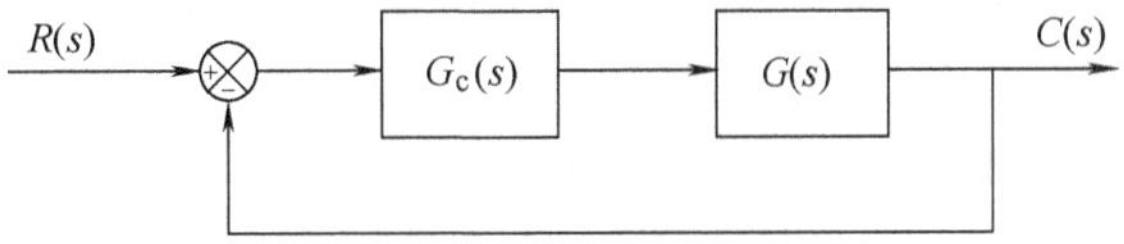

图 6-22　控制系统

并假设 K_c 属于 $G_c(s)$ 的超前部分。

用根轨迹法进行滞后-超前校正设计的一般步骤如下：

1）根据给定的性能指标，确定希望闭环主导极点 s_d 的位置。

2）根据对静态误差系数的要求，确定 K_c。

3）计算未校正系统在 s_d 点处相角的缺额 ϕ，此缺额是由 $G_c(s)$ 的超前部分产生。

4）选择足够大的 T_2，使

$$\left|\frac{s+\dfrac{1}{T_2}}{s+\dfrac{1}{\beta T_2}}\right|_{s=s_d}\approx 1$$

按照下列根轨迹的相角和幅值条件去确定 T_1 和 β 值，即

$$\angle\left.\frac{s+\dfrac{1}{T_1}}{s+\dfrac{\beta}{T_1}}\right|_{s=s_d}=\phi$$

$$\left|K_c\frac{s+\dfrac{1}{T_1}}{s+\dfrac{\beta}{T_1}}G(s)\right|_{s=s_d}=1$$

5）由已确定的 β 值选择时间常数 T_2，以使

$$\left|\frac{s+\dfrac{1}{T_2}}{s+\dfrac{1}{\beta T_2}}\right|_{s=s_d}\approx 1$$

$$-5^\circ<\angle\frac{s+1/T_2}{s+1/(\beta T_2)}<0^\circ$$

考虑到滞后-超前校正装置物理实现的可能性，它的最大时间常数 βT_2 不宜取得太大。

【例 6-5】 设一单位反馈控制系统如图 6-23 所示。试设计一个滞后-超前校正装置，使校正后的系统具有下列性能指标：主导极点的阻尼比 $\zeta=0.5$，无阻尼自然频率 $\omega_n=5\text{s}^{-1}$，静态速度误差系数 $K_v=80\text{s}^{-1}$。

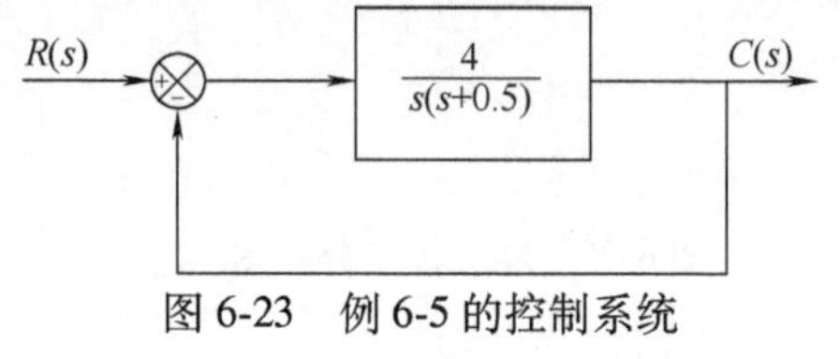

图 6-23　例 6-5 的控制系统

解　1）对未校正系统进行分析。

由系统的开环传递函数求得相应的闭环极点为 $s=-0.25\pm \text{j}1.98$，阻尼比 $\zeta=0.125$，无阻尼自然频率 $\omega_n=2\text{s}^{-1}$，静态速度误差系数 $K_v=8\text{s}^{-1}$。

2）确定希望的闭环主导极点 s_d。

根据 $\zeta=0.5$ 和 $\omega_n=5\text{s}^{-1}$ 的要求，求得

$$s_d=-\zeta\omega_n\pm \text{j}\omega_n\sqrt{1-\zeta^2}=-2.5\pm \text{j}4.33$$

3）确定 $G_c(s)$ 的 K_c。

校正后系统的开环传递函数为

$$G_c(s)G_0(s)=K_c\frac{\left(s+\dfrac{1}{T_1}\right)\left(s+\dfrac{1}{T_2}\right)}{\left(s+\dfrac{\beta}{T_1}\right)\left(s+\dfrac{1}{\beta T_2}\right)}\frac{4}{s(s+0.5)}$$

基于要求 $K_v=80\mathrm{s}^{-1}$，则

$$K_v=\lim_{s\to 0}sG_c(s)G(s)=8K_c=80$$

求得 $K_c=10$。

4）基于未校正系统在 s_d 处的相角为

$$\angle\left.\frac{4}{s(s+0.5)}\right|_{s=s_d}=-235°$$

因而为使校正后系统的根轨迹能通过 s_d 点，则 $G_c(s)$ 的超前部分必须产生55°的超前角。

5）时间常数 T_1 和 β 值的确定。

根据下列根轨迹的幅值条件和相角条件：

$$\left|\frac{s+\dfrac{1}{T_1}}{s+\dfrac{\beta}{T_1}}\right|\left|\frac{40}{s(s+0.5)}\right|_{s=s_d}=\frac{8}{4.77}\left|\frac{s_d+\dfrac{1}{T_1}}{s_d+\dfrac{\beta}{T_1}}\right|=1$$

$$\angle\frac{s_d+1/T_1}{s_d+\beta/T_1}=55°$$

参考图6-24，较方便地确定图中 A 点和 B 点的位置，它们同时满足 $\angle As_dB=55°$ 和 $\dfrac{\overline{s_dA}}{\overline{s_dB}}=\dfrac{4.77}{8}$ 的关系。由图6-24求得 $\overline{AO}=2.38$，$\overline{BO}=8.34$，即 $T_1=\dfrac{1}{2.38}=0.42$，$\beta=8.34T_1=3.5$。T_1 和 β 也可以通过联立求解上述两式求得。这样求得 $G_c(s)$ 的超前部分为 $10\left(\dfrac{s+2.38}{s+8.34}\right)$。

6）根据已确定的 β 值，选择时间常数 T_2。为同时满足下列要求：

$$\left|\frac{s_d+\dfrac{1}{T_2}}{s_d+\dfrac{1}{\beta T_2}}\right|\approx 1$$

$$-5°<\angle\frac{s_d+\dfrac{1}{T_2}}{s_d+\dfrac{1}{\beta T_2}}<0°$$

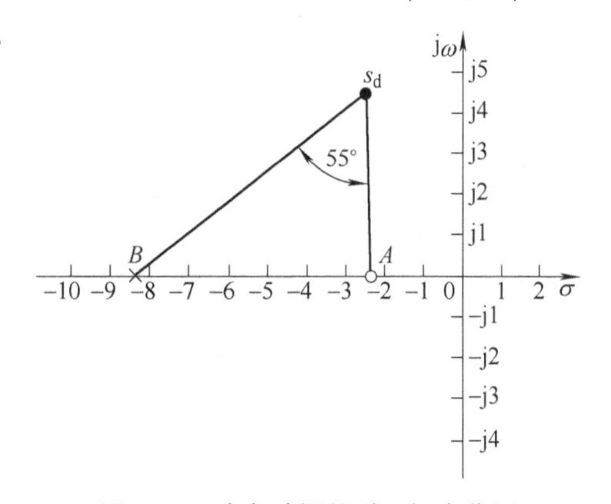

图6-24　确定希望的零、极点位置

故选取 $T_2=10$，则 $\dfrac{1}{\beta T_2}=\dfrac{1}{3.5\times 10}=0.0285$。于是所求的滞后-超前校正装置为

$$G_c(s)=10\frac{s+2.38}{s+8.34}\frac{s+0.1}{s+0.0285}$$

校正后系统的开环传递函数为

$$G_c(s)G_0(s)=\frac{40(s+2.38)(s+0.1)}{s(s+0.5)(s+8.34)(s+0.0285)}$$

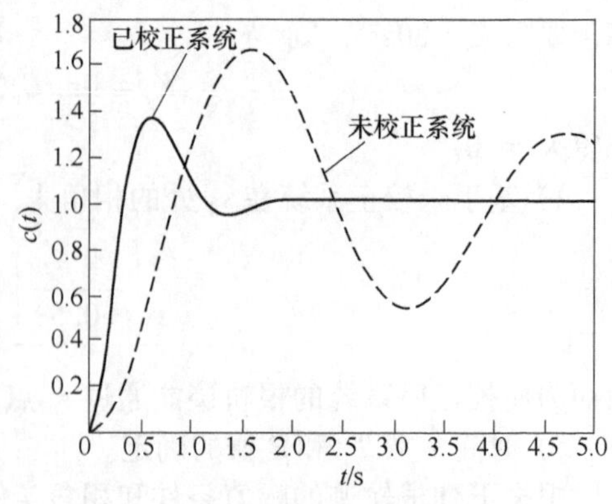

图 6-25　已校正和未校正系统的单位阶跃响应曲线

由于在上式中没有零、极点的对消情况出现，故校正后的系统为四阶系统。基于校正装置的相位滞后部分在 s_d 处产生的滞后角相当小，因而闭环主导极点非常接近于 s_d 点的希望位置。经计算求得，校正后系统的闭环主导极点为 $s_{1,2}=-2.45\pm j4.31$，另两个闭环极点为 $s_3=-1.003$，$s_4=-3.86$。由于极点 $s_3=-0.1003$ 非常靠近闭环的零点 $s=-0.1$，因而该极点对系统瞬态响应的影响很小。另一个极点 $s_4=-3.86$，由于它不能与零点 $s=-2.38$完全对消，因而与没有零点的类似系统相比较，该零点会使系统阶跃响应的超调量增大。图 6-25 为已校正系统和未校正系统的单位阶跃响应曲线。

三、基于频率响应法的滞后-超前校正

如果对系统的动态和稳态性能均有较高的要求，显然只采用上述的超前校正或滞后校正，都难于达到预期的校正效果。对于这种情况，宜对系统采用滞后-超前校正。这种校正综合应用了滞后校正和超前校正各自的特点，即利用滞后-超前校正装置的超前部分来增大系统的相位裕量，以改善其动态性能，利用它的滞后部分来改善系统的稳态性能，两者分工明确，相辅相成。

下面用一个实例说明设计滞后-超前校正装置的具体步骤。

【例 6-6】 设一单位反馈控制系统的开环传递函数为

$$G_0(s)=\frac{K}{s(s+1)(s+2)}$$

要求校正后的系统具有下列性能指标：相位裕量 $\gamma=50°$，增益裕量 $20\lg K_g\geqslant 10\text{dB}$，静态速度误差系数 $K_v=10\text{s}^{-1}$。试设计一滞后-超前校正装置。

解　1）假设采用式（6-16）表示的滞后-超前校正装置。校正后系统的开环传递函数为 $G_c(s)G_0(s)$ 。因为对象 $G_0(s)$ 的增益 K 是可调的，所以假设 $K_c=1$，则有 $\lim\limits_{s\to 0}G_c(s)=1$。根据对静态速度误差系数的要求，于是有

$$\begin{aligned}K_v&=\lim_{s\to 0}sG_c(s)G_0(s)=\lim_{s\to 0}sG_c(s)\frac{K}{s(s+1)(s+2)}\\&=\frac{K}{2}=10\end{aligned}$$

即 $K=20$。

2）画出增益调整后未校正系统的伯德图，如图 6-26 中的点画线所示。由图可见，未校正系统的相位裕量等于−32°，这表示系统为不稳定。在这种情况下，如果采用超前校正，系统的剪切频率必然会增大，这样不仅用单级超前网络难于满足相位裕量的要求，而且校正后的系统将对高频噪声十分敏感。

3）确定校正后系统的剪切频率 ω_c。由于本例题对 ω_c 值未提出具体的要求，因而可根据相位裕量的要求去选择剪切频率 ω_c。由未校正系统的相频曲线可见，当 $\omega=1.5\text{s}^{-1}$时，$\arg G_0(j\omega)=-180°$。选择该频率值作为校正后系统的剪切频率 ω_c，显然较为合理。因为滞后-超前校正装置的超前部分在该频率处产生 50°的相位超前角是完全能实现的，且 $\omega_c=1.5\text{s}^{-1}$也不算小，使校正后的系统仍具有一定的响应速度。

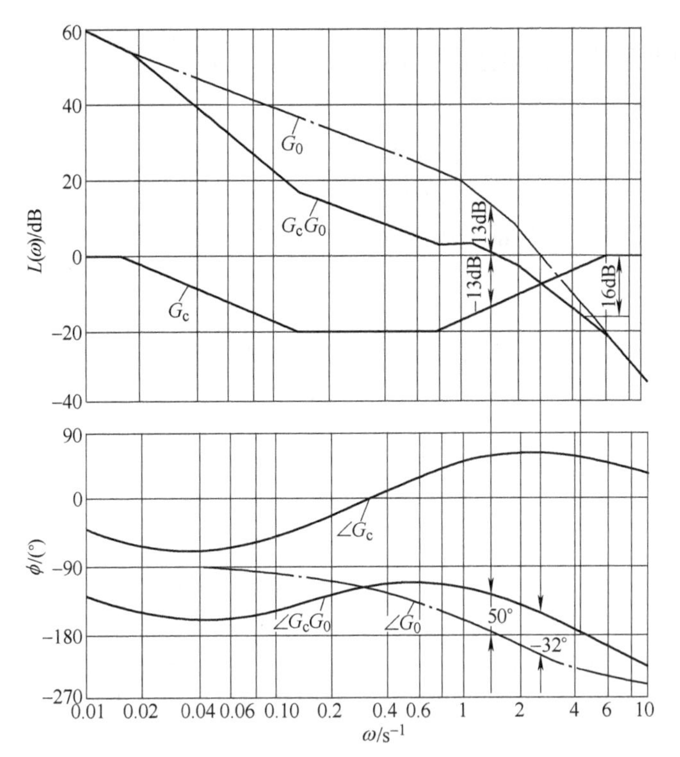

图 6-26　校正前系统、校正装置和校正后系统的伯德图

G_0—校正前系统　G_c—校正装置　G_0G_c—校正后系统

4）确定滞后-超前校正装置的转折频率。当 ω_c 确定后，就可以确定 $G_c(s)$ 的相位滞后部分的转折频率了。选择转折频率 $\omega=\frac{1}{T_2}=\frac{1}{10}\omega_c=0.15\text{s}^{-1}$，其用意是使滞后部分在 ω_c 处产生的滞后角非常小。

在超前校正装置中，最大相位超前角 ϕ_m 是由式（6-3）确定的。这里由于 $\alpha=\frac{1}{\beta}$，因而式（6-3）改写为

$$\sin\phi_m=\frac{1-\frac{1}{\beta}}{1+\frac{1}{\beta}}=\frac{\beta-1}{\beta+1}$$

如令 $\beta=10$，则由上式求得 $\phi_m=54.9°$。基于要求的相位裕量为 50°，故选取 $\beta=10$ 已能满足。据此，求得滞后部分的另一个转折频率 $\omega=\frac{1}{\beta T_2}=0.015\text{s}^{-1}$。于是所求校正装置滞后部分的传递函数为

$$\frac{s+0.15}{s+0.015}=10\times\frac{1+6.67s}{1+66.7s}$$

超前部分的转折频率可以用下述方法去确定：由图 6-26 可见，未校正系统在 $\omega=1.5\text{s}^{-1}$ 的幅值为 13dB，为实现该频率成为校正后系统的剪切频率，必须使该频率点的开环幅值降到 0dB，为此要求 $G_c(s)$ 的超前部分在 $\omega=1.5\text{s}^{-1}$ 处产生−13dB 的幅值。即通过点（−13dB，1.5s^{-1}）作一条斜率为 20dB/dec 的直线，该直线与 0dB 线和−20dB 的水平线的相交点就是

超前部分的两个转折频率，它们分别为 $\omega=\dfrac{1}{T_1}=0.7\mathrm{s}^{-1}$，$\omega=\dfrac{\beta}{T_1}=7\mathrm{s}^{-1}$。于是求得 $G_c(s)$ 超前部分的传递函数为

$$\frac{s+0.7}{s+7}=\frac{1}{10}\times\frac{1+1.43s}{1+0.143s}$$

5）把所求校正装置的滞后部分和超前部分组合在一起，就得到滞后-超前校正装置的传递函数为

$$\begin{aligned}G_c(s)&=\frac{(s+0.7)(s+0.15)}{(s+7)(s+0.015)}\\&=\frac{(1+1.43s)(1+6.67s)}{(1+0.143s)(1+66.7s)}\end{aligned}$$

校正后系统的开环传递函数为

$$\begin{aligned}G_c(s)G_0(s)&=\frac{20(s+0.7)(s+0.15)}{s(s+1)(s+2)(s+7)(s+0.015)}\\&=\frac{10(1+1.43s)(1+6.67s)}{s(1+0.143s)(1+66.7s)(1+s)(1+0.5s)}\end{aligned}$$

它的伯德图如图 6-26 中的实线所示。由图可见，校正后系统的相位裕量约为 50°，增益裕量约为 16dB，静态速度误差系数 $K_v=10\mathrm{s}^{-1}$，它们均已满足设计要求。

第五节　PID 控制器及其参数的整定

前面叙述了超前、滞后和滞后-超前 3 种对系统的校正方法，这些方法是基于校正装置的输出与其输入信号间相位的超前、滞后来区分的，并利用这些特性对不同的系统进行动态校正。这些校正装置所起的作用等价于时域中的比例-微分（PD）、比例-积分（PI）或它们的组合（PID）。PID 控制器有着使用灵活、参数调节方便、性能稳定等优点，且已有定型的工业产品问世，因而它在控制工程中被广泛应用。

一、基本控制规律

图 6-27 所示为反馈控制系统的一般结构形式。图中 $G_0(s)$为控制器，$G_0(s)$为被控对象，$H(s)$为检测元件。控制器的输入是系统的偏差信号 $e(t)$，它经控制器 $G_c(s)$加工处理后，产生被控对象所需的控制信号 $m(t)$。本节所述的控制器 $G_c(s)$是由比例、积分、微分 3 种基本的控制规律或它们的组合构成。

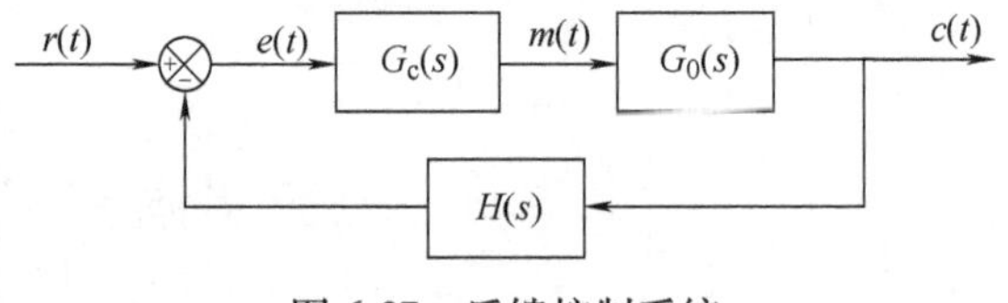

图 6-27　反馈控制系统

1. 比例控制器（P 调节器）

图 6-28 为比例控制器的电路图，它的传递函数为

$$G_c(s)=\frac{R_2}{R_1}=K_p \tag{6-19}$$

图 6-28 中第二只运算放大器作为反号器，它改变第一只运算放大器输出的符号。比例控制器实际上是一种增益可调的放大器，比例系数 K_p 值的大小直接改变系统开环增益的值。增大 K_p 既能使系统的稳态误差减小，提高系统的控制精度，又可使系统的响应速度加快；但与此同时，却导致系统稳定性的降低，甚至使系统变为不稳定。下面以 Ⅰ 型二阶系统为例

来说明。

设一反馈控制系统如图 6-29 所示，图 6-30 为该系统 $K_p=1$ 和 $K_p=10$ 时的伯德图。由图 6-30 直观地看到 $K_p=1$ 时，剪切频率 $\omega_c=1s^{-1}$，相位裕量 $\gamma=63.4°$；当 $K_p=10$ 时，$\omega_c=4.47s^{-1}$，$\gamma=24.11°$。这表示 K_p 的增大产生了如下作用：

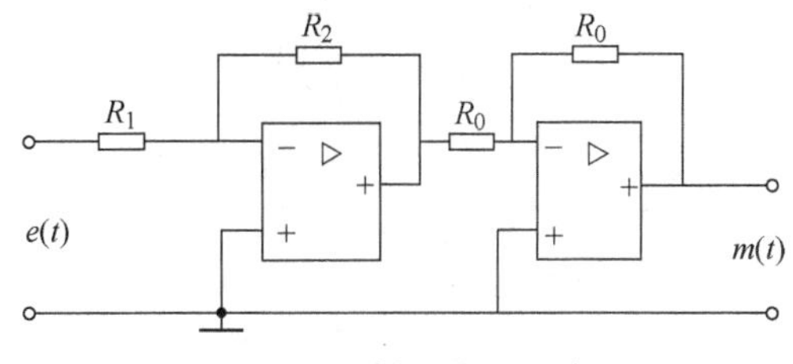

图 6-28　比例调节器电路图

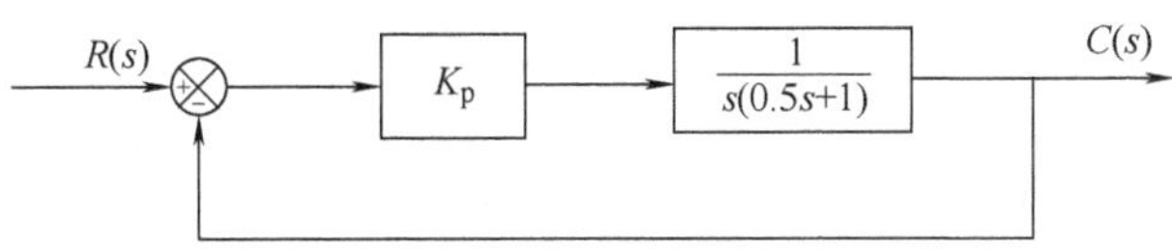

图 6-29　二阶控制系统

1）系统跟踪斜坡输入信号的稳态误差 e_{ss} 减小，$K_p=10$ 时的 e_{ss} 值仅为 $K_p=1$ 时的 1/10。

2）系统的剪切频率 ω_c 由 $1s^{-1}$ 增大到 $4.47s^{-1}$，这表示 K_p 增大后，系统的频带变宽，瞬态响应的速度变快。

3）系统的相位裕量 γ 由原来的 63.4°降低到 24.11°，这说明 K_p 值的增大，使系统的相对稳定性变差。

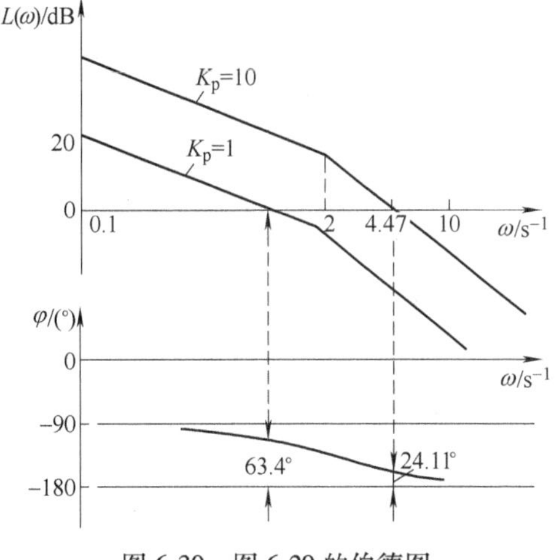

图 6-30　图 6-29 的伯德图

由此可知，系统的稳态精度与动态的稳定性对 K_p 值的要求是相矛盾的。如果本系统为三阶或三阶以上的系统，则当 K_p 值增大到一定值后，系统就变为不稳定了。显然，只采用 P 调节器一般难以同时满足系统对动、静态性能的要求。在控制工程中，一般把 P 调节器与其他的控制规律组合起来应用。基于反馈控制系统是按偏差进行调节，而比例控制作用贯穿在系统整个控制的始终，因此，在任何控制器 $G_c(s)$ 中都必须有比例的控制作用。

2. 积分控制器（I 调节器）

具有积分控制作用的控制器又名 I 调节器，它的传递函数为

$$\frac{M(s)}{E(s)}=G_c(s)=\frac{1}{T_i s} \tag{6-20}$$

即

$$m(t)=\frac{1}{T_i}\int_0^t e(\tau)\mathrm{d}\tau$$

式中，$T_i=RC$ 为可调的积分时间常数。由上式可知，积分器的输出是对输入信号 $e(t)$ 的积累，只要 $e(t)\neq0$，其输出将随时间 t 的增长而不断地变化，一直到 $e(t)=0$ 时，积分作用才停止，输出量为一定值。正是由于积分器有这样一个特殊的性质，因而可实现消除系统的稳态误差。

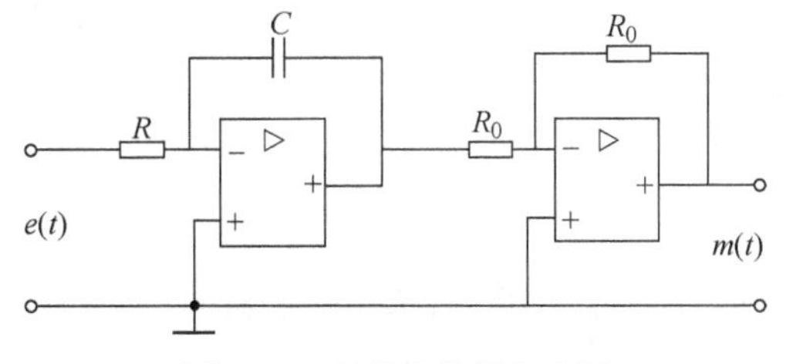

图 6-31　积分调节器电路图

图 6-31 为积分器的模拟电路图，其输出为

$$m(t)=\frac{1}{RC}\int_0^t e(\tau)\mathrm{d}\tau \tag{6-21}$$

若令 $RC=2\mathrm{s}$，$e(t)$ 为一方波信号，如图 6-32 所示。由式（6-21）可知，当 $t<T$ 时，积分器的输出 $m(t)$ 呈线性增长；当 $t=T$ 时，$e(t)=0$，积分作用消失，此时电路中电容 C 两端的电压就是积分器的稳态输出值。

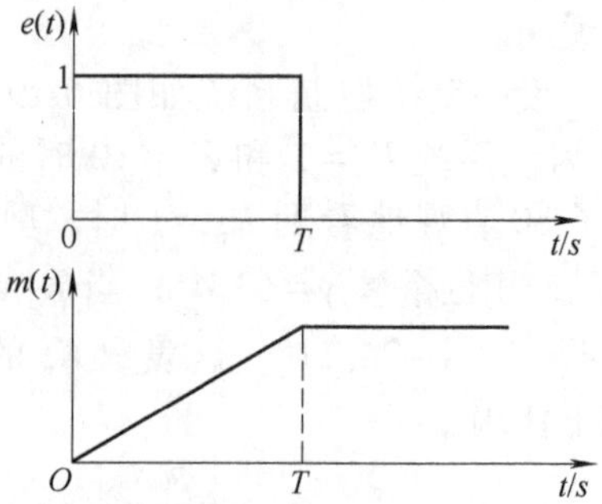

图 6-32　积分器的输出

在控制系统中，若只采用积分控制器，虽能提高被控系统的型别，消除或减小系统的稳态误差，但它却有如下的不足之处。

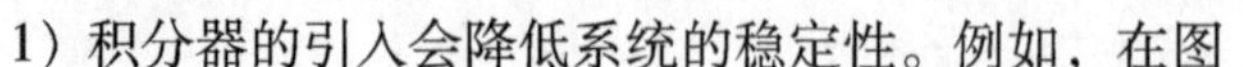

1）积分器的引入会降低系统的稳定性。例如，在图 6-29 所示的系统中，若令 $G_c(s)=\frac{1}{T_i s}$，则系统的特征方程为

$$0.5T_i s^3+T_i s^2+1=0$$

由于上式不满足系统稳定的必要条件，这表示引入积分控制器后，系统就变为不稳定了。关于系统中引入积分器会降低其稳定性的原因，读者可用频率法或根轨迹法对此作出解释。如果在图 6-29 所示的系统中采用比例-积分控制器，则不仅能提高系统的型别，而且还可使系统保持良好的稳定运行状态。

2）由于积分器的输出只能随着积分时间的增长而逐渐跟踪输入信号的变化，因而使系统难于实现快速控制。

3. 微分控制器（D 调节器）

微分控制器又称 D 调节器，它的传递函数为

$$\frac{M(s)}{E(s)}=G_c(s)=T_d s$$

或写作

$$m(t)=T_d\frac{\mathrm{d}e(t)}{\mathrm{d}t} \tag{6-22}$$

式中，T_d 为微分时间常数。由式（6-22）可知，微分控制器的输出与其输入信号的变化率成正比，它把输入信号的变化趋势及时反映到输出量上，使对系统的控制作用提前产生。采用微分控制器能增大系统的阻尼，从而改变了系统的稳定度。由于这种控制器只有在输入信号 $e(t)$ 发生变化的过程中才起作用，当 $e(t)$ 信号趋于定值或做缓慢变化时，它的作用就会消失，其输出为零值。因此，这种控制器不能单独使用于系统。在实际应用中总是以比例微分或比例-积分-微分的控制形式出现。微分控制器的缺点是会放大信号中的噪声，使系统抗高频干扰的能力降低。此外，还有可能导致执行机构产生饱和的现象。

4. 比例-微分控制器（PD 调节器）

图 6-33 为 PD 调节器的电路图，它的传递函数为

$$\frac{M(s)}{E(s)}=G_c(s)=\frac{R_2}{R_1}(1+R_1Cs)=K_p(1+T_d s) \tag{6-23}$$

或写作

$$m(t)=K_p e(t)+K_p T_d\frac{\mathrm{d}e(t)}{\mathrm{d}t}$$

式中，$K_p=\frac{R_2}{R_1}$，$T_d=R_1C$，它们都是可调参数。若令 $K_p=1$，则其对数幅频和相频特性的表达式分别为

$$L_c(\omega)=20\lg\sqrt{1+\left(\frac{\omega}{1/T_d}\right)^2}$$

$$\varphi_c(\omega)=\arctan T_d\omega$$

据此，画出如图6-34所示的伯德图。由该图可见，当$\omega>0$时，$\varphi_c(\omega)>0°$，因此PD调节

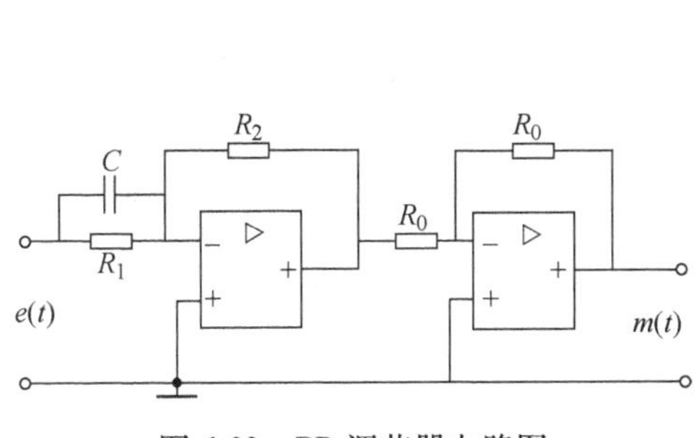

图6-33　PD调节器电路图

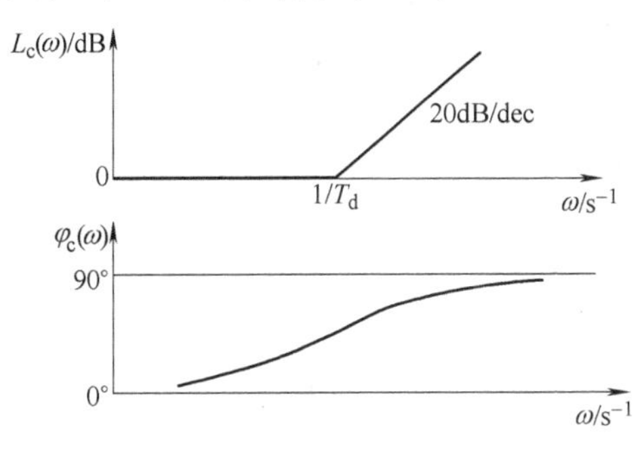

图6-34　PD调节器的伯德图

器实际上就是一种超前校正装置，它能增加系统的阻尼，改善系统的稳定性，加快系统的响应速度，但它不能提高系统的稳态精度。此外，T_d不能过大，不然由于转折频率ω_d过小，使微分对输入信号中的噪声产生明显的放大作用。下面举例说明PD调节器对系统的校正作用。设一控制系统如图6-35所示，显然该系统是不稳定的。如果把该系统中的K_p改为PD调节器，不难证明，只要$T_d>0.5$s，就能使该系统稳定运行，并能实现在阶跃和斜坡信号作用下，系统的稳态误差为零。

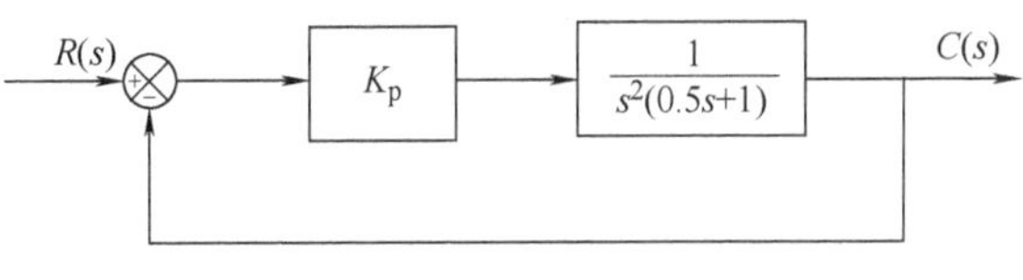

图6-35　控制系统框图

5. 比例-积分控制器（PI调节器）

比例-积分控制器又名PI调节器，图6-36为PI调节器的电路图。由图可知

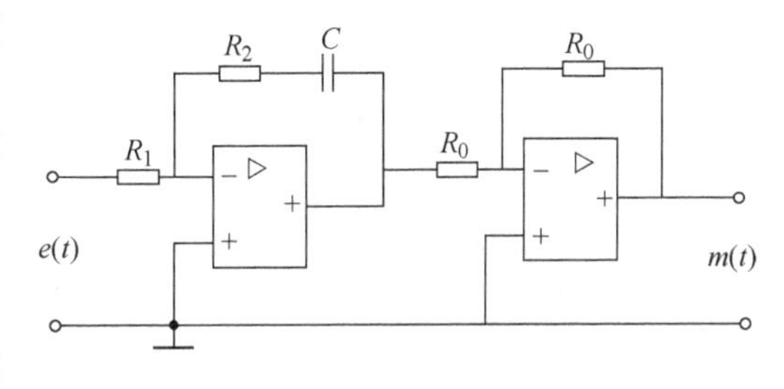

图6-36　PI调节器电路图

$$\frac{M(s)}{E(s)}=G_c(s)=\frac{R_2}{R_1}\left(1+\frac{1}{R_2Cs}\right)=K_p\frac{T_is+1}{T_is} \tag{6-24}$$

或写作

$$m(t)=K_pe(t)+\frac{K_p}{T_i}\int_0^t e(\tau)\mathrm{d}\tau$$

式中，$K_p=\dfrac{R_2}{R_1}$；$T_i=R_2C$。图6-37为$K_p=1$、$T_i=1$s时的伯德图。由图可见，当$0<\omega<\infty$时，$\varphi_c(\omega)$总为负角度，因而这种调节器属于滞后校正装置。PI调节器可视为由一个积分器与一个比例调节器串联组成，因而它兼有两者的优点。积分器提高了系统的型别，即提高了系统的稳态精度，这体现在校正后系统开环对数幅频特性低频段的斜率；而PD调节器具有改善系统动态性能的作用，它能抵消由积分器产生对动态部分的不利影响，从而使校正后的系统同时具有良好的动态和稳态性能。

PI调节器的可调参数是T_i和K_p。如果仅从系统稳定性这个角度去考虑，显然T_i越大和K_p越小越好。但如果T_i值太大，K_p值过小，则使PI调节器的控制作用不灵敏，它的输出

就不能及时地反映输入量 $e(t)$ 的变化，从而导致系统的输出响应缓慢。尤其是当系统受到突加负载时，就会产生输出幅度较大的动态速降。因此，对 PI 调节器参数的调整，应根据对系统性能的实际要求进行。

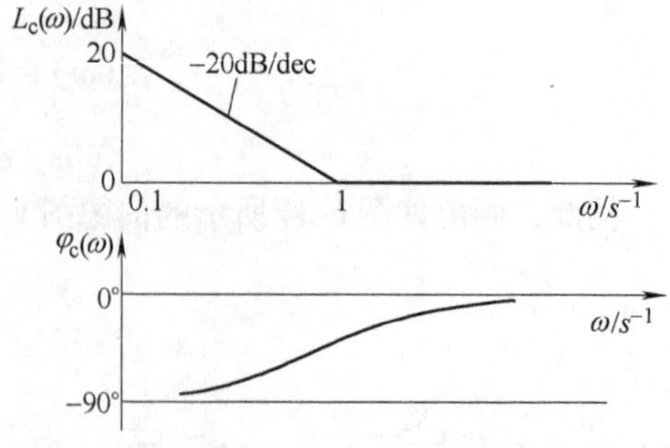

图 6-37　PI 调节器的伯德图

6. 比例-积分-微分控制器（PID 调节器）

图 6-38 为 PID 调节器的电路图，它的传递函数为

$$
\begin{aligned}
\frac{M(s)}{E(s)}=G_c(s)&=\frac{R_2R_4}{R_3R_1}\frac{(R_1C_1s+1)(R_2C_2s+1)}{R_2C_2s}\\
&=\frac{R_2R_4}{R_1R_3}\left(\frac{R_1C_1+R_2C_2}{R_2C_2}+\frac{1}{R_2C_2s}+R_1C_1s\right)\\
&=\frac{R_4(R_1C_1+R_2C_2)}{R_1R_3C_2}\left[1+\frac{1}{(R_1C_1+R_2C_2)s}+\frac{R_1C_1R_2C_2}{R_1C_1+R_2C_2}s\right]\\
&=K_p\left(1+\frac{1}{T_is}+T_ds\right)
\end{aligned}
\tag{6-25}
$$

式中：

$$K_p=\frac{R_4(R_1C_1+R_2C_2)}{R_1R_3C_2}$$

$$T_i=R_1C_1+R_2C_2$$

$$T_d=\frac{R_1C_1R_2C_2}{R_1C_1+R_2C_2}$$

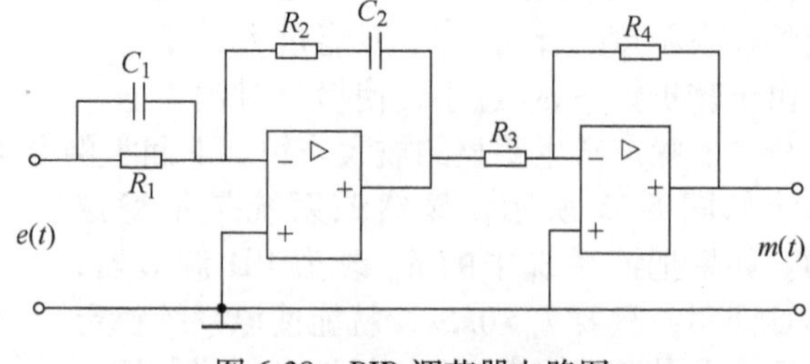

图 6-38　PID 调节器电路图

K_p、T_i 和 T_d 都为可调参数。若选取合适的 T_i 和 T_d 值，使 $G_c(s)$ 含有两个相异的实数零点，则式（6-25）可改写为

$$G_c(s)=K_p\frac{(T_1s+1)(T_2s+1)}{T_is}=\frac{K(T_1s+1)(T_2s+1)}{s}$$

式中，$K=K_p/T_i$。若令上式中的 $K=2$、$T_1=1\text{s}$、$T_2=0.1\text{s}$，则相应 PID 调节器的传递函数为

$$G_c(s)=2\frac{(s+1)(0.1s+1)}{s}\tag{6-26}$$

对应的伯德图如图 6-39 所示。由该图可知：

1）PID 调节器也是一种滞后-超前校正装置。

2）PID 调节器同时具有 PI 和 PD 两种调节器的作用，前者用于提高系统的稳态精度，后者用于改善系统的动态性能，两者相辅相成，使校正后的系统具有更优良的性能。

二、PID 控制器的参数整定

图 6-40 所示为具有 PID 控制器的控制系统。当被控对象的数学模型能用解析法或实验的方法去确定时，则可用本章前面所述的校正方法来确定 PID 控制器的相关参数。但在一些工业控制系统中，有些被控对象较复杂，很难求得其精确的数学模型，这就给用解析法设计控制器带来了困难。对于这种情况，若用下述的齐格勒-尼可尔斯法则去调整 PID 控制器的参数，就显得非常实用和方便。

齐格勒-尼可尔斯法则简称 Z-N 法则，它有两种实施的方法。它们共同的目标都是使被

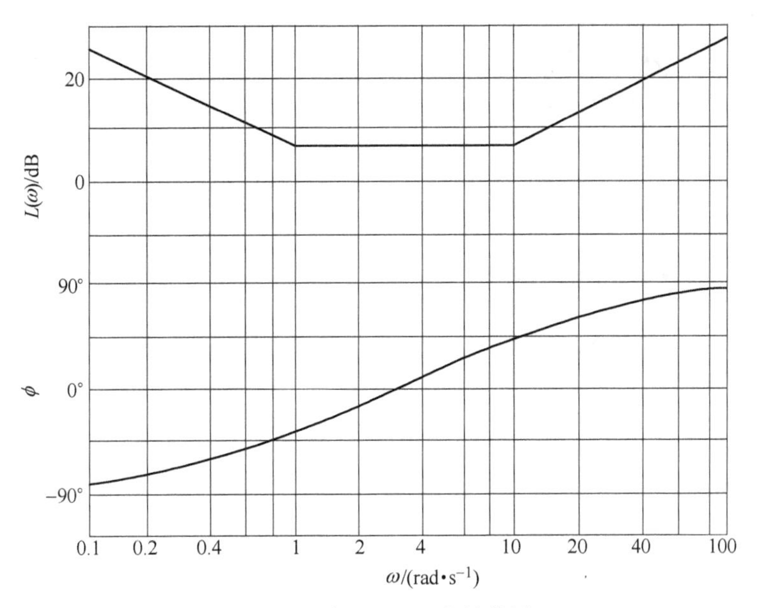

图 6-39　式（6-26）的伯德图

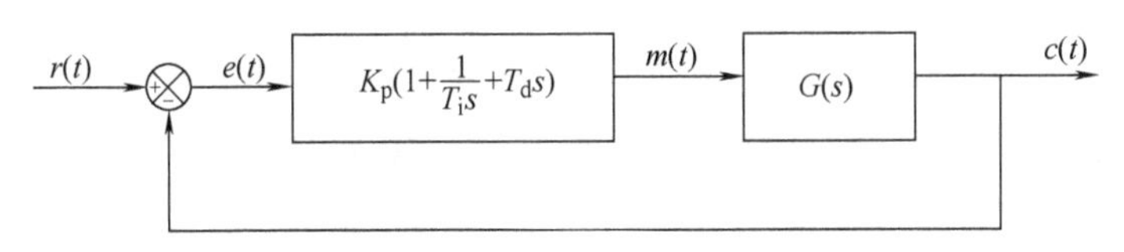

图 6-40　具有 PID 控制器的闭环系统

控系统的阶跃响应具有 25%的超调量，如图 6-41 所示。

第一种方法是在对象的输入端加一单位阶跃信号，测量其输出响应曲线，如图 6-42 所示。如果被测的对象中既无积分环节，又无复数主导极点，则相应的阶跃响应曲线可视为是 S 形曲线，如图 6-43 所示。这种曲线的特征可用滞后时间 τ 和时间常数 T 来表征。通过 S 形曲线的转折点作切线，使之分别与时间坐标轴 t 和 $c(t)=K$ 的直线相交，由所得的两个交点确定延滞时间 τ 和时间常数 T。具有 S 形阶跃响应曲线的对象，其传递函数可近似地描述为

$$\frac{C(s)}{M(s)} \approx \frac{K\mathrm{e}^{-\tau s}}{1+Ts} \tag{6-27}$$

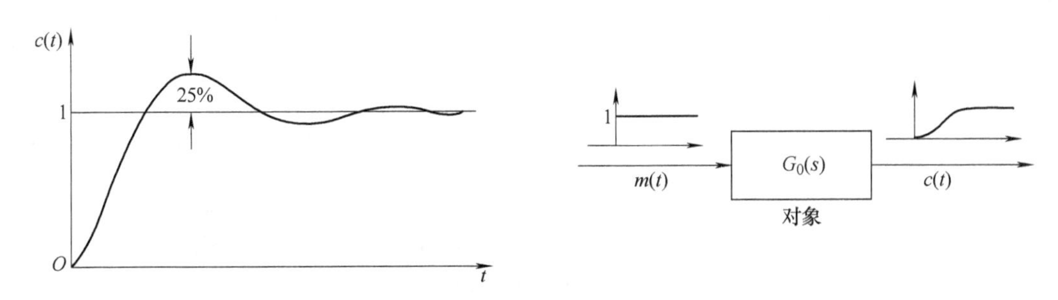

图 6-41　具有 25%超调量的单位阶跃响应曲线　　　图 6-42　受控对象的单位阶跃响应

齐格勒和尼可尔斯给出了表 6-1 所示的公式，用于确定 K_p、T_i 和 T_d 的值。据此得出 PID 控制器的传递函数为

$$G_c(s)=K_p\left(1+\frac{1}{T_i s}+T_d s\right)$$

$$=1.2\frac{T}{\tau}\left(1+\frac{1}{2\tau s}+0.5\tau s\right)=0.6T\frac{\left(s+\frac{1}{\tau}\right)^2}{s} \tag{6-28}$$

表 6-1　Z-N 法则的第一法

控制器的类型	K_p	T_i	T_d
P	$\frac{T}{\tau}$	∞	0
PI	$0.9\frac{T}{\tau}$	$\frac{\tau}{0.3}$	0
PID	$1.2\frac{T}{\tau}$	2τ	0.5τ

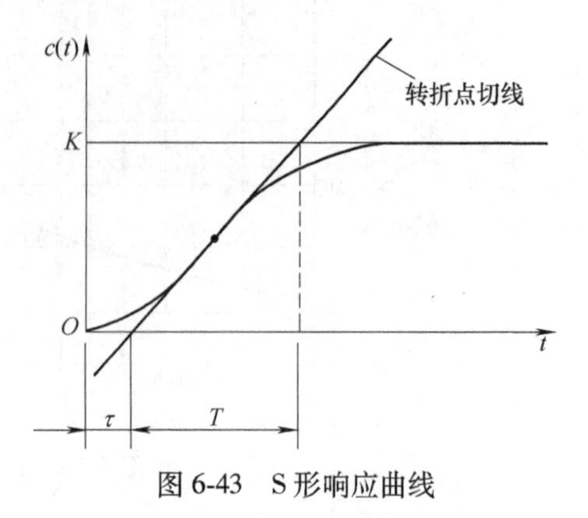

图 6-43　S 形响应曲线

由式（6-28）可见，这种 PID 控制器有一个极点在坐标原点，两个零点都在$s=-\frac{1}{\tau}$处。显然，第一种方法仅适用于对象的阶跃响应曲线为 S 形的系统。

第二种方法是先假设 $T_i=\infty$，$T_d=0$，即只有比例控制 K_p，如图 6-44 所示。具体的做法是：将比例系数 K_p 值由零逐渐增大到系统的输出首次呈现持续的等幅振荡，此时对应的 K_p 值称为临界增益，用 K_c 表示，并记下振荡的周期 T_c，如图 6-45 所示。对于这种情况，齐格勒和尼可尔斯又提出了表 6-2 所示的公式，以确定相应 PID 控制器的参数 K_p、T_i 和 T_d 的值。

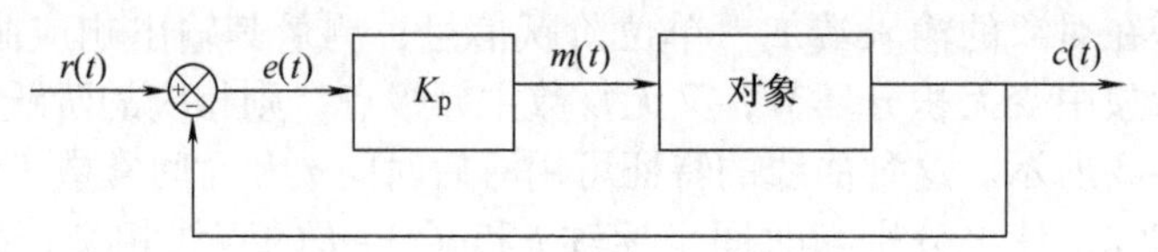

图 6-44　具有比例控制器的闭环系统

由表 6-2 求得相应 PID 控制器的传递函数为

$$G_c(s)=K_p\left(1+\frac{1}{T_i s}+T_d s\right)$$

$$=0.6K_c\left(1+\frac{1}{0.5T_c s}+0.125T_c s\right)$$

$$=0.075K_cT_c\left(\frac{s+\frac{4}{T_c}}{s}\right)^2 \tag{6-29}$$

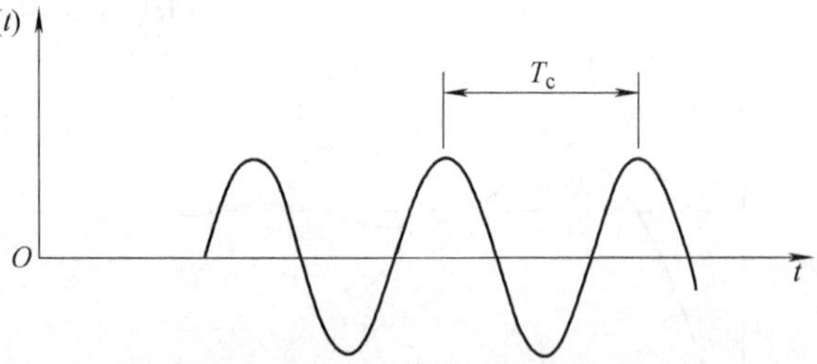

图 6-45　具有周期 T_c 的持续振荡

表 6-2　Z-N 法则的第二法

控制器的类型	K_p	T_i	T_d
P	$0.5K_c$	∞	0
PI	$0.45K_c$	$\frac{1}{1.2}T_c$	0
PID	$0.6K_c$	$0.5T_c$	$0.125T_c$

由表 6-2 确定的 PID 控制器，其传递函数也是一个极点在坐标原点，两个零点均位于$-\frac{4}{T_c}$处。显然，这种方法只适用于图 6-44 所示系统的输出能产生持续振荡的场合。

在控制对象动态特性不能精确确定的过程控制系统中，齐格勒-尼可尔斯法则被广泛用来调整 PID 控制器的参数。实践证明这种方法非常实用。当然，齐格勒-尼可尔斯法则也可应用于对象数学模型已知的系统。即用解析法求出对象的阶跃响应曲线（S 形曲线）或按图 6-45 求出系统的临界增益 K_c 和振荡周期 T_c，然后用表 6-1 或表 6-2 确定 PID 控制器的参数。

必须指出，用上述法则确定 PID 控制器的参数，使系统的超调量在 10%~60%之间，其平均值约为 25%（通过对许多不同对象试验的结果），这是易于理解的，因为表 6-1 和表 6-2 中的参数值也是在平均值的基础上得到的。由此可知，齐格勒-尼可尔斯法则仅是 PID 控制器参数调整的一个起点。若要进一步提高系统的动态性能，必须在此基础上对相关参数做进一步的调整。

【例 6-7】 一具有 PID 控制器的系统如图 6-46 所示。PID 的传递函数为

$$G_c(s)=K_p\left(1+\frac{1}{T_i s}+T_d s\right)$$

试用齐格勒-尼可尔斯法则确定 PID 的参数 K_p、T_i 和 T_d 的值。

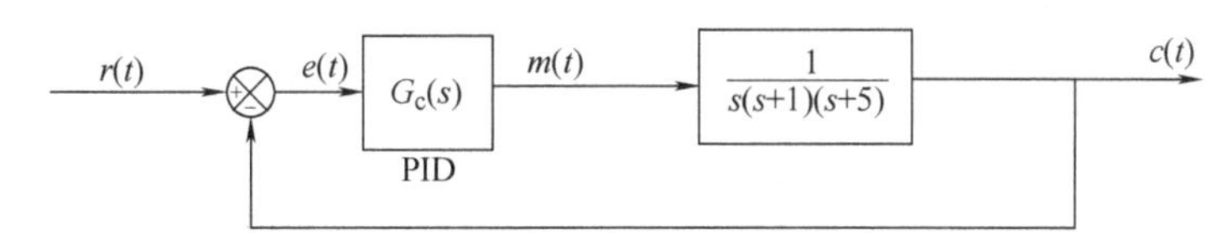

图 6-46　具有 PID 控制器的控制系统

解　由于对象传递函数中含有积分环节，因而只能用齐格勒-尼可尔斯法则的第二种方法去确定 PID 的参数。假设 $T_i=\infty$，$T_d=0$，则系统的闭环传递函数为

$$\frac{C(s)}{R(s)}=\frac{K}{s(s+1)(s+5)+K}$$

闭环特征方程为

$$s^3+6s^2+5s+K=0$$

令 $s=j\omega$ 代入上式，得

$$j\omega\ (5-\omega^2)\ +K-6\omega^2=0$$

于是有

$$5-\omega^2=0$$
$$K-6\omega^2=0$$

解得 $K=K_c=30$，$\omega=\sqrt{5}\,\mathrm{s}^{-1}$，$T_c=\frac{2\pi}{\omega}=\frac{2\pi}{\sqrt{5}}=2.81\mathrm{s}$。根据求得的 K_c 和 T_c 值，由表 6-2 得

$$K_p=0.6K_c=18$$
$$T_i=0.5T_c=1.405$$
$$T_d=0.125T_c=0.3514$$

因而所求 PID 控制的传递函数为

$$G_c(s)=18\left(1+\frac{1}{1.405s}+0.3514s\right)=\frac{6.3223(s+1.4235)^2}{s}$$

图 6-47 为具有上述 PID 控制的系统框图。该系统的闭环传递函数为

$$\frac{C(s)}{R(s)}=\frac{6.3223s^2+18s+12.811}{s^4+6s^3+11.3223s^2+18s+12.811} \tag{6-30}$$

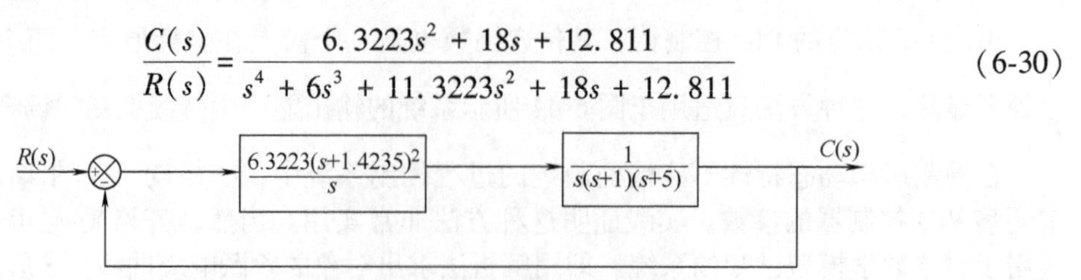

图 6-47　具有 PID 控制器的控制系统框图

用 MATLAB 求得该系统的单位阶跃响应曲线如图 6-48 所示。由图可见，系统的超调量约为 62%，显然这个百分比太大了，为此必须对 PID 控制器的参数做进一步的调整。若保持 $K_p=18$，把 PID 的双重零点移至 $s=-0.65$ 处，使其传递函数变为

$$G_c(s)=18\left(1+\frac{1}{3.077s}+0.7692s\right)$$

$$=13.846\frac{(s+0.65)^2}{s} \tag{6-31}$$

此时求出的单位阶跃响应曲线如图 6-49 所示。由图可见，系统的超调量已降至 18%。这说明用齐格勒-尼可尔斯法则仅是精确调整 PID 参数的一个起点。为了使系统获得满意的动态性能，必须在齐格勒-尼可尔斯法则的基础上，对 PID 的参数做进一步的调整，这个工作一般在计算机上进行。

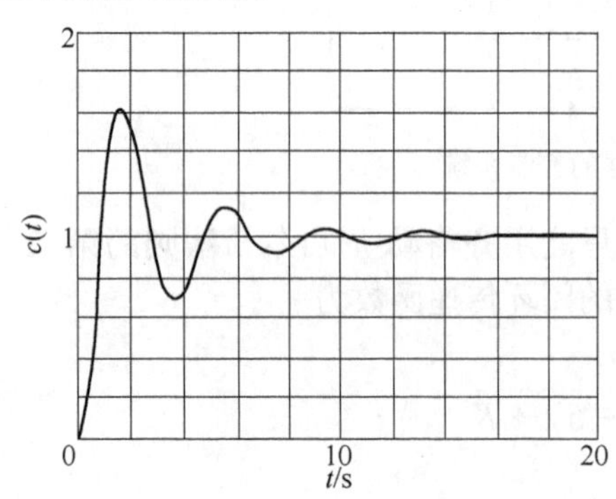

图 6-48　式（6-30）所示系统的单位阶跃响应曲线

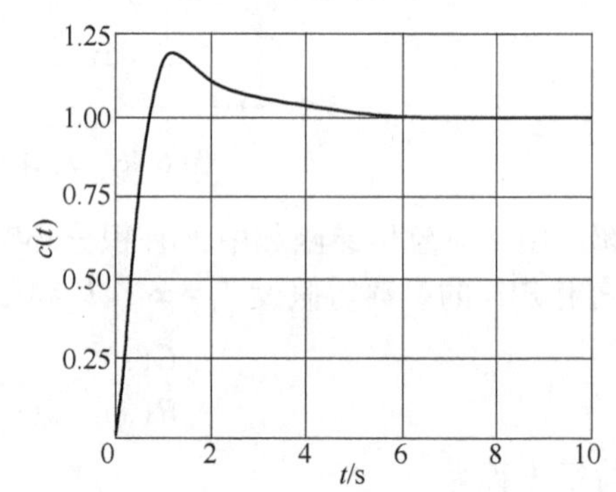

图 6-49　式（6-31）所示 $G_c(s)$ 对应系统的单位阶跃响应曲线

第六节　MATLAB 用于控制系统的校正

在设计控制系统的校正装置时，首先要分析校正前系统的性能；然后根据对系统性能指标的要求，设计相应的校正装置；最后验算校正后的系统能否达到设计所要求的性能指标。完成上述工作，都需花一定量的计算时间。若把 MATLAB 用于控制系统的校正，则不仅可免去大量的手工计算，直接获得系统的相位裕量、超调量等性能指标，而且通过校正前与校正后系统的仿真曲线，能直观地看到校正装置在改善系统性能中所起的作用。MATLAB 用于控制系统的校正有下列两种方法：

1）应用 MATLAB 提供的相关指令来实现。

2）应用 Simulink 建立系统的动态框图进行仿真。

一、MATLAB 指令在系统校正中的应用

【例 6-8】　已知一单位反馈系统的开环传递函数为

$$G_0(s)=\frac{10}{s(s+1)}$$

试设计一校正装置，使校正后的系统具有静态速度误差系数 $K_v=10\text{s}^{-1}$，剪切频率 $\omega_c\geqslant$ 4rad/s，相位裕量 $\gamma\geqslant45°$。

解　经计算，求得校正前系统的阻尼比 $\zeta=0.16$，剪切频率 $\omega_c=3.16$rad/s。这表示校正前系统的动态性能较差。由于要求校正后系统的 $\omega_c\geqslant4$rad/s，因而需用超前校正装置对系统进行校正。用例 6-2 中设计超前校正装置的方法，求得满足上述性能指标的超前校正装置的传递函数为

$$G_c(s)=\frac{0.456s+1}{0.114s+1}$$

校正后系统的框图如图 6-50 所示。

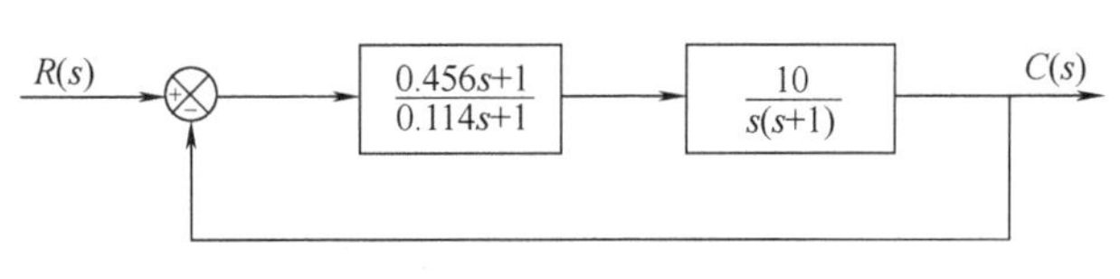

图 6-50　例 6-8 中校正后系统的框图

1）应用 MATLAB 程序 6-1，求得校正前系统的伯德图和单位阶跃响应曲线，它们分别如图 6-51 和图 6-52 所示。

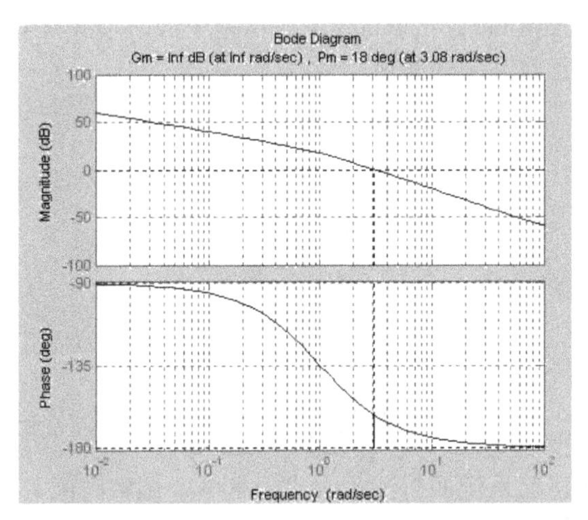

图 6-51　例 6-8 中校正前系统的伯德图

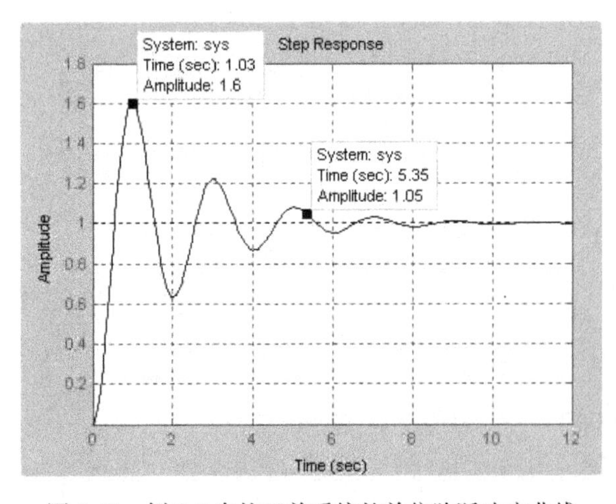

图 6-52　例 6-8 中校正前系统的单位阶跃响应曲线

```
%MATLAB 程序 6-1
    num=[10];den=conv([1 0],[1 1]);
    sys=tf(num,den);
    figure(1)                               %输出第一个图形
    margin(sys)                             %绘制标注有稳定裕量的 Bode 图
    grid
    figure(2)                               %输出第二个图形
    numb=num;
    denb=[zeros(1,length(den)-length(num)),num]+den;
                                            %生成闭环系统的分母多项式[1  1  10]
    step(numb,denb);                        %绘制闭环系统的单位阶跃响应曲线
    grid;
    [gm,pm,wcp,wcg]=margin(sys)             %求系统的开环频域指标
```

zeros 指令的作用是生成 0 矩阵，length 指令的作用是计算多项式向量的维数，故指令 [zeros(1,length(den)-length(num)),num] 的作用是生成多项式 [1　1　10]。

由图 6-51 可知，校正前系统的频域指标为

```
gm=
    inf                         %校正前系统的幅值裕量为无穷大
pm=
    18                          %校正前系统的相位裕量 γ=18°
wcg=
    inf                         %校正前系统的相位穿越频率为无穷大
wcp=
    3.0842                      %校正前系统的剪切频率为 3.08rad/s
```


由图 6-52 可知，校正前系统的超调量 $M_p\%=60\%$，调整时间 $t_s=5.35s$。

2）应用 MATLAB 程序 6-2，求得校正后系统的伯德图和单位阶跃响应曲线，它们分别如图 6-53 和图 6-54 所示。

```
%MATLAB 程序 6-2
num=conv([10],[0.456 1]);
den=conv([0.114 1],conv([1 0],[1 1]));
sys=tf(num,den);
figure(1)
margin(sys)
grid
figure(2)
numb=num;
denb=[zeros(1,length(den)-length(num)),num]+den;
step(numb,denb)
grid
```

由图 6-53 和图 6-54 可知，校正后系统的剪切频率 $\omega_c = 4.43\text{rad/s}$，相位裕量 $\gamma = 49.6°$，超调量 $M_p\% = 23\%$，它们均都满足设计的要求。

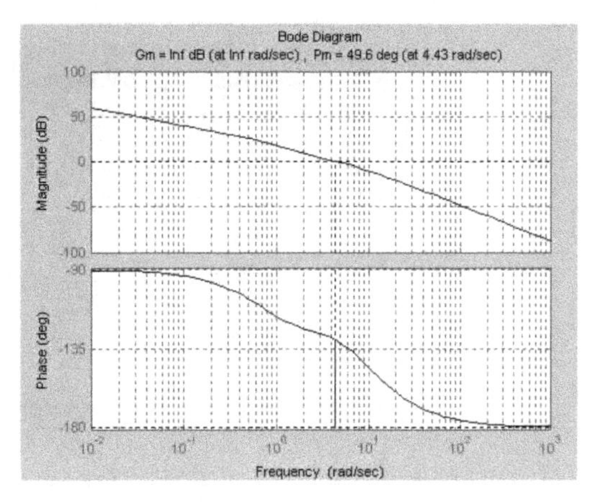

图 6-53　例 6-8 中校正后系统的伯德图

二、Simulink 在系统校正中的应用

【例 6-9】　一单位反馈控制系统的开环传递函数为

$$G_0(s) = \frac{30}{s(0.1s+1)(0.2s+1)}$$

要求设计一校正装置，使校正后系统的静态速度误差系数 $K_v = 30\text{s}^{-1}$，相位裕量 $\gamma \geqslant 40°$，剪切频率 $\omega_c \geqslant 2.3\text{rad/s}$。

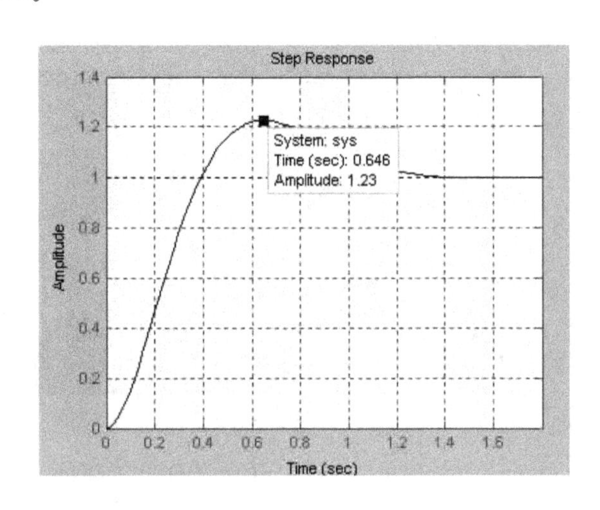

图 6-54　例 6-8 中校正后系统的单位阶跃响应曲线

解　由计算求得，校正前该系统稳定的临界增益为 15，这表示该系统不稳定。由计算求得校正前系统的 $\omega_c = 11.45\text{rad/s}$，而本题对系统的 ω_c 要求不高，因此可采用滞后校正装置对该系统进行校正。应用例 6-4 中所述的设计步骤，求得滞后校正装置的传递函数为

$$G_c(s) = \frac{3.65s+1}{41s+1}$$

校正后系统的框图如图 6-55 所示。

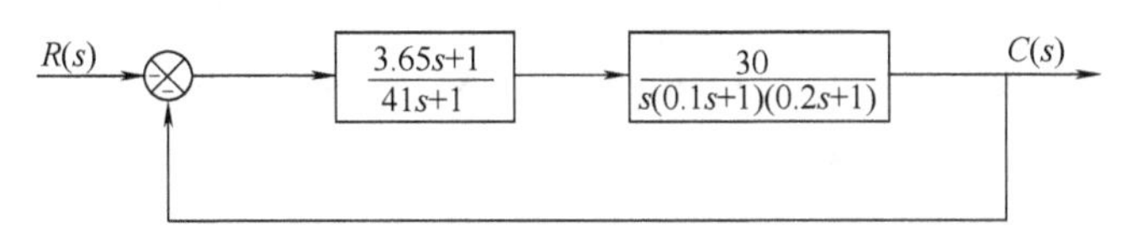

图 6-55　例 6-9 中校正后系统的框图

1）应用 Simulink 构建校正前系统的动态框图，如图 6-56 所示。据此，求得该系统的单位阶跃响应曲线，如图 6-57 所示。由此可见，校正前的系统是不稳定的。

2）应用 Simulink 构建校正后系统对应的动态框图，如图 6-58 所示。据此，求得图 6-59 所示该系统的单位阶跃响应曲线。显然，应用动态框图仿真控制系统时，可以较方便地修改

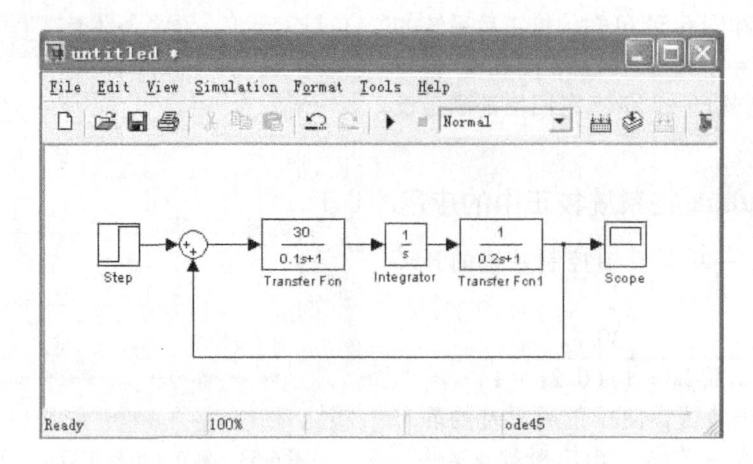

图 6-56　例 6-9 中校正前系统的框图

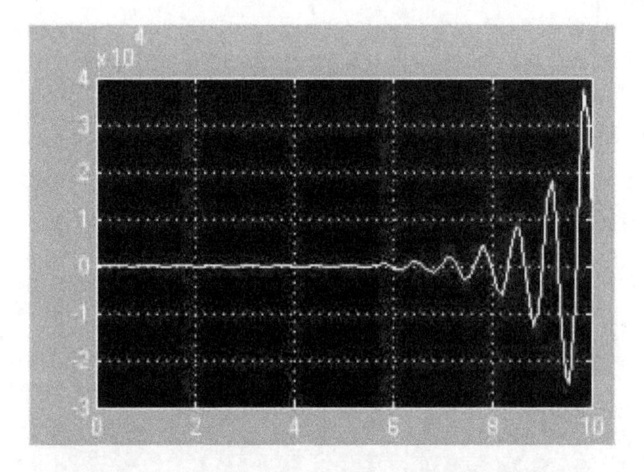

图 6-57　例 6-9 中校正前系统的单位阶跃响应曲线

校正装置及其相关的参数，且能立即看出其效果，故这种方法在现代控制工程中被广泛应用。

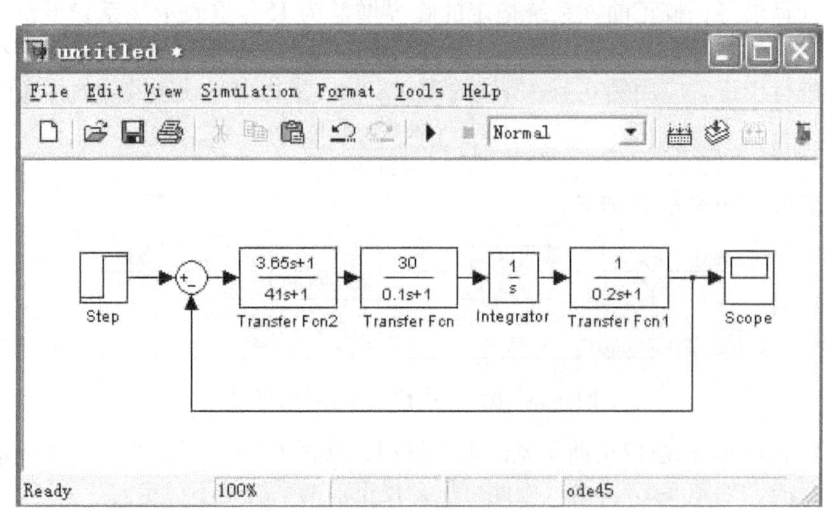

图 6-58　例 6-9 中校正后系统的动态框图

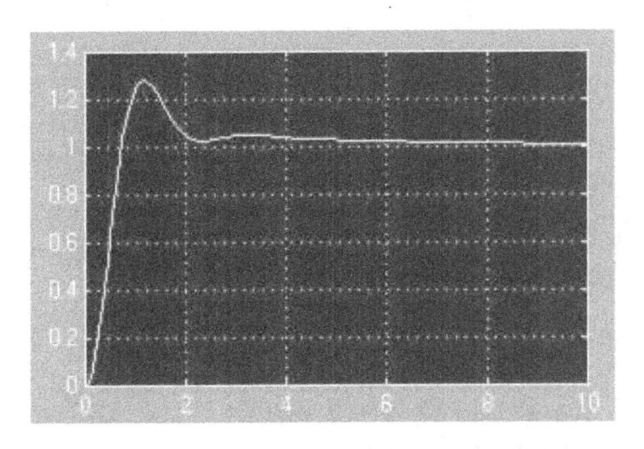

图 6-59　例 6-9 中校正后系统的单位阶跃响应曲线

小　　结

1）如果系统给定的性能指标是时域形式，则宜用根轨迹法对系统进行校正。如果给定的性能指标是频域形式，则用频率响应法校正较为方便。两种方法虽不相同，但只要设计合理，都能取得良好的校正效果。

2）超前校正是利用超前校正装置的相位超前特性对系统进行校正，使校正后系统的稳定裕量和剪切频率 ω_c 都增大。ω_c 的增大意味着系统的频带变宽，瞬态响应变快，调整时间缩短。超前校正装置在改变开环对数幅频渐近线中频段斜率的同时，也提高了其高频段的增益，这不利于对高频噪声信号的抑制。

3）滞后校正是利用了滞后校正装置的高频幅值衰减特性，而不是它的相位滞后作用。这种校正由于降低了高频区的增益，致使剪切频率 ω_c 减小。ω_c 的减小意味着稳定裕量的增大，带宽变窄，瞬态响应变慢，调整时间增加，但有利于抑制高频噪声。利用滞后校正装置的高频幅值衰减特性，能较大幅度地提高系统的低频增益，从而改善了系统的稳态性能。不难看出，这种校正是牺牲了系统的带宽来提高其稳定裕量，这是它的不足之处。

4）如果系统既要有足够的稳定裕量和快速的瞬态响应，又要有高的稳态精度，则应采用滞后-超前校正。

5）控制系统的校正除了上述 3 种方法外，在控制工程中有时还采用反馈校正和状态反馈。反馈校正是以校正装置 $G_c(s)$ 包围系统中某个需要改变性能的环节，从而达到改变系统的结构和参数的目的。由于这种校正装置的设计更依赖于设计者的经验，因而限制了它的广泛应用。状态反馈是用系统中众多的状态变量进行反馈，因而它更优于上述的校正方法。有关状态反馈的设计，将在第九章中阐述。

6）对受控对象的动态特性很复杂以致难于建立其数学模型的系统，则用本章所述的齐格勒-尼可尔斯法则来确定 PID 控制器的参数，就显得非常方便和实用。对受控对象数学模型能确定的系统，PID 控制器的参数既可按本章中第二～四节中所述的方法去确定，也可按齐格勒-尼可尔斯法则做初步地调整。

7）齐格勒-尼可尔斯法则仅是 PID 控制器参数进行精确调整的起点。它的两个法则的使用是有条件的，并非对一切控制系统都适用。

例 题 分 析

例题 6-1　已知一单位反馈系统如图 6-60 所示。

（1）绘制系统的根轨迹；

（2）确定闭环主导极点的阻尼比 $\zeta=0.5$ 时的 K 值；

（3）求闭环极点。

解　开环极点为 $s_1=0$，$s_{2,3}=-2\pm \mathrm{j}1$。据此，画出以 K 为参变量的根轨迹，如图 6-61 所示。在 s 平面上，阻尼比 $\zeta=0.5$ 相当于同负实轴成 60°角的直线。此直线同两条根轨迹分支的交点，就是所求的一对复数闭环主导极点 $s_{1,2}=-0.63\pm \mathrm{j}1.09$。

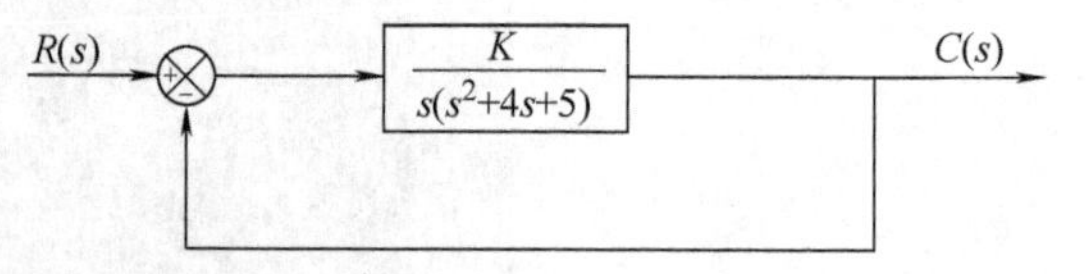

图 6-60　例题 6-1 中控制系统的框图

由根轨迹的幅值条件，求得相应的 K 值为

$$K=|\, s(s+2+\mathrm{j}1)(s+2-\mathrm{j}1)\,|_{s=-0.63+\mathrm{j}1.09}=4.32$$

因为本例符合 $n-m\geqslant 2$，所以系统第三个闭环极点可用根轨迹的根与系数的性质求得。闭环系统的特征方程为

$$s^3+4s^2+5s+4.32=0$$

则有

$$s_1+s_2+s_3=-4$$

即

$$-0.63+\mathrm{j}1.09-0.63-\mathrm{j}1.09+s_3=-4$$

$s_3=-2.74$。

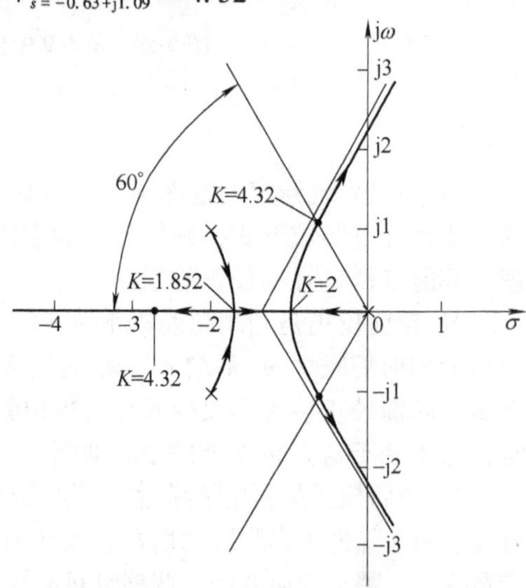

图 6-61　例题 6-1 中控制系统的根轨迹

例题 6-2　已知一单位反馈控制系统如图 6-62 所示。其中 $G(s)=\dfrac{1}{s^2}$，$G_c(s)$ 为所求的校正装置。

（1）已知系统的性能指标为 $t_s\leqslant 4\mathrm{s}$，$\gamma\geqslant 45°$，由单位阶跃扰动引起的稳态误差 $e_{sd}\leqslant 0.1$，试用频率响应法设计 $G_c(s)$；

（2）已知系统的性能指标为 $t_s\leqslant 4\mathrm{s}$，$M_p\leqslant 35\%$，试用根轨迹法设计 $G_c(s)$。

解　（1）由对象的传递函数 $G(s)$ 可知，系统欲有相位裕量 $\gamma=45°$，$G_c(s)$ 应为超前校正装置。令其传递函数为

$$G_c(s)=K_c\alpha\frac{1+Ts}{1+\alpha Ts}=K\frac{1+Ts}{1+\alpha Ts}$$

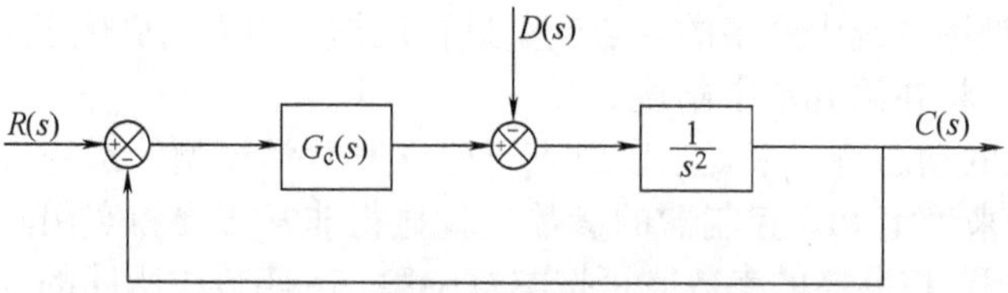

图 6-62　例题 6-2 中的控制系统

校正后系统的开环传递函数为

$$G_c(s)G(s)=K\frac{1+Ts}{1+\alpha Ts}G(s)=\frac{1+Ts}{1+\alpha Ts}G_1(s)$$

式中，$K=K_c\alpha$，$G_1(s)=KG(s)=\dfrac{K}{s^2}$，$G_c(s)$ 前面的增益变为 1。根据对单位阶跃扰动产生稳态误差的要求，即

$$e_{sd}=\lim_{s\to 0}s\frac{1/s^2}{1+\dfrac{K(1+Ts)}{s^2(1+\alpha Ts)}}\frac{1}{s}=\frac{1}{K}=0.1$$

求得 $K=10$。

作出 $G_1(j\omega)$ 的对数幅频特性曲线，如图 6-63 中的虚线所示。基于校正前系统的相位恒为$-180°$，因而 $G_c(s)$ 要在 ω_c 处产生 45°的相位超前角，以满足相位裕量的要求。根据式（6-4）求得

$$\alpha=\frac{1-\sin45°}{1+\sin45°}=\frac{1-\dfrac{\sqrt{2}}{2}}{1+\dfrac{\sqrt{2}}{2}}=0.172$$

校正装置在 ω_m 处的幅值为

$$10\lg\frac{1}{\alpha}=10\lg5.8\text{dB}=7.6\text{dB}$$

由图 6-63 可知，未校正系统的幅值为-7.6dB 时对应的 $\omega=5$，这个频率定为校正后系统的剪切频率 ω_c。

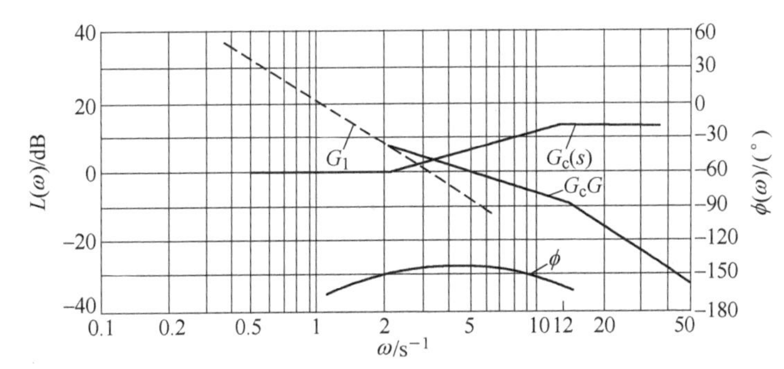

图 6-63　例题 6-2 的伯德图

根据 $\omega_c=5$，确定校正装置的一个转折频率为

$$\frac{1}{T}=\omega_c\sqrt{\alpha}=5\sqrt{0.172}=2$$

则另一个转折频率$\dfrac{1}{\alpha T}=\dfrac{2}{0.172}=12$。于是所求校正装置的传递函数为

$$G_c(s)=K_c\frac{s+2}{s+12}=K_c\alpha\frac{1+\dfrac{1}{2}s}{1+\dfrac{1}{12}s}$$

基于 $G_c(s)$ 前面的增益为 1，即 $K_c\alpha=1$，$K_c=\dfrac{1}{\alpha}=\dfrac{1}{0.172}\approx6$，上式也可改写为

$$G_c(s)=6\times\frac{s+2}{s+12}=\frac{1+\dfrac{1}{2}s}{1+\dfrac{1}{12}s}$$

校正后系统的开环传递函数为

$$G_c(s)G(s)=\frac{60(s+2)}{s^2(s+12)}=\frac{10\left(1+\frac{1}{2}s\right)}{s^2\left(1+\frac{1}{12}s\right)}$$

根据上式，画出校正后系统的伯德图，如图 6-63 所示。

校正后系统的闭环传递函数为

$$\frac{C(s)}{R(s)}=T(s)=\frac{60(s+2)}{s^2(s+12)+60(s+2)}=\frac{60(s+2)}{s^3+12s^2+60s+120}$$

若 $R(s)=\frac{1}{s}$，用 MATLAB 求得超调量 $M_p=0.34$，$t_s=1.4\text{s}$。不难看出，上式分子中的闭环零点会使系统的超调量增大。为了消除它对系统瞬态响应的影响，一般在系统的输入端加一前置滤波器，如图 6-64 所示。

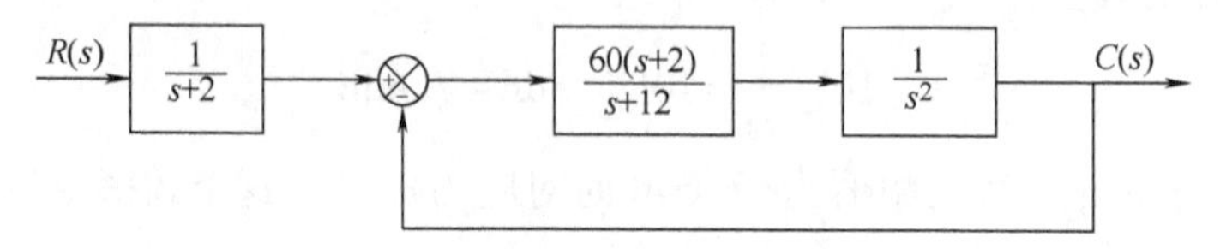

图 6-64　例题 6-2 中加入前置滤波器的控制系统

（2）因为 $t_s=\frac{4}{\zeta\omega_n}=4$，所以 $\zeta\omega_n=1$。基于

$$M_p=e^{-\frac{\zeta\pi}{\sqrt{1-\zeta^2}}}=0.35$$

求得 $\zeta\geqslant 0.32$。据此选希望的闭环极点为 $s_d=-1\pm j2$，如图 6-65 所示（对应的 $\zeta=0.45$）。

假设把 $G_c(s)$ 的零点置于 s_d 正下方负实轴上的 a 点，即$s=-1$。在 s_d 处的相角为

$$\arg\left[\frac{K(s+1)}{s^2}\right]_{s=s_d}=-2\times 116°+90°=-142°$$

为使校正后系统的根轨迹能通过 s_d 点，则该点应满足根轨迹的相角条件，即有

$$-142°-\theta_p=-180°$$

求得 $\theta_p=38°$，θ_p 为 $G_c(s)$ 极点产生的角度。用下述作图的方法，很方便地确定 $G_c(s)$ 极点的位置：过 s_d 点作一直线 $s_d b$，使之与负实轴的夹角 $\angle s_d bO=\theta_p=38°$，直线 $s_d b$ 与负实轴的交点 b，即为所求的极点，它等于-3.6。于是所求超前校正装置的传递函数为

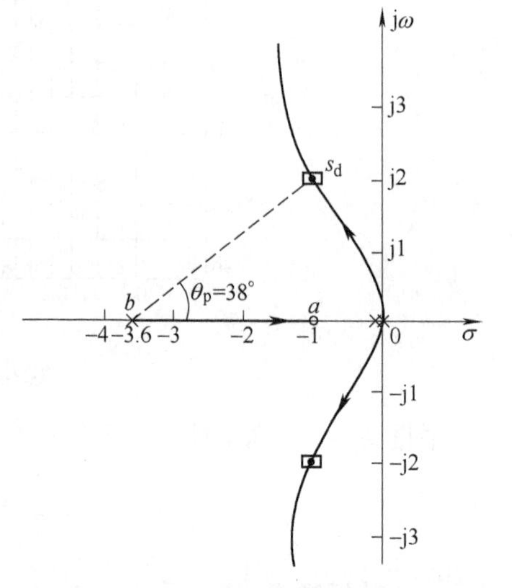

图 6-65　例题 6-2 中校正后系统的根轨迹

$$G_c(s)=\frac{s+1}{s+3.6}$$

校正后系统的开环传递函数为

$$G_c(s)G(s)=\frac{K(s+1)}{s^2(s+3.6)}$$

根据上式，作出校正后系统的根轨迹，如图 6-65 所示。由根轨迹的幅值条件，确定系统工作于 s_d 处的增益

$$K=\left|\frac{s^2(s+3.6)}{s+1}\right|_{s=-1+j2}=\frac{2.23^2\times 3.28}{2}=8.15$$

它的静态加速度误差系数为

$$K_a=\frac{8.15}{3.6}=2.26$$

由于校正后系统既有优良的稳态性能，又有希望闭环极点 s_d 所对应的动态性能，因而上述设计是成功的。

由本例可见，同一个系统用两种不同的方法去设计，所得到的校正装置 $G_c(s)$ 虽不相同，但它们都能使系统的性能满足要求。事实上，用根轨迹法设计的 $G_c(s)$ 之所以与用频率法设计的 $G_c(s)$ 不同，其原因是用根轨迹法设计时，假设 $G_c(s)$ 的零点 $s=-1$ 的缘故。如果在本例中，把 $G_c(s)$ 的零点置于 $s=-2$ 处，则用根轨迹法设计的 $G_c(s)$ 基本上就与用频率法设计的 $G_c(s)$ 相同了。

例题 6-3　图 6-66 所示为一位置随动系统。该系统的一对闭环主导极点为 $s=-3.60\pm j4.80$，相应的阻尼比 $\zeta=0.6$，静态速度误差系数 $K_v=4.1\text{s}^{-1}$。试设计一校正装置，使校正后系统的 $K_v=41\text{s}^{-1}$，闭环主导极点的阻尼比 ζ 仍为 0.6，允许校正后闭环主导极点的无阻尼自然频率 ω_n 比校正前有微小的变化。

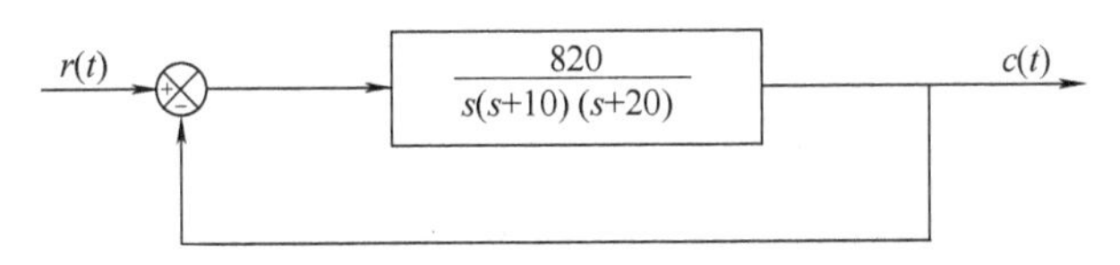

图 6-66　例题 6-3 中的随动系统框图

解　未校正系统的闭环特征方程式为

$$s^3+30s^2+200s+820=0$$

它的 3 个根为 $s_{1,2}=-3.60\pm j4.80$，$s_3=-22.8$。主导极点对应的无阻尼自然频率 $\omega_n=\sqrt{3.60^2+4.80^2}\text{s}^{-1}=6\text{s}^{-1}$。考虑到静态速度误差系数 K_v 由 4.1 提高到 41，且使校正后系统的闭环主导极点不发生明显的变化，故应采用滞后校正。

滞后校正装置的零、极点必须紧靠坐标原点，令

$$G_c(s)=10\times\frac{Ts+1}{10Ts+1}$$

若取 $T=4$，则

$$G_c(s)=10\times\frac{4s+1}{40s+1}=\frac{s+0.25}{s+0.025}$$

$G_c(s)$ 在 $s=-3.60+j4.80$ 处产生 $-1.77°$ 的滞后角，这是允许的。

校正后系统的开环传递函数为

$$G_c(s)G(s)=\frac{s+0.25}{s+0.025}\frac{820}{s(s+10)(s+20)}$$

$$=\frac{820(s+0.25)}{s(s+0.025)(s+10)(s+20)}$$

由上式求得校正后系统的静态速度误差系数为

$$K_v=\lim sG_c(s)G(s)=41\text{s}^{-1}$$

校正后系统的闭环特征方程式为

$$s(s+0.025)(s+10)(s+20)+820(s+0.25)=0$$

即

$$s^4+30.025s^3+200.75s^2+825s+205=0$$

它的一对主导极点可由根轨迹与$\zeta=0.6$直线的交点求得，即

$$s_{1,2}=-3.4868\pm j4.6697$$

另外两个实数极点$s_3=-0.2648$，$s_4=-22.787$。由于极点s_3十分靠近闭环零点，因而相应瞬态分量的幅值很小；而$s_4=-22.787$远离s平面的虚轴，故它对系统瞬态响应的影响亦很小。由此可知，$s_{1,2}=-3.4868\pm j4.6697$为系统的一对主导极点。相应主导极点的无阻尼自然频率为

$$\omega_n=\sqrt{3.4868^2+4.6697^2}=5.828<6$$

校正后系统的无阻尼自然频率比未校正系统只减小了3%，这是完全允许的。

例题6-4 已知一单位反馈控制系统如图6-67所示。试设计一串联校正装置$G_c(s)$，使校正后的系统同时满足下列性能要求：

（1）跟踪输入$r(t)=\frac{1}{2}t^2$时的稳态误差为0.1；

（2）相位裕量$\gamma=45°$。

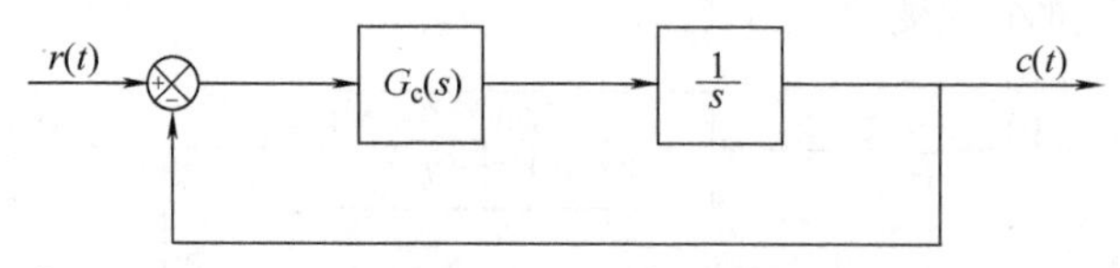

图6-67 例题6-4中的单位反馈控制系统

解 由于Ⅱ型系统才能跟踪等加速度信号，为此假设校正装置为PI调节器，其传递函数为

$$G_c(s)=\frac{K(1+\tau s)}{s}$$

校正后系统的开环传递函数为

$$G_c(s)G(s)=\frac{K(1+\tau s)}{s^2}$$

根据对稳态误差的要求，可知$K_a=K=10$。

由开环传递函数得

$$\phi(\omega_c)=-180°+\arctan\tau\omega_c=-135°$$

即

$$\arctan\tau\omega_c=45°,\quad \tau\omega_c=1$$

而

$$\frac{10\sqrt{1+(\tau\omega_c)^2}}{\omega_c^2}=\frac{10\sqrt{2}}{\omega_c^2}=1$$

解之，求得$\omega_c=3.76\text{s}^{-1}$，$\tau=1/3.76\text{s}=0.266\text{s}$。所求PI调节器的传递函数为

$$G_c(s)=\frac{10(1+0.266s)}{s}$$

例题6-5 已知一控制系统如图6-68所示，其中$G_c(s)$为PID调节器，它的传递函数为

$$G_c(s)=K_p+\frac{K_i}{s}+K_d s$$

要求校正后系统的闭环极点为$-10\pm j10$和-100，试确定PID调节器的参数K_p、K_i和K_d。

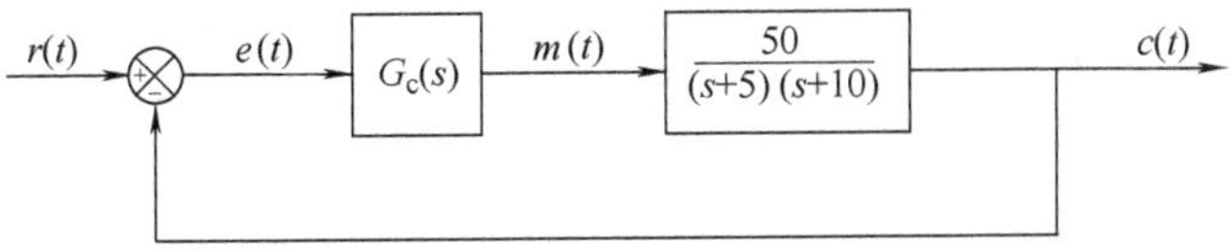

图 6-68　例题 6-5 中的控制系统

解　希望的闭环特征多项式为

$$F^*(s) = (s+10-\mathrm{j}10)(s+10+\mathrm{j}10)(s+100)$$
$$= s^3+120s^2+2200s+20000$$

校正后系统的闭环传递函数为

$$\frac{C(s)}{R(s)}=\frac{50(K_\mathrm{d}s^2+K_\mathrm{p}s+K_\mathrm{i})}{s(s+5)(s+10)+50(K_\mathrm{d}s^2+K_\mathrm{p}s+K_\mathrm{i})}$$

相应的闭环特征多项式为

$$F(s)=s(s+5)(s+10)+50(K_\mathrm{d}s^2+K_\mathrm{p}s+K_\mathrm{i})$$
$$=s^3+(15+50K_\mathrm{d})s^2+50(1+K_\mathrm{p})s+50K_\mathrm{i}$$

令 $F^*(s)=F(s)$，则得

$$\begin{cases}15+50K_\mathrm{d}=120\\50(1+K_\mathrm{p})=2200\\50K_\mathrm{i}=20000\end{cases}$$

解方程得 $K_\mathrm{i}=400$，$K_\mathrm{p}=43$，$K_\mathrm{d}=2.1$。由此可见微分系数 K_d 远小于 K_p 和 K_i，这种情况在实际应用中经常会碰到，尤其是在过程控制系统中。因此在许多实际的控制工程中，常用 PI 调节器就能满足系统性能的要求。

例题 6-6　已知一 PID 控制器的框图如图 6-69 所示，试证明其传递函数 $U(s)/E(s)$ 为

$$\frac{U(s)}{E(s)}=K_0\frac{T_1+T_2}{T_1}\left[1+\frac{1}{(T_1+T_2)s}+\frac{T_1T_2s}{T_1+T_2}\right]$$

假设增益 $K\gg1$。

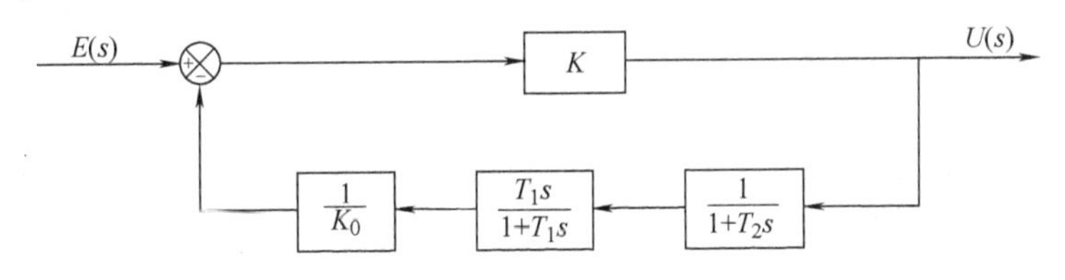

图 6-69　例题 6-6 中的 PID 控制器

解　$$\frac{U(s)}{E(s)}=\frac{K}{1+K\dfrac{1}{K_0}\dfrac{T_1s}{1+T_1s}\dfrac{1}{1+T_2s}}$$

$$\approx\frac{K}{K\dfrac{1}{K_0}\dfrac{T_1s}{1+T_1s}\dfrac{1}{1+T_2s}}$$

$$=\frac{K_0(1+T_1s)(1+T_2s)}{T_1s}$$

$$=K_0\left(1+\frac{1}{T_1s}\right)(1+T_2s)$$

$$=K_0\left(1+\frac{1}{T_1s}+T_2s+\frac{T_2}{T_1}\right)$$

$$=K_0\frac{T_1+T_2}{T_1}\left(1+\frac{1}{(T_1+T_2)s}+\frac{T_1T_2}{T_1+T_2}s\right)$$

例题 6-7　已知某控制系统如图 6-70 所示,其中 $G_c(s)$ 为 PID 控制器。试确定 $G_c(s)$ 的相关参数，使系统满足下列性能要求：

（1）对阶跃扰动的响应呈现迅速的衰减过程，要求 $t_s=2\sim3\text{s}(\Delta=\pm0.02)$；对于单位阶跃参考输入，系统的超调量 $M_p\leqslant10\%$，调整时间 $t_s\leqslant2\text{s}$。

（2）用 MATLAB 绘制单位阶跃扰动输入的响应曲线和单位阶跃参考输入的响应曲线。

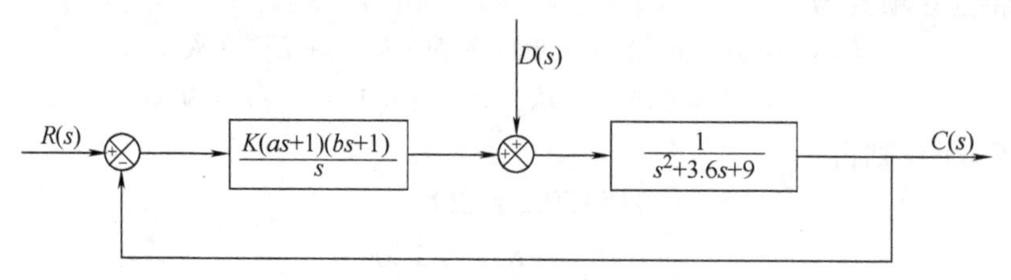

图 6-70　例题 6-7 中的 PID 控制系统

解　令 $R(s)=0$，则由图 6-70 求得

$$\frac{C_d(s)}{D(s)}=\frac{s}{s(s^2+3.6s+9)+K(as+1)(bs+1)}$$

$$=\frac{s}{s^3+(3.6+Kab)s^2+(9+Ka+Kb)s+K}\tag{6-32}$$

根据阶跃扰动和单位阶跃参考输入对系统响应的要求，假设一对主导极点的阻尼比 $\zeta=0.5$，$\omega_n=4\text{s}^{-1}$，第三个闭环极点 $s_3=-10$。由这 3 个极点组成闭环系统期望的特征多项式为

$$F^*(s)=(s+10)(s^2+2\times0.5\times4+4^2)=(s+10)(s^2+4s+16)$$
$$=s^3+14s^2+56s+160\tag{6-33}$$

由式（6-32）可知，系统的闭环特征多项式表示为

$$F(s)=s^3+(3.6+Kab)s^2+(9+Ka+Kb)s+K$$

令 $F(s)=F^*(s)$，则得

$$3.6+Kab=14$$
$$9+Ka+Kb=56$$
$$K=160$$

于是求得 $ab=0.065$，$a+b=0.29375$。PID 控制器的传递函数改写为

$$G_c(s)=\frac{K[abs^2+(a+b)s+1]}{s}$$
$$=\frac{160(0.065s^2+0.29375s+1)}{s}$$
$$=\frac{10.4(s^2+4.5192s+15.385)}{s}$$

用上述所求的 PID 控制器后，系统对扰动的响应为

$$C_{\mathrm{d}}(s)=\frac{s}{s^3+14s^2+56s+160}D(s)=\frac{s}{(s+10)(s^2+4s+16)}D(s)$$

由上式可知，对于单位阶跃扰动输入，系统的稳态输出为零，即

$$\lim_{t\to\infty}c_{\mathrm{d}}(t)=\lim_{s\to 0}sC_{\mathrm{d}}(s)=\lim_{s\to 0}\frac{s^2}{(s+10)(s^2+4s+16)}\frac{1}{s}=0$$

用 MATLAB 程序 6-3，就能画出图 6-71 所示的单位阶跃扰动输入的响应曲线。由该曲线可知，系统的调整时间 $t_s\approx 2.7\mathrm{s}$，表示由扰动产生的响应衰减得很快。

```
%MATLAB 程序 6-3
%单位阶跃扰动输入响应
%输入系统传递函数的分子、分母数组表达式
num=[0  0  1  0];
den=[1  14  56  160];
t=0:0.01:5;
[c1,x1,t]=step(num,den);
plot(t,c1)
grid on
title('单位阶跃扰动输入响应')
xlabel('t/s')
ylabel('Cd(t)')
%单位阶跃参考输入响应
num=[0  10.4  47  160];
den=[1  14  56  160];
[c2,x2,t]=step(num,den,t);
plot(t,c2)
grid on
title('单位阶跃参考输入响应')
xlabel('t/s')
ylabel('Cr(t)')
```

对于单位阶跃参考输入的响应，同样可用 MATLAB 程序 6-3 求得，其响应曲线如图 6-72 所示。由该曲线可见，系统的超调量 $M_p=7.3\%$，调整时间 $t_s\approx 1.2\mathrm{s}(\Delta=\pm 0.02)$，这是一个较为理想的响应特性。

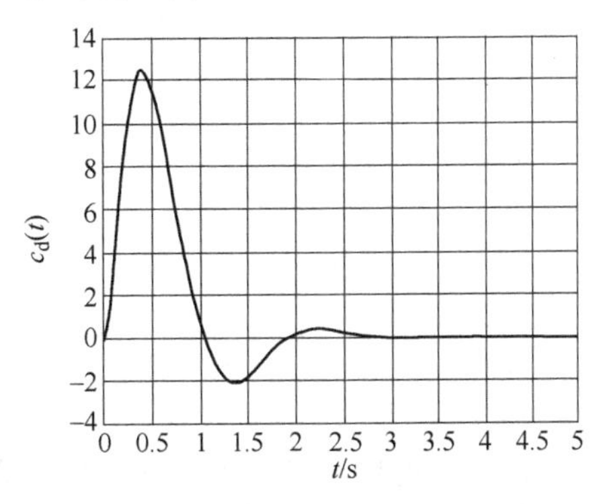

图 6-71　单位阶跃扰动输入的响应

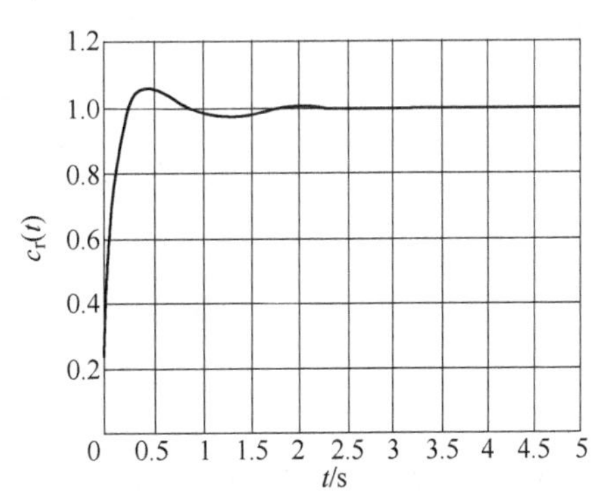

图 6-72　单位阶跃参考输入的响应

习　题

6-1　一有源校正装置的对数幅频特性如图 6-73a 所示（最小相位位置），其对应的电路图如图 6-73b 所示。已知 $C=1\mu F$，试求 R_1、R_2 和 R_3 的电阻值。

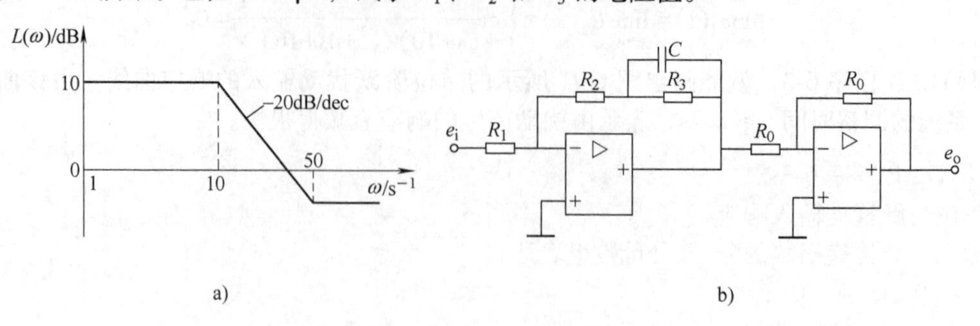

图 6-73　有源校正装置的对数幅频特性与电路图

6-2　设一最小相位系统固有部分 $G_0(s)$ 的对数幅频特性如图 6-74 中的虚线所示，采用串联校正后系统的开环对数幅频特性如图 6-74 中的实线所示。

（1）写出串联校正装置的传递函数；

（2）求校正后系统的相位裕量 γ。

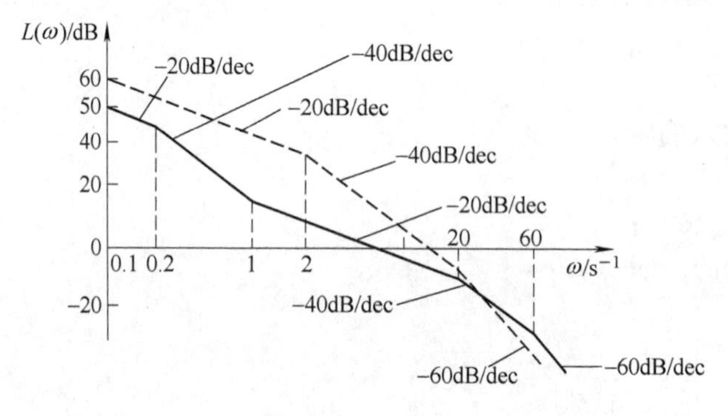

图 6-74　校正前与校正后开环对数幅频特性

6-3　已知一单位反馈系统的开环传递函数为

$$G(s)=\frac{K}{s(s+1)(s+2)(s+3)}$$

若系统闭环主导极点的阻尼比 ζ 等于 0.5，试求相应的 K 值。

6-4　为使图 6-75 所示系统的闭环主导极点具有 $\zeta=0.5$ 和 $\omega_n=3s^{-1}$，试确定 K、T_1 和 T_2。

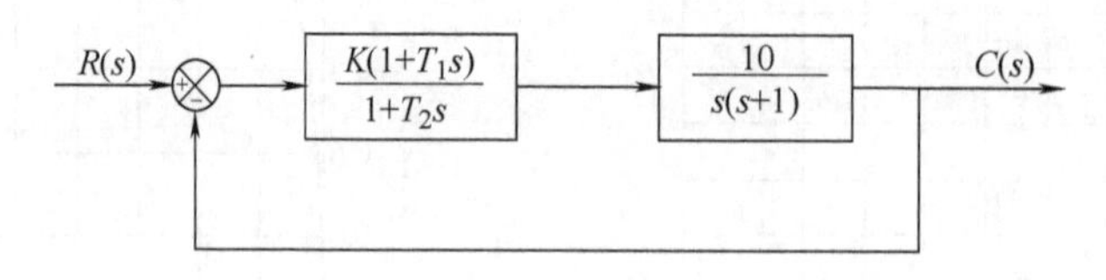

图 6-75　习题 6-4 的控制系统

6-5　一控制系统如图 6-76 所示。试用根轨迹法设计一超前校正装置 $G_c(s)$，使校正后系统具有下列性能指标：

（1）阻尼比 $\zeta=0.5$；

（2）调整时间 $t_s=2\text{s}$；

（3）静态速度误差系数 $K_v=2\text{s}^{-1}$。

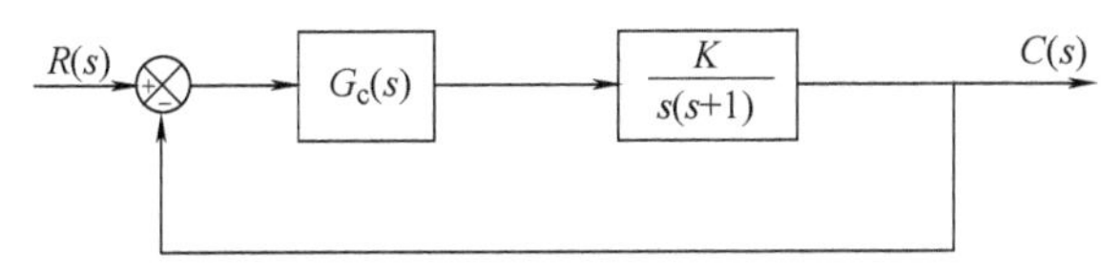

图 6-76　习题 6-5 的控制系统

6-6　已知一单位反馈系统前向通道的传递函数为

$$G(s)=\frac{10}{s(1+0.1s)(1+0.5s)}$$

若对系统进行串联超前校正，令校正装置的传递函数为

$$G_c(s)=\frac{1+0.23s}{1+0.023s}$$

试求校正后系统的相位裕量和增益裕量。

6-7　已知某控制系统如图 6-77 所示。试设计一超前校正装置，使校正后系统的相位裕量为 45°，增益裕量不小于 8dB，静态速度误差系数 K_v 不小于 4.0s^{-1}。

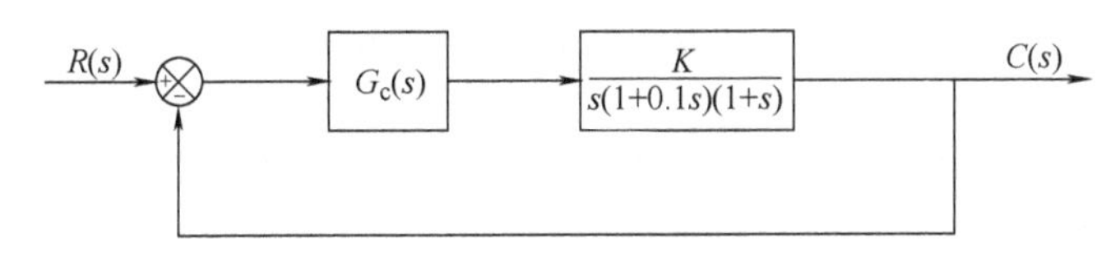

图 6-77　习题 6-7 的控制系统

6-8　一单位反馈系统，其前向通道的传递函数为

$$G(s)=\frac{4}{s(1+2s)}$$

要求设计一滞后校正装置，使校正后系统的相位裕量为 40°，静态速度误差不变。

6-9　已知一单位反馈系统如图 6-78 所示。为使系统在阶跃输入时无稳态误差存在，选择校正装置 $G_c(s)=\dfrac{s+a}{s}$。若要求校正后系统的超调量近似于 5%，调整时间约为 1s，试确定参数 K 和 a。

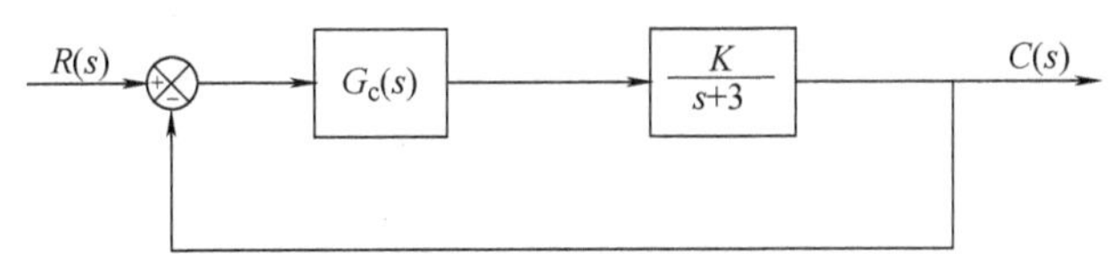

图 6-78　习题 6-9 的控制系统

6-10　对图 6-79 所示的控制系统，试设计一滞后校正装置 $G_c(s)$。使校正后系统的静态速度误差系数 $K_v=50\text{s}^{-1}$，且主导极点不明显地偏离原有的闭环极点 $s=-2\pm j\sqrt{6}$。

6-11　设一单位反馈系统前向通道的传递函数为

$$G(s)=\frac{10}{s(s+2)(s+8)}$$

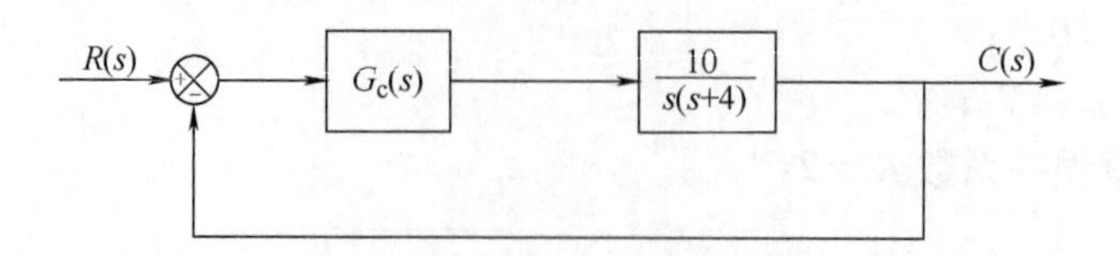

图 6-79　习题 6-10 的控制系统

试设计一串联校正装置 $G_c(s)$，使校正后系统的静态速度误差系数 $K_v=8s^{-1}$，闭环主导极点为 $s=-2\pm j2\sqrt{3}$。

6-12　已知一单位反馈控制系统如图 6-80 所示，其中 $G_c(s)$ 为滞后-超前校正装置，它的传递函数为

$$G_c(s)=\frac{(s+0.15)(s+0.7)}{(s+0.015)(s+7)}$$

试证明校正后系统的相位裕量为 75°，增益裕量为 24dB。

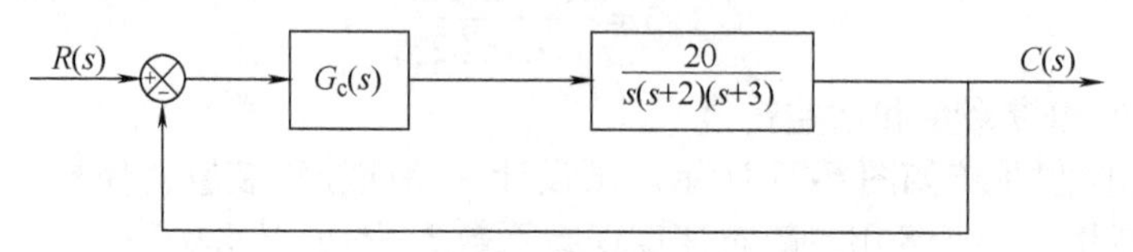

图 6-80　习题 6-12 的单位反馈控制系统

6-13　一控制系统如图 6-81 所示。选择 K_1 和 K_2，使阶跃输入时的超调量为 5%，静态速度误差系数 $K_v=5s^{-1}$。

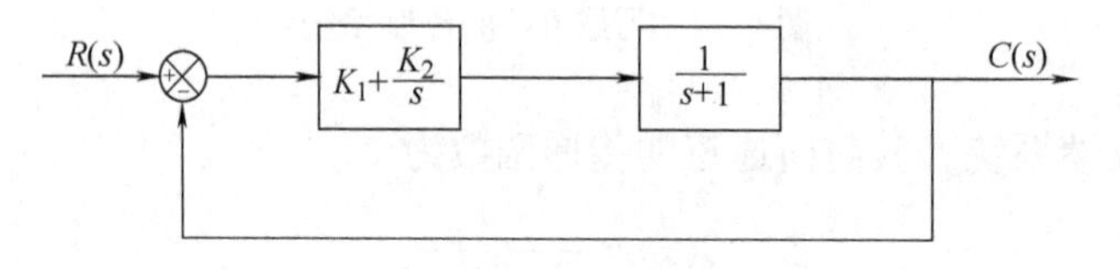

图 6-81　习题 6-13 的控制系统

6-14　图 6-82a 为一控制系统的框图，其中校正装置 $G_c(s)$ 的奈奎斯特图如图 6-82b 所示。设计一串联校正装置 $G_c(s)$，使校正后系统的 K_v 仍为 6.5，剪切频率 ω_c 为 4rad/s。

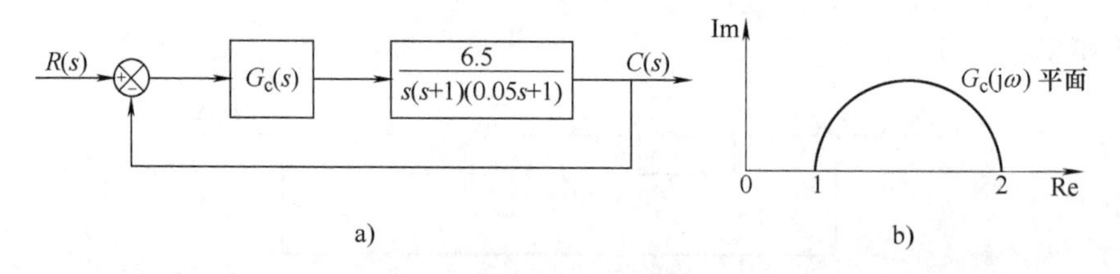

图 6-82　习题 6-14 的串联校正系统框图和 $G_c(s)$ 的极坐标图

6-15　已知一 PID 控制器如图 6-83 所示。试证明其传递函数由下式表示：

$$G_c(s)=K_p+\frac{K_i}{s}+\frac{K_d s}{1+\alpha s},\quad \alpha>0$$

6-16　已知控制系统如图 6-84 所示。试用齐格勒-尼可尔斯法则确定 K_p、T_i 和 T_d 的值，要求单位阶跃响应的超调量约为 25%，并用 MATLAB 求出所设计系统的单位阶跃响应图。

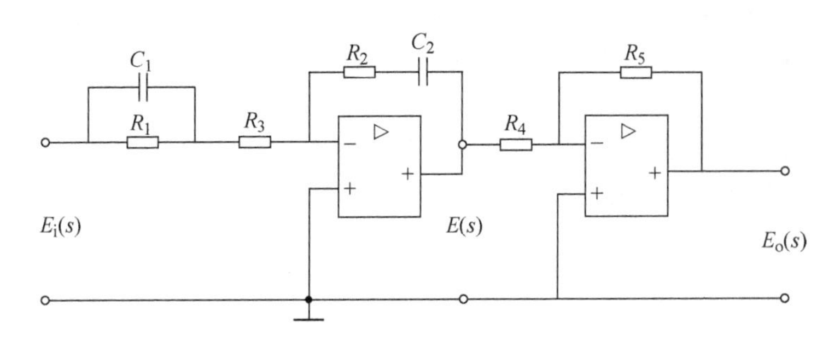

图 6-83　习题 6-15 的 PID 控制器

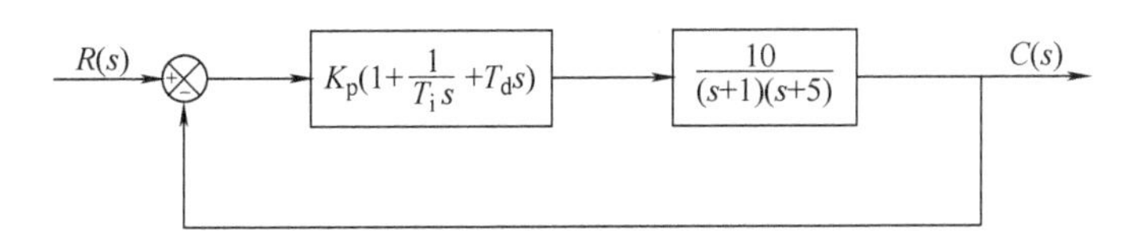

图 6-84　习题 6-16 的 PID 控制系统

6-17　某控制系统如图 6-85 所示。

(1) 试用齐格勒-尼可尔斯法则确定 K_p、T_i 和 T_d 的值；

(2) 求系统的单位阶跃响应；

(3) 对参数 K_p、T_i 和 T_d 进行精确调整，使单位阶跃响应的超调量为 15%。

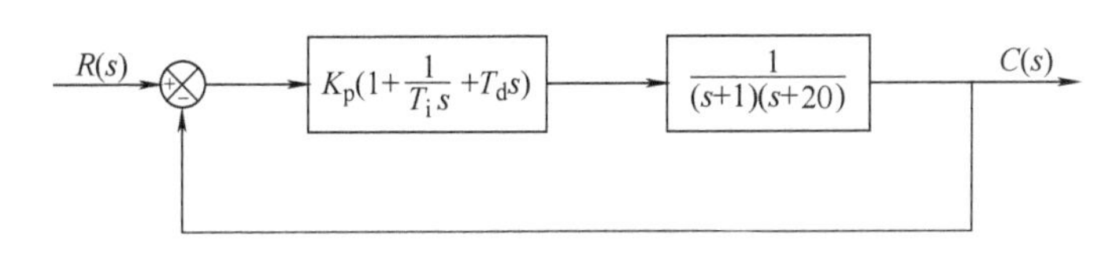

图 6-85　习题 6-17 的 PID 控制系统

6-18　考虑图 6-86 所示的控制系统，此系统受到 3 个输入信号的作用：$R(s)$、$D(s)$ 和 $N(s)$。试证明在这 3 个信号中，不论选哪一种信号作为输入信号，系统的特征方程都是相同的。

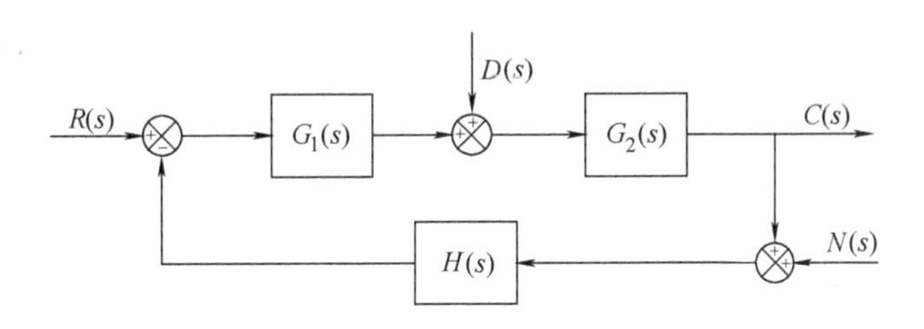

图 6-86　习题 6-18 的控制系统

6-19　已知系统的开环传递函数为

$$G(s)=\frac{K}{s(0.1s+1)(0.2s+1)}$$

要求校正后系统的静态速度误差系数 $K_v=30\mathrm{s}^{-1}$，相位裕量 $\gamma \geqslant 40°$，剪切频率 $\omega_c \geqslant 2.3\mathrm{rad/s}$，试设计一串联校正装置。

6-20　已知一单位反馈系统校正前的开环对数幅频特性曲线如图 6-87a 所示，现用两种校正装置对该系统进行校正，它们的对数幅频特性曲线分别如图 6-87b 和图 6-87c 所示。试求：

（1）写出两种校正方案所对应的系统开环传递函数；

（2）分析两种校正方案对系统性能的影响。

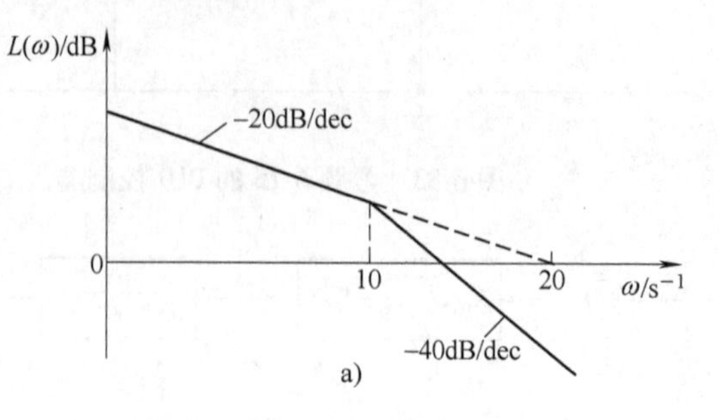

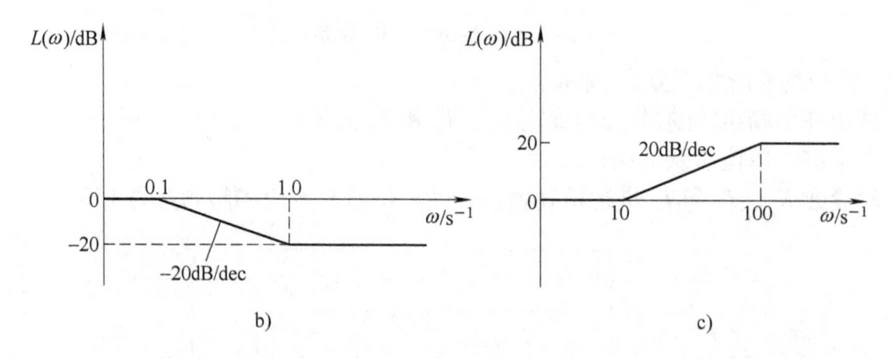

图 6-87　习题 6-20 的开环系统与两种校正装置的对数幅频特性曲线

第七章 离散控制系统

第一节 引　　言

前面各章所述的系统都是连续控制系统，它们中的所有变量均是时间 t 的连续函数。随着控制系统复杂性的增加，对控制器的要求也越来越高，其成本亦随着控制器数学模型的复杂化而急剧上升。事实上，一个复杂的控制函数如果仅限于采用模拟元件，则在技术实现上是有难度的。近年来，随着微型计算机的迅速发展，以计算机作为数字控制器已广泛应用于控制系统中。

以计算机作为控制器的系统通常称为计算机控制系统。在这类系统中，除了连续的模拟信号外，还有若干部分的信号是数码或脉冲序列。由于后者在时间上是离散的，因而这类系统又称为离散控制系统。因为这些离散信号是由连续函数经采样后形成的，故它又名采样控制系统。下面以图 7-1 所示的计算机控制系统为例，说明离散控制系统的特点。

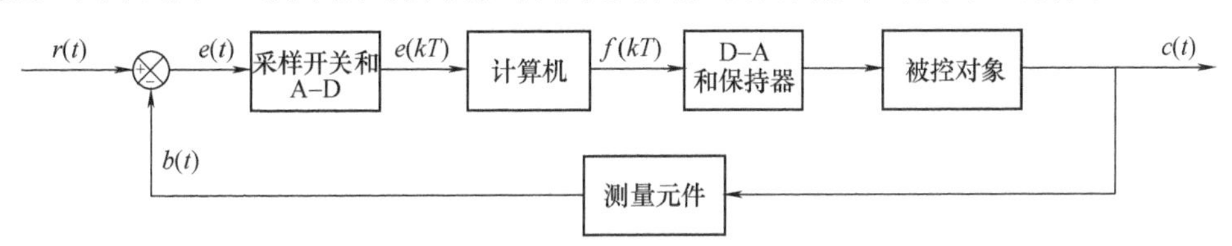

图 7-1　计算机控制系统（一）

图 7-1 所示的计算机控制系统也是一个闭环控制系统，其中计算机作为控制器参与系统的工作。众所周知，计算机所能接收的是时间上离散的、量值上被数字化的信号。系统的控制量 $r(t)$ 和反馈量 $b(t)$ 都是连续的模拟信号，为了将它们的差值 $e(t)$ 输入计算机，必须把这个连续的模拟量用采样开关转变为在时间上离散的模拟量，尔后由模-数（A-D）转换器将每个离散点上的模拟量数字化，这两项工作都是由 A-D 转换器来完成的。A-D 转换器的输出送入数字计算机运算，其输出仍是一个在时间上离散、量值上数字化的信号。显然，这个信号不能直接用于控制被控对象，必须由数-模（D-A）转换器将它转换为连续的模拟量，相当于一个保持器，保持器的输出经放大器放大后驱动被控对象。

由上述的分析可知，该系统中的信号是混合式的，即计算机的输入、输出信号是数字量，系统其他部分的信号都是模拟量。图 7-1 中的 A-D 和 D-A 转换器起着模拟量与数字量之间的转换作用，假设这种转换具有足够的精度，即模拟量与数字量之间有着确定的比例关系。这样对系统而言，A-D 和 D-A 转换器相当于系统中的一个比例环节，因而可以把它们同其他元件的比例系数合并在一起。这样处理后，A-D 转换器相当于一个采样开关，D-A 转换器等效于一个保持器，于是图 7-1 就简化为图 7-2。

计算机的输出是在时间上离散的数字信号，为便于分析，一般把计算机本身视为与某种

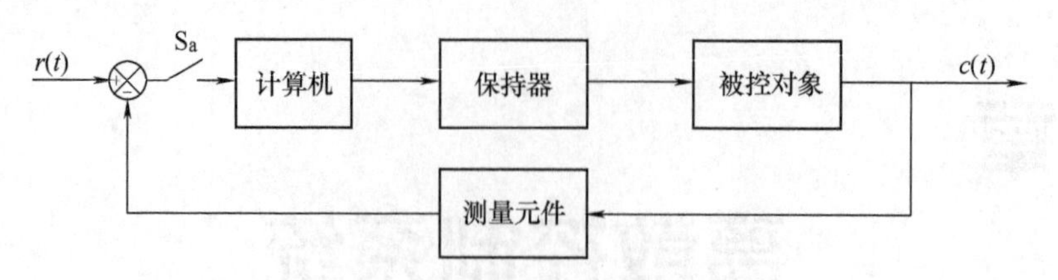

图 7-2　计算机控制系统（二）

算式相对应的传递函数，它和采样开关组成一个等效的串联环节，这样图 7-2 就变为图 7-3，图中的采样开关 S_b 与 S_a 是同步的。必须说明，在实际的计算机控制系统中采样开关 S_b 并不都存在，只有当计算机用于多路控制系统时，S_b 才表示实际存在的多路控制切换开关。

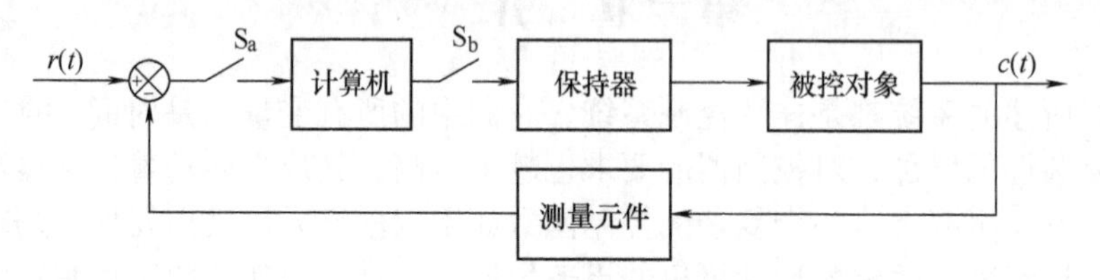

图 7-3　计算机控制系统（三）

为了充分发挥计算机的功能，在实际使用中往往不是用一台计算机去控制一个对象，而是对若干个对象采取分时处理的方式，即实现用一台计算机控制多个被控对象。图 7-4 为分时处理的计算机多路控制系统框图，就图中的一路控制系统来看，其等效的框图就和图 7-3 所示的系统相类同。

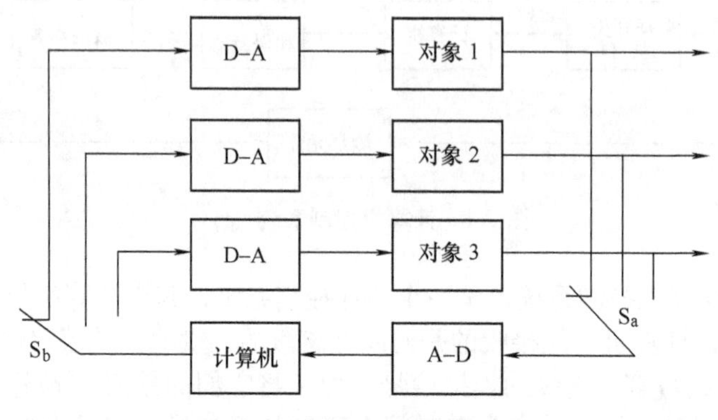

图 7-4　计算机多路控制系统

由于在采样控制系统中引入了计算机，因而使这类系统较一般的连续控制系统具有如下一些优点：

1）有利于系统实现高精度。例如，钻床工作台移动时，要求在 1m 的总距离中误差小于 0. 01mm，这就需要有分辨率为 1∶100000 的传感器。显然，应用模拟式传感器（如电位器）作为检测元件，就不可能达到如此高的精度；而用高分辨率的数码式传感器就能达到这个要求。

2）采样信号特别是数码信号的传递，能有效地抑制噪声，从而提高了系统的抗干扰能力。

3）由于采用计算机作为系统的控制器，因而这类系统不仅能完成复杂的控制任务，而且还易于实现修改控制器的结构和参数，以满足工程实际的需要。

4）计算机除了作为控制器外，还兼有显示、报警等多种功能。

不难看出，离散控制系统也是一种动态系统，因而和连续控制系统一样，它的性能也是由稳态和动态两个部分所组成。由于在这类系统中有采样脉冲或数码信号，因此对这类系统的研究虽然可以借鉴在连续系统中应用的那些方法，但还需研究它本身的特殊性。分析离散控制系统常用的方法有两种：一种是 z 变换法，另一种是状态空间分析法。z 变换与线性定常离散系统的关系类似于拉普拉斯变换与线性定常连续系统的关系；状态空间分析法是一种既适用于连续系统，又适用于离散系统的方法。

本章主要讨论信号的采样与复现、z 变换、离散系统的数学模型——差分方程与脉冲传递函数、离散系统的动态和稳态性能的分析。

第二节　信号的采样与复现

把连续信号变为脉冲或数字序列的过程叫做采样。实现采样的装置称为采样器，又名采样开关。反之，把采样后的离散信号恢复为连续信号的过程称为信号的复现。

一、采样过程

图 7-5 展示了一个连续信号 $f(t)$ 经采样开关采样后变为离散信号 $f_s^*(t)$ 的过程。图中采样的间隔时间 T 称为采样周期，采样持续的时间为 τ。基于采样的持续时间 τ 远小于采样周期 T 和被控对象的时间常数，因而可近似地认为 τ 趋于零，即把实际的窄脉冲信号视为理想脉冲。这样，图 7-5 所示的窄脉冲序列 $f_s^*(t)$ 就变为图 7-6 所示的理想脉冲序列 $f^*(t)$。由此可见，理想采样开关的输出 $f^*(t)$ 是一理想的脉冲序列，它是由一单位理想脉冲序列 $\delta_T(t)$ 与被采样信号 $f(t)$ 相乘后产生的，即

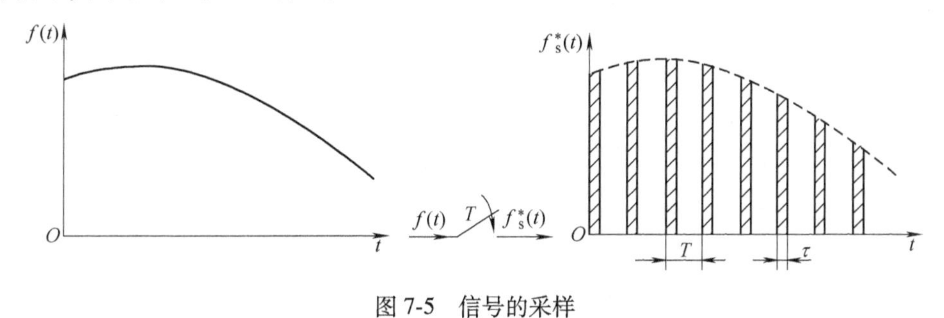

图 7-5　信号的采样

$$f^*(t)=f(t)\delta_T(t) \tag{7-1}$$

式中，$\delta_T(t)=\sum\limits_{k=-\infty}^{\infty}\delta(t-kT)$，$kT$ 为单位理想脉冲出现的时刻。图 7-7a 为单位理想脉冲序列。由于 $f^*(t)$ 只在脉冲出现的瞬间才有数值，故式 7-1 可改写为

$$f^*(t)=\sum_{k=-\infty}^{\infty}f(kT)\delta(t-kT) \tag{7-2}$$

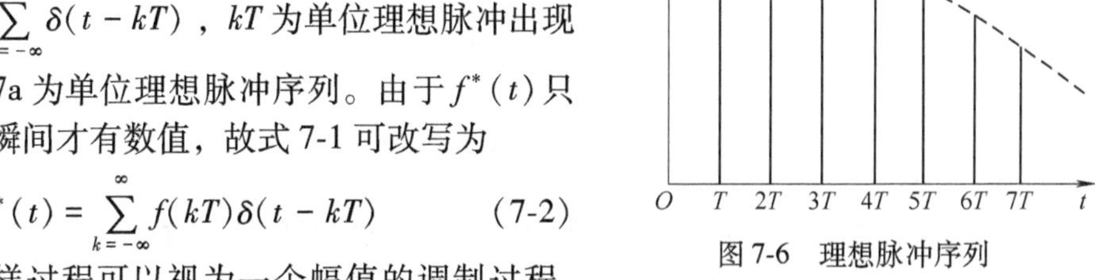

图 7-6　理想脉冲序列

这种理想的采样过程可以视为一个幅值的调制过程，如图 7-7b 所示。其中采样开关相当于一个幅值的调制器，单位理想脉冲序列 $\delta_T(t)$ 作为调制器的载波信号，$f(t)$ 为被调制信号。

考虑到当 $t<0$ 时，$f(t)=0$ 这一事实，式（7-2）便简化为

$$f^*(t)=\sum_{k=0}^{\infty}f(kT)\delta(t-kT) \tag{7-3}$$

式中，$\delta(t-kT)$为脉冲产生的时刻（采样时刻）；$f(kT)$为kT时刻的脉冲强度。

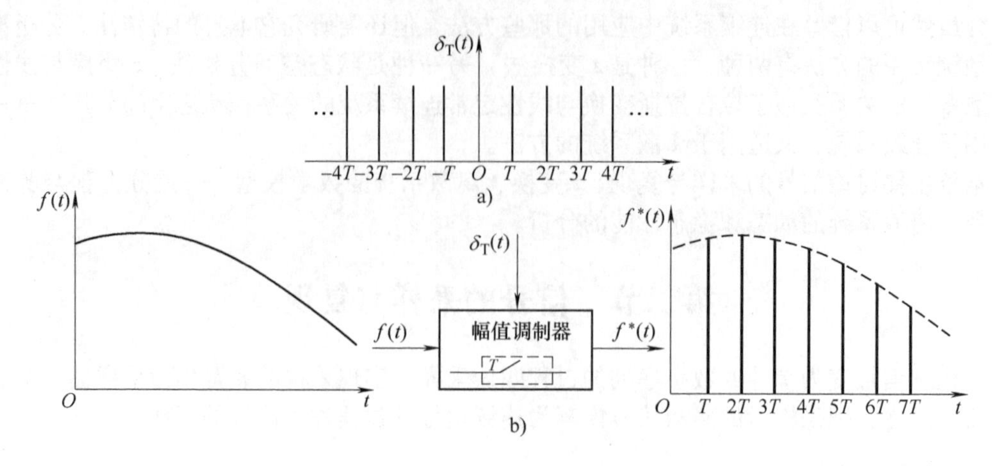

图 7-7　采样脉冲的调制过程

必须指出，上述把窄脉冲信号当作理想脉冲信号处理是近似的，也是有条件的，即要求采样的持续时间τ要远小于采样周期T和系统中被控对象的最小时间常数。这一要求在一般的系统中都能得到满足。

二、采样定理

由图 7-7 可直观地看出，若采样周期T越小（采样频率越高），则离散信号$f^*(t)$越接近于连续信号$f(t)$；反之，若T过大（采样频率过低），则$f^*(t)$就不能准确地反映$f(t)$的变化，即由$f^*(t)$无法真实地复现连续信号$f(t)$。为使离散信号$f^*(t)$能不失真地恢复为连续信号$f(t)$，应采用多高的采样频率？这就是下述香农采样定理的内容。

为了数学上处理方便起见，下面的推导不采用理想脉冲序列作为调制器的载波信号，而采用如图 7-8 所示的单位矩形窄脉冲序列$P_T(t)$。图中每个脉冲的宽度为τ，高度为$\dfrac{1}{\tau}$，周期为T。

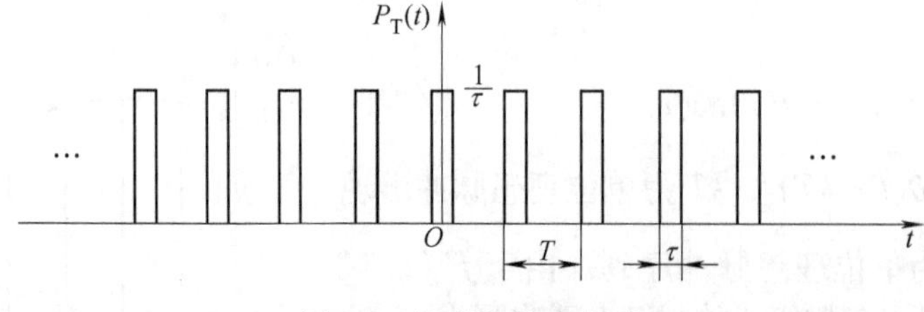

图 7-8　矩形窄脉冲序列

基于图 7-8 中的矩形窄脉冲是周期性的，因而可用傅里叶级数表示，即有

$$P_T(t)=\sum_{k=-\infty}^{\infty}a_k e^{jk\omega_s t} \tag{7-4}$$

式中，$\omega_s=\dfrac{2\pi}{T}$称为采样角频率；a_k为系数，其表达式为

$$a_k = \frac{1}{T}\int_{-\frac{T}{2}}^{\frac{T}{2}} \frac{1}{\tau}\mathrm{e}^{-\mathrm{j}k\omega_s t}\mathrm{d}t = \frac{1}{T}\frac{\sin\frac{k\pi\tau}{T}}{\frac{k\pi\tau}{T}} \tag{7-5}$$

由式（7-5）可知，$a_k \leqslant \frac{1}{T}$。为了对系数 a_k 有一个数值上的认识，若令 $\frac{\tau}{T}=\frac{1}{10}$，则 $a_0=\frac{1}{T}$，$a_1=\frac{0.984}{T}$，$a_2=\frac{0.935}{T}$，…。

现以上述的窄脉冲序列对连续信号 $f(t)$ 进行采样，采样后离散信号 $f_s^*(t)$ 的波形如图 7-9 所示，它的数学表达式为

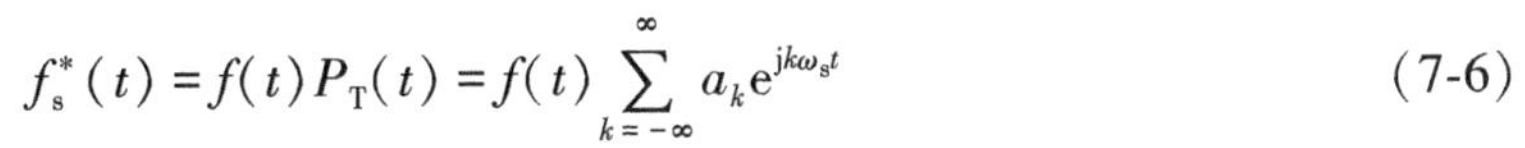

$$f_s^*(t) = f(t)P_T(t) = f(t)\sum_{k=-\infty}^{\infty} a_k \mathrm{e}^{\mathrm{j}k\omega_s t} \tag{7-6}$$

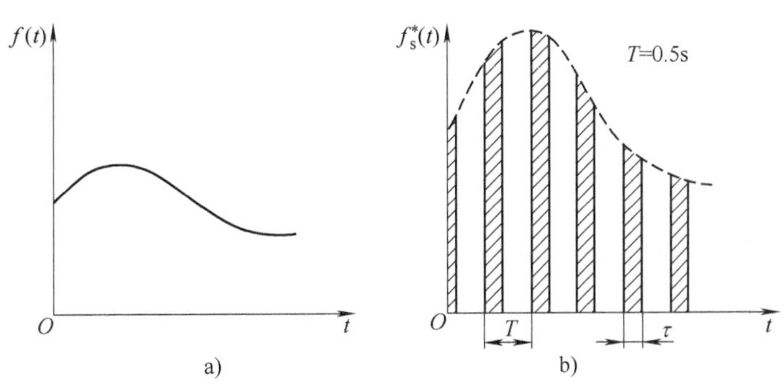

图 7-9　连续信号 $f(t)$ 与采样后离散信号 $f_s^*(t)$

a）采样前的连续信号 $f(t)$　b）用矩形脉冲对 $f(t)$ 进行采样后的 $f_s^*(t)$

设 $f(t)$ 的傅里叶变换为 $F(\mathrm{j}\omega)$，则式（7-6）改写为

$$\begin{aligned} f_s^*(t) &= \left[\frac{1}{2\pi}\int_{-\infty}^{\infty} F(\mathrm{j}\omega)\mathrm{e}^{\mathrm{j}\omega t}\mathrm{d}\omega\right]\sum_{k=-\infty}^{\infty} a_k \mathrm{e}^{\mathrm{j}k\omega_s t} \\ &= \frac{1}{2\pi}\int_{-\infty}^{\infty}\left[\sum_{k=-\infty}^{\infty} a_k F(\mathrm{j}\omega)\mathrm{e}^{\mathrm{j}(\omega+k\omega_s)t}\right]\mathrm{d}\omega \end{aligned}$$

若令 $\omega+k\omega_s=u$，则得

$$f_s^*(t) = \frac{1}{2\pi}\int_{-\infty}^{\infty}\sum_{k=-\infty}^{\infty} a_k F[\mathrm{j}(u-k\omega_s)]\mathrm{e}^{\mathrm{j}ut}\mathrm{d}u \tag{7-7}$$

或写作

$$f_s^*(t) = \frac{1}{2\pi}\int_{-\infty}^{\infty}\sum_{k=-\infty}^{\infty} a_k F[\mathrm{j}(\omega+k\omega_s)]\mathrm{e}^{\mathrm{j}\omega t}\mathrm{d}\omega \tag{7-8}$$

于是求得 $f_s^*(t)$ 的傅里叶变换为

$$F_s^*(\mathrm{j}\omega) = \sum_{k=-\infty}^{\infty} a_k F[\mathrm{j}(\omega+k\omega_s)] \tag{7-9}$$

一般来说，连续信号 $f(t)$ 的频谱是孤立的，其频带宽度也是有限的，即上限频率 $\omega_{\max}$ 为一有限值，如图 7-10a 所示。而采样后的离散信号 $f_s^*(t)$ 却具有以采样角频率 ω_s 为周期的无限多个频谱，如图 7-10b 所示。在式（7-9）中，若令 $k=0$，则得 $F_s^*(\mathrm{j}\omega)=\frac{1}{T}F(\mathrm{j}\omega)$，它称

为$F_s^*(\mathrm{j}\omega)$的主频谱，其幅值只有原来的$\frac{1}{T}$。对此，可以通过附加放大器给予补偿。为了使原信号的频谱不发生畸变，要求有较高的采样角频率 ω_s，以拉开相邻各频谱之间的距离，

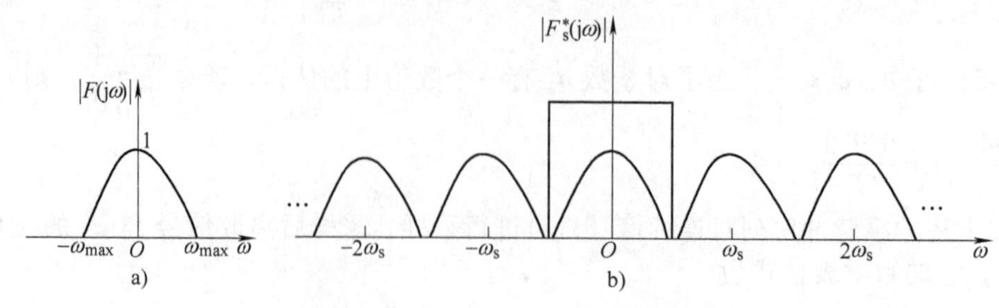

图 7-10　$f(t)$ 及$f_s^*(t)$ 的频谱图

a) $f(t)$ 的频谱图　b) $f_s^*(t)$ 的频谱图

使它们彼此间不相重叠。由图 7-10b 可见，相邻两频谱不重叠交叉的条件是

$$\omega_s \geqslant 2\omega_{max} \tag{7-10}$$

这就是香农采样定理。它的物理意义是，如果选用的采样角频率 ω_s 能满足式（7-10），则采样后的离散信号$f_s^*(t)$就含有连续信号$f(t)$的信息。若把$f_s^*(t)$送到具有图 7-11 所示特性的理想滤波器的输入端，则其输出就是原有的连续信号$f(t)$。如果 $\omega_s<2\omega_{max}$，则就会出现图 7-12 所示的相邻频谱重叠的现象。此种情况即使用上述的理想滤波器，也无法将其主频谱不失真地分离出来，即不能做到不失真地再现原有的连续信号。

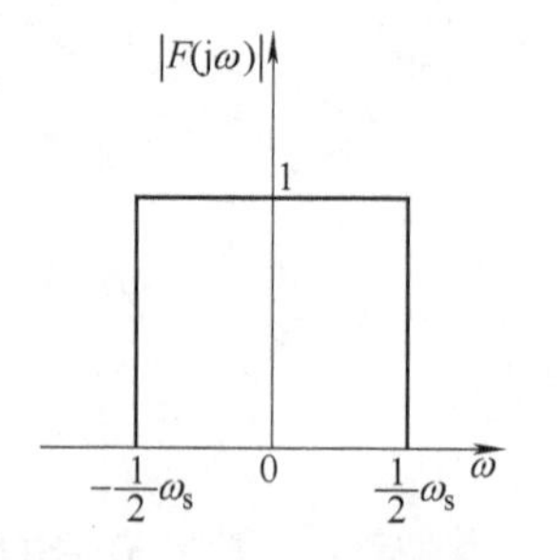

图 7-11　理想滤波器特性

对于用理想脉冲序列采样的离散信号，这里不加证明地写出其傅里叶变换的表达式为

$$F^*(\mathrm{j}\omega)=\frac{1}{T}\sum_{k=-\infty}^{\infty}F[\mathrm{j}(\omega+k\omega_s)] \tag{7-11}$$

由式（7-5）可知，当 $\tau\to0$ 时，$a_k=\frac{1}{T}$，则式（7-9）就变为式(7-11)。

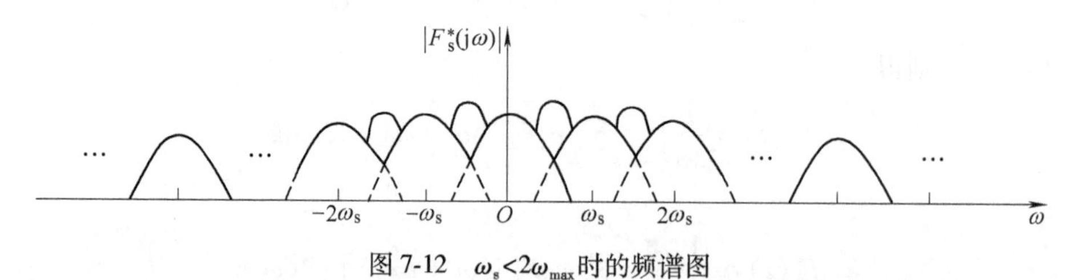

图 7-12　$\omega_s<2\omega_{max}$时的频谱图

三、零阶保持器

为了实现对被控对象的有效控制，必须把离散信号恢复为相应的连续信号。由上述的讨论可知，若满足 $\omega_s\geqslant2\omega_{max}$，把采样后的离散信号通过理想的低通滤波器滤去其高频分量，滤波器的输出就是原有的连续信号。但是具有图 7-11 所示特性的理想滤波器，在物理实现上是难以办到的。因此，需要寻求一种既在特性上接近于理想滤波器，又在物理上可实现的滤波器，保持器就代表这种实际的滤波器。

保持器是一种时域的外推装置，即按过去或现在时刻的采样值进行外推。通常把按常数、线性函数和抛物线函数外推的保持器分别称为零阶、一阶和二阶保持器。由于一阶和二阶保持器的结构复杂，而且在采样频率足够高的情况下，它们的性能并不比零阶保持器具有明显的优点。因此，这里只讨论零阶保持器，并用符号 ZOH 表示。

零阶保持器是把 kT 时刻的采样值不增不减地保持到下一个采样时刻 $(k+1)T$，图 7-13a 为它的单位理想脉冲响应函数。这是一个高度为 1、宽度为 T 的方波。高度为 1 表示采样值通过零阶保持器后既没有被放大也没有被衰减；宽度 T 表示采样值只能持续一个采样周期 T。

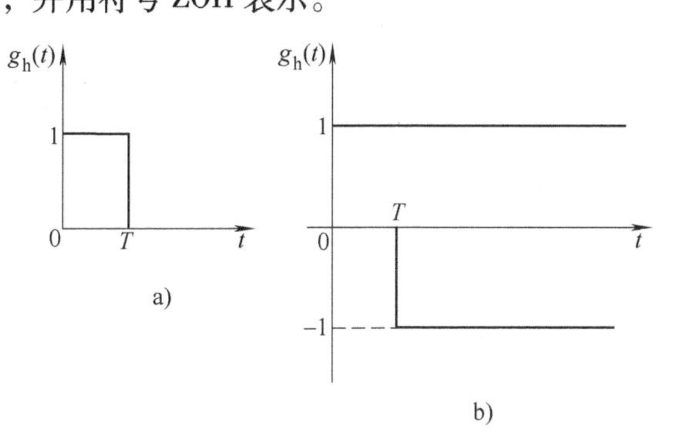

图 7-13　零阶保持器的输出特性

为了导求 ZOH 的传递函数和频率特性，把图 7-13a 所示的单位理想脉冲响应函数用两个单位阶跃函数之和来表示，如图 7-13b 所示。它的数学表达式为

$$g_h(t)=1(t)-1(t-T) \tag{7-12}$$

对式（7-12）取拉普拉斯变换，求得零阶保持器的传递函数为

$$G_h(s)=\frac{1-e^{-Ts}}{s} \tag{7-13}$$

它的频率特性为

$$G_h(j\omega)=\frac{1-e^{-Tj\omega}}{j\omega}=T\frac{\sin(\omega T/2)}{\omega T/2}e^{-j\omega T/2}$$

把 $T=\dfrac{2\pi}{\omega_s}$代入上式，得

$$G_h(j\omega)=\frac{2\pi}{\omega_s}\frac{\sin\pi(\omega/\omega_s)}{\pi(\omega/\omega_s)}e^{-j\pi\left(\frac{\omega}{\omega_s}\right)} \tag{7-14}$$

由式（7-14）作出零阶保持器的幅频和相频特性，如图 7-14 所示。显然，零阶保持器只是一种近似的低通滤波器，它除了让主频谱分量通过外，还允许部分附加的高频频谱分量通过。因此，由零阶保持器恢复的连续函数 $f_h(t)$ 与原函数 $f(t)$ 是有差别的，如图 7-15 所示。由图可见，由零阶保持器恢复的函数 $f_h(t)$ 比原函数 $f(t)$ 在相位上要平均滞后 $T/2$。

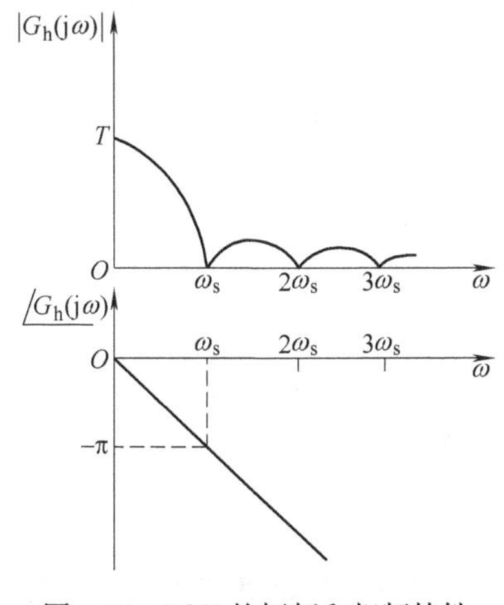

图 7-14　ZOH 的幅频和相频特性

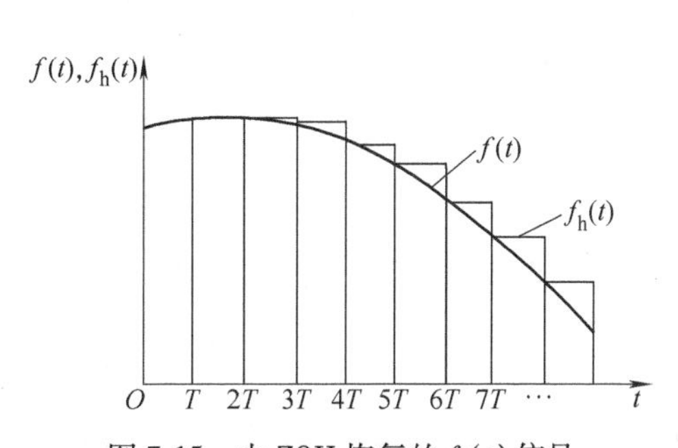

图 7-15　由 ZOH 恢复的 $f_h(t)$ 信号

零阶保持器的相频特性表示了它有相位滞后的作用，由于它的引入，有可能使原来稳定的系统变为不稳定。基于零阶保持器的相位滞后量比一阶和二阶保持器都要小，且其结构简单、易于实现，因而它在控制系统中被广泛地应用。常用的零阶保持器有步进电动机、无源网络等。

第三节　z 变换与 z 反变换

z 变换是分析离散控制系统的一种常用方法，它是由拉普拉斯变换演变而来的。和线性连续控制系统的传递函数一样，用 z 变换导出离散控制系统的脉冲传递函数同样成为研究这种系统的一种非常有效的数学工具。

一、z 变换

设采样后的离散信号为

$$f^*(t)=\sum_{k=0}^{\infty}f(kT)\delta(t-kT)$$

对上式取拉普拉斯变换，得

$$F^*(s)=\mathscr{L}[f^*(t)]=\sum_{k=0}^{\infty}f(kT)\mathrm{e}^{-kTs} \tag{7-15}$$

由于式（7-15）中的 e^{-Ts} 是 s 的初等超越函数，它不便于直接计算，为此引入一个新的变量 $z=\mathrm{e}^{Ts}$，于是式（7-15）就改写为

$$F(z)=F^*(s)\bigg|_{s=\frac{1}{T}\ln z}=\sum_{k=0}^{\infty}f(kT)z^{-k} \tag{7-16}$$

式（7-16）定义为离散信号 $f^*(t)$ 的 z 变换，并记为

$$F(z)=\mathscr{Z}[f^*(t)]\triangleq\sum_{k=0}^{\infty}f(kT)z^{-k} \tag{7-17}$$

必须注意，$F(z)$ 表示对离散信号 $f^*(t)$ 的 z 变换，它只表征连续信号在采样时刻的信息。由于习惯上的原因，人们也称 $F(z)$ 是 $f(t)$ 或 $F(s)$ 的 z 变换，但其含义是指离散信号 $f^*(t)$ 的 z 变换。

下面介绍 3 种常用的 z 变换方法。

1. 级数求和法

如果已知连续函数 $f(t)$ 在各采样时刻的采样值 $f(kT)$，就可按式（7-17）写出其 z 变换的级数展开式。由于该级数具有无穷多项，如果不把它写为闭合形式，则难以应用。不过在一定的条件下，常用函数 z 变换的级数展开式都能写为闭合形式。

【例 7-1】 求单位阶跃函数的 z 变换。

解　当 $k\geqslant0$ 时，$f(kT)=1$。由式（7-17）得

$$F(z)=\mathscr{Z}[1(t)]=\sum_{k=0}^{\infty}z^{-k}=1+z^{-1}+z^{-2}+z^{-3}+\cdots \tag{7-18}$$

式中，如果 $|z|>1$，则式（7-18）为递减的等比级数，它的闭合形式为

$$\mathscr{Z}[1(t)]=\frac{1}{1-z^{-1}}=\frac{z}{z-1} \tag{7-19}$$

因为 $|z|=|\mathrm{e}^{Ts}|=\mathrm{e}^{T\sigma}$，所以 $|z|>1$，相当于 $\mathrm{Re}[s]=\sigma>0$，这是单位阶跃函数拉普拉斯变换的存在条件。从数学的角度看，z 变换仅是拉普拉斯变换的一种变形，因此不会对 z 变

换的存在提出不同的限制条件。

【例 7-2】 已知$f(t)=\mathrm{e}^{-at}$，$a>0$，求$\mathscr{Z}[\mathrm{e}^{-at}]$。

解 根据式（7-3），可知e^{-at}对应的离散信号为

$$f^*(t)=\sum_{k=0}^{\infty}\mathrm{e}^{-akT}\delta(t-kT)$$

该函数的采样值如图 7-16 所示，它的z变换表示为

$$\mathscr{Z}[\mathrm{e}^{-at}]=F(z)=\sum_{k=0}^{\infty}\mathrm{e}^{-akT}z^{-k}=1+\mathrm{e}^{-aT}z^{-1}+\mathrm{e}^{-2aT}z^{-2}+\mathrm{e}^{-3aT}z^{-3}+\cdots \tag{7-20}$$

若$|\mathrm{e}^{-aT}z^{-1}|<1$，则式（7-20）所示的无穷等比级数是收敛的，其闭合形式为

$$\mathscr{Z}[\mathrm{e}^{-at}]=F(z)=\frac{1}{1-\mathrm{e}^{-aT}z^{-1}}=\frac{z}{z-\mathrm{e}^{-aT}} \tag{7-21}$$

不难看出，当$a\to0$时，则式（7-21）所得的结果就是式（7-19）所示的单位阶跃函数的z变换。

可以证明，任何$f(kT)$序列的z变换都有一个由$|z|>R$所规定的收敛区，其收敛半径R取决于序列$f(kT)$。

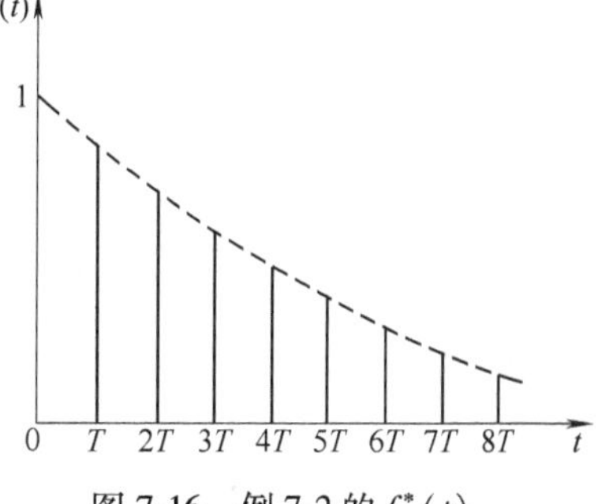

图 7-16　例 7-2 的$f^*(t)$

2. 部分分式法

设$f(t)$的拉普拉斯变换$F(s)$为

$$F(s)=\frac{b_0s^m+b_1s^{m-1}+\cdots+b_m}{a_0s^n+a_1s^{n-1}+\cdots+a_n},\quad n>m$$

将上式展开为部分分式和的形式，即

$$F(s)=\sum_{i=1}^{n}\frac{A_i}{s+p_i}$$

则相应的时间函数为$f(t)=\sum_{i=1}^{n}A_i\mathrm{e}^{-p_it}$。这样，就可按式（7-21）求取$f(t)$的$z$变换。

【例 7-3】 求$F(s)=\dfrac{a}{s(s+a)}$的z变换。

解 $F(s)=\dfrac{1}{s}-\dfrac{1}{s+a}$

对上式取拉普拉斯反变换，得

$$f(t)=1-\mathrm{e}^{-at}$$

则

$$F(z)=\mathscr{Z}[f(t)]=\frac{1}{1-z^{-1}}-\frac{1}{1-\mathrm{e}^{-aT}z^{-1}}=\frac{(1-\mathrm{e}^{-aT})z^{-1}}{(1-z^{-1})(1-\mathrm{e}^{-aT}z^{-1})}$$

【例 7-4】 求$\mathscr{Z}[\sin at]$。

解 因为$F(s)=\mathscr{L}[\sin at]=\dfrac{a}{s^2+a^2}$

又

$$F(s)=\frac{-\dfrac{1}{2\mathrm{j}}}{s+\mathrm{j}a}+\frac{\dfrac{1}{2\mathrm{j}}}{s-\mathrm{j}a}$$

所以

$$F(z)=\frac{-\frac{1}{2\mathrm{j}}}{(1-\mathrm{e}^{-\mathrm{j}aT}z^{-1})}+\frac{\frac{1}{2\mathrm{j}}}{(1-\mathrm{e}^{\mathrm{j}aT}z^{-1})}=\frac{(\sin aT)z^{-1}}{1-(2\cos aT)z^{-1}+z^{-2}} \tag{7-22}$$

3. 留数计算法

设连续函数$f(t)$的拉普拉斯变换为$F(s)$，且其为真有理分式，令$p_k(k=1, 2, \cdots, n)$为$F(s)$的极点，则$F(s)$的z变换可通过计算下列的留数而求得，即

$$F(z)=\sum_{k=1}^{\infty}\mathrm{res}\left[F(s)\frac{z}{z-\mathrm{e}^{Ts}}\right]_{s=p_k}=\sum_{k=1}^{n}R_k \tag{7-23}$$

式中，$R_k=\mathrm{res}\left[F(s)\frac{z}{z-\mathrm{e}^{Ts}}\right]_{s=p_k}$为$F(s)\frac{z}{z-\mathrm{e}^{Ts}}$在$s=p_k$上的留数。

当$F(s)$具有$s=p$的一阶极点时，对应的留数为

$$R=\lim_{s\to p}\left[(s-p)F(s)\frac{z}{z-\mathrm{e}^{Ts}}\right] \tag{7-24}$$

当$F(s)$具有$s=p$的q阶重极点时，则对应的留数为

$$R=\frac{1}{(q-1)!}\lim_{s\to p}\frac{\mathrm{d}^{q-1}}{\mathrm{d}s^{q-1}}\left[(s-p)^qF(s)\frac{z}{z-\mathrm{e}^{Ts}}\right] \tag{7-25}$$

【例7-5】 已知$F(s)=\frac{s+3}{(s+1)(s+2)}$，求$F(z)$。

解

$$F(z)=\left[(s+1)\frac{s+3}{(s+1)(s+2)}\frac{z}{z-\mathrm{e}^{Ts}}\right]_{s=-1}+\left[(s+2)\frac{(s+3)}{(s+1)(s+2)}\frac{z}{z-\mathrm{e}^{Ts}}\right]_{s=-2}=\frac{2z}{z-\mathrm{e}^{-T}}-\frac{z}{z-\mathrm{e}^{-2T}}$$

【例7-6】 试求$F(s)=\frac{1}{s^2}$的z变换。

解 由于$F(s)$在$s=0$处有二重极点，则按式（7-25）得

$$R=\lim_{s\to 0}\frac{\mathrm{d}}{\mathrm{d}s}\left(s^2\frac{1}{s^2}\frac{z}{z-\mathrm{e}^{Ts}}\right)=\frac{Tz}{(z-1)^2}$$

表7-1为常用函数的z变换和拉普拉斯变换对照表，供读者备查之用。

表7-1 常用函数的z变换和拉普拉斯变换

$F(s)$	$f(t)$	$F(z)$
1	$\delta(t)$	1
e^{-kTs}	$\delta(t-kT)$	z^{-k}
$\frac{1}{s}$	$1(t)$	$\frac{z}{z-1}$
$\frac{1}{s^2}$	t	$\frac{Tz}{(z-1)^2}$
$\frac{1}{s+a}$	e^{-at}	$\frac{z}{z-\mathrm{e}^{-aT}}$

（续）

$F(s)$	$f(t)$	$F(z)$
$\frac{a}{s(s+a)}$	$1-e^{-at}$	$\frac{(1-e^{-aT})z}{(z-1)(z-e^{-aT})}$
$\frac{\omega}{s^2+\omega^2}$	$\sin\omega t$	$\frac{z\sin\omega T}{z^2-2z\cos\omega T+1}$
$\frac{s}{s^2+\omega^2}$	$\cos\omega t$	$\frac{z(z-\cos\omega T)}{z^2-2z\cos\omega T+1}$
$\frac{1}{(s+a)^2}$	te^{-at}	$\frac{Tze^{-aT}}{(z-e^{-aT})^2}$
$\frac{\omega}{(s+a)^2+\omega^2}$	$e^{-at}\sin\omega t$	$\frac{ze^{-aT}\sin\omega T}{z^2-2ze^{-aT}\cos\omega T+e^{-2aT}}$
$\frac{s+a}{(s+a)^2+\omega^2}$	$e^{-at}\cos\omega t$	$\frac{z^2-ze^{-aT}\cos\omega T}{z^2-2ze^{-aT}\cos\omega T+e^{-2aT}}$
$\frac{2}{s^3}$	t^2	$\frac{T^2z(z+1)}{(z-1)^3}$

二、z 变换的基本性质

z 变换也有和拉普拉斯变换相类似的一些性质，熟悉这些性质，对于分析和设计离散系统是很有帮助的。

1. 线性定理

设 $f_1(t)$ 和 $f_2(t)$ 的 z 变换分别为 $F_1(z)$ 和 $F_2(z)$，a_1 和 a_2 为常数，则有

$$\mathscr{Z}[a_1f_1(t)+a_2f_2(t)]=a_1F_1(z)+a_2F_2(z)$$

证　由式（7-17）得

$$\begin{aligned}\mathscr{Z}[a_1f_1(t)+a_2f_2(t)]&=\sum_{k=0}^{\infty}[a_1f_1(kT)+a_2f_2(kT)]z^{-k}\\&=\sum_{k=0}^{\infty}a_1f_1(kT)z^{-k}+\sum_{k=0}^{\infty}a_2f_2(kT)z^{-k}\\&=a_1F_1(z)+a_2F_2(z)\end{aligned}$$

2. 滞后定理

设 $t<0$ 时，$f(t)=0$；$\mathscr{Z}[f(t)]=F(z)$，则

$$\mathscr{Z}[f(t-kT)]=z^{-k}F(z) \tag{7-26}$$

式中，k、T 均为常量。

证　由式（7-17）得

$$\begin{aligned}\mathscr{Z}[f(t-kT)]&=\sum_{n=0}^{\infty}f(nT-kT)z^{-n}\\&=f(-kT)z^0+f(T-kT)z^{-1}+\cdots+f(0)z^{-k}+\\&\quad f(T)z^{-(k+1)}+\cdots+f(nT)z^{-(k+n)}+\cdots\end{aligned}$$

考虑到 $n<k$，$f(nT-kT)=0$ 这一事实，即上式中 z^{-k} 前面的各项均为零，于是得

$$\mathscr{Z}[f(t-kT)]=z^{-k}[f(0)+f(T)z^{-1}+\cdots+f(nT)z^{-n}+\cdots]=z^{-k}F(z)$$

由此可知，z^{-k}代表一个延迟环节，它把输入脉冲延迟了 k 个采样周期，如图 7-17 所示。

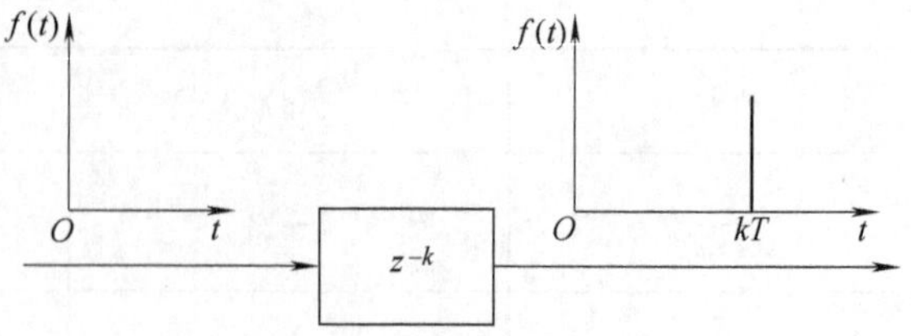

图 7-17　z^{-k}的滞后特性

3. 超前定理

设$f(t)$的 z 变换为 $F(z)$，则

$$\mathscr{Z}[f(t+kT)]=z^kF(z)-z^k\sum_{n=0}^{k-1}f(nT)z^{-n} \tag{7-27}$$

证　由 z 变换的定义得

$$\begin{aligned}\mathscr{Z}[f(t+kT)]&=\sum_{n=0}^{\infty}f(nT+kT)z^{-n}=z^k\sum_{n=0}^{\infty}f(nT+kT)z^{-(n+k)}\\&=z^k[f(kT)z^{-k}+f(T+kT)z^{-(k+1)}+\cdots]\\&=z^k[f(0)+f(T)z^{-1}+\cdots+f(kT)z^{-k}+\\&\quad f[(k+1)T]z^{-(k+1)}+\cdots-z^k[f(0)+f(T)Z^{-1}+\cdots+\\&\quad f[(k-1)T]z^{-(k-1)}\\&=z^kF(z)-z^k\sum_{n=0}^{k-1}f(nT)z^{-n}\end{aligned}$$

如果$f(0)=f(T)=\cdots=f[(k-1)T]=0$，则超前定理可表示为

$$\mathscr{Z}[f(t+kT)]=z^kF(z) \tag{7-28}$$

4. 终值定理

设$f(t)$的 z 变换为 $F(z)$，且 $F(z)$不含有 $z=1$ 的二重及其以上的极点和 z 平面上单位圆外的极点，则$f(t)$的终值为

$$\lim_{t\to\infty}f(t)=\lim_{n\to\infty}f(nT)=\lim_{z\to1}(z-1)F(z) \tag{7-29}$$

证　$\mathscr{Z}\{f[(k+1)T]-f(kT)\}=\lim_{m\to\infty}\sum_{k=0}^{m}\{f(k+1)T-f(kT)\}z^{-k}$

由超前定理得

$$zF(z)-zf(0)-F(z)=\lim_{m\to\infty}\sum_{k=0}^{m}\{f(k+1)T-f(kT)\}z^{-k}$$

对上式取 $z\to1$ 的极限，则有

$$\begin{aligned}\lim_{z\to1}[(z-1)F(z)]&=f(0)+\lim_{z\to1}\lim_{m\to\infty}\sum_{k=0}^{m}\{f[(k+1)T]-f(kT)\}z^{-k}\\&=f(0)+\lim_{m\to\infty}\sum_{k=0}^{m}\{f[(k+1)T]-f(kT)\}=f(\infty)\end{aligned}$$

5. 复数位移定理

设 $\mathscr{Z}[f(t)]=F(z)$，则

$$\mathscr{Z}[f(t)\mathrm{e}^{\mp at}]=F(z\mathrm{e}^{\pm aT}) \tag{7-30}$$

证　由 z 变换的定义得

$$\mathscr{Z}[f(t)\mathrm{e}^{\mp at}]=\sum_{k=0}^{\infty}f(kT)\mathrm{e}^{-(s\pm a)kT}$$

令 $z_1=\mathrm{e}^{(s\pm a)T}=z\mathrm{e}^{\pm aT}$，则上式改写为

$$\mathscr{Z}[f(t)\mathrm{e}^{\mp at}]=\sum_{k=0}^{\infty}f(kT)z_1^{-k}=F(z_1)=F(z\mathrm{e}^{\pm aT})$$

【例 7-7】 试用复数位移定理计算 $\mathscr{Z}[te^{-at}]$。

解 已知 $\mathscr{Z}[t]=\dfrac{Tz}{(z-1)^2}$，由复数位移定理得

$$\mathscr{Z}[te^{-at}]=\frac{Tze^{aT}}{(ze^{aT}-1)^2}$$

6. 卷积和定理

设 $c(t)$、$g(t)$ 和 $r(t)$ 的 z 变换分别为 $C(z)$、$G(z)$ 和 $R(z)$，且当 $t<0$ 时，$c(t)=g(t)=r(t)=0$。已知

$$c(kT)=\sum_{n=0}^{k}g[(k-n)T]r(nT),\ n=0,\ 1,\ 2,\ \cdots$$

则

$$C(z)=G(z)R(z) \tag{7-31}$$

证 $C(z)=\sum\limits_{k=0}^{\infty}c(kT)z^{-k}=\sum\limits_{k=0}^{\infty}\sum\limits_{n=0}^{k}g[(k-n)T]r(nT)z^{-k}$

基于 $k<n$ 时，$g[(k-n)T]=0$，因而上式可改写为

$$C(z)=\sum_{k=0}^{\infty}\sum_{n=0}^{\infty}g[(k-n)T]r(nT)z^{-k}$$

令 $k-n=j$，当 $k=0$ 时，$j=-n$，于是得

$$\begin{aligned}C(z)&=\sum_{n=0}^{\infty}r(nT)\sum_{j=-n}^{\infty}g(jT)z^{-(j+n)}\\&=\sum_{n=0}^{\infty}r(nT)z^{-n}\sum_{j=0}^{\infty}g(jT)z^{-j}=G(z)R(z)\end{aligned}$$

三、z 反变换

上述把采样信号 $f^*(t)$ 变换为 $F(z)$ 的过程称为 z 变换；反之，把 $F(z)$ 变换为 $f^*(t)$ 的过程叫做 z 的反变换，并记为 $\mathscr{Z}^{-1}[F(z)]$。显然，由 z 反变换求得的时间函数是离散的，而不是连续函数。

下面介绍 3 种常用的 z 反变换方法。

1. 长除法

$F(z)$ 通常为 z 的有理分式，即

$$F(z)=\frac{b_0z^m+b_1z^{m-1}+\cdots+b_m}{a_0z^n+a_1z^{n-1}+\cdots+a_n},\ n\geqslant m \tag{7-32}$$

把分子多项式除以分母多项式，使 $F(z)$ 变为按 z^{-1} 升幂排列的级数展开式，然后取 z 反变换，求得相应采样函数的脉冲序列。

【例 7-8】 求 $F(z)=\dfrac{z^2+z}{z^2-2z+1}$ 的反变换 $f^*(t)$。

解 把 $F(z)$ 写成 z^{-1} 的升幂形式，即

$$F(z)=\frac{1+z^{-1}}{1-2z^{-1}+z^{-2}}$$

用 $F(z)$ 的分子除以分母，得

$$F(z)=1+3z^{-1}+5z^{-2}+7z^{-3}+9z^{-4}+\cdots$$

对上式取 z 反变换，则得

$$f^*(t)=\delta(t)+3\delta(t-T)+5\delta(t-2T)+7\delta(t-3T)+9\delta(t-4T)+\cdots$$

由例 7-8 可知，虽然长除法能直观地看到采样脉冲序列的具体分布，但它通常难以给出 $f^*(t)$的闭合形式，因而不便于对系统进行分析研究。

2. 部分分式法

用部分分式法求 z 反变换，与用部分分式法求拉普拉斯反变换的思路相类同。由于 $F(z)$的分子中通常含有因子 z，为方便起见，通常先把 $F(z)$除以 z，然后再将$F(z)/z$展开为部分分式。

对于式（7-32）所示的 $F(z)$，用部分分式法求取 z 反变换的步骤如下：

1）将 $F(z)$分母的多项式分解为因式。

2）把 $F(z)/z$ 展开为部分分式，使所求部分分式的各项都能在表 7-1 中查到相应的$f(t)$。

3）求各部分分式项的 z 反变换之和。

【例 7-9】 已知 $F(z)=\dfrac{z(1-e^{-aT})}{(z-1)(z-e^{-aT})}$，试用部分分式法求其 z 反变换。

解 $\dfrac{F(z)}{z}=\dfrac{(1-e^{-aT})}{(z-1)(z-e^{-aT})}=\dfrac{1}{z-1}-\dfrac{1}{z-e^{-aT}}$

则

$$F(z)=\frac{z}{z-1}-\frac{z}{z-e^{-aT}}$$

求 z 反变换，得

$$f(kT)=1-e^{-akT},\ k=0,\ 1,\ 2\cdots$$

或写为

$$f^*(t)=\sum_{k=0}^{\infty}(1-e^{-akT})\delta(t-kT)$$

3. 反演公式

$$f(kT)=\sum_{F(z)\text{的所有极点}}\text{res}\left[F(z)z^{k-1}\right] \tag{7-33}$$

【例 7-10】 求 $F(z)=\dfrac{10z}{(z-1)(z-2)}$的 z 反变换。

解
$$\begin{aligned}f(kT)&=\sum\text{res}\left[\frac{10z}{(z-1)(z-2)}z^{k-1}\right]=\sum\text{res}\left[\frac{10z^k}{(z-1)(z-2)}\right]\\&=\frac{10z^k}{(z-1)(z-2)}(z-1)\bigg|_{z=1}+\frac{10z^k}{(z-1)(z-2)}(z-2)\bigg|_{z=2}\\&=-10+10\times2^k\end{aligned}$$

即

$$f^*(t)=\sum_{k=0}^{\infty}(-10+10\times2^k)\delta(t-kT)$$

第四节　脉冲传递函数

与线性连续系统传递函数的定义相类似，离散系统脉冲传递函数的定义是在零初始条件下，输出离散时间信号的 z 变换 $C(z)$与输入离散时间信号的 z 变换$R(z)$之比，即

$$\frac{C(z)}{R(z)}=G(z) \tag{7-34}$$

对应于式（7-34）的框图如图 7-18 所示。如果已知 $R(z)$ 和 $G(z)$，根据式（7-34）就可以求得系统输出的脉冲序列为

$$c^*(t)=\mathscr{Z}^{-1}[C(z)]=\mathscr{Z}^{-1}[R(z)G(z)]$$

由上式可知，求 $c^*(t)$ 的关键在于如何求取系统的脉冲传递函数 $G(z)$。

基于系统的脉冲响应是时间 t 的连续函数，而 z 变换只能表示连续时间函数在采样时刻的采样值，因而在求取系统脉冲传递函数时，应取系统输出的脉冲序列作为输出量。为此，在系统的输出端可虚拟一个用虚线表示的同步采样开关，如图 7-18 所示。必须说明，虚拟采样开关的设置仅是为了便于分析系统，它在实际系统中并不一定存在。

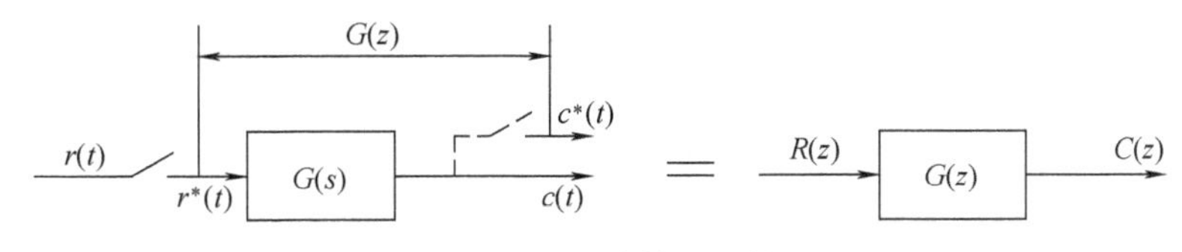

图 7-18　脉冲传递函数

为了从概念上阐明脉冲传递函数的物理意义，下面从系统单位脉冲响应的角度出发来导出系统的脉冲传递函数。

设线性系统的输入为如下的脉冲序列，即

$$\begin{aligned}r^*(t)&=\sum_{n=0}^{\infty}r(nT)\delta(t-nT)\\&=r(0)\delta(t)+r(T)\delta(t-T)+r(2T)\delta(t-2T)+\cdots\end{aligned}$$

根据叠加原理，系统的输出为下列的脉冲响应之和，即

$$c(t)=r(0)g(t)+r(T)g(t-T)+\cdots+r(nT)g(t-nT)+\cdots$$

式中，$g(t)$ 为系统的单位理想脉冲响应函数。在 $t=kT$ 时刻，系统的输出为

$$\begin{aligned}c(kT)&=r(0)g(kT)+r(T)g[(k-1)T]+\cdots+r(kT)g(0)\\&=\sum_{n=0}^{k}g[(k-n)T]r(nT)\end{aligned} \tag{7-35}$$

由于 $t<0$ 时，$g(t)=0$，因而当 $n>k$ 时，式（7-35）的 $g[(k-n)T]=0$。这就是说，在 kT 时刻以后的输入脉冲如 $r[(k+1)T]$、$r[(k+2)T]$、…，它们不会对 kT 时刻的输出值产生任何影响。这样，式（7-35）可改写为

$$c(kT)=\sum_{n=0}^{\infty}g[(k-n)T]r(nT)$$

由卷积和定理得

$$C(z)=G(z)R(z)$$

式中，$C(z)$、$G(z)$、$R(z)$ 分别为 $c^*(t)$、$g^*(t)$ 和 $r^*(t)$ 的 z 变换。由此可知，离散系统的脉冲传递函数就是系统单位脉冲响应函数采样值的 z 变换，即

$$G(z)=\sum_{n=0}^{\infty}g(nT)z^{-n} \tag{7-36}$$

当已知图 7-18 中的传递函数 $G(s)$ 后，先用拉普拉斯反变换求出系统的单位脉冲响应函数 $g(t)$，然后对 $g(t)$ 进行 z 变换，就得到系统的脉冲传递函数 $G(z)$。

和连续系统的传递函数一样，脉冲传递函数也表征离散系统的固有特性，它除了与系统的结构、参数（包括采样周期）有关外，还与采样开关在系统中的具体位置有关。

对图 7-18 所示的系统，若系统的输入 $r(t)=\delta(t)$，则 $C(s)=G(s)$。根据拉普拉斯变换的初值定理，得

$$C(0^+)=\lim_{s\to\infty} sC(s)=\lim_{s\to\infty} sG(s)$$

设 $G(s)=\dfrac{U(s)}{V(s)}$，其中 $U(s)$的 s 最高阶次为 m，$V(s)$的 s 最高阶次为 n。如果 $n-m\geqslant 2$，则上式右方的极限值等于零；反之，若 $n-m<2$，且在采样信号后没有零阶保持器，则用 z 变换法求得的 $c^*(t)$将与连续信号 $c(t)$有很大的差异，这是用 z 变换法分析离散系统的一个局限之处。对此，举例说明如下。

图 7-19a、b 为同一个一阶系统。由于图 7-19a 的输入为单位理想脉冲函数$\delta(t)$，因而系统的输出在 $t=0$ 时有突跳现象产生。若在输入端加一零阶保持器，使输入信号变为一矩形脉冲，则系统的输出在 $t=0$ 时就不会产生突跳，如图 7-19b 所示。图 7-19c 所示的输入信号虽是$\delta(t)$，但由于 $G(s)$分母 s 的阶次高于其分子二阶，因而它的输出也不会发生突跳。由此可知，输出 $c^*(t)$产生突跳的现象是由于把采样后的窄脉冲序列当作理想脉冲处理的缘故，即由 z 变换而引起的。

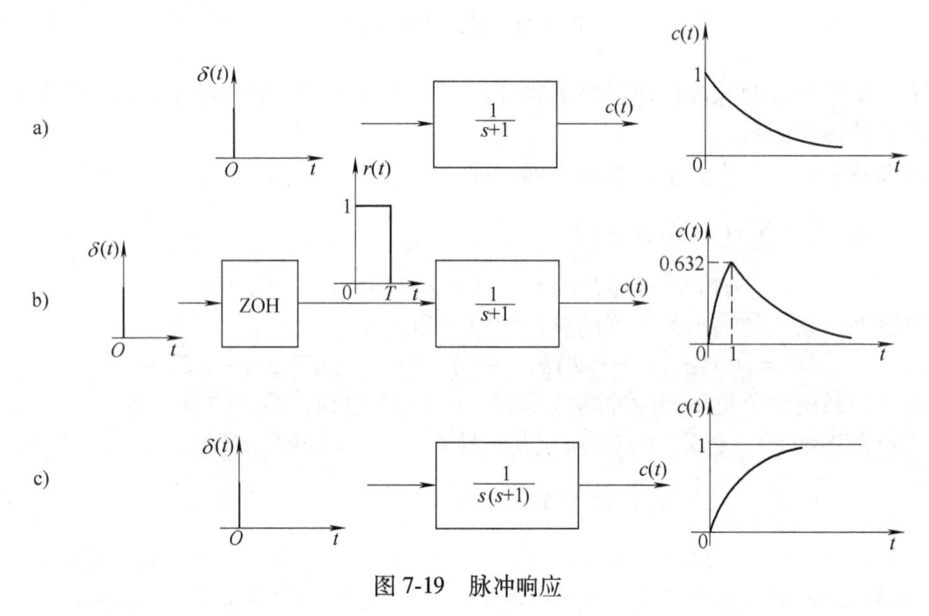

图 7-19　脉冲响应

综上所述，为使 $c^*(t)$能真实地反映 $c(t)$，若在采样信号后没有设置 ZOH，则要求 $G(s)$分母 s 的阶次至少高于其分子二阶。

一、串联环节的脉冲传递函数

当环节串联时，环节之间有、无采样开关的存在，其等效的脉冲传递函数是不相同的。对于图 7-20a 所示的连接形式，由于两环节之间有采样开关存在，根据脉冲传递函数的定义得

$$X(z)=G_1(z)R(z)$$

$$C(z)=G_2(z)X(z)=G_1(z)G_2(z)R(z)$$

因而有

$$\frac{C(z)}{R(z)}=G(z)=G_1(z)G_2(z) \tag{7-37}$$

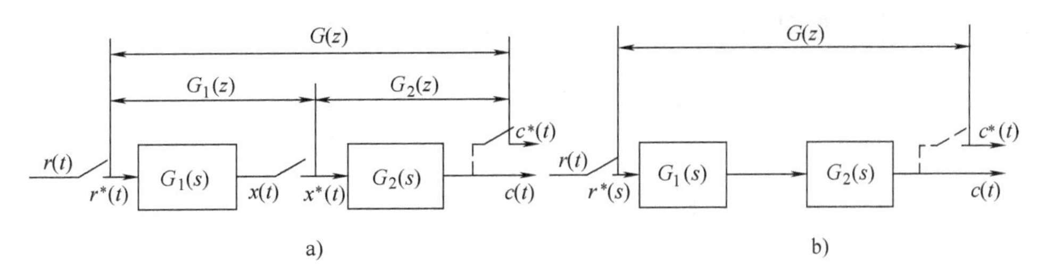

图 7-20　串联环节的两种连接形式

式（7-37）表示，当两个串联环节间有采样开关时，其等效的脉冲传递函数就等于这两个环节各自脉冲传递函数的乘积。这个结论可推广到 n 个环节相串联且相邻两环节间都有采样开关的场合。

对于图 7-20b 所示的连接形式，就不能用上面得出的结论。根据脉冲传递函数的定义，这种连接形式的等效脉冲传递函数为

$$G(z)=\frac{C(z)}{R(z)}=\mathscr{Z}[G_1(s)G_2(s)]=G_1G_2(z) \tag{7-38}$$

式中，$G_1G_2(z)$ 表示 $G_1(s)G_2(s)$ 乘积的 z 变换。通常 $G_1(z)G_2(z)\neq G_1G_2(z)$。

【例 7-11】　设图 7-20 中 $G_1(s)=\dfrac{1}{s}$，$G_2(s)=\dfrac{a}{s+a}$，试求上述两种连接形式的脉冲传递函数。

解　对于图 7-20a，它的脉冲传递函数为

$$G(z)=G_1(z)G_2(z)=\frac{z}{z-1}\frac{az}{z-\mathrm{e}^{-aT}}$$

而对于图 7-20b，其脉冲传递函数为

$$\begin{aligned}G(z)&=G_1G_2(z)=\mathscr{Z}[G_1(s)G_2(s)]\\&=\mathscr{Z}\left[\frac{a}{s(s+a)}\right]=\mathscr{Z}\left[\frac{1}{s}-\frac{1}{s+a}\right]=\frac{z(1-\mathrm{e}^{-aT})}{(z-1)(z-\mathrm{e}^{-aT})}\end{aligned}$$

显然，$G_1(z)G_2(z)\neq G_1G_2(z)$。

【例 7-12】　求图 7-21a 所示系统的脉冲传递函数，图中 $G_h(s)$ 为零阶保持器。

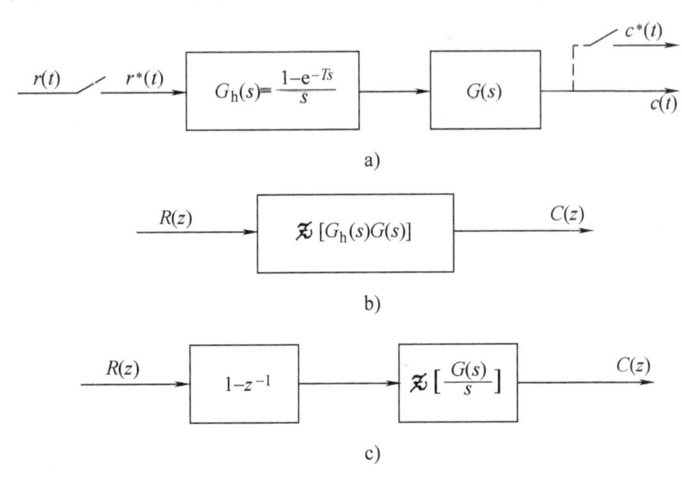

图 7-21　具有 ZOH 的脉冲传递函数

解　根据脉冲传递函数的定义，图 7-21a 对应 z 变换的框图如图 7-21b 所示，其脉冲传递函数为

$$\mathscr{Z}[G_h(s)G(s)]=\mathscr{Z}\left[\frac{1-\mathrm{e}^{-Ts}}{s}G(s)\right]=\mathscr{Z}\left[\frac{G(s)}{s}-\frac{G(s)\mathrm{e}^{-Ts}}{s}\right]$$

令 $\mathscr{L}^{-1}\left[\frac{G(s)}{s}\right]=g_1(t)$，则 $\mathscr{L}^{-1}\left[\frac{G(s)\mathrm{e}^{-Ts}}{s}\right]=g_1(t-T)$。

由于

$$\mathscr{Z}\left[\frac{G(s)\mathrm{e}^{-Ts}}{s}\right]=\mathscr{Z}[g_1(kT-T)]=z^{-1}\mathscr{Z}[g_1(kT)]=z^{-1}\mathscr{Z}\left[\frac{G(s)}{s}\right]$$

所以

$$\mathscr{Z}[G_h(s)G(s)]=(1-z^{-1})\mathscr{Z}\left[\frac{G(s)}{s}\right] \tag{7-39}$$

这样，图 7-21b 就由图 7-21c 来表示。

二、闭环系统的脉冲传递函数

由于离散控制系统具有不同的结构形式，且采样开关在系统中的位置也各不相同。因此，这类系统的闭环脉冲传递函数没有一般的计算公式，而要根据系统的实际结构来求取。和求连续系统的闭环传递函数一样，它的求取步骤是：根据系统的结构列写出各变量之间的关系式，然后消去中间变量，求得系统输出量的 z 变换与输入量的 z 变换之比。

图 7-22 为一种常见的离散控制系统。图中以虚线画出的采样开关是为了便于分析而虚设的，所有采样开关都以相同的周期 T 同步地工作。由图 7-22 得

$$C(z)=E(z)G(z) \tag{7-40}$$
$$B(z)=E(z)GH(z)$$

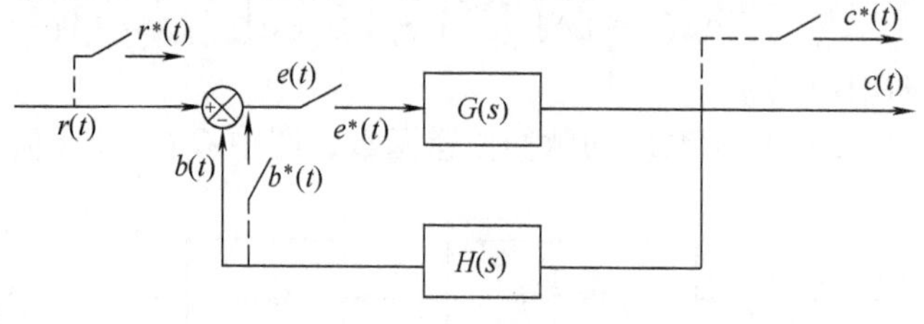

图 7-22　离散控制系统

因为

$$e(t)=r(t)-b(t)$$

则有

$$e^*(t)=r^*(t)-b^*(t)$$

对上式取 z 变换，得

$$E(z)=R(z)-B(z)=R(z)-E(z)GH(z)$$

由上式求得

$$\frac{E(z)}{R(z)}=\frac{1}{1+GH(z)} \tag{7-41}$$

把由式（7-41）求得的 $E(z)$ 代入式（7-40），则求得系统的输出 $C(z)$ 对输入 $R(z)$ 的传递函

数为

$$\frac{C(z)}{R(z)}=\frac{G(z)}{1+GH(z)} \tag{7-42}$$

对于单位反馈控制系统，式（7-41）、式（7-42）分别简化为

$$\frac{E(z)}{R(z)}=\frac{1}{1+G(z)} \tag{7-43}$$

$$\frac{C(z)}{R(z)}=\frac{G(z)}{1+G(z)} \tag{7-44}$$

图 7-23 为一个具有数字控制器的离散系统，其闭环脉冲传递函数的导求过程与上述的完全相类同，现叙述如下。

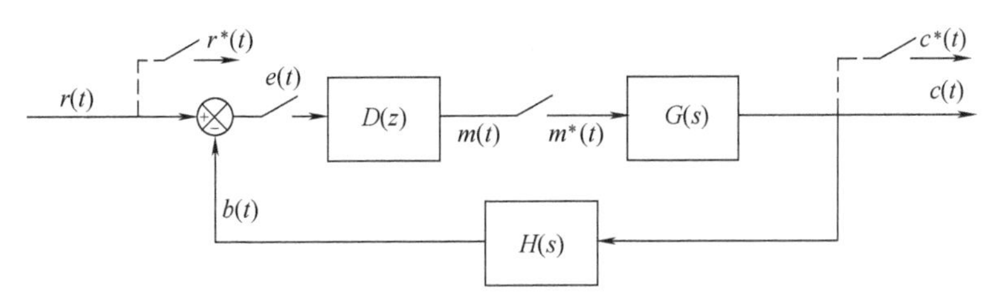

图 7-23　具有数字控制器的离散系统

图 7-23 中 $D(z)$ 是数字控制器或数字校正装置的脉冲传递函数，这是为改善闭环系统的动态性能而设置的。由图 7-23 得

$$E(z)=R(z)-B(z)$$
$$M(z)=E(z)D(z)$$
$$C(z)=M(z)G(z)$$
$$B(z)=M(z)GH(z)$$

消去上述 4 式中的中间变量 $E(z)$、$M(z)$、$B(z)$，求得系统的闭环脉冲传递函数为

$$\frac{C(z)}{R(z)}=\frac{D(z)G(z)}{1+D(z)GH(z)} \tag{7-45}$$

如果在系统的比较环节后没有设置采样开关，即没有对误差信号 $e(t)$ 进行采样，则这种系统只能写出它的输出离散信号的 z 变换式。下面以图 7-24 所示的系统为例来说明。

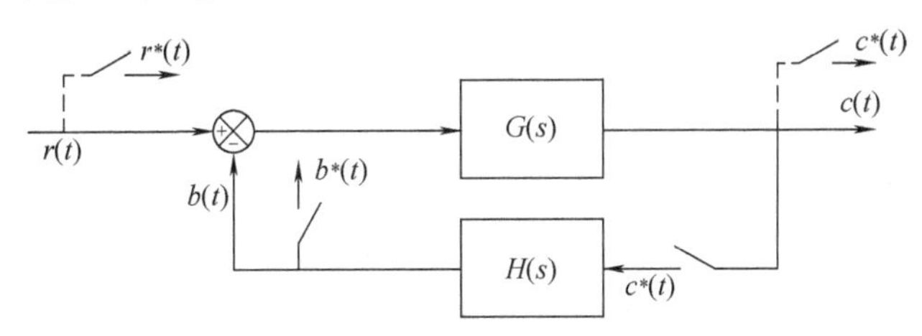

图 7-24　离散控制系统

由图 7-24 得

$$C(s)=R(s)G(s)-G(s)H(s)C^*(s)$$

对上式等号两边同取采样值，则得

$$C^*(s)=\frac{RG^*(s)}{1+GH^*(s)}$$

或写作

$$C(z)=\frac{RG(z)}{1+GH(z)}$$

表 7-2 为几种常见离散控制系统的框图及其输出的 z 变换。

表 7-2　几种常见的离散系统

序号	系统的框图	输出量的 z 变换 $C(z)$
1	R(s) T G(s) C(s) H(s)	$C(z)=\frac{G(z)}{1+GH(z)}R(z)$
2	R(s) T G(s) T C(s) H(s)	$C(z)=\frac{G(z)}{1+G(z)H(z)}R(z)$
3	R(s) G(s) C(s) T H(s)	$C(z)=\frac{RG(z)}{1+GH(z)}$
4	R(s) G1(s) T G2(s) C(s) H(s)	$C(z)=\frac{RG_1(z)G_2(z)}{1+G_1G_2H(z)}$
5	R(s) T G1(s) T G2(s) C(s) H(s)	$C(z)=\frac{G_1(z)G_2(z)R(z)}{1+G_1(z)G_2H(z)}$
6	R(s) G1(s) T G2(s) T G3(s) C(s) H(s)	$C(z)=\frac{G_2(z)G_3(z)RG_1(z)}{1+G_2(z)G_1G_3H(z)}$

【例 7-13】 求图 7-25 所示系统的闭环脉冲传递函数。

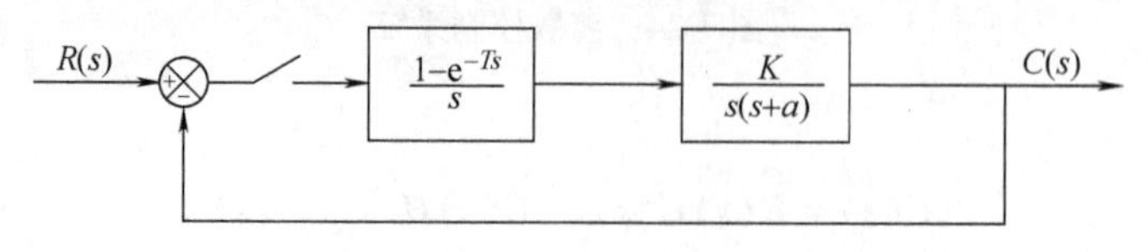

图 7-25　具有 ZOH 的离散控制系统

解　该系统的开环脉冲传递函数为

$$\begin{aligned}G(z) &= \mathscr{Z}\left[\frac{K(1-\mathrm{e}^{-Ts})}{s^2(s+a)}\right] \\ &= K(1-z^{-1})\mathscr{Z}\left[\frac{1}{as^2}-\frac{1}{a^2 s}+\frac{1}{a^2(s+a)}\right] \\ &= K(1-z^{-1})\left[\frac{Tz}{a(z-1)^2}-\frac{z}{a^2(z-1)}+\frac{z}{a^2(z-\mathrm{e}^{-aT})}\right] \\ &= \frac{K[(aT-1+\mathrm{e}^{-aT})z+(1-\mathrm{e}^{-aT}-aT\mathrm{e}^{-aT})]}{a^2(z-1)(z-\mathrm{e}^{-aT})}\end{aligned}$$

据此求得系统的闭环脉冲传递函数为

$$\frac{C(z)}{R(z)}=\frac{K[(aT-1+\mathrm{e}^{-aT})z+(1-\mathrm{e}^{-aT}-aT\mathrm{e}^{-aT})]}{a^2z^2+[K(aT-1+\mathrm{e}^{-aT})-a^2(1+\mathrm{e}^{-aT})]z+K(1-\mathrm{e}^{-aT}-aT\mathrm{e}^{-aT}+a^2\mathrm{e}^{-aT})}$$

【例 7-14】 求图 7-25 所示系统的单位阶跃响应 $c^*(t)$。图中 $a=1$，$K=1$，$T=1\mathrm{s}$。

解 把 $a=1$，$K=1$，$T=1\mathrm{s}$ 代入例 7-13 所求 $G(z)$ 的表达式中，求得

$$G(z)=\frac{\mathrm{e}^{-1}z+1-2\mathrm{e}^{-1}}{z^2-(1+\mathrm{e}^{-1})z+\mathrm{e}^{-1}}$$

则相应的闭环脉冲传递函数为

$$\frac{C(z)}{R(z)}=\frac{\mathrm{e}^{-1}z+1-2\mathrm{e}^{-1}}{z^2-z+(1-\mathrm{e}^{-1})}=\frac{0.368z+0.264}{z^2-z+0.632} \tag{7-46}$$

把 $R(z)=\frac{z}{z-1}$ 代入式（7-46），得

$$C(z)=\frac{0.368z^{-1}+0.264z^{-2}}{1-2z^{-1}+1.632z^{-2}-0.632z^{-3}}$$

用长除法将上式展开得

$$\begin{aligned}C(z)=\ &0.368z^{-1}+z^{-2}+1.4z^{-3}+1.4z^{-4}+1.147z^{-5}+ \\ &0.895z^{-6}+0.802z^{-7}+0.868z^{-8}+0.993z^{-9}+ \\ &1.077z^{-10}+1.081z^{-11}+1.032z^{-12}+\cdots\end{aligned}$$

取 z 的反变换，于是得

$$\begin{aligned}c^*(t)=\ &0.368\delta(t-T)+1\delta(t-2T)+1.4\delta(t-3T)+1.4\delta(t-4T)+ \\ &1.147\delta(t-5T)+0.895\delta(t-6T)+0.802\delta(t-7T)+ \\ &0.868\delta(t-8T)+0.993\delta(t-9T)+1.077\delta(t-10T)+ \\ &1.081\delta(t-11T)+1.032\delta(t-12T)+\cdots\end{aligned}$$

图 7-26 为该系统的单位阶跃响应曲线。由图可见，该系统的单位阶跃响应呈衰减振荡形式，其最大的超调量约为 40%，调整时间 t_s 约为 12s。

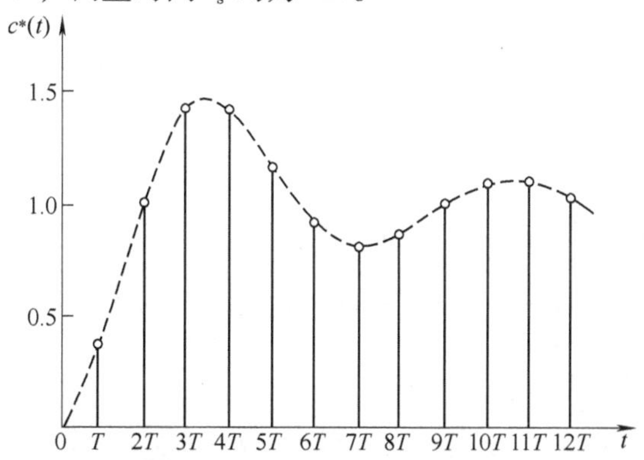

图 7-26 图 7-25 所示系统的单位阶跃响应曲线

第五节　差 分 方 程

由于离散系统的输入和输出在时间上是离散的，因而这种系统就不能用时间的微商来描述，而是用变量的前后序列之差来表征，这就引出了与微分相似的差分概念。

一、差分的定义

设连续函数$f(t)$经采样后为$f(kT)$，由于T为常量，为使表示简单起见，下面把$f(kT)$写作$f(k)$。一阶前向差分定义为

$$\Delta f(k) \xlongequal{\text{def}} f(k+1)-f(k)$$

二阶前向差分定义为

$$\begin{aligned}\Delta^2 f(k) &\xlongequal{\text{def}} \Delta[f(k+1)-f(k)] = \Delta f(k+1)-\Delta f(k)\\ &= f(k+2)-f(k+1)-[f(k+1)-f(k)]\\ &= f(k+2)-2f(k+1)+f(k)\end{aligned}$$

其余高阶前向差分均依次类推。

同理，一阶后向差分的定义为

$$\Delta f(k) \xlongequal{\text{def}} f(k)-f(k-1)$$

二阶后向差分的定义为

$$\begin{aligned}\Delta^2 f(k) &\xlongequal{\text{def}} \Delta[f(k)-f(k-1)] = \Delta f(k)-\Delta f(k-1)\\ &= f(k)-f(k-1)-[f(k-1)-f(k-2)]\\ &= f(k)-2f(k-1)+f(k-2)\end{aligned}$$

二、差分方程

图7-27为一阶连续控制系统。由该图得

$$c(t) = A\int_0^t [r(\tau)-c(\tau)]\mathrm{d}\tau$$

即

$$c(t) + A\int_0^t c(\tau)\mathrm{d}\tau = A\int_0^t r(\tau)\mathrm{d}\tau \tag{7-47}$$

如果$r(t)$是任意的时间函数，则一般难以求得式（7-47）的闭式解。若求式（7-47）的数值解，只要把时间t分为步长为T的k个相等的时间间隔，则在$t=kT$时，式（7-47）就可改写为

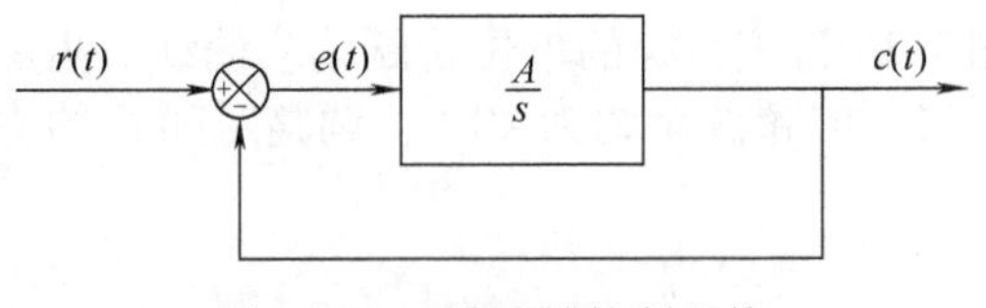

图7-27　一阶连续控制系统

$$c(kT) + A\int_0^{kT} c(\tau)\mathrm{d}\tau = A\int_0^{kT} r(\tau)\mathrm{d}\tau$$

设$(m-1)T\leqslant\tau\leqslant mT$，$c(\tau)$ = 常量，$r(\tau)$ = 常量，于是上式就近似表示为

$$c(kT) + A\sum_{m=0}^{k-1} c(mT)T = A\sum_{m=0}^{k-1} r(mT)T \tag{7-48}$$

同理可得

$$c[(k+1)T] + A\sum_{m=0}^{k} c(mT)T = A\sum_{m=0}^{k} r(mT)T \tag{7-49}$$

式（7-49）减去式（7-48），得

$$c[(k+1)T]-c(kT)+ATc(kT)=ATr(kT)$$

即

$$c[(k+1)T]=(1-AT)c(kT)+ATr(kT) \tag{7-50}$$

式（7-50）就是该系统的非齐次差分方程，它是式（7-47）的近似表达式。由于此式输出的最高序列数（k+1）与最低序列数 k 之差为 1，故称式（7-50）为一阶差分方程。

图 7-28 为一离散控制系统。由于系统中有采样开关和零阶保持器，因而在 $t=kT$ 时，零阶保持器的输出为

$$e_{\mathrm{h}}(t)=e(kT),\ kT\leqslant t\leqslant(k+1)T$$

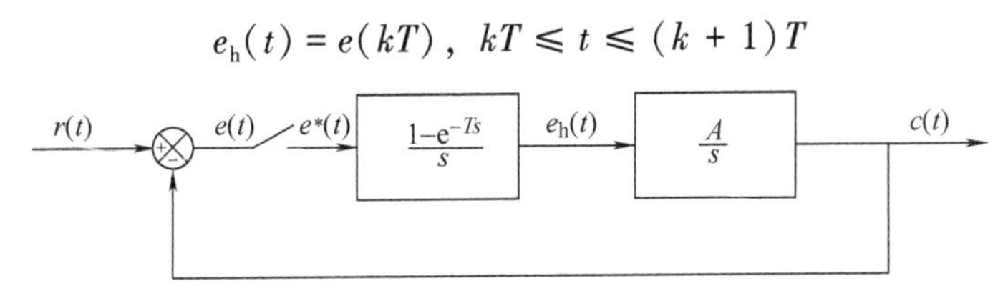

图 7-28　离散控制系统

考虑到积分器（A/s）的作用，在一个采样周期内，系统的输出为

$$c[(k+1)T]=c(kT)+Ae(kT)T$$

由于

$$e(kT)=r(kT)-c(kT)$$

所以

$$c[(k+1)T]=(1-AT)c(kT)+ATr(kT) \tag{7-51}$$

显然，式（7-51）与式（7-50）完全相同。这里需要注意的是，式（7-50）是式（7-47）的近似数学描述，它虽与式（7-51）完全相同，但它们各自描述系统的实际情况和性能还是有区别的。

三、用 z 变换求解差分方程

用 z 变换法求解差分方程，与用拉普拉斯变换求解微分方程一样方便。用 z 变换法求解差分方程的实质是把以 kT 为自变量的差分方程变成以 z 为变量的代数方程，求解后再进行 z 的反变换。

【例 7-15】 求解下式所示的差分方程：

$$x(k+2)+3x(k+1)+2x(k)=0$$

已知 $x(0)=0$，$x(1)=1$。

解　对上式取 z 变换，得

$$z^2X(z)-z^2x(0)-zx(1)+3zX(z)-3zx(0)+2X(z)=0$$

代入初始条件，经整理后为

$$X(z)=\frac{z}{(z+1)(z+2)}=\frac{z}{z+1}-\frac{z}{z+2}$$

因为

$$\mathscr{Z}[(-a)^k]=\frac{z}{z+a}$$

所以

$$x(k)=(-1)^k-(-2)^k,\ k=0,1,2,\cdots$$

【例 7-16】 试求由下式描述系统的瞬态响应 $x(k)$。

$$x(k+2)-3x(k+1)+2x(k)=u(k)$$

已知 $x(k)=0,\ k\leqslant 0$；$u(k)=\begin{cases}1,\ k=0\\0,\ k\neq 0\end{cases}$。

解 上式是一个二阶差分方程，因而在求解时需有两个初始条件 $x(0)$、$x(1)$。其中已知 $x(0)=0$（题设）。将 $k=-1$ 代入方程，求得 $x(1)=0$。

对方程等号两边同取 z 变换，并考虑到初始条件 $x(0)=x(1)=0$，则得

$$(z^2-3z+2)X(z)=U(z)$$

基于

$$U(z)=\sum_{k=0}^{\infty}u(k)z^{-k}=1$$

所以

$$X(z)=\frac{1}{z^2-3z+2}=\frac{-1}{z-1}+\frac{1}{z-2}$$

为了引用现成的 z 变换公式，还需对上述所求的结果做如下的变换。因为

$$\mathscr{Z}[x(k+1)]=zX(z)-zx(0)=zX(z)$$

则得

$$\mathscr{Z}[x(k+1)]=zX(z)=\frac{-z}{z-1}+\frac{z}{z-2}$$

即

$$x(k+1)=-1+2^k,\ k=0,\ 1,\ 2,\ \cdots$$

或写作

$$x(k)=-1+2^{k-1},\ k=1,\ 2,\ \cdots$$

图 7-29a、b 分别为 $x(k+1)$ 和 $x(k)$ 的响应曲线。

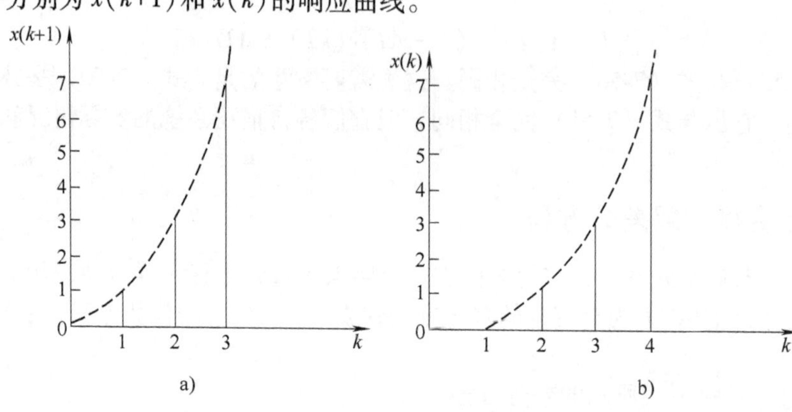

图 7-29　例 7-16$x(k+1)$ 和 $x(k)$ 的响应曲线

四、用迭代法求解差分方程

由于系统的输入、输出量在差分方程式中均以脉冲序列形式表示，因而这种方程很适合用迭代法求解。这种求解若在数字计算机上进行，则更为简便、快速。因为用这种方法求解，仅占用计算机有限的内存量，并且只进行简单的四则运算。必须指出，用迭代法求解差分方程，一般难以得到解的闭合形式。

【例 7-17】 试用迭代法求解式(7-51)。

解 $k=0,\ c(1)=(1-AT)c(0)+ATr(0)$

$$k=1,\ c(2)=(1-AT)c(1)+ATr(1)$$

$$=(1-AT)^2c(0)+(1-AT)ATr(0)+ATr(1)$$

⋮

$$k = k-1,\ c(k) = (1-AT)^k c(0) + AT\sum_{i=0}^{k-1}(1-AT)^{k-1-i} r(i) \tag{7-52}$$

式（7-52）等号右方的第一项为零输入响应，第二项为零状态响应。这类系统的稳定性同线性连续系统一样，可用其零输入响应来说明。由式（7-52）可知，若$|1-AT|<1$，即$0<A<\frac{2}{T}$，系统的零输入响应将随着采样序数k的增加而不断地衰减，因而图7-28所示的系统是稳定的。如果$A>\frac{2}{T}$，则该系统为不稳定。离散系统这种不稳定性是由于在两个相邻的采样时间间隔内系统的前向通道处于开断状态的缘故。对于图7-27所示的一阶连续控制系统，只要$A>0$，该系统总是稳定的。但该系统若用式（7-50）去描述，当$A>\frac{2}{T}$时，就会得出系统不稳定的错误结论。为此，用计算机求解差分方程时，计算机的步长T必须要小于$2/A$，才会得到满意的计算结果。

【例7-18】 例7-14所示系统的闭环脉冲传递函数为

$$\frac{C(z)}{R(z)} = \frac{0.368z + 0.264}{z^2 - z + 0.632} = \frac{0.368z^{-1} + 0.264z^{-2}}{1 - z^{-1} + 0.632z^{-2}}$$

求该系统的单位阶跃响应。

解 把闭环脉冲传递函数式（7-46）改写为

$$(1 - z^{-1} + 0.632z^{-2})C(z) = (0.368z^{-1} + 0.264z^{-2})R(z)$$

式中，z^{-1}、z^{-2}为时间的延迟因子。取上式的z反变换，得

$$\begin{aligned} & c(nT) - c[(n-1)T] + 0.632c[(n-2)T] \\ & = 0.368r[(n-1)T] + 0.264r[(n-2)T] \end{aligned} \tag{7-53}$$

这是一个二阶非齐次差分方程式。由于$r(t) = 1(t)$，因而$r(nT)$为一单位脉冲序列。式（7-53）求解的迭代过程见表7-3。由表7-3最右边一列数据可知，用迭代法所求的结果与例7-14所求的完全相同。

表7-3　式（7-53）求解的迭代过程

n	$0.368r[(n-1)T]$	$0.264r[(n-2)T]$	$c[(n-1)T]$	$-0.632c[(n-2)T]$	$c(nT)$
0	0	0	0	0	0
1	0.368	0	0	0	0.368
2	0.368	0.264	0.368	0	1
3	0.368	0.264	1	−0.233	1.399
4	0.368	0.264	1.399	−0.632	1.399
5	0.368	0.264	1.399	−0.884	1.147
6	0.368	0.264	1.147	−0.884	0.895
7	0.368	0.264	0.895	−0.725	0.802
8	0.368	0.264	0.802	−0.566	0.868
9	0.368	0.264	0.868	−0.566	0.993
10	0.368	0.264	0.993	−0.549	1.076
11	0.368	0.264	1.076	−0.628	1.080
12	0.368	0.264	1.080	−0.680	1.032
13	0.368	0.264	1.032	−0.683	0.981

第六节　离散控制系统的性能分析

和线性连续控制系统一样，离散控制系统也有稳定、瞬态响应和稳态误差等性能指标。对于这些性能的分析，所涉及的基本概念和方法与连续控制系统基本相类同。

一、离散控制系统的稳定性分析

离散控制系统的稳定性由其特征方程式的根在z平面上的位置决定。设系统的输入、输出关系为

$$C(z)=T(z)R(z) \tag{7-54}$$

式中，$T(z)$为系统的闭环脉冲传递函数，它一般为z的有理分式。令$r(t)=\delta(t)$，即$R(z)=1$，则得

$$C(z)=T(z)=\sum_{i=1}^{n}\frac{A_i}{z-z_i} \tag{7-55}$$

式中，z_i为闭环脉冲传递函数的极点。对式（7-55）取z反变换，得

$$c(k)=\sum_{i=1}^{n}A_i z_i^{k-1},\quad k=0,\ 1,\ 2,\ \cdots \tag{7-56}$$

由式（7-56）可知，若$|z_i|<1$，$i=1,\ 2,\ \cdots,\ n$，即系统的所有极点均位于z平面上以坐标原点为圆心的单位圆内。在这种情况下，系统的单位脉冲响应最终将衰减到零，即有

$$\lim_{k\to\infty}\sum_{i=1}^{n}A_i z_i^{k-1}\to 0$$

由此得出离散控制系统稳定的充要条件是，系统闭环脉冲传递函数的所有极点均位于z平面上的单位圆内。

1. s平面与z平面间的映射关系

上述的结论也可以从s平面与z平面之间的映射关系中得到。因为

$$z=\mathrm{e}^{Ts},\quad s=\sigma+\mathrm{j}\omega$$

则得

$$|z|=\mathrm{e}^{T\sigma},\quad \arg z=\omega T=\frac{2\pi\omega}{\omega_s}$$

在s左半平面内，由于$\sigma<0$，因而z的量值在0和1之间变化。s平面的虚轴，即$\sigma=0$，对应于z平面上单位圆的圆周，圆的内部对应于s的左半平面。不难看出，当$\mathrm{j}\omega$轴上的一个代表点由$\omega=-\frac{1}{2}\omega_s$移动到$\frac{1}{2}\omega_s$时，则其在$z$平面上的映射为$|z|=1$、$\angle z$从$-\pi$逆时针变化到$+\pi$，恰好是一个单位圆的圆周。同理，当代表点从$\mathrm{j}\omega$轴上的$\omega=\frac{1}{2}\omega_s$移动到$\omega=\frac{3}{2}\omega_s$时，其对应点在$z$平面上又以逆时针方向沿着单位圆走了一周。由此得出，当代表点的ω值每增减一个ω_s量，则其在z平面上的映射都是相互重叠的一个单位圆。

由上述的分析可以清楚地看出，s左半平面上每一条宽度为ω_s的条形带都映射到z平面上的单位圆内，如图7-30所示。把ω由$-\frac{1}{2}\omega_s\sim\frac{1}{2}\omega_s$之间的条形带称为主要带，其余的条形带都称为次要带。由于实际系统的频带宽度总是有限的，其截止频率一般远低于采样频率ω_s，因而在分析和设计离散系统时，最为重要的是与主要带相对应的第一个单位圆。

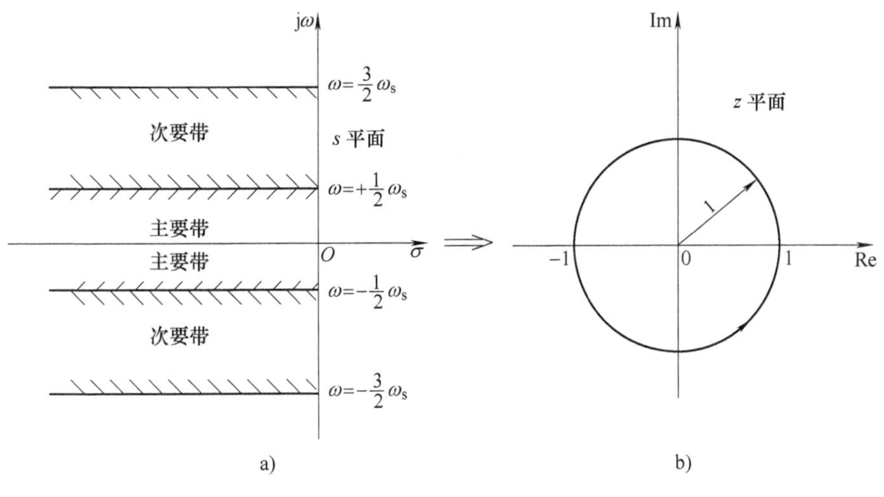

图 7-30　s 平面向 z 平面的映射

2. 劳斯稳定判据

由于离散控制系统的特征方程式是以 z 为变量的代数方程，即为 s 的超越方程，因而就不能直接应用劳斯判据。为此需要寻求一种新的变换，以使 z 平面上的单位圆的圆周变换为另一复变量 w 平面上的虚轴；z 平面上单位圆的内域变换为 w 的左半平面，单位圆的外域变换为 w 的右半平面。这种变换如能实现，则在连续控制系统中用于判别系统稳定性的方法如劳斯判据、奈奎斯特判据都可推广应用于离散控制系统。下面仅介绍劳斯判据在离散控制系统中的应用。

实现上述要求的一种常用的变换是双线性变换，又名 w 变换。令

$$z=\frac{w+1}{w-1}$$

或

$$w=\frac{z+1}{z-1} \tag{7-57}$$

令 $z=x+\mathrm{j}y$、$w=u+\mathrm{j}v$，则由式（7-57）得

$$w=\frac{z+1}{z-1}=\frac{(x^2+y^2)-1}{(x-1)^2+y^2}-$$

$$\mathrm{j}\frac{2y}{(x-1)^2+y^2}=u+\mathrm{j}v \tag{7-58}$$

由式（7-58）可知，w 平面上的虚轴，其 $\mathrm{Re}(w)=u=0$，即有

$$x^2+y^2-1=0$$

上式是一个圆的方程，它表示 z 平面上以原点为圆心的单位圆的圆周对应于 w 平面上的虚轴。该单位圆的内域为 $x^2+y^2<1$，对应于 w 的左半平面；反之，单位圆的外域，即 $x^2+y^2>1$，对应于 w 的右半平面。图 7-31 表示了上述的映射关系。

经过 w 变换后，离散系统特征方程式的一般形式为

$$B_0w^n+B_1w^{n-1}+\cdots+B_{n-1}w+B_n=0 \tag{7-59}$$

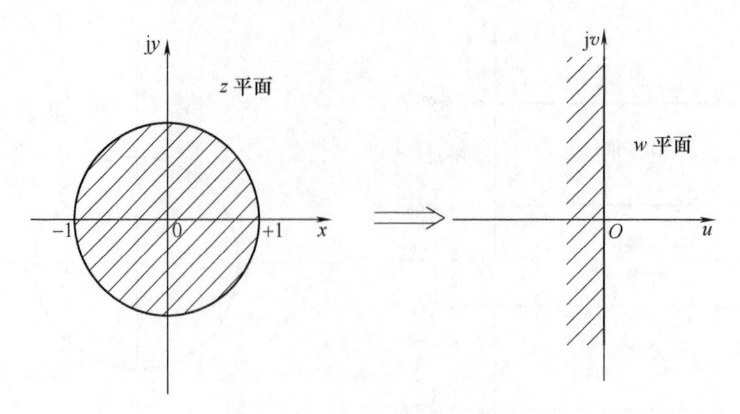

图 7-31　z 平面向 w 平面的映射

对于式（7-59），就可以应用劳斯判据判别特征方程式的根在 w 平面上的分布，即可判别对应的离散系统是否稳定。

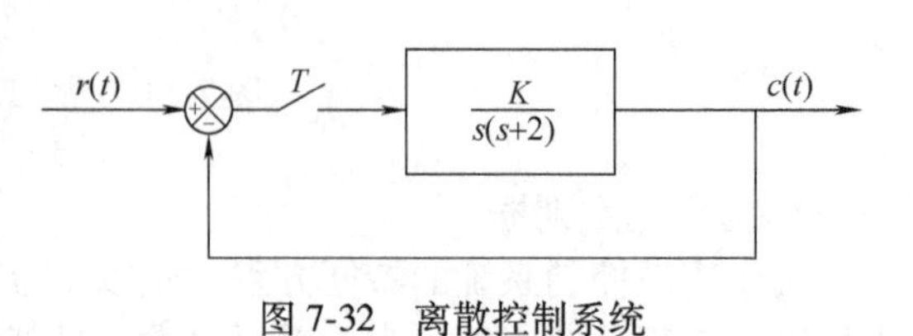

图 7-32　离散控制系统

【例 7-19】　一离散控制系统如图 7-32 所示。已知采样周期 $T=0.5\text{s}$，试用劳斯稳定判据确定该系统稳定的 K 值范围。

解　系统的开环脉冲传递函数为

$$G(z)=\mathscr{Z}\left[\frac{K}{s(s+2)}\right]=\mathscr{Z}\left[\frac{K}{2}\left(\frac{1}{s}-\frac{1}{s+2}\right)\right]$$

$$=\frac{K}{2}\left(\frac{z}{z-1}-\frac{z}{z-\mathrm{e}^{-2T}}\right)=\frac{K}{2}\frac{(1-\mathrm{e}^{-2T})z}{(z-1)(z-\mathrm{e}^{-2T})}$$

对应的闭环特征方程式为

$$1+G(z)=(z-1)(z-\mathrm{e}^{-2T})+\frac{K}{2}(1-\mathrm{e}^{-2T})z=0$$

令 $z=\dfrac{w+1}{w-1}$，将此式和 $T=0.5\text{s}$ 代入上式，经整理后得

$$0.316Kw^2+1.264w+(2.736-0.316K)=0$$

列劳斯表为

$$\begin{array}{lll} w^2 & 0.316K & 2.736-0.316K \\ w^1 & 1.264 & 0 \\ w^0 & 2.736-0.316K & \end{array}$$

为使系统稳定，要求劳斯表中第一列的系数均为正值，于是有

$$2.736-0.316K>0$$

即

$$0<K<0.866$$

如果去掉系统中的采样开关，使之变为连续控制系统，则不论 K 为任何正值，系统总是稳定的。由此可见，采样具有降低系统稳定性的作用。

二、闭环极点与瞬态响应的关系

前面已经讨论了由迭代法或 z 变换法求取离散系统的瞬态响应。下面以系统的单位阶跃响应为例，说明闭环极点与瞬态响应之间的关系。

设系统的闭环脉冲传递函数为

$$\frac{C(z)}{R(z)}=T(z)=\frac{U(z)}{V(z)}$$

则其输出为

$$C(z)=\frac{U(z)}{V(z)}\frac{z}{z-1} \tag{7-60}$$

为使讨论简单起见，假设 $T(z)$ 无重极点，则式（7-60）可改写为

$$\frac{C(z)}{z}=\frac{A_0}{z-1}+\sum_{i=1}^{n}\frac{A_i}{z-p_i}$$

即

$$C(z)=\frac{A_0 z}{z-1}+\sum_{i=1}^{n}\frac{A_i z}{z-p_i}$$

取上式的 z 反变换，得

$$c(k)=A_0+\sum_{i=1}^{n}A_i(p_i)^k \tag{7-61}$$

式中，p_i 为闭环极点；A_0 为系统响应的稳态分量；$\sum_{i=1}^{n}A_i(p_i)^k$ 为响应的瞬态分量。

1. 实数极点

若实数极点分布在单位圆内，则其对应的瞬态分量呈衰减变化。其中，正实轴上极点对应的瞬态分量是一个单调的衰减过程；负实轴上极点对应的瞬态分量呈正负交替变化的衰减振荡形式。

2. 共轭极点

设一对共轭极点为 p_i 和 $\bar{p}_i$，用极坐标表示为

$$p_i=|p_i|\mathrm{e}^{\mathrm{j}\theta_i},\quad \bar{p}_i=|p_i|\mathrm{e}^{-\mathrm{j}\theta_i}$$

由它们产生的瞬态分量为

$$c_i(k)=A_i p_i^k+\bar{A}_i\bar{p}_i^k=A_i|p_i|^k\mathrm{e}^{\mathrm{j}k\theta_i}+\bar{A}_i|p_i|^k\mathrm{e}^{-\mathrm{j}k\theta_i}$$

因为 $c_i(k)$ 是实数，所以系数 A_i 和 $\bar{A}_i$ 应是共轭的。令 $A_i=|A_i|\mathrm{e}^{\mathrm{j}\varphi_i}$，$\bar{A}_i=|A_i|\mathrm{e}^{-\mathrm{j}\varphi_i}$，代入上式得

$$\begin{aligned}c_i(k)&=|A_i||p_i|^k\mathrm{e}^{\mathrm{j}(k\theta_i+\varphi_i)}+|A_i||p_i|^k\mathrm{e}^{-\mathrm{j}(k\theta_i+\varphi_i)}\\&=2|A_i||p_i|^k\cos(k\theta_i+\varphi_i)\end{aligned} \tag{7-62}$$

由式（7-62）可知，一对共轭极点所产生的瞬态分量呈振荡形式。当 $|p_i|<1$，即极点位于单位圆内时，则对应的瞬态分量是一衰减的振荡函数。极点 p_i 距坐标原点越近，瞬态分量衰减得越快。若 $|p_i|>1$，则对应的瞬态分量呈发散状态，此时系统为不稳定。

根据 s 平面与 z 平面的映射关系，下面进一步分析 s 平面上不同的闭环极点与其脉冲响应的对应关系。

（1）$s=\sigma+\mathrm{j}\omega_s$　在图 7-33a 中示出了实部不同、虚部均为 ω_s 的 4 对共轭极点和 4 个实数极点。由于 $\omega_s=\dfrac{2\pi}{T}$，$z=\mathrm{e}^{Ts}=\mathrm{e}^{T\sigma}\angle 2\pi$，因而图 7-33a 中所示的极点均映射到 z 平面的正实轴上，如图 7-33b 所示。显然，这 4 对共轭极点所对应的脉冲响应都具有振荡性质，但经过采样后，都变成了一个单调的变化过程，这是由于振荡频率与采样频率相等之故。这就是说，在一个完整的振荡周期内只采样一次，获得一个采样值，从而使采样后的脉冲序列不能反映原有脉冲响应的全部变化规律。

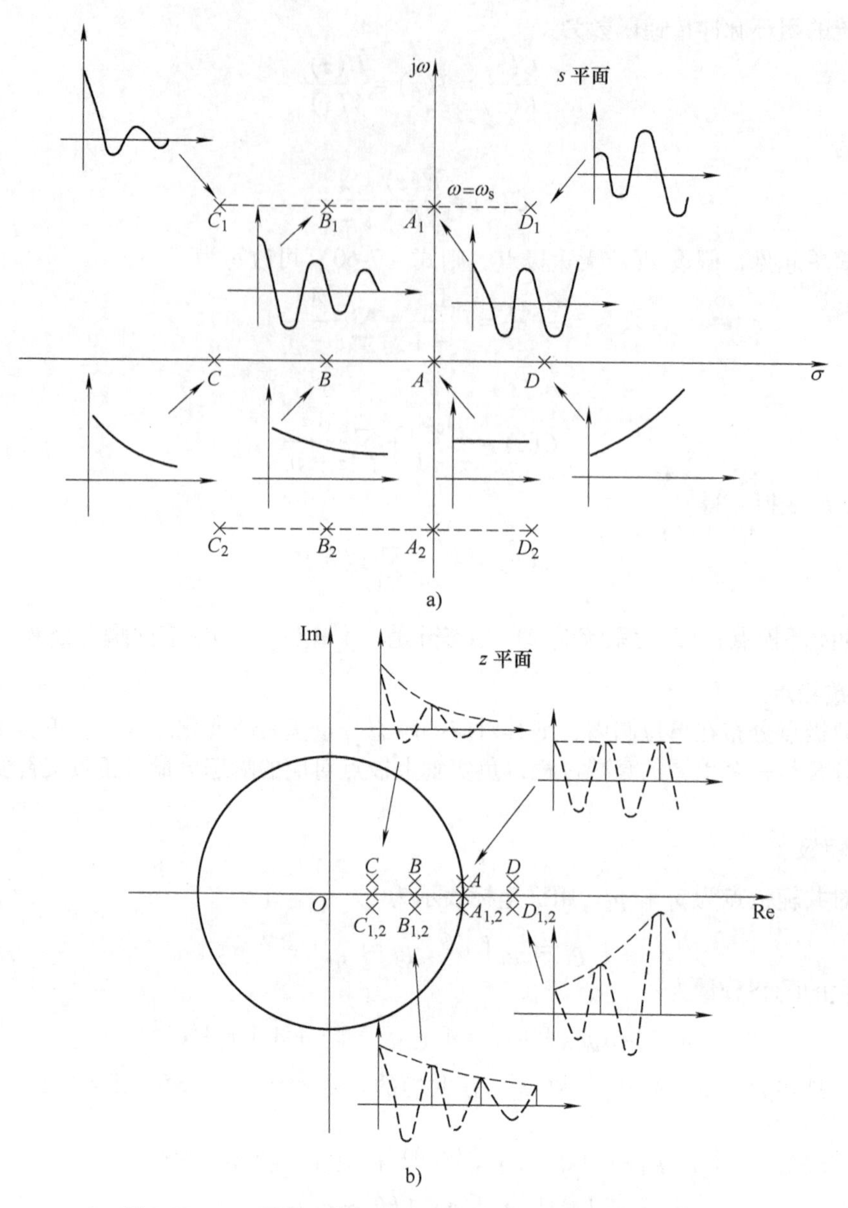

图 7-33　s、z 平面上的极点分布及其对应的脉冲响应（一）

（2）$s=\sigma+\mathrm{j}\dfrac{1}{2}\omega_s$　图 7-34a 中给出了 4 对共轭极点和它们对应的脉冲响应。由于这些共轭极点的振荡频率 $\omega=\dfrac{1}{2}\omega_s$，即 $z=\mathrm{e}^{T\sigma}\underline{/T\omega}=\mathrm{e}^{T\sigma}\underline{/\pi}$，因而它们都映射到 z 平面的负实轴上，如图 7-34b 所示。因为 $\omega_s=2\omega$，表示信号在一个完整的振荡周期内，每隔 180°被采样一次，共获得两个采样值，所以采样后的输出为正负交替的脉冲序列。

（3）$s_A=-\sigma\pm\mathrm{j}\dfrac{1}{8}\omega_s$，$s_B=-\sigma\pm\mathrm{j}\dfrac{1}{4}\omega_s$，$s_C=-\sigma\pm\mathrm{j}\dfrac{1}{3}\omega_s$，$s_D=\sigma\pm\mathrm{j}\dfrac{1}{8}\omega_s$　图 7-35a 中给出了 3 对实部为同一负值、虚部为不同的共轭极点和 1 对实部为正的共轭极点以及它们对应的脉冲响应。这些极点映射到 z 平面上的位置，如图 7-35b 所示。因为振荡频率分别为$\dfrac{1}{8}\omega_s$、$\dfrac{1}{4}\omega_s$

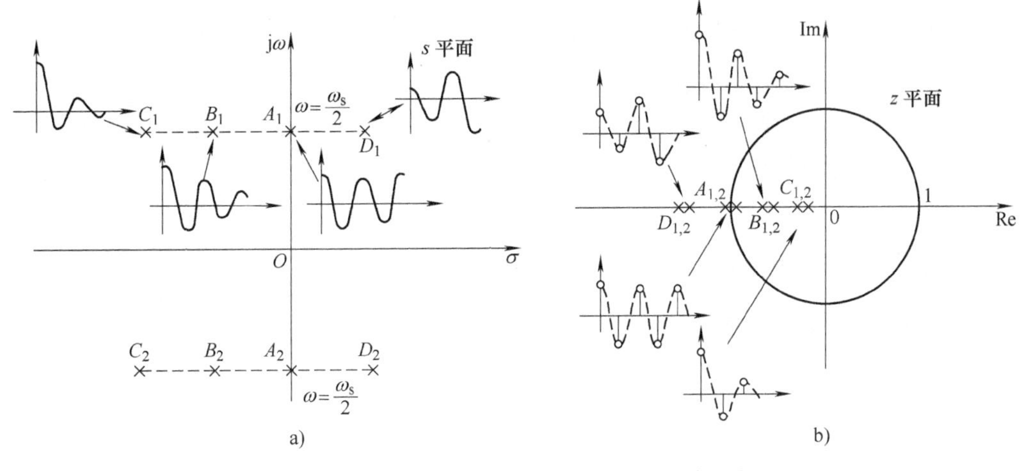

图 7-34　s、z 平面上的极点分布与其对应的脉冲响应（二）

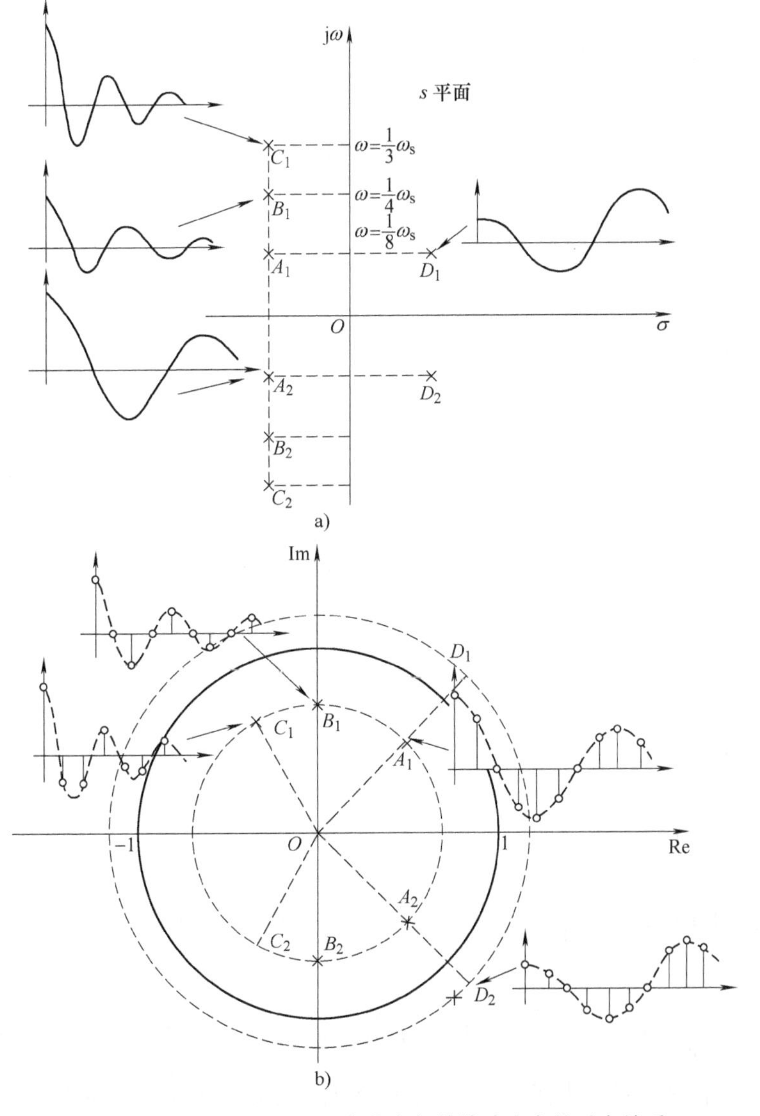

图 7-35　s、z 平面上的极点分布与其脉冲响应的对应关系

和$\frac{1}{3}\omega_s$，所以在一个完整的振荡周期内采样的次数分别为 8 次、4 次和 3 次，即一个周期内分别获得 8 个、4 个和 3 个采样值。

综上所述，为了实现系统瞬态响应的快速性和在一个完整的振荡周期内获得较多的采样值，必须把闭环极点尽可能地配置在 z 平面上单位圆内正实轴的附近，且距坐标原点的距离较小。

三、离散系统的稳态误差

设离散系统的框图如图 7-36 所示。该系统的误差为

$$E(z)=\frac{1}{1+GH(z)}R(z) \qquad (7\text{-}63)$$

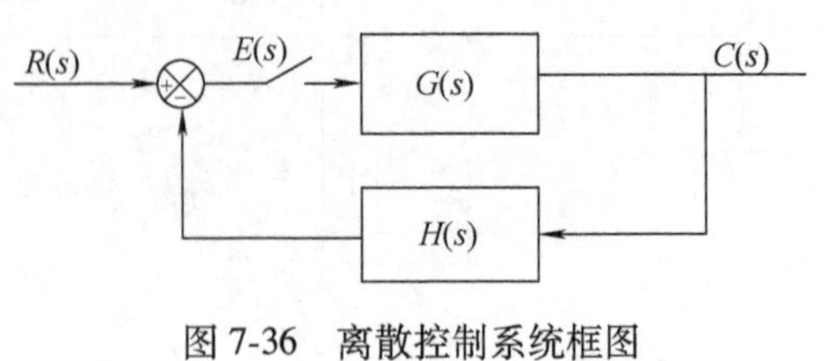

图 7-36　离散控制系统框图

式中，$R(z)$ 为输入 $r(t)$ 的 z 变换；$GH(z)$ 为开环脉冲传递函数。假设系统是稳定的，且 $E(z)$ 不含有 $z=1$ 的二重及二重以上的极点，则由 z 变换的终值定理得

$$e_{ss}=\lim_{k\to\infty}e(k)=\lim_{z\to1}(z-1)E(z)=\lim_{z\to1}(z-1)\frac{R(z)}{1+GH(z)} \qquad (7\text{-}64)$$

式（7-64）表明系统的稳态误差既和输入 $r(t)$ 有关，也和系统的结构和参数有关。由于开环脉冲传递函数 $z=1$ 的极点与开环传递函数 $s=0$ 的极点相对应，因而类似于连续系统，离散系统按其开环脉冲传递函数所含 $z=1$ 的极点数而分为 0 型、Ⅰ型和Ⅱ型系统。下面讨论在典型输入信号作用下，系统稳态误差的计算方法。

1. 阶跃输入 $r(t)=R_0$

$r(t)$ 的 z 变换为 $R(z)=\frac{R_0z}{z-1}$，由式（7-64）得

$$e_{ss}=\lim_{z\to1}\left[(z-1)\frac{1}{1+GH(z)}\frac{R_0z}{z-1}\right]=\lim_{z\to1}\frac{R_0}{1+K_p} \qquad (7\text{-}65)$$

式中，$K_p\overset{\text{def}}{=\!=}\lim_{z\to1}[GH(z)]$ 定义为系统的静态位置误差系数。对于 0 型系统，由于它的 $GH(z)$ 中不含有 $z=1$ 的极点，因而 K_p 为一有限的常值，对应的稳态误差为

$$e_{ss}=\frac{R_0}{1+K_p}$$

对于Ⅰ型和Ⅰ型以上的系统，因为它们的 $K_p=\infty$，所以稳态误差 $e_{ss}=0$。

2. 斜坡输入 $r(t)=\frac{1}{2}v_0t$，v_0=常量

$r(t)$ 的 z 变换为 $R(z)=\frac{v_0Tz}{(z-1)^2}$，由式（7-64）得

$$e_{ss}=\lim_{z\to1}\left[(z-1)\frac{1}{1+GH(z)}\frac{v_0Tz}{(z-1)^2}\right]=\frac{v_0}{\frac{1}{T}\lim_{z\to1}[(z-1)GH(z)]}=\frac{v_0}{K_v} \qquad (7\text{-}66)$$

式中，$K_v\overset{\text{def}}{=\!=}\frac{1}{T}\lim_{z\to1}[(z-1)GH(z)]$ 定义为系统的静态速度误差系数。对于 0 型系统，由于它的 $GH(z)$ 中不含有 $z=1$ 的极点，因而其 $K_v=0$，对应的 $e_{ss}=\infty$。对于Ⅰ型系统，K_v 为常值，对应的 e_{ss} 亦为一常值。对于Ⅱ型系统，由于其 $K_v=\infty$，因而对应的 $e_{ss}=0$。

3. 抛物线函数输入 $r(t)=\frac{1}{2}a_0t^2$，a_0 为常数

$r(t)$ 的 z 变换为 $R(z)=\frac{a_0T^2(z+1)}{2(z-1)^3}$，由式（7-64）得

$$e_{ss}=\lim_{z\to1}\left[(z-1)\frac{1}{1+GH(z)}\frac{a_0T^2(z+1)}{2(z-1)^3}\right]$$
$$=\frac{a_0}{\frac{1}{T^2}\lim\limits_{z\to1}[(z-1)^2GH(z)]}=\frac{a_0}{K_a} \tag{7-67}$$

式中，$K_a\overset{\text{def}}{=\!=}\frac{1}{T^2}\lim\limits_{z\to1}[(z-1)^2GH(z)]$ 定义为系统的静态加速度误差系数。不难看出，对于0型和Ⅰ型系统，由于它们的 $K_a=0$，因而 $e_{ss}=\infty$。对于Ⅱ型系统，K_a 为一常值，对应的稳态误差 e_{ss} 亦为一定值。表7-4列出了图7-36所示系统跟踪上述3种典型输入时的稳态误差。

不难看出，上述所得的结果在形式上与连续系统完全相类同。离散系统的稳态误差除了与系统的结构、参数和输入信号有关外，还与采样周期 T 的大小有关。缩小采样周期 T，将使系统的稳态误差减小。

表 7-4　以静态误差系数表示的稳态误差

系统类型 \ 稳态误差 \ 输入	$r(t)=R_01(t)$	$r(t)=v_0t$	$r(t)=\frac{1}{2}a_0t^2$
0	$\frac{R_0}{1+K_p}$	∞	∞
Ⅰ	0	$\frac{v_0}{K_v}$	∞
Ⅱ	0	0	$\frac{a_0}{K_a}$
静态误差系数	$K_p=\lim\limits_{z\to1}[GH(z)]$	$K_v=\frac{1}{T}\lim\limits_{z\to1}[(z-1)GH(z)]$	$K_a=\frac{1}{T^2}\lim\limits_{z\to1}[(z-1)^2GH(z)]$

第七节　离散控制系统的数字校正

由于在离散系统中既有连续信号，又有离散信号，因此，对这种系统的校正，可用两种方法来实现。一种是模拟化设计方法，即按照第六章中所述连续系统的设计方法设计校正装置 $D(s)$，并把它变换为离散形式的 $D(z)$。为了使 $D(z)$ 的特性接近于 $D(s)$，应选取较小的采样周期 T。另一种是离散化设计方法，又称直接数字设计法。这种方法是把系统中连续部分的数学模型离散化，然后在 z 域中设计相应的数字控制器 $D(z)$。由于后者比较简便，且能实现较复杂的控制规律，因而被广泛应用。

本节主要介绍直接数字设计法，其主要内容有数字控制器脉冲传递函数 $D(z)$ 的导求和最少拍控制系统的设计方法。

一、数字控制器脉冲传递函数 $D(z)$

设一离散控制系统如图7-37所示。图中，$D(z)$ 为数字控制器的脉冲传递函数，$G(s)$

为零阶保持器与被控对象的广义传递函数。由图 7-37 求得该系统的闭环脉冲传递函数为

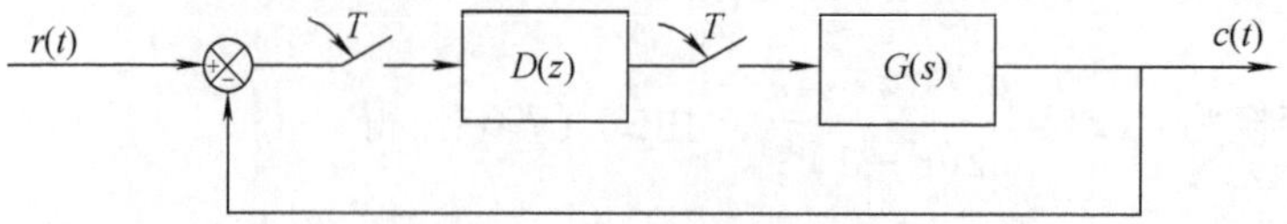

图 7-37　离散控制系统

$$T(z)=\frac{C(z)}{R(z)}=\frac{D(z)G(z)}{1+D(z)G(z)} \tag{7-68}$$

和

$$T_{\mathrm{e}}(z)=\frac{E(z)}{R(z)}=\frac{1}{1+D(z)G(z)} \tag{7-69}$$

根据式（7-68）和式（7-69），求得数字控制器脉冲传递函数 $D(z)$ 的两种表示形式，它们分别为

$$D(z)=\frac{T(z)}{G(z)[1-T(z)]} \tag{7-70}$$

或

$$D(z)=\frac{1-T_{\mathrm{e}}(z)}{G(z)T_{\mathrm{e}}(z)} \tag{7-71}$$

由式（7-68）和式（7-69）可知

$$T_{\mathrm{e}}(z)=1-T(z) \tag{7-72}$$

由此得出离散系统数字控制器的设计步骤如下：

1）根据对离散系统性能指标的要求，确定闭环脉冲传递函数 $T(z)$ 和 $T_{\mathrm{e}}(z)$。

2）按式（7-70）或式（7-71）设计数字控制器 $D(z)$。

上述仅是从理论上导求数字控制器，要使所求的 $D(z)$ 能在实际中付诸实施，还必须满足下列条件：

1）$D(z)$ 必须是稳定的，即其极点均要位于 z 平面上的单位圆内。

2）$D(z)$ 必须满足物理上可实现的条件：其极点数 r 要大于或等于其零点数 l，即 $r\geq l$。这一条件表示系统当前时刻的输出值只与当前时刻的输入量和过去时刻的输入量、输出量有关，与系统未来的输入量无关。

二、最少拍控制系统的设计

1. 最少拍控制系统的基本概念

最少拍控制系统是离散控制系统独具的一种特性，因为连续系统的过渡过程从理论上说，只有当时间 $t\to\infty$ 时，才算完全结束；而离散控制系统的瞬态响应却有可能在有限拍的时间内完成。在采样过程中，一个采样周期通常称为一拍。所谓最少拍系统是指在典型输入信号作用下，能以有限拍的时间结束其响应过程，并在采样点上实现无稳态误差的离散系统。

由 s 平面和 z 平面之间的映射关系得出，s 平面虚轴左方的等 σ 线，在 z 平面上的映射是一半径为 $\mathrm{e}^{-\sigma T}<1$，圆心在坐标原点的圆，如图 7-38 所示。随着 s 平面上的等 σ 线距虚轴越远，则其在 z 平面上映射圆的半径也越小。当 $\sigma\to\infty$ 时，$\mathrm{e}^{-\sigma T}\to 0$。由此可知，离散控制系统的闭环极点若位于 z 平面的坐标原点处，这就相当于连续系统的闭环极点位于 s 左半平面

的无穷远处。因此这种离散控制系统具有无穷大的稳定度，其瞬态响应能在有限拍时间内结束，即以最短的时间到达稳态值，故称这种系统为最少拍控制系统，又名最小时间响应系统。

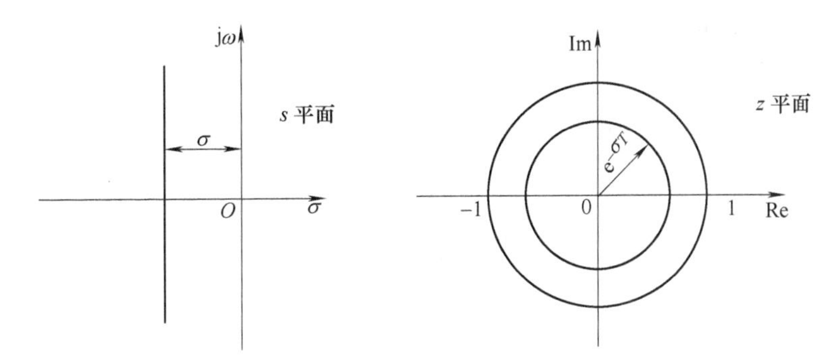

图 7-38　s 平面与 z 平面间的映射关系

设离散控制系统的闭环脉冲传递函数为

$$T(z)=\frac{b_0z^n+b_1z^{n-1}+b_2z^{n-2}+\cdots+b_{n-1}z+b_n}{z^n+a_1z^{n-1}+a_2z^{n-2}+\cdots+a_{n-1}z+a_n} \tag{7-73}$$

若 $T(z)$ 所有的极点均位于 z 平面的坐标原点处，则系统的闭环特征多项式为

$$V(z)=z^n$$

此时式（7-73）中的 $a_1=a_2=\cdots=a_n=0$，这样式（7-73）就简化为

$$\begin{aligned}T(z)&=\frac{b_0z^n+b_1z^{n-1}+\cdots+b_{n-1}z+b_n}{z^n}\\&=b_0+b_1z^{-1}+b_2z^{-2}+\cdots+b_{n-1}z^{-(n-1)}+b_nz^{-n}\end{aligned} \tag{7-74}$$

对式（7-74）取 z 的反变换，求得系统脉冲响应的序列为

$$g^*(t)=b_0\delta(t)+b_1\delta(t-T)+b_2\delta(t-2T)+\cdots+b_n\delta(t-nT) \tag{7-75}$$

这表示具有无穷大稳定度的离散控制系统，其单位脉冲响应的瞬态过程能以 n 拍有限时间结束。其中，n 为闭环脉冲传递函数的极点数。由此可知，具有最小时间响应系统的极点数就是系统过渡过程的节拍数。

2. 最少拍系统的设计

最少拍系统是针对典型输入信号而言的。常见的典型输入信号有单位阶跃函数、单位斜坡函数和单位加速度函数，它们的 z 变换表达式分别为

$$\mathscr{Z}[1(t)]=\frac{1}{1-z^{-1}}$$

$$\mathscr{Z}[t]=\frac{Tz^{-1}}{(1-z^{-1})^2}$$

$$\mathscr{Z}\left[\frac{1}{2}t^2\right]=\frac{\frac{1}{2}T^2z^{-1}(1+z^{-1})}{(1-z^{-1})^3}$$

据此，写出典型输入信号 z 变换的一般形式为

$$R(z)=\frac{A(z)}{(1-z^{-1})^m} \tag{7-76}$$

式中，$A(z)$ 为不含有（$1-z^{-1}$）因子的 z^{-1} 的多项式；m 为正整数。最少拍系统的数字控制器 $D(z)$ 是在满足下列条件下求得：

1）系统的广义被控对象 $G(z)$ 中不含有延迟因子 z^{-1}，且在 z 平面的单位圆上和圆外均无零、极点。

2）要求所选择的闭环脉冲传递函数 $T(z)$ 能满足系统在典型输入信号作用下，经过有限个采样周期后，系统的输出就能以无稳态误差跟踪输入信号。

由式（7-69）可知

$$E(z)=T_{\mathrm{e}}(z)R(z)=\frac{T_{\mathrm{e}}(z)A(z)}{(1-z^{-1})^{m}} \tag{7-77}$$

根据终值定理，得

$$\begin{aligned}e^{*}(\infty)&=\lim_{z\to1}(z-1)E(z)\\&=\lim_{z\to1}(1-z^{-1})\frac{A(z)}{(1-z^{-1})^{m}}T_{\mathrm{e}}(z)\end{aligned}$$

由上式不难看出，要使 $e^{*}(\infty)=0$，则 $T_{\mathrm{e}}(z)$ 中必须要含有 $(1-z^{-1})^{m}$，即要求 $T_{\mathrm{e}}(z)$ 具有如下形式：

$$T_{\mathrm{e}}(z)=(1-z^{-1})^{m}B(z)$$

式中，$B(z)$ 为不含有 $(1-z^{-1})$ 因子的 z^{-1} 的多项式，为简单起见，一般取 $B(z)=1$，于是得

$$T_{\mathrm{e}}(z)=(1-z^{-1})^{m} \tag{7-78}$$

基于

$$\begin{aligned}E(z)&=\sum_{k=0}^{\infty}e(kT)z^{-k}\\&=e(0)+e(T)z^{-1}+e(2T)z^{-2}+\cdots\end{aligned}$$

最少拍系统要求上式自某个 k 值开始（当 $k\geqslant n$ 时）有 $e(kT)=e[(k+1)T]=e[(k+2)T]=\cdots=0$。这表示系统的动态过程在 $t=kT$ 时刻结束，即其调整时间 $t_{\mathrm{s}}=kT=nT$。

下面具体讨论在3种典型输入信号作用下的最少拍系统设计。

（1）单位阶跃函数输入　基于 $r(t)=1(t)$，$R(z)=\dfrac{1}{1-z^{-1}}$，即式(7-76) 中的 $m=1$，$A(z)=1$。由式（7-78）和式（7-72）可知

$$T_{\mathrm{e}}(z)=1-z^{-1},\ T(z)=z^{-1}$$

于是由式（7-70）求得

$$D(z)=\frac{z^{-1}}{(1-z^{-1})G(z)}$$

此时系统的输出响应为

$$\begin{aligned}C(z)&=T(z)R(z)=z^{-1}\frac{1}{1-z^{-1}}\\&=z^{-1}+z^{-2}+z^{-3}+\cdots\end{aligned}$$

即

$$c^{*}(t)=\delta(t-T)+\delta(t-2T)+\delta(t-3T)+\cdots$$

图7-39a为最少拍系统的单位阶跃响应曲线。由该图可见，系统只用一拍的时间，就使其输出的采样信号无误差地完全跟踪输入信号。

（2）单位斜坡函数输入　基于 $r(t)=t$，$R(z)=\dfrac{Tz^{-1}}{(1-z^{-1})^{2}}$，因而式(7-76) 中的 $m=2$，$A(z)=Tz^{-1}$。由式（7-78）和式（7-72）得

$$T_e(z)=(1-z^{-1})^2$$
$$T(z)=1-T_e(z)=2z^{-1}-z^{-2}$$

据此，求得系统对应的 $D(z)$ 为

$$D(z)=\frac{T(z)}{T_e(z)G(z)}=\frac{z^{-1}(2-z^{-1})}{(1-z^{-1})^2G(z)}$$

系统的输出响应为

$$C(z)=T(z)R(z)=(2z^{-1}-z^{-2})\frac{Tz^{-1}}{(1-z^{-1})^2}$$
$$=2Tz^{-2}+3Tz^{-3}+\cdots+nTz^{-n}+\cdots$$

或写作

$$c^*(t)=2T\delta(t-2T)+3T\delta(t-3T)+\cdots$$

图 7-39b 为最少拍系统的单位斜坡响应序列。由该图可见，最少拍系统仅用两拍时间，就使其输出的采样信号 $C(kT)$ 无误差地完全跟踪输入信号。

（3）单位加速度函数输入　由于 $r(t)=\frac{1}{2}t^2$，$R(z)=\frac{T^2z^{-1}(1+z^{-1})}{2(1-z^{-1})^3}$，因而式(7-76)中的 $m=3$，$A(z)=\frac{1}{2}T^2z^{-1}(1+z^{-1})$。由式（7-78）和式（7-72）得

$$T_e(z)=(1-z^{-1})^3$$
$$T(z)=1-T_e(z)=3z^{-1}-3z^{-2}+z^{-3}$$

据此，求得系统对应的 $D(z)$ 为

$$D(z)=\frac{T(z)}{T_e(z)G(z)}=\frac{z^{-1}(3-3z^{-1}+z^{-2})}{(1-z^{-1})^3G(z)}$$

系统的输出响应为

$$C(z)=T(z)R(z)=(3z^{-1}-3z^{-2}+z^{-3})\frac{\frac{1}{2}T^2z^{-1}(1+z^{-1})}{(1-z^{-1})^3}$$
$$=\frac{3}{2}T^2z^{-2}+\frac{9}{2}T^2z^{-3}+\frac{16}{2}T^2z^{-4}+\cdots+\frac{n^2}{2}T^2z^{-n}+\cdots$$

即

$$c^*(t)=\frac{3}{2}T^2(\delta-2T)+4.5T^2\delta(t-3T)+8T^2\delta(t-4T)+\cdots$$

图 7-39c 为最少拍系统的单位加速度函数响应序列。由图可见，系统以 3 拍的时间使其输出无误差地完全跟踪加速度输入信号。

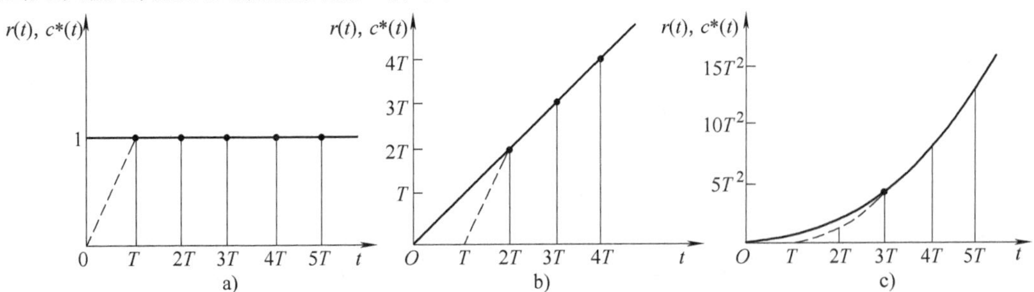

图 7-39　最少拍系统的响应曲线（虚线表示系统的实际响应，实线表示输入波形）
a）单位阶跃响应　b）单位斜坡响应　c）单位加速度响应

综上所述，最少拍系统对于不同的典型输入信号，对其闭环脉冲传递函数和相应的数字控制器的要求见表7-5。

表7-5　最少拍系统设计的总结

典型输入		闭环脉冲传递函数		数字控制器的脉冲传递函数 $D(z)$	调节时间 t_s
$r(t)$	$R(z)$	$T_e(z)$	$T(z)$		
$1(t)$	$\dfrac{1}{1-z^{-1}}$	$1-z^{-1}$	z^{-1}	$\dfrac{z^{-1}}{(1-z^{-1})G(z)}$	T
t	$\dfrac{Tz^{-1}}{(1-z^{-1})^2}$	$(1-z^{-1})^2$	$2z^{-1}-z^{-2}$	$\dfrac{z^{-1}(2-z^{-1})}{(1-z^{-1})^2G(z)}$	$2T$
$\dfrac{1}{2}t^2$	$\dfrac{T^2z^{-1}(1+z^{-1})}{2(1-z^{-1})^3}$	$(1-z^{-1})^3$	$3z^{-1}-3z^{-2}+z^{-3}$	$\dfrac{z^{-1}(3-3z^{-1}+z^{-2})}{(1-z^{-1})^3G(z)}$	$3T$

基于上述的讨论，对最少拍系统作出如下评述：

1）最少拍系统不仅动态响应快，而且无稳态误差，其设计方法简单，所求的数字控制器 $D(z)$ 易于在计算机上实现。

2）最少拍系统是针对某一典型输入信号而设计的，因而所求的数字控制器 $D(z)$ 只适用于该输入信号，对于其他的输入信号，系统就不再具有最少拍系统的特性，因而这种设计方法对输入信号的适应性较差。

【例7-20】 设有一个按单位斜坡输入设计的最少拍系统，由表7-5可知，其闭环脉冲传递函数为

$$T(z)=2z^{-1}-z^{-2}$$

检验该系统在单位阶跃和单位加速度信号输入时的响应特性。

解　单位阶跃输入为

$$R(z)=\frac{1}{1-z^{-1}}$$

系统的输出为

$$C(z)=T(z)R(z)=\frac{2z^{-1}-z^{-2}}{1-z^{-1}}$$
$$=2z^{-1}+z^{-2}+z^{-3}+\cdots$$

即

$$c^*(t)=2\delta(t-T)+1\delta(t-2T)+1\delta(t-3T)+\cdots$$

单位加速度输入为

$$R(z)=\frac{T^2z^{-1}(1+z^{-1})}{2(1-z^{-1})^3}$$

系统的输出为

$$C(z)=\frac{T^2z^{-1}(1+z^{-1})}{2(1-z^{-1})^3}(2z^{-1}-z^{-2})$$
$$=\frac{T^2}{2}(2z^{-2}+7z^{-3}+14z^{-4}+23z^{-5}+34z^{-6}+\cdots)$$

即

$$c^*(t)=T^2\delta(t-2T)+3.5T^2\delta(t-3T)+7T^2\delta(t-4T)+$$
$$11.5T^2\delta(t-5T)+17T^2\delta(t-6T)+\cdots$$

图7-40和图7-41所示分别为单位阶跃和单位加速度函数输入时的系统输出响应序列。

前者所示的输出信号虽能无误差地跟踪阶跃输入，但有100%的超调量，且调整时间延长至$t_s=2T$。后者所示的输出表示系统能稳态误差地跟踪抛物线输入信号。

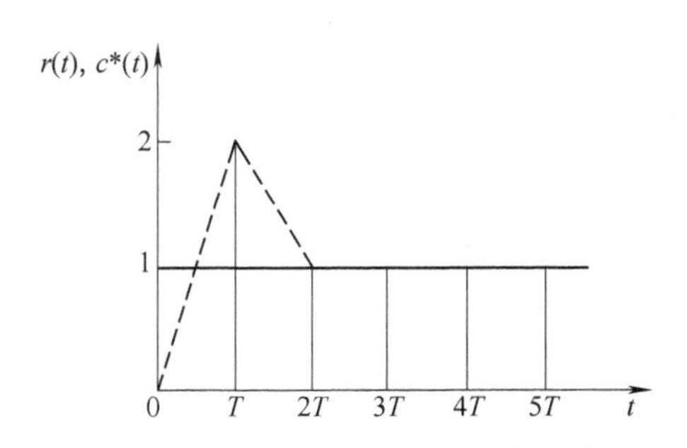

图7-40　例7-20中系统的单位阶跃响应

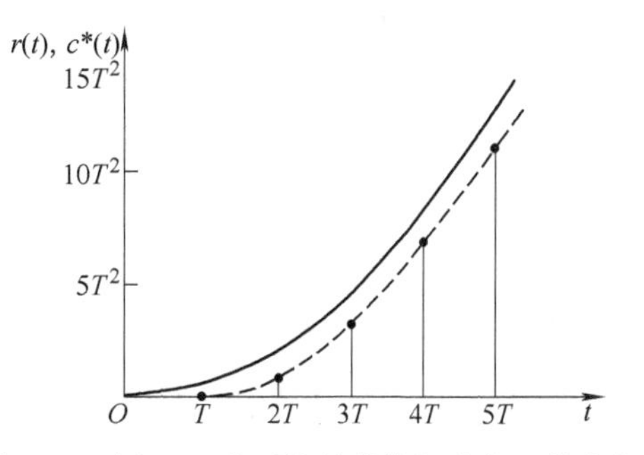

图7-41　例7-20中系统的单位加速度函数响应

3）最少拍系统对参数的变化很敏感，当电源电压和环境温度发生变化时，被控对象的参数必将随之而变化，从而导致系统的闭环极点偏离z平面的坐标原点，系统的性能也将变坏。

4）最少拍系统的设计只能保证在采样点上的误差为零，但不能使采样点间的误差也为零，即系统存在着纹波。图7-42中的虚线为在单位斜坡输入下最少拍系统的实际响应曲线。由于系统实际的输出是$c(t)$，而不是$c^*(t)$，因而最少拍系统实际上是一个有误差的系统。显然，纹波的存在增加了系统功率的消耗，并使传动机械产生不必要的磨损，从而大大降低了这种系统的实用价值。

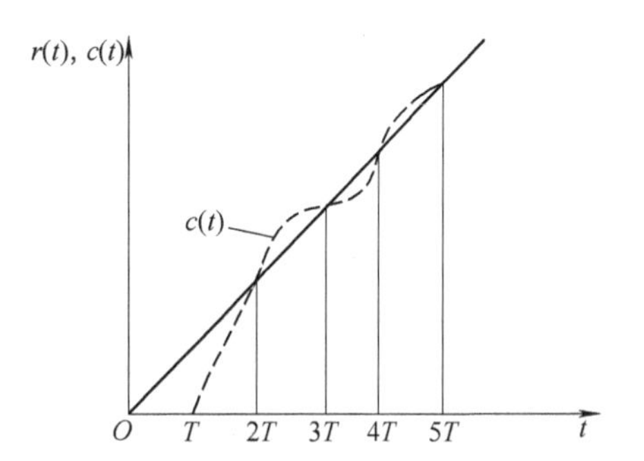

图7-42　有纹波的单位斜坡响应

【例7-21】　已知一离散控制系统如图7-43所示。其中，$K=10$，$T_m=1\text{s}$，采样周期$T=1\text{s}$。要求该系统在$r(t)=t$输入时，实现最少拍控制。

（1）求数字控制器$D(z)$；

（2）分析该系统输出信号中有纹波的原因。

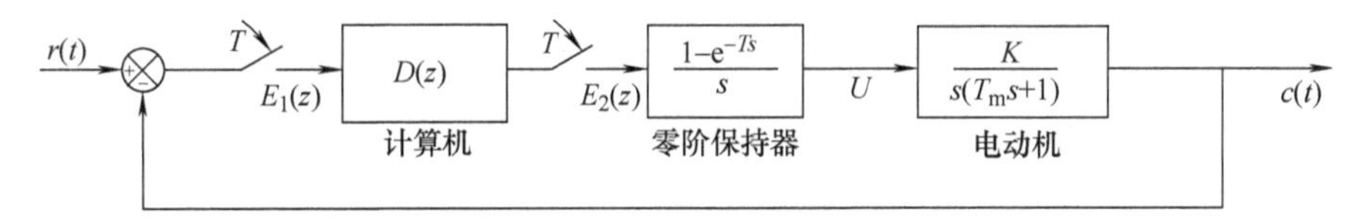

图7-43　例7-21中的离散控制系统

解　（1）由表7-5可知，系统的闭环脉冲传递函数应为

$$T(z)=2z^{-1}-z^{-2}$$

而

$$\begin{aligned}G(z)&=(1-z^{-1})\mathscr{Z}\left[\frac{10}{s^2(s+1)}\right]\\&=(1-z^{-1})\mathscr{Z}\left[\frac{10}{s^2}-\frac{10}{s}+\frac{10}{s+1}\right]\\&=10(1-z^{-1})\left[\frac{Tz^{-1}}{(1-z^{-1})^2}-\frac{1}{1-z^{-1}}+\frac{1}{1-e^{-T}z^{-1}}\right]\end{aligned}$$

$$= \frac{3.68z^{-1}(1+0.717z^{-1})}{(1-z^{-1})(1-0.368z^{-1})}$$

则由式（7-70）得

$$D(z) = \frac{(2z^{-1}-z^{-2})(1-z^{-1})(1-0.368z^{-1})}{3.68(1+0.717z^{-1})(1-z^{-1})^2}$$
$$= \frac{0.543(1-0.5z^{-1})(1-0.368z^{-1})}{(1-z^{-1})(1+0.717z^{-1})}$$

（2）因为

$$E_1(z) = T_e(z)R(z) = (1-z^{-1})^2 \frac{Tz^{-1}}{(1-z^{-1})^2} = Tz^{-1}$$

所以零阶保持器的输入为

$$E_2(z) = D(z)E_1(z) = \frac{0.543Tz^{-1}(1-0.368z^{-1})(1-0.5z^{-1})}{(1-z^{-1})(1+0.717z^{-1})}$$
$$= 0.543Tz^{-1} - 0.317Tz^{-2} + 0.4Tz^{-3} - 0.114Tz^{-4} + 0.255Tz^{-5} - 0.01Tz^{-6} + 0.21Tz^{-7} - 0.008Tz^{-8} + \cdots$$

即

$$e_2^*(t) = 0.543T\delta(t-T) - 0.317T\delta(t-2T) + 0.4T\delta(t-3T) - 0.114T\delta(t-4T) + 0.255T\delta(t-5T) - 0.01T\delta(t-6T) + \cdots$$

由上式可见，经过两拍后，零阶保持器的输入序列 $e_2(nT)$ 并不是一个常值脉冲，而是围绕着零值做正、负衰减性的波动，其输出电压 U 跟着做相应地变化，从而导致电动机的转速时高时低。该系统相关点的波形如图 7-44～图 7-46 所示。由图可知，欲使系统输出信号中不含有纹波，必须要求 $e_2(nT)$ 在有限个采样周期后成定值。要达到这一目的，除了要满足前述最少拍控制系统设计的相关条件外，还需对被控对象 $G(s)$ 以及系统的闭环脉冲传递函数 $T(z)$ 提出相应的要求。有关这方面的内容，感兴趣的读者可参阅相关的教材与文献。

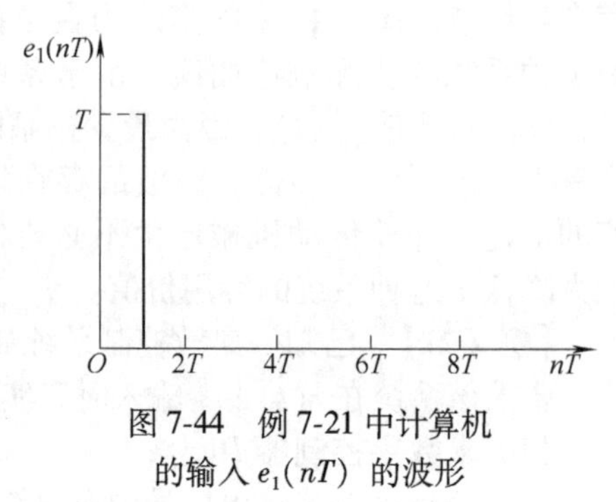

图 7-44　例 7-21 中计算机的输入 $e_1(nT)$ 的波形

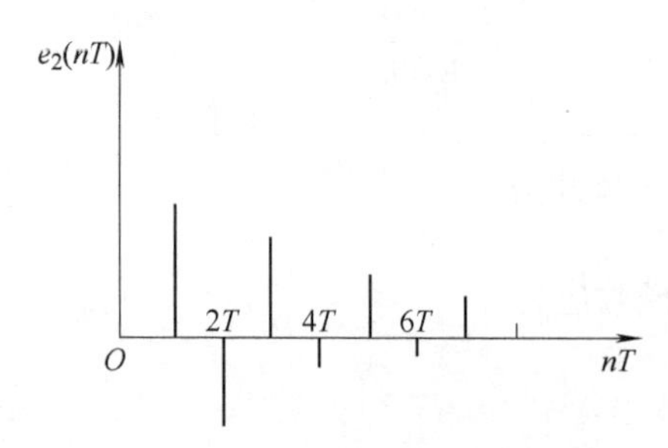

图 7-45　例 7-21 中零阶保持器的输入 $e_2(nT)$ 的波形

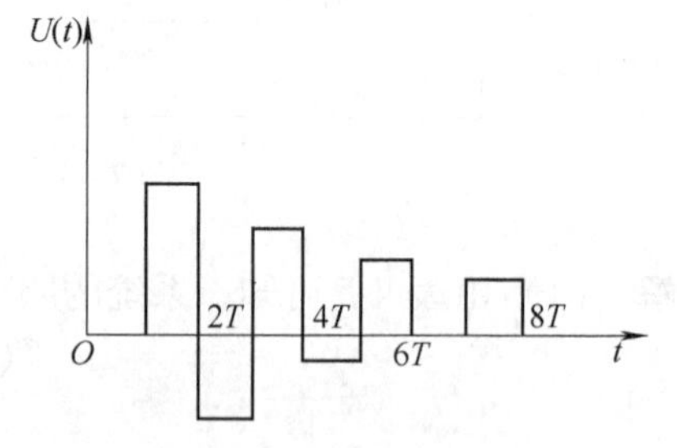

图 7-46　例 7-21 中电动机电压 $U(t)$ 的波形

三、数字控制器 $D(z)$ 的实现

最少拍控制系统的设计与输入信号 $R(z)$ 的形式、广义对象的脉冲传递函数 $G(z)$ 以及

对输出有无纹波的要求有关。为了能设计出稳定的物理上可实现的最少拍控制系统的数字控制器 $D(z)$，必须按如下提出的要求去选择 $T(z)$ 和 $T_e(z)$。由式(7-70) 得

$$T(z) = D(z)G(z)T_e(z) \tag{7-79}$$

根据式 (7-79)，提出下列要求：

1) 为了保证系统稳定，$T(z)$ 和 $T_e(z)$ 不能含有 z 平面上单位圆上和单位圆外的极点。如果 $D(z)$ 中含有上述极点，则需选择 $T_e(z)$ 的零点与之完全相同。

2) 若 $G(z)$ 中含有延迟因子 z^{-r}，则需选择 $T(z)$ 的分子部分要含有与 $G(z)$ 完全相同的延迟因子 z^{-r}。不然，将导致所求的 $D(z)$ 表达式中出现物理上不能实现的超前因子 z^{r}。

3) $T(z)$ 需把 $G(z)$ 在单位圆上和单位圆外的零点作为自己的零点，以保证 $D(z)$ 的稳定性。

4) $D(z)$ 的极点数必须大于或等于其零点数，这是 $D(z)$ 可实现的条件之一。

第八节　MATLAB 在离散系统中的应用

通过解析方法对离散系统进行分析与设计，这是一件颇费时间的工作，特别是对高阶离散系统稳定性的判别与性能的估计，更是不易。而用 MATLAB 对离散系统进行分析与设计，则有如下优点：

1) 离散系统稳定性的判别可由 MATLAB 直接求出闭环系统特征方程式的根，或在 z 平面上直接画出闭环极点来回答。

2) 应用 Simulink 直接对离散系统进行参数的调整与仿真，通过输出响应曲线可直观地看到系统校正前后性能的变化。显然，用这种方法有利于设计出性能优良的离散系统。

一、数学模型的处理

1. 求 z 变换和 z 反变换

MATLAB Toolbox 工具箱中的指令 ztrans 和 iztrans 分别用于求取时间函数的 z 变换和 z 反变换。求取时间函数 $f(t)$ 的 z 变换的指令为

F = ztrans(f)

求取 $F(z)$ 的 z 反变换的指令为

f = iztrans(F)

【例 7-22】 (1) 求单位斜坡函数 $f(t)=t$ 的 z 变换；

(2) 求 $F(z)=z/(3z^2-4z+1)$ 的 z 反变换。

解 (1) 键入 MATLAB 指令：

```
syms t T;
ztrans (t*T)
```

运行结果为

```
ans=
T*z/(z-1)^2
```

(2) 键入 MATLAB 指令：

```
syms z;
F=z/(3*z^2-4*z+1);
f=iztrans(F)
```

运行结果为

```
ans =
1/2-1/2 * (1/3)^n
```

2. 模型转换

将连续系统模型 $G(s)$ 转换为离散系统的模型 $G(z)$，可用指令 c2d 来实现，其格式为

sysd = c2d(sys, T)

或

sysd = c2d(sys, T, method)

前一种格式表示对连续对象 sys 离散化，且有零阶保持器，采样周期为 T。后一种格式比前一种格式多了用“method”定义离散化的方法。“method”可为以下字符串之一：

'zoh'——零阶保持器；

'foh'——一阶保持器；

'tustin'——双线性逼近（tusin）方法；

'prewarp'——采用改进的 tusin 方法。

反之，要实现由离散系统模型转换为连续系统的模型，可以使用指令 d2c，其格式为

sys = d2c(sysd, T, method)

【例 7-23】 已知 $G(s)=1/[s(s+1)]$，$T=1\text{s}$，求 $G(z)$。

解 键入 MATLAB 命令：

```
sys=tf ( [1], [1 1 0] );
c2d (sys, 1)
```


运行结果为

```
Transfer function:
0.3679z+0.2642
------------------------
z^2-1.368z+0.3679
Sampling time: 1
```

二、离散系统的输出响应

1. 输入函数的 MATLAB 表示

1）单位阶跃输入：

$$u(k)=1,\quad k=0,1,2,\cdots$$

若令 $k=100$，$T=1\text{s}$，则在 MATLAB 中表示为

u(k) = [1, ones(1, 100)];

或 u = ones(1, 101);

2）单位斜坡输入：

$$u(k)=kT,\quad k=0,1,2,\cdots$$

若取 $k=50$，则在 MATLAB 中表示为

k = 0: 50; u = k * T;

3）单位加速度函数输入：

$$u(k)=\frac{1}{2}(kT)^2,\quad k=0,\ 1,\ 2,\ \cdots$$

若取 $k=10$，$T=0.2$s，则在 MATLAB 中表示为

```
k = 0: 10;    u = [0.5 * (0.2 * k)^2];
```

2. 求离散系统的输出响应

设离散系统的闭环脉冲传递函数为

$$\frac{C(z)}{R(z)}=\frac{\mathrm{num}(z)}{\mathrm{den}(z)}$$

令输入信号为 r，则可用指令：

```
y = filter(num, den, r)
```

求取系统的输出响应。

【例 7-24】 已知一离散控制系统如图 7-47 所示。若令 $K=1$，$T=1$s，$r(t)=1(t)$，求系统的输出响应。

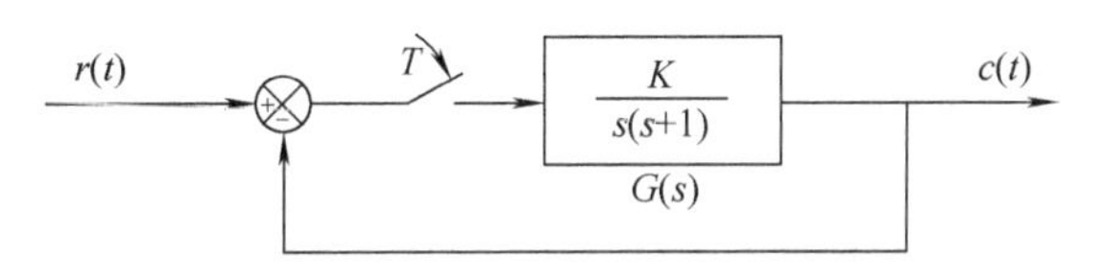

图 7-47　例 7-24 中的离散控制系统

解　由传递函数 $G(s)$ 的 z 变换 $G(z)$，求得该系统的闭环脉冲传递函数为

$$\frac{C(z)}{R(z)}=\frac{G(z)}{1+G(z)}=\frac{0.632z}{z^2-0.736z+0.368}$$

```
% MATLAB 程序 7-1
num= [0.632, 0];
den= [1, -0.736, 0.368];
u=ones (1, 51); k=0:50;
y=filter (num, den, u);
plot (k, y), grid;
xlabel ('k'); ylabel ('y (k)');
```

运行结果如图 7-48 所示。

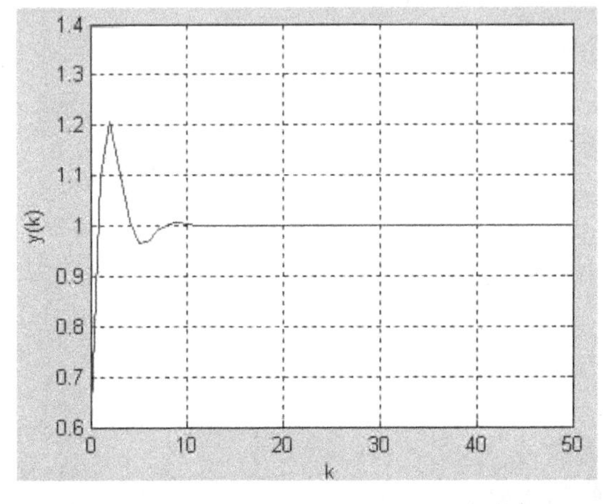

图 7-48　图 7-47 所示系统的单位阶跃响应

【例 7-25】 一具有零阶保持器的离散控制系统如图 7-49 所示。令 $r(t)=1(t)$，采样周期 $T=1\mathrm{s}$，求该系统的输出响应。

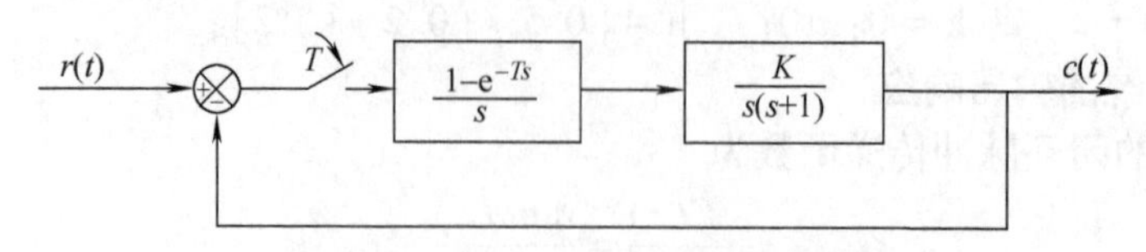

图 7-49　例 7-25 中的离散控制系统

解　令输入 u=ones(1,51)

```
% MATLAB 程序 7-2
g=tf([1],[1  1  0]);              %对象传递函数
d=c2d(g,1);                       %用零阶保持器离散化
cd=d/(1+d);                       %求闭环传递函数
cd1=minreal(cd);                  %传递函数约去公因子
[num,den]=tfdata(cd1,'v');        %求得分子、分母系数
u=ones(1,51);k=0:50;
y=filter(num,den,u);
plot(k,y);grid;
xlabel('k');ylabel('y(k)');
```

运行结果如图 7-50 所示。

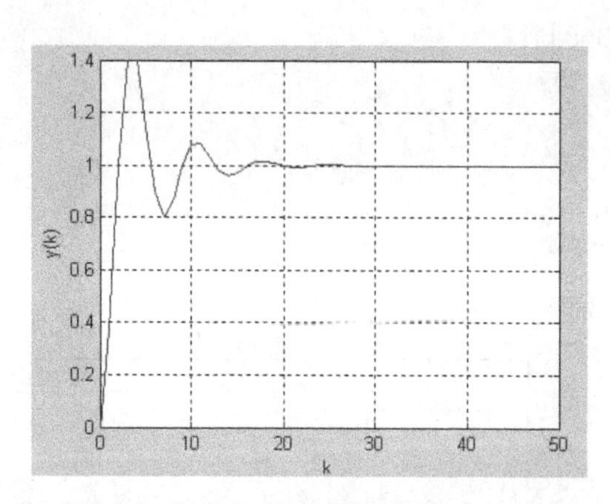

图 7-50　图 7-49 所示系统的单位阶跃响应

【例 7-26】 设某单位反馈离散控制系统的开环脉冲传递函数为

$$G(z)=\frac{0.264}{z^2-1.368z+0.368}$$

试求：(1) 系统的闭环极点；

(2) 系统的单位阶跃响应。

解

```
% MATLAB 程序 7-3
numq=[0.264];denq=[1  -1.368  0.368];
numf=[1];denf=[1];
[numb,denb]=feedback(numq,denq,numf,denf);
dstep(numb,denb);
title('discrete step response');
figure(2);
[z,p,k]=tf2zp(numb,denb);
zplane(z,p);
title('discrete pole-zero map');
[z,p,k]=tf2zp(numb,denb)
p=
0.6840+0.4051i
0.6840-0.4051i
k=
0.2640
```

运行结果分别如图 7-51 和图 7-52 所示。由图 7-51 可知，该系统在单位圆内有一对共轭极点，因而该系统是稳定的。由图 7-52 所示的单位阶跃响应曲线，可求得峰值时间 $t_p=6s$，超调量 $M_p\%=25\%$。

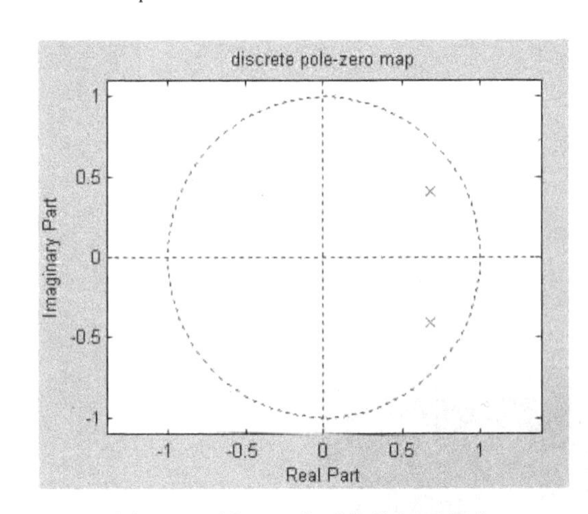

图 7-51　例 7-26 中系统的闭环极点

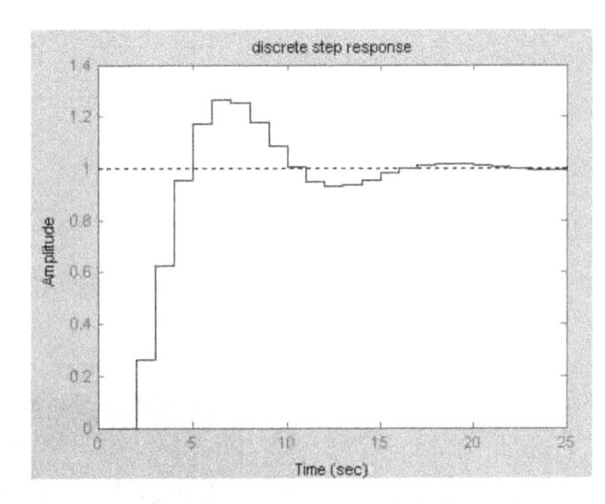

图 7-52　例 7-26 中系统的单位阶跃响应

三、用 Simulink 对离散系统进行仿真

进入 Simulink 环境后，单击 Discrete 库，选取相应的离散模型，并按照与连续系统模型相同的系统构建方法，设置其相关的系数。当构建好离散系统的模型结构图后，据此就可以对该系统进行仿真研究了。

【例 7-27】　已知一离散控制系统如图 7-53 所示，图中含零阶保持器在内的广义对象脉冲传递函数为

$$G(z)=\frac{0.105z+0.0925}{z^2-1.605z+0.605}$$

按输入 $r(t)=t$，设计的最少拍系统数字控制器的脉冲传递函数为

$$D(z)=\frac{2z^2-2.21z+0.605}{0.105z^2-0.0125z-0.0925}$$

试求系统的输出响应。

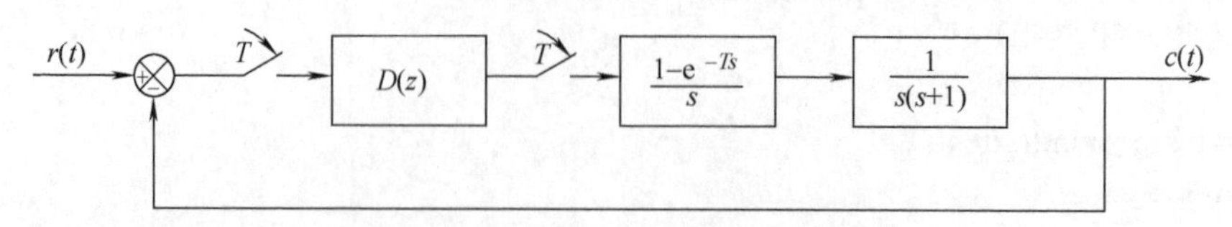

图 7-53　例 7-27 中的离散控制系统

解　在 Simulink 环境下构建该系统的结果图如图 7-54 所示，仿真的结果如图 7-55 所示。

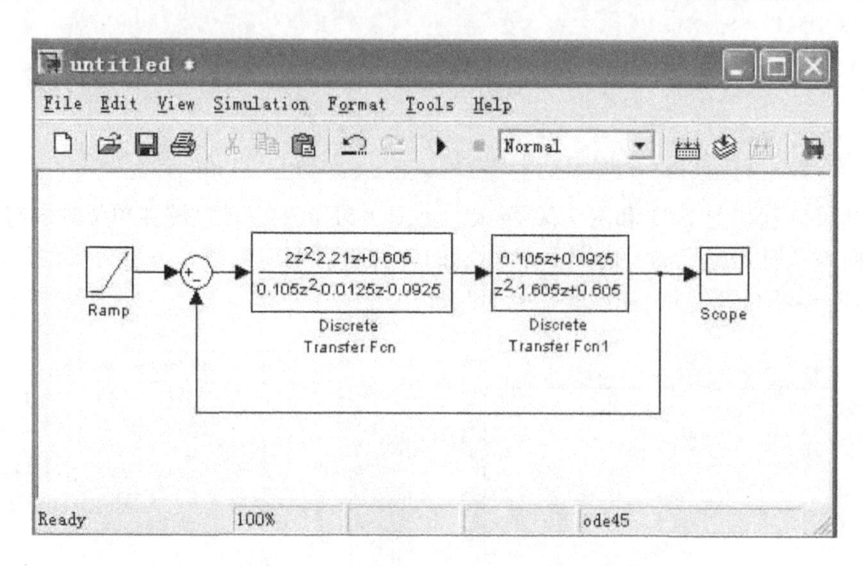

图 7-54　例 7-27 中系统的模拟框图

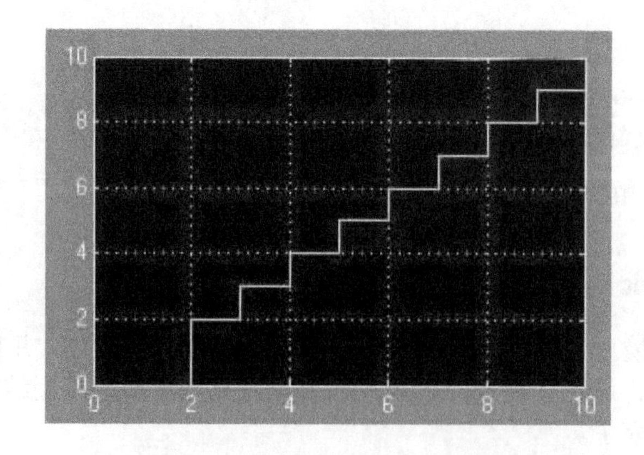

图 7-55　例 7-27 中系统的单位斜坡响应

由图 7-55 可见，系统仅以两拍时间无误差地跟踪单位斜坡输入信号。

小　　结

1）离散控制系统与连续控制系统的一个最根本的区别是，在前者的系统中至少有一个在时间上是离散的信号，因此这种系统要用差分方程或脉冲传递函数去描述。

2）由于 z 变换只能反映在采样时刻的信息，因此用这种方法去分析系统，只有当采样周期 T 很小时，才能使 $c^*(t)$ 与 $c(t)$ 基本相一致。香农采样定理只是给出能不失真地复现连续信号的最低要求，在实际应用中，采样角频率 ω_s 一般比信号的最高频率 ω_{max} 要高得多。

3）为使离散控制系统的输出 $c^*(t)$ 能真实地反映 $c(t)$ 的变化规律，一般还要求系统中的连续部分 $G(s)$ 分母的 s 阶次比其分子的 s 阶次至少要高出二阶，即满足

$$\lim_{s\to\infty} sG(s) = 0$$

的条件。如果不满足上述条件,且在采样信号后又不设置零阶保持器,则用 z 变换法求得的 $c^*(t)$ 与 $c(t)$ 将有较大的差异,这是用 z 变换法分析离散控制系统的一个不足之处。

4）离散控制系统稳定的充要条件是其闭环特征根全部位于 z 平面上以原点为圆心的单位圆内。通过双线性变换，把 z 变量变为 w 变量后，就可以应用连续系统中所用的劳斯稳定判据或奈奎斯特稳定判据来分析和设计离散控制系统。

5）离散控制系统常见的校正方法有两种：一种是仿照连续系统的设计方法，另一种是数字化设计方法。由于后者比前者具有设计简便和精度高的优点，故对离散控制系统一般均采用数字化设计方法。

6）最少拍系统的设计方法简便，系统的结构也较简单，所得的结果能在计算机上实现。但这种系统对输入信号的形式和外界环境（温度等）变化的适应性较差。

例 题 分 析

例题 7-1　已知一离散控制系统如图 7-56 所示，试求系统的输出 $C(z)$。

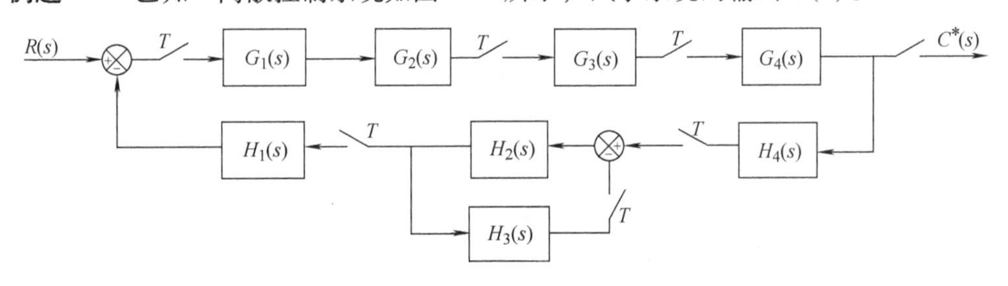

图 7-56　例题 7-1 中离散控制系统的框图

解　根据脉冲传递函数的定义和梅逊公式，求得

$$\frac{C(z)}{R(z)} = \frac{G_1G_2(z)G_3(z)G_4(z)}{1 + G_1G_2(z)G_3(z)G_4H_4(z)\dfrac{H_2(z)}{1 + H_2H_3(z)}H_1(z)}$$

即

$$C(z) = \frac{G_1G_2(z)G_3(z)G_4(z)[1 + H_2H_3(z)]R(z)}{1 + H_2H_3(z) + G_1G_2(z)G_3(z)G_4H_4(z)H_2(z)H_1(z)}$$

例题 7-2　一闭环控制系统如图 7-57 所示，已知 $T=0.5$s。试求：（1）判别系统的稳定性；（2）求 $r(t)=t$ 时系统的稳态误差；（3）求单位阶跃响应序列 $c(k)$，并画出响应曲线。

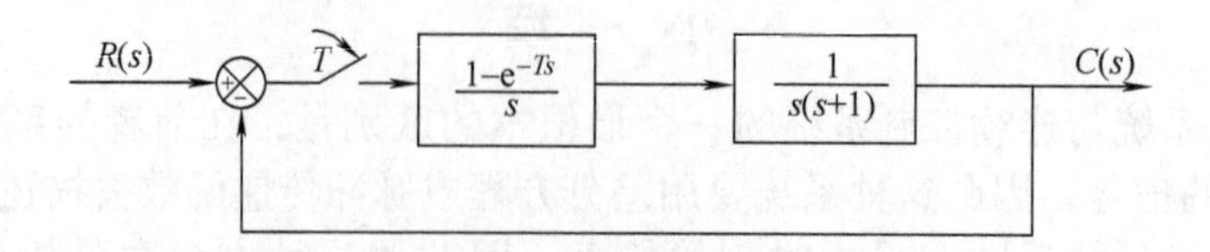

图 7-57　例题 7-2 中的闭环采样控制系统

解　(1) $G(z)=(1-z^{-1})\mathscr{Z}\left[\frac{1}{s^2(s+1)}\right]$

$$=(1-z^{-1})\mathscr{Z}\left[\frac{1}{s^2}-\frac{1}{s}+\frac{1}{s+1}\right]=\frac{0.0925+0.105z}{(z-1)(z-0.605)}$$

系统的特征方程为

$$1+G(z)=(z-1)(z-0.605)+0.0925+0.105z$$
$$=z^2-1.5z+0.6955=0$$

解之得 $z_{1,2}=0.75\pm j0.3647$。因为 $|z|=\sqrt{0.75^2+0.3647^2}=0.834<1$，所以该系统是稳定的。

(2) 由所求的开环脉冲传递函数可知，开环有一个极点在 $z=1$ 处，因而它是 I 型系统。根据式 (7-64)，系统在单位斜坡作用下的稳态误差为

$$e_{ss}=\frac{1}{K_v}$$

由于 $K_v=\frac{1}{T}\lim_{z\to1}[(z-1)G(z)]=\frac{1}{0.5}\lim_{z\to1}\left[(z-1)\frac{0.0925+0.105z}{(z-1)(z-0.605)}\right]=1$

所以 $e_{ss}=\frac{1}{1}=1$。

(3) $C(z)=\frac{G(z)}{1+G(z)}R(z)$

式中，$R(z)=\frac{z}{z-1}$。把 $G(z)$ 和 $R(z)$ 代入上式，得

$$C(z)=\frac{0.0925z+0.105z^2}{z^3-2.5z^2+2.1955z-0.6955}$$
$$=\frac{0.105z^{-1}+0.0925z^{-2}}{1-2.5z^{-1}+2.1955z^{-2}-0.6955z^{-3}}$$
$$=0z^{-0}+0.105z^{-1}+0.355z^{-2}+0.697z^{-3}+0.936z^{-4}+$$
$$1.145z^{-5}+1.264z^{-6}+1.298z^{-7}+1.265z^{-8}+$$
$$1.193z^{-9}+1.12z^{-10}+1.01z^{-11}+0.9z^{-12}+\cdots$$

则输出的序列为

$$c(k)=0.105\delta(t-T)+0.355\delta(t-2T)+0.697\delta(t-3T)+$$
$$0.936\delta(t-4T)+1.145\delta(t-5T)+1.264\delta(t-6T)+$$
$$1.298\delta(t-7T)+1.265\delta(t-8T)+1.193\delta(t-9T)+$$
$$1.12\delta(t-10T)+1.01\delta(t-11T)+0.9\delta(t-12T)+\cdots$$

图 7-58 为其单位阶跃响应曲线。

例题 7-3　图 7-59 所示的采样控制系统，要求在 $r(t)=t$ 作用下的稳态误差 $e_{ss}=0.25T$，试确定系统稳定时 T 的取值范围。

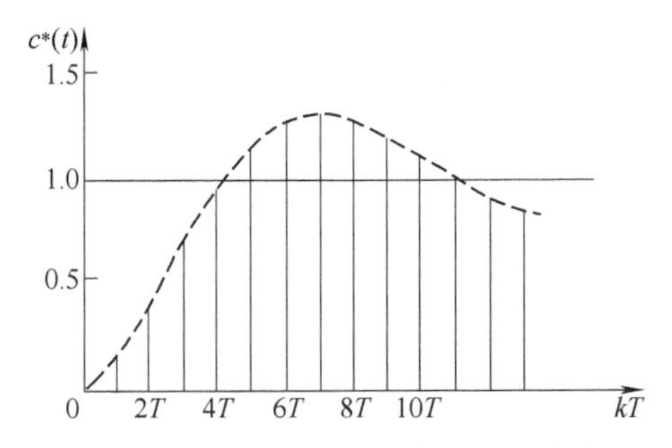

图 7-58　例题 7-2 中系统的单位阶跃响应曲线

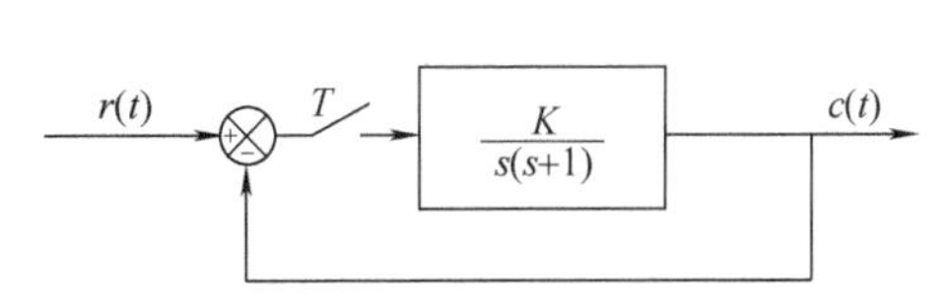

图 7-59　采样控制系统

解　$$G(z)=\mathscr{Z}\left[\frac{K}{s(s+1)}\right]=K\mathscr{Z}\left[\frac{1}{s}-\frac{1}{s+1}\right]$$

$$=K\left[\frac{z}{z-1}-\frac{z}{z-e^{-T}}\right]=\frac{Kz(1-e^{-T})}{(z-1)(z-e^{-T})}$$

因为

$$E(z)=\frac{1}{1+G(z)}R(z)=\frac{(z-1)(z-e^{-T})}{(z-1)(z-e^{-T})+Kz(1-e^{-T})}\frac{Tz}{(z-1)^2}$$

所以

$$e_{ss}=\lim_{z\to1}\left[(z-1)\frac{(z-1)(z-e^{-T})}{(z-1)(z-e^{-T})+Kz(1-e^{-T})}\frac{Tz}{(z-1)^2}\right]$$

$$=\frac{T}{K}=0.25T$$

由上式求得 $K=4$。

该系统的特征方程式为

$$1+G(z)=(z-1)(z-e^{-T})+4z(1-e^{-T})=0$$

即

$$z^2+(3-5e^{-T})z+e^{-T}=0$$

令 $z=\dfrac{w+1}{w-1}$代入上式，得

$$4(1-e^{-T})w^2+2(1-e^{-T})w+6e^{-T}-2=0$$

排劳斯表为

$$\begin{array}{lll} w^2 & 4(1-e^{-T}) & 6e^{-T}-2 \\ w^1 & 2(1-e^{-T}) & 0 \\ w^0 & 6e^{-T}-2 & \end{array}$$

系统若要稳定，则劳斯表的第一列系数必须全部为正值，即有

$$1-e^{-T}>0,\quad T>0$$

$$6e^{-T}-2>0,\quad T<\ln3$$

由此得出 $0<T<\ln3$ 时，该系统是稳定的。

例题 7-4　一数字控制系统如图 7-60a 所示。试设计一数字控制器 $D(z)$，使系统在单位阶跃输入下，其输出量 $c(kT)$ 能满足图 7-60b 的要求，并绘制出 $e_1^*(kT)$、$e_2^*(kT)$ 和 $m(t)$ 的波形图。

解　因为

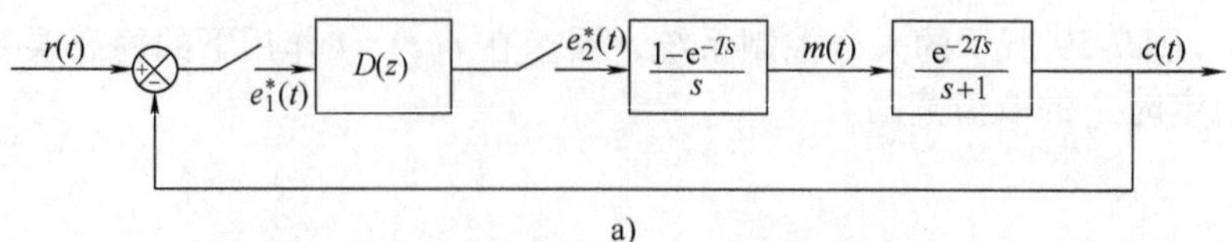

a)

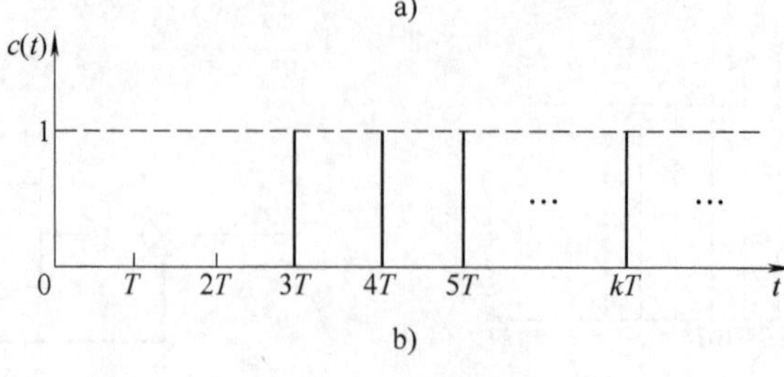

b)

图 7-60　例题 7-4 图

a）数字控制系统　b）输出波形

$$C(z) = z^{-3} + z^{-4} + z^{-5} + \cdots = \frac{z^{-3}}{1 - z^{-1}}$$

$$R(z) = \frac{1}{1 - z^{-1}}$$

所以闭环脉冲传递函数为

$$T(z) = \frac{C(z)}{R(z)} = z^{-3}$$

令

$$G(z) = \mathscr{Z}\left[\frac{(1 - e^{-Ts})e^{-2Ts}}{s(s+1)}\right] = (1 - z^{-1})z^{-2}\mathscr{Z}\left[\frac{1}{s} - \frac{1}{s+1}\right]$$

$$=(1 - z^{-1})z^{-2}\left(\frac{1}{1 - z^{-1}} - \frac{1}{1 - e^{-T}z^{-1}}\right) = \frac{z^{-3}(1 - e^{-T})}{(1 - e^{-T}z^{-1})}$$

由于

$$T(z) = \frac{D(z)G(z)}{1 + D(z)G(z)}$$

由上式求得

$$D(z) = \frac{T(z)}{G(z)[1 - T(z)]} = \frac{1 - e^{-T}z^{-1}}{(1 - e^{-T})(1 - z^{-3})}$$

因为

$$e_1(t) = r(t) - c(t)$$

所以

$$e_1^*(t) = r^*(t) - c^*(t)$$

$$=\delta(t) + \delta(t - T) + \delta(t - 2T)$$

即

$$E_1(z) = 1 + z^{-1} + z^{-2}$$

而

$$E_2(z) = E_1(z)D(z)$$

$$= \frac{(1 + z^{-1} + z^{-2})(1 - e^{-T}z^{-1})}{(1 - e^{-T})(1 - z^{-3})}$$

$$= \frac{1}{1-e^{-T}} + z^{-1} + z^{-2} + z^{-3} + \cdots$$

对上式取 z 反变换得

$$e_2^*(t) = \frac{1}{1-e^{-T}}\delta(t) + \delta(t-T) + \delta(t-2T) + \delta(t-3T) + \cdots$$

根据零阶保持器的性质，由 $e_2^*(t)$ 的波形画出 ZOH 的输出 $m(t)$ 的波形，如图 7-61c 所示。

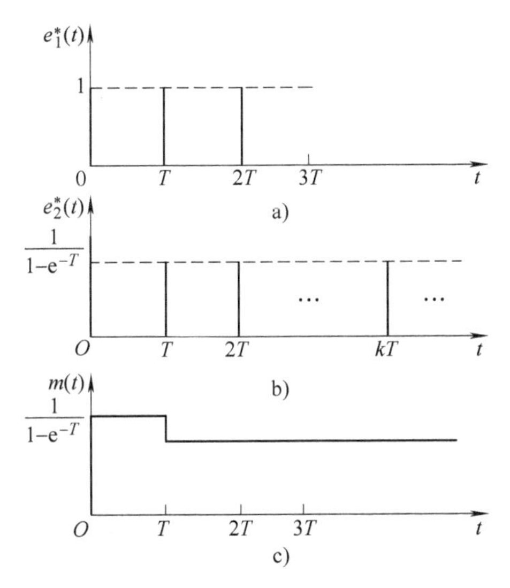

图 7-61　图 7-60 所示系统的 $e_1^*(t)$、$e_2^*(t)$ 和 $m(t)$ 的波形

习　　题

7-1　求下列函数的 z 变换。

(1) $\frac{a}{s(s+a)}$　(2) $\frac{a}{s^2+a^2}$　(3) $\frac{1}{s(s+3)^2}$　(4) $e^{-at}\cos\omega t$　(5) te^{at}　(6) $\cos\omega t$

7-2　若 $\mathscr{Z}[f(t)]=F(z)$，试证明：

$$\mathscr{Z}[tf(t)] = -Tz\frac{dF(z)}{dz}$$

7-3　求下列 z 函数的反变换（$T=1s$）。

(1) $\frac{z}{z+a}$　(2) $\frac{z}{(z-e^{-aT})(z-e^{-bT})}$　(3) $\frac{z}{3z^2-4z+1}$　(4) $\frac{z}{(z-1)^2(z-2)}$

(5) $\frac{10z}{(z-1)(z-2)}$　(6) $\frac{3z^2+2z+1}{z^2-3z+2}$

7-4　已知 $F(z)=\frac{z(1-e^{-T})}{(z-1)(z-e^{-T})}$，用两种不同的方法求离散信号 $f(kT)$。

7-5　带有采样开关的 R-C 电路如图 7-62 所示。已知输入电压 $u_r=100e^{-t}V$，求电路的采样输出电压 $u_C(kT)$。

7-6 已知某采样系统的输入-输出差分方程为

$$c(n+2)+3c(n+1)+4c(n)=r(n+1)-r(n)$$

试求该系统的脉冲传递函数 $C(z)/R(z)$ 和脉冲响应。

7-7 解下列的差分方程：

$$y[(k+2)T]+2y[(k+1)T]+y(kT)=r(kT)$$

已知 $r(kT)=kT(k=0, 1, 2, \cdots)$，$y(0)=y(T)=0$。

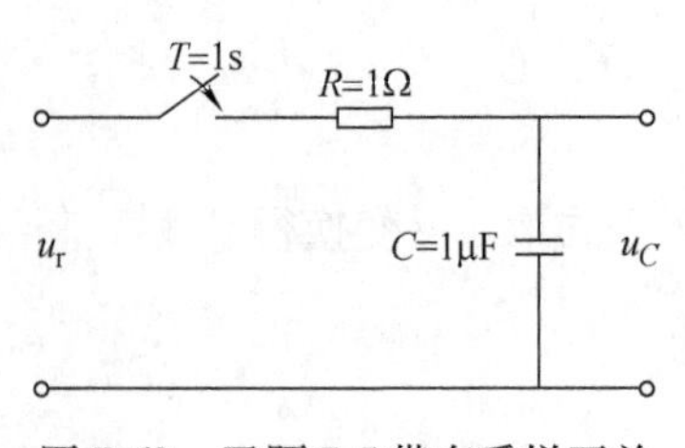

图 7-62 习题 7-5 带有采样开关的 R-C 电路

7-8 试求图 7-63 所示 4 个采样控制系统的闭环脉冲传递函数。

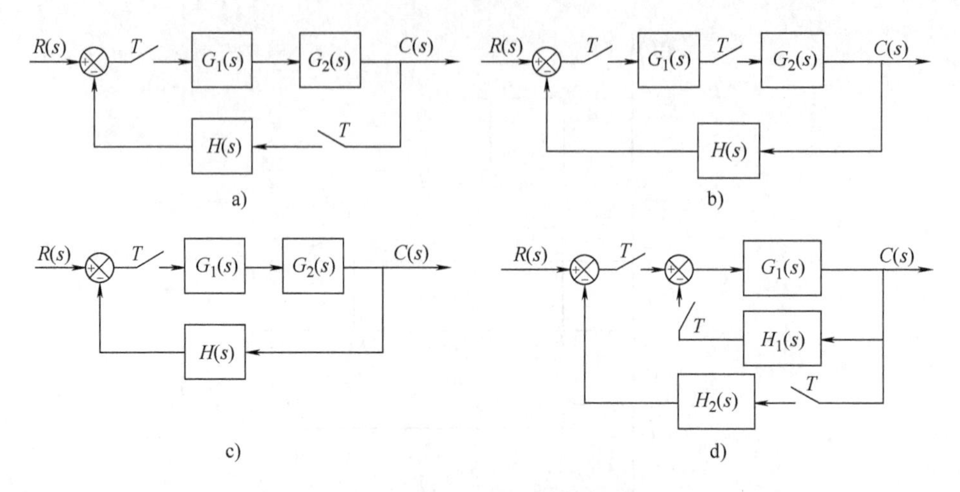

图 7-63 习题 7-8 的采样控制系统

7-9 图 7-64 为一采样控制系统，采样周期 $T=0.25$s，放大倍数 $K=1$，求系统的单位阶跃响应 $c^*(t)$。

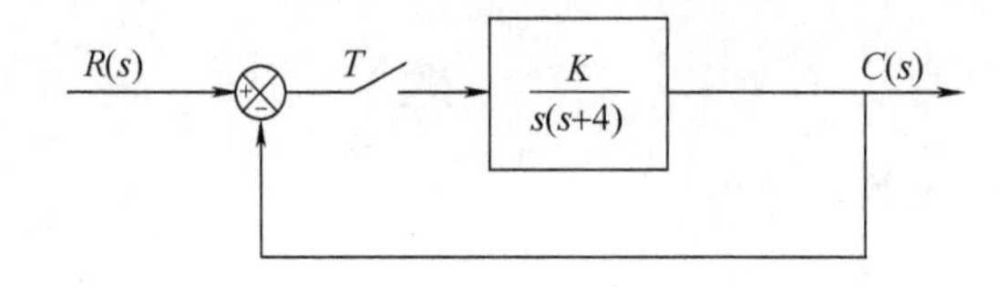

图 7-64 习题 7-9 的采样控制系统

7-10 检验下列特征方程式的根是否在单位圆内。

(1) $5z^2-2z+2=0$；

(2) $z^3-0.2z^2-0.25z+0.05=0$。

7-11 已知一采样控制系统如图 7-65 所示。试求：(1) 写出系统的开环脉冲传递函数 $C(z)/E(z)$；(2) 写出系统的闭环脉冲传递函数 $C(z)/R(z)$；(3) 试用劳斯判据确定系统稳定时的 K 值范围。

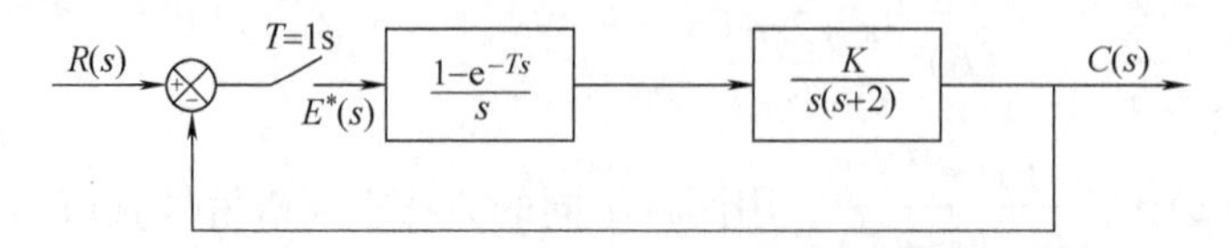

图 7-65 习题 7-11 的采样控制系统

7-12　一离散系统的框图如图 7-66 所示，其中 $G_1(s)=\frac{1-e^{-Ts}}{s}$，$G_2(s)=\frac{K}{s+1}$，$H(s)=\frac{s+1}{K}$，试确定闭环系统稳定的 K 值范围。

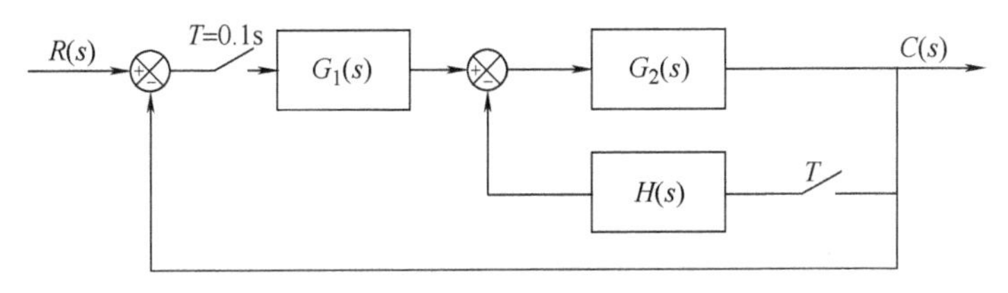

图 7-66　习题 7-12 的离散控制系统

7-13　设采样周期 $T=1$s，$K=4$，输入 $r(t)=5t(t\geqslant 0)$，试求图 7-65 所示系统的稳态误差。

7-14　已知一采样系统如图 7-67 所示，若采样周期 $T=\frac{2n\pi}{\omega_s}$（其中 n 为正整数），试求系统在单位加速度信号作用下的输出响应 $c^*(t)$，并绘制其波形图。

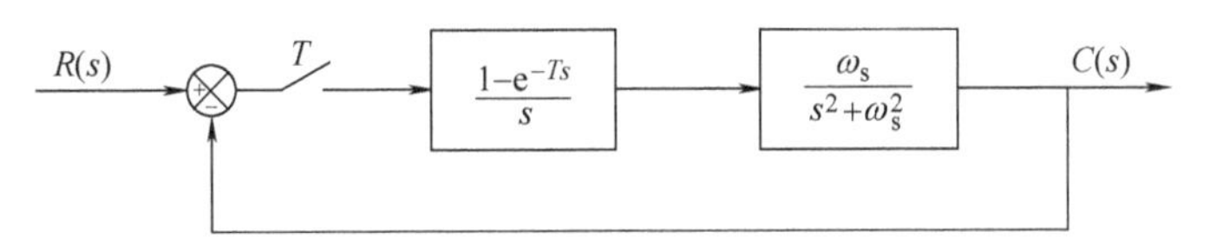

图 7-67　习题 7-14 的离散控制系统

7-15　求图 7-68 所示系统稳定时的 K 值范围。

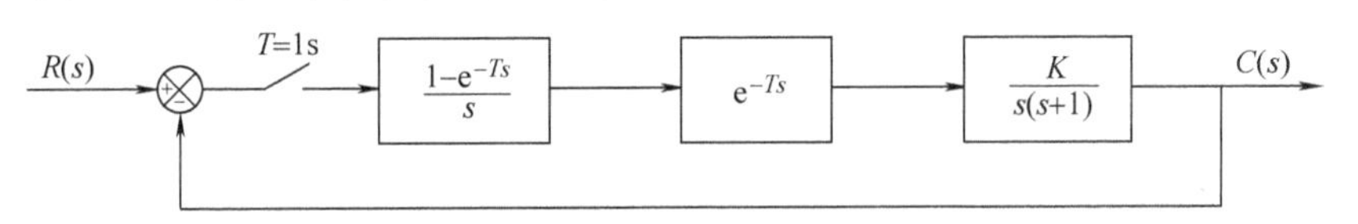

图 7-68　习题 7-15 的离散控制系统

7-16　一离散控制系统如图 7-69 所示，其中 $T=0.5$s，求控制器的脉冲传递函数 $D(z)$，并分析该系统在单位阶跃输入下是否有稳态误差。已知数字控制器的差分方程为

$$m(kT)=m(kT-T)+2e(kT)$$

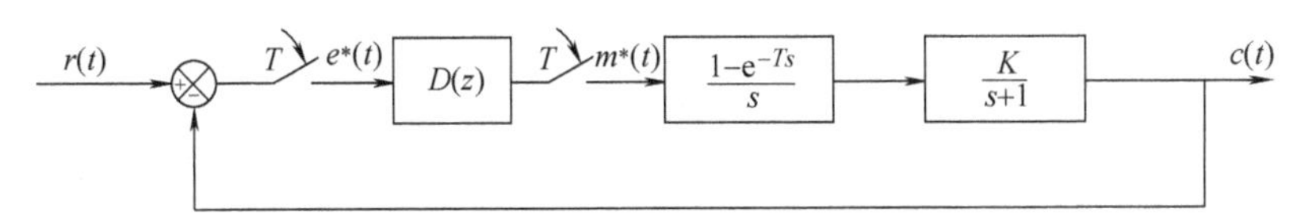

图 7-69　习题 7-16 的离散控制系统

7-17　设一最少拍系统如图 7-70 所示，试设计在各种典型输入时的最少拍有波纹的数字控制器 $D(z)$，已知 $T=1$s。

7-18　一采样控制系统如图 7-71 所示。

（1）求系统输出 $c^*(t)$ 的 z 变换；

（2）如果 $G_1(s)=1$，$G_2(s)=\frac{K}{s(s+1)}$，采样周期 $T=1$s，试求该系统稳定时的 K 值；

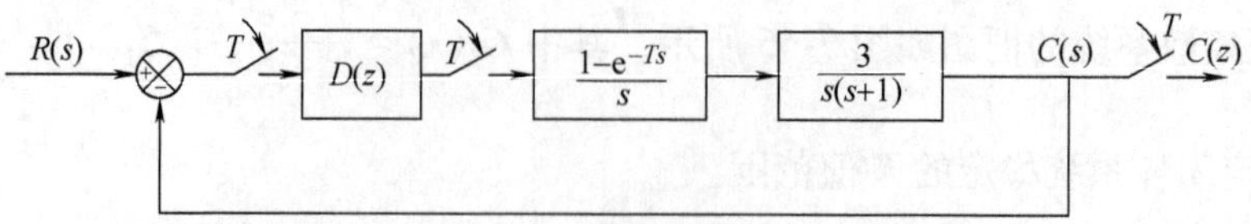

图 7-70　习题 7-17 的最少拍控制系统

（3）如果在 2 的情况下，在采样开关后增加一个零阶保持器，为使系统能稳定，试问 K 值范围是增大还是减小，请定性说明原因。

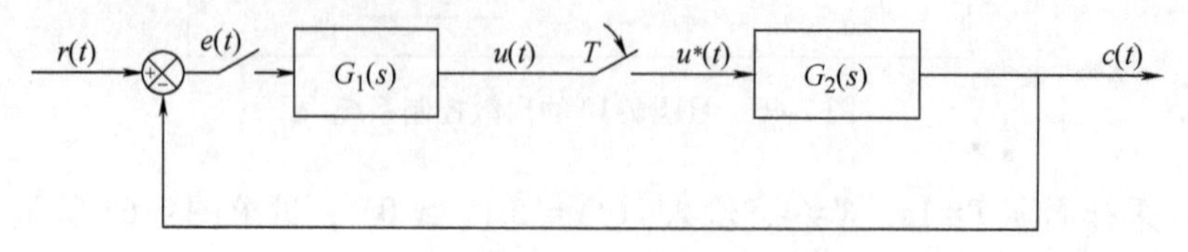

图 7-71　习题 7-18 的采样控制系统

第八章 非线性控制系统

以上各章阐述了线性定常系统的分析与综合。事实上，理想的线性系统是不存在的，因为组成系统所有的元、部件在不同程度上都具有非线性特性。如果系统中元、部件输入-输出静特性的非线性程度不严重，并满足第二章中所述的线性化条件，则这种非线性特性可进行线性化处理，从而可以用线性控制理论对系统进行分析与研究。然而，并非所有的非线性特性都符合线性化的条件，凡不能做线性化处理的非线性特性均称为“本质”型非线性。

当控制系统中含有一个或一个以上“本质”型非线性元、部件时，则称这种系统为“本质”型非线性控制系统。显然，这种系统的运动要用非线性微分方程式去描述。本章所讨论的非线性控制系统均属于这类系统。

第一节 非线性系统的概述

控制系统中元件的非线性特性有很多种，最常见的有饱和、回环、死区和继电器特性等。熟悉这些典型非线性特性和它们对系统性能的影响，将有助于了解非线性系统的特点。

一、典型的非线性特性

1. 饱和特性

饱和是一种常见的非线性特性，如图 8-1 所示。由图可知，当输入 $|x|<x_0$ 时，输出 y 与输入 x 成线性关系；当 $|x|>x_0$ 时，输出 y 为一常量。上述关系可用如下数学表达式表示：

$$y=\begin{cases}kx & |x|<x_0 \\ y_m \operatorname{sgn}x & |x|>x_0\end{cases} \tag{8-1}$$

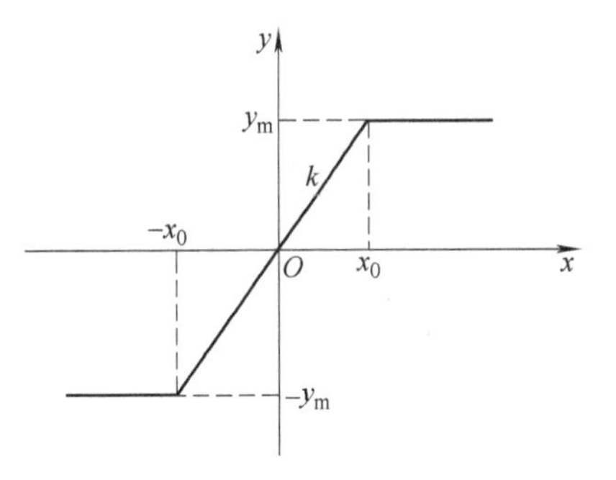

图 8-1 饱和非线性特性

在一般情况下，系统因存在具有饱和非线性特性的元件，它的开环增益会有大幅度地减小，从而导致系统过渡过程时间的增加和稳态误差的变大。但在有些控制系统中，出于对某些性能的特殊要求，人们有目的地引入饱和非线性环节。例如，在具有转速和电流反馈的双闭环直流调速系统中，把速度调节器和电流调节器有意识地设计成具有饱和非线性特性，以改善系统的动态性能和限制系统的最大电流。

2. 回环特性

回环一般是由非线性元件的滞后作用而引起的。例如，铁磁材料的磁滞、机械传动中的间隙都会产生回环。图 8-2a 为齿轮传动中的间隙，图 8-2b 为齿轮传动的输入-输出特性，它的数学表达式为

$$
\theta_{o}=\begin{cases}k(\theta_{i}-b/2) & \dot{\theta}_{o}>0 \\ k(\theta_{i}+b/2) & \dot{\theta}_{o}<0 \\ \theta_{m}\mathrm{sgn}\theta_{o} & \dot{\theta}_{o}=0\end{cases} \tag{8-2}
$$

式中，b 为齿轮的间隙。由图 8-2b 可知，当主动轮的齿 A 由图 8-2a 所示的位置按顺时针方向移动了 $b/2$ 的距离，在与从动轮的齿 B_1 接触之前，从动轮处于静止状态，这个过程由图 8-2b 中的线段 pq 所示。假设齿轮的传动比为 1，当 A 齿与 B_1 齿啮合后，从动轮反时针转过与主动轮完全相同的角度，如图 8-2b 中的 qr 直线所示。当输入运动反向时，齿 A 就与齿 B_1 脱离接触，若不考虑齿轮的惯性作用，从动轮便立即停止运动，直到齿 A 反方向移动了距离 b 后（图 8-2b 中的 rs 线段），才与齿 B_2 相接触，使从动轮按顺时针方向运动，如图 8-2b 中的 st 线段所示。当输入运动再次反向时，从动轮将再次停止运动（图 8-2b 中的 tu 线段），尔后沿 uq 线段跟随反向后的主动轮，从而完成了一个输出的运动周期。

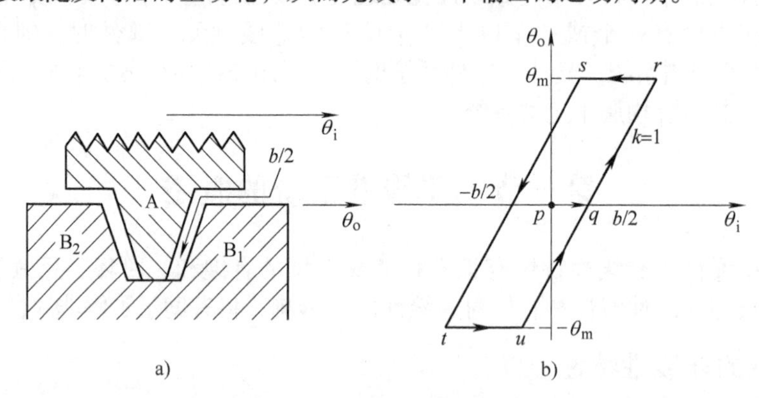

图 8-2　回环非线性特性

不难看出，图 8-2b 所示的非线性特性是多值的。对于一个给定的输入究竟取哪一个值作为输出，应视该输入前期的变化规律，即取决于输入的“历史”。

系统中若有回环非线性特性的元件存在，通常会使其输出在相位上产生滞后，从而导致系统稳定裕量的减小及动态性能的恶化，甚至使系统产生自持振荡。

3. 死区特性

图 8-3 为一种常见的死区非线性特性。当输入信号 $|x|<\Delta$ 时，其输出 y 为零值；当输入信号 $|x|>\Delta$ 时，才有输出信号 y 产生，并与输入信号呈线性关系。例如，伺服电动机的死区电压（起动电压）、测量元件的不灵敏区等，它们都属于死区非线性。

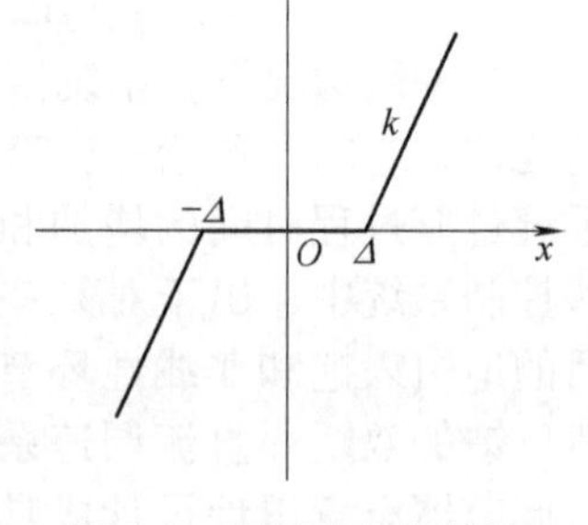

图 8-3　死区非线性特性

图 8-3 所示死区非线性特性的数学表达式为

$$
y=\begin{cases}0 & |x|<\Delta \\ k(x-\Delta\mathrm{sgn}x) & |x|>\Delta\end{cases} \tag{8-3}
$$

式中，k 为图中线性段的斜率；Δ 为死区的范围。死区非线性特性对系统产生的主要影响如下：

1）使系统的稳态误差增大，尤其是测量元件的死区对系统稳态性能的影响更大。

2）对动态性能影响的利弊由具体系统的结构和参数确定。例如，对某些系统，死区的存在会抑制其振荡；而对另一些系统，死区又能导致其产生自持振荡。

3）死区能滤去从输入端引入的小幅值干扰信号，提高系统抗扰动的能力。

4）当系统的输入信号为阶跃、斜坡等函数时，死区的存在会引起系统输出在时间上的滞后。

4. 继电器特性

图 8-4a 为理想继电器特性。对于实际的继电器，当流经它线圈中的电流大到某一定值时，即线圈两端所加的电压大到某一数值后，方能使继电器的衔铁吸合，因而继电器特性一般都有死区存在（见图 8-4b）。此外，鉴于继电器的吸合电压一般都大于其释放电压，故继电器还具有回环的特性（见图 8-4c）。综上所述，实际的继电器特性是既有死区，又有回环，如图 8-4d 所示，它的数学表达式为

$$y=\begin{cases}0 & -ma<x<a\ ,\quad \dot{x}>0\\ 0 & -a<x<ma\ ,\quad \dot{x}<0\\ b\operatorname{sgn}x & |x|\geqslant a\\ b & x\geqslant ma\ ,\quad \dot{x}<0\\ -b & x\leqslant -ma\ ,\quad \dot{x}>0\end{cases}\tag{8-4}$$

式中，a 为继电器的吸合电压；ma 为继电器的释放电压；b 为继电器的饱和输出。

继电器非线性特性一般会使系统产生自持振荡，甚至导致其不稳定，并且也会使系统的稳态误差增大。

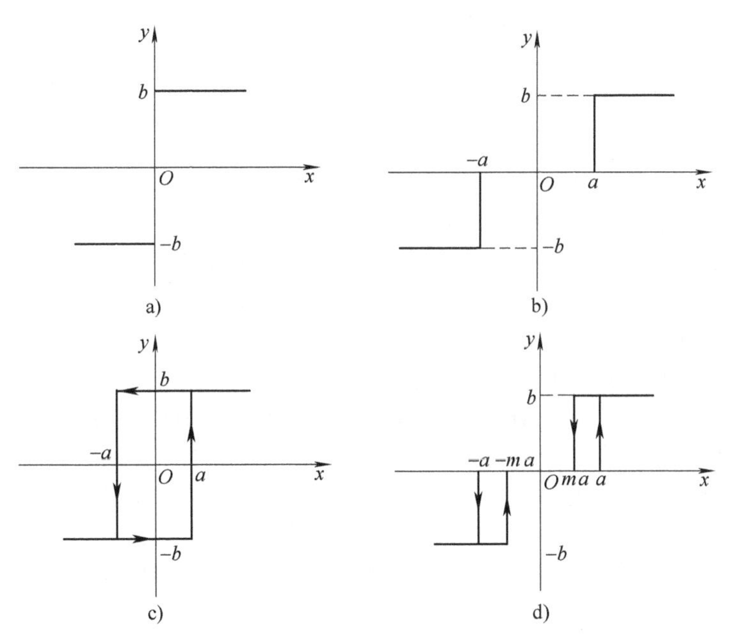

图 8-4　继电器非线性

a）理想继电器特性　b）有死区的继电器特性　c）有回环的继电器特性　d）有死区和回环的继电器特性

二、非线性系统的特点

非线性系统与线性系统相比，具有如下特点：

1）非线性系统的输出与输入间不存在着比例关系，且也不适用叠加原理。

2）非线性系统的稳定性不仅与系统的结构和参数有关，而且也与它的初始条件和输入信号的大小有关。

众所周知，线性系统的稳定性只取决于系统的结构与参数，与外施信号、初始偏差的大小无关。然而，非线性系统的稳定性除了与系统的结构和参数有关外，还与其初始偏差及输入信号的大小有着密切的关系。当初始偏差小时，若系统是稳定的，而当初始偏差增大时，系统就有可能变为不稳定。对于这种情况，在对非线性系统的分析中经常会碰到。为说明初始偏差对系统稳定性的影响，下面举一个简单的例子。

设非线性系统的微分方程为

$$\dot{x}+(1-x)x=0 \tag{8-5}$$

式中，x 项的系数是（$1-x$），它与变量 x 有关。当初始偏差 $x_0<1$ 时，$1-x_0>0$，则式（8-5）具有负实根，相应的系统是稳定的，其瞬态响应按指数规律衰减。

当 $x_0=1$ 时，式（8-5）变为

$$\dot{x}=0$$

即 $x=$常量。

当 $x_0>1$ 时，$1-x_0<0$，式（8-5）具有正的实根，系统的瞬态响应呈发散状态，此时的系统为不稳定。

图 8-5 示出了上述 3 种不同初始条件下的瞬态响应曲线。由此可见，对非线性系统稳定性的分析远比线性系统复杂。

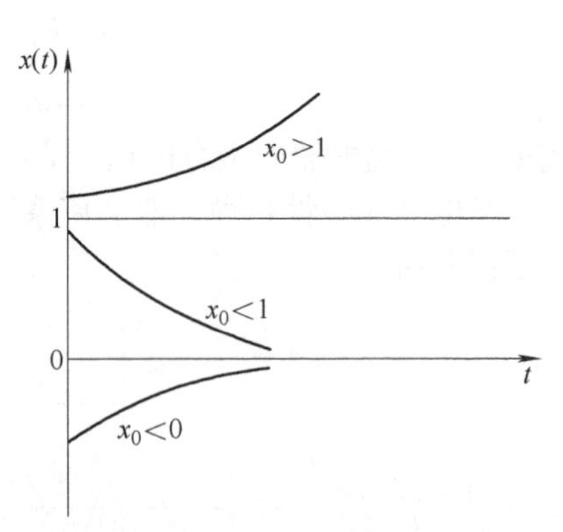

图 8-5　式（8-5）系统的瞬态响应

3）非线性系统常常会产生自持振荡。线性系统只有两种基本的瞬态响应模式：收敛和发散。当系统处于稳定的临界状态时，才会有等幅振荡。然而，线性系统的等幅振荡是暂时性的，只要系统中的参数稍有微小的变化，系统就由临界稳定状态不是趋于发散，就是变为收敛。但在非线性系统中，除了发散和收敛两种瞬态响应模式外，即使无外施信号的作用，系统也可能会产生具有一定振幅和频率的稳定性振荡。这种振荡称为自持振荡，又名自激振荡。自持振荡是非线性系统的一个特有的运动模式，它的振幅和频率是由系统本身的特性所决定的。

4）非线性系统的畸变现象。当非线性系统的输入为一正弦信号时，它的输出一般都不是正弦信号，而是一个包含着各次谐波分量的非正弦周期性函数。因此，不能用分析线性系统的理论去分析非线性系统。

由以上分析可知，非线性系统的运动比线性系统要复杂得多。由于描述非线性系统的数学模型是非线性微分方程式，到现在为止，求解非线性微分方程式还没有一种通用成熟的方法，因而给这类系统的分析与研究带来很大的困难。目前对非线性系统的研究方法主要有如下 3 种：

（1）描述函数法　在一定的条件下，用非线性元件输出的基波信号代替在正弦作用下的非正弦输出，使非线性元件近似于一个线性环节，从而可以应用奈奎斯特稳定判据对系统的稳定性进行判别。这种方法主要用于研究非线性系统的稳定性和自持振荡问题。如系统产生自持振荡，应如何确定它的振荡频率和振幅，以及寻求消除自持振荡的方法等。

（2）相平面法　相平面法是根据绘制出的 x-$\dot{x}$ 相轨迹图，去研究非线性系统的稳定性和动态性能。这种方法只适用于二阶非线性系统。

（3）李雅普诺夫直接法　用描述函数法和相平面法分析非线性系统的稳定性，都有很

大的局限性，即不适合用于一般的非线性系统。在控制工程中，分析非线性系统稳定性的常用方法是李雅普诺夫直接法。有关这方面内容，在第十章将做较详细地阐述。

本章只讨论用描述函数法和相平面法对非线性系统的分析。

第二节　非线性元件的描述函数

一、描述函数的基本概念

设一非线性系统如图 8-6 所示。图中 $G(s)$ 为线性环节，N 表示非线性元件。若在非线性元件 N 的输入端施加一幅值为 X，频率为 ω 的正弦信号，即 $e=X\sin\omega t$，则其输出一般不是与输入信号 e 具有相同频率的正弦信号，而是一个含有高次谐波的周期性函数，用傅里叶级数表示为

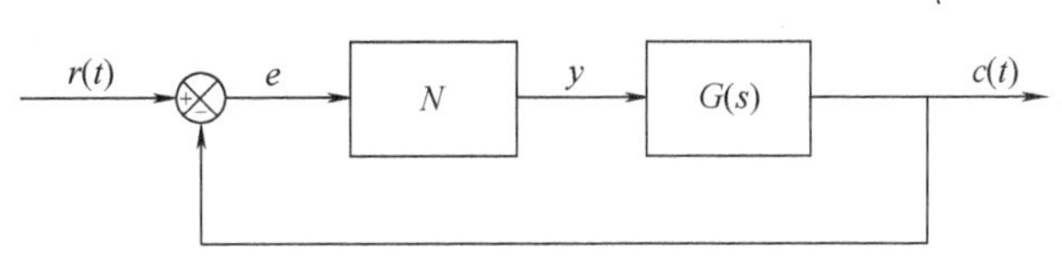

图 8-6　非线性控制系统

$$y=A_0+A_1\sin\omega t+B_1\cos\omega t+A_2\sin2\omega t+B_2\cos2\omega t+\cdots \tag{8-6}$$

假设非线性元件的特性对坐标原点是奇对称的，则其直流分量 $A_0=0$。由于描述函数主要用于研究非线性系统的稳定性和自持振荡问题，因而可令 $r(t)=0$，并设系统的线性部分具有良好的低通滤波器特性，能把输出 y 中的各项高次谐波滤掉，只剩下一次谐波项，即

$$y_1=A_1\sin\omega t+B_1\cos\omega t=Y_1\sin(\omega t+\varphi_1) \tag{8-7}$$

式中：

$$Y_1=\sqrt{A_1^2+B_1^2},\ \varphi_1=\arctan\frac{B_1}{A_1} \tag{8-8}$$

$$A_1=\frac{1}{\pi}\int_0^{2\pi}y\sin\omega t\mathrm{d}(\omega t) \tag{8-9}$$

$$B_1=\frac{1}{\pi}\int_0^{2\pi}y\cos\omega t\mathrm{d}(\omega t) \tag{8-10}$$

上述的简化过程实质上是对非线性特性线性化的过程。经过上述处理后，非线性元件的输出是一个与其输入信号同频率的正弦函数，仅在幅值和相位上与输入信号有差异。必须注意，上述的线性化是有条件的，这些条件归纳为下列 4 点：

1）系统的输入 $r(t)=0$，非线性元件的输入信号为正弦函数，即有

$$e=X\sin\omega t$$

2）非线性元件的静特性不是时间 t 的函数（非储能元件）。

3）非线性元件的特性是奇对称的，即有

$$f_1(e)=-f_1(-e)$$

因而，在正弦信号作用下，非线性元件输出的平均值（直流分量）等于零。

4）系统的线性部分具有良好的低通滤波器性能。对控制系统而言，这个条件一般能得到满足。显然，线性部分的阶次越高，其低通滤波性能也越好。

经过线性化处理后非线性元件的输出与输入的关系，可以用下列的复数比表示：

$$N(X)=\frac{Y_1}{X}\angle\varphi_1=\frac{\sqrt{A_1^2+B_1^2}}{X}\angle\arctan\frac{B_1}{A_1} \tag{8-11}$$

式中，$N(X)$称为非线性特性的描述函数，它表示 N 输出的一次谐波分量对其正弦输入的复数比。其中 Y_1 为输出一次谐波分量的振幅，X 为正弦输入信号的振幅，φ_1 为输出的一次谐波分量相对于正弦输入信号的相移。用描述函数 $N(X)$ 代替非线性元件后，图 8-6 所示的非线性系统便变为图 8-7 所示。由于图 8-7 为一个近似的线性系统，因而可以用线性控制理论中的频率法对它进行分析。

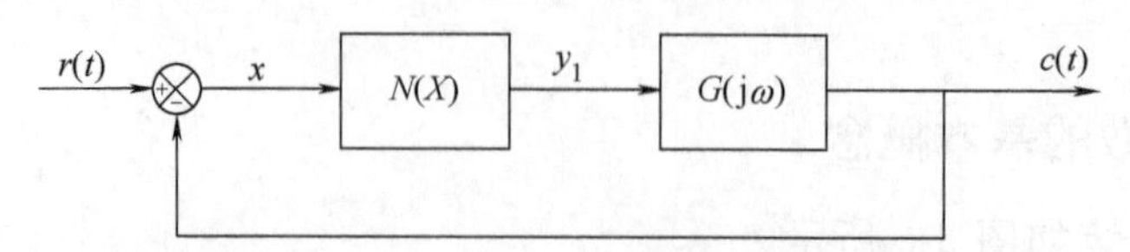

图 8-7　用描述函数表示非线性特性的系统

在一般的情况下，描述函数 $N(X)$ 为正弦输入幅值 X 的函数，与其频率无关。当非线性特性为单值函数时，相应的描述函数 $N(X)$ 为一实数，表示其输出信号的一次谐波与正弦输入信号是同相的。在应用描述函数分析非线性系统之前，先举几个例题，以说明非线性元件描述函数的求解方法。

二、非线性元件描述函数的举例

1. 饱和非线性

图 8-8a 为饱和非线性元件的输入-输出特性曲线。这种非线性元件对于小信号输入，其输出与输入是成比例的；对于大的输入信号，其输出为一常量。图 8-8b 为饱和非线性元件的输入和输出波形。

由图 8-8b 可知，输出 $y(t)$ 是一个周期性的奇函数，因而它的傅里叶级数展开式中既没有直流项，也没有余弦项，即 $A_0=0$，$B_1=0$，$\varphi_1=0$。其中一次正弦谐波分量为

$$y_1(t) = Y_1\sin\omega t = A_1\sin\omega t \tag{8-12}$$

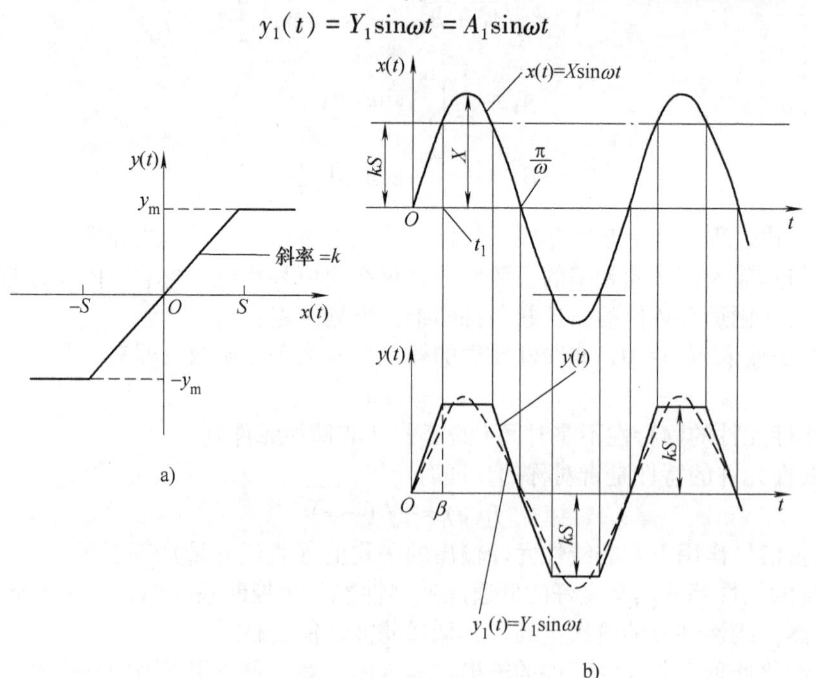

图 8-8　饱和非线性示例

a）饱和非线性元件的输入-输出特性曲线　b）饱和非线性元件的输入和输出波形

式中：

$$A_1 = \frac{4}{\pi}\int_0^{\frac{\pi}{2}} y\sin\omega t\mathrm{d}(\omega t)$$

$$= \frac{4}{\pi}\left[\int_0^{\beta} kX\sin\omega t\sin\omega t\mathrm{d}(\omega t) + \int_{\beta}^{\frac{\pi}{2}} kS\sin\omega t\mathrm{d}(\omega t)\right]$$

$$= \frac{4}{\pi}kX\int_0^{\beta}\frac{1-\cos2\omega t}{2}\mathrm{d}(\omega t) - \frac{4}{\pi}kS\cos\omega t\Big|_{\beta}^{\frac{\pi}{2}}$$

$$= \frac{4}{\pi}\left[kX\frac{1}{2}\left(\beta - \frac{1}{2}\sin2\beta\right) + kS\cos\beta\right]$$

$$= \frac{2kX}{\pi}[\beta + \sin\beta\cos\beta]$$

由于 $X\sin\beta=S$，故 $\sin\beta=\frac{S}{X}$，$\beta=\arcsin\frac{S}{X}$，代入上式得

$$A_1 = \frac{2kX}{\pi}\left[\arcsin\frac{S}{X} + \frac{S}{X}\sqrt{1-\left(\frac{S}{X}\right)^2}\right] \tag{8-13}$$

据此，求得饱和特性元件的描述函数为

$$N(X) = \frac{A_1}{X} = \frac{2k}{\pi}\left[\arcsin\frac{S}{X} + \frac{S}{X}\sqrt{1-\left(\frac{S}{X}\right)^2}\right] \tag{8-14}$$

若以 S/X 为自变量，$N(X)/k$ 为因变量，则可画出相应的函数曲线，如图 8-9 所示。

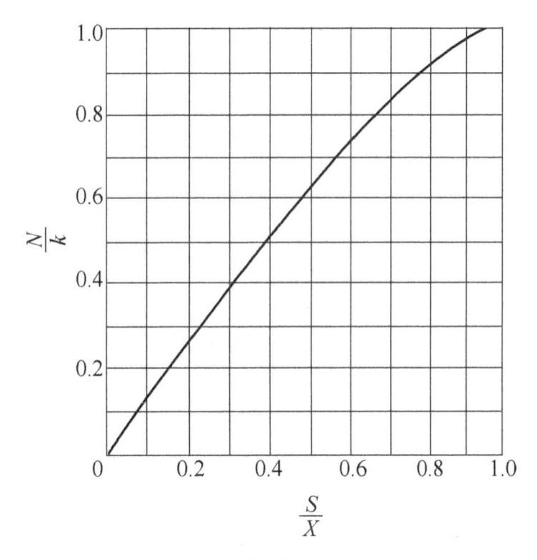

图 8-9　饱和非线性元件的描述函数

2. 理想继电器型非线性

理想继电器型非线性特性又称为双位非线性，它的输入-输出特性曲线如图 8-10a 所示。图 8-10b 为它的输入和输出波形图。

由图 8-10b 可见，这种非线性元件的输出也是一个奇函数，因而有 $A_0=0$，$B_1=0$，$\varphi_1=0$。根据式（8-9）得

$$A_1 = \frac{2M}{\pi}\int_0^{\pi}\sin\omega t\mathrm{d}(\omega t) = \frac{4M}{\pi} \tag{8-15}$$

$$y_1 = \frac{4M}{\pi}\sin\omega t$$

根据式（8-11），求得描述函数为

$$N(X) = \frac{A_1}{X} = \frac{4M}{\pi X} \tag{8-16}$$

若以 M/X 为自变量，$N(X)$为因变量，则可画出相应描述函数的曲线，如图 8-11 所示。

3. 死区非线性

图 8-12a 为典型的死区非线性特性，图 8-12b 为它的输入和输出波形。由图可见，在有死区的元件中，当其输入信号的幅值在死区范围内，该元件就没有输出。

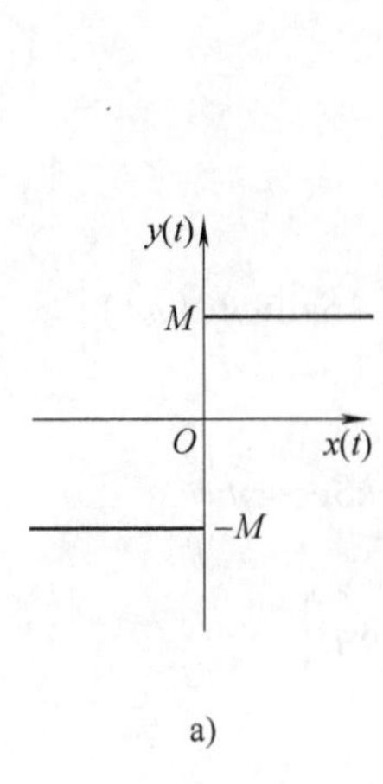

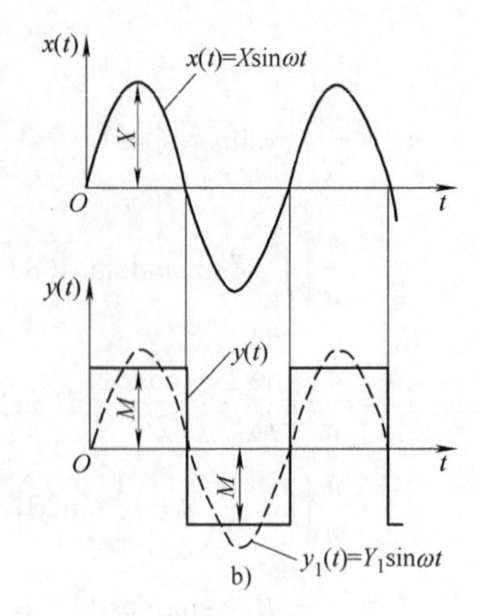

图 8-10　理想继电器型非线性示例

a）理想继电器型非线性的输入-输出特性曲线　b）理想继电器型非线性的输入和输出波形

对于图 8-12a 所示的死区非线性特性，当 $0 \leqslant \omega t \leqslant \pi$ 时，输出 $y(t)$ 为

$$y(t)=\begin{cases}0 & 0<t<t_1\\ k(X\sin\omega t-\Delta) & t_1<t<\dfrac{\pi}{\omega}-t_1\\ 0 & \dfrac{\pi}{\omega}-t_1<t<\dfrac{\pi}{\omega}\end{cases} \tag{8-17}$$

由输出 $y(t)$ 的波形可知，$A_0=0$，$B_1=0$，$\varphi_1=0$。$y(t)$ 中的一次正弦谐波分量为

$$y_1(t)=A_1\sin\omega t$$

式中：

$$\begin{aligned}A_1&=\frac{1}{\pi}\int_0^{2\pi}y(t)\sin\omega t\mathrm{d}(\omega t)\\ &=\frac{4}{\pi}\int_0^{\pi/2}y(t)\sin\omega t\mathrm{d}(\omega t)\\ &=\frac{4k}{\pi}\int_{\omega t_1}^{\pi/2}(X\sin\omega t-\Delta)\sin\omega t\mathrm{d}(\omega t)\end{aligned}$$

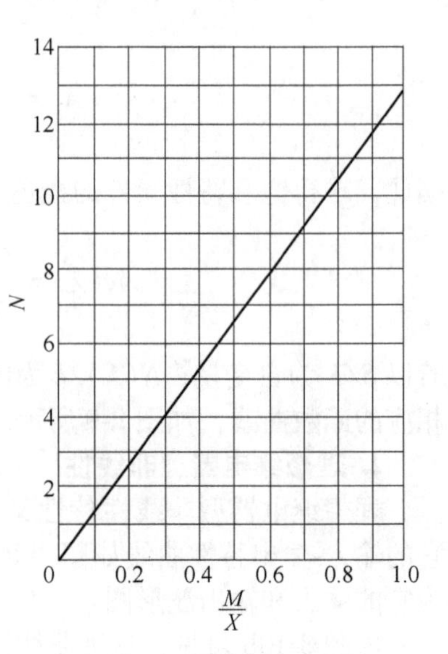

图 8-11　理想继电器型非线性的描述函数

式中，$\Delta=X\sin\omega t_1$，即 $\omega t_1=\arcsin$（Δ/X），代入上式后，求得

$$\begin{aligned}A_1&=\frac{4kX}{\pi}\left[\int_{\omega t_1}^{\pi/2}\sin^2\omega t\mathrm{d}(\omega t)-\sin\omega t_1\int_{\omega t_1}^{\pi/2}\sin\omega t\mathrm{d}(\omega t)\right]\\ &=\frac{2kX}{\pi}\left[\frac{\pi}{2}-\arcsin\frac{\Delta}{X}-\frac{\Delta}{X}\sqrt{1-\left(\frac{\Delta}{X}\right)^2}\right]\end{aligned} \tag{8-18}$$

于是按式（8-11）求得死区非线性元件的描述函数为

$$N(X)=\frac{A_1}{X}=k-\frac{2k}{\pi}\left[\arcsin\frac{\Delta}{X}+\frac{\Delta}{X}\sqrt{1-\left(\frac{\Delta}{X}\right)^2}\right],\ X>\Delta \tag{8-19}$$

若以 Δ/X 为自变量，N/k 为因变量，则由式（8-19）画出相应的关系曲线，如图 8-13 所示。

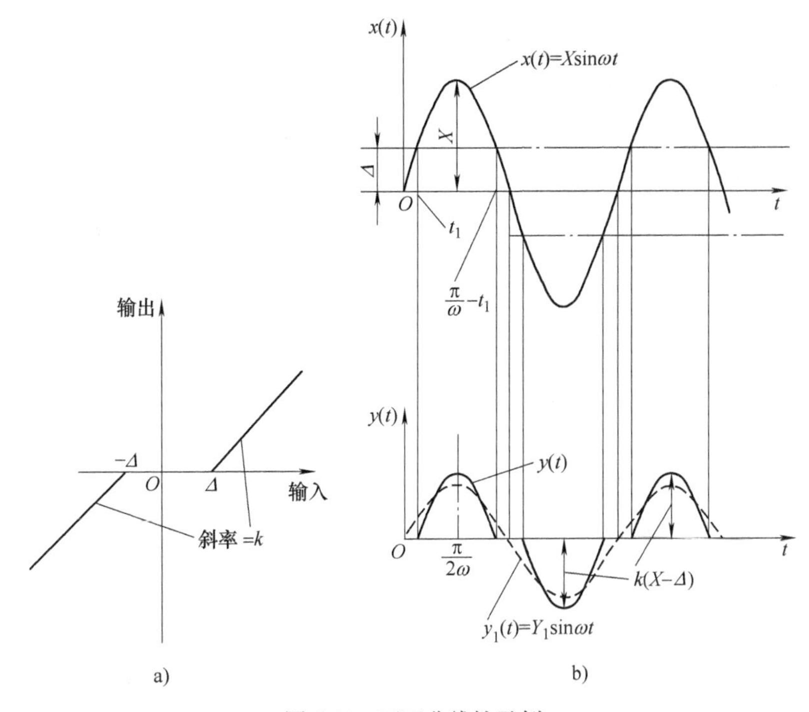

图 8-12 死区非线性示例

a）死区非线性的输入-输出特性曲线 b）死区非线性的输入和输出波形

显然，当$\left(\dfrac{\Delta}{X}\right)\geqslant 1$时，输出为零，因而描述函数的值也必然为零。

如果在系统中有两个非线性元件相串联，其合成的描述函数就不能简单地认为是这两个非线性元件描述函数的乘积。例如，在图 8-14a 所示的系统中，其前向通道中有两个相串联的非线性元件 N_1 和 N_2。必须注意，在计算描述函数时，一个很重要的条件是非线性元件的输入为正弦信号。显然，非线性元件 N_2 的输入能满足这个条件，其原因是 N_2 前的线性部分 $G(s)$ 具有良好的低通滤波器性能；而非线性元件 N_1 就不满足这个条件。正确的做法是将两个元件的非线性特性合成为一个，如图 8-14b 所示，然后再求取合成后非线性特性的描述函数。

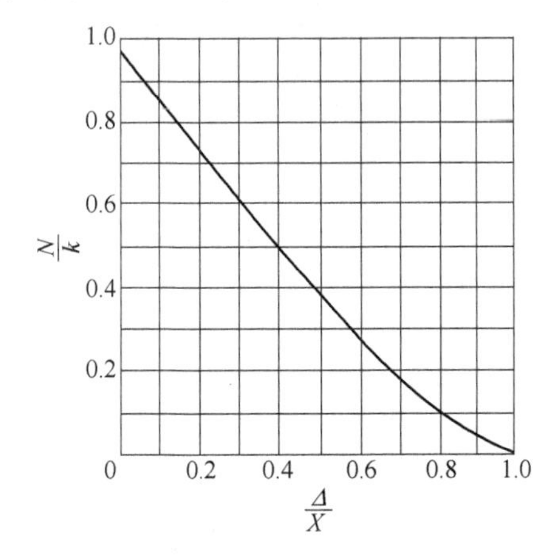

图 8-13 死区非线性的描述函数

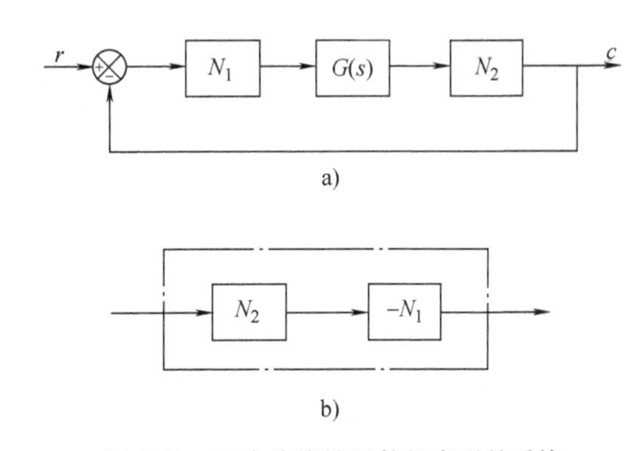

图 8-14 两个非线性元件相串联的系统

表 8-1 列出了常见典型非线性特性的描述函数。

表 8-1　常见典型非线性特性的描述函数

非线性类型	输入、输出波形	描述函数 N	负倒特性 $-1/N$
1. 理想继电器型非线性 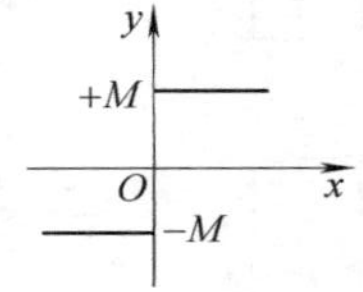	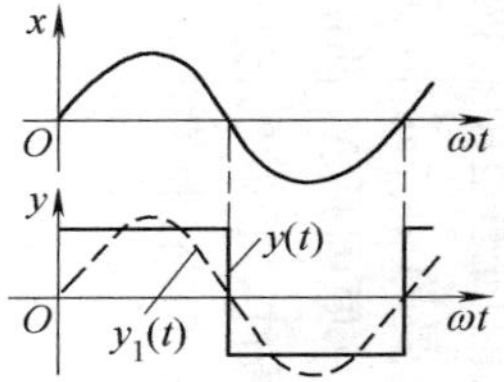	$N = \dfrac{4M}{\pi X}$	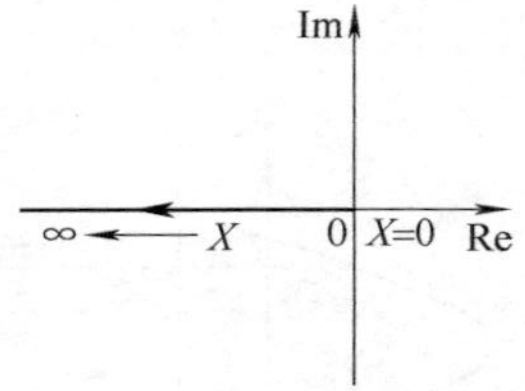
2. 有死区的继电器型非线性 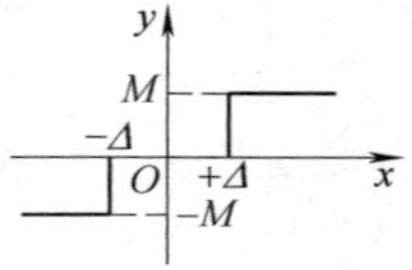	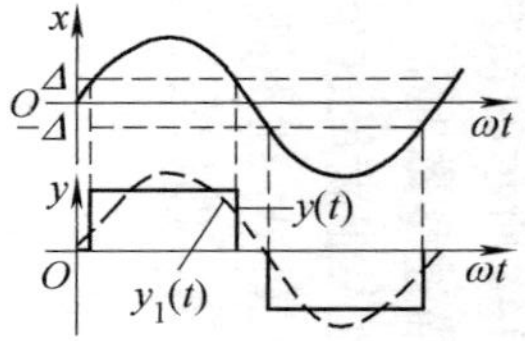	$N = \dfrac{4M}{\pi X}\sqrt{1-\left(\dfrac{\Delta}{X}\right)^2}$, $X \geqslant \Delta$	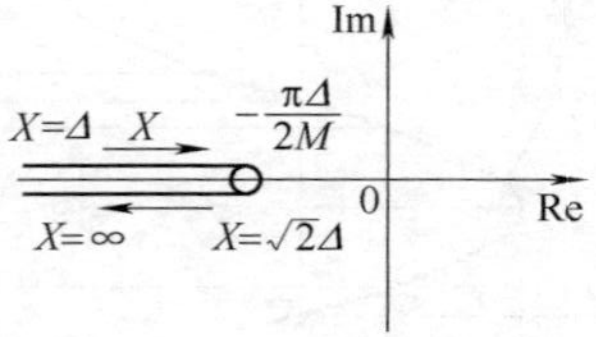 $-\dfrac{\pi\Delta}{2M}$
3. 死区非线性 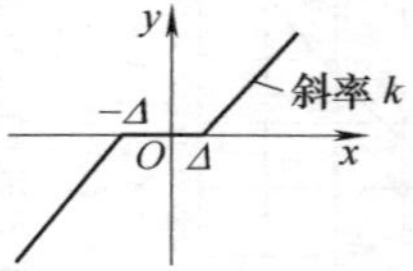	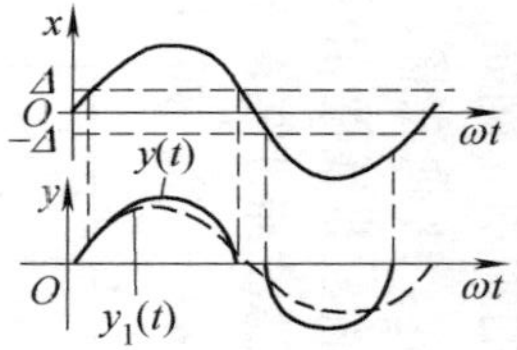	$N = k = \dfrac{2k}{\pi}\left[\arcsin\dfrac{\Delta}{X} + \dfrac{\Delta}{X}\sqrt{1-\left(\dfrac{\Delta}{X}\right)^2}\right]$, $X \geqslant \Delta$	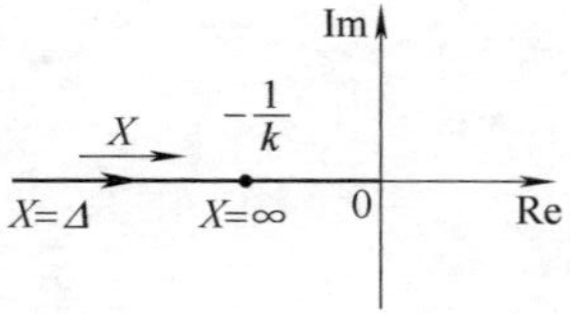 $-\dfrac{1}{k}$
4. 饱和非线性 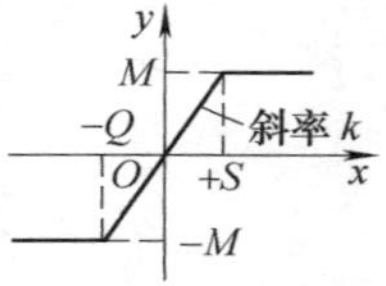	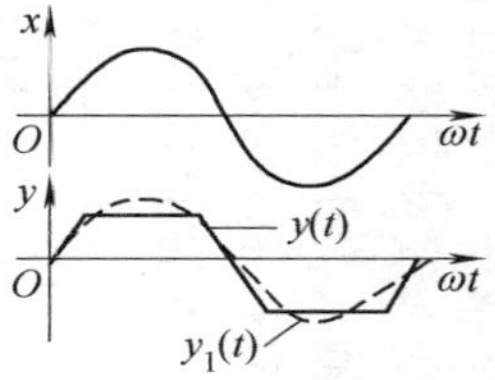	$N = \dfrac{2k}{\pi}\left[\arcsin\dfrac{S}{X} + \dfrac{S}{X}\sqrt{1-\left(\dfrac{S}{X}\right)^2}\right]$, $X \geqslant S$	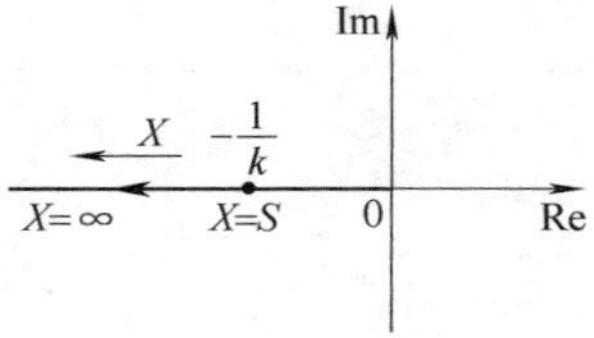 $-\dfrac{1}{k}$

5. 具有滞环的继电器型非线性 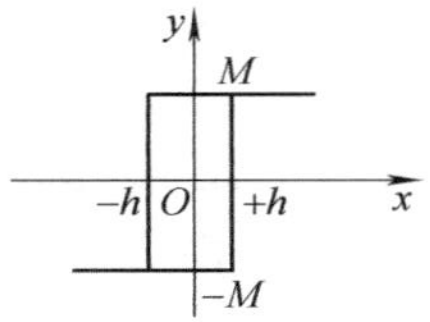	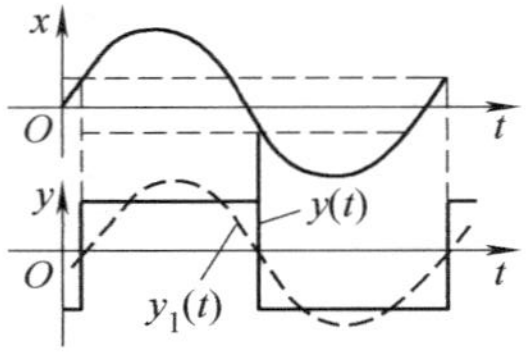	$N=\frac{4M}{\pi X}e^{-j\arcsin\frac{h}{X}}$ $N_0=\frac{h}{M}N,\ X\geqslant h$	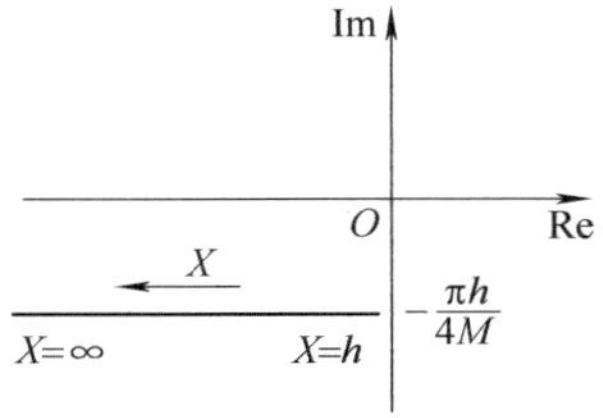 $-\frac{\pi h}{4M}$
6. 滞环非线性 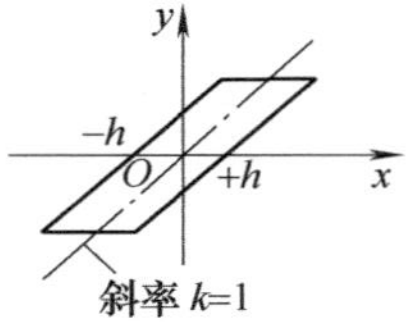 斜率 $k=1$	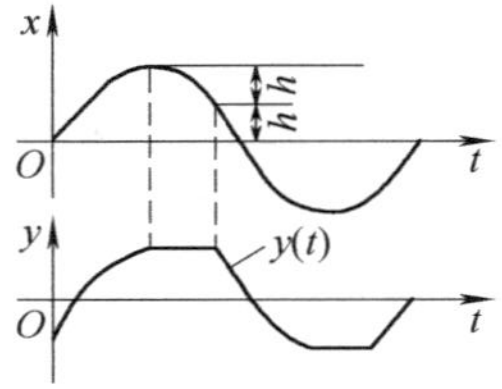	$N\sqrt{\left(\frac{A_1}{X_1}\right)^2+\left(\frac{B_1}{X}\right)^2}\ e^{-j\arctan\frac{B_1}{A_1}}$ 其中：$\frac{A_1}{X}=-\frac{4h}{\pi X}\left(1-\frac{h}{X}\right)$ $\frac{B_1}{X}=\frac{1}{2}\left\{1-\frac{2}{\pi}\left[\arcsin\left(1-\frac{h}{X}\right)-\left(1-\frac{h}{X}\right)\sqrt{1-\left(1-\frac{2h}{X}\right)^2}\right]\right\}$, $X\geqslant h$	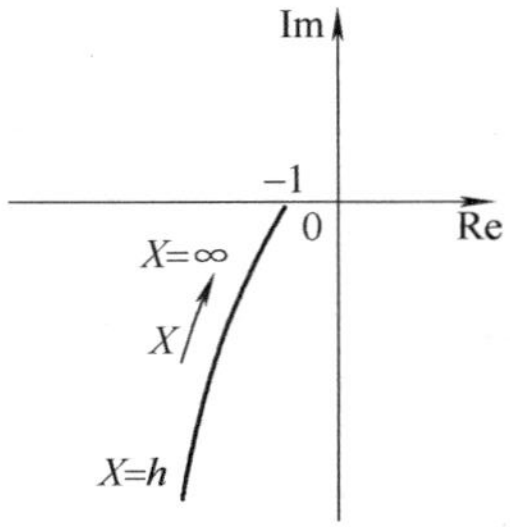
7. 具有死区、滞环的继电器型非线性 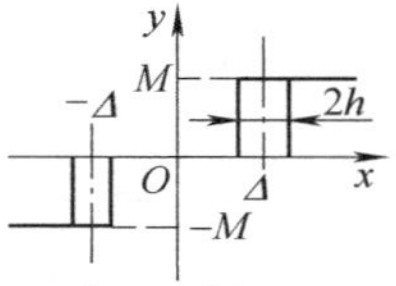 $\frac{h}{\Delta}=\alpha,\frac{M}{\Delta}=\beta$	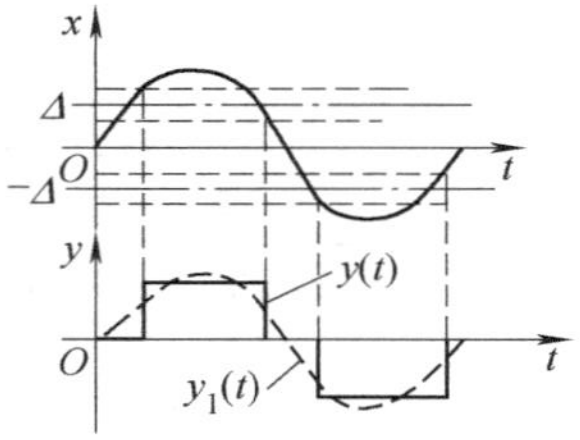	$N=\sqrt{\left(\frac{A_1}{X}\right)^2+\left(\frac{B_1}{X}\right)^2}\ e^{-j\arctan\frac{B_1}{A_1}}$ 其中：$\frac{A_1}{X}=-\frac{4\alpha\beta}{\pi}\left(\frac{\Delta}{X}\right)^2$ $\frac{B_1}{X}=\frac{2\beta}{\pi}\frac{\Delta}{X}\left[\sqrt{1-\left(\frac{\Delta}{X}\right)^2(1-\alpha^2)}+\sqrt{1+\left(\frac{\Delta}{X}\right)^2(1+\alpha^2)}\right]$, $X\geqslant\Delta+h$	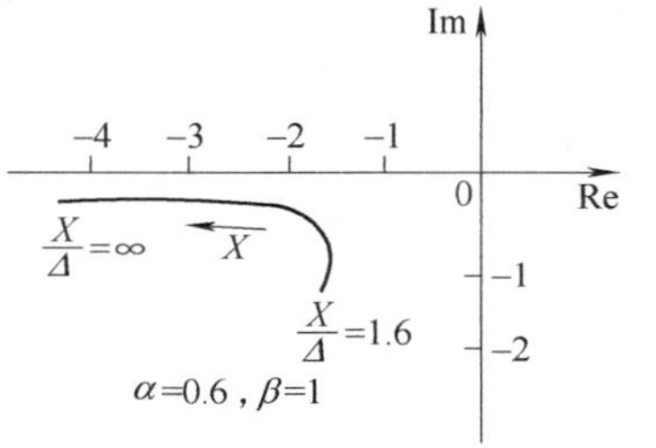 $\alpha=0.6,\beta=1$

第三节　用描述函数法分析非线性控制系统

由于描述函数仅表示非线性元件在正弦输入信号作用下，其输出的基波分量与输入正弦信号间的关系，因而它不可能像线性系统中的频率特性那样能全面地表征系统的性能，只能近似地用于分析非线性系统的稳定性和自持振荡。

设非线性系统的框图如图 8-15 所示。图中非线性部分用描述函数 $N(X)$ 表示，$G(\mathrm{j}\omega)$ 是线性部分的频率特性。基于自持振荡只与非线性系统的结构和参数有关，与外施信号（或初始条件）无关，因而可假设输入 $r(t)=0$。显然，当系统产生自持振荡时，其闭合路径上的各点都会出现相同频率的正弦振荡信号。若把图 8-15 中 $N(X)$ 与 $G(\mathrm{j}\omega)$ 间的通路断开（见图 8-16），并在 $G(\mathrm{j}\omega)$ 的输入端加一正弦信号 $y_1=Y_1\sin\omega t$，则 $N(X)$ 的输出为

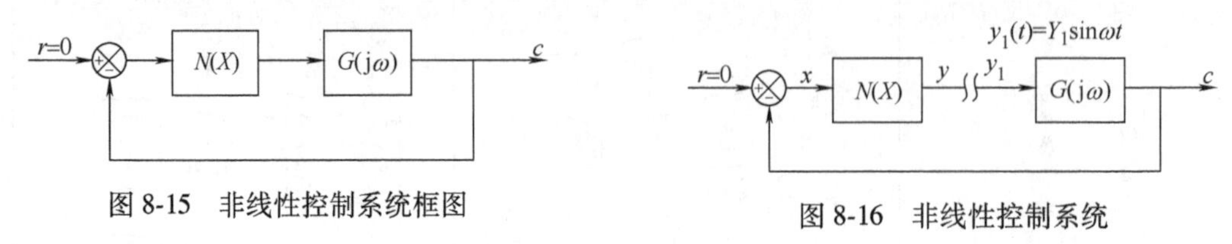

图 8-15　非线性控制系统框图　　　图 8-16　非线性控制系统

$$y=-G(\mathrm{j}\omega)N(X)Y_1\sin\omega t$$

如果 $y=y_1$，则有

$$1+G(\mathrm{j}\omega)N(X)=0 \tag{8-20}$$

或写作

$$G(\mathrm{j}\omega)=-\frac{1}{N(X)} \tag{8-21}$$

此时若把 $N(X)$ 与 $G(\mathrm{j}\omega)$ 间通路的断开点接上，即使撤消外施信号 y_1，系统的振荡也能持续下去。不难看出，式（8-21）就是系统产生自持振荡的条件，其中$-\dfrac{1}{N(X)}$称为描述函数的负倒特性。上述情况与线性系统中 $G(\mathrm{j}\omega)H(\mathrm{j}\omega)$ 曲线穿过 GH 平面上的（-1，j0）点相类似。然而，用描述函数判别非线性系统的稳定性时，相当于线性系统的（-1，j0）点是其负倒特性$-\dfrac{1}{N(X)}$，它是一条轨迹线。这样，奈奎斯特稳定判据就能应用于用描述函数表示的非线性控制系统。假设系统的线性部分由最小相位元件所组成，则奈奎斯特稳定判据可叙述为：如果$-\dfrac{1}{N(X)}$轨迹没有被 $G(\mathrm{j}\omega)$ 曲线所包围，如图 8-17a 所示，则该非线性系统是稳定的；反之，如果$-\dfrac{1}{N(X)}$轨迹被 $G(\mathrm{j}\omega)$ 曲线所包围，如图 8-17b 所示，则对应的非线性系统为不稳定。

如果$-1/N(X)$轨迹与 $G(\mathrm{j}\omega)$ 曲线相交，则系统的输出有可能产生自持振荡。严格地说，这种自持振荡一般不是正弦的，但可以用一个正弦振荡来近似。自持振荡的幅值和频率是由交点处的$-1/N(X)$轨迹上的 X 值和 $G(\mathrm{j}\omega)$ 曲线上的 ω 值来表示。然而，并非在所有的交点处都能产生自持振荡。例如，在图 8-17c 中，$G(\mathrm{j}\omega)$ 曲线与$-1/N(X)$有 A、B 两个交点。下面以奈奎斯特判据为准则，分析产生于 A、B 两点处的自持振荡。

设系统工作于 A 点，若受到一微小的扰动，使非线性元件正弦输入的幅值略有增大。工作点由$-1/N(X)$轨迹上的 A 点移动到 C 点。由于 C 点被 $G(\mathrm{j}\omega)$ 曲线所包围，因而相应的

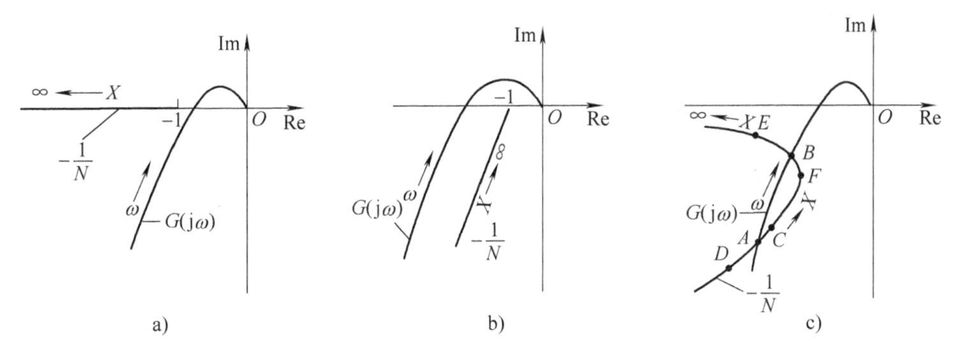

图 8-17　非线性系统的稳定性判别

系统是不稳定的，从而导致系统振荡的加剧，振幅继续增大，使工作点由 C 点向 B 点移动。反之，若在 A 点处受到的扰动使非线性元件输入的幅值略有减小，如使工作点从 $-1/N(X)$ 轨迹上的 A 点偏移到 D 点。由于 D 点未被 $G(\mathrm{j}\omega)$ 曲线包围，故此时系统处于稳定状态，系统的振荡将减弱，振幅会不断地衰减，使工作点沿该曲线向左下方移动。由此可见，在 A 点处产生的自持振荡是不稳定的。

用同样的方法，可判别系统在 B 点处产生的自持振荡是稳定的。这表示系统工作在 B 点处即使受到干扰的作用，使非线性元件正弦输入的幅值不论是增大还是减小（由 B 点偏移到 E 点或 F 点），只要干扰信号一消失，系统最后仍能回到原来的工作状态 B 点。由此可见，在 B 点处产生的自持振荡是稳定的。

一般来说，控制系统不希望有自持振荡现象产生，为此在设计系统时，应通过对参数的调整和加校正装置等方法，尽量避免这种现象的出现。表 8-1 中列出了常见非线性元件描述函数的负倒特性图，以便读者使用时查找。

【例 8-1】 一具有饱和放大器的非线性系统如图 8-18a 所示，其中放大器线性区的增益为 K。试确定系统临界稳定时的 K 值，并计算当 $K=3$ 时，系统产生自持振荡的幅值和频率。

解　令放大器的增益为 1，把其增益 K 归算到系统的线性部分。由式（8-14）得

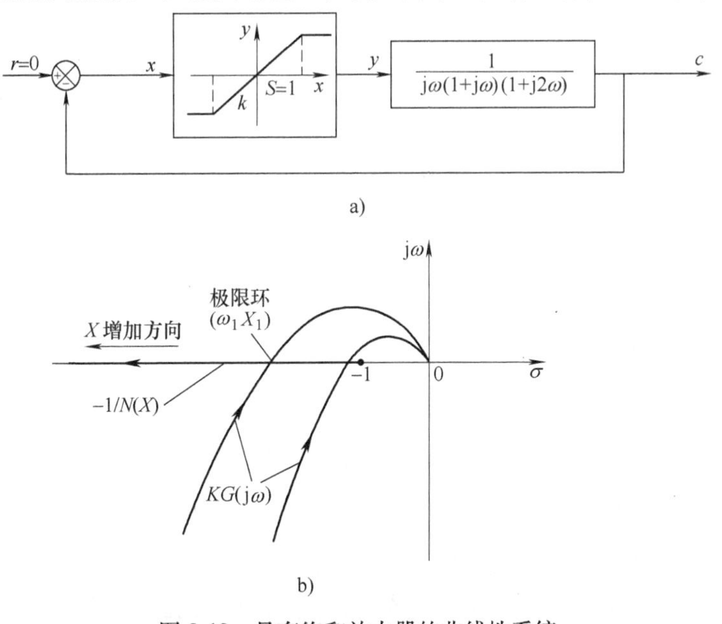

图 8-18　具有饱和放大器的非线性系统

$$-\frac{1}{N(X)}=\begin{cases}-1 & X<1\\ \dfrac{-\pi/2}{\arcsin(1/X)+(1/X)\sqrt{1-(1/X)^2}} & X>1\end{cases} \tag{8-22}$$

由式（8-22）可知，描述函数的负倒特性$-1/N(X)$起始于（-1，j0）点，并随着幅值X的增大沿着复平面的负实轴向左移动，如图8-18b所示。令

$$KG(\mathrm{j}\omega)=-1/N(X)$$

在两曲线的交点处，$G(\mathrm{j}\omega)$的相角为

$$\varphi(\omega)=-90°-\arctan 2\omega-\arctan\omega=-180°$$

即有

$$\arctan\omega+\arctan 2\omega=90°$$

对上式取正切得

$$\frac{2\omega+\omega}{1-2\omega^2}=\infty$$

解之，求得$\omega=1/\sqrt{2}\,\mathrm{s}^{-1}$。

当$KG(\mathrm{j}\omega)$曲线通过（-1，j0）点，即系统处于临界稳定状态时，对应的K值应满足下式：

$$|KG(\mathrm{j}\omega)|_{\omega=1/\sqrt{2}}=1$$

$$\frac{K}{1/\sqrt{2}\times\sqrt{3/2}\times\sqrt{3}}=1$$

解得$K=3/2$。

当$K=3$时，$KG(\mathrm{j}\omega)$曲线与$-1/N(X)$轨迹相交于负实轴。根据上述判别稳定自持振荡的方法，可知在相交点处系统有稳定的自持振荡，其振荡频率$\omega=1/\sqrt{2}\,\mathrm{s}^{-1}$，而振幅$X$由下式求得：

$$\frac{1}{N(X)}=\frac{\pi/2}{\arcsin(1/X)+(1/X)\sqrt{1-(1/X)^2}}=3\left(\frac{2}{3}\right)=2$$

即$N(X)=1/2$，$N(X)/K=\dfrac{0.5}{3}=0.166$，据此，由图8-9所示的曲线查得$X\approx6.5$。

第四节　相　轨　迹

一、相轨迹的基本概念

设二阶系统微分方程式的一般形式为

$$\ddot{x}+a(x,\ \dot{x})\dot{x}+b(x,\ \dot{x})x=0 \tag{8-23}$$

式中，系数a和b都是x和$\dot{x}$的函数。显然，不同的初始条件，式(8-23)的解是不相同的，即x、$\dot{x}$间的关系将随着初始条件而变化。把x、$\dot{x}$的关系画在以x和$\dot{x}$为坐标的平面上，这种关系曲线称为相轨迹，由x、$\dot{x}$组成的平面叫做相平面。相平面上的每一点都代表系统在相应时刻的一个状态。下面以一个线性系统为例，来阐明相轨迹的概念。

设一弹簧、质量、阻尼器系统的齐次方程为

$$m\frac{d^2x}{dt^2}+f\frac{dx}{dt}+kx=0$$

把上式改写为标准形式：

$$\frac{d^2x}{dt^2}+2\zeta\omega_n\frac{dx}{dt}+\omega_n^2x=0 \tag{8-24}$$

式中，ζ 和 ω_n 分别为该系统的阻尼比和无阻尼自然频率。

令 $x_1=x$、$x_2=\dot{x}$ 为系统的两个状态变量，于是式（8-24）可化为两个联立的一阶微分方程，即有

$$\dot{x}_1=x_2 \tag{8-25}$$

$$\dot{x}_2=-\omega_n^2x_1-2\zeta\omega_nx_2 \tag{8-26}$$

根据式（8-25）、式（8-26），可解得状态变量 x_1 和 x_2。描述该系统的运动规律一般有两种方法：一种是直接解出 x_1 和 x_2 对 t 的关系，如图 8-19a 所示；另一种是以时间 t 为参变量，求出 $x_2=f(x_1)$ 的关系，并把它画在 x_1-x_2 的平面上，如图 8-19b 所示。显然，图 8-19b 所示的相轨迹和图 8-19a 所示的瞬态响应曲线一样能表征系统的运动过程。

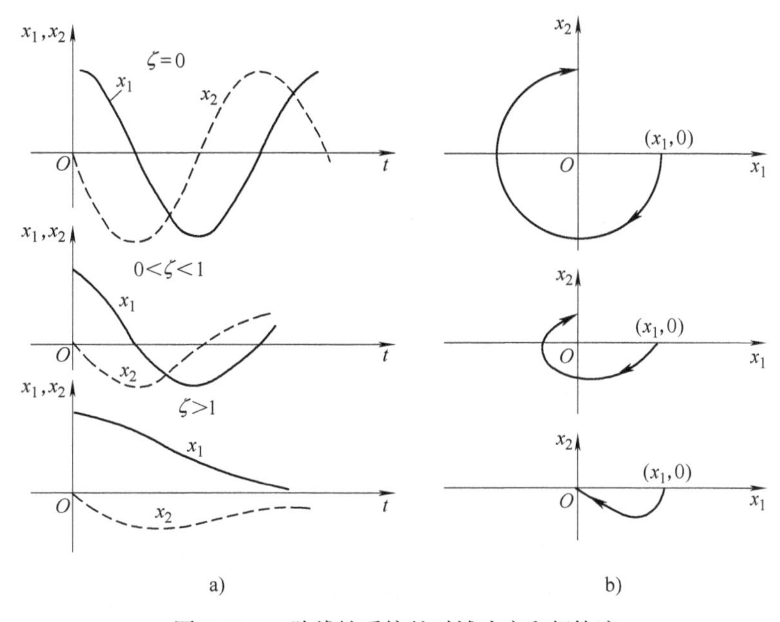

图 8-19　二阶线性系统的时域响应和相轨迹

如果系统的运动方程为非线性微分方程，则在一般情况下就难以得到 x_1 和 x_2 的解析解。例如，在上述的例子中，若弹簧力为 $k_1x+k_2x^3$，则该系统的状态方程就变为

$$\dot{x}_1=x_2$$

$$\dot{x}_2=-\frac{k_1}{m}x_1-\frac{k_2}{m}x_1^3-\frac{f}{m}x_2$$

不难看出，上述方程用解析法求解就很不容易，但是用图解法可以作出其相轨迹，这样既克服了非线性方程求解的困难，又能获得系统瞬态响应的有关信息。

相轨迹一般具有如下几个重要性质：

（1）相轨迹上的每一点都有其确定的斜率　一般情况下，二阶系统可以用如下的常微分方程来描述：

$$\ddot{x}+f(x,\dot{x})=0 \tag{8-27}$$

或写作

$$\frac{\mathrm{d}\dot{x}}{\mathrm{d}t}=-f(x,\dot{x})$$

上式等号两边同除以 $\dot{x}=\frac{\mathrm{d}x}{\mathrm{d}t}$，则有

$$\frac{\mathrm{d}\dot{x}}{\mathrm{d}x}=-\frac{f(x,\dot{x})}{\dot{x}} \tag{8-28}$$

若令 $x_1=x$，$x_2=\dot{x}$，则式（8-28）改写为

$$\frac{\mathrm{d}x_2}{\mathrm{d}x_1}=-\frac{f(x_1,x_2)}{x_2} \tag{8-29}$$

式（8-29）或式（8-28）称为相轨迹的斜率方程，它表示相轨迹上每一点的斜率 $\mathrm{d}x_2/\mathrm{d}x_1$ 都满足这个方程。

（2）相轨迹的奇点　由微分方程式解的唯一性定理可知，对于每一个给定的初始条件，只有一条相轨迹。因此，从不同初始条件出发的相轨迹是不会相交的。只有同时满足 $x_2=0$，$f(x_1,x_2)=0$ 的特殊点，由于该点相轨迹的斜率为0/0，是一个不定值，因而通过该点的相轨迹就有无数多条，且它们的斜率也彼此不相等。具有 $x_2=0$、$\dot{x}_2=f(x_1,x_2)=0$ 的点称为奇点，它一般表示系统的平衡状态。

（3）相轨迹正交于 x_1 轴　因为在 x_1 轴上的所有的点，其 x_2 总等于零，因而除去其中 $f(x_1,x_2)=0$ 的奇点外，在这些点上的斜率为 $\mathrm{d}x_2/\mathrm{d}x_1=\infty$，这表示相轨迹与相平面的横轴 x_1 是正交的。

（4）相轨迹运动方向的确定　在相平面的上半平面上，由于 $x_2>0$，表示随着时间 t 的推移，相轨迹的运动方向是 x_1 的增大方向，即向右运动。反之，在相平面的下半平面上，由于 $x_2<0$，表示随着时间 t 的推移，相轨迹的运动方向是 x_1 的减小方向，即向左运动。

二、相轨迹的绘制

绘制相轨迹图的方法有解析法和图解法两种。解析法只适用于系统微分方程比较简单的场合；对于一般非线性系统的相轨迹，宜采用图解法。

（一）用解析法求相轨迹

用解析法绘制相轨迹的方法通常有两种：一种是对式（8-29）直接进行积分。显然，这种方法只适用于该式能用一般函数表示的场合。另一种方法是分别解出 x_1 和 x_2 对 t 的关系式，然后消去参变量 t，求得 x_1 与 x_2 的关系式。

【例 8-2】 设二阶系统的微分方程为

$$\ddot{x}+\omega^2x=0 \tag{8-30}$$

因为 $\ddot{x}=\dot{x}\frac{\mathrm{d}\dot{x}}{\mathrm{d}x}$，则式（8-30）便改写为

$$\dot{x}\frac{\mathrm{d}\dot{x}}{\mathrm{d}x}+\omega^2x=0$$

对上式积分，解得

$$\frac{\dot{x}^2}{\omega^2}+x^2=A^2$$

若令 $x_1=x$，$x_2=\dot{x}$，则有

$$\frac{x_2^2}{\omega^2}+x_1^2=A^2 \tag{8-31}$$

式中，A 为由初始条件确定的常数。

显然，对于式（8-30）这样简单的微分方程，也可以按另一种方法求取其相轨迹方程。即先由式（8-30）分别解出 x_1 和 x_2 对 t 的下列关系式：

$$x_1(t)=A\cos(\omega t+\alpha)$$
$$x_2(t)=-A\omega\sin(\omega t+\alpha)$$

然后消去它们的参变量 t，同样能求得式（8-31）。图 8-20 为由式（8-30）所描述的系统在不同初始条件下的相轨迹图。

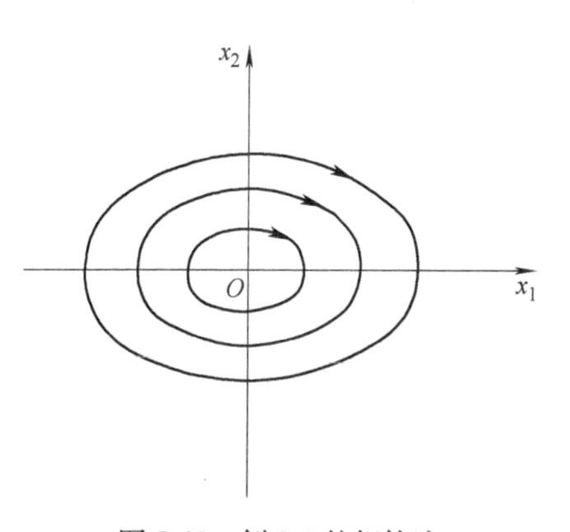

图 8-20　例 8-2 的相轨迹

（二）用图解法绘制相轨迹

1. 等倾线法

把上述导求的相轨迹的斜率方程式（8-29）重写如下：

$$\frac{\mathrm{d}x_2}{\mathrm{d}x_1}=-\frac{f(x_1,\ x_2)}{x_2}$$

若把相平面上任一点的 x_1 和 x_2 值代入上式等号的右方，就求得相轨迹通过该点的斜率。令 $\frac{\mathrm{d}x_2}{\mathrm{d}x_1}=\alpha=$常量，则式（8-29）便改写为

$$\alpha x_2=-f(x_1,\ x_2) \tag{8-32}$$

式（8-32）表示相轨迹上斜率为常值 α 的各点的连线，此连线称为等倾线。在每条等倾线上画出表示该等倾线相应斜率值的短线段，这些短线段表示了相轨迹通过等倾线时的方向，或者说它们构成了相轨迹切线的“方向场”，如图 8-21 所示。因此，只要给出不同的 α 值，就可以在相平面上画出一系列具有不同“方向场”的等倾线。下面举例说明这种作图方法。

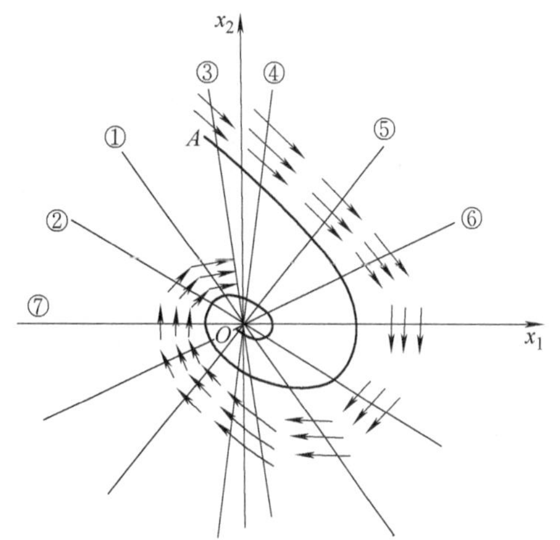

图 8-21　式（8-33）的相轨迹

【例 8-3】　试用等倾线法绘制二阶系统

$$\ddot{x}+2\zeta\omega_n\dot{x}+\omega_n^2x=0 \tag{8-33}$$

的相轨迹图，其中 $0<\zeta<1$。

解　令 $x_1=x$，$x_2=\dot{x}$，则式（8-33）改写为

$$\dot{x}_1=x_2$$
$$\dot{x}_2=-\omega_n^2x_1-2\zeta\omega_n x_2$$

于是求得

$$\frac{\mathrm{d}x_2}{\mathrm{d}x_1}=\alpha=-\frac{\omega_n^2x_1+2\zeta\omega_nx_2}{x_2}$$

或写作

$$x_2=-\frac{\omega_n^2}{\alpha+2\zeta\omega_n}x_1 \tag{8-34}$$

当 α 取不同的值时，就得到不同斜率的等倾线，在每一条等倾线上作一系列相应斜率 α 的短线段。例如，当 $\zeta=0.5$，$\omega_n=1.1$ 时，式（8-34）就变为

$$x_2=-\frac{1.21}{\alpha+1.1}x_1$$

据此，求得不同 α 值时的等倾线：

① $\alpha=0$，$x_2=-1.1x_1$；

② $\alpha=1$，$x_2=-0.576x_1$；

③ $\alpha=-1$，$x_2=-12.1x_1$；

④ $\alpha=-1.2$，$x_2=12.1x_1$；

⑤ $\alpha=-2$，$x_2=1.344x_1$；

⑥ $\alpha=-3.5$，$x_2=0.504x_1$；

⑦ $\alpha=\infty$，$x_2=0$，即 x_1 轴。

上述所列的7条等倾线如图8-21所示。在绘制相轨迹时，只要从初始点出发，沿着方向场依次连接相邻各等倾线上的短线段，就可得到系统在确定初始条件下的完整的相轨迹。由图8-21可见，由任何初始状态出发的相轨迹是一卷向坐标原点的螺旋线，这表明式（8-33）所示的系统是稳定的，其瞬态响应呈衰减的振荡形式。

2. δ法

如果只需要作出某一给定初始点出发的一条相轨迹，显然用等倾线法去绘制就太费时间了。因此，设想能否从给定初始点开始，直接以小段圆弧的形式连续地把相轨迹图画出，如能这样，则使相轨迹的绘制时间大大地减少，这就是 δ 作图法的基本思路。

设系统的微分方程为

$$\ddot{x}+f(x,\ \dot{x},\ t)=0 \tag{8-35}$$

其中函数 $f(x,\ \dot{x},\ t)$ 可以是线性的，也可以是非线性的，甚至可以是时变的，但它必须是连续、单值的。在应用 δ 法时，首先把式（8-35）改写为

$$\ddot{x}+\omega^2x=-f(x,\ \dot{x},\ t)+\omega^2x \tag{8-36}$$

式中，ω 值要选择适当，以使由式（8-37）定义的 δ 函数值在所讨论的 x 和 $\dot{x}$ 取值范围内既不太大，也不太小，以便于作图。定义 δ 函数为

$$\delta(x,\ \dot{x},\ t)\overset{\text{def}}{=\!=}\frac{-f(x,\ \dot{x},\ t)+\omega^2x}{\omega^2} \tag{8-37}$$

于是式（8-36）可改写为

$$\ddot{x}+\omega^2x=\delta(x,\ \dot{x},\ t)\omega^2$$

或写为

$$\frac{\ddot{x}}{\omega^2}+x=\delta(x,\ \dot{x},\ t)$$

式中，$\delta(x,\ \dot{x},\ t)$ 函数与变量 x、$\dot{x}$ 和 t 有关，如果这些变量的变化很小，则 $\delta(x,\ \dot{x},\ t)$ 可

近似地视为一个常量，并用 δ_1 表示。这样，上式就变为

$$\frac{\ddot{x}}{\omega^2}+(x-\delta_1)=0 \tag{8-38}$$

考虑到 $\ddot{x}=\dot{x}\dfrac{\mathrm{d}\dot{x}}{\mathrm{d}x}$，式（8-38）便改写为

$$\frac{1}{\omega^2}\dot{x}\mathrm{d}\dot{x}=-(x-\delta_1)\mathrm{d}x$$

对上式积分，求得

$$\frac{\dot{x}^2}{\omega^2}+(x-\delta_1)^2=\delta_1^2+C$$

若令 $\delta_1^2+C=R_1^2$，$x_1=x$，$x_2=\dot{x}$，则上式变为

$$\frac{x_2^2}{\omega^2}+(x_1-\delta_1)^2=R_1^2 \tag{8-39}$$

不难看出，这种方法之所以以 x_1 和 x_2/ω 表示相平面，其目的是使式（8-39）变为一个圆的方程，其圆心为（δ_1，0），半径为 R_1。例如，在图 8-22 的相平面上任取一点 A（x_{10}，x_{20}/ω），并设变量 x_1 和 x_2/ω 在该点附近变化很小，则通过 A 点附近的相轨迹可近似地用以（δ_1，0）为圆心，R_1 为半径所作的小圆弧 $\widehat{AB}$ 来表示，圆弧圆心的位置和半径的大小分别由下列两式确定：

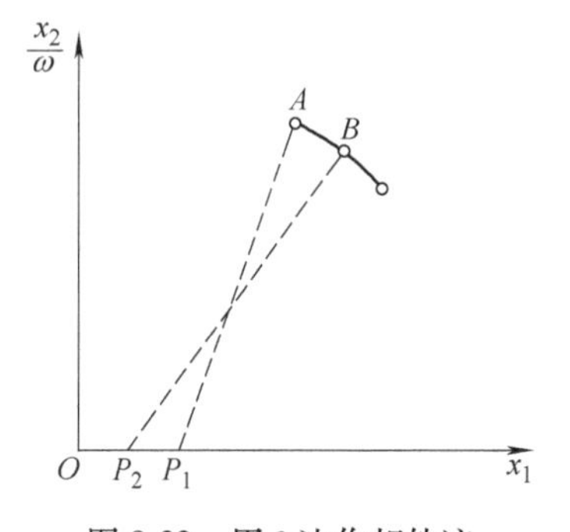

图 8-22　用 δ 法作相轨迹

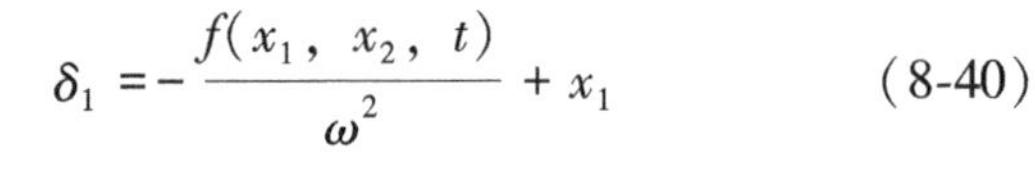

$$\delta_1=-\frac{f(x_1,\ x_2,\ t)}{\omega^2}+x_1 \tag{8-40}$$

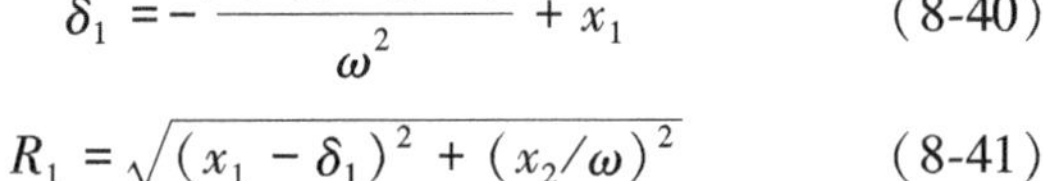

$$R_1=\sqrt{(x_1-\delta_1)^2+(x_2/\omega)^2} \tag{8-41}$$

为使用 δ 法绘制的相轨迹有较高的精度，要求每次所画的圆弧必须足够的短，以使变量 δ 的变化很小。

综上所述，用 δ 法绘制相轨迹的步骤如下：

1）根据给定的初始点 $A(x_{10},\ x_{20}/\omega)$，由式（8-40）计算出圆心 P_1（δ_1，0）的位置（见图 8-22）。

2）以 P_1 为圆心，线段 P_1A 为半径作圆弧 $\widehat{AB}$，确定相轨迹上的点 $B(x_1',\ x_2'/\omega)$。

3）在 B 点处重复 A 点的过程，这样连续绘制下去，就得到由一系列短圆弧连接而成的近似的相轨迹。

【例 8-4】 已知非线性系统的微分方程为

$$\ddot{x}+\dot{x}+x^3=0$$

它的初始条件 $x(0)=1$，$\dot{x}(0)=0$，试用 δ 法绘制起始于初始点的相轨迹。

解　将微分方程化为式（8-36）所示的标准形式，即为

$$\ddot{x}+\omega^2x=-\dot{x}-x^3+\omega^2x$$

相应的 δ 函数为

$$\delta(x,\ \dot{x})=\frac{-\dot{x}-x^3+\omega^2x}{\omega^2}$$

令 $\omega=1$，则

$$\delta(x,\ \dot{x})=-\dot{x}-x^3+x$$

根据初始条件，由式（8-40）、式（8-41）求得 $\delta_1=0$，$R_1=1$，据此可画出一段圆弧。为了提高作图的精度，一般用这段圆弧上的 x 和 $\dot{x}/\omega$ 的平均值求出更为精确的 δ 值，从而确定了第一段圆弧 $\widehat{AB}$ 圆心的位置 P_1（$x=0.12$，$\dot{x}=0$）。相轨迹的其余圆弧均用相同的方法作出，如图 8-23 所示。

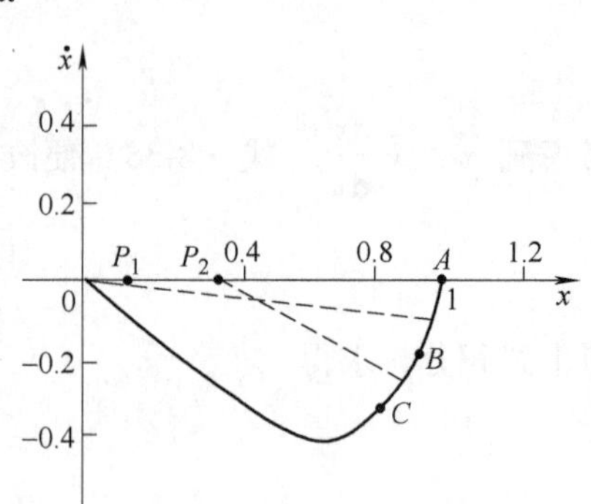

图 8-23　用 δ 法绘制相轨迹

三、由相轨迹求系统的瞬态响应

相轨迹图虽然能较直观地描述系统的运动过程，但它没有显示出变量与时间的直接关系。如果需要通过相轨迹图求取系统的瞬态响应，那就要知道相轨迹上各点对应的时间。下面介绍一种由相轨迹图求取时间 t 的近似方法。

设系统的相轨迹图如图 8-24 所示。对于小增量的 Δx 和 Δt，则可以近似地用 Δx 区间内 $\dot{x}$ 的平均值 $\dot{x}_{av}$ 来代替该区间内 x 的平均速度，即有

$$\Delta t=\frac{\Delta x}{\dot{x}_{av}} \tag{8-42}$$

据此，可计算出系统从相轨迹上的 A 点运动到 B 点所需的时间为

$$\Delta t_{AB}=\frac{\Delta x_{AB}}{\dot{x}_{AB}}$$

同理，求出由 B 点运动到 C 点所需的时间为

$$\Delta t_{BC}=\frac{\Delta x_{BC}}{\dot{x}_{BC}}$$

如此类推，可作出系统的瞬态响应曲线 $x(t)$，如图 8-25 所示。

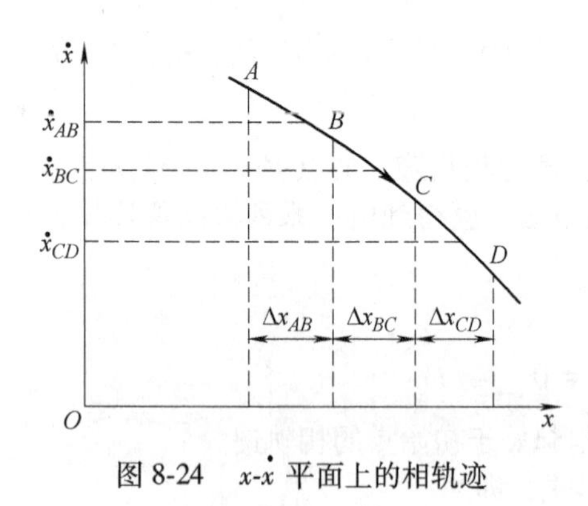

图 8-24　x-$\dot{x}$ 平面上的相轨迹

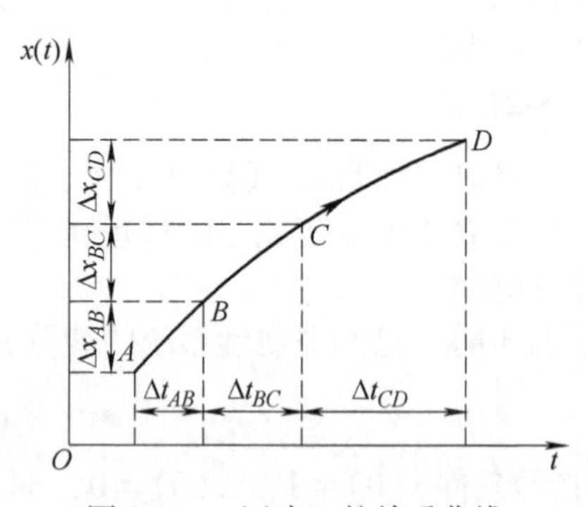

图 8-25　$x(t)$ 与 t 的关系曲线

为使上述的求解具有较高的精度，位移增量 Δx 必须选得足够小，以使 $\dot{x}$ 和 t 的增量变化也相当小。然而，Δx 不一定为常量，它应根据相轨迹各部分具体的形状而设置。如对于相轨迹平坦的部分，则可取 Δx 大一些，以减少工作量。

第五节　奇点与极限环

奇点是相平面上的一个特殊点。由于在该点处，相变量的各阶导数均为零，因而奇点实际上就是系统的平衡点。为了研究系统在奇点附近的行为，或者说了解系统在奇点附近相轨迹的特征，则需要先把系统的微分方程在奇点处进行线性化处理。

一、方程式的线性化和坐标系的变换

一般情况下，由两个独立状态变量描述的系统，可用两个一阶微分方程式表示，即

$$\dot{x}_1=f_1(x_1,\ x_2) \tag{8-43}$$

$$\dot{x}_2=f_2(x_1,\ x_2) \tag{8-44}$$

其中，$f_1(x_1,\ x_2)$ 和 $f_2(x_1,\ x_2)$ 是变量 x_1 和 x_2 在原点附近的解析函数。假设坐标原点为奇点，则有

$$f_1(0,\ 0)=0,\ \ f_2(0,\ 0)=0$$

为了确定奇点和奇点附近相轨迹的性质，将 $f_1(x_1,\ x_2)$ 和 $f_2(x_1,\ x_2)$ 在原点附近展开为泰勒级数，即有

$$\begin{aligned}\dot{x}_1=&\left.\frac{\partial f_1}{\partial x_1}\right|_{(0,0)}x_1+\left.\frac{\partial f_1}{\partial x_2}\right|_{(0,0)}x_2+\\&\frac{1}{2!}\left[\left.\frac{\partial^2 f_1}{\partial x_1^2}\right|_{(0,0)}x_1^2+2\left.\frac{\partial^2 f_1}{\partial x_1\partial x_2}\right|_{(0,0)}x_1x_2+\left.\frac{\partial^2 f_1}{\partial x_2^2}\right|_{(0,0)}x_2^2\right]+\cdots\end{aligned} \tag{8-45}$$

$$\begin{aligned}\dot{x}_2=&\left.\frac{\partial f_2}{\partial x_1}\right|_{(0,0)}x_1+\left.\frac{\partial f_2}{\partial x_2}\right|_{(0,0)}x_2+\\&\frac{1}{2!}\left[\left.\frac{\partial^2 f_2}{\partial x_1^2}\right|_{(0,0)}x_1^2+2\left.\frac{\partial^2 f_2}{\partial x_1\partial x_2}\right|_{(0,0)}x_1x_2+\left.\frac{\partial^2 f_2}{\partial x_2^2}\right|_{(0,0)}x_2^2\right]+\cdots\end{aligned} \tag{8-46}$$

由于在原点附近 x_1 和 x_2 的变化都很小，故可略去其二次项及以后的各项，于是式(8-45)和式（8-46）近似地表示为

$$\begin{cases}\dot{x}_1=a_{11}x_1+a_{12}x_2\\ \dot{x}_2=a_{21}x_1+a_{22}x_2\end{cases} \tag{8-47}$$

式中，$a_{11}=\left.\frac{\partial f_1}{\partial x_1}\right|_{(0,0)}$，$a_{12}=\left.\frac{\partial f_1}{\partial x_2}\right|_{(0,0)}$，$a_{21}=\left.\frac{\partial f_2}{\partial x_1}\right|_{(0,0)}$，$a_{22}=\left.\frac{\partial f_2}{\partial x_2}\right|_{(0,0)}$。把上述方程组写成矩阵形式，有

$$\dot{\boldsymbol{x}}=\boldsymbol{A}\boldsymbol{x} \tag{8-48}$$

式中：

$$\boldsymbol{A}=\begin{pmatrix}a_{11} & a_{12}\\ a_{21} & a_{22}\end{pmatrix}$$

为了便于对奇点附近的相轨迹做一般定性的分析，即根据系统特征值的性质去判别奇点附近相轨迹的特征，最简单的做法是把矩阵 $\boldsymbol{A}$ 变换为对角阵。令

$$\boldsymbol{x}=\boldsymbol{P}\boldsymbol{z} \tag{8-49}$$

根据第九章第三节中所述矩阵 $\boldsymbol{A}$ 对角化的方法，把式（8-48）变换为

$$\begin{pmatrix}\dot{z}_1\\ \dot{z}_2\end{pmatrix}=\begin{pmatrix}\lambda_1 & 0\\ 0 & \lambda_2\end{pmatrix}\begin{pmatrix}z_1\\ z_2\end{pmatrix} \tag{8-50}$$

式（8-49）中 $\boldsymbol{P}$ 为非奇异矩阵；式（8-50）中 λ_1 和 λ_2 为矩阵 $\boldsymbol{A}$ 的特征值，且设 $\lambda_1 \neq \lambda_2$。

不难看出，由式（8-49）给出的变换仅仅是将坐标系从（x_1，x_2）变换为具有同一个坐标原点的（z_1，z_2），如图 8-26 所示。

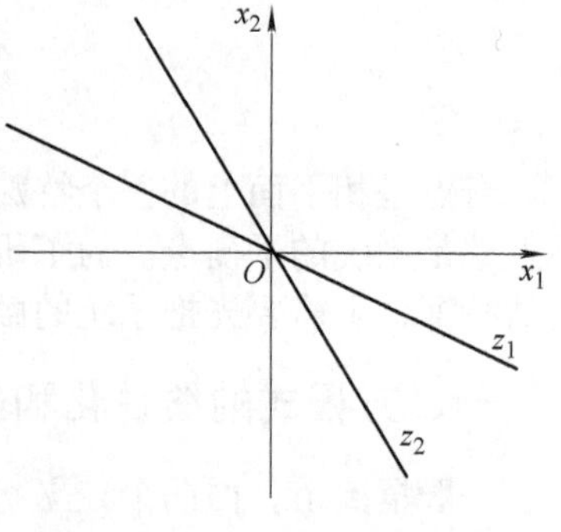

图 8-26　坐标轴的线性变换

把式（8-50）展开，则有

$$\dot{z}_1 = \lambda_1 z_1$$

$$\dot{z}_2 = \lambda_2 z_2$$

于是求得

$$\frac{\mathrm{d}z_2}{\mathrm{d}z_1} = \frac{\lambda_2}{\lambda_1}\frac{z_2}{z_1}$$

对上式积分，则有

$$z_2 = C(z_1)^{\lambda_2/\lambda_1} \tag{8-51}$$

式中，C 为积分常数。式（8-51）就是在 z_1-z_2 平面上的相轨迹方程。由式（8-51）可知，奇点的特性和奇点附近相轨迹的行为主要取决于系统的特征根 λ_1、λ_2 在 s 平面上的位置。

下面根据线性化方程的特征根在 s 平面上的各种分布，对奇点进行分类研究。

二、奇点的分类

1. 节点

如果系统的两个特征根为不相等的负实数，如图 8-27a 所示。由式（8-51）求得相应的相轨迹方程为

$$z_2 = C(z_1)^{k_1} \tag{8-52}$$

式中，$k_1 = \dfrac{\lambda_2}{\lambda_1} > 0$。式（8-52）是一抛物线方程，所有不同初始条件下出发的相轨迹均在坐标原点处与 z_1 轴相切；在远离原点地方，它们将平行于 z_2 轴。图 8-27b 为在不同初始条件下，根据式（8-52）作出的相轨迹。不难看出，在特定的初始条件下，坐标轴本身就是相轨迹。应注意的是，由于式（8-50）中的状态变量是相互独立的，因此在（z_1，z_2）平面上相轨迹的运动方向要通过考察 $z_1 = z_1(0)\mathrm{e}^{-\lambda_1 t}$ 和 $z_2 = z_2(0)\mathrm{e}^{-\lambda_2 t}$ 来确定。由于随着时间 t 的不断推移，z_1 和 z_2 将持续地衰减，最后都衰减到零值，因而有图 8-27b 中所示的指向。若要画出在（x_1，x_2）平面上的相轨迹，则需要进行下列的线性变换。

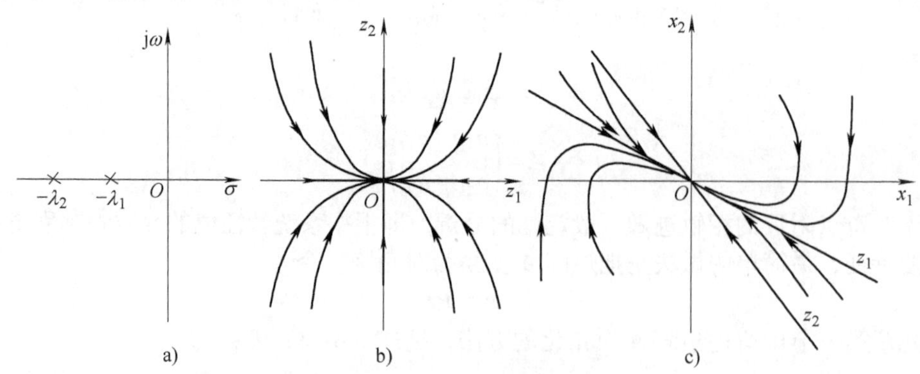

图 8-27　稳定节点的示意图

a）特征值的分布　b）在（z_1，z_2）平面上的稳定节点　c）在（x_1，x_2）平面上的稳定节点

根据系统的特征根，写出下列的微分方程：

$$\ddot{x}+(\lambda_1+\lambda_2)\dot{x}+\lambda_1\lambda_2 x=0$$

记 $x_1=x$，$x_2=\dot{x}$，则上式便改写为

$$\begin{pmatrix}\dot{x}_1\\ \dot{x}_2\end{pmatrix}=\begin{pmatrix}0 & 1\\ -\lambda_1\lambda_2 & -(\lambda_1+\lambda_2)\end{pmatrix}\begin{pmatrix}x_1\\ x_2\end{pmatrix}$$

若令 $\boldsymbol{x}=\boldsymbol{P}\boldsymbol{z}$，其中：

$$\boldsymbol{P}=\begin{pmatrix}1 & 1\\ -\lambda_1 & -\lambda_2\end{pmatrix}$$

于是得

$$\begin{pmatrix}z_1\\ z_2\end{pmatrix}=\boldsymbol{P}^{-1}\begin{pmatrix}x_1\\ x_2\end{pmatrix}=\frac{1}{\lambda_1-\lambda_2}\begin{pmatrix}-\lambda_2 x_1-x_2\\ \lambda_1 x_1+x_2\end{pmatrix}$$

或写作

$$\begin{pmatrix}x_1\\ x_2\end{pmatrix}=\begin{pmatrix}z_1+z_2\\ -(\lambda_1 z_1+\lambda_2 z_2)\end{pmatrix}$$

根据上式，就可以把（z_1，z_2）平面上的相轨迹变换到（x_1，x_2）平面上，如图 8-27c 所示。由图可见，不管初始条件如何，系统的相轨迹最终都趋向于坐标原点。因此，这种奇点称为稳定节点。

如果两个特征根为不相等的正实数，则其在（x_1，x_2）平面上的相轨迹如图 8-28 所示。由图可见，从任何初始状态出发的相轨迹都将远离平衡状态，因而这种奇点称为不稳定节点。

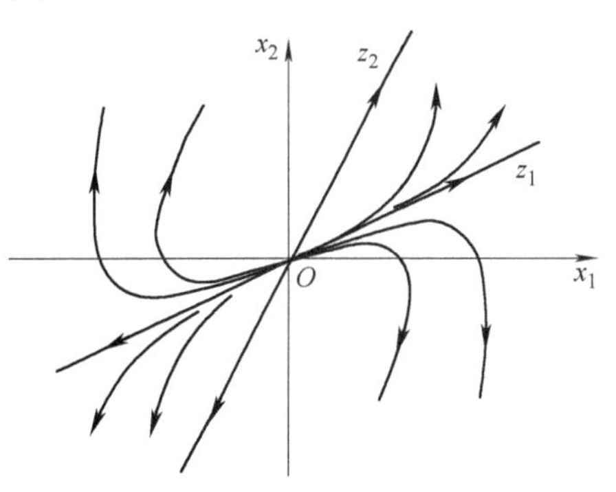

图 8-28　不稳定节点的示意图

2. 鞍点

如果系统的特征根如图 8-29a 所示，则相应的相轨迹方程就变为

$$z_2=C(z_1)^{-k_2}$$

或表示为

$$(z_1)^{k_2}z_2=C \tag{8-53}$$

式中，$k_2=\dfrac{\lambda_2}{\lambda_1}>0$。对于不同的初始条件，在（$z_1$，$z_2$）平面上的相轨迹如图 8-29b 所示。由图可见，在特定的初始条件下，坐标轴 z_1 和 z_2 本身也是相轨迹，且它们将相平面分隔为 4 个不同的运动区域，因此坐标轴 z_1 和 z_2 又是相平面的分隔线。显然，除了分隔线 z_2 外，其余所有的相轨迹都将随着时间 t 的增长而远离奇点，故这种奇点称为鞍点。鞍点所示的平衡状态是不稳定的。若要画出在（x_1，x_2）平面上的相轨迹，则同样需要进行线性变换。由图 8-29a 可写出系统的微分方程式为

$$\ddot{x}-(\lambda_1-\lambda_2)\dot{x}-\lambda_1\lambda_2 x=0$$

记 $x_1=x$，$x_2=\dot{x}$，则上式改写为

$$\begin{pmatrix}\dot{x}_1\\ \dot{x}_2\end{pmatrix}=\begin{pmatrix}0 & 1\\ \lambda_1\lambda_2 & \lambda_1-\lambda_2\end{pmatrix}\begin{pmatrix}x_1\\ x_2\end{pmatrix}$$

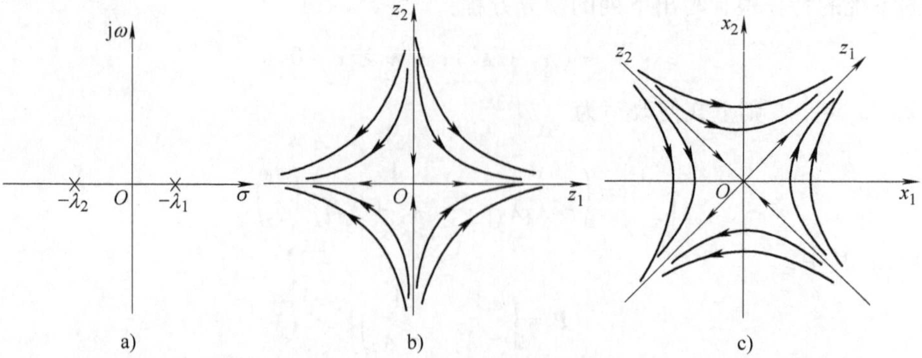

图 8-29 鞍点的示意图

a）特征值的分布 b）在（z_1，z_2）平面上的鞍点 c）在（x_1，x_2）平面上的鞍点

令 $\boldsymbol{x}=\boldsymbol{Pz}$，其中：

$$\boldsymbol{P}=\begin{pmatrix}1 & 1\\ \lambda_1 & -\lambda_2\end{pmatrix}$$

则得

$$\begin{pmatrix}z_1\\ z_2\end{pmatrix}=\boldsymbol{P}^{-1}\boldsymbol{x}=\frac{1}{-\lambda_1-\lambda_2}\begin{pmatrix}-\lambda_2x_1-x_2\\ -\lambda_1x_1+x_2\end{pmatrix}$$

或写作

$$\begin{pmatrix}x_1\\ x_2\end{pmatrix}=\begin{pmatrix}z_1+z_2\\ \lambda_1z_1-\lambda_2z_2\end{pmatrix}$$

根据上式，就能把（z_1，z_2）平面上的相轨迹变换到（x_1，x_2）平面上，如图 8-29c 所示。

3. 焦点

如果系统的特征根是一对共轭复根 $\lambda_{1,2}=\alpha\pm \mathrm{j}\omega$，由式（8-50）得

$$\begin{pmatrix}\dot{z}_1\\ \dot{z}_2\end{pmatrix}=\begin{pmatrix}\alpha+\mathrm{j}\omega & 0\\ 0 & \alpha-\mathrm{j}\omega\end{pmatrix}\begin{pmatrix}z_1\\ z_2\end{pmatrix}$$

由上式求得

$$\begin{pmatrix}z_1\\ z_2\end{pmatrix}=\begin{pmatrix}A\mathrm{e}^{\alpha t}\mathrm{e}^{\mathrm{j}(\omega t+\varphi)}\\ A\mathrm{e}^{\alpha t}\mathrm{e}^{-\mathrm{j}(\omega t+\varphi)}\end{pmatrix}$$

式中，系数 A 和初相角 φ 是由初始条件决定的。为了使状态变量回复到用实变量表示，需对上述的状态方程做如下的线性变换。令 $\boldsymbol{z}=\boldsymbol{P}^{-1}\boldsymbol{y}$，其中：

$$\boldsymbol{P}=\begin{pmatrix}1 & 1\\ \mathrm{j} & -\mathrm{j}\end{pmatrix}$$

则有

$$\dot{\boldsymbol{y}}=\boldsymbol{PAP}^{-1}\boldsymbol{y}=\begin{pmatrix}1 & 1\\ \mathrm{j} & -\mathrm{j}\end{pmatrix}\begin{pmatrix}\alpha+\mathrm{j}\omega & 0\\ 0 & \alpha-\mathrm{j}\omega\end{pmatrix}\begin{pmatrix}\frac{1}{2} & -\frac{\mathrm{j}}{2}\\ \frac{1}{2} & \frac{\mathrm{j}}{2}\end{pmatrix}\boldsymbol{y}=\begin{pmatrix}\alpha & \omega\\ -\omega & \alpha\end{pmatrix}\boldsymbol{y} \tag{8-54}$$

$$\begin{pmatrix}y_1\\ y_2\end{pmatrix}=\boldsymbol{Pz}=\begin{pmatrix}1 & 1\\ \mathrm{j} & -\mathrm{j}\end{pmatrix}\begin{pmatrix}z_1\\ z_2\end{pmatrix}=\begin{pmatrix}2A\mathrm{e}^{\alpha t}\cos(\omega t+\varphi)\\ -2A\mathrm{e}^{\alpha t}\sin(\omega t+\varphi)\end{pmatrix} \tag{8-55}$$

$$\sqrt{y_1^2+y_2^2}=2A\mathrm{e}^{\alpha t} \tag{8-56}$$

根据式（8-55）所作的相轨迹是一簇绕坐标原点的螺旋线。如果 α 为负值，即特征值为一对具有负实部的共轭根，则对应的相轨迹如图 8-30a 所示。由图可见，不管初始条件如何，这种相轨迹总是卷向坐标原点。由于坐标原点是奇点，在奇点附近的相轨迹都向它卷入，故称这种奇点为稳定焦点。反之，如果 α 为正值，则对应的相轨迹如图 8-30b 所示。由于这种相轨迹总是卷离坐标原点，故相应的奇点称为不稳定焦点。

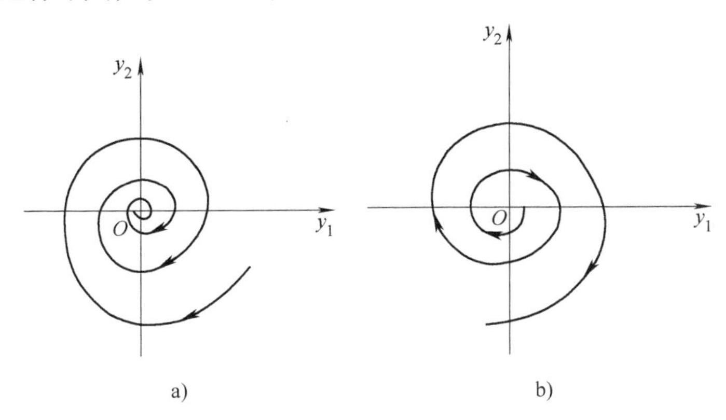

图 8-30　焦点的示意图

a）在（y_1，y_2）平面上的稳定焦点　b）在（y_1，y_2）平面上的不稳定焦点

4. 中心点

如果系统的特征值为一对共轭虚根，即 $\lambda_{1,2}=\pm j\omega$。基于共轭虚根是共轭复根的一个特例，故其相轨迹方程可直接应用式（8-54）求得，即有

$$\frac{dy_2}{dy_1}=-\frac{y_1}{y_2}$$

$$y_2dy_2=-y_1dy_1$$

对上式积分，求得

$$y_1^2+y_2^2=C^2 \tag{8-57}$$

式中，C 为与初始条件有关的积分常数。不难看出，由式（8-57）描述的相轨迹是一簇圆，如图 8-31a 所示。由于坐标原点（奇点）周围的相轨迹是一簇封闭的曲线，故称这种奇点为中心点。若设 $x_1=y_1$，$x_2=ky_2$，$k<1$，则得图 8-31b 所示的相轨迹。

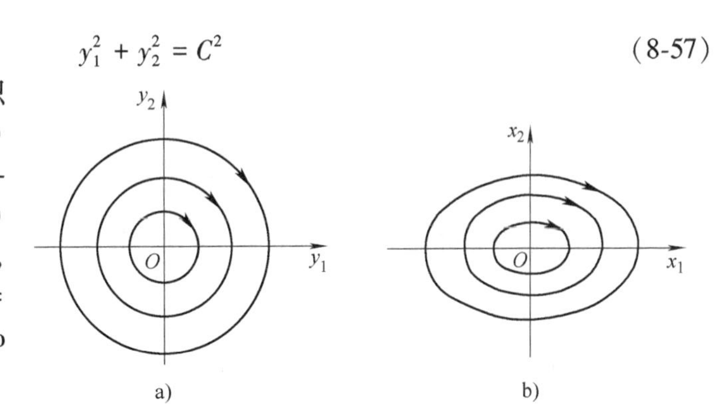

图 8-31　中心点的示意图

a）在（y_1，y_2）平面上的中心点

b）在（x_1，x_2）平面上的中心点

三、极限环

前面已述及非线性系统的运动除了发散和收敛两种模式外，还有另一种运动模式，即在无外作用时，系统也会产生具有一定振幅和频率的自持振荡。这种自持振荡在相平面上表现为一个孤立的封闭轨迹线——极限环，与它相邻所有的相轨迹，或是卷向极限环，或是从极限环卷出。

下面以著名的范德波尔（van der pol）方程为例说明极限环的稳定性。已知该方程为

$$\frac{\mathrm{d}^2x}{\mathrm{d}t^2}-\mu(1-x^2)\frac{\mathrm{d}x}{\mathrm{d}t}+x=0,\ \mu>0 \tag{8-58}$$

把式（8-58）与下列的线性微分方程：

$$\frac{\mathrm{d}^2x}{\mathrm{d}t^2}+2\zeta\frac{\mathrm{d}x}{\mathrm{d}t}+x=0$$

相比较，可知式（8-58）的阻尼比 $\zeta=-(\mu/2)(1-x^2)$。若初始值 $|x|>1$，则 $\zeta>0$，由式（8-58）所描述的系统做使 x 振幅不断衰减的阻尼运动。随着 $|x|$ 值的减小，ζ 值也随之减小，最后系统的相轨迹进入相当于 $\zeta=0$ 时的极限环。如果初始值 $|x|<1$，则阻尼比 ζ 为负值，相应的系统做使 x 的振幅发散的运动，使系统的相轨迹从极限环的内部卷向极限环。上述情况，如图 8-32a 所示。由于这种极限环内外两侧的相轨迹均趋向于它，故这种极限环称为稳定极限环。

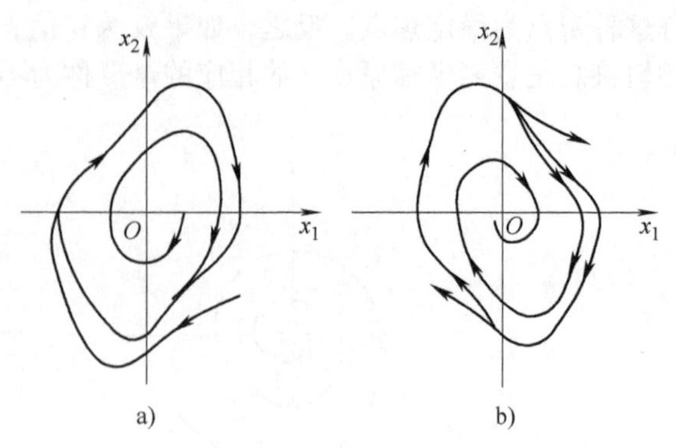

图 8-32　极限环的示意图

a）稳定极限环　b）不稳定极限环

如果极限环附近的相轨迹是从极限环发散出去的，则这种极限环称为不稳定极限环。例如，考察阻尼项符号与式（8-58）相反的范德波尔方程，即

$$\frac{\mathrm{d}^2x}{\mathrm{d}t^2}+\mu(1-x^2)\frac{\mathrm{d}x}{\mathrm{d}t}+x=0,\ \mu>0 \tag{8-59}$$

对应于式（8-59）的极限环如图 8-32b 所示，这是一个不稳定的极限环。此外，还有的极限环是介于上述两者之间，即其内部的相轨迹均卷向极限环，而其外部的相轨迹均离它卷出，或者反之，这些极限环称为半稳定极限环。

除简单的情况外，一般用解析法去确定极限环在相平面上的精确位置是很困难的，甚至是不可能的。极限环在相平面上的精确位置，只能由图解法或通过实验的方法去确定。一般言之，控制系统中不希望有极限环产生，在不能做到完全把它消除时，也要设法将其振荡的幅值限制在工程所允许的范围之内。

第六节　非线性系统的相平面分析

用相平面法分析非线性系统时，通常会遇到两类问题。一类是系统的非线性方程可解析处理的，即在奇点附近将非线性方程线性化，然后根据线性化方程式根的性质去确定奇点的类型，并用图解法或解析法画出奇点附近的相轨迹。另一类非线性方程是不可解析处理的，对于这类非线性系统，一般将非线性元件的特性做分段线性化处理，即把整个相平面分成若干个区域，使每一个区域成为一个单独的线性工作状态，有其相应的微分方程和奇点。如果奇点位于该区域内，则称该奇点为实奇点。反之，若奇点位于该区域外，则表示这个区域内的相轨迹实际上不可能到达该平衡点，因而这种奇点称为虚奇点。只要把各个区域内的相轨迹作出，然后在各区域的边界线上（边界线又称相轨迹的切换线）把相应的相轨迹依次连接起来，就可得到系统完整的相轨迹图。

下面举例说明，用相平面法对上述两类非线性系统进行具体的分析。

【例 8-5】　求由下列方程所描述系统的相轨迹图，并分析该系统奇点的稳定性。

$$\ddot{x}+0.5\dot{x}+2x+x^2=0 \tag{8-60}$$

解　由式（8-60）可知，系统的奇点为（0，0）和（−2，0）。这两个奇点的性质，可用下述的方法去确定。在原点附近，式（8-60）经线性化后为

$$\ddot{x}+0.5\dot{x}+2x=0$$

特征方程：

$$\lambda^2+0.5\lambda+2=0$$

的两个根 $\lambda_{1,2}=-0.25\pm j1.39$。由此可知，相应的奇点是稳定焦点。

在奇点（−2，0）附近，对式（8-60）做如下的改写。令 $y=x+2$，则该式便改写为

$$\ddot{y}+0.5\dot{y}-2y+y^2=0 \tag{8-61}$$

在 $y=0$，$\dot{y}=0$ 这点附近，式（8-61）可近似表示为

$$\ddot{y}+0.5\dot{y}-2y=0$$

特征方程：

$$\mu^2+0.5\mu-2=0$$

的两个根为 $\mu_1=1.19$，$\mu_2=-1.69$。由此可知，对应的奇点（−2，0）为鞍点。

由等倾线法作出该系统的相轨迹，如图 8-33 所示。进入鞍点（−2，0）的两条相轨迹是分隔线，它们将相平面分成两个不同的区域。如果状态的初始点位于图 8-33 中的阴影区域内，则其相轨迹将收敛于坐标原点，此时系统是稳定的。如果初始点落在阴影区域的外部，则其相轨迹会趋于无穷远，表示该状态下的系统为不稳定。由此可见，非线性系统的稳定性确与其初始条件有关。

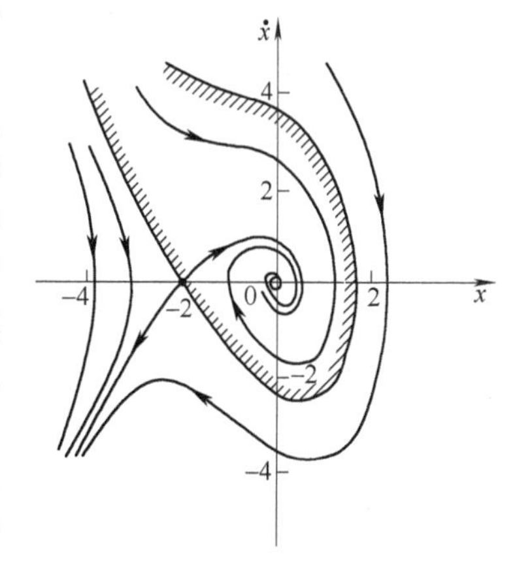

图 8-33　式（8-60）的相轨迹

【例 8-6】　图 8-34a 为一具有饱和非线性特性的系统。饱和非线性的输入-输出特性如图 8-34b 所示。假设开始时系统处于静止状态，试求系统在阶跃输入 $r(t)=R_0$ 和斜坡输入 $r(t)=Vt$（$V>0$）时的相轨迹。图中 $T=1\text{s}$，$K=4$，$e_0=0.2$，$M=0.2$。

解　由图 8-34a 得

$$T\ddot{c}+\dot{c}=Km$$

因为 $r-e=c$，故上式可改写为

$$T\ddot{e}+\dot{e}+Km=T\ddot{r}+\dot{r} \tag{8-62}$$

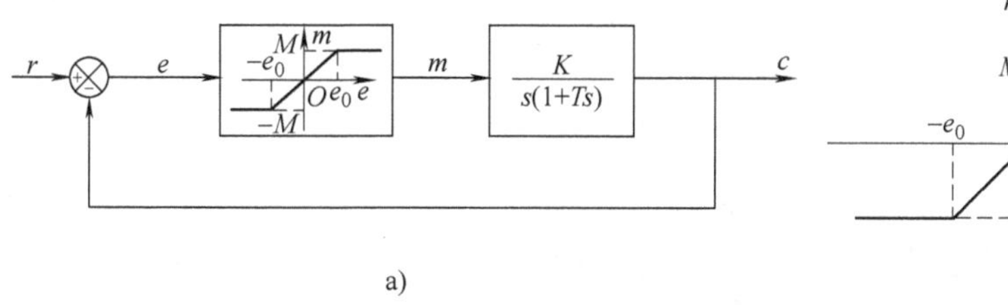

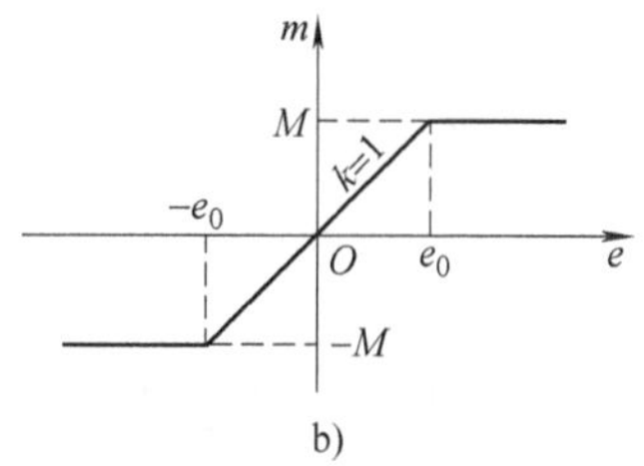

图 8-34　例 8-6 非线性控制系统
a）非线性控制系统　b）饱和非线性的输入-输出特性

根据饱和非线性的特点，把相平面由边界线（切换线）$e=e_0$ 和 $e=-e_0$ 分割成3个区域，如图8-35所示。

由图8-34b可见，非线性环节的输入、输出间有着下列关系：

$$m=e, \quad |e|<e_0$$
$$m=+M, \quad e>e_0$$
$$m=-M, \quad e<-e_0$$

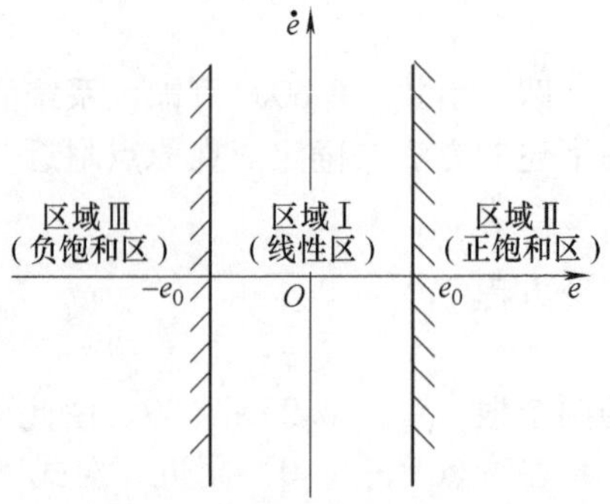

图8-35　相平面的区域划分

针对饱和非线性特性的3个不同区域，由式（8-62）写出它们相应的方程为

$$T\ddot{e}+\dot{e}+Ke=T\ddot{r}+\dot{r}, \quad |e|<e_0 \tag{8-63}$$

$$T\ddot{e}+\dot{e}+KM=T\ddot{r}+\dot{r}, \quad e>e_0 \tag{8-64}$$

$$T\ddot{e}+\dot{e}-KM=T\ddot{r}+\dot{r}, \quad e<-e_0 \tag{8-65}$$

下面分别讨论该系统在阶跃、斜坡信号作用下的相轨迹图。

1. 阶跃输入

（1）线性区域 $|e|<e_0$　当 $t>0$ 时，$\ddot{r}=\dot{r}=0$，则式（8-63）就简化为

$$T\ddot{e}+\dot{e}+Ke=0 \tag{8-66}$$

因为 $\ddot{e}=\dot{e}\dfrac{\mathrm{d}\dot{e}}{\mathrm{d}e}$，$\alpha=\dfrac{\mathrm{d}\dot{e}}{\mathrm{d}e}$，则上式所示相轨迹的等倾线方程为

$$\dot{e}=-\frac{Ke}{1+T\alpha} \tag{8-67}$$

由式（8-66）可知，该区域内的奇点在坐标原点。基于式（8-66）各项系数均为正值，因而该奇点只能是稳定焦点或稳定节点。

（2）饱和区域 $|e|>e_0$　在饱和区域Ⅱ和Ⅲ内，系统的运动方程为

$$T\ddot{e}+\dot{e}+KM=0, \quad e>e_0 \tag{8-68}$$

$$T\ddot{e}+\dot{e}-KM=0, \quad e<-e_0 \tag{8-69}$$

或写作

$$\dot{e}=-\frac{KM}{1+T\alpha}, \quad e>e_0 \tag{8-70}$$

$$\dot{e}=\frac{KM}{1+T\alpha}, \quad e<-e_0 \tag{8-71}$$

由式（8-68）和式（8-69）可知，在区域Ⅱ和区域Ⅲ内没有奇点存在，它们相轨迹的等倾线都为一簇水平线。若令相轨迹的斜率等于等倾线的斜率，即令 $\alpha=0$，则区域Ⅱ和区域Ⅲ的相轨迹将分别渐近于用下列方程所表示的直线：

$$\dot{e}=-KM, \quad e>e_0$$

$$\dot{e}=KM, \quad e<-e_0$$

图8-36a示出了用等倾线法绘制的区域Ⅱ和区域Ⅲ的相轨迹。若令 $r(t)=2\times1(t)$，且设式（8-66）的奇点是一稳定焦点，则该系统在阶跃信号作用下的完整相轨迹如图8-36b所示。

2. 斜坡输入

令 $r(t)=Vt$，其中 V 为常数，则式（8-62）改写为

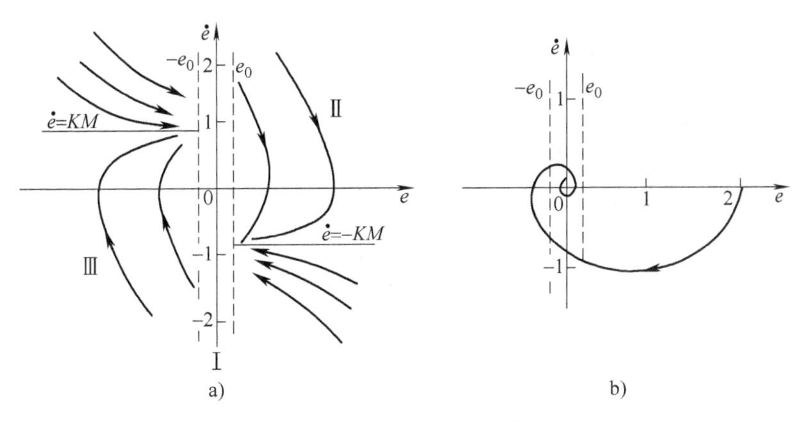

图 8-36　阶跃输入下的相轨迹

a）$|e|>e_0$ 范围内的相轨迹　b）阶跃信号作用下系统的相轨迹

$$T\ddot{e}+\dot{e}+Km=V$$

（1）线性区 $|e|<e_0$　这个区域的微分方程为

$$T\ddot{e}+\dot{e}+Ke=V \tag{8-72}$$

对应于式（8-72）的奇点位于（V/K，0），它可以是稳定焦点或稳定节点。由于奇点与 V、K 和 e_0 有关，因而这种奇点有可能落在自己的区域内，成为一个实奇点，但也有可能落在本区域外，而成为一个虚奇点。

（2）饱和区 $|e|>e_0$　该区域的微分方程为

$$T\ddot{e}+\dot{e}+KM=V,\qquad e>e_0$$

$$T\ddot{e}+\dot{e}-KM=V,\qquad e<-e_0$$

或写作

$$\dot{e}=\frac{V-KM}{1+T\alpha},\qquad e>e_0$$

$$\dot{e}=\frac{V+KM}{1+T\alpha},\qquad e<-e_0$$

显然，上述两式没有奇点存在。当 $e>e_0$ 时，除了 $V=KM$ 这一特殊情况外，区域Ⅱ中的相轨迹均渐近于直线：

$$\dot{e}=V-KM,\qquad e>e_0 \tag{8-73}$$

当 $e<-e_0$ 时，区域Ⅲ的相轨迹均渐近于直线：

$$\dot{e}=V+KM,\qquad e<-e_0 \tag{8-74}$$

由于式（8-73）存在着 $\dot{e}\geqslant 0$ 和 $\dot{e}<0$　3 种可能的情况，因而相轨迹的形状及其渐近的直线都会有相应的变化。对此，说明如下。

1）当 $V>KM$，即 $V>Ke_0$ 时，渐近的直线 $\dot{e}=V-KM$ 位于 e 轴的上方。由于 $V/K>e_0$，因而式（8-72）的奇点（V/K，0）不是位于区域Ⅰ中，而是落在区域Ⅱ内，这是一个虚奇点。由等倾线法作出的相轨迹如图 8-37a 所示。若令图中的 A 为初始点，则系统运动的相轨迹为 $ABCD$ 曲线。由图可见，从 B 点向 C 点运动的相轨迹本应收敛于稳定焦点（V/K，0），但当到达 C 点后，就变为按区域Ⅱ的相轨迹运动，最终趋向于直线 $\dot{e}=V-KM$。不难看出，这种情况下系统的稳态误差为无穷大。

2）当 $V<KM$ 时，则 $\dot{e}<0$，渐近的直线 $\dot{e}=V-KM$ 位于 e 轴的下方。由于 $V/K<e_0$，奇点（V/K，0）位于区域Ⅰ内，因而它是个实奇点，相应的相轨迹如图 8-37b 所示。图中示出了由初始点 A 出发的相轨迹 $ABCD$，并收敛于上述的实奇点。由此可知，当 $V<KM$ 时，系统的输出能跟踪斜坡输入，但有稳态误差存在，其值为 V/K。

3）当 $V=KM$，$e>e_0$ 时，则有

$$T\ddot{e}+\dot{e}=0$$

即有

$$\dot{e}\left(T\frac{\mathrm{d}\dot{e}}{\mathrm{d}e}+1\right)=0 \tag{8-75}$$

式（8-75）表明，相应的相轨迹或为斜率等于 $-1/T$ 的直线，或为 $\dot{e}=0$ 的直线。图 8-37c 示出了由初始点 A 出发的相轨迹 $ABCD$。由图可见，系统的稳态误差由线段 $\overline{OD}$ 来表示，它的大小显然与系统的初始条件有关，这是非线性系统与线性系统又一明显的不同之处。

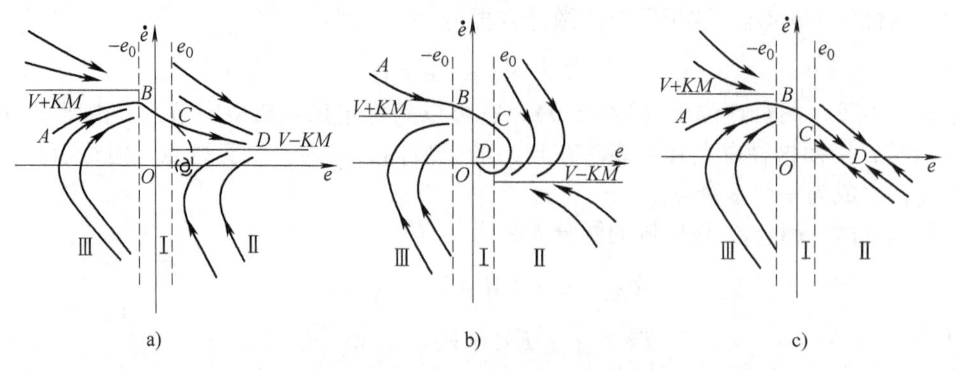

图 8-37　斜坡输入下的相轨迹

a）$V>KM$ 时的相轨迹　b）$V<KM$ 时的相轨迹　c）$V=KM$ 时的相轨迹

综上所述，具有饱和非线性特性的二阶系统，当输入信号为阶跃函数时，相轨迹收敛于稳定的节点或焦点——坐标原点，系统的稳态误差为零。当输入为斜坡信号时，随着输入信号变化率 V 的大小不同，系统的相轨迹不完全相同，其稳态误差也有很大的差异；当 $V>KM$ 时，系统的输出不能跟踪斜坡输入信号；当 $V<KM$ 时，系统的输出能跟踪斜坡输入信号，但有稳态误差存在，其值为 V/K；当 $V=KM$ 时，系统虽也能跟踪斜坡输入信号，但其平衡状态不是某一固定的点，而是位于 e 轴上的任意位置，具体的数值由初始条件和时间常数 T 确定。

【例 8-7】　一具有死区继电器特性的控制系统如图 8-38 所示。已知输入为阶跃信号，试求系统的相轨迹。

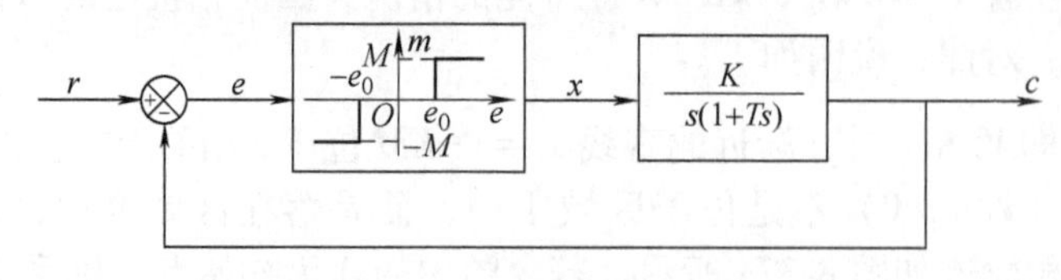

图 8-38　非线性控制系统

解　由图 8-38 得

$$T\ddot{c}+\dot{c}=Kx$$

基于 $r-c=e$，故上式又可改写为

$$T\ddot{e}+\dot{e}+Kx=T\ddot{r}+\dot{r} \tag{8-76}$$

考虑到 $t>0$ 时，$\dot{r}=\ddot{r}=0$ 和死区继电器特性的下列关系：

$$x=\begin{cases}0 & |e|<e_0\\ M & e>e_0\\ -M & e<-e_0\end{cases}$$

式（8-76）可用下列 3 个方程式来表示：

$$T\ddot{e}+\dot{e}=0,\quad |e|<e_0 \tag{8-77}$$

$$T\ddot{e}+\dot{e}+KM=0,\quad e>e_0 \tag{8-78}$$

$$T\ddot{e}+\dot{e}-KM=0,\quad e<-e_0 \tag{8-79}$$

以上 3 式将相平面分为 3 个区域，如图 8-39 所示。

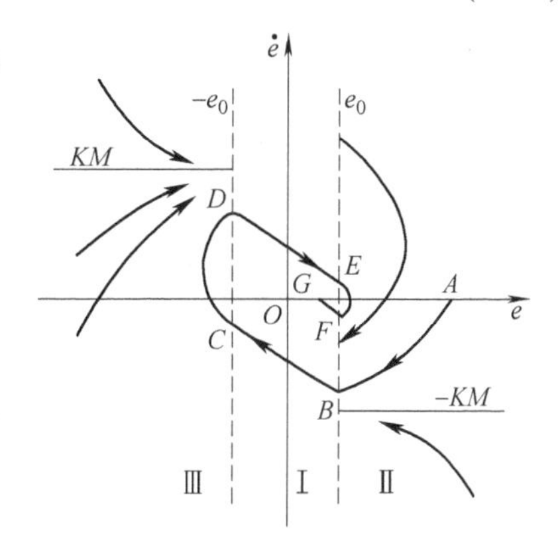

图 8-39　图 8-38 所示系统的相轨迹

$|e|<e_0$ 为区域Ⅰ，相应的相轨迹方程为

$$\dot{e}=0$$

或

$$\dot{e}=-\frac{1}{T}e+C \tag{8-80}$$

式中，C 为积分常数。

类似于例 8-6 的分析，可知在 $e>e_0$ 的区域Ⅱ中，相轨迹最后都趋向于直线 $\dot{e}=-KM$；而在 $e<-e_0$ 的区域Ⅲ内，相轨迹均渐近于直线 $\dot{e}=KM$。图 8-39 中示出了由初始点 A 出发的相轨迹 $ABCDEFG$，最后收敛于区域Ⅰ横轴上的 G 点。线段 $\overline{OG}$ 表示系统的稳态误差，它与死区的大小和初始条件有关。减少死区和时间常数 T，不仅可改善系统的瞬态响应，而且也有利于稳态误差的减小。

第七节　MATLAB 在非线性控制系统中的应用

上节介绍了用相平面法分析非线性控制系统的动态性能，这是一件颇费时间的工作，且仅适用于三阶以下的系统。若用 MATLAB 提供的 Simulink 模块库，采用同线性系统相类同的方法构建非线性系统的仿真模型框图，就能轻而易举地了解相应系统的性能。具体的做法是：在 Simulink 的模块库中选取所需的非线性特性模块、传递函数模块、外部激励模块和显示模块等，按照系统实际的结构，用有向线段把相应的模块连接起来，构成所示系统仿真模型的框图。当给仿真模型输入给定信号的幅值、响应时间等相关参数后，就能对该非线性控制系统进行仿真研究了。

【例 8-8】 图 8-40 所示为一直流随动系统，其中检测元件为一对旋转变压器，相敏整流器与比例放大器可视为一个具有饱和非线性特性的放大环节，它的线性比例系数 $k=1$，其上、下限分别为 10 与−10。系统的框图如图 8-41 所示，求其单位阶跃响应。

解　根据图 8-41 所示的结构，选择相应的传递函数模块 Tramsfer Fcn、饱和非线性模块 stauration、输入模块 Step 和输出模块 Scope 等，组成图 8-42 所示的具有饱和特性的非线性控

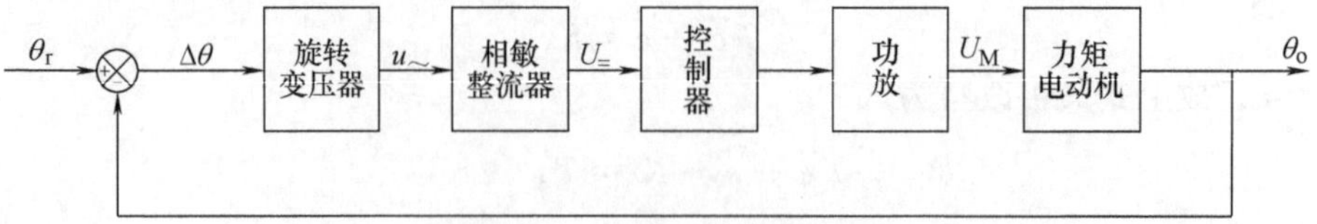

θ_r　$\Delta\theta$　旋转变压器　$u_\sim$　相敏整流器　$U_=$　控制器　功放　U_M　力矩电动机　θ_o

图 8-40　直流随动系统的结构图

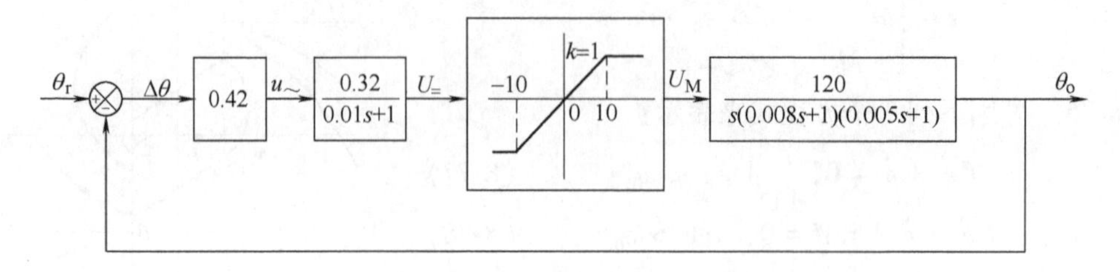

图 8-41　直流随动系统的框图

制系统仿真模型框图。单击 Simulink/Start 进行仿真，求得图 8-43 所示的单位阶跃响应曲线。

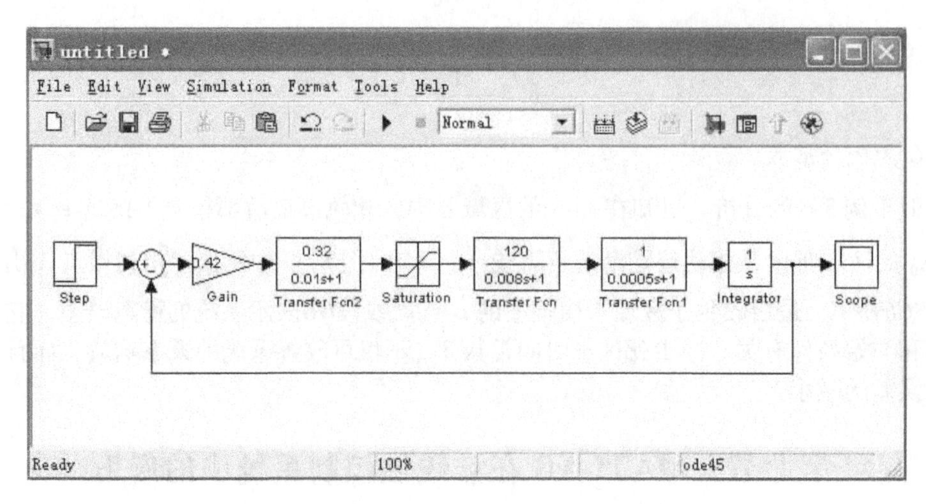

图 8-42　具有饱和非线性的 Simulink 仿真模型

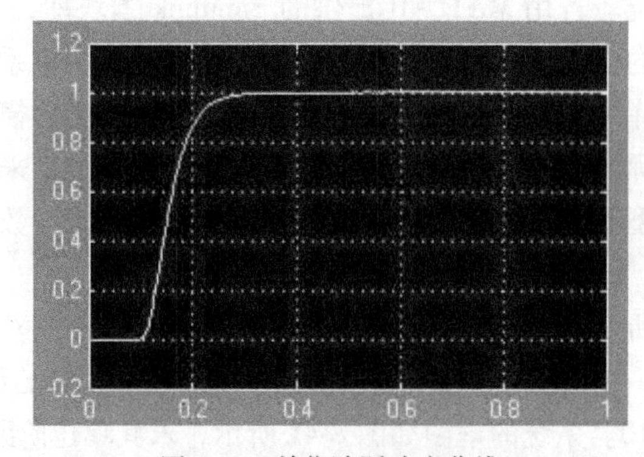

图 8-43　单位阶跃响应曲线

【例 8-9】　图 8-44 所示为一具有饱和非线性特性的控制系统，试求该系统在单位阶跃信号作用下的相轨迹和单位阶跃响应曲线。

解　根据图 8-44，选用 Simulink 模块库中的相关模块构建图 8-45 所示的 Simulink 仿真模型图。单击 Simulink/Start 进行仿真，就可看到图 8-46 所示的单位阶跃响应曲线和图 8-47 所示的相轨迹。

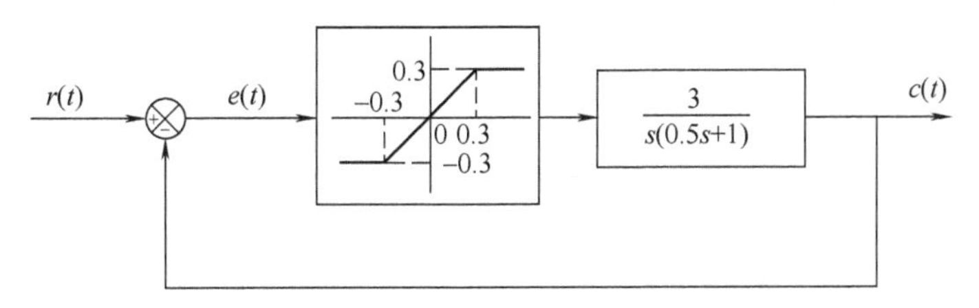

图 8-44　例 8-9 非线性控制系统

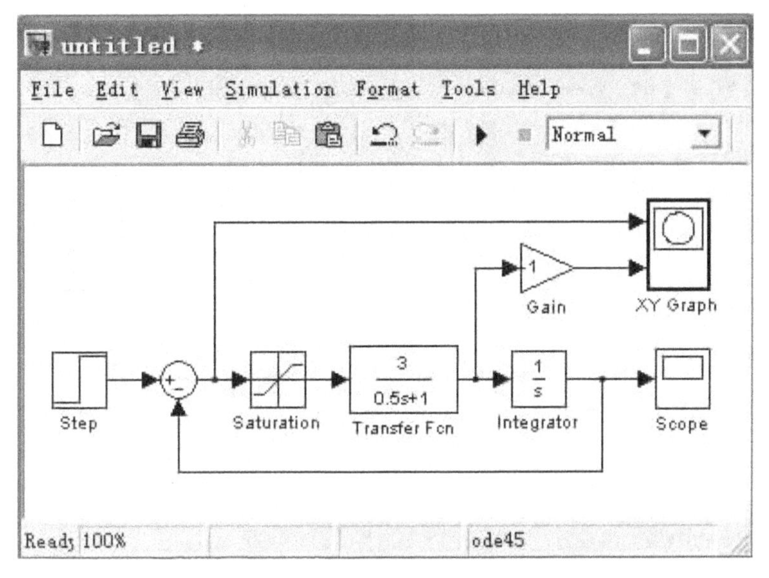

图 8-45　饱和非线性系统的 Simulink 仿真模型

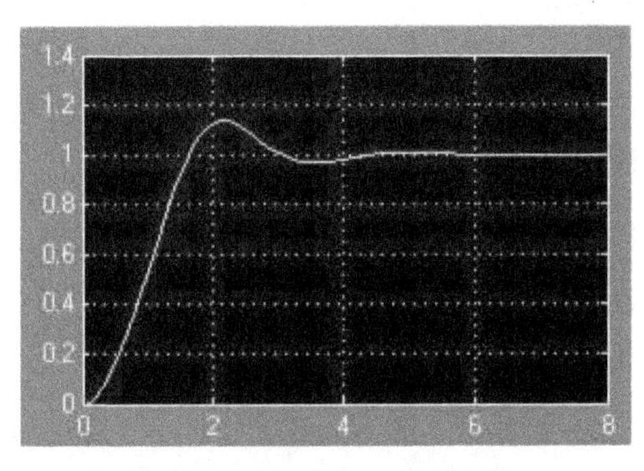

图 8-46　图 8-44 系统的响应曲线

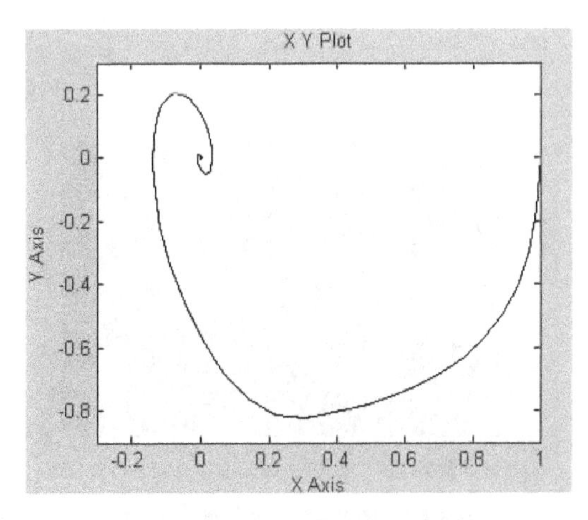

图 8-47　图 8-44 系统的相轨迹

【例 8-10】　一具有死区特性的非线性控制系统如图 8-48 所示，试求该系统在单位阶跃信号作用下的响应曲线和相轨迹图。

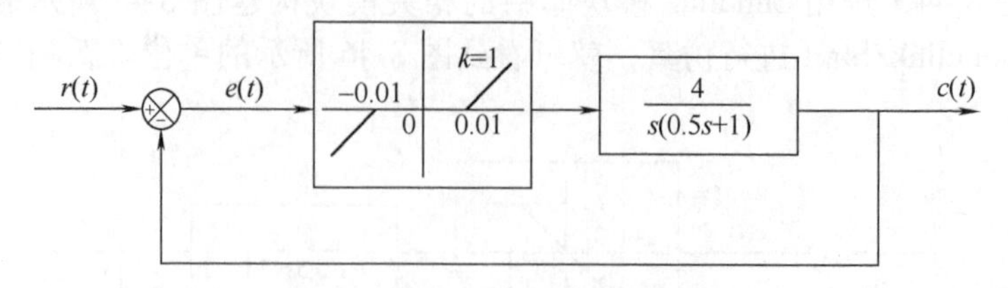

图 8-48　例 8-10 非线性控制系统

解　根据图 8-48，选用 Simulink 模块库中的相关模块构建图 8-49 所示的 Simulink 仿真模型图。单击 Simulink/Start 进行仿真，就可求得图 8-50 所示的单位阶跃响应曲线和图 8-51 所示的相轨迹。

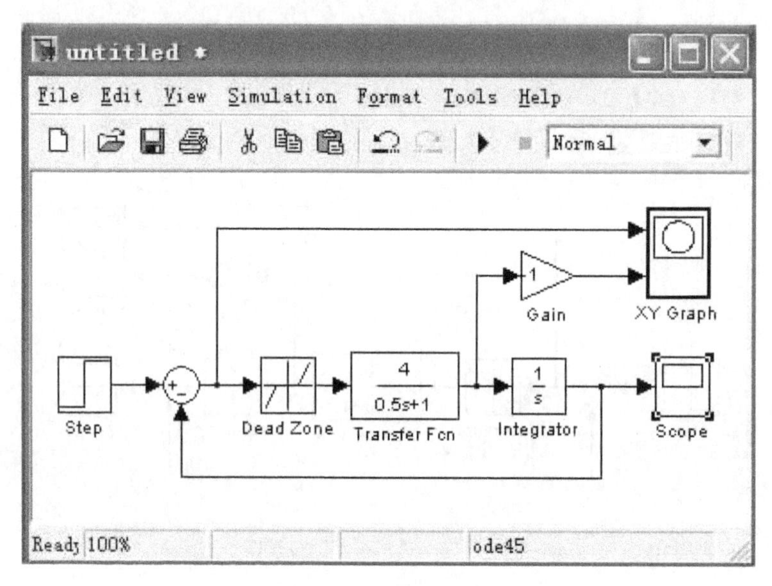

图 8-49　具有死区特性的非线性系统的 Simulink 仿真模型

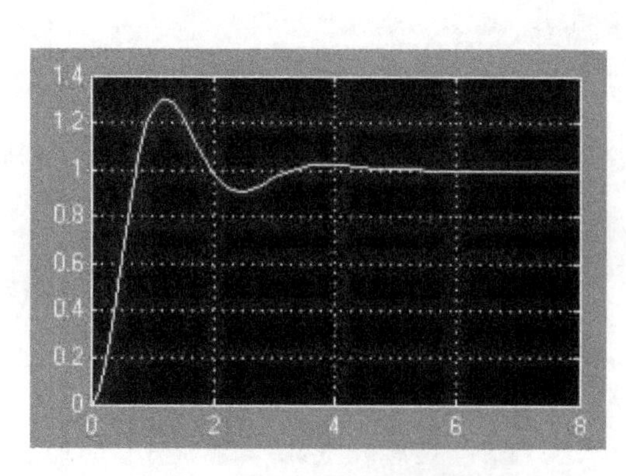

图 8-50　图 8-48 系统的响应曲线

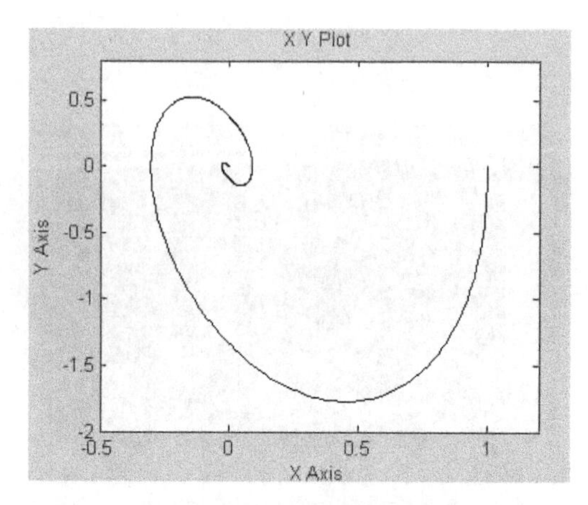

图 8-51　图 8-48 系统的相轨迹

小　结

1）非线性系统有着与线性系统完全不同的一些特征。由于非线性系统很复杂，因此到目前为止，对非线性系统的分析还没有一种普遍适用的方法。本章扼要地介绍了两种分析非线性系统的常用方法——描述函数法和相平面法。

2）描述函数法是在满足一定的条件下，对元件的非线性特性进行谐波线性化处理，使非线性系统变为一个近似的线性系统，从而可用奈奎斯特稳定判据判别系统的稳定性和是否有自持振荡产生。

描述函数法虽对系统的阶次没有限制，但当系统中的非线性特性不满足导求描述函数所假设的 4 个条件时，这种方法就不能应用。

3）相平面法是适用于分析二阶非线性系统动态性能的一种有效方法。对于不适合用描述函数的二阶非线性系统，一般可以用相平面法进行分析。

4）绘制相轨迹的方法有两种：一种是解析法，它只适用于一些简单的场合；另一种是图解法。常用的图解法有等倾线法和 δ 法两种。前者的作图工作量较大，但能求得任何初始条件下的相轨迹；后者的作图工作量虽小，但只能画出一个特定初始状态下的相轨迹。

5）用相平面法分析非线性系统时，通常会涉及两类非线性系统。一类是系统的非线性方程可解析处理的，即在奇点附近将非线性方程进行线性化处理，然后根据线性化方程式根的性质去确定相应奇点的类型，并用图解法或解析法画出奇点附近的相轨迹。另一类是系统的非线性方程不可解析处理的。对于这类系统，一般将非线性特性做分段线性化处理，即把相平面分成若干个区域，使每个区域成为系统一个独立的线性工作区，且有相应的微分方程。只要作出每个区域内的相轨迹，并把它们在区域的边界线上依次连接起来，就能得到系统完整的相轨迹。

例 题 分 析

例题 8-1　已知一非线性系统如图 8-52 所示，其中非线性元件的输出 $m=e^3$。（1）求非线性特性的描述函数；（2）用描述函数法判别该系统的稳定性。

解（1）求描述函数

令非线性元件的输入 $e=X\sin\omega t$，由图 8-52 所示的特性可知，该非线性特性是奇对称的，因而有 $A_0=0$，$B_1=0$，于是有

$$m \approx A_1\sin\omega t$$

式中：

$$A_1=\frac{1}{\pi}\int_0^{2\pi} m\sin\omega t\,\mathrm{d}(\omega t)=\frac{4}{\pi}\int_0^{\frac{\pi}{2}} X^3\sin^4(\omega t)\,\mathrm{d}(\omega t)=\frac{3}{4}X^3$$

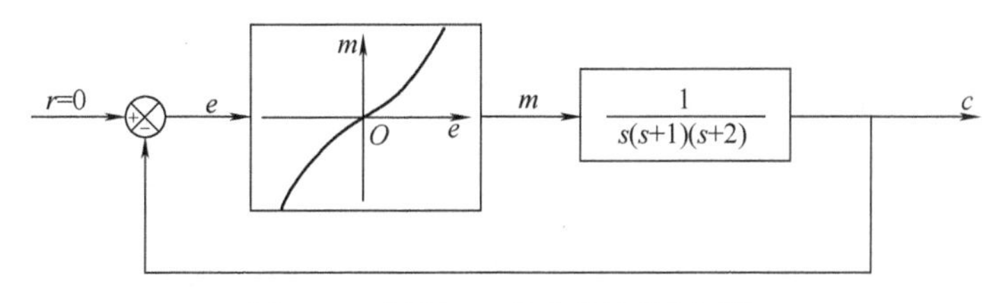

图 8-52　例题 8-1 的非线性控制系统

据此，求得描述函数为

$$N(X)=\frac{A_1}{X}=\frac{3}{4}X^2$$

(2) 判别系统的稳定性

描述函数的负倒特性为

$$-\frac{1}{N(X)}=-\frac{4}{3X^2}$$

其轨迹线如图 8-53 中的负实轴所示。当 $G(j\omega)$ 曲线与$-\frac{1}{N(X)}$轨迹相交时，则有

$$\varphi=-90°-\arctan\omega-\arctan0.5\omega$$
$$=-180°$$

$$\arctan\omega+\arctan0.5\omega=90°$$

对上式取正切得

$$\frac{1.5\omega}{1-0.5\omega^2}=\infty$$

即有 $1-0.5\omega^2=0$，解之，求得 $\omega=\sqrt{2}\,\mathrm{s}^{-1}$。

在相交点处，下式成立：

$$|G(j\omega)|_{\omega=\sqrt{2}}=\frac{4}{3X^2}$$

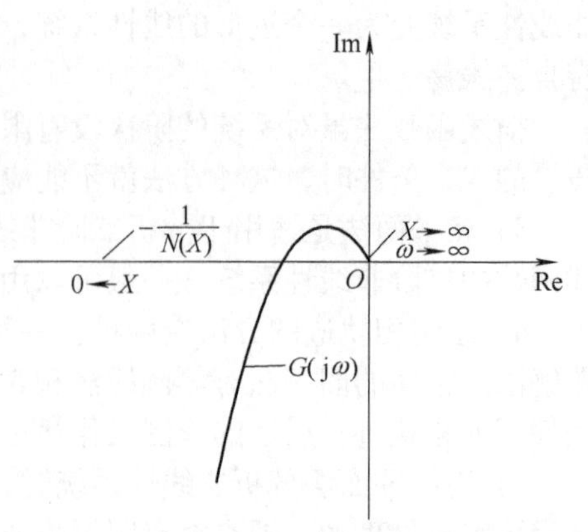

图 8-53　图 8-52 所示系统的$-1/N(X)$和 $G(j\omega)$曲线

即

$$\frac{1/2}{\sqrt{2}\sqrt{1+2}\sqrt{1+\left(\frac{1}{2}\right)}}=\frac{1}{6}=\frac{4}{3X^2}$$

求得 $X=\sqrt{8}$。

上述求得相交点（临界点）处的振荡频率 $\omega=\sqrt{2}$，振幅为$\sqrt{8}$。不难判别，该点产生的是不稳定的自持振荡。当 $X<\sqrt{8}$时，系统是稳定的；当 $X>\sqrt{8}$时，系统为不稳定。

例题 8-2　已知非线性系统的框图如图 8-54 所示。已知 $r=0$，$k=1$，$h=0.3$，$\Delta=0.3$，$M=1$，试用描述函数法确定该系统产生自持振荡的频率和幅值。

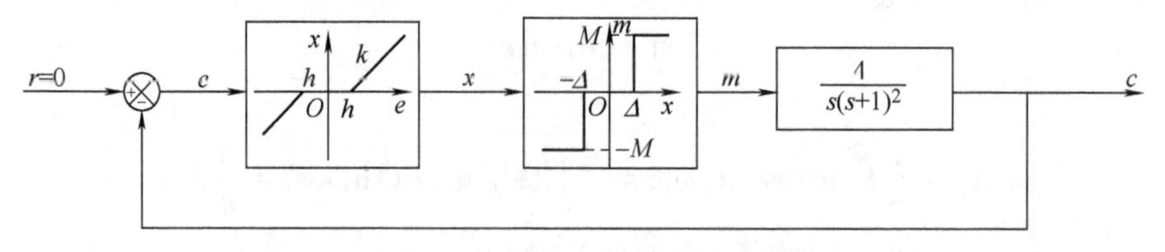

图 8-54　例题 8-2 的非线性控制系统

解　先把图 8-54 中的两个串联的非线性特性合并为一个，如图 8-55 所示。其中死区的参数 b 用下式确定：

$$k(e-h)=\Delta$$

于是得

$$e=b=h+\frac{\Delta}{k}=0.3+0.3=0.6$$

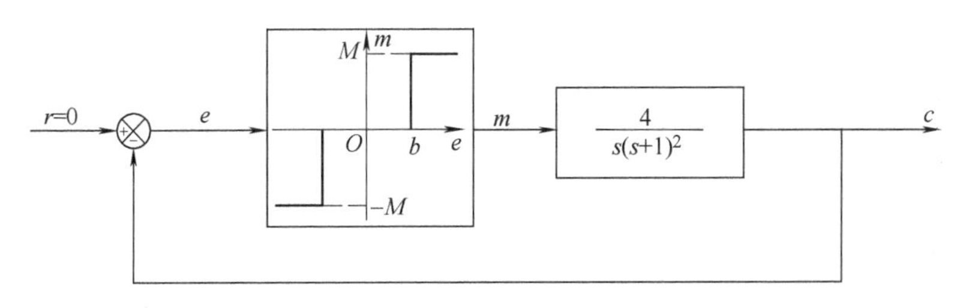

图 8-55　非线性控制系统

对于有死区的继电器特性，其描述函数的负倒特性（见图 8-56）为

$$-\frac{1}{N(X)}=-\frac{1}{\frac{4M}{\pi X}\sqrt{1-\left(\frac{b}{X}\right)^{2}}}$$

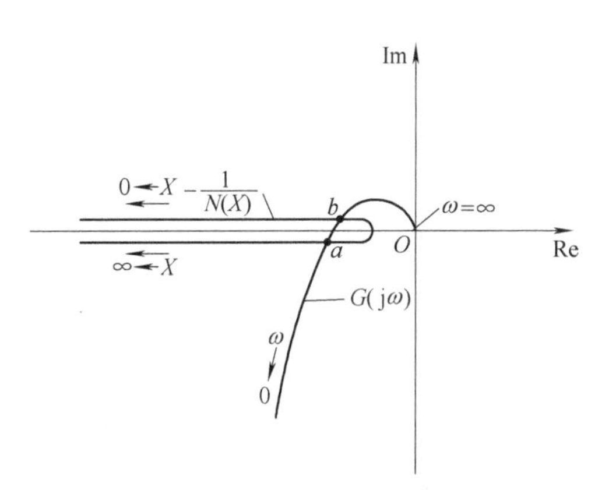

图 8-56　图 8-55 所示系统的$-1/N(X)$和 $G(j\omega)$ 曲线

线性部分的频率特性 $G(j\omega)$ 曲线与负实轴相交点的相位为

$$\varphi=-90^{\circ}-\arctan\omega-\arctan\omega=-180^{\circ}$$
$$2\arctan\omega=90^{\circ}$$

由上式解得 $\omega=1$。

当 $G(j\omega)$ 曲线与 $-\frac{1}{N(X)}$ 轨迹线相交时，则有

$$\frac{1}{\frac{4}{\pi X}\sqrt{1-\frac{0.36}{X^{2}}}}=\left|G(j\omega)\right|_{\omega=1}=2$$

据此，解得 $X=0.618$（b 点），或 $X=2.46$（a 点）。不难看出，在 a 点处的自持振荡 $2.46\sin t$ 是稳定的，而 b 点处产生的自持振荡 $0.618\sin t$ 是不稳定的。

例题 8-3　一具有死区和回环特性的非线性控制系统如图 8-57 所示，非线性特性如图 8-58 所示。试分别画出系统无局部速度负反馈和有局部速度负反馈时的相轨迹图。

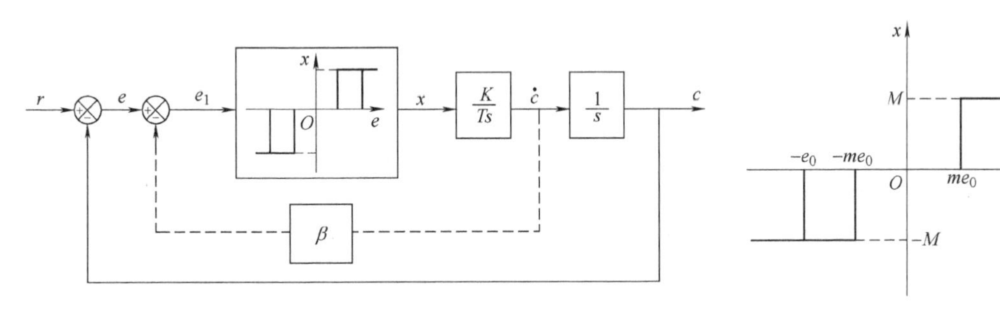

图 8-57　例题 8-3 的非线性控制系统

图 8-58　非线性特性

解　（1）无局部速度负反馈

设输入为阶跃信号，系统线性部分的微分方程为

$$T\ddot{e}=-Kx \tag{8-81}$$

由于非线性元件的输入、输出具有如下关系：

$$x=\begin{cases} M & e\geqslant e_0,\ \dot{e}>0 \text{ 或 } e>me_0,\ \dot{e}<0 \\ 0 & -me_0<e<e_0,\ \dot{e}>0 \text{ 或 } -e_0<e<me_0,\ \dot{e}<0 \\ -M & e\leqslant -e_0,\ \dot{e}<0 \text{ 或 } e\leqslant -me_0,\ \dot{e}>0 \end{cases} \tag{8-82}$$

则式（8-81）改写为

$$T\ddot{e}=\begin{cases} -KM & e\geqslant e_0,\ \dot{e}>0 \text{ 或 } e>me_0,\ \dot{e}<0 \\ 0 & -me_0<e<e_0,\ \dot{e}>0 \text{ 或 } -e_0<e<me_0,\ \dot{e}<0 \\ KM & e\leqslant -e_0,\ \dot{e}<0 \text{ 或 } e\leqslant -me_0,\ \dot{e}>0 \end{cases} \tag{8-83}$$

由式（8-82）所示的关系式可知，相平面的上半平面与下半平面各分成3个区域，这3个区域的切换线分别为e_0、me_0、$-me_0$和$-e_0$，如图8-59a所示。下面根据这3个区域的微分方程式，作出它们相应的相轨迹图。

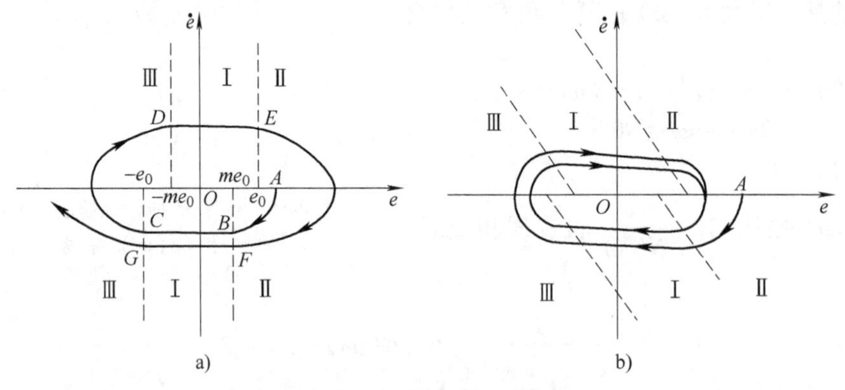

图8-59　例题8-3的相轨迹

a）没有速度反馈时的相轨迹　b）有速度反馈时的相轨迹

区域Ⅰ的微分方程为

$$T\ddot{e}=0$$

即

$$T\dot{e}\frac{\mathrm{d}\dot{e}}{\mathrm{d}e}=0 \tag{8-84}$$

由式（8-84）可知，区域Ⅰ内相轨迹等倾线的斜率均为零，因而该区域内的相轨迹均为与e轴相平行的直线，此时系统属于匀速运动状态。

区域Ⅱ的微分方程为

$$T\ddot{e}=-KM$$

或写作

$$\dot{e}=-\frac{KM}{T\alpha} \tag{8-85}$$

式中，$\alpha=\mathrm{d}\dot{e}/\mathrm{d}e$。由式（8-85）可知，区域Ⅱ内相轨迹的等倾线为与e轴相平行的一簇水平线，其相轨迹为一簇抛物线。

同理可知，区域Ⅲ相轨迹的等倾线为与e轴相平行的一簇水平线，其相轨迹亦为一簇抛物线。设系统的初始状态为 A 点，由于回环的影响，由点 A 出发的相轨迹 $ABCDEFG$ 趋向于无限远，如图 8-59a 所示。由图可见，该系统在没有速度负反馈时是不稳定的。

(2) 引入局部速度负反馈

令反馈系数为 β，由图 8-57 得

$$e_1 = e - \beta\dot{c} = e + \beta\dot{e}$$

若令 $e_1 = e_0$，则由上式得

$$\dot{e} = -\frac{1}{\beta}(e - e_0) \tag{8-86}$$

式 (8-86) 表明，由于速度负反馈的引入，使切换线向逆时针方向转了一个角度，从而实现了提前切换。同理，写出其余 3 条切换线方程为

$$\dot{e} = -\frac{1}{\beta}(e - me_0) \tag{8-87}$$

$$\dot{e} = -\frac{1}{\beta}(e + e_0) \tag{8-88}$$

$$\dot{e} = -\frac{1}{\beta}(e + me_0) \tag{8-89}$$

由初始点 A 出发的相轨迹如图 8-59b 所示。由图可见，引入速度负反馈后系统的相轨迹趋向于一极限环，表示系统有自持振荡产生，振荡的幅值与反馈系数 β 有关。

例题 8-4　一非线性系统如图 8-60 所示，试绘制阶跃输入时系统的相轨迹。

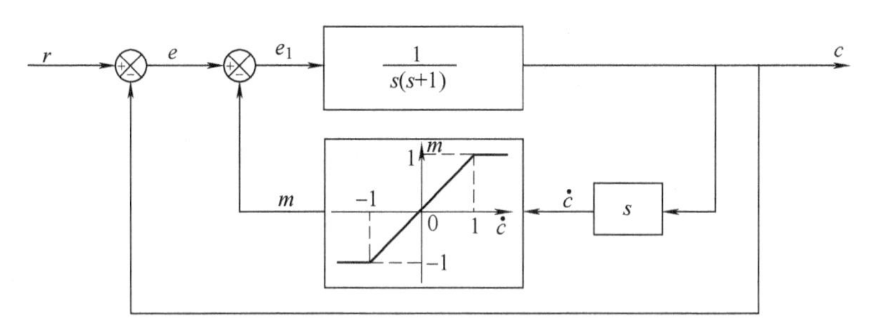

图 8-60　例题 8-4 的非线性控制系统

解　由图 8-60 可得下列关系式：

$$\ddot{c} + \dot{c} = e_1$$
$$r - c = e$$
$$e - m = e_1$$

由上述 3 式求得

$$-\ddot{e} - \dot{e} = e - m$$

即

$$\ddot{e} + \dot{e} + e = m$$

基于饱和非线性特性的输出-输入关系为

$$m = \begin{cases} 1 & \dot{e} < -1 \quad (\dot{c} > 1) \\ -\dot{e} & |\dot{e}| < 1 \quad (|\dot{c}| < 1) \\ -1 & \dot{e} > 1 \quad (\dot{c} < -1) \end{cases}$$

则得

$$\ddot{e}+\dot{e}+e=1,\ \dot{e}<-1 \tag{8-90}$$

$$\ddot{e}+\dot{e}+e=-\dot{e},\ |\dot{e}|<1 \tag{8-91}$$

$$\ddot{e}+\dot{e}+e=-1,\ \dot{e}>1 \tag{8-92}$$

当 $\dot{e}<-1$ 时，奇点为（1，0）。由于式(8-90)的特征根 $\lambda_{1,2}=-\frac{1}{2}\pm j\frac{\sqrt{3}}{2}$，因而该奇点为稳定焦点。当 $|\dot{e}|<1$ 时，奇点为（0，0）。由于式（8-91）的特征根为 $\lambda_{1,2}=-1$，故该奇点为稳定节点。当 $\dot{e}>1$ 时，奇点为（-1，0）。由式（8-92）不难看出，该奇点亦为稳定焦点。

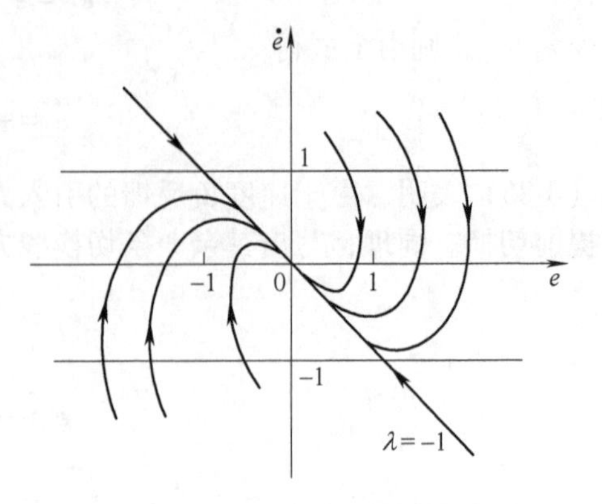

图 8-61　图 8-60 所示系统的相轨迹

综上所述，用等倾线法作出该系统的相轨迹如图 8-61 所示。由图可见，由任何初始状态点出发的相轨迹最终都趋向于坐标原点，显然该系统在阶跃输入时是稳定的。

习　题

8-1　试求图 8-62 所示非线性特性的描述函数。

8-2　试确定图 8-63 所示的非线性系统是否有自持振荡产生？如有，则需确定其振荡的频率和振幅。

8-3　一非线性系统如图 8-64 所示。设 $a=1$，$b=3$，试用描述函数法分析该系统的稳定性。为使系统稳定，继电器的参数 a、b 应如何调整？

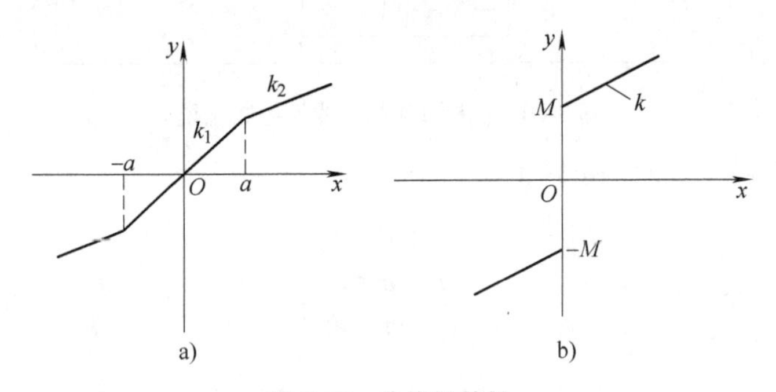

图 8-62　非线性特性

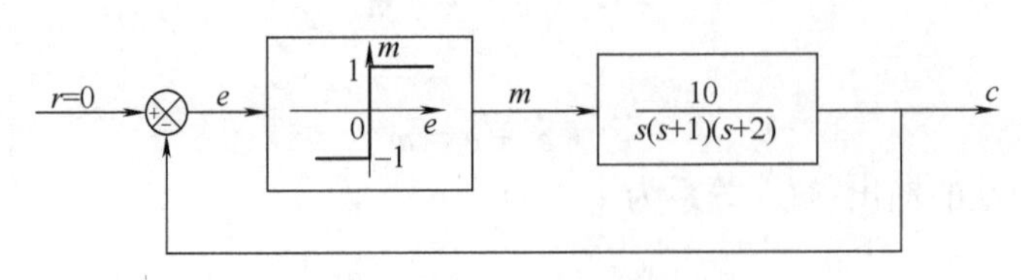

图 8-63　习题 8-2 的非线性控制系统

8-4　已知非线性系统的框图如图 8-65 所示，试用描述函数法确定自持振荡的频率和幅值。

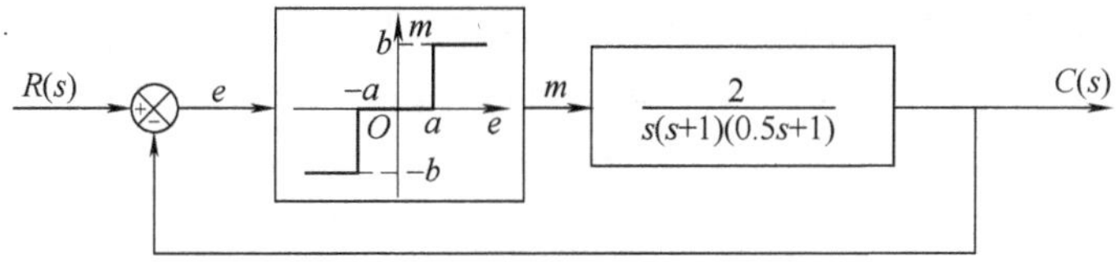

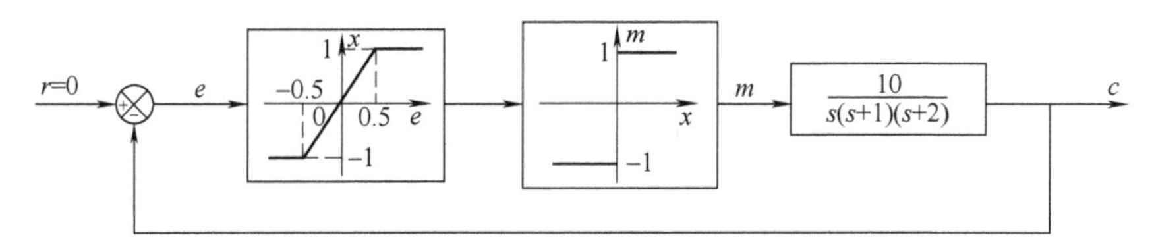

图 8-64　习题 8-3 的非线性控制系统

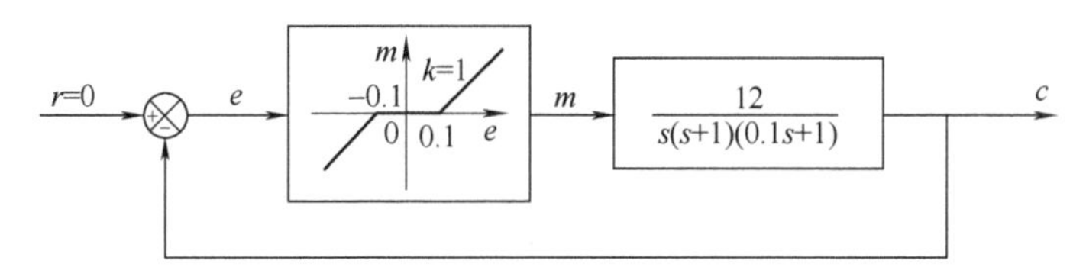

图 8-65　习题 8-4 的非线性控制系统

8-5　试用描述函数法分析图 8-66 所示非线性系统的稳定性。若有自持振荡产生，试求该自持振荡的频率和振幅。

图 8-66　习题 8-5 的非线性控制系统

8-6　画出由下列方程描述系统的相平面图。

$$\dot{x}_1 = x_1 + x_2$$

$$\dot{x}_2 = 2x_1 + x_2$$

8-7　用等倾线法画出由下列方程描述系统的相平面图。

$$\ddot{\theta} + \dot{\theta} + \sin\theta = 0$$

8-8　画出由下列方程描述系统的相平面图。

$$\ddot{e} + 2\dot{e} + 5e = 0,\ e(0) = 0,\ \dot{e}(0) = 3$$

8-9　判别下列方程奇点的性质和位置，并画出相应相轨迹的大致图形。

(1) $\ddot{e} + \dot{e} + e = 0$

(2) $\ddot{e} + \dot{e} + e = 1$

(3) $\ddot{x} + 1.5\dot{x} + 0.5x = 0$

(4) $\ddot{x} + 1.5\dot{x} + 0.5x + 0.5 = 0$

8-10　试绘制图 8-67 所示系统的相轨迹图。已知 $r(t)=0, e(0)=2, \dot{e}(0)=3$。

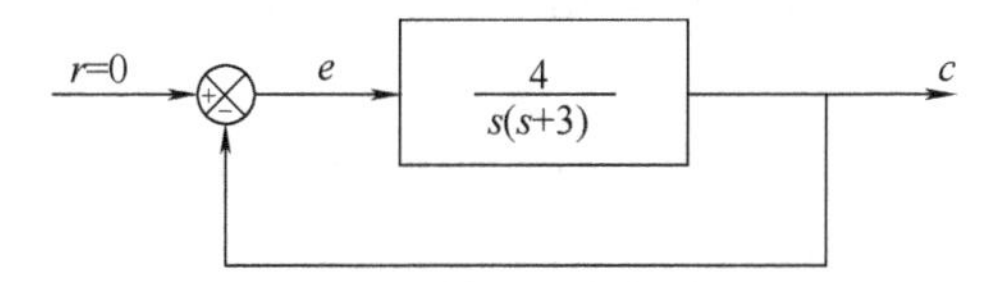

图 8-67　习题 8-10 的二阶线性系统

8-11　一线性系统如图 8-68 所示。已知该系统的初始位置处于静止状态，试求系统在下列输入信号作用下的相轨迹。(1) $r(t)=2\times1(t)$；(2) $r(t)=t+2\times1(t)$。

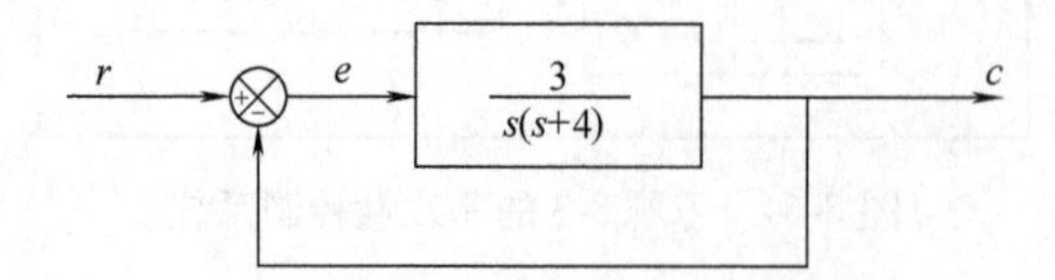

图 8-68　习题 8-11 的二阶线性系统

8-12　试绘制图 8-69 所示系统的相轨迹。已知系统原处于静止状态，$r(t)=3\times1(t)$。

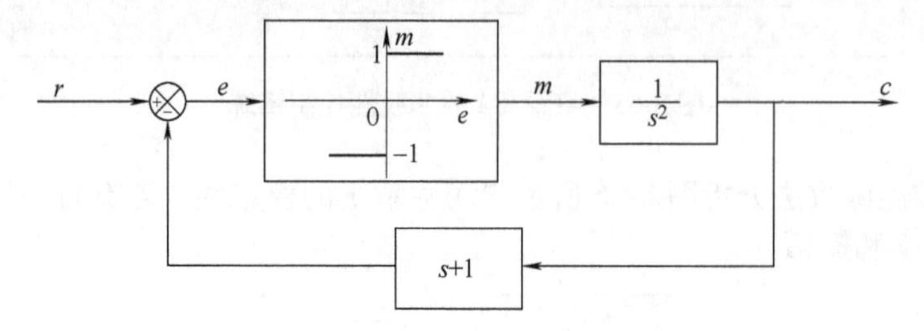

图 8-69　习题 8-12 的非线性控制系统

8-13　试绘制图 8-70 所示系统的相轨迹。已知 $r=0$，$e(0)=3.5$，$\dot{e}(0)=0$。

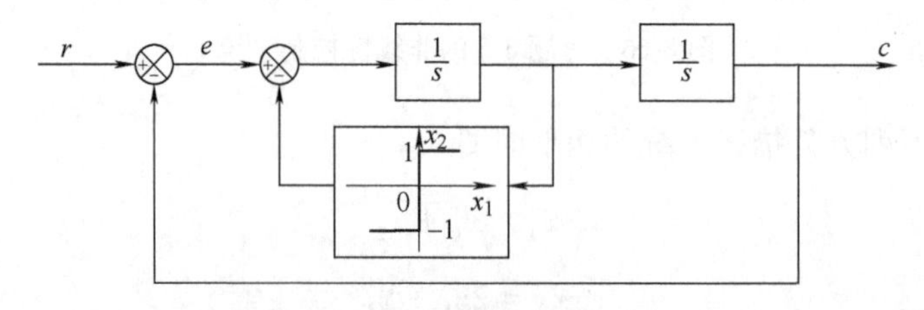

图 8-70　习题 8-13 的非线性控制系统

8-14　一非线性系统如图 8-71 所示。已知 $K=5$，$J=1$，$a=1$，试绘制该系统在 $r=0$ 时的相轨迹。

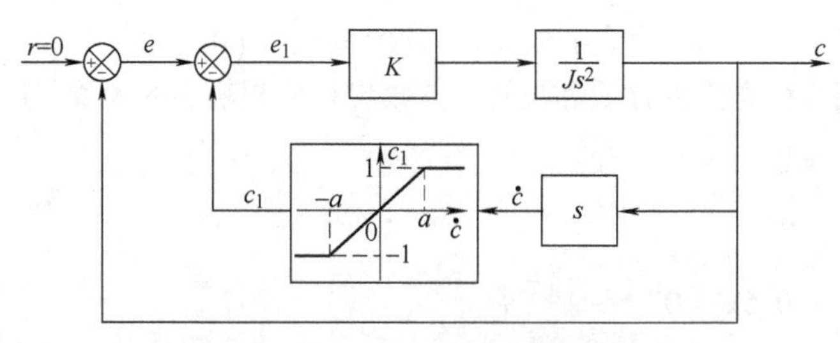

图 8-71　习题 8-14 的非线性控制系统

8-15　图 8-72 为一带有库仑摩擦的二阶系统，已知初始条件 $e(0)=3$，$\dot{e}(0)=0$，$J=1$，试在 e - $\dot{e}$ 平面上画出该系统的相轨迹。

8-16　变增益系统的框图及其非线性元件 G_N 的输入-输出特性如图 8-73 所示。设系统为零初始状态，输入 $r(t)=R\cdot1(t)$，且 $R>e_0$，$kK<\dfrac{1}{4T}<K$，试绘制该系统的相平面图，并分

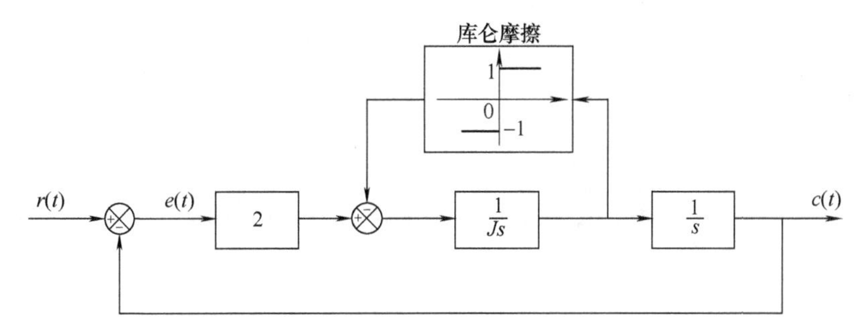

图 8-72　带有库仑摩擦的二阶系统

析采用变增益放大器对系统性能的影响。

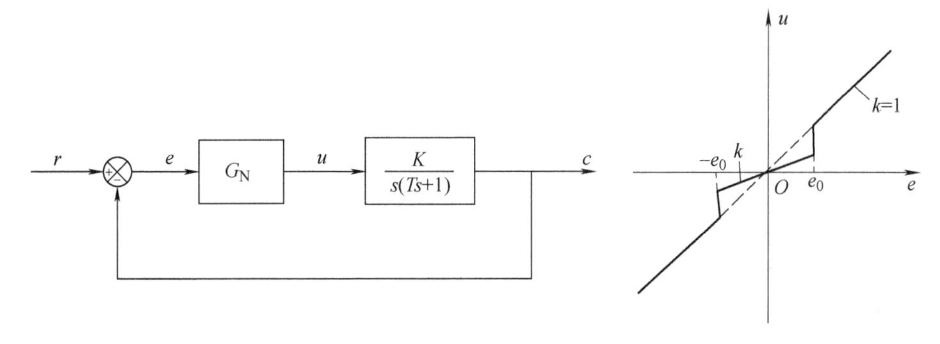

图 8-73　习题 8-16 的非线性控制系统

第九章

状态空间分析法

在前几章中，讨论了有关控制系统分析与校正的几种方法，如根轨迹法和频率响应法，它们都是以传递函数或频率特性的形式来描述控制系统的。这些方法简单、概念清晰，分析与计算也不复杂，因而易被工程技术人员所理解与接受。但是，这些方法也有如下的局限性：

1）传递函数只描述系统输出与输入间的关系，不涉及系统内部状态的信息，因而这种描述不是最完善的。

2）传递函数只适用于零初始条件下的单输入-单输出线性定常系统，它无法表示时变系统、非线性系统以及非零初始条件下的线性定常系统。

3）以传递函数表征系统数学模型的经典设计法（根轨迹法和频率响应法），实质上是一种试凑法，它不可能使系统获得在某种意义下的最优性能。

本章介绍表征控制系统数学模型的另一形式——状态空间表达式。由于这种方法通过输入、状态变量和输出来描述系统，因而克服了上述用传递函数描述系统的不足。这种方法通常是把系统的高阶微分方程或传递函数改写为一阶微分方程组，后者称为系统的状态方程。由于一阶微分方程组可以用向量和矩阵的形式来表示，因而使系统的数学模型变得简单，且便于运算。在设计系统时，除了采用传统的输出反馈外，还能充分利用系统内部众多的状态变量进行反馈，在一定的条件下，使系统的闭环极点能得到任意配置。此外，用状态变量描述系统的另一优点是不论被描述的系统多么复杂，阶次多么高；也不论是定常系统，还是时变系统；不论是子系统，还是总的系统；不论是开环系统，还是闭环系统，它们动态方程式的形式都完全相同。由于用状态变量法描述系统有上述优点，因而它在现代控制理论中被广泛应用，并成为该理论的数学基础之一。

本章主要讨论线性定常系统状态方程式的建立和 4 种标准形的变换、状态方程式的求解、控制系统的能控性和能观性、用状态反馈任意配置系统的闭环极点等内容。

第一节　状态变量描述

一、状态、状态变量

图 9-1 为一小车行走系统。设它与地面间的摩擦力为零，由牛顿第二定律得

$$\frac{\mathrm{d}v(t)}{\mathrm{d}t}=\frac{1}{m}F(t)$$

$$\frac{\mathrm{d}x(t)}{\mathrm{d}t}=v(t)$$

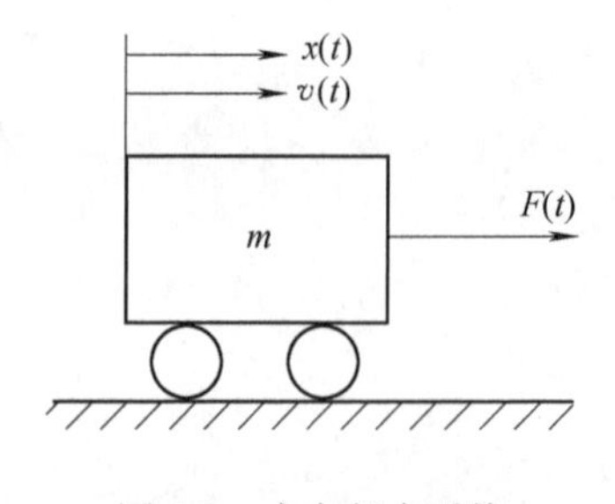

图 9-1　小车行走系统

式中，$F(t)$ 为作用在小车上的外力；$x(t)$ 为小车的位移；m 为

小车的质量。由上述两式求得

$$v(t)=v(t_0)+\frac{1}{m}\int_{t_0}^{t}F(\tau)\mathrm{d}\tau$$

$$x(t)=x(t_0)+(t-t_0)v(t_0)+\frac{1}{m}\int_{t_0}^{t}\mathrm{d}\tau\int_{t_0}^{\tau}F(t)\mathrm{d}t$$

由于 $x(t_0)$ 和 $v(t_0)$ 表征系统在 $t=t_0$ 时刻的状态，故称它们为初始状态变量。对于 $t>t_0$ 的任意时刻，小车的状态是由其状态变量 $v(t)$ 和 $x(t)$ 来确定的。不难看出，如果已知外力 $F(t)$ 和 $x(t_0)$、$v(t_0)$，则可以计算出任意 $t>t_0$ 时刻的 $x(t)$ 和 $v(t)$ 。状态对系统的过去行为具有记忆作用，$t=t_0$ 时的状态能记忆系统在 t_0 之前输入对系统所产生的影响。显然，如果已知系统的初始状态和 $t\geqslant t_0$ 时的输入，就能唯一地确定系统未来的行为（状态）。

由上述的讨论可知，动力学系统的状态是表征系统全部行为的一组相互独立的变量，组成这个变量组的元素称为状态变量。由以状态变量为分量组成的矢量称为状态矢量。令 $x_1(t)$，$x_2(t)$，…，$x_n(t)$ 为系统的一组状态变量，则相应的状态矢量为 $\boldsymbol{x}(t)=[x_1(t)\ x_2(t)\ \cdots\ x_n(t)]^{\mathrm{T}}$ 。以 $x_1(t)$，$x_2(t)$，…，$x_n(t)$ 为坐标轴所构成的欧氏空间称为状态空间。状态空间中的每一个点都代表了一组特定的状态变量，即表征系统一个特定的状态。如果给定了 t_0 时刻的初始状态 $\boldsymbol{x}(t_0)$ ，即状态空间中的一个初始点，在输入量 $\boldsymbol{u}(t)$ 的作用下，随着时间的推移，系统的状态 $\boldsymbol{x}(t)$ 会连续地变化，从而在状态空间中形成一条轨迹，通常称它为状态轨线。显然，这条轨线的具体形状是由 $\boldsymbol{x}(t_0)$、$\boldsymbol{u}(t)$ 和系统的动力学特性所确定的。

二、状态空间表达式

状态变量的一阶导数与状态变量、输入变量间的数学表达式称为状态方程。由于一个 n 阶系统应有 n 个独立的状态变量，因而对应的状态方程是 n 个联立的一阶微分方程组。设单输入线性定常系统的状态变量为 $x_1(t)$，$x_2(t)$，…，$x_n(t)$ ，则其状态方程的一般形式为

$$\begin{aligned}
\dot{x}_1(t)&=a_{11}x_1(t)+a_{12}x_2(t)+\cdots+a_{1n}x_n(t)+b_1u(t)\\
\dot{x}_2(t)&=a_{21}x_1(t)+a_{22}x_2(t)+\cdots+a_{2n}x_n(t)+b_2u(t)\\
&\vdots\\
\dot{x}_n(t)&=a_{n1}x_1(t)+a_{n2}x_2(t)+\cdots+a_{nn}x_n(t)+b_nu(t)
\end{aligned}$$

把上述方程组写成矢量矩阵形式为

$$\dot{\boldsymbol{x}}(t)=\boldsymbol{A}\boldsymbol{x}(t)+\boldsymbol{b}u(t) \tag{9-1a}$$

式中：

$$\boldsymbol{x}=\begin{pmatrix}x_1\\x_2\\\vdots\\x_n\end{pmatrix}\qquad\dot{\boldsymbol{x}}=\begin{pmatrix}\dot{x}\\\dot{x}_2\\\vdots\\\dot{x}_n\end{pmatrix}$$

$$\boldsymbol{A}=\begin{pmatrix}a_{11}&a_{12}&\cdots&a_{1n}\\a_{21}&a_{22}&\cdots&a_{2n}\\\vdots&\vdots&&\vdots\\a_{n1}&a_{n2}&\cdots&a_{nn}\end{pmatrix}\qquad\boldsymbol{b}=\begin{pmatrix}b_1\\b_2\\\vdots\\b_n\end{pmatrix}$$

$\boldsymbol{A}$ 称为系统的系数矩阵；$\boldsymbol{b}$ 称为输入矩阵，又名控制矩阵，对于单输入系统，$\boldsymbol{b}$ 为 $n\times1$ 型矢量。

系统的输出量与状态变量、输入变量间的数学表达式称为输出方程。单输出线性定常系

统输出方程的一般形式可表示为

$$y(t)=C_1x_1(t)+C_2x_2(t)+\cdots+C_n(t)x_n(t)+du(t)$$

这是一个代数方程，它表示系统的输出由两个部分所组成：一部分是状态变量的线性组合；另一部分是输入的直接传输。把上式写成矢量矩阵形式为

$$y(t)=\boldsymbol{Cx}(t)+du(t) \tag{9-1b}$$

式中，$\boldsymbol{C}$ 为系统的输出矩阵，对于单输出系统，$\boldsymbol{C}$ 为 $1\times n$ 型行矢量；d 为输入直接影响输出的传输系数。状态方程与输出方程合在一起称为系统的状态空间表达式，又名系统的动态方程。图 9-2 为式（9-1a）、式（9-1b）所描述的单输入-单输出线性定常系统的状态模型图，图中双线箭头表示所传递的信号是矢量，以区别于用单线箭头表示的标量信号。

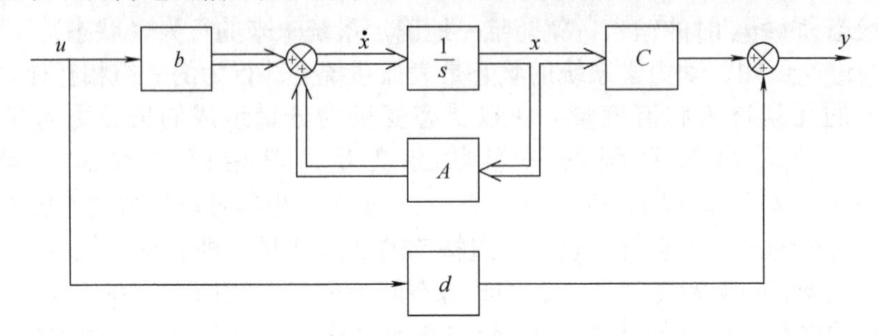

图 9-2　单输入-单输出系统的状态图

对于多输入-多输出的线性定常系统，它的状态方程和输出方程同样具有式（9-1a）和式（9-1b）相同的形式，即

$$\left.\begin{aligned}\dot{\boldsymbol{x}}(t)&=\boldsymbol{Ax}(t)+\boldsymbol{Bu}(t)\\ \boldsymbol{y}(t)&=\boldsymbol{Cx}(t)+\boldsymbol{Du}(t)\end{aligned}\right\} \tag{9-2}$$

式中：

$$\boldsymbol{x}=\begin{pmatrix}x_1\\x_2\\\vdots\\x_n\end{pmatrix},\quad \boldsymbol{u}=\begin{pmatrix}u_1\\u_2\\\vdots\\u_r\end{pmatrix},\quad \boldsymbol{y}=\begin{pmatrix}y_1\\y_2\\\vdots\\y_m\end{pmatrix}$$

$$\boldsymbol{A}=\begin{pmatrix}a_{11}&a_{12}&\cdots&a_{1n}\\a_{21}&a_{22}&\cdots&a_{2n}\\\vdots&\vdots&&\vdots\\a_{n1}&a_{n2}&\cdots&a_{nn}\end{pmatrix}\qquad \boldsymbol{B}=\begin{pmatrix}b_{11}&b_{12}&\cdots&b_{1r}\\b_{21}&b_{22}&\cdots&b_{2r}\\\vdots&\vdots&&\vdots\\b_{n1}&b_{n2}&\cdots&b_{nr}\end{pmatrix}$$

$$\boldsymbol{C}=\begin{pmatrix}c_{11}&c_{12}&\cdots&c_{1n}\\c_{21}&c_{22}&\cdots&c_{2n}\\\vdots&\vdots&&\vdots\\c_{m1}&c_{m2}&\cdots&c_{mn}\end{pmatrix}\qquad \boldsymbol{D}=\begin{pmatrix}d_{11}&d_{12}&\cdots&d_{1r}\\d_{21}&d_{22}&\cdots&d_{2r}\\\vdots&\vdots&&\vdots\\d_{m1}&d_{m2}&\cdots&d_{mr}\end{pmatrix}$$

图 9-3 为由式（9-2）所描述线性定常系统的状态图。对于多输入-多输出的惯性系统，其动态方程为

$$\dot{\boldsymbol{x}}(t)=\boldsymbol{Ax}(t)+\boldsymbol{Bu}(t)$$
$$\boldsymbol{y}(t)=\boldsymbol{Cx}(t)$$

必须注意，在矢量与矩阵的乘法运算中，应注意相乘的前后次序不能颠倒。

【例 9-1】　已知一 R-L-C 电路如图 9-4 所示，u_r 和 u_C 分别为电路的输入与输出量。试选择两组状态变量，写出它们对应的动态方程式。

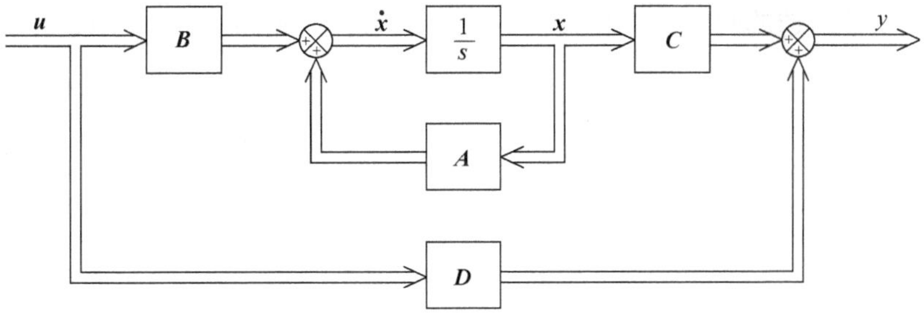

图 9-3　多输入-多输出线性定常系统的状态图

解　由基尔霍夫定律得

$$iR + L\frac{\mathrm{d}i}{\mathrm{d}t} + \frac{1}{C}\int i\mathrm{d}t = u_r \tag{9-3}$$

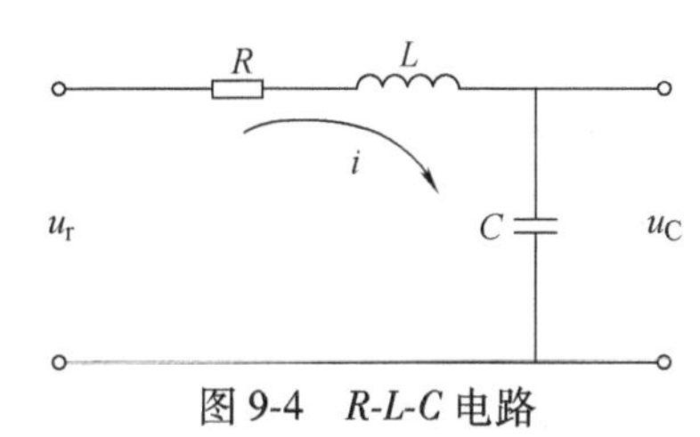

图 9-4　R-L-C 电路

设状态变量 $x_1 = u_C = \frac{1}{C}\int i\mathrm{d}t$，$x_2 = i$，则式（9-3）可改写为

$$\dot{x}_1 = \frac{1}{C}x_2$$

$$\dot{x}_2 = -\frac{1}{L}x_1 - \frac{R}{L}x_2 + \frac{1}{L}u_r$$

写成矢量矩阵形式为

$$\begin{pmatrix}\dot{x}_1\\ \dot{x}_2\end{pmatrix} = \begin{pmatrix}0 & \frac{1}{C}\\ -\frac{1}{L} & -\frac{R}{L}\end{pmatrix}\begin{pmatrix}x_1\\ x_2\end{pmatrix} + \begin{pmatrix}0\\ \frac{1}{L}\end{pmatrix}u_r \tag{9-4a}$$

输出方程为

$$y = u_C = [1 \quad 0]\begin{pmatrix}x_1\\ x_2\end{pmatrix} \tag{9-4b}$$

若设 $x_1 = q = \int i\mathrm{d}t$，$x_2 = i$，则由式（9-3）求得的状态方程为

$$\dot{x}_1 = x_2$$

$$\dot{x}_2 = -\frac{1}{LC}x_1 - \frac{R}{L}x_2 + \frac{1}{L}u_r$$

输出方程为

$$y = u_C = \frac{1}{C}x_1$$

把上述方程写成矢量矩阵形式为

$$\left.\begin{aligned}\begin{pmatrix}\dot{x}_1\\ \dot{x}_2\end{pmatrix} &= \begin{pmatrix}0 & 1\\ -\frac{1}{LC} & -\frac{R}{L}\end{pmatrix}\begin{pmatrix}x_1\\ x_2\end{pmatrix} + \begin{pmatrix}0\\ \frac{1}{L}\end{pmatrix}u_r\\ y &= \begin{pmatrix}\frac{1}{C} & 0\end{pmatrix}\begin{pmatrix}x_1\\ x_2\end{pmatrix}\end{aligned}\right\} \tag{9-5}$$

由此可知，系统状态变量的选择不是唯一的。显然，对应于不同的状态变量选择，所得到的动态方程也是不相同的，但它们都描述了同一个系统。

下面讨论上述所选的两组状态变量间的内在关系。设 $x_1 = u_C$，$x_2 = i$；$\bar{x}_1 = q$，$\bar{x}_2 = i$，则得

$$x_1 = \frac{1}{C}\bar{x}_1,\quad x_2 = \bar{x}_2$$

写成矢量矩阵形式为

$$\boldsymbol{x} = \boldsymbol{P}\bar{\boldsymbol{x}} \tag{9-6}$$

式中：

$$\boldsymbol{x} = \begin{pmatrix} x_1 \\ x_2 \end{pmatrix},\quad \bar{\boldsymbol{x}} = \begin{pmatrix} \bar{x}_1 \\ \bar{x}_2 \end{pmatrix},\quad \boldsymbol{P} = \begin{pmatrix} \frac{1}{C} & 0 \\ 0 & 1 \end{pmatrix}$$

$\boldsymbol{P}$ 为非奇异矩阵。式（9-6）表明，通过非奇异矩阵 $\boldsymbol{P}$ 的变换，可将状态变量 x_1、x_2 变换为一组新的状态变量 $\bar{x}_1$ 和 $\bar{x}_2$。若变换矩阵 $\boldsymbol{P}$ 为任意的非奇异矩阵，则可变换出无数多组状态变量和相应的动态方程，从而进一步说明了状态变量选择的非唯一性。为了应用上的方便，通常总优先考虑那些能被量测的物理量为状态变量。

必须指出，系统状态变量的选择虽不是唯一的，但选择一组状态变量也是有条件的。它必须具备下述性质：

1）在 t 时刻的状态矢量 $\boldsymbol{x}(t)$ 是由初始状态矢量 $\boldsymbol{x}(t_0)$ 和 $t \geqslant t_0$ 时的输入 $u(t)$ 唯一确定的。

2）在 t 时刻的输出 $y(t)$ 是由该时刻的状态矢量 $\boldsymbol{x}(t)$ 和输入 $u(t)$ 唯一确定的。

综上所述，用状态变量描述系统具有如下特点：

1）系统的状态变量描述是系统输入、状态、输出诸变量间的时域描述。由于这种描述涉及系统的全部信息（包括输入和输出），因而比经典控制理论中的输入-输出描述显得更为完善。

2）输入引起系统内部状态的变化是一个动态过程，在数学上用矢量微分方程式描述。由状态变量和输入确定系统输出的变化是一个量的变换过程，因而输出方程是一个代数方程。用矢量矩阵形式表示状态方程和输出方程，对于多变量系统特别适用。

3）一个系统的状态变量选择不是唯一的，选择不同的状态变量，就得到不同的状态变量描述。但是不论选择哪一组状态变量，一个 n 阶系统，只能有 n 个状态变量，不能多也不可少。

4）由于状态方程是一阶微分方程组，因而非常适用于用计算机求其数值解，或用计算机对系统进行分析研究。

5）对于结构和参数已确定的系统，需要研究如何把已建立的微分方程或传递函数转变为相应的动态方程式。

第二节　传递函数与动态方程的关系

由于一个系统既可以用传递函数（或微分方程）去描述，也可以用动态方程式去表征，因而它们之间必然有着一定的内在关系。本节主要讨论这两种不同数学描述间的相互转换。

为了用状态空间法分析系统，对于已由传递函数（或微分方程）描述的系统，就需要先把它们转变为相应的动态方程，且不改变系统的输入-输出特性，这样求得的动态方程称为系统的一个状态空间实现。由于系统状态变量的选择是非唯一的，因而一个可实现的传递函数，可以写出很多不同形式的动态方程式，即系统实现的方法有很多种。本节只讨论其中最常见的 4 种标准形实现。

一、由动态方程求系统的传递函数

设单输入-单输出线性定常系统的动态方程为

$$\left.\begin{aligned}\dot{\boldsymbol{x}}(t) &= \boldsymbol{A}\boldsymbol{x}(t) + \boldsymbol{b}u(t)\\ y(t) &= \boldsymbol{C}\boldsymbol{x}(t) + du(t)\end{aligned}\right\} \tag{9-7}$$

式中，$\boldsymbol{x}$ 为 $n\times1$ 型状态矢量；$\boldsymbol{A}$ 为 $n\times n$ 矩阵；$\boldsymbol{b}$ 为 $n\times1$ 型列矢量；$\boldsymbol{C}$ 为 $1\times n$ 型行矢量；$y(t)$ 和 $u(t)$ 为标量；d 为直接传输系数。对式（9-7）取拉普拉斯变换得

$$s\boldsymbol{X}(s) - \boldsymbol{x}(0) = \boldsymbol{A}\boldsymbol{X}(s) + \boldsymbol{b}U(s)$$
$$Y(s) = \boldsymbol{C}\boldsymbol{X}(s) + dU(s)$$

由上述两式求得

$$Y(s) = \boldsymbol{C}(s\boldsymbol{I} - \boldsymbol{A})^{-1}\boldsymbol{x}(0) + \boldsymbol{C}(s\boldsymbol{I} - \boldsymbol{A})^{-1}\boldsymbol{b}U(s) + dU(s)$$

基于传递函数是在零初始条件下定义的，因而令上式中的初始状态矢量 $\boldsymbol{x}(0)$ 为零，于是求得系统的传递函数为

$$T(s) = \frac{Y(s)}{U(s)} = \boldsymbol{C}(s\boldsymbol{I} - \boldsymbol{A})^{-1}\boldsymbol{b} + d \tag{9-8}$$

对于式（9-2）所示的多输入-多输出系统，用推导式（9-8）相同的方法，求得相应系统的传递函数矩阵为

$$\boldsymbol{T}(s) = \boldsymbol{C}(s\boldsymbol{I} - \boldsymbol{A})^{-1}\boldsymbol{B} + \boldsymbol{D} \tag{9-9}$$

式中：

$$\boldsymbol{T}(s) = \begin{pmatrix} T_{11}(s) & T_{12}(s) & \cdots & T_{1r}(s)\\ T_{21}(s) & T_{22}(s) & \cdots & T_{2r}(s)\\ \vdots & \vdots & & \vdots\\ T_{m1}(s) & T_{m2}(s) & \cdots & T_{mr}(s)\end{pmatrix}$$

这是一个 $m\times r$ 型矩阵。式（9-9）中，$\boldsymbol{C}$ 为 $m\times n$ 型矩阵；$\boldsymbol{B}$ 为 $n\times r$ 型矩阵；$\boldsymbol{D}$ 为 $m\times r$ 型矩阵；$T_{ij}(s)$ 为第 i 个输出与第 j 个输入间的传递函数。

【例 9-2】 已知系统的动态方程式为

$$\dot{\boldsymbol{x}} = \begin{pmatrix}0 & 1 & 0\\ 0 & 0 & 1\\ 0 & -3 & -4\end{pmatrix}\boldsymbol{x} + \begin{pmatrix}0\\0\\1\end{pmatrix}u$$
$$y = (2\quad 1\quad 0)\boldsymbol{x}$$

求系统的传递函数。

解　因为

$$(s\boldsymbol{I} - \boldsymbol{A})^{-1} = \begin{pmatrix}s & -1 & 0\\ 0 & s & -1\\ 0 & 3 & s+4\end{pmatrix}^{-1} = \frac{\begin{pmatrix}s(s+4)+3 & (s+4) & 1\\ 0 & s(s+4) & s\\ 0 & -3s & s^2\end{pmatrix}}{s(s+1)(s+3)}$$

所以

$$T(s) = \boldsymbol{C}(s\boldsymbol{I} - \boldsymbol{A})^{-1}\boldsymbol{b} = \frac{(2\quad 1\quad 0)\begin{pmatrix}s(s+4)+3 & s+4 & 1\\ 0 & s(s+4) & s\\ 0 & -3s & s^2\end{pmatrix}\begin{pmatrix}0\\0\\1\end{pmatrix}}{s(s+1)(s+3)}$$
$$= \frac{s+2}{s(s+1)(s+3)}$$

二、由传递函数列写动态方程

设线性定常系统微分方程式的一般形式为

$$\begin{aligned}&y^{(n)}+a_1y^{(n-1)}+a_2y^{(n-2)}+\cdots+a_{n-1}\dot{y}+a_ny\\&=b_0u^{(n)}+b_1u^{(n-1)}+b_2u^{(n-2)}+\cdots+b_{n-1}\dot{u}+b_nu\end{aligned}\tag{9-10}$$

式中，y为系统的输出量；u为系统的输入量。在零初始条件下，对式（9-10）取拉普拉斯变换，求得系统的传递函数为

$$\begin{aligned}T(s)=\frac{Y(s)}{U(s)}&=\frac{b_0s^n+b_1s^{n-1}+b_2s^{n-2}+\cdots+b_{n-1}s+b_n}{s^n+a_1s^{n-1}+a_2s^{n-2}+\cdots+a_{n-1}s+a_n}\\&=d+\frac{\beta_1s^{n-1}+\beta_2s^{n-2}+\cdots+\beta_{n-1}s+\beta_n}{s^n+a_1s^{n-1}+a_2s^{n-2}+\cdots+a_{n-1}s+a_n}\end{aligned}\tag{9-11}$$

式中，$d=b_0$。式（9-11）为传递函数的一般形式。不难看出，传递函数存在着有零、极点对消和没有零、极点对消两种情况。这里所讨论的实现是没有零、极点对消的情况，据此求得的动态方程，其状态变量数最少，相应矩阵的维数也最小。若构成硬件系统时，所需积分器的个数也最少，故这种实现有最小实现之称。

（一）能控标准形实现

1. 传递函数无零点

设传递函数为

$$\frac{Y(s)}{U(s)}=\frac{b_n}{s^n+a_1s^{n-1}+\cdots+a_{n-1}s+a_n}\tag{9-12}$$

对应的微分方程为

$$y^{(n)}+a_1y^{(n-1)}+\cdots+a_{n-1}\dot{y}+a_ny=b_nu\tag{9-13}$$

令

$$\begin{cases}x_1=y\\x_2=\dot{y}\\\vdots\\x_n=y^{(n-1)}\end{cases}$$

则式（9-13）改写为下列的一阶微分方程组：

$$\begin{cases}\dot{x}_1=x_2\\\dot{x}_2=x_3\\\vdots\\\dot{x}_{n-1}=x_n\\\dot{x}_n=-a_nx_1-a_{n-1}x_2-\cdots-a_1x_n+b_nu\end{cases}$$

系统的输出为

$$y=x_1$$

把上述方程用矢量矩阵形式表示为

$$\left.\begin{aligned}\dot{\boldsymbol{x}}&=\boldsymbol{A}\boldsymbol{x}+\boldsymbol{b}u\\y&=\boldsymbol{C}\boldsymbol{x}\end{aligned}\right\}\tag{9-14}$$

式中：

$$A=\begin{pmatrix}0&1&0&0&\cdots&0&0\\0&0&1&0&\cdots&0&0\\0&0&0&1&&0&0\\\vdots&\vdots&\vdots&\vdots&&\vdots&\vdots\\0&0&0&0&\cdots&1&0\\0&0&0&0&\cdots&0&1\\-a_n&-a_{n-1}&-a_{n-2}&-a_{n-3}&\cdots&-a_2&-a_1\end{pmatrix},\ b=\begin{pmatrix}0\\0\\\vdots\\0\\-b_n\end{pmatrix}$$

$$C=(1\quad 0\quad\cdots\quad 0)$$

不难看出，矩阵 $\boldsymbol{A}$ 和 $\boldsymbol{b}$ 具有如下特征：矩阵 $\boldsymbol{A}$ 对角线上方的一个元素都为 1，最后一行元素是由原微分方程系数的负值构成，其余元素均为零；矩阵 $\boldsymbol{b}$ 除最后一个元素不为零外，其余的元素均为零。由这种形式的矩阵 $\boldsymbol{A}$ 和 $\boldsymbol{b}$ 组成的状态方程称为能控标准形。至于何谓能控以及这种标准形的特性，将在本章第六节中予以阐述。根据矩阵 $\boldsymbol{A}$ 和 $\boldsymbol{b}$ 的上述这些特征，一般只要通过对微分方程式或传递函数的观察，就能直接写出矩阵 $\boldsymbol{A}$ 和 $\boldsymbol{b}$ 及对应的动态方程。图 9-5 为式（9-14）所描述的能控标准形状态图。

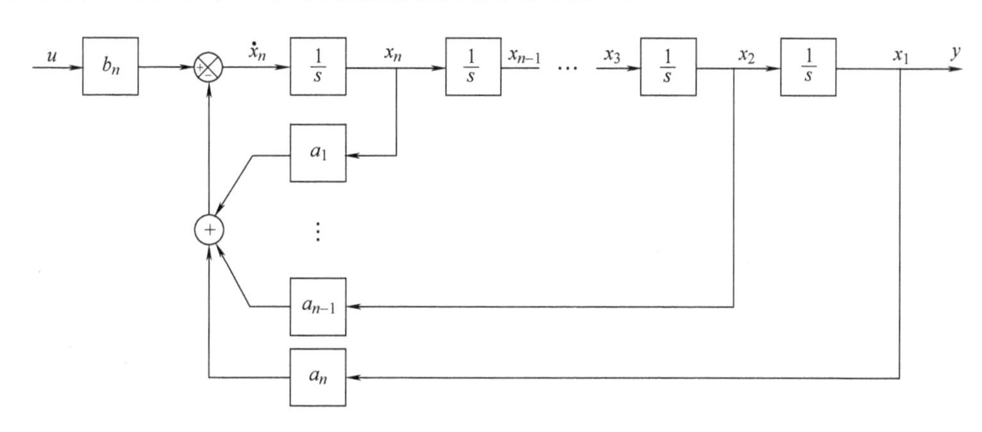

图 9-5　传递函数无零点时的状态图

【例 9-3】　已知一系统的传递函数为

$$\frac{Y(s)}{U(s)}=\frac{5}{s^3+8s^2+9s+2}$$

试写出能控标准形的状态空间表达式。

解　根据矩阵 $\boldsymbol{A}$ 和 $\boldsymbol{b}$ 的特征，直接写出该系统能控标准形实现的表达式为

$$\begin{pmatrix}\dot{x}_1\\\dot{x}_2\\\dot{x}_3\end{pmatrix}=\begin{pmatrix}0&1&0\\0&0&1\\-2&-9&-8\end{pmatrix}\begin{pmatrix}x_1\\x_2\\x_3\end{pmatrix}+\begin{pmatrix}0\\0\\5\end{pmatrix}u$$

$$y=(1\quad 0\quad 0)\begin{pmatrix}x_1\\x_2\\x_3\end{pmatrix}$$

2. 传递函数有零点

当传递函数有零点时，对应的微分方程中就含有控制量 $u(t)$ 的导数项，因而就不能用上述的方法去设置状态变量。此时需把式（9-11）所示的传递函数分解为两个组成部分，并

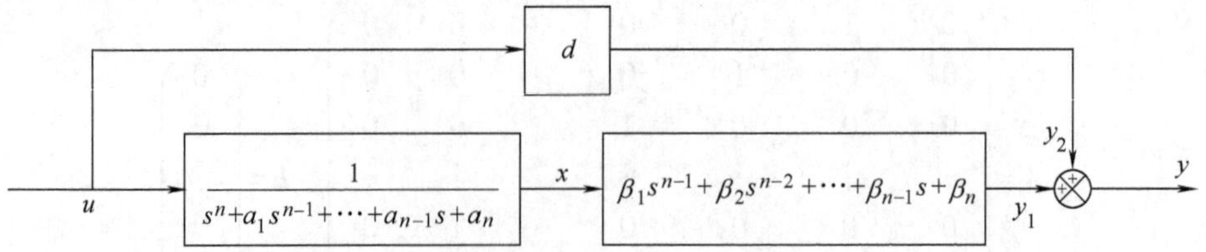

$$\frac{1}{s^n+a_1s^{n-1}+\cdots+a_{n-1}s+a_n} \quad \beta_1s^{n-1}+\beta_2s^{n-2}+\cdots+\beta_{n-1}s+\beta_n$$

图 9-6　式（9-11）的框图

引入中间变量 x，如图 9-6 所示。由图可得

$$\frac{Y_1(s)}{U(s)}=\frac{Y_1(s)X(s)}{X(s)U(s)},\quad Y(s)=Y_1(s)+dU(s)$$

其中：

$$\frac{X(s)}{U(s)}=\frac{1}{s^n+a_1s^{n-1}+a_2s^{n-2}+\cdots+a_{n-1}s+a_n} \tag{9-15}$$

$$\frac{Y_1(s)}{X(s)}=\beta_1s^{n-1}+\beta_2s^{n-2}+\cdots+\beta_{n-1}s+\beta_n \tag{9-16}$$

由于式（9-15）中无零点，因而其状态方程可按式（9-14）那样去设置状态变量，于是求得

$$\begin{pmatrix}\dot{x}_1\\ \dot{x}_2\\ \vdots\\ \dot{x}_{n-1}\\ \dot{x}_n\end{pmatrix}=\begin{pmatrix}0 & 1 & 0 & & 0\\ & & & \ddots & \vdots\\ \vdots & \ddots & & \ddots & 0\\ 0 & \cdots & & 0 & 1\\ -a_n & -a_{n-1} & \cdots & & -a_1\end{pmatrix}\begin{pmatrix}x_1\\ x_2\\ \vdots\\ x_{n-1}\\ x_n\end{pmatrix}+\begin{pmatrix}0\\ 0\\ \vdots\\ 0\\ 1\end{pmatrix}u \tag{9-17a}$$

输出方程为

$$\begin{aligned}y&=y_1+d_0u=\beta_nx+\beta_{n-1}\dot{x}+\cdots+\beta_2x^{(n-2)}+\beta_1x^{(n-1)}+d_0u\\ &=\beta_nx_1+\beta_{n-1}x_2+\cdots+\beta_2x_{n-1}+\beta_1x_n+du\end{aligned}$$

写成矢量矩阵形式为

$$y=[\beta_n\quad \beta_{n-1}\quad \cdots\quad \beta_2\quad \beta_1]\begin{pmatrix}x_1\\ x_2\\ \vdots\\ x_{n-1}\\ x_n\end{pmatrix}+du \tag{9-17b}$$

根据式（9-17）中矩阵 $\boldsymbol{A}$、$\boldsymbol{b}$ 和 $\boldsymbol{C}$ 的特征，就可由传递函数直接写出这种能控标准形的状态空间表达式。图 9-7 为式（9-17）所示系统的状态图。

（二）能观标准形实现

为叙述简单起见，先研究一个三阶系统，设其传递函数为

$$\frac{Y(s)}{U(s)}=\frac{Y_1(s)}{U(s)}+\frac{Y_2(s)}{U(s)}=\frac{\beta_1s^2+\beta_2s+\beta_3}{s^3+a_1s^2+a_2s+a_3}+d$$

由于 $Y_2(s)=dU(s)$ 是实现的直接传递部分，因此只要分析 $Y_1(s)/U(s)$ 部分的实现即可。

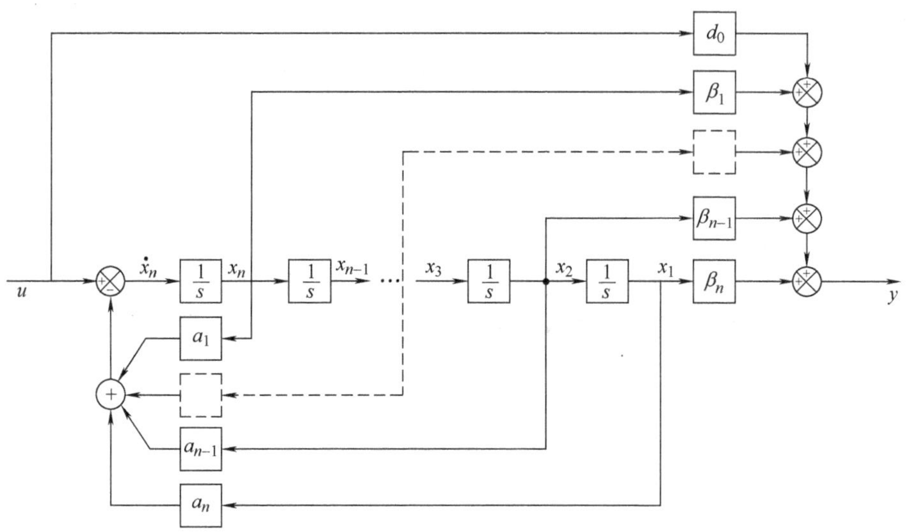

图 9-7　传递函数有零点时的状态图

基于传递函数：

$$\frac{Y_1(s)}{U(s)}=\frac{\beta_1 s^2+\beta_2 s+\beta_3}{s^3+a_1 s^2+a_2 s+a_3}$$

是在零初始条件下定义的，即由下述微分方程：

$$\dddot{y}_1+a_1\ddot{y}_1+a_2\dot{y}_1+a_3 y_1=\beta_1\ddot{u}+\beta_2\dot{u}+\beta_3 u \tag{9-18}$$

经拉氏变换后求得的。现对式（9-18）在非零初始条件下再取拉普拉斯变换，求得

$$\begin{aligned}Y_1(s)=&\frac{\beta_1 s^2+\beta_2 s+\beta_3}{s^3+a_1 s^2+a_2 s+a_3}U(s)+\frac{1}{s^3+a_1 s^2+a_2 s+a_3}\{y_1(0)s^2+\\&[\dot{y}_1(0)+a_1 y_1(0)-\beta_1 u(0)]s+[\ddot{y}_1(0)+a_1\dot{y}_1(0)+\\&a_2 y_1(0)-\beta_1\dot{u}(0)-\beta_2 u(0)]\}\end{aligned}$$

上式等号右方的第一项是不考虑初始时刻系统的储能作用（初始状态等于零），由系统的输入 $U(s)$ 引起的响应，故称它为零状态响应；第二项是在没有外加激励信号作用时，由初始状态而产生的响应，因而称其为零输入响应。如果该式右方第二项大括号中 s^2、s 和 s^0 项的系数均为已知，即一组初始条件确定后，对于任意的输入 $u(t)$，都能唯一地确定相应的 y_1。基于这些项的系数都是初始条件 $y_1(0)$、$\dot{y}_1(0)$、$\ddot{y}_1(0)$ 和 $\dot{u}(0)$、$u(0)$ 的线性组合，由此得到启发，可以选择这些项的系数作为状态变量，即令

$$\left.\begin{aligned}x_3&=y_1\\x_2&=\dot{y}_1+a_1 y_1-\beta_1 u=\dot{x}_3+a_1 x_3-\beta_1 u\\x_1&=\ddot{y}_1+a_1\dot{y}_1+a_2 y_1-\beta_1\dot{u}-\beta_2 u=\dot{x}_2+a_2 x_3-\beta_2 u\end{aligned}\right\} \tag{9-19}$$

对上述方程组的最后一式求导，并在等号的两边各加上$(a_3 y_1-\beta_3 u)$，即

$$a_3 y_1-\beta_3 u+\dot{x}_1=\dddot{y}_1+a_1\ddot{y}_1+a_2\dot{y}_1-\beta_1\ddot{u}-\beta_2\dot{u}+a_3 y_1-\beta_3 u=0$$

于是得

$$\begin{aligned}\dot{x}_1&=-a_3 x_3+\beta_3 u\\\dot{x}_2&=x_1-a_2 x_3+\beta_2 u\\\dot{x}_3&=x_2-a_1 x_3+\beta_1 u\end{aligned}$$

$$y = y_1 + y_2 = x_3 + du$$

写作矢量矩阵形式为

$$\left.\begin{aligned}\begin{pmatrix}\dot{x}_1\\ \dot{x}_2\\ \dot{x}_3\end{pmatrix} &= \begin{pmatrix}0 & 0 & -a_3\\ 1 & 0 & -a_2\\ 0 & 1 & -a_1\end{pmatrix}\begin{pmatrix}x_1\\ x_2\\ x_3\end{pmatrix} + \begin{pmatrix}\beta_3\\ \beta_2\\ \beta_1\end{pmatrix}u\\ y &= [0 \quad 0 \quad 1]\boldsymbol{x} + du\end{aligned}\right\} \tag{9-20}$$

式（9-20）所示的动态方程称为能观标准形，它的状态图如图 9-8 所示。不难看出，上述动态方程式中各矩阵的元素与其传递函数分母及分子各项系数间有着一定的对应关系。根据这种对应关系，就可以写出 n 阶系统的能观标准形实现。

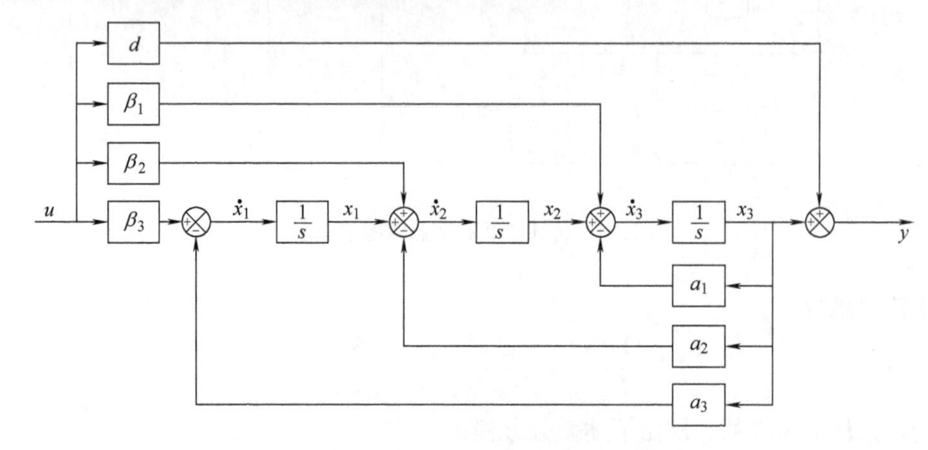

图 9-8　式（9-20）的能观标准形状态图

若传递函数仍如式（9-11）所示，即为

$$T(s) = \frac{Y(s)}{U(s)} = \frac{\beta_1 s^{n-1} + \beta_2 s^{n-2} + \cdots + \beta_{n-1}s + \beta_n}{s^n + a_1 s^{n-1} + \cdots + a_{n-1}s + a_n} + d$$

根据式（9-20）中各矩阵的元素与传递函数分母和分子多项式各项系数的关系，就能直接写出 n 阶系统能观标准形的动态方程：

$$\dot{\boldsymbol{x}} = \begin{pmatrix}0 & 0 & 0 & \cdots & 0 & -a_n\\ 1 & 0 & 0 & \cdots & 0 & -a_{n-1}\\ 0 & 1 & 0 & \cdots & 0 & -a_{n-2}\\ \vdots & \vdots & \vdots & & \vdots & \vdots\\ 0 & 0 & 0 & \cdots & 0 & -a_2\\ 0 & 0 & 0 & \cdots & 1 & -a_1\end{pmatrix}\boldsymbol{x} + \begin{pmatrix}\beta_n\\ \beta_{n-1}\\ \beta_{n-2}\\ \vdots\\ \beta_2\\ \beta_1\end{pmatrix}u \tag{9-21a}$$

$$y = (0 \quad 0 \quad \cdots \quad \cdots \quad 0 \quad 1)\boldsymbol{x} + du \tag{9-21b}$$

比较式（9-21）和式（9-17）可知，能控标准形的系数矩阵 $\boldsymbol{A}$ 与能观标准形的系数矩阵 $\boldsymbol{A}$ 互为转置，能控标准形的输入矩阵 $\boldsymbol{b}$ 恰好是能观标准形输出矩阵 $\boldsymbol{C}$ 的转置，而能控标准形中的输出矩阵 $\boldsymbol{C}$ 又是能观标准形中输入矩阵 $\boldsymbol{b}$ 的转置，这是一个令人思考的问题，在本章第八节中将对此作出说明。

（三）对角标准形实现

当系统的传递函数中只含有相异的实极点时，它除了可化为上述的能控或能观标准形实现外，还可化为对角标准形实现。设系统的传递函数为

$$T(s)=\frac{Y(s)}{U(s)}=\frac{b_0s^n+b_1s^{n-1}+\cdots+b_{n-1}s+b_n}{s^n+a_1s^{n-1}+\cdots+a_{n-1}s+a_n}=\frac{N(s)}{M(s)}$$

令 $M(s)=(s-\lambda_1)(s-\lambda_2)\cdots(s-\lambda_n)$，则上式用部分分式展开后为

$$\frac{Y(s)}{U(s)}=\sum_{i=1}^{n}\frac{C_i}{s-\lambda_i}+d \tag{9-22}$$

式中：

$$C_i=\lim_{s\to\lambda_i}[(s-\lambda_i)T(s)]$$

$d=b_0$ 为系统的直接传递系数，当 $m<n$ 时，$b_0=0$。由式（9-22）得

$$Y(s)=\sum_{i=1}^{n}\frac{C_i}{s-\lambda_i}U(s)+dU(s)$$

令

$$X_i(s)=\frac{U(s)}{s-\lambda_i},\ i=1,\ 2,\ \cdots,\ n$$

则得

$$sX_i(s)-\lambda_iX_i(s)=U(s)$$

$$Y(s)=\sum_{i=1}^{n}C_iX_i(s)+dU(s)$$

经取拉普拉斯反变换后，上述两式便改写为

$$\dot{x}_i=\lambda_ix_i+u,\qquad i=1,\ 2,\ \cdots,\ n \tag{9-23a}$$

$$y=\sum_{i=1}^{n}C_ix_i+du \tag{9-23b}$$

或写作

$$\dot{\boldsymbol{x}}=\begin{pmatrix}\lambda_1 & 0 & 0 & \cdots & 0 & 0\\ 0 & \lambda_2 & 0 & \cdots & 0 & 0\\ 0 & 0 & 0 & & \vdots & \vdots\\ \vdots & \vdots & \vdots & & \lambda_{n-1} & 0\\ 0 & 0 & 0 & \cdots & 0 & \lambda_n\end{pmatrix}\boldsymbol{x}+\begin{pmatrix}1\\1\\ \vdots\\1\\1\end{pmatrix}u \tag{9-24a}$$

$$y=(C_1\quad C_2\quad\cdots\quad C_n)\boldsymbol{x}+du \tag{9-24b}$$

与式（9-24）对应的状态图如图 9-9 所示。

由式（9-24）可知，这种状态变量描述有如下两个特点：

1）矩阵 $\boldsymbol{A}$ 对角线上的元素为传递函数的极点，其余元素全为零，各状态变量间没有耦合，彼此是独立的。

2）矩阵 $\boldsymbol{b}$ 是一列矢量，其元素均为 1；矩阵 $\boldsymbol{C}$ 是一行矢量，它的元素为 $T(s)$ 极点的留数。

【例 9-4】 已知一系统的传递函数为

$$T(s)=\frac{Y(s)}{U(s)}=\frac{6}{s^3+6s^2+11s+6}$$

试求对角标准形实现。

解 传递函数的极点为 $\lambda_1=-1$，$\lambda_2=-2$，$\lambda_3=-3$。据此求得对应极点的留数为

$$C_1=\lim_{s\to-1}[(s+1)T(s)]=3$$

$$C_2 = \lim_{s\to -2}[(s+2)T(s)] = -6$$

$$C_3 = \lim_{s\to -3}[(s+3)T(s)] = 3$$

根据对角标准形实现的上述特点，直接写出系统的动态方程式为

$$\dot{\boldsymbol{x}} = \begin{pmatrix} -1 & 0 & 0 \\ 0 & -2 & 0 \\ 0 & 0 & -3 \end{pmatrix}\boldsymbol{x} + \begin{pmatrix} 1 \\ 1 \\ 1 \end{pmatrix}u$$

$$y = [3 \quad -6 \quad 3]\boldsymbol{x}$$

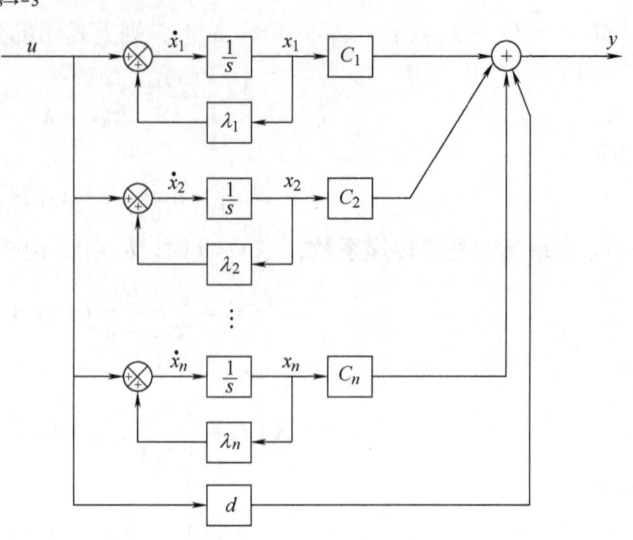

图 9-9　对角标准形实现的状态图

（四）约当标准形实现

若传递函数 $T(s)$ 不仅含有相异的实极点，还含有相同的实极点，除了可化为上述的能控或能观标准形外，还可化为约当标准形实现。

设 λ_1 是 $T(s)$ 的 r 重极点，其余均为相异的实极点，则式（9-11）用部分分式展开后为

$$T(s) = \frac{Y(s)}{U(s)} = \sum_{i=1}^{r}\frac{C_i}{(s-\lambda_1)^i} + \sum_{k=r+1}^{n}\frac{C_k}{s-\lambda_k} + d$$

则

$$Y(s) = \sum_{i=1}^{r}\frac{C_iU(s)}{(s-\lambda_1)^i} + \sum_{k=r+1}^{n}\frac{C_kU(s)}{s-\lambda_k} + dU(s)$$

式中：
$$C_i = \frac{1}{(r-i)!}\lim_{s\to\lambda_1}\frac{\mathrm{d}^{(r-i)}}{\mathrm{d}s^{(r-i)}}\{(s-\lambda_1)^rT(s)\},\ i = 1,2,\cdots,r \tag{9-25}$$

$$C_k = \lim_{s\to\lambda_k}(s-\lambda_k)T(s),\ k = r+1, r+2,\cdots,n \tag{9-26}$$

令

$$X_1(s) = \frac{1}{(s-\lambda_1)^r}U(s)$$

$$X_2(s) = \frac{1}{(s-\lambda_1)^{r-1}}U(s)$$

$$\vdots$$

$$X_{r-1}(s) = \frac{1}{(s-\lambda_1)^2}U(s)$$

$$X_r(s) = \frac{1}{s-\lambda_1}U(s)$$

$$X_k(s) = \frac{1}{s-\lambda_k}U(s),\ k = r+1, r+2,\cdots,n$$

于是得

$$X_1(s)=\frac{1}{s-\lambda_1}X_2(s)$$

$$X_2(s)=\frac{1}{s-\lambda_1}X_3(s)$$

$$\vdots$$

$$X_{r-1}(s)=\frac{1}{s-\lambda_1}X_r(s)$$

$$X_r(s)=\frac{1}{s-\lambda_1}U(s)$$

$$X_k(s)=\frac{1}{s-\lambda_k}U(s),\ k=r+1,\ r+2,\ \cdots,\ n$$

$$Y(s)=\sum_{i=r}^{1}C_iX_{r-i+1}(s)+\sum_{k=r+1}^{n}C_kX_k(s)+dU(s)$$

上述方程取拉普拉斯反变换后为

$$\dot{x}_1=\lambda_1x_1+x_2$$

$$\dot{x}_2=\lambda_1x_2+x_3$$

$$\vdots$$

$$\dot{x}_{r-1}=\lambda_1x_{r-1}+x_r$$

$$\dot{x}_r=\lambda_1x_r+u$$

$$\dot{x}_k=\lambda_kx_k+u,\ k=r+1,\ r+2,\ \cdots,\ n$$

$$y=C_rx_1+C_{r-1}x_2+\cdots+C_1x_r+C_{r+1}x_{r+1}+C_{r+2}x_{r+2}+\cdots+C_nx_n+du$$

如用矢量矩阵形式表示，则为

$$\left.\begin{aligned}\dot{\boldsymbol{x}}&=\boldsymbol{J}\boldsymbol{x}+\boldsymbol{b}u\\ y&=\boldsymbol{C}\boldsymbol{x}+du\end{aligned}\right\}\tag{9-27}$$

式中：

约当块

$$\boldsymbol{J}=\begin{pmatrix}\lambda_1&1&0&\cdots&0&0&0&\cdots&0\\0&\lambda_1&1&\cdots&0&0&0&\cdots&0\\\vdots&\vdots&\vdots&&\vdots&\vdots&\vdots&&\vdots\\0&0&0&\cdots&1&0&0&&0\\0&0&0&\cdots&\lambda_1&0&0&\cdots&0\\0&0&0&\cdots&0&\lambda_{r+1}&0&\cdots&0\\\vdots&\vdots&\vdots&&\vdots&\vdots&&&\vdots\\0&0&0&\cdots&0&0&\cdots&0&\lambda_n\end{pmatrix}$$

$$\boldsymbol{b}=(0\quad 0\quad \cdots\quad 1\quad 1\quad \cdots\quad 1)^{\mathrm{T}}$$

第 r 个元素

$$\boldsymbol{C}=(C_r\quad C_{r-1}\quad \cdots\quad C_1\quad C_{r+1}\quad \cdots\quad C_n)$$

这里的系数矩阵 $\boldsymbol{J}$ 称为约当形矩阵，它具有下列特点：

1）矩阵 $\boldsymbol{J}$ 主对角线上的元素为 $T(s)$ 的极点。

2）主对角线下方的元素均为零。

3）当主对角线上某些相邻元素相等时，如元素 λ_1 有 r 个，则主对角线右上方有 $r-1$ 个 1 的元素存在。

【例 9-5】 求具有下列传递函数的约当标准形实现，并画出它的状态图。

$$T(s)=\frac{2s^2+5s+1}{(s-2)^3}$$

解　$T(s)$ 有 $s=2$ 的三重极点，由式（9-25）计算求得

$$C_3=\lim_{s\to2}[(s-2)^3T(s)]=19$$

$$C_2=\lim_{s\to2}\frac{\mathrm{d}}{\mathrm{d}s}[(s-2)^3T(s)]=13$$

$$C_1=\lim_{s\to2}\frac{1}{2!}\frac{\mathrm{d}^2}{\mathrm{d}s^2}[(s-2)^3T(s)]=2$$

根据约当标准形的特点，可知该系统的动态方程为

$$\begin{pmatrix}\dot{x}_1\\ \dot{x}_2\\ \dot{x}_3\end{pmatrix}=\begin{pmatrix}2&1&0\\0&2&1\\0&0&2\end{pmatrix}\begin{pmatrix}x_1\\x_2\\x_3\end{pmatrix}+\begin{pmatrix}0\\0\\1\end{pmatrix}u$$

$$y=(19\quad13\quad2)\begin{pmatrix}x_1\\x_2\\x_3\end{pmatrix}$$

图 9-10 为该系统的状态图。

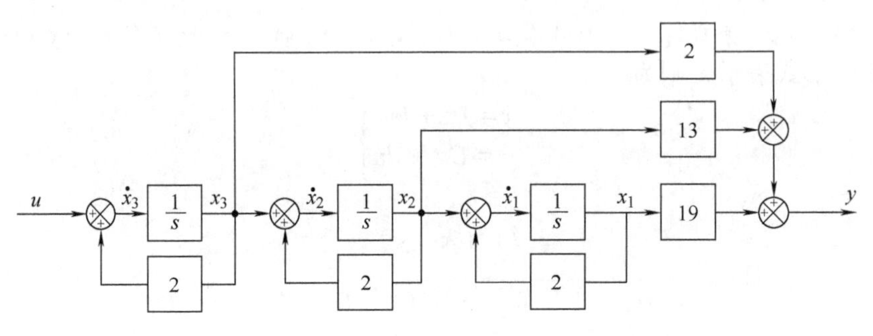

图 9-10　约当标准形实现的状态图

第三节　矩阵 A 的对角化

为了揭示系统的特性和分析计算上的需要，有时需要把一般形式的动态方程进行非奇异线性变换，使之变为上述的标准形。本节只讨论对角标准形的变换，其余几种变换见本书后的附录。

一、非奇异线性变换的几个重要性质

1. 非奇异线性变换不改变系统的特征值

设变换前系统的动态方程为

$$\left.\begin{aligned}\dot{\boldsymbol{x}}&=\boldsymbol{A}\boldsymbol{x}+\boldsymbol{b}u\\ y&=\boldsymbol{C}\boldsymbol{x}+du\end{aligned}\right\}\tag{9-28}$$

系统的特征值就是下列特征方程式：

$$\det(\lambda \boldsymbol{I}-\boldsymbol{A})=0$$

的根。令 $\boldsymbol{x}=\boldsymbol{P}\bar{\boldsymbol{x}}$，其中 $\boldsymbol{P}$ 为 $n\times n$ 型非奇异矩阵，则式（9-28）便变换为

$$\left.\begin{aligned}\dot{\bar{\boldsymbol{x}}}&=\bar{\boldsymbol{A}}\bar{\boldsymbol{x}}+\bar{\boldsymbol{b}}u\\ y&=\bar{\boldsymbol{C}}\boldsymbol{x}+du\end{aligned}\right\} \tag{9-29}$$

式中，$\bar{\boldsymbol{A}}=\boldsymbol{P}^{-1}\boldsymbol{A}\boldsymbol{P}$；$\bar{\boldsymbol{b}}=\boldsymbol{P}^{-1}\boldsymbol{b}$；$\bar{\boldsymbol{C}}=\boldsymbol{C}\boldsymbol{P}$。变换后系统的特征多项式为

$$\det(\lambda \boldsymbol{I}-\bar{\boldsymbol{A}})=\det(\lambda \boldsymbol{I}-\boldsymbol{P}^{-1}\boldsymbol{A}\boldsymbol{P})$$

由于

$$\begin{aligned}\det(\lambda \boldsymbol{I}-\boldsymbol{P}^{-1}\boldsymbol{A}\boldsymbol{P})&=\det(\lambda \boldsymbol{P}^{-1}\boldsymbol{P}-\boldsymbol{P}^{-1}\boldsymbol{A}\boldsymbol{P})=\det[\boldsymbol{P}^{-1}(\lambda \boldsymbol{I}-\boldsymbol{A})\boldsymbol{P}]\\&=\det\boldsymbol{P}^{-1}\det(\lambda \boldsymbol{I}-\boldsymbol{A})\det\boldsymbol{P}=\det(\lambda \boldsymbol{I}-\boldsymbol{A})\end{aligned}$$

即变换前、后的特征多项式完全相同，因而非奇异线性变换不会改变系统的特征值。

2. 非奇异线性变换不改变系统的传递函数

非奇异线性变换由于只变换了系统的状态矢量，因而不会改变系统输入与输出间的关系。对此，证明如下：

变换前，式（9-28）相应的传递函数为

$$T(s)=\boldsymbol{C}(s\boldsymbol{I}-\boldsymbol{A})^{-1}\boldsymbol{b}+d$$

变换后，式（9-29）对应的传递函数为

$$\begin{aligned}T_1(s)&=\bar{\boldsymbol{C}}(s\boldsymbol{I}-\bar{\boldsymbol{A}})^{-1}\bar{\boldsymbol{b}}+d=\boldsymbol{C}\boldsymbol{P}(s\boldsymbol{I}-\boldsymbol{P}^{-1}\boldsymbol{A}\boldsymbol{P})^{-1}\boldsymbol{P}^{-1}\boldsymbol{b}+d\\&=\boldsymbol{C}\boldsymbol{P}[\boldsymbol{P}^{-1}(s\boldsymbol{I}-\boldsymbol{A})\boldsymbol{P}]^{-1}\boldsymbol{P}^{-1}\boldsymbol{b}+d\\&=\boldsymbol{C}(s\boldsymbol{I}-\boldsymbol{A})^{-1}\boldsymbol{b}+d=T(s)\end{aligned}$$

由此证明了变换后与变换前系统的传递函数是相同的，即非奇异线性变换不会改变系统的传递函数。

3. 非奇异线性变换不改变系统的能控性和能观性

证明略。

二、矩阵 $\boldsymbol{A}$ 的对角化

1. 矩阵 A 有 n 个相异的特征值

设式（9-28）、式（9-29）分别为变换前后系统的动态方程。令变换矩阵 $\boldsymbol{P}$ 为

$$\boldsymbol{P}=(\boldsymbol{P}_1\quad \boldsymbol{P}_2\quad \cdots\quad \boldsymbol{P}_{n-1}\quad \boldsymbol{P}_n)$$

式中，$\boldsymbol{P}_1$，$\boldsymbol{P}_2$，…，$\boldsymbol{P}_n$ 为 n 个 $n\times1$ 维列矢量，它们彼此间是线性无关的。假设 $\boldsymbol{P}_i$ 为矩阵 $\boldsymbol{A}$ 对于特征值 λ_i 的特征矢量，则有

$$\lambda_i\boldsymbol{P}_i=\boldsymbol{A}\boldsymbol{P}_i,\ i=1,\ 2,\ \cdots,\ n \tag{9-30}$$

或写作

$$(\lambda_1\boldsymbol{P}_1\quad \lambda_2\boldsymbol{P}_2\quad \cdots\quad \lambda_n\boldsymbol{P}_n)=\boldsymbol{A}(\boldsymbol{P}_1\quad \boldsymbol{P}_2\quad \cdots\quad \boldsymbol{P}_n)$$

$$(\boldsymbol{P}_1\quad \boldsymbol{P}_2\quad \cdots\quad \boldsymbol{P}_n)\begin{pmatrix}\lambda_1 & 0 & 0 & \cdots & 0\\ 0 & \lambda_2 & 0 & \cdots & 0\\ \vdots & & & & \vdots\\ & & & & 0\\ 0 & \cdots & & 0 & \lambda_n\end{pmatrix}=\boldsymbol{A}\boldsymbol{P}$$

上式等号两边左乘 $\boldsymbol{P}^{-1}$，求得变换后的系数矩阵为

$$\overline{A} = P^{-1}AP = \begin{pmatrix} \lambda_1 & 0 & 0 & \cdots & 0 \\ 0 & \lambda_2 & 0 & \cdots & 0 \\ \vdots & \ddots & \ddots & \ddots & \vdots \\ & & & & 0 \\ 0 & \cdots & & 0 & \lambda_n \end{pmatrix} \tag{9-31}$$

求取变换矩阵 $\boldsymbol{P}$ 的一般步骤为：先求矩阵 $\boldsymbol{A}$ 的特征值 λ_i（$i=1, 2, \cdots, n$），然后根据式（9-30）确定每一个特征值 λ_i 所对应的特征矢量 $\boldsymbol{P}_i$（$i=1, 2, \cdots, n$），则变换矩阵为

$$\boldsymbol{P} = (\boldsymbol{P}_1 \quad \boldsymbol{P}_2 \quad \cdots \quad \boldsymbol{P}_{n-1} \ \boldsymbol{P}_n)$$

如果矩阵 $\boldsymbol{A}$ 的特征值 λ_i（$i=1, 2, \cdots, n$）是相异的，且矩阵 $\boldsymbol{A}$ 为能控标准形，即

$$\boldsymbol{A} = \begin{pmatrix} 0 & 1 & 0 & \cdots & 0 \\ 0 & 0 & 1 & \ddots & \vdots \\ \vdots & & \ddots & \ddots & 0 \\ 0 & \cdots & & 0 & 1 \\ -a_n & -a_{n-1} & \cdots & -a_2 & -a_1 \end{pmatrix}$$

则下列的范得蒙（Vandermonde）矩阵就是实现矩阵 $\boldsymbol{A}$ 对角化的一个变换阵：

$$\boldsymbol{P} = \begin{pmatrix} 1 & 1 & \cdots & 1 \\ \lambda_1 & \lambda_2 & \cdots & \lambda_n \\ \lambda_1^2 & \lambda_2^2 & \cdots & \lambda_n^2 \\ \vdots & \vdots & & \vdots \\ \lambda_1^{n-1} & \lambda_2^{n-1} & \cdots & \lambda_n^{n-1} \end{pmatrix} \tag{9-32}$$

式中，λ_1，λ_2，$\cdots$，λ_n 为矩阵 $\boldsymbol{A}$ 的特征值。由于矩阵 $\boldsymbol{P}$ 的各列是 $\boldsymbol{A}$ 的特征矢量，所以只要证明式（9-32）中矩阵的第 i 列是 $\boldsymbol{A}$ 的与 λ_i 相对应的特征矢量即可。

令

$$\boldsymbol{P}_i = (P_{i1} \quad P_{i2} \quad \cdots \quad P_{in})^{\mathrm{T}}$$

是 $\boldsymbol{A}$ 的第 i 个特征矢量。于是由式（9-30）得

$$(\lambda_i \boldsymbol{I} - \boldsymbol{A})\boldsymbol{P}_i = \boldsymbol{0}$$

即

$$\begin{pmatrix} \lambda_i & -1 & 0 & \cdots & 0 \\ 0 & \lambda_i & -1 & \ddots & \vdots \\ \vdots & \ddots & \ddots & \ddots & 0 \\ 0 & \cdots & 0 & \lambda_i & -1 \\ a_n & a_{n-1} & \cdots & & \lambda_i + a_1 \end{pmatrix} \begin{pmatrix} P_{i1} \\ P_{i2} \\ \vdots \\ P_{i(n-1)} \\ P_{in} \end{pmatrix} = \begin{pmatrix} 0 \\ 0 \\ \vdots \\ 0 \\ 0 \end{pmatrix}$$

由上式求得

$$\left.\begin{aligned} &\lambda_i P_{i1} - P_{i2} = 0 \\ &\lambda_i P_{i2} - P_{i3} = 0 \\ &\vdots \\ &\lambda_i P_{i(n-1)} - P_{in} = 0 \\ &a_n P_{i1} + a_{n-1} P_{i2} + \cdots + (\lambda_i + a_1) P_{in} = 0 \end{aligned}\right\} \tag{9-33}$$

若令 $P_{i1}=1$，则由上述的方程组求得

$$
\begin{aligned}
P_{i2} &= \lambda_i \\
P_{i3} &= \lambda_i^2 \\
&\vdots \\
P_{i(n-1)} &= \lambda_i^{n-2} \\
P_{in} &= \lambda_i^{n-1}
\end{aligned}
$$

这就是所要证明的式（9-32）中第 i 列矢量的元素。若将所求 $\boldsymbol{P}_i$ 的各元素代入式（9-33）的最后一个方程，该式便是矩阵 $\boldsymbol{A}$ 的特征方程。

2. 矩阵 $\boldsymbol{A}$ 有多重特征值

若矩阵 $\boldsymbol{A}$ 有多重特征值，则经非奇异线性变换后，系统的系数矩阵变为一个以 $\boldsymbol{J}=\boldsymbol{P}^{-1}\boldsymbol{AP}$ 表示的约当形矩阵。设矩阵 $\boldsymbol{A}$ 的 n 个特征值中 λ_j 为 m 重特征值，其余 q 个特征值是相异的，$m+q=n$。这样，变换矩阵 $\boldsymbol{P}$ 将由相异特征值对应的 q 个特征矢量和 λ_j 对应的 m 个特征矢量所组成。对于相异特征值对应特征矢量的求取，前面已做过介绍，这儿仅讨论 m 重特征值所对应特征矢量的计算。

设 λ_j 为 m 重特征值，则其对应的 $m\times m$ 型约当块为

$$
\begin{pmatrix}
\lambda_j & 1 & 0 & \cdots & 0 \\
0 & \lambda_j & 1 & & \vdots \\
 & & & & 0 \\
\vdots & & & & 1 \\
0 & & \cdots & 0 & \lambda_j
\end{pmatrix}
$$

则有

$$
(\boldsymbol{P}_1 \quad \boldsymbol{P}_2 \quad \cdots \quad \boldsymbol{P}_m)
\begin{pmatrix}
\lambda_j & 1 & 0 & \cdots & 0 \\
0 & \lambda_j & & & \vdots \\
\vdots & & & & 0 \\
 & & & & 1 \\
0 & \cdots & & 0 & \lambda_j
\end{pmatrix}
= \boldsymbol{A}(\boldsymbol{P}_1 \quad \boldsymbol{P}_2 \quad \cdots \quad \boldsymbol{P}_m)
$$

由上式得

$$
\begin{aligned}
\lambda_j\boldsymbol{P}_1 &= \boldsymbol{AP}_1 \\
\boldsymbol{P}_1 + \lambda_j\boldsymbol{P}_2 &= \boldsymbol{AP}_2 \\
\boldsymbol{P}_2 + \lambda_j\boldsymbol{P}_3 &= \boldsymbol{AP}_3 \\
&\vdots \\
\boldsymbol{P}_{m-1} + \lambda_j\boldsymbol{P}_m &= \boldsymbol{AP}_m
\end{aligned}
$$

即

$$
\left.
\begin{aligned}
(\lambda_j\boldsymbol{I} - \boldsymbol{A})\boldsymbol{P}_1 &= \boldsymbol{0} \\
(\lambda_j\boldsymbol{I} - \boldsymbol{A})\boldsymbol{P}_2 &= -\boldsymbol{P}_1 \\
(\lambda_j\boldsymbol{I} - \boldsymbol{A})\boldsymbol{P}_3 &= -\boldsymbol{P}_2 \\
&\vdots \\
(\lambda_j\boldsymbol{I} - \boldsymbol{A})\boldsymbol{P}_m &= -\boldsymbol{P}_{m-1}
\end{aligned}
\right\}
\tag{9-34}
$$

式中，$\boldsymbol{P}_1$ 为属于 λ_j 的主特征矢量，其余的 $m-1$ 个特征矢量 $\boldsymbol{P}_2$，$\boldsymbol{P}_3$，…，$\boldsymbol{P}_m$ 为辅助矢量。

解式（9-34），就可求得与 λ_j 有关的特征矢量 $\boldsymbol{P}_1$，$\boldsymbol{P}_2$，…，$\boldsymbol{P}_m$。

【例 9-6】 已知系统的系数矩阵 $\boldsymbol{A}$ 为

$$\boldsymbol{A}=\begin{pmatrix}0 & 1 & 0\\ 0 & 0 & 1\\ -6 & -11 & -6\end{pmatrix}$$

试求矩阵 $\boldsymbol{A}$ 变换为对角标准形的变换矩阵 $\boldsymbol{P}$。

解 由于矩阵 $\boldsymbol{A}$ 是能控标准形，且它的特征值为 $\lambda_1=-1$，$\lambda_2=-2$，$\lambda_3=-3$，因而可选择范得蒙矩阵为变换矩阵，即

$$\boldsymbol{P}=\begin{pmatrix}1 & 1 & 1\\ \lambda_1 & \lambda_2 & \lambda_3\\ \lambda_1^2 & \lambda_2^2 & \lambda_3^2\end{pmatrix}=\begin{pmatrix}1 & 1 & 1\\ -1 & -2 & -3\\ 1 & 4 & 9\end{pmatrix}$$

应用上述的变换矩阵 $\boldsymbol{P}$，不难验证：

$$\overline{\boldsymbol{A}}=\boldsymbol{P}^{-1}\boldsymbol{A}\boldsymbol{P}=\begin{pmatrix}-1 & 0 & 0\\ 0 & -2 & 0\\ 0 & 0 & -3\end{pmatrix}$$

【例 9-7】 已知系统的系数矩阵 $\boldsymbol{A}$ 为

$$\boldsymbol{A}=\begin{pmatrix}0 & 1 & -1\\ -6 & -11 & 6\\ -6 & -11 & 5\end{pmatrix}$$

试求矩阵 $\boldsymbol{A}$ 变换为对角标准形的变换矩阵 $\boldsymbol{P}$。

解 矩阵 $\boldsymbol{A}$ 的特征值虽为 $\lambda_1=-1$，$\lambda_2=-2$，$\lambda_3=-3$，但由于矩阵 $\boldsymbol{A}$ 不是能控标准形，因而不能选择范得蒙矩阵为它的变换矩阵。下面按求取变换矩阵 $\boldsymbol{P}$ 的一般步骤去求解。

设属于 $\lambda_1=-1$ 的特征矢量为 $\boldsymbol{P}_1=(P_{11}\quad P_{21}\quad P_{31})^{\mathrm{T}}$，则 $\boldsymbol{P}_1$ 必须满足

$$(\lambda_1\boldsymbol{I}-\boldsymbol{A})\boldsymbol{P}_1=\boldsymbol{0}$$

即

$$\begin{pmatrix}\lambda_1 & -1 & 1\\ 6 & \lambda_1+11 & -6\\ 6 & 11 & \lambda_1-5\end{pmatrix}\begin{pmatrix}P_{11}\\ P_{21}\\ P_{31}\end{pmatrix}=\begin{pmatrix}0\\ 0\\ 0\end{pmatrix}$$

由上式得

$$\left.\begin{aligned}-P_{11}-P_{21}+P_{31}&=0\\ 6P_{11}+10P_{21}-6P_{31}&=0\\ 6P_{11}+11P_{21}-6P_{31}&=0\end{aligned}\right\}$$

解之，求得 $P_{21}=0$，$P_{11}=P_{31}=1$，即

$$\boldsymbol{P}_1=\begin{pmatrix}1\\ 0\\ 1\end{pmatrix}$$

同法，求得属于 $\lambda_2=-2$ 和 $\lambda_3=-3$ 的特征矢量分别为

$$\boldsymbol{P}_2=\begin{pmatrix}1\\ 2\\ 4\end{pmatrix}\qquad \boldsymbol{P}_3=\begin{pmatrix}1\\ 6\\ 9\end{pmatrix}$$

于是求得

$$P=\begin{pmatrix}1&1&1\\0&2&6\\1&4&9\end{pmatrix},\quad \overline{A}=P^{-1}AP=\begin{pmatrix}-1&0&0\\0&-2&0\\0&0&-3\end{pmatrix}$$

【例 9-8】 设系统的系数矩阵为

$$A=\begin{pmatrix}0&6&-5\\1&0&2\\3&2&4\end{pmatrix}$$

已知其特征值 $\lambda_1=2$，$\lambda_2=\lambda_3=1$，求矩阵 A 变换为约当形的变换矩阵 P。

解 设属于 λ_1 的特征矢量为 P_1，则得

$$(\lambda_1 I-A)P_1=0$$

即

$$\begin{pmatrix}2&-6&5\\-1&2&-2\\-3&-2&-2\end{pmatrix}\begin{pmatrix}P_{11}\\P_{21}\\P_{31}\end{pmatrix}=\begin{pmatrix}0\\0\\0\end{pmatrix}$$

令 $P_{11}=2$，则由上式求得 $P_{21}=-1$，$P_{31}=-2$。于是有

$$P_1=(2\quad -1\quad -2)^{T}$$

对于双重特征值 λ_2 的特征矢量，根据式（9-34）得

$$(\lambda_2 I-A)\ P_2=0 \tag{9-35}$$

$$(\lambda_2 I-A)\ P_3=-P_2 \tag{9-36}$$

由式（9-35）得

$$\begin{pmatrix}1&-6&5\\-1&1&-2\\-3&-2&-3\end{pmatrix}\begin{pmatrix}P_{12}\\P_{22}\\P_{32}\end{pmatrix}=\begin{pmatrix}0\\0\\0\end{pmatrix}$$

若取 $P_{12}=1$，则由上式求得 $P_{22}=-3/7$，$P_{32}=-5/7$，即

$$P_2=(1\quad -3/7\quad -5/7)^{T}$$

把上述求得的矢量 P_2 代入式（9-36），则有

$$\begin{pmatrix}1&-6&5\\-1&1&-2\\-3&-2&-3\end{pmatrix}\begin{pmatrix}P_{13}\\P_{23}\\P_{33}\end{pmatrix}=\begin{pmatrix}-1\\3/7\\5/7\end{pmatrix}$$

由上式解得

$$P_3=(1\quad -22/49\quad -46/49)^{T}$$

于是有

$$P=(P_1\quad P_2\quad P_3)=\begin{pmatrix}2&1&1\\-1&-3/7&-22/49\\-2&-5/7&-46/49\end{pmatrix}$$

据此求得

$$J=P^{-1}AP=\left(\begin{array}{c:cc}2&0&0\\ \hdashline 0&1&1\\0&0&1\end{array}\right)$$

第四节　线性定常连续系统状态方程的解

设线性定常系统的状态方程为

$$\dot{\boldsymbol{x}}(t)=\boldsymbol{A}\boldsymbol{x}(t)+\boldsymbol{b}u(t),\quad \boldsymbol{x}(0)=\boldsymbol{x}_0 \tag{9-37}$$

为了求取系统的时域响应，就需要求解式（9-37）。下面分别从齐次方程的求解、非齐次方程的求解、转移矩阵的性质及其计算方法4个方面来论述。

一、齐次方程的解

在导求式（9-37）的解之前，先研究当输入 $u(t)=0$ 时齐次方程：

$$\dot{\boldsymbol{x}}(t)=\boldsymbol{A}\boldsymbol{x}(t),\quad \boldsymbol{x}(0)=\boldsymbol{x}_0 \tag{9-38}$$

的解，这个解就是系统的零输入响应。基于一阶标量齐次微分方程：

$$\frac{\mathrm{d}x(t)}{\mathrm{d}t}=ax(t),\quad x(0)=x_0$$

的解为

$$x(t)=\mathrm{e}^{at}x_0=(1+at+\frac{1}{2!}a^2t^2+\cdots+\frac{1}{i!}a^it^i+\cdots)x_0 \tag{9-39}$$

因此设式（9-38）的解具有与式（9-39）相类似的形式，即

$$\boldsymbol{x}(t)=\boldsymbol{a}_0+\boldsymbol{a}_1t+\boldsymbol{a}_2t^2+\cdots+\boldsymbol{a}_it^i+\cdots \tag{9-40}$$

式中，$\boldsymbol{a}_0$，$\boldsymbol{a}_1$，…，$\boldsymbol{a}_i$ 为 $n\times1$ 维矢量系数。将式（9-40）代入式（9-38），则得

$$\boldsymbol{a}_1+2\boldsymbol{a}_2t+3\boldsymbol{a}_3t^2+\cdots=\boldsymbol{A}(\boldsymbol{a}_0+\boldsymbol{a}_1t+\boldsymbol{a}_2t^2+\cdots)$$

比较上式等号两边 t 同次幂的系数，求得

$$\begin{aligned}\boldsymbol{a}_1&=\boldsymbol{A}\boldsymbol{a}_0\\ \boldsymbol{a}_2&=\frac{1}{2}\boldsymbol{A}\boldsymbol{a}_1=\frac{1}{2}\boldsymbol{A}^2\boldsymbol{a}_0\\ \boldsymbol{a}_3&=\frac{1}{3}\boldsymbol{A}\boldsymbol{a}_2=\frac{1}{3!}\boldsymbol{A}^3\boldsymbol{a}_0\\ &\vdots\\ \boldsymbol{a}_i&=\frac{1}{i!}\boldsymbol{A}^i\boldsymbol{a}_0\end{aligned}$$

由式（9-40）可知，当 $t=0$ 时，$\boldsymbol{x}(0)=\boldsymbol{x}_0=\boldsymbol{a}_0$。于是式(9-38）的解便表示为

$$\begin{aligned}\boldsymbol{x}(t)&=(\boldsymbol{I}+\boldsymbol{A}t+\frac{1}{2!}\boldsymbol{A}^2t^2+\cdots+\frac{1}{i!}\boldsymbol{A}^it^i+\cdots)\boldsymbol{x}_0\\ &=\mathrm{e}^{\boldsymbol{A}t}\boldsymbol{x}_0\end{aligned} \tag{9-41}$$

式中：

$$\mathrm{e}^{\boldsymbol{A}t}\overset{\det}{=\!=}\boldsymbol{I}+\boldsymbol{A}t+\frac{1}{2!}\boldsymbol{A}^2t^2+\cdots+\frac{1}{i!}\boldsymbol{A}^it^i+\cdots \tag{9-42}$$

称为矩阵指数函数。由式（9-41）可知，如果已知 $t=0$ 时的初始状态矢量 $\boldsymbol{x}_0$，就能求出 t 为任何时刻的状态矢量 $\boldsymbol{x}(t)$ 。由于这种状态的转移是通过矩阵指数函数来实现的，因而称 $\mathrm{e}^{\boldsymbol{A}t}$ 为状态转移矩阵，并记为 $\boldsymbol{\Phi}(t)=\mathrm{e}^{\boldsymbol{A}t}$ 。

二、非齐次方程的解

当输入 $u(t)\neq0$ 时，状态方程式就成为式（9-37）所示的非齐次方程。现把该式改写为

$$\dot{\boldsymbol{x}}(t)-\boldsymbol{A}\boldsymbol{x}(t)=\boldsymbol{b}u(t)$$

用 e^{-At} 左乘上式等号的两边，则有

$$e^{-At}[\dot{\boldsymbol{x}}(t)-\boldsymbol{A}\boldsymbol{x}(t)]=\frac{d}{dt}[e^{-At}\boldsymbol{x}(t)]=e^{-At}\boldsymbol{b}u(t)$$

经积分求得

$$e^{-A\tau}\boldsymbol{x}(\tau)\Big|_0^t=\int_0^t e^{-A\tau}\boldsymbol{b}u(\tau)d\tau$$

即

$$\boldsymbol{x}(t)=e^{At}\boldsymbol{x}(0)+\int_0^t e^{A(t-\tau)}\boldsymbol{b}u(\tau)d\tau \tag{9-43}$$

或写作

$$\boldsymbol{x}(t)=\boldsymbol{\Phi}(t)\boldsymbol{x}(0)+\int_0^t \boldsymbol{\Phi}(t-\tau)\boldsymbol{b}u(\tau)d\tau \tag{9-44}$$

式中，$\boldsymbol{\Phi}(t)=e^{At}$；$\boldsymbol{\Phi}(t-\tau)=e^{A(t-\tau)}$。式（9-44）等号右方第一项是零输入响应；第二项是对输入的响应，又称零状态响应，正是由于这一项的存在，才有可能通过 $u(t)$ 的控制作用，使系统状态在规定的时间内转移到期望的位置上去。

若已知 t_0 时刻的初始状态矢量 $\boldsymbol{x}(t_0)$，则对应的状态转移矩阵变为 $\boldsymbol{\Phi}(t-t_0)=e^{A(t-t_0)}$，式（9-43）和式（9-44）也分别改写为

$$\boldsymbol{x}(t)=e^{A(t-t_0)}\boldsymbol{x}(t_0)+\int_{t_0}^t e^{A(t-\tau)}\boldsymbol{b}u(\tau)d\tau \tag{9-45}$$

或

$$\boldsymbol{x}(t)=\boldsymbol{\Phi}(t-t_0)\boldsymbol{x}(t_0)+\int_{t_0}^t \boldsymbol{\Phi}(t-\tau)\boldsymbol{b}u(\tau)d\tau$$

三、状态转移矩阵的性质

(1) $\boldsymbol{\Phi}(0)=e^{A0}=\boldsymbol{I}$

(2) $\dot{\boldsymbol{\Phi}}(t)=\boldsymbol{A}\boldsymbol{\Phi}(t)=\boldsymbol{\Phi}(t)\boldsymbol{A}$

证　$\boldsymbol{\Phi}(t)=e^{At}=\boldsymbol{I}+\boldsymbol{A}t+\frac{1}{2!}\boldsymbol{A}^2t^2+\frac{1}{3!}\boldsymbol{A}^3t^3+\cdots$

$$\dot{\boldsymbol{\Phi}}(t)=\boldsymbol{A}+\boldsymbol{A}^2t+\frac{1}{2!}\boldsymbol{A}^3t^2+\frac{1}{3!}\boldsymbol{A}^4t^3+\cdots$$

$$=\boldsymbol{A}(\boldsymbol{I}+\boldsymbol{A}t+\frac{1}{2!}\boldsymbol{A}^2t^2+\frac{1}{3!}\boldsymbol{A}^3t^3+\cdots)=\boldsymbol{A}e^{At}=\boldsymbol{A}\boldsymbol{\Phi}(t)$$

或

$$\dot{\boldsymbol{\Phi}}(t)=(\boldsymbol{I}+\boldsymbol{A}t+\frac{1}{2!}\boldsymbol{A}^2t^2+\frac{1}{3!}\boldsymbol{A}^3t^3+\cdots)\boldsymbol{A}=e^{At}\boldsymbol{A}=\boldsymbol{\Phi}(t)\boldsymbol{A}$$

由上式可见，当 $t=0$ 时，则有 $\dot{\boldsymbol{\Phi}}(0)=\boldsymbol{A}$。

(3) $\boldsymbol{\Phi}^{-1}(t)=\boldsymbol{\Phi}(-t)$

证

$$\boldsymbol{\Phi}(t)=e^{At}$$

用 e^{-At} 右乘上式，得

$$\boldsymbol{\Phi}(t)e^{-At}=\boldsymbol{\Phi}(t)\boldsymbol{\Phi}(-t)=\boldsymbol{I} \tag{9-46}$$

然后对式（9-46）等号两边左乘 $\boldsymbol{\Phi}^{-1}(t)$，则有

$$e^{-At}=\boldsymbol{\Phi}^{-1}(t)$$

于是得出

$$\boldsymbol{\Phi}(-t)=\mathrm{e}^{-\boldsymbol{A}t}=\boldsymbol{\Phi}^{-1}(t)$$

由这个性质可得到下述的一个有趣的结论。把式（9-41）改写为

$$\boldsymbol{x}(0)=\boldsymbol{\Phi}(-t)\boldsymbol{x}(t)$$

由上式可知，状态转移过程在时间上可视为是双向的，这就是说，状态在时间上转移可发生在任何方向。

(4) $\boldsymbol{\Phi}(t_1+t_2)=\boldsymbol{\Phi}(t_1)\boldsymbol{\Phi}(t_2)$
$=\boldsymbol{\Phi}(t_2)\boldsymbol{\Phi}(t_1)$

证

$$\boldsymbol{\Phi}(t_1+t_2)=\mathrm{e}^{\boldsymbol{A}(t_1+t_2)}=\mathrm{e}^{\boldsymbol{A}t_1}\mathrm{e}^{\boldsymbol{A}t_2}=\boldsymbol{\Phi}(t_1)\boldsymbol{\Phi}(t_2)$$

而

$$\mathrm{e}^{\boldsymbol{A}(t_1+t_2)}=\mathrm{e}^{\boldsymbol{A}(t_2+t_1)}=\boldsymbol{\Phi}(t_2)\boldsymbol{\Phi}(t_1)$$

所以

$$\boldsymbol{\Phi}(t_1)\boldsymbol{\Phi}(t_2)=\boldsymbol{\Phi}(t_2)\boldsymbol{\Phi}(t_1)$$

(5) 对于任意的 t_0、t_1、t_2，有

$$\boldsymbol{\Phi}(t_2-t_1)\boldsymbol{\Phi}(t_1-t_0)=\boldsymbol{\Phi}(t_2-t_0)$$

证　$\boldsymbol{\Phi}(t_2-t_1)\boldsymbol{\Phi}(t_1-t_0)=\mathrm{e}^{\boldsymbol{A}(t_2-t_1)}\mathrm{e}^{\boldsymbol{A}(t_1-t_0)}=\mathrm{e}^{\boldsymbol{A}(t_2-t_0)}=\boldsymbol{\Phi}(t_2-t_0)$

这一性质表示一个状态的转移过程可以分解为一系列相继连续的转移。图 9-11 所示出了状态由 t_0 到 t_2 的转移等于从 t_0 到 t_1，再从 t_1 到 t_2 的转移。

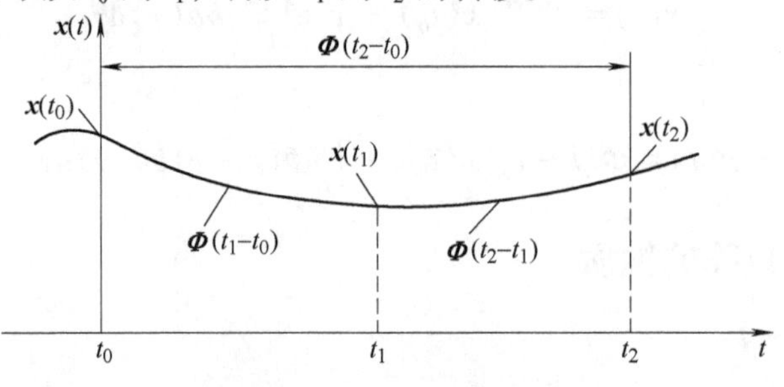

图 9-11　状态的连续转移

(6) $[\boldsymbol{\Phi}(t)]^k=\boldsymbol{\Phi}(kt)$，$k=$整数

证　$[\boldsymbol{\Phi}(t)]^k=\mathrm{e}^{\boldsymbol{A}t}\mathrm{e}^{\boldsymbol{A}t}\cdots\mathrm{e}^{\boldsymbol{A}t}$(共 k 项)
$=\mathrm{e}^{k\boldsymbol{A}t}=\boldsymbol{\Phi}(kt)$

四、$\mathrm{e}^{\boldsymbol{A}t}$的计算方法

（一）应用拉普拉斯变换去计算

对式（9-38）所示的齐次方程：

$$\dot{\boldsymbol{x}}(t)=\boldsymbol{A}\boldsymbol{x}(t),\ \boldsymbol{x}(0)=\boldsymbol{x}_0$$

经取拉普拉斯变换后为

$$s\boldsymbol{X}(s)-\boldsymbol{x}_0=\boldsymbol{A}\boldsymbol{X}(s)$$

于是得

$$\boldsymbol{X}(s)=(s\boldsymbol{I}-\boldsymbol{A})^{-1}\boldsymbol{x}_0$$

对上式取拉普拉斯反变换，求得式（9-38）的解为

$$\boldsymbol{x}(t)=\mathscr{L}^{-1}[(s\boldsymbol{I}-\boldsymbol{A})^{-1}]\boldsymbol{x}_0 \tag{9-47}$$

比较式（9-47）和式（9-41），可知

$$\mathrm{e}^{\boldsymbol{A}t}=\mathscr{L}^{-1}[(s\boldsymbol{I}-\boldsymbol{A})^{-1}] \tag{9-48}$$

（二）利用对角标准形或约当标准形矩阵计算 $\mathrm{e}^{\boldsymbol{A}t}$

1. 矩阵 $\boldsymbol{A}$ 有相异的特征值

令 $\boldsymbol{x}(t)=\boldsymbol{P}\bar{\boldsymbol{x}}(t)$，式中 $\boldsymbol{P}$ 为非奇异矩阵。经非奇异变换后，式（9-38）变为

$$\dot{\bar{\boldsymbol{x}}}(t)=\bar{\boldsymbol{A}}\,\bar{\boldsymbol{x}}(t) \tag{9-49}$$

式中：

$$\bar{\boldsymbol{A}}=\boldsymbol{P}^{-1}\boldsymbol{A}\boldsymbol{P}=\begin{pmatrix}\lambda_1 & 0 & \cdots & 0\\ 0 & \lambda_2 & \ddots & \vdots\\ \vdots & \ddots & \ddots & 0\\ 0 & \cdots & 0 & \lambda_n\end{pmatrix}$$

基于式（9-49）的解为

$$\bar{\boldsymbol{x}}(t)=\mathrm{e}^{\bar{\boldsymbol{A}}t}\bar{\boldsymbol{x}}(0)$$

即

$$\boldsymbol{P}^{-1}\boldsymbol{x}(t)=\mathrm{e}^{\bar{\boldsymbol{A}}t}\boldsymbol{P}^{-1}\boldsymbol{x}(0)$$

于是求得

$$\boldsymbol{x}(t)=\boldsymbol{P}\mathrm{e}^{\bar{\boldsymbol{A}}t}\boldsymbol{P}^{-1}\boldsymbol{x}(0) \tag{9-50}$$

比较式（9-50）与式（9-41），可知

$$\mathrm{e}^{\boldsymbol{A}t}=\boldsymbol{P}\mathrm{e}^{\bar{\boldsymbol{A}}t}\boldsymbol{P}^{-1} \tag{9-51}$$

式中：

$$\mathrm{e}^{\bar{\boldsymbol{A}}t}=\boldsymbol{I}+\bar{\boldsymbol{A}}t+\frac{1}{2!}\bar{\boldsymbol{A}}^2t^2+\frac{1}{3!}\bar{\boldsymbol{A}}^3t^3+\cdots$$

$$=\begin{pmatrix}1 & 0 & \cdots & 0\\ 0 & 1 & \ddots & \vdots\\ \vdots & \ddots & \ddots & 0\\ 0 & \cdots & 0 & 1\end{pmatrix}+\begin{pmatrix}\lambda_1 & 0 & \cdots & 0\\ 0 & \lambda_2 & \ddots & \vdots\\ \vdots & \ddots & \ddots & 0\\ 0 & \cdots & 0 & \lambda_n\end{pmatrix}t+\frac{1}{2!}\begin{pmatrix}\lambda_1^2 & 0 & \cdots & 0\\ 0 & \lambda_2^2 & \ddots & \vdots\\ \vdots & \ddots & \ddots & 0\\ 0 & \cdots & 0 & \lambda_n^2\end{pmatrix}t^2+$$

$$\frac{1}{3!}\begin{pmatrix}\lambda_1^3 & 0 & \cdots & 0\\ 0 & \lambda_2^3 & \ddots & \vdots\\ \vdots & \ddots & \ddots & 0\\ 0 & \cdots & 0 & \lambda_n^3\end{pmatrix}t^3+\cdots$$

$$=\begin{pmatrix}1+\lambda_1t+\frac{1}{2!}\lambda_1^2t^2+\frac{1}{3!}\lambda_1^3t^3+\cdots & & & \boldsymbol{0}\\ & 1+\lambda_2t+\frac{1}{2!}\lambda_2^2t^2+\frac{1}{3!}\lambda_2^3t^3+\cdots & & \\ & & \ddots & \\ \boldsymbol{0} & & & 1+\lambda_nt+\frac{1}{2!}\lambda_n^2t^2+\frac{1}{3!}\lambda_n^3t^3+\cdots\end{pmatrix}$$

$$=\begin{pmatrix}\mathrm{e}^{\lambda_1t} & 0 & \cdots & 0\\ 0 & \mathrm{e}^{\lambda_2t} & \ddots & \vdots\\ \vdots & \ddots & \ddots & 0\\ 0 & \cdots & 0 & \mathrm{e}^{\lambda_nt}\end{pmatrix}$$

2. 矩阵 $\boldsymbol{A}$ 有多重特征值

为了便于说明起见，假设矩阵 $\boldsymbol{A}$ 除在 λ_1 处有三重特征值外，其余的特征值 λ_4，λ_5，…，λ_n 均为相异的。经非奇异线性变换后，式（9-38）变为

$$\dot{\bar{\boldsymbol{x}}}(t)=\boldsymbol{P}^{-1}\boldsymbol{A}\boldsymbol{P}\,\bar{\boldsymbol{x}}(t)=\boldsymbol{J}\bar{\boldsymbol{x}}(t) \tag{9-52}$$

式中：

$$\boldsymbol{J}=\boldsymbol{P}^{-1}\boldsymbol{A}\boldsymbol{P}=\begin{pmatrix}\lambda_1 & 1 & 0 & 0 & \cdots & 0\\ 0 & \lambda_1 & 1 & 0 & \cdots & 0\\ 0 & 0 & \lambda_1 & 0 & \cdots & 0\\ 0 & 0 & 0 & \lambda_4 & \ddots & \vdots\\ \vdots & & \ddots & & \ddots & 0\\ 0 & \cdots & & 0 & & \lambda_n\end{pmatrix}$$

展开式（9-52），则得

$$\left.\begin{aligned}&\dot{\bar{x}}_1(t)=\lambda_1\bar{x}_1(t)+\bar{x}_2(t)\\&\dot{\bar{x}}_2(t)=\lambda_1\bar{x}_2(t)+\bar{x}_3(t)\\&\dot{\bar{x}}_3(t)=\lambda_1\bar{x}_3(t)\\&\dot{\bar{x}}_i(t)=\lambda_i\bar{x}_i(t),\quad i=4,5,\cdots,n\end{aligned}\right\}\tag{9-53}$$

由上述最后两式求得

$$\bar{x}_3(t)=\mathrm{e}^{\lambda_1 t}\bar{x}_3(0)\tag{9-54}$$

$$\bar{x}_i(t)=\mathrm{e}^{\lambda_i t}\bar{x}_i(0),\quad i=4,5,\cdots,n\tag{9-55}$$

把式（9-54）代入式（9-53）的第二式，使之变为

$$\dot{\bar{x}}_2(t)=\lambda_1\bar{x}_2(t)+\mathrm{e}^{\lambda_1 t}\bar{x}_3(0)$$

求解该微分方程，得

$$\bar{x}_2(t)=\mathrm{e}^{\lambda_1 t}\bar{x}_2(0)+t\mathrm{e}^{\lambda_1 t}\bar{x}_3(0)\tag{9-56}$$

同理，把式（9-56）代入式（9-53）的第一式，求得

$$\bar{x}_1(t)=\mathrm{e}^{\lambda_1 t}\bar{x}_1(0)+t\mathrm{e}^{\lambda_1 t}\bar{x}_2(0)+\frac{1}{2!}t^2\mathrm{e}^{\lambda_1 t}\bar{x}_3(0)$$

于是式（9-52）的解为

$$\begin{aligned}\bar{\boldsymbol{x}}(t)&=\begin{pmatrix}\mathrm{e}^{\lambda_1 t} & t\mathrm{e}^{\lambda_1 t} & \frac{1}{2!}t^2\mathrm{e}^{\lambda_1 t} & 0 & \cdots & 0\\ 0 & \mathrm{e}^{\lambda_1 t} & t\mathrm{e}^{\lambda_1 t} & 0 & \cdots & 0\\ 0 & 0 & \mathrm{e}^{\lambda_1 t} & 0 & \cdots & 0\\ 0 & 0 & 0 & \mathrm{e}^{\lambda_4 t} & \cdots & 0\\ \vdots & \vdots & \vdots & \vdots & & \vdots\\ 0 & 0 & 0 & 0 & \cdots & \mathrm{e}^{\lambda_n t}\end{pmatrix}\bar{\boldsymbol{x}}(0)\\&=\begin{pmatrix}1 & t & \frac{1}{2!}t^2 & 0 & \cdots & 0\\ 0 & 1 & t & 0 & \cdots & 0\\ 0 & 0 & 1 & 0 & \cdots & 0\\ 0 & 0 & 0 & 1 & \cdots & 0\\ \vdots & \vdots & \vdots & \vdots & & \vdots\\ 0 & 0 & 0 & 0 & \cdots & 1\end{pmatrix}\mathrm{e}^{\bar{A}t}\bar{\boldsymbol{x}}(0)\\&=\boldsymbol{Q}(t)\mathrm{e}^{\bar{A}t}\bar{\boldsymbol{x}}(0)\end{aligned}$$

因为

$$\boldsymbol{P}^{-1}\boldsymbol{x}(t)=\boldsymbol{Q}(t)\mathrm{e}^{\bar{\boldsymbol{A}}t}\boldsymbol{P}^{-1}\boldsymbol{x}(0)$$

所以

$$\boldsymbol{x}(t)=\boldsymbol{P}\boldsymbol{Q}(t)\mathrm{e}^{\bar{\boldsymbol{A}}t}\boldsymbol{P}^{-1}\boldsymbol{x}(0) \tag{9-57}$$

比较式（9-57）和式（9-41），求得

$$\mathrm{e}^{\boldsymbol{A}t}=\boldsymbol{P}\boldsymbol{Q}(t)\mathrm{e}^{\bar{\boldsymbol{A}}t}\boldsymbol{P}^{-1} \tag{9-58}$$

式中：

$$\boldsymbol{Q}(t)=\begin{pmatrix}1 & t & \frac{1}{2!}t^2 & 0 & \cdots & 0\\ 0 & 1 & t & 0 & \cdots & 0\\ 0 & 0 & 1 & 0 & \cdots & 0\\ 0 & 0 & 0 & 1 & \cdots & 0\\ \vdots & \vdots & \vdots & \vdots & & \vdots\\ 0 & 0 & 0 & 0 & \cdots & 1\end{pmatrix},\quad \mathrm{e}^{\bar{\boldsymbol{A}}t}=\begin{pmatrix}\mathrm{e}^{\lambda_1 t} & 0 & 0 & \cdots & 0\\ 0 & \mathrm{e}^{\lambda_1 t} & 0 & \cdots & 0\\ 0 & 0 & \mathrm{e}^{\lambda_1 t} & & \\ & & \ddots & \ddots & \vdots\\ \vdots & & \ddots & \mathrm{e}^{\lambda_4 t} & \\ & & & \ddots & 0\\ 0 & \cdots & & 0 & \mathrm{e}^{\lambda_n t}\end{pmatrix}$$

把上述的结论推广到一般，如设特征值 λ_1 为 q 重根，则齐次方程式的解为

$$\boldsymbol{x}(t)=\boldsymbol{P}\boldsymbol{Q}(t)\mathrm{e}^{\bar{\boldsymbol{A}}t}\boldsymbol{P}^{-1}\boldsymbol{x}(0)$$

式中：

$$\boldsymbol{Q}(t)=\begin{pmatrix}1 & t & \frac{1}{2!}t^2 & \cdots & \frac{1}{(q-1)!}t^{q-1} & 0 & \cdots & 0\\ 0 & 1 & t & \cdots & \frac{1}{(q-2)!}t^{q-2} & 0 & \cdots & 0\\ \vdots & \vdots & \vdots & & \vdots & & & \\ 0 & 0 & 0 & \cdots & t & 0 & \cdots & 0\\ 0 & 0 & 0 & \cdots & 1 & 0 & \cdots & 0\\ 0 & 0 & 0 & \cdots & 0 & 1 & \cdots & 0\\ \vdots & \vdots & \vdots & & \vdots & \vdots & & \vdots\\ 0 & 0 & 0 & \cdots & 0 & 0 & \cdots & 1\end{pmatrix}$$

$$\mathrm{e}^{\bar{\boldsymbol{A}}t}=\begin{pmatrix}\mathrm{e}^{\lambda_1 t} & 0 & \cdots & & 0\\ 0 & \mathrm{e}^{\lambda_1 t} & 0 & & \\ & \ddots & & & \vdots\\ & & \mathrm{e}^{\lambda_1 t} & & \\ \vdots & \ddots & \mathrm{e}^{\lambda_{q+1} t} & \ddots & \\ & & & \ddots & 0\\ 0 & & \cdots & 0 & \mathrm{e}^{\lambda_n t}\end{pmatrix}$$

3. 基于凯勒-哈密顿（Cayley-Hamilton）定理的计算方法

如果能将 $\mathrm{e}^{\boldsymbol{A}t}$ 的展开式（9-42）简化为一个有限项之和，则其计算的工作量就大为减少。根据下述的凯勒-哈密顿定理，就能实现上述简化的目的。

凯勒-哈密顿定理：设 $\boldsymbol{A}$ 为 $n\times n$ 型矩阵，其对应的特征方程为

$$f(\lambda)=\lambda^n+a_1\lambda^{n-1}+a_2\lambda^{n-2}+\cdots+a_{n-1}\lambda+a_n=0$$

则矩阵 $\boldsymbol{A}$ 亦满足于上述方程，即有

$$f(\boldsymbol{A})=\boldsymbol{A}^n+a_1\boldsymbol{A}^{n-1}+a_2\boldsymbol{A}^{n-2}+\cdots+a_{n-1}\boldsymbol{A}+a_n\boldsymbol{I}=\boldsymbol{0} \tag{9-59}$$

证　因为

$$(\lambda \boldsymbol{I}-\boldsymbol{A})^{-1}(\lambda \boldsymbol{I}-\boldsymbol{A})=\frac{\operatorname{adj}(\lambda \boldsymbol{I}-\boldsymbol{A})}{|\lambda \boldsymbol{I}-\boldsymbol{A}|}(\lambda \boldsymbol{I}-\boldsymbol{A})=\boldsymbol{I}$$

而

$$|\lambda \boldsymbol{I}-\boldsymbol{A}|=\lambda^{n}+a_{1} \lambda^{n-1}+a_{2} \lambda^{n-2}+\cdots+a_{n-1} \lambda+a_{n}$$

设伴随矩阵：

$$\operatorname{adj}(\lambda \boldsymbol{I}-\boldsymbol{A})=\boldsymbol{B}_{1} \lambda^{n-1}+\boldsymbol{B}_{2} \lambda^{n-2}+\cdots+\boldsymbol{B}_{n-1} \lambda+\boldsymbol{B}_{n}$$

则得

$$\begin{aligned}&\lambda^{n} \boldsymbol{I}+a_{1} \lambda^{n-1} \boldsymbol{I}+a_{2} \lambda^{n-2} \boldsymbol{I}+\cdots+a_{n-1} \lambda \boldsymbol{I}+a_{n} \boldsymbol{I}\\&=\left(\boldsymbol{B}_{1} \lambda^{n-1}+\boldsymbol{B}_{2} \lambda^{n-2}+\cdots+\boldsymbol{B}_{n-1} \lambda+\boldsymbol{B}_{n}\right)(\lambda \boldsymbol{I}-\boldsymbol{A})\end{aligned}$$

即

$$\begin{aligned}&\boldsymbol{B}_{1} \lambda^{n}+\left(\boldsymbol{B}_{2}-\boldsymbol{B}_{1} \boldsymbol{A}\right) \lambda^{n-1}+\left(\boldsymbol{B}_{3}-\boldsymbol{B}_{2} \boldsymbol{A}\right) \lambda^{n-2}+\cdots+\left(\boldsymbol{B}_{n}-\boldsymbol{B}_{n-1} \boldsymbol{A}\right) \lambda-\boldsymbol{B}_{n} \boldsymbol{A}\\&=\boldsymbol{I} \lambda^{n}+a_{1} \boldsymbol{I} \lambda^{n-1}+a_{2} \boldsymbol{I} \lambda^{n-2}+\cdots+a_{n-1} \boldsymbol{I} \lambda+a_{n} \boldsymbol{I}\end{aligned}$$

令上式等号两边 λ 同次幂的系数相等，于是求得

$$\begin{cases}\boldsymbol{B}_{1}=\boldsymbol{I}\\ \boldsymbol{B}_{2}-\boldsymbol{B}_{1} \boldsymbol{A}=a_{1} \boldsymbol{I}\\ \boldsymbol{B}_{3}-\boldsymbol{B}_{2} \boldsymbol{A}=a_{2} \boldsymbol{I}\\ \qquad\vdots\\ \boldsymbol{B}_{n}-\boldsymbol{B}_{n-1} \boldsymbol{A}=a_{n-1} \boldsymbol{I}\\ -\boldsymbol{B}_{n} \boldsymbol{A}=a_{n} \boldsymbol{I}\end{cases}$$

对上述方程组从上到下分别依次右乘 $\boldsymbol{A}^{n}$，$\boldsymbol{A}^{n-1}$，…，$\boldsymbol{A}$ 和 $\boldsymbol{I}$，然后把方程组等号的左右两边分别相加，就得到

$$\begin{aligned}\boldsymbol{A}^{n}+a_{1} \boldsymbol{A}^{n-1}+a_{2} \boldsymbol{A}^{n-2}+\cdots+a_{n-1} \boldsymbol{A}+a_{n} \boldsymbol{I}=\boldsymbol{B}_{1} \boldsymbol{A}^{n}+\left(\boldsymbol{B}_{2} \boldsymbol{A}^{n-1}-\boldsymbol{B}_{1} \boldsymbol{A}^{n}\right)+\\\left(\boldsymbol{B}_{3} \boldsymbol{A}^{n-2}-\boldsymbol{B}_{2} \boldsymbol{A}^{n-1}\right)+\cdots+\left(\boldsymbol{B}_{n} \boldsymbol{A}-\boldsymbol{B}_{n-1} \boldsymbol{A}^{2}\right)-\boldsymbol{B}_{n} \boldsymbol{A}=\mathbf{0}\end{aligned}$$

这就证明了凯勒-哈密顿定理。

根据这个定理，下面推导一个简化 $\mathrm{e}^{\boldsymbol{A}t}$ 计算的有用公式，即

$$\mathrm{e}^{\boldsymbol{A} t}=\alpha_{0}(t) \boldsymbol{I}+\alpha_{1}(t) \boldsymbol{A}+\alpha_{2}(t) \boldsymbol{A}^{2}+\cdots+\alpha_{n-1}(t) \boldsymbol{A}^{n-1} \tag{9-60}$$

式中，$\alpha_{0}(t)$，$\alpha_{1}(t)$，…，$\alpha_{n-1}(t)$ 为 t 的标量函数。

证 $f(\boldsymbol{A})=\boldsymbol{A}^{n}+a_{1} \boldsymbol{A}^{n-1}+a_{2} \boldsymbol{A}^{n-2}+\cdots+a_{n-1} \boldsymbol{A}+a_{n} \boldsymbol{I}=\mathbf{0}$

由上式得

$$\begin{aligned}\boldsymbol{A}^{n}&=-\left(a_{1} \boldsymbol{A}^{n-1}+a_{2} \boldsymbol{A}^{n-2}+\cdots+a_{n-1} \boldsymbol{A}+a_{n} \boldsymbol{I}\right)\\ \boldsymbol{A}^{n+1}&=\boldsymbol{A} \boldsymbol{A}^{n}=-\boldsymbol{A}\left(a_{1} \boldsymbol{A}^{n-1}+a_{2} \boldsymbol{A}^{n-2}+\cdots+a_{n-1} \boldsymbol{A}+a_{n} \boldsymbol{I}\right)\\&=-a_{1} \boldsymbol{A}^{n}-\left(a_{2} \boldsymbol{A}^{n-1}+a_{3} \boldsymbol{A}^{n-2}+\cdots+a_{n-1} \boldsymbol{A}^{2}+a_{n} \boldsymbol{A}\right)\\&=a_{1}\left(a_{1} \boldsymbol{A}^{n-1}+a_{2} \boldsymbol{A}^{n-2}+\cdots+a_{n-1} \boldsymbol{A}+a_{n} \boldsymbol{I}\right)-\left(a_{2} \boldsymbol{A}^{n-1}+\right.\\&\quad\left.a_{3} \boldsymbol{A}^{n-2}+\cdots+a_{n-1} \boldsymbol{A}^{2}+a_{n} \boldsymbol{A}\right)\\&=\left(a_{1}^{2}-a_{2}\right) \boldsymbol{A}^{n-1}+\left(a_{1} a_{2}-a_{3}\right) \boldsymbol{A}^{n-2}+\cdots+\left(a_{1} a_{n-1}-a_{n}\right) \boldsymbol{A}+a_{1} a_{n} \boldsymbol{I}\end{aligned}$$

同理，$\boldsymbol{A}^{n+2}$，$\boldsymbol{A}^{n+3}$，…均可以用 $\boldsymbol{A}^{n-1}$ 及其他低次项之和来表示。这样，矩阵指数函数：

$$\mathrm{e}^{\boldsymbol{A} t}=\boldsymbol{I}+\boldsymbol{A} t+\frac{1}{2!} \boldsymbol{A}^{2} t^{2}+\cdots+\frac{1}{(n-1)!} \boldsymbol{A}^{n-1} t^{n-1}+\cdots$$

中 $\boldsymbol{A}^{n-1}$ 项后的各项均可用上述类同的关系表示，从而使上式变为一个有限项之和，即

$$\mathrm{e}^{\boldsymbol{A} t}=\alpha_{0}(t) \boldsymbol{I}+\alpha_{1}(t) \boldsymbol{A}+\alpha_{2}(t) \boldsymbol{A}^{2}+\cdots+\alpha_{n-1}(t) \boldsymbol{A}^{n-1}$$

现在的问题是如何确定式（9-60）中的系数 $\alpha_{0}(t)$，$\alpha_{1}(t)$，…，$\alpha_{n-1}(t)$。由于矩阵 $\boldsymbol{A}$ 的特征值 λ_{1}，λ_{2}，…，λ_{n} 同样也满足下式：

$$e^{\lambda_i t} = \alpha_0(t) + \alpha_1(t)\lambda_i + \alpha_2(t)\lambda_i^2 + \cdots + \alpha_{n-1}(t)\lambda_i^{n-1},\ i=1,\ 2,\ \cdots,\ n \tag{9-61}$$

因此当矩阵 $\boldsymbol{A}$ 的 n 个特征值求出后，只要把它们分别代入式（9-61），就可以从所得的 n 个联立方程式中解得系数 $\alpha_0(t)$，$\alpha_1(t)$，$\cdots$，$\alpha_{n-1}(t)$。

如果矩阵 $\boldsymbol{A}$ 的特征值 λ_k 有 m 重根，显然，把 λ_k 代入式（9-61）中仅得到一个代数方程。这样，求解系数 $\alpha_i(t)(i=0,\ 1,\ \cdots,\ n-1)$ 时就缺少 $(m-1)$ 个代数方程，这 $(m-1)$ 个代数方程可通过式(9-61) 对 λ_k 求导后而补足。

【例 9-9】 计算 $\boldsymbol{A}=\begin{pmatrix}0 & 1\\ -2 & -3\end{pmatrix}$ 的矩阵指数 $e^{\boldsymbol{A}t}$。

解 下面用上述的 3 种方法分别予以计算。

(1) 用拉普拉斯变换法去计算

由于

$$(s\boldsymbol{I}-\boldsymbol{A})=\begin{pmatrix}s & -1\\ 2 & s+3\end{pmatrix},\quad |s\boldsymbol{I}-\boldsymbol{A}|=(s+1)(s+2)$$

因而

$$(s\boldsymbol{I}-\boldsymbol{A})^{-1}=\begin{pmatrix}\dfrac{s+3}{(s+1)(s+2)} & \dfrac{1}{(s+1)(s+2)}\\ \dfrac{-2}{(s+1)(s+2)} & \dfrac{s}{(s+1)(s+2)}\end{pmatrix}$$

取拉氏反变换，求得

$$e^{\boldsymbol{A}t}=\mathscr{L}^{-1}[(s\boldsymbol{I}-\boldsymbol{A})^{-1}]=\begin{pmatrix}2e^{-t}-e^{-2t} & e^{-t}-e^{-2t}\\ -2e^{-t}+2e^{-2t} & -e^{-t}+2e^{-2t}\end{pmatrix}$$

(2) 利用对角化阵计算 $e^{\boldsymbol{A}t}$

矩阵 $\boldsymbol{A}$ 的特征值为 $\lambda_1=-1$，$\lambda_2=-2$。由于矩阵 $\boldsymbol{A}$ 为能控标准形，因而可选择范得蒙矩阵为变换阵，即

$$\boldsymbol{P}=\begin{pmatrix}1 & 1\\ \lambda_1 & \lambda_2\end{pmatrix}=\begin{pmatrix}1 & 1\\ -1 & -2\end{pmatrix}$$

因为

$$\bar{\boldsymbol{A}}=\boldsymbol{P}^{-1}\boldsymbol{A}\boldsymbol{P}=\begin{pmatrix}-1 & 0\\ 0 & -2\end{pmatrix},\quad e^{\bar{\boldsymbol{A}}t}=\begin{pmatrix}e^{-t} & 0\\ 0 & e^{-2t}\end{pmatrix}$$

所以

$$e^{\boldsymbol{A}t}=\boldsymbol{P}e^{\bar{\boldsymbol{A}}t}\boldsymbol{P}^{-1}=\begin{pmatrix}1 & 1\\ -1 & -2\end{pmatrix}\begin{pmatrix}e^{-t} & 0\\ 0 & e^{-2t}\end{pmatrix}\begin{pmatrix}2 & 1\\ -1 & -1\end{pmatrix}$$

$$=\begin{pmatrix}2e^{-t}-e^{-2t} & e^{-t}-e^{-2t}\\ -2e^{-t}+2e^{-2t} & -e^{-t}+2e^{-2t}\end{pmatrix}$$

(3) 基于凯勒-哈密顿定理的计算方法

$$e^{\boldsymbol{A}t}=\alpha_0(t)\boldsymbol{I}+\alpha_1(t)\boldsymbol{A}$$

基于 $\lambda_1=-1$，$\lambda_2=-2$，于是得

$$e^{-t}=\alpha_0(t)-\alpha_1(t)$$

$$e^{-2t}=\alpha_0(t)-2\alpha_1(t)$$

解上述两式，求得 $\alpha_0(t)=2e^{-t}-e^{-2t}$，$\alpha_1(t)=e^{-t}-e^{-2t}$。则得

$$e^{\boldsymbol{A}t}=\begin{pmatrix}1 & 0\\ 0 & 1\end{pmatrix}(2e^{-t}-e^{-2t})+\begin{pmatrix}0 & 1\\ -2 & -3\end{pmatrix}(e^{-t}-e^{-2t})$$

$$=\begin{pmatrix} 2e^{-t}-e^{-2t} & e^{-t}-e^{-2t} \\ -2e^{-t}+2e^{-2t} & -e^{-t}+2e^{-2t} \end{pmatrix}$$

【例 9-10】 已知矩阵 $A=\begin{pmatrix} 0 & 1 & 0 \\ 0 & 0 & 1 \\ 2 & 3 & 0 \end{pmatrix}$，求 e^{At}。

解 由特征方程：

$$|\lambda I - A| = \lambda^3 - 3\lambda - 2 = 0$$

解得 $\lambda_1=2$，$\lambda_2=\lambda_3=-1$。因为 $n=3$，则有

$$e^{At} = \alpha_0(t)I + \alpha_1(t)A + \alpha_2(t)A^2$$

由上式得

$$e^{\lambda t} = \alpha_0(t) + \alpha_1(t)\lambda + \alpha_2(t)\lambda^2$$

由于 $\lambda_2=\lambda_3=-1$，这样仅得到一个独立的方程，所缺的一个方程用下述的方法补上。

$$\left.\frac{de^{\lambda t}}{d\lambda}\right|_{\lambda=-1} = \left.\frac{d}{d\lambda}[\alpha_0(t) + \alpha_1(t)\lambda + \alpha_2(t)\lambda^2]\right|_{\lambda=-1}$$

即有

$$te^{-t} = \alpha_1(t) - 2\alpha_2(t) \tag{9-62}$$

其余两个方程为

$$e^{-t} = \alpha_0(t) - \alpha_1(t) + \alpha_2(t) \tag{9-63}$$

$$e^{2t} = \alpha_0(t) + 2\alpha_1(t) + 4\alpha_2(t) \tag{9-64}$$

联立求解式（9-62）、式（9-63）和式（9-64），求得

$$\alpha_0(t) = \frac{1}{9}(e^{2t} + 8e^{-t} + 6te^{-t})$$

$$\alpha_1(t) = \frac{1}{9}(2e^{2t} - 2e^{-t} + 3te^{-t})$$

$$\alpha_2(t) = \frac{1}{9}(e^{2t} - e^{-t} - 3te^{-t})$$

于是得

$$e^{At} = \alpha_0(t)I + \alpha_1(t)A + \alpha_2(t)A^2$$

$$= \begin{pmatrix} \alpha_0(t) & 0 & 0 \\ 0 & \alpha_0(t) & 0 \\ 0 & 0 & \alpha_0(t) \end{pmatrix} + \begin{pmatrix} 0 & \alpha_1(t) & 0 \\ 0 & 0 & \alpha_1(t) \\ 2\alpha_1(t) & 3\alpha_1(t) & 0 \end{pmatrix} + \begin{pmatrix} 0 & 0 & \alpha_2(t) \\ 2\alpha_2(t) & 3\alpha_2(t) & 0 \\ 0 & 2\alpha_2(t) & 3\alpha_2(t) \end{pmatrix}$$

$$= \begin{pmatrix} \alpha_1(t) & \alpha_1(t) & \alpha_2(t) \\ 2\alpha_2(t) & \alpha_0(t)+3\alpha_2(t) & \alpha_1(t) \\ 2\alpha_1(t) & 3\alpha_1(t)+2\alpha_2(t) & \alpha_0(t)+3\alpha_2(t) \end{pmatrix}$$

$$= \begin{pmatrix} e^{2t}+(8+6t)e^{-t} & 2e^{2t}-(2-3t)e^{-t} & e^{2t}-(1+3t)e^{-t} \\ 2e^{2t}-(2+6t)e^{-t} & 4e^{2t}+(5-3t)e^{-t} & 2e^{2t}-(2-3t)e^{-t} \\ 4e^{2t}+(6t-4)e^{-t} & 8e^{2t}+(3t-8)e^{-t} & 4e^{2t}+(5-3t)e^{-t} \end{pmatrix}$$

第五节　线性定常离散系统的动态方程式

和连续系统一样，离散系统也可以用状态空间分析法去描述，它的状态方程和输出方程具有和线性连续系统相类同的形式。对于线性定常离散系统，它的动态方程为

$$\left.\begin{aligned}\boldsymbol{x}(k+1)=\boldsymbol{Gx}(k)+\boldsymbol{Hu}(k)\\ \boldsymbol{y}(k)=\boldsymbol{Cx}(k)+\boldsymbol{Du}(k)\end{aligned}\right\}\tag{9-65}$$

式中，$\boldsymbol{x}(k)$ 为 n 维状态矢量；$\boldsymbol{u}(k)$ 为 r 维输入矢量；$\boldsymbol{y}(k)$ 为 m 维输出矢量；$\boldsymbol{G}$ 为 $n\times n$ 型矩阵；$\boldsymbol{H}$ 为 $n\times r$ 型矩阵；$\boldsymbol{C}$ 为 $m\times n$ 型矩阵；$\boldsymbol{D}$ 为 $m\times r$ 型矩阵。图 9-12 为由式（9-65）所描述的离散系统状态图。图中 $\boldsymbol{x}(k+1)$ 通过单位延迟因子 z^{-1} 后变为 $\boldsymbol{x}(k)$。

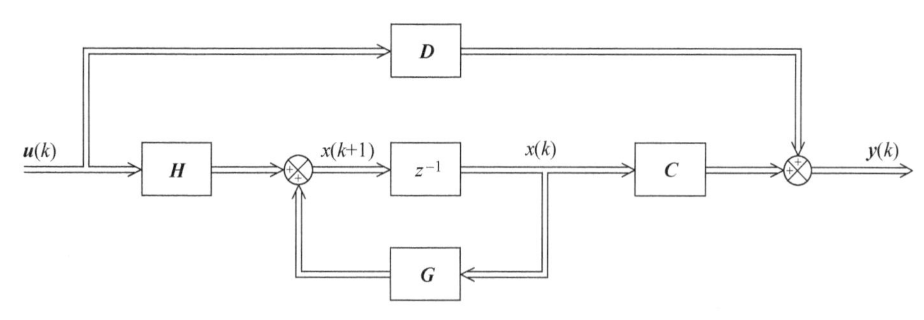

图 9-12　离散系统的状态图

一、由差分方程或脉冲传递函数求动态方程

设单输入-单输出线性定常离散系统差分方程式的一般形式为

$$\begin{aligned}&y(k+n)+a_1y(k+n-1)+\cdots+a_{n-1}y(k+1)+a_ny(k)=\\&b_0u(k+n)+b_1u(k+n-1)+\cdots+b_{n-1}u(k+1)+b_nu(k)\end{aligned}\tag{9-66}$$

式中，k 表示 kT 时刻，T 为采样周期；$y(k)$ 为 kT 时刻的输出；$u(k)$ 为 kT 时刻的输入。在零初始条件下，对式（9-66）取 z 变换，求得系统的脉冲传递函数为

$$\begin{aligned}T(z)=\frac{Y(z)}{U(z)}&=\frac{b_0z^n+b_1z^{n-1}+\cdots+b_{n-1}z+b_n}{z^n+a_1z^{n-1}+\cdots+a_{n-1}z+a_n}\\&=d+\frac{\beta_1z^{n-1}+\beta_2z^{n-2}+\cdots+\beta_{n-1}z+\beta_n}{z^n+a_1z^{n-1}+\cdots+a_{n-1}z+a_n}\end{aligned}\tag{9-67}$$

式中，$d=b_0$。比较式（9-67）和式（9-11），显然它们在形式上是完全相似的，若用变量 z 置换式（9-11）中的变量 s，便可得到式（9-67）。因此，连续定常系统由传递函数建立动态方程的各种方法同样也适用于离散控制系统。对此，举例说明如下。

【例 9-11】　已知一单输入-单输出线性离散系统的脉冲传递函数为

$$T(z)=\frac{Y(z)}{U(z)}=\frac{2z^2+2z+1}{z^2+5z+6}$$

试写出该系统的能控、能观及对角标准形的实现。

解　（1）能控标准形实现

把脉冲传递函数改写为下列的真分式，即

$$T(z)=\frac{Y(z)}{U(z)}=2+\frac{-8z-11}{z^2+5z+6}\tag{9-68}$$

引入中间变量 $X(z)$，使式（9-68）变为

$$\frac{Y(z)}{U(z)}=\frac{Y_2(z)}{U(z)}+\frac{X(z)}{U(z)}\frac{Y_1(z)}{X(z)}$$

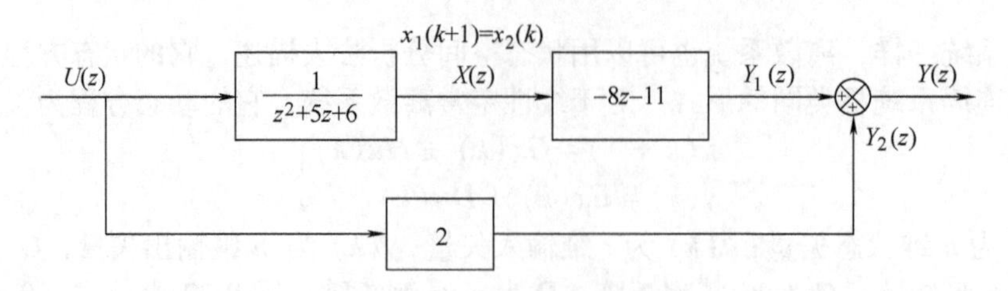

图 9-13 式（9-68）的框图

这样式（9-68）对应的框图如图 9-13 所示。由图可得

$$z^2X(z)+5zX(z)+6X(z)=U(z)$$

对上式求 z 的反变换，得到下列的差分方程：

$$x(k+2)+5x(k+1)+6x(k)=u(k)$$

仿照式（9-13）设置状态变量的方法，令 $x_1(k)=x(k)$，$x_2(k)=x(k+1)=x_1(k+1)$。于是得

$$x_1(k+1)=x_2(k)$$
$$x_2(k+1)=-6x_1(k)-5x_2(k)+u(k)$$
$$y(k)=y_1(k)+y_2(k)=-11x_1(k)-8x_2(k)+2u(k)$$

把上述方程写成矢量矩阵形式为

$$\left.\begin{aligned}\boldsymbol{x}(k+1)&=\begin{pmatrix}0&1\\-6&-5\end{pmatrix}\boldsymbol{x}(k)+\begin{pmatrix}0\\1\end{pmatrix}u(k)\\y(k)&=[-11\quad -8]\boldsymbol{x}(k)+2u(k)\end{aligned}\right\}\tag{9-69}$$

图 9-14 为该系统能控标准形实现的状态图。

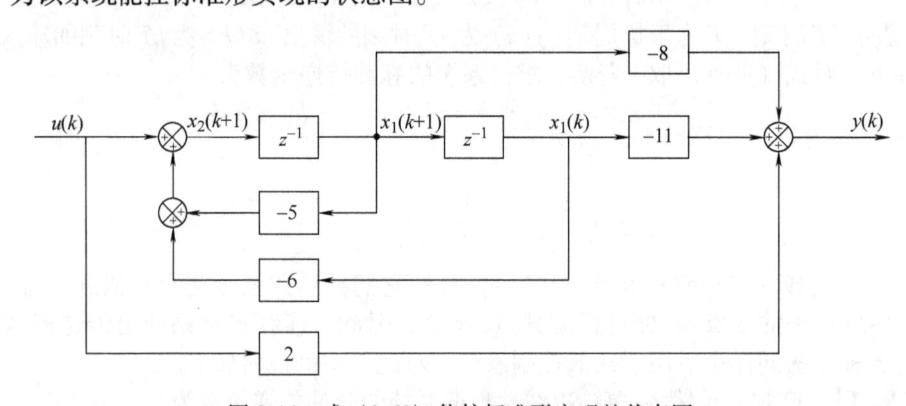

图 9-14 式（9-68）能控标准形实现的状态图

（2）能观标准形实现

仿照式（9-19）状态变量的设置，可直接写出该系统的能观标准形实现，即

$$\boldsymbol{x}(k+1)=\begin{pmatrix}0&-6\\1&-5\end{pmatrix}\boldsymbol{x}(k)+\begin{pmatrix}-11\\-8\end{pmatrix}u(k)$$
$$y(k)=[0\quad 1]\boldsymbol{x}(k)+2u(k)$$

图 9-15 为该系统能观标准形实现的状态图。

（3）对角标准形实现

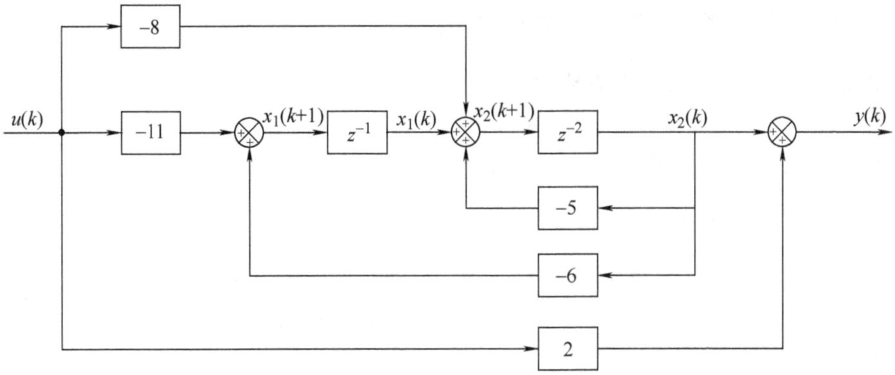

图 9-15　式（9-68）能观标准形实现的状态图

把脉冲传递函数展开为部分分式，即

$$\frac{Y(z)}{U(z)}=\frac{-8z-11}{z^2+5z+6}+2$$

$$=\frac{5}{z+2}-\frac{13}{z+3}+2$$

则

$$Y(z)=\frac{5U(z)}{z+2}-\frac{13U(z)}{z+3}+2U(z)$$

令 $\frac{U(z)}{z+2}=X_1(z)$，$\frac{U(z)}{z+3}=X_2(z)$ 则得

$$x_1(k+1)=-2x_1(k)+u(k)$$

$$x_2(k+1)=-3x_2(k)+u(k)$$

$$y(k)=5x_1(k)-13x_2(k)+2u(k)$$

写成矢量矩阵形式为

$$\left.\begin{aligned}\boldsymbol{x}(k+1)&=\begin{pmatrix}-2&0\\0&-3\end{pmatrix}\boldsymbol{x}(k)+\begin{pmatrix}1\\1\end{pmatrix}u(k)\\y(k)&=(5\quad -13)\boldsymbol{x}(k)+2u(k)\end{aligned}\right\}\tag{9-70}$$

图 9-16 为该系统对角标准形实现的状态图。

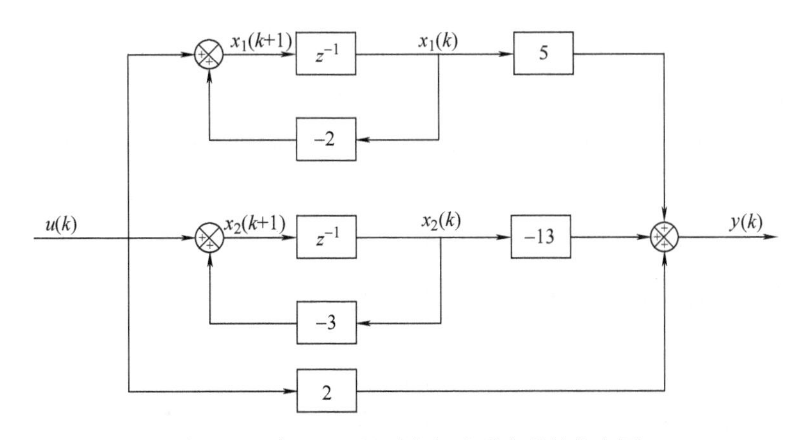

图 9-16　式（9-68）对角标准形实现的状态图

二、线性定常连续动态方程的离散化

设线性定常连续系统的动态方程为

$$\dot{\boldsymbol{x}}(t)=\boldsymbol{A}\boldsymbol{x}(t)+\boldsymbol{B}\boldsymbol{u}(t)$$

已知初始状态为 $\boldsymbol{x}(t_0)$，则状态方程式的解为

$$\boldsymbol{x}(t)=\boldsymbol{\Phi}(t-t_0)\boldsymbol{x}(t_0)+\int_{t_0}^{t}\boldsymbol{\Phi}(t-\tau)\boldsymbol{B}\boldsymbol{u}(\tau)\mathrm{d}\tau \tag{9-71}$$

基于现在所求的是从一个采样时刻 $t_0=kT$ 到下一个采样时刻 $t=(k+1)T$ 的解，因而有 $\boldsymbol{x}(t_0)=\boldsymbol{x}(kT)=\boldsymbol{x}(k)$，$\boldsymbol{x}(t)=\boldsymbol{x}[(k+1)T]=\boldsymbol{x}(k+1)$；在 kT 到 $(k+1)T$ 一个采样周期内，$\boldsymbol{u}(k)=$ 常量。这样式（9-71）便改写为

$$\boldsymbol{x}(k+1)=\boldsymbol{\Phi}(T)\boldsymbol{x}(k)+\int_{kT}^{(k+1)T}\boldsymbol{\Phi}[(k+1)T-\tau]\boldsymbol{B}\mathrm{d}\tau\boldsymbol{u}(k)$$

记

$$\boldsymbol{H}(T)=\int_{kT}^{(k+1)T}\boldsymbol{\Phi}[(k+1)T-\tau]\boldsymbol{B}\mathrm{d}\tau$$

为便于计算 $\boldsymbol{H}(T)$，令 $(k+1)T-\tau=\tau'$，则

$$\boldsymbol{H}(T)=\int_{T}^{0}-\boldsymbol{\Phi}(\tau')\boldsymbol{B}\mathrm{d}\tau'=\int_{0}^{T}\boldsymbol{\Phi}(\tau)\boldsymbol{B}\mathrm{d}\tau \tag{9-72}$$

这样经离散化后系统的状态方程变为

$$\boldsymbol{x}(k+1)=\boldsymbol{\Phi}(T)\boldsymbol{x}(k)+\boldsymbol{H}(T)\boldsymbol{u}(k) \tag{9-73}$$

式中，$\boldsymbol{\Phi}(T)$ 是由连续系统状态转移矩阵 $\boldsymbol{\Phi}(t)$ 导出的，即有

$$\boldsymbol{\Phi}(T)=\boldsymbol{\Phi}(t)\big|_{t=T} \tag{9-74}$$

若连续系统的输出方程为

$$\boldsymbol{y}(t)=\boldsymbol{C}\boldsymbol{x}(t)+\boldsymbol{D}\boldsymbol{u}(t)$$

则经离散化后变为

$$\boldsymbol{y}(k)=\boldsymbol{C}\boldsymbol{x}(k)+\boldsymbol{D}\boldsymbol{u}(k) \tag{9-75}$$

三、定常离散系统状态方程式的解

1. 迭代法

令式（9-65）中的 k 分别为 0，1，…，$k-1$，就能求得 T，$2T$，…，kT 时刻的状态，即

$$\begin{aligned}
&\boldsymbol{x}(1)=\boldsymbol{G}\boldsymbol{x}(0)+\boldsymbol{H}\boldsymbol{u}(0)\\
&\boldsymbol{x}(2)=\boldsymbol{G}\boldsymbol{x}(1)+\boldsymbol{H}\boldsymbol{u}(1)=\boldsymbol{G}^2\boldsymbol{x}(0)+\boldsymbol{G}\boldsymbol{H}\boldsymbol{u}(0)+\boldsymbol{H}\boldsymbol{u}(1)\\
&\boldsymbol{x}(3)=\boldsymbol{G}\boldsymbol{x}(2)+\boldsymbol{H}\boldsymbol{u}(2)=\boldsymbol{G}^3\boldsymbol{x}(0)+\boldsymbol{G}^2\boldsymbol{H}\boldsymbol{u}(0)+\boldsymbol{G}\boldsymbol{H}\boldsymbol{u}(1)+\boldsymbol{H}\boldsymbol{u}(2)\\
&\vdots\\
&\boldsymbol{x}(k)=\boldsymbol{G}^k\boldsymbol{x}(0)+\sum_{j=0}^{k-1}\boldsymbol{G}^{k-j-1}\boldsymbol{H}\boldsymbol{u}(j)
\end{aligned} \tag{9-76}$$

式（9-76）等号右方第一项为零输入响应，第二项是零状态响应。由该式可见，离散系统的状态转移矩阵为

$$\boldsymbol{\Phi}(k)=\boldsymbol{G}^k$$

它是满足 $\boldsymbol{\Phi}(k+1)=\boldsymbol{G}\boldsymbol{\Phi}(k)$ 和 $\boldsymbol{\Phi}(0)=\boldsymbol{I}$ 的唯一矩阵。把式（9-76）代入式（9-75），则得

$$\boldsymbol{y}(k)=\boldsymbol{C}\boldsymbol{\Phi}(k)\boldsymbol{x}(0)+\boldsymbol{C}\sum_{j=0}^{k-1}\boldsymbol{\Phi}(k-j-1)\boldsymbol{H}\boldsymbol{u}(j)+\boldsymbol{D}\boldsymbol{u}(k) \tag{9-77}$$

2. z 变换法

对式（9-65）取 z 变换，得

$$z\boldsymbol{X}(z)-z\boldsymbol{x}(0)=\boldsymbol{G}\boldsymbol{X}(z)+\boldsymbol{H}\boldsymbol{U}(z)$$
$$(z\boldsymbol{I}-\boldsymbol{G})\boldsymbol{X}(z)=z\boldsymbol{x}(0)+\boldsymbol{H}\boldsymbol{U}(z)$$

据此解得

$$\boldsymbol{X}(z)=(z\boldsymbol{I}-\boldsymbol{G})^{-1}z\boldsymbol{x}(0)+(z\boldsymbol{I}-\boldsymbol{G})^{-1}\boldsymbol{H}\boldsymbol{U}(z)$$

即

$$\boldsymbol{x}(k)=\mathscr{Z}^{-1}[(z\boldsymbol{I}-\boldsymbol{G})^{-1}z]\boldsymbol{x}(0)+\mathscr{Z}^{-1}[(z\boldsymbol{I}-\boldsymbol{G})^{-1}\boldsymbol{H}\boldsymbol{U}(z)] \tag{9-78}$$

比较式（9-76）和式（9-78），则得

$$\boldsymbol{G}^k=\mathscr{Z}^{-1}[(z\boldsymbol{I}-\boldsymbol{G})^{-1}z] \tag{9-79}$$

$$\sum_{j=0}^{k-1}\boldsymbol{G}^{k-j-1}\boldsymbol{H}u(j)=\mathscr{Z}^{-1}[(z\boldsymbol{I}-\boldsymbol{G})^{-1}\boldsymbol{H}\boldsymbol{U}(z)] \tag{9-80}$$

【例 9-12】 求下列离散系统状态方程：

$$\boldsymbol{x}(k+1)=\begin{pmatrix}0 & 1\\ -0.16 & -1\end{pmatrix}\boldsymbol{x}(k)+\begin{pmatrix}1\\1\end{pmatrix}u(k)$$

的解。已知 $\boldsymbol{x}(0)=(1\quad -1)^{\mathrm{T}}$，$u(k)=1$。

解 因为

$$(z\boldsymbol{I}-\boldsymbol{G})^{-1}=\frac{1}{(z+0.2)(z+0.8)}\begin{pmatrix}z+1 & 1\\ -0.16 & z\end{pmatrix}$$
$$=\begin{pmatrix}\dfrac{z+1}{(z+0.2)(z+0.8)} & \dfrac{1}{(z+0.2)(z+0.8)}\\ \dfrac{-0.16}{(z+0.2)(z+0.8)} & \dfrac{z}{(z+0.2)(z+0.8)}\end{pmatrix}$$
$$=\begin{pmatrix}\dfrac{4/3}{z+0.2}-\dfrac{1/3}{z+0.8} & \dfrac{5/3}{z+0.2}-\dfrac{5/3}{z+0.8}\\ \dfrac{-0.8/3}{z+0.2}+\dfrac{0.8/3}{z+0.8} & \dfrac{-1/3}{z+0.2}+\dfrac{4/3}{z+0.8}\end{pmatrix}$$

考虑到 $\mathscr{Z}^{-1}\left(\dfrac{z}{z+a}\right)=(-a)^k$

所以 $\boldsymbol{\Phi}(k)=\boldsymbol{G}^k=\mathscr{Z}^{-1}[(z\boldsymbol{I}-\boldsymbol{G})^{-1}z]$

$$=\mathscr{Z}^{-1}\begin{pmatrix}\dfrac{\frac{4}{3}z}{z+0.2}-\dfrac{\frac{1}{3}z}{z+0.8} & \dfrac{\frac{5}{3}z}{z+0.2}-\dfrac{\frac{5}{3}z}{z+0.8}\\ \dfrac{-\frac{0.8}{3}z}{z+0.2}+\dfrac{\frac{0.8}{3}z}{z+0.8} & \dfrac{-\frac{1}{3}z}{z+0.2}+\dfrac{\frac{4}{3}z}{z+0.8}\end{pmatrix}$$
$$=\frac{1}{3}\begin{pmatrix}4\ (-0.2)^k-(0.8)^k & 5\ (-0.2)^k-5\ (-0.8)^k\\ -0.8\ (-0.2)^k+0.8\ (-0.8)^k & -(-0.2)^k+4\ (-0.8)^k\end{pmatrix}$$

下面计算 $\boldsymbol{x}(k)$。已知 $u(k)=1$，故 $U(z)=\dfrac{z}{z-1}$，则

$$z\boldsymbol{x}(0)+\boldsymbol{H}U(z)=\begin{pmatrix}z\\ -z\end{pmatrix}+\begin{pmatrix}\dfrac{z}{z-1}\\ \dfrac{z}{z-1}\end{pmatrix}=\begin{pmatrix}\dfrac{z^2}{z-1}\\ \dfrac{-z^2+2z}{z-1}\end{pmatrix}$$

于是

$$X(z)=(zI-G)^{-1}[zx(0)+HU(z)]$$

$$=\begin{pmatrix}\dfrac{(z^2+2)z}{(z+0.2)(z+0.8)(z-1)}\\ \dfrac{(-z^2+1.84z)z}{(z+0.2)(z+0.8)(z-1)}\end{pmatrix}$$

$$=\begin{pmatrix}\dfrac{-\dfrac{17}{6}z}{z+0.2}+\dfrac{\dfrac{22}{9}z}{z+0.8}+\dfrac{\dfrac{25}{18}z}{z-1}\\ \dfrac{\dfrac{3.4}{6}z}{z+0.2}-\dfrac{\dfrac{17.6}{9}z}{z+0.8}+\dfrac{\dfrac{7}{18}z}{z-1}\end{pmatrix}$$

因而

$$x(k)=\begin{pmatrix}-\dfrac{17}{6}(-0.2)^k+\dfrac{22}{9}(-0.8)^k+\dfrac{25}{18}\\ \dfrac{3.4}{6}(-0.2)^k-\dfrac{17.6}{9}(-0.8)^k+\dfrac{7}{18}\end{pmatrix}$$

第六节　线性定常系统的能控性

用状态空间表达式描述系统时，通常会涉及下列两个问题：

1）在有限的时间内，能否通过施加合适的输入量 $u(t)$ 将系统从任意初始状态转移到其他指定的状态上去。

2）由于状态变量通常不是个个能被量测的，能否在有限的时间内根据对输出 $y(t)$ 的量测来确定初始状态 $x(t_0)$。

对于上述两个问题，卡尔曼（R. E. Kalman）在 20 世纪 60 年代初首先作出了回答，这就是人们所知的能控性和能观性。在现代控制工程中，许多基本的控制问题如系统极点的任意配置、状态观测器的设计、最优控制和最优估计等都与这两个问题密切相关，因而能控性和能观性是现代控制理论中的两个非常重要的概念。

一、能控性的定义

在给出能控性的定义之前，为了有助于对能控性概念的理解，先研究下述的几个例子。

1）已知一系统的状态方程为

$$\dot{x}_1=-2x_1+u$$

$$\dot{x}_2=-3x_2+dx_1$$

图 9-17 为该系统的信号流图，输出 $y=x_2$。由图可知，当 $d\neq0$ 时，输入 $U(s)$ 不仅能直接控制

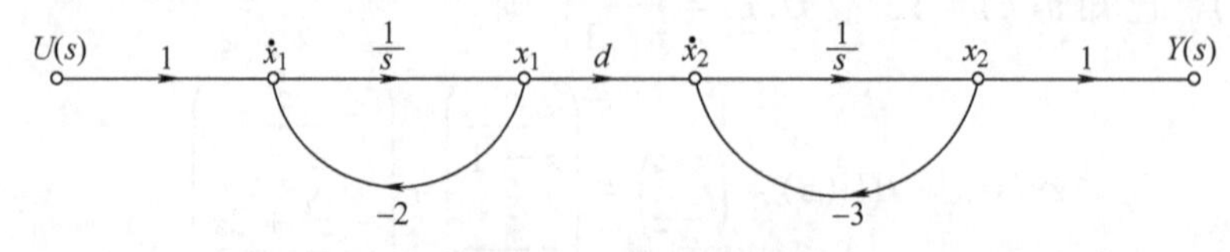

图 9-17　信号流图

状态变量 x_1 的变化，而且还通过 x_1 与 x_2 的耦合关系间接地影响着 x_2，故该系统的状态是能控的。如果 $d=0$，输入 u 到 x_2 间便没有通路，此时的系统为不能控。

2）图 9-18 为一桥形电路。设流经电感的电流 i_L 和电容两端的电压 u_C 分别为电路的两个状态变量，u_C 为电路的输出。由基尔霍夫定律求得该电路的动态方程为

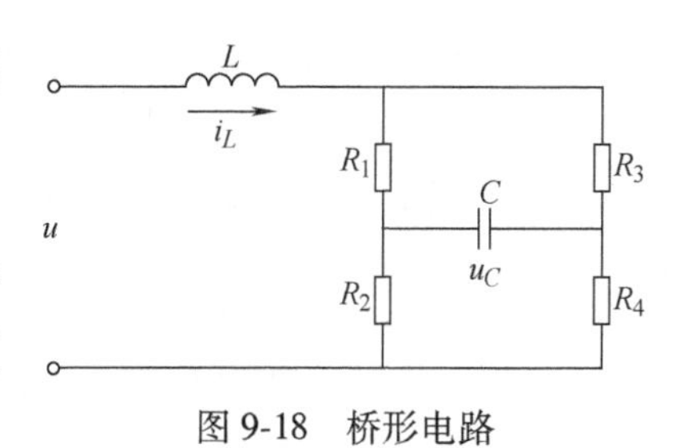

图 9-18　桥形电路

$$\begin{pmatrix}\dot{i}_L\\ \dot{u}_C\end{pmatrix}=\begin{pmatrix}-\dfrac{1}{L}\left(\dfrac{R_1R_2}{R_1+R_2}+\dfrac{R_3R_4}{R_3+R_4}\right) & -\dfrac{1}{L}\left(\dfrac{R_1R_2}{R_1+R_2}-\dfrac{R_3R_4}{R_3+R_4}\right)\\ -\dfrac{1}{C}\left(\dfrac{R_2}{R_1+R_2}-\dfrac{R_4}{R_3+R_4}\right) & -\dfrac{1}{C}\left(\dfrac{1}{R_1+R_2}+\dfrac{1}{R_3+R_4}\right)\end{pmatrix}\times$$

$$\begin{pmatrix}i_L\\ u_C\end{pmatrix}+\begin{pmatrix}\dfrac{1}{L}\\ 0\end{pmatrix}u \tag{9-81a}$$

$$y=u_C=(0\quad 1)\begin{pmatrix}i_L\\ u_C\end{pmatrix} \tag{9-81b}$$

当 $R_1R_4\neq R_2R_3$ 时，输入电压 u 将同时控制 i_L 和 u_C 的变化，因而电路的状态是能控的。当 $R_1R_4=R_2R_3$ 时，电桥处于平衡状态。若令 $u_C(t_0)=0$，则当 $t>t_0$ 时，不论输入电压 u 如何变化，$u_C(t)\equiv 0$。这表示电路的一个状态变量 $u_C(t)$ 不受输入电压 u 的控制，因而此种情况下的电路状态是不能控的。

上述结论也可以从动态方程中得出。因为当电桥平衡时，式（9-81a）便简化为

$$\begin{pmatrix}\dot{i}_L\\ \dot{u}_C\end{pmatrix}=\begin{pmatrix}-\dfrac{1}{L}\left(\dfrac{R_1R_2}{R_1+R_2}+\dfrac{R_3R_4}{R_3+R_4}\right) & 0\\ 0 & -\dfrac{1}{C}\left(\dfrac{1}{R_1+R_2}+\dfrac{1}{R_3+R_4}\right)\end{pmatrix}\times$$

$$\begin{pmatrix}i_L\\ u_C\end{pmatrix}+\begin{pmatrix}\dfrac{1}{L}\\ 0\end{pmatrix}u$$

把上式改写为一阶联立方程组：

$$\dot{i}_L=-\frac{1}{L}\left(\frac{R_1R_2}{R_1+R_2}+\frac{R_3R_4}{R_3+R_4}\right)i_L+\frac{1}{L}u$$

$$\dot{u}_C=-\frac{1}{C}\left(\frac{1}{R_1+R_2}+\frac{1}{R_3+R_4}\right)u_C$$

这是两个相互独立的方程。对于第一个方程，只要知道 $i_L(t_0)$ 和 $u(t)$，就能唯一地确定 $i_L(t)$，即 $i_L(t)$ 受输入 $u(t)$ 的控制。第二个方程为齐次方程式，$u_C(t)$ 既不受输入 $u(t)$ 的控制，也与另一个状态变量 $i_L(t)$ 没有任何的耦合关系，$u_C(t)$ 的变化仅与初始条件 $u_C(t_0)$ 有关，故电路的状态为不能控。

对于图 9-19 所示的 R-C 电路，如设状态变量 $x_1=u_{C1}$，$x_2=u_{C2}$。当 $C_1=C_2$、$R_1=R_2$ 和 $x_1(t_0)=x_2(t_0)$ 时，则输入电压 $u(t)$ 只能使 $x_1(t)\equiv x_2(t)$，而不能令它们为任

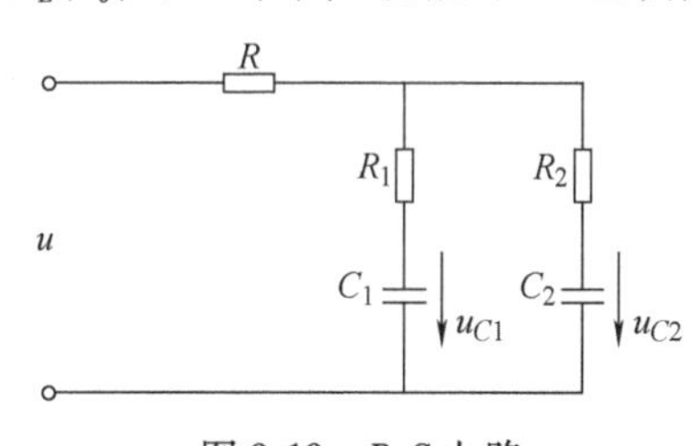

图 9-19　R-C 电路

意不同的数值，这种电路的状态也称不能控。或者说，当 $x_1(t_0)\neq x_2(t_0)$ 时，找不到一个能将 $x_1(t)$ 和 $x_2(t)$ 同时转移到零值的控制 $u(t)$。

通过上述的举例，就不难理解下述能控性的定义：若存在着一个无约束的控制矢量 $\boldsymbol{u}(t)$，在有限的时间内，将系统由任意给定的初始状态 $\boldsymbol{x}(0)$ 转移到状态空间的坐标原点，则称系统的状态是完全能控的，简称系统能控。

如果把上述定义中的始端和终端状态的位置做相反的假设，即令 $\boldsymbol{x}(t_0)=\boldsymbol{0}$，$\boldsymbol{x}(t_f)$ 为任意给定的终端状态，其中 t_0 和 t_f 分别为始端和终端的时间。于是，上述定义的叙述便变为：若存在着一个无约束的状态矢量 $\boldsymbol{u}(t)$，在有限的时间间隔（t_f-t_0）内，将 $\boldsymbol{x}(t)$ 由零状态转移到任意指定的终端状态 $\boldsymbol{x}(t_f)$，则称系统的状态是能达的。可以证明，在线性连续定常系统中，能控性和能达性是互逆的，即能控的系统一定是能达的；反之亦然。因此，本节只讨论系统的能控性。

对于一个具体的系统，如何根据系统的状态方程来判别它的能控性，这是人们所关注的问题。和判别系统的稳定性一样，系统能控性也有相应的判据。

二、线性定常离散系统的能控性判据

【例 9-13】 已知系统的状态方程为

$$\boldsymbol{x}(k+1)=\boldsymbol{G}\boldsymbol{x}(k)+\boldsymbol{h}u(k)$$

式中：

$$\boldsymbol{G}=\begin{pmatrix}1&0&0\\0&2&-2\\-1&1&0\end{pmatrix},\quad \boldsymbol{h}=\begin{pmatrix}1\\0\\1\end{pmatrix},\quad \boldsymbol{x}(0)=\begin{pmatrix}2\\1\\0\end{pmatrix}$$

问能否通过选择控制量 $u(0)$、$u(1)$、$u(2)$，使系统在第三步（$k=2$）上转移到零状态。

解 利用迭代法，由状态方程求得

$$\boldsymbol{x}(1)=\boldsymbol{G}\boldsymbol{x}(0)+\boldsymbol{h}u(0)$$

$$\boldsymbol{x}(2)=\boldsymbol{G}\boldsymbol{x}(1)+\boldsymbol{h}u(1)=\boldsymbol{G}^2\boldsymbol{x}(0)+\boldsymbol{G}\boldsymbol{h}u(0)+\boldsymbol{h}u(1)$$

$$\boldsymbol{x}(3)=\boldsymbol{G}\boldsymbol{x}(2)+\boldsymbol{h}u(2)=\boldsymbol{G}^3\boldsymbol{x}(0)+\boldsymbol{G}^2\boldsymbol{h}u(0)+\boldsymbol{G}\boldsymbol{h}u(1)+\boldsymbol{h}u(2)$$

即

$$\boldsymbol{x}(3)=\begin{pmatrix}2\\12\\4\end{pmatrix}+\begin{pmatrix}1\\-2\\-3\end{pmatrix}u(0)+\begin{pmatrix}1\\-2\\-1\end{pmatrix}u(1)+\begin{pmatrix}1\\0\\1\end{pmatrix}u(2)$$

若令 $\boldsymbol{x}(3)=\boldsymbol{0}$，如果上式有解，能从式中求出 $u(0)$、$u(1)$ 和 $u(2)$，则此系统是能控的。为此把该式改写为

$$\begin{pmatrix}1&1&1\\-2&-2&0\\-3&-1&1\end{pmatrix}\begin{pmatrix}u(0)\\u(1)\\u(2)\end{pmatrix}=\begin{pmatrix}-2\\-12\\-4\end{pmatrix}$$

因为

$$\mathrm{rank}\begin{pmatrix}1&1&1\\-2&-2&0\\-3&-1&1\end{pmatrix}=3$$

这表示方程式有解，其解为

$$\begin{pmatrix}u(0)\\u(1)\\u(2)\end{pmatrix}=\begin{pmatrix}1&1&1\\-2&-2&0\\-3&-1&1\end{pmatrix}^{-1}\begin{pmatrix}-2\\-12\\-4\end{pmatrix}=\begin{pmatrix}-5\\11\\-8\end{pmatrix}$$

由此可见，系统能控性问题实质上是线性代数方程组解的存在性问题。

下面推导离散系统的能控性判据。设离散系统的状态方程为

$$\boldsymbol{x}(k+1)=\boldsymbol{G}\boldsymbol{x}(k)+\boldsymbol{h}u(k) \tag{9-82}$$

式中，$\boldsymbol{G}$ 为 $n\times n$ 型非奇异矩阵；$\boldsymbol{x}(k)$ 为 $n\times1$ 维状态矢量；$\boldsymbol{h}$ 为 $n\times1$ 维矢量；$u(k)$为标量。

根据式（9-76），式（9-82）的解为

$$\boldsymbol{x}(k)=\boldsymbol{G}^k\boldsymbol{x}(0)+\sum_{j=0}^{k-1}\boldsymbol{G}^{k-j-1}\boldsymbol{h}u(j) \tag{9-83}$$

由例 9-13 可知，如果系统能控，则用 n 个离散控制 $u(0)$、$u(1)$、…、$u(n-1)$能使系统由任意初始状态 $\boldsymbol{x}(0)$ 转移到坐标原点，即当 $k=n$ 时，$\boldsymbol{x}(k)=\boldsymbol{0}$，则由式（9-83）得

$$-\boldsymbol{G}^n\boldsymbol{x}(0)=\boldsymbol{G}^{n-1}\boldsymbol{h}u(0)+\boldsymbol{G}^{n-2}\boldsymbol{h}u(1)+\cdots+\boldsymbol{G}\boldsymbol{h}u(n-2)+\boldsymbol{h}u(n-1)$$

即

$$-\boldsymbol{G}^n\boldsymbol{x}(0)=(\boldsymbol{G}^{n-1}\boldsymbol{h}\quad \boldsymbol{G}^{n-2}\boldsymbol{h}\quad\cdots\quad \boldsymbol{G}\boldsymbol{h}\quad \boldsymbol{h})\begin{pmatrix}u(0)\\u(1)\\\vdots\\u(n-2)\\u(n-1)\end{pmatrix} \tag{9-84}$$

由于 $\boldsymbol{G}$ 是一个非奇异矩阵，因而对任意非零的初始状态矢量 $\boldsymbol{x}(0)$，$\boldsymbol{G}^n\boldsymbol{x}(0)$ 必也是一个非零的 n 维列矢量。由线性方程组解的判别定理可知，式（9-84）有解的充要条件是其系数矩阵为满秩矩阵，或者说它的 n 个列矢量都是线性无关的。由此得出离散系统能控的充要条件是

$$\mathrm{rank}\boldsymbol{S}_c=\mathrm{rank}(\boldsymbol{G}^{n-1}\boldsymbol{h}\quad \boldsymbol{G}^{n-2}\boldsymbol{h}\quad\cdots\quad \boldsymbol{G}\boldsymbol{h}\quad \boldsymbol{h})_{n\times n}=n$$

或写作

$$\mathrm{rank}\boldsymbol{S}_c=\mathrm{rank}(\boldsymbol{h}\quad \boldsymbol{G}\boldsymbol{h}\quad\cdots\quad \boldsymbol{G}^{n-2}\boldsymbol{h}\quad \boldsymbol{G}^{n-1}\boldsymbol{h})_{n\times n}=n \tag{9-85}$$

式中，$\boldsymbol{S}_c=(\boldsymbol{h}\quad \boldsymbol{G}\boldsymbol{h}\quad\cdots\quad \boldsymbol{G}^{n-2}\boldsymbol{h}\quad \boldsymbol{G}^{n-1}\boldsymbol{h})$ 称为能控性矩阵。

式（9-85）也适用于多输入系统，只是 $\boldsymbol{h}$ 不再是 n 维列矢量，而是 $n\times r$ 型矩阵 $\boldsymbol{H}$，r 为控制矢量 $\boldsymbol{u}$ 的维数，这样得到的 $\boldsymbol{S}_c$ 将是一个 $n\times nr$ 型矩阵，即多输入系统能控性的充要条件为

$$\mathrm{rank}[\boldsymbol{H}\ \vdots\ \boldsymbol{G}\boldsymbol{H}\ \vdots\ \cdots\ \vdots\ \boldsymbol{G}^{n-2}\boldsymbol{H}\ \vdots\ \boldsymbol{G}^{n-1}\boldsymbol{H}]_{n\times nr}=n \tag{9-86}$$

式（9-86）等号左边是一个 $n\times nr$ 矩阵，由它作为系数矩阵而构成的代数方程共有 n 个，而方程式的未知量却有 nr 个。显然，这样的方程组将有无穷多组解。在研究能控性问题时，人们感兴趣的是方程组是否有解，至于选取什么样的控制信号，对能控性而言是无关紧要的。

在多输入系统中，n 阶系统由初始状态转移到坐标原点，一般并不需要 n 个采样步数，即采样步数 $k\leqslant n$。如果一个 n 阶系统，其输入 $\boldsymbol{u}$ 的维数为 n，相应的控制矩阵 $\boldsymbol{H}$ 为 $n\times n$ 型方阵。当 $\boldsymbol{H}$ 为一个非奇异矩阵时，只需用一个采样步数，就能将初始状态转移到坐标原点。

【例 9-14】 已知一单输入系统的状态方程为

$$\begin{bmatrix}x_1(k+1)\\x_2(k+1)\\x_3(k+1)\end{bmatrix}=\begin{bmatrix}1&0&0\\0&2&-2\\-1&1&0\end{bmatrix}\begin{bmatrix}x_1(k)\\x_2(k)\\x_3(k)\end{bmatrix}+\begin{bmatrix}1\\2\\1\end{bmatrix}u(k)$$

试判别系统状态的能控性。

解　因为

$$\boldsymbol{h}=\begin{bmatrix}1\\2\\1\end{bmatrix},\ \boldsymbol{Gh}=\begin{bmatrix}1\\2\\1\end{bmatrix},\ \boldsymbol{G}^2\boldsymbol{h}=\begin{bmatrix}1\\2\\1\end{bmatrix}$$

则得

$$\text{rank}[\boldsymbol{h}\ \vdots\ \boldsymbol{Gh}\ \vdots\ \boldsymbol{G}^2\boldsymbol{h}]=\text{rank}\begin{bmatrix}1&1&1\\2&2&2\\1&1&1\end{bmatrix}=1<3$$

故该系统的状态是不能控的。

本例题若同例9-13那样，用迭代法去检验系统的能控性，就会发现不论迭代到哪一步，所得的方程总是不相容的，即不存在$u(k)$序列的解。这就是说，一个n阶单输入线性定常系统，若迭代n步仍不能解出使系统由任意初始状态转移到坐标原点的控制序列，则以后即使再增加迭代的步数，也不能使系统的初始状态转移到坐标原点。对此，证明如下。

因为若迭代n步不能使初始状态转移到坐标原点，则表示

$$\text{rank}[\boldsymbol{h}\ \vdots\ \boldsymbol{Gh}\ \vdots\ \cdots\ \vdots\ \boldsymbol{G}^{n-2}\boldsymbol{h}\ \vdots\ \boldsymbol{G}^{n-1}\boldsymbol{h}]<n$$

或者说上述矩阵中n个列矢量是线性相关的，于是存在着不全为零的一组常数C_0，C_1，…，C_{n-2}，使

$$\boldsymbol{G}^{n-1}\boldsymbol{h}=C_0\boldsymbol{h}+C_1\boldsymbol{Gh}+C_2\boldsymbol{G}^2\boldsymbol{h}+\cdots+C_{n-2}\boldsymbol{G}^{n-2}\boldsymbol{h}$$

上式等号两侧各左乘矩阵$\boldsymbol{G}$，则得

$$\begin{aligned}\boldsymbol{G}^n\boldsymbol{h}&=C_0\boldsymbol{Gh}+C_1\boldsymbol{G}^2\boldsymbol{h}+\cdots+C_{n-2}\boldsymbol{G}^{n-1}\boldsymbol{h}\\&=C_0C_{n-2}\boldsymbol{h}+(C_0+C_1C_{n-2})\boldsymbol{Gh}+\cdots+(C_{n-4}+C_{n-2}C_{n-3})\boldsymbol{G}^{n-3}\boldsymbol{h}+\\&\quad(C_{n-3}+C_{n-2}C_{n-2})\boldsymbol{G}^{n-2}\boldsymbol{h}\end{aligned}$$

上式表示n维列矢量$\boldsymbol{G}^n\boldsymbol{h}$和$\boldsymbol{G}^{n-1}\boldsymbol{h}$一样，它们都是与（$n-1$）个矢量$\boldsymbol{h}$，$\boldsymbol{Gh}$，…，$\boldsymbol{G}^{n-2}\boldsymbol{h}$线性相关的。

由于

$$\text{rank}[\boldsymbol{h}\ \vdots\ \boldsymbol{Gh}\ \vdots\ \boldsymbol{G}^2\boldsymbol{h}\ \vdots\ \cdots\ \vdots\ \boldsymbol{G}^{n-1}\boldsymbol{h}]<n$$

则

$$\text{rank}[\boldsymbol{h}\ \vdots\ \boldsymbol{Gh}\ \vdots\ \boldsymbol{G}^2\boldsymbol{h}\ \vdots\ \cdots\ \vdots\ \boldsymbol{G}^{n-1}\boldsymbol{h}\ \vdots\ \boldsymbol{G}^n\boldsymbol{h}]<n$$

这就证明了上述的结论。

【例9-15】　一系统的状态方程为

$$\begin{pmatrix}x_1(k+1)\\x_2(k+1)\end{pmatrix}=\begin{pmatrix}2&-1\\3&1\end{pmatrix}\begin{pmatrix}x_1(k)\\x_2(k)\end{pmatrix}+\begin{pmatrix}1&0\\-1&2\end{pmatrix}\begin{pmatrix}u_1(k)\\u_2(k)\end{pmatrix}$$

试判别系统的能控性。

解　因为

$$\text{rank}\boldsymbol{H}=\text{rank}\begin{pmatrix}1&0\\-1&2\end{pmatrix}=2$$

所以该系统是能控的。

【例9-16】　一多输入三阶线性定常系统的状态方程为

$$\begin{pmatrix}x_1(k+1)\\x_2(k+1)\\x_3(k+1)\end{pmatrix}=\begin{pmatrix}1&2&-1\\0&1&0\\1&0&3\end{pmatrix}\begin{pmatrix}x_1(k)\\x_2(k)\\x_3(k)\end{pmatrix}+\begin{pmatrix}1&0\\0&1\\0&0\end{pmatrix}\begin{pmatrix}u_1(k)\\u_2(k)\end{pmatrix}$$

试判别系统的能控性。

解　由于$\boldsymbol{H}$是3×2型矩阵，其秩必然小于3，因此对能控性的判别还需考察下列矩阵的秩，即

$$\text{rank}(\boldsymbol{H} \quad \boldsymbol{GH}) = \begin{pmatrix} 1 & 0 & 0 & 2 \\ 0 & 1 & 0 & 1 \\ 0 & 0 & 1 & 0 \end{pmatrix} = 3$$

由此可知，该系统是能控的。

三、线性定常连续系统的能控性判据

设单输入-单输出线性定常系统的动态方程为

$$\left.\begin{aligned} \dot{\boldsymbol{x}}(t) &= \boldsymbol{A}\boldsymbol{x}(t) + \boldsymbol{b}u(t) \\ y(t) &= \boldsymbol{C}\boldsymbol{x}(t) \end{aligned}\right\} \tag{9-87}$$

式中，$\boldsymbol{x}(t)$为$n\times1$维矢量；$\boldsymbol{A}$为$n\times n$型矩阵；$\boldsymbol{b}$为$n\times1$列矢量；$\boldsymbol{C}$为$1\times n$行矢量。当$t=t_{\mathrm{f}}$时，式（9-87）的解为

$$\boldsymbol{x}(t_{\mathrm{f}}) = \mathrm{e}^{\boldsymbol{A}(t_{\mathrm{f}}-t_0)}\boldsymbol{x}(t_0) + \mathrm{e}^{\boldsymbol{A}t_{\mathrm{f}}}\int_{t_0}^{t_{\mathrm{f}}}\mathrm{e}^{-\boldsymbol{A}\tau}\boldsymbol{b}u(\tau)\,\mathrm{d}\tau$$

为简单起见，令初始时间$t_0=0$，于是上式便改写为

$$\boldsymbol{x}(t_{\mathrm{f}}) = \mathrm{e}^{\boldsymbol{A}t_{\mathrm{f}}}\boldsymbol{x}(0) + \mathrm{e}^{\boldsymbol{A}t_{\mathrm{f}}}\int_{0}^{t_{\mathrm{f}}}\mathrm{e}^{-\boldsymbol{A}\tau}\boldsymbol{b}u(\tau)\,\mathrm{d}\tau \tag{9-88}$$

假设系统的状态是能控的，即在$t=t_{\mathrm{f}}$时，$\boldsymbol{x}(t_{\mathrm{f}})=\boldsymbol{0}$，则式（9-88）改写为

$$-\boldsymbol{x}(0) = \int_{0}^{t_{\mathrm{f}}}\mathrm{e}^{-\boldsymbol{A}\tau}\boldsymbol{b}u(\tau)\,\mathrm{d}\tau \tag{9-89}$$

基于系统的状态完全能控，当给出任意非零的初始状态$\boldsymbol{x}(0)$后，必然能从式（9-89）中解出相应的$u(t)$。然而，人们关心的不是具体地求解控制$u(t)$和状态转移的轨线，而是希望找出能判别系统能控的充要条件，以便对系统进行分析和综合。

由凯勒-哈密顿定理得

$$\mathrm{e}^{-\boldsymbol{A}\tau} = \sum_{k=0}^{n-1}\alpha_k(\tau)\boldsymbol{A}^k$$

于是式（9-89）便可改写为

$$-\boldsymbol{x}(0) = \sum_{k=0}^{n-1}\boldsymbol{A}^k\boldsymbol{b}\int_0^{t_{\mathrm{f}}}\alpha_k(\tau)u(\tau)\,\mathrm{d}\tau \tag{9-90}$$

令

$$u_k = \int_0^{t_{\mathrm{f}}}\alpha_k(\tau)u(\tau)\,\mathrm{d}\tau,\ k=0,\ 1,\ 2,\ \cdots,\ n-1$$

则式（9-90）就简化为

$$-\boldsymbol{x}(0) = \sum_{k=0}^{n-1}\boldsymbol{A}^k\boldsymbol{b}u_k = (\boldsymbol{b} \quad \boldsymbol{Ab} \quad \boldsymbol{A}^2\boldsymbol{b} \quad \cdots \quad \boldsymbol{A}^{n-1}\boldsymbol{b})\begin{pmatrix} u_0 \\ u_1 \\ u_2 \\ \vdots \\ u_{n-1} \end{pmatrix}$$

或写作

$$\boldsymbol{S}_{\mathrm{c}}\boldsymbol{u} = -\boldsymbol{x}(0) \tag{9-91}$$

式中，$\boldsymbol{S}_{\mathrm{c}}=(\boldsymbol{b} \quad \boldsymbol{Ab} \quad \boldsymbol{A}^2\boldsymbol{b} \quad \cdots \quad \boldsymbol{A}^{n-1}\boldsymbol{b})$，$\boldsymbol{u}=(u_0 \quad u_1 \quad u_2 \quad \cdots \quad u_{n-1})^{\mathrm{T}}$。$\boldsymbol{S}_{\mathrm{c}}$称为能控性矩阵；$\boldsymbol{u}$为待求的$n\times1$维矢量。这样，能控性问题就转变为给定任意一个非零的初始状态$\boldsymbol{x}$

(0)，求在 t_f 时间内将状态转移到 $\boldsymbol{x}(t_f)=\boldsymbol{0}$ 的控制问题。也就是说，根据式(9-91)中给出的 $\boldsymbol{S}_c$ 和 $\boldsymbol{x}(0)$，求能解出 $\boldsymbol{u}$ 的条件。由线性方程组解的存在定理可知，式（9-91）有解的充要条件是

$$\mathrm{rank}\boldsymbol{S}_c=\mathrm{rank}(\boldsymbol{b}\quad \boldsymbol{Ab}\quad \boldsymbol{A}^2\boldsymbol{b}\quad \cdots\quad \boldsymbol{A}^{n-1}\boldsymbol{b})=n \tag{9-92}$$

对于多输入系统，如 $\boldsymbol{u}$ 为 $r\times 1$ 维矢量，$\boldsymbol{B}$ 为 $n\times r$ 型矩阵，则式（9-91）就变为

$$(\boldsymbol{B}\quad \boldsymbol{AB}\quad \boldsymbol{A}^2\boldsymbol{B}\quad \cdots\quad \boldsymbol{A}^{n-1}\boldsymbol{B})_{n\times nr}(\boldsymbol{u}_0\quad \boldsymbol{u}_1\quad \cdots\quad \boldsymbol{u}_{n-1})^{\mathrm{T}}_{nr\times 1}=-\boldsymbol{x}(0)$$

上式中待求的未知量有 nr 个，而方程的个数只有 n 个。显然，这样的方程组有无穷多组解。这儿感兴趣的问题是方程组是否有解，即系统是否能控。和单输入系统一样，对于任意非零的初始状态 $\boldsymbol{x}(0)$，上式有解的充要条件是

$$\mathrm{rank}\boldsymbol{S}_c=\mathrm{rank}(\boldsymbol{B}\quad \boldsymbol{AB}\quad \boldsymbol{A}^2\boldsymbol{B}\quad \cdots\quad \boldsymbol{A}^{n-1}\boldsymbol{B})=n \tag{9-93}$$

最后指出，无论是单输入还是多输入系统，满足系统由任意初始状态 $\boldsymbol{x}(0)$ 转移到 $\boldsymbol{x}(t_f)=\boldsymbol{0}$ 的控制作用 $u(t)$ 或 $\boldsymbol{u}(t)$ 都不是唯一的。

第七节　线性定常系统的能观性

在现代控制工程中，为了使系统具有优良的动态性能，常采用全状态反馈。这样，就要求系统的所有状态变量都能被量测，这一点在工程实践中一般都难于实现。基于系统的输出是状态变量的线性组合，因此设想能否由输出的量测值来确定系统的状态，这就涉及系统状态能观性的概念。虽然系统的输出都能被量测，但并不等于由量测到的输出值就能确定系统的状态，只有状态能观的系统，才能由输出的量测值估计出系统的状态。在给出系统状态能观性的定义之前，先举两个简单的例子。

1）一系统的状态图如图 9-20 所示。由该图可见，输出 y 中只含有状态变量 x_2 的信息，状态变量 x_1 与输出 y 之间没有任何直接和间接的关系。因此，不能由 y 的量测值来确定状态变量 x_1，系统的状态是不完全能观的。

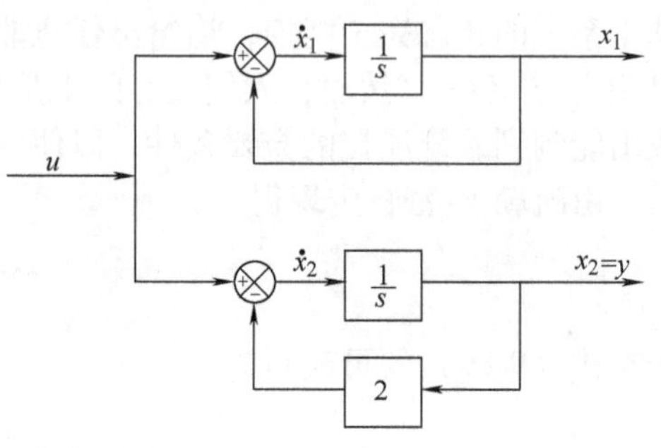

图 9-20　系统的状态图

2）已知系统的动态方程为

$$\dot{\boldsymbol{x}}=\begin{pmatrix}-2 & 1\\ 1 & -2\end{pmatrix}\boldsymbol{x}+\begin{pmatrix}1\\0\end{pmatrix}u$$
$$y=(1\quad -1)\boldsymbol{x}$$

图 9-21 为该系统的状态图。由图可见，输出 y 与状态变量 x_1 和 x_2 之间虽然有通路，但并不意味着由 y 的量测值一定能估计出系统的状态变量。

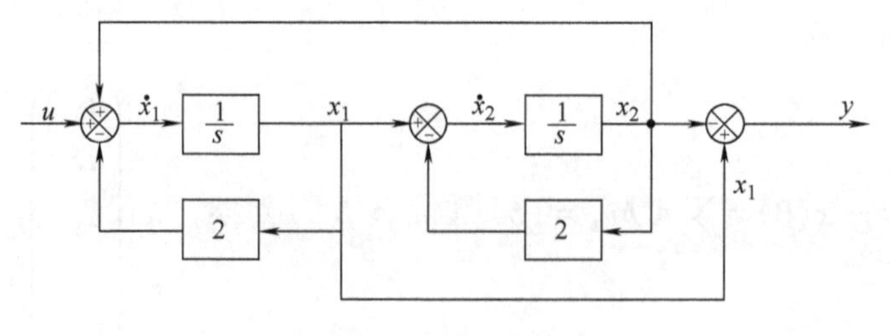

图 9-21　系统的状态图

根据系数矩阵 $\boldsymbol{A}$，求得系统的状态转移矩阵为

$$\mathrm{e}^{\boldsymbol{A}t}=\frac{1}{2}\begin{pmatrix}\mathrm{e}^{-t}+\mathrm{e}^{-3t} & \mathrm{e}^{-t}-\mathrm{e}^{-3t}\\ \mathrm{e}^{-t}-\mathrm{e}^{-3t} & \mathrm{e}^{-t}+\mathrm{e}^{-3t}\end{pmatrix}$$

假设 $t_0=0$，$\boldsymbol{x}(0)\neq\boldsymbol{0}$。基于能观性是研究由系统的输出 y 确定状态 $\boldsymbol{x}(t)$ 的可能性，因而可令 $u=0$。于是，系统的输出 y 只取决于初始状态 $\boldsymbol{x}(0)$，即

$$
\begin{aligned}
y(t) &= \boldsymbol{Cx}(t) = \boldsymbol{C}\mathrm{e}^{\boldsymbol{A}t}\boldsymbol{x}(0) \\
&= \frac{1}{2}\begin{pmatrix}1 & -1\end{pmatrix}\begin{pmatrix}\mathrm{e}^{-t}+\mathrm{e}^{-3t} & \mathrm{e}^{-t}-\mathrm{e}^{-3t} \\ \mathrm{e}^{-t}-\mathrm{e}^{-3t} & \mathrm{e}^{-t}+\mathrm{e}^{-3t}\end{pmatrix}\begin{pmatrix}x_1(0) \\ x_2(0)\end{pmatrix} \\
&= [x_1(0)-x_2(0)]\mathrm{e}^{-3t}
\end{aligned}
$$

由上式可知，由输出 $y(t)$ 只能确定 $[x_1(0)-x_2(0)]$ 的差值，而不能唯一地确定 $x_1(0)$ 和 $x_2(0)$ 的大小，故该系统的状态为不能观。

一、能观性的定义

设系统的动态方程仍为式（9-87）所示。如果输入 $u(t)$ 已知，在有限的时间区间 $[0, t_{\mathrm{f}}]$ 内，通过对输出 $y(t)$ 的量测值能唯一地确定系统的初始状态 $\boldsymbol{x}(0)$，则称系统的状态是完全能观的，简称系统能观。

由上述的定义可知，系统的初始状态 $\boldsymbol{x}(t_0)$ 可以由未来时刻的输出 $y(t)$ 来确定。也就是说，只要系统能观，系统任何时刻的初始状态都能被确定，即系统任何时刻的状态都能被确定。若把上述能观性的定义做如下修改：如果在有限的时间区间 $[t_0 \quad t_{\mathrm{f}}]$ 内，通过对输出 $y(t)$ 的量测，能唯一地确定系统的终端状态 $\boldsymbol{x}(t_{\mathrm{f}})$，则称系统的状态是完全能检测的。

对于线性连续定常系统，如果系统的状态能观，则必然也是状态能检测的；反之亦然。对此，说明如下。

因为

$$\boldsymbol{x}(t) = \mathrm{e}^{\boldsymbol{A}(t-t_0)}\boldsymbol{x}(t_0)$$

在 $t=t_{\mathrm{f}}$ 时，则有

$$\boldsymbol{x}(t_{\mathrm{f}}) = \mathrm{e}^{\boldsymbol{A}(t_{\mathrm{f}}-t_0)}\boldsymbol{x}(t_0)$$

式中，$\mathrm{e}^{\boldsymbol{A}(t_{\mathrm{f}}-t_0)}$ 为非奇异矩阵；$\boldsymbol{x}(t_0)$ 与 $\boldsymbol{x}(t_{\mathrm{f}})$ 之间有着非奇异线性变换的关系，因而若由 $y(t)$ 能唯一确定 $\boldsymbol{x}(t_0)$，则必然也能唯一地确定 $\boldsymbol{x}(t_{\mathrm{f}})$。

二、离散系统的能观性判据

为了有助于对能观性概念的理解，在推演离散系统能观性的充要条件之前，先研究下述的例题。

设一单输入-单输出系统的动态方程为

$$
\begin{aligned}
\boldsymbol{x}(k+1) &= \boldsymbol{Gx}(k) + \boldsymbol{h}u(k) \\
y(k) &= \boldsymbol{Cx}(k)
\end{aligned}
$$

式中：

$$\boldsymbol{x}(k) = \begin{pmatrix}x_1(k) \\ x_2(k) \\ x_3(k)\end{pmatrix},\ \boldsymbol{G} = \begin{pmatrix}1 & 0 & -1 \\ 0 & -2 & 1 \\ 3 & 0 & 2\end{pmatrix},\ \boldsymbol{h} = \begin{pmatrix}2 \\ -1 \\ 1\end{pmatrix},\ \boldsymbol{C} = \begin{pmatrix}0 & 1 & 0\end{pmatrix}$$

由该方程得

$$
\begin{aligned}
&y(i) = \boldsymbol{Cx}(i) \\
&y(i+1) = \boldsymbol{Cx}(i+1) = \boldsymbol{CGx}(i) + \boldsymbol{Ch}u(i) \\
&y(i+2) = \boldsymbol{Cx}(i+2) = \boldsymbol{CG}^2x(i) + \boldsymbol{CGh}u(i) + \boldsymbol{Ch}u(i+1)
\end{aligned}
$$

把 $\boldsymbol{G}$、$\boldsymbol{h}$ 和 $\boldsymbol{C}$ 矩阵的值代入上述方程组，则得

$$y(i)=(0\quad 1\quad 0)\boldsymbol{x}(i)$$
$$y(i+1)=(0\quad -2\quad 1)\boldsymbol{x}(i)-u(i)$$
$$y(i+2)=(3\quad 4\quad 0)\boldsymbol{x}(i)+3u(i)-u(i+1)$$

写成矩阵形式为

$$\begin{pmatrix} y(i) \\ y(i+1)+u(i) \\ y(i+2)-3u(i)+u(i+1) \end{pmatrix}=\begin{pmatrix} 0 & 1 & 0 \\ 0 & -2 & 1 \\ 3 & 4 & 0 \end{pmatrix}\begin{pmatrix} x_1(i) \\ x_2(i) \\ x_3(i) \end{pmatrix}=\begin{pmatrix} \boldsymbol{C} \\ \boldsymbol{CG} \\ \boldsymbol{CG}^2 \end{pmatrix}\begin{pmatrix} x_1(i) \\ x_2(i) \\ x_3(i) \end{pmatrix}$$

上式等号左方为已知的矢量，其中 $y(i)$、$y(i+1)$ 和 $y(i+2)$ 为 3 个不同时刻的量测值，$u(i)$ 和 $u(i+1)$ 为给定的控制量。由上式可知，做了 3 次观测，能否确定第 i 步的状态 $\boldsymbol{x}(i)$，显然完全取决于上述方程的系数矩阵（$\boldsymbol{C}\quad \boldsymbol{CG}\quad \boldsymbol{CG}^2$）^{T} 是否满秩，而与控制 u 是否存在无关。本例题由于

$$\operatorname{rank}\begin{pmatrix} \boldsymbol{C} \\ \boldsymbol{CG} \\ \boldsymbol{CG}^2 \end{pmatrix}=\operatorname{rank}\begin{pmatrix} 0 & 1 & 0 \\ 0 & -2 & 1 \\ 3 & 4 & 0 \end{pmatrix}=3$$

故该系统的状态是能观的。

下面讨论线性定常离散系统能观性的充要条件。

设离散系统的动态方程为

$$\left.\begin{aligned} \boldsymbol{x}(k+1)&=\boldsymbol{Gx}(k)+\boldsymbol{h}u(k) \\ y(k)&=\boldsymbol{Cx}(k) \end{aligned}\right\} \tag{9-94}$$

式中，$\boldsymbol{x}(k)$ 为 $n\times1$ 维矢量；$u(k)$ 为标量；$y(k)$ 为标量；$\boldsymbol{G}$ 为 $n\times n$ 型矩阵；$\boldsymbol{C}$ 为 $1\times n$ 维矢量；$\boldsymbol{h}$ 为 $n\times1$ 维矢量。假设对输出 $y(k)$ 的观测从 $t=0$ 开始，即要确定的状态矢量是 $\boldsymbol{x}(0)$。由于控制量 $u(k)$ 是给定的，所以它的存在与否不影响系统状态的能观性。为简单起见，令 $u(k)=0$，则由式（9-94）得

$$y(0)=\boldsymbol{Cx}(0)$$
$$y(1)=\boldsymbol{CGx}(0)$$
$$y(2)=\boldsymbol{CG}^2\boldsymbol{x}(0)$$
$$\vdots$$
$$y(n-1)=\boldsymbol{CG}^{n-1}\boldsymbol{x}(0)$$

写成矩阵形式为

$$\begin{pmatrix} y(0) \\ y(1) \\ \vdots \\ y(n-1) \end{pmatrix}_{n\times1}=\begin{pmatrix} \boldsymbol{C} \\ \boldsymbol{CG} \\ \vdots \\ \boldsymbol{CG}^{n-1} \end{pmatrix}_{n\times n}\boldsymbol{x}(0) \tag{9-95}$$

式（9-95）等号左方为输出的量测值，$\boldsymbol{x}(0)$ 为待求的状态矢量。根据线性方程组解的存在定理可知，式（9-95）有解的充要条件是

$$\operatorname{rank}\boldsymbol{S}_0=\operatorname{rank}\begin{pmatrix} \boldsymbol{C} \\ \boldsymbol{CG} \\ \vdots \\ \boldsymbol{CG}^{n-1} \end{pmatrix}=n$$

式中，$\boldsymbol{S}_0=$（$\boldsymbol{C}\quad \boldsymbol{CG}\quad \cdots\quad \boldsymbol{CG}^{n-1}$）^{T} 称为能观性矩阵。

对于多输出系统，若令 $\boldsymbol{y}=m\times1$ 维矢量，则 $\boldsymbol{C}=m\times n$ 型矩阵。用与上述相同的方法，求

得系统的能观性矩阵为

$$S_0=\begin{pmatrix}C\\CG\\CG^2\\\vdots\\CG^{n-1}\end{pmatrix}_{nm\times n}$$

这是一个 $nm\times n$ 型矩阵，它表示根据量测值可建立一个具有 nm 个方程的方程组，而待求的未知量为 n 个，因此只要在 nm 个方程中有 n 个是线性无关的，即

$$\mathrm{rank}S_0=\begin{pmatrix}C\\CG\\CG^2\\\vdots\\CG^{n-1}\end{pmatrix}_{nm\times n}=n \tag{9-96}$$

就能求出 $x(0)$。

三、线性连续定常系统的能观性判据

根据式（9-45）所示线性连续定常系统状态方程式的解，写出其输出的表达式为

$$y(t)=Ce^{A(t-t_0)}x(t_0)+C\int_{t_0}^{t}e^{A(t-\tau)}bu(\tau)\mathrm{d}\tau$$

或写为

$$y(t)-C\int_{t_0}^{t}e^{A(t-\tau)}bu(\tau)\mathrm{d}\tau=Ce^{A(t-t_0)}x(t_0) \tag{9-97}$$

式中，$u(\tau)$ 和A、b、C 均为已知量，因而式（9-97）等号左方的两项都为已知值。为使推导方便且不失一般性，令 $u(\tau)=0$，$t_0=0$，则式（9-97）就变为

$$y(t)=Ce^{At}x(0)=C\sum_{k=0}^{n-1}\alpha_k(t)A^kx(0)$$

$$=(\alpha_0(t)\quad\alpha_1(t)\quad\cdots\quad\alpha_{n-1}(t))\begin{pmatrix}C\\CA\\\vdots\\CA^{n-1}\end{pmatrix}x(0)$$

式中，$\alpha_0(t)$，$\alpha_1(t)$，…，$\alpha_{n-1}(t)$ 是线性无关的标量函数，它们仅由矩阵A确定，与输出 $y(t)$ 无关。根据线性方程组解的存在性定理，可知由量测值 $y(t)$ 能确定 $x(0)$ 的充要条件是

$$\mathrm{rank}S_0=\mathrm{rank}\begin{pmatrix}C\\CA\\CA^2\\\vdots\\CA^{n-1}\end{pmatrix}=n \tag{9-98}$$

同理，可导出多输出系统能观性的充要条件为

$$\mathrm{rank}S_0=\begin{pmatrix}C\\CA\\CA^2\\\vdots\\CA^{n-1}\end{pmatrix}_{nm\times n}=n \tag{9-99}$$

式中，$\boldsymbol{C}$ 为 $m\times n$ 型矩阵（$y=m\times1$ 维矢量）。和离散系统一样，$\boldsymbol{S}_0$ 为线性连续定常系统的能观性矩阵。

【例 9-17】 已知系统的动态方程为

$$\begin{pmatrix} x_1(k+1) \\ x_2(k+1) \end{pmatrix} = \begin{pmatrix} 2 & 3 \\ -1 & -2 \end{pmatrix} \begin{pmatrix} x_1(k) \\ x_2(k) \end{pmatrix} + \begin{pmatrix} -1 \\ 1 \end{pmatrix} u(k)$$

$$y(k) = (-1 \quad 1) \begin{pmatrix} x_1(k) \\ x_2(k) \end{pmatrix}$$

试判别系统的能控性和能观性。

解 因为

$$\mathrm{rank}(\boldsymbol{h} \quad \boldsymbol{G}\boldsymbol{h}) = \mathrm{rank}\begin{pmatrix} -1 & 1 \\ 1 & -1 \end{pmatrix} = 1 < 2$$

故该系统的状态为不能控。

又

$$\mathrm{rank}\begin{pmatrix} \boldsymbol{C} \\ \boldsymbol{C}\boldsymbol{G} \end{pmatrix} = \mathrm{rank}\begin{pmatrix} -1 & 1 \\ -3 & -5 \end{pmatrix} = 2$$

所以它的状态是能观的。

如果把本例题的输出方程改为

$$\begin{pmatrix} y_1(k) \\ y_2(k) \end{pmatrix} = \begin{pmatrix} 2 & 0 \\ -1 & 1 \end{pmatrix} \begin{pmatrix} x_1(k) \\ x_2(k) \end{pmatrix}$$

由于 $\mathrm{rank}(\boldsymbol{C})=2$，因而毋需再计算 $\boldsymbol{C}\boldsymbol{G}$，就可以判别系统是能观的。这表示当 $m=n$，且 $\boldsymbol{C}$ 为 $n\times n$ 型非奇异矩阵时，则只要根据第 i 步的量测值，就能完全确定第 i 步的状态 $\boldsymbol{x}(i)$，不必多次观测。

【例 9-18】 已知系统的动态方程为

$$\dot{\boldsymbol{x}} = \begin{pmatrix} 2 & 0 \\ -1 & 1 \end{pmatrix} \boldsymbol{x} + \begin{pmatrix} 1 \\ -1 \end{pmatrix} u$$

$$y = (1 \quad 1)\boldsymbol{x}$$

试判别系统的能控性和能观性。

解 因为

$$\boldsymbol{b} = \begin{pmatrix} 1 \\ -1 \end{pmatrix}, \quad \boldsymbol{A}\boldsymbol{b} = \begin{pmatrix} 2 & 0 \\ -1 & 1 \end{pmatrix} \begin{pmatrix} 1 \\ -1 \end{pmatrix} = \begin{pmatrix} 2 \\ -2 \end{pmatrix}$$

于是求得

$$\mathrm{rank}\boldsymbol{S}_c = \mathrm{rank}\begin{pmatrix} 1 & 2 \\ -1 & -2 \end{pmatrix} = 1$$

故此系统为不能控。

由于

$$\boldsymbol{C} = (1 \quad 1), \quad \boldsymbol{C}\boldsymbol{A} = (1 \quad 1)$$

则有

$$\mathrm{rank}\boldsymbol{S}_0 = \mathrm{rank}\begin{pmatrix} 1 & 1 \\ 1 & 1 \end{pmatrix} = 1$$

故此系统也不能观。

【例 9-19】 已知系统的动态方程为

$$\begin{pmatrix} \dot{x}_1 \\ \dot{x}_2 \end{pmatrix} = \begin{pmatrix} -2 & 1 \\ 0 & -3 \end{pmatrix} \begin{pmatrix} x_1 \\ x_2 \end{pmatrix} + \begin{pmatrix} 0 & 1 \\ 1 & -1 \end{pmatrix} \begin{pmatrix} u_1 \\ u_2 \end{pmatrix}$$

$$\begin{pmatrix} y_1 \\ y_2 \end{pmatrix} = \begin{pmatrix} 1 & 0 \\ -1 & 0 \end{pmatrix} \begin{pmatrix} x_1 \\ x_2 \end{pmatrix}$$

试判别该系统的能控性和能观性。

解
$$\boldsymbol{B}=\begin{pmatrix}0&1\\1&-1\end{pmatrix},\ \boldsymbol{AB}=\begin{pmatrix}-2&1\\0&-3\end{pmatrix}\begin{pmatrix}0&1\\1&-1\end{pmatrix}=\begin{pmatrix}1&-3\\-3&3\end{pmatrix}$$

$$\operatorname{rank}\boldsymbol{S}_c=\operatorname{rank}\begin{pmatrix}0&1&1&-3\\1&-1&-3&3\end{pmatrix}=2$$

故系统的状态能控。

又
$$\boldsymbol{C}=\begin{pmatrix}1&0\\-1&0\end{pmatrix},\ \boldsymbol{CA}=\begin{pmatrix}1&0\\-1&0\end{pmatrix}\begin{pmatrix}-2&1\\0&-3\end{pmatrix}=\begin{pmatrix}-2&1\\2&-1\end{pmatrix}$$

$$\operatorname{rank}\boldsymbol{S}_0=\operatorname{rank}\begin{pmatrix}1&0\\-1&0\\-2&1\\2&-1\end{pmatrix}=2$$

则系统的状态能观。

对于多输入-多输出系统，它的能控性和能观性也可以通过计算 $n\times n$ 型矩阵 $\boldsymbol{S}_c\boldsymbol{S}_c^{\mathrm{T}}$ 和 $\boldsymbol{S}_0^{\mathrm{T}}\boldsymbol{S}_0$ 的秩是否等于 n 来判别。在本例中，由于

$$\operatorname{rank}\boldsymbol{S}_c\boldsymbol{S}_c^{\mathrm{T}}=\operatorname{rank}\begin{pmatrix}0&1&1&-3\\1&-1&-3&3\end{pmatrix}\begin{pmatrix}0&1\\1&-1\\1&-3\\-3&3\end{pmatrix}=\operatorname{rank}\begin{pmatrix}11&-13\\-13&20\end{pmatrix}=2$$

$$\operatorname{rank}\boldsymbol{S}_0^{\mathrm{T}}\boldsymbol{S}_0=\operatorname{rank}\begin{pmatrix}1&-1&-2&2\\0&0&1&-1\end{pmatrix}\begin{pmatrix}1&0\\-1&0\\-2&1\\2&-1\end{pmatrix}=\operatorname{rank}\begin{pmatrix}10&-4\\-4&2\end{pmatrix}=2$$

因而该系统既能控又能观。显然这个结论与上述所求的完全相同。

式（9-85）、式（9-92）与式（9-96）、式（9-98）分别为离散控制系统和连续控制系统能控性和能观性的判别式。当系统的状态为不能控或不能观时，如要进一步知道哪一个状态变量为不能控或不能观，则需要把系数矩阵 $\boldsymbol{A}$ 变换为对角形或约当形后，便能得到直观的回答。

第八节　对偶性原理

由上述的讨论可知，能控性和能观性无论在概念上还是在判据的形式上，两者都较相似。它们之间的内在关系也是由卡尔曼首先提出的，这种内在的关系称为对偶性原理。

设系统 Σ_1 的动态方程为

$$\dot{\boldsymbol{x}}(t)=\boldsymbol{Ax}(t)+\boldsymbol{Bu}(t)$$
$$\boldsymbol{y}(t)=\boldsymbol{Cx}(t)$$

式中，$\boldsymbol{x}$ 为 $n\times1$ 维矢量；$\boldsymbol{u}$ 为 $r\times1$ 维矢量；$\boldsymbol{y}$ 为 $m\times1$ 维矢量；$\boldsymbol{A}$ 为 $n\times n$ 型矩阵；$\boldsymbol{B}$ 为 $n\times r$ 型矩阵；$\boldsymbol{C}$ 为 $m\times n$ 型矩阵。

定义系统 Σ_1 的对偶系统 Σ_2 的动态方程为

$$\dot{\boldsymbol{z}}(t)=\boldsymbol{A}^{\mathrm{T}}\boldsymbol{z}(t)+\boldsymbol{C}^{\mathrm{T}}\boldsymbol{v}(t)$$
$$\boldsymbol{w}(t)=\boldsymbol{B}^{\mathrm{T}}\boldsymbol{z}(t)$$

式中，$\boldsymbol{z}$ 为 $n\times1$ 维矢量；$\boldsymbol{v}$为 $m\times1$ 维矢量；$\boldsymbol{w}$ 为 $r\times1$ 维矢量；$\boldsymbol{A}^{\mathrm{T}}$ 为 $n\times n$ 型矩阵；$\boldsymbol{B}^{\mathrm{T}}$ 为 $r\times n$ 型矩阵；$\boldsymbol{C}^{\mathrm{T}}$ 为 $n\times m$ 型矩阵。

图 9-22a 和 9-22b 分别为系统 Σ_1 和 Σ_2 的状态图。

对于系统 Σ_1，其状态能控的充要条件为

$$\operatorname{rank}(\boldsymbol{B}\quad \boldsymbol{AB}\quad \boldsymbol{A}^2\boldsymbol{B}\quad \cdots\quad \boldsymbol{A}^{n-1}\boldsymbol{B})_{n\times nr}=n$$

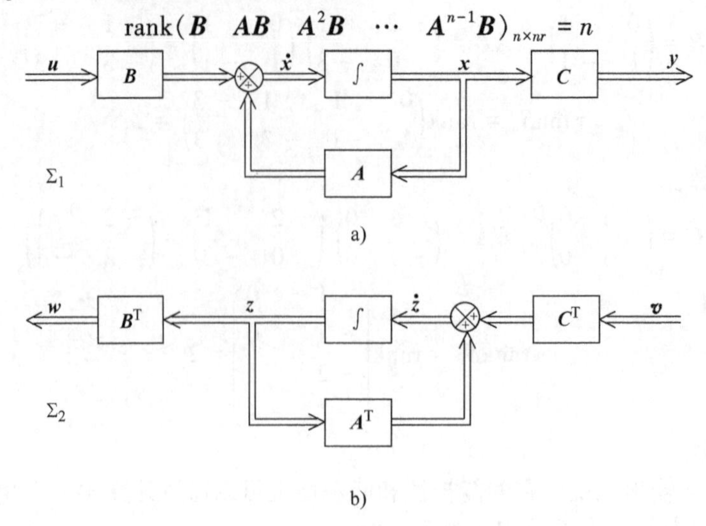

图 9-22　系统 Σ_1 及其对偶系统 Σ_2 的状态图

状态能观的充要条件是

$$\operatorname{rank}(\boldsymbol{C}^{\mathrm{T}}\quad \boldsymbol{A}^{\mathrm{T}}\boldsymbol{C}^{\mathrm{T}}\quad (\boldsymbol{A}^{\mathrm{T}})^2\boldsymbol{C}^{\mathrm{T}}\quad \cdots\quad (\boldsymbol{A}^{\mathrm{T}})^{n-1}\boldsymbol{C}^{\mathrm{T}})_{n\times nm}=n$$

对于系统 Σ_2，其状态能控的充要条件是

$$\operatorname{rank}(\boldsymbol{C}^{\mathrm{T}}\quad \boldsymbol{A}^{\mathrm{T}}\boldsymbol{C}^{\mathrm{T}}\quad (\boldsymbol{A}^{\mathrm{T}})^2\boldsymbol{C}^{\mathrm{T}}\quad \cdots\quad (\boldsymbol{A}^{\mathrm{T}})^{n-1}\boldsymbol{C}^{\mathrm{T}})_{n\times nm}=n$$

状态能观的充要条件为

$$\operatorname{rank}(\boldsymbol{B}\quad \boldsymbol{AB}\quad \boldsymbol{A}^2\boldsymbol{B}\quad \cdots\quad \boldsymbol{A}^{n-1}\boldsymbol{B})_{n\times nr}=n$$

由此可见，系统 Σ_1 状态能控的充要条件恰是其对偶系统 Σ_2 状态能观的充要条件，系统 Σ_1 状态能观的充要条件又是对偶系统 Σ_2 状态能控的充要条件，这就是对偶性原理。根据这一原理，一个系统的能控性（或能观性）可借助于它的对偶系统的能观性（或能控性）来研究；反之亦然。

第九节　能控性和能观性与传递函数的关系

对于一个给定的系统，既可用动态方程去描述，又可用传递函数去表征。这两种不同的描述方法所得的结果是否完全相同，这是人们十分关注的问题。卡尔曼严格地论证了这两种描述方法在一定的条件下，才具有等价性。为了便于说明问题，先研究图 9-23 所示的系统。

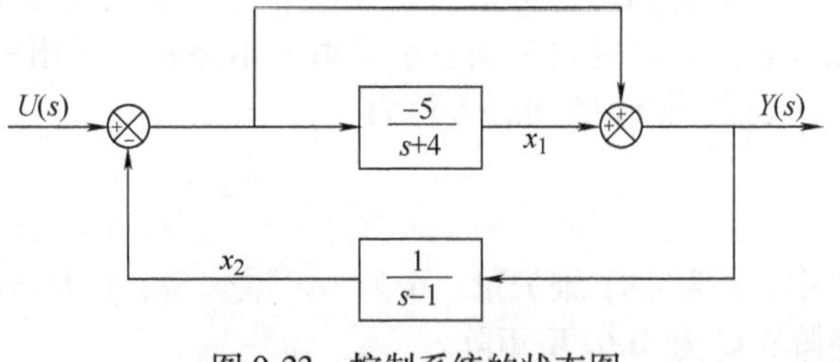

图 9-23　控制系统的状态图

由图 9-23 求得系统的闭环传递函数为

$$T(s)=\frac{Y(s)}{U(s)}=\frac{s-1}{s+5}$$

从传递函数的观点看，由于闭环极点 $s=-5$，因而该系统似乎是稳定的。但是在求 $T(s)$ 的计算过程中，闭环在 s 右半平面上 $s=+1$ 的一个极点与 $s=+1$ 的一个零点相对消。这种零、极点的对消，在数学上是无可非议的，但在物理上应做如何解释？

把图 9-23 中所示的 x_1 和 x_2 作为系统的状态变量，由该图求得系统的动态方程为

$$\dot{x}_1=-4x_1-5x_2+5u$$
$$\dot{x}_2=-x_1+u$$
$$y=-x_1-x_2+u$$

或写作

$$\dot{\boldsymbol{x}}=\begin{pmatrix}-4 & -5\\ -1 & 0\end{pmatrix}\boldsymbol{x}+\begin{pmatrix}5\\1\end{pmatrix}u$$
$$y=(-1\quad -1)\boldsymbol{x}+u$$

根据 det（$\lambda\boldsymbol{I}-\boldsymbol{A}$）= 0，求得系统的特征值为 $\lambda_1=-5$，$\lambda_2=1$，故该系统实际上是不稳定的。两种不同的描述方法之所以会有两种不同的结果，其原因是用传递函数描述时丢掉了系统响应中的一个不稳定的分量，使相消公因子后的传递函数不含有系统全部的动态信息。这种现象，在多维情况下将更为复杂。那么在什么条件下，这两种描述是等价的？卡尔曼-吉尔伯德定理对此作出了回答。

定理 9-1　给定系统（$\boldsymbol{A}$、$\boldsymbol{B}$、$\boldsymbol{C}$）的传递函数 $T(s)$ 所表示的仅是该系统既能控又能观的那部分子系统。

这个定理的引理是：除非给定系统（$\boldsymbol{A}$、$\boldsymbol{B}$、$\boldsymbol{C}$）既能控又能观，否则，传递函数就不能对系统的动态性能进行全面地描述。如果未经表示出的瞬态分量中有发散或等幅振荡的，则系统就会产生“潜伏的不稳定”。

对定理 9-1，这里不做证明，仅举一个简单的例子来验证该定理的正确性。

设一给定系统的动态方程为

$$\dot{\boldsymbol{x}}=\begin{pmatrix}-2 & 0 & 0 & 0\\ 0 & -3 & 0 & 0\\ 0 & 0 & -4 & 0\\ 0 & 0 & 0 & -5\end{pmatrix}\boldsymbol{x}+\begin{pmatrix}1\\1\\0\\0\end{pmatrix}u \tag{9-100a}$$

$$y=(3\quad 0\quad 5\quad 0)\boldsymbol{x} \tag{9-100b}$$

把式（9-100）展开得

$$\dot{x}_1=-2x_1+u \tag{9-101}$$
$$\dot{x}_2=-3x_2+u \tag{9-102}$$
$$\dot{x}_3=-4x_3 \tag{9-103}$$
$$\dot{x}_4=-5x_4 \tag{9-104}$$
$$y=3x_1+5x_3 \tag{9-105}$$

根据能控性和能观性判据，可知这个系统的状态既不完全能控又不完全能观。其中，式（9-101）所示的子系统 Σ_{0c}，它的状态变量 x_1 既能控又能观；式（9-102）所示的子系统 Σ_c，其状态变量 x_2 能控而不能观；式（9-103）所示的子系统 Σ_0，其状态变量 x_3 能观而不能控；式（9-104）所示的子系统 Σ_N，其状态变量 x_4 既不能控又不能观。根据上述分析，该系统可以分解为 4 个子系统，如图 9-24 所示。

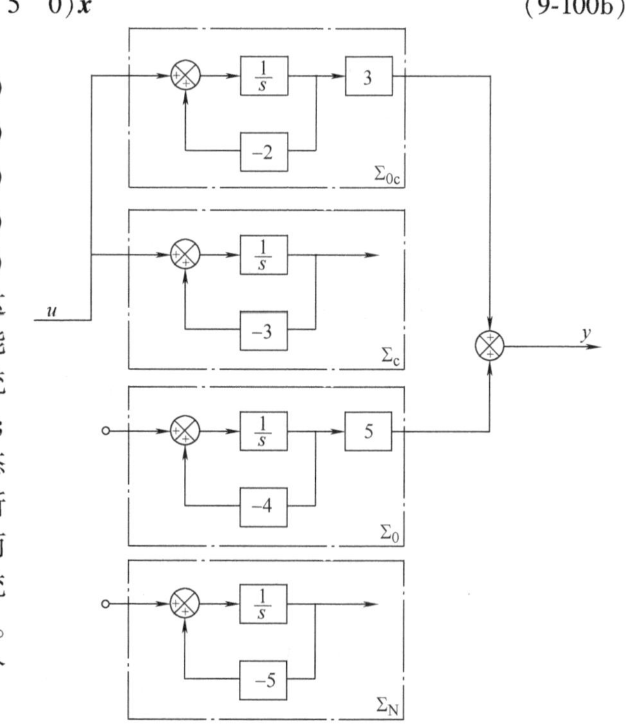

图 9-24　式（9-100）的分解

事实上，任何一个控制系统都可以

分解为上述 4 个子系统中的一部分或全部。由定理 9-1 可知，系统的传递函数仅表征该系统中既能控又能观的那部分子系统 Σ_{0c}，与其他的子系统均无关。

下面根据式（9-100）求取系统的传递函数，以检验它是否等于由式（9-101）所确定的传递函数。由式（9-100）得

$$G(s)=\boldsymbol{C}(s\boldsymbol{I}-\boldsymbol{A})^{-1}\boldsymbol{b}=(3\quad 0\quad 5\quad 0)\begin{pmatrix}\frac{1}{s+2} & & & \boldsymbol{0}\\ & \frac{1}{s+3} & & \\ & & \frac{1}{s+4} & \\ \boldsymbol{0} & & & \frac{1}{s+5}\end{pmatrix}\begin{pmatrix}1\\1\\0\\0\end{pmatrix}$$

$$=\frac{3}{s+2}$$

而根据式（9-101）求得

$$X_1(s)=\frac{1}{s+2}U(s)$$

基于系统的输入 u 对状态变量 x_3 不起控制作用，故有

$$\frac{Y(s)}{U(s)}=G(s)=\frac{3}{s+2}$$

这就验证了定理 9-1 的正确性。

定理 9-2　单输入-单输出线性定常系统的传递函数若有零、极点对消，则视状态变量的不同选择，系统或为不能控，或为不能观，或既不能控又不能观。若没有零、极点对消，则该系统总可以用一个既能控又能观的动态方程来表示。

下面以单输入-单输出系统为例，验证该定理的正确性。

设线性定常系统的动态方程为

$$\dot{\boldsymbol{x}}=\boldsymbol{A}\boldsymbol{x}+\boldsymbol{b}u$$
$$y=\boldsymbol{C}\boldsymbol{x}$$

1. 矩阵 A 的特征值为相异实根

上式经线性非奇异变换后为

$$\left.\begin{aligned}\dot{\overline{\boldsymbol{x}}}&=\overline{\boldsymbol{A}}\,\overline{\boldsymbol{x}}+\overline{\boldsymbol{b}}u\\ y&=\overline{\boldsymbol{C}}\,\overline{\boldsymbol{x}}\end{aligned}\right\}\qquad(9\text{-}106)$$

式中：

$$\overline{\boldsymbol{A}}=\begin{pmatrix}\lambda_1 & & & \boldsymbol{0}\\ & \lambda_2 & & \\ & & \ddots & \\ \boldsymbol{0} & & & \lambda_n\end{pmatrix},\overline{\boldsymbol{b}}=\begin{pmatrix}\alpha_1\\ \alpha_2\\ \vdots\\ \alpha_n\end{pmatrix},\overline{\boldsymbol{C}}=(\beta_1\,\beta_2\cdots\beta_n)$$

由式（9-106）求得系统的传递函数为

$$G(s)=\overline{C}(sI-\overline{A})^{-1}\overline{b}=(\beta_1\ \beta_2\ \cdots\ \beta_n)\begin{pmatrix}\frac{1}{s-\lambda_1} & & & \mathbf{0}\\ & \frac{1}{s-\lambda_2} & & \\ & & \ddots & \\ \mathbf{0} & & & \frac{1}{s-\lambda_n}\end{pmatrix}\begin{pmatrix}\alpha_1\\ \alpha_2\\ \vdots\\ \alpha_n\end{pmatrix}$$

$$=\sum_{i=1}^{n}\frac{\beta_i\alpha_i}{s-\lambda_i} \tag{9-107}$$

而特征值互异的 n 阶系统传递函数的一般表达式为

$$\frac{Y(s)}{U(s)}=\frac{K(s-z_1)(s-z_2)\cdots(s-z_m)}{(s-\lambda_1)(s-\lambda_2)\cdots(s-\lambda_n)},\ n>m$$

或改写为

$$G(s)=\frac{Y(s)}{U(s)}=\sum_{i=1}^{n}\frac{\gamma_i}{s-\lambda_i} \tag{9-108}$$

式中，$\gamma_i=\lim\limits_{s\to\lambda_i}(s-\lambda_i)G(s),i=1,2,\cdots,n$。比较式(9-107)与式(9-108)得

$$\gamma_i=\alpha_i\beta_i \tag{9-109}$$

由式（9-109）可知：

1）若传递函数中没有零、极点对消，即 γ_i 不为零，则 α_i 和 β_i 均也不为零。由能控性和能观性判据可知，系统既能控又能观。

2）若传递函数中有零、极点相对消，如 $z_1=\lambda_1$，则 $\gamma_1=0$，$\alpha_1\beta_1=0$。这样 α_1 和 β_1 中至少有一个为零，如 $\alpha_1=0$，表示系统不能控；反之，若 $\beta_1=0$，则表示系统为不能观。若 $\alpha_1=\beta_1=0$，则表示该系统既不能控又不能观。

2. 矩阵 A 的特征值有重根

为便于说明问题，且又不失一般性，设矩阵$\overline{A}$、$\overline{b}$和$\overline{C}$分别为

$$\overline{A}=\left(\begin{array}{ccc|c}\lambda_1 & 1 & 0 & 0\\ 0 & \lambda_1 & 1 & 0\\ 0 & 0 & \lambda_1 & 0\\ \hline 0 & 0 & 0 & \lambda_2\end{array}\right),\ \overline{b}=\begin{pmatrix}\alpha_1\\ \alpha_2\\ \alpha_3\\ \alpha_4\end{pmatrix},\ \overline{C}=(\beta_1\quad\beta_2\quad\beta_3\quad\beta_4)$$

则对应的传递函数为

$$G(s)=\overline{C}(sI-\overline{A})^{-1}\overline{b}$$

$$=(\beta_1\quad\beta_2\quad\beta_3\quad\beta_4)\begin{pmatrix}\frac{1}{s-\lambda_1} & \frac{1}{(s-\lambda_1)^2} & \frac{1}{(s-\lambda_1)^3} & 0\\ 0 & \frac{1}{s-\lambda_1} & \frac{1}{(s-\lambda_1)^2} & 0\\ 0 & 0 & \frac{1}{s-\lambda_1} & 0\\ 0 & 0 & 0 & \frac{1}{s-\lambda_2}\end{pmatrix}\begin{pmatrix}\alpha_1\\ \alpha_2\\ \alpha_3\\ \alpha_4\end{pmatrix}$$

$$=\frac{1}{s-\lambda_1}(\alpha_1\beta_1+\alpha_2\beta_2+\alpha_3\beta_3)+\frac{1}{(s-\lambda_1)^2}(\alpha_3\beta_2+\alpha_2\beta_1)+\frac{\alpha_3\beta_1}{(s-\lambda_1)^3}+\frac{\alpha_4\beta_4}{s-\lambda_2}\tag{9-110}$$

由于该系统的特征值为 λ_2 和 3 个重根 λ_1，因而它的传递函数又可以表示为

$$G(s)=\frac{Y(s)}{U(s)}=\frac{\gamma_1}{s-\lambda_1}+\frac{\gamma_2}{(s-\lambda_1)^2}+\frac{\gamma_3}{(s-\lambda_1)^3}+\frac{\gamma_4}{s-\lambda_2}\tag{9-111}$$

比较式（9-110）与式（9-111）得

$$\gamma_4=\alpha_4\beta_4,\ \gamma_3=\alpha_3\beta_1\tag{9-112}$$

由式（9-111）可知，如果系统没有零、极点相抵消，则 $\gamma_4\neq0$，$\gamma_3\neq0$，于是有 $\alpha_4\neq0$，$\beta_4\neq0$，$\alpha_3\neq0$，$\beta_1\neq0$。不难看出，β_1 和 β_4 不为零正是系统能观的充要条件，而 α_3 和 α_4 不为零又是系统能控的充要条件。

必须说明，上述结论也可以直接从非标准形的动态方程中得到。

第十节　状态反馈和极点的任意配置

在第六章中已讨论了用根轨迹法和频率响应法对控制系统进行校正，这些校正都应用了输出反馈的信息。由于只应用了输出反馈这一个信息量，因而所述的那些校正方法一般都不能做到使系统的极点任意配置。例如，对图 9-25 所示的二阶系统，当 $a>0$ 时，开环系统为不稳定。由图 9-25 求得该系统的闭环传递函数为

$$T(s)=\frac{1}{s^2-as+K}$$

对应的特征方程为

$$s^2-as+K=0$$

由上式可见，反馈系数 K 在（0~∞）范围内不论取何值，均不能使方程式的两个根都具有负实部，即仅用输出反馈不能使该系统稳定。

若上述系统改用输出 y 及其导数 $\dot{y}$ 的线性组合作为反馈信号，则系统变为如图 9-26 所示。图 9-27 为图 9-26 所示系统的等效框图。由图 9-27 求得系统的闭环传递函数为

$$T(s)=\frac{1}{s^2+(K_2-a)s+K_1}$$

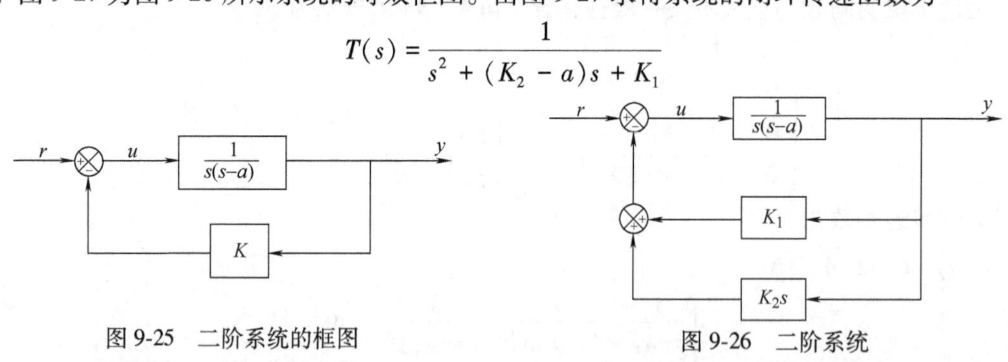

图 9-25　二阶系统的框图　　图 9-26　二阶系统

对应的特征方程为

$$s^2+(K_2-a)s+K_1=0$$

由方程解得

$$s_{1,2}=\frac{1}{2}\left[-(K_2-a)\pm\sqrt{(K_2-a)^2-4K_1}\right]$$

不难看出，只要选择合适的 K_1 和 K_2，就能实现该系统两个极点的任意配置。

下面说明这种方法不能推广到 n 阶系统中去。若选取输出 y 及其各阶导数 $\dot{y}$，$\ddot{y}$，…，$y^{(n-1)}$的线性组合，即采用（$K_1+K_2s+\cdots+K_ns^{n-1}$）$Y(s)$作为系统的反馈信号，通过选择合适的 K_1，K_2，…，K_n，从理论上讲可以使系统的 n 个极点得到任意配置。然而，这种方法在控制工程中却难以实现，其原因是不仅理想的高阶微分器在物理上难以实现，而且这些微分器还会大大强化各种扰动信号。正是由于上述的限制，故在现代控制工程中都广泛采用系统内部的状态作为反馈信号。由于状态和输入能确定系统未来的行为，因此，若将能反映系统内部信息的众多的状态变量和参考输入结合起来组成对系统的控制信号，必将能收到更为良好的控制效果。本节仅讨论单输入-单输出线性定常系统的状态反馈和极点的任意配置。

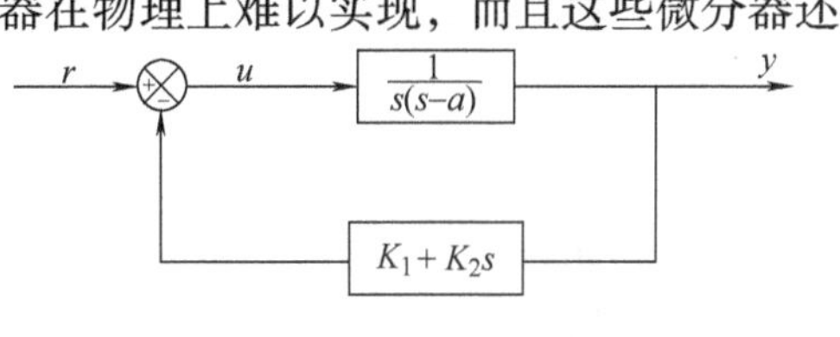

图 9-27　图 9-26 的等效框图

一、状态反馈

设系统的动态方程为

$$\left.\begin{aligned}\dot{\boldsymbol{x}}(t)&=\boldsymbol{A}\boldsymbol{x}(t)+\boldsymbol{b}u(t)\\ y(t)&=\boldsymbol{C}\boldsymbol{x}(t)+du(t)\end{aligned}\right\}\tag{9-113}$$

式中，$\boldsymbol{x}(t)$为 $n\times1$ 维状态矢量；输入 $u(t)$为标量函数。状态反馈由下式给出：

$$u(t)=r(t)-\boldsymbol{K}\boldsymbol{x}(t)\tag{9-114}$$

式中，$\boldsymbol{K}$ 为 $1\times n$ 型反馈矩阵，其元均为恒定增益；$r(t)$为系统的参考输入。把式（9-114）代入式（9-113）得

$$\left.\begin{aligned}\dot{\boldsymbol{x}}(t)&=(\boldsymbol{A}-\boldsymbol{b}\boldsymbol{K})\boldsymbol{x}(t)+\boldsymbol{b}r(t)\\ y(t)&=(\boldsymbol{C}-d\boldsymbol{K})\boldsymbol{x}(t)+dr(t)\end{aligned}\right\}\tag{9-115}$$

图 9-28 为式（9-115）所描述系统的状态图。

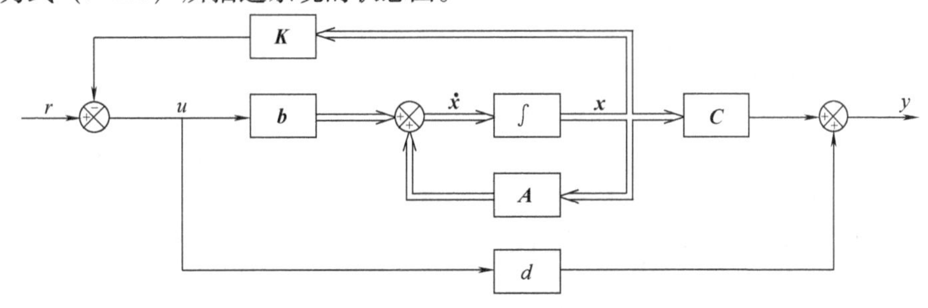

图 9-28　具有状态反馈的控制系统

1. 状态反馈不改变系统的能控性

设受控系统的状态完全能控，通过非奇异线性变换，把原有的状态方程变为能控标准形。变换后的矩阵 $\boldsymbol{A}$ 和 $\boldsymbol{b}$ 分别为

$$\boldsymbol{A}=\begin{pmatrix}0&1&0&\cdots&0\\0&0&1&\ddots&\vdots\\\vdots&&\ddots&\ddots&0\\0&\cdots&&0&1\\-a_n&-a_{n-1}&&\cdots&-a_1\end{pmatrix},\ \boldsymbol{b}=\begin{pmatrix}0\\0\\\vdots\\0\\1\end{pmatrix},\ \boldsymbol{C}=(\beta_n\quad\beta_{n-1}\quad\cdots\quad\beta_2\quad\beta_1)\tag{9-116}$$

令反馈矩阵$\boldsymbol{K}=(k_n \quad k_{n-1} \quad \cdots \quad k_2 \quad k_1)$，则状态反馈后的系数矩阵为

$$\boldsymbol{A}-\boldsymbol{bK}=\begin{pmatrix} 0 & 1 & 0 & \cdots & 0 \\ \vdots & & & \ddots & \vdots \\ & & \ddots & & \\ & \ddots & & & 0 \\ 0 & & & 0 & 1 \\ -(a_n+k_n) & -(a_{n-1}+k_{n-1}) & & \cdots & -(a_1+k_1) \end{pmatrix}$$

由于矩阵$\boldsymbol{K}$的元k_1，k_2，…，k_n均为已知实数，故引入状态反馈后系统的系数矩阵仍为能控标准形，由此得出状态反馈不会改变系统的能控性。

2. 状态反馈有可能会影响系统的能观性

由式（9-115）的输出方程可知，当反馈矩阵$\boldsymbol{K}$的选择恰好满足$d\boldsymbol{K}=\boldsymbol{C}$时，则有

$$y(t)=dr(t)$$

这样，量测值$y(t)$中就不可能含有任何状态变量的信息，从而使系统变为不能观。这儿也许会提出，如果$d=0$，上述情况会不会发生？对于这个问题，将在本节后面的结论1）中给予说明。

二、极点的任意配置

所谓极点的任意配置，就是指通过状态反馈矩阵$\boldsymbol{K}$的选择，使闭环系统具有任意希望的极点。对于一个具体的系统，能否通过矩阵$\boldsymbol{K}$的选择达到上述目的？回答是肯定的，但也是有条件的。赖萨尼（J・Rissanen）在1960年证明了有关这个问题的定理。

定理9-3　设λ_i^*（$i=1$，2，…，n）为系统所要求的一组希望极点，其中λ_i^*可以是实根也可以为共轭复根。由它们组成的多项式记为

$$f^*(s)=\prod_{i=1}^{n}(s-\lambda_i^*)=s^n+a_1^*s^{n-1}+a_2^*s^{n-2}+\cdots+a_{n-1}^*s+a_n^* \tag{9-117}$$

则存在着$1\times n$型的常数矩阵$\boldsymbol{K}$，使引入状态反馈后的闭环系统（$\boldsymbol{A}-\boldsymbol{bK}$，$\boldsymbol{b}$，$\boldsymbol{C}$）的极点为上述的一组希望极点，其充要条件是受控系统（$\boldsymbol{A}$，$\boldsymbol{b}$，$\boldsymbol{C}$）的状态必须完全能控。

证　先证明其充分性，即系统（$\boldsymbol{A}$，$\boldsymbol{b}$，$\boldsymbol{C}$）若能控，则引入状态反馈后，可使系统（$\boldsymbol{A}-\boldsymbol{bK}$，$\boldsymbol{b}$，$\boldsymbol{C}$）的极点能任意配置，即有

$$\det[s\boldsymbol{I}-(\boldsymbol{A}-\boldsymbol{bK})]=f^*(s) \tag{9-118}$$

由于假设受控系统的状态是能控的，因而可通过非奇异线性变换，使系统的状态方程变为能控标准形，变换后的矩阵$\boldsymbol{A}$、$\boldsymbol{b}$和$\boldsymbol{C}$分别如式（9-116）所示。根据式（9-116）所示的矩阵$\boldsymbol{A}$、$\boldsymbol{b}$、$\boldsymbol{C}$，求得引入状态反馈前系统的传递函数为

$$G(s)=\boldsymbol{C}(s\boldsymbol{I}-\boldsymbol{A})^{-1}\boldsymbol{b}=\frac{\beta_1s^{n-1}+\beta_2s^{n-2}+\cdots+\beta_{n-1}s+\beta_n}{s^n+a_1s^{n-1}+a_2s^{n-2}+\cdots+a_{n-1}s+a_n} \tag{9-119}$$

同理，求得引入状态反馈后系统的传递函数为

$$\begin{aligned} T(s)&=\boldsymbol{C}[s\boldsymbol{I}-(\boldsymbol{A}-\boldsymbol{bK})]^{-1}\boldsymbol{b} \\ &=\frac{\beta_1s^{n-1}+\beta_2s^{n-2}+\cdots+\beta_{n-1}s+\beta_n}{s^n+(a_1+k_1)s^{n-1}+(a_2+k_2)s^{n-2}+\cdots+(a_n+k_n)} \end{aligned} \tag{9-120}$$

或写为

$$T(s)=\frac{K'\prod_{i=1}^{n-1}(s+z_i)}{\prod_{l=1}^{n}(s+p_l)} \tag{9-121}$$

由式（9-120）求得引入状态反馈后系统的特征多项式为

$$f(s)=s^{n}+(a_{1}+k_{1})s^{n-1}+(a_{2}+k_{2})s^{n-2}+\cdots+(a_{n}+k_{n}) \tag{9-122}$$

比较式（9-117）和式（9-122），求得

$$\begin{aligned}a_{1}+k_{1}&=a_{1}^{*}\\a_{2}+k_{2}&=a_{2}^{*}\\&\vdots\\a_{n-1}+k_{n-1}&=a_{n-1}^{*}\\a_{n}+k_{n}&=a_{n}^{*}\end{aligned}$$

由上述的方程组，解得状态反馈矩阵为

$$\boldsymbol{K}=[(a_{n}^{*}-a_{n})\quad(a_{n-1}^{*}-a_{n-1})\quad\cdots\quad(a_{2}^{*}-a_{2})\quad(a_{1}^{*}-a_{1})] \tag{9-123}$$

基于矩阵 $\boldsymbol{K}$ 中的各元均为已知值，故能实现系统极点的任意配置。

下面证明其必要性。如果由状态反馈实现系统极点的任意配置，即

$$\det[s\boldsymbol{I}-(\boldsymbol{A}-\boldsymbol{bK})]=f^{*}(s)$$

则受控系统（$\boldsymbol{A}$，$\boldsymbol{b}$，$\boldsymbol{C}$）必须为能控。

为使证明不复杂，设系统具有 n 个相异的实根，通过线性非奇异变换，使系统的状态方程变为对角标准形。令变换后的矩阵 $\boldsymbol{A}$ 和 $\boldsymbol{b}$ 分别为

$$\boldsymbol{A}=\begin{pmatrix}\lambda_{1}&&&\boldsymbol{0}\\&\lambda_{2}&&\\&&\ddots&\\\boldsymbol{0}&&&\lambda_{n}\end{pmatrix},\quad\boldsymbol{b}=\begin{pmatrix}b_{1}\\b_{2}\\\vdots\\b_{n}\end{pmatrix}$$

把由上述矩阵表示的状态方程写成一阶微分方程组的形式，即有

$$\dot{x}_{i}=\lambda_{i}x_{i}+b_{i}u,\quad i=1,\ 2,\ \cdots,\ n \tag{9-124}$$

引入状态反馈后，式（9-124）变为

$$\dot{x}_{i}=\lambda_{i}x_{i}+b_{i}(\gamma-\boldsymbol{Kx}),\quad i=1,\ 2,\ \cdots,\ n \tag{9-125}$$

由式（9-125）可见，若系统的极点能任意配置，则要求 $b_{i}\neq0$（$i=1$，2，…，n）。而 $b_{i}\neq0$（$i=1$，2，…，n）正是系统状态能控的充要条件。反之，若 b_{i} 中有任一个元为零，则该系统的状态就不能控。例如，$b_{1}=0$，则状态变量 x_{1} 就不能控，$\boldsymbol{Kb}$ 就不能把 x_{1} 反馈到系统的输入端，从而使系统对应的极点 λ_{1} 不能得到改变。

若对以上的叙述做进一步分析，就可得出如下结论：

1）由式（9-120）可见，状态反馈只改变传递函数分母部分的多项式，对其分子部分没有任何的影响。通过对反馈矩阵 $\boldsymbol{K}$ 的调节，可以实现系统极点的任意配置，因而，如果传递函数中存在着零点，则就有可能会出现零、极点相消的情况，从而破坏了系统的能观性。显然，这种情况与 $d=0$ 是无关的。反之，如果传递函数没有零点，即 $\beta_{1}=\beta_{2}=\cdots=\beta_{n-1}=0$，$\beta_{n}\neq0$，就不会出现零、极点相消的现象。在这种条件下，状态反馈才能既保持系统的能控性，又保持系统的能观性。

2）实现状态反馈后，系统的状态 $\boldsymbol{x}(t)$ 与给定输入 $r(t)$ 之间的传递函数为

$$\frac{\boldsymbol{X}(s)}{R(s)}=\frac{[1\quad s\quad s^{2}\quad\cdots\quad s^{n-1}]^{\mathrm{T}}}{s^{n}+(a_{1}+k_{1})s^{n-1}+(a_{2}+k_{2})s^{n-2}+\cdots+(a_{n}+k_{n})}$$

由上式可见，不论传递函数分母上的极点如何变化，都不可能出现与极点相消的现象，从而再次证实了状态反馈不改变系统的能控性。

3）把具有状态反馈系统的传递函数式（9-121）与阐明根轨迹基本原理的表达式(4-13)做一比较，可见用状态反馈能实现系统闭环极点的任意配置；但利用输出反馈，仅依赖调节

系统的开环增益，只能使闭环极点沿着其特定的根轨迹移动。由此可知，状态反馈比一般的输出反馈对系统性能的综合更为有效。当然，从实现的角度来看，状态反馈要比输出反馈来得复杂。因为实现状态反馈必须要有相应的传感器来检测各状态变量，但在高阶系统中，状态变量一般不能做到个个能被检测，这一点有时会限制这种方法的应用范围。

【例 9-20】 设线性定常系统的传递函数为

$$\frac{Y(s)}{U(s)}=\frac{1}{s(s+1)(s+2)}$$

求状态反馈阵 $\boldsymbol{K}$，使系统的闭环极点为 $s_1=-2$，$s_{2,3}=-1\pm\mathrm{j}$。

解 由于传递函数没有零、极点相消，因而该系统是能控的，通过状态反馈，可以实现闭环极点的任意配置。由传递函数求得系统的状态方程为

$$\begin{pmatrix}\dot{x}_1\\ \dot{x}_2\\ \dot{x}_3\end{pmatrix}=\begin{pmatrix}0 & 1 & 0\\ 0 & 0 & 1\\ 0 & -2 & -3\end{pmatrix}\begin{pmatrix}x_1\\ x_2\\ x_3\end{pmatrix}+\begin{pmatrix}0\\ 0\\ 1\end{pmatrix}u$$

式中，$x_1=y$，$x_2=\dot{y}$，$x_3=\ddot{y}$。令反馈矩阵 $\boldsymbol{K}=(k_3\quad k_2\quad k_1)$，则得

$$\boldsymbol{A}-\boldsymbol{bK}=\begin{pmatrix}0 & 1 & 0\\ 0 & 0 & 1\\ -k_3 & -(2+k_2) & -(3+k_1)\end{pmatrix}$$

$$|s\boldsymbol{I}-(\boldsymbol{A}-\boldsymbol{bK})|=\begin{vmatrix}s & -1 & 0\\ 0 & s & -1\\ k_3 & 2+k_2 & s+3+k_1\end{vmatrix}$$

$$=s^3+(3+k_1)s^2+(2+k_2)s+k_3 \tag{9-126}$$

由一组希望极点 $s_1=-2$，$s_{2,3}=-1\pm\mathrm{j}1$ 组成的多项式为

$$(s+2)(s+1-\mathrm{j})(s+1+\mathrm{j})=s^3+4s^2+6s+4 \tag{9-127}$$

比较式（9-126）和式（9-127）得

$$3+k_1=4$$
$$2+k_2=6$$
$$k_3=4$$

由上述方程组解得

$$k_3=4,\ k_2=4,\ k_1=1$$

即 $\boldsymbol{K}=(4\quad 4\quad 1)$。实现状态反馈后系统的状态图如图 9-29 所示。

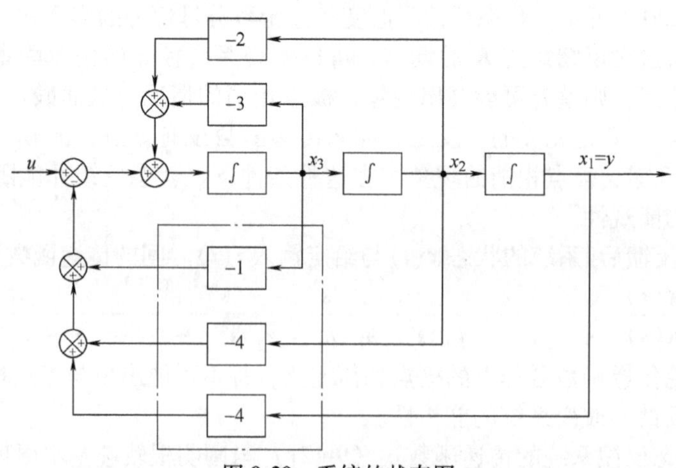

图 9-29　系统的状态图

第十一节　内部模型的设计

上节所述的极点任意配置问题是为了使系统具有良好的动态性能，但未涉及系统的稳态性能。本节讨论系统以零稳态误差渐近跟踪参考输入的校正装置设计问题。假设参考输入仍为阶跃和斜坡信号，也可以为别的连续函数信号（如正弦信号）。在第三章第七节中对系统稳态误差的讨论可知，若在系统的开环传递函数中含有某控制信号的极点，则该闭环系统对此输入信号就无稳态误差产生。这就启示人们在具有状态反馈系统的前向通道中引入输入信号 $R(S)$ 的模型，就能实现系统既有良好的动态性能，又无稳态误差，这就是内部模型设计的基本思路。

设受控系统的动态方程为

$$\left.\begin{aligned}\dot{\boldsymbol{x}} &= A\boldsymbol{x} + bu\\ y &= \boldsymbol{c}\boldsymbol{x}\end{aligned}\right\} \tag{9-128}$$

式中，$\boldsymbol{x}$ 为状态矢量，u 和 y 分别为受控对象的控制量和输出量。各参考输入由下式描述：

$$\left.\begin{aligned}\dot{\boldsymbol{x}}_{\mathrm{r}} &= A\boldsymbol{x}_{\mathrm{r}}\\ r &= \boldsymbol{c}_{\mathrm{r}}\boldsymbol{x}_{\mathrm{r}}\end{aligned}\right\} \tag{9-129}$$

一、阶跃输入的内模设计

设计任务除了使系统的极点能任意配置外，还要求系统能以零稳态误差渐近地跟踪阶跃参考输入。参考输入是由下式所示的方程产生的，即

$$\dot{x}_{\mathrm{r}} = 0$$

或写为

$$\dot{\gamma} = 0$$

定义系统的输出与输入间的跟踪误差为

$$e = y - r$$

对上式求导，得

$$\dot{e} = \dot{y} = \boldsymbol{c}\dot{\boldsymbol{x}}$$

若令 $\boldsymbol{z}=\dot{\boldsymbol{x}}$，$w=\dot{u}$ 为系统的两个中间变量，则得

$$\dot{e} = \boldsymbol{c}\boldsymbol{z}$$

$$\dot{\boldsymbol{z}} = \boldsymbol{A}\dot{\boldsymbol{x}} + \boldsymbol{b}\dot{u} = \boldsymbol{A}\boldsymbol{z} + \boldsymbol{b}w$$

把上述两式写成矢量矩阵形式为

$$\begin{pmatrix}\dot{e}\\ \dot{\boldsymbol{z}}\end{pmatrix} = \begin{pmatrix}0 & \boldsymbol{c}\\ 0 & \boldsymbol{A}\end{pmatrix}\begin{pmatrix}e\\ \boldsymbol{z}\end{pmatrix} + \begin{pmatrix}0\\ \boldsymbol{b}\end{pmatrix} w \tag{9-130}$$

若式（9-130）所示的系统能控，则定能求得如下形式的状态反馈：

$$w = -k_1 e - \boldsymbol{k}_2 \boldsymbol{z} \tag{9-131}$$

以使式（9-130）所示的系统稳定。这表示跟踪误差 e 必然也是稳定的，即实现了系统的输出以零稳态误差渐近跟踪参考输入的目的。

把式(9-131)对时间 t 积分，求得控制信号 $u(t)$ 为

$$u(t) = -k_1\int_0^t e(\tau)\mathrm{d}\tau - \boldsymbol{k}_2\boldsymbol{x}(t)$$

相应系统的框图如图 9-30 所示。由该图可见，校正装置中含有一个参考输入的内部模型（一个积分器）。

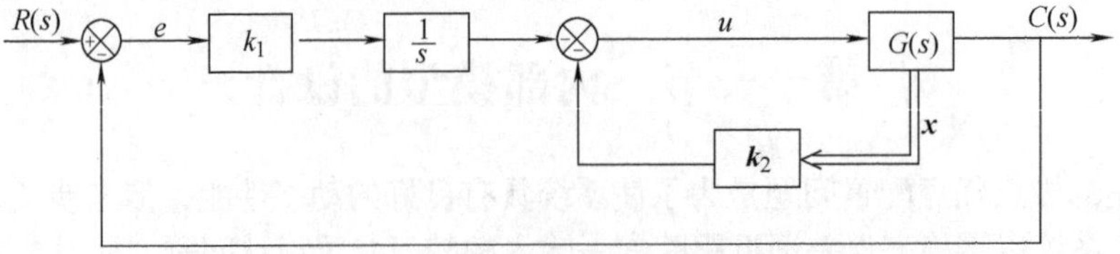

图 9-30　对于阶跃输入的内模设计框图

【例 9-21】　已知给定装置的动态方程为

$$\dot{\boldsymbol{x}}=\begin{pmatrix}0 & 1\\ -2 & -2\end{pmatrix}\boldsymbol{x}+\begin{pmatrix}0\\ 1\end{pmatrix}u,\ c=(1\quad 0)\boldsymbol{x}$$

试设计一校正装置，使校正后的系统能以零稳态误差跟踪阶跃输入。

解　根据式（9-130）得

$$\begin{pmatrix}\dot{e}\\ \dot{z}\end{pmatrix}=\begin{pmatrix}0 & 1 & 0\\ 0 & 0 & 1\\ 0 & -2 & -2\end{pmatrix}\begin{pmatrix}e\\ z\end{pmatrix}+\begin{pmatrix}0\\ 0\\ 1\end{pmatrix}w \tag{9-132}$$

通过能控性判据的检验，证明式（9-132）所示的系统是能控的，因而该系统的极点能任意配置。如果要求特征方程式的根为 $s_{1,2}=-1\pm \mathrm{j}$ 和 $s_3=-10$，则需选择 $k_1=20$，$\boldsymbol{k}_2=[20,\ 10]$。即用式(9-131)给出的反馈量 w，不仅能使系统稳定，而且对于任意初始跟踪误差 $e(0)$，当 $t\to\infty$ 时，$e(t)\to 0$。这表明对于阶跃输入，系统的跟踪误差$e(t)$是渐近稳定的，如图 9-31 所示。

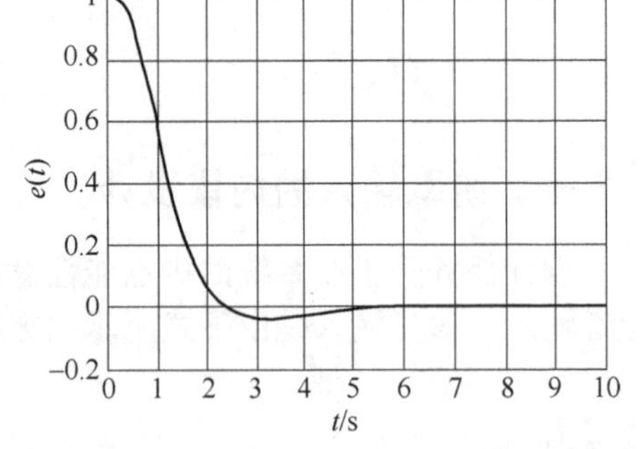

图 9-31　$r(t)=1$ 时，$e(t)$ 的响应曲线

考察图 9-30 所示的框图，其中受控对象用$G(s)$表示，串联校正装置为 $G_c(s)=k_1/s$。据此得出内部模型的原理是：如果在 $G_c(s)G(s)$ 中含有 $R(s)$，则输出 $c(t)$ 能渐近地跟踪输入 $r(t)$。基于该系统的输入 $R(s)=1/s$，而在 $G_c(s)G(s)$ 中又含有 $R(s)$ 的模型，这是人们所要求的。

二、斜坡输入的内模设计

设 $r(t)=v_0 t$，$t\geqslant 0$。其中 v_0 为斜坡信号对时间 t 的变化率。对于这种情况，参考输入的模型为

$$\left.\begin{aligned}\dot{\boldsymbol{x}}_r&=\boldsymbol{A}_r\boldsymbol{x}_r=\begin{pmatrix}0 & 1\\ 0 & 0\end{pmatrix}\boldsymbol{x}_r\\ r(t)&=\boldsymbol{d}_r\boldsymbol{x}_r=(1\quad 0)\boldsymbol{x}_r\end{aligned}\right\} \tag{9-133}$$

令受控系统的动态方程不变，即仍由式（9-128）表示。由于输入信号 $r(t)=v_0 t$，v_0 为一常量，故有

$$\ddot{r}(t)=0$$

用前面相同的方法定义跟踪误差为

$$e=y-r$$

并取时间的二阶导数求得

$$\ddot{e}=\ddot{y}=\boldsymbol{c}\ddot{\boldsymbol{x}}$$

令中间变量：

$$\boldsymbol{z}=\ddot{\boldsymbol{x}},\ w=\ddot{u}$$

于是有

$$\ddot{e} = \boldsymbol{c}z$$

$$\dot{z} = \boldsymbol{A}z + bw$$

则得

$$\begin{pmatrix} \dot{e} \\ \ddot{e} \\ \dot{z} \end{pmatrix} = \begin{pmatrix} 0 & 1 & 0 \\ 0 & 0 & \boldsymbol{d} \\ 0 & 0 & \boldsymbol{A} \end{pmatrix} \begin{pmatrix} e \\ \dot{e} \\ z \end{pmatrix} + \begin{pmatrix} 0 \\ 0 \\ \boldsymbol{b} \end{pmatrix} w \tag{9-134}$$

如果式（9-134）所示的系统是能控的，则通过计算 $\boldsymbol{k}_i$，$i=1,2,3$，就能求得如下的状态反馈：

$$w = -(k_1 \quad k_2 \quad \boldsymbol{k}_3) \begin{pmatrix} e \\ \dot{e} \\ z \end{pmatrix} \tag{9-135}$$

以使式（9-134）所示的系统稳定。这样，当 $t \to \infty$ 时，就能实现跟踪误差 $e(t) \to 0$，这是人们所期望的。

通过对式(9-135)两重积分后，求得控制量 $u(t)$ 为

$$u(t) = -k_1 \iint e(\tau)(\mathrm{d}\tau)^2 - k_2 \int e(\tau)\mathrm{d}\tau - \boldsymbol{k}_3 \boldsymbol{x}$$

据此，作出校正后系统的框图如图 9-32 所示。由图可见，校正装置中含有两个积分器，它是参考斜坡输入的内模。

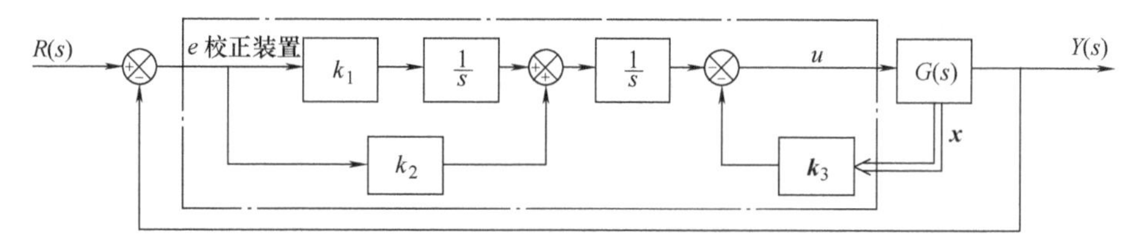

图 9-32　对斜坡输入的内模设计框图

用类同于上述对阶跃、斜坡输入所述的内模设计方法，不仅可推广应用于其他形式的参考输入，而且还能用于抑制持续扰动的影响，其条件是校正装置中含有扰动的模型。

第十二节　状态观测器及其应用

状态反馈虽然能非常有效地改善系统的性能，但系统的状态变量并不是个个都能易于量测的。因此，需要寻求一种能产生系统状态的方法，常用的方法是用系统能量测的输入和输出去驱动一个模拟系统，使该系统的输出渐近于受控系统的状态。这种重构状态的方法称为状态估计；重构状态的模拟系统叫做状态观测器，它的输出就是状态估计值，用$\hat{x}(t)$表示。本节仅以单输入-单输出系统为例，阐述状态观测器的基本原理。

一、开环状态观测器

图 9-33 为开环状态观测器的原理图。这种观测器实际上是根据受控系统（$\boldsymbol{A}$，$\boldsymbol{b}$，$\boldsymbol{C}$）

构造的一个模拟系统，它的特点如下：

1）具有与受控系统完全相同的动态方程。

2）与受控系统具有同一个输入量 $u(t)$。

3）它的状态变量都能被量测。

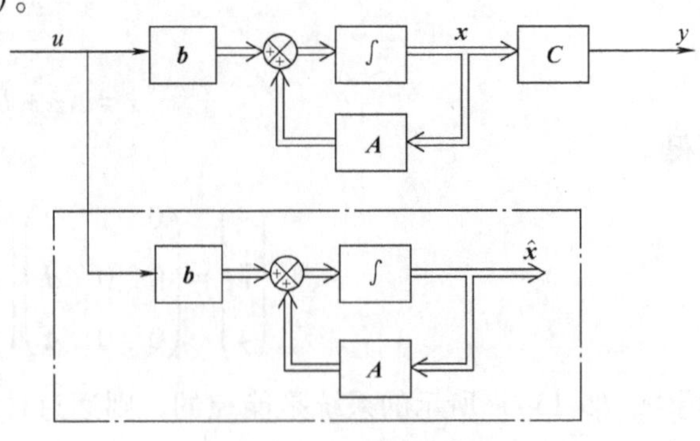

图 9-33　开环状态观测器

不难看出，如果观测器的初始状态与系统的初始状态完全相同，即$\hat{\boldsymbol{x}}(0)=\boldsymbol{x}(0)$，则观测器的输出$\hat{\boldsymbol{x}}(t)$必然同系统的真实状态 $\boldsymbol{x}(t)$完全相同。然而，在每次使用时都要满足观测器和受控系统的初始状态完全相同，显然是不可能的事。此外，虽然受控系统和观测器的动态方程完全相同，但它们的实际装置并不完全一样，因而受外界各种因素的影响后，各自参数的变化规律也不可能完全一致。上述这些因素都会促使状态估计值$\hat{\boldsymbol{x}}(t)$与系统实际状态 $\boldsymbol{x}(t)$之间误差的增大。显然，这样的状态观测器无多大实用的价值。

二、闭环渐近状态观测器

由图 9-34 可见，闭环渐近状态观测器的特点是：将受控系统的输出 y 与观测器系统的输出$\hat{y}=\boldsymbol{C}\hat{\boldsymbol{x}}(t)$相比较，其差值$\tilde{y}=y-\hat{y}$经校正矩阵 $\boldsymbol{G}$ 的变换后，反馈到观测器的输入端实现闭环控制，以使$\tilde{y}$尽快地趋于零值，即使状态估计误差 $\tilde{\boldsymbol{x}}(t)=\lim\limits_{t\to\infty}(\boldsymbol{x}-\hat{\boldsymbol{x}})=\boldsymbol{0}$，具有这样特性的观测器称为闭环渐近观测器。所谓渐近，就是指当观测器的状态估计值$\hat{\boldsymbol{x}}(t)$与系统的实际状态 $\boldsymbol{x}(t)$之间存在着误差时，通过闭环的校正作用，使观测器的状态估计值$\hat{\boldsymbol{x}}(t)$以尽快的速度逼近于系统的实际状态$\boldsymbol{x}(t)$。

由图 9-34 求得观测器的状态方程为

$$\dot{\hat{\boldsymbol{x}}}=\boldsymbol{A}\hat{\boldsymbol{x}}+\boldsymbol{G}(y-\boldsymbol{C}\hat{\boldsymbol{x}})+\boldsymbol{b}u$$

或写为

$$\dot{\hat{\boldsymbol{x}}}=(\boldsymbol{A}-\boldsymbol{G}\boldsymbol{C})\hat{\boldsymbol{x}}+\boldsymbol{G}y+\boldsymbol{b}u \tag{9-136}$$

式中：

$$\boldsymbol{G}=[g_1 \quad g_2 \quad \cdots \quad g_n]^{\mathrm{T}}$$

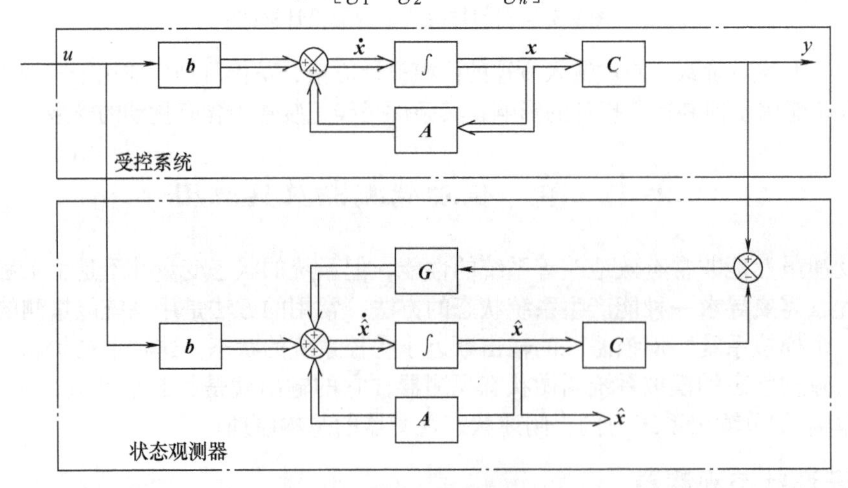

图 9-34　闭环渐近状态观测器

受控系统的状态方程为

$$\dot{\boldsymbol{x}}=\boldsymbol{A}\boldsymbol{x}+\boldsymbol{b}u \tag{9-137}$$

由式(9-137)减去式(9-136),求得

$$\dot{\tilde{\boldsymbol{x}}}=(\boldsymbol{A}-\boldsymbol{G}\boldsymbol{C})\tilde{\boldsymbol{x}} \tag{9-138}$$

式中,$\tilde{\boldsymbol{x}}=\boldsymbol{x}-\hat{\boldsymbol{x}}$。当它的初始值$\tilde{\boldsymbol{x}}(t_0)\neq\boldsymbol{0}$时,则齐次方程式(9-138)的解为

$$\tilde{\boldsymbol{x}}(t)=\mathrm{e}^{(\boldsymbol{A}-\boldsymbol{G}\boldsymbol{C})t}\tilde{\boldsymbol{x}}(t_0) \tag{9-139}$$

由式（9-139）可知，状态估计误差$\tilde{\boldsymbol{x}}$（t）的衰减速度取决于矩阵（$\boldsymbol{A}-\boldsymbol{G}\boldsymbol{C}$）的特征值。如果矩阵（$\boldsymbol{A}-\boldsymbol{G}\boldsymbol{C}$）的特征值能任意配置，则状态估计误差$\tilde{\boldsymbol{x}}(t)$趋向于零值的速度也就可以任意选择；如果矩阵（$\boldsymbol{A}-\boldsymbol{G}\boldsymbol{C}$）的特征值均配置在远离$s$平面虚轴的左方，则状态估计值$\hat{\boldsymbol{x}}(t)$就能以较快的速度跟踪系统的实际状态$\boldsymbol{x}(t)$，这样的状态观测器才具有实用价值。

由式（9-136）所描述的状态估计值为n个，故称这种状态观测器为全维观测器，它的状态图如图9-35所示。现在的问题是，使矩阵（$\boldsymbol{A}-\boldsymbol{G}\boldsymbol{C}$）的特征值能任意配置的矩阵$\boldsymbol{G}$是否存在？回答是肯定的，但也是有条件的，定理9-4将对此作出解答。

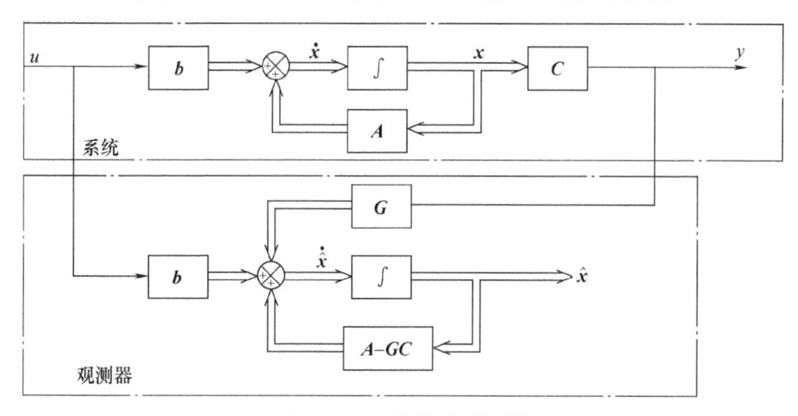

图9-35　全维状态观测器

定理9-4　设系统（$\boldsymbol{A}$，$\boldsymbol{b}$，$\boldsymbol{C}$）的状态可以用式（9-136）描述的全维状态观测器进行估计。若输出y通过校正矩阵$\boldsymbol{G}$的变换后，反馈到观测器的输入端，使矩阵（$\boldsymbol{A}-\boldsymbol{G}\boldsymbol{C}$）特征值能任意配置，其充要条件是系统（$\boldsymbol{A}$，$\boldsymbol{b}$，$\boldsymbol{C}$）必须能观。

证　因为

$$\det[s\boldsymbol{I}-(\boldsymbol{A}-\boldsymbol{G}\boldsymbol{C})]=\det[s\boldsymbol{I}-(\boldsymbol{A}-\boldsymbol{G}\boldsymbol{C})]^{\mathrm{T}}$$

所以

$$\det[s\boldsymbol{I}-(\boldsymbol{A}-\boldsymbol{G}\boldsymbol{C})^{\mathrm{T}}]=\det[s\boldsymbol{I}-(\boldsymbol{A}^{\mathrm{T}}-\boldsymbol{C}^{\mathrm{T}}\boldsymbol{G}^{\mathrm{T}})]$$

由此可见，配置矩阵（$\boldsymbol{A}-\boldsymbol{G}\boldsymbol{C}$）的特征值与配置（$\boldsymbol{A}^{\mathrm{T}}-\boldsymbol{C}^{\mathrm{T}}\boldsymbol{G}^{\mathrm{T}}$）的特征值是等价的。如果由系数矩阵$\boldsymbol{A}^{\mathrm{T}}$和输入矩阵$\boldsymbol{C}^{\mathrm{T}}$组成的系统是能控的，即有

$$\mathrm{rank}\left[\boldsymbol{C}^{\mathrm{T}}\ \vdots\ \boldsymbol{A}^{\mathrm{T}}\boldsymbol{C}^{\mathrm{T}}\ \vdots\ (\boldsymbol{A}^{\mathrm{T}})^2\boldsymbol{C}^{\mathrm{T}}\ \vdots\ \cdots\ \vdots\ (\boldsymbol{A}^{\mathrm{T}})^{n-1}\boldsymbol{C}^{\mathrm{T}}\right]=n$$

则矩阵（$\boldsymbol{A}^{\mathrm{T}}-\boldsymbol{C}^{\mathrm{T}}\boldsymbol{G}^{\mathrm{T}}$）的特征值就能任意配置。（$\boldsymbol{A}^{\mathrm{T}}$，$\boldsymbol{C}^{\mathrm{T}}$）组成的系统的能控条件恰是它的对偶系统（$\boldsymbol{A}$，$\boldsymbol{C}$）的能观性条件。这就证明了欲使矩阵（$\boldsymbol{A}-\boldsymbol{G}\boldsymbol{C}$）的特征值能任意配置，要求受控系统的状态必须能观。

由于状态估计误差$\tilde{\boldsymbol{x}}(t)$趋于零值的速度取决于观测器反馈矩阵$\boldsymbol{G}$的选择，因此如果只考虑使$\tilde{\boldsymbol{x}}(t)$尽快地趋于零，则应把观测器的极点配置在$s$的左半平面且距虚轴很远的地方。然而这样配置极点，会使状态观测器的频带变得很宽，从而降低了它对高频噪声的抑制能力。因此，对矩阵（$\boldsymbol{A}-\boldsymbol{G}\boldsymbol{C}$）特征值的设计，应兼顾到观测器的响应速度和抗干扰的要求。

【例 9-22】 已知系统的动态方程为

$$\dot{\boldsymbol{x}}=\begin{pmatrix}0 & 1\\ -2 & -3\end{pmatrix}\boldsymbol{x}+\begin{pmatrix}0\\ 1\end{pmatrix}u$$

$$y=(2\quad 0)\ \boldsymbol{x}$$

试设计状态观测器的校正矩阵 $\boldsymbol{G}$，以使其两个极点都配置在 $s=-3$ 处。

解 由于

$$\text{rank}\begin{pmatrix}\boldsymbol{C}\\ \boldsymbol{CA}\end{pmatrix}=\text{rank}\begin{pmatrix}2 & 0\\ 0 & 2\end{pmatrix}=2$$

故系统能观，状态观测器的极点能任意配置。

令校正矩阵 $\boldsymbol{G}=(g_1\quad g_2)^{\mathrm{T}}$，则得

$$\boldsymbol{A}-\boldsymbol{GC}=\begin{pmatrix}0 & 1\\ -2 & -3\end{pmatrix}-\begin{pmatrix}g_1\\ g_2\end{pmatrix}(2\quad 0)=\begin{pmatrix}-2g_1 & 1\\ -2-2g_2 & -3\end{pmatrix}$$

$$\det[s\boldsymbol{I}-(\boldsymbol{A}-\boldsymbol{GC})]=\begin{vmatrix}s+2g_1 & -1\\ 2+2g_2 & s+3\end{vmatrix}$$

即观测器的特征多项式为

$$f(s)=s^2+(2g_1+3)s+6g_1+2g_2+2$$

而观测器所希望的特征多项式为

$$f^*(s)=(s+3)^2=s^2+6s+9$$

比较上述两式，得

$$2g_1+3=6$$
$$6g_1+2g_2+2=9$$

解联立方程，求得 $g_1=1.5$，$g_2=-1$。据此写出观测器的状态方程为

$$\dot{\hat{\boldsymbol{x}}}=\begin{pmatrix}-3 & 1\\ 0 & -3\end{pmatrix}\hat{\boldsymbol{x}}+\begin{pmatrix}0\\ 1\end{pmatrix}u+\begin{pmatrix}1.5\\ -1\end{pmatrix}y$$

图 9-36 为例 9-22 所示系统及其状态观测器的框图。

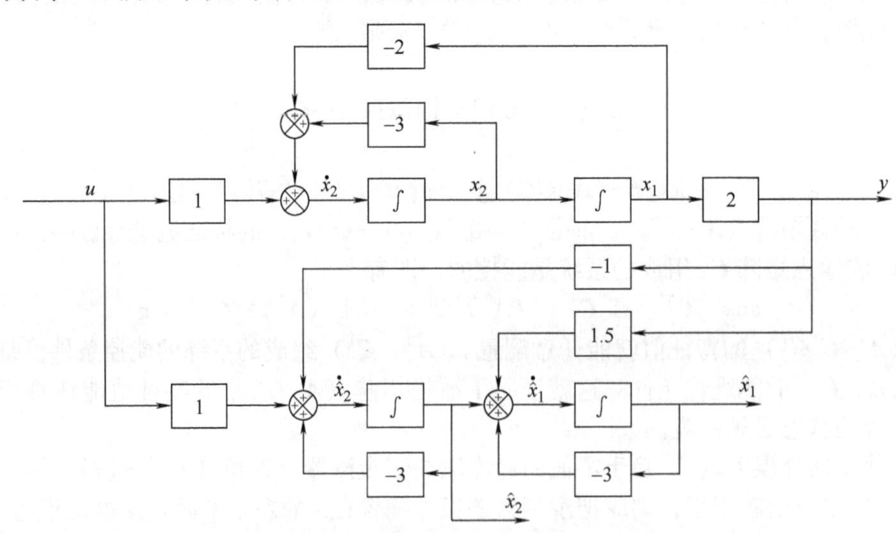

图 9-36　例 9-22 所示的系统及其状态观测器

三、具有状态观测器的状态反馈系统

图 9-37 为带状态观测器的状态反馈系统。由该图写出下列方程：

$$\dot{\boldsymbol{x}}=\boldsymbol{A}\boldsymbol{x}+\boldsymbol{b}u \tag{9-140}$$

$$u=r-\boldsymbol{K}\hat{\boldsymbol{x}} \tag{9-141}$$

$$y=\boldsymbol{C}\boldsymbol{x} \tag{9-142}$$

$$\dot{\hat{\boldsymbol{x}}}=\boldsymbol{A}\hat{\boldsymbol{x}}+\boldsymbol{b}u+\boldsymbol{G}(y-\hat{y}) \tag{9-143}$$

$$\hat{y}=\boldsymbol{C}\hat{\boldsymbol{x}} \tag{9-144}$$

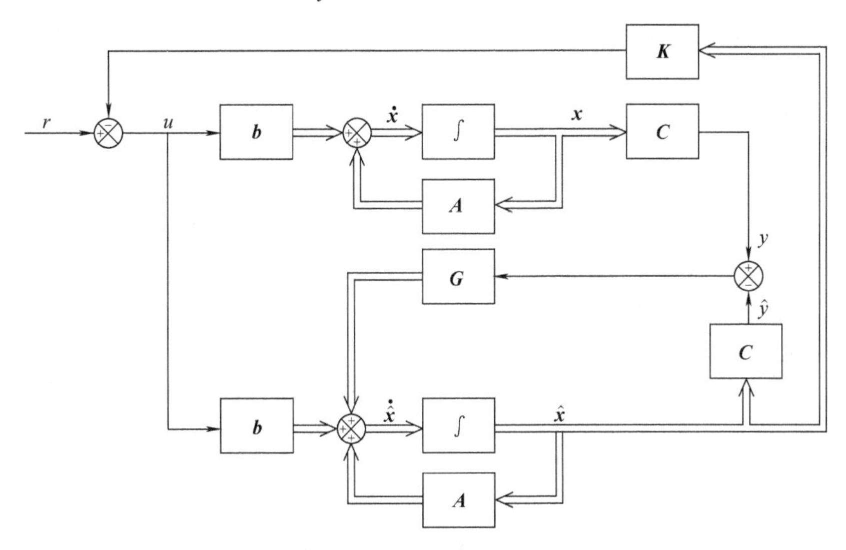

图 9-37　具有状态观测器的状态反馈系统

把式（9-141）代入式（9-140）和式（9-143），从而求得引入状态反馈后系统的状态方程和观测器的状态方程，它们分别为

$$\dot{\boldsymbol{x}}=(\boldsymbol{A}-\boldsymbol{b}\boldsymbol{K})\boldsymbol{x}+\boldsymbol{b}r+\boldsymbol{b}\boldsymbol{K}(\boldsymbol{x}-\hat{\boldsymbol{x}})=(\boldsymbol{A}-\boldsymbol{b}\boldsymbol{K})\boldsymbol{x}+\boldsymbol{b}\boldsymbol{K}\tilde{\boldsymbol{x}}+\boldsymbol{b}r \tag{9-145}$$

$$\dot{\hat{\boldsymbol{x}}}=(\boldsymbol{A}-\boldsymbol{b}\boldsymbol{K})\hat{\boldsymbol{x}}+\boldsymbol{G}\boldsymbol{C}\tilde{\boldsymbol{x}}+\boldsymbol{b}r \tag{9-146}$$

由式（9-145）减去式（9-146），解得

$$\dot{\tilde{\boldsymbol{x}}}=(\boldsymbol{A}-\boldsymbol{G}\boldsymbol{C})\tilde{\boldsymbol{x}} \tag{9-147}$$

将式（9-145）和式（9-147）组合在一起，就得到一个具有 $2n$ 阶的增广系统，它的动态方程为

$$\left.\begin{aligned}\begin{bmatrix}\dot{\boldsymbol{x}}\\ \dot{\tilde{\boldsymbol{x}}}\end{bmatrix}&=\begin{bmatrix}\boldsymbol{A}-\boldsymbol{b}\boldsymbol{K} & \boldsymbol{b}\boldsymbol{K}\\ \boldsymbol{0} & \boldsymbol{A}-\boldsymbol{G}\boldsymbol{C}\end{bmatrix}\begin{bmatrix}\boldsymbol{x}\\ \tilde{\boldsymbol{x}}\end{bmatrix}+\begin{bmatrix}\boldsymbol{b}\\ \boldsymbol{0}\end{bmatrix}r\\ y&=\begin{bmatrix}\boldsymbol{C} & \boldsymbol{0}\end{bmatrix}\begin{bmatrix}\boldsymbol{x}\\ \tilde{\boldsymbol{x}}\end{bmatrix}\end{aligned}\right\} \tag{9-148}$$

由式（9-148）可知

$$\det\begin{bmatrix}s\boldsymbol{I}-(\boldsymbol{A}-\boldsymbol{b}\boldsymbol{K}) & -\boldsymbol{b}\boldsymbol{K}\\ \boldsymbol{0} & s\boldsymbol{I}-(\boldsymbol{A}-\boldsymbol{G}\boldsymbol{C})\end{bmatrix}$$

$$=\det[s\boldsymbol{I}-(\boldsymbol{A}-\boldsymbol{b}\boldsymbol{K})]\cdot\det[s\boldsymbol{I}-(\boldsymbol{A}-\boldsymbol{G}\boldsymbol{C})] \tag{9-149}$$

式（9-149）表示增广系统的特征值由两部分所组成：一部分与矩阵（$\boldsymbol{A}-\boldsymbol{bK}$）有关，其特征值决定系统状态 $\boldsymbol{x}$ 的动态性能；另一部分与矩阵（$\boldsymbol{A}-\boldsymbol{GC}$）有关，对应的特征值决定观测器状态估计值$\hat{\boldsymbol{x}}$的动态性能。如果系统（$\boldsymbol{A}$，$\boldsymbol{b}$，$\boldsymbol{C}$）能控且能观，则这两部分的特征值可以分别通过矩阵 $\boldsymbol{K}$ 和 $\boldsymbol{G}$ 的选择来任意配置，且彼此间互不影响。这样，对校正矩阵 $\boldsymbol{G}$ 的选择和对状态反馈阵 $\boldsymbol{K}$ 的设计，可根据各自性能的要求分开独立地进行。上述这个性质，概述为下述的分离定理。

定理 9-5　若受控系统能控且能观，当用状态估计值实现状态反馈时，系统极点的配置与状态观测器的设计可分开独立地进行，即矩阵 $\boldsymbol{K}$ 和 $\boldsymbol{G}$ 的设计可分开独立进行。

基于上述的讨论，可得到如下几点结论：

1）由式（9-148）可知，如果 $\boldsymbol{x}(t_0)=\hat{\boldsymbol{x}}(t_0)$，则对于 $t\geqslant t_0$，$\tilde{\boldsymbol{x}}(t)=0$。在这种情况下，带有状态观测器的增广系统由原来的 $2n$ 阶系统变为两个完全相同的 n 阶系统，即观测器和受控系统的状态方程在形式上完全相同。此时，$\boldsymbol{G}$ 所在的反馈通道等价于开断。

2）在式（9-145）中，$\boldsymbol{bK}\tilde{\boldsymbol{x}}$表示由状态估计值进行状态反馈时，由于初始状态估计误差 $\tilde{\boldsymbol{x}}(t_0)$不为零而给受控系统带来的扰动。为此，要求状态估计误差$\tilde{\boldsymbol{x}}(t)$尽快地衰减到零值。这样不仅要求矩阵（$\boldsymbol{A}-\boldsymbol{GC}$）的特征值全部位于 s 平面的左方，而且还希望这些特征值都远离 s 平面的虚轴。由于矩阵（$\boldsymbol{A}-\boldsymbol{GC}$）的特征值较矩阵（$\boldsymbol{A}-\boldsymbol{bK}$）的特征值要远离虚轴，因而矩阵（$\boldsymbol{A}-\boldsymbol{GC}$）的特征值对复合系统的影响就较小，具有状态观测器的状态反馈系统的性能可以近似地用矩阵（$\boldsymbol{A}-\boldsymbol{bK}$）的特征值去表征。

3）直接用状态反馈的闭环系统与带观测器状态估计反馈的闭环系统具有相同的传递函数。对此，说明如下。

系统（$\boldsymbol{A}$，$\boldsymbol{b}$，$\boldsymbol{C}$）直接用状态反馈矩阵 $\boldsymbol{K}$ 构成闭环系统的传递函数为

$$T(s)=\boldsymbol{C}[s\boldsymbol{I}-(\boldsymbol{A}-\boldsymbol{bK})]^{-1}\boldsymbol{b}$$

而用观测器的状态估计进行反馈的复合系统，其传递函数为

$$T(s)=[\boldsymbol{C}\ \vdots\ \boldsymbol{0}]\left[\begin{array}{c:c} s\boldsymbol{I}-(\boldsymbol{A}-\boldsymbol{bK}) & -\boldsymbol{bK} \\ \hdashline \boldsymbol{0} & s\boldsymbol{I}-(\boldsymbol{A}-\boldsymbol{GC}) \end{array}\right]^{-1}\left[\begin{array}{c} \boldsymbol{b} \\ \hdashline \boldsymbol{0} \end{array}\right]$$

利用下列分块矩阵求逆的公式：

$$\left[\begin{array}{c:c} \boldsymbol{R} & \boldsymbol{S} \\ \hdashline \boldsymbol{0} & \boldsymbol{T} \end{array}\right]^{-1}=\left[\begin{array}{c:c} \boldsymbol{R}^{-1} & -\boldsymbol{R}^{-1}\boldsymbol{S}\boldsymbol{T}^{-1} \\ \hdashline \boldsymbol{0} & \boldsymbol{T}^{-1} \end{array}\right]$$

求得

$$\begin{aligned} T(s)&=[\boldsymbol{C}\ \vdots\ \boldsymbol{0}]\left[\begin{array}{c:c} (s\boldsymbol{I}-\boldsymbol{A}+\boldsymbol{bK})^{-1} & -(s\boldsymbol{I}-\boldsymbol{A}+\boldsymbol{bK})^{-1}(-\boldsymbol{bK})(s\boldsymbol{I}-\boldsymbol{A}+\boldsymbol{GC})^{-1} \\ \hdashline \boldsymbol{0} & (s\boldsymbol{I}-\boldsymbol{A}+\boldsymbol{GC})^{-1} \end{array}\right]\left[\begin{array}{c} \boldsymbol{b} \\ \hdashline \boldsymbol{0} \end{array}\right] \\ &=\boldsymbol{C}[s\boldsymbol{I}-(\boldsymbol{A}-\boldsymbol{bK})]^{-1}\boldsymbol{b} \end{aligned}$$

4）上述观测器的维数由于与系统状态的维数相等，故称这种观测器为全维状态观测器。由于实际系统的输出 y 总是能被测量的，且它是系统状态变量的线性组合。假设 $\boldsymbol{r}$ 为 $m\times1$ 维矢量，如果能通过非奇异线性变换，由 $\boldsymbol{r}$ 产生 m 个状态变量，则只需要估计其中（$n-m$）个状态变量，从而使观测器的维数降低、结构简化。这种观测器称为降维状态观测器，又称龙伯格（Luenberger）观测器。由于篇幅的关系，本书对此不做介绍，感兴趣的读者可参阅相关的书籍和文献。

第十三节　MATLAB 在状态空间分析法中的应用

本章前面阐述了系统的状态空间表达式与传递函数的相互变换关系、状态方程式的解、

系统状态的能控性与能观性、系统极点的任意配置和状态观测器等内容。本节介绍如何用MATLAB 工具箱中的相关指令对上述内容进行分析研究。

一、控制系统模型间的相互变换

1. 将状态空间模型变换为传递函数

【例 9-23】 已知系统的状态空间表达式为

$$\dot{\boldsymbol{x}}=\begin{pmatrix}0 & 1\\ -2 & -3\end{pmatrix}\boldsymbol{x}+\begin{pmatrix}0\\1\end{pmatrix}u$$

$$y=(3\quad 1)\boldsymbol{x}$$

1）求系统的传递函数；

2）求以零、极点表示的传递函数。

解

```
%   MATLAB 程序 9-1
A=[0  1;-2  -3];B=[0;1];
C=[3  1];D=[0];
[num,den]=ss2tf(A,B,C,D)        %变状态空间表达式为传递函数
```

运行结果为

```
num=
    0      1.0000      3.0000
den=
    1          3           2
[Z,P,K]=ss2ZP(A,B,C,D)       %变状态空间模型为以零、极点形式表示的传递函数
Z=
    -3.0000
P=
    -1
    -2
K=1.0000
```

2. 将传递函数转换为状态空间表达式

【例 9-24】 已知系统的传递函数为

$$\frac{Y(s)}{U(s)}=G(s)=\frac{s+2}{s^{3}+6s^{2}+11s+6}$$

求系统的状态空间表达式。

解

```
%   MATLAB 程序 9-2
num=[1  2];
den=[1  6  11  6];
[A,B,C,D]=tf2ss(num,den)        %将传递函数转换为状态空间表达式
```

运行结果为

```
A=                 B=        C=          D=
-6  -11  -6   1          0  1  2      0
 1    0   0   0
 0    1   0   0
```

二、求系统的输出响应

1. 单位脉冲响应

线性定常系统的单位脉冲响应可用 MATLAB 工具箱中的 impulse（　）指令直接求取。其调用格式为

Y=impulse（G，t）

［y，t］=impulse（G）

［y，t，x］=impulse（G）

impulse（）

【例 9-25】 已知一系统的状态空间表达式为

$$\dot{\boldsymbol{x}} = \begin{pmatrix} 0 & 1 \\ -2 & -3 \end{pmatrix} \boldsymbol{x} + \begin{pmatrix} 0 \\ 1 \end{pmatrix} u \tag{9-150}$$

$$y = [1 \quad 0]\boldsymbol{x}$$

求系统的单位脉冲响应。

解

```
%   MATLAB 程序 9-3
A=[0  1;-2  -3];
B=[0;1];
C=[1  0];
D=[0];
G ss=ss(A,B,C,D);
[y,t]=impulse(G ss);
plot(t,y);
```

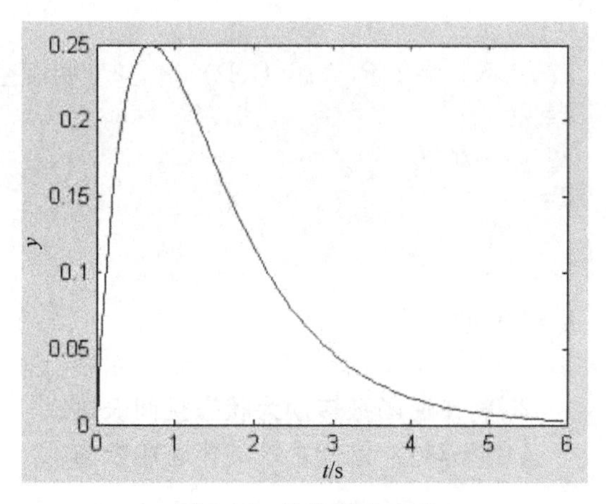

图 9-38　单位脉冲响应

所得结果如图 9-38 所示。

2. 零输入响应

MATLAB 工具箱中的 intial（）指令用于直接求取系统的零输入响应，其调用格式为

y=initial（G，x0，t）

［y，t］=initial（G，x0）

initial（G，x0）

【例 9-26】 设系统状态空间表达式如式（9-150）所示，已知 $\boldsymbol{x}(0)=[1 \quad 0]^{\mathrm{T}}$，求零输入响应。

解

```
%  MATLAB 程序 9-4
A=[0  1;-2  -3];B=[0;1];
C=[1  0];D=[0];x0=[1;0];
G ss=ss(A,B,C,D);
initial(G ss,x0)
```

所得结果如图 9-39 所示。

3. 单位阶跃响应

求取系统单位阶跃响应的指令是 Step()，其调用格式为

y=Step（G，t）

其中，G 为对象模型，t 由用户给定。如果 t 不需用户给定，系统会按照模型 G 的特性自动生成，生成的时间 t 和输出 y 一起返回到 MATLAB 工作的空间中，其调用格式为

[y，t] =Step（G）

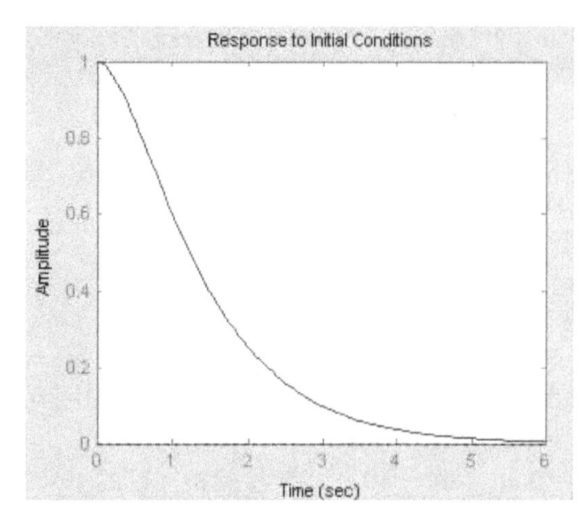

图 9-39　零输入响应曲线

【例 9-27】 已知系统的状态空间表达式为

$$\dot{\boldsymbol{x}} = \begin{pmatrix} 0 & 1 \\ -1 & -1 \end{pmatrix} \boldsymbol{x} + \begin{pmatrix} 0 \\ 1 \end{pmatrix} u$$

$$y = (1 \quad 1)\boldsymbol{x}$$

求系统的单位阶跃响应。

解

```
%  MATLAB 程序 9-5
A=[0  1;-1  -1];B=[0;1]
C=[1  1];D=[0];
G ss=ss(A,B,C,D);   % 建立对象模型
[y,t]=step(G ss)   % 求系统的单位阶跃响应
plot(t,y);
grid on;
y ss=degain(G ss)       % 求系统的稳态输出
```

所得结果如图 9-40 所示。稳态输出 $y_{ss}=1$。

三、系统稳定性的判别

设系统的状态方程为

$$\dot{\boldsymbol{x}} = \boldsymbol{A}\boldsymbol{x} + \boldsymbol{b}u$$

如果特征方程：

$$\det[s\boldsymbol{I}-\boldsymbol{A}]=0$$

的根全部位于 s 左半面，则系统是稳定的。应用 MATLAB 的求根指令 root 和判别根实部符号的指令 find(real(r)>0)，就可对系统的稳定性作出判别。

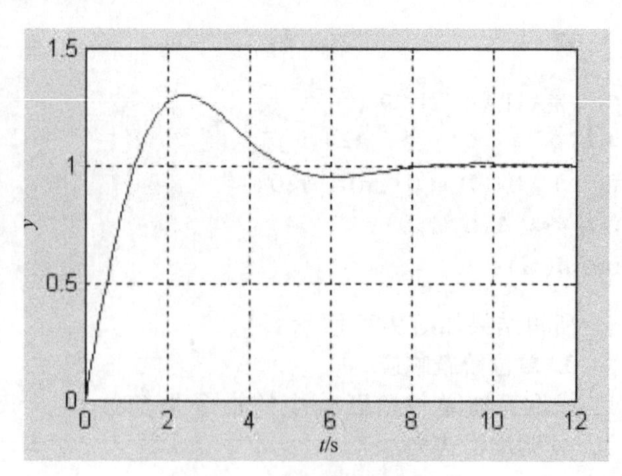

图 9-40 单位阶跃响应曲线

【例 9-28】 已知某系统的状态空间表达式为

$$\dot{\boldsymbol{x}}=\begin{pmatrix}1&2&-1&2\\2&6&3&0\\4&7&-8&-5\\7&2&1&6\end{pmatrix}\boldsymbol{x}+\begin{pmatrix}-1\\0\\0\\1\end{pmatrix}u$$

$$y=(-2\quad 5\quad 6\quad 1)\boldsymbol{x}$$

试判别该系统的稳定性。

解

```
%  MATLAB 程序 9-6
A=[1  2  -1  2;2  6  3  0;4  7  -8  -5;7  2  1  6];
B=[-1;0;0;1];C=[-2  -5  6  1];D=[0];
P=poly(A);roots(P)   % 求特征根
ii=find(real(r)>0);   % 检验根实部的符号
n=length(ii)
If(n>0)
Disp('the system is unstable')
Else disp('the system is stable')
end the system is unstable
```

四、系统的能控性与能观性

1. 能控性判别

根据系统的状态方程，构造一个如下的能控性矩阵：

$$\boldsymbol{S}_c=(\boldsymbol{B}\quad \boldsymbol{AB}\quad \boldsymbol{A}^2\boldsymbol{B}\cdots\boldsymbol{A}^{n-1}\boldsymbol{B})$$

若 rank$\boldsymbol{S}_c=n$，则表示系统的状态完全能控。矩阵 $\boldsymbol{S}_c$ 可由 MATLAB 工具箱中的指令 Ctrb（）自动生成，该指令的调用格式为

$$\boldsymbol{S}_c=\text{Ctrb（A，B）}$$

计算矩阵 $\boldsymbol{S}_c$ 秩的指令为

$$\text{rank}（\boldsymbol{S}_c）$$

2. 能观性判别

系统的能观性矩阵为

$$\boldsymbol{S}_0=\begin{pmatrix}\boldsymbol{C}\\\boldsymbol{CA}\\\boldsymbol{CA}^2\\\vdots\\\boldsymbol{CA}^{n-1}\end{pmatrix}$$

如果 rank $S_0=n$，则系统的状态完全能观。

能观性矩阵 S_0 由 MATLAB 提供的指令 obsv（）直接获得，该指令的调用格式为

$$S_0=\mathrm{obsv}\ (A,\ C)$$

计算矩阵 S_0 秩的指令为

$$\mathrm{Rank}\ (S_0)$$

【例 9-29】 已知系统的状态空间表达式为

$$\dot{\boldsymbol{x}}=\begin{pmatrix}0 & 1 & 0\\ -3 & -4 & 0\\ 2 & 1 & -2\end{pmatrix}\boldsymbol{x}+\begin{pmatrix}0\\1\\0\end{pmatrix}u$$

$$\boldsymbol{y}=(0\quad 0\quad 1)\ \boldsymbol{x}$$

试判别该系统状态的能控性与能观性。

解

```
%   MATLAB 程序 9-7
A=[0  1  0;-3  -4  0;2  1  -2];
B=[0;1;0];C=[0  0  1];D=[0];
Sc=Ctrb(A,B);   % 创建能控性矩阵
Rank(Sc)        % 求矩阵 Sc 的秩
Ans=
    2           %不能控
S0=0bsv(A,C);   % 创建能观性矩阵
Rank(S0)        % 求矩阵 S0 的秩
Ans=
    3           %状态完全能观
```

五、控制系统的设计

1. 极点的任意配置

设受控系统的方程为

$$\dot{\boldsymbol{x}}=\boldsymbol{Ax}+\boldsymbol{b}u$$

$$\boldsymbol{y}=\boldsymbol{Cx}$$

如果系统能控，则通过引入状态反馈就能实现系统极点的任意配置。状态反馈由下式给出：

$$u=r-\boldsymbol{Kx}$$

式中，$\boldsymbol{x}$ 为 $n\times1$ 维状态矢量；r 为 1×1 参考输入；$\boldsymbol{K}$ 为 $1\times n$ 型状态反馈阵。

引入状态反馈后系统的状态方程为

$$\dot{\boldsymbol{x}}=(\boldsymbol{A}-\boldsymbol{bK})\boldsymbol{x}+\boldsymbol{b}r$$

要求设计状态反馈阵 $\boldsymbol{K}$，使下式成立：

$$\det[s\boldsymbol{I}-(\boldsymbol{A}-\boldsymbol{bK})]=\psi^*(s)$$

式中，$\psi^*(s)$ 为系统希望的特征多项式。

MATLAB 工具箱中有两条指令 place（）和 acker（）可完成极点任意配置的设计。前一条指令适用于多变量系统，后一条指令适用于单变量系统，其调用格式分别为

$$K=\mathrm{place}\ (A,\ B,\ P)$$

$$K=\mathrm{acker}\ (A,\ B,\ P)$$

【例 9-30】　已知系统的状态方程式为

$$\dot{\boldsymbol{x}}=\begin{pmatrix}0&1&0\\0&0&1\\0&-2&-3\end{pmatrix}\boldsymbol{x}+\begin{pmatrix}0\\0\\1\end{pmatrix}u$$

试设计一状态反馈阵 $\boldsymbol{K}$，使系统的 3 个极点配置在−2、−1±j1 处。

解

```
%   MATLAB 程序 9-8
A=[0  1  0;0  0  1;0  -2  -3];
B=[0;0;1];
Sc=Ctrb(A,B)
Rank(Sc)
ans=
    3         % 系统能进行极点任意配置
P=[-2;(-1+j);(-1  -j)];
K=acker(A,B,P)
```

运行结果为

```
K=
    4   4   1
```

2. 状态观测器的设计

同样，可用极点任意配置的方法来设计状态观测器。

由式（9-136）可知，状态观测器的状态方程为

$$\dot{\hat{\boldsymbol{x}}}=(\boldsymbol{A}-\boldsymbol{G}\boldsymbol{C})\hat{\boldsymbol{x}}+\boldsymbol{B}u+\boldsymbol{G}y$$

式中，反馈矩阵 $\boldsymbol{G}=(g_1\quad g_2\quad\cdots\quad g_n)^{\mathrm{T}}$。调整矩阵 $\boldsymbol{G}$，使观测器特征方程：

$$\det[s\boldsymbol{I}+(\boldsymbol{A}-\boldsymbol{G}\boldsymbol{C})]=0$$

的根均位于 s 左半平面距虚轴足够远处。由对偶原理可知，若系统（$\boldsymbol{A}$，$\boldsymbol{C}$）能观，则其对偶系统（$\boldsymbol{A}^{\mathrm{T}}$，$\boldsymbol{C}^{\mathrm{T}}$）一定能控。基于

$$(\boldsymbol{A}-\boldsymbol{G}\boldsymbol{C})^{\mathrm{T}}=(\boldsymbol{A}^{\mathrm{T}}-\boldsymbol{C}^{\mathrm{T}}\boldsymbol{G}^{\mathrm{T}})$$

显然，上式等号右边与原系统状态反馈后的系数矩阵（$\boldsymbol{A}-\boldsymbol{B}\boldsymbol{K}$）相似，只是 $\boldsymbol{A}^{\mathrm{T}}$ 和 $\boldsymbol{C}^{\mathrm{T}}$ 分别代替了 $\boldsymbol{A}$ 和 $\boldsymbol{B}$，$\boldsymbol{G}^{\mathrm{T}}$ 代替了 $\boldsymbol{K}$。因此，可直接用 place（）或 acker（）指令来求取观测器的反馈矩阵 $\boldsymbol{G}$，指令的调用格式为


```
G=place(A′,C′,P)
G=acker(A′,C′,P)
```

【例 9-31】　已知一系统的状态空间表达式为

$$\dot{\boldsymbol{x}}=\begin{pmatrix}0&1\\0&-1\end{pmatrix}\boldsymbol{x}+\begin{pmatrix}0\\1\end{pmatrix}u$$

1）设计状态反馈阵 $\boldsymbol{K}$，使系统的闭环极点为$-\dfrac{\sqrt{2}}{2}\pm\mathrm{j}\dfrac{\sqrt{2}}{2}$；

2）假设系统的状态变量 x_1 和 x_2 不能被量测，需构建一状态观测器，并要求观测器的极点 $P_{1,2}=-5$，求反馈矩阵 $\boldsymbol{G}$。

解

```
%   MATLAB 程序 9-9
A=[0  1;0  -1];B=[0;1];
C=[1  0];D=[0];
Sc=Ctrb(A,B)
Rank(Sc)
ans=
     2              % 能控
P=[(-sqrt(2)+sqrt(2)*j)/2;(-sqrt(2)-sqrt(2)*j)/2];
K=acker (A, B, P)
```

运行结果为

```
            K=
                 1.0000      0.4142
S0=obsv(A,C)
Rank(S0)
ans=
     2          % 能观
P=[-5;-5];
G=acker(A,C,P)
```

运行结果为

```
          G=
               9        16
```

小　　结

1）控制系统的数学模型有两种模式：一种是输入-输出模式，另一种是状态变量模式。表征输入-输出模式的传递函数是经典控制理论的基础，而表征状态变量模式的动态方程则是现代控制理论的基础。由于这两种不同模式的数学模型之间有着一定的内在联系，因而它们可以相互转换。表征一个系统输入-输出模式的传递函数是唯一的，而以状态变量表示的动态方程则不是唯一的，选择不同组的状态变量，就可以得到不同形式的动态方程。

2）由传递函数转换为动态方程称为状态空间的实现。一个可实现的传递函数可以变换为无数多个动态方程，它们状态矢量的维数可以等于或大于传递函数的阶次。本章只讨论状态维数最小的实现，即状态方程式的阶次等于传递函数的阶次。

3）由状态方程求取系统的状态响应，其关键问题是如何求解系统的状态转移矩阵 e^{At}。本章介绍了 3 种计算 e^{At} 的常用方法：拉普拉斯变换法、利用对角形矩阵的计算法和基于凯勒-哈密顿定理的计算法。

4）能控性和能观性是受控系统的两个重要特性，系统极点和状态观测器极点的任意配置，都与这两个特性密切相关。由对能控性、能观性与传递函数关系的讨论可知，传递函数仅能表示系统中既能控又能观部分的子系统，它不能反映系统中的能控不能观、能观不能控和不能控不能观三部分的子系统，从而深刻地揭示了系统的输入-输出描述与状态变量描述之间的一个根本区别。

5）状态反馈是一种新颖的校正方法，它可以使系统获得比用传统的校正方法更为满意的控制效果。这种方法的不足之处是要用较多的检测元件，尤其是当状态变量不能被检测时，还需增加状态观测器装置，从而增加了经济上的投资。

6）在设计状态反馈系统时，首先要检查受控系统的能控性，因为只有能控的系统，闭环系统的极点才能做到任意配置。如用状态观测器的状态估计值$\hat{\boldsymbol{x}}$进行状态反馈，还需检查受控系统的能观性，因为只有能观的系统，才能实现观测器极点的任意配置。

例题分析

例题 9-1　已知系统$\dot{\boldsymbol{x}}=\boldsymbol{A}\boldsymbol{x}$ 的状态转移矩阵 $\mathrm{e}^{\boldsymbol{A}t}$为

$$\mathrm{e}^{\boldsymbol{A}t}=\begin{pmatrix}2\mathrm{e}^{-t}-\mathrm{e}^{-2t} & 2\left(\mathrm{e}^{-2t}-\mathrm{e}^{-t}\right)\\ \mathrm{e}^{-t}-\mathrm{e}^{-2t} & 2\mathrm{e}^{-2t}-\mathrm{e}^{-t}\end{pmatrix}$$

试求矩阵 $\boldsymbol{A}$。

解　因为

$$\mathrm{e}^{\boldsymbol{A}t}=\boldsymbol{I}+\boldsymbol{A}t+\frac{1}{2!}\boldsymbol{A}^2t^2+\frac{1}{3!}\boldsymbol{A}^3t^3+\cdots$$

则有

$$\left.\frac{\mathrm{d}\mathrm{e}^{\boldsymbol{A}t}}{\mathrm{d}t}\right|_{t=0}=\left.\left(\boldsymbol{0}+\boldsymbol{A}+\boldsymbol{A}^2t+\frac{1}{2!}\boldsymbol{A}^3t^2+\cdots\right)\right|_{t=0}=\boldsymbol{A}$$

根据上式，求得

$$\boldsymbol{A}=\left.\frac{\mathrm{d}\mathrm{e}^{\boldsymbol{A}t}}{\mathrm{d}t}\right|_{t=0}=\begin{pmatrix}-2\mathrm{e}^{-t}+2\mathrm{e}^{-2t} & -4\mathrm{e}^{-2t}+2\mathrm{e}^{-t}\\ -\mathrm{e}^{-t}+2\mathrm{e}^{-2t} & -4\mathrm{e}^{-2t}+\mathrm{e}^{-t}\end{pmatrix}_{t=0}$$

$$=\begin{pmatrix}0 & -2\\ 1 & -3\end{pmatrix}$$

例题 9-2　设系统的状态方程为$\dot{\boldsymbol{x}}=\boldsymbol{A}\boldsymbol{x}$，其中 $\boldsymbol{A}$ 为 2×2 常数矩阵。已知当

$$\boldsymbol{x}(0)=\begin{pmatrix}2\\1\end{pmatrix}\text{时，}\boldsymbol{x}(t)=\begin{pmatrix}2\mathrm{e}^{-t}\\ \mathrm{e}^{-t}\end{pmatrix}$$

$$\boldsymbol{x}(0)=\begin{pmatrix}1\\1\end{pmatrix}\text{时，}\boldsymbol{x}(t)=\begin{pmatrix}\mathrm{e}^{-t}+2t\mathrm{e}^{-t}\\ \mathrm{e}^{-t}+t\mathrm{e}^{-t}\end{pmatrix}$$

试求系统的状态转移矩阵 $\mathrm{e}^{\boldsymbol{A}t}$和矩阵 $\boldsymbol{A}$。

解　由题意得

$$\begin{pmatrix}2\mathrm{e}^{-t}\\ \mathrm{e}^{-t}\end{pmatrix}=\mathrm{e}^{\boldsymbol{A}t}\begin{pmatrix}2\\1\end{pmatrix}$$

$$\begin{pmatrix}\mathrm{e}^{-t}+2t\mathrm{e}^{-t}\\ \mathrm{e}^{-t}+t\mathrm{e}^{-t}\end{pmatrix}=\mathrm{e}^{\boldsymbol{A}t}\begin{pmatrix}1\\1\end{pmatrix}$$

把上述两式合并为一式，即有

$$\begin{pmatrix}2\mathrm{e}^{-t} & \mathrm{e}^{-t}+2t\mathrm{e}^{-t}\\ \mathrm{e}^{-t} & \mathrm{e}^{-t}+t\mathrm{e}^{-t}\end{pmatrix}=\mathrm{e}^{\boldsymbol{A}t}\begin{pmatrix}2 & 1\\ 1 & 1\end{pmatrix}$$

用矩阵$\begin{pmatrix}2 & 1\\ 1 & 1\end{pmatrix}^{-1}$右乘上式等号的两边，则得

$$\mathrm{e}^{\boldsymbol{A}t}=\begin{pmatrix}2\mathrm{e}^{-t} & \mathrm{e}^{-t}+2t\mathrm{e}^{-t}\\ \mathrm{e}^{-t} & \mathrm{e}^{-t}+t\mathrm{e}^{-t}\end{pmatrix}\begin{pmatrix}2 & 1\\ 1 & 1\end{pmatrix}^{-1}$$

$$=\begin{pmatrix} e^{-t}-2te^{-t} & 4te^{-t} \\ -te^{-t} & e^{-t}+2te^{-t} \end{pmatrix}$$

据此求得

$$A=\frac{de^{At}}{dt}\bigg|_{t=0}=\begin{pmatrix} -3 & 4 \\ -1 & 1 \end{pmatrix}$$

例题 9-3　设鱼的生长过程分为 4 个阶段：鱼卵、鱼苗、小鱼、大鱼。鱼在鱼池中的生长过程是一个动态系统。系统的输入是每年放入池内的鱼卵数，输出是每年从鱼池中取出的小鱼数。令 $u(k)$为第 k 年供给池内的鱼卵数，$x_1(k)$ 为第 k 年的鱼苗数，$x_2(k)$ 为第 k 年的小鱼数，$x_3(k)$ 为第 k 年的大鱼数。已知第（k+1）年的鱼苗数等于第 k 年内大鱼产卵所孵生的鱼苗数，加上外部供给鱼苗的有效数 $u(k)$，减去第 k 年中被鱼苗及小鱼吃掉的鱼卵数。上述关系，写成数学表达式为

$$x_1(k+1)=a_1x_3(k)-a_2x_2(k)-a_3x_1(k)+u(k)$$

第（k+1）年中长成的小鱼数等于第 k 年的鱼苗长成的小鱼数，即为

$$x_2(k+1)=a_4x_1(k)$$

第（k+1）年的大鱼数等于第 k 年剩余的大鱼数，再加上第 k 年留在池内的小鱼长成的大鱼数，即有

$$x_3(k+1)=a_5x_2(k)+a_6x_3(k)$$

每年按确定比例从鱼池内取走的小鱼数为

$$y(k)=a_7x_2(k)$$

$\boldsymbol{x}(0)$为鱼池的初始储备。把以上关系式写成矩阵形式为

$$\boldsymbol{x}(k+1)=\begin{pmatrix} -a_3 & -a_2 & a_1 \\ a_4 & 0 & 0 \\ 0 & a_5 & a_6 \end{pmatrix}\boldsymbol{x}(k)+\begin{pmatrix} 1 \\ 0 \\ 0 \end{pmatrix}u(k)$$

$$y(k)=(0 \quad a_7 \quad 0)\boldsymbol{x}(k)$$

式中，$\boldsymbol{x}(k)=[x_1(k) \quad x_2(k) \quad x_3(k)]^{\mathrm{T}}$。图 9-41 为该系统的状态图。由图可见，若系统能控，要求 $a_4\neq0$，$a_5\neq0$，以使放入鱼池内的鱼卵能控制鱼苗、小鱼和大鱼的数量。如果 a_4 或 a_5 中有一个为零，则使控制的信息中断，系统便不能控。这个结论同样可从能控性判据中得出。

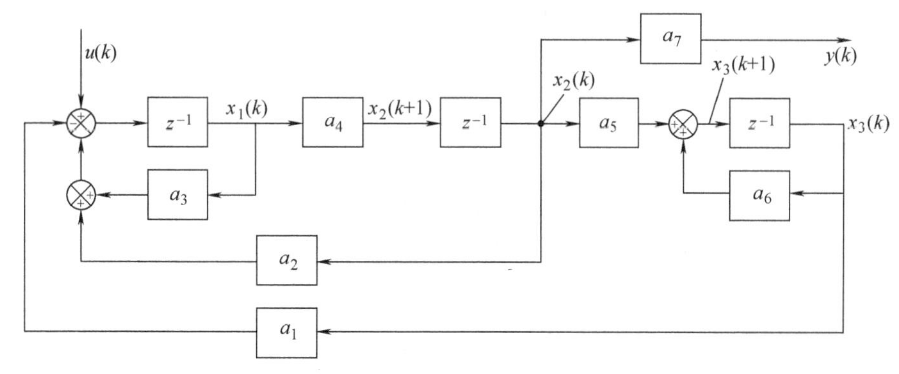

图 9-41　鱼池模型的状态图

基于

$$S_c=(\boldsymbol{h} \quad \boldsymbol{Gh} \quad \boldsymbol{G}^2\boldsymbol{h})=\begin{pmatrix} 1 & -a^3 & a_3^2-a_2a_4 \\ 0 & a_4 & -a_3a_4 \\ 0 & 0 & a_4a_5 \end{pmatrix}$$

不难看出，只要 $a_4 \neq 0$，$a_5 \neq 0$，则 $\det \boldsymbol{S}_c \neq 0$，即 $\boldsymbol{S}_c$ 为满秩矩阵，系统能控。显然，这与上述分析的结果完全相一致。

例题 9-4　一反馈控制系统如图 9-42 所示。其中 u 为输入量，y 为输出量，x_1 和 x_2 为系统的状态变量。试求：

（1）判别系统的能控性和能观性；

（2）判别系统是否稳定。

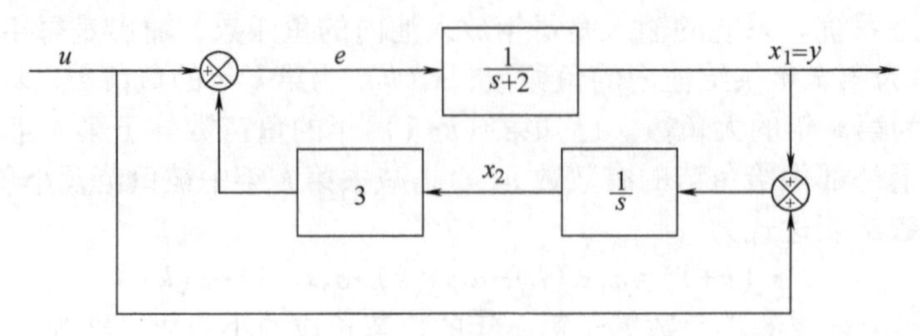

图 9-42　反馈系统的框图

解　（1）根据图 9-42 所示的状态变量，写出该系统的动态方程为

$$\begin{pmatrix} \dot{x}_1 \\ \dot{x}_2 \end{pmatrix} = \begin{pmatrix} -2 & 3 \\ 1 & 0 \end{pmatrix} \begin{pmatrix} x_1 \\ x_2 \end{pmatrix} + \begin{pmatrix} 1 \\ 1 \end{pmatrix} u$$

$$y = (1 \quad 0) \begin{pmatrix} x_1 \\ x_2 \end{pmatrix}$$

据此得

$$\boldsymbol{A} = \begin{pmatrix} -2 & -3 \\ 1 & 0 \end{pmatrix},\ \boldsymbol{b} = \begin{pmatrix} 1 \\ 1 \end{pmatrix},\ \boldsymbol{C} = (1 \quad 0)$$

因为

$$\operatorname{rank}(\boldsymbol{b} \quad \boldsymbol{Ab}) = \operatorname{rank}\begin{pmatrix} 1 & -5 \\ 1 & 1 \end{pmatrix} = 2$$

故系统能控。

同理，根据能观性判据得

$$\operatorname{rank}\begin{pmatrix} \boldsymbol{C} \\ \boldsymbol{CA} \end{pmatrix} = \operatorname{rank}\begin{pmatrix} 1 & 0 \\ -2 & -3 \end{pmatrix} = 2$$

此系统能观。

（2）系统的特征方程为

$$\det(s\boldsymbol{I}-\boldsymbol{A}) = s^2+2s+3=0$$

由于该一元二次方程 s 各项的系数均为正值，故系统是稳定的。

例题 9-5　已知一系统的传递函数为

$$\frac{Y(s)}{U(s)} = \frac{s+a}{s^4+5s^3+10s^2+10s+4}$$

（1）试求实数 a 为何值时，系统为不能控或不能观；（2）选择一组状态变量，使系统在（1）所确定的 a 值下能控而不能观，并求其动态方程；（3）选择另一组状态变量，使系统在（1）所确定的 a 值下能观而不能控，并求其动态方程。

解　已知

$$\frac{Y(s)}{U(s)}=\frac{s+a}{(s+1)(s+2)(s^2+2s+2)}$$

（1）当 $a=1$ 或 $a=2$ 时，传递函数有零、极点对消，此时系统的状态为不能控或不能观。

（2）把传递函数改写为

$$\frac{Y(s)}{U(s)}=\frac{X(s)Y(s)}{U(s)X(s)}$$

相应的框图如图 9-43 所示。由图得

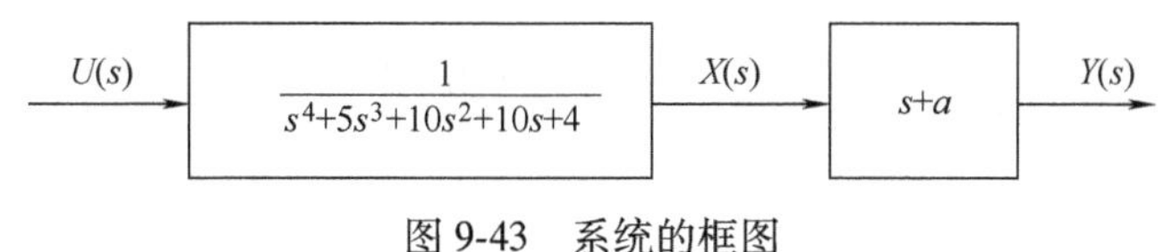

图 9-43　系统的框图

$$s^4X(s)+5s^3X(s)+10s^2X(s)+10sX(s)+4X(s)=U(s)$$
$$Y(s)=(s+a)X(s)$$

或写为

$$x^{(4)}+5x^{(3)}+10\ddot{x}+10\dot{x}+4x=u$$
$$y=\dot{x}+ax$$

按能控标准形状态变量的选择,求得系统的动态方程为

$$\dot{\boldsymbol{x}}=\begin{pmatrix}0&1&0&0\\0&0&1&0\\0&0&0&1\\-4&-10&-10&-5\end{pmatrix}\boldsymbol{x}+\begin{pmatrix}0\\0\\0\\1\end{pmatrix}u$$
$$y=(a\quad 1\quad 0\quad 0)\boldsymbol{x}$$

由于状态方程为能控标准形,故系统的状态一定能控。下面检验系统的能观性。

因为

$$\boldsymbol{C}=(a\quad 1\quad 0\quad 0)$$
$$\boldsymbol{CA}=(0\quad a\quad 1\quad 0)$$
$$\boldsymbol{CA}^2=(0\quad 0\quad a\quad 1)$$
$$\boldsymbol{CA}^3=(-4\quad -10\quad -10\quad a-5)$$

所以

$$\boldsymbol{S}_0=\begin{pmatrix}\boldsymbol{C}\\\boldsymbol{CA}\\\boldsymbol{CA}^2\\\boldsymbol{CA}^3\end{pmatrix}=\begin{pmatrix}a&1&0&0\\0&a&1&0\\0&0&a&1\\-4&-10&-10&a-5\end{pmatrix}$$

$$\begin{aligned}\det\boldsymbol{S}_0&=a[a^2(a-5)-10+10a]+4\\&=a^3(a-5)+10a(a-1)+4\end{aligned}$$

不难看出，当 $a=1$ 或 $a=2$ 时，$\det S_0=0$，表示系统不能观。

（3）根据对偶性原理，把上述能控标准形实现变为相应的能观标准形实现，其动态方程为

$$\dot{\boldsymbol{x}}=\begin{pmatrix}0&0&0&-4\\1&0&0&-10\\0&1&0&-10\\0&0&1&-5\end{pmatrix}\boldsymbol{x}+\begin{pmatrix}a\\1\\0\\0\end{pmatrix}u$$

$$y=(0\quad 0\quad 0\quad 1)\boldsymbol{x}$$

由于动态方程是能观标准形，故系统的状态一定能观。下面检验系统状态的能控性。

由于

$$\boldsymbol{Ab}=\begin{pmatrix}0&0&0&-4\\1&0&0&-10\\0&1&0&-10\\0&0&1&-5\end{pmatrix}\begin{pmatrix}a\\1\\0\\0\end{pmatrix}=\begin{pmatrix}0\\a\\1\\0\end{pmatrix}$$

$$\boldsymbol{A}^2\boldsymbol{b}=\begin{pmatrix}0&0&0&-4\\1&0&0&-10\\0&1&0&-10\\0&0&1&-5\end{pmatrix}\begin{pmatrix}0\\a\\1\\0\end{pmatrix}=\begin{pmatrix}0\\0\\a\\1\end{pmatrix}$$

$$\boldsymbol{A}^3\boldsymbol{b}=\begin{pmatrix}0&0&0&-4\\1&0&0&-10\\0&1&0&-10\\0&0&1&-5\end{pmatrix}\begin{pmatrix}0\\0\\a\\1\end{pmatrix}=\begin{pmatrix}-4\\-10\\-10\\a-5\end{pmatrix}$$

则

$$\boldsymbol{S}_c=(\boldsymbol{b}\quad \boldsymbol{Ab}\quad \boldsymbol{A}^2\boldsymbol{b}\quad \boldsymbol{A}^3\boldsymbol{b})=\begin{pmatrix}a&0&0&-4\\1&a&0&-10\\0&1&a&-10\\0&0&1&a-5\end{pmatrix}$$

$\det\boldsymbol{S}_c=a^4-5a^3+10a^2-10a+4$。当 $a=1$ 或 $a=2$ 时，$\det\boldsymbol{S}_c=0$，相应的系统不能控。

例题 9-6　已知能控标准形的状态方程为

$$\dot{\boldsymbol{x}}=\boldsymbol{Ax}+\boldsymbol{bu}$$

式中：

$$\boldsymbol{A}=\begin{pmatrix}0&1&0&\cdots&0\\&&&\ddots&\vdots\\\vdots&\ddots&\ddots&&0\\0&\cdots&&0&1\\-a_1&-a_2&&\cdots&-a_n\end{pmatrix},\quad \boldsymbol{b}=\begin{pmatrix}0\\0\\\vdots\\0\\1\end{pmatrix}$$

试证明该系统是能控的。

证　要证明该系统是能控的，则需证明其能控性矩阵 $\boldsymbol{S}_c$ 的秩等于 n。根据矩阵 $\boldsymbol{A}$、$\boldsymbol{b}$ 得

$$\boldsymbol{Ab}=\begin{pmatrix}0&1&0&\cdots&0\\&&&\ddots&\vdots\\\vdots&\ddots&\ddots&&\\&&&&0\\0&\cdots&&0&1\\-a_1&-a_2&&\cdots&-a_n\end{pmatrix}\begin{pmatrix}0\\0\\\\\vdots\\0\\1\end{pmatrix}=\begin{pmatrix}0\\\vdots\\\\0\\1\\-a_n\end{pmatrix}$$

$$A^2b=\begin{pmatrix}0&1&0&\cdots&0\\&&&\ddots&\vdots\\\vdots&\ddots&\ddots&&\\&&&&0\\0&\cdots&&0&1\\-a_1&-a_2&&\cdots&-a_n\end{pmatrix}\begin{pmatrix}0\\\\\vdots\\0\\1\\-a_n\end{pmatrix}=\begin{pmatrix}0\\\vdots\\0\\1\\-a_n\\-a_{n-1}+a_n^2\end{pmatrix}$$

$$A^3b=\begin{pmatrix}0&1&0&\cdots&0\\\vdots&&&\ddots&\vdots\\&\ddots&\ddots&&\\&&&&0\\0&&&0&1\\-a_1&-a_2&\cdots&&-a_n\end{pmatrix}\begin{pmatrix}0\\\vdots\\\\0\\1\\-a_n\end{pmatrix}=\begin{pmatrix}0\\\vdots\\0\\1\\-a_n\\-a_{n-1}+a_n^2\\-a_{n-2}+2a_{n-1}a_n-a_n^3\end{pmatrix}$$

据此可求得

$$S_c=(b\quad Ab\quad A^2b\quad\cdots\quad A^{n-1}b)=\begin{pmatrix}0&\cdots&0&0&1\\0&\cdots&0&1&-a_n\\\vdots&\cdot^{\cdot^{\cdot}}&\cdot^{\cdot^{\cdot}}&\cdot^{\cdot^{\cdot}}&-a_{n-1}+a_n^2\\0&1&&\cdot^{\cdot^{\cdot}}&\vdots\\1&-a_n&-a_{n-1}+a_n^2&&\cdots\end{pmatrix}$$

由于 S_c 是一个下三角形矩阵，其 $\det S_c=-1$ 或 1，因而系统是能控的。

例题 9-7　已知一系统的动态方程为

$$\dot{x}=\begin{pmatrix}-1&0\\0&1\end{pmatrix}x+\begin{pmatrix}1\\1\end{pmatrix}u$$
$$y=(1\quad 0)x$$

试求：

（1）判别系统的能控性和能观性；

（2）求系统的传递函数；

（3）画出系统的状态图；

（4）判别系统的稳定性。

解　（1）由于系数矩阵 A 是对角阵，其特征值为 $s_1=-1$，$s_2=1$，且控制矩阵 b 的各元均不为零。根据能控性判据，可知系统的状态是能控的。

同理，由输出方程可知，输出 y 只含有状态变量 x_1 的信息，而 x_1 与 x_2 无任何耦合关系，故该系统的状态为不能观。

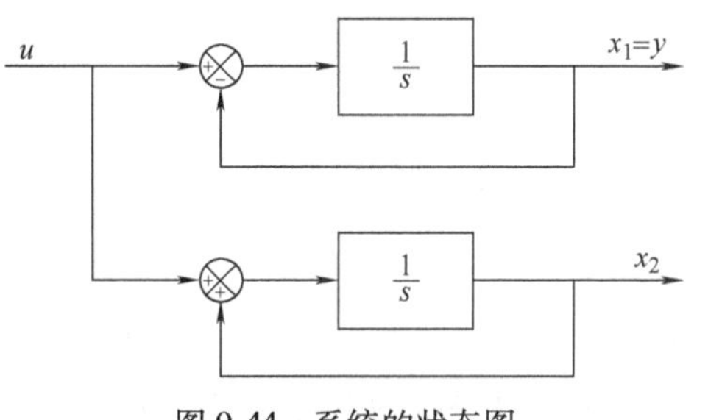

图 9-44　系统的状态图

（2）$$\frac{Y(s)}{U(s)}=C(sI-A)^{-1}b$$

$$=(1\quad 0)\begin{pmatrix}s+1&0\\0&s-1\end{pmatrix}^{-1}\begin{pmatrix}1\\1\end{pmatrix}$$

$$=\frac{1}{s+1}$$

(3) 根据动态方程画出系统的状态图如图 9-44 所示。

(4) 由于系统有一个特征根在 s 的右半平面，故此系统为不稳定。

例题 9-8　已知两个能控且能观的单输入-单输出系统 Σ_1 和 Σ_2。

其中，Σ_1 的动态方程为

$$\dot{\boldsymbol{x}}_1=\boldsymbol{A}_1\boldsymbol{x}_1+\boldsymbol{b}_1u_1$$
$$y_1=\boldsymbol{C}_1\boldsymbol{x}_1$$
$$\boldsymbol{A}_1=\begin{pmatrix}0 & 1\\ -3 & -4\end{pmatrix},\boldsymbol{b}_1=\begin{pmatrix}0\\1\end{pmatrix},\boldsymbol{C}_1=(2\quad 1)$$

Σ_2 的动态方程为

$$\dot{\boldsymbol{x}}_2=\boldsymbol{A}_2\boldsymbol{x}_2+\boldsymbol{b}_2u$$
$$y_2=\boldsymbol{C}_2\boldsymbol{x}_2$$

式中，$\boldsymbol{A}_2=-2$；$\boldsymbol{b}_2=1$；$\boldsymbol{C}_2=1$。

(1) 若把系统 Σ_1、Σ_2 按图 9-45 那样串联连接，试求对于 $\boldsymbol{x}=(\boldsymbol{x}_1\quad \boldsymbol{x}_2)^{\mathrm{T}}$ 的状态方程；

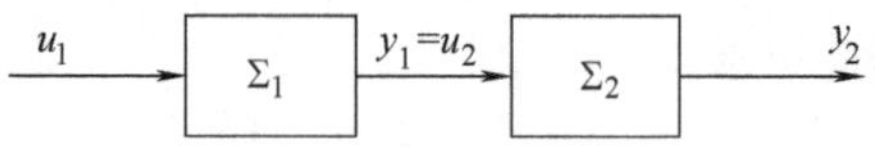

(2) 考察串联连接系统 $\Sigma_1\Sigma_2$ 的能控性和能观性；

(3) 求串联系统 $\Sigma_1\Sigma_2$ 的传递函数。

图 9-45　串联连接的系统

解　(1) 由图 (9-45) 可知，$y_1=\boldsymbol{C}_1\boldsymbol{x}_1=u_2$，因而系统 Σ_2 的状态方程可改写为

$$\dot{\boldsymbol{x}}_2=\boldsymbol{A}_2\boldsymbol{x}_2+\boldsymbol{b}_2u_2=\boldsymbol{A}_2\boldsymbol{x}_2+\boldsymbol{b}_2\boldsymbol{C}_1\boldsymbol{x}_1$$

据此写出以 u_1 为输入、y_2 为输出的串联系统动态方程式为

$$\begin{pmatrix}\dot{\boldsymbol{x}}_1\\ \hdashline \dot{\boldsymbol{x}}_2\end{pmatrix}=\left(\begin{array}{c:c}\boldsymbol{A}_1 & \boldsymbol{0}\\ \hdashline \boldsymbol{b}_2\boldsymbol{C}_1 & \boldsymbol{A}_2\end{array}\right)\begin{pmatrix}\boldsymbol{x}_1\\ \hdashline \boldsymbol{x}_2\end{pmatrix}+\begin{pmatrix}\boldsymbol{b}_1\\ \hdashline \boldsymbol{0}\end{pmatrix}u_1$$

$$y=[\boldsymbol{0}\ \vdots\ \boldsymbol{C}_2]\begin{pmatrix}\boldsymbol{x}_1\\ \hdashline \boldsymbol{x}_2\end{pmatrix}$$

或写为

$$\dot{\boldsymbol{x}}=\boldsymbol{A}\boldsymbol{x}+\boldsymbol{b}u$$
$$y=\boldsymbol{C}\boldsymbol{x}$$

式中：

$$\boldsymbol{A}=\left(\begin{array}{c:c}\boldsymbol{A}_1 & \boldsymbol{0}\\ \hdashline \boldsymbol{b}_2\boldsymbol{C}_1 & \boldsymbol{A}_2\end{array}\right)=\left(\begin{array}{cc:c}0 & 1 & 0\\ -3 & -4 & 0\\ \hdashline 2 & 1 & -2\end{array}\right),\quad \boldsymbol{b}=\begin{pmatrix}\boldsymbol{b}_1\\ \hdashline 0\end{pmatrix}=\begin{pmatrix}0\\1\\ \hdashline 0\end{pmatrix}$$

$$\boldsymbol{C}=(\boldsymbol{0}\ \vdots\ \boldsymbol{C}_2)=(0\quad 0\ \vdots\ 1)$$

(2) 串联系统的能控性和能观性矩阵分别为

$$\boldsymbol{S}_{\mathrm{c}}=(\boldsymbol{b}\quad \boldsymbol{A}\boldsymbol{b}\quad \boldsymbol{A}^2\boldsymbol{b})=\begin{pmatrix}0 & 1 & -4\\ 1 & -4 & 13\\ 0 & 1 & -4\end{pmatrix}$$

$$S_0=\begin{pmatrix}C\\CA\\CA^2\end{pmatrix}=\begin{pmatrix}0&0&1\\2&1&-2\\-7&-4&4\end{pmatrix}$$

由于 $\det S_c=0$，$\det S_0=-1\neq 0$，故串联系统能观而不能控。

（3）系统 Σ_1 和 Σ_2 的传递函数 $G_1(s)$ 和 $G_2(s)$ 分别为

$$G_1(s)=C_1(sI-A_1)^{-1}b=(2\quad 1)\begin{pmatrix}s&-1\\3&s+4\end{pmatrix}^{-1}\begin{pmatrix}0\\1\end{pmatrix}$$

$$=\frac{(s+2)}{(s+1)(s+3)}$$

$$G_2(s)=C_2(sI-A_2)^{-1}b_2=\frac{1}{s+2}$$

串联连接后系统的传递函数为

$$G(s)=G_1(s)G_2(s)=\frac{s+2}{(s+1)(s+3)}\frac{1}{(s+2)}$$

$$=\frac{1}{(s+1)(s+3)}$$

由于传递函数有零、极点对消，故有串联后的系统为不能控。

例题 9-9　已知一系统如图 9-46 所示。试用状态反馈的设计方法，使系统具有下列性能指标：

（1）$M_p=0.0434$，$t_s\leqslant 5.65\text{s}$；

（2）在单位阶跃信号作用下，系统的稳态误差为零。

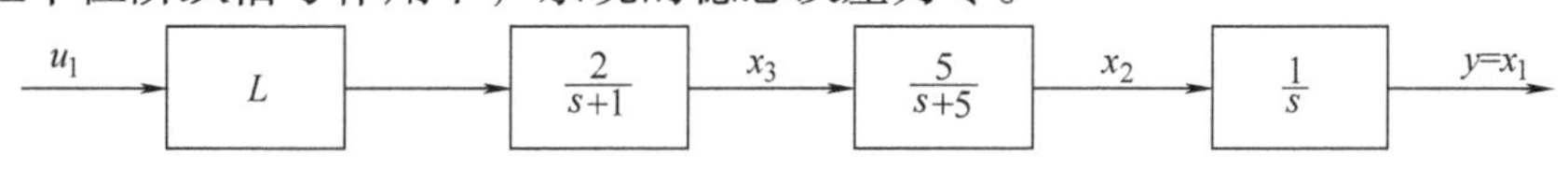

图 9-46　开环控制系统

解　系统的开环传递函数为

$$\frac{Y(s)}{U(s)}=\frac{10L}{s(s+1)(s+5)}$$

由于上述传递函数中无零、极点对消，因而系统的状态是能控的，即有极点任意配置的性质。把上述的传递函数写成相应的状态方程为

$$\begin{pmatrix}\dot{x}_1\\\dot{x}_2\\\dot{x}_3\end{pmatrix}=\begin{pmatrix}0&1&0\\0&0&1\\0&-5&-6\end{pmatrix}\begin{pmatrix}x_1\\x_2\\x_3\end{pmatrix}+\begin{pmatrix}0\\0\\1\end{pmatrix}u$$

设状态反馈矩阵 $K=(k_1\quad k_2\quad k_3)$，则状态反馈后系统的系数矩阵为

$$A-bK=\begin{pmatrix}0&1&0\\0&0&1\\-k_1&-5-k_2&-6-k_3\end{pmatrix}$$

相应的特征方程式为

$$\det(sI-A+bK)=s^3+(6+k_3)s^2+(5+k_2)s+k_1=0 \tag{9-151}$$

由题意得

$$M_p=e^{-\frac{\zeta\pi}{\sqrt{1-\zeta^2}}}=0.0434$$

$$t_s=\frac{3}{\zeta\omega_n}=5.65\mathrm{s}$$

联立求解上述两式，得 $\zeta=0.707$，$\omega_n=0.75\mathrm{s}^{-1}$，一对希望的闭环极点为 $s_{1,2}=-\zeta\omega_n\pm \mathrm{j}\omega_n\sqrt{1-\zeta^2}=-0.53\pm \mathrm{j}0.53$。令第三个闭环极点为 $s_3=-5$，则希望的闭环特征方程式为

$$(s+5)(s+0.53-\mathrm{j}0.53)(s+0.53+\mathrm{j}0.53)=s^3+6.06s^2+5.86s+2.8=0 \tag{9-152}$$

对比式（9-151）和式（9-152），求得

$$k_1=2.8$$
$$5+k_2=5.86,\ k_2=0.86$$
$$6+k_3=6.06,\ k_3=0.06$$

闭环系统的状态图如图 9-47 所示。

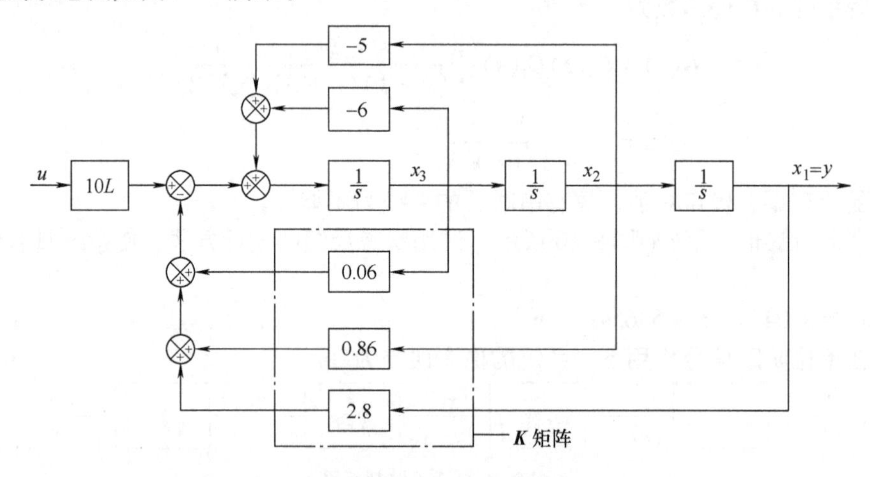

图 9-47　闭环系统的状态图

由状态反馈组成闭环系统的传递函数为

$$\frac{Y(s)}{10LU(s)}=\boldsymbol{C}[s\boldsymbol{I}-(\boldsymbol{A}-\boldsymbol{bK})]^{-1}\boldsymbol{b}$$

即

$$T(s)=\frac{Y(s)}{U(s)}=10L\boldsymbol{C}[s\boldsymbol{I}-(\boldsymbol{A}-\boldsymbol{bK})]^{-1}\boldsymbol{b}$$

$$=10L(1\quad 0\quad 0)\begin{pmatrix} s & -1 & 0 \\ 0 & s & -1 \\ k_1 & 5+k_2 & s+6+k_3 \end{pmatrix}^{-1}\begin{pmatrix}0\\0\\1\end{pmatrix}$$

$$=\frac{10L(1\quad 0\quad 0)\begin{pmatrix} * & * & 1 \\ * & * & s \\ * & * & s^2 \end{pmatrix}\begin{pmatrix}0\\0\\1\end{pmatrix}}{s^3+(6+k_3)s^2+(5+k_2)s+k_1}$$

$$=\frac{10L}{s^3+(6+k_3)s^2+(5+k_2)s+k_1}$$

为使在阶跃信号作用下，系统的稳态误差为零，要求 $T(s)|_{s=0}=1$。据此，由上式得 $10L/k_1=1$，$L=0.28$。由于系数 L 不在闭环回路中，故它的大小不会影响系统的稳定性。

例题 9-10　设受控系统的动态方程为

$$\dot{\boldsymbol{x}}=\begin{pmatrix}0 & 1\\ 0 & -1\end{pmatrix}\boldsymbol{x}+\begin{pmatrix}0\\ 1\end{pmatrix}u$$

$$y=(1\quad 0)\ \boldsymbol{x}$$

已知系统能控和能观，状态变量 x_1 和 x_2 均不能量测。试通过状态反馈使闭环系统的阻尼比 $\zeta=\sqrt{2}/2$，无阻尼自然频率 $\omega_n=1\text{s}^{-1}$。

解　由给定的 ζ 和 ω_n 值，求得系统的希望闭环极点为 $s_{1,2}=-\sqrt{2}/2\pm \text{j}\sqrt{2}/2$。相应的闭环特征方程为

$$(s+\sqrt{2}/2-\text{j}\sqrt{2}/2)\ (s+\sqrt{2}/2+\text{j}\sqrt{2}/2)\ =s^2+\sqrt{2}s+1=0$$

由于系统能控，故闭环极点能任意配置。设状态反馈阵为 $\boldsymbol{K}=(k_1\quad k_2)$，则状态反馈后闭环系统的特征方程为

$$\det[s\boldsymbol{I}-(\boldsymbol{A}-\boldsymbol{bK})]=s^2+(1+k_2)s+k_1=0$$

比较上述两式，求得 $k_1=1$，$k_2=\sqrt{2}-1$，即状态反馈矩阵为 $\boldsymbol{K}=(1\quad \sqrt{2}-1)$。

虽然受控系统的状态不可以直接量测，不能用其自身的状态进行反馈，但由于系统是能观的，因而可用状态观测器重构系统的状态。由于观测器的状态是能量测的，于是可以用观测器的状态实现系统的状态反馈。

状态观测器的状态方程为

$$\dot{\hat{\boldsymbol{x}}}=(\boldsymbol{A}-\boldsymbol{GC})\hat{\boldsymbol{x}}+\boldsymbol{b}u+\boldsymbol{G}y$$

相应的特征方程为

$$\det[s\boldsymbol{I}-(\boldsymbol{A}-\boldsymbol{GC})]=0$$

式中：

$$\boldsymbol{G}=\begin{pmatrix}g_1\\ g_2\end{pmatrix},\quad \boldsymbol{A}-\boldsymbol{GC}=\begin{pmatrix}-g_1 & 1\\ -g_2 & -1\end{pmatrix}$$

即

$$\det[s\boldsymbol{I}-(\boldsymbol{A}-\boldsymbol{GC})]=s^2+(g_1+1)s+(g_1+g_2)=0$$

为了使观测器的状态 $\hat{\boldsymbol{x}}$ 能尽快地趋近于实际系统的状态 $\boldsymbol{x}$，要求观测器的特征值远小于闭环极点的实部。现设观测器的特征值 $s'_{1,2}=-5$，据此得

$$(s+5)^2=s^2+10s+25=0$$

比较上述两式，得

$$g_1+1=10$$

$$g_1+g_2=25$$

解之，$g_1=9$，$g_2=16$，即观测器的反馈矩阵 $\boldsymbol{G}=(9\quad 16)^{\text{T}}$。基于上述的计算，求得观测器的状态方程为

$$\dot{\hat{\boldsymbol{x}}}=\begin{pmatrix}-9 & 1\\ -16 & -1\end{pmatrix}\hat{\boldsymbol{x}}+\begin{pmatrix}0\\ 1\end{pmatrix}u+\begin{pmatrix}9\\ 16\end{pmatrix}y$$

根据受控系统和观测器的状态方程，画出带有观测器的状态反馈系统框图，如图 9-48 所示。

图中 $u=(-1\quad \sqrt{2}-1)\begin{pmatrix}\hat{x}_1\\ \hat{x}_2\end{pmatrix}$。

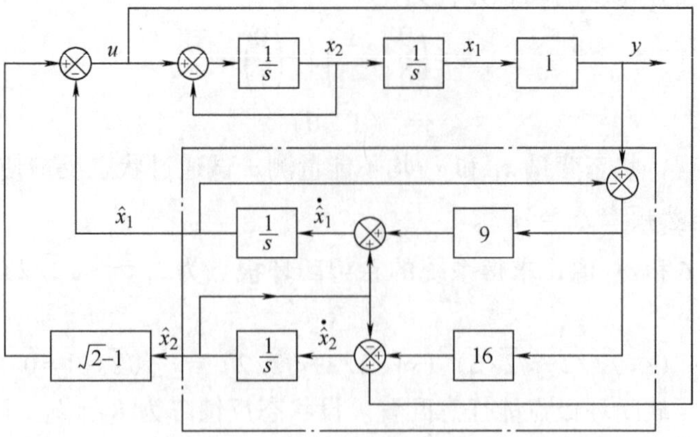

图 9-48　具有观测器的状态反馈系统

习　题

9-1　已知 *R-L-C* 电路如图 9-49 所示。（1）试写出以 i_L 和 u_C 为状态变量的状态方程；（2）已知$i_L(0)=0, u_C(0)=0$，求单位阶跃响应 $u_C(t)$。

9-2　一 *R-L-C* 电路如图 9-50 所示。设状态变量 $x_1=i_1$，$x_2=i_2$，$x_3=u_C$，求电路的状态方程。

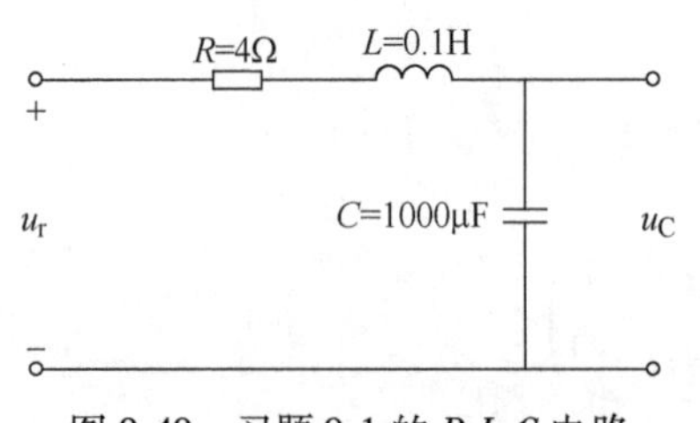

图 9-49　习题 9-1 的 *R-L-C* 电路

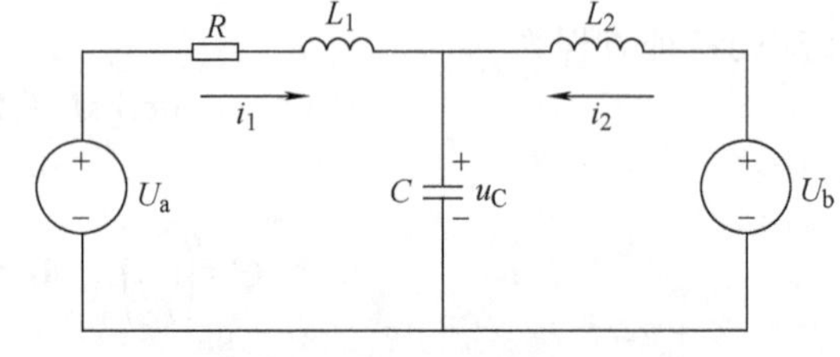

图 9-50　习题 9-2 的 *R-L-C* 电路

9-3　已知一 *R-L-C* 电路如图 9-51 所示。令状态变量 $x_1=i_L$，$x_2=u_C$。（1）试写出电路的状态方程；（2）画出电路的状态图。

9-4　已知一系统的传递函数为

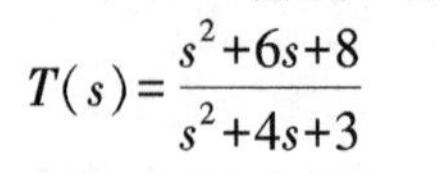

$$T(s)=\frac{s^2+6s+8}{s^2+4s+3}$$

试写出该系统的能控标准形、能观标准形和对角标准形实现。

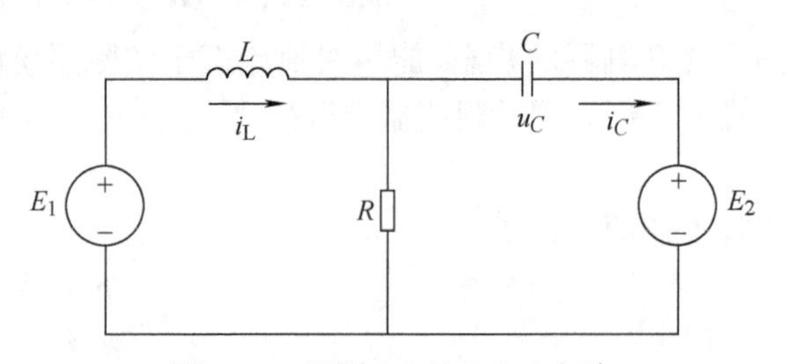

图 9-51　习题 9-3 的 *R-L-C* 电路

9-5　已知某系统的传递函数为

$$T(s)=\frac{8(s+5)}{s^3+12s^2+44s+48}$$

试求：（1）能控标准形实现；（2）对角标准形实现。

9-6　控制系统的框图如图 9-52a、b 所示，试写出它们的动态方程式。

9-7　已知控制系统的动态方程如下，试分别求出它们的传递函数或传递函数矩阵。

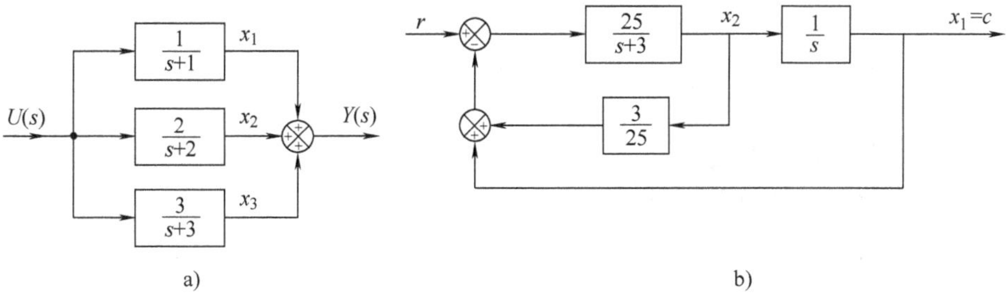

a)　　　　　　b)

图 9-52　控制系统的框图

（1）$\dot{\boldsymbol{x}}=\begin{pmatrix}-1 & 0\\ 0 & -2\end{pmatrix}\boldsymbol{x}+\begin{pmatrix}1\\ 1\end{pmatrix}u$

$y=(0\quad 3)\boldsymbol{x}+5u$

（2）$\dot{\boldsymbol{x}}=\begin{pmatrix}0 & 1 & 0\\ 0 & 0 & 1\\ -8 & -14 & -7\end{pmatrix}\boldsymbol{x}+\begin{pmatrix}0\\ 0\\ 1\end{pmatrix}u$

$y=(15\quad 8\quad 1)\boldsymbol{x}$

（3）$\dot{\boldsymbol{x}}=\begin{pmatrix}0 & 1 & 0\\ 0 & -4 & 3\\ -1 & -1 & -2\end{pmatrix}\boldsymbol{x}+\begin{pmatrix}0 & 0\\ 1 & 0\\ 0 & 2\end{pmatrix}\boldsymbol{u}$

$\boldsymbol{y}=\begin{pmatrix}1 & 0 & 0\\ 0 & 0 & 1\end{pmatrix}\boldsymbol{x}$

（4）$\dot{\boldsymbol{x}}=\begin{pmatrix}0 & 1 & 0\\ 0 & 0 & 3\\ -1 & -1 & -2\end{pmatrix}\boldsymbol{x}+\begin{pmatrix}0 & 0\\ 1 & 0\\ 0 & 1\end{pmatrix}\boldsymbol{u}$

$\boldsymbol{y}=\begin{pmatrix}1 & 0 & 0\\ 0 & 0 & 1\end{pmatrix}\boldsymbol{x}+\begin{pmatrix}0 & 1\\ 1 & 1\end{pmatrix}\boldsymbol{u}$

9-8　已知系统的状态方程为

$$\dot{\boldsymbol{x}}=\begin{pmatrix}1 & -1\\ 0 & -1\end{pmatrix}\boldsymbol{x}+\begin{pmatrix}1\\ 1\end{pmatrix}u$$

试用线性非奇异变换，将上式变为对角标准形。

9-9　已知系统的状态方程为

$$\dot{\boldsymbol{x}}=\begin{pmatrix}0 & 1 & 0\\ 0 & 0 & 1\\ -8 & -14 & -7\end{pmatrix}\boldsymbol{x}+\begin{pmatrix}0\\ 0\\ 3\end{pmatrix}u$$

试用线性非奇异变换，将给定方程变为对角标准形。

9-10　已知控制系统的状态方程为

$$\dot{\boldsymbol{x}}=\boldsymbol{A}\boldsymbol{x}$$

其中：

$$\boldsymbol{A}=\begin{pmatrix}0 & 6\\ -1 & -5\end{pmatrix}$$

求：（1）系统特征方程式的根；（2）状态转移矩阵。

9-11　已知控制系统的状态方程为

$$\dot{\boldsymbol{x}}=\boldsymbol{A}\boldsymbol{x}$$

其中：

$$A=\begin{pmatrix}0 & 1\\ 0 & 0\end{pmatrix}$$

（1）求状态转移矩阵 $\boldsymbol{\Phi}(t)$；（2）若初始状态变量为 $x_1(0)=x_2(0)=1$，求 $\boldsymbol{x}(t)$。

9-12　已知控制系统的状态方程为

$$\dot{\boldsymbol{x}}=\boldsymbol{A}\boldsymbol{x}$$

其中：

$$\boldsymbol{A}=\begin{pmatrix}0 & 1\\ -3 & 2\end{pmatrix}，初始状态矢量\begin{pmatrix}x_1(0)\\ x_2(0)\end{pmatrix}=\begin{pmatrix}1\\ -1\end{pmatrix}$$

试求解 $x_1(t)$ 和 $x_2(t)$。

9-13　若系统 $\dot{\boldsymbol{x}}=\boldsymbol{A}\boldsymbol{x}$ 的状态转移矩阵 $\boldsymbol{\Phi}(t,0)$ 为

$$\boldsymbol{\Phi}(t,0)=\begin{pmatrix}e^{-t} & 0 & 0\\ 0 & (1-2t)e^{-2t} & 4te^{-2t}\\ 0 & -te^{-2t} & (1+2t)e^{-2t}\end{pmatrix}$$

试求系统的系数矩阵 $\boldsymbol{A}$。

9-14　一控制系统的状态方程为

$$\dot{\boldsymbol{x}}=\boldsymbol{A}\boldsymbol{x}$$

其中，$\boldsymbol{A}$ 为 2×2 常数矩阵。已知：

$$\boldsymbol{x}(0)=\begin{pmatrix}1\\ -1\end{pmatrix}时,\boldsymbol{x}(t)=\begin{pmatrix}e^{-2t}\\ -e^{-2t}\end{pmatrix}$$

$$\boldsymbol{x}(0)=\begin{pmatrix}2\\ -1\end{pmatrix}时,\boldsymbol{x}(t)=\begin{pmatrix}2e^{-t}\\ -e^{-t}\end{pmatrix}$$

求系统的状态转移矩阵 e^{At} 和系数矩阵 $\boldsymbol{A}$。

9-15　已知控制系统的系数矩阵 $\boldsymbol{A}$ 为

$$\boldsymbol{A}=\begin{pmatrix}0 & 1 & 0 & 0\\ 0 & 0 & 1 & 0\\ 0 & 0 & 0 & 1\\ 0 & 0 & 0 & 0\end{pmatrix}$$

试用幂级数法及拉普拉斯变换法求状态转移矩阵 e^{At}。

9-16　已知控制系统的动态方程为

$$\dot{\boldsymbol{x}}=\begin{pmatrix}-2 & 2 & 1\\ 0 & -2 & 0\\ 1 & -4 & 0\end{pmatrix}\boldsymbol{x}+\begin{pmatrix}0\\ 1\\ 1\end{pmatrix}u$$

$$y=(1\quad 0\quad 0)\boldsymbol{x}$$

（1）判别该系统的能控性和能观性；（2）求系统的传递函数。

9-17　已知控制系统的传递函数为

$$\frac{Y(s)}{U(s)}=\frac{s+a}{s^3+7s^2+14s+8}$$

（1）试求系统的状态为不能控或不能观时的 a 值；（2）求系统的能控标准形实现，并据此求出该系统为不能观时的 a 值；（3）求系统的能观标准形实现，并据此求出该系统为不能

控时的 a 值。

9-18　（1）写出图 9-53 所示系统的动态方程，图中 x_1、x_2 和 x_3 为系统的状态变量；（2）判别该系统的能控性和能观性。

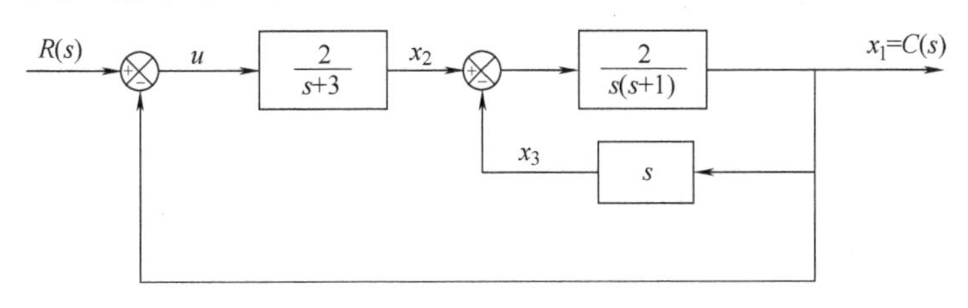

图 9-53　控制系统的框图

9-19　已知控制系统的状态方程为

$$\dot{\boldsymbol{x}}=\begin{pmatrix}1 & 0\\ 0 & 2\end{pmatrix}\boldsymbol{x}+\begin{pmatrix}b_1\\ b_2\end{pmatrix}u$$

试求系统能控时的 b_1 和 b_2 的值。

9-20　已知控制系统的动态方程为

$$\dot{\boldsymbol{x}}=\begin{pmatrix}-1 & 0 & 0\\ 0 & -2 & 0\\ 0 & 0 & -3\end{pmatrix}\boldsymbol{x}+\begin{pmatrix}1\\ 1\\ 0\end{pmatrix}u$$

$$y=(1\quad 0\quad 2)\ \boldsymbol{x}$$

（1）求系统的传递函数 $Y(s)/U(s)$；（2）判别系统是否能控和能观。

9-21　一离散控制系统的动态方程为

$$\boldsymbol{x}(k+1)=\begin{pmatrix}2 & 0 & 3\\ -1 & -1 & 0\\ 0 & 1 & 2\end{pmatrix}\boldsymbol{x}(k)+\begin{pmatrix}0\\ 0\\ 1\end{pmatrix}u(k)$$

$$\boldsymbol{y}(k)=\begin{pmatrix}1 & 0 & 0\\ 0 & 1 & 0\end{pmatrix}\boldsymbol{x}(k)$$

试判别系统的能控性和能观性。

9-22　图 9-54 为一并联电路，外施电压 U 作为输入，电路的总电流 I 作为输出。假设电路的状态变量 $x_1=U_C$，$x_2=I_L$。求此电路的能控性和能观性的条件，并说明其物理意义。

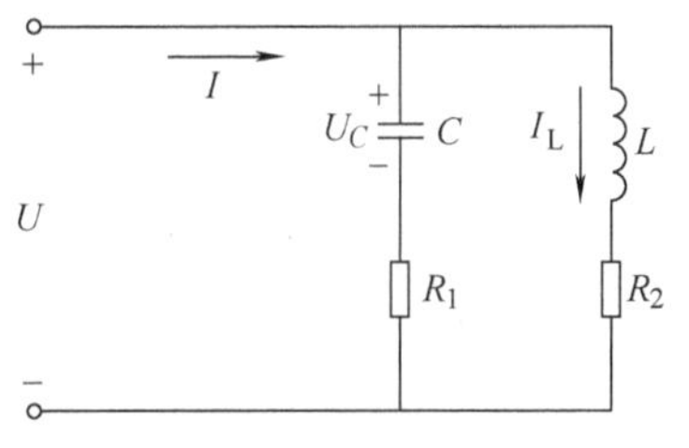

图 9-54　习题 9-22R-L-C 电路

9-23　判别下列动态方程所示系统的能控性和能观性。

（1）$$\dot{\boldsymbol{x}}=\begin{pmatrix}1 & 3 & 2\\ 0 & 4 & 2\\ 0 & 0 & 1\end{pmatrix}\boldsymbol{x}+\begin{pmatrix}0 & 1\\ 0 & 0\\ 1 & 0\end{pmatrix}\boldsymbol{u}$$

$$\boldsymbol{y}=\begin{pmatrix}1 & 0 & 0\\ 0 & 0 & 1\end{pmatrix}\boldsymbol{x}$$

（2）$$\dot{\boldsymbol{x}}=\begin{pmatrix}1 & 3 & 2\\ 0 & 4 & 2\\ 0 & 0 & 1\end{pmatrix}\boldsymbol{x}+\begin{pmatrix}1 & 0\\ 0 & 1\\ 0 & 0\end{pmatrix}\boldsymbol{u}$$

$$\boldsymbol{y}=\begin{pmatrix}1 & 0 & 0\\0 & 1 & 1\end{pmatrix}\boldsymbol{x}$$

9-24　已知系统的动态方程为

$$\dot{\boldsymbol{x}}=\begin{pmatrix}-2 & 0\\0 & 3\end{pmatrix}\boldsymbol{x}+\begin{pmatrix}1\\1\end{pmatrix}u$$

$$y=(1\quad 2)\ \boldsymbol{x}$$

（1）判别系统的能控性和能观性；（2）求系统的传递函数；（3）画出系统的状态图；（4）判别系统的稳定性。

9-25　设系统的状态方程为

$$\dot{\boldsymbol{x}}=\begin{pmatrix}2 & 1\\-1 & 1\end{pmatrix}\boldsymbol{x}+\begin{pmatrix}1\\2\end{pmatrix}u$$

试求状态反馈矩阵 $\boldsymbol{K}=(k_1\quad k_2)$，使闭环系统的特征根为-1 和-2。

9-26　已知开环系统的传递函数为

$$G(s)=\frac{3s^2+4s-2}{s^3+3s^2+7s+5}$$

现用状态反馈使闭环系统的极点为-4、-4 和-5。求状态反馈矩阵 $\boldsymbol{K}$。

9-27　已知一控制系统的状态方程为

$$\dot{\boldsymbol{x}}=\begin{pmatrix}0 & 1\\-2 & 1\end{pmatrix}\boldsymbol{x}+\begin{pmatrix}0\\1\end{pmatrix}u$$

$$y=(1\quad 0)\ \boldsymbol{x}$$

试设计一状态反馈矩阵 $\boldsymbol{K}$，使闭环系统在阶跃输入作用下的超调量为 $M_{\mathrm{p}}=5\%$，调整时间 $t_{\mathrm{s}}=2\mathrm{s}$，且设系统的两状态变量不能被检测。

第十章 李雅普诺夫稳定性分析

在前面的第三~五章中，已介绍了几种对线性定常系统稳定性判别的方法，如劳斯稳定判据、奈奎斯特稳定判据等。然而，这些方法均不适用于非线性系统和时变系统。为此，就需要寻求一种能适用于多种不同类系统稳定性的判别方法。

俄国学者李雅普诺夫（Lyarunov）于 1892 年提出了著名的李雅普诺夫稳定性理论。该理论适用于对多种系统稳定性的判别，其核心内容是判别系统稳定性的两种方法，人们简称为李雅普诺夫第一法和李雅普诺夫第二法。李雅普诺夫第一法又称间接法，它是通过求解系统的运动方程，然后根据其解的性质，即系统特征根的正负号，作出对相应系统稳定性的判别。这种方法的思路与前面所述线性定常系统中所用的方法是一致的，故这儿不做介绍。李雅普诺夫第二法是通过构造一种类似于能量函数的李雅普诺夫函数，然后根据该函数的相关性质，直接判别相应系统的稳定性，故这种方法又称直接法。由对下面内容的讨论可知，构造一个系统适用的李雅普诺夫函数是需要有一定的技巧和经验的。

第一节　李雅普诺夫稳定性

系统的稳定性是指它在平衡状态受到了某一扰动后产生自由运动的特性，即系统的稳定性是相对于其平衡状态而言的。为此，应先给出系统平衡状态的定义，然后再介绍李雅普诺夫稳定性的相关内容。

一、平衡状态

基于系统的稳定性是通过其自由运动来考察的，因此可令控制量 $\boldsymbol{u}=\boldsymbol{0}$。设给定系统的状态方程为

$$\dot{\boldsymbol{x}}=\boldsymbol{f}(\boldsymbol{x},\ t),\ \boldsymbol{x}\in\mathbf{R}^n \tag{10-1}$$

令初始状态 $\boldsymbol{x}(t_0)=\boldsymbol{x}_0$，对式（10-1），若 t 为任意值时，系统的状态始终满足 $\dot{\boldsymbol{x}}=\boldsymbol{0}$，则称该系统的状态为平衡状态，用 $\boldsymbol{x}_e$ 表示。由 $\boldsymbol{x}_e$ 确定状态空间中的点就是系统的平衡点。显然，在平衡状态 $\boldsymbol{x}_e$ 处，式（10-1）便蜕化为如下的代数方程式：

$$\boldsymbol{f}(\boldsymbol{x}_e,\ t)=\boldsymbol{0} \tag{10-2}$$

对于线性定常系统 $\dot{\boldsymbol{x}}=\boldsymbol{A}\boldsymbol{x}$，在平衡状态时应满足方程 $\boldsymbol{A}\boldsymbol{x}_e=\boldsymbol{0}$。不难证明，当 $\boldsymbol{A}$ 为非奇异矩阵时，对应的系统就有唯一的一个平衡状态 $\boldsymbol{x}_e=\boldsymbol{0}$，即坐标原点。当 $\boldsymbol{A}$ 为奇异矩阵时，则系统就有无穷多个平衡状态。

对于非线性系统，方程 $\dot{\boldsymbol{x}}=\boldsymbol{f}(\boldsymbol{x},\ t)=\boldsymbol{0}$ 的解可能有多个，即有多个平衡状态。对此，举例说明如下。

已知系统的状态方程为

$$\dot{x}_1=-x_1$$

$$\dot{x}_2 = x_1 + x_2 - x_2^3$$

该系统的平衡状态应满足下列方程：

$$-x_1 = 0$$

$$x_1 + x_2 - x_2^3 = 0$$

解得

$$x_1 = 0$$

$$x_2 = 0,\ 1,\ \ -1$$

由此可知，该系统有3个平衡状态，即

$$x_{e1} = \begin{pmatrix} 0 \\ 0 \end{pmatrix},\ x_{e2} = \begin{pmatrix} 0 \\ 1 \end{pmatrix},\ x_{e3} = \begin{pmatrix} 0 \\ -1 \end{pmatrix}$$

由于非零的平衡状态总可以通过坐标变换，将其转移到状态空间的坐标原点。为方便起见，常取坐标原点为系统的平衡状态点。

二、李雅普诺夫稳定性的定义

1. 系统的稳定性

令系统的状态方程为

$$\dot{x} = f[x(t),\ t]$$

系统处于平衡状态 x_e 时，$\dot{x}=0$。若有扰动使系统的平衡状态受到破坏，在 $t=t_0$ 时的状态为系统的初始状态 $x(t_0)=x_0$，则在 $t>t_0$ 后，系统的运动会使其状态 $x(t)$ 随时间 t 而变化。

设在平衡状态 x_e 处给出一个半径为 ε 的超球域 $S(\varepsilon)$，ε 为任意正值。如果球域 $S(\varepsilon)$ 内存在着另一个球域 $S(\delta)$，$0<\delta<\varepsilon$，当 $t>t_0$ 时，$x(t)$ 的运动轨迹始终在球域 $S(\varepsilon)$ 内，即有

$$\| x_0 - x_e \| \leqslant \delta$$

$$\| x(t) - x_e \| \leqslant \varepsilon$$

则称该系统的平衡状态是稳定的，或称为在李雅普诺夫定义下是稳定的。

2. 渐近稳定性

如果平衡状态 x_e 是稳定的，并在充分邻近于 x_e 的一个小球域 $S(\delta)$ 内，即从 $\| x_0 - x_e \| \leqslant \delta$ 内的任意初始状态 x_0 出发的状态解 $\phi(t,\ t_0)x_0$，当 $t\to\infty$ 时，都收敛于坐标原点，即

$$\lim_{t\to\infty} \| \phi(t,\ t_0)x_0 - x_e \| = 0$$

则称系统的平衡状态 x_e 是渐近稳定的。

3. 大范围渐近稳定性

如果系统的平衡状态是渐近稳定的，且其初始状态 x_0 不受约束，可在整个状态空间内，则称系统的平衡状态是大范围渐近稳定的。

4. 不稳定性

如果对于某个实数 ε 和任一实数 δ，且 $\varepsilon>\delta>0$，不管这两个实数多么小，在 $S(\delta)$ 球域内总存在着一个初始状态 x_0，使得从这一初始状态出发的轨迹 $x(t)$ 最终会超出球域 $S(\varepsilon)$，则称该平衡状态是不稳定的。

为了能更直观地理解上述平衡状态稳定性的概念，下面在二维状态平面上分别画出了系统平衡状态的稳定、渐近稳定和不稳定3种情况，如图10-1所示。

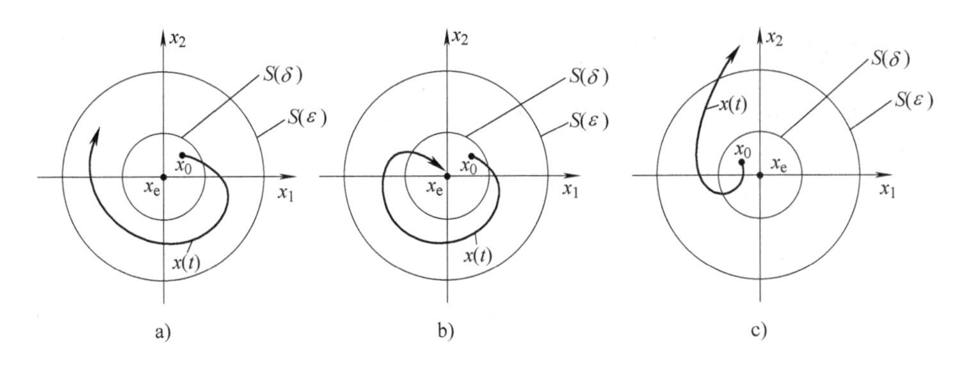

图 10-1　系统平衡状态的 3 种情况

a）x_e 是稳定的　b）x_e 是渐近稳定的　c）x_e 是不稳定的

第二节　李雅普诺夫第二方法

在具体阐述李雅普诺夫第二方法（简称李氏第二法）前，先介绍应用该方法时要用到的下述预备知识。

一、正定函数

令 $V(\boldsymbol{x})$ 是矢量 $\boldsymbol{x}$ 的标量函数，S 是 $\boldsymbol{x}$ 空间包括坐标原点在内的封闭区域。如果 S 域中所有的 $\boldsymbol{x}$ 都满足：

1）$V(\boldsymbol{x})$ 对矢量 $\boldsymbol{x}$ 中各分量均有连续的偏导数；

2）$V(\boldsymbol{0})=\boldsymbol{0}$；

3）当 $\boldsymbol{x}\neq\boldsymbol{0}$ 时，$V(\boldsymbol{x})>0$（或 $V(\boldsymbol{x})\geqslant 0$）。

则称 $V(\boldsymbol{x})$ 是正定函数（或正半定函数）。

按照上述的定义，可知：

$V(\boldsymbol{x})=x_1^2+x_2^2$，为正定函数；

$V(\boldsymbol{x})=(x_1+x_2)^2$，由于在 $x_1+x_2=0$ 的直线上，也满足 $V(\boldsymbol{x})=0$，因而它是正半定函数。

二、二次型函数

二次型函数是一类很重要的纯量函数，它具有如下形式：

$$
\begin{aligned}
V(\boldsymbol{x}) &= \boldsymbol{x}^{\mathrm{T}}\boldsymbol{P}\boldsymbol{x} \\
&= (x_1,\ x_2,\ \cdots,\ x_n)\begin{pmatrix} P_{11} & P_{12} & \cdots & P_{1n} \\ P_{12} & P_{22} & \cdots & P_{2n} \\ \vdots & \vdots & & \vdots \\ P_{1n} & P_{2n} & \cdots & P_{nn} \end{pmatrix}\begin{pmatrix} x_1 \\ x_2 \\ \vdots \\ x_n \end{pmatrix}
\end{aligned} \tag{10-3}
$$

式中，矢量 $\boldsymbol{x}$ 和矩阵 $\boldsymbol{P}$ 的元素均为实数。式（10-3）的展开式为

$$V(\boldsymbol{x})=\sum_{i=1}^{n}\sum_{j=1}^{n}P_{ij}x_ix_j$$

由上式可见，不管矩阵 $\boldsymbol{P}$ 为何种形式，只要满足（$P_{ij}+P_{ji}$）保持不变，则 $V(\boldsymbol{x})$ 总是相同的。通常选 $\boldsymbol{P}$ 为式（10-3）中所示的实对称矩阵。

三、二次型函数定号性的判别

对于 $\boldsymbol{P}$ 为实对称矩阵的二次型函数 $V(\boldsymbol{x})$ 的定号性，可用下述的塞尔维斯特（Sylverter）准则来判别。该准则指出当式（10-3）中的 $\boldsymbol{P}$ 为实对称矩阵时，$V(\boldsymbol{x})$ 为正定的充要条件是矩阵 $\boldsymbol{P}$ 的所有主子行列式均大于零，即有

$$\Delta_1 = P_{11} > 0,\ \Delta_2 = \begin{vmatrix} P_{11} & P_{12} \\ P_{12} & P_{22} \end{vmatrix} > 0,\ \cdots,\ \det\boldsymbol{P} > 0$$

如果 $\boldsymbol{P}$ 是奇异矩阵，且它的所有主子行列式均为非负的，则 $V(\boldsymbol{x}) = \boldsymbol{x}^{\mathrm{T}}\boldsymbol{P}\boldsymbol{x}$ 是正半定的。

如果 $-V(\boldsymbol{x})$ 是正定的，则 $V(\boldsymbol{x})$ 是负定的。同理，如果 $-V(\boldsymbol{x})$ 是正半定的，则 $V(\boldsymbol{x})$ 为负半定。

【例 10-1】 试证明下列的二次型函数是正定的。

$$\begin{aligned} V(\boldsymbol{x}) &= 10x_1^2 + 4x_2^2 + x_3^2 + 2x_1x_2 - 2x_2x_3 - 4x_1x_3 \\ &= \begin{bmatrix} x_1 & x_2 & x_3 \end{bmatrix} \begin{bmatrix} 10 & 1 & -2 \\ 1 & 4 & -1 \\ -2 & -1 & 1 \end{bmatrix} \begin{bmatrix} x_1 \\ x_2 \\ x_3 \end{bmatrix} \end{aligned}$$

因为矩阵 $\boldsymbol{P}$ 的各主子引列式：

$$\Delta_1 = 10 > 0,\ \Delta_2 = \begin{vmatrix} 10 & 1 \\ 1 & 4 \end{vmatrix} > 0,\ \Delta_3 = \begin{vmatrix} 10 & 1 & -2 \\ 1 & 4 & -1 \\ -2 & -1 & 1 \end{vmatrix} > 0$$

故该 $V(\boldsymbol{x})$ 是正定的。

四、李雅普诺夫第二方法是从能量的观点得出的

众所周知，任何系统的运动都要消耗其能量（能量总是正值），若系统所储存的能量在其运动过程中，随着时间的推移而不断地减少，当到达平衡状态时为最小，这种系统是稳定的。反之，若系统在运动过程中不断地从外部吸取能量，使其所储存的能量越来越多，这种系统为不稳定。

【例 10-2】 图 10-2 为质量-弹簧-阻尼器系统，其状态方程为

$$\begin{aligned} \dot{x}_1 &= x_2 \\ \dot{x}_2 &= -Kx_1 - fx_2 \end{aligned}$$

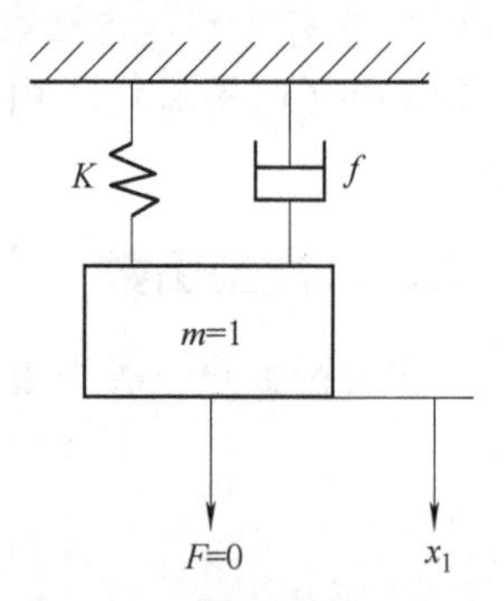

图 10-2　质量-弹簧-阻尼系统

式中，K 为弹性系数；f 为阻尼器的阻尼系数。该系统的总能量为质量 m 移动时的动能与储藏在弹簧中的位能之和，即

$$V(\boldsymbol{x}) = \frac{1}{2}x_2^2 + \frac{1}{2}Kx_1^2$$

显然，除平衡点 $\boldsymbol{x}_e = \boldsymbol{0}$ 外，$V(\boldsymbol{x})$ 总为正值。对上式求导得

$$\begin{aligned} \dot{V}(\boldsymbol{x}) &= x_2\dot{x}_2 + Kx_1\dot{x}_1 \\ &= x_2(-Kx_1 - fx_2) + Kx_1x_2 = -fx_2^2 < 0 \end{aligned}$$

由上式可见，除了 $\boldsymbol{x}_e = \boldsymbol{0}$ 外，系统的能量 $V(\boldsymbol{x})$ 在运动过程中由于受到了阻尼器的阻尼作用而不断地减小，最后使 $V(\boldsymbol{x}) = 0$。这个例子很容易把能量函数 $V(\boldsymbol{x})$ 与实际系统联系起来。然而，对一般的系统而言，至今还没有一个普遍适用“能量函数”的表达式。对此，李雅普诺夫提出了一个虚拟的能量函数，人们称它为李雅普诺夫函数，用 $V(\boldsymbol{x})$ 表示。

对于连续定常系统，李雅普诺夫第二方法是根据 $V(\boldsymbol{x})$ 和 $\dot{V}(\boldsymbol{x})$ 的性质去判别它的稳定

性。因此需要研究以下两个问题：

1）具备什么条件的函数才是李雅普诺夫函数，简称李氏函数。

2）怎样利用李氏函数去判别系统平衡状态的稳定性？

由对图 10-2 所示系统的讨论，可知李氏函数必须要同时具有如下两个性质：

1）李氏函数是自变量为系统的状态矢量 $\boldsymbol{x}(t)$ 的标量函数。

2）如果 $\boldsymbol{x}_e=\boldsymbol{0}$ 为系统的平衡状态，则李氏函数应满足 $V(\boldsymbol{x}_e)=V(\boldsymbol{0})=0$。但当 $\boldsymbol{x}(t)\neq\boldsymbol{0}$ 时，不管其分量大于零或小于零，均能使 $V(\boldsymbol{x})>0$。

基于上述的性质，人们常以状态矢量 $\boldsymbol{x}$ 的二次型函数 $V(\boldsymbol{x})$ 作为李氏函数的候选函数，即

$$V(\boldsymbol{x})=\boldsymbol{x}^{\mathrm{T}}\boldsymbol{P}\boldsymbol{x} \tag{10-4}$$

式中，$\boldsymbol{x}$ 为实变数矢量。只要矩阵 $\boldsymbol{P}$ 是正定的，则式（10-4）所示的 $V(\boldsymbol{x})$ 就符合对李氏函数性质的要求。

必须指出，在许多实际问题中，能作为李氏候选函数的并不一定都是二次型的，任何一个标量函数只要满足下述李雅普诺夫稳定性判据所假设的条件，都可以作为李氏函数。对于一个给定的系统，其 $V(\boldsymbol{x})$ 不是唯一的，故正确选择李氏函数是李雅普诺夫直接法应用的一个关键问题。

下面叙述用李雅普诺夫第二方法判别系统稳定性的几个基本定理。

定理 10-1　设系统的状态方程为

$$\dot{\boldsymbol{x}}=\boldsymbol{f}(\boldsymbol{x},\ t)$$

式中，$\boldsymbol{f}(\boldsymbol{0},\ t)=\boldsymbol{0}$，对所有的 t。

如果能找到一个具有连续一阶偏导数的纯量函数 $V(\boldsymbol{x})$，且满足下列条件：

1）$V(\boldsymbol{x})>0$，即 $V(\boldsymbol{x})$ 是正定的；

2）$\dot{V}(\boldsymbol{x})<0$，即 $\dot{V}(\boldsymbol{x})$ 是负定的。

则系统在原点处的平衡状态是渐近稳定的。如果还满足 $\|\boldsymbol{x}\|\to\infty$ 时，$V(\boldsymbol{x})\to\infty$，则称该系统在原点处的平衡状态是大范围渐近稳定的。

【例 10-3】　已知一非线性定常系统的状态方程为

$$\left.\begin{aligned}\dot{x}_1&=x_2-x_1(x_1^2+x_2^2)\\ \dot{x}_2&=-x_1-x_2(x_1^2+x_2^2)\end{aligned}\right\} \tag{10-5}$$

试判别其平衡状态的稳定性。

解　1）确定系统的平衡状态：

由式（10-5）可知，当 $\dot{x}_1=\dot{x}_2=0$ 时，求得 $x_1=x_2=0$。该系统的平衡状态就是 $\boldsymbol{x}_e=[0\quad 0]^{\mathrm{T}}$

2）选取正定的李氏函数：

$$V(\boldsymbol{x})=\boldsymbol{x}^{\mathrm{T}}\begin{bmatrix}1&0\\0&1\end{bmatrix}\boldsymbol{x}=x_1^2+x_2^2>0$$

3）判别李氏函数变化率 $\dot{V}(\boldsymbol{x})$ 的负定性：

$$\begin{aligned}\dot{V}(\boldsymbol{x})&=2x_1\dot{x}_1+2x_2\dot{x}_2\\&=-2(x_1^2+x_2^2)<0\end{aligned}$$

据此可知，该系统的平衡状态是渐近稳定的。

4）判别系统大范围渐近稳定性：

当 $\|\boldsymbol{x}\|\to\infty$ 时，$V(\boldsymbol{x})\to\infty$，这表示该系统在整个状态空间中是大范围渐近稳定的。

按照定理 10-1 判别系统平衡状态的稳定性时，需寻求一个满足该定理条件的 $V(\boldsymbol{x})$，有时会有难度，其原因是 $V(\boldsymbol{x})$ 必须要满足 $\dot{V}(\boldsymbol{x})$ 是负定的。这个条件有时难以办到。对此，

用下面的例题来说明。

【例 10-4】 设系统的状态方程为

$$\dot{x}_1 = x_2$$
$$\dot{x}_2 = -x_1 - x_2$$

试确定该系统平衡状态的稳定性。

解　该系统在平衡状态时的方程为

$$x_2 = 0$$
$$-x_1 - x_2 = 0$$

由上式可知，$\boldsymbol{x}_e = \boldsymbol{0}$ 是该系统唯一的一个平衡状态。令李氏函数为

$$V(\boldsymbol{x}) = x_1^2 + x_2^2$$

则
$$\dot{V}(\boldsymbol{x}) = 2x_1\dot{x}_1 + 2x_2\dot{x}_2 = -2x_2^2 \leqslant 0$$

由于 $\dot{V}(\boldsymbol{x})$ 是负半定的，不符合定理 10-1 的要求，因此不能用该 $V(x)$ 作为李氏函数，即不能用它来判别系统的稳定性。为此人们设想能否加上一定的附加条件后，用 $\dot{V}(\boldsymbol{x}) \leqslant 0$ 代替 $\dot{V}(\boldsymbol{x}) < 0$，这就是定理 10-2 的内容。

定理 10-2　对式（10-1）所示的系统，如果能找到一个具有连续一阶偏导数的纯量函数 $V(\boldsymbol{x})$，且其满足如下条件：

1）$V(\boldsymbol{x}) > 0$，$V(\boldsymbol{x})$ 是正定的；

2）$\dot{V}(\boldsymbol{x}) \leqslant 0$，$\dot{V}(\boldsymbol{x})$ 是负半定的；

3）$\dot{V}(\boldsymbol{x})$ 在 $\boldsymbol{x} \neq \boldsymbol{0}$ 时不恒等于零。

则该系统的平衡状态 $\boldsymbol{x}_e$ 是渐近稳定的。若当 $\|\boldsymbol{x}\| \to \infty$ 时，$V(\boldsymbol{x}) \to \infty$，此平衡状态又是大范围渐近稳定的。此定理中的条件 3）就是在定理 10-1 基础上所加的附加条件，它要求 $\dot{V}(\boldsymbol{x})$ 在 $\boldsymbol{x} \neq \boldsymbol{0}$ 时不恒等于零，即只能在某一瞬时为零，此时系统的能量为一定值，而在其他时刻，$\dot{V}(\boldsymbol{x})$ 均为负值。这表示系统能量的衰减不会终止，其状态 $\boldsymbol{x}$ 必然继续向原点运动。

下面再讨论例 10-4。因为 $\dot{V}(\boldsymbol{x}) = -2x_2^2 \leqslant 0$，当 $\boldsymbol{x} \neq \boldsymbol{0}$ 时，即 x_1 为任意值，$x_2 = 0$ 时，$\dot{V}(\boldsymbol{x}) = 0$。基于 x_1 为任意值，$x_2 = 0$ 时，$\dot{x}_2 = -x_1$，这表示 x_2 的变化率不等于零，故 $x_2 = 0$ 只是瞬时的，不是恒等于零，$\dot{V}(\boldsymbol{x}) = -2x_2^2$ 也不恒等于零。由定理 10-2 可知，该系统在 $\boldsymbol{x}_e = \boldsymbol{0}$ 处是渐近稳定的，且当 $\|\boldsymbol{x}\| \to \infty$ 时，$V(\boldsymbol{x}) \to \infty$，这表示该系统又是大范围渐近稳定的。

定理 10-3　对式（10-1）所示的系统，如果能找到一个具有连续一阶偏导数的纯量函数 $W(\boldsymbol{x})$，且其满足下列条件：

1）$W(\boldsymbol{x}) > 0$，$W(\boldsymbol{x})$ 是正定的；

2）$\dot{W}(\boldsymbol{x}) > 0$，$\dot{W}(\boldsymbol{x})$ 也是正定的。

则该系统的平衡状态 $\boldsymbol{x}_e$ 是不稳定的。

【例 10-5】 已知一线性定常系统的状态方程为

$$\dot{x}_1 = x_1 + x_2$$
$$\dot{x}_2 = -x_1 + x_2$$

试判别该系统的稳定性。

解　由状态方程式可知，该系统的平衡状态是坐标原点，即 $\boldsymbol{x}_e = [0 \quad 0]^{\mathrm{T}}$。令李氏函数为

$$V(\boldsymbol{x}) = x_1^2 + x_2^2 > 0$$
$$\dot{V}(\boldsymbol{x}) = 2x_1\dot{x}_1 + 2x_2\dot{x}_2$$

$$=2x_1^2 + 2x_2^2 > 0$$

由定理 10-3 可知，该系统是不稳定的。

第三节　线性定常系统的李雅普诺夫稳定性分析

设线性定常系统的状态方程为

$$\dot{\boldsymbol{x}} = \boldsymbol{A}\boldsymbol{x} \tag{10-6}$$

式中，$\boldsymbol{x}$ 为 n 维状态矢量；$\boldsymbol{A}$ 为 $n\times n$ 维常数矩阵。假设 $\boldsymbol{A}$ 为非奇异矩阵，则系统唯一的平衡状态是在坐标原点处。

令李雅普诺夫函数为

$$V(\boldsymbol{x}) = \boldsymbol{x}^{\mathrm{T}}\boldsymbol{P}\boldsymbol{x}$$

式中，$\boldsymbol{P}$ 为正定的厄米特矩阵（或实对称正定常数矩阵）。现在要讨论的问题是矩阵 $\boldsymbol{P}$ 取什么值时，系统才是渐近稳定的。$V(\boldsymbol{x})$ 沿任一状态轨迹对时间的导数为

$$\begin{aligned}\dot{V}(\boldsymbol{x}) &= \dot{\boldsymbol{x}}^{\mathrm{T}}\boldsymbol{P}\boldsymbol{x} + \boldsymbol{x}^{\mathrm{T}}\boldsymbol{P}\dot{\boldsymbol{x}}\\ &=(\boldsymbol{A}\boldsymbol{x})^{\mathrm{T}}\boldsymbol{P}\boldsymbol{x} + \boldsymbol{x}^{\mathrm{T}}\boldsymbol{P}\boldsymbol{A}\boldsymbol{x}\\ &=\boldsymbol{x}^{\mathrm{T}}(\boldsymbol{A}^{\mathrm{T}}\boldsymbol{P} + \boldsymbol{P}\boldsymbol{A})\boldsymbol{x}\end{aligned} \tag{10-7}$$

由于 $V(\boldsymbol{x})$ 是正定的，若系统为渐近稳定的，则其 $\dot{V}(\boldsymbol{x})$ 一定是负定的，即

$$\dot{V}(\boldsymbol{x}) = -\boldsymbol{x}^{\mathrm{T}}\boldsymbol{Q}\boldsymbol{x}$$

式中：
$$\boldsymbol{Q} = -(\boldsymbol{A}^{\mathrm{T}}\boldsymbol{P} + \boldsymbol{P}\boldsymbol{A})\quad（为正定矩阵） \tag{10-8}$$

或改写为
$$\boldsymbol{Q} + \boldsymbol{A}^{\mathrm{T}}\boldsymbol{P} + \boldsymbol{P}\boldsymbol{A} = \boldsymbol{0} \tag{10-9}$$

于是得出式（10-6）所示系统渐近稳定的充要条件是 $\boldsymbol{Q}$ 为正定矩阵。判别矩阵 $\boldsymbol{Q}$ 是否为正定阵，可用上节所述的赛尔维斯特准则去判别。

在判别 $\dot{V}(\boldsymbol{x})$ 的定性时，一种简便的方法不是先假设一个正定矩阵 $\boldsymbol{P}$，然后由式（10-8）求出矩阵 $\boldsymbol{Q}$，最后检查它是否是正定阵；而是先指定一个正定的矩阵 $\boldsymbol{Q}$，然后由式（10-9）求出矩阵 $\boldsymbol{P}$，最后检查其是否为正定阵。上述的论述，归纳为定理 10-4。

定理 10-4　设线性定常系统的状态方程为

$$\dot{\boldsymbol{x}} = \boldsymbol{A}\boldsymbol{x}$$

式中，$\boldsymbol{x}$ 为 n 维状态矢量；$\boldsymbol{A}$ 为 $n\times n$ 非奇异常数矩阵。系统在其平衡状态 $\boldsymbol{x}_{\mathrm{e}}=\boldsymbol{0}$ 处大范围渐近稳定的充分条件是，给定一个正定的厄米特矩阵 $\boldsymbol{Q}$，若存在着一个正定的厄米特矩阵 $\boldsymbol{P}$，使得

$$\boldsymbol{A}^{\mathrm{T}}\boldsymbol{P}+\boldsymbol{P}\boldsymbol{A}=-\boldsymbol{Q} \tag{10-10}$$

则纯量函数 $\boldsymbol{x}^{\mathrm{T}}\boldsymbol{P}\boldsymbol{x}$ 就是该系统的李氏函数。

在应用定理 10-4 时，应注意下面几点：

1）如果任取一个正定矩阵 $\boldsymbol{Q}$，则满足方程式（10-10）的实对称矩阵 $\boldsymbol{P}$ 是唯一的。若 $\boldsymbol{P}$ 是正定阵，则系统在 $\boldsymbol{x}_{\mathrm{e}}=\boldsymbol{0}$ 处是渐近稳定的。由此可见，矩阵 $\boldsymbol{P}$ 的正定性是系统稳定的一个充要条件。

2）为使 $\dot{V}(\boldsymbol{x})=\boldsymbol{x}^{\mathrm{T}}(-\boldsymbol{Q})\boldsymbol{x}$ 沿任一状态轨迹不恒等于零，则矩阵 $\boldsymbol{Q}$ 可取正半定，判别系统稳定性的结论不变。

3）为计算方便起见，常取矩阵 $\boldsymbol{Q}=\boldsymbol{I}$，于是矩阵 $\boldsymbol{P}$ 可由下式确定：

$$\boldsymbol{A}^{\mathrm{T}}\boldsymbol{P} + \boldsymbol{P}\boldsymbol{A} = -\boldsymbol{I} \tag{10-11}$$

【例 10-6】 已知一系统的状态方程为

$$\dot{\boldsymbol{x}}=\begin{bmatrix}0 & 1\\ -2 & -3\end{bmatrix}\boldsymbol{x}$$

试判别该系统的稳定性。

解 令

$$\boldsymbol{P}=\begin{bmatrix}P_{11} & P_{12}\\ P_{12} & P_{22}\end{bmatrix},\quad -\boldsymbol{Q}=\begin{bmatrix}-1 & 0\\ 0 & -1\end{bmatrix}$$

并代入式（10-9）得

$$\begin{bmatrix}0 & -2\\ 1 & -3\end{bmatrix}\begin{bmatrix}P_{11} & P_{12}\\ P_{12} & P_{22}\end{bmatrix}+\begin{bmatrix}P_{11} & P_{12}\\ P_{12} & P_{22}\end{bmatrix}\begin{bmatrix}0 & 1\\ -2 & -3\end{bmatrix}=\begin{bmatrix}-1 & 0\\ 0 & -1\end{bmatrix}$$

由上式求得，$P_{11}=\dfrac{5}{4}$，$P_{12}=P_{22}=\dfrac{1}{4}$，即

$$\boldsymbol{P}=\begin{bmatrix}\dfrac{5}{4} & \dfrac{1}{4}\\ \dfrac{1}{4} & \dfrac{1}{4}\end{bmatrix}$$

下面用两种方法判别该系统的稳定性。

1）令 $V(\boldsymbol{x})=\boldsymbol{x}^{\mathrm{T}}\boldsymbol{P}\boldsymbol{x}$

$$=[x_1 x_2]\begin{bmatrix}\dfrac{5}{4} & \dfrac{1}{4}\\ \dfrac{1}{4} & \dfrac{1}{4}\end{bmatrix}\begin{bmatrix}x_1\\ x_2\end{bmatrix}$$

$$=\frac{1}{4}(5x_1^2+2x_1x_2+x_2^2)$$

不难看出，$V(\boldsymbol{x})$ 是正定的。

$$\begin{aligned}\dot{V}(\boldsymbol{x})&=\frac{1}{4}(10x_1\dot{x}_1+2\dot{x}_1x_2+2x_1\dot{x}_2+2x_2\dot{x}_2)\\&=\frac{1}{4}(10x_1x_2+2x_x^2+2x_1(-2x_1-3x_2)+2x_2(-2x_1-3x_2))\\&=-(x_1^2+x_2^2)\end{aligned}$$

由于 $\dot{V}(\boldsymbol{x})<0$，且当 $\|\boldsymbol{x}\|\to\infty$ 时，$V(\boldsymbol{x})\to\infty$，故该系统是大范围渐近稳定的。

2）用赛尔维斯特准则检查所求的矩阵 $\boldsymbol{P}$ 是否为正定矩阵。

由于 $P_{11}=\dfrac{5}{4}$，$\det\boldsymbol{P}=\begin{vmatrix}\dfrac{5}{4} & \dfrac{1}{4}\\ \dfrac{1}{4} & \dfrac{1}{4}\end{vmatrix}=\dfrac{1}{4}>0$，故 $\boldsymbol{P}$ 是正定矩阵。根据定理 10-4，可知该系统是大范围渐近稳定的。

【例 10-7】 试用李雅普诺夫第二方法确定图 10-3 所示系统稳定时 K 值的取值范围。

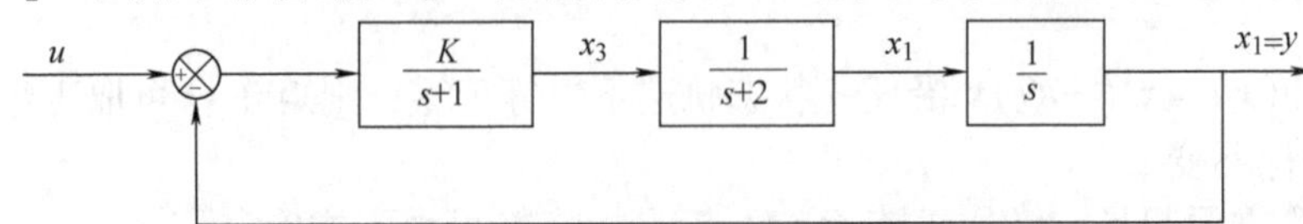

图 10-3　控制系统

由图 10-3 得

$$\begin{bmatrix}\dot{x}_1\\\dot{x}_2\\\dot{x}_3\end{bmatrix}=\begin{bmatrix}0&1&0\\0&-2&1\\-K&0&-1\end{bmatrix}\begin{bmatrix}x_1\\x_2\\x_3\end{bmatrix}+\begin{bmatrix}0\\0\\K\end{bmatrix}u$$

令输入量 $u=0$，则上式可改写为

$$\dot{x}_1=x_2$$
$$\dot{x}_2=-2x_2+x_3$$
$$\dot{x}_3=-Kx_1-x_3$$

系统平衡状态 $\boldsymbol{x}_\mathrm{e}$ 为坐标原点。若取正半定实对称矩阵 $\boldsymbol{Q}$ 为如下形式：

$$\boldsymbol{Q}=\begin{bmatrix}0&0&0\\0&0&0\\0&0&1\end{bmatrix}$$

由于 $\dot{V}(\boldsymbol{x})=-\boldsymbol{x}^\mathrm{T}\boldsymbol{Q}\boldsymbol{x}=-x_3^2$，由此式可见，$\dot{V}(\boldsymbol{x})\equiv 0$ 的条件为 $x_3\equiv 0$，由状态方程可知，此时 $x_1\equiv 0$，$x_2\equiv 0$。这表示只有在平衡状态 $\boldsymbol{x}_\mathrm{e}=\boldsymbol{0}$ 时，才能有 $\dot{V}(\boldsymbol{x})\equiv 0$，而沿任一状态轨迹，$\dot{V}(\boldsymbol{x})$ 均不恒等于零，故 $\boldsymbol{Q}$ 可取正半定矩阵。把矩阵 $\boldsymbol{Q}$ 和 $\boldsymbol{A}$ 代入式（10-10）得

$$\begin{bmatrix}0&0&K\\1&-2&0\\0&1&-1\end{bmatrix}\begin{bmatrix}P_{11}&P_{12}&P_{13}\\P_{12}&P_{22}&P_{23}\\P_{13}&P_{23}&P_{33}\end{bmatrix}+\begin{bmatrix}P_{11}&P_{12}&P_{13}\\P_{12}&P_{22}&P_{23}\\P_{13}&P_{23}&P_{33}\end{bmatrix}\begin{bmatrix}0&1&0\\0&-2&1\\-\boldsymbol{K}&0&-1\end{bmatrix}=\begin{bmatrix}0&0&0\\0&0&0\\0&0&-1\end{bmatrix}$$

求解上式，求得矩阵 $\boldsymbol{P}$ 为

$$\boldsymbol{P}=\begin{bmatrix}\dfrac{K^2+12K}{12-2K}&\dfrac{6K}{12-2K}&0\\\dfrac{6K}{12-2K}&\dfrac{3K}{12-2K}&\dfrac{K}{12-2K}\\0&\dfrac{K}{12-2K}&\dfrac{6K}{12-2K}\end{bmatrix}$$

根据赛尔维斯特准则，可知 $\boldsymbol{P}$ 为正定矩阵的充分条件是 $K>0$ 和 $K<6$，即 $0<K<6$。这表示当 $0<K<6$ 时，该系统的平衡状态 $\boldsymbol{x}_\mathrm{e}=\boldsymbol{0}$ 是大范围渐近稳定的。

第四节　非线性系统的李雅普诺夫稳定性分析

如上所述，在线性系统中，稳定、渐近稳定和大范围渐近稳定三者是同义的。然而对于非线性系统，在大范围内不是渐近稳定的，有可能在局部区域内是渐近稳定的，图 8-33 所示系统的相轨迹就是这种情况。基于非线性系统有可能具有局部稳定的特性，因此就有必要找出在原点周围最大邻域内满足稳定条件的李雅普诺夫函数。

对于非线性系统，至今还没有一种统一的构造李雅普诺夫函数的方法。下面介绍两种常用的判别非线性系统稳定性的方法，以作为对李雅普诺夫直接法的一个补充。

一、克拉索夫斯基（Krasovrkii）法

设系统的状态方程为

$$\dot{\boldsymbol{x}}=\boldsymbol{f}(\boldsymbol{x})$$

式中，$\boldsymbol{x}$ 为 n 维状态矢量；$\boldsymbol{f}(\boldsymbol{x})$ 为 n 维矢量函数，它的各个元素均为系统状态变量 x_i（$i=1$，

2，…，n）的非线性函数。假设系统的平衡状态为坐标原点，且$\boldsymbol{f}(\boldsymbol{x})$对$\boldsymbol{x}$在整个状态空间是可求导的。系统的雅可比（Jacobian）矩阵$\boldsymbol{J}(\boldsymbol{x})$为

$$\boldsymbol{J}(\boldsymbol{x})=\frac{\partial \boldsymbol{f}(\boldsymbol{x})}{\partial \boldsymbol{x}^{\mathrm{T}}}=\begin{bmatrix}\frac{\partial f_1}{\partial x_1} & \frac{\partial f_1}{\partial x_2} & \cdots & \frac{\partial f_1}{\partial x_n}\\ \vdots & \vdots & & \vdots\\ \frac{\partial f_n}{\partial x_1} & \frac{\partial f_n}{\partial x_2} & \cdots & \frac{\partial f_n}{\partial x_n}\end{bmatrix} \tag{10-12}$$

克拉索夫斯基法构造李雅普诺夫函数的一个特点是不用系统的状态矢量$\boldsymbol{x}$，而用矢量$\boldsymbol{x}$对时间t的导数$\dot{\boldsymbol{x}}$，即令李雅普诺夫函数为

$$V(\boldsymbol{x})=\dot{\boldsymbol{x}}^{\mathrm{T}}\boldsymbol{P}\dot{\boldsymbol{x}}=\boldsymbol{f}^{\mathrm{T}}(\boldsymbol{x})\boldsymbol{P}\boldsymbol{f}(\boldsymbol{x}) \tag{10-13}$$

如果存在一个正定对称矩阵$\boldsymbol{P}$，能使对称矩阵：

$$\boldsymbol{Q}(\boldsymbol{x})=\boldsymbol{P}\boldsymbol{J}(\boldsymbol{x})+[\boldsymbol{P}\boldsymbol{J}(\boldsymbol{x})]^{\mathrm{T}}$$

为负定的，表示其平衡状态$\boldsymbol{x}_e=\boldsymbol{0}$是渐近稳定的。如果当$\|\boldsymbol{x}\|\to\infty$时，$V(\boldsymbol{x})\to\infty$，则其平衡状态$\boldsymbol{x}_e$是大范围渐近稳定的。对此，证明如下。

证　对于所有的$\boldsymbol{x}\neq\boldsymbol{0}$，如果矩阵$\boldsymbol{Q}(\boldsymbol{x})$是负定的，则$\boldsymbol{Q}(\boldsymbol{x})$的行列式除$\boldsymbol{x}_e=\boldsymbol{0}$之外，其他处都不为零，即在$\boldsymbol{x}\neq\boldsymbol{0}$时，$\boldsymbol{f}(\boldsymbol{x})\neq\boldsymbol{0}$。由于假设矩阵$\boldsymbol{P}$是正定的，因而

$$V(\boldsymbol{x})=\boldsymbol{f}^{\mathrm{T}}(\boldsymbol{x})\boldsymbol{P}\boldsymbol{f}(\boldsymbol{x})$$

也是正定的。又由于

$$\begin{aligned}\dot{\boldsymbol{f}}(\dot{\boldsymbol{x}})&=\frac{\mathrm{d}\boldsymbol{f}(\boldsymbol{x})}{\mathrm{d}t}=\frac{\partial \boldsymbol{f}(\boldsymbol{x})}{\partial \boldsymbol{x}^{\mathrm{T}}}\frac{\mathrm{d}\boldsymbol{x}}{\mathrm{d}t}=\boldsymbol{J}(\boldsymbol{x})\dot{\boldsymbol{x}}\\&=\boldsymbol{J}(\boldsymbol{x})\boldsymbol{f}(\boldsymbol{x})\end{aligned} \tag{10-14}$$

对式（10-13）求导得

$$\begin{aligned}\dot{V}(\boldsymbol{x})&=\dot{\boldsymbol{f}}^{\mathrm{T}}(\boldsymbol{x})\boldsymbol{P}\boldsymbol{f}(\boldsymbol{x})+\boldsymbol{f}^{\mathrm{T}}(\boldsymbol{x})\boldsymbol{P}\dot{\boldsymbol{f}}(\boldsymbol{x})\\&=[\boldsymbol{J}(\boldsymbol{x})\boldsymbol{f}(\boldsymbol{x})]^{\mathrm{T}}\boldsymbol{P}\boldsymbol{f}(\boldsymbol{x})+\boldsymbol{f}^{\mathrm{T}}(\boldsymbol{x})\boldsymbol{P}\boldsymbol{J}(\boldsymbol{x})\boldsymbol{f}(\boldsymbol{x})\\&=\boldsymbol{f}^{\mathrm{T}}(\boldsymbol{x})[\boldsymbol{J}^{\mathrm{T}}(\boldsymbol{x})\boldsymbol{P}+\boldsymbol{P}\boldsymbol{J}(\boldsymbol{x})]\boldsymbol{f}(\boldsymbol{x})\\&=\boldsymbol{f}^{\mathrm{T}}(\boldsymbol{x})\boldsymbol{Q}(\boldsymbol{x})\boldsymbol{f}(\boldsymbol{x})\end{aligned}$$

式中：

$$\boldsymbol{Q}(\boldsymbol{x})=\boldsymbol{J}^{\mathrm{T}}(\boldsymbol{x})\boldsymbol{P}+\boldsymbol{P}\boldsymbol{J}(\boldsymbol{x}) \tag{10-15}$$

如果矩阵$\boldsymbol{Q}(\boldsymbol{x})$是负定的，则$\dot{V}(\boldsymbol{x})$也是负定的，这表示该非线性系统在原点（$\boldsymbol{x}_e=\boldsymbol{0}$）是渐近稳定的。若当$\|\boldsymbol{x}\|\to\infty$时，$V(\boldsymbol{x})\to\infty$，则其平衡状态是大范围渐近稳定的。为简单起见，通常取矩阵$\boldsymbol{P}=\boldsymbol{I}$，则李雅普诺夫函数为

$$V(\boldsymbol{x})=\boldsymbol{f}^{\mathrm{T}}(\boldsymbol{x})\boldsymbol{f}(\boldsymbol{x}) \tag{10-16}$$

系统平衡状态渐近稳定的充分条件是

$$\dot{V}(\boldsymbol{x})=\boldsymbol{f}^{\mathrm{T}}(\boldsymbol{J}^{\mathrm{T}}(\boldsymbol{x})+\boldsymbol{J}(\boldsymbol{x}))\boldsymbol{f}$$

为负定，即（$\boldsymbol{J}^{\mathrm{T}}+\boldsymbol{J}$）为负定。　　（10-17）

【例10-8】　已知系统的状态方程为

$$\begin{aligned}\dot{x}_1&=-x_1\\ \dot{x}_2&=x_1-x_2-x_2^3\end{aligned}$$

试用克拉索夫斯基法判别该非线性系统的稳定性。

解　因为

$$\boldsymbol{f}=\begin{bmatrix}-x_1\\ x_1-x_2-x_2^3\end{bmatrix},\ \boldsymbol{J}(\boldsymbol{x})=\begin{bmatrix}-1 & 0\\ 1 & -1-3x_2^2\end{bmatrix},\ \boldsymbol{J}^{\mathrm{T}}(\boldsymbol{x})=\begin{bmatrix}-1 & 1\\ 0 & -1-3x_2^2\end{bmatrix}$$

于是得

$$\boldsymbol{J}^{\mathrm{T}}(\boldsymbol{x})+\boldsymbol{J}(\boldsymbol{x})=\begin{bmatrix}-1 & 1\\ 0 & -1-3x_2^2\end{bmatrix}+\begin{bmatrix}-1 & 0\\ 1 & -1-3x_2^2\end{bmatrix}=\begin{bmatrix}-2 & 1\\ 1 & -2-6x_2^2\end{bmatrix}$$

对所有 $\boldsymbol{x}\neq\boldsymbol{0}$，上面所求的矩阵 $[\boldsymbol{J}^{\mathrm{T}}(\boldsymbol{x})+\boldsymbol{J}(\boldsymbol{x})]$ 总是负定的，故该系统在平衡状态 $\boldsymbol{x}_e=\boldsymbol{0}$ 处是渐近稳定的。此外，又因为 $\|\boldsymbol{x}\|\rightarrow\infty$ 时，$V(\boldsymbol{x})=\boldsymbol{f}^{\mathrm{T}}(\boldsymbol{x})\boldsymbol{f}(\boldsymbol{x})=\boldsymbol{x}_1^2+(\boldsymbol{x}_1-\boldsymbol{x}_2-\boldsymbol{x}_2^3)^2\rightarrow\infty$。据此可知，该系统是大范围渐近稳定的。

二、变量梯度法

舒茨（Sohultz）和基普林（Gibson）于 1962 年提出了构造李雅普诺夫函数的变量梯度法。这种方法的基本思路是：如果给定系统是大范围渐近稳定的，那么能用来确定系统稳定性的梯度 ∇V 是存在的，而李雅普诺夫函数 $V(\boldsymbol{x})$ 可由对 ∇V 的曲线积分求得。最后根据 $V(\boldsymbol{x})$ 和 $\dot{V}(\boldsymbol{x})$ 的正负号特征，确定系统平衡状态的稳定性。

设非线性系统的状态方程为

$$\dot{\boldsymbol{x}}=\boldsymbol{f}(\boldsymbol{x})$$

其平衡状态为状态空间的坐标原点，即当 $\boldsymbol{x}_e=\boldsymbol{0}$ 时，$\boldsymbol{f}(\boldsymbol{0})=\boldsymbol{0}$。设李雅普诺夫函数为 $V(\boldsymbol{x})$，它对时间 t 的导数为

$$\begin{aligned}\dot{V}(\boldsymbol{x})&=\frac{\partial V}{\partial x_1}\dot{x}_1+\frac{\partial V}{\partial x_2}\dot{x}_2+\cdots+\frac{\partial V}{\partial x_n}\dot{x}_n\\&=[\mathrm{grad}V(\boldsymbol{x})]^{\mathrm{T}}\dot{\boldsymbol{x}}=[\nabla V(\boldsymbol{x})]^{\mathrm{T}}\dot{\boldsymbol{x}}\end{aligned}\tag{10-18}$$

式中，$\mathrm{grad}V(\boldsymbol{x})=\nabla V(\boldsymbol{x})$ 为 $V(\boldsymbol{x})$ 的梯度，即

$$\mathrm{grad}V(\boldsymbol{x})=\nabla V(\boldsymbol{x})=\begin{bmatrix}\dfrac{\partial V}{\partial x_1}\\ \dfrac{\partial V}{\partial x_2}\\ \vdots\\ \dfrac{\partial V}{\partial x_n}\end{bmatrix}=\begin{bmatrix}\nabla V_1\\ \nabla V_2\\ \vdots\\ \nabla V_n\end{bmatrix}\tag{10-19}$$

$V(\boldsymbol{x})$ 可通过对 $\nabla V(\boldsymbol{x})$ 的线积分求得，即

$$V(\boldsymbol{x})=\int_0^t\dot{V}(\boldsymbol{x})\mathrm{d}t=\int_0^t(\mathrm{grad}V)^{\mathrm{T}}\dot{\boldsymbol{x}}\mathrm{d}t=\int_0^x(\nabla V)^{\mathrm{T}}\mathrm{d}x=\int_0^x\sum\nabla V_i\mathrm{d}x_i\tag{10-20}$$

由于 $V(\boldsymbol{x})$ 不但具有单值性，而且还具有单值的梯度，即 $\mathrm{rot}(\mathrm{grad}V)=0$。这就表明式(10-20)的线积分与其积分途径无关。由零平衡状态到状态空间任一状态点 x 的积分，可演变为沿 x 的多个分量 x_{i} 相应项积分之和，即可将式(10-20)展开为

$$V(\boldsymbol{x})=\int_0^{x_1(x_2=\cdots=x_n=0)}\nabla V_1\mathrm{d}x_1+\int_0^{x_2(x_1=x_1,x_3=\cdots=x_n=0)}\nabla V_2\mathrm{d}x_2+\cdots+\int_0^{x_n(x_1=x_1,\cdots,x_{n-1}=x_{n-1}}\nabla V_n\mathrm{d}x_n\tag{10-21}$$

如果令 $\nabla V(\boldsymbol{x})$ 为一个含有待定参数的 n 维矢量，即

$$\nabla V(\boldsymbol{x})=\begin{bmatrix}a_{11}x_1+a_{12}x_2+\cdots+a_{1n}x_n\\ a_{21}x_1+a_{22}x_2+\cdots+a_{2n}x_n\\ \vdots\\ a_{n1}x_1+a_{n2}x_2+\cdots+a_{nn}x_n\end{bmatrix}\tag{10-22}$$

由于$\nabla V(\boldsymbol{x})$的n维旋度等于零,则$\nabla V(\boldsymbol{x})$的雅可比矩阵$\boldsymbol{J}$必须是一对称矩阵,即为

$$\boldsymbol{J}=\begin{bmatrix}\dfrac{\partial \nabla V_1}{\partial x_1} & \dfrac{\partial \nabla V_1}{\partial x_2} & \cdots & \dfrac{\partial \nabla V_1}{\partial x_n}\\ \dfrac{\partial \nabla V_2}{\partial x_1} & \dfrac{\partial \nabla V_2}{\partial x_2} & \cdots & \dfrac{\partial \nabla V_2}{\partial x_n}\\ \vdots & \vdots & & \vdots\\ \dfrac{\partial \nabla V_n}{\partial x_1} & \dfrac{\partial \nabla V_n}{\partial x_2} & \cdots & \dfrac{\partial \nabla V_n}{\partial x_n}\end{bmatrix} \tag{10-23}$$

这就要求$\dfrac{\partial \nabla V_i}{\partial x_j}=\dfrac{\partial \nabla V_j}{\partial x_i}$　$(i,\ j=1,\ 2,\ \cdots,\ n)$，总共有$\dfrac{n(n-1)}{2}$个这样形式的旋度方程。

$\nabla V(\boldsymbol{x})$中的系数a_{ij}有些由旋度方程确定，有些是在满足$\dot{V}(\boldsymbol{x})$为负定的条件下确定，个别系数甚至可选为0。按式（10-21）、式（10-18）分别求出系统的$V(\boldsymbol{x})$和$\dot{V}(\boldsymbol{x})$，然后根据它们符号的特征，判别系统在零平衡状态的稳定性。

综上所述，应用变量梯度法去判别非线性系统在平衡状态的渐近稳定性，可按下述步骤进行。

1）假定梯度矢量$\nabla V(\boldsymbol{x})$为式（10-22）所示的矢量。

2）按照式（10-18），求出$\dot{V}(\boldsymbol{x})$的表达式，并限定$\dot{V}(\boldsymbol{x})$为负定（或负半定）。

3）根据$\nabla V(\boldsymbol{x})$的雅可比矩阵$\boldsymbol{J}$的对称性，列出$\dfrac{n(n-1)}{2}$个旋度方程，并确定$\nabla V(\boldsymbol{x})$式中的待定系数。

4）根据式（10-21），确定$V(\boldsymbol{x})$。

5）确定系统渐近稳定的范围。

必须指出，由于对梯度$\nabla V(\boldsymbol{x})$的系数a_{ij}选择的不同，就会得到不同的$V(\boldsymbol{x})$。如果用变量梯度法求不出一个合适的李雅普诺夫函数$V(\boldsymbol{x})$，就不能对非线性系统平衡状态的稳定性作出判别。

【例10-9】　试用变量梯度法求下列非线性系统的李雅普诺夫函数，并判别其平衡状态$\boldsymbol{x}_{\mathrm{e}}=\boldsymbol{0}$的稳定性。

$$\dot{x}_1=-x_1$$
$$\dot{x}_2=-x_2+x_1x_2^2$$

解　设李雅普诺夫函数的梯度为

$$\nabla V(\boldsymbol{x})=\begin{bmatrix}a_{11}x_1+a_{12}x_2\\ a_{21}x_1+a_{22}x_2\end{bmatrix}$$

则

$$\begin{aligned}\dot{V}(\boldsymbol{x})&=(\nabla V(\boldsymbol{x}))^{\mathrm{T}}\dot{\boldsymbol{x}}\\ &=[a_{11}x_1+a_{12}x_2\quad a_{21}x_1+a_{22}x_2]\begin{bmatrix}-x_1\\ -x_2+x_1x_2^2\end{bmatrix}\\ &=-a_{11}x_1^2-a_{12}x_1x_2-a_{21}x_1x_2-a_{22}x_2^2+a_{22}x_1x_2^3+a_{21}x_1^2x_2^2\end{aligned}$$

若令$a_{11}=a_{22}=1$，$a_{12}=a_{21}=0$，则得

$$\dot{V}(\boldsymbol{x})=-x_1^2-x_2^2+x_1x_2^3=-x_1^2-x_2^2(1-x_1x_2)$$

如果$1-x_1x_2>0$，则$\dot{V}(\boldsymbol{x})<0$。将上述所设的$a_{ij}$值代入$\nabla V(\boldsymbol{x})$式中，求得

$$\nabla V(\boldsymbol{x})=\begin{bmatrix}x_1\\x_2\end{bmatrix}=\begin{bmatrix}\nabla V_1\\\nabla V_2\end{bmatrix}$$

由上式可知

$$\frac{\partial\nabla V_1}{\partial x_2}=\frac{\partial\nabla V_2}{\partial x_1}=0$$

即满足旋度方程。由式（10-21）求得

$$V(\boldsymbol{x})=\int_0^{x_1(x_2=0)}x_1\mathrm{d}x_1+\int_0^{x_2(x_1=x_1)}x_2\mathrm{d}x_2=\frac{1}{2}(x_1^2+x_2^2)>0$$

显然，上式所示的 $V(\boldsymbol{x})$ 是一个李雅普诺夫函数。在 $0<x_1x_2<1$ 范围内，系统的平衡状态是渐近稳定的。

必须说明，上式所求的李雅普诺夫函数 $V(\boldsymbol{x})$ 不是唯一的。例如，取下述一组系数：$a_{11}=1$，$a_{12}=x_2^2$，$a_{21}=3x_2^2$，$a_{22}=3$，则

$$\nabla V(\boldsymbol{x})=\begin{bmatrix}x_1+x_2^3\\3x_1x_2^2+3x_2\end{bmatrix}$$

$$\dot{V}(\boldsymbol{x})=\nabla V^{\mathrm{T}}\dot{\boldsymbol{x}}=-x_1^2-3x_2^2-x_2^2(x_1x_2-3x_1^2x_2^2)$$

如果满足

$$x_1x_2(1-3x_1x_2)>0$$

即在 $\frac{1}{3}>x_1x_2>0$ 范围内，$\dot{V}(\boldsymbol{x})$ 是负定的，且有

$$\frac{\partial\nabla V_1}{\partial x_2}=\frac{\partial\nabla V_2}{\partial x_1}=3x_2^2$$

由式（10-21）得

$$V(\boldsymbol{x})=\int_0^{x_1(x_2=0)}x_1\mathrm{d}x_1+\int_0^{x_2(x_1)}(3x_1x_2^2+3x_2)\mathrm{d}x_2$$
$$=\frac{1}{2}x_1^2+\frac{3}{2}x_2^2+x_1x_2^3$$

当 x_1x_2 满足上述所求的范围时，则上式所示的 $V(\boldsymbol{x})$ 也是一个李雅普诺夫函数。显然，这儿所求系统平衡状态渐近稳定的范围比上面所求的范围要小。由此可知，用变量梯度法确定系统的李雅普诺夫函数也不是唯一的。上述方法只是一种求取李雅普诺夫函数的具体方法之一。

小　结

1）李雅普诺夫函数具有以下几个性质：

①是纯量函数。

②是一个正定函数，至少在原点的邻域是如此。

③对于一个给定的系统，李雅普诺夫函数不是唯一的。

2）李雅普诺夫第二法的优点不仅对于线性系统，而且对于非线性系统都能给出在大范围内稳定的信息。但是这种方法提供的只是系统稳定性的充分条件，而不是充要条件。因此，如果系统能满足稳定的条件，则其平衡状态一定是渐近稳定的；但是如果不满足稳定的条件，并不能作出系统不稳定的结论。

3）对于非线性系统，一种李雅普诺夫函数常优于另一种李雅普诺夫函数，具体表现在稳定区域的大小和 $\dot{V}(\boldsymbol{x})$ 是负定，而不是负半定等。

4）寻求李雅普诺夫函数常会碰到困难。如果一时找不到，这并不表示该系统一定是不稳定的，它只表明我们在试图判别系统稳定性时所选的 $V(\boldsymbol{x})$ 不合适而已。

5）对于非线性系统，至今还没有一种统一的构造李雅普诺夫函数的方法，本章中所述的克拉索夫斯基法和变量梯度法仅作为对李雅普诺夫第二法在非线性系统中应用的一个补充。

例题分析

例题 10-1　已知系统的状态方程为

$$\dot{x}_1 = x_2$$
$$\dot{x}_2 = -x_1^3 - x_2$$

试判别系统在原点处的稳定性。

解　方法一　令 $V(\boldsymbol{x}) = \dfrac{2}{4}x_1^4 + x_2^2 > 0$

则
$$\begin{aligned}\dot{V}(\boldsymbol{x}) &= 2x_1^3\dot{x}_1 + 2x_2\dot{x}_2 \\ &= 2x_1^3x_2 + 2x_2(-x_1^3 - x_2) \\ &= -2x_2^2 < 0\end{aligned}$$

且当 $\|\boldsymbol{x}\| \to \infty$ 时，$V(\boldsymbol{x}) \to \infty$，由此得出该系统是大范围渐近稳定的。

方法二　若取 $V(\boldsymbol{x}) = \dfrac{1}{2}x_1^4 + (x_1 + x_2)^2 > 0$

则
$$\begin{aligned}\dot{V}(\boldsymbol{x}) &= 2x_1^3x_2 + 2(x_1 + x_2)(\dot{x}_1 + \dot{x}_2) \\ &= 2x_1^3x_2 + 2(x_1 + x_2)(x_2 - x_1^3 - x_2) \\ &= -2x_1^4 < 0\end{aligned}$$

结论与方法一完全相同，这说明李雅普诺夫函数的选取不是唯一的。

例题 10-2　已知一线性系统的状态方程为

$$\begin{bmatrix}\dot{x}_1 \\ \dot{x}_2\end{bmatrix} = \begin{bmatrix}0 & 1 \\ -1 & -1\end{bmatrix}\begin{bmatrix}x_1 \\ x_2\end{bmatrix}$$

解　这是一个线性定常系统，它的稳定性可由其系数矩阵的特征值来判别。这里举这个例子是为了说明李雅普诺夫直接法在线性系统中的一种应用。由状态方程可知，该系统的平衡状态是在坐标原点处，即 $\boldsymbol{x}_e = [0,\ 0]^T$。如令

$$V(\boldsymbol{x}) = 2x_1^2 + x_2^2$$

则有

$$\dot{V}(\boldsymbol{x}) = 4x_1\dot{x}_1 + 2x_2\dot{x}_2 = 2x_1x_2 - 2x_2^2$$

由于上式所示的 $\dot{V}(\boldsymbol{x})$ 是不定的，这表示所选的 $V(\boldsymbol{x})$ 不是李雅普诺夫函数，因而不能用它来判别系统的稳定性。

找不到符合要求的李雅普诺夫函数，并不表示该系统是不稳定的，只是说明上述所选的 $V(\boldsymbol{x})$ 是不合适的。基于该系统的特征值为 $(-1\pm \mathrm{j}\sqrt{3})/2$，因而它是稳定的。由此可知，问题是出在对李雅普诺夫函数的选取上。如另选下面的正定函数为李雅普诺夫候选函数：

$$V(\boldsymbol{x}) = \frac{1}{2}[(x_1 + x_2)^2 + 2x_1^2 + x_2^2]$$

则得

$$\dot{V}(\boldsymbol{x}) = (x_1 + x_2)(\dot{x}_1 + \dot{x}_2) + 2x_1\dot{x}_1 + x_2\dot{x}_2$$

$$= -(x_1^2 + x_2^2)$$

由于 $\dot{V}(\boldsymbol{x})$ 是负定的，且 $\|\boldsymbol{x}\| \to \infty$ 时，$V(\boldsymbol{x}) \to \infty$，故该系统的平衡状态是大范围渐近稳定的。

例题 10-3　已知非线性系统的状态方程为

$$\begin{bmatrix} \dot{x}_1 \\ \dot{x}_2 \end{bmatrix} = \begin{bmatrix} x_2 - ax_1(x_1^2 + x_2^2) \\ -x_1 - ax_2(x_1^2 + x_2^2) \end{bmatrix}, \quad a > 0$$

试用克拉索夫斯基法判别该系统平衡状态的稳定性。

解　1）确定系统的平衡状态：

$$\boldsymbol{f}(\boldsymbol{x}) = \begin{bmatrix} f_1(\boldsymbol{x}) \\ f_2(\boldsymbol{x}) \end{bmatrix} = \begin{bmatrix} x_{2e} - ax_{1e}(x_{1e}^2 + x_{2e}^2) \\ -x_{1e} - ax_{2e}(x_{1e}^2 + x_{2e}^2) \end{bmatrix} \equiv \boldsymbol{0}$$

即

$$x_{2e} - ax_{1e}(x_{1e}^2 + x_{2e}^2) = 0$$
$$-x_{1e} - ax_{2e}(x_{1e}^2 + x_{2e}^2) = 0$$

联立求解得 $x_{1e} = 0$，$x_{2e} = 0$，即系统的平衡状态 $\boldsymbol{x}_e = \boldsymbol{0}$。

2）构造李雅普诺夫函数：

系统的雅可比矩阵为

$$\boldsymbol{J}(\boldsymbol{x}) = \frac{\partial \boldsymbol{f}(\boldsymbol{x})}{\partial \boldsymbol{x}} = \begin{bmatrix} \dfrac{\partial f_1}{\partial x_1} & \dfrac{\partial f_1}{\partial x_2} \\ \dfrac{\partial f_2}{\partial x_1} & \dfrac{\partial f_2}{\partial x_2} \end{bmatrix} = \begin{bmatrix} -3ax_1^2 - ax_2^2 & 1 - 2ax_1x_2 \\ -1 - 2ax_1x_2 & -3ax_2^2 - ax_1^2 \end{bmatrix}$$

$$\boldsymbol{J}^{\mathrm{T}}(\boldsymbol{x}) + \boldsymbol{J}(\boldsymbol{x}) = \begin{bmatrix} -6ax_1^2 - 2ax_2^2 & -4ax_1x_2 \\ -4ax_1x_2 & -6ax_2^2 - 2ax_1^2 \end{bmatrix}$$

应用赛尔维斯特准则确定矩阵 $\boldsymbol{Q}(\boldsymbol{x}) = \boldsymbol{J}^{\mathrm{T}}(\boldsymbol{x}) + \boldsymbol{J}(\boldsymbol{x})$ 的符号特征。由于 $-\boldsymbol{Q}(\boldsymbol{x})$ 是正定的，则 $\boldsymbol{Q}(\boldsymbol{x})$ 是负定的。据此得出此非线性系统零平衡状态 $\boldsymbol{x}_e = \boldsymbol{0}$ 是渐近稳定的。该系统的李雅普诺夫函数为

$$V(\boldsymbol{x}) = \boldsymbol{f}^{\mathrm{T}}(\boldsymbol{x})\boldsymbol{f}(\boldsymbol{x}) = [x_2 - ax_1(x_1^2 + x_2^2)]^2 + [-x_1 - ax_2(x_1^2 + x_2^2)]^2$$
$$= x_1^2 + x_2^2 + a^2(x_1^2 + x_2^2)^2 > 0$$

且当 $\|\boldsymbol{x}\| \to \infty$ 时，$V(\boldsymbol{x}) \to \infty$，故该系统的平衡状态是大范围渐近稳定的。

例题 10-4　设系统的状态方程为

$$\dot{x}_1 = -x_1 + 2x_1^2x_2$$
$$\dot{x}_2 = -x_2$$

试用变量梯度法构造李雅普诺夫函数，并判别该系统的稳定性。

解　设李雅普诺夫函数的梯度为

$$\nabla V(\boldsymbol{x}) = \begin{bmatrix} a_{11}x_1 + a_{12}x_2 \\ a_{21}x_1 + a_{22}x_2 \end{bmatrix} = \begin{bmatrix} \nabla V_1 \\ \nabla V_2 \end{bmatrix}$$

则 $V(\boldsymbol{x})$ 的导数为

$$\dot{V}(\boldsymbol{x}) = (\nabla V(\boldsymbol{x}))^{\mathrm{T}}\dot{\boldsymbol{x}}$$
$$= (a_{11}x_1 + a_{12}x_2)\dot{x}_1 + (a_{21}x_1 + a_{22}x_2)\dot{x}_2$$

若令 $a_{11} = a_{22} = 1$，$a_{12} = a_{21} = 0$，则上式改写为

$$\dot{V}(\boldsymbol{x}) = x_1(-x_1 + 2x_1^2x_2) + x_2(-x_2)$$
$$= -x_1^2(1 - 2x_1x_2) - x_2^2$$

如果 $1-2x_1x_2>0$，则 $\dot{V}(\boldsymbol{x})$ 是负定的。$V(\boldsymbol{x})$ 的梯度为

$$\nabla V(\boldsymbol{x})=\begin{bmatrix}x_1\\x_2\end{bmatrix}$$

由于

$$\frac{\partial\ \nabla V_1}{\partial x_2}=\frac{\partial\ \nabla V_2}{\partial x_1}=0$$

即满足旋度方程，根据式（10-21）得

$$\begin{aligned}V(\boldsymbol{x})&=\int_0^{x_1(x_2=0)}x_1\mathrm{d}x_1+\int_0^{x_2(x_1=x_1)}x_2\mathrm{d}x_2\\&=\frac{1}{2}(x_1^2+x_2^2)\end{aligned}$$

由此可知，所求的李雅普诺夫函数是正定的。于是得出在 $1>qx_1x_2$ 的范围内，系统在原点处的平衡状态是渐近稳定的。

习　　题

10-1　判别下列系统在原点处的稳定性。

$$\dot{\boldsymbol{x}}=\begin{pmatrix}0&1\\-x_1^2&-1\end{pmatrix}\boldsymbol{x}$$

10-2　判别下列系统在原点处的稳定性。

(1) $\dot{\boldsymbol{x}}=\begin{bmatrix}x_2+x_1x_2^2\\-x_1+x_1^2x_2\end{bmatrix}$

(2) $\dot{\boldsymbol{x}}=\begin{bmatrix}x_2-x_1^3\\-x_1-x_2\end{bmatrix}$

10-3　用李雅普诺夫第二法确定下列系统在原点处的稳定性。

(1) $\dot{\boldsymbol{x}}=\begin{bmatrix}-1&1\\2&-3\end{bmatrix}\boldsymbol{x}$

(2) $\dot{\boldsymbol{x}}=\begin{bmatrix}-1&1\\-1&-1\end{bmatrix}x$

10-4　设线性系统的状态方程为

$$\dot{x}_1=x_2$$
$$\dot{x}_2=-a(1+x_2)^2x_2-x_1,\quad a>0$$

试确定该系统平衡状态的稳定性。

10-5　应用克拉索夫斯基法确定下列非线性系统零平衡状态的稳定性。

(1) $\begin{bmatrix}\dot{x}_1\\\dot{x}_2\end{bmatrix}=\begin{bmatrix}-x_1\\-2x_2-2x_2^3\end{bmatrix}$

(2) $\begin{bmatrix}\dot{x}_1\\\dot{x}_2\end{bmatrix}=\begin{bmatrix}-3x_1+x_2\\x_1-x_2-x_2^3\end{bmatrix}$

10-6　应用克拉索夫斯基法确定下列系统：

$$\dot{x}_1=ax_1+x_2$$
$$\dot{x}_2=x_1-x_2+bx_2^3$$

在原点处为大范围渐近稳定时，其参数 a 和 b 的取值范围。

10-7　应用变量梯度法构造下列系统的李雅普诺夫函数。

$$\dot{x}_1 = x_2$$
$$\dot{x}_2 = -x_1^3 - x_2$$

10-8　应用变量梯度法确定下列系统零平衡状态的稳定性。

$$\dot{\boldsymbol{x}}(t) = \boldsymbol{A}(t)\boldsymbol{x}(t) = \begin{bmatrix} 0 & 1 \\ -\dfrac{1}{t+1} & -10 \end{bmatrix}\boldsymbol{x}(t),\quad t \geqslant 0$$

（提示：梯度$\nabla V(\boldsymbol{x})$的系数可选$a_{11} = 1$，$a_{12} = a_{21} = 0$，$a_{22} = t + 1$。）

10-9　试用李雅普诺夫直接法判别下述非线性系统在原点平衡状态的稳定性。

$$\dot{x}_1 = -x_1 + x_2 - x_1^3$$
$$\dot{x}_2 = x_1 - x_2 - x_2^3$$

10-10　试证明下述系统：

$$\dot{x}_1 = x_2$$
$$\dot{x}_2 = -(a_1x_1 + a_2x_1^2x_2)$$

在$a_1 > 0$、$a_2 > 0$时，其平衡状态是大范围渐近稳定的。

附　　录

附录 A　能控标准形与能观标准形的变换

一、能控标准形的变换

设单输入-单输出系统的动态方程为

$$\dot{\boldsymbol{x}}=\boldsymbol{A}\boldsymbol{x}+\boldsymbol{b}u \tag{A-1a}$$

$$y=\boldsymbol{C}\boldsymbol{x} \tag{A-1b}$$

现寻求一个变换矩阵 $\boldsymbol{P}$，使式（A-1）变换为具有式（A-2）所示的能控标准形，即

$$\left.\begin{aligned}\dot{\bar{\boldsymbol{x}}}&=\boldsymbol{A}_c\bar{\boldsymbol{x}}+\boldsymbol{B}_c u\\ y&=\boldsymbol{C}_c\bar{\boldsymbol{x}}\end{aligned}\right\} \tag{A-2}$$

式中：

$$\boldsymbol{A}_c=\boldsymbol{P}^{-1}\boldsymbol{A}\boldsymbol{P}=\begin{pmatrix}0 & 1 & 0 & & \cdots & 0\\ 0 & 0 & 1 & & \ddots & \vdots\\ \vdots & \vdots & \ddots & & \ddots & 0\\ 0 & \cdots & & 0 & 0 & 1\\ -a_n & -a_{n-1} & & \cdots & & -a_1\end{pmatrix}$$

$$\boldsymbol{B}_c=\boldsymbol{P}^{-1}\boldsymbol{b}=\begin{pmatrix}0\\0\\\vdots\\0\\1\end{pmatrix},\quad \boldsymbol{C}_c=\boldsymbol{C}\boldsymbol{P}$$

求解变换矩阵 $\boldsymbol{P}$ 的步骤如下：

1）判别矩阵：

$$\boldsymbol{S}_c=(\boldsymbol{b}\quad \boldsymbol{A}\boldsymbol{b}\quad \boldsymbol{A}^2\boldsymbol{b}\quad \cdots\quad \boldsymbol{A}^{n-1}\boldsymbol{b}) \tag{A-3}$$

是否满秩。因为只有当矩阵 $\boldsymbol{S}_c$ 满秩时，系统的状态为完全能控，才能求出使系统的动态方程变换为能控标准形的变换矩阵 $\boldsymbol{P}$。

2）用矩阵 $\boldsymbol{A}$ 的特征多项式 $|s\boldsymbol{I}-\boldsymbol{A}|$ 的各项系数构成一个满秩的上三角形矩阵 $\boldsymbol{L}$，即由

$$|s\boldsymbol{I}-\boldsymbol{A}|=s^n+a_1s^{n-1}+a_2s^{n-2}+\cdots+a_{n-1}s+a_n$$

构成如下的矩阵 $\boldsymbol{L}$：

$$\boldsymbol{L}=\begin{pmatrix}a_{n-1} & a_{n-2} & a_{n-3} & \cdots & a_1 & 1\\ a_{n-2} & a_{n-3} & a_{n-4} & \cdots & 1 & 0\\ \vdots & \vdots & \vdots & & \vdots & \vdots\\ a_1 & 1 & 0 & \cdots & 0 & 0\\ 1 & 0 & 0 & \cdots & 0 & 0\end{pmatrix} \tag{A-4}$$

3）因为 $\boldsymbol{S}_c$ 和 $\boldsymbol{L}$ 均为满秩矩阵，所以它们的乘积 $\boldsymbol{S}_c\boldsymbol{L}$ 亦为满秩矩阵，其逆阵必然存在。因此，令

$$P^{-1}=(S_cL)^{-1}$$

则

$$P=S_cL=(P_1 \quad P_2 \quad \cdots \quad P_n)$$

把式（A-3）和式（A-4）代入上式，得

$$\begin{aligned}
&P_1=a_{n-1}b+a_{n-2}Ab+\cdots+a_1A^{n-2}b+A^{n-1}b\\
&P_2=a_{n-2}b+a_{n-3}Ab+\cdots+a_1A^{n-3}b+A^{n-2}b\\
&\vdots\\
&P_{n-1}=a_{n-1}b+Ab\\
&P_n=b
\end{aligned}$$

用矩阵 A 左乘上述方程组的两端，并应用凯勒-哈密顿定理，得

$$\begin{aligned}
&AP_1=-a_nP_n\\
&AP_2=P_1-a_{n-1}P_n\\
&\vdots\\
&AP_{n-1}=P_{n-2}-a_2P_n\\
&AP_n=P_{n-1}-a_1P_n
\end{aligned}$$

于是得

$$\begin{aligned}
A_c&=P^{-1}AP=P^{-1}(AP_1 \quad AP_2 \quad \cdots \quad AP_{n-1} \quad AP_n)\\
&=P^{-1}(-a_nP_n \quad P_1-a_{-1} \quad P_n \quad \cdots \quad P_{n-2}-a_2P_n \quad P_{n-1}-a_1P_n)\\
&=P^{-1}(P_1 \quad P_2 \quad \cdots \quad P_n \quad P_n)\begin{pmatrix} 0 & 1 & 0 & 0 & \cdots & 0\\ 0 & 0 & 1 & 0 & \cdots & 0\\ \vdots & & \ddots & \ddots & \ddots & \vdots\\ & & & & & 0\\ 0 & & \cdots & 0 & & 1\\ -a_n & -a_{n-1} & \cdots & -a_2 & & -a_1 \end{pmatrix}\\
&=\begin{pmatrix} 0 & 1 & 0 & 0 & \cdots & 0\\ 0 & 0 & 1 & 0 & \cdots & 0\\ \vdots & & \ddots & \ddots & \ddots & \vdots\\ & & & & \ddots & 0\\ 0 & & \cdots & 0 & & 1\\ -a_n & -a_{n-1} & \cdots & -a_2 & & -a_1 \end{pmatrix}
\end{aligned}$$

因为

$$(S_cL)(0 \quad 0 \quad \cdots \quad 0 \quad 1)^{\mathrm T}=b$$

所以

$$b_c=P^{-1}b=(S_cL)^{-1}b=(0 \quad 0 \quad \cdots \quad 0 \quad 1)^{\mathrm T}$$

又
$$C_c=CP=(CP_1 \quad CP_2 \quad \cdots \quad CP_{n-1} \quad CP_n)$$

若令 $\beta_i=CP_i$（$i=1, 2, \cdots, n$），则得

$$C_c=(\beta_n \quad \beta_{n-1} \quad \cdots \quad \beta_2 \quad \beta_1)$$

二、能观标准形的变换

设系统的动态方程仍为式（A-1）。如果系统的能观性矩阵：

$$S_0=\begin{pmatrix} C \\ CA \\ \vdots \\ CA^{n-2} \\ CA^{n-1} \end{pmatrix} \tag{A-5}$$

是满秩的，则通过线性非奇异变换将式（A-1）变换为如下的能观标准形，即为：

$$\dot{\bar{x}}=A_0\bar{x}+B_0u$$
$$y=C_0\bar{x}$$

式中：

$$A_0=P^{-1}AP=\begin{bmatrix} 0 & 0 & \cdots & 0 & -a_n \\ 1 & 0 & \cdots & 0 & -a_{n-1} \\ 0 & 1 & \cdots & 0 & -a_{n-2} \\ \vdots & \vdots & & \vdots & \vdots \\ 0 & 0 & \cdots & 1 & -a_1 \end{bmatrix}$$

$$B_0=P^{-1}b=(\beta_n \quad \beta_{n-1} \quad \cdots \quad \beta_2 \quad \beta_1)^{\mathrm{T}}$$

$$C_0=CP=(0 \quad 0 \quad \cdots \quad 0 \quad 1)$$

用类同于确定能控标准形变换矩阵 P 的方法和步骤，就可求得能观标准形的变换矩阵为

$$P=LS_0 \tag{A-6}$$

其中矩阵 L 为式（A-4），矩阵 S_0 为式（A-5）。根据式（A-6）求得的矩阵 P，就可以将式（A-1）变换为能观标准形。

附录 B　自动控制理论中常用技术术语的中英文对照

A

absolute value	绝对值	angle of arrival	入射角
accelaration	加速度	angle of depature	出射角
accuracy	准确度，精度	analysis	分析
active network	有源网络	analogue computer	模拟计算机
actuating signal	作用信号	analogue signal	模拟信号
actuator	执行机构	analogue-digtial converter	模-数转换器
adjust	调节	approximate	近似
amplitude	幅值	asymptote	渐近线
angle condition	相角条件	average value	平均值

B

backlash	间隙	bode diagram	伯德图

balance state	平衡状态	break frequency	交接频率
bandwidth	带宽	break-in point	会合点
bias voltage	偏差电压	break away point	分离点
block diagram	框图		

C

cascade compensation	串联校正	continuous system	连续系统
Cauchy's principle of the argument	柯西幅角原理	control elements	控制部件
		control policy	控制策略
classical control theory	经典控制理论	controllability	能控性
close-loop frequency response	闭环频率响应	controlled system	被控系统
close loop control system	闭环控制系统	controlled plant	被控装置
compensation	校正	corner frequency	转折频率
compensation of linear system	线性系统的校正	criterion	判据
critical damping	临界阻尼		

D

damping factor	阻尼系数	delay element	延迟元件
damped ratio	阻尼比	describing function	描述函数
dead zone	死区	derivative control	微分控制
decibel	分贝	determinant	行列式
deviation	偏差	discrete-time system	离散系统
differential equation	微分方程	disturbance	扰动
difference equation	差分方程	dominant pole	主导极点
digital computer	数字计算机	dynamic process	动态过程

E

eigenvalues	特征值	error	误差
eigenvector	特征矢量	error coefficient	误差系数
electrical network	电气网络		

F

feedfack control	反馈控制	forward path	前向支路
feedforward	前馈	frequency response	频率响应
final-value theorem	终值定理	frequency domain	频域
focus	焦点	function	函数
follow-up control system	随动系统		

G

gain margin	增益裕量	gear trams	齿轮传动
gain crossover	增益穿越	graphical method	图解法
gear backlash	齿轮间隙		

H

holder	保持器	hydraulic devices	液压装置
homogeneous equation	齐次方程	hysteresis loop	磁滞回环
hydraulic system	液压系统		

I

ideal value	理想值	inner loop	内环
identification	辨识	inverse Laplace transform	拉普拉斯反变换
impulse response	脉冲响应	integral control	积分控制
inherent characteristic	固有特性	internal model control	内模控制
initial-value theorem	初值定理	isocline method	等倾线法
initial state	初始状态		

L

lag network	滞后网络	linear system	线性系统
lag-lead network	滞后超前网络	load	负载
limit cycle	极限环	log magnitude	对数幅值

M

magnitude condition	幅值条件	modern control theory	现代控制理论
maximum overshoot	最大超调量	motor time constant	电动机时间常数
mathematical model	数学模型	multinomial	多项式
minimum phase system	最小相位系统		

N

natural frequency	自然频率	node of phase plane	相平面的节点
negative feedfack	负反馈	node of signal-flow diagram	信号流图的节点
Newton's law	牛顿定律	nonlinear control system	非线性控制系统
noise	噪声	Nyquist criterion	奈奎斯特判据

O

observability	能观性	oscillating element	振荡环节
open-loop control system	开环控制系统	output signal	输出信号
open loop frequency response	开环频率响应	overdamped response	过阻尼响应
optimal control	最优控制		

P

parabolic	抛物线	phase-plane method	相平面法
parameter	参数	phase-variable	相变量
path	支路	pole	极点
path gain	支路增益	pole placement	极点配置
peak time	峰值时间	policy	策略

performance index　性能指标
phase-lag network　相位滞后网络
phase-lead network　相位超前网络
phase margin　相位裕量
position error　位置误差
proportional control　比例控制
pure delay　纯延迟

R

ramp input　斜坡输入
rate feedback　速度反馈
regulator　调节器
reference input　参考输入
relay　继电器
resonant frequency　谐振频率
rise time　上升时间
root-locus method　根轨迹法
Routh criterion　劳斯判据

S

saddle point　鞍点
sampling control　采样控制
saturation　饱和
second-order system　二阶系统
sensitivity　灵敏度
sensor　传感器
series compensation　串联校正
set value　设定值
setting time　调整时间
shifting theorem　位移定理
signal flow diagram　信号流图
singular point　奇点
stability　稳定性
sampling frequency　采样频率
sampling period　采样周期
stability of linear system　线性系统的稳定性
stable focus　稳定焦点
stable node　稳定节点
state equation　状态方程
state feedback　状态反馈
state-space method　状态空间法
steady-state error　稳态误差
step signal　阶跃信号
step response　阶跃响应
symmetric matrix　对称矩阵

T

tank-level control system　贮槽液位控制系统
temperature control system　温度控制系统
time-domain response　时域响应
time constant　时间常数
time-invariant system　时不变系统
time-variant system　时变系统
trajectory　轨迹
transition matrix　转移矩阵
transient response　瞬态响应
transfer function　传递函数

U

undamped natural frequency　欠阻尼自然频率
unity feedback　单位反馈
unity step signal　单位阶跃信号
unstable　不稳定
unstable node　不稳定节点
unstable focus　不稳定焦点

V

variable　变量
vector　矢量
vector matrix form　矢量矩阵形式
velocity feedback　速度负馈
velocity Constant　速度常数

W

waveform　波形

Z

zero　零点

zero input response　零输入响应

zero-order holder　零阶保持器

zero-state response　零状态响应

z-transfer function　z 传递函数

z-transformation　z 变换

参 考 文 献

[1] 纳格拉斯，等. 控制系统工程 [M]. 刘绍球，等译. 北京：电子工业出版社，1985.
[2] 绪芳胜彦. 现代控制工程 [M]. 卢伯英，等译. 3 版. 北京：电子工业出版社，2000.
[3] KATSUHIKO OGATA. Modern control engineering [M]. 2nd ed. Upper Saddle River: Prentice-Hall, 1990.
[4] RICHARD C DORF, ROBERT H BISHOP. Modern control systems [M]. 9th ed. Boston: Addison-Wesley, 1995.
[5] 夏德钤. 自动控制理论 [M]. 北京：机械工业出版社，1990.
[6] 邹伯敏. 控制理论基础 [M]. 杭州：浙江大学出版社，1993.
[7] 陈启宗. 线性系统理论与设计 [M]. 北京：科学出版社，1988.
[8] WARWICK K. Control systems an introduction [M]. Upper Saddle River: Prentice-Hall, 1989.
[9] GENE H HOSTETTER, CLEMENT J SAVANT. Design of feedback control systems [M]. 2nd ed. New York: Rienehart and Winston, 1989.
[10] 吴麒. 自动控制原理 [M]. 2 版. 北京：清华大学出版社，2006.
[11] 戴忠达. 自动控制理论基础 [M]. 北京：清华大学出版社，1991.
[12] 周凤歧，张文鑫，等. 现代控制理论及应用 [M]. 成都：电子科技大学出版社，1994.
[13] 王划一，杨西侠，等. 现代控制理论基础 [M]. 北京：国防工业出版社，2004.
[14] 余成波，张莲，等. 自动控制原理 [M]. 北京：清华大学出版社，2006.
[15] 彭学锋，刘建斌，等. 自控原理实践教程 [M]. 北京：中国水利出版社，2006.
[16] 孔慧芳. 自动控制原理 [M]. 北京：清华大学出版社，2004.
[17] 刘明俊，于明祁，等. 自动控制原理 [M]. 长沙：国防科技大学出版社，2002.
[18] BIERNSON G. Principles of feedback control [M]. New York John wiley and Sons, 1988.
[19] 周雪琴，张洪才. 控制工程导论 [M]. 西安：西北工业大学出版社，1988.
[20] 陈小琳. 自动控制原理例题与习题集 [M]. 北京：国防工业出版社，1989.
[21] 徐昕，等. MATLAB 工具箱应用指南——控制工程篇 [M]. 北京：电子工业出版社，2000.
[22] 薛定宇. 反馈控制系统的设计与分析 [M]. 北京：清华大学出版社，1996.

参考文献